Die Farn- und Blütenpflanzen
Baden-Württembergs
Band 1

Im Rahmen des Artenschutzprogrammes Baden-Württemberg
Die Herausgabe erfolgte in Zusammenarbeit mit der Landesanstalt für Umweltschutz
Baden-Württemberg und den Direktionen der Staatlichen Museen
für Naturkunde in Stuttgart und Karlsruhe

Die Farn- und Blütenpflanzen Baden-Württembergs

Band 1: Allgemeiner Teil
Spezieller Teil (Pteridophyta, Spermatophyta)
Lycopodiaceae bis Plumbaginaceae

Herausgegeben von Oskar Sebald,
Siegmund Seybold und Georg Philippi

Autoren von Band 1:
Martin Nebel, Georg Philippi, Burkhard Quinger,
Manfred Rösch, Jochen Schiefer †, Oskar Sebald,
Siegmund Seybold, Monika Voggesberger

Mit einem Geleitwort
von Minister Erwin Vetter

2., ergänzte Auflage
295 Farbfotos, 22 Farbtafeln
 33 Schwarzweißfotos
332 Verbreitungskarten

E.U.

VERLAG
EUGEN
ULMER

Mit Unterstützung
der Stiftung
Naturschutzfonds!

Die Deutsche Bibliothek – CIP-Einheitsaufnahme

Die Farn- und Blütenpflanzen Baden-Württembergs / hrsg. von
Oskar Sebald ... [Die Hrsg. erfolgte in Zusammenarbeit mit der
Landesanstalt für Umweltschutz Baden-Württemberg und den
Direktionen der Staatlichen Museen für Naturkunde in
Stuttgart und Karlsruhe]. – Stuttgart : Ulmer.
NE: Sebald, Oskar [Hrsg.]

Bd. 1. Allgemeiner Teil; Spezieller Teil (Pteridophyta,
    Spermatophyta); Lycopodiaceae bis Plumbaginaceae / Autoren
    von Bd. 1: Martin Nebel ... Mit einem Geleitw. von Erwin
    Vetter. – 2., erg. Aufl. – 1993
    ISBN 3-8001-3322-9
NE: Nebel, Martin

© 1990, 1993 Eugen Ulmer GmbH & Co.
Wollgrasweg 41, 70599 Stuttgart (Hohenheim)
Printed in Germany
Einbandgestaltung: A. Krugmann, Freiberg am Neckar
Satz: Typobauer Filmsatz GmbH, Ostfildern-Scharnhausen
Druck: Karl Grammlich, Pliezhausen
Bindung: Ernst Riethmüller, Stuttgart

Inhaltsverzeichnis

Zum Geleit 7
Vorwort und Mitarbeiter 9
Vorwort zur 2. Auflage 16

ALLGEMEINER TEIL
(O. Sebald, S. Seybold, G. Philippi)

1   Planung und systematische Anordnung   17
2   Aufgenommene Arten   17
3   Das Untersuchungsgebiet und seine
       Naturräume   18
4   Anmerkungen zum Textteil   27
4.1   Wissenschaftliche Namen 27
4.2   Deutsche Pflanzennamen   28
4.3   Morphologie 28
4.4   Blütezeit 28
4.5   Biologie   28
4.6   Variabilität   28
4.7   Ökologie   28
4.8   Allgemeine Verbreitung   28
4.9   Verbreitung in Baden-Württemberg . .   29
4.10   Bestand und Bedrohung   30
5   Anmerkungen zu den Verbreitungs-
       karten   30
5.1   Kartengrundlage 30
5.2   Kartierungsverfahren   30
5.3   Zeiträume und Aktualität der Karten . 31
5.4   Quellen für die Verbreitungskarten . . 31
5.5   Aussagen und Auswertung der
       Verbreitungskarten   35
6   Bildmaterial   35
7   Anmerkungen zu den fossilen und
       subfossilen Erstnachweisen im
       speziellen Teil (M. Rösch)   35
7.1   Erhaltungsmöglichkeiten für subfossile
       Pflanzenreste 35
7.2   Nachweismöglichkeiten 36
7.3   Datierung 36
7.4   Zur Forschungsgeschichte   42
7.5   Kurzer Abriß der Waldgeschichte von
       Spätwürm und Holozän im Land . . .   42
7.6   Verzeichnis der im speziellen Teil des
       Werks erwähnten Fundorte   44
8   Zur Mäh- und Feuerverträglichkeit
       einzelner Arten (J. Schiefer †) 47

SPEZIELLER TEIL

Liste der Signaturen auf den Verbreitungskarten   50
Liste der Abkürzungen und Zeichen   50

Pteridophyta, Farnpflanzen 51
Lycopsida   52
   Lycopodiaceae, Bärlappgewächse
   (G. Philippi)   52
   Selaginellaceae, Moosfarne (G. Philippi) .   70
   Isoetaceae, Brachsenkräuter (G. Philippi)   73
Sphenopsidae   78
   Equisetaceae, Schachtelhalmgewächse
   (G. Philippi)   78
Pteridopsidae   99
   Ophioglossaceae, Natternfarngewächse
   (G. Philippi)   100
   Osmundaceae, Rispenfarne (G. Philippi) .   108
   Cryptogrammaceae, Rollfarngewächse
   (G. Philippi)   110
   Dennstaedtiaceae, Adlerfarngewächse
   (G. Philippi)   112
   Thelypteridaceae, Lappenfarngewächse
   (G. Philippi)   115
   Aspidiaceae, Wurmfarngewächse
   (G. Philippi)   121
   Athyriaceae, Frauenfarngewächse
   (G. Philippi)   150
   Aspleniaceae, Streifenfarngewächse
   (G. Philippi)   161
   Blechnaceae, Rippenfarngewächse
   (G. Philippi)   183
   Polypodiaceae, Tüpfelfarngewächse
   (G. Philippi)   184
   Marsileaceae, Kleefarngewächse
   (G. Philippi)   187
   Salviniaceae, Schwimmfarngewächse
   (G. Philippi)   191
   Azollaceae, Algenfarngewächse
   (G. Philippi)   193

Spermatophyta (Anthophyta),
Samenpflanzen (Blütenpflanzen)
Gymnospermae, Nacktsamer   197
   Pinaceae, Kieferngewächse (M. Nebel) . .   197

Taxaceae, Eibengewächse (M. Nebel) . . . 207
Cupressaceae, Zypressengewächse
(M. Nebel) 210
Ephedraceae, Meerträubchengewächse
(M. Nebel) 214
Angiospermae, Bedecktsamer 215
Dicotyledoneae-Magnoliidae, Magnolien-
ähnliche 216
Aristolochiaceae, Osterluzeigewächse
(M. Nebel) 216
Ceratophyllaceae, Hornblattgewächse
(M. Nebel) 220
Nymphaeaceae, Seerosengewächse
(M. Nebel) 223
Berberidaceae, Sauerdorngewächse
(M. Nebel) 233
Ranunculaceae, Hahnenfußgewächse
(M. Nebel) 235
Papaveraceae, Mohngewächse (M. Nebel) 322
Dicotyledoneae – Hamamelidae, Hamamelis-
ähnliche 342
Platanaceae, Platanengewächse
(S. Seybold) 342
Betulaceae, Birkengewächse (M. Nebel) . 342
Fagaceae, Buchengewächse (M. Nebel) . . 356
Dicotyledoneae-Caryophyllidae, Nelken-
ähnliche 368

Cactaceae, Kaktusgewächse (S. Seybold) . 368
Caryophyllaceae, Nelkengewächse
(S. Seybold) 368
Amaranthaceae, Amarantgewächse
(S. Seybold) 466
Phytolaccaceae, Kermesbeerengewächse
(S. Seybold) 476
Chenopodiaceae, Gänsefußgewächse
(S. Seybold) 476
Portulacaceae, Portulakgewächse
(S. Seybold) 510
Polygonaceae, Knöterichgewächse
(B. Quinger) 514
Plumbaginaceae, Bleiwurzgewächse
(B. Quinger) 577

Nachträge
Besonders geschützte Arten 581
Nachträge zu den Arten 581
Nachtrag zum Literaturverzeichnis 591
Neue Verbreitungskarten der 2. Auflage . . . 592

Bildquellenverzeichnis 592
Literaturverzeichnis 593
Pflanzenregister 614

Zum Geleit

Mit den 2 Bänden der »Farn- und Blütenpflanzen Baden-Württembergs« liegt nach Band 1 und 4 der »Avifauna«, dem »Flechtenatlas« und den 2 Bänden über die »Wildbienen« ein neues wichtiges Grundlagenwerk zum Artenschutzprogramm des Landes Baden-Württemberg vor. Weitere Bände über die »Großpilze« und die »Schmetterlinge von Baden-Württemberg« werden in den nächsten Monaten folgen. Damit will Baden-Württemberg eine umfassende Bestandsaufnahme über Verbreitung und Gefährdung von Fauna und Flora erstellen und für die Schutzprogramme das erforderliche Grundwissen liefern. Die bisher erschienenen Werke haben in der Fachwelt eine ungewöhnlich positive Aufnahme gefunden und tragen das baden-württembergische Verständnis über einen von Vorsorge und Fürsorge geprägten Naturschutz, der alle Kräfte der Gesellschaft mobilisiert und die Vollzugsorganisation optimiert, weit über unser Land hinaus. Das Grundkonzept des Werkes wurde vom Umweltministerium in Zusammenarbeit mit den staatlichen Naturkundemuseen entwickelt. Das Umweltministerium hat auf die Vollständigkeit und Geschlossenheit einer modernen naturschutzorientierten Bearbeitung großen Wert gelegt. Insbesondere sollten

- alle Arten gleichmäßig dargestellt werden, auch die kritischen Sippen und die in früheren Zeiten zumeist vernachlässigten häufigen oder verbreiteten Arten,
- Rasterkarten den gegenwärtigen Bestand und regionale oder landesweite Rückgänge bei jeder einzelnen Pflanzenart aufzeigen,
- alle Pflanzen eine ihr Wesen prägende Abbildung erhalten.

Vor uns liegt die erste umfassende Landesflora von Baden-Württemberg. Das Werk vermittelt mit seinen hervorragenden Naturaufnahmen dem Betrachter den Wert jeder Art. Viele Blütenpflanzen sind in Baden-Württemberg bereits seit dem 16. Jahrhundert bekannt und nachgewiesen. Diese Tradition bedeutet, daß unsere Vorfahren über die Jahrhunderte hinweg bei der Nutzung der Natur ein hohes Maß an Kultur und Verantwortungsbewußtsein praktiziert haben. Diese altbewährte Tradition ist gestört, daran müssen wir wieder anknüpfen.

Artenschutz erfordert Flächenschutz. Ohne die Erhaltung der naturnahen Flächen wird das Artensterben weitergehen. Das Umweltministerium hat mit dem Gesamtkonzept Naturschutz und Landschaftspflege eine übergreifende Konzeption vorgelegt. Deren Kern ist die gesetzliche Sicherung aller noch vorhandenen naturnahen Flächen, die Festsetzung von Vorrangflächen für die Natur, die etwa 10% der Landesfläche betragen sollen, und die Schaffung großräumiger vernetzter Regenerationsflächen in allen Landesteilen. Hinzu kommt ein ehrgeiziges Arbeitsprogramm zur Ausweisung neuer und zur Qualitätsverbesserung der bestehenden Naturschutzgebiete. Doch die Einzelausweisung neuer Naturschutzgebiete ist ein langwieriger Prozeß. Zur Sicherung naturschutzwichtiger Gebiete muß rasch und flächenwirksam gehandelt werden. Diesem Ziel soll das neue Biotopschutzgesetz dienen, das die besonders wertvollen naturnahen Flächen schlagartig unter gesetzlichen Schutz stellt, insbesondere Moore, Feuchtwiesen, Wacholderheiden, Trockengebiete, Magerrasen und Felsbereiche. Der Atlas der Blütenpflanzen bringt für das Biotopschutzgesetz eine wichtige und wertvolle Ergänzung, weil jeder Bürger unseres Landes bei jeder Pflanzenart sich selbst davon überzeugen kann, wo sie bedroht ist. Es wäre wünschenswert, wenn die Gemeinden die »Farn- und Blütenpflanzen Baden-Württembergs« ihren Bürgern zugänglich machten.

Der »Stiftung Naturschutzfonds« ist es erneut zu verdanken, daß diese Standardwerke besonders gut ausgestattet und besonders preiswert erscheinen können. Diese Stiftung praktiziert damit Werbung mit der Natur für die Natur.

Mein Dank gilt allen, die beim Zustandekommen dieses Werkes beteiligt waren. Sie haben sich um das Land Baden-Württemberg verdient gemacht und ein neues Kapitel Botanikgeschichte für den deutschen Südwesten geschrieben. Dem Werk selbst wünsche ich eine rasche und weite Verbreitung.

Dr. Erwin Vetter
Minister für Umwelt Baden-Württemberg

Vorwort

Erste Aufzeichnungen über wildwachsende Pflanzen im südwestdeutschen Raum reichen bis in das 16. Jahrhundert und weiter zurück. Alle drei „Väter der Botanik" erwähnen Funde aus dem Gebiet des späteren Landes Baden-Württemberg: OTTO BRUNFELS (1488–1534), HIERONYMUS BOCK (1498–1554) und LEONHART FUCHS (1501–1566). Die meisten Nachweise aus dieser Zeit verdanken wir aber JOHANN BAUHIN (1541–1612), der an zahlreichen Orten des Landes botanisierte. Durch ihn und seine Zeitgenossen sind bis zum Ende des 16. Jahrhunderts schon etwa ein Fünftel aller Arten in unserem Gebiet aufgefunden worden.

Nicht unerwähnt bleiben soll auch WALAHFRID STRABO, der 827 die Kräuter im Garten des Klosters auf der Reichenau in Versform beschrieb. Dieses Gedicht nennt neben zahlreichen kultivierten, nicht einheimischen Arten auch wenige im Gebiet wildwachsende Arten wie den Odermennig (*Agrimonia eupatoria*), den Echten Ziest (*Betonica officinalis*) und die Große Brennessel (*Urtica dioica*).

Der erste Botaniker, der speziell Beiträge zu einer Flora Südwestdeutschlands zusammenstellte, war FRIEDRICH Freiherr ROTH VON SCHRECKENSTEIN. Noch bevor es ein Land Baden oder Württemberg geschweige denn Baden-Württemberg gab, schrieb er 1798 in einem Botanischen Taschenbuch für die Anfänger der Wissenschaft und Apothekerkunst:

Besonders wünschte ich, daß man die etwa noch zweifelhaften Pflanzen genauer beobachte, und von den seltenen Gewächsen, noch mehr Wohnörter aufsuchte; damit wir... näher mit den vegetabilischen Geschöpfen unseres Landes bekannt werden.

Mit seiner später erschienenen und leider unvollständig gebliebenen „Flora der Gegend um den Ursprung der Donau und des Neckars" nahm er den Plan zu einer Flora Baden-Württembergs geradezu vorweg.

Nach der Neugliederung der Territorien in Südwestdeutschland zum Anfang des 19. Jahrhunderts entstanden bei uns naturgemäß getrennt Floren für Baden (GMELIN 1805–26, DÖLL 1857–62, SEUBERT 1863ff.) und für Württemberg und Hohenzollern (SCHÜBLER u. MARTENS 1834, MARTENS u. KEMMLER 1865ff., KIRCHNER u. EICHLER 1900ff., K. u.

F. BERTSCH 1933, 1948). Bereits GMELIN berücksichtigte aber auch die linke Rheinseite (Flora badensis alsatica...). Noch stärker sah DÖLL (1843) in der Rheinischen Flora das Oberrheingebiet als Einheit. Doch auch in den elsässischen Floren von KIRSCHLEGER (1852–62) oder in denen der Pfalz von POLLICH (1776, 1777) und Schultz (1846) sind Beobachtungen der rechten Rheinseite enthalten.

Bemerkenswert ist auch, daß beim ersten botanischen Kartierungsunternehmen (EICHLER, GRADMANN u. MEIGEN 1905–27) schon das gesamte heutige Baden-Württemberg einbezogen wurde. Spätere Floren wie die von OBERDORFER (1949) und BERTSCH (1962) setzten diese Tradition fort.

Eine Übersicht bei SUKOPP (1960) zeigt, daß schon damals unser Gebiet recht gut mit lokalen und regionalen Floren überdeckt war. Doch SUKOPP (1960) weist auch darauf hin, was vielen Floren fehlt. Es mangelt einmal an ausreichenden Beschreibungen und Abbildungen der Pflanzen, zum andern an genaueren Daten zur lokalen Verbreitung, insbesondere zur Höhenverbreitung. Es fehlen Angaben über die ersten Beobachtungen im Gebiet. Dazuhin sind in den letzten Jahrzehnten wohl die gravierendsten Veränderungen im Bestand vieler Arten seit Jahrhunderten eingetreten. Daten zum Bestand und zu den Veränderungen sind heute daher ebenso wichtig wie Vorschläge von Maßnahmen zum Schutz und der Erhaltung bestimmter Pflanzenarten.

Die Verknüpfung soziologischer und ökologischer Angaben mit der Verbreitung, wie sie erstmals in einer ausführlichen Weise von BRAUN-BLANQUET u. RÜBEL (1932–35) in der Flora Graubündens vorgenommen wurde, hat in Südwestdeutschland eine besondere Tradition. Erste Ansätze lassen sich in Landesfloren verfolgen, z.B. schon bei POLLICH (1776–77) und WIBEL (1799), sind aber dann in besonders konsequenter Weise bei OBERDORFER (1949ff.) weiter ausgebaut worden.

Auch ist die systematisch-taxonomische Bearbeitung in der mitteleuropäischen Flora – entgegen landläufiger Meinung – in vielen Bereichen noch keineswegs endgültig abgeschlossen. Die Einstufung und Untergliederung von Arten können fraglich sein, worauf schon RECHINGER (1957) hinge-

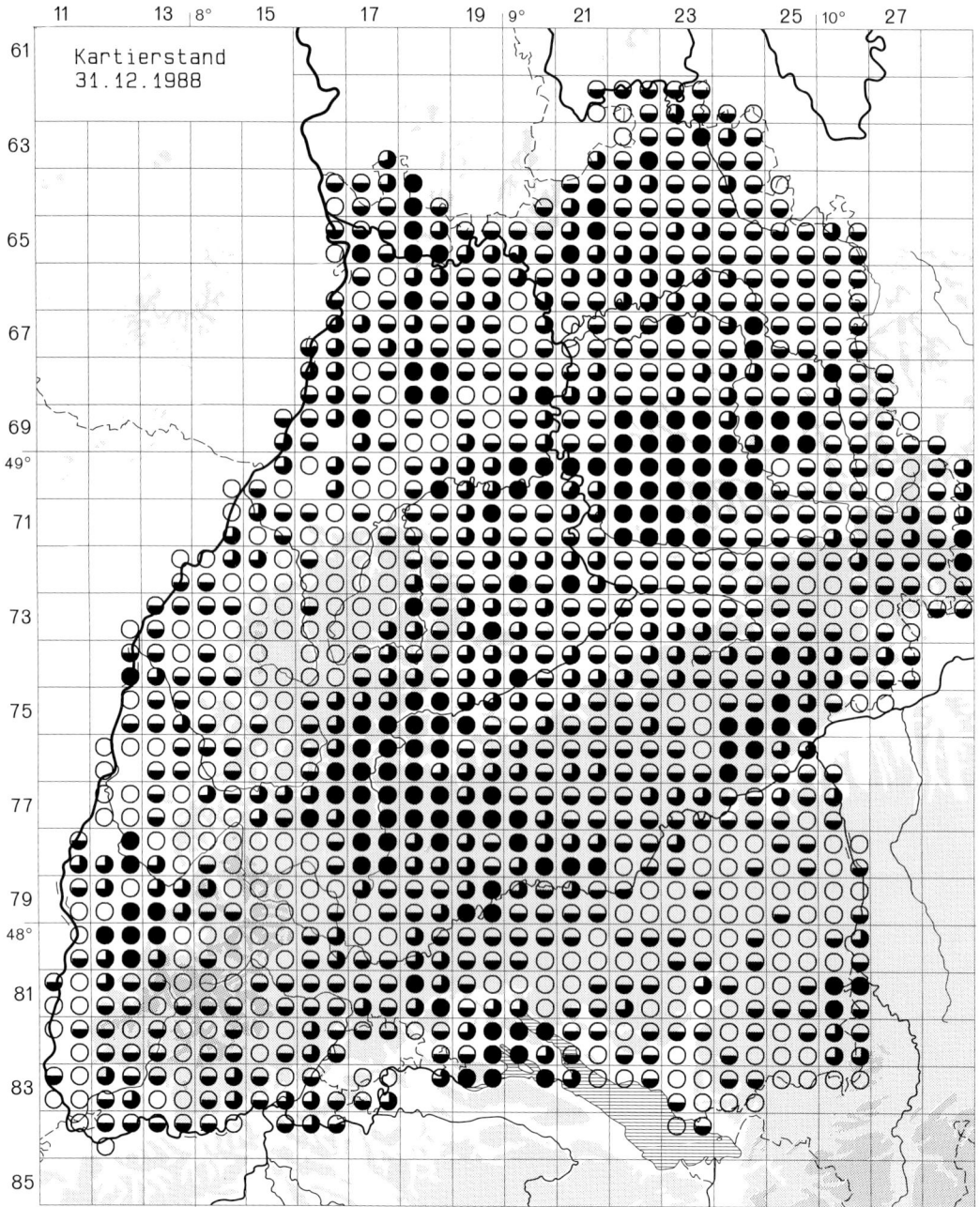

Stand der floristischen Karten von Baden-Württemberg am 31.12.1988.
Die Artenzahlen pro Quadrant sind in 4 Stufen eingetragen:

- über 500 Arten
- 400–500 Arten
- 300–400 Arten
- 200–300 Arten

keine Signatur = unter 200 Arten

wiesen hat. Auch in diesem Bereich sollten die neueren Erkenntnisse berücksichtigt werden. Bei dieser Absicht wird man schnell gewahr, wieviel bei manchen schwierigeren und kritischen Pflanzengruppen auch in Baden-Württemberg noch zu tun bleibt.

Der Kern dieses Werks sind die Raster-Verbreitungskarten. Diese Darstellungsweise hat mehrere Vorzüge. Sie ist leichter der elektronischen Datenverarbeitung zugänglich und sie ermöglicht dadurch auch eine leichtere statistische Auswertung. Andererseits werden durch eine gewisse Ungenauigkeit zwischen der Lage des Rasterpunktes und der des tatsächlichen Fundorts bei einzelnen Arten denkbare Gefährdungen z.B. durch Sammler verhindert. Dort, wo es vertretbar erschien, wurden auch im Text Funddaten zusammengestellt. Sie können als Grundlagen bei Entscheidungen im Artenschutz herangezogen werden, aber auch Anregungen geben zum Versuch der Bestätigung, wenn es sich um ältere Angaben handelt. Solche zusammenfassende Fundlisten für bemerkenswerte Arten sind selten, trotz einer Anzahl lokaler Floren und Pflanzenlisten der letzten 20 Jahre (z.B. DÖRR 1964–83, SEYBOLD et al. 1968, SCHULTHEISS 1975/76, BUTTLER u. STIEGLITZ 1976, FISCHER 1982, RAUNEKER 1984, KRIEGLSTEINER 1987).

Mit dem jüngst erschienenen „Atlas der Farn- und Blütenpflanzen der Bundesrepublik Deutschland" (HAEUPLER u. SCHÖNFELDER 1988) ist auch für unser Gebiet eine grobe Übersicht über die Verbreitung der Arten vorhanden. Die Museen in Karlsruhe und Stuttgart haben als Regionalstellen an der Erarbeitung der Daten für diesen Atlas mitgewirkt. Schon bei diesen Arbeiten kam der Wunsch auf, für das Land Baden-Württemberg eine verfeinerte Rasterkartierung durchzuführen. Auch in den meisten unserer Nachbarländer sind Kartierungen mit verfeinertem Raster im Gange oder schon durchgeführt, so für die Schweiz (WELTEN u. SUTTER 1982), für das Saarland (HAFFNER u. Mitarbeiter 1979), Rheinland-Pfalz (LANG und Mitarbeiter 1975–84), Hessen (SCHNEDLER 1980) und Bayern (BRESINSKY 1978). SCHNEDLER (1980) betont, wie wichtig solche weiterführenden Kartierungen in einer Zeit rapider Veränderungen sind.

Da es bis in die neueste Zeit schwerwiegende Veränderungen im Bestand vieler Arten gibt, ist es uns als notwendig erschienen, außer dem feineren Raster auch eine neue Aktualitätsstufe einzuführen. In diesem Werk gelten nur die 1970 und später gemeldeten Funde als aktuell.

Eine 4fach genauere Kartierung und eine neue Zeitstufe für die Aktualität erfordert natürlich auch einen entsprechenden zusätzlichen Kartierungsaufwand, um die Verbreitungskarten auf einen möglichst aktuellen und vollständigen Stand zu bringen. Das konnte in der relativ kurzen Zeit nur gelingen dank der Unterstützung, die wir durch den unermüdlichen Einsatz ehrenamtlicher Mitarbeiter erhielten.

Unter ihnen müssen diejenigen besonders erwähnt werden, die nicht nur einen oder ein paar Quadranten betreuten, sondern die ganze Regionen gründlich bearbeiteten. Wir nennen besonders: MANFRED ADE, Aistaig; ULF KOCH, Freiburg; HUGO RAUNEKER, Ulm; DR. FRIEDRICH SCHÖLCH, Heidelberg; DR. HANS-WERNER SCHWEGLER, Backnang. Sie haben es möglich gemacht, daß die beruflich am Projekt tätigen Botaniker sich auf die Ergänzung der Kartierungslücken konzentrieren konnten. Berücksichtigt man nur die nach 1970 beobachteten Vorkommen, so wurden in 2 Jahrzehnten insgesamt mehr als 406000 Einzeldaten zusammengetragen (beim Stand vom 1. 7. 1988). Auf die 1161 Quadranten des Landes bezogen ergibt dies einen Durchschnitt von 350 Arten pro Quadrant. Die niedrigsten Artenzahlen pro Quadrant (mit voller Fläche) liegen bei etwa 200 Arten. Die höchsten Artenzahlen liegen vor von: 7717/2: 784 Arten; 7617/4: 760 Arten; 8220/1: 752 Arten; 8012/2: 738 Arten; 7525/3: 732 Arten; 7913/3: 717 Arten; 6421/4: 708 Arten.

Der Rückgang mancher Arten zwischen 1945 und 1970 wird auf den Rasterkarten durch die neue Aktualitätsstufe deutlich. Eine noch jüngere Zeitgrenze zu wählen war nicht möglich. Hunderttausende von Einzeldaten lassen sich nicht innerhalb kurzer Zeiträume für ein ganzes Land erheben. Es sei denn, es stehen noch wesentlich mehr Mitarbeiter zur Verfügung.

Die in der folgenden Liste aufgeführten Damen und Herren haben in größerem oder kleinerem Umfang ehrenamtlich bei der Kartierung mitgewirkt. Wir bedanken uns herzlich für die Mitarbeit und hoffen, daß uns auch in Zukunft möglichst viele der Mitarbeiter unterstützen können.

Mitarbeiter der Kartierung

Ade, Manfred – Oberndorf-Aistaig
Ahrens, Matthias – Karlsruhe
Aichele, Dr. Dietmar – Ehningen
Aigeldinger, Karl – Epfendorf
Aleksejew, Peter – Schwäbisch Gmünd
von Arand-Ackerfeld, Erwin (†) – Munderkingen
Arnold, Klaus – Bietigheim-Bissingen
Aßmann, Adolf (†) – Zavelstein
Banzhaf, Roland – Ulm
Baral, Hans-Otto – Tübingen-Pfrondorf
Bauer, Heinz-Peter – Stuttgart
Baumann, Dr. Helmut – Böblingen
Baumann, Karl – Nürtingen
Bayer, Dr. Otto – Bad Mergentheim
Beck, Ernst (†) – Albstadt-Ebingen
Benzing, Dr. Alfred (†) – Schwenningen
Bergmann, Waldtraut – Blaustein
Berndt, Reinhardt – Reutlingen
Beyerle, Burkhart – Konstanz
Bogenrieder, Prof. Dr. Arno – Freiburg i. Br.
Boness, Dr. Martin – Leverkusen
Bosch, Helmut – Blaustein-Arnegg
Brauner
Bresch, Jochen – Kehl-Goldscheuer
Brettar, Otto (†) – Kaiserslautern
Breunig, Thomas – Karlsruhe
Brielmaier, Georg Wolfgang (†) – Wangen/Allgäu
Buck, Ulrich – Ditzingen
Buck-Feucht, Dr. Gertrud – Kirchheim/Teck
Bücking, Elisabeth – Freiburg
Bücking, Dr. Winfried – Freiburg
Bückle, Eugen – Winnenden-Birkmannsweiler
Bujotzek, Elisabeth – Heidenheim
Burghardt, Helmut – Neuss
Buschle, Alfred – Schweinhausen
Bussmann, Rainer – Leutkirch
Buttler, Dr. Karl Peter – Frankfurt/Main
Cammisar, Franz – Tübingen
Chattopadhyay, Rathin – Stuttgart
Demuth, Siegfried – Karlsruhe
Deischle, Siegfried – Stuttgart
Detzel, Peter – Tübingen
Dienst, Michael – Konstanz
Dierssen, Prof. Dr. Klaus – Kiel
Dieterich, Dr. Hermann (†) – Stuttgart
Dittrich, Werner – Tübingen
Döler, Hans-Peter – Tübingen
Dörr, Dr. Erhard – Kempten
Dorka, U. – Freudenstadt
Dorka, V. – Freudenstadt
Dühring, Volker – Zaberfeld
Düll, Prof. Dr. Ruprecht – Duisburg

Embert, Gustav – Stuttgart
Enderle, Dr. Wilhelm – Wangen/Allgäu
Engelhardt, Ottmar – Neresheim
Feldweg, Otto – Tübingen
Filzer, Prof. Dr. Paul – Tübingen
Fink, Ursula – Großbottwar
Fischer, Rudolf (†) – Nördlingen
Flogaus, Robert – Kirchheim/Teck
Franke, Martin (†) – Esslingen
Geissert, Fritz – Sessenheim
Genser, Joachim – Stuttgart
Gewers, Georg – Stuttgart
Glock, Heinrich – Wüstenrot-Berg
Glocker, Hans – Ludwigsburg
Gölkel, Walter – Zainingen
Göring, Michael
Görs, Dr. Sabine – Karlsruhe
Gotthard, Prof. Dr. Werner – Ostfildern
Gottschlich, Günter – Tübingen-Hagelloch
Gramlich, Ralf – Gemmingen
Grass, Dr. Wilhelm (†) – Schwäbisch Gmünd
Greb, Dr. Helmut – Ludwigsburg
Grüttner, Astrid – Freiburg
Haas, Dr. Hans – Stuttgart
Hagemann, Prof. Dr. Wolfgang – Heidelberg
Haisch, Bernd – Stutensee
Harms, Dr. Karl Hermann – Karlsruhe
Harr, Siegfried – Reutin bei Oberndorf
Hassler, Dr. Michael – Bruchsal
Hauff, Dr. Rudolf (†) – Geislingen/Steige
Haug, Otto (†) – Möttlingen
Hauser, Herbert – Renningen
Heil, Norbert – Oedheim
Held, Frieder – Weinheim
Hellmann, Dr. Volker – Konstanz
Hengel, Walter – Weidenstetten
Henkel, Siegfried – Güglingen
Henn, Prof. Karl – Radolfzell
von Heydebrand, Dr. Ernst (†) – Heidenheim
Hirsch
Hölzer, Dr. Adam – Karlsruhe
Hügin, Dr. Gerhard (†) – Denzlingen
Hügin, Dr. Gerold – Denzlingen
Hündorf, Bernd-R. – Fridingen
Illich, Heinz – Marbach
Jackwert, Willy – Bad Alexandersbad
Kätzler, Wolfgang – Schallstadt-Wolfenweiler
Karl, Willy – Albstadt
Kellner, Dr. Kurt – Marburg
Kersting, Gerhard – Freiburg i. Br.
Kiechle, Josef – Konstanz
Kless, Gotthard – Fröhnd-Ittenschwand
Klotz, Erich – Stuttgart
Knoch, Dieter – Emmendingen

Koch, Erwin (†) – Heidenheim
Koch, Ulf – Freiburg
Köhler, Erich – Künzelsau-Morsbach
Köster, Peter – Biberach
Korneck, Dieter – Wachtberg-Niederbachem
Krach, Dr. J. Ernst – Pappenheim
Kramer, Dr. Wolfgang – March
Krieglsteiner, Lothar – Schwäbisch Hall
Kroymann, Burkhard – Stuttgart
Kübler-Thomas, Margarete – Karlsruhe
Kümmel, Dr. Käthe – Brackenheim
Künkele, Dr. Siegfried – Stuttgart
Küstner, Werner – Stuttgart
Kulke, Joachim – Wurmlingen
Kull, Prof. Dr. Ulrich – Stuttgart
Kunick, Prof. Dr. Wolfram – Kassel
Kuon, Günter – Leutkirch
Kurz, Gerhard – Vöhringen
Längst, Roland – Schwäbisch Hall
Lages, Helmut – Überlingen
Lange, Dagmar – Frankfurt/Main
Leist, Dr. Norbert – Karlsdorf
Lenker, Karl-Heinz – Aitrach
Lessig, Kurt Heinz – Stuttgart
Leuze, Volker – Schwäbisch Hall
Liebheit, Dr. Klaus – Stuttgart
Litzelmann-Jacobi, Maria – Lörrach-Haagen
Lotze, Ursula – Stuttgart
Maass, Inge – Stuttgart
Mahler, Prof. Karl (†) – Aalen
Maier, G.
Marquart, Max – Sigmaringen
Mattern, Dr. Hans – Stuttgart
May, Thomas – Freiburg
Mayer, Georg – Albstadt
Meckle, Jakob – Blaubeuren-Weiler
Megerle, Andreas – Friedrichshafen
Mehlo, Gudrun – Reutlingen
Meszmer, Franz – Mosbach
Miller, Ulfried – Ravensburg
Mücke, Eginhard – Filderstadt
Müller, Manfred – Neckarbischofsheim
Müller, Prof. Dr. Theo – Steinheim
Murmann-Kristen, Dr. Luise – Karlsruhe
Musfeldt, Klaus – Tübingen
Mutschler, Oswin – Crailsheim
Neumann, Gerhard – Weinheim
Nickel, Dr. Elsa – Stuttgart
Nittinger, Dr. Hilde – Stuttgart
Oberdorfer, Prof. Dr. Dr. h. c. Erich –
Freiburg i. Br.
Oberhollenzer, Hans – Biberach
Payerl, Hans – Eschach
Peintinger, Markus – Radolfzell

Plieninger, Walter – Nordheim
Pröhl, Monika – Stuttgart
Rasbach, Helga – Glottertal
Rasbach, Dr. Kurt – Glottertal
Rathausky, Wolfgang – Werbach-Brunntal
Rauneker, Hugo – Ulm
Reichstein, Prof. Dr. Tadeus – Basel
Reick, Ferdinand (†) – Süßen/Fils
Reineke, Dieter – Freiburg
Reinhardt, Edwin – Böblingen
Reinöhl, Heinz – Stuttgart
Rennwald, Erwin – Rheinstetten-Neuburgweier
Rennwald, Klaus – Kehl-Marlen
Rieks, Ralf – Böblingen
Rietdorf, Klaus – Bad Krozingen
Rodi, Prof. Dr. Dieter – Schwäbisch Gmünd
Rösch, Dr. Manfred – Hemmenhofen
Rohde, Ulrike – Karlsruhe
Roweck, Dr. Hartmut – Stuttgart
Rüdenauer, Barbara – Stuttgart
Rüdenauer, Klaus – Stuttgart
Sapper, Dr. Isolde (†) – Ludwigsburg
Sattler, Thomas – Dietingen
Sauer, Michael – Stuttgart
Sauerbeck, Dr. Karl – Stuttgart
Sauvigny, Carola – Stuttgart
Schäfer-Verwimp, Alfons – Kreßbronn
Schäuffelen, Dr. Eugen – Ulm
Schedler, Dr. Jürgen – Stuttgart
Scheerer, Dr. Hans – Schorndorf
Scheler, Titus – Altdorf
Scherer, Hans – Inzigkofen
Scheuerle, Erwin (†) – Leonberg-Warmbronn
Scheuerle, Margarete – Leonberg-Warmbronn
Schiefer, Dr. Jochen (†) – Aulendorf
Schill, Gottlob – Münsingen
Schimpf, Frieder – Kirchberg/Jagst
Schlegel
Schlenker, Prof. Dr. Gerhard – Traifelberg
Schlesinger, Siegfried – Teningen
Schloß, Dr. Siegfried – Karlsruhe
Schmatelka, Norbert – Freudental
Schnedler, Wieland – Asslar-Bechlingen
Schneider, Gabi – Hausham
Schneider, Georg – Amstetten
Schölch, Dr. Friedrich – Heidelberg
Schönfelder, Prof. Dr. Peter – Regensburg
Schönleber, Dorothea (†) – Stuttgart
Schuhwerk, Dr. Franz – München
Schultheiß, Franz (†) – Ellwangen
Schulz, Herbert – Braunschweig
Schulze, Dr. Gerhard – Ludwigshafen
Schwabe, Dr. Angelika – Freiburg
Schwegler, Dr. Heinz-Werner – Backnang

Senghas, Dr. Karlheinz – Heidelberg
Seidel, Dr. Dankwart – Bad Zwischenahn
Seiler, Walter – Stuttgart
Seitz, Dr. Ekkehard – Nonnenhorn
Semmelmann, Thomas – Karlsruhe
Seybold, Rainer – Leonberg-Warmbronn
Simon, Werner – Stuttgart
Sindele, Anton – Kornwestheim
Spitznagel, August – Igersheim
Stadelmaier, Hartwig – Tübingen
Stauber, Josef – Ehingen
Steidel, Cornelie – Stuttgart
Stieglitz, Wolf – Erkrath
Stöhr, Harald – Fellbach
Thomas, Peter – Karlsruhe
Todt, Friedrich (†) – Mühlacker
Treiber, Reinhold – Freudenstadt
Türk, Prof. Dr. Roman – Salzburg
Venth, Wiltrud – Tübingen
Verwimp, Inge – Kressbronn
Veyhl, Walter – Besigheim
Vock, Werner (†) – Stuttgart
Voggenreiter, Dr. Volker – Bonn
Voggesberger, Monika – Stuttgart
Walderich, Ludwig – Gingen
Walderich, Manfred – Gingen
Walsberg, Margarete – Schwieberdingen
Walter, Hans – Oberberken
Warth, Dr. Manfred – Stuttgart
Weber, Petra – Tübingen
Wehrmaker, Dr. Alfred – Stuttgart
Weidmann, Elmar – Blaubeuren-Gerhausen
Weimert, Helmut – Königheim-Gissigheim
Weischedel, Inge – Stuttgart
Weiss, Martin – Stuttgart
Weller, Prof. Dr. Friedrich – Nürtingen
Willbold, Elmar – Dürnau
Willbold, Hans – Dürnau
Willer, Dr. Karl-Heinz – Walldorf
Wilmanns, Prof. Dr. Otti – Freiburg i. Br.
Wimmenauer, Prof. Dr. Wolfhard – Freiburg i. Br.
Winkelmann
Winterhoff, Prof. Dr. Wulfard – Sandhausen
Wirth, Dr. Volkmar – Stuttgart
Witschel, Dr. Michael – Freiburg
Wörz, Dr. Arno – Stuttgart
Wolf, Hilde – Marbach
Wolf, Thomas – Karlsruhe
Wolff, Peter – Saarbrücken
Wolfstetter, Karl F. – Wörth/Main
Wrede, Dr. Walter – Nagold
Zeuner, Hans – Herrenberg
Zidorn, Peter – Spraitbach
Ziegler, Ernst (†) – Ludwigsburg

Zier, Lothar – Königseggwald
Zindler-Frank, Dr. Elisabeth – Konstanz
Zinke, Felix – Villingen-Schwenningen
Zorzi, Martin – Stuttgart

Die beiden Naturkunde-Museen in Karlsruhe und Stuttgart begannen im Anschluß an die Kartierung für den Bundesrepublik-Atlas im Meßtischblattraster (HAEUPLER u. SCHÖNFELDER 1988) gegen Ende der 70er Jahre mit Kartierungen im 4fach feineren Quadrantenraster und mit der schon erwähnten neuen Aktualitätsstufe. Diese so erstellten Karten sollten zu genaueren und aktuelleren Angaben zur Verbreitung der einzelnen Pflanzenarten in Baden-Württemberg führen. Das damalige Ministerium für Ernährung, Landwirtschaft und Forsten regte dann Ende 1982 das in seinem ersten Teil jetzt vorliegende Werk an, in dem die Quadranten-Karten einen wesentlichen Bestandteil bilden.

Vom Herbst 1983 bis Ende 1987 stellte das Ministerium Personal- und Sachmittel für je einen zusätzlichen Wissenschaftler an den botanischen Abteilungen der Naturkunde-Museen in Karlsruhe und Stuttgart zur Verfügung. An der Bearbeitung des ersten Teils des Projekts waren so an beiden Museen zusammen insgesamt 5 Wissenschaftler beteiligt. Jeder Bearbeiter am ersten Teil übernahm die Ausarbeitung der Texte und Karten von rund 100 Pflanzenarten. Der verantwortliche Bearbeiter ist jeweils bei den einzelnen Pflanzenfamilien genannt. Für besondere Themen wurde der fachliche Rat von Spezialisten herangezogen.

In Stuttgart arbeitete vom 1. 10. 1983 bis 31. 12. 1987 DR. M. NEBEL hauptamtlich an dem Projekt mit, in Karlsruhe war es vom 1. 12. 1983 bis 31. 12. 1987 Dipl. Biol. B. QUINGER. Auch die in diesem Zeitraum bei den Museen beschäftigten wissenschaftlichen Volontäre leisteten manchen wichtigen Beitrag bei der floristischen Kartierung. Sie sind schon in der Mitarbeiterliste genannt.

Das Umwelt-Ministerium stellte 1987 und 1988 Mittel für technische Arbeiten (Eingabe von Daten in den Computer, Auszüge aus Karteien, Herstellung von Rohkarten usw.) zur Verfügung. Im Rahmen von Werkverträgen arbeiteten an dem Projekt mit Frau Dipl.-Biol. M. KUCKLICK, Frau I. RUDER, Frau Dipl.-Biol. M. VOGGESBERGER und Herr Dipl.-Biol. TH. WOLF.

Aber auch die regulären technischen Mitarbeiter der Museen blieben nicht ganz vom Projekt verschont, da anfänglich keine Projektmittel für technische Arbeiten zur Verfügung standen.

Um alle Verbreitungskarten maschinell zeichnen zu lassen, brauchte es besondere Computerprogramme und eine laufende Betreuung. Hier hat sich Herr N. HIRNEISEN, Remmingsheim, besonders verdient gemacht. Ohne seine Hilfe hätte das ganze Projekt noch scheitern können.

Als Spezialisten für bestimmte Themen stellten sich zur Verfügung: DR. M. RÖSCH, Gaienhofen-Hemmenhofen, für die fossilen bzw. archäologischen Erstnachweise, DR. J. SCHIEFER (†) für die Angaben zur Auswirkung der Mahd auf die einzelnen Arten.

Unser Dank gilt allen diesen Mitarbeitern und Helfern, die uns bei der Vorbereitung und Herstellung der Karten und des Textes unterstützt haben.

Eine Reihe von Fotografen haben in großzügiger Weise ihre Bilder zur Auswahl zur Verfügung gestellt. Wir bedanken uns ganz herzlich dafür bei:

Aleksejew, Peter – Schwäbisch Gmünd
Baumann, Dr. Helmut – Böblingen
Bellmann, Dr. Heiko – Ulm
Burghardt, Helmut – Neuss
Büttner, Friedrich – Göppingen
Danner, Dieter – Bühl
Demuth, Siegfried – Karlsruhe
Gottschlich, Günter – Tübingen
Griener, Volker – Karlsruhe
Haberer, Martin – Nürtingen
Harms, Dr. Karl Hermann – Karlsruhe
Held, Frieder – Weinheim
Hoffmann, Herbert – Heilbronn
Klotz, Erich – Stuttgart
Lock, Fritz (†) – Heilbronn
Lumpe, Hans – Stuttgart
Nauenburg, Dr. Johannes Dietrich – Göttingen
Nickel, Dr. Elsa – Stuttgart
Payerl, Hans – Eschach
Peintinger, Markus – Radolfzell
Rasbach, Dr. Kurt und Frau Helga – Glottertal
Reichenbach, Berthold – Herbolzheim
Schmatelka, Norbert – Freudental
Schönfelder, Prof. Dr. Peter – Regensburg
Schrempp, Heinz – Breisach-Oberrimsingen
Stampfl, Dr. Georg – Marbach
Voggesberger, Monika – Stuttgart
Walderich, Ludwig – Gingen/Fils
Widmann, Hans – Stuttgart
Wörz, Dr. Arno – Stuttgart
Ziegler, Ernst (†) – Ludwigsburg

Herrn Dr. H. BAUMANN, Böblingen, gilt unser besonderer Dank für die Bereitstellung der Abbildungsvorlagen aus älteren Pflanzenbüchern.

Weiter danken wir in besonderem Maße Herrn Dr. K. RASBACH und Frau, die aus ihrem großen Archiv die Bilder des Farnteils zusammenstellten.

Dank gebührt auch dem Institut für Ökologie und Naturschutz in Karlsruhe unter der Leitung von DR. U. KÜHL. Der Informationsaustausch mit allen Fotografen samt einer ersten Sichtung und Ordnung der vielen Dias wurde von Frau ANTESBERGER geleistet. Außerdem wurden wir unterstützt durch den Druck von Kartierungslisten und von Kartenvorlagen. Dazu erhielten wir auch eine Liste aller Arten auf Diskette zur Verwendung für den Kartenausdruck.

Wir bedanken uns für die anhaltende finanzielle Förderung des Projekts durch die für den Artenschutz zuständigen Ministerien des Landes Baden-Württemberg, zunächst durch das Ministerium für Ernährung, Landwirtschaft, Umwelt und Forsten unter Herrn Minister DR. h.c. G. WEISER, später durch das Ministerium für Umwelt unter Herrn Minister DR. E. VETTER. In der zuständigen Ministeriumabteilung, geleitet von Herrn Ministerialdirigent H. KUHN, später von Herrn Ministerialdirigent D. ANGST, danken wir für besondere Unterstützung außer den Abteilungsleitern auch den Herren Ministerialrat W. BAUER, Ministerialrat DR. S. KÜNKELE und Regierungsbiologierat Dr. M. SCHMIDT.

Den Direktoren des Staatlichen Museums für Naturkunde Stuttgart, Herrn Prof. DR. B. ZIEGLER, und des Staatlichen Museums für Naturkunde Karlsruhe, Herrn Prof. DR. S. RIETSCHEL haben wir für ihr Verständnis und ihre Unterstützung herzlich zu danken. Nur dadurch war die Durchführung des Projekts an den beiden Museen möglich.

Die Herausgabe dieses ersten Teils des Werks wäre ohne die finanzielle Hilfe der Stiftung Naturschutzfond nicht möglich gewesen. Wir bedanken uns bestens beim Stiftungsrat, namentlich seinem Vorsitzenden, Herrn Minister DR. E. VETTER und dem Geschäftsführer der Stiftung, Herrn Ministerialrat DR. E. HEIDERICH.

Für die sorgfältige Betreuung des Werks beim Verlag Eugen Ulmer und für die gute Zusammenarbeit danken wir herzlich Herrn Verleger R. ULMER und seinen Mitarbeitern, vor allem Herrn D. KLEINSCHROT.

Mit diesem Werk soll allen am Natur- und Artenschutz interessierten Personen, Behörden und Instituten ein Nachschlagewerk an die Hand gegeben werden, das speziell auf die Verhältnisse in Baden-Württemberg ausgerichtet ist. Insbesondere sind hier die Kenntnisse über die Verbreitung der Pflanzenarten im Lande auf dem derzeit bestmöglichen Stand zusammengefaßt. Da es aber unmöglich ist, in einem relativ kurzen Zeitraum und mit einer doch begrenzten Mitarbeiterzahl die Verbreitung aller Arten bis ins letzte Detail zu erfassen, bleibt auch in Zukunft für die Botaniker – Amateur oder von Beruf – noch genügend zu tun. Ganz abgesehen davon, daß die Pflanzen in ihrer Verbreitung Veränderungen unterliegen, die es verdienen, genau verfolgt zu werden.

Für Ergänzungen und Berichtigungen sind die am Projekt beteiligten Botaniker der Naturkundemuseen in Karlsruhe und Stuttgart stets dankbar. Wir hoffen auch, daß dieser erste Band so manchen ehrenamtlichen Mitarbeiter zur Fortführung oder gar zur Verstärkung seiner Tätigkeit bei der floristischen Kartierung des Landes ermuntert.

Stuttgart und Karlsruhe   Oskar Sebald
Frühjahr 1990   Siegmund Seybold
           Georg Philippi

Vorwort zur 2. Auflage

Nach erstaunlich kurzer Zeit ist bereits eine 2. Auflage der Bände 1 und 2 der „Farn- und Blütenpflanzen Baden-Württembergs" nötig geworden. Die Herausgeber und die Autoren sind darüber sehr erfreut, zeigt es doch, wie positiv die Grundlagenwerke zum Artenschutzprogramm des Landes Baden-Württemberg von der Bevölkerung aufgenommen werden und wie wichtig sie geworden sind. Die Landesanstalt für Umweltschutz hat in Zusammenarbeit mit den Autoren seit 1990 mit der Umsetzung der Ergebnisse dieser Bände begonnen, um die Vorkommen gefährdeter Arten durch neu eingeleitete besondere Schutzmaßnahmen zu erhalten.

Für die neue Auflage konnten und sollten nur die wichtigsten inzwischen bekannt gewordenen Änderungen oder Ergänzungen eingearbeitet werden. Auch einige Abbildungen konnten durch neuere ersetzt werden.

Besonders bei den Verbreitungskarten konnte nicht jeder neue Fundpunkt Berücksichtigung finden. Dennoch sind die Herausgeber für jede solche Meldung stets dankbar. Besonders bedanken möchten wir uns bei Herrn Dr. H. BAUMANN, Böblingen, und bei Herrn A. KLEINSTEUBER, Karlsruhe, die sich beide sehr um Verbesserungen bemüht haben. Weiter gebührt wieder Dank der Stiftung Naturschutzfonds, die ja zum Gelingen des Werks besonders beigetragen hat. Mögen auch weiterhin Naturschutz und Wissenschaft von den Erkenntnissen profitieren, die durch dieses Werk angeregt werden, damit darauf weiter aufgebaut werden kann.

Im Frühjahr 1993   Die Herausgeber

Allgemeiner Teil

Von O. SEBALD, S. SEYBOLD u. G. PHILIPPI

1 Planung und systematische Anordnung

Die Planung des Projekts ging von Anfang an davon aus, die rund 2000 Arten von Blüten- und Farnpflanzen von Baden-Württemberg in 4 Teilen zu je etwa 500 Arten zu behandeln. Die von HEYWOOD (1978) benutzte Anordnung der Familien beruht auf STEBBINS (1974). Dessen System stimmt in großen Teilen mit CRONQUIST (1968) überein. Auch im neueren Werk von CRONQUIST (1981) findet man eine in weiten Teilen übereinstimmende Anordnung.

Die Anordnung der Pflanzenarten ist an und für sich für den Zweck dieses Projekts keine primäre Frage. Wir hatten uns schon bei Beginn der Arbeiten entschieden, die Reihenfolge der Pflanzenfamilien bei HEYWOOD (1978) zu verwenden. Wegen des Umfangs der Manuskripte erwies es sich als notwendig, die etwa 500 Arten des ersten Teils auf die Bände 1 und 2 zu verteilen. Die Manuskripte und Karten der Bände 1 und 2 wurden Ende 1988 abgeschlossen. Es gibt auch heute noch kein System der Blütenpflanzen, das in allen Einzelheiten der Familienanordnung und -gliederung allgemein anerkannt ist. In jedem Fall ist das System bei HEYWOOD wesentlich moderner als das der bisherigen Landesfloren.

Aus den Artenzahlen und dem Umfang der Manuskripte ergab es sich, daß im Band 1 (s. Übersicht) außer den Farnartigen Pflanzen (Pteridophyta) und den Nadelgehölzen oder Nacktsamern (Gymnospermae) die ersten 3 Unterklassen der Klasse der Zweikeimblättrigen Blütenpflanzen (Dicotyledoneae) zu behandeln waren. Band 2 bis 4 sollen jeweils eine Unterklasse der Zweikeimblättler umfassen, Band 5 die Klasse der Einkeimblättrigen Blütenpflanzen (Monocotyledoneae oder Liliatae).

Die Reihenfolge der Familien kann der Inhaltsübersicht entnommen werden. Bei der Reihenfolge der Gattungen und Arten innerhalb der Familien haben wir uns mit Ausnahme von Einzelfällen nach der Flora Europaea (1964–1980) gerichtet.

2 Aufgenommene Arten

Es sollten alle in Baden-Württemberg wildwachsenden Arten berücksichtigt werden. Die Abgrenzung des Begriffs „wildwachsend" ist in der Praxis nicht immer klar möglich. Zu den wildwachsenden Arten gehören in jedem Fall alle der ursprünglichen Flora angehörenden Arten (urwüchsige Arten), bevor der Mensch wesentlichen Einfluß gewann. Dazu kommen alle alteingebürgerten Arten (Archaeophyten) und auch viele der Neophyten, die erst nach 1500 in unser Gebiet gelangt sind und sofern sie sich eingebürgert haben. Eine solche Art gilt an einer Stelle als eingebürgert, wenn sie mindestens drei aufeinander folgende Generationen entwickelt hat, die aus

Systematische Gruppe	Band
Abteilung Pteridophyta (Farnartige Pflanzen)	1
Abteilung Spermatophyta (Blüten- oder Samenpflanzen)	
Unter-Abt. Gymnospermae (Nacktsamer, Nadelgehölze)	1
Unter-Abt. Angiospermae (Bedecktsamer)	
Klasse Dicotyledoneae, Magnoliatae (Zweikeimblättler)	
Unter-Klasse Magnoliidae (Vielfrüchtige)	1
Unter-Klasse Hamamelidae (Hamamelisartige)	1
Unter-Klasse Caryophyllidae (Zentralsamige)	1
Unter-Klasse Dilleniidae (Dillenienähnliche)	2
Unter-Klasse Rosidae (Rosenähnliche)	3
Unter-Klasse Asteridae (Asternähnliche)	4
Klasse Monocotyledoneae, Liliatae (Einkeimblättler)	5

Samen entstanden sind (SCHROEDER 1974). Meist nicht berücksichtigt wurden Arten, die nur unbeständig und selten eingeschleppt werden (Ephemerophyten). Ebenso wurden bei uns verbreitete Nutz- und Zierpflanzen, die nur gelegentlich unbeständig verwildern, im allgemeinen nicht berücksichtigt, es sei denn, sie haben sich als wildwachsende Pflanzen etabliert. Selbstverständlich gibt es hier immer strittige Grenzfälle. Häufig liegen auch keine weiteren Informationen über den tatsächlichen Status eines kartierten Vorkommens vor. Bei uns nur kultivierte Arten blieben unberücksichtigt. Bei Wald- und Zierbäumen kann es dabei besonders zu Problemen der Abgrenzung zwischen wildwachsenden und kultivierten Vorkommen kommen, die nicht immer befriedigend zu lösen sind.

Nur die in dem geschilderten Sinn als wildwachsend zu bezeichnenden Arten wurden innerhalb der Gattungen im Text durchnumeriert. Sie sind in der Regel mit dem vollen Text behandelt und für sie liegt auch eine Verbreitungskarte vor. Zusätzlich wurden eine Reihe von Arten ohne Durchnumerierung und mit stark gekürztem, im Kleindruck gesetzten Text aufgenommen. Bei ihnen handelt es sich um Grenzfälle von unbeständigen oder verwilderten Arten. Im allgemeinen liegen für sie keine Verbreitungskarten vor.

Sippen unterhalb des Artrangs (Unterarten oder Varietäten) und Kleinarten von kritischen Artengruppen wurden dann berücksichtigt, wenn aus Baden-Württemberg genügend Informationen über ihr Vorkommen und ihre Verbreitung vorlagen. Eine intensivere Beschäftigung mit ihnen ist schon aus zeitlichen Gründen im Rahmen dieses Projekts nur in sehr begrenztem Umfang möglich. Näheres dazu ist jeweils im Abschnitt Variabilität bei den Arten zu finden.

3 Das Untersuchungsgebiet und seine Naturräume

Das Untersuchungsgebiet umfaßt das Land Baden-Württemberg. Die Verbreitungskarten zeigen nur die in diesem Land festgestellten Vorkommen. Nur in Ausnahmefällen wurden Vorkommen in Grenzquadranten in die Karte aufgenommen, wenn sie nachweislich oder vermutlich schon außerhalb Baden-Württembergs liegen. Auch die ökologischen und coenologischen Angaben im Text beruhen ganz überwiegend auf Befunden aus Baden-Württemberg, ebenso natürlich die Bemerkungen über den Bestand und über die Bedrohung einer Art. Bei der Schilderung der Verbreitung im Text

werden eine Reihe von Namen für naturräumliche Einheiten verwendet, die in diesem Abschnitt erläutert werden sollen. Beim Vergleich der Verbreitungskarten fällt auf, daß bei einem Teil der Arten ähnliche Verbreitungsmuster auftauchen. Diese Muster hängen wenigstens teilweise mit den naturräumlichen Gegebenheiten zusammen, also vor allem mit dem Vorherrschen bestimmter Klima- und Bodenverhältnisse in den betreffenden Naturräumen.

Baden-Württemberg ist durch seine allgemeine geographische Lage in Zentraleuropa ganz bestimmten großklimatischen Tendenzen ausgesetzt, die aber in den einzelnen Naturräumen beträchtlich abgewandelt sein können. Auch für die Einwanderungsmöglichkeit von Arten spielt natürlich die allgemeine Lage eines Gebiets eine wesentliche Rolle. Eine ganze Reihe von Arten erreicht in unserem Gebiet ihre westliche oder östliche Verbreitungsgrenze.

Der westlichste Punkt Baden-Württembergs liegt am südlichen Oberrhein zwischen Rheinweiler und Kleinkems bei 7° 30′ 45″, der östlichste auf der Ostalb bei Schloß Duttenstein bei fast 10° 30′, der nördlichste im Maintal bei Wertheim und Stadtprozelten bei 49° 47′ 25″, der südlichste am Rhein bei Grenzach-Wyhlen bei etwa 47° 32′. Die Fläche umfaßt etwa 35 750 km².

Die tiefsten Lagen Baden-Württembergs findet man am Oberrhein nördlich Mannheim mit etwa 90 m, der höchste Punkt ist der Feldberg-Gipfel im Schwarzwald mit 1493 m.

Vegetationskundlich kann man mehrere Höhenstufen unterscheiden, die ineinander übergehen. Auch wenn keine scharfe Grenzen zwischen diesen Höhenstufen angegeben werden können, ist die Benutzung der folgenden Begriffe zur Charakterisierung der vertikalen Verbreitung sehr nützlich.

Planare Stufe	Tieflagen, meist unter 200 m
Kolline Stufe	Hügelland, obere Grenze bei 300–400 m
Submontane Stufe	Hügelland und untere Berglagen, obere Grenze bei 500–700 m
Montane Stufe	Berglagen, obere Grenze bei 900–1000 m
Hochmontane Stufe	Höhere Berglagen, obere Grenze bei 1200–1400 m
Subalpine Stufe	obere Grenze bei 1700–2200 m. Diese Stufe wird in Baden-Württemberg nur im Süd-Schwarzwald noch erreicht.

Bei der im folgenden geschilderten naturräumlichen Gliederung Baden-Württembergs wurde versucht, mit Landschaftsbegriffen auszukommen, wie sie bei den Gliederungen der Geographen (neuere Übersicht bei A. BENZING 1979: 536–537) und bei der Forstlichen Standortskartierung (G. SCHLENKER u. S. MÜLLER 1973–86) verwendet werden. Die Naturräume Baden-Württembergs sind auf den Karten 2–8 in Form eines Punktrasters wie bei den Verbreitungskarten dargestellt. Oft hat ein Quadrant Anteil an mehr als einem Naturraum. Die Rasterkarten der Naturräume zeigen daher Überschneidungen. Wenn jeweils nur geringe Anteile auf einem Quadranten vorhanden sind, ist statt eines Punktes nur ein Ring als Signatur verwendet worden.

Die naturräumlichen Haupteinheiten wurden auf getrennten Karten dargestellt, um so beim Vergleich die Überlappungen besser zeigen zu können. Die Untergliederungen wurden durch Linien eingetragen, die den Quadrantengrenzen folgen. Ein Quadrant wurde dem Untergebiet zugeordnet, dem der größere Teil seiner Fläche angehört. Das bedeutet, daß in Grenzfällen bei Fundortsaufzählungen durchaus einmal ein Quadrant einem anderen Untergebiet zugeordnet sein kann als in der Karte dargestellt, wenn genau bekannt ist, daß der Fundort in dem kleineren, zu einem anderen Untergebiet zu zählenden Teil des Quadranten liegt.

Die naturräumlichen Haupteinheiten sind in sich oft sehr uneinheitlich. Sie zeigen jedoch wenigstens in Grundzügen Gemeinsamkeiten. Auch gibt es fast immer für einen Naturraum Ausnahmen, z.B. ausgesprochen kalkarme, stark versauerte Böden auf der Schwäbischen Alb. Solche untypischen Züge verwischen natürlich manche Verbreitungsmuster.

Folgende naturräumlichen Haupteinheiten (Wuchs- oder Vegetationsgebiete) lassen sich in Baden-Württemberg erkennen:

1. Oberrheingebiet: Außer der eigentlichen Rheinebene wurden auch die aus kleineren Bruchschollen bestehende Vorbergzone am Schwarzwaldrand, der Kaiserstuhl und der vorwiegend aus Muschelkalk aufgebaute Dinkelberg in diese Haupteinheit einbezogen. Die planare und kolline Höhenstufe mit ihrem warmen und relativ trockenen Klima nimmt den größten Raum ein. Nur selten wird die submontane Höhenstufe erreicht. Unverkennbar ist aus klimatischen und geographischen Gründen der submediterrane Einfluß in der Flora.

Die Höhenlage der Rheinebene reicht von 90 bis 280 m. Sie ist eines der wärmsten Gebiete Südwestdeutschlands. Die Jahresmittel liegen mehr oder weniger einheitlich nahe 10 °C, die Julimittel nahe 19 °C und die Januarmittel nahe + 1 °C. Dabei ist der nördliche Teil etwas wärmer, der südliche steht stärker unter Föhneinfluß (durch die Vogesen). Die Niederschläge sind in der nördlichen Oberrheinebene sowie in der südlichen um Breisach–Neuenburg deutlich niedriger als in den übrigen Teilen; in diesen Ausläufern des Wormser Trockengebietes und der Colmarer Trockeninsel können sie unter 600 mm im Jahr sinken (Mannheim 528 mm). Umgekehrt können die Niederschläge im Stau des Schwarzwaldes, v.a. des Nordschwarzwaldes, auch in der Ebene 1000 mm übersteigen.

Die Rheinniederung folgt als schmaler, meist unter 3–5 km breiter Streifen dem Rhein. Die Alluvionen sind kalkreich. Überflutungen durch den Rhein sind nach der Tullaschen Rheinkorrektion im Bereich Basel–Breisach seit etwa 1920–40 ausgeblieben; im Abschnitt Breisach–Rastatt wurde die Flußaue durch den Bau der Kanalschlingen weitgehend verändert oder gar zerstört. So finden wir heute nur noch zwischen Rastatt und Mannheim eine Flußaue vor, die allerdings erheblich eingeengt ist.

Auf der Niederterrasse herrschen kalkarme oder oberflächlich entkalkte, doch meist basenreiche Böden vor.

In der realen Vegetation der Oberrheinebene bestimmen außerhalb der Aue auf mittleren Standorten *Carpinus betulus* und *Quercus robur* das Bild der Waldbestände. Doch ist ein Buchenanteil nicht zu übersehen; er wird nach Norden zu größer. Von Natur aus dürfte *Fagus sylvatica* auf großen Flächen der nordbadischen Rheinebene (wie auch der benachbarten pfälzischen und hessischen Rheinebene) die wichtigste Holzart sein. In der südbadischen Rheinebene ergeben sich gerade in den Trockengebieten Beziehungen zu den elsässischen Trockenwäldern.

Vorbergzone des Schwarzwaldes: Diese Vorbergzone ist entlang des Nordschwarzwaldes nur als schmales Band ausgebildet, das kaum breiter als 1 km ist. Schichten mit Kalksteinen sind von Löß überdeckt und kaum einmal aufgeschlossen. Landwirtschaftliche Nutzung (Wein, Sonderkulturen wie Beeren) bestimmt das Bild der meisten Flächen. Morphologisch läßt sich diese Vorhügelzone hier wie auch weiter südlich scharf vom Schwarzwald wie von der Rheinebene abgrenzen.

Entlang des Mittleren Schwarzwaldes ist diese Vorbergzone mehrere Kilometer breit; Kalksteine sind gelegentlich in Steinbrüchen aufgeschlossen, bleiben jedoch für die Vegetation von untergeordneter Bedeutung.

19

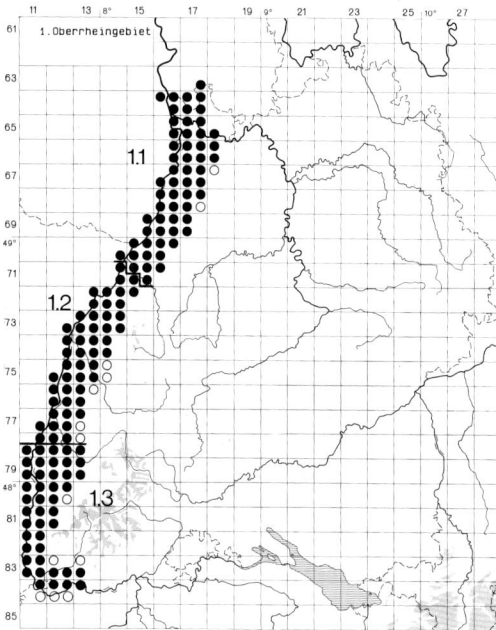

Karte 2

Auffallend ist diese Vorbergzone entlang des Südschwarzwaldes. Hier werden Höhen um 500 m erreicht (Kaiserstuhl: Totenkopf, 560 m; Schönberg bei Freiburg, 640 m; im Dinkelberggebiet: Hohe Flum, 535 m). Entsprechend sind die Niederschläge deutlich höher als in der angrenzenden Rheinebene. Ausgangsgestein sind neben Muschelkalk v. a. die Schichten des Oberen Dogger (Hauptrogenstein, bis 90 m mächtig) und tertiäre Süßwasserkalke (v. a. des Eozäns) an wenigen Stellen auch Weißer Jura (Isteiner Klotz). Der Kaiserstuhl ist vulkanischen Ursprunges, mit Karbonatiten am Badberg und bei Schelingen, Tephriten und ähnlichen Gesteinen im Westteil. Auch hier sind die Kalke vielfach von mächtigen Lößablagerungen überdeckt.

Die Vorbergzone des Schwarzwaldes ist überwiegend ein Buchenwald-Gebiet. An besonders warmtrockenen Stellen finden sich Flaumeichen-Wälder und Flaumeichen-Gebüsche sowie Trockenrasen (im engeren Sinne, Xerobrometum). Berühmt für diese submediterran geprägte Gesellschaften sind der Kaiserstuhl, wo auch der wärmste Ort Deutschlands liegt, und der Isteiner Klotz.

Bei der beträchtlichen Nord-Süd-Erstreckung des Oberrheingebiets ist es zweckmäßig eine Untergliederung vorzunehmen. Das nördliche Oberrheingebiet (1.1), dessen Südgrenze an der Murg anzusetzen ist, zeigt eine charakteristische Dreigliederung der Landschaft: die Rheinniederung mit

kalkhaltigen, meist schluffigen (bis sandigen) Alluvionen, die Hardtplatten mit oberflächlich entkalkten Flugsanden, und am Gebirgsrand eine versumpfte Randsenke (Kinzig-Murg-Rinne, mit Erlen- und Erlen-Eschenwäldern). Die Flugsandgebiete weisen südlich Rastatt und zwischen Bruchsal– Schwetzingen–Mannheim größere Dünenzüge auf, von denen die um Schwetzingen mit kalkhaltigen Sanden für ihre Flora mit zahlreichen kontinentalen Arten berühmt sind.

Die im Osten angrenzenden Hügel werden am besten dem Odenwald und den Gäulandschaften zugeordnet, von denen der Kraichgau den westlichsten Teil darstellt. Nur entlang des viel höheren Schwarzwalds kann man von einer Vorbergzone sprechen, die noch dem Oberrheingebiet zuzuordnen ist.

Das mittlere Oberrheingebiet (1.2) reicht von der Murg bis zu der engsten Stelle zwischen Kaiserstuhl und Schwarzwald (Riegeler Pforte). Nördlich der Riegeler Pforte treffen wir bis etwa auf die Höhe von Ringsheim-Kappel ein ähnliches Landschaftsbild wie in der südlichen Oberrheinebene: trockene Böden, wenige Wälder. Nördlich davon bestimmen ausgedehnte Erlen- und Erlen-Eschenwälder das Bild, allerdings viele Bestände davon mit deutlichen Anzeichen einer Entwässerung.

Das südliche Oberrheingebiet (1.3) reicht von der Freiburger Bucht nach Süden und umfaßt auch den Kaiserstuhl, das Markgräfler Hügelland und den Dinkelberg. Während in der Freiburger Bucht die Böden gut mit Wasser versorgt sind oder waren, überwiegen in der südlichen Oberrheinebene trockene, grundwasserferne Standorte. Wälder haben sich dort nur an wenigen Stellen erhalten.

2. Odenwald: Der Odenwald ist das nordöstliche Randgebirge des Oberrheingrabens. Er reicht von Nußloch–Heidelberg–Weinheim im Westen in nordöstlicher Richtung bis zum Main bei Wertheim (nördlich des Maines schließt der Spessart an). Die Höhen liegen meist bei 400 bis 500 m; die höchsten Punkte sind der Königstuhl bei Heidelberg (566 m) und der Katzenbuckel bei Eberbach (626 m). Das Gebiet zeigt zum Neckar hin Höhendifferenzen von über 300 m, am Main sind diese Höhenunterschiede mit bis zu 290 m etwas geringer. Gegen den Rheingraben läßt sich der Odenwald deutlich abgrenzen, undeutlich dagegen ist die Grenze zu den Muschelkalklandschaften des Baulandes.

Der geologische Untergrund ist überwiegend der Buntsandstein, dessen Schichten insgesamt bis 600 m mächtig sind. Der Katzenbuckel besteht aus Basalt, der westliche Gebirgsrand nördlich Heidelberg aus Graniten und Porphyren. Kalkarme, saure Böden überwiegen, wobei die Böden über Granit, besonders über Diorit und Granodiorit deutlich reicher als die über Buntsandstein sind. In der südöstlichen Grenzzone gegen die Muschelkalkgebiete des Baulandes hin hat der höher liegende Muschelkalk vielfach die tiefer gelegenen Buntsandsteinstandorte gerade in Bachtälchen und Schluchten mit Kalk beliefert, so daß wir hier oft ein reizvolles Nebeneinander azidophytischer und basiphytischer Vegetation vorfinden. Sande, die durch Verwitterung aus Buntsandstein hervorgegangen sind, finden sich auf der badischen Mainseite nur ganz kleinflächig (auf der bayerischen Mainseite sind sie größer flächig ausgebildet).

Klimatisch ist das Gebiet deutlich kühler als die Rheinebene; die mittleren Julitemperaturen liegen bei 15–16 °C, die mittleren Januartemperaturen zwischen 0 ° und − 1 °C, die Jahresmittel bei 7–8 °C. Die entsprechenden Werte für Buchen (346 m) betragen für das Jahr 7,7 °C, für den Januar − 1,3 °C und für den Juli 16,8 °C. Nur die Gebiete am Westrand (Bergstraße) sind deutlich wärmer und weisen ein ähnliches, z. T. sogar wärmeres Klima als die Oberrheinebene auf. – Die Niederschläge liegen am Westrand mit Werten über 1000 mm im Jahr recht hoch; nach Osten fallen sie langsam ab. Strümpfelbrunn am Katzenbuckel erhält noch 951 mm, Buchen 745 mm und Wertheim 617 mm Niederschlag.

Der Odenwald ist auch heute noch ein Waldgebiet. Buchenwälder mit geringen Anteilen der Traubeneiche überwiegen; das heute vielfach bestimmende Nadelholz wurde erst in den vergangenen 200 Jahren eingebracht. Im Grünland kommen anmoorige Stellen mit Flachmoorwiesen nur sehr kleinflächig vor. Deutlich reicher ist die Flora entlang der Bergstraße, wo auf Granit unter Einfluß des Löß sich kleinflächig sogar Trespen-Trockenrasen entwickeln konnten.

3. Schwarzwald: Der Schwarzwald reicht vom Hochrhein im Süden bis zur Linie Wolfartsweier bei Karlsruhe–Pforzheim; seine Nord-Süd-Erstreckung beträgt 160 km. Deutlich lassen sich drei Gebiete unterscheiden:

3.1 Nordschwarzwald: Er umfaßt das Gebiet von Wolfartsweier–Pforzheim bis zur nördlichen Wasserscheide des Kinzig-Systems. Die Höhen reichen von ca. 150–200 m am Fuß bis 1164 m an der Hornisgrinde und 960 m am Kniebis. Nördlich der Linie Malsch–Herrenalb–Neuenbürg finden sich niedere Randplatten mit Höhen um 400 bis 500 m, die oft lößbedeckt sind und bereits zum Kraichgau

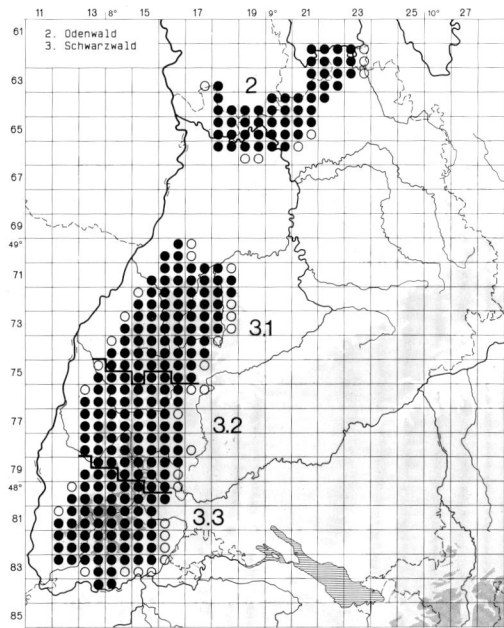

Karte 3

überleiten. Die Westseite des Gebirges ist stark zertalt und weist auf kleinem Raum große Höhenunterschiede auf (so auf der Westseite der Hornisgrinde 900 m auf 7 km Luftlinie vgl. auch Karte 12); auf der Ostseite des Nordschwarzwaldes finden wir ausgedehnte Hochflächen (mit Höhen von 700–800 m). – Buntsandstein ist das vorherrschende Gestein. Das Grundgebirge (meist Granit) bildet den Sockel des Gebirges und reicht meist bis in eine Höhe von 700 bis 800 m. Gneise kommen nur kleinflächig vor: am Omerskopf, im oberen Murgtal und im Renchgebiet. Bei Baden-Baden–Gaggenau findet sich eine ausgedehnte Zone mit Rotliegendem (Oberes Perm).

3.2 Mittlerer Schwarzwald: Er umfaßt etwa den Einzugsbereich der Kinzig, Schutter und Elz. Die Höhen sind im Gebiet zwischen Elz und Unterlauf der Kinzig meist unter 600 m; östlich der Gutach steigen sie bis 800 (900) m an, im Gebiet um Elzach, Triberg und Furtwangen auch über 1000 m. Der geologische Untergrund wechselt: Im Westen bis zum Schuttertal eine ± schmale Buntsandsteinzone, nach Osten anschließend Gneise und Granite, die auf der Ostseite des Gebietes wieder von Buntsandstein überdeckt werden.

3.3 Südschwarzwald: Grenze gegenüber dem Mittleren Schwarzwald ist die Wasserscheide zur Elz. Hier finden sich im Hochschwarzwald die höchsten Erhebungen des Gebirges: Feldberg (1493 m), Herzoghorn (1415 m), Belchen (1414 m). Der steilen, stark zertalten West- und Südwestseite steht eine relativ flache, wenig geneigte Ostabdachung gegenüber; auf der Westseite sind am Belchen die größten Reliefunterschiede: über 1000 m Höhendifferenz auf 5 km Luftlinie. Als Gestein finden wir v.a. Gneise, auf der Ostseite (östlich des Feldberges) auch Granite, die am Ostrand wiederum vom Buntsandstein überdeckt werden. Ein kleines Buntsandsteinvorkommen findet sich auch im Südwesten bei Schopfheim (Weitenauer Vorbergzone). Der Buntsandstein erreicht hier jedoch lange nicht mehr die Mächtigkeit wie im Odenwald. Von besonderer Bedeutung für die Pflanzendecke ist der schmale Devonschieferzug zwischen Badenweiler und Lenzkirch, der gerade im oberen Wiesental besonders reiche Standorte aufweist.

Klima: Das Klima ist im gesamten Schwarzwald recht ähnlich. Die Niederschläge betragen am Schwarzwaldfuß 900 bis 1000 mm im Jahr, nehmen zur Höhe hin zu und erreichen in den Gipfellagen Werte um und über 2000 mm (Unterstmatt im Nordschwarzwald 2110 mm, Feldberg-Gipfel 1929 mm). Die Temperaturen nehmen mit der Höhe etwa linear ab: um 9,5 °C liegen die Jahresmittel am Schwarzwaldfuß, etwa 8 °C in 500 m Höhe, etwa 6 °C bei 1000 m Höhe und 2,9 °C am Feldberggipfel (hier mittlere Januar-Temperatur −4,0 °C, mittlere Juli-Temperatur 10,4 °C). – Daneben gibt es örtliche Abweichungen, die bisher durch Klimadaten kaum erfaßt wurden. So dürften die nach Süden gerichteten Täler wie das der Wiese oder der Schlücht etwas wärmer als die der Schwarzwaldwestseite sein, der Nordschwarzwald insgesamt etwas kühler als der Südschwarzwald. – Die Ostseite des Schwarzwaldes ist deutlich regenärmer als die Westseite; die Niederschlagswerte liegen z.T. unter 1000 mm im Jahr.

Vegetation: Infolge kalkarmer, saurer Böden herrscht im Gebiet eine azidophytische Vegetation vor. In Gneisgebieten finden sich wegen der reicheren Böden anspruchsvolle Arten (wie *Mercurialis perennis* oder *Lunaria rediviva*) in größerer Zahl und Menge als in Granit- oder gar Buntsandsteingebieten. Eine basiphytische Vegetation ist v.a. an kalkführende Felsspalten (im Gneis und Devonschiefer) beschränkt. – Die natürliche Vegetation des Schwarzwaldes ist v.a. durch Buchen- und Buchen-Tannenwälder charakterisiert. Die Traubeneiche reicht meist nur bis in Höhen von 600 bis 800 m. Die Fichte ist auf der Westseite des Schwarzwaldes von Natur aus kaum tiefer als 800 m zu finden, zudem meist nur an Sonderstandorten wie Blockströmen, Eislöchern oder Moorrändern. In hochgelegenen Buntsandsteingebieten des Nordschwarz-

waldes oberhalb 800 m oder auf der Schwarzwaldostseite (oberhalb 700 bis 800 m) baut die Fichte zusammen mit der Weißtanne und der Waldkiefer die Wälder auf; die Buche tritt hier ganz zurück. Im Gipfelbereich des Südschwarzwaldes findet sich in Höhen oberhalb 1300 m meist in Nord-exponierter Lage kleinflächig ein subalpiner Vegetationskomplex an von Natur aus waldfreien Stellen.

Die höheren Lagen des Schwarzwaldes waren in der Eiszeit vergletschert. Zahlreiche Kare, teilweise mit Restseen, sind Spuren dieser letzten Vereisung. An diesen Stellen konnten sich nach der Verlandung der Gewässer Moore entwickeln. Für den Nordschwarzwald kennzeichnend sind die großen Plateaumoore, von denen das Wildseemoor das größte und bekannteste ist.

Die 3 in Nord-Süd-Richtung unterschiedenen Teile des Schwarzwalds lassen sich aufgrund topographischer, klimatischer und auch geologischer Unterschiede noch in West-Ost-Richtung untergliedern. Für die Verbreitungsangaben wurde jedoch weitgehend darauf verzichtet. Es wird in diesem Fall auf die Gliederungen bei Benzing (1979) und Schlenker u. Müller (1973–86) bzw. Hübner u. Mühlhäusser (1987) verwiesen.

4. Gäulandschaften: Unter diesem Begriff werden die im wesentlichen aus Muschelkalk aufgebauten Teile des südwestdeutschen Schichtstufenlandes zusammengefaßt. Die Muschelkalkplatten sind jedoch auf weiten Strecken von geringmächtigeren Schichten des Lettenkeupers, stellenweise auch noch von Gipskeuper oder von Löß überlagert, so daß der Muschelkalk dann nur an den Talhängen ansteht. Vom Gestein her als Ausgangsbasis der Bodenbildung und von der Höhenlage her sind die Gäulandschaften daher ziemlich unterschiedlich. Trotzdem bleibt das Vorherrschen eher kalk- oder zumindest basenreicher Böden ein gemeinsamer Zug. Nach Osten bzw. Südosten hin enden die Gäulandschaften am Fuß der nächsten, deutlichen Schichtstufe des mittleren Keupers, die gewöhnlich vom Sandstein des Schilf-, Kiesel- oder Stubensandsteins gebildet wird.

Die Schichtstufen verbreitern sich in Baden-Württemberg von Süden nach Norden. Die Gäulandschaften nehmen daher im nördlichen Baden-Württemberg beträchtliche Flächen ein, während sie im Süden nur einen schmalen Streifen bilden. Gleichzeitig steigt die mittlere Höhenlage nach Süden an. Entsprechend ist die potentielle natürliche Vegetation der Gäulandschaften und auch ihr allgemeiner Florencharakter recht verschieden, so daß es zweckmäßig ist, eine gewisse Untergliederung

vorzunehmen. Die wärmsten und tiefstgelegenen Gäulandschaften sind das
Tauber-Gebiet (4.1.) und das
Neckarbecken nördlich Stuttgart und der Kraichgau (4.3.) Zwischen ihnen liegen die etwas höher gelegenen und kühleren Bereiche der
Hohenloher Ebene und des Baulandes (4.2.). Diese 3 Gäulandschaften sind reine Laubwaldgebiete mit kollinen bis submontanen Eichen- und Buchenmischwäldern. Die nach Süden anschließenden Gäulandschaften begleiten den Ostrand des Schwarzwaldes. Ihre Höhenlage steigt nach Süden an und in der potentiellen natürlichen Vegetation ist außer Eiche und Buche zunehmend auch die Tanne beteiligt. Es folgen nach Süden
Heckengäu und Oberes Gäu (4.4.) und der
Obere Neckar (4.5.). Die anschließenden Muschelkalkplatten der Baar und des oberen Wutachgebiets werden aus klimatischen Gründen zu einer besonderen Haupteinheit gestellt (s. unter 6.).

Klima: Das Taubergebiet (4.1.) ist mit einer Jahresmitteltemperatur zwischen 8,6 ° und 9,1 °C nicht ganz so warm wie das Neckarbecken nördlich Stuttgart (4.3.), das je nach Station Jahresmitteltemperaturen zwischen 9,1 ° und 10,3 °C aufweist. Das Taubergebiet ist mit 617 bis 737 mm Jahresniederschlag im Mittel etwas trockener als das Neckarbecken, wo die Jahresniederschläge 675 bis 806 mm erreichen. Noch etwas niederschlagsreicher sind einige Teile des nördlichen Randes des Kraichgaus zum Odenwald hin.

Die höher gelegenen Hohenloher Ebene und das Bauland (4.3.) sind mit einer Jahresmitteltemperatur um 8 ° bis 8,5 °C deutlich kühler. Die Niederschläge sind im Bauland im Regenschatten des Odenwalds mit etwa 670 bis 820 mm kaum höher als im Neckarbecken. In der östlichen Hohenloher Ebene steigen die Niederschläge dagegen bis 885 mm an.

Das Heckengäu und Obere Gäu (4.4.) ist trotz seiner im Durchschnitt etwas höheren Lage (400–550 m) im Regenschatten des Nordschwarzwaldes mit etwa 700–800 mm Jahresniederschlag relativ trocken. Die Jahresmitteltemperaturen liegen zwischen 8 ° und 8,5 °C. Das Gebiet am oberen Neckar (4.5.) ist mit einem überwiegenden Höhenbereich von 500 bis 700 m deutlich kühler. Man kann mit einer mittleren Jahrestemperatur bei etwa 7,5 °C rechnen. Die jährlichen Niederschläge schwanken je nach Station zwischen 750 und 935 mm.

5. Keuper-Lias-Neckarland: Der mittlere Keuper ist aus einer wechselnden Folge von tonigen, basenreiche Böden liefernden Gesteinen und andererseits Sandsteinen aufgebaut, die oft kalkarme, stark versauerte Böden liefern. Da die größeren Hochflächen besonders im nördlichen Teil vorwiegend von Sandsteinen aufgebaut sind, findet man hier öfters einen Vegetationscharakter, der stark an den Schwarzwald erinnert. Zu den Verebnungen des Lias steigt das Gelände mit einer deutlichen Schichtstufe über die Rutschhänge des Knollenmergels an. Die Schichten des Lias liefern vorwiegend lehmig-tonige Böden. Sie werden auf größeren Flächen landwirtschaftlich genutzt im Gegensatz zu den vorwiegend von Wald eingenommenen Keuperflächen. Die Liasflächen bilden zugleich das Vorland der Schwäbischen Alb. Sie erstrecken sich oft in Form isolierter Inseln weit in das Keuperland hinaus.

Eine scharfe Abgrenzung ist schwierig. Da der Charakter des Keuper-Lias-Landes recht unterschiedlich ist, ist eine gewisse Untergliederung zweckmäßig. Wie bei den Gäulandschaften verschmälert sich das Areal nach Süden. Nach Westen zu inselartig vorgelagert ist der
Strom- und Heuchelberg (5.1.). Er ist wie die Randgebiete des nordwürttembergischen Keuperberglandes von den
Löwensteiner Bergen, Berglen und Schurwald (5.2.) von Natur aus reines Laubwaldgebiet. Das Klima ist noch relativ warm und läßt noch Weinbau zu. Nach Osten grenzt der
Schwäbisch-Fränkische Wald (5.3.) an. Er hat ein wesentlich kühleres und niederschlagreiches Klima, auch wenn die Meereshöhe nirgends 600 m übersteigt. Er ist ein Gebiet natürlicher Tannenverbreitung. Teile des östlichen Schurwaldes müssen auch noch hierher gerechnet werden. Nach Südosten zu geht der Schwäbisch-Fränkische Wald ohne scharfe Grenze in das
Vorland der Ostalb (5.4.) über. Die Niederschläge scheinen im Stromberg im Jahresmittel knapp unterhalb 800 mm zu liegen, in den Randgebieten des nordwürttembergischen Keuperberglandes von den Löwensteiner Bergen bis zum Schurwald liegen sie zwischen 850 bis 1000 mm und damit deutlich höher. Im eigentlichen Schwäbischen-Fränkischen Wald werden in seinem westlichen Teil sogar fast 1100 mm erreicht, nach Osten zu nehmen die Niederschläge allerdings ab. Im Ellwanger Raum liegen sie teilweise nur zwischen 800 und 850 mm. Die Jahresmitteltemperaturen liegen größtenteils zwischen 7,5 ° und 8 °C, in den Tälern teilweise auch zwischen 8 ° und 8,5 °C.

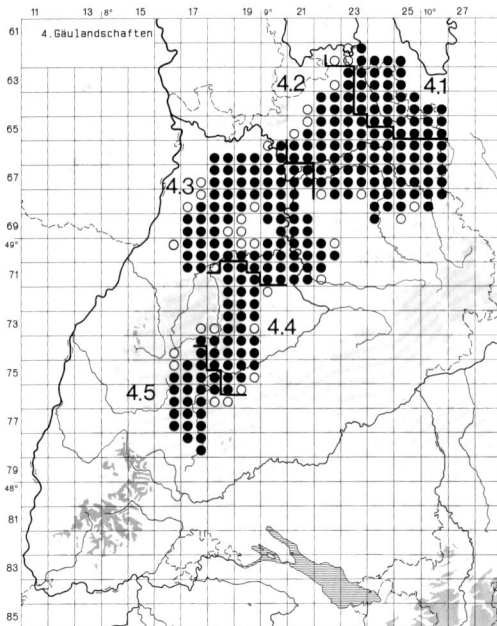

Karte 4

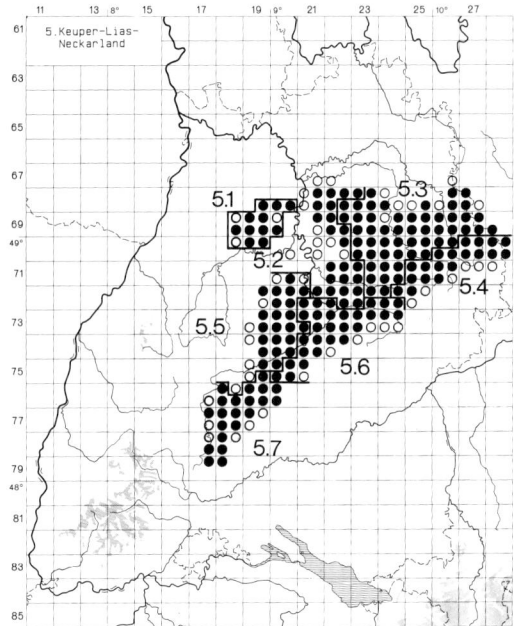

Karte 5

Im Vorland der Ostalb liegen die Niederschläge zwischen 760 mm und etwa 900 mm.

Das Keupergebiet des Glemswalds, Schönbuchs und Rammerts (5.5.) ist Laubwaldgebiet mit submontanen Eichen-Buchenwäldern. Nach Osten grenzt das Vorland der Mittleren Alb (5.6.) an, das ebenfalls noch von Natur aus Laubwaldgebiet ist, allerdings wegen der fruchtbaren Lehmböden vorwiegend landwirtschaftlich genutzt wird.

Das Keuperbergland des Glemswaldes, des Schönbuchs und des Rammerts ist trotz vergleichbarer Höhenlage mit nur 680 bis 780 mm Niederschlag deutlich trockener als der Schwäbisch-Fränkische Wald. Das Vorland der mittleren Alb ist mit 770 bis 900 mm, im östlichen Teil sogar bis 970 mm Niederschlag, trotz im Mittel etwas geringerer Höhenlage regenreicher.

Beim Vorland der Südwestalb (5.7.) ist die Keuperstufe so schmal geworden, daß sie nicht mehr von der Liasstufe abgetrennt werden kann. Das Vorland der Südwestalb erreicht schon beachtliche Höhenlagen teilweise über 700 m. Es ist entsprechend kühler, hat aber im Regenschatten des Schwarzwalds geringere Niederschläge als z. B. der Schwäbisch-Fränkische Wald. Am natürlichen Wald ist die Tanne beteiligt.

Im Vorland der südwestlichen Alb liegen die Niederschläge je nach Station zwischen 760 und 890 mm. Die Jahresmitteltemperaturen liegen größtenteils im Bereich von 7,5 ° bis 8 °C.

Die Keuper-Lias-Gebiete der Baar und des Wutachgebiets werden einer anderen naturräumlichen Haupteinheit zugerechnet (s. unter 6.).

Mit Ausnahme einiger kleinerer Anteile, die nicht zum Neckar entwässern (Taubergebiet, westlicher Kraichgau, Einzugsgebiet der Wörnitz am Riesrand) können die Haupteinheiten **4. Gäulandschaften** und **5. Keuper-Lias-Neckarland** auch unter dem Begriff **Neckarland** zusammengefaßt werden. Dieser Begriff wird auch in diesem Werk öfters bei der Fundortaufzählung verwendet (s. die gleiche Verwendung bei der forstlichen Standortskunde und in den württembergischen Landesfloren).

6. Baar- und Wutachgebiet: Die südlichsten Teile des Schichtstufenlandes zwischen Schwarzwald und Alb fallen aus dem Rahmen. Die Schichtglieder sind eng beieinander, zum Teil haben sie auch ihre Mächtigkeit und Fazies gegenüber den nördlicher gelegenen Gebieten verändert. In jedem Fall ist die Geologie dieses Gebiets auf kleinem Raum sehr vielfältig und nicht mehr so ohne weiteres für klare naturräumliche Gliederungen verwendbar. Die hochgelegene Mulde der Baar (6.1.) zeichnet sich durch große Winterkälte und ausgesprochene Frostlagen aus. In den natürlichen Wäldern tritt die Buche stark zurück, Nadelbäume wie Tanne und Fichte herrschen vor. Die

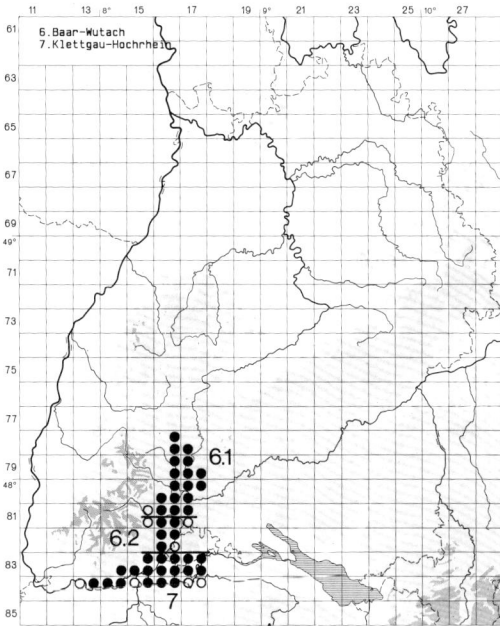

Karte 6

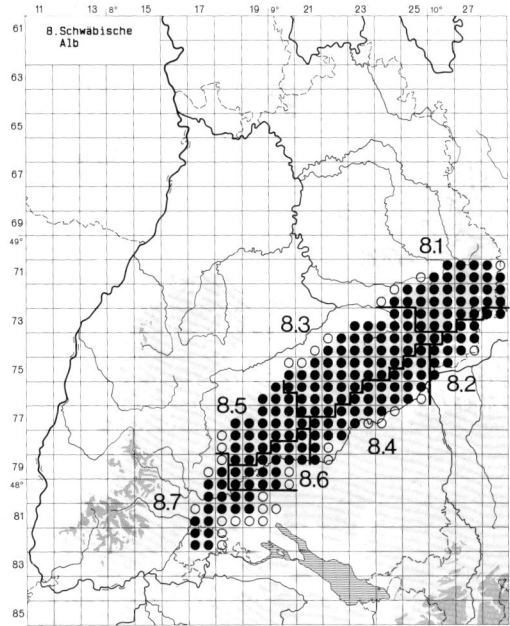

Karte 7

Höhenlage schwankt zwischen 600 und 900 m.
Doch liegen die meisten Bereiche der Hochmulde
mit nur geringen Reliefunterschieden zwischen 700
und 800 m. In den weiten Mulden der Baar konnten sich auch Moore ausbilden, die jedoch durch
Abtorfen stark gestört oder ganz vernichtet wurden. Verbreitet sind in der Baar auch lehmige bis
tonige, wasserstauende Böden.

Das Klima ist durch Winterkälte (verbunden mit
Spätfrösten im Frühjahr) und relativ warme Sommer gekennzeichnet. Die Niederschläge sind im
Vergleich zum Schwarzwald und zur Schwäbischen
Alb gering. Die entsprechenden Werte für Donaueschingen (693 m) betragen für das Jahresmittel der
Temperatur 6,3 °C, für den Januar −3,1 °C und für
den Juli 15,8 °C; der mittlere Jahresniederschlag beträgt 732 mm.

Das
Wutachgebiet (6.2.) senkt sich von den fast 900 m
hochgelegenen Muschelkalkplatten bei Bonndorf
nach Süden sehr stark ab auf Höhenlagen unter
500 m, so daß wir hier in den Bereich submontaner
Eichen-Buchenmischwälder kommen. Westlich der
Wutach herrscht der Muschelkalk vor, östlich der
Wutach durchsteigt man auf kurzer Entfernung die
Schichten vom Muschelkalk bis zum Weißen Jura
des Randens, im südlichen Teil reichen allerdings
die Schichten nur bis zum Lias bzw. Dogger. Die
obere Wutach hat sich im Muschelkalk tief in einer
engen Schlucht eingeschnitten. Im Bereich des Keu-

pers und des Lias bildet sie ein weites Tal. An den
Talhängen der Wutach kann die Kaltluft abfließen,
so daß hier Laubholz vorherrscht.

7. Klettgau und Hochrhein: Der Klettgau ist das
Gebiet zwischen Hochrhein und dem Unterlauf der

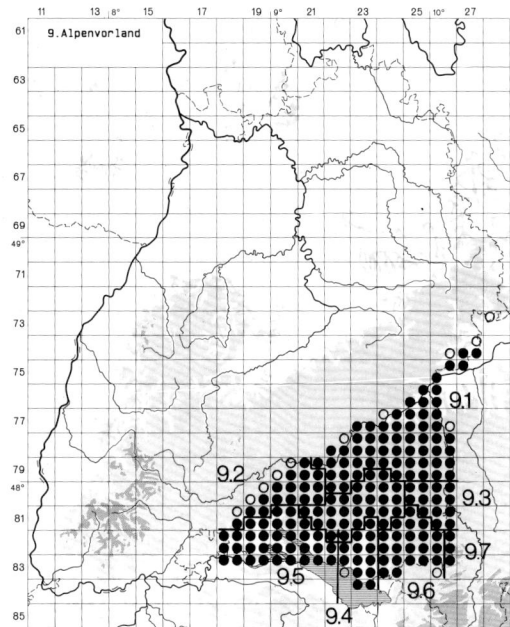

Karte 8

25

Wutach. Die Höhen reichen von ca. 400 bis ca. 600 m. Neben kleinen Muschelkalkvorkommen nehmen Keuper, Lias und Dogger mit ± weichen Schichten große Flächen ein und bilden schwach bis mäßig geneigte Hänge. Der Weiße Jura (Malm) ist mit Höhendifferenzen bis 200 m eine im Landschaftsbild markante Erscheinung (v.a. um die Küssaburg).

SCHLENKER und MÜLLER (1975) betrachten den Klettgau im Rahmen der forstlichen Regionalgliederung schon als Teil des südwestdeutschen Alpenvorlandes, da beträchtliche Flächen auch von pleistozänen und tertiären Ablagerungen eingenommen werden.

Zu der naturräumlichen Einheit Klettgau und Hochrhein wurde auch noch das Muschelkalkgebiet westlich der unteren Wutach gerechnet, das sich bis zum Albtal hinzieht. Dieses Muschelkalkgebiet erreicht Höhen bis 700 m, stellenweise bis 760 m. Nach Norden geht dieses Muschelkalkgebiet ohne scharfe Grenze in das obere Wutachgebiet (6.2.) über. In etwa kann man das Merenbachtal zur Abgrenzung verwenden.

Das Hochrheingebiet umfaßt die Terrassen entlang des Rheins; es ist auf deutscher Seite kaum breiter als 1–2 km. Wälder haben sich nur an wenigen Stellen erhalten; landwirtschaftliche Nutzung überwiegt. Eine Aue wie am Oberrhein fehlt; der Rhein fließt unmittelbar am Terrassenrand. Als westliche Begrenzung wurde die Mündung der Wehra gewählt, da der Dinkelberg bereits zum Oberrheingebiet gerechnet wurde.

Klimatisch handelt es sich um ein relativ niederschlagsreiches Gebiet (mit mittleren Jahresniederschlägen um 900–1000 mm); die Jahresmitteltemperaturen erreichen in den wärmsten Gebieten Werte von über 8 °C.

In der Waldvegetation überwiegen von Natur aus Buchenwälder, meist mit wechselnden Anteilen der Traubeneiche; die Weißtanne kommt von Natur aus zumindest in den schwarzwald-nahen Teilen als Nebenholzart vor.

8. Schwäbische Alb: Die mächtigste Schichtstufe bildet der Weiße Jura mit seinem Nordwestrand. Er erreicht auf der Südwestalb knapp über 1000 m Höhe. Die Kalksteine und Mergel prägen auch den recht einheitlichen Vegetationscharakter. Doch gibt es auch auf der Albhochfläche besonders auf der Ostalb auch größere Flächen mit ausgesprochen kalkarmen Böden. Die Abgrenzung auf der Südostabdachung gegen das Alpenvorland ist viel weniger deutlich. Vielfach werden hier die Jurakalke von tertiären oder pleistozänen Schichten überlagert.

Der Jura taucht nur in den Taleinschnitten auf. Die Alb wird zunächst der Länge nach entsprechend dem Verlauf der Klifflinie des Tertiärmeeres gegliedert. Nördlich herrschen kuppige Landschaftsformen vor, südlich mehr eingeebnete. Außerdem wird eine Unterteilung entsprechend der ansteigenden Höhenlagen von Nordosten nach Südwesten vorgenommen. Daraus ergibt sich die folgende Gliederung:

8.1 Nördliche Ostalb
8.2 Lone-Egau-Alb
8.3 Mittlere Kuppenalb
8.4 Mittlere Donaualb
8.5 Zollern- und Heubergalb
8.6 Südwestliche Donaualb
8.7 Baar-Alb, Hegau-Alb und Randen. 8.5 bis 8.7 können auch unter dem Begriff **Südwestalb** zusammengefaßt werden. Die potentielle natürliche Vegetation sind auf großen Flächen montane Buchenwälder, denen auf der Südwestalb auch Tanne beigemischt ist. Auf der wärmeren und trockenen Lone-Egau-Alb (8.2.) handelt es sich um submontane Eichen-Buchenwälder.

Die höchsten Niederschlagsmengen auf der Alb fallen entlang des Nordtraufs mit 900 bis 1100 mm, vor allem im mittleren und östlichen Teil. Der Nordwestrand der Südwestalb, obwohl die höchsten Erhebungen der Alb aufweisend, bekommt ein wenig geringere Regenmengen (etwa 850–950 mm). Die Niederschläge nehmen zur Donauseite hin ab. Im niedrigsten Teil der Schwäbischen Alb, der Lone-Egau-Alb (8.2) mit Meereshöhen zwischen 450 und 600 m, fallen im Jahresmittel nur etwa 670 bis 750 mm Niederschlag. Die besonders große Schwankung der Mitteltemperaturen zwischen wärmstem und kältestem Monat von 19,5 °C weisen auf eine kontinentale Tendenz des Klimas hin. In der Traufzone der Alb beträgt die Temperaturschwankung im mittleren Bereich nur 17,8 °C, auf dem Klippeneck am Trauf der Südwestalb ist sie mit 17,4 °C noch etwas geringer.

Die mittleren Jahrestemperaturen liegen auf der Albhochfläche des mittleren und südwestlichen Teils zwischen 6 ° und 6,5 °C. Auf der tiefgelegenen Lone-Egau-Alb erreichen die mittleren Temperaturen den Bereich von 7,5–8 °C.

9. Alpenvorland: Es erstreckt sich vom Südostrand der Schwäbischen Alb nach Osten bis zur Landesgrenze gegen Bayern und nach Süden bis zum Bodensee und Hochrhein. Den geologischen Untergrund bilden tertiäre Molasseschichten und eiszeitliche Schotter und Moränenablagerungen. Typisch sind auch die zahlreichen Seen und Moore. Wenn man von der eigentlich eher schon zu den Voralpen zählenden Adelegg mit 1118 m Höhe absieht, sind die Höhendifferenzen eher bescheiden. Die tiefsten Punkte liegen im Norden in der Donauniederung bei etwa 450 m, im Süden am Bodensee bei 395 m, die höchsten Punkte liegen (ohne Adelegg) bei 830 bis 845 m. Als potentielle natürliche Vegetation kommen großflächig submontane Eichen-Buchenwälder und montane Buchen-Tannenwälder in Betracht. Nur für das Hegaubecken werden auch kolline Eichenmischwälder angenommen. Die Adelegg ragt in die Stufe der hochmontanen Fichten-Tannen-Buchenwälder hinein. Der Anteil der Sommerniederschläge ist im Alpenvorland deutlich höher als z. B. im Schwarzwald. Zusammen mit der etwas größeren jährlichen Temperaturschwankung deutet dies auf einen kontinentaleren Klimacharakter hin. Das Alpenvorland läßt sich folgendermaßen gliedern:

(9.1) Nördliches Oberschwaben mit Donauniederung: Es ist aufgebaut aus Molasse, pleistozänen Schottern und Rißmoräne. Vorherrschend sind entkalkte Lehmböden. Das Gebiet ist ursprünglich reines Laubwaldgebiet mit submontanen Eichen-Buchenwäldern und weist eine sehr geringe Reliefenergie auf. Die Niederschlagshöhe ist mit 670 bis 840 mm eher gering. Es ist eines der floristisch ärmsten Gebiete Baden-Württembergs, wenn man von der Donauniederung absieht.

(9.2) Westliche Rißmoräne: Sie ist mit Höhen zwischen 560 und 710 m ähnlich wie 9.1.

(9.3) Südöstliche Rißmoräne: Sie liegt wiederum etwas höher und ist vor allem deutlich niederschlagsreicher mit 900 bis 1130 mm Niederschlag. Als natürliche Vegetation wird ein montaner Buchen-Tannenwald angenommen.

(9.4) Würmmoräne-Hügelland von Wilhelmsdorf und Waldsee: Die Höhen schwanken von etwa 530 bis 840 m, die Niederschläge von etwa 850 bis 1000 mm. Als natürliche Wälder kommen in diesem Gebiet submontane Eichen-Buchenwälder und montane Buchen-Tannenwälder vor.

(9.5) Bodenseegebiet einschließlich Hegau und Schussenbecken: Neben größeren flachen Landschaftsteilen wie der Hegau-Niederung und dem Schussenbecken gibt es auch Gebiete, die eine erhebliche Reliefenergie aufweisen, wie die steilen Molassehänge am Überlinger See und am Schiener Berg. Die Molassehöhen erreichen knapp über 700 m. Sie werden nur von dem vulkanischen Hohenstoffeln mit 844 m noch überragt. Die Niederschläge liegen zwischen 780 bis 980 mm, wobei die Schussenniederung deutlich niederschlagsreicher ist als die Hegauniederung. Nur in letzterer werden als

potentielle natürliche Vegetation kolline Eichenmischwälder angenommen, während sonst submontane Eichen-Buchenwälder vorherrschen, stellenweise unter Beimengung von Tanne.

(9.6) Westallgäuer Hügelland: Es wird fast ganz von der Würmmoräne beherrscht. Die Höhen liegen zwischen 450 und 830 m. Mit der Annäherung an den Alpenrand steigen die Niederschläge an. Sie betragen zwischen 1000 und 1600 mm. Die natürliche Vegetation ist ein montaner Buchen-Tannenwald, in den viele Moore und Seen eingestreut sind.

(9.7) Adelegg: Der aus Nagelfluh und Mergeln der Oberen Süßwassermolasse aufgebaute Bergzug gehört genau genommen nicht mehr zum Alpenvorland sondern zu den Voralpen. Er reicht bis in Höhen von 1118 m und erhält Niederschläge, die um 1800 mm liegen dürften. Bei den natürlichen Wäldern handelt es sich um hochmontane Fichten-Tannen-Buchenwälder.

4 Anmerkungen zum Textteil

Es war nicht das Ziel, umfassende Monographien für das gesamte Areal der einzelnen Arten zu erarbeiten. Vielmehr lag der Schwerpunkt ganz eindeutig bei den Befunden, die in Baden-Württemberg selbst erhoben worden sind, also vor allem bei der Schilderung der Verbreitung in Baden-Württemberg in Text und Karten, beim ökologischen und soziologischen Verhalten und bei den Informationen über den Status, Bestand und die Bedrohung. Beobachtungen aus anderen Gebieten wurden herangezogen, wenn es zur Abrundung der Schilderung zweckmäßig erschien. Da das Werk einem weiten Interessentenkreis zum Erkennen und Bestimmen der Arten dienen sollte, wurde auf Bestimmungsschlüssel und morphologische Angaben nicht verzichtet. Diese werden ergänzt durch eine möglichst reichhaltige Bebilderung.

Im folgenden werden zu den einzelnen Textsparten erläuternde Anmerkungen gemacht.

4.1 Wissenschaftliche Namen

Die verwendeten lateinischen Pflanzennamen richten sich im allgemeinen nach folgenden Werken: Flora Europaea (TUTIN et al. 1964–80), Liste der Gefäßpflanzen Mitteleuropas, 2. Auflage (EHRENDORFER 1973) und MED-Checklist (GREUTER et al. 1984ff.). Wo diese Werke differieren oder aus anderen Arbeiten sich andere korrekte Namen ergeben, war es dem einzelnen Bearbeiter freigestellt, den richtig erscheinenden Namen zu verwenden. Was die Abgrenzung oder Aufteilung von Gattungen angeht, sind wir konservativ verfahren, um bei einer gewissen Stabilität der Namen zu bleiben. Den wissenschaftlichen Namen wurde bei Gattungen und Arten der Name des Autors (häufig abgekürzt) und die Jahreszahl der Erstbeschreibung hinzugefügt. Im Vergleich mit den ebenfalls genannten gebräuchlichsten Synonymen kann sich der Leser selbst ein Bild machen, warum der gewählte Name nach den Nomenklaturregeln Priorität genießt. Kompliziertere Nomenklaturfälle werden in kurzen Anmerkungen begründet. Als Synonyme wurden nur Namen aufgeführt, die einmal in den wichtigsten Landesfloren Verwendung fanden.

4.2 Deutsche Pflanzennamen

Es wurde dazu im wesentlichen OBERDORFER (1983) herangezogen, gelegentlich auch andere, weit verbreitete Floren. Aus Platzgründen war es nicht möglich, eine Aufzählung der oft zahlreichen, landschaftlichen Abwandlungen von Volksnamen aufzuzählen. Es sei hier auf die Spezialwerke verwiesen wie MARZELL (1937–1979), für Baden auf die Arbeiten von W. ZIMMERMANN (1913–1919).

4.3 Morphologie

Jede Art wurde unter dem Stichwort Morphologie an Hand der wichtigsten Merkmale beschrieben. Vor allem in Baden-Württemberg gesammelte Pflanzen dienten als Grundlage der Beschreibung. Die Reihenfolge entspricht der in botanischen Beschreibungen meist üblichen. Habitus oder Lebensform, unterirdische Organe, Stengel, Blätter, Blütenstand, Blütenhülle, Staubblätter, Fruchtknoten, Frucht, Samen. Aus Platzgründen werden in den Bestimmungsschlüsseln schon aufgeführte Merkmale manchmal in der Beschreibung nicht mehr wiederholt. Ergänzt wird die Beschreibung in den meisten Fällen durch eine Abbildung (vergl. Abschnitt 6).

4.4 Blütezeit

Die Blütezeit einer Art wird am Schluß des Abschnitts Morphologie angegeben, wenn bei der betreffenden Art kein besonderer Abschnitt Biologie eingefügt ist.

4.5 Biologie

Ein Abschnitt Biologie wird nur bei Bedarf eingefügt. Er enthält außer phänologischen Angaben zur Blütezeit oder Zeit der Samenreife Angaben zur Fortpflanzungsweise, zur vegetativen Vermehrung, zur Blütenbiologie und zur Verbreitungsbiologie.

4.6 Variabilität

Ein Abschnitt unter diesem Stichwort findet sich bei den Arten, bei denen es oft schwierig zu unterscheidende Sippen unterhalb des Artrangs (Unterarten, Varietäten) oder sogenannte Kleinarten in kritischen Artengruppen gibt. Es wird hier auch auf Verwechslungsmöglichkeiten und Hybriden hingewiesen. Häufig geben hier nur gut gesammelte Herbarbelege die Gewähr für die Richtigkeiten von Angaben. Angaben kritischer Sippen werden daher durch Zitierung des Herbarbelegs ergänzt. Verbreitungskarten kritischer Sippen wurden nur dann angefertigt, wenn die sicher belegten Nachweise einigermaßen die Verbreitung widerspiegeln. Der Abschnitt Variabilität findet sich entweder unmittelbar anschließend an den Abschnitt Morphologie oder ganz am Schluß der Abhandlung einer Art. Letzteres ist der Fall, wenn die kritischen Sippen bzw. Unterarten auch in den Abschnitten zur Ökologie und Verbreitung usw. getrennt behandelt werden.

4.7 Ökologie

Unter diesem Stichwort finden sich Angaben und Beobachtungen zu den Standortsansprüchen und zum soziologischen Verhalten der Arten. Die in diesem Abschnitt vorkommenden wissenschaftlichen Namen von Pflanzengesellschaften richten sich im allgemeinen nach E. OBERDORFER (1983). Auf die Angabe von Autornamen bei Gesellschaftsnamen wurde daher weitgehend verzichtet. Wo es sich anbot, wurden auch typische Begleitpflanzen genannt. Ebenso wird auf Beispiele von Vegetationsaufnahmen mit dieser Art in der Literatur hingewiesen. Nur ausnahmsweise wurden pflanzensoziologische Aufnahmen außerhalb Baden-Württembergs herangezogen.

4.8 Allgemeine Verbreitung

Die Verbreitung jeder Art wird in groben Umrissen beschrieben. Auf die Benutzung eines differenzierten Systems von Arealformeln und Abkürzungen zur Beschreibung des Areals wurde dabei verzichtet. Wo es sich anbot, wurde jedoch eine Art einem Florenelement zugeordnet. Zu deren Kennzeichnung werden weitgehend eingeführte Begriffe verwendet (z. B. bei E. OBERDORFER 1983, H. WALTER 1954, 1970). Karten der Gesamtverbreitung von mitteleuropäischen Arten findet man vor allem in den folgenden Werken: MEUSEL, JÄGER u. WEINERT (1964, 1978), JALAS u. SUOMINEN (1972–86), HULTEN u. FRIES (1986). Teilareale für die Bundesrepublik Deutschland lassen sich vor allem bei HAEUPLER u. SCHÖNFELDER (1988) entnehmen. Auf Arealkarten in den genannten Werken wird nur in bestimmten Fällen verwiesen.

4.9 Verbreitung in Baden-Württemberg

Unter diesem Stichwort wird der Inhalt der Verbreitungskarten für jede Art erläutert und durch weitere Informationen ergänzt. Die **horizontale Verbreitung** wird unter Zuhilfenahme der im Abschnitt 3 beschriebenen naturräumlichen Gliederung geschildert und auf besondere Schwerpunkte bzw. Ausdünnungen der Vorkommen hingewiesen.

Die **vertikale Verteilung** der Arten im Untersuchungsgebiet stellt ein bisher noch wenig bearbeitetes Problem dar. Es werden die jeweils tiefsten und höchsten bisher notierten Vorkommen angegeben. Genauere statistische Erhebungen über die Höhenverteilungen waren im Rahmen dieses Werks noch nicht möglich. Baden-Württemberg umfaßt zwar nur den Höhenbereich zwischen 90 m und 1493 m, doch ergeben sich dabei zum Teil markante Unterschiede zwischen der Verbreitung einzelner Arten. Hier sind in Zukunft sicher noch genauere Angaben zu manchen Arten möglich. Aus der Literatur waren jedenfalls nur wenige Arbeiten bei diesem Punkt hilfreich, so z.B. vor allem BERTSCH (1919) und OBERDORFER (1949–1983).

Ferner werden in diesem Abschnitt Angaben zum **Status** einer Art in Baden-Württemberg gemacht, also ob sie als urwüchsig, als alteingebürgert (Archaeophyt) oder als Neophyt zu betrachten ist. Eng mit diesen Informationen verknüpft sind natürlich auch die Angaben über die **Erstnachweise** einer Art in Baden-Württemberg in Form **fossiler oder subfossiler** Reste, häufig zu Tage gefördert bei archäologischen Ausgrabungen. Die Bearbeitung dieses Themas lag in den Händen von Dr. M. RÖSCH (Landesdenkmalamt Baden-Württemberg, Außenstelle Gaienhofen-Hemmenhofen). Die Erläuterung seiner Beiträge bei den einzelnen Arten erfolgt in einem besonderen Kapitel (7.).

Für jede Art wurde auch versucht, den **ersten Nachweis in der Literatur** aufzufinden. Dieser Arbeit unterzog sich Prof. Dr. S. SEYBOLD auch für die meisten Arten, die von den übrigen Bearbeitern behandelt werden. Solche Archiv- und Literaturuntersuchungen liegen auch außerhalb Baden-Württembergs nur aus wenigen Gebieten vor. Für Italien

ist hier das Werk von SACCARDO (1909) zu nennen. Für Deutschland gibt es bei DIERBACH (1825–33) Ansätze. Für Baden-Württemberg jedoch ist der Versuch neu.

Ein Nachweis gilt als erbracht, wenn eine Pflanze von einem Ort innerhalb des Landes als wild oder verwildert angegeben wird. Kultivierte Arten wurden nicht berücksichtigt (vergl. auch Abschnitt 2). Doch machen auch andere Abgrenzungen manchmal Schwierigkeiten. Die Landesgrenzen sind oft jüngeren Datums. Sie lassen eine Entscheidung, ob eine Angabe innerhalb oder außerhalb liegt, manchmal nur schwer zu, so z.B. im Raum Basel oder im Odenwald. Im Zweifelsfall blieben Angaben dann lieber unberücksichtigt, z.B. bei C. und J. BAUHIN (1622 bzw. 1650/51). Auch die Herbarien des HIERONYMUS HARDER, die nur selten konkrete Ortsangaben enthalten, konnten nur mit Vorbehalt ausgewertet werden. HARDER hat auch außerhalb des Landes gesammelt (Bayern und Österreich). Auch das seltene Werk von SCHÖPFF (1622) mußte aus dem gleichen Grund so gut wie unberücksichtigt bleiben. Schwierig erwies sich auch die Deutung der vorlinneischen Pflanzennamen. Hier konnte nur ganz behutsam versucht werden, das Richtige zu erfassen. Die meisten Korrekturen werden bei Bäumen und Sträuchern nötig sein. Eine zeitaufwendige Suche nach Zitaten in Forstarchiven konnte im Rahmen dieses Projekts nicht unternommen werden. In diesen Fällen dürfte die hier genannte älteste Literaturstelle nur ein erster Anhaltspunkt sein.

Bei seltenen Arten wird im Abschnitt Verbreitung in Baden-Württemberg auch eine **Zusammenstellung von Fundortsangaben** beigefügt. Nicht immer werden dabei alle bekanntgewordenen Vorkommen erwähnt, sondern nur der bestimmter Naturräume. Das hängt dann meist mit der oft unterschiedlichen Häufigkeit mancher Arten in den einzelnen Naturräumen zusammen. Die Aufzählung der Fundorte erfolgt gewöhnlich nach Naturräumen (s. Abschnitt 3). Gelegentlich wird aber von dieser naturräumlichen Gliederung abgewichen, wenn das bei der betreffenden Art zweckmäßiger schien. Z.B. können Fundorte flußbegleitender Pflanzen besser nach Flußgebieten zusammengefaßt werden. Besonders bei Ruderalarten unterblieb auch eine naturräumliche Gliederung der Fundortsaufzählung.

Bei den Fundortsangaben wurde folgende Reihenfolge eingehalten: Meßtischblattnummer/Quadrantennummer: Fundort, Beobachtungsjahr, Finder oder Beobachter, Quelle (Herbarium, Kartei, Literatur usw.). Die Jahreszahl vor dem Findernamen ist also stets das Jahr der Beobachtung, die

Jahreszahl hinter dem Namen (und in Klammern) das Jahr der Publikation. Durch die Quadrantenangabe war es möglich, Fundorte in verkürzter Form ohne zusätzliche Bezeichnungen (z. B. Großgemeinde oder Kreisangabe) anzugeben. Mit Ausnahme der zitierten Literatur werden die meisten Quellen in Form von Abkürzungen angegeben. Eine Liste der Abkürzungen findet sich am Beginn des speziellen Teils. Liegen für einen Fundort mehrere oder viele Beobachtungen vor, so wurde nach Möglichkeit die älteste und die neueste Beobachtung herangezogen. Bei der oft nur mit Anstreichlisten arbeitenden floristischen Kartierung der letzten Jahre kann es leider vorkommen, daß auch bei selteneren Arten, bei denen wir Fundortsaufzählungen vorgesehen haben, in manchen Fällen keine konkreten Fundortsangaben, sondern nur die Angaben für einen bestimmten Quadranten oder gar nur für ein Meßtischblatt vorliegen. Wenn an solchen Angaben keine Zweifel bestehen und sie daher auch in den Verbreitungskarten berücksichtigt wurden, werden solche Angaben in der Fundortsaufzählung mit Vermerk „ohne Ortsangabe" (abgekürzt o.O.) angeführt. Dies soll gleichzeitig auch ein Aufruf zur Konkretisierung solcher Angaben sein.

4.10 Bestand und Bedrohung

Bei jeder Art wird kurz zum heutigen Bestand und seinen Veränderungstendenzen Stellung genommen. Informationen über den Grad und die Art der Bedrohung werden gegeben. Auf mögliche Hilfsmaßnahmen, die Gefährdung abzubauen, wird hingewiesen. Diese Informationen sind speziell für die mit dem Arten- und Naturschutz befaßten Personen und Einrichtungen gedacht. Die Angaben in den Roten Listen (MÜLLER et al. 1973, HARMS et al. 1983) wurden dabei berücksichtigt und gleichzeitig aufgrund der Erfahrungen der letzten Jahre aktualisiert. Entsprechend der Roten Liste (HARMS et al. 1983) wird jeweils auf die Gefährdungskategorie hingewiesen. Die dabei verwendeten Ziffern für die Gefährdungskategorien (abgekürzt G) bedeuten:

G 0 ausgestorben oder verschollen
G 1 vom Aussterben bedroht
G 2 stark gefährdet
G 3 gefährdet
G 4 potentiell wegen Seltenheit gefährdet
G 5 nicht aktuell gefährdet, aber schonungsbedürftig

Für den praktischen Naturschutz wichtig ist auch die Information, ob und wann eine Art gemäht werden darf. Dem leider zu früh verstorbenen

Dr. J. SCHIEFER verdanken wir die Informationen über das Verhalten der Arten dieses ersten Teils nach einer Mahd. Wir hoffen, daß sich für die weiteren Teile ein Bearbeiter für dieses Thema finden wird.

5 Anmerkungen zu den Verbreitungskarten

Möglichst gut ausgearbeitete Verbreitungskarten aller wildwachsenden Arten von Baden-Württemberg sind das Kernstück dieses Projekts. In ihnen steckt der wesentlichste Teil der auf eigenen Beobachtungen und Untersuchungen aufgebauten Arbeit der haupt- und ehrenamtlichen Mitarbeiter an diesem Projekt. Natürlich muß man sich im klaren sein, daß eine absolute Vollständigkeit in einem vergleichsweise so kurzen Zeitraum nicht erreichbar ist. Dies gilt weniger für die ganz häufigen und die ganz seltenen Arten. Die häufigen Arten sind auch bei wenigen Begehungen praktisch vollständig erfaßbar, die seltenen erfreuen sich schon seit langer Zeit der besonderen Aufmerksamkeit. Es gilt um so mehr für die nur mäßig seltenen bis zerstreut vorkommenden Arten, die man unter Umständen erst bei einer intensiven Durchkartierung eines Gebiets zu Gesicht bekommt.

5.1 Kartengrundlage

Sie wurde vom Landesvermessungsamt Baden-Württemberg 1983 erstellt. Sie zeigt die wichtigeren Flüsse und die Landesgrenzen von Baden-Württemberg. Sie ist überzogen mit dem Einteilungsnetz der topographischen Karten 1 : 25000 (Meßtischblätter). Die Blattnummern sind aus den Ziffern an den Rändern ersichtlich. Die ersten beiden Ziffern (am seitlichen Rand) und die beiden letzten Ziffern (am oberen bzw. unteren Rand) ergeben die Blattnummer, die auch in den Fundortsaufzählungen angegeben ist. In die Kartengrundlage eingezeichnet durch feine Punktraster sind auch die Höhenlagen über 500 m bzw. über 1000 m. Schon dadurch ist die Lage mancher Verbreitungsbilder zu den Naturräumen gut zu erkennen.

5.2 Kartierungsverfahren

Die Verbreitung der Pflanzen ist im sogenannten Rasterverfahren dargestellt. D.h. der Mittelpunkt eines Rasterpunktes sitzt nicht genau auf dem tatsächlichen Fundpunkt, sondern auf dem Mittelpunkt des Rastergrundfeldes, in dem ein Fundpunkt liegt. Nur mit Hilfe dieses Verfahrens ist es möglich, für ein so großes Gebiet wie Baden-Württemberg die anfallenden Daten zu verarbeiten und vor allem auch die Karten mit Hilfe der elektronischen Datenverarbeitung herzustellen. Pro Rastergrundfeld wird stets nur ein Punkt dargestellt, auch wenn es auf ihm tatsächlich mehrere Fundpunkte einer Art gibt. Das bedeutet, daß keine Häufigkeitsunterschiede zwischen den Rasterfeldern zum Ausdruck kommen. Es wäre unmöglich gewesen, solche Angaben für Häufigkeitsunterschiede für ganz Baden-Württemberg in einem vernünftigen Zeitraum zu erhalten. Aus den Karten lassen sich aber schon Häufigkeitsunterschiede für die einzelnen Naturräume entnehmen.

Das Rastergrundfeld der Karten ist ein Quadrant, d.h. ist ein Viertel eines Blattes der topographischen Karte 1 : 25000. Die Quadranten werden ebenfalls mit Ziffern bezeichnet: 1 = NW-Viertel, 2 = NE-Viertel, 3 = SW-Viertel, 4 = SE-Viertel. Ein Quadrant ist durch Minutenlinien des Gradnetzes abgegrenzt und ist in West-Ost-Richtung 5 Längenminuten breit und in Nord-Süd-Richtung 3 Breitenminuten hoch. Im Mittel umfaßt ein Quadrant in Baden-Württemberg eine Fläche von ca. 6,2 × 5,55 km. Auf Baden-Württemberg entfallen insgesamt 1161 solcher Quadranten, an den Landesgrenzen natürlich nur mit sehr unterschiedlichen Anteilen ihrer Fläche. Es wurde versucht, an den Grenzen des Landes nur die im Lande beobachteten Vorkommen in die Karten aufzunehmen. In einzelnen Fällen, in denen eine ausgezeichnete Kartierung ohne Berücksichtigung der Grenzen vorlag, wurde jedoch nicht auf diese Daten verzichtet. Ein Punkt in einem Grenzquadranten muß sich also nicht in allen Fällen auf eine Beobachtung innerhalb der Landesgrenzen beziehen.

5.3 Zeiträume und Aktualität der Karten

In den Kartensignaturen finden vier Zeiträume Berücksichtigung.

Volle Kreise: Beobachtung nach dem 1. 1. 1970.
Dreiviertelvolle Kreise: Beobachtung zwischen dem 1. 1. 1945 und dem 31. 12. 1969.
Halbvolle Kreise: Beobachtung zwischen 1900 und 1944.
Leerer Kreis: Beobachtung vor 1900.

Nicht alle Angaben ließen sich sicher einem bestimmten Zeitraum zuordnen. Im Zweifelsfall wurde eine Beobachtung dem älteren der in Frage kommenden Zeiträume zugeordnet. Z. B. wird eine Veröffentlichung von 1905, wenn sie nicht ausdrücklich vermerkt, daß sich die Beobachtungen auf die Jahre 1900–05 beziehen, so ausgewertet, als ob die Beobachtungen vor 1900 gemacht worden sind.

In den Verbreitungskarten verdrängt eine Beobachtung jüngeren Datums stets die eines älteren Zeitraums auf dem gleichen Rastergrundfeld. Das Erlöschen eines Vorkommens ist besonders schwierig sicher nachzuweisen. Eine Signatur für erloschene Vorkommen wurde daher nicht verwendet. Eine Art kann also unter Umständen trotz eines vollen Punktes schon wieder erloschen sein. Aus der Zeit der Kartierung für den Atlas der Farn- und Blütenpflanzen der Bundesrepublik Deutschland (HAEUPLER u. SCHÖNFELDER 1988) standen uns eine Menge von Daten zur Verfügung, die sich nur auf ein ganzes Meßtischblatt als Rasterfeld beziehen. Ein kleinerer Teil dieser Daten ließ sich nachträglich nicht mehr einem bestimmten Quadranten zuordnen oder wurde nicht in der Zwischenzeit im Rahmen der Quadrantenkartierung aktualisiert. Diese Daten auf Meßtischblattbasis stammen häufig noch aus dem Zeitraum von 1945 bis 1969. Sie wurden durch einen größeren leeren Kreis in der Mitte des Feldes eines Meßtischblattes dargestellt. Einige in die Meßtischblatt-Kartierung eingegangene Daten wurden allerdings auch weggelassen. Ihre Quelle hatte sich mittlerweile als zweifelhaft herausgestellt.

5.4 Quellen für die Verbreitungskarten

5.4.1 Quadrantenlisten: Wie bei der Meßtischblatt-Kartierung für den Bundesrepublik-Atlas (HAEUPLER u. SCHÖNFELDER 1988) wurde die Hauptmasse der Daten für die Karten mit Hilfe gedruckter Pflanzenlisten gewonnen. Die von den haupt- und ehrenamtlichen Mitarbeitern im Gelände erhobenen Daten, die zunächst in sehr unterschiedlicher Form vorlagen (als Gelände-Quadrantenlisten, als Notizbucheintragungen, als sonstige Listen oder Einzelfundmeldungen) wurden bei den Abteilungen für Botanik in Stuttgart und zum Teil auch in Karlsruhe für jeden Quadranten zu einer Grundliste vereint. Dabei wurde jede angestrichene Art mit einer die Quelle bezeichnenden Nummer versehen. So kann im allgemeinen jeder Punkt auf der Karte bis zu seiner Quelle zurückverfolgt werden. In diese Grund-Quadrantenlisten wurden Auswertungen von Literatur aus dem Zeitraum ab 1970 übertragen. Auf dieser Grundlage wurden zunächst durch Hilfskräfte Konzeptkarten für jede Art angefertigt, die in der Folgezeit laufend durch die Bearbeiter durch eingehende Nachträge ergänzt wurden. Manche Lücken konnten nach dem Vorliegen der Konzeptkarten noch gezielt bearbeitet werden. In diese Konzeptkarten wurden alle Daten aus den übrigen Quellen, vor allem auch die meist aus der Literatur, Karteien oder Herbarien erhobenen Daten der älteren Zeiträume, eingebracht. So sah man·auch, wo Versuche zur Bestätigung älterer Angaben noch möglich oder lohnend erschienen.

Aus den Konzeptkarten wurden die Daten in einen Computer eingegeben. Der Ausdruck der Reinkarten, die als Druckvorlagen dienten, erfolgte mit Hilfe eines Plotters. Ein Teil der Karten sowie Nachträge wurden allerdings auch manuell gezeichnet.

5.4.2 Karteien: Vor allem für die älteren Zeiträume standen in Karteien festgehaltene Daten zur Verfügung. Hervorzuheben ist dabei besonders in Stuttgart die Netzblattkartei nach dem noch aus der Vorkriegszeit stammenden Mattick-Mattfeldschen Verfahren. Diese Kartei wurde auch nach dem Kriege bis in die letzten Jahre weitergeführt und ermöglichte besonders für die bemerkenswerteren Arten ein genaues Festhalten von Fundbeobachtungen. Ferner standen eine ganze Reihe persönlicher Karteien zur Verfügung, so z.B. die in Stuttgart befindliche Kartei von KARL BERTSCH, in der praktisch fast alle ältere floristische Literatur über den württembergischen Landesteil verarbeitet ist. Bezieht sich bei den Fundortsaufstellungen eine Angabe auf eine solche Kartei als Quelle, wurde dies mit der Angabe STU-K oder KR-K vermerkt, eventuell noch mit dem Zusatz des Namens des Floristen.

5.4.3 Herbarien: Es wurden vor allem die Herbarien in Stuttgart (STU) und Karlsruhe (KR) ausgewertet, aber in einigen Fällen auch einige weitere. Als Quellen wurden die Herbarien mit ihren nach Index Herbariorum üblichen Abkürzungen genannt (s. auch Liste der Abkürzungen am Beginn des Speziellen Teils).

5.4.4 Literatur: Die floristische und pflanzensoziologische Literatur wurde so vollständig wie möglich hinsichtlich der Fundortsangaben für Baden-Württemberg ausgewertet. Allerdings sollte der erforderliche Zeitaufwand stets in einem vernünftigen Verhältnis zum Ertrag an neuen Daten stehen.

5.4.5 Ungenauigkeiten von Quellen: Der weitaus überwiegende Teil der aktuellen Angaben nach 1970 wurde schon auf Quadrantenbasis erhoben. Viele ältere Daten sind jedoch nicht von vornherein auf einen bestimmten Quadranten bezogen worden. Ihre Zuordnung ließ sich nicht in allen Fällen nachträglich mit Sicherheit bewerkstelligen. Hier muß ab und zu eine Ungenauigkeit in Kauf genommen werden.

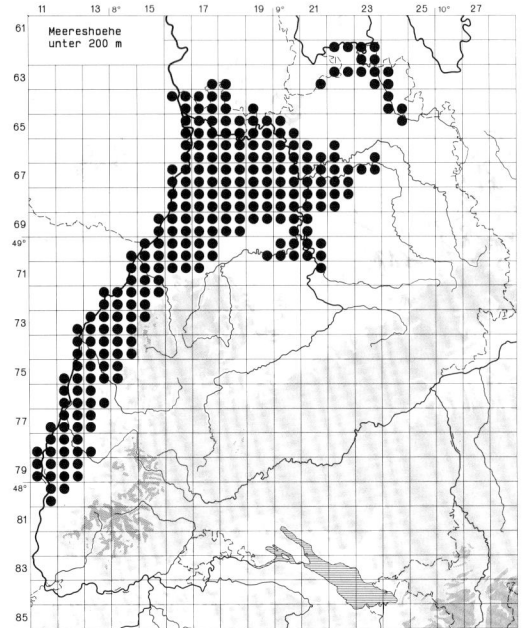

Karte 9: Quadranten mit Meereshöhen unter 200 m

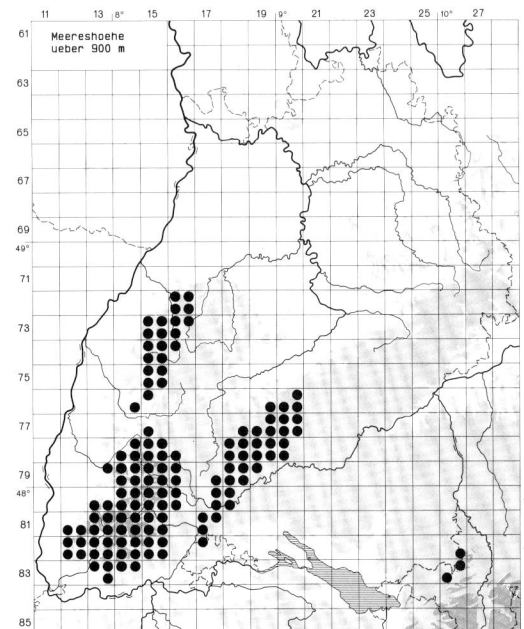

Karte 10: Quadranten mit Meereshöhen über 900 m

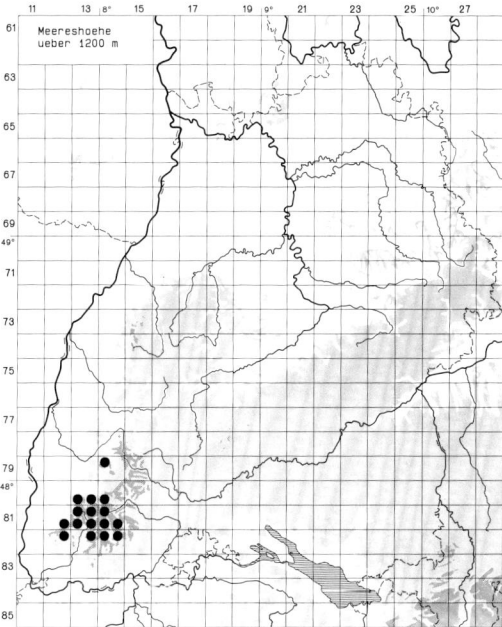

Karte 11: Quadranten mit Meereshöhen über 1200 m

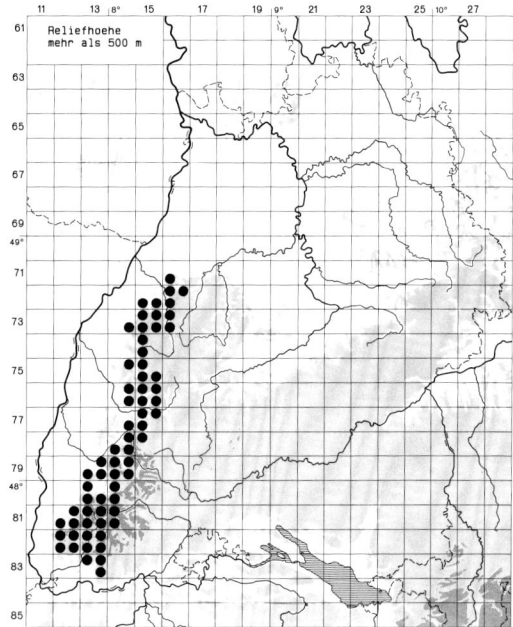

Karte 12: Quadranten mit einer Reliefhöhe von mehr als 500 m

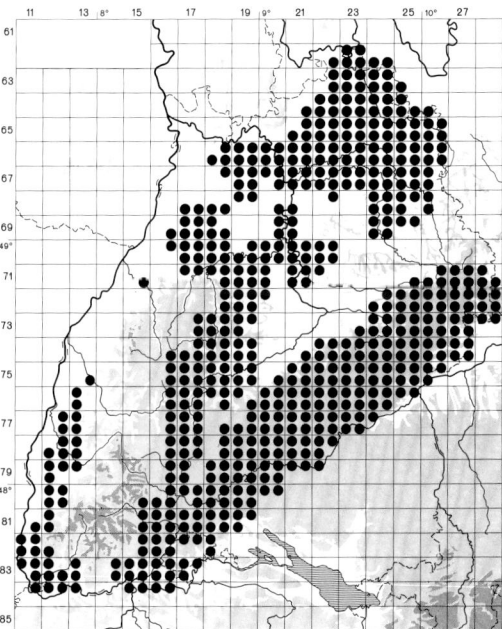

Karte 13: Quadranten mit Vorkommen von Muschelkalk und Weißem Jura (im Oberrheingebiet sind auch die Kalksteine des Doggers und des Tertiärs einbezogen worden)

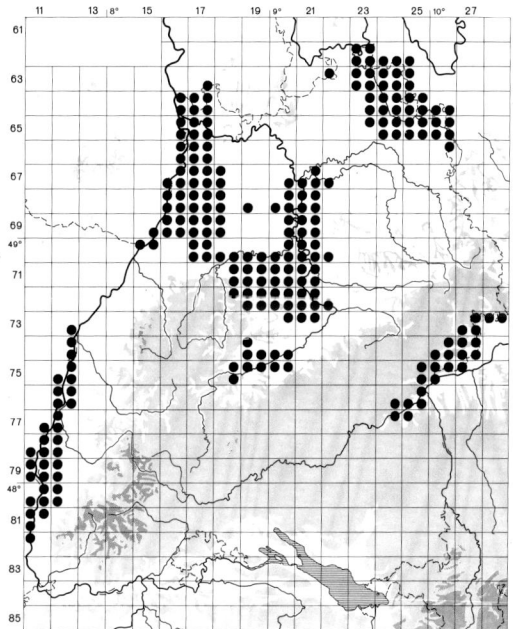

Karte 14: Quadranten mit mittleren Jahresniederschlägen unter 700 mm

33

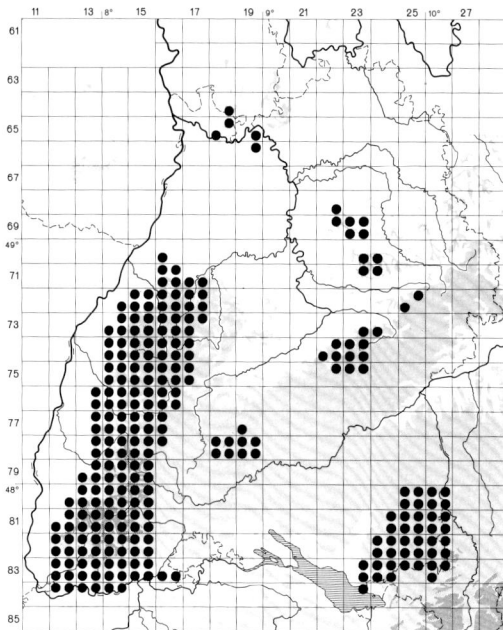

Karte 15: Quadranten mit mittleren Jahresniederschlägen über 1000 mm

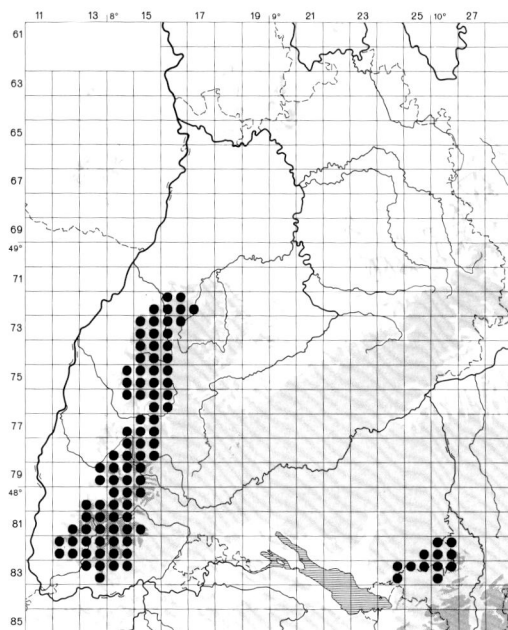

Karte 16: Quadranten mit mittleren Jahresniederschlägen über 1400 mm

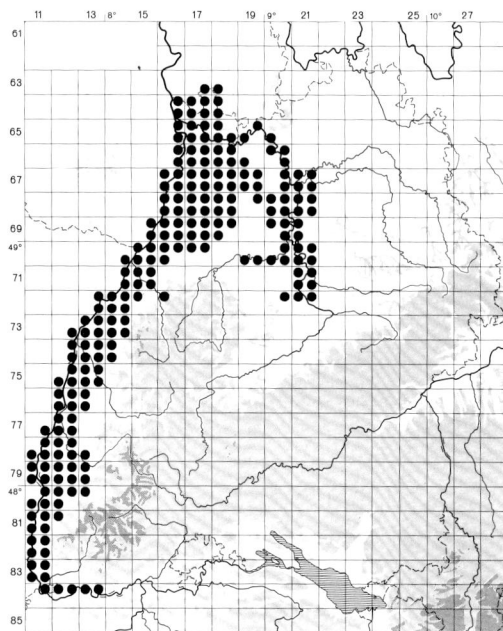

Karte 17: Quadranten mit Jahresmittel der Temperatur über 9° C

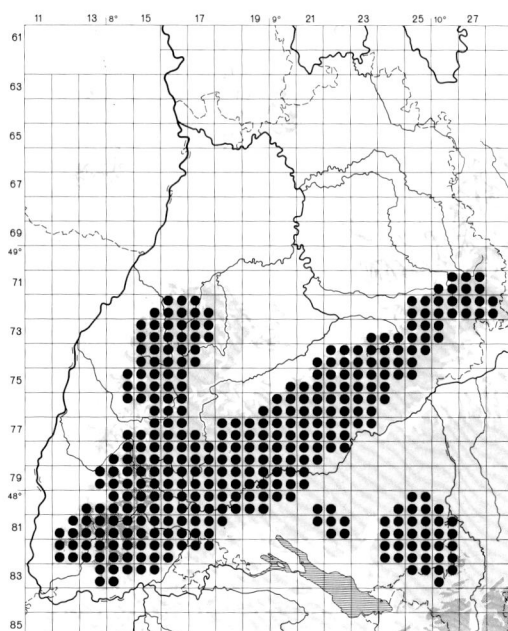

Karte 18: Quadranten mit Jahresmittel der Temperatur unter 7° C

5.5 Aussagen und Auswertung der Verbreitungskarten

Die Quadranten-Karten sind die derzeit beste und aktuellste Information über die Verbreitung der Arten in ganz Baden-Württemberg. Sie zeigen die unterschiedliche Häufigkeit in den einzelnen Naturräumen. Es bilden sich oft ähnliche Arealtypen und Arealgrenzen heraus, deren Ursachen eine vergleichende Auswertung erfordern. Über den wissenschaftlichen Wert hinaus lassen sich aus den Verbreitungskarten für den Arten- und Naturschutz wichtige Hinweise gewinnen, z.B. in welchen Naturräumen eine Art durch ihre Seltenheit besonders gefährdet ist. Arten mit vielen Angaben aus älteren Zeiträumen und relativ wenigen aktuellen zeigen meist einen deutlichen Rückgang an. Umgekehrt wird man in manchen Fällen erstaunt sein, wie stark sich manche – nicht immer erwünschte – Arten in den letzten Jahrzehnten bei uns ausgebreitet haben. Die Beziehungen zwischen Verbreitung und ökologischen Faktoren werden teilweise in den Karten sehr deutlich, wenn man zum Vergleich Rasterkarten ökologischer Faktoren heranzieht. Einige solcher Karten sind hier dargestellt (Abb. 9–14). Weitere solcher Faktorenkarten für Baden-Württemberg, wenn auch mit dem gröberen Meßtischblattraster, finden sich bei KÜNKELE (1977), SEYBOLD (1977), BENZING (1979) und WIRTH (1987).

Die Karten 9–11 zeigen die Verbreitung bestimmter Höhenstufen. Die Gebiete unter 200 m (Karte 9) fallen weitgehend mit dem Bereich der planaren und der kollinen Stufe zusammen. Die auf Karte 10 dargestellten Höhen über 900 m fallen weitgehend mit der Verbreitung der hochmontanen Stufe zusammen. Die Höhen über 1200 m sind auf der Karte 11 eingetragen. Nur in diesem Bereich sind Lagen vorhanden, die schon der subalpinen Stufe zuzurechnen sind. Auf der Karte 12 kommen die besonders großen Höhenunterschieden auf kleinstem Raum im westlichen Teil des Schwarzwalds zum Ausdruck. Die Karte 13 zeigt die Hauptverbreitungsgebiete von Kalksteinen. Auf den Karten 14 bis 16 sind die besonders niederschlagsarmen und besonders niederschlagsreichen Gebiete dargestellt. Diese Rasterkarten sind umgezeichnet nach dem Klima-Atlas von Baden-Württemberg (1953). Die Darstellung bezieht sich daher auf Daten der Periode 1891–1930. Für die neueren Daten der Periode 1931–1960 liegt noch keine flächendeckende Darstellung vor. Ihre Temperatur- und Niederschlagswerte liegen etwas höher. Auf den Karten 17 und 18 sind die wärmsten und kältesten Gebiete dargestellt.

6 Bildmaterial

Es war vor allem der Wunsch des Umweltministeriums, möglichst alle in diesem Werk behandelten Arten auch abzubilden. Ein großer Benutzerkreis sollte dadurch eine Vorstellung vom Aussehen der behandelten Pflanzenarten erhalten. Pflanzen-Fotografie im Freiland ist eine Sache, die sehr viel Zeit erfordert. Den am Projekt beteiligten hauptamtlichen Botanikern war es schon aus zeitlichen Gründen nicht möglich, sich auf die Beschaffung von Bildmaterial zu konzentrieren. Die Beschaffung des Bildmaterials übernahm auf Wunsch des Umwelt-Ministeriums das Institut für Ökologie und Naturschutz der Landesanstalt für Umweltschutz in Karlsruhe. Dank der tatkräftigen Unterstützung einer Reihe von Fotografen, die schon im Vorwort genannt worden sind, war es möglich, das gesetzte Ziel weitgehend zu erreichen. Für eine Reihe von – oft nicht fotogenen – Arten mußte allerdings auch auf Bildmaterial aus anderen Quellen zurückgegriffen werden.

7 Anmerkungen zu den fossilen und subfossilen Erstnachweisen im speziellen Teil

Von M. RÖSCH

Ein fossiler oder subfossiler Artnachweis wird ermöglicht durch die Erhaltung pflanzlicher Struktur, durch die Möglichkeit, diese durch Anwendung morphologischer Kriterien zu bestimmen, und durch die Möglichkeit, das Alter des Funds zu ermitteln. Jeder subfossile Pflanzennachweis enthält drei Informationen: ein Bestimmungsergebnis, eine Orts- und eine Zeitangabe.

7.1 Erhaltungsmöglichkeiten für subfossile Pflanzenreste

Unter normalen Bedingungen, wie sie in durchlüfteten Böden herrschen, werden abgestorbene Pflanzen in kurzer Zeit durch Destruenten abgebaut. In wassergesättigten Böden geraten sie unter Luftabschluß und können über geologische Zeiträume erhalten bleiben. Dies ist in Seen und Mooren der Fall, wo zugleich eine Materialakkumulation stattfindet, wodurch eine Stratigraphie und damit ein Zusammenhang zwischen der Höhenlage in einem Schichtzusammenhang und dem Alter entsteht. Natürliche Hohlformen mit wassergesättigten Füllungen kommen vor allem im Süden des Landes im einst vergletscherten Alpenvorland und in den Hochlagen des Schwarzwaldes vor. Fast deckungsgleich hiermit ist das Gebiet, in dem aufgrund besonders humider Verhältnisse ombrogenes Moorwachstum möglich war und ist. In den übrigen Landesteilen sind Hohlformen in der Landschaft an spezielle geologische Situationen (z. B. Gipskeuperdolinen) gebunden oder entstanden durch menschliche Baumaßnahmen (z. B. Brunnen- oder Latrinengrubenfüllungen).

Unter Luftzutritt können pflanzliche Strukturen nur dann erhalten bleiben, wenn das Material durch Verkohlung in einen chemisch inerten Zustand überführt wird oder seine morphologischen Merkmale vor dem Vergehen auf stabiles anorganisches Material überträgt (Pflanzenabdrücke). Der zweite Fall ist äußerst selten, der erste wird hauptsächlich durch den Menschen ausgelöst, tritt also nur im Zusammenhang mit menschlicher Siedlungstätigkeit und bei genutzten Pflanzen oder Unkräutern ein. Daraus resultiert ein Nord-Süd-Gefälle auch bei der Nachweisdichte für Pflanzen im Zusammenhang mit archäologischen Untersuchungen: Während im Alpenvorland die Lage von Siedlungen an Seen und in Mooren während des Spätneolithikums und der Bronzezeit zur Einbettung der organischen Hinterlassenschaften in natürliche Feuchtsedimente oder Torfe und damit zu besten Erhaltungsbedingungen führte, bleiben solche Fälle in den übrigen Landesteilen die Ausnahme, die Regel ist dort die ausschließliche Erhaltung verkohlten Materials in nicht ständig feuchtem Milieu und damit eine wesentliche Einschränkung der Nachweismöglichkeiten.

7.2 Nachweismöglichkeiten

Die eben dargestellten naturräumlichen Voraussetzungen erklären die ungleichmäßige Verteilung der Fundpunkte. Die unterschiedliche Nachweisdichte bei den einzelnen Familien dagegen ist auf spezifische Unterschiede des Wuchsortes der Arten sowie auf die Ausbreitungs-, Erhaltungs- und Bestimmungsmöglichkeiten der zum Nachweis gelangenden Pflanzenteile zurückzuführen.

Grundsätzlich muß hier zwischen den sehr mobilen Mikrofossilien (Pollen und Sporen, vor allem die windverbreiteten) und wenig bis kaum mobilen Makrofossilien (Früchte, Samen, vegetative Teile und ganze Pflanzen) unterschieden werden. Der Nachweis in Form von Pollen oder Sporen ist deshalb in der Florenliste auch besonders vermerkt, da der Nachweis durch Pollen oder Sporen nicht unbedingt ein Beweis für das Vorkommen der Pflanze am selben Ort ist. Die Nachweismöglichkeiten durch Mikrofossilien sind zudem durch die begrenzten Bestimmungsmöglichkeiten (Artbestimmungen sind nur selten möglich) eingeschränkt.

Dank seiner Mobilität kann auch Blütenstaub von Pflanzen, die fern von Feuchtbiotopen wachsen, in feuchte Ablagerungen eingebettet werden. Dagegen schränkt bei Großresten die direkte Nähe von Wuchsort und Fundort die Nachweischancen für solche Pflanzen stark ein. Ihre einzige Nachweischance ist dann der Eintrag durch Mensch oder Tier in anthropogene Ablagerungen (Kulturschichten). Voraussetzung dafür ist ihre Nutzung. Demnach sind die Nachweismöglichkeiten durch Großreste für nicht genutzte Pflanzen, die fern der Gewässer und Moore wachsen, äußerst gering.

7.3 Datierung

Neben dem Ort des Artnachweises ist sein Alter von Bedeutung. Erst der Bezug auf eine einheitliche Zeitskala erlaubt den Altersvergleich von Pflanzennachweisen. Die siderische Zeitskala mit der Einheit des Sonnenjahres eignet sich hierfür nicht, da die mit ihr arbeitenden Methoden nicht das ganze Quartär mit seinen schätzungsweise 2 bis 3 Millionen Jahren Dauer abdecken können, sondern nur etwa die letzten 8000 Jahre. Die Altersangaben in der Florenliste erfolgen in der Zeitskala, der sich im jüngeren Quartär gebräuchlichste geochronologische Methode, die Radiocarbonmethode, bedient. Es ist die konventionelle Zeitskala, die auf der LIBBYschen Modellvorstellung (GEYH 1971) beruht. Die Altersangabe erfolgt nicht in Jahren, sondern in Chronen bzw. Subchronen (chronologische Einheiten, synonym den chronostratigraphischen Einheiten (MANGERUD et al. 1974). Dies trägt der Tatsache Rechnung, daß bei den meisten hier angegebenen Altern ein Fehler von einigen Jahrhunderten möglich ist. In Fällen, bei denen genauere Altersangaben möglich sind, werden diese im Fundortverzeichnis mitgeteilt.

In der Florenliste wird neben vorholozänen Nachweisen jeweils der älteste holozäne oder spätwürmzeitliche Nachweis angegeben, in manchen Fällen auch mehrere Nachweise, die zeitlich nicht sicher unterscheidbar sind. (Spätwürm = Late Weichselian = Spätglazial = 13000 − 10000 BP, Holozän = Flandrian = Postglazial = 10000 − 0 BP).

Die zeitliche Gliederung des Quartärs und Holozäns sowie die Dauer und zeitliche Stellung der Chronen, über- und untergeordneter chronologischer Einheiten geht aus Tab. 1 und 2 hervor.

Tab. 1: Gliederung des Quartärs, zusammengestellt und leicht abgeändert nach MANGERUD et al. 1974, S. 115, AVERDIECK 1980, S. 88, sowie FRENZEL, 1983, S. 98

Geochrono-logie:	Aera	Periode	Epoche	Subepoche	Alter		geschätztes Alter
Chrono-stratigraphie:	Aerathem	System	Serie	Subserie	Stadium		(Jahre BP)
					Norden	Alpen	
			Holozän		Flandern		10000 (def.)
				Jungplei-stozän	Weichsel	Würm	115000
					Eem		125000
				Mittel-pleistozän	Saale	Riß	
	Neozoi-cum	Quartär	Pleisto-zän		Holstein		300000
					Elster	Mindel	400000
					Cromer-Komplex		900000
					Menap	Günz	
				Altpleisto-zän	Waal		
					Eburon	Donau	1600000
					Tegelen		
					Praetegelen	Biber	2500000
		Tertiär	Pliozän	Jung-pliozän	Reuver		

Die wichtigsten Datierungsmethoden für die Florengeschichte sind die relativen Methoden Pollenanalyse, archäologische Typologie und Tephrochronologie, sowie die absoluten Methoden Radiometrie (hier besonders die Radiocarbonmethode) und Dendrochronologie.

Die relativen Methoden arbeiten vergleichend und können Gleichzeitigkeit feststellen, ohne Altersangaben zu machen. Dazu bedürfen sie absolut datierter Fixpunkte. Hierbei sind **Pollenanalyse** und **archäologische Typologie** relativ ungenau (Fehler zwischen etwa 200 und mehr als 1000 Jahren!), im Gegensatz zur **Tephrochronologie** (Datierung mittels vulkanischer Aschelagen), denn die Zeitgleichheit gleicher Pollenspektren oder gleicher Keramikassembles ist von bestimmten Voraussetzungen abhängig, die bestenfalls regional erfüllt sind, wogegen für die Ablagerungszeit beispielsweise der Asche der Laachersee-Eruption um 11000 BP zwischen Mitteldeutschland und der Schweiz keine meßbaren Unterschiede bestehen.

Pollenanalytische Datierung ist also nur dann zuverlässig und genau, wenn sie radiometrisch überprüft und gestützt wird, archäologisch-typologische, wenn sie dendrochronologisch fixiert wird.

Im Zusammenhang mit botanischen Untersuchungen an Material des Würm und Holozän hat sich die radiometrische ^{14}C-Datierung als ideale Methode zur Alterbestimmung erwiesen, die in der Genauigkeit nur von der Untersuchung jahreszeitlich geschichteter Sedimente übertroffen wird, welche leider selten auftreten. Die mit der **Radiocarbonmethode** ermittelten Alter sind Modellalter, d.h. ihre Skala weicht infolge der Schwankung des atmosphärischen ^{14}C-Gehalts in der Vergangenheit und infolge anderer Effekte von der siderischen Zeitskala ab. Für die letzten 8 Jahrtausende kann diese Abweichung korrigiert werden, und zwar mittels einer Eichkurve, die durch Vergleich zwischen radiometrischer und dendrochronologischer Datierung am gleichen Objekt gewonnen wurde (Kalibration).

Die genaueste Methode zur Altersbestimmung ist die **Dendrochronologie**, die auf der klimatisch gesteuerten Gleichläufigkeit der Jahrringbreiten-Muster bei Bäumen beruht. Eine lückenlose europäische Jahrringchronologie erlaubt es heute, Eichenholz bis zu einem Alter von 7500 Jahren jahrgenau zu datieren (BECKER et al. 1985). Nachdem die Grundlagenarbeit vor allem an eingeschotterten

Tab. 2: Gliederung von Spätwürm und Flandern (= Spät- u. Postglazial)

Hauptabschnitte der mitteleuropäischen Waldgeschichte		Zeit konv (aBP)	Kürzel im Text	Subchrone	Chrone
Firbas 1949	Firbas modifiziert nach Lang 1973			Subzone	Chronozone
X = Jüngeres Subatlantikum = Jüngere Nachwärmezeit = Zeit stark genutzter Wälder und Forste ——— 1200		1000	l SA	spät	
			m SA	mittel	Subatlantikum (SA)
IX = Älteres Subatlantikum = Ältere Nachwärmezeit = Buchenzeit		2000 2500	e SA	früh	
— 2800 ——————— 2800 —		3000	l SB	spät	
VIII = Subboreal = Späte Wärmezeit = EMW-Buchen-Zeit		4000	m SB	mittel	Subboreal (SB)
— 4500 ———————			e SB	früh	
——————— 5000 —		5000	l AT	spät	
VII = Jüngere Atlantikum = jüngerer Teil der Mittleren Wärmezeit = jüngerer Teil der EMW-Zeit		6000			
VI = Älteres Atlantikum = älterer Teil der mittleren Wärmezeit = älterer Teil der EMW-Zeit		7000	m AT	mittel	Atlantikum (AT)
— 7500 ———————			e AT	früh	
V = Boreal = Frühe Wärmezeit = Haselzeit		8000	l BO	spät	Boreal (BO)
		8500	e BO	früh	
8800		9000			
IV = Praeboreal = Vorwärmezeit = jüngere Birken-Kiefern-Zeit		9500	l BP	spät	Praeboreal (PB)
			e PB	früh	
—10100 ——————— 10200 —		10000	l YD	spät	Jüngere Dryas (YD)
III = Jüngere Dryaszeit	III = Jüngere Dryaszeit	10500			
	10800	11000	e YD	früh	
		11400	l AL	spät	Allerød (AL)
II = Allerødzeit	II = Allerødzeit	11800	e AL	früh	
		12000	OD		Ältere Dryas
I = Ältere Dryas-zeit	Ibc = Ältere Dryas + Bølling-zeit	12500	l BL	spät	Bølling (BL)
	———————13000 —	13000		früh	
	IA = Älteste Dryas		e BL		Älteste Dryas (OstD)

Subalter	Alter	Geochronologie
Substadium	Stadium	Chronostrati-graphie
Spät-Flandern	Flandern	nach MANGERUD, ANDERSON, BERGLUND & DONNER (1974)
Mittel-Flandern	≙ Holozän	
Früh-Flandern		
Spät-Weichsel	Weichsel	
Mittel-Weichsel	≙ Würm	

subfossilen Eichenstämmen in den Flußauen erfolgte, hat die Methode heute in den riesigen Pfahlfeldern der prähistorischen Feuchtbodensiedlungen des Alpenvorlandes ein Hauptanwendungsgebiet. (BILLAMBOZ und BECKER 1985).

Da der Wert eines Nachweises neben der Sicherheit der Bestimmung der Art und des Wuchsortes auch von der Datierungsgenauigkeit abhängt, lassen sich in der Florenliste, geordnet nach abnehmender Genauigkeit, folgende Datierungskategorien unterscheiden:

1. Nachweise mit jahrgenauer dendrochronologischer Datierung (neuere Untersuchungen in prähistorischen Siedlungen, z.B. Hornstaad oder Schmiden)
2. Ältere archäobotanische Untersuchungen, zu denen heute exakte Altersangaben für die Siedlungen vorliegen (z.B. Sipplingen oder Reute; hier bleibt das Problem der stratigraphischen Übereinstimmung, d.h. es ist unsicher, ob z.B. K. BERTSCH sein Material genau aus der Schicht hatte, die heute exakt datiert ist.)

Während bei archäobotanischen Untersuchungen die mögliche Zeitspanne durch die zeitliche Begrenztheit der Kulturschichten (prähistorische Besiedlingsdauer an einem Platz beträgt wohl meist weniger als 100 Jahre) eingeschränkt wird, ergibt sich bei Nachweisen aus natürlichen Sedimenten und Torfen mit ± regelmäßigen jährlichen Zuwachs über längere Zeiten eine genaue Altersangabe nur aus genau fixierter stratigraphischer Position:

3. Nachweise aus Seesedimenten/Torfen mit radiometrischer Datierung (neuere vegetationsgeschichtliche Untersuchungen, z.B. Durchenbergried oder Sersheim) oder aus radiometrisch datierten Kulturschichten (z.B. Schussenrieder Siedlung von Hochdorf oder Ehrenstein) liefern Altersangaben mit einem Fehler von schätzungsweise ± 100 Jahren.
4. Stammen Nachweise aus prähistorischen oder historischen Siedlungen, die nur archäologisch-typologisch datiert sind, so ist die Datierungsgenauigkeit von der Dauer der kulturellen Epoche und von Vergleichsmöglichkeiten mit genauer datierten Siedlungen derselben Kultur abhängig.
5. Bei Nachweisen aus Sedimenten oder Torfen, die nur pollenanalytisch datiert sind, hängt die Genauigkeit der Altersangabe von der Vergleichsmöglichkeit mit radiometrisch datierten Pollenprofilen (gegeben vor allem im Alpenvorland) und von der Genauigkeit der Pollenanalyse selbst ab (vertikale Probenabstände im Profil be-

Tab. 3: Absolute historische Chronologie im südwestlichen Mitteleuropa

Chrono-zonen	Zeit a BP	Zeit aAC/BC	Chronologische Kulturstufen			Dauer	Kulturen im Land
1 SA	400	1500	historische Zeit	Neuzeit	frühe N.		
				Mittelalter	Spätm.	800	
	1050	1000			Hochm.		
					Frühm.		
m SA	1550	500		Merowinger		500	
				Völkerwande-rung			
	2000	0	vorrömische Eisenzeit	Römer		300	
e SA				La-Tène	D C	500	
	2400	− 500			B A		
				Hallstatt	D C	300	
1 SB	2800	− 1000	Bronzezeit	Urenfelderzeit	B A	400	
	3200	− 1500		mittlere	D C B A2	1100	
m SB	3650	− 2000		Bronzezeit	A1		
				frühe			Glockenbecher
	4000	− 2500	Jungsteinzeit				Schnurkeramik Goldberg III
	4300	− 3000		Endneolithikum		1100	Horgen
e SB	4700	− 3500		Jungneolithi-kum		600	Pfyn, Pfyn-Altheim, Michelsberg Schussenried Hornstaad Straßburg Aichbühl Schwieberdingen
	5200	− 4000					

Chrono-zonen	Zeit a BP	Zeit aAC/BC	Chronologische Kulturstufen		Dauer	Kulturen im Land
1 AT	5650	−4500	Mittelneolith.		1000	Wauwil Bischheim Rössen Hinkelstein Großgartach Stichbandkeramik
	6100	−5000				
m AT			Altneolithikum		500	Linearband-keramik
	6500	−5500				
	7100	−6000				
			Mesolithikum			
e AT	7600	−6500				
	8000	−7000				

Die Kulturen sind weder chronologisch noch geographisch streng geordnet. Tabelle aus RÖSCH (1988e), ergänzt und verändert

stimmen das zeitliche Auflösungsvermögen). Hier werden die Datierungsmöglichkeiten in der Regel mit steigendem Alter der Publikationen schlechter. Wird innerhalb eines begrenzten Gebiets durch Vergleich mit radiometrisch datierten Diagrammen datiert, so kann eine Genauigkeit erreicht werden, die von der Genauigkeit der radiometrischen Datierung selbst nicht wesentlich abweicht. Ist man hingegen auf die Einordnung in die Mitteleuropäische Grundsukzession nach FIRBAS (1949) angewiesen, so kann der Datierungsfehler auf ± 1000 Jahre und mehr steigen.

6. Bei präholozänen und insbesondere bei präwürmzeitlichen Nachweisen bestehen nur eingeschränkte Datierungsmöglichkeiten und es muß mit großer Ungenauigkeit gerechnet werden.

Tabelle 1 gibt einen Überblick über die Gliederung des Quartärs, Tabelle 2 über die des Spätwürm und Holozän unter Vergleich der stratigraphischen Systeme von FIRBAS (1949) sowie MANGERUD, ANDERSEN, BERGLUND & DONNER (1974).

Der wesentliche Unterschied zwischen beiden besteht darin, daß die Chronozonen nach MANGERUD & al. definierte Ablagerungszeiten sind, nachweisbar nur durch absolute (radiometrische) Datierung, wogegen die Zonen von FIRBAS sowohl vegetations-/klimageschichtlich als auch zeitlich definiert sind, was die Zeitgleichheit vegetationsgeschichtlicher Entwicklungen für den ganzen Geltungsbereich, also Mitteleuropa, voraussetzt, und dies hat sich, seit in größerem Umfang Pollendiagramme mit Radiocarbondaten vorliegen, als nicht zutreffend erwiesen.

Tab. 3 stellt die konventionelle, auf Radiocarbondaten beruhende Chronologie für das mittlere und späte Holozän der auf dendrochronologischen Daten beruhenden siderischen Zeitskala gegenüber und ordnet die kulturelle Entwicklung in diesen zeitlichen Rahmen ein.

Der augenblickliche Kenntnisstand zu diesem Thema ist in Radiocarbon (New Haven), Band 28, 1986 dargestellt.

7.4 Zur Forschungsgeschichte

Der Beginn vegetations- und florengeschichtlicher Forschung ist in Baden-Württemberg nach dem Ersten Weltkrieg anzusetzen, als diese Forschungsrichtung mit der Einführung der Pollenanalyse weltweit einen großen Aufschwung erlebte. In dieser Zeit stand das Land mit an der Spitze des wissenschaftlichen Fortschritts, der vorangetrieben wurde durch Persönlichkeiten wie PETER STARK und ERICH OBERDORFER in Baden und KARL BERTSCH in Württemberg. Auch FRANZ FIRBAS war ja zwischenzeitlich im Land tätig. Damals war es selbstverständlich, Vegetationsgeschichte ganzheitlich zu sehen und zu betreiben, also stets neben den Pollen auch die Großreste zu berücksichtigen, eine Sichtweise, die sich heute wieder durchsetzt, und die verhindert, daß die Vegetationsgeschichte zu einer Hilfswissenschaft der Geographie oder Geologie verkommt. PETER STARK legte nicht nur die Grundlagen zur Kenntnis der Vegetationsgeschichte von Schwarzwald und Bodenseeraum, er studierte auch die Entwicklungsgeschichte der Moore durch Berücksichtigung aller in den Ablagerungen enthaltenen biologischen Reste. ERICH OBERDORFER wies in seiner Schluchsee-Arbeit von 1931 nicht nur zahlreiche, heute im Land ausgestorbene Arten des arktisch-alpinen Elements durch Großreste nach, sondern er war dabei auch in der Pollenanalyse seiner Zeit voraus, indem er erstmals den für das Spätglazial so wichtigen Pollentyp von *Artemisia* erkannte und unterschied, wenngleich er ihn noch nicht als solchen ansprechen konnte, sondern zwischen *Salix* Typ A und Typ B differenzierte. KARL BERTSCH legte mit einer Fülle von Publikationen im Verlauf von fast vier Jahrzehnten in Württemberg die Grundsteine für die Vegetationsgeschichte und die Archäobotanik. Sein methodisches Spektrum war umfassend und seine Produktionsrate ungeheuer groß, was deshalb besonders bemerkenswert ist, weil er ja im Hauptberuf Lehrer war. Die Forschungsarbeit im Land wurde und wird heute von den Schülern dieser Pioniere und von deren Schülern fortgesetzt.

7.5 Kurzer Abriß der Waldgeschichte von Spätwürm und Holozän im Land

Seit FRANZ FIRBAS sein umfassendes Werk über die Waldgeschichte Mitteleuropas vorlegte, das auch die Entwicklung im Land ausführlich darstellte, sind 40 Jahre verstrichen, in denen zahlreiche, auch hier zitierte Arbeiten mit weiterentwickelten Methoden neue Erkenntnisse gebracht haben. Eine er-

schöpfende Darstellung der Vegetations- und Florengeschichte Baden-Württembergs kann hier nicht gegeben werden und braucht auch nicht gegeben zu werden, da eine Neubearbeitung der „Waldgeschichte" von FIRBAS durch GERHARD LANG in Vorbereitung ist. Die nachfolgenden Bemerkungen zur Waldgeschichte im Land sind eher daher als vorläufige Informationen ohne Anspruch auf Vollständigkeit gedacht.

Während der letzten Eiszeit war der Süden des Landes teilweise vergletschert und das übrige Gebiet entwaldet. Über die Vegetation der eisfreien Gebiete während des Hochglazials fehlen genaue Informationen, doch kann man vom Vorhandensein von Steppenrasen und anderer krautiger Vegetation ausgehen, die nach der klimatischen Besserung auch die eisfrei gewordenen Gebiete besiedelte. Die Wiederbewaldung wurde von einem Zwergbirken- und nachfolgendem Wacholder-Sanddorn-Gebüsch-Stadium eingeleitet und führte zunächst, vor etwa 12000 Jahren, zu Birkenwäldern (*Betula pendula* und *B. pubescens*). Diese Birkenwälder wandelten sich anschließend in Kiefernwälder (*Pinus sylvestris*) um. Ein letzter klimatischer Rückschlag vor etwa 11 Jahrtausenden (jüngere Dryas) bewirkte lediglich in den hohen Lagen der Mittelgebirge und des Alpenvorlandes etwa oberhalb 700 m nochmalige Verdrängung des Waldes. Von den bisher aufgetretenen Holzarten wird angenommen, daß sie die Eiszeit in Refugien nördlich der Alpen überdauern konnten und daher keine weiten Wanderwege hatten.

Bei den vor zehn Jahrtausenden sich ausbreitenden wärmeliebenden Gehölzen nimmt man dagegen an, daß sie aus südlichen Refugien nach Mitteleuropa einwandern mußten. Von diesen konnte sich zunächst die Hasel (*Corylus avellana*) im Verlauf des Präboreal ausbreiten und die Kiefern und Birken verdrängen. Dies geschah von Westen nach Osten. Der geographische Gradient ist jedoch nicht so steil, daß er sich innerhalb des Landes als zeitliche Differenz nachweisen ließe. Zeitgleich mit der Hasel konnten sich Ulmen- Eichen- und Ahornarten ausbreiten, blieben aber zunächst in der Häufigkeit noch klar hinter der Hasel zurück. Erst mit der Ausbreitung der Linden wurden diese lichtoffenen Bestände dunkler und dichter, wodurch die Hasel zurückgedrängt wurde oder im Unterstand nicht mehr zur Blüte gelangte. Diese Entwicklung begann im Alpenvorland bereits im späten Boreal, im Schwarzwald und in den nördlichen Landesteilen jedoch erst im frühen Atlantikum. Mit der ebenfalls im frühen Atlantikum erfolgten Ausbreitung der Esche, wohl vorwiegend in azonalen Feuchtbodenwäldern, hat sich dann die geschlossene mitteleuropäische Waldvegetation des Atlantikums eingestellt, die mit dem pollenanalytischen Begriff Eichenmischwald bezeichnet wird. Eine standortsbedingte Differenzierung in unterschiedliche Waldgesellschaften kann angenommen werden. Aufgrund der unterschiedlichen Pollenproduktion der beteiligten Arten kann man von wesentlich größerer Bedeutung von Esche, Ahorn- und Lindenarten ausgehen, als die Pollendiagramme anzeigen. Es machen sich allerdings auch regionale Unterschiede bemerkbar. So waren Linden im südlichen Schwarzwald häufiger als im nördlichen, im Alpenvorland und im Neckarland.

Die Wälder waren natürlich floristisch reicher, als die wenigen, pollenanalytisch gut nachweisbaren Holzarten anzeigen. Als Hinweis darauf kann die Verbreitung von Lianen und Epiphyten wie *Hedera* und *Viscum* und von immergrünen Vertretern des subatlantischen oder submediterranen Elements wie *Taxus, Ilex* oder *Buxus* gelten, die zugleich Hinweise auf relative Klimagunst im Atlantikum liefert.

Im Verlauf des Atlantikums wanderten die Schattholzarten Rotbuche, Weißtanne und Fichte in unser Gebiet ein, und zwar auf unterschiedlichen, wenn auch noch nicht im einzelnen nachgewiesenen Wegen. Die Buche hatte ihre eiszeitlichen Refugien auf dem Balkan. Bereits im frühen Holozän erreichte sie das südöstliche Alpenende und gegen Ende des frühen Atlantikum das Bodenseebecken. Die Fichte hatte ihre Refugien in unvergletscherten Gebieten Osteuropas und erreichte unser Gebiet auf ihrem südlichen Wanderweg, der entlang und innerhalb der Alpen nach Westen führt. Da ihr natürliches Vorkommen in Mitteleuropa zonal auf die Hochlagen der Alpen und Mittelgebirge und azonal auf Moorränder begrenzt ist, blieb ihre natürliche Verbreitung im Lande sehr beschränkt und ist durch Pollenanalyse wegen der Möglichkeit des Pollenferntransportes zeitlich schwer einzugrenzen. Durch Großreste ist die Fichte im nördlichen Schwarzwald für das frühe Subatlantikum (HÖLZER & HÖLZER 1987) nachgewiesen, im Bodenseegebiet für das späte Subboreal (urnenfelderzeitliche Kulturschicht von Hagnau, um 1000 v.Chr.). Die heutige Verbreitung der Fichte im Gebiet ist ein Ergebnis mittelalterlichen Raubbaus an den Wäldern und neuzeitlicher Forstwirtschaft. Die Weißtanne hatte ihre eiszeitlichen Refugien vermutlich in Mittelitalien, erreichte schon früh den südlichen Alpenrand. Unser Gebiet erreichte sie auf ihrem westlichen Wanderweg entlang des Alpenrandes und durch den Schweizer Jura. Gegen Ende des späten

Atlantikums konnte sie sich im südlichen Schwarzwald rasch ausbreiten und die Lindenmischwälder verdrängen (RÖSCH 1989). Zu der Zeit wanderte sie auch ins Bodenseebecken und nach Oberschwaben ein, blieb aber dort stets eine Nebenholzart und in ihrer Verbreitung beschränkt. In ein weiteres natürliches Verbreitungsgebiet, den Schwäbisch-Fränkischen Wald, ist sie im frühen Subboreal eingewandert (SMETTAN 1988), also mit gut 500 Jahren Verzögerung gegenüber dem Südschwarzwald.

Unter den naturräumlichen Voraussetzungen unseres Gebietes erlangte von diesen Schatthölzern die Buche später die größte Bedeutung. Dennoch verging zwischen ihrer Einwanderung und der Ausbreitung viel Zeit, am Bodensee zum Beispiel mehr als ein Jahrtausend. Erst am Beginn des späten Atlantikum konnte sich die Buche hier gegenüber dem Lindenmischwald durchsetzen und ausbreiten. Zu der Zeit waren bereits jungsteinzeitliche Kulturgruppen rodend und landwirtschaftlich im Gebiet tätig, das deshalb nicht mehr unbedingt als Urlandschaft mit ursprünglicher und ungestörter Vegetation aufgefaßt werden kann. Diese Beobachtung steht nicht allein, sondern inzwischen mehren sich vielerorts in Mitteleuropa die Hinweise auf eine Förderung der Buchenausbreitung durch menschliche Eingriffe. Im Schwarzwald war die Buche mit der Tanne erschienen, hatte sich aber gegenüber dieser verzögert ausgebreitet und konnte sich ihr gegenüber erst im späten Subboreal, und vermutlich auch mit menschlicher Hilfe, endgültig durchsetzen. Im Alpenvorland verzögerte sich die Buchenausbreitung vom Bodensee bis zur Donau um rund ein Jahrtausend. Noch ein Jahrtausend später, nämlich an der Wende vom frühen zum mittleren Atlantikum, erfolgte die Buchenausbreitung im Neckarland und in Hohenlohe. Diesen Süd-Nord-Gradienten könnte man über die Landesgrenzen hinaus bis an die heutigen nördlichen Arealgrenzen der Buche weiterverfolgen, welche sie erst in historischer Zeit erreichte.

Letzter nacheiszeitlicher Einwanderer unter den Bäumen war die Hainbuche, die ebenfalls als Schattholz gilt. Sie hatte ihre Refugien in Osteuropa und erreichte unser Gebiet auch aus dieser Richtung. Überall wanderte sie bereits in eine Kulturlandschaft ein, und ihrer Ausbreitung wurde durch kulturelle Maßnahmen beeinflußt. So ist vor allem mit einer Förderung bei Mittel- oder Niederwaldbetrieb zu rechnen, was sich bei kurzen Umtriebszeiten jedoch in den Pollendiagrammen gar nicht niederzuschlagen braucht. In diesen hat sie ihre maximale Verbreitung im frühen und hohen Mittelalter. Die Ausbreitung beginnt noch in römischer Zeit in

Hohenlohe und erfolgt wenig später auch in anderen Landesteilen. Da die Pollenwerte im Mittelalter wieder zurückgehen, kann man vermuten, das die zwischenzeitlich bis 30% ansteigenden *Carpinus*-Werte die Folge verwahrloster und durchgewachsener Mittel- oder Niederwälder sind. Nachdem mit der Hainbuche die letzte Art spontan eingewandert war, sollen abschließend noch zwei Baumarten erwähnt werden, die von den Römern eingeführt wurden, aber inzwischen teilweise als eingebürgert gelten, nämlich die Eßkastanie und die Walnuß.

7.6 Verzeichnis der im speziellen Teil des Werks erwähnten Fundorte

1) Heidelberg: Latrine in der Heidelberger Altstadt mit Füllung aus dem 15./16. Jhd. AC (MAIER 1983).
2) Eschelbronn bei Heidelberg: Siedlung und Wasserburg mit teilweise feucht erhaltenem Material aus dem 13. Jhd. AC (KÖRBER-GROHNE 1979).
3) Heilbronn-Neckargartach: Urnenfelderzeitliche Siedlungsgruben (etwa 1000 BC) (PIENING 1982). Verkohltes Material.
4) Lauffen am Neckar: Verkohlte Pflanzenreste aus Siedlungsgruben der frühen Latènezeit (etwa 400 BC) (PIENING 1983).
5) Marbach am Neckar: Verkohltes Material aus bandkeramischen Siedlungsgruben, 2. Hälfte des 6. Jahrtausends BC (PIENING 1982).
6) Welzheim: Römisches Kastell mit feuchterhaltenen Pflanzenresten aus Brunnenfüllungen des 3. Jahrhunderts AC (KÖRBER-GROHNE & PIENING 1983).
7) Schmiden, Rems-Murr-Kreis: Keltische Viereckschanze des 1./2. Jhd. BC mit feuchterhaltenem Material in Brunnenfüllung (KÖRBER-GROHNE 1982).
8) Endersbach bei Stuttgart: Verkohlte Pflanzenreste aus Siedlungsgruben der Großgartacher Gruppe (Rössener Kultur) um 4500 BC (exakte Datierungen fehlen noch) (PIENING 1982)
9) Weiler zum Stein, Gem. Leutenbach: Verkohlte Pflanzenreste aus bandkeramischen Siedlungsgruben, 2. Hälfte des 6. Jahrtausends BC (PIENING 1982).
10) Ludwigsburg-Oßweil: Verkohltes Material aus einer bandkeramischen Grube, 2. Hälfte des 6. Jahrtausends BC (PIENING 1982).
11) Hochdorf, Gem. Eberdingen, Kr. Ludwigsburg: Verkohltes Material aus Siedlungsgruben der Schussenrieder Kultur, etwa 4250–4050 BC (aufgrund kalibrierter ^{14}C-Daten) (KÜSTER

1983 und 1985) sowie Pflanzenreste aus einem hallstattzeitlichen Fürstengrab, 2. Hälfte des 6. Jahrhunderts BC (KÖRBER-GROHNE 1980 und 1985).
12) Sersheim Kreis Ludwigsburg: Pollenanalysen in limnischen und telmatischen Ablagerungen vom Boreal bis Subatlantikum (radiocarbondatiert) eines Moores 234 m ü. NN., in einer Gipskeuperdoline (SMETTAN 1986).
13) Bad Cannstatt: Pflanzenabdrücke in warmzeitlichen Sauerwasserkalken; nachgewiesen sind im Gebiet entsprechende Bildungen aus dem Eem-, Holstein- und Cromer-Interglazial. Die von BERTSCH (1927) vorgelegten Artnachweise sind ins Holstein-Interglazial zu stellen (Alter etwa 250000 Jahre). Vgl. auch ADAM (1985).
14) Sindelfingen: Unverkohlte und verkohlte Pflanzenreste des 12. und 15. Jhd. AC einer mittelalterlichen Siedlung unter der oberen Vorstadt von Sindelfingen (KÖRBER-GROHNE 1978).
15) Bondorf, Kr. Böblingen: Verkohlte Pflanzenreste aus Siedlungsgruben der späten Latènezeit (um 400 BC) (KÖRBER-GROHNE & PIENING 1979).
16) Schopfloch: Schopflocher Torfgrube NE Urach, 758 m ü. NN.; Großrest- und Pollenanalysen in limnischen, telmatischen und semiterrestrischen Ablagerungen eines Moores auf obermiozänen Basalttuffen; G. LANG (1952) untersuchte Ablagerungen von der Ältesten Dryas bis ins Boreal. Datierung nur durch Pollenanalyse.
17) Schwennigen: Pollen- und Großrestanalysen an limnischen bis terrestrischen Ablagerungen des Schwenninger Moores, 705 m, (K. BERTSCH 1930). Erfaßte Bildungszeiten: Spätwürm und Holozän, genaue, pollenanalytisch begründete Altersansprachen werden durch die veraltete Methodik (zu große Probenabstände) erschwert.
18) Villingen: Unverkohltes Pflanzenmaterial aus dem hallstattzeitlichen Fürstengrabhügel Magdalenenberg, 577 BC (KÖRBER-GROHNE & WILMANNS 1977).
19) Steinbach bei Baden-Baden: Pollenanalysen an Ablagerungen des Cromer-Interglazials, Alter schätzungsweise 500000 bis 1000000 Jahre (SCHEDLER 1981).
20) Breisach: Hochstetten, Brunnenfüllung der Spätlatènezeit (etwa 3.–1. Jhd. BC) (NEUWEILER 1935).
21) Breisach: Brunnenfüllung der Römerzeit, 1.–3. Jhd. AC, (NEUWEILER 1935).

22) Schluchsee: Pollen- und Großrestanalysen an Sedimenten und Torfen des Schluchseemoores, 905 m ü. NN. gebohrt vor dessen Überstauung; erfaßt wurde Spätwürm und Holozän; Datierung nur pollenanalytisch (OBERDORFER 1931).

23) Erlenbruckmoor: Pollen- und Großrestanalysen limnischer Ablagerungen des 930 m hoch gelegenen Moores erfassen Älteste Dryas bis Boreal (Datierung pollenanalytisch und durch den Laacher Bimstuff, LANG 1952).

24) Dreherhofmoor: Pollen- und Großrestanalysen limnischer Sedimente von der Ältesten Dryas bis zum Boreal aus dem 880 m ü. NN. gelegenen Moor (LANG 1952).

25) Baldenweger Moor: Pollenanalysen terrestrischer Torfe des Subboreals und Subatlantikums, Höhe 1440 m ü. NN. Datierung nur pollenanalytisch (LANG 1973).

26) Urseemoor, 835 m: Pollenanalysen an Sedimenten und Torfen von der Ältesten Dryas bis ins Subatlantikum, Datierung pollenanalytisch und durch den Laacher Bimstuff (LANG 1971).

27) Ehrenstein: Siedlung der Schussenrieder Kultur mit Feuchterhaltung; um 4000 BC; Großrestanalysen durch M. HOPF (1968).

28) Ulm-Eggingen: Bandkeramische Siedlung, 2. Hälfte des 6. Jahrtausends BC; Trockenboden (GREGG 1984).

29) Federsee, 578 m: Pollen- und Großrestanalysen an Sedimenten des Spätwürm aus dem Steinhauser Ried (FIRBAS 1935).

30) Aichbühl: Feuchtbodensiedlung der Aichbühler Kultur; der unteren, Aichbühler Siedlung kommt ein Alter um 4350 BC zu (KROMER, BILLAMBOZ & BECKER 1985). Großrestanalysen durch K. BERTSCH (1931), sowie BLANKENHORN & HOPF (1982).

31) Riedschachen: Feuchtbodensiedlung der Schussenrieder (um 4000 BC) und der Aichbühler (darunter, um 4300 BC) Kultur; Großrestanalysen durch K. BERTSCH (1931), sowie BLANKENHORN & HOPF (1982).

32) Dullenried: Endneolithische Feuchtbodensiedlung, wohl erste Hälfte des 3. Jahrtausends BC, Großrestanalysen durch K. BERTSCH (1931).

33) Bad Buchau: Mittelbronzezeitliche (1764 – ca. 1500 BC) Siedlung „Forschner", Großrestanalysen durch RÖSCH (1984) und spätbronzezeitliche Feuchtbodensiedlung – Wasserburg Buchau, (11.–9. Jhd. BC) Großrestanalysen: K. BERTSCH (1931).

34) Moosburg am Federsee: Mesolithischer Lagerplatz, Großrest- und Pollenanalysen durch K. BERTSCH (1931); Zeitstellung aufgrund

BERTSCHS Pollenanalysen: Präboreal bis Boreal.

35) Tannstock am Federsee: Mesolithischer Lagerplatz, Großrest- und Pollenanalysen durch K. BERTSCH (1931) Zeitstellung wie 34).

36) Füramoos bei Biberach an der Riß, 662 m, Pollenanalysen an Ablagerungen des Frühwürms, Alter rund 45000 Jahre (FRENZEL 1978).

37) Krumbach bei Saulgau; 606 m: Pollenanalysen an eemzeitlichen Ablagerungen, Alter etwa 120000 Jahre (FRENZEL 1978).

38) Schussenquelle; 576 m: Freilandstation des Magdalénien (Jungpaläolithikum; Großrest- und Pollenanalysen durch LANG (1962); Datierung radiometrisch auf etwa 15000 BP (Älteste Dryas).

39) Pfrunger Ried, 610 m: Pollen- und Großrestanalysen durch F. BERTSCH (1935) (Spätwürm und Holozän, Datierung nur pollenanalytisch).

40) Wahlwieser Moor, 407 m: Großrest- und Pollenanalysen an limnischen Sedimenten und Torfen des Spätwürm und Holozän, Datierung nur pollenanalytisch (STARK 1927).

41) Bussenried, 439 m: Großrest- und Pollenanalysen an limnischen Sedimenten und Torfen des Spätwürm und Holozän, Datierung nur pollenanalytisch (STARK 1927).

42) Moor bei Reitern, Gem. Dettingen, 434 m: Großrest- und Pollenanalysen an Sedimenten und Torfen des Spätwürm und Holozän, Datierung nur pollenanalytisch (STARK 1927).

43) Buchenseen, 430 m: Pollenanalysen an limnischen Sedimenten des Spätwürm und Präboreal, Datierung pollenanalytisch und durch Laacher Bimstuff (A. BERTSCH 1961).

44) Durchenbergried, 432 m: Radiometrisch datierte Pollen- und Großrestanalysen an limnischen Sedimenten und Torfen des Spätwürm und Holozän (RÖSCH 1986 und 1989).

45) Feuenried bei Überlingen am Ried, 407 m: Radiometrisch datierte Pollen- und Großrestanalysen an limnischen Sedimenten und Torfen des Spätwürm und Holozän (RÖSCH 1985a und 1986).

46) Tannenhofmoor bei Konstanz-Petershausen, 425 m: Großrest- und Pollenanalysen an limnischen Sedimenten und Torfen des Spätwürm und Holozän, nur pollenanalytisch datiert (STARK 1925).

47) Rupberger Ried bei Schnetzenhausen, 436 m: Pollen- und Großrestanalysen an limnischen Sedimenten und Torfen des Spätwürm und Holozän, Datierung nur pollenanalytisch (K. BERTSCH 1929).

48) Sipplingen: Mehrschichtige Siedlungsstratigraphie des Jung- und Endneolithikums (Pfyner und Horgener Kultur, Schlagdaten zwischen 3843 und 2864 BC); Großrestanalysen an feucht erhaltenem Material durch K. BERTSCH (1932).

49) Wangen: Mehrschichtige Siedlungsstratigraphie, eingebettet in litorale, limnische Sedimente des Bodensees, des Jung- und Endneolithikums (Pfyner und Horgener Kultur, Schlagdaten 3824 BC und 3586 BC (frühes und spätes Pfyn, für die Horgener Schicht stehen Datierungen noch aus, erwartet werden kann ein Alter um 3000 BC) nicht mehr stratifizierbare Großrestbestimmungen (MESSIKOMER 1883 und HEER 1865); eine botanische Neubearbeitung ist im Gange.

50) Wallhausen: Großrest- und Pollenanalysen an Kulturschichten des Jung- und Endneolithikums (Pfyner und Horgener Kultur, Zeitstellung um 3700 BC und um 3200 BC aufgrund kalibrierter Radiocarbondaten) (RÖSCH 1989).

51) Hornstaad: Großrest- und Pollenanalysen aus 5 Seeufersiedlungen des Jung- und Endneolithikums (Zeitstellung: 2 Siedlungen der Hornstaader Gruppe um 4000 BC-Datierung aufgrund kalibrierter Radiocarbondaten und pollenanalytisch, 2 Siedlungen der Pfyner Kultur um 3900 BC (kalibriertes ^{14}C-Datum) und um 3700 BC bzw. 3586–3562 BC (kal. ^{14}C- und Dendrodaten, sowie eine Siedlung der frühen Horgener Kultur um 3350 BC (kal. ^{14}C-Daten) (SCHLICHTHERLE 1981, RÖSCH 1985b und unpubl.).

52) Langenrain: Spätbronzezeitliche Ufersiedlung, Großrestanalyse durch K. BERTSCH (1932).

53) Schleinsee, 475 m: Großrest- und Pollenanalysen an Seesedimenten des Spätwürm und Präboreal (LANG 1952).

54) Degersee, 478 m: Großrest- und Pollenanalysen an Seesedimenten des Spätwürm und Präboreal (LANG 1952).

55) Ravensburg: Laubmoostorf unter Auesedimenten des Schussentals, die im unteren Teil pflanzliche Großreste, auch von Kulturpflanzen, enthalten; Großrest- und Pollenanalysen durch K. BERTSCH (1956); Zeitstellung der großrestführenden Schichten nicht gesichert; BERTSCH nimmt Neolithikum an.

56) Reute-Schorrenried: Feuchtbodensiedlung des Jungneolithikums (Pfyn-Altheimer Gruppe, dendrochronologisch datiert auf 3738–3731 BC); Großrestanalysen durch K. BERTSCH (in PARET 1935 und 1956).

57) Brunnholzried, 570 m: Pollen- und Großrestanalysen durch K. BERTSCH (1925), Datierung nur pollenanalytisch.

58) Füramoos bei Bad Wurzach, 662 m: Pollenanalysen an limnischen Sedimenten des Frühwürm (Alter um 50000 Jahre) (FRENZEL 1978).

59) Reichermoos bei Waldburg, 676 m: Pollen- und Großrestanalysen von Sedimenten und Torfen des Spätwürm und Holozän (K. BERTSCH 1924), Datierung nur pollenanalytisch.

60) Gaisbeuren, 548 m: Pollenanalyse an spätglazialem Beckenton und Torf (CASTEL 1984).

61) Schönmoos bei Atlashofen, 467 m: Pollen- und Großrestanalyse an limnischen Sedimenten des Spätwürm und Holozän (K. BERTSCH 1929).

62) Burgermoos bei Kißlegg, 655 m: Pollen- und Großrestanalyse an Seesedimenten und Torfen des Spätwürm und Holozän (K. BERTSCH 1930), Datierung pollenanalytisch.

63) Himmelreichmoos bei Erbisreute, 622 m: Pollen- und Großrestanalyse an Seesedimenten und Torfen des Spätwürm und Holozän (K. BERTSCH 1929), Datierung nur pollenanalytisch.

Dieses Manuskript wurde 1986 abgeschlossen und im Herbst 1988 überarbeitet. Die zwischenzeitlich neu erschienene Literatur konnte jedoch nicht mehr eingearbeitet werden. Einiges davon sei hier vorgestellt:

Im 1986 erschienenen Band 28 von Radiocarbon, New Haven, ist in Beiträgen u.a. von STUIVER, PEARSON, PILCHER, BECKER der augenblickliche Kenntnisstand zum Thema Kalibration umfassend dargestellt.

1988 erschien die Festschrift für UDELGARD KÖRBER-GROHNE mit dem Titel: Der prähistorische Mensch und seine Umwelt in der Reihe: Forschungen und Berichte zur Vor- und Frühgeschichte in Baden-Württemberg, Band 31. Darin befassen sich folgende Beiträge mit subfossilen Pflanzenresten aus Baden-Württemberg:

SMETTAN, H.: Naturwissenschaftliche Untersuchungen im Kupfermoor bei Schwäbisch Hall – ein Beitrag zur Moorentwicklung sowie zur Vegetations- und Siedlungsgeschichte der Haller Ebene. S. 81–124.

RÖSCH, M.: Subfossile Moosfunde aus prähistorischen Feuchtbodensiedlungen: Aussagemöglichkeiten zu Umwelt und Wirtschaft. S. 177–198.

PIENING, U.: Neolithische und hallstattzeitliche Pflanzenreste aus Freiberg-Geisingen (Kreis Ludwigsburg). S. 213–230.

KARG, S.: Pflanzenreste aus zwei Bodenproben der frühmittelbronzezeitlichen Siedlung Uhingen-Römerstr. 91 (Kreis Göppingen). S. 231–238.

KÜSTER, HJ.: Urnenfelderzeitliche Pflanzenreste aus Burkheim, Gemeinde Vogtsburg, Kreis Breisgau-Hochschwarzwald (Baden-Württemberg). S. 261–268.

PIENING, U.: Kultur- und Wildpflanzenreste aus Gruben der Urnenfelder- und Frühlatènezeit von Stuttgart-Mühlhausen. S. 269–280.

MAIER, S.: Botanische Untersuchung römerzeitlicher Pflanzenreste aus dem Brunnen der römischen Zivilsiedlung Köngen (Landkreis Esslingen). S. 291–324.

MAIER, U.: Pflanzenhaltige Bodenproben aus der mittelalterlichen Bischofsburg in Bruchsal. S. 403–418.

In Archäologische Ausgrabungen in Baden-Württemberg 1987:

RÖSCH, M.: Pflanzenreste der Merowingerzeit aus Mengen am Tuniberg, Kreis Breisgau-Hochschwarzwald. S. 164–165.

RÖSCH, M.: Mittelalterliche Pflanzenreste vom Krautmarkt in Kirchheim/Teck. S. 253–254.

RÖSCH, M.: Archäobotanische Untersuchungen an einem mittelalterlichen Grubenhaus in Ulm. S. 327–328.

RÖSCH, M. (1988e): Archäobotanische Forschung in Südwestdeutschland – Bestandesaufnahme und Perspektiven. – In: Archäologie in Württemberg: 483–514; Stuttgart.

Anschrift des Verfassers:
Dr. M. Rösch
Landesdenkmalamt Baden-Württemberg
Archäologische Denkmalpflege, Ref. 25 – Archäobotanik
Fischersteig 9
D-7766 Gaienhofen-Hemmenhofen

8 Zur Mäh- und Feuerverträglichkeit einzelner Arten

Von J. SCHIEFER (†)

In Rasengesellschaften im weitesten Sinn kommen ungefähr 500–600 Pflanzensippen regelmäßig oder akzessorisch vor. Das Verhalten dieser Rasenarten wie auch einiger zweijähriger und ausdauernder Ruderalpflanzen gegenüber den Faktoren Mahd, Beweidung und Feuer wird – soweit bekannt – mitgeteilt. Mit dieser Zusammenstellung der Mäh-, Beweidungs- und Feuerverträglichkeit sollen in erster Linie Hinweise für effektive Pflegemaßnahmen gegeben werden. Unsere Auflistung ist allerdings noch bei vielen Arten unvollständig.

Die Mähverträglichkeit einer Art hängt im wesentlichen von der Schnitthäufigkeit, dem Schnitttermin und der Schnittiefe ab. Während die optimalen Schnittermine und -intervalle bei den einzelnen Arten teilweise sehr unterschiedlich sind, kann für die allermeisten Arten eine Schnittiefe von etwa 7 cm empfohlen werden. Bei dieser Stoppelhöhe ist eine gute Regeneration der Pflanzen nach der Mahd gewährleistet; zu tiefer Schnitt dagegen fördert einseitig Rhizom- und Stolonenpflanzen (z.B. *Poa pratensis* und *Poa trivialis*), während vor allem Horstpflanzen (z.B. *Arrhenatherum elatius* und *Bromus erectus*) geschädigt werden. Auch den Mähwerkzeugen kommt in diesem Zusammenhang Bedeutung zu. So haben stumpfe Klingen, die eher rupfen als schneiden eine verzögerte Regeneration einiger Pflanzenarten zur Folge.

Seit einiger Zeit wird auch Mulchen als Landschaftspflegemaßnahme eingesetzt. Dabei wird das Mähgut zerkleinert und verbleibt auf der Fläche. Bci Schnitterminen bis August kann Mulchen durchaus zur Anwendung kommen, weil bei diesem relativ frühen Schnitt das Mulchgut in der Regel schnell verrottet. Bei Mulchschnitten im Herbst dagegen bleibt die rohfaserreiche Pflanzenmasse meist unzersetzt als geschlossene Decke bis weit ins nächste Frühjahr hinein liegen und führt zum Absterben einzelner Arten (vgl. SCHIEFER 1983).

Für einige häufige Pflanzengesellschaften bzw. Gesellschaftsgruppen werden nachfolgend die Schnittermine und -intervalle aufgelistet. Diese Zusammenstellung soll als grober Überblick dienen und die Einordnung der einzelnen Sippen in das System der Pflanzengesellschaften erleichtern. In einzelnen Untergesellschaften sind durchaus Abweichungen von den angegebenen Schnitterminen möglich. So geben wir für die Molinion-Gesellschaften einen Schnittermin ab Ende September an, während in einem Molinietum brometosum bereits ab Mitte August gemäht/gemulcht werden kann. Eine Verschiebung des Schnittzeitpunkts ist auch dort möglich, wo bestimmte seltene Arten durch Pflegemaßnahmen gefördert werden sollen und der optimale Schnittzeitpunkt dieser Arten von dem der Pflanzengesellschaft etwas abweicht. Denn die Kennarten einer Pflanzengesellschaft reagieren auf Mahd keineswegs alle gleich.

Schnittermine und -intervalle einiger Pflanzengesellschaften

Arrhenatheretum elatioris (Glatthafer-Wiese): zweimalige (bis dreimalige) Mahd Anfang–Mitte Juni und Mitte–Ende August (und im Oktober)

Polygono-Trisetion-Gesellschaften (Goldhafer-Wiesen): ein- bis zweimalige Mahd Mitte Juni–Mitte Juli (und Ende August–September)

Angelico-Cirsietum oleracei (Kohldistel-Wiese), **Cirsietum rivularis** (Bachdistel-Wiese), **Sanguisorbo-Silaëtum** (Wiesenknopf-Silgen-Wiese): (einmalige bis) zweimalige Mahd Mitte Juni–Anfang Juli und im September

Juncetum subnodulosi (Knotenbinsen-Wiese): Mahd jährlich oder alle 2–3 Jahre im Herbst

Chaerophyllo-Ranunculetum aconitifolii (Eisenhutblättrige Hahnenfuß-Kälberkropf-Gesellschaft): verträgt ein- bis zweimalige Mahd ab Ende Juni

Scirpetum sylvatici (Waldsimsen-Flur): benötigt keine regelmäßige Mahd; verträgt Mähen im Spätsommer/Herbst

Juncetum filiformis (Fadenbinsen-Wiese): ein- bis zweimalige Mahd ab Ende Juni

Juncion acutiflori-Gesellschaften (Waldbinsen-Gesellschaften): jährlich einmalige Mahd ab August

Molinion-Gesellschaften (Pfeifengras-Wiesen): Mahd jährlich oder alle 2 Jahre ab Ende September

Cnidion-Gesellschaften (Brenndolden-Pfeifengras-Wiesen): Mahd einmal jährlich oder alle 2 Jahre ab Anfang Juli

Filipendulion-Gesellschaften (Mädesüß-Staudenfluren): in der Regel keine Mahd nötig; vertragen Mähen im Herbst

Phragmition-Gesellschaften (Röhrichte): in der Regel keine Mahd nötig; vertragen Mähen im Spätsommer/Herbst

Magnocaricion-Gesellschaften (Großseggenriede): in der Regel keine Mahd nötig; vertragen Mähen im Spätsommer/Herbst

Caricion fuscae-Gesellschaften (Kleinseggenriede/Braunseggen-Sümpfe): Mahd jährlich, oder alle 2 Jahre im Spätsommer/Herbst

Caricion davallianae-Gesellschaften (Kalkflachmoore): Mahd jährlich oder alle 2 Jahre im Spätsommer/Herbst

Mesobromion-Gesellschaften (Trespen-Halbtrockenrasen): Mahd einmal (bis zweimal) jährlich oder alle 2 Jahre, im Weinbauklima (z.B. Oberrheinebene, Vorbergzone) ab Mitte Juni, in kalten Berglagen (z.B. Alb) ab Mitte Juli

Xerobromion-Gesellschaften (Trespen-Trockenrasen): in der Regel keine Mahd nötig

Violion caninae-Gesellschaften (Borstgras-Triften): Nutzung meist als extensive Weide; vertragen einmalige Mahd ab Juli.

Die Angaben über die Feuerverträglichkeit einzelner Arten beziehen sich stets auf Brennen während der Winterruhe der Vegetation, d.h. auf den Zeitraum November bis Anfang März. Brennen zu Beginn der Vegetationsperiode dagegen schädigt viele Pflanzenarten stärker als unserer Zusammenstellung zu entnehmen ist. Es ist deshalb, wie auch wegen seiner schädlichen Wirkung auf die Fauna, abzulehnen.

Das Abbrennen toter Vegetation ist in Baden-Württemberg seit einigen Jahren generell untersagt. Aus folgenden Gründen haben wir dennoch Angaben über die Feuerverträglichkeit einzelner Arten hier aufgenommen: Zum einen wird in einzelnen Regionen (z.B. Kaiserstuhl) das Brennverbot nicht immer beachtet, so daß es dort von großer Bedeutung ist, über die Folgen des Brennens Bescheid zu wissen. Zum anderen haben verschiedene Forschungsarbeiten im In- und Ausland gezeigt, daß Brennen in einzelnen Pflanzengesellschaften durchaus eine wirkungsvolle Pflegemaßnahme darstellt, z.B. im Schilfröhricht, in *Calluna*-Heiden und auch in bestimmten Molinieten.

Die Wirkung des Feuers auf die Vegetation hängt von den Brennbedingungen ab sowie den Lebensformen der einzelnen Pflanzenarten. Je nach den gewählten Brennparametern lassen sich sehr unterschiedliche Resultate erzielen. So entsteht beispielsweise bei trockener Streu, geringer Luftfeuchte und hoher Lufttemperatur ein „heißes Feuer"; bei dieser Feuerart verbrennt die gesamte Streu, verschiedene Pflanzenarten werden stark geschädigt, und nach dem Brennen steht offener Boden an. Dagegen läßt sich ein „kaltes Feuer" erzielen, wenn die Streu einen großen Feuchtegradienten aufweist, d.h. wenn die obere Streulage trocken, die untere dagegen feucht bis naß ist. In diesem Fall verbrennt nur die obere Streuschicht, während die nicht verbrennende untere Streu die Vegetation schützt. Die Feuerverträglichkeit der einzelnen Arten hängt in hohem Maße auch von ihren Lebensformen ab. So werden Rhizom-Geophyten (z.B. *Brachypodium pinnatum*) und Hemikryptophyten mit unterirdischen Ausläufern (z.B. *Galium verum*) durch Brennen stets gefördert. Horst-Hemikryptophyten (z.B. *Bromus erectus*), Rosetten-Hemikryptophyten (z.B. *Leontodon hispidus*), krautige Chamaephyten mit Stolonen (z.B. *Trifolium repens*) und Hemikryptophyten mit Stolonen (z. B. *Ranunculus repens*) werden dagegen durch Feuer geschädigt, weil sich ihre Überdauerungsorgane in einer Zone mit lange anhaltenden letalen Temperaturen befinden.

Bei Arten mit einer großen standörtlichen Amplitude sowie bei gesellschaftsvagen Arten konnten zur Mäh- und Feuerverträglichkeit teilweise nur Angaben allgemeiner Art gemacht werden, weil sich die einzelnen Ökotypen vermutlich z. T. unterschiedlich verhalten und ihre Reaktion auch von den je nach Pflanzenbestand unterschiedlichen Mitbewerbern abhängt.

Beispielsweise wird *Genista sagittalis* in den Mesobrometen des Kaiserstuhls durch Brennen „erheblich geschädigt" (ZIMMERMANN 1979), während sie sich nach unseren neunjährigen Untersuchungen im Südschwarzwald (Bernau, 1100 m NN) im Festuco-Genistelletum deutlich ausbreitet. Eine Erklärung für dieses gegensätzliche Verhalten haben wir nicht.

Spezieller Teil

In dem speziellen Teil dieses Werkes werden die Farnpflanzen (Pteridophyta) und die Samen- oder Blütenpflanzen (Spermatophyta oder Anthophyta) Baden-Württembergs behandelt. Beide Abteilungen des Pflanzenreichs werden auch unter den Begriffen Gefäßpflanzen oder Kormophyten zusammengefaßt. Der Vegetationskörper ist bei beiden Abteilungen in der Regel ein aus den drei Grundorganen Sproßachse, Blatt und Wurzel aufgebauter Kormus. Die Bezeichnung Gefäßpflanzen leitet sich von dem bei beiden Abteilungen besonders ausdifferenzierten Leitungsgewebe ab.

Liste der Signaturen auf den Verbreitungskarten

- ● Beobachtung 1970 und später
- ◓ Beobachtung zwischen dem 1. 1. 1945 und dem 31. 12. 1969
- ◒ Beobachtung zwischen 1900 und 1944
- ○ Beobachtung vor 1900
- ○ Beobachtung nur für ein bestimmtes Meßtischblatt, nicht aber für einen bestimmten Quadranten angegeben, Zeitraum 1945 und später.

Liste der Abkürzungen und Zeichen

agg.	=	Aggregat, Bezeichnung für eine Gruppe nah verwandter, schwierig zu unterscheidender Kleinarten
BAS	=	Herbarium des Botanischen Instituts der Universität Basel
BASBG	=	Herbarium der Basler Botanischen Gesellschaft
BBZ	=	Berichte des Botanischen Zirkels Stuttgart (Xeroxkopien)
cv.	=	Cultivar (Sorte einer Nutz-oder Zierpflanze)
EGM	=	EICHLER, GRADMANN u. MEIGEN (1905–27): Ergebnisse der pflanzengeographischen Durchforschung von Württemberg, Baden und Hohenzollern.

ERZ	=	Herbarium des Fürstin-Eugenie-Instituts für Heilpflanzenforschung, früher Schloß Lindich bei Hechingen, heute dem Herbarium TUB angegliedert.
et al.	=	und andere
G0–G5	=	Gefährdungskategorien der Roten Liste 1983 (HARMS et al.)
KR	=	Herbarium des Staatlichen Museums für Naturkunde Karlsruhe
KR-K	=	Kartei der Botanischen Abteilung des Staatlichen Museums für Naturkunde Karlsruhe
L/B	=	Verhältnis Länge : Breite
MTB	=	Meßtischblatt (Karte 1 : 25000)
nom. cons.	=	nomen conservandum, manche Gattungsnamen sind als Ausnahmen von der Prioritätsregel gegen ältere Namen geschützt.
nom. inv.	=	nomen invalidum, ungültiger Name
o. O.	=	ohne Ortsangabe (Angabe aus den Kartierungsunterlagen ohne Nennung eines Fundorts, aber unter Bezug auf einen bestimmten Quadranten oder auf ein bestimmtes Meßtischblatt).
s. l.	=	sensu lato, in weiterem Sinne (bei Arten, die in mehrere Unterarten oder Kleinarten aufgeteilt werden können).
s. str.	=	sensu stricto, im engen Sinne (s. Erläuterung bei s. l.).
STU	=	Herbarium des Staatlichen Museums für Naturkunde Stuttgart
STU-K	=	Kartei der Botanischen Abteilung des Staatlichen Museums für Naturkunde Stuttgart
TUB	=	Herbarium des Biologischen Instituts der Universität Tübingen
ZKM	=	Zettelkatalog Martens (Teil von STU-K)
ZT	=	Herbarium des Instituts für spezielle Botanik an der Eidgenössischen Technischen Hochschule in Zürich

♂	=	männlich
♀	=	weiblich
<	=	kleiner als
>	=	größer als
≈	=	angenähert gleich
ø	=	Durchmesser

Abteilung

Pteridophyta, Farnpflanzen

Zur Abteilung der Pteridophyta gehören die eigentlichen Farnpflanzen (Klasse Pteridopsida [Filicopsida]), die Bärlappgewächse (Klasse Lycopsida) und die Schachtelhalme (Klasse Sphenopsida [Equisetatae]).

Farnpflanzen zeigen zwei Generationen, die voneinander unabhängig leben: Aus den (haploiden) Sporen entwickelt sich ein Vorkeim (Prothallium), der wenige mm bis 1 cm groß ist. Der Vorkeim (Gametophyt) trägt die Gametangien: männliche Organe (Antheridien) und weibliche Organe (Archegonien). Meist sind sie auf einem Prothallium vereinigt, können aber auch auf getrennten Prothallien vorkommen. Die Archegonien enthalten die Eizellen, die Antheridien liefern begeißelte Gameten, die aktiv zu den Archegonien schwimmen. Für den Befruchtungsvorgang ist Wasser notwendig. – Nach der Befruchtung entwickelt sich die eigentliche Farnpflanze (Sporophyt). An den Sporophyten werden die Sporen in besonderen Behältern (Sporangien) gebildet, die einzeln in Blattachseln stehen (z. B. bei den Bärlappen), auf der Unterseite der Blätter gebildet werden (bei den meisten Farnen) oder in besonderen Sporophyllständen vereinigt sind (bei den Schachtelhalmen).

Gerade bei den eigentlichen Farnen (Pteridopsida) sind zahlreiche Beispiele bekannt, wo der Generationswechsel modifiziert wurde. Bei aposporen Sippen unterbleibt die Reduktionsteilung in den Sporangien. Manche Farne zeigen ein apogames Verhalten: aus den Prothallien entwickeln sich Sporophyten ohne Befruchtung.

Das Vorhandensein von Gefäßbündeln und Wurzeln verbindet die Farnpflanzen (Gefäßsporenpflanzen) mit den Samenpflanzen; Moosen fehlen Gefäßbündel wie Wurzeln. Bei den Farnen entstehen die Wurzeln seitlich aus der Sproßachse, im Gegensatz zu den Samenpflanzen, bei denen sie an der der Sproßspitze entgegengesetzten Stelle entstehen.

Die Farnpflanzen sind eine phylogenetisch sehr alte Gruppe. Die ersten Vertreter sind rund 400 Millionen Jahre alt; ihre optimale Entfaltung hatten sie vor rund 150 Millionen Jahren (Trias, Jura bis Unterkreide). In der Oberkreide und in den folgenden Zeitabschnitten wurden diese Arten zunehmend von Samenpflanzen verdrängt. – Unter den heutigen Vertretern der Farnpflanzen finden sich altertümliche Formen, deren Vorfahren bereits aus früheren Zeitabschnitten bekannt sind (z. B. *Isoëtes*), aber auch Formen, bei denen die Artbildung auch heute noch im Gang ist (z. B. *Asplenium* oder *Dryopteris*).

Klasse

Lycopsida (Lycopodiinae) Bärlappähnliche Pflanzen

Pflanzen mit kriechender Grundachse und aufrechten Ästen, diese dichotom verzweigt, Blätter schmal und klein, nadel- oder schuppenartig, einnervig, Sporangien einzeln in den Blattachseln, kurz gestielt, sporangientragende Blätter z.T. umgestaltet, so daß Sporangienstände (Strobili) entstehen. – In den meisten Merkmalen abweichend die Ordnung der *Isoëtales*, die auch als eigene Klasse geführt werden.

1 Wasserpflanze mit binsenartigen Blättern und kurzer, knollig gestauchter Achse; Pflanze heterospor
        Isoëtales
– Pflanze mit nadel- oder schuppenartigen Blättern, Achse meist weit kriechend; Pflanze isospor oder heterospor 2
2 Pflanze isospor; Blätter ohne Ligula . . . .
        Lycopodiales
– Pflanze heterospor; Blätter mit Ligula . . . . . .
        Selaginellales

Ordnung

Lycopodiales Bärlappartige Pflanzen

Blätter nadel- oder schuppenartig, ohne Ligula, Sporangienwand mehrschichtig, Pflanzen isospor, mit Mykorrhiza, Prothallium unterirdisch, bleich, weitgehend ohne Chlorophyll (Ausnahme *Lycopodiella*). Nur eine Familie:

Lycopodiaceae

Bärlappgewächse
Bearbeiter: G. PHILIPPI

Familie mit ca. 400 Arten; neben der Gattung *Lycopodium* s.l., deren Aufgliederung in mehrere Gattungen umstritten ist, eine monotypische Gattung *Phylloglossum* (Australien, Neuseeland).

1 Blätter schuppenartig, gegenständig, Sprosse vierzeilig beblättert, oft abgeflacht, an einen Lebensbaum erinnernd . . . . 4. *Diphasium*
– Blätter nadelartig, wechselständig, Sprosse nicht abgeflacht 2

2 Stengel lang kriechend, Sporangienähre deutlich vom Sproß abgesetzt . . . . 3. *Lycopodium*
– Stengel kurz kriechend oder aufsteigend, Sporangienähre nicht deutlich abgesetzt 3
3 Pflanze kurz kriechend, hellgrün, in Mooren, Sporangien an Ende des Jahrestriebes . . . .
        2. *Lycopodiella*
– Pflanze bogig aufsteigend, Äste oft gabelig verzweigt, dunkelgrün, meist nicht in Mooren, Sporangien im Mittelteil des Jahrestriebes . . . .
        1. *Huperzia*

1. Huperzia Bernh. 1802
Teufelsklaue

Pflanze ohne kriechenden Hauptsproß, nur mit aufrechten (aufsteigenden) Ästen. – Gattung über die ganze Erde verbreitet, ca. 350 Arten, in Europa nur eine Art.

1. Huperzia selago (L.) Bernh. 1829
Lycopodium selago L. 1753
Tannen-Bärlapp, Tannen-Teufelsklaue

Morphologie: Chamaephyt, Pflanze bis 25 cm hoch, dunkelgrün, mit bogig aufsteigenden, dicht stehenden, mehrfach gabelig verzweigten, derben Trieben, so daß ein büscheliger Wuchs entsteht; Blätter allseitig, dicht, aufrecht abstehend bis anliegend, 4–8 mm lang und bis 2 mm breit, sporangientragende Blätter wie nicht sporangientragende aussehend, meist im Mittelteil der Pflanze (nicht in den Endabschnitten der Triebe); in den Achseln der obersten Blätter oft Brutknospen, die bei Berührung abspringen.

Ökologie: Gesellig in kleinen Beständen an lichtreichen bis mäßig beschatteten, mäßig frischen (bis feuchten), kalkarmen, sauren, humosen, oft moosreichen Stellen, v.a. an Felskanten und Felssimsen, auf Blöcken, auf Baumstrünken, seltener auf dem Waldboden, gelegentlich auch an offenen (etwas felsigen) Stellen in Quell- oder Sickerfluren (so z.B. am Feldberg), in Mooren (vgl. OBERDORFER 1934: 239), in tieferen Lagen gern an moosreichen Wegböschungen, hier oft in individuenreichen, doch begrenzten Populationen, die wohl durch vegetative Vermehrung entstanden sind. Vaccinio-Piceetalia-

Tannen-Bärlapp (Huperzia selago)
Feldberg, 1966

Ordnungskennart, doch Hauptvorkommen im Gebiet außerhalb des Bereichs natürlicher Nadelwälder. Vegetationsaufnahmen vgl. z.B. OBERDORFER (1934: 239), OBERDORFER (1938), BARTSCH (1940). Vorkommen an Felsen und Blöcken wurden bisher in Aufnahmen offensichtlich nicht erfaßt.

Allgemeine Verbreitung: Zirkumpolar: Europa, Asien (hier zerstreut), Nordamerika, Tasmanien, Neuseeland, Falkland-Inseln; in Europa von Nordnorwegen bis zu den Pyrenäen und Nordspanien, Apennin und Balkan-Halbinsel, nach Osten seltener werdend. Auch in der Arktis (Spitzbergen), in den Alpen bis fast 3000 m.

Verbreitung in Baden-Württemberg: In kalkarmen, ± niederschlagsreichen Gebieten weit verbreitet, doch oft nur in kleinen, wenige m² großen Populationen (durch vegetative Vermehrung entstanden). Schwerpunkt des Vorkommens im Schwarzwald, weiter Schwäbisch-Fränkischer Wald bis Ellwanger Berge und Ostalb, Alpenvorland, hier v.a. Westallgäuer Hügelland. Selten westliches Bodensee-Gebiet. Schwäbische Alb im südwestlichen Teil und im anschließenden Dogger-Lias-Vorland. Selten Odenwald und Schönbuch.

Tiefste Fundstellen im mittleren Schwarzwald bei Bleichheim (7713/3), ca. 320 m (im Pfälzer Wald bis 250 m herabreichend), höchste Fundstellen am Feldberg (Seebuck, 1425 m); meiste Vorkommen im Gebiet in Höhen über 500–600 m.

Die Art ist im Gebiet urwüchsig. Der älteste Nachweis findet sich bei OBERDORFER (1931, Sporenfund aus dem Boreal des Schluchsees). – Erste Erwähnung: v. MARTENS (1823: 249): Alpirsbach (7616).

Odenwald: 6518/1: Westlich Wilhelmsfeld, ca. 400 m. W. HAGEMANN: 6518/3: Königstuhl, DÜLL (KR-K).
Schwarzwald: Weit verbreitet im Süd- wie im Nordschwarzwald, nordwärts bis z.B. 7116/4: Rennbach bei Herrenalb. Isolierte Vorkommen im mittleren Schwarzwald: 7713/3: Östlich Bleichheim, 320 m, eine Pflanze, 1985: weiter in einem Tälchen östlich des Rollbergs (KR-K), 7813/3: Emmendingen gegen Tennenbach, KNOCH (KR-K).
Schwäbisch-Fränkischer Wald: Verbreitet, doch überall selten, oft nur in sehr kleinen Beständen, bis Ellwanger Berge reichend.
Schönbuch: 7420/1: Goldersbachtal, vereinzelt auch um Stuttgart (heute erloschen).
Schwäbische Alb: Selten, v.a. auf der Ostalb, am Albtrauf und im Vorland der Südwestalb, z.B. 7521/2: Nordöstlich St. Johann, 1988, SAUER (STU-K); 7718/4: Plettenberg, 1977, ZIER (STU-K).
Alpenvorland: Vereinzelt, v.a. im Westallgäuer Hügelland bis zur Zeiler Höhe, Einzelangaben vgl. BRIELMAIER (1959: 88, Fundortskarte), seltener im nördlichen Oberschwaben, vereinzelt auch im westlichen Bodensee-Gebiet (8319/2).

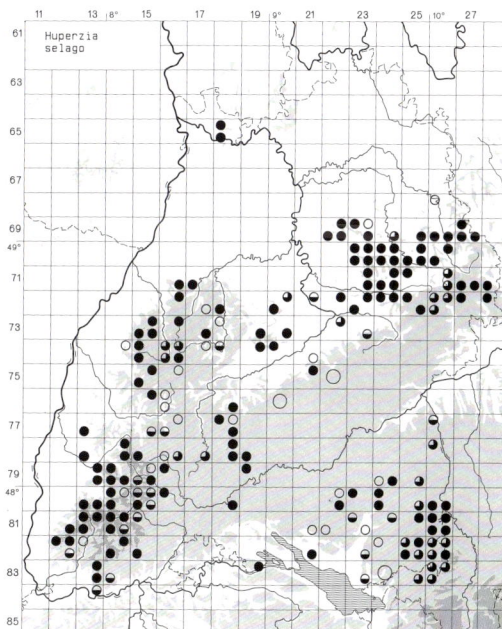

Variabilität: Der Tannen-Bärlapp ist formenreich. Im Gebiet bisher nur die subsp. *selago* nachgewiesen. Die var. *recurvum* Kitaib. mit zurückgekrümmten Ästen und waagerecht abstehenden Blättern wird für Fichtenwälder der Bergstufe angegeben (ob im Gebiet?).

Bestand und Bedrohung: Im Gebiet nicht gefährdet, offensichtlich mit dem Nadelholzanbau in Ausbreitung. Bei den zahlreichen, in jüngster Zeit nicht mehr bestätigten Vorkommen könnte es sich um derartige unbeständige Vorkommen in Nadelholzbeständen oder an Wegböschungen gehandelt haben.

2. **Lycopodiella** Holub 1964
Sumpfbärlapp, Moorbärlapp

Kleine Arten mit undeutlich abgesetzter Sporangienähre. Die Sporen keimen bereits im ersten Jahr, Gametangien werden im folgenden Jahr entwickelt; Prothallium oberirdisch, grün. – Gattung mit 18 Arten, zirkumpolar. In Europa nur eine Art natürlich, eine weitere Art adventiv in Portugal: *L. cernua.*

1. **Lycopodiella inundata** (L.) Holub 1964
Lycopodium inundatum L. 1753; *Lepidotis inundata* (L.) Opiz 1852
Gewöhnlicher Sumpfbärlapp

Morphologie: Chamaephyt, Pflanze mit oberirdisch kriechenden Haupttrieben, bis 10 cm lang, mit zahlreichen Wurzeln, Äste aufrecht (jährlich wird nur ein Ast gebildet), 2–10 cm hoch, hellgrün. Blätter der kriechenden Triebe einseitswendig, nach oben gerichtet, die der aufrechten Triebe allseitig, Blätter lineal-lanzettlich, 4,5–6 (8) mm lang, dicht stehend, aufrecht abstehend bis anliegend, mit einwärts gebogener Blattspitze. Sporangientragende Blätter am Grund etwas breiter als übrige Blätter.

Biologie: Ältere Teile des kriechenden Triebes alljährlich absterbend; die nächstjährigen Triebe entstehen aus Knospen, die an der Basis des sporangientragenden Triebes gebildet werden. Vegetative Vermehrung am Prothallium möglich.

Ökologie: Lockere Gruppen an lichtreichen, feuchten bis nassen, zeitweise flach überschwemmten, nährstoffarmen, z. T. etwas basenreichen, kalkarmen, sauren Stellen, auf offenem Torfschlamm, auch auf (humusarmen) Sandböden, ausnahmsweise auch auf offenen Lehmböden, in Schlenken von Mooren, auch in Fahrspuren von Heiden (hier unregelmäßig auftretend und stärkere Bestandes-

schwankungen zeigend) oder in aufgelassenen Steinbrüchen (Sandstein). – Begleitpflanzen *Rhynchospora alba, Drosera intermedia,* Kennart des Rhynchosporetum albae. Vegetationsaufnahmen vgl. Bartsch (1940), Oberdorfer (1957), Dierssen (1984) (jeweils aus dem Schwarzwald).

Allgemeine Verbreitung: Nordhalbkugel: Europa, Nordamerika (v. a. im östlichen Teil), selten Ostasien. In Europa v. a. in den kühlen und gemäßigten Zonen (nordwärts bis etwa 66° n. Br.), ostwärts bis Finnland, westliches Rußland und Bulgarien, südwärts bis Pyrenäen, Alpen und Karpaten, Einzelvorkommen im nördlichen Apennin und in Bulgarien. Im Mittelmeergebiet fehlend. Alpen bis 1700 m. – Boreal (-temperat), schwach subatlantisch.

Verbreitung in Baden-Württemberg: Schwarzwald, Alpenvorland, selten Schwäbisch-Fränkischer Wald, Schönbuch und Schwäbische Alb, früher auch in der Rheinebene.

Niedrigste Fundstellen in der Oberrheinebene, ca. 100 m, höchste am Feldberg, ca. 1450 m.

Die Art ist im Gebiet urwüchsig. – Der älteste Nachweis stammt aus der Alleröd-Zeit (Sporenfund im Brunnholzried, Bertsch 1928). – Die erste Erwähnungen der Pflanze finden sich bei v. Martens (1828: 311, Birkensee im Schönbuch), Schübler, und Spenner (1829: 1044, Feldsee, Seebaur – Alpersbach, Beobachtung 1825). Nach Döll (1843: 30) war das Vorkommen am Mummelsee seit 1803 bekannt.

Oberrheingebiet: In der Freiburger Bucht: 7912/2: Kreuzwasen bei Niederreute, Goll in Schill (1887); 7912/4: Hochdorf, Klotz (1887). – Nördliche Oberrheinebene: 6717/1; Waghäusel, Döll (1843); 6618/3: zwischen Leimen und Bruchhausen, Döll (1843), zusammen mit *Samolus valerandi,* bereits um 1850 „durch den Eisenbahnbau vernichtet" (Döll 1857). – In der badischen Rheinebene nach 1900 nirgendwo mehr bestätigt. – Linksrheinisch heute noch ein größeres Vorkommen im Hagenauer Forst nördlich Oberhoffen, ca. 140 m, weiter selten in der Lautérebene östlich Weißenburg (Altenstadt, auf pfälzischer Seite bei Schweighofen).
Odenwald: Im badischen Teil nicht bekannt, im hessischen Teil alte Angabe z. B. bei Waldmichelbach, Huebener in Döll (1843), vgl. Ludwig (1962).
Schwarzwald: Verbreitungskarte vgl. Dierssen (1984, S. 284), hier auch ausführliche Fundortzusammenstellung.
Nordschwarzwald: 7415/1: Klassische Fundstelle am Ufer des Mummelsees, seit 1803 bekannt, vgl. Döll (1843), seit langem unbestätigt; 7315/4: Schurmsee, 1957, Lang, 1978, Dierssen, spärlich; 7415/3: Buhlbachsee, Kirchner u. Eichler (1913); 7416/1: Huzenbacher See, Hegelmaier, und Hirschstein westlich davon, an beiden Stellen noch vorhanden, Dierssen (1984); 7515/2: Ellbachsee, Kirchner u. Eichler (1900); 7516/1: Sankenbachkar, Mayer

Gewöhnlicher Sumpfbärlapp *(Lycopodiella inundata)*
Feldseemoor am Feldberg, 1966

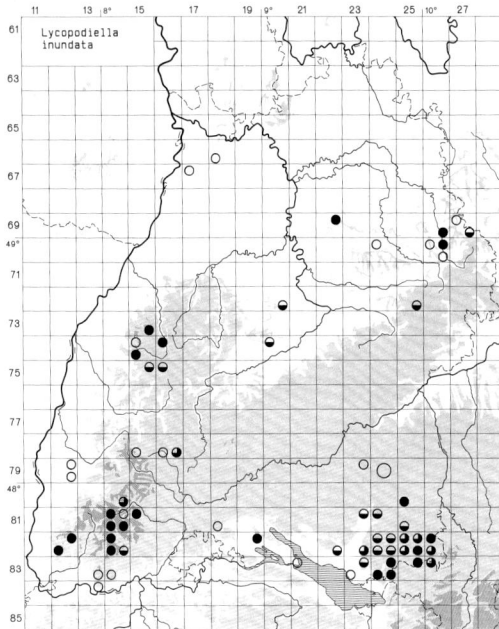

```
11    13 |8°  15    17   19 |9°  21    23    25 |10°  27
61  Lycopodiella
    inundata
63
65
67
69
49°
71
73
75
77
79
48°
81
83
85
```

(1929), um 1937, GÖTZ (STU-K); 7516/1: Freudenstadt, LECHLER: v. MARTENS u. KEMMLER (1865).

Mittlerer Schwarzwald: 7815/3: Schönwald, REES in SCHILL (1876); 7816/3: Stockwald südlich St. Georgen, STEHLE (Anonymus 1887); 7816/4: zw. Königsfeld und Neuhausen, feuchte Wegstelle, 1 Ex., 1956, SEYBOLD (STU-K).

Südschwarzwald: Hier Schwerpunkt des Vorkommens im Schwarzwald. 8014/4; Hinterzartener Moore: Moor am Bahnhof Hinterzarten (zuletzt um 1960, damals ± reichlich), Hirschen-Moor (zuletzt 1960); 8114/1: Zastler Wand, 1450 m, KAMBACH in PHILIPPI u. WIRTH (1970); Feldseemoor, Grafenmatt am Herzogenhorn, früher auch zwischen Alpersbach und Raimartihof, SPENNER in DÖLL; 8114/1: Hirschbäder, zuletzt um 1976, HÖLZER (KR-K); früher 8114/2: Erlenbruckmoor, RÄUBER (1891), Moor am Westrand des Titisees, DE BARY u. SCHILDKNECHT in DÖLL (1862); 8114/3: Scheibenlechtenmoos am Spießhorn, reichlich; 8114/4: Windgfällweiher, reichlich; weiter Schluchseemoor, SCHILDKNECHT (1863), hier zuletzt Torfplatten bei Unterkrummen, THOMMA (1972); im Eschenmoos nördl. Menzenschwand; 8115/1: Ursee b. Lenzkirch.

Im nördlichen Hotzenwald an zahlreichen Stellen, Angaben bereits bei NEUBERGER (1912), LITZELMANN (1951), so 8214/3: südlich Mutterslehen, südlich Ibach, bei Finsterlingen; 8214/4: nördlich Ruchenschwand, früher im unteren Horbacher Moor („viele m²-große Flächen", LITZELMANN 1951); 8214/1: Neumatt nordwestlich Ibach, SCHUHWERK in DIERSSEN (1984), inzwischen zerstört. – Im südlichen Hotzenwald nach LINDER (1905) und BINZ (1911): 8313/4: Rickenbach; 8413/2: Jungholz; 8314/3: Hottingen (Weihermoosmatten?), Oberwihl. – Isolierte Vorkommen: 8214/2: Nonnenmattweiher, auf der schwimmenden Insel, bereits DÖLL (1852: „in Menge"); 8212/3: südlich Kandern, aufgelassene Tongrube, LITZEL-

MANN: BINZ (1956), um 1980 von SCHWABE in zahlreichen Exemplaren bestätigt.

Schwäbisch-Fränkischer Wald: 7026/1: Adelmannsfelden, RIEGEL in v. MARTENS u. KEMMLER (1882); 7026/4: Saverwang und Schwabsberg, RATHGEB in v. MARTENS u. KEMMLER (1882); 6927/1: Wäldershub, KIRCHNER u. EICHLER (1900); 7026/2: Ellwangen, KIRCHNER u. EICHLER (1900); 7024/1: Vorder-Steinenberg, KIRCHNER u. EICHLER (1900); 6927/4: Kreuthof bei Stödtlen, HANEMANN (STU-K).

Neuere Beobachtungen: 6922/2: zwischen Wüstenrot und Weihenbronn, SCHWEGLER: (STU-K); 6926/4 u. 7026/2: südlich Dietrichsweiler, 50–100 Pflanzen, ZORZI (STU-K), an beiden Stellen in aufgelassenen Steinbrüchen, ca. 450–500 m.

Neckargebiet: Schönbuch: 7520/1: Birkensee zwischen Bebenhausen und Hildrizhausen, SCHÜBLER: v. MARTENS u. KEMMLER(1865), zuletzt um 1920–30; 7220/4: Westlich Vaihingen, in einer alten verlassenen Stubensandsteingrube, 2 kleine Räschen, 1935, KREH, später zerstört, vgl. KREH (1950: 72/73).

Schwäbische Alb: 7225/4: Neue Hülbe in der Rauhen Wiese bei Rötenbach, HAUFF (1936), hier später von K. MÜLLER bei Böhmenkirch (STU-K) beobachtet.

Alpenvorland: Ausführliche Darstellung der Verbreitung von BERTSCH (1918: 84, mit Fundortskarte). Schwerpunkt des Vorkommens zwischen der äußeren und inneren Jungendmoräne, v.a. im Westallgäuer Hügelland. BERTSCH (1918) zählt im Gebiet 25 Fundstellen auf. Einige Vorkommen waren damals schon im Rückgang, das am Federsee bei Buchau (7923/2, HERTER: v. MARTENS u. KEMMLER) offensichtlich schon erloschen. K. u. F. BERTSCH (1948) nennen für das württembergische Alpenvorland 37 Fundstellen. Dazu kommen wenige Beobachtungen aus dem westlichen Bodensee-Gebiet: 8118/3: Binninger Ried; 8321/1: Heidelmoos bei Konstanz; beide vor 1900 erloschen (vgl. DÖLL 1857, JACK 1900); 8219/2: Buchensee bei Güttingen.

Von diesen Vorkommen konnten in den Jahren nach 1970 nur noch wenige bestätigt werden: 8025/3: Alberser Ried bei Wurzach, ca. 20 Ex., 1986, KLOTZ (STU-K); 8225/4: Neuweiher bei Siggen, 1979, HARMS (KR-K); 8226/1: Taufach – Fetzachmoos; 8323/4: Schönmoos südlich Nitzenweiler, spärlich, 1987, DÖRR (STU-K); 8324/2: ohne nähere Angabe; 8324/3: Bettensweiler Moos, 1980, GÖRS, HARMS (KR-K); 8324/4: an mehreren Stellen, Degermoos, 1982, JÄGER (KR-K), Rothaarweiher, 1979, HARMS (KR-K); 8325/2: Eglofs, um 1980, GÖRS, HARMS (KR-K). – Im westlichen Bodenseegebiet zuletzt: 8219/2: östlicher Buchensee bei Güttingen, 1972, HENN (KR-K), später nicht mehr beobachtet.

Bestand und Bedrohung: Lycopodiella inundata gilt in Baden-Württemberg (wie auch in der Bundesrepublik Deutschland) als „stark gefährdet" (in Bayern wird die Art nur als „gefährdet" geführt). Ein Rückgang ist v.a. in den Randbereichen festzustellen; etwas weniger gefährdet ist er im Südschwarzwald. Ursachen des Rückganges sind Zerstörung der Moore, Entwässerungen oder Eutrophierungen. An anderen Stellen könnte das Zuwachsen der Schlenken mit Torfmoosen die Lebensmöglichkeiten der Pflanze eingeengt haben. In den Mooren von Hinterzarten sind keine Veränderungen oder Störungen erkennbar – die Pflanze ist dort verschwunden. – Für den Rückgang von *Lycopodiella inundata* im Alpenvorland könnte auch die Aufgabe einer früheren sehr extensiven Nutzung (oder besser: Störung) der Moorbereiche eine Ursache sein. Die Bestände der Pflanze sollten sorgsam beobachtet und untersucht werden.

Andererseits vermag *L. inundata* vom Menschen geschaffene Standorte zu besiedeln (vgl. das Vorkommen bei Stuttgart-Vaihingen) und auch örtlich rasch an neu geschaffene Stellen auszuweichen. Dieser Pioniercharakter wird offensichtlich durch die rasche Prothalliumentwicklung begünstigt, vielleicht auch durch die Bildung von Tochterprothallien. Dem gegenüber steht die Bildung von nur einem Trieb pro Jahr: offensichtlich wächst die Art langsam.

3. **Lycopodium** L. 1753
Bärlapp

Mit oberirdisch kriechenden Trieben, Blätter allseitig stehend. Die Sporenkeimung erfolgt erst nach längerer Lagerzeit (6–7 Jahre); Prothallium erst nach 12–18 Jahren Gametangien bildend (auch für *L. clavatum* zutreffend?). – Gattung mit ca. 50 Arten, auf der ganzen Erde vertreten. In Europa 3 Arten, im Gebiet 2.

1   Blätter waagrecht abstehend, ohne weiße Haarspitze, Sporangienähren einzeln, der Pflanze direkt aufsitzend . . . . 1. *L. annotinum*
–   Blätter aufrecht abstehend bis anliegend, mit weißer Haarspitze, Sporangienähren zu zwei (oder drei), auf langem, locker schuppenartig beblättertem Stiel . . . . 2. *L. clavatum*

1. Lycopodium annotinum L. 1753
Wald-Bärlapp, Sprossender Bärlapp

Morphologie: Chamaephyt, bis 1 m weit oberirdisch kriechend, wenig bewurzelt, locker beblättert, mit ± dicht stehenden, aufrechten, oft (mehrfach) gegabelten, bis 30 cm hohen Trieben, diese dunkelgrün (bis frischgrün). Blätter waagrecht abstehend (bis etwas zurückgebogen), ca. 5–8 × 1(–1,5) mm, scharf gespitzt, am Rand fein gesägt, am Stengel etwas herablaufend. Sporangienähre unmittelbar der Pflanze aufsitzend, nicht gestielt; sporangientragende Blätter bis 3 mm lang, breit dreieckig, lang zugespitzt, am Rand unregelmäßig gezähnelt, bis zur Sporenreife anliegend, später sparrig abstehend.

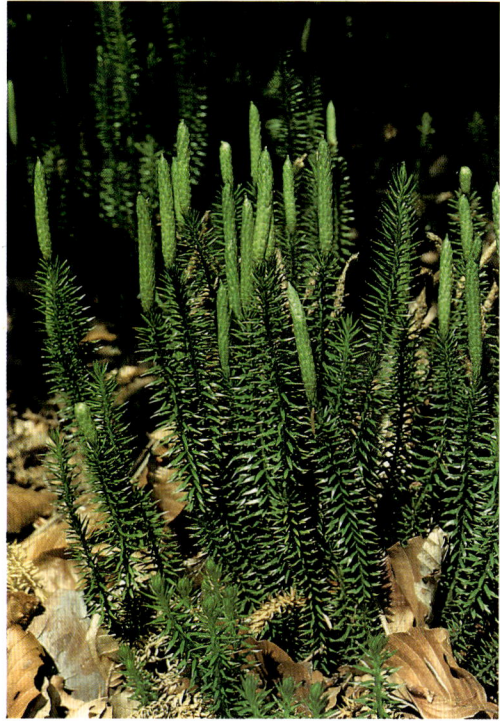

Wald-Bärlapp *(Lycopodium annotinum)*
Bärental am Feldberg, 1977

Ökologie: Ausgedehnte, lockere Bestände an (mäßig) beschatteten, frischen (selten auch feuchten), kalkarmen, sauren, humosen (bis torfigen) Stellen in kühler Klimalage (Kältelöcher), gern an blockreichen Stellen. Zusammen mit *Vaccinium myrtillus*, Moosen wie *Rhytidiadelphus loreus* oder *Sphagnum nemoreum* in echten Fichtenwäldern (Bazzanio-Piceetum), seltener auch Tannen-Fichten-Mischwäldern (Luzulo-Abietetum), außerhalb des Schwarzwaldes in Moorwäldern, so an trockenen Stellen von Spirkenwäldern (Pino-Sphagnetum) oder in Flaumbirken-Brüchern (Betuletum pubescentis), seltener auch an waldfreien Stellen in Blockmeeren, Vaccinio-Piceetalia-Ordnungskennart. Durch den Nadelholzanbau sich ausbreitend, so v. a. östlich des Schwarzwaldes, in Laubholzbeständen (noch?) fehlend. – Vegetationsaufnahmen vgl. z. B. OBERDORFER (1938), BARTSCH (1940), HÖLZER (1977), aus Oberschwaben z. B. GÖRS (1960), aus der Schwäbischen Alb TH. MÜLLER (1975, Asplenio-Piceetum).

Allgemeine Verbreitung: Temperate und boreale Zonen der Nordhalbkugel: Europa, Asien, Nordamerika; in Europa von Nordnorwegen bis zu den Alpen, zum nördlichen Apennin, zu den Karpaten

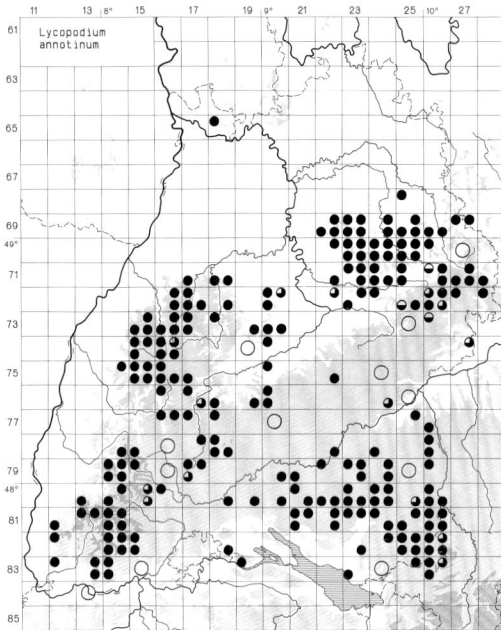

Lycopodium annotinum

und bis Kroatien, selten auch in den Pyrenäen, in Westfrankreich, im südlichen Teil von England und in Irland fehlend oder sehr selten, mittlerer und nördlicher Teil Rußlands zerstreut. In den Alpen v.a. unter 2000 m, doch gelegentlich bis 2800 m. – Boreal(-temperat).

Verbreitung in Baden-Württemberg: In montanen Gebieten mit kalkarmen Böden, so Schwarzwald, Schwäbisch-Fränkischer Wald und Alpenvorland, seltener im Lias-Dogger-Vorland der Alb, auf der Ostalb, im Schönbuch und im Odenwald.

Tiefste Fundstellen im Schwäbisch-Fränkischen Wald, ca. 420 m, im Odenwald 450 m, im Schwarzwald an natürlichen Wuchsorten ca. 580 m, vorübergehend auch tiefer: 8312/1: Haagen, 390 m. Benachbart in den Nordvogesen noch bei 295 m beobachtet. Höchste Fundstellen in Feldberggebiet, ca. 1300 m.

Die Art ist im Gebiet urwüchsig. In den Interglazialen wurde sie aus dem Cromer von Steinbach bei Baden-Baden (Spore) nachgewiesen (SCHEDLER 1981), im Spätglazial von LANG (1952) aus dem Erlenbruckmoor bei Hinterzarten (Spore). – Die erste Erwähnung der Pflanze findet sich bei SPENNER (1825: 18), nach Beobachtungen aus dem Feldberggebiet.

Schwarzwald: Im Süd- wie im Nordschwarzwald verbreitet und stellenweise häufig, v.a. auf der Ostseite des Schwarzwaldes, am Westrand seltener. Tiefste natürliche Vorkommen auf der Westseite z.B. 8112/3: östlich

Schweighof, ca. 800 m, 8014/3: Eislöcher im Zastler, 780 m, gelegentlich in künstlich begründeten Nadelholzbeständen auch tiefer, so 8312/1: Haagen, 390 m (spärlich auf 3 m² Fläche, wohl vorübergehend). – Auf der Ostseite des Nordschwarzwaldes bis 580 m, 7216/2: Eyachtal: hier – im Gegensatz zur Westseite des Gebirges – durch Nadelholzanbau gefördert. – Im mittleren Schwarzwald nur in den höheren Lagen. – Auffallend ist im Südschwarzwald die Verbreitungslücke im warmen Wiesental.

Odenwald: Sicher nicht ursprünglich; mit dem Nadelholzanbau eingewandert: Kleines Vorkommen 6518/1: Weißenstein bei Dossenheim, ca. 450 m, W. HAGEMANN (KR-K).

Schwäbisch-Fränkischer Wald: Zerstreut, sicher stark durch Ausweitung des Nadelholzanbaues begünstigt.

Glemswald, Schönbuch: 7220/1: Westlich Stuttgart mehrfach, kleine Populationen, vgl. SEYBOLD (1968); 7420/1: Bebenhausen, Goldersbach.

Oberer Neckar: Vereinzelt, bis 7917/3: Schwenninger Moos, und Vorland der Schwäbischen Alb.

Schwäbische Alb: In der nördlichen Ostalb an wenigen Stellen: um Aalen-Neresheim; weiter in Block-Fichtenwäldern des Albtraufs (hier wohl ursprüngliche Vorkommen, vgl. TH. MÜLLER 1975). Oft nur in kleinen, kaum 1 m² großen Beständen auf moosreichen Blöcken.

Alpenvorland: Ursprüngliche Vorkommen in Moorwäldern, weit verbreitet infolge des Fichtenanbaues. Schwerpunkt im Westallgäuer Hügelland und in der südöstlichen Altmoräne, im westlichen Bodenseegebiet selten: 8319/1: Quint bei Öhningen, 500 m (KR-K); 8218/4: Hardtseen bei Gottmadingen, HENN (STU-K).

Bestand und Bedrohung: Die Pflanze ist nicht bedroht; ein Rückgang ist nicht zu erkennen. Kleine, oft nur wenige m² große Populationen deuten auf eine junge Ausbreitung hin, die v.a. in den östlichen Landesteilen zu beobachten ist (dagegen kaum im atlantischen Bereich des Westschwarzwaldes).

2. Lycopodium clavatum L. 1753
Keulen-Bärlapp

Morphologie: Chamaephyt, bis 4 m weit oberirdisch kriechend, wenig bewurzelt, mit locker stehenden, bogenförmig aufsteigenden Ästen, diese (mit Sporangienästen) bis 20–30 cm hoch, frischgrün bis leicht graugrün. Blätter aufrecht abstehend bis anliegend (v.a. an den jungen Trieben), zuweilen reihig; kriechende Triebe locker beblättert, aufrechte dicht beblättert; Blätter 3–6 mm lang, mit hyaliner Spitze, diese meist 2(–4) mm lang, dadurch Triebe oft etwas weißlich schimmernd. Sporangienähren zu zweien (selten zu dreien), auf langen, locker beblätterten Stielen; Blätter unregelmäßig gesägt; sporangientragende Blätter dachziegelig, vor der Sporenreife anliegend, später sparrig zurückgebogen, breit dreieckig, 3–5 × 1,5–2 mm, am Rand unregelmäßig gezähnelt. Sporen kugelig bis tetraedrisch, im Durchmesser 31–34 µm.

58

Keulen-Bärlapp *(Lycopodium clavatum)*
Feldberg, 1982

Biologie: Vegetative Vermehrung durch Brut-knospen, die gelegentlich am Ende der Seitenäste gebildet werden.

Ökologie: Sehr lockere Herden an lichtreichen (sel-ten sonnigen) bis schwach beschatteten, mäßig fri-schen (bis mäßig trockenen), nährstoffarmen, kalk-armen, sauren Stellen, auf Sand- und Lehmböden, meist auf Rohböden, seltener an humosen Stellen, gern an offenen, vegetationsarmen Stellen, zusam-men mit *Vaccinium myrtillus, Avenella flexuosa, Nardus stricta* oder *Galium harcynicum*, teilweise zusammen mit Moosen wie *Nardia scalaris* oder *Pogonatum urnigerum*. Ursprüngliche Vorkommen in den Hochheiden des Südschwarzwaldes (Leon-todo-Nardetum), nach Rodung Ausbreitung in Heideflächen (v.a. im Genisto pilosae – Callune-tum). Diese Heidevorkommen heute durch Zu-wachsen, Aufforstungen oder Umwandlung in In-tensivgrünland weitgehend erloschen (Ausnahme: Feldberg). In den letzten Jahrzehnten im Schwarz-wald starke Ausbreitung an den Böschungen der Forststraßen. In Tieflagen des Schwarzwaldes sind auch selten Vorkommen in aufgelichteten Buchen-wäldern bekannt (Luzulo-Fagetum, hier wohl als Folge einer früheren Streunutzung). In den übrigen Gebieten Südwestdeutschlands in aufgelichteten Nadelbeständen, v.a. unter Kiefern. – Genistion-Verbands-Kennart. – Vegetationsaufnahmen vgl. OBERDORFER (1938), BARTSCH (1940), GRÜTTNER (1987: *Galium harcynicum-Lycopodium clavatum*-Gesellschaft), HAUFF (1935: 106).

Allgemeine Verbreitung: Nordhalbkugel, hier in kühlen und gemäßigten Klimabereichen weit ver-breitet; in Europa von Nordnorwegen bis zu den Pyrenäen und nordspanischen Gebirgen, Alpen, bis Jugoslawien und Karpaten, nördliche Teile des Apennins, Bulgarien; Mediterrangebiet fehlend. – Boreal-temperat, schwach subatlantisch. – In den Gebirgen der Tropen und auf der Südhalbkugel nahe verwandte Sippen, die z.T. zu *L. clavatum* ge-rechnet wurden.

Verbreitung in Baden-Württemberg: In kalkarmen Gebieten weit verbreitet, doch oft nur in kleinen oder sehr kleinen Populationen. Schwarzwald, Odenwald, Schwäbisch-Fränkischer Wald, Alpen-vorland, ferner Schönbuch – Glemswald, auch Rheinebene, Hohenlohe, Ostalb.

Tiefste Fundstellen in der Rheinebene bei Wall-dorf – Hockenheim (6617/3, ca. 110 m), höchste am Feldberg (Grüble, 1370 m).

Die Pflanze ist im Gebiet urwüchsig. Interglaziale Funde (Sporen) sind aus dem Cromer von Stein-bach bei Baden-Baden (SCHEDLER 1981) und aus dem Eem/Frühwürm von Bad Wurzach (FRENZEL

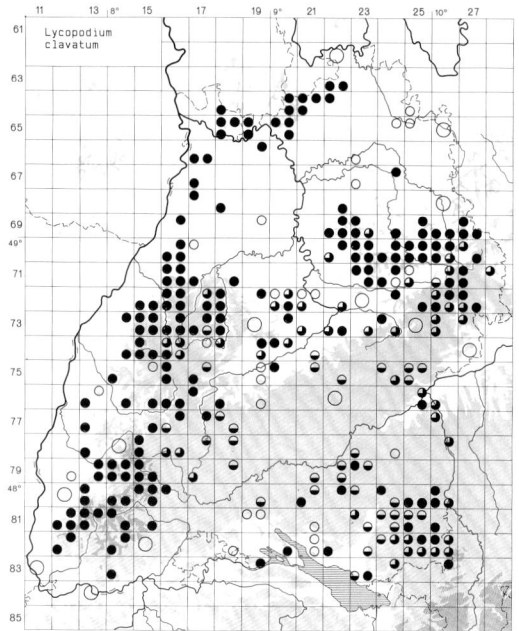

1978) bekannt, spätglaziale aus Alleröd-Schichten des Pfrunger Riedes (F. BERTSCH 1935). – Der erste schriftliche Hinweis auf *L. clavatum* im Gebiet fin-det sich bei BOCK (1539: 164 B, „Schwartzwalt").

Oberrheingebiet: Selten in den Hardtgebieten: 6617: Schwetzinger Hardt östlich Hockenheim; 6717/3, 6817/1: zwischen Hambrücken und Wiesental mehrfach, HÖLZER (KR-K).

Schwarzwald: Verbreitet, von Tieflagen bis in die Gipfella-gen. Lediglich im mittleren Schwarzwald seltener. Meist an Böschungen von Forststraßen.

Odenwald: Zerstreut, bis in den östlichen Odenwald um Walldürn reichend.

Schwäbisch-Fränkischer Wald: Verbreitet, doch überall selten und oft nur in sehr kleinen Populationen. – Isolierte Fundstelle im angrenzenden Hohenlohe: 6724/2: Etzlins-weiler, NEBEL (STU-K).

Schönbuch – Glemswald – Rammert: Früher an zahlrei-chen Stellen, heute nur noch an wenigen Stellen bestätigt, nach BAUMANN (STU-K) nach 1983 an vielen Stellen ver-schwunden. – 7420/1: Westlich Bebenhausen; 7420/2: Westlich NSG Eisenbachhain, 1965, SEBALD (STU-K); 7520/1: Mühlbachtal bei Bühl, 1986, HARMS (KR-K).

Oberer Neckar: 7618/3: o.O., um 1980, ADE (STU-K), 7717/2: o.O., um 1980, ADE (STU-K).

Schwäbische Alb: Mehrere Fundstellen im Gebiet Aalen –Neresheim (Gebiet der Feuersteinlehme) in jüngerer Zeit bestätigt, übrige Vorkommen (v.a. im Gebiet um Ulm und in der westlichen Alb) erloschen.

Alpenvorland: Früher zahlreiche Fundstellen im Allgäuer Hügelland und auf der südöstlichen Altmoräne, von die-sen sind die meisten heute erloschen. Selten auch im west-lichen Bodensee-Gebiet: 8220/4: Mooswiese, spärlich (STU-K), 8120/3: Hau nordöstlich Espasingen (KR-K).

Bestand und Bedrohung: *Lycopodium clavatum* wird in Baden-Württemberg wie auch in der Bundesrepublik Deutschland als „gefährdet" eingestuft. Der Rückgang und die Gefährdung in den einzelnen Gebieten Baden-Württembergs sind ganz unterschiedlich. Im Schwarzwald und Odenwald sind zwar die alten Heidevorkommen erloschen; die Pflanze findet sich aber entlang der Forststraßen nicht selten und ist hier offensichtlich sogar in Ausbreitung. Soweit die Böschungen nicht verbuschen, dürften diese Vorkommen mindestens die nächsten Jahrzehnte überdauern. – In allen anderen Gebieten geht die Pflanze zurück; sie läßt sich hier als „gefährdet" bis „stark gefährdet" einstufen, gebietsweise wie in den Keupergebieten entlang des Nekkars oder in den Sandgebieten der Rheinebene ist sie „vom Aussterben bedroht".

4. **Diphasium** Presl 1844
Diphasiastrum Holub 1975
Flachbärlapp

Hauptsproß unterirdisch oder oberirdisch wachsend, Äste aufrecht, stark dichotom verzweigt, oft verflacht, Blätter schuppenartig, Sporangienähren gestielt oder ungestielt, sporentragende Blätter von den übrigen deutlich abweichend. – Gattung weltweit vorkommend, ca. 20 Arten, in Mitteleuropa 6 Arten. Die Bestimmung der einzelnen Arten kann gerade bei Schattenformen Schwierigkeiten bereiten. Für eine sichere Bestimmung eignen sich am besten sporangientragende Pflanzen.

1 Sporangienähren ungestielt (selten kurz gestielt), einzeln 2
– Sporangienähren auf langen, locker beblätterten Stielen zu mehreren (bis je 3–5) zusammen 3
2 Sterile Äste nicht abgeflacht, vierzeilig beblättert, Blätter alle ± gleichgroß, Ventralblätter in einen stiel- und einen spreitenähnlichen Teil gegliedert
                                  5. D. alpinum
– Sterile Äste abgeflacht, flach vierkantig, Ventralblätter nicht gestielt . . . . *4. D. issleri*
3 Äste locker stehend, oberirdische Sprosse stark abgeflacht, 1,5–3 (4) mm breit, unterseits gelblichgrün, nicht bereift, Seitenblätter abstehend, Ventralblätter sehr klein, Dorsalblätter schmäler als Seitenblätter, Hauptsproß oberirdisch oder flach unterirdisch . . . . *1. D. complanatum*
– Äste büschelig, oberirdische Sprosse schwach abgeflacht, unterseits bereift, 1–2 mm breit 4
4 Äste dicht büschelig, 1–1,8 mm breit, Äste beiderseits fast gleich, Seitenblätter am Rücken stumpf
                                  2. D. tristachyum
– Äste lockerbüschelig, 1,8–2,4 mm breit, Äste oberseits und unterseits deutlich verschieden, Seitenblätter am Rücken scharf gekielt *3. D. zeilleri*

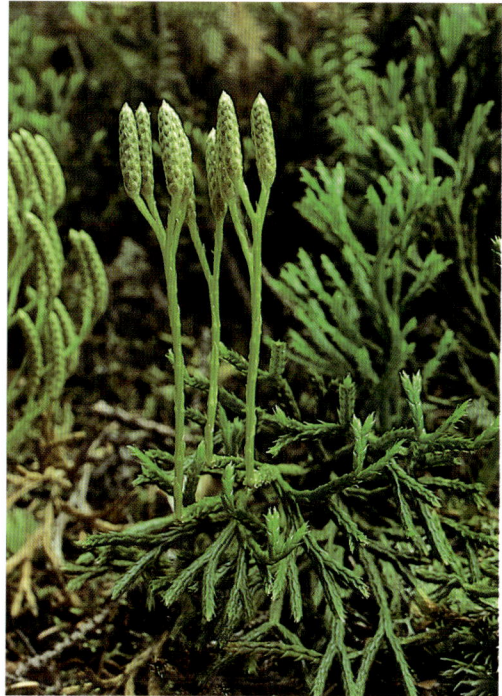

Gewöhnlicher Flachbärlapp *(Diphasium complanatum)* Kochertal bei Laufen, 1984

1. **Diphasium complanatum** (L.) Rothm. 1944
Lycopodium complanatum L. 1753 em. Pursh 1814 A. Braun 1837; *Lycopodium complanatum* L. var. *anceps* (Wallr.) Aschers. 1896; *L. complanatum* L. var. *flabellatum* Döll 1857; *Diphasiastrum complanatum* (L.) Holub 1975
Gewöhnlicher Flachbärlapp

Morphologie: Chamaephyt, Hauptsproß flach unterirdisch, seltener oberirdisch kriechend, Pflanze 10–40 cm hoch, grasgrün bis dunkelgrün, nicht bereift, locker verzweigt, mit spreizenden Ästen, diese stark verflacht, 2,5–3,5 (4) mm breit, Seitenblätter nicht oder wenig nach unten gebogen, Ventralblätter sehr klein, 1,5–2 mm lang und 0,5 mm breit. Sporangienähren zu 2–4 (selten 6), auf langen, locker beblätterten Stielen, 2–3 cm lang.

Ökologie: Lockere Herden an leicht beschatteten, kalkarmen, sauren, modrig-humosen Stellen im Halbschatten von Kiefern, im Gebiet auf lehmigen (bis sandig-lehmigen) Böden. – Vegetationsaufnahmen fehlen.

Allgemeine Verbreitung: Nordhalbkugel: Europa, Asien, Nordamerika; in Europa v. a. in Nordeuropa (bis Nordnorwegen) und im östlichen Mitteleuropa, südwärts bis Alpen und Karpaten, daneben ein-

Diphasium complanatum s.l.

Diphasium complanatum s.str.

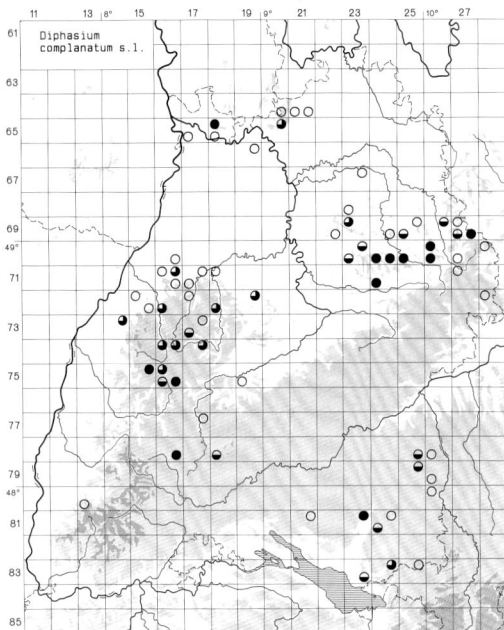

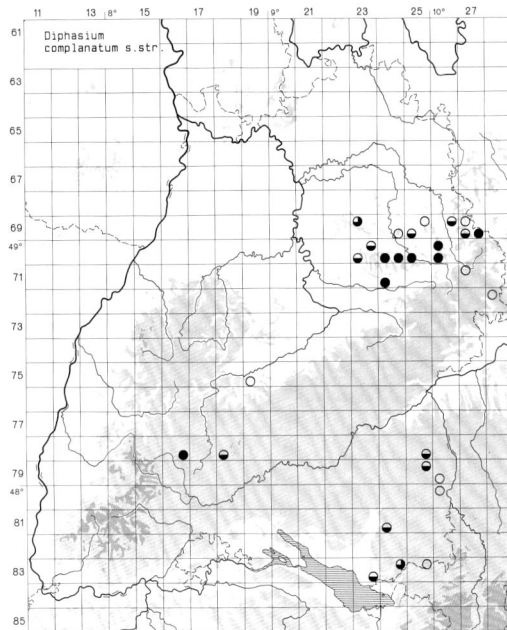

zelne isolierte Fundstellen in den Pyrenäen, im Apennin und auf der Balkanhalbinsel, Westgrenze des Areales durch das Gebiet verlaufend, westlich des Rheines nur wenige Fundstellen. – Boreal-temperat-kontinental.

Verbreitung in Baden-Württemberg: Schwäbisch-Fränkischer Wald, Oberes Neckargebiet, selten Ostalb, Ostschwarzwald, Alpenvorland.

Die tiefst gelegenen Fundstellen sind bei ca. 365 m im Schwäbisch-Fränkischen Wald, die höchst gelegenen bei 750 m (Obereschach).

Diphasium complanatum ist im Gebiet einheimisch; die Pflanze dürfte jedoch erst nach Auflichtung der Wälder durch den Menschen und nach der Förderung des Nadelholzes im Gebiet eingewandert sein. Sie wäre demnach als Archaeophyt anzusehen. – Der älteste Hinweis auf *Diphasium complanatum* findet sich bei LEOPOLD (1728: 109), nach Beobachtungen „in den Wäldern nach Mercklingen" (7424). Diese Beobachtung bezieht sich jedoch nur auf die Sammelart. Die erste Erwähnung von *Diphasium complanatum* s.str. findet sich bei DÖLL (1857: 79) als *Lycopodium complanatum* α. *flabellatum* (ohne Fundorte).

Die folgenden Fundorte stützen sich auf das Material in STU (von S. SEYBOLD revidiert) sowie auf STU-K (Material von S. SEYBOLD gesehen bzw. revidiert):
Ostschwarzwald: 7816/4: Obereschach bei Villingen, ca. 750 m, 1962, G. KNAUSS; Königsfeld, BENZING (1965), von RASBACH bestätigt, zuletzt 1983 (KR-K).

Schwäbisch-Fränkischer Wald: 6923/1: Mainhardt, Gew. Kohlwald, 1959, DÖLKER; 6924/4: Winzenweiler bei Gaildorf, 1858, KEMMLER, det. RAUSCHERT; 6925/2: Hinteruhlberg bei Ellwangen, 1857, 1861, KEMMLER; 6925/3: zw. Gaildorf und Geifertshofen, 1903, FEUCHT; 6926/2: Stimpfach, 1904, GRADMANN; 6927/1: Wildenstein bei Crailsheim, ohne weitere Angabe, vor 1900; 6927/3: Ellenberg, 1923, REBHOLZ; 6927/4: Hilsenweiher bei Gaxhardt, 1976, SEYBOLD; 7023/2: Käsbach bei Murrhardt, 1963, BÜCKLE, weiter Schloßhof – Käsbach, 1975, SCHWEGLER (STU-K), 1975, SEYBOLD; 7023/3: Althütte, 1902, FEUCHT, det. RAUSCHERT; 7024/3(?): Abtsgemünd, 1931, KREMMLER, det. RAUSCHERT; 7024/3: Menzlesmühle bei Gschwend, 1980, ALEKSEJEW (STU-K); 7024/4: westlich Rotenhar, 1954, RODI (STU-K); Wimbachtal nördlich Wimberg, 1983, KLOTZ (STU-K); 7025/3: Rübgarten bei Laufen, 1982, ALEKSEJEW; 7026/1: nördlich Hütten, 1986, VOGGESBERGER; 7026/1: Adelmannsfelden, Papiermühle bei Ellwangen, 1975, SEYBOLD; 7026/3: östlich Adelmannsfelden, 1975, ENGELHARDT; 7124/3: zw. Lorch und Pfahlbronn, 365 m, 1974, SEYBOLD, weiter zw. Lorch und Großdeinbach, 1974, SEYBOLD, an beiden Stellen 1974 von E. HASENMAIER entdeckt, vgl. auch SEYBOLD, SEBALD u. WINTERHOFF (1975); 7127/1: Mohrenstetten, vor 1900 (TUB); Westerhofen, 1809, FRÖLICH (Herbar Rosgartenmuseum, Konstanz).

Oberer Neckar: 7519/3: Hirrlinger Wald, 1895, RAU, det. RAUSCHERT; 7818/3: Heiligenwald zw. Rottweil und Neufra, 1949, HERMANN, det. RAUSCHERT.
Schwäbische Alb: 7127/1: Kapfenburg bei Lauchheim, vor 1900, CALWER (STU); 7228/1: Ostalb bei Neresheim, vor 1900, VALET, det. RAUSCHERT.
Alpenvorland: 7825/4: Reinstetten, 1901, RENSCH; 7925/2: Ochsenhausen, 1930, KNORR (STU-K); 7926/3: Roth, 1871, BEZZENDÖRFER; 8026/1: zw. Tannheim und Has-

lach, 1872, HÄCKLER, det. RAUSCHERT; 8124/3: Waldbad bei Ravensburg, 1913, MAAG; 8323/4: Degersee, 1931 BERTSCH; 8324/2: Schomburg südöstlich Pflegelberg, spärlich, 1961–64, BRIELMAIER, 1962, DÖRR, als *D. complanatum* s.str. bestätigt (STU-K); 8325/2: Eisenharzer Wald, 700 m, 1882, HERTER (KR).

Bestand und Bedrohung: *Diphasium complanatum* kommt an allen Fundstellen nur in kleinen Populationen vor. Wenn auch eine Reihe von Bestätigungen nach 1970 vorliegen, so ist ein Rückgang unverkennbar. Ursache des Rückganges könnte einmal das Zuwachsen der Wälder sein, vielleicht auch das Fehlen der früheren Streunutzung. Zum anderen könnten auch Umwelteinflüsse wie Luftverschmutzung, „saurer Regen" oder erhöhter Stickstoffeintrag über eine Schädigung der Mykorrhiza zum Rückgang beigetragen haben. Hierbei spielt sicher eine Rolle, daß die Pflanze im Gebiet an der Westgrenze ihrer Verbreitung steht. Z.Z. wird *Diphasium complanatum* als „stark gefährdet" eingestuft; langfristig ist eine Tendenz zu „vom Aussterben bedroht" zu vermuten.

Bemerkung: Eine Reihe älterer Angaben von *Diphasium complanatum* (s.l.) läßt sich heute nicht mehr überprüfen, da Belege fehlen. Einmal wurde damals *Diphasium complanatum* s.str. nicht immer sicher von *D. tristachyum* unterschieden. Zum anderen war *D. zeilleri* noch nicht bekannt. Es handelt sich dabei um folgende Angaben (nach v. MARTENS u. KEMMLER sowie KIRCHNER u. EICHLER):

Schwäbisch-Fränkischer Wald: 7024/4: Frickenhofen, 7027/3: Dalkingen, 7028/1: Tannhausen, 7127/1 (?): Lauchheim.
Schönbuch – Glemswald: 7219/2: Magstadt gegen Warmbronn, um 1950, KREH, zuletzt 1961, KÜHNLE, vgl. SEYBOLD (1968).
Oberer Neckar: 7717/2: Hirrlinger Wald.
Alpenvorland: 7826/3: Zw. Kirchberg und Gutenzell, 8124/2: Molpertshaus südlich Waldsee.

2. Diphasium tristachyum (Pursh) Rothm. 1944

Lycopodium tristachyum Pursh 1814; *L. chamaecyparissus* A. Braun 1837; *L. complanatum* L. subsp. *chamaecyparissus* (A. Braun) Celak. 1867; *Diphasiastrum tristachyum* (Pursh) Holub 1975
Zypressen-Flachbärlapp, Zypressen-Bärlapp

Morphologie: Chamaephyt, Haupttrieb immer unterirdisch kriechend, aufrechte Triebe bis 20 (30) cm hoch, graugrün, z.T. leicht bläulichgrün, Äste dicht büschelig, ± aufrecht, ca. 1,5 mm breit, unterseits bereift. Seitenblätter eng anliegend, kaum breiter als Dorsal- bzw. Ventralblätter, Ventralblätter kaum kleiner als Dorsalblätter. Sporangienähren zu 2–7, auf 3–12 cm langen Stielen.

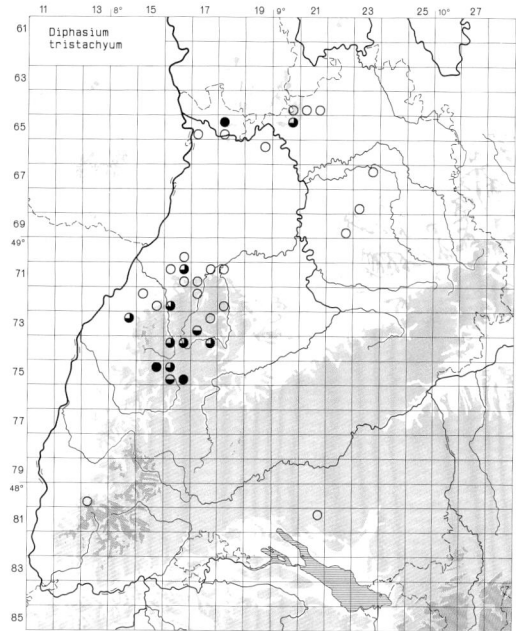

Diphasium tristachyum

Ökologie: Ähnlich *D. complanatum*, an schwach beschatteten, kalkarmen, sauren, meist mäßig trockenen Stellen, zusammen mit *Calluna vulgaris* und *Vaccinium myrtillus*, im Gebiet vorwiegend auf (lehmig-)sandigen Böden. – Vegetationsaufnahmen vgl. OBERDORFER (1938: 198, Calluno-Genistetum), BARTSCH (1940: 103); zum Vorkommen in den Nordvogesen vgl. MULLER (1986).

Allgemeine Verbreitung: Europa, östliches Nordamerika, in Europa von Südschweden und dem südlichen Teil Finnlands (kaum nördlicher als 60° n.Br.) über Mitteleuropa bis Alpen, Apennin und französisches Zentralmassiv, Westgrenze etwa Pfalz – Vogesen. – Im Gegensatz zu *D. complanatum* weniger weit nach Norden, dafür etwas weiter nach Westen reichend. – Temperat-kontinental.

Verbreitung in Baden-Württemberg: Schwerpunkt im Nordschwarzwald und Odenwald, selten Rheinebene, Südschwarzwald, Alpenvorland und Schwäbisch-Fränkischer Wald.

Tiefste Fundstellen in der Rheinebene bei Mannheim, ca. 100 m, höchste im Nordschwarzwald (Kniebis, 900–950 m).

Diphasium tristachyum ist im Gebiet einheimisch. Da Vorkommen an natürlichen Wuchsorten im Gebiet nicht bekannt sind, ist die Pflanze wohl erst mit dem Menschen eingewandert (Archaeophyt). Ihr Vorkommen wurde wohl durch Streunutzung begünstigt. – Die ersten Hinweise finden sich bei DÖLL (1843: 36, als *Lycopodium chamaecyparissus*,

Zypressen-Flachbärlapp *(Diphasium tristachyum)*

nach zahlreichen Beobachtungen von A. BRAUN und SPENNER aus dem Schwarzwald).

Oberrheingebiet: 6517/3: zw. Mannheim und Friedrichsfeld, 1863, AHLES (KR), hier weiter bei Seckenheim, 1859, SERGER (STU). Vgl. die Angabe Schwetzingen, die sich wohl auf den gleichen Fundpunkt bezieht.

Odenwald: Zahlreiche Angaben aus dem Heidelberger Gebiet, DÖLL (1857: 80), hier zuletzt 6518/1: Weiße Stein, Nordhang, 1985–86, eine sterile Pflanze, die mit Vorbehalt zu *D. tristachyum* zu stellen ist, HAGEMANN (KR-K). – Im östlichen Odenwald zahlreiche Angaben aus dem Gebiet Eberbach – Buchen, zuletzt BRENZINGER (1904): 6240/4: Oberscheidental, 6421/4: Unterneudorf, weiter um 1955 6520/2: zw. Wagenschwend und Mülben, PALM (KR-K). – Belege dieser Vorkommen fehlen.

Nordschwarzwald: Zahlreiche Fundstellen aus dem Gebiet des Schwarzwaldrandes von Bühl – Baden-Baden bis Ettlingen, aus dem Alb- und Enztal (vgl. DÖLL 1857: 80, meist auf Buntsandstein), doch liegen gerade von den Fundstellen aus dem badischen Schwarzwald kaum Belege vor. Hier sollen nur die zuverlässig belegten bzw. in jüngerer Zeit bestätigten Vorkommen aufgeführt werden: 7116/2: Schöllbronn gegen Fischweier, 1951, 1952, OBERDORFER (KR-K), Belege fehlen; 7117/2: Birkenfeld, vor 1900, SCHÜZ (STU); 7117/3: Dennach gegen Dobel, 1831, ROSER fil., det. RAUSCHERT (STU); – 7216/3: Oberhalb Reichental, auf Granit, ca. 500 m, 1956, OFFENBURGER, OBERDORFER, vgl. OBERDORFER (1956), Belege fehlen.

7217/1: Mannenbach gegen Dobel, vor 1900, CALWER (STU); 7218/3: Calw, vor 1900, SCHÜZ (STU); 7314/2: Hardkopf bei Hub südlich Bühl, ca. 250 m, früher zahlreich, vgl. HUBER (1938), VEIT (1938), OBERDORFER (1938: 198), um 1960 noch in einer Pflanze bestätigt, WIMMENAUER (KR-K), Belege fehlen. Zu weiteren Vorkommen im Gebiet südlich Bühl vgl. VEIT (1938); nach der Abbildung bei VEIT erscheint die Zuordnung zu *D. tristachyum* sicher. 7317/2: Oberkollwangen, 1891, 1892, HERMANN (STU); 7317/3: Ettmannsweiler, 1891, v. SCHELER, (STU); Simmersfeld, 1901 KNAPP (STU); 7416/1: Röt, 1956, BAUMANN (STU); 7416/2: Hilpertsberg bei Igelsberg, 1944, SCHMOHL, det. RAUSCHERT, BAUR 1962, 1963 (STU); Göttelfingen, 1922, KEPPLER (STU); Besenfeld, 1896, WÄLDE, 1931 GÖTZ (STU); 7417/2: Altensteig, 1956, LEIDOLF, det. RAUSCHERT (STU); 7515/2: Kniebis, 1845 (STU); 7516/1: Freudenstadt gegen Christophstal, 1968, SÜSSER, RASBACH (KR-K); 7516/3: Steinwald bei Freudenstadt, 1918, MAAG, det. RAUSCHERT (STU). – Neue Beobachtungen um Freudenstadt: 7516/4: Südlich Freudenstadt, ca. 700 m, 1988, O. DORKA (KR-K); 7515/2: Kniebis, ca. 870 m, 1988, SCHMIEDEL u. TREIBER (KR-K).

Südschwarzwald: 8013/3: Schauinsland bei Freiburg, vor 1900, ex herb. BAUSCH, det. RAUSCHERT (STU); hier von SPENNER entdeckt (vgl. DÖLL 1857: 80; „namentlich um Freiburg"). Spätere Beobachtungen fehlen.

Schwäbisch-Fränkischer Wald und Hohenlohe: 6723/2: Guthof bei Forchtenberg, 1892, GRADMANN, det. RAUSCHERT (STU); 6922/4: Jux, vor 1900, CALWER (STU);

6823/3: Gleichen, 1867, GRAETER (STU), det. RAUSCHERT (mit Vorbehalt hier zugeordnet).
Alpenvorland: 8121/2: Pfullendorf, im Wald zwischen Hilpensberg und Denkingen, JACK (STU).

Bestand und Bedrohung: *Diphasium tristachyum* ist in Baden-Württemberg zurückgegangen und stark gefährdet. Die Ursachen des Rückganges dürften ähnlich wie bei *D. complanatum* sein: Zuwachsen der Wuchsorte, vielleicht auch bedingt durch Aufgabe der Streunutzung, Umwelteinflüsse wie „saurer Regen" oder erhöhter Stickstoffeintrag. – Der Rückgang der Pflanze dürfte bereits im letzten Jahrhundert begonnen haben; die zahlreichen Vorkommen, die BRAUN und DÖLL um Karlsruhe – Baden-Baden um 1850 noch kannten, wurden nach 1900 kaum noch bestätigt. – Ein Neuauftreten der Pflanze ist nicht ausgeschlossen, wie der Fund bei Heidelberg zeigt; ohne gezielte Pflege hat sie offensichtlich im Gebiet heute geringe Überlebenschancen. – In der Bundesrepublik wird *Diphasium tristachyum* als stark gefährdet angesehen.

3. Diphasium zeilleri (Rouy) Damboldt 1963
Lycopodium alpinum L. Race *zeilleri* Rouy 1913;
Diphasiastrum zeilleri (Rouy) Holub 1975
Zeillers Flachbärlapp

Morphologie: Chamaephyt, Hauptsproß unterirdisch kriechend, Seitensprosse mit locker büscheligen Ästen, bis 10–20 (30) cm, Äste 1,8–2,4 mm

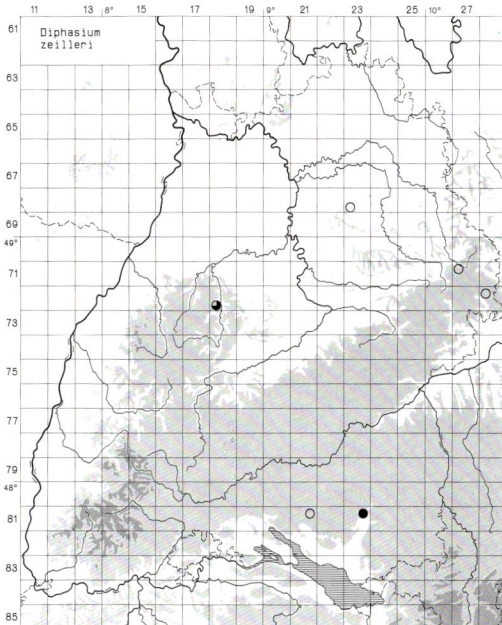

Zeillers Flachbärlapp (*Diphasium zeilleri*)
Häcklerweiher (Oberschwaben), 1984

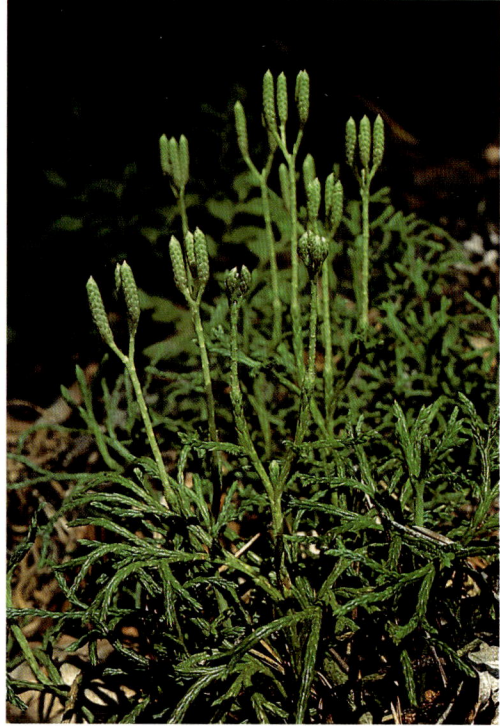

breit, abgeflacht, oberseits graugrün, unterseits gelblichgrün, Seitenblätter locker anliegend, Ventralblätter deutlich kleiner als Dorsalblätter, etwa $\frac{1}{4}$ so breit wie der Sproß und $\frac{1}{3}$ so lang wie die Internodien, Sporangienähren zu 2–4, langgestielt. – Die Sippe wird als hybridogene Zwischenform von *D. tristachyum* und *complanatum* angesehen.
Ökologie: Ähnlich *D. tristachyum* und *D. complanatum* an schwach beschatteten, kalkarmen, sauren Stellen. – Vegetationsaufnahmen fehlen.
Allgemeine Verbreitung: Mitteleuropa bis in die Alpen, ostwärts bis in die Tschechoslowakei, nach Westen bis in die Vogesen. Auch Nordamerika(?).
Verbreitung in Baden-Württemberg: Wenige Fundstellen im Ostschwarzwald, im Schwäbisch-Fränkischen Wald und im Alpenvorland, einmal auch in der Ostalb beobachtet, in Höhen zwischen 430 und 700 m. Die Pflanze ist einheimisch (Archaeophyt?). – Erster Nachweis: RAUSCHERT (1967: 467, Angaben nach Herbarmaterial).

Nordschwarzwald: 7218/3: Calw, 1850, SCHÜZ, det. RAUSCHERT (STU); 7218/3: Nördlich Speßhardt bei Calw, 1961, WREDE, det. RAUSCHERT (STU).
Schwäbisch-Fränkischer Wald: 6823/3: Burg Gleichen, vor 1900, K. SCHLENKER, det. RAUSCHERT (STU); 7127/1:

Westhausen, vor 1900, RATHGEB, det. RAUSCHERT (STU).
Ostalb: 7228/1: Neresheim, vor 1900, VALET, det. RAU-
SCHERT (STU); Belegstück war in einer Mischprobe enthal-
ten.
Alpenvorland: 8121/2: Straß südlich Pfullendorf, 1859,
JACK, det. RAUSCHERT (STU); 8123/2: Dornachried bei
Blitzenreute, mooriger Waldrand unter Kiefern, 1949,
K. MÜLLER, det. RAUSCHERT (STU).

Bestand und Bedrohung: Überall in kleinen Populationen vorhanden, wie die meisten *Diphasium*-
Arten offensichtlich stark zurückgehend. Nach
1970 konnte noch ein Vorkommen bestätigt werden. Insgesamt läßt sich *Diphasium zeilleri* für
Baden-Württemberg als „vom Aussterben bedroht", für das Gebiet der Bundesrepublik als
„stark gefährdet" einstufen.

4. Diphasium issleri (Rouy) Holub 1960

Lyopodium alpinum L. Race *L. issleri* Rouy 1913;
L. issleri (Rouy) Domin 1937; *Diphasiastrum
issleri* (Rouy) Holub 1965
Isslers Flachbärlapp

Morphologie: Chamaephyt, Hauptsproß oberirdisch oder flach unterirdisch kriechend, Seitentriebe
bis 10–120 cm hoch, dunkel- bis graugrün, nicht
bereift (frische Pflanzen!), lockere Büschel bildend,
Äste etwas abgeflacht. Seitenblätter abstehend,
Dorsalblätter so groß wie die Seitenblätter, Ventralblätter etwas kleiner, anliegend (bis etwas abstehend). Sporangienähren ohne oder nur mit kurzem,
bis 2,5 cm langem Stiel, Sporen bis zur Hälfte abortiert. – Sippe wohl hybridogen aus *D. alpinum* und
D. complanatum bzw. *tristachyum* entstanden. –
Zur Unterscheidung von *D. alpinum* siehe dort.
Ökologie: Lockere Herden an lichtreichen, höchstens schwach beschatteten, frischen, meist lange
schneebedeckten, kalkarmen, sauren, sandig-lehmigen Stellen; im Gebiet an offenen Erdböschungen
von Wegen, am Tanneck (Rocher du Tanet) in den
Vogesen („Locus classicus") an offenen Erdstellen
einer Zwergstrauchheide mit *Vaccinium myrtillus,
Calluna vulgaris, Nardus stricta* und *Leontodon hel-
veticus* an primär baumfreier Stelle. – Vegetationsaufnahmen vgl. BENZING (1965, unter *Diphasium
alpinum*).
Allgemeine Verbreitung: Wenig bekannte Sippe, die
bisher nur in den Alpen, Karpaten, in den mitteleuropäischen Gebirgen, Tatra und in Mittel- und
Südwestfrankreich nachgewiesen wurde. In der
Bundesrepublik z.B. im Sauerland, Rhön, Vogels-
berg u.a. Stellen des hessischen Berglandes, im
Fichtelgebirge, in der Oberpfalz, im Schwarzwald
und in den Alpen. Linksrheinisch in den Vogesen
(Tanneck).

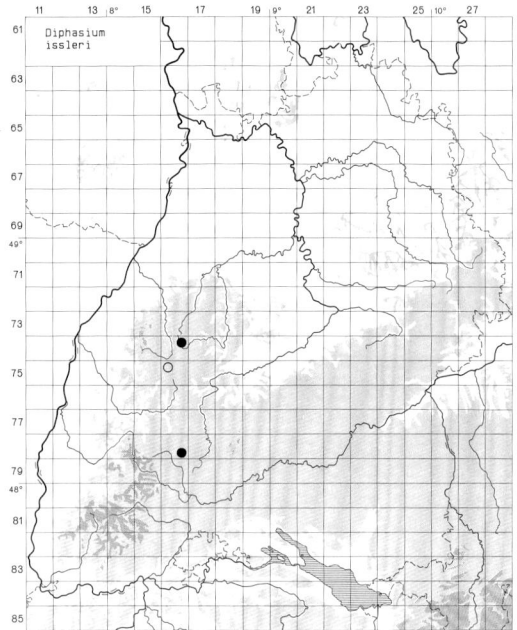

Verbreitung in Baden-Württemberg: Schwarzwald
an wenigen Stellen. – Die Pflanze ist im Gebiet
einheimisch. Die Wuchssorte liegen alle an Wegböschungen; Vorkommen an Primärstellen sind im
Gebiet nicht bekannt. So ist zu vermuten, daß *Diphasium issleri* im Gebiet erst mit dem Menschen
nach Auflichtung der Wälder eingewandert ist; die
Pflanze wäre im Gebiet so als Archaeophyt zu betrachten.

Schwarzwald: 7816/3: Südöstlich Königsfeld, ca. 730 m,
von BAU entdeckt, von BENZING (1965) als *Diphasium
alpinum* publiziert, später von H. u. K. RASBACH als *D. issleri* erkannt (vgl. PHILIPPI u. WIRTH 1970), zuletzt noch
1983 beobachtet, RASBACH (KR-K); 7416/2: Hilpertsberg
bei Igelsberg, 1963, BUOB 1967, SEYBOLD; Rindelteich
nördlich Erzgrube, 680 m, 1954 BAUR, 1967, SEYBOLD,
von SEYBOLD als *D. issleri* erkannt; die Bestimmungen
wurden später von RAUSCHERT bestätigt. Vgl. SEBALD u.
SEYBOLD (1969), SEYBOLD, SEBALD u. HERRN (1971);
7516/1 (?): Freudenstadt, ex herb. KLEMM, gesammelt um
1900 (STU), vgl. SEBALD u. SEYBOLD (1969).

Bestand und Bedrohung: *Diphasium issleri* kommt
im Gebiet nur in kleinen Populationen vor; die Bestände sind durch Zuwachsen alle mehr oder weniger gefährdet. Einstufung als stark gefährdet (bis
vom Aussterben bedroht).

Isslers Flachbärlapp *(Diphasium issleri)*
Königsfeld (Schwarzwald), 1967

Alpen-Flachbärlapp *(Diphasium alpinum)*
Feldberg, 1977

5. Diphasium alpinum (L.) Rothm. 1944
Lycopodium alpinum L. 1753; *Diphasiastrum alpinum* (L.) Holub 1975
Alpen-Flachbärlapp, Alpen-Bärlapp

Morphologie: Chamaephyt, Pflanze oberirdisch wie flach unterirdisch kriechend, bis 1 m lang, Seitentriebe locker stehend, aufrecht, reich verzweigt, bis 10 cm hoch, dunkel(grau)grün, junge Triebe etwas blaugrün bereift (im Herbst verblassend), ältere gelblich-olivgrün, Äste nur wenig abgeflacht, vierzeilig beblättert. Blätter 2–3 mm lang, mit leicht eingebogener Spitze und herablaufendem Kiel, ± gleichgestaltet. Sporangienähren am Ende der Triebe aufsitzend, seltener kurz gestielt, 1–2 cm lang; sporangientragende Blätter eiförmig, allmählich in eine stumpfe Spitze verschmälert.

Diphasium alpinum ist sehr variabel. Gerade an beschatteten Stellen sind die Sprosse oft etwas abgeflacht. Die Unterscheidung von *D. issleri* kann Schwierigkeiten bereiten. Ein gutes Unterscheidungsmerkmal bieten die Ventralblätter: diese sind bei *D. alpinum* abstehend und fast rechtwinklig abknickend, so daß ein Eindruck von Blattstiel und Blattspreite entsteht (bei *D. issleri* anliegend). Außerdem sind die Seitenblätter deutlich asymmetrisch und nach unten umgebogen (bei *D. issleri* symmetrisch und kaum nach unten umgebogen).

Ökologie: Lockere Trupps an lichtreichen bis schwach beschatteten, mäßig frischen, kalkarmen, sauren, oft etwas humosen Stellen, auf (sandigen) Lehmböden meist in lange schneebedeckter Lage (Schneebedeckung oft bis Mai–Juni), gern an offenen, vegetationsarmen, doch moosreichen Stellen, oft an Wegböschungen, offensichtlich konkurrenzschwache Art. Natürliche Vorkommen in Zwergstrauch-reichen Borstgrasrasen der Hochlagen (Leontodo-Nardetum), regional Nardion-Art. – Vegetationsaufnahmen K. MÜLLER (1948: 309), OBERDORFER (1957).

Allgemeine Verbreitung: Nordhalbkugel: Europa, Asien, Nordamerika, in Europa v.a. Nordeuropa (bis nördliches Skandinavien), Alpen (bis 2110 m), Pyrenäen, Karpaten, vereinzelt in den Gebirgen der Balkan-Halbinsel, in Nordeuropa nach Osten bis zum Ural reichend, doch Ostseegebiete, Finnland oder nördliches Rußland selten. Vereinzelt in den Mittelgebirgen Zentraleuropas, im Mittelmeergebiet fehlend. – Boreal-alpine Art (boreal-temperat (montan-alpin)).

68

Verbreitung in Baden-Württemberg: Schwarzwald, selten Alpenvorland (Westallgäuer Hügelland). Vorkommen an ursprünglichen Stellen im Feldberggebiet, ca. 1350–1450 m, sekundär mehrfach an Wegböschungen bis in tiefere Lagen (Murgtal, 490 m); in der Pfalz bis 250 m (WOLFF 1972).

Diphasium alpinum ist im Gebiet urwüchsig. Die erste Erwähnung der Pflanze findet sich bei HALLER (1742: 1: 93): „versus mapalia im Schwarzwald".

Nordschwarzwald: Hier immer nur an Weg- oder Straßenböschungen beobachtet, Vorkommen alle ± unbeständig, auch die an der Hornisgrinde. 7216/2: oberhalb Rißwasen bei Herrenalb, 640 m, 1954, PHILIPPI in OBERDORFER (1956), bereits um 1960 wieder verschwunden; 7314/2: Ochsenkopf, Nordseite, Wegböschung, 830 m, 1988, 7314/4: Hoher Ochsenkopf, Ostseite, ca. 880 m, spärlich, 1988, PHILIPPI (KR); 7415/1: Hornisgrinde, neben der Straße unterhalb des Eckle, 1871, HEGELMAIER (STU); weiter zwischen Hinterlangenbach und der Hornisgrinde, HEGELMAIER (STU); diese Vorkommen konnten bereits von WÄLDE um 1900 nicht mehr bestätigt werden. 7415/1: Ruhestein, Langhardtskopf, ca. 950 m, um 1985, BAUMANN (KR); 7416/1: Schönmünzachtal, Wegböschung, 490 m, 1980–82, PHILIPPI (KR-K), det. RAUSCHERT; inzwischen durch Zuwachsen erloschen; 7516/1: Freudenstadt gegen Christophstal, eine große Pflanze, 1988, V. DORKA (KR); 7516/3: Steinwald bei Freudenstadt, 1918, BERTSCH, rev. RAUSCHERT und mit Vorbehalt zu *D. alpinum* gestellt (STU). 7616/3: Rötenbach bei Alpirsbach, 1900, WÄLDE (STU); zw. Alpirsbach und Reinerzau, 1898, WÄLDE (STU).

Mittlerer Schwarzwald: 7816/3: Stockwald bei St. Georgen, STEHLE (1887); 7816/4: Obereschach, um 1960, KNAUSS (STU).

Südschwarzwald: Vorkommen an lange schneebedeckten, primär waldfreien Stellen des Feldberggebietes, hier bereits von SPENNER (1825) als „non infrequens" genannt, meist in Höhen zwischen 1350–1450 m, so: 8114/1: Seebuck – Mittelbuck, Zastler Wand, 8113/2: Stübenwasen, Mantelhalde, K. MÜLLER (1937: 352), 1960, 1988 noch vorhanden (KR-K); 8114/3: Herzogenhorn, SEUBERT-KLEIN (1905), ob noch?; 8113/3: Belchen, VULPIUS: SCHILDKNECHT (1863), zuletzt vor 1950, KERN, durch Stellungsbau zerstört. Sekundärvorkommen an potentiell bewaldeten Stellen in höheren Lagen z.B. 7914/1: Kandel nahe dem Gipfel, ca. 1200 m, PHILIPPI u. WIRTH (1970), RASBACH (KR-K); 8113/1: Haldenköpfle am Schauinsland, GÖTZ (1882), hier zuletzt 1960 (KR-K), weiter nach GÖTZ um Hofsgrund. An Wegböschungen: 8212/1: Stockberg am Weg zum Blauen, 930 m, 1982, LITZELMANN (STU-K); 8212/2: südlich Heubronn, 1000 m, 1980, PHILIPPI (KR-K); 8214/3 (?): Todtmoos, BINZ (1911); 8413/2: Jungholz, NEUBERGER (1912); 8115/3: Grünwald, SCHLATTERER in K. MÜLLER (1937).

Alpenvorland: 8226/4: Eisenbacher Tobel, 1932, BERTSCH (STU); 8326/2: Schwarzer Grat (STU), vgl. BERTSCH (1933).

Bestand und Bedrohung: *Diphasium alpinum* kommt an allen Fundstellen nur in geringer Menge vor;

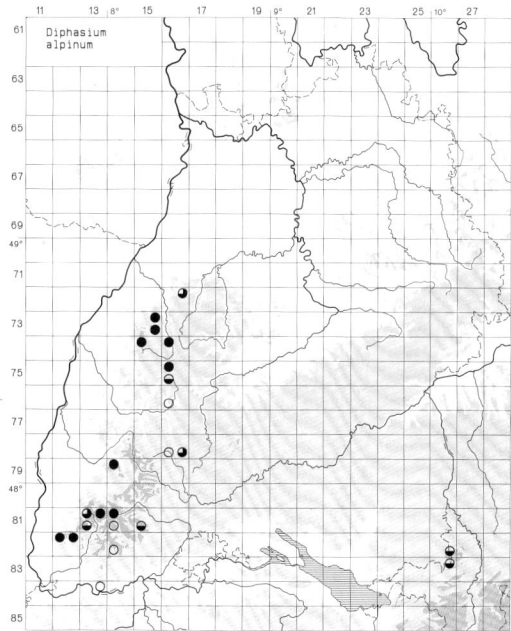

beim Zuwachsen der Flächen kann die Pflanze rasch wieder verschwinden. So ist eine Abschätzung der Bedrohung recht schwierig. An den primären Wuchsorten in den Hochlagen des Südschwarzwaldes hat die Pflanze offensichtlich kaum abgenommen (auch unter der Einwirkung der Gemsen nicht). An den übrigen Fundstellen war die Pflanze offensichtlich schon im letzten Jahrhundert unbeständig. Eine Einstufung als „gefährdet" dürfte angemessen sein (für das Gebiet der Bundesrepublik Deutschland als „stark gefährdet" eingestuft).

Ordnung

Selaginellales
Moosfarnartige Pflanzen

Blätter nadel- oder schuppenartig, mit Ligula, Sporangienwand mehrschichtig, Pflanzen heterospor, Makro- und Mikroprothallium sehr reduziert. – Nur eine Familie mit einer Gattung, diese mit ca. 500 Arten, vorwiegend in den Tropen.

Selaginellaceae
Moosfarne
Bearbeiter: G. Philippi

1. Selaginella P. Beauv. 1805
Moosfarn, Zwergbärlapp

In Europa 3 Arten, dazu 2 weitere eingebürgert, im Gebiet 2 Arten.

1 Pflanzen nicht verflacht beblättert, kurz kriechend, Blätter allseitig abstehend, lanzettlich, am Rand fransenartig gesägt . . . . 1. *S. selaginoides*
– Pflanzen verflacht beblättert, weit kriechend, Blätter eiförmig stumpflich, ganzrandig oder nur fein gesägt . . . . 2. *S. helvetica*

1. Selaginella selaginoides (L.) Link 1841
Lycopodium selaginoides L. 1753; *Selaginella spinosa* P. Beauv. 1806; *Selaginella spinulosa* A. Br. in Döll 1843
Dorniger Moosfarn, Dorniger Zwergbärlapp

Morphologie: Chamaephyt, mit kurz kriechendem Haupttrieb und zahlreichen, locker stehenden, aufrechten Trieben, diese bis 8–10 (20) cm hoch, gelblichgrün. Blätter allseitig, lanzettlich, scharf gespitzt, bis 4 mm lang, am Rand mit locker stehenden fransenartigen Zähnen, aufrechte Triebe am Ende mit Sporangienähren; sporangientragende Blätter nur wenig von nicht sporangientragenden verschieden; Makrosporangien im unteren Teil der Sporangienähre, Mikrosporangien im oberen Teil.
Ökologie: In lockeren Gruppen an lichtreichen (seltener schwach beschatteten), frischen bis feuchten, gern etwas durchsickerten, kalkhaltigen, basischen bis kalkarmen, doch basenreichen, schwach sauren, bodenoffenen Stellen, gern auf feinerdearmen, felsigen bis grobkiesigen Böden, seltener auch auf (etwas humosen) Lehmböden. Im Gebiet v.a. im Caricetum frigidae und im Bartsio-Caricetum fus-

cae, in den Alpen auch in Kalkflachmooren (Tofieldietalia-Gesellschaften) und in lückigen *Sesleria*-Rasen (Seslerion), seltener in Borstgras-Rasen (Nardion-Gesellschaften). Eiszeitrelikt. – Vegetationsaufnahmen vgl. Bartsch (1940), Dierssen (1984).
Allgemeine Verbreitung: Nordhalbkugel: Europa, Asien, Nordamerika; in Europa v.a. im nördlichen Teil (bis Nord-Norwegen, ostwärts bis zum Ural), England, Irland, in Mittel- und Südeuropa in den Gebirgen: Alpen (bis 2900 m, gelegentlich bis 490 m herabsteigend) Alpenvorland, Schweizer Jura, Pyrenäen, Karpaten, Erzgebirge (selten), Riesengebirge, Südosteuropa. In Deutschland außerhalb der Alpen nur im Schwarzwald, früher auch im Harz, angeblich bei Jena. In den Vogesen fehlend.
Verbreitung in Baden-Württemberg: Südschwarzwald, Feldberggebiet, 1050–1450 m. – Die Pflanze ist im Gebiet urwüchsig; sie wird als Glazialrelikt angesehen. – Vereinzelte Sporenfunde aus dem Spätglazial, so z.B. Schlein- und Degersee (Lang 1952), Mindelsee (Lang 1973), in Mooren um Hinterzarten (Südschwarzwald, Lang 1952). Hölzer u. Schloss (1981: 26) wiesen Sporen von *Selaginella selaginoides* an der Hornisgrinde noch in jün-

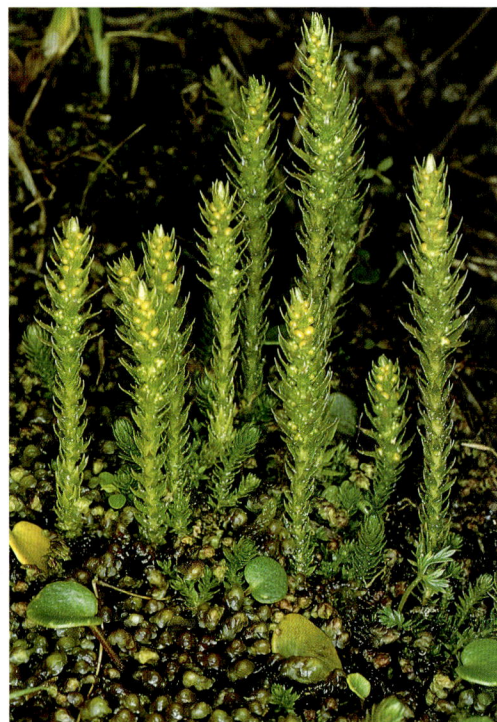

Dorniger Moosfarn *(Selaginella selaginoides)*
Feldberg, Zastler Loch, 1992

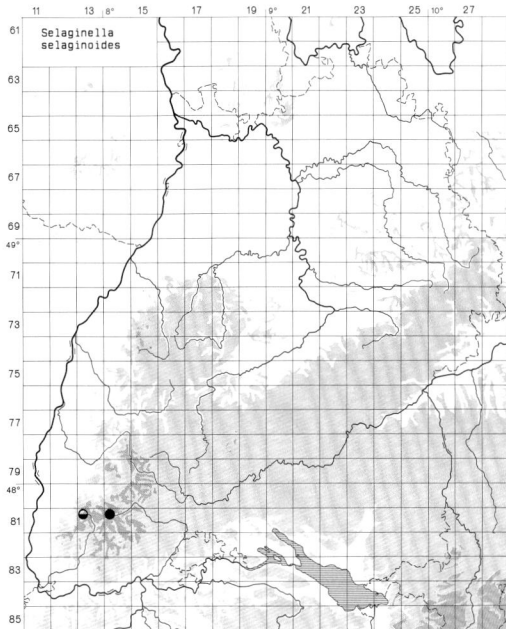

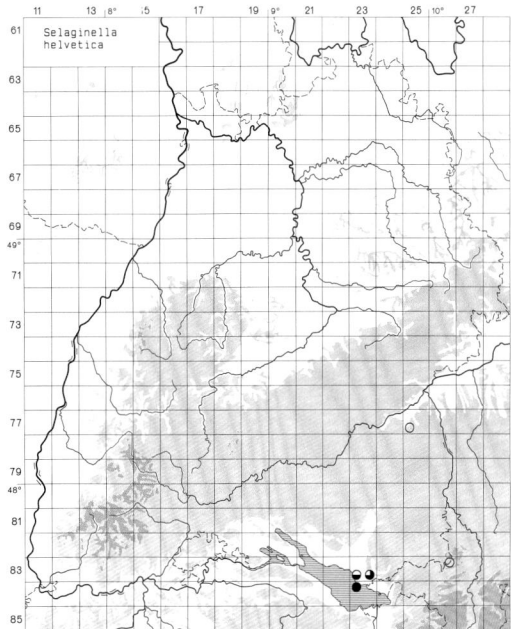

geren Ablagerungen (aus der Zeit um 1600–1800) nach. Ältere Funde sind aus dem Cromer bei Steinbach (b. Baden-Baden, SCHEDLER 1981) und aus dem Frühwürm von Bad Wurzach (FRENZEL 1978) bekannt.

Die erste Erwähnung der Pflanze im Gebiet findet sich bei SPENNER (1825: 20): „primus legit F. v. CHRISMAR", Feldberg: Osterrain.

Nordschwarzwald: 7315/3: Hornisgrinde, offensichtlich in historischer Zeit noch vorhanden gewesen, HÖLZER u. SCHLOSS (1981, s.o.).

Südschwarzwald: 8114/1: Feldberggebiet, hier an primär waldfreien Stellen in Nord- und Ost-exponierten Karen in Höhen von 1250–1440 m: Zastler, Baldenweger Buck, Mittelbuck, Grüble, Seebuckabsturz, selten an tiefer gelegenen Stellen wie im Feldseemoor (1100 m) oder (an erst sekundär waldfreien Stellen) im oberen Bärental (hier schon DE BARY bekannt), nach BOGENRIEDER u. WILMANNS (1969) bis zur Waldhofmatte, 1050 m. – Verbreitungskarte für das Feldberggebiet: BOGENRIEDER u. WILMANNS (1969).

Außerhalb des Feldberggebietes liegt nur eine Angabe vor: 8113/1 (?): Zwischen Muggenbrunn und Notschrei, ca. 1100 m, BARTSCH (1940: 47). Das Vorkommen wurde später nicht mehr bestätigt; vielleicht handelte es sich nur um ein vorübergehendes Vorkommen der Pflanze.

Bestand und Bedrohung: Die Pflanze kommt im Gebiet heute noch in reichen Beständen vor; ein Rückgang ist nicht zu erkennen. Da die Quellbereiche am Feldberg potentiell gefährdet sind (Brunnenfassungen, auch Eutrophierung), ist eine gewisse potentielle Gefährdung der Pflanze anzunehmen.

2. Selaginella helvetica (L.) Spring 1838
Lycopodium helveticum L. 1753
Schweizer Moosfarn

Morphologie: Chamaephyt, Pflanze niederliegend, weit kriechend, locker verzweigt, frischgrün, ältere Teile gelblichgrün, bis 4 mm breit, verflacht beblättert. Die seitlichen Blätter abstehend, eiförmig-stumpflich, bis 2 mm lang und 1 (1,5) mm breit, ± entfernt stehend, auf der Stengeloberseite zwei Reihen anliegender Blätter, diese etwas kleiner (ca. 1,5 mm lang), lanzettlich-spitz, alle Blätter fein gezähnt, ohne fransenartige Zähne, bis ganzrandig, sporangientragende Äste aufrecht, bis 8 cm, allseitig beblättert, Blätter lanzettlich, spitz, bis 1,5 mm lang. Sporangienähre nicht scharf abgesetzt, im unteren Teil mit Makrosporangien, im oberen Teil mit Mikrosporangien.

Ökologie: Lockere, niederliegende Rasen an schwach beschatteten bis beschatteten, kalkreichen, basischen (bis kalkarmen, schwach sauren), offenen Stellen, wärmeliebend, in Lücken von Rasen, auch auf Rohböden, gern in lückigen Halbtrockenrasen (Mesobrometum), an Terrassenhängen oder Dämmen. – Soziologie der Art im Gebiet nicht untersucht.

Allgemeine Verbreitung: Europa, Kleinasien bis Kaukasus, Ostasien. In Europa v.a. in den Gebirgen der submediterranen und temperaten Zone: Alpen und Alpenvorland, bis 2100 m, zumeist

Schweizer Moosfarn *(Selaginella helvetica)*

unter 1000 m, Karpaten, Südosteuropa bis Riesengebirge, Südosteuropa; einzelne isolierte Fundstellen im Fichtelgebirge und Thüringer Wald (synanthrope Vorkommen?). Im Gebiet an der Nordwestgrenze des Areals.

Verbreitung in Baden-Württemberg: Wenige Fundstellen im östlichen Alpenvorland, ca. 400–1000(–1100) (?) m. – Die Art ist im Gebiet urwüchsig. Sporenfund aus dem Spätglazial bei Schopfloch (Schwäbische Alb, K. Bertsch 1929a). – Der erste schriftliche Hinweis findet sich bei v. Martens u. Kemmler (1882: 2: 316): am Schwarzen Grat bei Isny, 1878, Herter.

Alpenvorland: 8326/2: Schwarzer Grat bei Isny, wenige Räschen auf bemoosten Steinen, 1878, Herter: v. Martens u. Kemmler (1882), seither nicht mehr beobachtet. – 8324/4, 8423/1: Untere Argen: Zwischen der Argenmündung und Gießenbrück, an etwa 20 kleinen Stellen, 400–420 m (STU-K). Die Fundstellen ziehen sich auf eine Länge von ca. 7 km hin, von Brielmaier vor 1970 noch von Betznau (8323/4) bestätigt, letzte Beobachtungen von Dörr (1983: 61) in der Nähe der Argenmündung (8423/1, 1974, 81); andere Vorkommen durch Vernichten der Trockenrasen zerstört. Vorkommen offensichtlich am Erlöschen.
(Benachbartes Bodenseegebiet: Mündung der Bregenzer Aach, erloschen. Im Illergebiet fehlend, entlang des Lechs weit verbreitet, vgl. dazu Bauer 1981.)
7725/3: Ziegelwiese bei Laupheim, 1879, Eiberle (STU), nur wenige Exemplare, von Bertsch angezweifelt („der gleiche Finder macht mehrfach sehr zweifelhafte Angaben", Bertsch). Da das Vorkommen auch von den übrigen Vorkommen sehr isoliert ist, ist hier evtl. an eine (junge?) Verschleppung zu denken.

Bestand und Bedrohung: Hochgradig gefährdete, vom Aussterben bedrohte Art. Ursache des Rückganges ist v. a. das Umbrechen der Halbtrockenrasen.

Ordnung
Isoëtales
Brachsenkrautartige Pflanzen

Nur eine Familie (Isoëtaceae) als Überrest einer in früheren Erdperioden formenreicheren Gruppe; fossile Gattungen sind *Pleuromeia* (im Buntsandstein) oder *Nathorstiana* (Unterkreide), deren Pflanzen eine Höhe von 2 m erreichten.

Isoëtaceae
Brachsenkräuter
Bearbeiter: G. Philippi

Pflanzen mit unverzweigter, gestauchter Achse, mit sekundärem Dickenwachstum, Mikro- und Makrosporangien, diese jeweils an verschiedenen Blättern. Die Familie umfaßt zwei Gattungen: neben der einheimischen Gattung *Isoëtes* noch die Gattung *Stylitis* (mit einer Art, in Südamerika).

1. Isoëtes L. 1753
Brachsenkraut

Blätter pfriemlich, binsenartig, am Grund scheidig verbreitert, mit zentralem Leitbündel und vier Luftkanälen. Sporangien am Grund der Blätter auf der Oberseite, unter einer Ligula eingesenkt, die untersten Blätter mit Makrosporangien, die obersten mit Mikrosporangien. Prothallium sehr reduziert, in den keimenden Sporen eingeschlossen. – Gattung mit rund 65 Arten, v. a. in den Tropen und Subtropen, in Europa etwa 12 Arten, im Gebiet 2.

1 Blätter dunkelgrün, steif, kaum durchscheinend, kurz gespitzt, bis 70 und mehr pro Pflanze, Makrosporen netzig-runzlig . . . . . . 1. *I. lacustris*
- Blätter hellgrün, schlaff, durchscheinend, lang gespitzt, bis 50 pro Pflanze, Makrosporen stachelig
2. *I. setacea*

1. Isoëtes lacustris L. 1753
See-Brachsenkraut

Morphologie: Wasserpflanze, ausdauernd. Blätter zahlreich, rosettig gedrängt, dunkelgrün, nicht durchscheinend, kurz gespitzt, pro Pflanze 70 und mehr Blätter, 5–20 (25) cm lang, unterwärts flach rinnig und oberwärts stielrund. Makrosporen

See-Brachsenkraut *(Isoëtes lacustris)*
Schwemmsaum aus losgerissenen Pflanzen und Blättern, Titisee, 1972

0,5–0,7 mm groß, mit netzig-runzliger Oberfläche, Mikrosporangien etwa 30 × 40 μm.

Verwechslung: *Isoëtes*-Arten können mit *Littorella uniflora* verwechselt werden. Doch hat *Littorella uniflora* kürzere, meist gebogene Blätter, weiße Wurzeln (bei *Isoëtes* schwarz) und Ausläufer.

Biologie: Sporenreife im Spätsommer und Frühherbst, Keimung und Embryobildung kaum bekannt. – Alte Blätter lösen sich im Herbst und finden sich dann am Ufer des Sees angeschwemmt. Hier vermutet man die Prothallienentwicklung und Befruchtung. Losgelöste Blätter (die Makro- oder Mikrosporangien enthalten) können auch von Vögeln an andere Gewässer verschleppt werden.

Ökologie: Gesellig, lockere Bestände in klaren, sauberen, nährstoffarmen, doch basenreichen Gewässern, von der Uferlinie (bzw. schwach überschwemmten Stellen) bis in 2 (5) m Tiefe, im Gebiet v.a. in Tiefen über 1 m, auf sandigem bis schlammigem Grund, zusammen mit *Isoëtes setacea* und *Littorella uniflora*, Kennart des Isoëtetum setaceae (echinosporae). – Vegetationsaufnahmen und Vegetationsschilderungen vgl. OBERDORFER (1934, 1957), K. MÜLLER (1948), ROWECK (1986).

Allgemeine Verbreitung: Europa, östliches Nordamerika, Japan. In Europa v.a. in Nordeuropa: Großbritannien, Irland, Island, skandinavische Länder, Finnland und angrenzende Teile Rußlands, Ostseegebiete, Dänemark. Vereinzelt Nordwestspanien, Pyrenäen, französisches Zentralmassiv. In Mitteleuropa v.a. in der norddeutschen Tiefebene, in den Niederlanden; Mittelgebirge: Vogesen, Schwarzwald, Bayerischer Wald, Riesengebirge, weiter Schweizer Alpen (San Bernhardino). Nächste Fundstellen: Vogesen: Retournemer, Longemer, Gerardmer.

Verbreitung in Baden-Württemberg: Nur im Schwarzwald. – Die Pflanze ist urwüchsig. Erste fossile Nachweise gelangen OBERDORFER (1931, Schluchsee, Wende Jüngere Dryaszeit-Präboreal). In der Folgezeit wurde *Isoëtes lacustris* in zahlreichen Seen und Mooren des Südschwarzwaldes fossil nachgewiesen, auch im Nordschwarzwald z.B. von LANG (1958) vom Schurmsee, von HÖLZER u. HÖLZER (1987) von der Hornisgrinde und von HÖLZER (unveröff.) von der Seemisse am Ruhstein. Die Vorkommen im Nordschwarzwald sind z.T. im Atlantikum (ca. 5000 v.Chr.) erloschen. HÖLZER u. HÖLZER (1987) bezweifeln die Unterscheidbarkeit fossiler Makrosporen, so daß bei manchen Funden die Artzugehörigkeit unsicher erscheint.

Der erste schriftliche Hinweis auf *Isoëtes lacustris* findet sich bei SPENNER (1825: 20), nach Funden im Feldsee und Titisee.

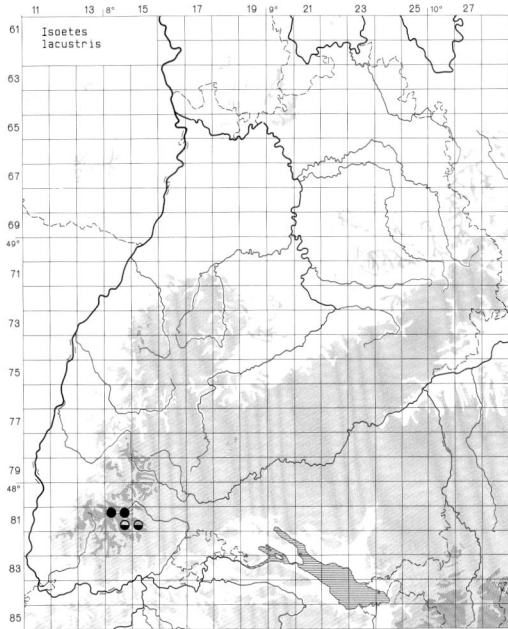

Südschwarzwald: 8114/1: Feldsee, 1107 m, SPENNER (1825: 20: „in fundo lacus Feldsee abundans", „ego primus vidi cum Med. Stud. J. SCHILLING 1823"). Heute noch in reichen Beständen auf Ost- und Südost-Seite des Sees, vgl. ROWECK (1986: 467). 8114/2: Titisee, 845 m, SPENNER (1825), auch heute noch in recht großen Beständen auf dem Süd-, Ost- und Nordufer, vgl. ROWECK (1986, Abb. 5). 8114/4, 8115/3: Schluchsee, 910 m, SCHILDKNECHT (1862: 4: „in solcher Menge, daß der Boden des Sees an vielen Stellen einer unterseeischen Wiese gleicht"), nach OBERDORFER (1934: 215) „rings um den See". Durch Aufstau des Sees nach 1930 verschwunden.

Bestand und Bedrohung: Die Art wird in Baden-Württemberg wie in der Bundesrepublik als „stark gefährdet" eingestuft. Zwar läßt sich ein Rückgang nicht nachweisen (abgesehen vom Verlust der Vorkommen am Schluchsee), doch dürfte vom zunehmenden Bade- und Bootsbetrieb (gerade in warmen Sommern) eine Gefährdung der Bestände ausgehen. – Nach den warmen Sommern in den Jahren zwischen 1970 und 1976 wurde in den Vogesen-Seen zeitweise mit einem Verschwinden der *Isoëtes*-Arten gerechnet. – Dazu kommt die Wirkung der Eutrophierung, die das Wachstum epiphytischer Algen begünstigt.

2. Isoëtes setacea Lamarck 1789

I. echinospora Dur. 1861; *I. tenella* Desv. 1827
Stachelsporiges Brachsenkraut

Morphologie: Wasserpflanze, ausdauernd. Blätter (weniger) zahlreich: bis 50 pro Pflanze, rosettig gedrängt, mehr spreizend, hellgrün, schlaff, durchscheinend, lang gespitzt, bis 18 cm lang (im Gebiet oft nur bis 10 cm lang) und 1–1,5 mm im Durchmesser, unterwärts flach rinnig, oberwärts stielrund. Makrosporen 0,44–0,55 mm groß, mit ziemlich langen, spitzen bis stumpfen, leicht abbrechenden Stacheln; Mikrosporen 30 × 20 µm groß.

Biologie: Siehe *I. lacustris.*

Ökologie: Ähnlich der von *I. lacustris*, doch mehr im flachen Wasser, Wassertiefen im Gebiet zwischen 0,2 und 3 m bevorzugend (vgl. ROWECK 1986), reagiert offensichtlich empfindlicher auf Störungen wie Badebetrieb oder Bootsverkehr. – Vegetationsaufnahmen siehe bei *I. lacustris.*

Allgemeine Verbreitung: Europa, Nordamerika (v.a. im östlichen Teil), Ostasien. In Europa v.a. in Nordwesteuropa, Großbritannien, Irland, Island, Norwegen, Schweden und Finnland, nördliche Teile Rußlands, Ostseegebiete Polens, Dänemark, Belgien, französisches Zentralmassiv, Pyrenäen. Weiter isolierte Vorkommen im Schwarzwald, in den Vogesen, im Lago Maggiore, Böhmerwald, weiter auch auf der Balkanhalbinsel. Nächste Fundstellen: Vogesen: Retournemer, Longemer, Gerardmer.

Verbreitung in Baden-Württemberg: Schwarzwald. – Die Art ist urwüchsig. Die ältesten Funde stammen aus dem Riß/Würm-Interglazial von Muttensweiler im Federseegebiet (7924, 2 Mikrosporen, GÖTTLICH 1957) und aus dem Spätglazial im Alpenvorland um den Federsee und um Biberach, darunter Alleröd-zeitliche Massenvorkommen in Ablagerungen am Wettensee bei Biberach (GÖTTLICH 1957). Bereits in der Jüngeren Dryaszeit sind aus diesem Gebiet keine Funde mehr bekannt; die Pflanze ist dort

Stachelsporiges Brachsenkraut *(Isoëtes setacea)*
Angeschwemmt am Ufer des Feldsees, 1986

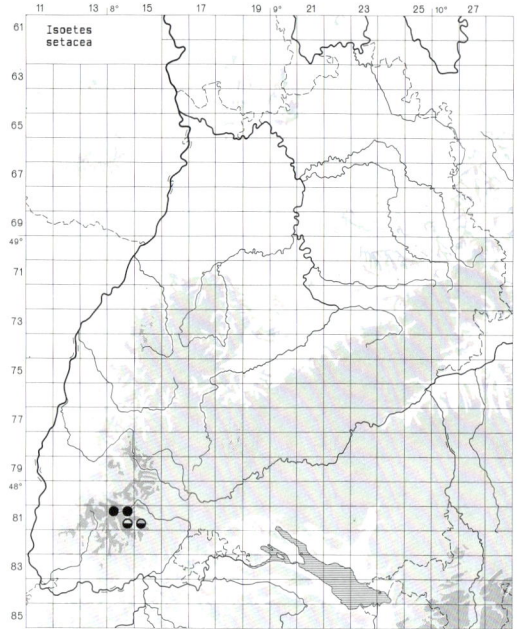

offensichtlich seit langem ausgestorben. Im Schwarzwald reichen die ältesten Funde in die Ältere Dryaszeit zurück (LANG 1952, Funde in Mooren um Hinterzarten). Im Nordschwarzwald wurde die Art am Schurmsee von Boreal bis in das Jüngere Subatlantikum (historische Zeit) nachgewiesen (LANG 1958). Vgl. auch unter *I. lacustris.*

Die ersten Erwähnungen der Pflanze finden sich bei DÖLL (1862: 1357, nach Funden von A. BRAUN), sowie bei SCHILDKNECHT (1862, 1863).

8114/1: Feldsee, 1107 m, A. BRAUN in DÖLL (1862), SCHILDKNECHT (1863), hier v.a. am Westufer und gegen den Ausfluß am Nordufer, vgl. K. MÜLLER (1948), genaue Darstellung vgl. ROWECK (1986: 467), wesentlich seltener als *I. lacustris*. Daneben spärlich im aufgestauten Teil des Feldseemoores, K. MÜLLER (1948), von REINÖHL wieder bestätigt. 8114/2: Titisee, 845 m, DE BARY u. SCHILDKNECHT, vgl. SCHILDKNECHT (1863), heute v.a. im westlichen und östlichen Teil (am Nord- wie am Südufer), vgl. ROWECK (1986, Abb. 6), auch hier deutlich seltener als *I. lacustris*. 8114/4, 8115/3: Schluchsee, SCHILDKNECHT (1863), vgl. zuletzt OBERDORFER (1934). Durch Aufstau des Sees nach 1930 verschwunden.

Bestand und Bedrohung: Ähnlich wie *I. lacustris* gefährdet, Einstufung in der Bundesrepublik wie in Baden-Württemberg als „stark gefährdet". Auf einen Rückgang weist ROWECK (1986: 483) hin. Ursache des Rückganges dürfte auch hier der Bade- und Bootsbetrieb sein, weiter eine Eutrophierung, die das Überwachsen der Pflanzen mit Algen fördert.

Stachelsporiges Brachsenkraut *(Isoëtes setacea)*
Unter Wasser im Feldsee, 1969

Klasse

Sphenopsida (Articulatae, Equisetatae) Schachtelhalmartige Pflanzen

Pflanzen aufrecht, mit kriechendem Rhizom, das bis 1 m tief im Boden verlaufen kann, Pflanzen meist in lockeren bis dichten Herden, Stengel gegliedert, mit quirlständigen, zu Scheiden verbundenen Blättern, Äste quirlig, die Scheiden durchbrechend. Sporangien endständig, in einem zapfenartigen Sporangienstand (Strobilus). Nur eine Ordnung bekannt: Equisetales, diese mit einer Familie (weitere Familien nur fossil bekannt).

Equisetaceae

Schachtelhalmgewächse
Bearbeiter: G. PHILIPPI
Nur eine Gattung bekannt.

1. Equisetum L. 1753

Schachtelhalm, Schafthalm

Gattung mit ca. 25 Arten, fast auf der ganzen Erde bekannt (Ausnahme: Australien, Neuseeland), im Gebiet 9 Arten (in Europa 10), dazu eine Reihe von Bastarden.

Sporenreife bei einheimischen Arten im (Spät-) Sommer, Ausnahmen *E. arvense* und *E. telmateia*: Sporenreife im Frühjahr (2. Aprilhälfte, Anfang Mai), *E. pratense* und *E. sylvaticum* meist Mitte Mai bis Anfang Juni.

Um die Taxonomie von *Equisetum* haben sich im Gebiet v.a. A. BRAUN und J.C. DÖLL bemüht; die Ergebnisse finden sich v.a. in den beiden Floren (1843: Rheinische Flora, 1857: Flora des Großherzogthums Baden). A. LÖSCH (1948) hat sich mit monstrosen Formen der Schachtelhalme beschäftigt.

Gliederung der Gattung: Subgenus *Hippochaete*: Pflanzen wintergrün, meist sehr rauh, Sporangienähren im Umriß spitz. – Von DÖLL als Sekt. *Sclerocaulon* ausgeschieden.

Subgenus *Equisetum*: Pflanzen sommergrün, mäßig rauh bis glatt, Sporangienähren im Umriß stumpf. – Von DÖLL als Sekt. *Malocaulon* ausgeschieden.

Schlüssel für Pflanzen mit Sporangienähren

1 Sporangientragende Pflanzen bleich, im Frühjahr erscheinend 2
– Sporangientragende Pflanzen wie nicht sporangientragende grün, Sporangienähren erst im Sommer gebildet: Siehe folgenden Schlüssel
2 Sporangientragende Pflanzen 5–15 mm stark, nicht ergrünend, im Frühsommer absterbend, Stengelscheiden mit 15–35 Zähnen . . . .
               9. *E. telmateia*
– Sporangientragende Sprosse kleiner und dünner, Stengelscheiden mit 3–20 Zähnen 3
3 Sporangientragende Sprosse astlos, nicht ergrünend, im späten Frühjahr absterbend, Stengelscheiden mit 8–12 Zähnen . . . . 8. *E. arvense*
– Sporangientragende Sprosse beastet, ergrünend . 4
4 Stengelscheiden mit 3–5 häutigen, braunen Zähnen . . . . 6. *E. sylvaticum*
– Stengelscheiden mit 10–20 Zähnen 7. *E. pratense*

Schlüssel für grüne Pflanzen

1 Stengelscheiden mit 3–5 häutigen, braunen Zähnen; Äste dünn, hängend, quirlig verzweigt . . . .
               6. *E. sylvaticum*
– Stengelscheiden mit zahlreichen Zähnen, diese nicht braun und häutig; Äste nicht hängend, einfach oder verzweigt 2
2 Internodien elfenbeinfarben, Stengelscheiden mit 20–40 begrannten Zähnen . . . . 9. *E. telmateia*
– Internodien grün 3
3 Zentralhöhle weit, etwa ⅔ bis ¾ des Stengeldurchmessers einnehmend, Stengel daher leicht zusammendrückbar; Stengel feingerippt, glatt oder rauh 4
– Zentralhöhle eng, weniger als ⅔ des Stengeldurchmessers einnehmend, Stengel nicht leicht zusammendrückbar; Stengel deutlich gerippt, glatt oder rauh 6
4 Stengel dunkelgrün, überwinternd, kaum beastet, rauh; Zähne der Stengelscheiden bald verschwindend . . . . 2. *E. hyemale*
– Stengel grün, nicht überwinternd, meist deutlich beastet, glatt bis etwas rauh 5
5 Stengel glatt, kaum gerieft; Stengelscheiden mit 10–20 Zähnen . . . . 4. *E. fluviatile*
– Stengel etwas rauh, deutlich gerieft; Stengelscheiden mit 12 Zähnen . . . . . 4. × 8. *E. × litorale*
6 Pflanze nicht (oder kaum) beastet 7
– Pflanze deutlich beastet 8
7 Scheiden etwas glockig erweitert, Stengel dünn, unter 2 (3) mm stark; Stengelscheiden bis 4 mm lang, ohne breites schwarzes Band, mit weiß haut-

78

randigen Zähnen, die höchstens 3mal so lang wie breit sind, ohne Grannenspitze 1. *E. variegatum*
– Scheiden nicht glockig erweitert, Stengel kräftig, bis 3–4 mm stark; Stengelscheiden 6–8 mm lang, mit breitem schwarzem Band (die unteren ganz schwarz), mit weiß hautrandigen Zähnen, die mehr als 3mal so lang wie breit sind, mit grannenartiger Spitze . . . . 1. × 2. *E. × trachyodon*
8 Pflanze graugrün; Stengelscheiden ± glockig erweitert; Pflanze unregelmäßig beastet, mit ± aufrechten, 5–9rippigen Ästen 3. *E. ramosissimum*
– Pflanze nicht graugrün; Stengelscheiden anliegend; Äste waagrecht bis aufrecht abstehend 9
9 Äste dünn, waagrecht abstehend, Äste dreikantig; Scheidenzähne 10–20 . . . . . . 7. *E. pratense*
– Äste kräftig, meist aufrecht abstehend, 4–5kantig; Scheidenzähne zu 4–12 (20) 10
10 Unterstes Astglied so lang oder länger als die Stengelscheide; Scheidenzähne schmal weißrandig; Sporangienähren auf im Frühjahr erscheinenden braunen Trieben, die anschließend absterben . . . 8. *E. arvense*
– Unterstes Astglied deutlich kürzer als die Stengelscheide; Zähne der Stengelscheiden breit weißrandig; Sporangienähren am Ende des Sommertriebes 5. *E. palustre*

1. Equisetum variegatum Schleicher 1796
Bunter Schachtelhalm

Morphologie: Chamaephyt, sporangientragende und nicht sporangientragende Triebe gleich, bis 30 cm hoch (oft nur 15–20 cm) und 2 (3) mm stark, grün, auch im Winter ± grün bleibend, am Grund oft gerötet, oben unverzweigt (nur selten mit kurzen Seitenästen), am Grund z. T. mit zwei stengelartigen Ästen, mit enger Zentralhöhle, die ⅓ bis ¼ des Durchmessers einnimmt, Stengelscheiden bis 4 mm lang, etwas glockig erweitert, nach unten undeutlich abgegrenzt, nach oben mit schmalem (bis 1 mm breitem) braunem bis schwarzem Band, das sich in die Zähne fortsetzt, Scheidenzähne 4–10, verlängert dreieckig bis etwa 3mal so lang wie breit, mit breitem weißem Rand, bleibend, Sporangienähre 0,5 bis 1 cm lang, im Umriß spitz.
Ökologie: Lockere bis sehr dichte Bestände, seltener auch in Einzelpflanzen an lichtreichen (bis schwach beschatteten), feuchten bis nassen, gern durchsickerten, kalkreichen, doch nährstoffarmen, basischen Stellen, v.a. auf rohen humusarmen Kies-, Sand- oder Schluffböden. Primäre Wuchsorte an kiesigen Flußufern oder in initialen Flachmoorwiesen in ± bodenoffenen Beständen, heute oft nur an Sekundärstellen wie Kies- oder Ziegeleigruben, zusammen mit *Juncus alpinus* als Kennart des Juncetum alpini, auch in anderen Pioniergesellschaften, z. B. mit *Eleocharis quinqueflora* oder *Cyperus flavescens*, in Quellfluren mit *Cratoneuron*

Bunter Schachtelhalm *(Equisetum variegatum)* Ichenheim bei Lahr, 1975

commutatum, früher auch an Lößböschungen; in den Alpen z. B. im Equiseto-Typhetum minimae. – Vegetationsaufnahmen vgl. PHILIPPI (1960, 1969), TH. MÜLLER (1974), in Pioniergesellschaften vgl. LANG (1973) und TH. MÜLLER (1974).
Allgemeine Verbreitung: Nordhalbkugel: Europa, Asien, Nordamerika; in Europa zerstreut von der arktischen bis in die temperate Zone, südwärts bis zu den Pyrenäen, Alpen und Karpaten, in den Alpen bis 2570 m. In Mitteleuropa außerhalb der Alpen sehr zerstreut, z. T. auch nur unbeständig an Sekundärstellen. – Boreal-temperat.
Verbreitung in Baden-Württemberg: Oberrheinebene, Alpenvorland, vereinzelt auch Schwäbische Alb und Schönbuch. – Tiefste Fundstellen: Oberrheinebene bei Schwetzingen, ca. 95 m, höchste bei Tengen (Tiefenried, 720 m).
Equisetum variegatum ist im Gebiet urwüchsig. Die erste Erwähnung findet sich bei SPENNER (1825: 24–25) „inter Ichtingen et Sponeck" (7811).

Oberrheinebene: Entlang des Rheines früher häufig, noch um 1955–60 an zahlreichen Stellen zu beobachten. Nach 1970 nur noch an wenigen Stellen beobachtet: 7612/4: Taubergießengebiet bei Kappel, vgl. TH. MÜLLER (1974: 302); 7512/4: Ichenheim, neuerdings durch Zuwachsen stark gefährdet; 6516/4: Ziegeleigruben südlich Herren-

Bunter Schachtelhalm *(Equisetum variegatum)*
Ichenheim bei Lahr, 1975

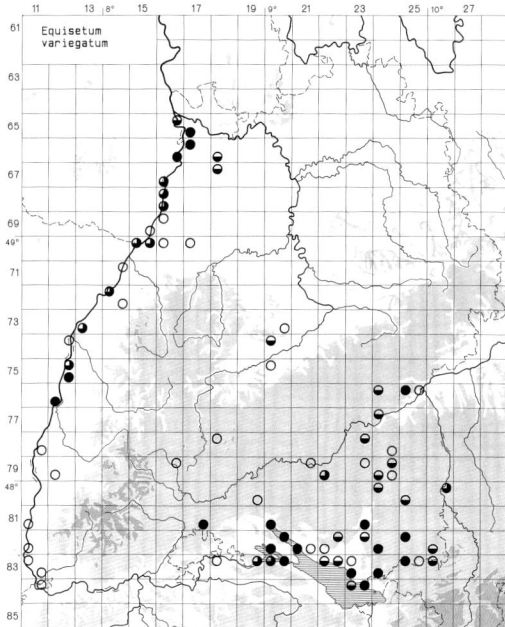

Equisetum variegatum

GRÜTTNER (KR-K); 8220/2: Hödinger Tobel, Quellstellen. – Westallgäuer Hügelland: Nach Beobachtungen von K. H. HARMS (KR-K): 8224/3: Pfaumoos bei Waldburg, 8225/1: Wuhrmühleweiher, Südende, 8325/1: Hof Stall bei Eglofs; 8325/2: Staudacher Weiher, 1980; weiter 8123/4: Kiesgrube bei Baindt. 8026/2: Iller zw. Mooshausen und Buxheim, 1965, DÖRR (STU-K). Nördliches Oberschwaben: 7923/2: Federseeried, 1961, HARMS (KR-K). Insgesamt im Alpenvorland stark zurückgegangen; BERTSCH (1948) führt 44 Fundstellen auf.

Bestand und Bedrohung: Nach dem starken Rückgang der Pflanze in den Jahren nach 1950–60 ist die Pflanze als „stark gefährdet" eingestuft. In der Oberrheinebene, wo bis nach 1970 reiche und sehr reiche Bestände vorhanden waren, steht die Pflanze vor dem Aussterben. Der starke Rückgang ist auf Zuwachsen der ehemals offenen Flächen mit Schilf zurückzuführen, weiter auf eine Eutrophierung, die gerade die Vorkommen an offenen Kiesstellen betroffen hat. Schließlich könnten auch Grundwassersenkungen und damit verbunden Trockenfallen der Quellstellen zum Rückgang beigetragen haben. Mit einem weiteren Rückgang von *Equisetum variegatum* im Gebiet ist zu rechnen.

teich, bis nach 1970 in Menge, wohl im Trockenjahr 1973 erloschen; 6617/1, 6517/3: Ziegeleigruben im Rheinvorland von Brühl-Rohrhof, bis nach 1970 in großer Menge, im Trockenjahr 1973 erloschen. Neben den Vorkommen in der Rheinniederung wenige Fundstellen auf der Niederterrasse, diese nach 1900 bereits erloschen.

Kraichgau: Am Rand gegen die Oberrheinebene wenige Fundstellen an sickerfrischen Lößböschungen, z.T. mit *Tofieldia calyculata*, so: 6618/3, 6816/1: um Wiesloch, WOLF in OBERDORFER (1951); vor 1900 auch 7017/1: Durlach, 1885, KNEUCKER. An den Lößrainen waren es offensichtlich kräftige Formen. Vorkommen seit längerer Zeit erloschen.

Hochrhein: Angaben von der badischen Uferseite fehlen (abgesehen von der Angabe von Grenzach); zu Vorkommen auf der Schweizer Seite vgl. BECHERER u. KOCH (1923) sowie KUMMER (1937); die Pflanze dürfte vor dem Ausbau auch auf badischer Seite vorhanden gewesen sein.

Schönbuch: Zahlreiche Angaben aus dem Gebiet um Tübingen, zuletzt MAYER (1930), 7420/1: Goldersbachtal, „nunmehr selten".

Schwäbische Alb: 7625/1: Sandgrube bei Eggingen, RAUNEKER (1984); 7324/4: Hausen gegen Deggingen, um 1960, HAUFF („massenhaft"), zuletzt 1980, MATTERN, wenige Exemplare (STU-K); 7624/1–3: Schmiecher See, 1919, HANEMANN (STU), 1938, K. MÜLLER (STU).

Alpenvorland: Hier v.a. am Bodensee, in den Riedwiesen sowie am offenen Kiesufer, früher häufig, vgl. dazu die Angaben von BAUMANN (1911), heute selten in den Riedwiesen: 8320/2: Wollmatinger Ried, noch mehrfach, PEINTINGER (KR-K); 8220/3: Mettnau, noch 1 Pflanze, PEINTINGER (KR-K). 8323/3: Eriskircher Ried. – Vorkommen an den Kiesstränden des Bodensees, die zuletzt von LANG um 1960 beobachtet wurden (vgl. LANG 1973), heute erloschen. 8117/4: Tiefenried bei Tengen, spärlich, 1986,

2. Equisetum hyemale L. 1753
Hippochaete hyemalis (L.) Bruhin
Winter-Schachtelhalm

Morphologie: Chamaephyt, sporangientragende und nicht sporangientragende Triebe gleich, dunkelgrün, wintergrün, bis 1,3 m hoch und 6 mm stark, Zentralhöhle etwa ⅔ des Durchmessers einnehmend. Stengelscheiden bis 8 mm lang, etwa so lang wie breit, am Grund mit einem breiten schwarzen Band, gegen das obere Ende mit einem schmalen schwarzen Band, Zähne schwarz, zart, rasch verschwindend. Pflanze unverzweigt oder mit wenigen dünnen Ästen. Sporangienähre 8–15 mm lang, im Umriß spitz.

Wird die Spitze der Triebe verletzt, können sich zahlreiche, dünne Seitenäste bilden; solche Pflanzen, die gern in Gebüschen hochklimmen, können über 2 m lang werden. Derartige beastete Formen haben oft Anlaß zu Verwechslungen mit *E. ramosissimum* oder *E. × moorei* gegeben.

Ökologie: Herdenweise (mindestens truppweise) in dichten bis sehr dichten Beständen an schattigen (seltener auch lichtreichen), frischen, gern etwas sickerfrischen, meist kalkreichen, basischen, seltener auch kalkarmen, schwach sauren, doch basenreichen Stellen, auf Lehmböden am Rande von Auenwäldern (überschwemmte Stellen weitgehend meidend), so z.B. im Alnetum incanae oder im Stellario-Alnetum glutinosae, auch in anderen Laubmischwäldern (Ausbildungen frischer Stellen, so in

Winter-Schachtelhalm *(Equisetum hyemale)*
Rheinaue bei Burkheim, 1991

Winter-Schachtelhalm *(Equisetum hyemale)*
Rheinaue bei Burkheim, 1991

Carpinion- oder Fagion-Gesellschaften), gern an Böschungen oder Bodenwellen (Standorte mit besonderer Wasserzügigkeit), an sehr schattigen Stellen oft faziesbildend. – Vegetationsaufnahmen vgl. z.B. OBERDORFER (1949), LOHMEYER u. TRAUTMANN (1974).

Allgemeine Verbreitung: Nordhalbkugel, Europa, Asien, Nordamerika; in Europa von Nordeuropa bis in das Mittelmeergebiet (hier selten), ostwärts bis zum Ural. – Temperat – boreal.

Verbreitung in Baden-Württemberg: Oberrheinebene: v.a. entlang des Rheins verbreitet, oft in großen Beständen. – Vorhügelzone, Kaiserstuhl vereinzelt, hier gern an Lößböschungen. – Schwarzwald: In Gneisgebieten selten, v.a. in den Tälern; höchste Fundstellen: 7914/1: Kandel gegen St. Peter, ca. 800 m, RASBACH in PHILIPPI u. WIRTH (1970), 8114/4: Löffeltal unterhalb Hinterzarten, ca. 780 m, PHILIPPI in OBERDORFER (1956). – Kraichgau: vereinzelt. – Odenwald: Am Rand gegen die Bergstraße und gegen den Kraichgau sowie in den Flußtälern des östlichen Odenwaldes (Folge des Muschelkalk-Einflusses). – Schwäbisch-Fränkischer Wald: zerstreut. – Schönbuch, Albvorland. – Wutach, Hochrhein, hier bis in das Bodenseegebiet, v.a. im Bereich der Jungmoräne, bei Isny bis 750–800 m. Entlang der Iller bis Ulm. – Isolierte Fundstelle im Donau-Gebiet: 7723/1.

Die Verbreitungskarte zeigt ein weitgehendes Fehlen auf der Schwäbischen Alb und in den Gäulandschaften, wohl als Folge der zu trockenen Böden; im Schwarzwald, teilweise auch im Altmoränenbereich und im Odenwald ein (weitgehendes) Fehlen als Folge der zu armen Böden.

Tiefste Fundstellen: Rheinaue südlich Mannheim, ca. 95 m, höchste Fundstellen ca. 800 m (Schwarzwald: Kandel, Adelegg bei Isny).

Die Pflanze ist im Gebiet urwüchsig. – Älteste Hinweise: DUVERNOY (1722: 60): Umgebung von Tübingen.

Bestand und Bedrohung: Die Pflanze ist im Gebiet nicht bedroht. Doch sollten die Bestände in den Flußauen sorgsam verfolgt werden. Offensichtlich ist die Pflanze an besonders sickerfrische Standorte gebunden. Wird der Wasserhaushalt eines Standortes geändert, so können offensichtlich auch üppige Bestände der Pflanze in relativ kurzer Zeit zurückgehen oder verschwinden. Auf einen derartigen Rückgang der Pflanze in der elsässischen Rheinaue hat erstmals HAUSSER (1894: 21) hingewiesen; als

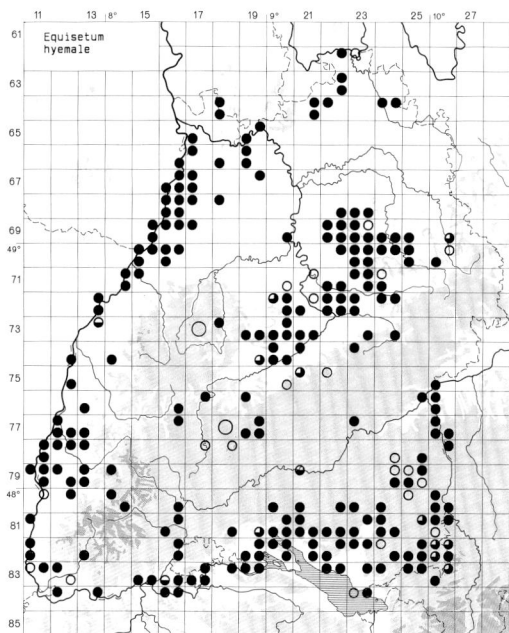

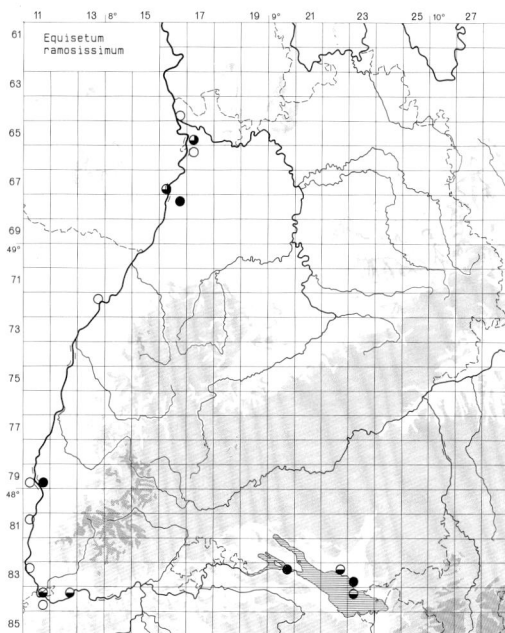

Ursache wird die Rheinkorrektion genannt. Auch der jüngste Rheinausbau nach 1960 könnte zu einem Rückgang der Pflanze geführt haben.

Bemerkung: Triebe von *Equisetum hyemale* wurden früher zum Glätten des Holzes verwendet. V. MARTENS u. KEMMLER (1882, 2: 322) schreiben, die Pflanze sei in Württemberg in „Menge aus dem badischen Rheintal" eingeführt worden. Auf elsässischer Seite waren es französische Händler, die „Wagen voll *Equisetum hyemale*" abtransportiert haben (HAUSSER 1894: 21). Ein Sammeln der Pflanze in diesem Umfang wäre heute am Oberrhein nicht mehr möglich. Dieses Sammeln dürfte jedoch kaum zum Rückgang der Pflanze beigetragen haben. Vorkommen von *Equisetum hyemale* in den Rheinauewäldern spiegeln sich auch in Flurnamen wider. So gibt es südwestlich Rust (7712) einen „Schaftheugrund", auf der elsässischen Seite gegenüber bei Diebolsheim das Gewann „Schaftheu" (Mitt. F. GEISSERT). Bei diesem „Schaftheu" – sprich *Equisetum* – kann es sich eigentlich nur um *E. hyemale* gehandelt haben.

3. Equisetum ramosissimum Desf. 1799

E. elongatum Willd. 1810; *Hippochaete ramosissima* (Desf.) Börner 1912
Ästiger Schachtelhalm

Morphologie: Geophyt, sporangientragende und nicht sporangientragende Pflanzen gleich, Pflanze bis 1 m hoch, Stengel bis 9 mm stark, im Gebiet meist schwächer und unter 70 cm hoch, aufrecht bis niederliegend-aufsteigend, graugrün bis dunkel-(grau)grün. Zentralhöhe ½ bis ⅔ des Stengeldurchmessers einnehmend. Stengelscheide grün, etwas trichterig erweitert, bis 15 (22) mm lang, Zähne weiß hautrandig, spitz, am Grund schwarz. Stark verzweigt, mit dünnen, unverzweigten Ästen, unterstes Glied des Seitenastes ungefähr ⅓ der Scheidenlänge erreichend. Sporangienähre 1–3 cm lang, spitz, oft auch Seitenäste mit Sporangienähren.

Ökologie: Lockere Bestände an lichtreichen bis sonnigen, mäßig frischen bis mäßig trockenen, kalkreichen, basischen, meist kiesigen oder sandig-kiesigen, humusarmen Stellen. Auf Dämmen oder Böschungen, im Gleisschotter der Bahnhöfe, v.a. in ruderalen Trockenrasen (Convolvulo-Agropyrion-Verband), auch in Halbtrockenrasen (Mesobrometum). – Vegetationsaufnahme: PHILIPPI (1973: 60).

Allgemeine Verbreitung: Europa, Asien, Nordafrika, Südafrika; in Europa vom Mittelmeergebiet bis Mittelfrankreich, südliches Mitteleuropa, in Rußland vereinzelt bis 56° n.Br. – Mediterran – submediterran, im Gebiet etwa an der Nordgrenze der Verbreitung.

Verbreitung in Baden-Württemberg: Ober- und Hochrheingebiet, Bodensee. Erste Fundortskarte für das Gebiet von BERTSCH (1934). Tiefste Fundstellen bei Mannheim (ca. 95 m), höchste am Bodensee (ca. 400 m).

Ästiger Schachtelhalm *(Equisetum ramosissimum)*
Achkarren am Kaiserstuhl, 1982

Die Pflanze ist im Gebiet einheimisch. Nach dem Fehlen primärer Wuchsorte könnte sie durchaus als Archaeophyt zu betrachten sein, d.h. also nach dem Eingriff des Menschen eingewandert sein. – Historische Erstnachweise: DÖLL (1843: 30–31, nach zahlreichen Beobachtungen am Oberrhein).

Oberrheingebiet: 6416/4: Mannheim, Friesenheimer Insel bis Sandhofen, DÖLL (1843). 6517/3: Mannheim-Rheinau, Hafengelände, PHILIPPI (1971), ob noch?; 6617/1: Ketsch, DÖLL (1843); 6718/3: südlich Rheinsheim, KORNECK in PHILIPPI (1971); 6816/2: Bahnhof Graben-Neudorf, PHILIPPI (1971); inzwischen erloschen; 7213/2: Greffern, SEUBERT u. KLEIN (1905); 7911/4: Niederrotweil gegen Achkarren, LÖSCH (1948), in diesem Gebiet von RASBACH im Gleisschotter des Bahnhofs Achkarren wieder bestätigt; 7911/3 (?): Breisach, A. BRAUN in DÖLL (1843); 8111/1: Grißheim, SEUBERT u. KLEIN; 8311/1: zwischen Istein und Rheinweiler; 8411/2: unterhalb der Hüninger Schiffsbrücke, LETTAU in BINZ (1942), hier weiter auf der linken Rheinseite bei Rosenau und Neudorf (8311/3, vgl. BINZ 1942).

Die meisten Vorkommen aus dem letzten Jahrhundert sind nicht durch Herbarstücke belegt und bleiben teilweise so etwas zweifelhaft (z.B. die Angabe von Greffern). – Linksrheinisch sind ebenfalls nur wenige Fundstellen bekannt, so Klein-Hüningen bei Basel (BECHERER 1962), Eschau südlich Straßburg (GEISSERT, ob noch?), Germers-

heim (KORNECK in PHILIPPI 1971), früher auch an der Rheinschanze bei Mannheim (heute Ludwigshafen).

Hochrheingebiet: Am unteren Hochrhein wenige alte Beobachtungen: 8411/4: Rhein bei Grenzach, 1880, COURVOISIER in BINZ (1942); 8412/2: Rheinfelden, am Kraftwerk, BECHERER in BINZ (1942). Am oberen Hochrhein auf deutscher Seite keine zuverlässigen Angaben, linksrheinisch gegenüber Waldshut (8315/3) zwischen Bernau und Full mehrfach sowie im Mühlegrien bei Koblenz (BECHERER u. KOCH 1923). Zahlreiche Fundortsangaben aus dem Gebiet um Schaffhausen (KUMMER 1937), jüngere Bestätigungen ISLER-HÜBSCHER (1980), so in Grenznähe an der Rheinhalde bei Dachsen (8317/2, zuletzt noch 1972).

Bodensee-Gebiet: Erstmals von BERTSCH (1933) von Uferwällen des Bodensees bei Friedrichshafen genannt, insgesamt an 7 benachbarten Stellen, nach Kartei BERTSCH (STU): 8322/2: zwischen Manzell und Fischbach, Seemoos; 8323/3: zwischen Friedrichshafen und Eriskirch, nach BERTSCH das reichste Vorkommen, noch vorhanden; 8423/1: zwischen Schussenmündung und Langenargen, Tunau. – Westliches Bodensee-Gebiet: 8320/2: Bahnhof Reichenau, im Gleisschotter, DIENST (KR-K). – Im benachbarten bayerischen Bodensee-Gebiet bei Lindau-Zech am Seeufer und „massenhaft" im Bahnhof Lindau-Reutin (vgl. DÖRR 1964). – Eine ältere Angabe von HÖFLE (1850, „Equisetum ramosum") vom Stüblehof bei Markdorf (8222/3) bleibt dubios.

Bestand und Bedrohung: Die Pflanze war im Gebiet wohl immer selten. Durch das Fehlen primärer Wuchsorte war *Equisetum ramosissimum* vom Menschen abhängig, oft auch an periodische oder episodische Störungen angewiesen. Die Vorkommen in Halbtrockenrasen sind alle mehr oder weniger stark gefährdet (Intensivierung der Nutzung, Zuwachsen infolge Ausbleibens der Störungen oder Verbuschen). Weniger gefährdet sind Vorkommen im Gleisschotter der Bahnhöfe, wo die Pflanze mindestens eine gewisse Herbizideinwirkung überleben kann (vgl. die Vorkommen an den Bahnhöfen Reichenau und Lindau-Reutin); allerdings hat die Pflanze bei „Pflegemaßnahmen", wie sie an den Hauptstrecken der Bundesbahn üblich sind, kaum Überlebenschancen (vgl. das Vorkommen in Graben-Neudorf). Insgesamt läßt sich *Equisetum ramosissimum* als „gefährdet" einstufen (mit Tendenz zu „stark gefährdet").

4. Equisetum fluviatile L. 1753
E. limosum L. 1753; *E. heleocharis* Ehrh. 1787
Teich-Schachtelhalm, Schlamm-Schachtelhalm

Morphologie: Hydrophyt, Geophyt, sporentragende und nicht sporentragende Pflanzen gleichgestaltet, grün, bis 1,5 m hoch, Stengel 4–8 mm im Durchmesser, fast glatt, mit 10–20 schwach hervortretenden Rippen und weiter Zentralhöhle, diese $\frac{4}{5}$

Teich-Schachtelhalm *(Equisetum fluviatile)*
Breitnau (Südschwarzwald), 1992

des gesamten Durchmessers einnehmend. Blattscheiden bis 10 mm lang, eng anliegend, am oberen Rand braun bis schwarz, mit zahlreichen (lang lanzettlichen) dunkel bis schwarzbraunen, am Rand hell hautrandigen Zähnen. Äste fehlend oder locker stehend, dünn und kurz. Sporangienähre 10–20 mm lang.

Ökologie: Lockere Herden an lichtreichen bis schwach beschatteten, feuchten bis nassen, meist kalkarmen, sauren, seltener auch kalkhaltigen, basischen, oft humosen, anmoorigen Stellen. In oligo- bis mesotrophen Gewässern, oft über modrig-schlammigem Grund, in größerer Wassertiefe (um 1 m und tiefer) eine eigene Verlandungsgesellschaft aufbauend (*Equisetum fluviatile*-Gesellschaft, Phragmition-Verband), in Gräben v.a. in lückigen Großseggen-Gesellschaften (Magnocaricion-Verband, z.B. mit *Carex rostrata* oder *C. vesicaria*). Verlandungspionier, Rhizome oft Torfe bildend. – Formen des tieferen Wassers sind wenig beastet, im flacheren Wasser oder um die Mittelwasserlinie Pflanzen meist mit zahlreichen Ästen. – Vegetationsaufnahmen aus Baden-Württemberg vgl. z.B. GÖRS (1969), KUHN (1937), weiter in anderen Röhricht-Gesellschaften vgl. LANG (1973).

Allgemeine Verbreitung: Nordhalbkugel, Europa, Asien, Nordamerika, jeweils in den kühlen und gemäßigten Zonen. In Europa von Nordeuropa bis in das Mittelmeergebiet, hier deutlich seltener, in den Alpen bis 2400 m.

Verbreitung in Baden-Württemberg: V.a. in den kalkarmen Gebieten weit verbreitet: Schwarzwald, Odenwald, Schwäbisch-Fränkischer Wald, Baar, Alpenvorland. Gäulandschaften (Neckar, Bauland, Kraichgau, Taubergebiet) selten oder fehlend (hier oft nur in der Nähe von Keuperschichten), Schwäbische Alb selten, Oberrheinebene zerstreut (offensichtlich zurückgehend).

Tiefste Fundstellen ca. 100 m (Oberrheinebene bei Schwetzingen), höchste Fundstellen am Feldberg (Feldsee, ca. 1120 m).

Die Pflanze ist einheimisch. Der älteste Nachweis stammt aus dem Präboreal (Schwenninger Moos, K. BERTSCH 1930). – Ältester Hinweis: DUVERNOY (1722: 60): Umgebung von Tübingen.

Bestand und Bedrohung: Insgesamt wenig bedroht, zumal die Pflanze sich rasch an gestörten Gewässern wie Fischteichen, Torfstichen usw. einstellen und halten kann. Eine Bedrohung ist in den Randbereichen des Vorkommens anzunehmen (Neckar-

85

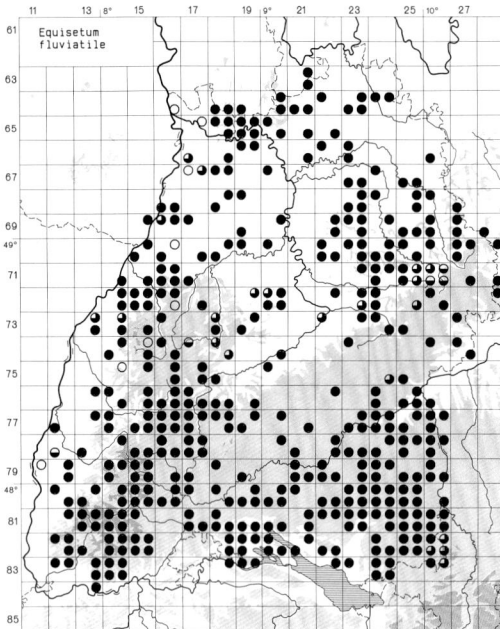

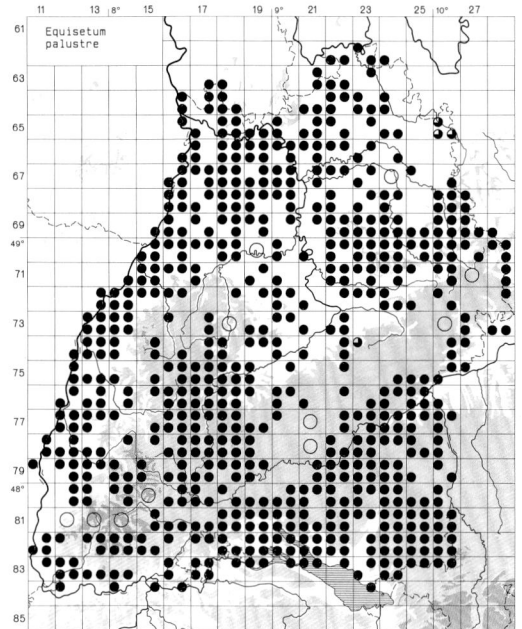

gebiet, Oberrheinebene), wo die Pflanze als „gefährdet" einzustufen ist. Ursachen des Rückganges sind Zerstörung und Eutrophierung der Gewässer.

5. Equisetum palustre L. 1753
Sumpf-Schachtelhalm, Duwock

Morphologie: Geophyt, sporentragende und nicht sporentragende Triebe gleichgestaltet, dunkelgrün, bis 50 cm hoch, Stengel bis 4 mm stark, mit enger Zentralhöhle, die etwa ⅙ des Stengeldurchmessers einnimmt, mit 6–10 Furchen. Stengelscheiden etwa zweimal so lang wie breit, mit 4–12 Zähnen, Stengelscheide etwa doppelt bis dreimal so lang wie das unterste Glied des Seitenastes (vgl. *E. arvense*), Äste aufrecht abstehend, unverzweigt, locker, oberer Teil der Pflanze oft unbeastet. Sporangienähre 1–3 cm lang, z.T. auch an den Seitentrieben (v.a., wenn Haupttrieb ausgefallen ist).

Ökologie: Einzeln oder in lockeren Herden an lichtreichen, feuchten bis nassen, kalkarmen, schwach sauren, basenreichen, bis kalkreichen, basischen, oft humosen Stellen. V.a. in Feuchtwiesen (Calthion-Verband), hier meist nur in geringer Menge, v.a. in extensiv genutzten Beständen, auch in Pfeifengraswiesen, in durch häufigere Nutzung leicht gestörten Flachmooren (Caricetum davallianae, auch reiche Ausbildungen des Caricetum fuscae), in trockenen Ausbildungen von Großseggenriedern (Magnocaricion), in Gräben, in brachgefallenen

feuchten Äckern oft Massenvegetation bildend. In zahlreichen Vegetationsaufnahmen von Feuchtwiesen enthalten, Vorkommen in Flachmoorwiesen oder Röhrichten vgl. z.B. Kuhn (1937), Sebald (1974, Tab. 18–20). – Pflanze ist für das Vieh giftig.

Allgemeine Verbreitung: Nordhalbkugel, Europa, Asien, Nordamerika, v.a. in den gemäßigten und kühlen Gebieten. In Europa von Nordeuropa bis in das Mittelmeergebiet (hier selten), in den Alpen bis 1800 m.

Verbreitung in Baden-Württemberg: In gut mit Wasser versorgten Gebieten verbreitet und meist nicht selten, so v.a. Oberrheinebene, Kraichgau, Odenwald, Vorland der Schwäbischen Alb, Schwäbisch-Fränkischer Wald, Baar, Alpenvorland. Kalkgebiete wie Schwäbische Alb, am mittleren Neckar oder Taubergebiet selten oder fehlend, im Schwarzwald (wegen zu armer Böden) nur zerstreut. Tiefste Fundstellen: Oberrheinebene bei Mannheim, ca. 95 m, höchste Fundstellen am Ostrand des Schwarzwaldes, ca. 750–800 m: 8115/4: Gündelwangen, 770–800 m, 8016/3: Unterbränd, 800 m.
Equisetum palustre ist einheimisch, doch wohl erst unter Einfluß des Menschen im Gebiet eingewandert (Archaeophyt). – Erste Erwähnung: Gmelin (1772: 319): Spitzberg bei Tübingen, „Lochenstein versus pagum Weilheim".

Bestand und Bedrohung: Insgesamt nicht bedroht, wenn auch örtlich infolge Trockenlegungen zurückgehend.

Sumpf-Schachtelhalm *(Equisetum palustre)*
Schönberg bei Freiburg, 1968

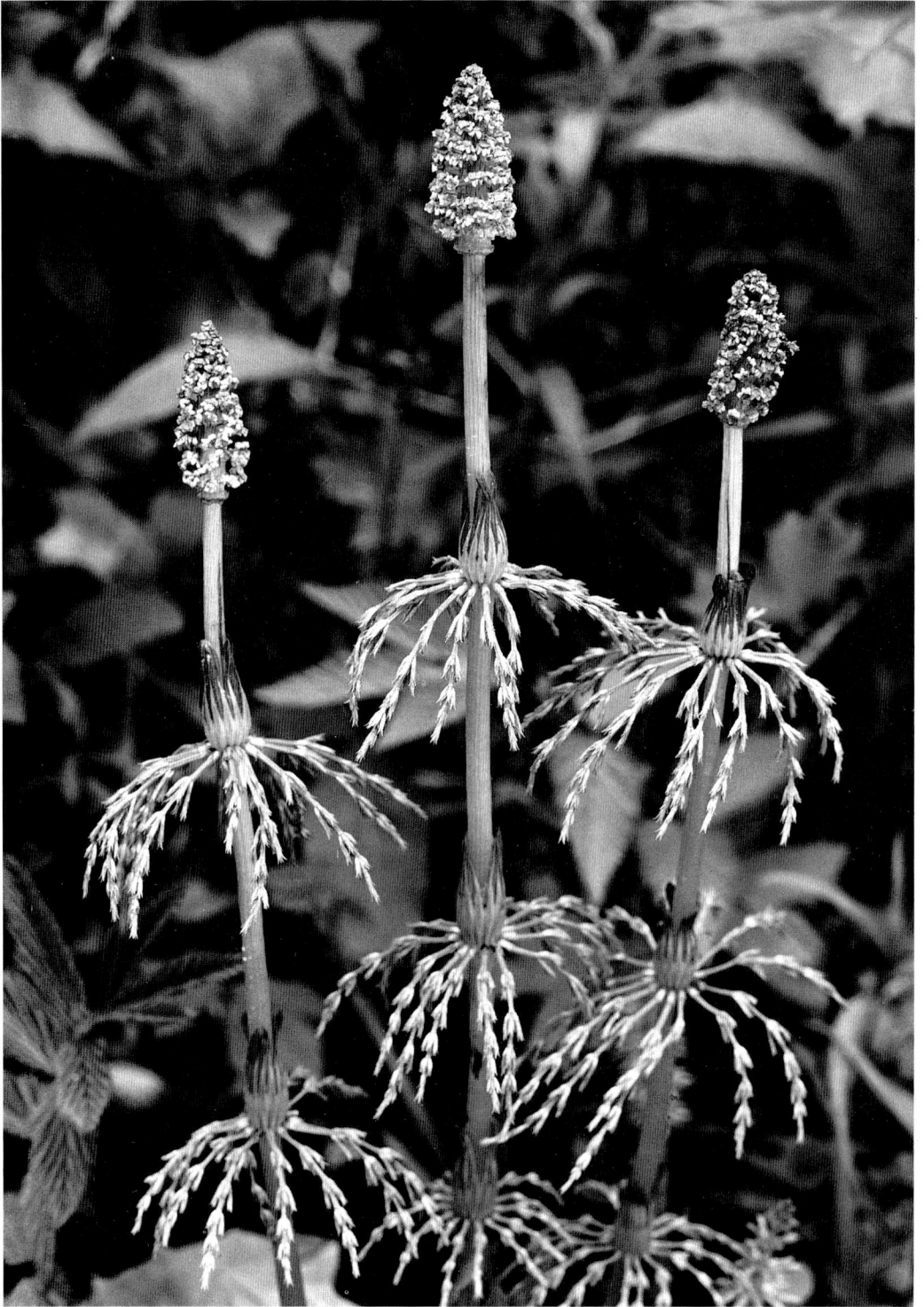

Wald-Schachtelhalm *(Equisetum sylvaticum)*
Junge Triebe mit Sporangienähren. Feldberg, 1981

6. Equisetum sylvaticum L. 1753
Wald-Schachtelhalm

Morphologie: Geophyt, Pflanze bis 50 (80) cm hoch, sporangientragende und nicht sporangientragende Triebe verschieden, sporangientragende rötlich, später ergrünend und sich von oben nach unten beastend. Sporangienähre bereits im Frühsommer abfallend. Stengel der nicht sporangientragenden Triebe bis 3 mm stark, schwach gefurcht, rauh. Blattscheiden bis 5 mm lang, mit großen Zähnen, die zu 3–5 rotbraunen, trockenhäutigen Zipfeln verwachsen sind, etwa so lang wie die Scheiden. Äste dünn, waagerecht abstehend, bis 10 cm lang, quirlig verzweigt.

Ökologie: Lockere Herden an lichtreichen bis (schwach) beschatteten, sickerfrischen bis sickerfeuchten, kalkarmen, basenreichen wie basenarmen, sauren, oft humosen Stellen. Ursprüngliche Vorkommen in sickerfrischen Erlen- und Moorbirken-Erlenwäldern, in aufgelichteten Fichtenwäldern, sekundär in Fichtenforsten, in brachgefallenen *Juncus acutiflorus*-Wiesen, an Wegböschungen, gegenüber Mahd empfindlich, kann über Rhizome rasch Bestände aufbauen und bei zu starker Beschattung auch rasch wieder verschwinden. – Vegetationsaufnahmen in Wäldern vgl. SEBALD (1974: Carici remotae – Fraxinetum des Schwäbisch-Fränkischen Waldes, hier weiter kennzeichnend für den Schachtelhalm-Heidelbeer-Tannenwald), SEBALD (1975: Waldsümpfe), in brachgefallenen Wiesen des Schwarzwaldes: GRÜTTNER (1987: *Equisetum sylvaticum*-Gesellschaft).

Allgemeine Verbreitung: Nordhalbkugel: Europa, nördliche Teile Asiens, Nordamerika, in Europa v.a. in den nördlichen Teilen, südwärts bis zu den Pyrenäen, den Alpen, den Karpaten und den Gebirgen der Balkan-Halbinsel; im Mittelmeergebiet fehlend. – Boreal (-temperat).

Verbreitung in Baden-Württemberg: In kalkarmen Gebieten verbreitet und meist häufig, so im Schwarzwald, hier auf der Westseite deutlich seltener, Odenwald; Keuper-Lias-Gebiete des Neckarlandes: Schwäbisch-Fränkischer Wald, Schönbuch, Alb-Vorland. Alpenvorland: Westallgäuer Hügelland verbreitet, sonst zerstreut; im Altmoränengebiet häufiger als im Jungmoränengebiet.

Schwäbische Alb nur an wenigen Fundstellen auf Lehmen der Hochflächen. Gäulandschaften: vereinzelte Vorkommen in Fichtenforsten. – Oberrheinebene sehr selten (benachbart im Bienwald und Hagenauer Forst vielfach).

Tiefste Fundstellen in der Oberrheinebene, ca. 110 m, höchste am Feldberg, ca. 1350–1400 m.

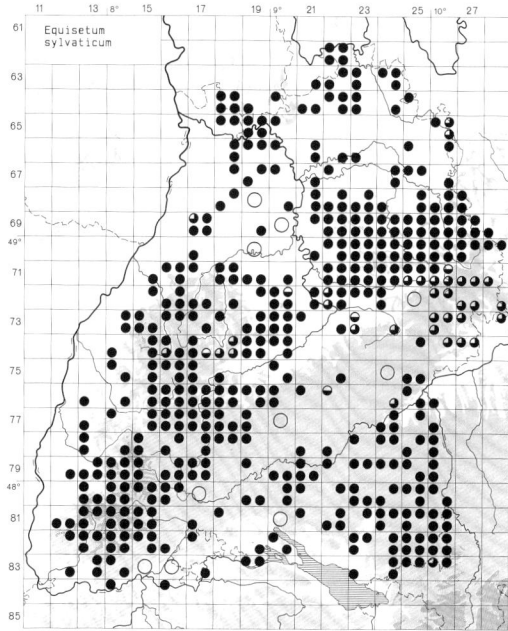

Die Art ist mindestens gebietsweise urwüchsig (z.B. Schwarzwald, Schwäbisch-Fränkischer Wald, Alpenvorland), in anderen Gebieten wie dem Kraichgau wohl erst unter Einfluß des Menschen eingewandert. – Erster schriftlicher Hinweis: J. BAUHIN (1598: 202. Umgebung von Bad Boll).

Bestand und Bedrohung: Die Pflanze ist nicht bedroht; sie hat sich als Folge des Fichtenanbaues in den letzten Jahrzehnten ausgebreitet.

7. Equisetum pratense Ehrh. 1784
Wiesen-Schachtelhalm

Morphologie: Geophyt, Pflanze bis 50 cm hoch, sporangientragende und nicht sporangientragende Pflanzen verschieden, sporangientragende Triebe bis 15 cm, astlos, nicht gefurcht, nach der Sporenreife ergrünend, doch nur im unteren Teil Äste bildend. Stengel der nicht sporangientragenden Triebe bis 3 mm stark, gefurcht, rauh, Blattscheiden glockig, bis 8 mm lang, oben mit braunem Querband und zahlreichen, weißen Zähnen, diese etwa so lang wie die Scheide. Äste dünn, bis 10 cm lang, nicht verzweigt, waagerecht abstehend; drei- (selten fünf-) kantig.

Aussehen ähnlich wie *E. sylvaticum*, zu unterscheiden an den unverzweigten Ästen und den weißen Scheidenzähnen (bei *E. sylvaticum* Äste verzweigt und Scheidenzähne zu 3–5 rotbraunen Zipfeln verwachsen).

Allgemeine Verbreitung: Zirkumpolar verbreitet: Europa, Nordamerika, Nordasien. In Europa im nördlichen Teil: Island, Großbritannien und Irland, Nordeuropa, östlicher Teil Mitteleuropas, südwärts bis zu den Alpen und Karpaten, im Gebiet an der Westgrenze der Verbreitung (isoliertes Vorkommen). – Nordisch-kontinental.

Verbreitung in Baden-Württemberg: Bisher erst an zwei Stellen nachgewiesen: Wutachschlucht, Alpenvorland bei Wangen. – Die Fundstellen sind ± isoliert; die Pflanze ist sicher einheimisch.

8116/3: Wutachschlucht unterhalb Bachheim, 590 m, hier 1904 von A. MAILLEFER entdeckt (vgl. MAILLEFER 1934, KUMMER 1937: zwischen Bachheim und der Wutachversikkerung). Heute in einem aufgelichteten Aceri-Fraxinetum alluviale nahe des Immenlochs in drei kleinen Populationen (einmal auf einer Fläche von 50×5 m², zweimal auf einer Fläche von 20×2 m², jeweils in lockeren Beständen entlang von Wegen). (Für die Angabe aus der Gauchachschlucht (8116/2, vgl. OBERDORFER 1949) gibt es keine weiteren Hinweise oder Belege.)

8325/1 + 2: Gießbach nordöstlich Gießen bei Wangen, 1977 von HARMS entdeckt, ca. 600 m; vgl. SEBALD u. SEYBOLD (1978). Hier nach einer Kartierung von K. H. HARMS (unveröff.) an ca. 5 verschiedenen Stellen, die z. T. über 1 km auseinanderliegen, meist zusammen mit *Mercu-*

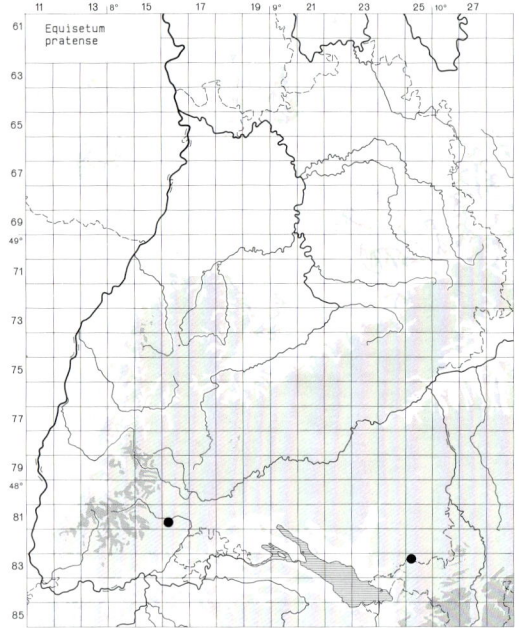

Wiesen-Schachtelhalm *(Equisetum pratense)*
Wutachschlucht, 1992

rialis perennis oder *Aegopodium podagraria* in Grauerlenwäldern, in Fichtenforsten (z. T. in größerer Menge) oder seltener auch in Buchenwäldern frischerer Stellen. Das größte der Vorkommen nimmt eine Fläche von mehreren ha ein.

Der Atlas der Bundesrepublik verzeichnet im Südschwarzwald weitere Vorkommen (8216, 8316). Diese Vorkommen bedürfen einer Bestätigung bzw. Nachprüfung. – Nächste Fundstellen: Oberrheingebiet bei Speyer (ob noch?) und Eberbach bei Darmstadt, in der Schweiz (Kantone Schwyz und Uri), in Bayern in den Alpen und im Alpenvorland fehlend.

Bestand und Bedrohung: Wegen der Kleinheit der Bestände potentiell bedroht. Doch vermag die Pflanze sich gut bei Standortsänderungen zu halten: an der einen Stelle kann sie bei Ausdunkeln des Wuchsortes verschwinden, an anderen Stellen sich neu einstellen und vegetativ rasch wieder Bestände aufbauen.

8. Equisetum arvense L. 1753
Acker-Schachtelhalm

Morphologie: Geophyt, sporangientragende und nicht sporangientragende Triebe verschieden, sporangientragende im Frühjahr (April, Anfang Mai) erscheinend und anschließend absterbend, braun, bis 20 (40) cm hoch, nicht beastet. Sporangienähre 1–4 cm. Nicht sporangientragende Triebe bis 30 cm, (grau)grün, Stengel 3–4 mm stark, gerieft. Stengelscheiden bis 1 cm lang, mit 6–12 bis

Acker-Schachtelhalm *(Equisetum arvense)*
Sporangientragende Pflanzen. Kaiserstuhl, 1987

4 mm langen, schmal lanzettlichen, nicht begrannten, weiß berandeten, schwarzen Zähnen, Stengelscheide etwa so lang oder etwas kürzer als das
unterste Glied der Seitenäste (vgl. *E. palustre*). Äste
zahlreich, aufrecht abstehend.

Ökologie: An lichtreichen, etwas frischen, meist
kalkhaltigen, basischen, seltener auch kalkarmen,
schwach sauren (basenreichen) Stellen, an Wegrändern, in Äckern (hier oft als Zeiger für eine gewisse
Grundfrische), in Bahnhöfen (hier z.T. zusammen
mit *Convolvulus arvensis* als letztes „Unkraut").
Verbreitungsschwerpunkt in halbruderalen Trok-
kenrasen (Agropyretalia-Gesellschaften), auch in

Wiesen oder Flachmoor-Gesellschaften (hier als
Störzeiger). – In zahlreichen Aufnahmen von Ruderalgesellschaften enthalten.

Allgemeine Verbreitung: Europa, Asien, Nordamerika, weiter eingeschleppt in Südafrika. In Europa
von der Arktis bis in das Mittelmeergebiet, in den
Alpen bis 2600 m (Bayerische Alpen bis 1550 m).

Verbreitung in Baden-Württemberg: Im ganzen Gebiet vorhanden und wohl nirgendwo fehlend. In
den Hochlagen des Schwarzwaldes offensichtlich
seltener.

Vorkommen zwischen 95 m und ca. 1150 m.
Höchste Fundstellen: 8114/1: nahe Rinkenstraße,

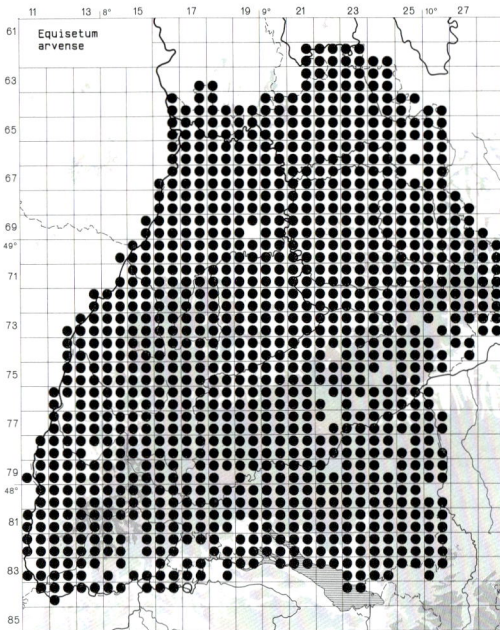

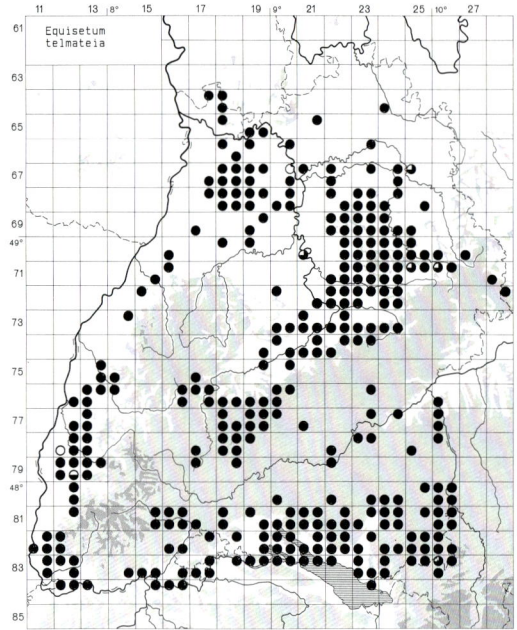

ca. 1150 m, 8114/3: Südlich Herzogenhorn, ca. 1150 m.

Equisetum arvense könnte im Gebiet urwüchsig sein, wobei natürliche Vorkommen etwa auf Schotterbänken der Flüsse zu vermuten wären. Vielleicht ist die Pflanze auch erst unter dem Einfluß des Menschen in das Gebiet eingewandert und wäre dann als Archaeophyt einzustufen. – Die erste Erwähnung erfolgte durch BAUHIN (1598, 202: Umgebung von Bad Boll).

Bestand und Bedrohung: Die Pflanze ist nicht bedroht.

9. Equisetum telmateia Ehrh. 1783
E. maximum Duval-Jouve 1864
Riesen-Schachtelhalm

Morphologie: Geophyt, sporangientragende und nicht sporangientragende Triebe verschieden, sporangientragende im Frühjahr erscheinend und anschließend absterbend, bis 25 (50) cm hoch, braun, nicht beastet; Sporangienähre 2–6 cm lang. Blattscheiden mit 15–35 grannenartigen Zähnen, fast so lang wie die Internodien. Nicht sporangientragende Pflanzen bis 1,5 m hoch, Stengel bis 1,5 cm stark, Blattscheiden 1–2,5 cm lang, mit 20–40 grannenartigen, braunen Zähnen, diese fast so lang wie der röhrige Scheidenteil; Internodien elfenbeinfarben; Äste dünn, unverzweigt, jung aufrecht abstehend, später waagrecht abstehend.

Riesen-Schachtelhalm (*Equisetum telmateia*) Sporangientragende Triebe. Kaiserstuhl, 1987

92

Riesen-Schachtelhalm *(Equisetum telmateia)*
Sterile Triebe. Kaiserstuhl, 1972

Ökologie: Dicht schließende Bestände an lichtreichen Stellen, im Halbschatten in einzelnen Pflanzen, an sickerfrischen bis sickerfeuchten, kalkreichen, basischen Stellen, z.T. mit Tuffbildung. In Erlen-Eschenwäldern (Carici remotae-Fraxinetum, hier als Trennart einer besonderen Subassoziation, gern in aufgelichteten Beständen, in Waldsümpfen, in aufgelassenen Feuchtwiesen, hier oft artenarme Bestände aufbauend, seltener in austrocknenden Flachmoorwiesen (z.B. im Caricetum davallianae), auch in Halbtrockenrasen an sickerfrischen Stellen (Böschungen). Ausläuferverbreitung (Rhizom im Boden bis 1 m Tiefe verlaufend, Mitt. W. HAGEMANN). – Vegetationsaufnahmen vgl. z.B. KUHN (1937, Caricetum davallianae), OBERDORFER (1949), SEBALD (1974: Riesenschachtelhalm-Eschenwald, 1975: Waldsümpfe), LANG (1973).

Allgemeine Verbreitung: Europa, Nordafrika, Kleinasien bis Kaukasus, pazifisches Nordamerika. In Europa von England und Irland bis Polen und Rußland (hier selten), nordwärts bis etwa 57° n.Br. (Dänemark, Litauen), Mittelmeergebiet. – Mediterran-temperat, schwach subatlantisch.

Verbreitung in Baden-Württemberg: In Kalkgebieten weit verbreitet: Vorhügelzone am Rande des Schwarzwaldes, Dinkelberg, Kaiserstuhl, Hochrhein; im Schwarzwald selbst fehlend (oder nur randlich). – Rheinebene: Weitgehend fehlend (einzige Fundstelle: 7612/4: Kippenheimweiler). – Kraichgau: v.a. in den Keuper- und Lias-Gebieten zwischen Bruchsal und Sinsheim. – Bergstraße: Lößgebiete am Westrand des Odenwaldes vereinzelt, im Odenwald selbst fehlend (vgl. SCHUBERT 1982). – Keuper-Lias-Neckarland: Vom Schwäbisch-Fränkischen Wald, Schönbuch bis zum Albvorland. In den Gäulandschaften selten. Wutach-Gebiet. – Schwäbische Alb: Vor allem an den Quellhorizonten am Albfuß. – Alpenvorland: Vereinzelt an der Donau und unteren Iller, weit verbreitet im Jungmoränengebiet (westliches Bodensee-Gebiet, Westallgäuer Hügelland).

Tiefste Fundstellen am Kraichgaurand nördlich Bruchsal, ca. 115 m, höchste im Wutachgebiet bei Göschweiler (8115/4, ca. 770 m) und in der Schwäbischen Alb am Lemberg bei Gosheim (7818/4, ca. 900 m).

Die Pflanze ist urwüchsig. – Älteste schriftliche Hinweise: J. BAUHIN (1598: 202, Umgebung von Bad Boll (7323)).

Bestand und Bedrohung: *Equisetum telmateia* ist im Gebiet nicht bedroht. Auf Auslichtungen der Bestände oder Störungen wie Entwässerungen reagiert die Pflanze positiv. An den Wuchsorten kann sie sich zäh (durch die tief liegenden Rhizome) halten.

Bastarde in der Gattung Equisetum

Diese Bastarde sind recht auffällig, so daß sie schon früh erkannt und lange Zeit auch als eigene Arten geführt wurden. Sie können in Herden auftreten und sind vielfach ohne den einen Elternteil anzutreffen. Die Sporen sind abortiert; die Vermehrung geschieht auf vegetativem Wege.

Wann und wo diese Bastarde jeweils entstanden sind, ist unklar. Bei der disjunkten Verbreitung ist an eine unabhängige Entstehung an mehreren Orten nicht auszuschließen. Eine Neubildung in der heutigen Zeit scheitert oft daran, daß der eine Elternteil fehlt.

1. × 2. Equisetum × trachyodon A. Braun 1839
E. hyemale var. *trachyodon* (Braun) Döll 1843;
E. hyemale L. × *E. variegatum* Schleich.
Rauhzähniger Schachtelhalm

Morphologie: Chamaephyt, sporangientragende und nicht sporangientragende Triebe gleich, bis 50 cm hoch und 3–4 mm stark, grün, auch im Winter ± grün bleibend, unverzweigt, nur am Grund mit wenigen Seitenästen. Stengelscheide anliegend, bis 8 mm lang, mit breitem schwarzem Band (v.a. ältere Teile der Pflanze), Zähne bleibend, mit weißem Hautrand, mehr als 3mal so lang wie breit, in eine fast grannenartige Spitze ausgezogen. Sporangienähre regelmäßig vorhanden, spitz. Sporen taub.

Vom ähnlichen *E. variegatum* durch den kräftigen Wuchs, längere Scheiden, diese nicht glockig abstehend, und lang ausgezogene Scheidenzähne unterschieden. – Formenreiche Sippe.

Ökologie: Lockere bis mäßig dichte Herden an lichtreichen bis schwach beschatteten, frischen (bis feuchten), auch zeitweise überfluteten, sandig-kiesigen bis schluffigen, kalkreichen, basischen, doch nährstoffarmen Stellen. In Pioniergesellschaften in Kiesgruben, in lückigen Pfeifengraswiesen, auch in lichten Ufergebüschen oder zwischen Steinpackungen der Rheindämme. – Vegetationsaufnahmen vgl. OBERDORFER (1957); PHILIPPI (1971), weiter Ein-

Rauhzähniger Schachtelhalm *(Equisetum × trachyodon)* Au a. Rh. bei Karlsruhe, 1970

zelaufnahmen GÖRS u. MÜLLER (1974), PHILIPPI (1978).

Allgemeine Verbreitung: Bodensee, Hochrhein- und Aare-Gebiet, Oberrhein bis Mainz, Niederlande, Skandinavien, England, Island, Grönland. – Aufgrund der weiten Verbreitung wird an eine polytope Entstehung von *E. × trachyodon* gedacht.

Verbreitung in Baden-Württemberg: Ober- und Hochrheingebiet, Alpenvorland. – Fundstellen zwischen 95 und 550 m. – Erste Erwähnung: DÖLL (1843: 32): Daxlanden, BRAUN, DÖLL.

Oberrheingebiet: 6617/1: Ketsch, Tongrube: WOLF in OBERDORFER (1951), Altrheinrand, PHILIPPI (1971). Ob noch? 6716/4, 6716/3: Elisabethenwört westlich Huttenheim mehrfach, vgl. KORNECK in PHILIPPI (1971, 1978); 6816/3: Linkenheim, Kiesgrube, 1984 (KR-K); 6816/3: Leopoldshafen, KNEUCKER (1886), zuletzt OBERDORFER (1951), PHILIPPI (1961, 1971), auch heute an der Kiesgrube immer noch ± reichlich; 6916/1: linksrheinisch zwischen Steinen des Rheindammes südlich der Leimersheimer Fähre, PHILIPPI (1971); 6916/1: Eggenstein, KNEUCKER (1886), Pfeifengraswiesen und Kiesgrubenränder, heute nur noch spärlich vorhanden, PHILIPPI (1961, 1971); 6915/4: Daxlanden, A. BRAUN, DÖLL, vgl. DÖLL (1843). Locus classicus. Hier zuletzt im Hafengebiet von Karlsruhe 1917 von JAUCH gesammelt (KR), verschollen; 7015/2: Kastenwört, DÖLL (1857); 7015/1: Au a.Rh., Kiesgrube bei der ehem. Schweineweide, früher reichlich, inzwischen stark zurückgegangen, vgl. PHILIPPI (1961, 1971), hier weiter in wenigen Pflanzen zwischen Ufersteinen am Rhein; 7114/2: Rhein zwischen Rastatt und Seltz, DÖLL (1857), hier von GEISSERT westlich Plittersdorf bestätigt, vgl. PHILIPPI (1961, 1971), noch spärlich vorhanden, zuletzt 1988; 7214/1: Söllingen, Hochwasserdamm, spärlich, PHILIPPI (1971), ob noch? 7213/2: Greffern, Ufergebüsch, GEISSERT in PHILIPPI (1961); 7512/4: Ichenheim; GEISSERT in PHILIPPI (1961); 7612/3: Rheinvorland bei Kappel, HÜGIN, RASBACH: PHILIPPI u. WIRTH (1970), GÖRS u. MÜLLER (1974); 8011/4 (?): Rheinufer bei Hartheim, SEUBERT u. KLEIN (1905); seit langem verschollen.

Linksrheinisch z.B. im Oberelsaß bei Neudorf (Village-Neuf) unterhalb Basel, KUNZ 1958: BECHERER (1960), häufiger im Unterelsaß zwischen Straßburg und Lauterburg, hierzu vgl. GEISSERT. In der Pfalz bei Maximiliansau, früher sehr reichlich, heute nur noch spärlich, Altrhein bei Neuhofen, früher „auch in großer Menge"… „bei Mannheim, an der Stelle, wo jetzt Ludwigshafen steht" (DÖLL 1857: 70).

Hochrheingebiet: 8416/2: Herdern gegenüber Rheinsfelden (bei Hohentengen), HEGI (1936). Zahlreiche Fundangaben aus dem benachbarten schweizerischen Gebiet, vgl. KUMMER (1937): Koblenz, Aaremündung, Eglisau, Flaach, am Rheinufer, Dachsen unterh. Schaffhausen, Rüdlingen, hier zuletzt an der Rheinhalde Dachsen 1972 beobachtet (ISLER-HÜBSCHER 1982), vielleicht hier auch auf der badischen Seite zu finden (8317/2).

Bodensee-Gebiet: 8320/2: Wollmatinger Ried bei Konstanz, LEINER: DÖLL (1864), hier zuletzt von HENN vor 1970 beobachtet, heute verschollen; 8220/3: Mettnau bei Radolfzell, HENN, vor 1970 beobachtet, heute verschollen (KR-K); 8124/4: Weissenbronnen oberhalb Wolfegg, ca. 550 m, K. BERTSCH (1933); zuletzt 1961, KNAUSS (STU). – Nächste Fundstelle im Allgäu: 8427/3: Bihlerdorf bei Sonthofen, vgl. DÖRR (1983).

Bestand und Bedrohung: In der nordbadischen Rheinebene auch heute noch eine Reihe ± reicher Vorkommen; Rückgang deutlich. Ursachen des Rückganges sind Zuwachsen der Standorte, weiter Verschwinden der Pfeifengraswiesen (Aufgabe der Nutzung oder Aufforstung) oder Intensivierung der Nutzung (Zunahme des Bade- oder Angelbetriebes an Kiesgruben). Doch ist *Equisetum × trachyodon* recht pionierfreudig und kann Störungen teilweise gut überstehen; über Tochterpflanzen können rasch wieder neue Bestände aufgebaut werden. Im Ge-

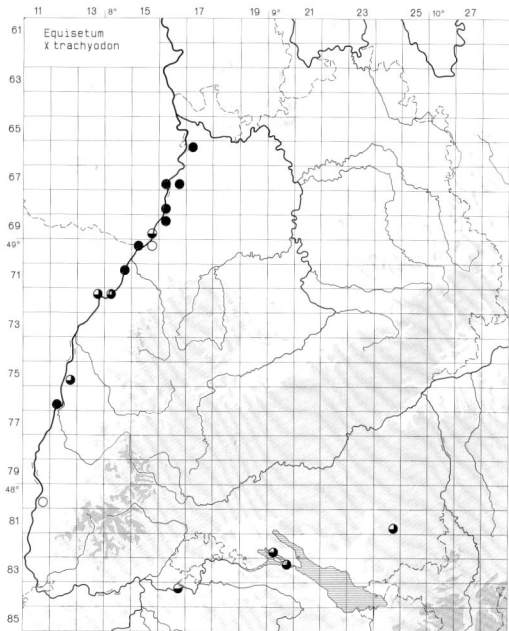

gensatz zu *E. variegatum* kann die Pflanze Austrocknung des Standortes recht gut ertragen. Auch extreme Wuchsorte wie Ufermauern des Rheines können besiedelt werden. Insgesamt läßt sich die Pflanze als „stark gefährdet" einstufen (zu „gefährdet" vermittelnd), ist jedoch längst nicht so bedroht wie *E. variegatum*.

Variabilität: *Equisetum × trachyodon* ist formenreich. Von GEISSERT (1958) und FUCHS (1980) wurden weitere Sippen unterschieden, die ökologisch typischem *E. × trachyodon* nahestehen:

Equisetum × fuchsii Geissert 1958: Pflanzen nicht wintergrün, bereits im Oktober verschwindend (*E. × trachyodon* ist wintergrün), Stengel weniger rauh, frischgrün (*E. × trachyodon* rauher Stengel, graugrün). Locus classicus am Boryweiher bei Straßburg-Lingolsheim; die Sippe könnte auch im Gebiet nachweisbar sein.

Equisetum × alsaticum (H.P. Fuchs et Geissert) (*Hippochaete alsatica* H.P. Fuchs et Geissert 1980). Pflanzen dunkelgrün, wintergrün, bis 120 cm hoch, Halme sich sehr rauh anfühlend, an *E. hiemale* erinnernd, doch mit enger Zentralhöhle und bleibenden Scheidenzähnen. Locus classicus: Unterelsaß an der Straße zwischen Drusenheim und Dalhunden (7213/2), weiter an mehreren Stellen um Dalhunden. Im Gebiet am Rußheimer Altrhein (6716/3, 6716/4), vgl. PHILIPPI (1978: 227, 242); weiter 7015/3: Rheinvorland von Illingen-Elchesheim, 1976, HARMS (KR). (Dieser Punkt fehlt der Karte.)

2. × 3. Equisetum × moorei Newman 1854
E. × samuelssonii W. Koch 1924; *E. hyemale* L.
× *E. ramosissimum* Desf.

Morphologie: Ähnlich *E. hyemale*, dunkelgrün
(doch etwas heller als *E. hyemale*), nur teilweise
wintergrün, bis 80 cm hoch, meist unbeastet, zerstreut kurze Seitenäste im oberen Teil der Pflanze,
von *E. hyemale* durch die 6–7 (10) mm langen
Stengelscheiden geschieden, die im oberen Teil noch
Zähne tragen (bei *E. hyemale* Scheiden 4 mm lang,
ohne Zähne); Sporangienstände selten, Sporen abortiert, Hapteren vorhanden.
Ökologie: Lockere bis mäßig dichte Herden an lichten, mäßig trockenen (bis mäßig frischen), kalkreichen, basischen, nährstoffarmen, oft sandigen bis
sandig-kiesigen Stellen, an Dämmen und Böschungen, in brachgefallenen Halbtrockenrasen.
Allgemeine Verbreitung: In Mitteleuropa vereinzelt,
oft in Gebieten ohne heutige Vorkommen von *E.
ramosissimum*.
Verbreitung in Baden-Württemberg: Oberrheinebene, selten Hochrhein und Bodenseegebiet; Verbreitung insgesamt wenig bekannt, da die Pflanze
oft mit *E. hyemale* verwechselt wurde. Pflanze deutlich häufiger als *E. ramosissimum*. – Erste Angaben
wohl von DÖLL (1843) als *E. hyemale* b) *paleaceum*
(nach Funden bei Breisach, Kehl, Karlsruhe, Waghäusel – Neulußheim, Rheinschanze bei Mannheim
(Ludwigshafen)); spätere Angaben von BECHERER
(1930, Hochrheingebiet) und BERTSCH (1934, Bodenseegebiet). Im Gebiet seltener als im benachbarten Elsaß.

Hier sollen nur die gesicherten Vorkommen aufgeführt
werden:
Oberrheingebiet: 6816/2: Westlich Graben, Böschung,
1988 (KR); 6915/4: Maxau bei Karlsruhe, 1953, GEISSERT
(KR); 8311/3: Märkt, Rheindamm, spärlich, 1988 (KR).
Andere Angaben, z.B. die aus dem Taubergießengebiet,
beziehen sich wohl auf ästige Formen von *E. hyemale* und
müßten überprüft werden.
Hochrheingebiet: 8416/2: Herdern (bei Hohentengen),
Herderwald und Landbachmündung, BECHERER (1930).
Bodenseegebiet: 8323/3 (?): Argental bei Oberdorf,
BERTSCH (1934).

Bestand- und Bedrohung: Wohl zurückgehend, doch
im Augenblick noch nicht bedroht. Eine Neubildung des Bastardes ist wenig wahrscheinlich, da
E. ramosissimum im Gebiet kaum noch vorkommt.

4. × 8. Equisetum × litorale Kühlew. 1845
E. fluviatile L. × *E. arvense* L.
Ufer-Schachtelhalm

Morphologie: Geophyt, Pflanze bis 1 m hoch, Stengel etwa 4–5 mm stark, deutlich gerieft, mit weiter
Zentralhöhle (etwa ¾ bis ⅔ des Stengeldurchmessers einnehmend). Stengelscheiden glockig erweitert, bis 12 mm lang, mit etwa 12 Zähnen, zahlreiche aufrecht abstehende dünne Äste. Sporangienähren sehr selten, meist abgewinkelt stehend,
Sporen verkümmert.
Die Pflanze erinnert einmal an *E. arvense* (Form
der Äste, Riefung des Stengels), einmal an *E. fluviatile* (lockere Beastung, weite Zentralhöhle). Die
Zahl der Scheidenzähne liegt zwischen der von
E. arvense und der von *E. fluviatile*. Das beste
Merkmal bei der Geländeansprache ist die weite
Zentralhöhle, die die Pflanze gerade von *E. arvense*
und *E. palustre* leicht unterscheiden läßt.
Ökologie: Mäßig dichte Bestände an lichtreichen,
feuchten (selten auch nassen), meist kalkarmen,
doch basen- und nährstoffreichen, schwach sauren,
seltener schwach kalkhaltigen, basischen Stellen,
ökologisch zwischen beiden Eltern stehend: feuchter als *E. arvense*, trockener als *E. fluviatile*, v.a. in
Feuchtwiesen (Calthion-Gesellschaften), in Wiesengräben, an durchsickerten Wegböschungen, selten
auch in Seggen-Röhrichten (Magnocaricion), ganz
deutlich gestörte Bestände bevorzugend, in natur-
naher Vegetation im Gebiet selten beobachtet.
Allgemeine Verbreitung: Westeuropa, Mitteleuropa,
ostwärts bis Polen und Niederösterreich. Sicher oft
übersehen.
Verbreitung in Baden-Württemberg: Im Oberrheingebiet zerstreut, oft nur in kleinen Populationen,
vielfach in Gebieten ohne *E. fluviatile*. Verbreitungsschwerpunkt in den unteren und mittleren
Lagen des Schwarzwaldes und des Odenwaldes, in
Gebieten mit reichlichen Vorkommen von *E. fluviatile* bisher nicht oder nur sehr selten beobachtet:
Alpenvorland (selten). Sicher oft übersehen.
Tiefste Fundstellen in der Oberrheinebene, ca.
115 m (7114/2: Plittersdorf), höchste Fundstellen
im Südschwarzwald: 8114/1: Feldsee, ca. 1110 m,
8014/4: Breitnau, gegen den Hintereckhof, ca.
1000 m.
Die erste Erwähnung der Pflanze im Gebiet findet sich bei DUVAL-JOUVE (1864: 194), nach Funden bei Oberkirch und zwischen Achern und Kap-
pel(rodeck), vgl. auch LUERSSEN (1889: 730).

Ufer-Schachtelhalm *(Equisetum × litorale)*
Hugstetten bei Freiburg, 1966

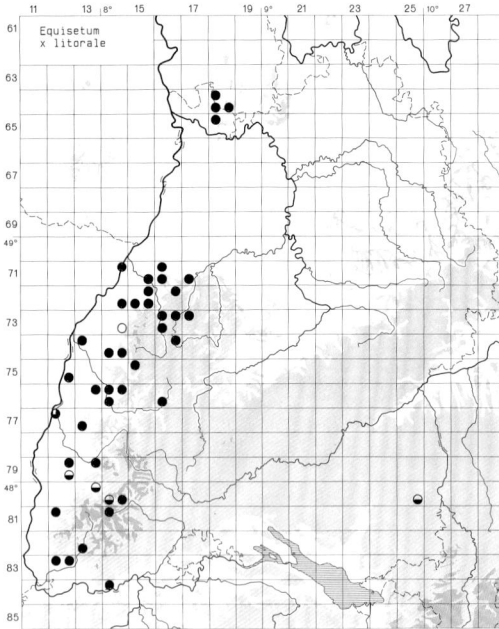

Funde, soweit nicht anders angegeben, PHILIPPI (KR bzw. KR-K).

Oberrheinebene: 7912/3: Mooswald bei Freiburg, HÜGIN in PHILIPPI (1961); 7912/2: zw. Hugstetten und Buchheim, LÖSCH (1948), nach 1970, RASBACH, hier weiter östlich Benzhausen am Nordende des Rückhaltebeckens, 1988; 7712/1: Rheinvorland bei Kappel, HÜGIN in PHILIPPI (1961); 7512/4: Ichenheim, im Caricetum elatae, HÜGIN, NEUMANN, zuletzt 1985, 1987; 7413/1: zw. Legelshurst und Querbach, 1988; 7214/4: westlich Weitenung, Graben im Bruch, 1988; 7114/2: nördlich Plittersdorf; 7115/4: Kuppenheim, GEISSERT in PHILIPPI (1961).

Odenwald: Zahlreiche Beobachtungen 1987–88 von DE-MUTH (KR-K); 6518/1: Weites Tal bei Schriesheim; 6418/3: südlich Oberflockenbach, zw. Ritschweier und Oberkunzenbach; 6418/2: nordöstlich Oberabtsteinach, 6317/2: Wasserschöpp nordöstlich Heppenheim

Nördlicher Schwarzwald: Renchgebiet mehrfach, so: 7515/1: westlich Bad Antogast, 450 m; 7414/3: südlich Bottenau; 7414/4: Gaisbach bei Oberkirch; 7215/4: östlich Neuweier. Murgtal vielfach, v.a. im Murgtrichter um Malsch – Kuppenheim – Gaggenau an zahlreichen Stellen; im oberen Murgtal: 7316/1: Bermersbach, 1987, KLEIN-STEUBER; 7316/1: Forbach; 7316/3: Kirschbaumwasen. Enz-Eyach-Gebiet: 7117/3: Rotenbachtal; 7216/2: südlich Eyachmühle; 7316/1: nahe Kälbermühle; 7416/2: Nagold-tal unterhalb Sägemühle bei Schorrental.

Mittlerer Schwarzwald: 7913/2: nordöstlich Buchholz, 1981: 7713/3: Schweighausener Grund bei Ettenheimmün-ster, 1985; Kinzigtal mehrfach, so: 7614/2: Unterharmers-bach, Erbsengrund, BREUNIG (KR-K); 7614/1, 7614/3: Gräben entlang der Kinzig nordwestlich Steinach und nördlich Biberach, 1987, 1988; 7616/3: zwischen Schenken-zell und Alpirsbach, 1971.

Südschwarzwald: V.a. in den Tälern bekannt, so: 8414/1: westlich Oberhof, 1978; 8312/2: Ehner–Fahrnau, 1987: 8312/1: zw. Haagen und Wittlingen, 1986; 8213/3: nörd-lich Atzenbach, 1987; 8112/1: südöstlich Grunern, 1987; 8114/1: Feldsee, 1110 m, PHILIPPI (1961), ROWECK (1986); 8014/4: Breitnau, gegen Hintereckhof, 1000 m, 1988; 8014/1: Wiese am Hirschsprung im Höllental, 1943, LÖSCH; 8013/2: Birkenhof bei Kirchzarten, LÖSCH (1948).

Alpenvorland: 8025/4: Wurzacher Ried, BERTSCH (1938).

Bestand und Bedrohung: Die Pflanze kommt an allen Fundstellen in ± reichen Beständen vor, die teilweise aber örtlich recht begrenzt sein können. Auf Störungen des Standortes reagiert sie positiv (vgl. *E. arvense* als Elternteil!). Eine Gefährdung ist nicht zu erkennen. Eine Neubildung des Bastards ist an zahlreichen Stellen denkbar.

Klasse

Pteridopsida (Filicopsida)
Echte Farne

Pflanzen mit kriechendem oder aufrechtem Rhizom, mit zahlreichen, meist großen Blättern ("Wedel"), die in der Jugend eingerollt sind (Ausnahme Ophioglossaceae). Sporangien auf der Unterseite der Blätter, zu Gruppen vereinigt (Sori). Pflanzen isospor oder heterospor.

Vier Unterklassen, die sich wie folgt unterscheiden:

1	Pflanzen heterospor	Hydropterides
–	Pflanzen isospor	2
2	Sporangienwand mehrschichtig, Sporangium ohne Anulus (Ring aus verstärkten Zellen)	
		Eusporangiatae
–	Sporangienwand einschichtig, Sporangium mit Anulus	3
3	Ring am oberen Pol des Sporangiums	
		Protoleptofilicinae
–	Ring in der Mitte des Sporangiums	
		Leptosporangiatae

Schlüssel zum Bestimmen der Gattungen bzw. Familien

1 Pflanze an der Wasseroberfläche schwimmend, nicht verwurzelt 2
– Pflanze nicht freischwimmend, verwurzelt 3
2 Schwimmblätter elliptisch, gegenständig, frischgrün . . . . *Salvinia*
– Schwimmblätter schuppenförmig, dachziegelig sich überdeckend, gefaltet, wechselständig, bläulichgrün bis grünviolett . . . . *Azolla*
(Wenn große violettbraune Bauchschuppen vorhanden, vgl. das Lebermoos *Ricciocarpus natans*.)
3 Blätter stielrund, an der Spitze Bischofsstab-artig eingerollt . . . . *Pilularia*
– Blätter nicht stielrund 4
4 Blätter kleeartig, vierteilig, Pflanze auf nassem Schlamm oder im flachen Wasser (Blattspreite dann schwimmend) . . . . *Marsilea*
– Blätter anders 5
5 Kleine, einstenglige Pflanze, Sporangien mit mehrschichtiger Wand . . . . Ophioglossaceae
– Pflanze anders, Blätter büschelig (Ausnahme *Pteridium*), Sporangien mit einschichtiger Wand . . . 6
6 Sporangientragender Teil des Blattes rispenartig, an der Spitze eines Blattes, Blatt doppelt gefiedert
Osmunda
– Sporangien auf der Unterseite des Blattes 7
7 Blatt ungeteilt, ganzrandig, mit herzförmigem Blattgrund . . . . *Phyllitis*
– Blatt gefiedert oder gegabelt 8
8 Blatt gabelig, mit keilförmigen Fiederabschnitten
Asplenium

– Blatt nicht gabelig, ± regelmäßig gefiedert oder fiedrig eingeschnitten 9
9 Fiederblättchen nicht deutlich von der Spindel abgesetzt, Blatt einfach fiedrig eingeschnitten 10
– Fiederblättchen deutlich von der Spindel abgesetzt, Blatt einfach bis mehrfach gefiedert 12
10 Blätter nicht büschelig, Rhizom kriechend
Polypodium
– Blätter büschelig (rosettig), Rhizom aufrecht bis aufsteigend 11
11 Großer dunkelgrüner Farn auf Waldboden, sporangientragende Wedel von den nicht sporangientragenden verschieden . . . . *Blechnum*
– Kleiner, graugrüner Farn in Mauerfugen, unterseits dicht spreuschuppig, sporangientragende und nicht sporangientragende Wedel gleich *Ceterach*
12 Sporangientragende Wedel von den nicht sporangientragenden deutlich verschieden 13
– Nicht sporangientragende Wedel wie sporangientragende, nicht deutlich verschieden 14
13 Blätter trichterig, sich zum Grund stark verschmälernd . . . . *Matteuccia*
– Blätter nicht trichterig, im Umriß eiförmig, 2–4fach fiedrig eingeschnitten . . *Cryptogramma*
14 Sori länglich-strichförmig, nicht gekrümmt . . . .
Asplenium
– Sori rundlich bis eiförmig 15
15 Blätter sehr groß, einzelstehend, mit breit dreieckiger, 2–3fach gefiederter, unterseits kraushaariger Spreite, Sori randständig, vom zurückgerollten Rand der Fiederchen bedeckt . . . . . *Pteridium*
– Blätter anders, Sori nicht vom zurückgerollten Rand der Fiederchen bedeckt 16
16 Schleier in braune, haarförmige Zipfel aufgelöst, Blattstiel in der unteren Hälfte mit einer knotigen Verdickung, kleiner Farn an Felsen . . *Woodsia*
– Schleier höchstens kurzfransig oder fehlend, Blattstiel ohne knotige Verdickung 17
17 Sori hakenförmig oder kommaförmig, Blatt hellgrün bis frischgrün . . . . *Athyrium*
– Sori rundlich 18
18 Schleier oval, nur an seinem der Fiederbasis zugewandten Rand angewachsen, später zurückgeschlagen und oft von den Sporangien verdeckt, Blätter zart, 2–4fach gefiedert, Abschnitte nie mit Stachelspitzen . . . . *Cystopteris*
– Schleier rund, schild- oder nierenförmig oder fehlend 19
19 Schleier kreisrund, schildförmig, in der Mitte angewachsen, Fiederabschnitte mit dornartigen Spitzen, Blattstiel am Grund mit 7–8 Leitbündel, derbe, meist ± wintergrüne Farne . *Polystichum*
– Schleier nierenförmig, in der Bucht angewachsen oder fehlend 20

20 Schleier nierenförmig, bis zur Sporenreife bleibend, Blattstiel mit 7–8 Leitbündeln *Dryopteris*
– Schleier fehlend oder vor der Sporenreife verschwindend, Blattstiel am Grund mit zwei Leitbündeln 21
21 Blätter einfach gefiedert (d.h. Fiedern nur eingeschnitten) . . . . *Thelypteris*
– Mindestens unterer Teil des Blattes doppelt gefiedert 22
22 Blattspreite im Umriß dreieckig, etwa so lang wie breit, untere Fiedern deutlich größer als die folgenden . . . . *Gymnocarpium*
– Blattspreite im Umriß eiförmig, mehrfach länger als breit, unteres Fiederpaar deutlich kürzer als die folgenden . . . . *Athyrium*

Unterklasse

Eusporangiatae
Eusporangiate Farne

Sporangien aus mehreren Epidermiszellen entstehend, mit mehrschichtiger Wand, ohne Ring, mit Quer- oder Längsriß unvollständig aufspringend, Pflanzen ohne dreischneidige Scheitelzelle. – Drei Ordnungen, im Gebiet nur die Ordnung Ophioglossales mit der einzigen Familie der Ophioglossaceae.

Ophioglossaceae
Natternfarngewächse
Bearbeiter: G. PHILIPPI

Kleine Pflanzen mit kurzem Rhizom und fleischig verdickten Wurzeln. Meist bilden die Pflanzen pro Jahr nur ein Blatt aus. Blätter in Knospenlage aufrecht, nicht eingerollt, zweiteilig: sporentragender und nicht sporentragender, für die Assimilation zuständiger Teil. Jungpflanzen leben längere Zeit saprophytisch; Mykorrhiza vorhanden.

1 Nicht sporentragender Teil des Blattes ungeteilt, sporentragender Teil unverzweigt . . . .
1. Ophioglossum
– Nicht sporentragender Teil des Blattes fiederspaltig bis gefiedert, sporentragender Teil rispig verzweigt . . . . *2. Botrychium*

1. **Ophioglossum** L. 1753
Natternzunge

Nicht sporentragender Teil des Blattes ungeteilt, sporentragender Teil einfach, nicht verzweigt. –

Gattung mit ca. 30–50 Arten, über die ganze Erde verteilt, in Europa 2 (bzw. 3) Arten, im Gebiet eine.

1. **Ophioglossum vulgatum** L. 1753
Gemeine Natternzunge

Morphologie: Geophyt, meist 10–20 cm (selten bis 30 cm) hoch, mit kurzem, senkrechten, fleischigem Rhizom, oft Ausläufer treibend, Blattstiel so lang wie die Blattspreite, nicht sporentragender Teil eiförmig, unterhalb der Blattmitte am breitesten, etwa 3mal so lang wie breit, stumpflich, kahl, fahl lauchgrün, später bei der Sporenreife gelbgrün und bald absterbend, schwach fettig glänzend, am Grund trichterartig den sporentragenden Teil umfassend, netzadrig; sporentragender Teil den nicht sporentragenden deutlich überragend, Sporangienstand 2–5 cm lang und 0,3–0,4 cm breit.
Biologie: Sporenreife Mitte Juni; anschließend sterben in trocken-warmen Gebieten die Pflanzen bald ab; eine zweite Blattgeneration im Herbst? – Ausläufervermehrung; Pflanzen im Gebiet oft ohne Sporangien.
Ökologie: Lockere Gruppen oder einzelne Pflanzen an lichtreichen, feuchten bis nassen, periodisch überfluteten oder durchnässten, meist kalkreichen, basischen, seltener schwach sauren Lehm- oder Schluffböden.

„Klassische" Vorkommen in Pfeifengraswiesen (Molinion-Verband, v.a. in lückigen Beständen), Schwerpunkt an nassen, periodisch überfluteten Stellen, doch auch an hoch gelegenen, frischen bis mäßig frischen Stellen, weiter in Flutrasen mit *Agropyron repens*, selten in Feuchtwiesen (Calthion-Verband). In Wiesen offensichtlich frühe Mahd und Düngung recht gut ertragend: die Pflanzen sind klein und entgehen so der Wirkung der Sense. Bei später Mahd (nach Ende Juni) hat *Ophioglossum* vielfach schon eingezogen. Wichtig ist, daß die Bestände niederwüchsig und offen bleiben, da die Pflanze oft nur 5–10 cm hoch wird. – Daneben vielfach an sickerfrischen Wegrändern, in Park-artigen Rasen. – Natürliche Wuchsorte wohl in zeitweise vernässten Mulden von Hainbuchen-Wäldern (Querco-Carpinetum); hier können die Pflanzen bis 30 cm hoch werden (vgl. dazu NEBEL (1986: 56), aus dem benachbarten Lothringen S. MULLER (1981)). – Vegetationsaufnahmen aus Wiesen vgl. z.B. v. ROCHOW (1951), LANG (1973), PHILIPPI (1972), GÖRS u. MÜLLER (1974), aus Wäldern NEBEL (1986, Tab. 15). – Vegetationsaufnahmen mit *Ophioglossum vulgatum* aus Flutrasen- und Parkrasen-artigen Gesellschaften liegen bisher aus dem Gebiet nicht vor.

Gemeine Natternzunge *(Ophioglossum vulgatum)*
Freiburg, 1988

Allgemeine Verbreitung: Temperate Gebiete der Nordhalbkugel: Europa, Asien (v.a. Japan), Nordamerika (v.a. östliche Teile). In Europa von England und Frankreich ostwärts bis östlich der Wolga und zum Kaukasus, nach Osten deutlich seltener werdend, nordwärts im Ostsee-Gebiet bis 65° n. Br., im Mittelmeergebiet in den nördlichen Teilen Spaniens, in Italien und auf der Balkan-Halbinsel. – Temperat-schwach subatlantisch.

Verbreitung in Baden-Württemberg: Oberrheinebene, hier auch im ausgetrockneten Teil zwischen Basel und Breisach mit grundwasserfernen Standorten. – Vorhügelzone des Schwarzwaldes. – Gäulandschaften zerstreut, auch mehrfach in Wäldern. – Keuper-Lias-Neckarland vereinzelt. – Baar mehrfach, bei Rötenbach (8115/2) bis 920 m. – Schwäbische Alb: v.a. am Nordrand, hier meist am Rand von Wegen an sickerfrischen Stellen, auch im Bereich von Halbtrockenrasen, weiter gehäuft in der Umgebung von Ulm. – Alpenvorland: In den Uferwiesen des Bodensees zerstreut, weiter im Westallgäuer Hügelland. – In kalkarmen Gebieten selten: so Schwarzwald und Odenwald (weitgehend) fehlend, auch Schwäbisch-Fränkischer Wald selten.' Weiter selten oder fehlend Tauber – Hohenlohe – Bauland.

Tief gelegene Fundstellen im Oberrheingebiet, ca. 95 m, höchst gelegene: 8115/2: Rötenbach, 920 m, Schwäbische Alb: 7918/3: Talheim, Lupfen, 830–900 m.

Die Art ist im Gebiet urwüchsig. – Der erste schriftliche Hinweis findet sich bei Fuchs (1542: 577, 1543: CCXIX): „umb Tübingen, nemlich auff dem Osterberg, würt es mit hauffen funden".

Eine Aufzählung von Fundorten erübrigt sich für weite Teile des Landes. Hier sollen nur wenige bemerkenswerte Fundstellen aufgeführt werden:
Schwarzwald: 8113/4: Utzenfeld, Wiese an der Utzenfluh, ca. 630 m, Litzelmann u. Hoffmann (1979); 7416/3: bei Baiersbronn, spärlich, 1955, Baur (STU-K).
Bauland: 6423/1: Pülfringer Wiese bei Brehmen, Philippi (KR-K).
Keuper-Lias-Neckarland: 7220/3: Autobahn bei Stuttgart-Vaihingen, in den Rasenflächen des Kleeblattes, wohl das reichste Vorkommen Baden-Württembergs, 1985, Chattopadhyay (STU-K).

Bestand und Bedrohung: *O. vulgatum* wurde bisher als gefährdet angesehen. Zahlreiche neue Funde, darunter einige in Parkrasen-artigen Gesellschaften, zeigen, daß die Art sich offensichtlich ausgebreitet hat; nur an relativ wenigen Stellen sind unbestätigte Vorkommen. Insgesamt ergibt sich für Baden-Württemberg kaum ein Rückgang. Lediglich in der mittleren und nördlichen Oberrheinebene ist mit dem Rückgang des Grünlandes eine Gefährdung anzunehmen.

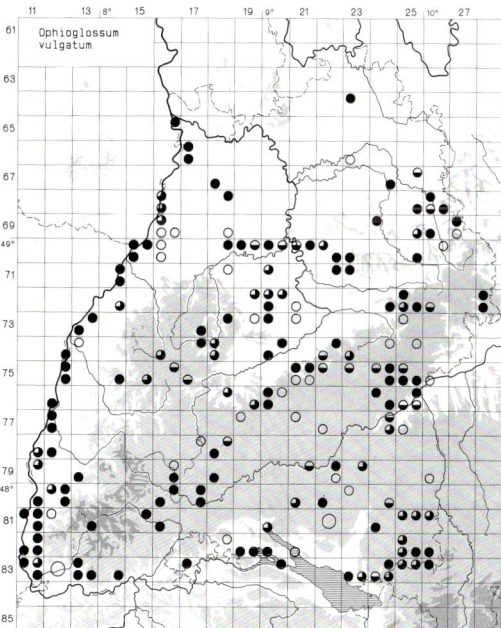

Echte Mondraute *(Botrychium lunaria)*
Herzogenhorn (Südschwarzwald), 1988

2. **Botrychium** Sw. 1802
Mondraute, Rautenfarn

Kleine Pflanzen mit gabeligen Adern, die frei
enden. Nicht sporentragender Blattabschnitt einfach bis mehrfach gefiedert oder fiederspaltig,
sporentragende Blattabschnitte rispenartig verzweigt. Schwaches sekundäres Dickenwachstum. –
Gattung mit 23 Arten, weltweit vorkommend, in
Europa 7 Arten, davon in Baden-Württemberg
4 Arten.

1 Nicht sporentragender Teil etwa in der Hälfte der
    Pflanze abgehend 2
– Nicht sporentragender Teil des Blattes nahe über
    dem Rhizom abgehend 3
2 Nicht sporentragender Teil im Umriß schmal oval,
    Fiederabschnitte ± ungeteilt, sporentragender
    Teil lang gestielt, den nicht sporentragenden weit
    überragend . . . . 1. *B. lunaria*
– Sporentragender Teil im Umriß verlängert dreiek-
    kig, doppelt fiederschnittig, sporentragender Teil
    kurz (bis sehr kurz) gestielt, den nicht sporentra-
    genden Teil nicht oder nur wenig überragend . .
                  2. *B. matricariifolium*
3 Nicht sporentragender Teil einfach gefiedert bis
    dreiteilig, in der Jugend kahl . . . . 3. *B. simplex*
– Nicht sporentragender Teil 2–3fach gefiedert, im
    Umriß breit dreieckig, in der Jugend behaart . . .
                         4. *B. multifidum*

1. **Botrychium lunaria** (L.) Sw. 1802
Osmunda lunaria (var.) α L. 1753
Echte Mondraute

Morphologie: Geophyt, Pflanze im Gebiet meist
nur 5–10 cm hoch, sonst bis 30 cm hoch werdend,
(grau-)olivgrün, schwach glänzend bis matt, fleischig. Nicht sporentragender Teil des Blattes etwa
in der Mitte der Pflanze abgehend, fast sitzend, im
Umriß eilänglich-abgerundet, beiderseits mit je 3–5
(9) Fiederabschnitten, diese mit breit keilförmigem
Grund, an der Spitze oft etwas kerbig eingeschnitten, entfernt stehend, bei kräftigeren Formen sich
auch etwas überlappend. Nicht sporentragender
Teil des Blattes etwa bis zum Grund der sporentragenden Rispe reichend. Sporentragender Teil
1–3fach gefiedert, rispenartig verzweigt, im Umriß
länglich.
Biologie: Sporenreife Juni (bis Juli). Pflanze offensichtlich nicht alljährlich erscheinend.
Ökologie: Einzeln oder gesellig an lichtreichen (bis
sonnigen), seltener auch schwach beschatteten,
mäßig frischen bis mäßig trockenen, kalkarmen,
doch basenreichen, (schwach) sauren, bis kalkreichen, basischen bis neutralen Stellen, auf Lehm wie
auf Sand, auf rohen wie humosen Böden, immer an

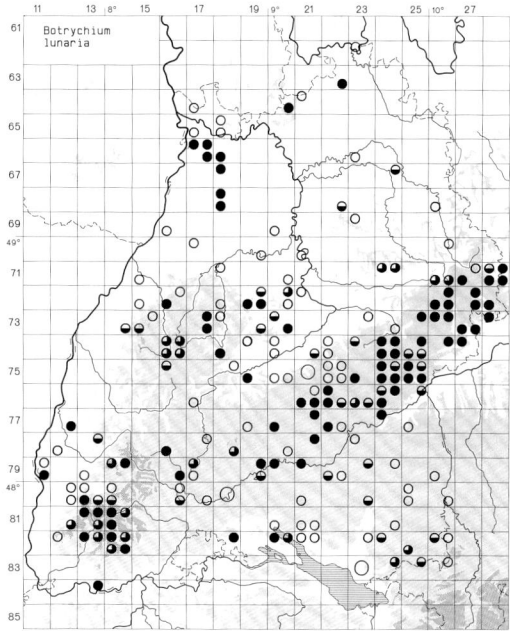

Stellen mit lückiger Vegetation. In Magerrasen
kalkarmer Standorte (z.B. Festuco-Genistelletum),
an Erdböschungen, an offenen Stellen in Kalkstein-
brüchen usw. *Botrychium lunaria* zeigt eine weite
ökologische Amplitude. Wichtig scheinen überall
das Vorkommen offener Stellen und das Fehlen von
Konkurrenten zu sein. So beschreibt SEYBOLD
(1968: 149) ein Vorkommen von *Botrychium lunaria*
in einem schattigen Kastanienbestand (hier als einzige Gefäßpflanze). Ähnliches scheint auch für
B. matricariifolium zu gelten. BERTSCH (1951) schil-
dert ein Vorkommen in einem Buchenwald mit nur
lückiger Bodenvegetation und bezeichnet es als
„einen wahren Hohn auf alle Pflanzensoziologie“. –
Die vorhandenen Vegetationsaufnahmen mit *Botrychium lunaria* spiegeln nur einen beschränkten
Ausschnitt der ökologischen Breite der Art wider:
BAUR (1955, Nordschwarzwald), SCHIEFER (1981:
282, Südschwarzwald), beidesmal auf kalkarmen
Substraten; Aufnahmen von Kalkstandorten fehlen
bisher.
Allgemeine Verbreitung: Nordhalbkugel, in gemä-
ßigten und kühlen Gebieten Europas, Asiens und
Nordamerikas, weiter auf der Südhalbkugel: Pata-
gonien, Tasmanien, Neuseeland. In Europa von
Nord-Norwegen bis in das Mittelmeergebiet, im
Mittelmeergebiet seltener (v.a. in den Gebirgen),
nach Osten in Rußland deutlich seltener werdend. –
Temperat-boreal, schwach subatlantisch.
Verbreitung in Baden-Württemberg: Im ganzen Ge-

biet zerstreut bis selten vorkommend; Schwerpunkt in der Schwäbischen Alb, weiter Schwarzwald (v. a. Südschwarzwald), vereinzelt Baar, Oberer Neckar, Keuper-Lias-Neckarland. Selten Vorhügelzone des Schwarzwaldes und Kraichgau (Lößböschungen), Flugsandgebiet der Rheinebene. Alpenvorland früher an zahlreichen Stellen beobachtet, heute nur noch an wenigen Stellen im westlichen Bodenseegebiet und Hegau bestätigt. Auffallend selten in den nordöstlichen Landesteilen: Hohenlohe-Bauland, Tauber und östlicher Odenwald.

Tiefste Fundstellen in der Oberrheinebene, ca. 110 m, höchst gelegene am Feldberg, ca. 1400 m. – Die Pflanze ist urwüchsig. Älteste Nachweise: Sporen von *Botrychium* (cf.) *lunaria* aus der Älteren Dryaszeit in Ablagerungen am Schleinsee, Erlenbruck- und Dreherhofmoor im Südschwarzwald, etwas später in der Schopflocher Torfgrube und Scheibenlechtenmoos am Feldberg (LANG 1952). – Der erste schriftliche Nachweis findet sich bei FUCHS (1542: 482, 1543: CLXXXIII): „umb Tübingen am Osterberg, da es dann überflüssig wechßt".

Bestand und Bedrohung: *Botrychium lunaria* ist im Gebiet sehr stark zurückgegangen. Heute sind lediglich aus der Schwäbischen Alb zahlreiche Fundorte bekannt; die Populationen sind im Schnitt recht klein (max. 50 bis 100 Pflanzen). Im Südschwarzwald haben wir heute eine ähnliche Fundortsdichte; die Bestände umfassen oft nur noch 5–10 Pflanzen. Im Nordschwarzwald konnte in den letzten Jahren noch eine einzige Pflanze nachgewiesen werden. Ursache des starken Rückganges dürfte zunächst das Zuwachsen der Flächen infolge schwacher Nutzung sein. Wahrscheinlich spielt auch der „saure Regen" über Stickstoffeintrag und/oder Schädigung der Mykorrhiza eine Rolle beim Rückgang der Art.

Insgesamt ist die Pflanze in Baden-Württemberg „stark gefährdet". Auf der Schwäbischen Alb erscheint sie nur gefährdet, im Südschwarzwald stark gefährdet, in anderen Gebieten wie dem Nordschwarzwald oder dem Alpenvorland als vom Aussterben bedroht.

2. Botrychium matricariifolium (Retz.)

A. Braun 1845
B. rutaceum Willd., 1810; *B. ramosum* (Roth) Aschers. 1864; *Osmunda lunaria* α *matricariaefolia* Retz. 1779
Ästige Mondraute

Morphologie: Geophyt, bis 20 cm hoch, olivgrün (bis leicht graugrün), fleischig, mit auffallend kräfti-

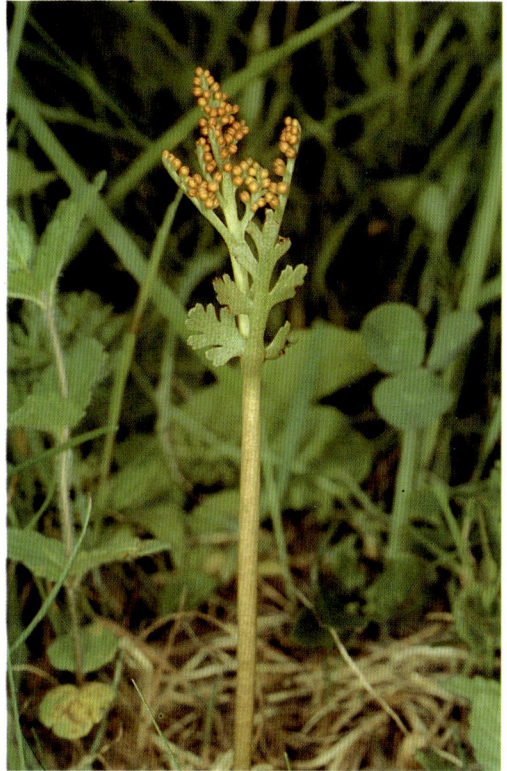

Ästige Mondraute *(Botrychium matricariifolium)* Herzogenhorn (Südschwarzwald), 1988

gem, bis 4 mm starkem Stengel, Blattstiel mehrmals länger als der sporentragende Teil des Blattes, nicht sporentragender Teil etwa in der Mitte der Pflanze ansetzend, kurz gestielt bis fast sitzend, meist bis über die Mitte des sporentragenden Teiles reichend, im Umriß eiförmig, doppelt fiederschnittig, jederseits der Hauptachse 2–6 Fiederabschnitte, diese ± fiedrig eingeschnitten, sporentragender Teil doppelt gefiedert, untere Fiederäste kräftig, fast so stark wie der Hauptast.

Ökologie: Einzeln, oft an ähnlichen Stellen wie *Botrychium lunaria* und mit dieser vergesellschaftet, doch offensichtlich kalkärmer und saurer stehend, sandigere Böden bevorzugend, im Gebiet z. B. im Leontodo-Nardetum des Schwarzwaldes, benachbart in den nördlichen Vogesen in Sandrasen mit *Festuca ovina* (s. l) und *Thymus serpyllum*. – Vegetationsaufnahmen aus dem Gebiet vgl. BOGENRIEDER u. RASBACH (1989), aus den nördlichen Vogesen (bei Bitsch) vgl. ENGEL u. KAPP (1960), MULLER (1986) – Bei Weingarten in einem Buchenwald (vgl. BERTSCH, 1951: 66).

Allgemeine Verbreitung: Europa, Nordamerika; in

Europa v.a. in Nordeuropa und im östlichen Mitteleuropa, im Ostseegebiet bis nahe dem Polarkreis, in atlantischen Gebieten selten oder (wie in England) fehlend, südwärts bis zu den Alpen (hier bis 1100 m), wenige Fundstellen im Mittelmeer-Gebiet. Rußland (abgesehen von den Ostsee-Gebieten) sehr vereinzelt. Im Gebiet nahe der Westgrenze der Verbreitung. – Temperat-boreal, schwach kontinental. – Karte der mitteleuropäischen Funde vgl. WOLFF (1969: 39).

Verbreitung in Baden-Württemberg: Rheinebene, Schwarzwald, Schwäbisch-Fränkischer Wald, Schwäbische Alb, Alpenvorland.

Tiefstgelegene Fundstellen in der Rheinebene, ca. 100 m, höchst gelegene im Südschwarzwald, 1300 m.

Die Pflanze ist urwüchsig. – Der älteste schriftliche Hinweis findet sich bei DIERBACH (1819: 112), unter *Pyrola chlorantha*: „in pineto prope Schwezingen cum Botrychio rutaceo". Nach DÖLL (1857: 51) bezieht sich diese Angabe wohl auf *B. lunaria*. Demnach ginge die erste Erwähnung der Pflanze auf DÖLL (1857: 52) zurück.

Oberrheingebiet: 6517/3: zwischen Schwetzingen und Mannheim, auf Flugsand beim Relaishaus, ca. 100 m, in einem Exemplar 1852, DÖLL, vgl. DÖLL (1857: 52). In diesem Gebiet auch die ältere Angabe von DIERBACH bei Schwetzingen (wohl ebenfalls 6517/3, s.o.).
Schwarzwald: 8114/1: Feldsee am Feldberg, 1860, DE BARY (SCHILDKNECHT 1863), ca. 1110 m, hier 1889 von ZAHN in einem Exemplar wieder bestätigt (an der Einmündung des Baches), in den folgenden Jahren vergeblich gesucht. Erneute Bestätigung 1910 durch G. ZIMMERMANN (zwischen Feldsee und Raimartihof, KR), seither nicht mehr beobachtet. – 8114/1: Seebuck, 1909, RÖSCH, vgl. Anonymus (1911: 96), Beleg fehlt; 8013/3: Hofsgrund am Gesprengstollen, 1881, 1884, GÖTZ, jeweils 2 Pflanzen (KR), vgl. auch Anonymus (1882: 13). – Die Pflanzen des Feldberg- und Schauinslandgebietes waren alle sehr klein (meist unter 5 cm hoch, nur ausnahmsweise 7–8 cm). Neuere Beobachtungen: 7914/1: Kandel, nahe am Gipfel, ca. 1200 m, 1 Exemplar, 1964, H. u. K. RASBACH, vgl. PHILIPPI u. WIRTH (1970: 332 u. Taf. 9); 8113/1: Notschrei, Wegböschung, ca. 1115 m, 2 Exemplare, 1972, H. u. K. RASBACH, WILMANNS (KR-K); 8114/3: Herzogenhorn, ca. 1300 m, 10 Exemplare, 1988, BOGENRIEDER u. RASBACH; vgl. BOGENRIEDER u. RASBACH (1989).
7416/1: In der Nähe eines Kares im Gebiet von Baiersbronn, K. BAUR (1955: 148), „wenige Exemplare".
Schwäbisch-Fränkischer Wald: 7026/2 (?): Fuggerhölzle bei Ellwangen, kahle Waldstelle zwischen *Veronica officinalis* und *Hieracium pilosella*, ca. 500 m, in einem Exemplar um 1825 von v. FRÖLICH gefunden, vgl. v. MARTENS u. KEMMLER (1882: 324), BERTSCH (1931). Der Beleg fehlt.
Schwäbische Alb: 7721/1: Mariaberg (nördlich Gammertingen), ca. 750 m (?), eine einzelne Pflanze von KRAUSS um 1900 entdeckt (kein Beleg), 1930 von PLANKENHORN in zwei Exemplaren wiedergefunden.
Alpenvorland: 8222/2: Höhenrücken zwischen Ravens-

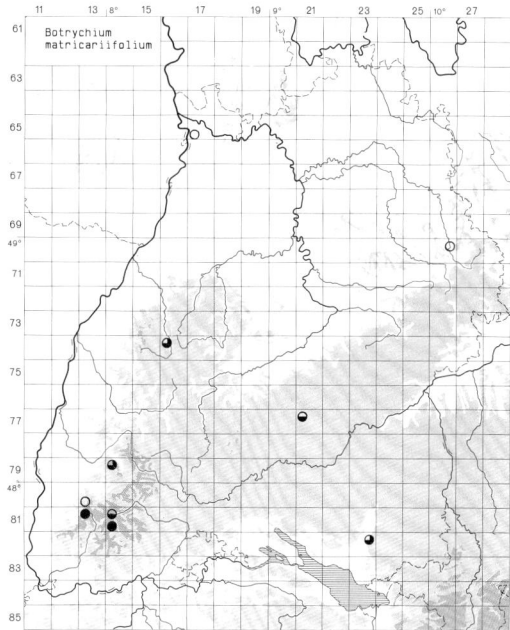

burg und Weingarten, ca. 550 m, an lichter Waldstelle mit einzelnen Kiefern, drei Exemplare, 1923, BERTSCH, an anderer Stelle 1949 und 1950 „je etwa drei Dutzend Pflanzen" in einem jungen Buchenwald, vergl. BERTSCH (1951). Begleitpflanzen waren an dieser Wuchsstelle *Carex pilosa*, *C. sylvatica*, *Oxalis acetosella*, *Galium odoratum* usw., wobei die Krautschicht kaum mehr als 5 % Deckung aufwies. – Letzte Beobachtung 1957, BERTSCH, vgl. DÖRR (1967/68: 11).
Vorkommen in Nachbargebieten: Vergl. WOLFF (1969). Vogesen: Grand Ballon, Molkenrain, Roßberg, Lauchen, alle Vorkommen verschollen; Bitsch (Nordvogesen), Homburg (Saargebiet).

Bestand und Bedrohung: Die Pflanze war im Gebiet immer selten und wurde meistens nur in ganz wenigen Exemplaren beobachtet. Legt man den Rückgang von *Botrychium lunaria* als Maßstab an, so dürfte sie im Gebiet als vom Aussterben bedroht sein. Ursachen hierfür sind wohl ähnlich wie bei *B. lunaria*. – In der Bundesrepublik Deutschland gilt sie ebenfalls als „vom Aussterben bedroht".

3. Botrychium simplex Hitchcock 1823
Einfache Mondraute

Morphologie: Geophyt, bis 8 cm hoch (deutlich kleiner als *B. lunaria*), mit dünnfleischigen Blättern. Nicht sporentragender Teil des Blattes nahe am Grund abgehend, mit deutlichem Stiel, beiderseits je 2 (bis 3–4) rundliche Fiederabschnitte, z.T. kaum fiederschnittig (undeutlich dreiteilig) bis fast unge-

Botrychium
simplex

Botrychium
multifidum

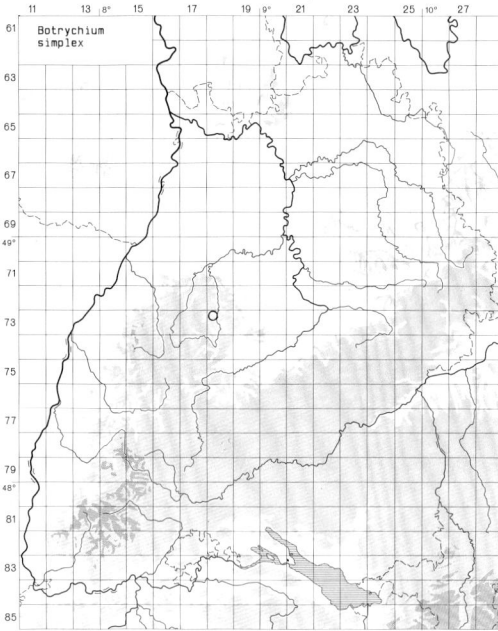

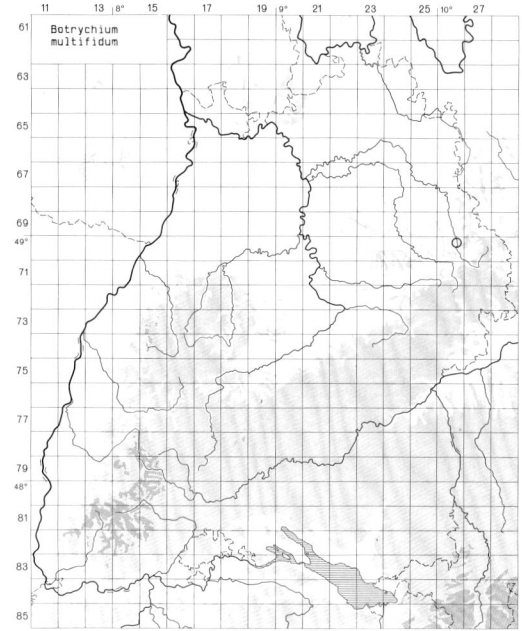

teilt; sporentragender Blatteil den nicht sporentragenden weit überragend, doppelt gefiedert, seltener
einfach gefiedert.

Ökologie: An ähnlichen Stellen wie *B. lunaria* und
oft mit dieser vergesellschaftet, doch wesentlich seltener. Sicher auch öfters übersehen oder für kleine
Formen von *B. lunaria* gehalten.

Allgemeine Verbreitung: Europa, Nordamerika,
Ostasien (Japan) fraglich. In Europa v.a. Ostsee-
Gebiet, nordwärts bis 65° n.Br., nordöstlicher Teil
von Mitteleuropa bis westliches Rußland, Alpen

(bis 2300 m), daneben einzelne Fundstellen z.B. in
den Pyrenäen oder auf Korsika. – Nordisch-kontinental.

Verbreitung in Baden-Württemberg: Nur einmal im
Nordschwarzwald beobachtet.

7318/1: Neubulach, Stratzel gegen Liebelsberg, ca. 600 m,
Buntsandstein. Hier einmal 1893 gefunden (leg. J. HERR-
MANN), insgesamt 18 Pflanzen. K. BERTSCH entdeckte
diese in einer Aufsammlung von *B. lunaria* (vgl.
K. BERTSCH 1951). Weitere Aufsammlungen von
J. HERRMANN enthielten keine Exemplare von *B. simplex*;

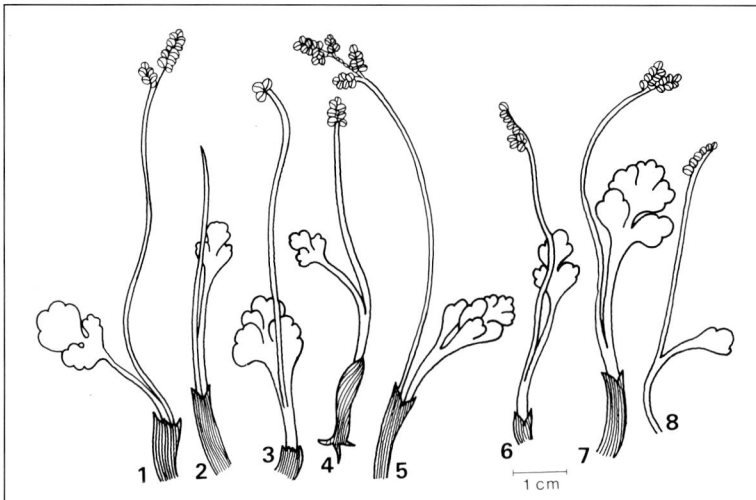

Einfache Mondraute
(*Botrychium simplex*)
Neubulach, nach BERTSCH
(1951): Pflanzen von
HERRMANN 1893 gesammelt,
Belege Herb. Bot. Inst.
Tübingen

106

Einfache Mondraute *(Botrychium simplex)*

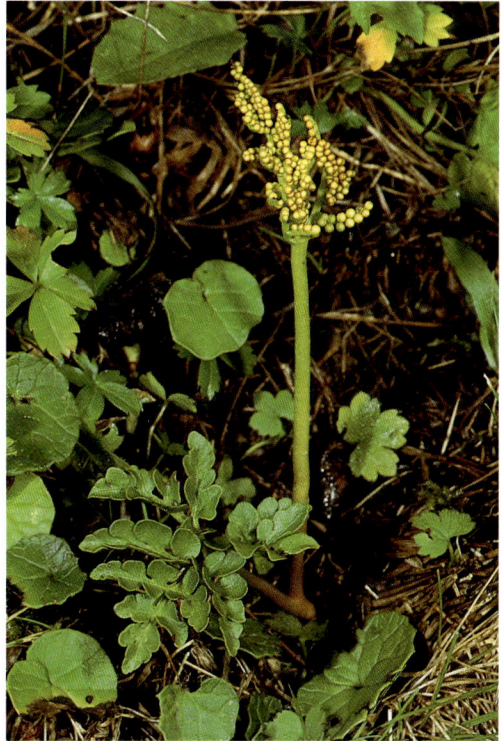

Vielteilige Mondraute *(Botrychium multifidum)*

die Pflanze wurde also nach 1893 nicht mehr beobachtet. – Nächste Fundstellen in Tirol, in den Schweizer Alpen und in Thüringen.

Bestand und Bedrohung: Die Pflanze gilt heute im Gebiet Baden-Württembergs wie auch der Bundesrepublik Deutschland als ausgestorben. Sie ist bzw. war in Mitteleuropa wie auch in anderen Teilen Europas immer selten.

4. Botrychium multifidum (S.G. Gmel.)
Rupr. 1859
Osmunda multifida S.G. Gmel. 1768
Vielteilige Mondraute

Morphologie: Geophyt, 5–25 cm hoch, alljährlich werden (im Gegensatz zu anderen einheimischen Arten) 2, gelegentlich auch 3–4 Blätter gebildet, diese im jungen Zustand weißlich und dicht behaart, später ± kahl, z.T. überwinternd, nicht sporentragender Teil des Blattes am Grund der Pflanze abgehend, gestielt, im Umriß dreieckig und meist breiter als lang, 2–3fach gefiedert. Sporentragender Teil den nicht sporentragenden weit überragend, doppelt gefiedert, im Umriß breit eiförmig bis breit dreieckig.

Ökologie: An ähnlichen Stellen wie *B. lunaria*, in kurzrasigen, offenen Wiesen, meist über kalkarmen, sauren Böden.

Allgemeine Verbreitung: Nordhalbkugel: Europa, Asien, Nordamerika, von der temperaten bis in die boreale Zone, in Skandinavien vereinzelt bis 70° n.Br., im atlantischen Europa weitgehend fehlend, im Osten deutlich seltener werdend; südwärts bis in die Alpen (hier bis ca. 1300 m) und Karpaten, ein isoliertes Vorkommen im Apennin. In Deutschland v.a. im östlichen Teil, im Gebiet eine isolierte Fundstelle an der Westgrenze der Verbreitung. – Nordisch-kontinental.

Verbreitung in Baden-Württemberg: Nur einmal im Schwäbisch-Fränkischen Wald beobachtet, erste Erwähnung bei MARTENS (1849: 97).

7026/2 (?): Fuggerhölzle bei Neunheim nahe Ellwangen, ca. 500 m. Kahle Waldstelle zwischen *Veronica officinalis* und *Hieracium pilosella*, 1822 in einem Exemplar von FRÖLICH entdeckt, später nicht mehr wiedergefunden. Das Exemplar (heute Herb. Tübingen) ist mit 6 cm Größe recht klein (vgl. BERTSCH 1951).

Isoliertes Vorkommen; nächste Fundstellen bei Regensburg, in der Oberpfalz und in den Vogesen (Tanneck, Hohneck, Grand Ballon). – Im Gebiet der Bundesrepublik vom Aussterben bedroht.

Protoleptofilicinae

Sporangien aus mehreren Epidermiszellen entstehend, mit einzellschichtiger Wand, Ring am oberen Ende des Sporangiums, Pflanzen mit dreischneidiger Scheitelzelle. Die Unterklasse umfaßt bei uns nur die Ordnung Osmundales mit der einzigen Familie Osmundaceae.

Osmundaceae

Rispenfarne
Bearbeiter: G. PHILIPPI

Kleine Familie mit drei Gattungen, insgesamt 15 Arten, in Europa nur eine Art.

1. Osmunda L. 1753

Rispenfarn

Sporangientragender Blattabschnitt rispenartig, feiner gefiedert als nicht sporangientragende Blätter, Sporangien knäuelig, an der Mittelrippe sitzend (ährig angeordnet). – Gattung mit 7 bzw. nach anderer Fassung 13 Arten, von denen in Europa eine vorkommt.

1. Osmunda regalis L. 1753

Königsfarn, Königs-Rispenfarn

Morphologie: Sommergrüner Hemikryptophyt, mit schräg verlaufendem, verzweigtem Rhizom, zahlreiche, bis 1,6 (2,0) m lange, aufrechte bis schwach überhängende nicht sporangientragende Blätter, lauchgrün, im Umriß breit eiförmig, mit langem Blattstiel, doppelt gefiedert, mit bis 5 cm langen und 1,5 cm breiten, kurz gestielten bis fast sitzenden, fast parallelrandigen Fiederchen, diese ganzrandig bis gekerbt; sporangientragende Blätter steif aufrecht, in der Mitte der Pflanze, im unteren Teil mit nicht sporangientragenden Fiedern, sporangientragende nur an der Spitze des Blattes, deutlich kürzer als die nicht sporangientragenden. – Sporenreife (im Gegensatz zu den meisten anderen einheimischen Farnen) Juni (bis Juli).

Ökologie: In kleinen Trupps an lichten bis schwach beschatteten (zu sonnige wie zu schattige Stellen meidend), an frischen bis feuchten, meist etwas durchsickerten, kalkarmen, sauren, meist auch basenarmen, humosen Sand- und Lehmböden. Meist

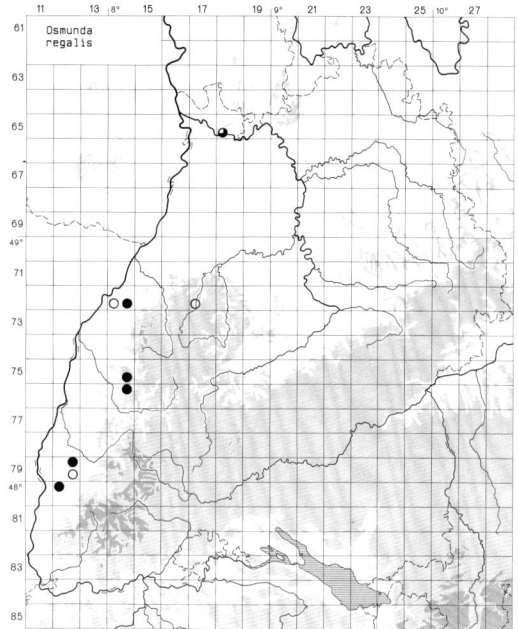

zusammen mit *Molinia caerulea, Frangula alnus, Blechnum spicant, Sphagnum palustre* u.a. in lichten Birken-Erlenbrüchern (Sphagno-Alnetum), hier als lokale Kennart, häufiger in trockenen Randsäumen dieser Gesellschaft gegen das Luzulo-Fagetum hin, an Wegböschungen oder an Grabenrändern. – Vegetationsaufnahmen vgl. OBERDORFER (1936, als synthet. Tab. 1957).

Allgemeine Verbreitung: Fast kosmopolitisch, nur in Australien und Südostasien fehlend. Vorkommen in Europa, Nord- und Südamerika, Afrika (bis Südafrika), Ostasien. In Europa in der mediterranen und temperaten Zone, v.a. im westlichen Europa, ostwärts vereinzelt bis zur Weichsel und bis nach Griechenland, nordwärts bis Schottland und Südschweden. – Atlantisches Florenelement, im Gebiet die Ostgrenze der Verbreitung erreichend. – Westlich des Rheines häufiger (Hagenauer Forst, Bienwald, Pfälzer Wald und angrenzende Teile der Vogesen); zur Verbreitung in der Pfalz vgl. G. SCHULZE (1965).

Verbreitung in Baden-Württemberg: An wenigen Stellen der Rheinebene und des Schwarzwaldes. Tiefste Fundstellen in der Rheinebene bei ca. 125 m, höchste im Schwarzwald bei ca. 650 m bei Oberharmesbach. – Die Art ist im Gebiet urwüchsig. Fossiler Nachweis aus dem Frühwürm bei Bad Wurzach (Sporen, FRENZEL 1978). Erster schriftlicher Hinweis bei SPENNER (1825: 15, Moos bei Freiburg).

Königsfarn *(Osmunda regalis)*
Tiengen bei Freiburg, 1991

Oberrheingebiet: Im Gebiet des Freiburger Mooswaldes an mehreren Stellen beobachtet: 8012/1: Mooswald bei Tiengen, von THOMANN und ZÄHRINGER um 1820 entdeckt, auch heute noch auf kleiner Fläche ein reicher, weit über 100 Stöcke umfassender Bestand, auch mit Jungpflanzen; 7912/4: Mooswald bei Lehen, BRAUN u.a.: DÖLL (1857), offensichtlich wenige Stöcke, die vor 1900 durch Ausgraben verschwunden sind; 7912/2: Mooswald zwischen Vörstetten und Benzhausen, A. SCHLATTERER, KLEIBER in OBERDORFER (1956), hier bis ca. 1960 an mehreren Stellen in einzelnen Stöcken, heute nur noch an eng begrenzter Stelle ca. 15 Stöcke. – In der Bühler Rheinebene: 7214/4: Abtsmoorwald bei Oberbruch, 1839 und 1847, DÖLL „an verschiedenen Stellen in Menge", „aber

jetzt infolge von Entwässerungsanlagen etwas weniger üppig", DÖLL (1857: 46), heute noch in ca. 5, relativ schwachen Stöcken vorhanden; 7214/3: Ulm bei Lichtenau, HIPP, SCHREIBER: DÖLL (1857), erloschen.

Odenwald: 6615/3: Tälchen zwischen Ziegelhausen bei Heidelberg und der Glashütte, ARNOLD: DÖLL (1857), erloschen; an der Mausbachwiese bei Ziegelhausen um 1960 in wenigen Stöcken beobachtet, DÜLL, WERTEL (KR-K), später erloschen.

Schwarzwald: 7217/3 (?): Enz bei Wildbad, im Fichtenwald, von FROMM um 1831 entdeckt, 1865 noch vorhanden, v. MARTENS u. KEMMLER (1882), später eingegangen; 7318/1; Neubulach, angepflanzt (vor 1900). – Neuerdings konnte *Osmunda regalis* im Mittleren Schwarzwald an

109

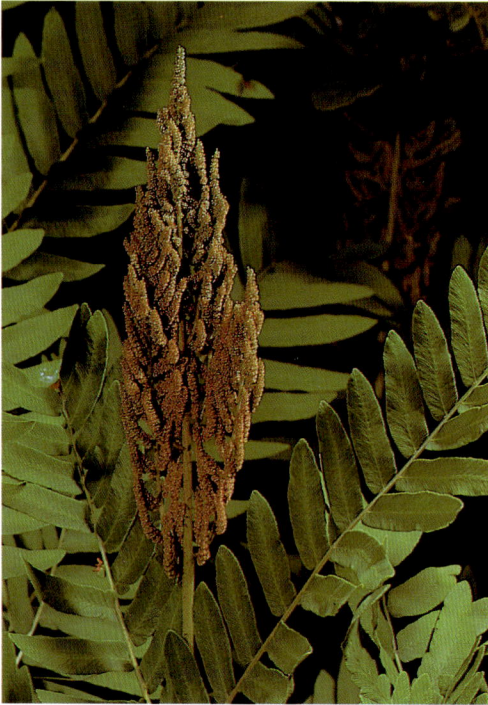

Königsfarn *(Osmunda regalis)*
Sporangienrispe. Tiengen bei Freiburg, 1964

Leptosporangiatae
Leptosporangiate Farne

Sporangien aus einer Epidermiszelle entstehend, mit einschichtiger Wand, Ring (Anulus) in der Mitte des Sporangiums (longitudinal oder äquatorial), Pflanzen mit dreischneidiger Scheitelzelle. – Wichtigste Farngruppe, weltweit insgesamt ca. 9000 Arten. – Die einheimischen Arten früher in einer Familie (Polypodiaceae) zusammengefaßt, neuerdings Aufgliederung in zahlreiche kleinere Familien. – Eine weitere Familie (Hymenophyllaceae, Hautfarne) bis in die nördlichen Vogesen reichend.

Cryptogrammaceae
Rollfarngewächse
Bearbeiter: G. Philippi

Blattstiel nur mit einem Leitbündel, sporangientragende Fiedern von den nicht sporangientragenden deutlich verschieden, sporangientragende durch den zurückgeschlagenen Blattrand halbstielrund. – In Europa durch eine Gattung vertreten.

1. Cryptogramma R. Br. 1823
Rollfarn

Gattung mit vier Arten (v.a. auf der Nordhalbkugel, eine Art in Südamerika).

1. Cryptogramma crispa (L.) R. Br. 1823
Osmunda crispa L. 1753; *Allosurus crispus* (L.) Bernh. 1806
Krauser Rollfarn

Morphologie: Hemikryptophyt, mit verzweigtem Rhizom, Blätter büschelig, frischgrün, zart, sommergrün, 2–4fach fiedrig eingeschnitten, bis 30 cm lang, Blattstiel länger als die Blattspreite, nur am Grund zerstreut mit hellen Spreuschuppen und Drüsen; nicht sporangientragende Blätter deutlich kürzer als die sporangientragenden, Blattspreite im Umriß verlängert dreieckig, Fiedern mehrfach eingeschnitten, doch nicht bis zu den Blattnerven, so daß sich die Spreite als schmaler Flügel weit herabzieht, Fiederenden stumpf, abgerundet. Sporangientragende Blätter zu mehreren in der Mitte des Stockes, Blattstiel hier bis 2–3mal so lang wie die

zwei Stellen von Schmidt entdeckt und von Fritz bestätigt werden: 7514/4: oberhalb Oberharmersbach, ca. 590 m, 7614/2: oberhalb Oberharmersbach, ca. 650 m, an beiden Stellen in kleinen, jeweils ca. 20 Stöcke umfassenden Populationen an quelligen Stellen über Buntsandstein. Gleichzeitig bemerkenswert hoch gelegene Fundstellen. Vgl. Fritz (1989).

Bestand und Bedrohung: Der Königsfarn gehört in Baden-Württemberg zu den stark gefährdeten Arten. Zwar sind die Pflanzen sehr langlebig und können über 50 Jahre alt werden. Doch verjüngen sie sich (obwohl überall Sporangien gebildet werden) sehr schlecht. Eine Verjüngung ist nur an feuchten bis nassen Stellen möglich.

So sind die *Osmunda*-Bestände in Baden-Württemberg auf längere Sicht durch Entwässerungen bedroht, vielleicht sogar stärker bedroht, als es im Augenblick erkennbar ist. Bei den Vorkommen bei Oberbruch und Vörstetten – Benzhausen ist keine Verjüngung zu beobachten. Zu dieser Gefährdung durch Entwässerung kommt eine (potentielle) durch Wildschweine, die die Rhizome herauswühlen, so in den Beständen des Pfälzer Waldes festzustellen, weiter eine durch Verbiß durch Rehe, die gerade in den kleinen Restpopulationen des Farnes auffällt.

Krauser Rollfarn *(Cryptogramma crispa)*
Oberried (Südschwarzwald), 1982

Blattspreite, mit eiförmigen Endabschnitten, deren Ränder nach unten umgerollt, so daß die Endabschnitte lineal (mit parallelen Rändern) erscheinen; Sori strichförmig, von den Blatträndern verdeckt, ohne Schleier. Zwischen sporangientragenden und nicht sporangientragenden Blättern gibt es Übergänge: teilweise im oberen Teil des Blattes sporangientragende Fiedern.

Ökologie: An lichtreichen, selten auch sonnigen, trockenen, kalkarmen, sauren Stellen, in konsolidierten Schutthalden zwischen Blöcken, auch in Felsspalten, sekundär vereinzelt in Blockmauern,

Kennart einer eigenen Gesellschaft: Cryptogrammetum crispae (Androsacion alpinae-Verband); Vegetationsaufnahmen vgl. OBERDORFER (1957).

Allgemeine Verbreitung: Nordhalbkugel in vier nahestehenden Sippen, die als Unterarten gewertet werden: Europa, Asien, Nordamerika. In Europa die subsp. *crispa,* v.a. in der borealen Zone (Skandinavien, hier nach Osten rasch seltener werdend, Großbritannien), Alpen (bis 2800 m), Pyrenäen, Kaukasus, französisches Zentralmassiv, Vogesen, Schwarzwald, Bayerischer Wald, Hohes Venn, früher auch Harz. – Boreo-alpin.

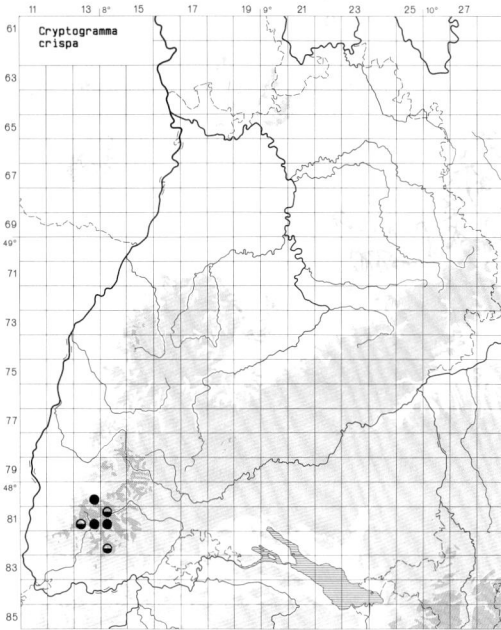

Bestand und Bedrohung: *Cryptogramma crispa* findet sich bzw. fand sich in schönen Beständen, zeigt im Gebiet wenig Neigung, Sekundärstellen wie Blockmauern zu besiedeln, auch wenn er bei Ibach und am Steinwasen in Blockmauern gefunden wurde. Wegen der geringen Ausdehnung der Vorkommen muß er als „potentiell gefährdet" angesehen werden. Hauptgefährdung durch Straßenbau.

Dennstaedtiaceae (Hypolepidaceae)

Adlerfarngewächse
Bearbeiter: G. Philippi

Blattstiel mit mehreren Leitbündeln, die sich oben zu einem U-förmigen Leitbündel vereinigen; Schleier zweilappig. – Familie mit 8 Gattungen, v.a. in tropischen Gebieten, in Europa nur eine Gattung.

Verbreitung in Baden-Württemberg:

Nur im Schwarzwald an wenigen Stellen, hier über Gneis. Häufiger in den Hochvogesen (Hohneck, Sulzer Belchen), hier auch auf Granit. Die Art ist im Gebiet urwüchsig (alt-einheimisch); die Vorkommen können als Glazialrelikte gedeutet werden. – Die erste Erwähnung findet sich bei Spenner (1825).

Schwarzwald: 8013/4: Oberrieder Tal zwischen Schneeberg und Steinwasen an mehreren Stellen, 570–860 m, hier bereits von Thomann und Zähringer um 1825 entdeckt (vgl. Spenner 1825), in Blockhalden und an Mauern; eines der Hauptvorkommen neuerdings durch Forststraßenbau großteils vernichtet; 8114/3: Herzogenhorn, Kriegshalde, zahlreiche Stöcke am Felsen, 1150 m, Schuhwerk in Philippi u. Wirth (1970). 8114/1: Baldenweger Buck, Kotte in K. Müller (1937), später nicht mehr beobachtet; 8113/3: Nordhang des Belchens, 1300 m, 1914, Lettau (KR-K), Binz (1922), Kotte in K. Müller (1937), später nicht mehr beobachtet; 8113/4: Halde oberhalb Brandenberg, 830 m, ca. 10 Stöcke, Sundermann, Rasbach (KR-K). 8113/4: Oberhalb Geschwend bei Todtnau, ca. 750 m, wenige Stöcke, Litzelmann (1963); 8214/3: Ibach, Zimmermann (1916), zwei Stöcke, Meigen in K. Müller (1937): „üppig in Blockmauern", später nicht mehr beobachtet; 8313/2: Wehratal nahe Kaiserfelsen, wenige Stöcke, 1987, Schuhwerk.

Das von Götz um 1900 entdeckte Vorkommen bei Siegelau (und bei Oberspitzenbach?) im Elztal (7813/2, ca. 600 m) geht wohl auf eine Anpflanzung von Götz zurück, der längere Zeit in Hofsgrund unweit des klassischen Vorkommens am Steinwasen als Lehrer tätig war (vgl. K. Müller 1937: 350, Götz 1902: 238). Über das weitere Schicksal des „einen großen Stocks" ist nichts bekannt.

1. Pteridium Scopoli 1760

Adlerfarn

Gattung mit einer Art, bei engerer Artauffassung mit 6 Arten.

1. Pteridium aquilinum (L.) Kuhn 1879

Pteris aquilina L. 1753
Gewöhnlicher Adlerfarn

Morphologie: Rhizomgeophyt, mit weit kriechendem, verzweigtem Rhizom, dieses bis 10 mm stark, schwarz, jährlich nur ein Blatt entwickelnd, Blätter bis 2 m lang (bei spreizklimmerartig wachsenden Pflanzen bis 4 m), sommergrün, sich spät entwickelnd (z.T. Ende Mai) und auch früh wieder vertrocknend (bereits im September), hellgrün, derb; Blattstiel so lang wie die Spreite; Blattspreite im Umriß dreieckig, unterseits flaumig; Fiedern 1. Ordnung gegenständig genähert, hier (v.a. im basalen Bereich) Nektarien, die während der Blattentwicklung eine zuckerhaltige Flüssigkeit absondern; Fiederabschnitte ganzrandig, gespitzt, mit umgerolltem Rand, beide Schleier gewimpert. Sporangien insgesamt selten zu beobachten, nicht alljährlich; Sporen werden nur „in guten Weinjahren" ausgebildet (Kirchner u. Eichler, 1882: II: 336).

Variabilität: Es werden zahlreiche Varietäten unterschieden (weltweit etwa 100). In Europa kommt nach Dostal (in Hegi 1984) nur subsp. *aquilinum*

Gewöhnlicher Adlerfarn *(Pteridium aquilinum)*
Glottertal, 1990

vor, mit zwei Varietäten: var. *aquilinum* mit behaarter Blattspindel, var. *latiusculum* (Desv.) Unterw. mit kahler Blattspindel, mehr nördlich verbreitet. OBERDORFER (1983) unterscheidet nach der Behaarung junger Schosse subsp. *aquilinum* (weiß behaart) und subsp. *capense* Allen (braun behaart). – Verbreitung und Ökologie dieser Kleinarten bleiben zu untersuchen.

Biologie: Die Nektarien werden von Ameisen besucht. A. SCHWABE-BRAUN (1980) stellte hier im Südschwarzwald *Lasius niger* und *Myrmica ruginodis* fest.

Ökologie: Herdenbildend an sonnigen bis (mäßig) beschatteten, kalkarmen, oft basenarmen, sauren, gern modrig-humosen Sand- und Lehmböden, von mäßig frischen, leicht wasserzügigen bis frischen Standorten reichend. Rhizom etwa in Tiefen von 0,2–0,5 m verlaufend, Pflanze durch Brandnutzung gefördert. – Vorkommen in naturnahen Waldgesellschaften v. a. im Buchen-Eichenwald (Fago-Quercetum petraeae) oder im Hainsimsen-Buchenwald (Luzulo-Fagetum), in beiden Gesellschaften leicht sickerfrische Standorte anzeigend, hier durch Auflichtung oder Nadelholzanbau (v.a. der Kiefer)

113

Gewöhnlicher Adlerfarn *(Pteridium aquilinum)*
Unterseite des Blattes. Schluchsee, 1965

Höchste Fundstellen im Südschwarzwald 1280 m (nach OBERDORFER), Schwerpunkt in aufgelassenen Weidfeldern in Höhen um 600–900 m; tiefste Fundstellen in der Rheinebene, ca. 100 m, hier auch in niederschlagsarmen Gebieten mit Niederschlägen um 700 mm pro Jahr.

Die Art ist im Gebiet urwüchsig, wenn auch viele Vorkommen als synanthrop anzusehen sind. Fossil ist der Adlerfarn als Spore seit dem Boreal (Urseemoor, LANG 1971) sowie vom Mindelsee (einzelne Funde im jüngeren Atlantikum, geschlossene Kurve ab Älterem Subatlantikum, LANG 1973) nachgewiesen. SCHLOSS (1978) stellte am Ruhstein (Nordschwarzwald) in den Abschnitten des Subatlantikum (IX und X) durchgehend Sporen von *Pteridium aquilinum* fest.

Der älteste literarische Nachweis findet sich bei DUVERNOY (1722: 62): „Im Bulgholtz-Gäßlein" bei Tübingen. Auch von HARDER wurde die Art vermutlich 1574–6 im Gebiet gesammelt (SCHORLER 1907: 82).

Bestand und Bedrohung: Der Adlerfarn ist im Gebiet insgesamt nicht bedroht, auch durch die moderne Forstwirtschaft nicht. Auf den Weidfeldern des Hochschwarzwaldes breitet er sich infolge nachlassender Nutzung aus. In den östlichen Landesteilen könnte er – nach den zahlreichen unbestätigten Fundstellen – etwas zurückgegangen sein. Hierauf deutet auch ein Hinweis von MAYER (1930: 8): „um Tübingen seltener werdend".

stark gefördert, weiter in Lichtungen von Nadelholzbeständen. Sekundärstandorte sind aufgelassene Weidfelder, hier durch vegetative Vermehrung unduldsame Herden bildend (Pflanze ist für das Vieh giftig). – Vegetationsaufnahmen aus (naturnahen?) Waldbeständen vgl. z. B. SEBALD (1974), aus Weidfeldern des Schwarzwaldes SCHWABE-BRAUN (1980); weitere Angaben zur Ökologie vgl. WILMANNS, SCHWABE-BRAUN u. EMTER (1979). – Bekämpfung des Farnes durch mehrfaches Schneiden (bis dreimal im Jahr); wichtig ist v. a. ein Schnitt im Juli–August, da um diese Zeit die meisten Nährstoffe aus dem Rhizom in die Wedel verlagert sind.

Allgemeine Verbreitung: Weltweit verbreitet, nur in tropischen wie in kalten Gebieten fehlend. In Europa vom Mittelmeergebiet bis Skandinavien und Finnland (nordwärts bis etwa zum Polarkreis). – In Europa: temperat-boreal, schwach subozeanisch.

Verbreitung in Baden-Württemberg: In kalkarmen Gebieten weit verbreitet. Schwarzwald, Odenwald, Schwäbisch-Fränkischer Wald häufig, etwas seltener in Keupergebieten entlang des Neckars. – Alpenvorland: v. a. Westallgäuer Hügelland und südöstliche Altmoräne, westliches Bodenseegebiet (auf entkalkten Lehmen). Selten in der Vorhügelzone des Schwarzwaldes sowie im Kraichgau auf entkalktem Löß. In der Rheinebene auf Flugsanden zwischen Rastatt und Schwetzingen-Mannheim verbreitet. – Schwäbische Alb: Nur im Gebiet des Braunjuras zerstreut, auf der Albhochfläche auf Decklehmen der Ostalb um Ulm.

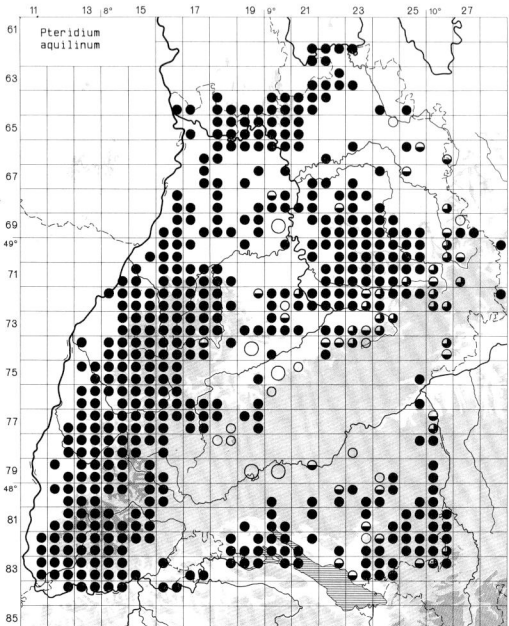

Thelypteridaceae

Lappenfarngewächse
Bearbeiter: G. PHILIPPI

Rhizom mit netzartig durchbrochenem Leitbündelrohr (Dictyostele), Blattstiel unten mit 3–7 Leitbündeln, die sich weiter oben zu 2 bandartigen Leitbündeln vereinigen. – Familie mit ca. 500 Arten, von denen in Europa 5 vorkommen. Im Gebiet 3 Arten, die z.T. auf 3 Gattungen verteilt werden.

1. **Thelypteris** Schmidel 1762
Lappenfarn

1 Blätter am Grunde stark verschmälert, Rhizom aufsteigend, Blätter büschelig 1. *Th. limbosperma*
– Blätter am Grund nicht verschmälert, Rhizom kriechend, Blätter einzeln 2
2 Blätter unterseits kahl (höchstens schwach behaart), hellgrün, dünn, unterstes Fiederpaar nicht deutlich zurückgeschlagen . . . . 2. *Th. palustris*
– Blätter deutlich behaart, mehr graugrün, ± derb, unterstes Fiederpaar deutlich zurückgeschlagen .
3. *Th. phegopteris*

1. **Thelypteris limbosperma** (All.) H.P. Fuchs 1959

Polypodium limbospermum Bell. ex. All. 1774;
Aspidium montanum (Roth) Aschers. 1859;
Dryopteris montana (Roth) O. Kuntze 1891;
Dr. oreopteris (Ehrh.) Maxon 1901;
Lastrea oreopteris (Ehrh.) Presl 1836:
Oreopteris limbosperma (All.) Holub 1969
Berg-Lappenfarn, Bergfarn

Morphologie: Hemikryptophyt, Rhizom, kurz, aufsteigend, Blätter dicht büschelig stehend, ± trichterig, hell- bis frischgrün, sommergrün, im Umriß lanzettlich, am Grund sich stark verschmälernd, bis 1 m lang, mit kurzem (bis 20 cm langem) Blattstiel. Blattstiel und unterer Teil der Blattspindel zerstreut bis spärlich mit gelben Spreuschuppen besetzt, Blattspreite einfach gefiedert, untere Fiedern ± gegenständig, unterseits auf der Spindel und auf den Fiederästen mit gelblichen Drüsen und weißen Härchen; Fiedern 1. Ordnung bis fast auf die Achse eingeschnitten, Fiederabschnitte undeutlich gekerbt, an der Spitze abgerundet, sporangientragende wegen der herabgebogenen Ränder etwas schmäler, so Sori dem Blattrand genähert, sich fast berühren, braunschwarz; Schleier am Rand gewimpert, bald abfallend. – Pflanze auch getrocknet mit apfelartigem Geruch.

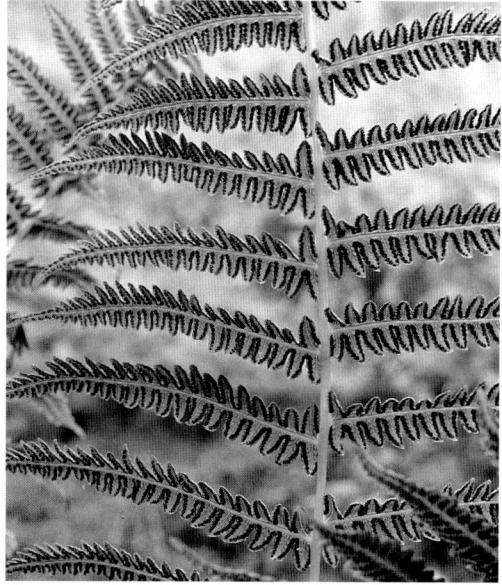

Berg-Lappenfarn *(Thelypteris limbosperma)*
Unterseite des Blattes. Notschrei (Südschwarzwald), 1963

Der Farn erinnert im Aussehen zunächst an *Dryopteris filix-mas*, läßt sich von diesem jedoch durch die Drüsen der Blattunterseite, die frischgrüne Farbe, die am Grund deutlich verschmälerten Blätter sowie durch die zwei Leitbündelstränge unterscheiden (bei *Dr. filix-mas* 3–5 Leitbündelstränge).

Ökologie: Gesellig an lichtreichen (doch nicht sonnigen) bis beschatteten, frischen (bis feuchten), gern leicht durchsickerten, kalkarmen, sauren, oft modrig-humosen Lehmböden. Zusammen mit *Luzula sylvatica, Athyrium filix-femina, Rubus idaeus* oder *Avenella flexuosa*. Vorkommen in Waldgesellschaften z.B. in Hainsimsen-Buchenwäldern (Luzulo-Fagetum) höherer Lagen, in Bergahorn-Buchenwäldern (Aceri-Fagetum), auch in *Sphagnum*-reichen Erlenwäldern (Sphagno-Alnetum), sekundär an Wegböschungen (hier Schwerpunkt des Vorkommens), in aufgelassenen Weidfeldern oder in Waldlichtungen, hier optimal in einer eigenen Hochstauden-Gesellschaft. Aufnahmen aus Wäldern vgl. z.B. BARTSCH (1940), SEBALD (1974, hier in Erlenwäldern), Aufnahmen der *Thelypteris limbosperma*-Gesellschaft vgl. MURMANN-KRISTEN (1987).

Allgemeine Verbreitung: Nordhalbkugel: Europa, Ostasien (selten, Nordjapan, Kamtschatka), westliches Nordamerika. In Europa v.a. in den ozeanischen Gebieten, nordwärts bis Mittelnorwegen (bis zum Polarkreis), ostwärts bis zur Weichsel, zu den Karpaten und zum nördlichen Jugoslawien, süd-

Berg-Lappenfarn *(Thelypteris limbosperma)*
Feldberg, Zastler Loch, 1980

wärts bis Norditalien und Pyrenäen, Kaukasus. – Temperat(-boreal) – subatlantisch.

Verbreitung in Baden-Württemberg: Kalkarme, regenreiche Gebiete zerstreut. Hauptvorkommen im Schwarzwald, hier von Tieflagen um 250 m bis in die Hochlagen verbreitet, besonders häufig in Buntsandsteingebieten. – Odenwald zerstreut, am Westrand selten, auch im östlichen Odenwald nur sehr vereinzelt. – Schwäbisch-Fränkischer Wald: Zerstreut. – Keuper-Gebiete entlang des Neckars: Selten. – Alpenvorland sehr zerstreut. – Selten in der Schwäbischen Alb und in der Oberrheinebene.

Niedrigste Fundstellen in der Oberrheinebene bei Durmersheim, ca. 120 m, höchste am Feldberg im Schwarzwald, ca. 1400 m.

Die Art ist im Gebiet urwüchsig. Die ältesten literarischen Hinweise finden sich bei SPENNER (1825: 7, Schwarzwald, und bei MARTENS (1825: 338, Alpirsbach).

Einzelangaben:

Oberrheinebene: Beobachtungen aus dem Mooswald bei Freiburg (7912/4, OBERDORFER 1951) und aus den Wäldern westlich Offenburg (7513/2, HENN in OBERDORFER 1951), weiter in Einzelstöcken an Wegrändern in den nordbadischen Sandgebieten: 7016/1: östlich Forchheim, 1986 (KR-K), 7015/4: östlich und südöstlich Durmersheim mehrfach, 1980, 1986 (KR-K) – Häufiger sind derartige

116

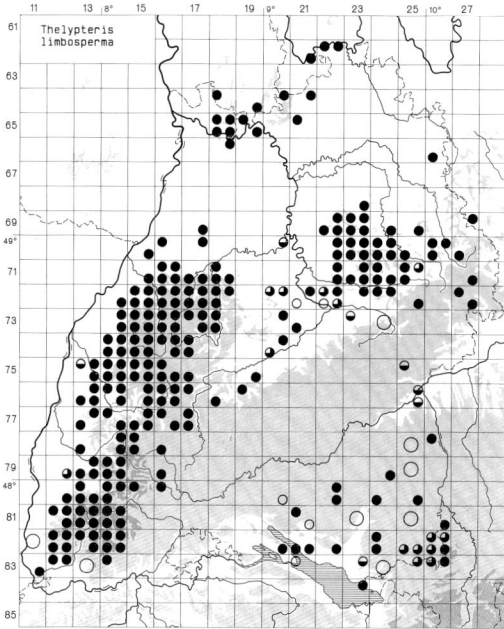

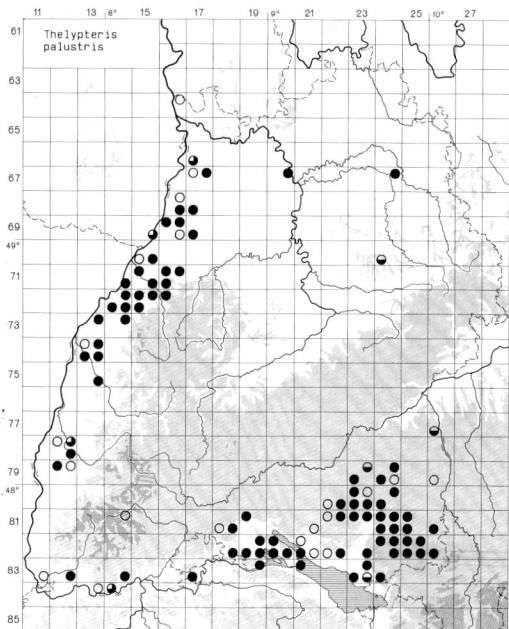

Vorkommen linksrheinisch in den Sandgebieten des Hagenauer Forstes und des Bienwaldes.

Schwäbische Alb: Verlehmte Hochfläche selten, so 7225/4: Südlich Bartholomä, Doline, 1971, HAUFF; mehrfach um Ulm, 7525/1: Tomerdingen, 7425/3 Luizhausen, vgl. K. MÜLLER, RAUNEKER.

Bestand und Bedrohung: Der Farn ist nicht bedroht. Isolierte Vorkommen an wenig naturnahen Standorten wie in den Sandgebieten der Rheinebene zeigen, daß er recht ausbreitungsfreudig ist.

2. Thelypteris palustris Schott 1834

Acrostichum thelypteris L. 1753; *Aspidium thelypteris* (L.) Sw. 1802; *Dryopteris thelypteris* (L.) A. Gray 1848; *Lastrea thelypteris* (L.) Presl 1836; *Nephrodium thelypteris* (L.) Strcmp. 1822
Sumpf-Lappenfarn, Sumpffarn

Morphologie: Geophyt, mit weit kriechendem Rhizom, Blätter einzeln, aufrecht, Blattstiel etwa so lang wie die Blattspreite; Blattspreite bis ca. 50 cm lang und 15 cm breit, hellgrün, dünn und zart, im Umriß lanzettlich, am Grund kaum verschmälert, Fiedern locker stehend, rechtwinklig abgehend, oben wechselständig, unten oft gegenständig genähert, unterseits auf der Blattspindel und auf den Nerven kurze Haare und einzelne Drüsen (zumindest an den jungen Teilen); Fiedern einfach, bis fast zur Rippe eingeschnitten, Fiederabschnitte mit parallelen Rändern, abgerundet bis stumpf gespitzt,

am Rand leicht wellig-kerbig; sporangientragende Wedel mit am Rand schmal umgebogenen Fiederabschnitten (dadurch etwas schmäler erscheinend); Sori gegen den Blattrand gerückt, sich zuletzt fast berührend, Schleier vorhanden, bald abfallend, am Rand drüsig bewimpert.

Ökologie: Lockere Herden an lichtreichen bis (mäßig) beschatteten, nassen (bis feuchten), auch längere Zeit flach überschwemmten, meist kalkarmen, doch basenreichen, schwach sauren (selten kalkreichen, schwach basischen), humosen Stellen, v.a. im mesotrophen Bereich, zusammen mit Großseggen (z.B. *Carex vesicaria, C. elata*, auch *C. acutiformis*), in Erlenwäldern, hier als Kennart des Carici elongatae – Alnetum genannt (derartige Vorkommen im Gebiet seltener), häufiger in lockeren, meist moosreichen Röhrichtgesellschaften mesotropher (selten auch eutropher) Gewässer, auch in Schwingrasen (z.B. im Caricion lasiocarpae) oder in brachgefallenen Feuchtwiesen, in Gräben von Calthion-Wiesen, hier gerade an lichtreichen (bis besonnten) Stellen oft mit Sporangien, während Pflanzen aus Erlenwäldern oder anderen stärker beschatteten Stellen keine Sporangien aufweisen. – Vegetationsaufnahmen aus Erlenwäldern vgl. OBERDORFER (1957, synthetische Tabellen), GÖRS (1969), LANG (1973, auch Frangulo-Salicetum cinereae), HÜGIN (1982), WINSKI (1983), aus Röhrichten vgl. GÖRS (1969: *Thelypteris palustris*-Gesellschaft), LANG (1973).

117

Sumpf-Lappenfarn *(Thelypteris palustris)*
Schreckensee (Oberschwaben), 1969

Allgemeine Verbreitung: Europa bis Vorderasien und Nordafrika, eine etwas abweichende Sippe (var. *pubescens* (Laws.) Fern.) in Ostasien und Nordamerika. Die in Europa heimische Sippe (var. *palustris*) v. a. im temperaten Gebiet (Mittelmeergebiet selten), nordwärts bis Südschweden und Finnland, v. a. im subkontinentalen Bereich, in den Alpen bis 1200 m.

Verbreitung in Baden-Württemberg: Alpenvorland, Oberrheingebiet, daneben einzelne Vorkommen in Gäulandschaften.

Niedrigste Fundstellen im Oberrheingebiet (ca. 100 m), höchst gelegene im Titiseemoor (8114/2, ca. 850 m, erloschen) bzw. im Westallgäuer Hügelland (600–700 m).

Die Art ist im Gebiet urwüchsig. Ein Sporenfund ist aus dem Boreal bekannt (Schopfloch, LANG 1952). – Der älteste literarische Hinweis findet sich bei VULPIUS (1791: 75): Solitude bei Stuttgart (7720). Angabe etwas fraglich, da in diesem Gebiet später kein *Thelypteris palustris* gefunden wurde (Verwechslung?). Nächste Nennung bei SPENNER (1825).

Oberrheingebiet: V. a. in der Rheinebene zwischen Offenburg und Rastatt, seltener auch zwischen Karlsruhe und Bruchsal. Nur ausnahmsweise in der Rheinniederung beobachtet. In der Freiburger Bucht noch an wenigen Stellen der Mooswälder: 8012/1: Tiengen, 7912/4: Lehen (hier inzwischen erloschen).

Schwarzwald: Nur in den Randgebieten, v. a. im Gebiet Malsch – Gernsbach – Baden-Baden, im Südschwarzwald: 8314/4: Schachen. Ältere Angaben vom Titiseemoor (8114/2), von Rippolingen und Jungholz (8413/2), erloschen.

Gäulandschaften: 6720/2: Zwischen Hüffenhardt und Haßmersheim, 1988, BREUNIG (KR-K); 6724/2: Moortopf bei Kügelhof, 1987, NEBEL (STU-K).

Keuper-Lias-Neckarland: Alte, unbestätigte Funde im Schwäbisch-Fränkischen Wald bei 7026/4 (?): Adelmannsfelden; 7024/3: Gschwend.

Alpenvorland: Hegau – Westlicher Bodensee vielfach, vereinzelt bis Hochrheingebiet: 8317/3: Baltersweil, KÜBLER (KR-K). Westallgäuer Hügelland vielfach, vereinzelt bis Nördliches Oberschwaben. Nach BERTSCH (1948) im württembergischen Bodenseegebiet 48 Fundstellen.

Bestand und Bedrohung: Wenn auch vielfach noch in reichen Beständen vorhanden, so ist ein Rückgang unverkennbar. Ursachen sind Entwässerungen oder (in landwirtschaftlich genutztem Gelände) Brachfallen der Flächen. Neuansiedlungen sind nicht bekannt; offensichtlich kann der Farn, der nur selten Sporangien ausbildet, nur schwer neue Standorte erobern. Insgesamt ist er als „gefährdet" einzustufen, wobei bei den isolierten Vorkommen eine größere Gefährdung zu vermuten ist.

3. Thelypteris phegopteris (L.) Slosson 1918

Polypodium phegopteris L. 1753; *Aspidium phegopteris* (L.) Baumg. 1846; *Lastrea phegopteris* (L.) Bory 1826; *Phegopteris polypodioides* Fée 1852; *Ph. connectilis* (Michx.) Watt 1870; *Dryopteris phegopteris* (L.) Christ. 1905
Buchenfarn

Morphologie: Geophyt, mit dünnem, weit kriechendem Rhizom, Blätter entfernt stehend, sommergrün, leicht graugrün, bis 50 cm lang, mit bis 30 cm langem Blattstiel; Blattspreite bis 20 cm lang, im Umriß länglich dreieckig, etwa doppelt so lang wie breit, unterseits auf der Spindel und auf den Blattnerven ± dicht, oberseits auf den Nerven locker behaart; Fiedern wechselständig bis gegenständig genähert (v. a. die unteren), die beiden untersten deutlich zurückgeschlagen, die in der Blattmitte rechtwinklig abgehend, Fiederabschnitte eiförmig, abgerundet, schwach kerbig gesägt. Sori klein, gegen den Blattrand gerückt, deutlich voneinander getrennt; Schleier bald verschwindend.

Ökologie: Lockere Herden an beschatteten bis lichtreichen, doch absonnigen, frischen, kalkarmen, sauren, oft modrig-humosen Lehmböden. Meist zusammen mit anderen Farnen wie *Gymnocarpium dryopteris*, *Thelypteris limbosperma* oder *Dryopteris filix-mas*, v. a. in montanen Buchen- und Buchen-Tannen-Wäldern, auch in artenreichen Tannen-Fichten-Wäldern (Pyrolo-Abietetum), in subalpi-

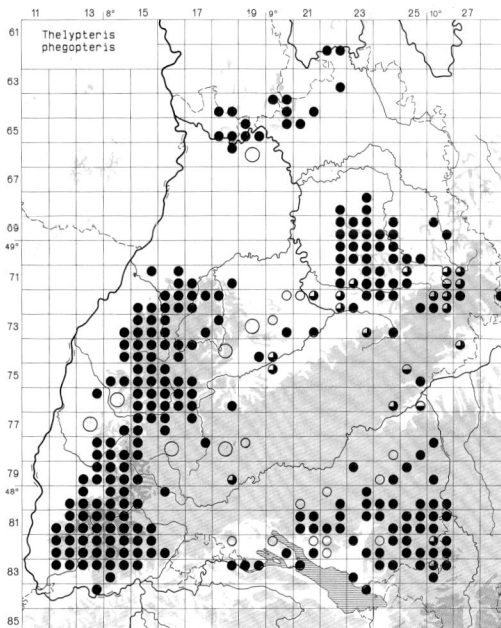

Buchenfarn *(Thelypteris phegopteris)*
Glottertal bei Freiburg, 1990

nen Hochstaudenfluren; meiste Vorkommen im Gebiet an Wegböschungen. – Vegetationsaufnahmen vgl. z. B. OBERDORFER (1938), BARTSCH (1940), SEBALD (1974).

Allgemeine Verbreitung: Nordhalbkugel: Europa, Asien, Nordamerika, jeweils mit Schwerpunkt in den borealen Gebieten, in Europa südwärts bis zu den Pyrenäen, Norditalien und Griechenland, in den bayerischen Alpen bis 1680 m, im Montafon bis 2500 m. – Boreal – temperat, schwach subozeanisch.

Verbreitung in Baden-Württemberg: In kalkarmen, niederschlagsreichen Gebieten weit verbreitet, ähnliches Verbreitungsbild wie *Gymnocarpium dryopteris* zeigend, doch stärker an niederschlagsreiche Gebiete gebunden und offensichtlich weniger ausbreitungsfreudig. – Schwarzwald verbreitet, nur im mittleren Schwarzwald seltener oder fehlend. – Odenwald zerstreut, im östlichen Teil deutlich seltener. – Schwäbisch-Fränkischer Wald verbreitet. – Alpenvorland zerstreut, v.a. im Westallgäuer Hügelland und im westlichen Bodensee-Gebiet. – Daneben wenige Fundstellen am Oberen Neckar und in der Schwäbischen Alb.

Niedrigste Fundstellen im Odenwald bei Weinheim (ca. 250 m) und am Main (ca. 200 m), im Schwarzwald Schwerpunkt des Vorkommens oberhalb 400–500 m, höchste Fundstellen am Feldberg, ca. 1350 m.

Die Art ist im Gebiet urwüchsig. Der älteste literarische Nachweis findet sich bei BAUHIN et al. (1651: 740–741): „in valle Griesbach" (7515).

Bestand und Bedrohung: In Baden-Württemberg nicht bedroht, im Gegensatz zu vielen anderen Farnen keine deutliche sekundäre Ausbreitung zu erkennen.

Aspidiaceae

Wurmfarngewächse
Bearbeiter: G. PHILIPPI

Rhizom mit netzartig durchbrochenem Leitbündelrohr (Dictyostele), Blattstiel mit 5–7 (selten 2) Leitbündeln. – Familie mit ca. 30 Gattungen und ca. 1000 Arten, auf der ganzen Erde vorkommend.

1   Blattspreite im Umriß dreieckig, etwa so lang wie breit, Schleier fehlend . . . . 1. *Gymnocarpium*
–   Blattspreite im Umriß eiförmig bis lanzettlich, mehrmals länger als breit, Schleier vorhanden . . 2
2   Schleier nierenförmig, seitlich angewachsen, sommergrüne bis wintergrüne Farne mit abgerundeten oder nur kurz dornig zugespitzten Fiederabschnitten . . . . 2. *Dryopteris*
–   Schleier schildförmig, in der Mitte angewachsen, wintergrüne Farne mit deutlich dornig zugespitzten Fiederabschnitten . . . . . . 3. *Polystichum*

1. Gymnocarpium Newman 1851

Eichenfarn, Ruprechtsfarn

Rhizom dünn, weit kriechend, Blattspreite im Umriß breit dreieckig, Schleier fehlend. – Gattung mit 6 Arten auf der Nordhalbkugel.

1   Blattspindel und Blattunterseite ohne Drüsen; unterste Fiedern etwa so groß wie die übrige Blattspreite; Blattspreite lichtgrün, ± dünn . . .
. . . . 1. *G. dryopteris*
–   Blattspindel und Blattunterseite dicht mit gelblichen Drüsenhaaren besetzt, Pflanze daher riechend; unterste Fieder viel kleiner als der Rest der die übrige Blattspreite; Blattspreite ± graugrün, ± derb . . . . 2. *G. robertianum*

1. Gymnocarpium dryopteris (L.) Newman 1851

Polypodium dryopteris L. 1753; *Aspidium dryopteris* (L.) Baumg. 1846; *Dryopteris linnaeana* Christensen 1905; *Dr. disjuncta* (Rupr.) Morton 1941; *Phegopteris dryopteris* (L.) Fee 1850; *Lastrea dryopteris* (L.) Newm. 1844
Eichenfarn

Morphologie: Geophyt, mit kriechendem Rhizom, Blätter locker stehend, bis 30 (40) cm groß, lichtgrün, zart, mit langem, gelblichem, oft etwas bläulich überlaufenem Stiel, bis 2–3mal so lang wie die Blattspreite, wie Blattspindel kahl; Blattspreite dreieckig, breiter als lang, 2–3fach fiedrig eingeschnitten; Fiedern gegenständig, Fiederchen stumpf, kerbig gesägt. Sori gegen den Rand der Fiederchen gerückt.

Ökologie: Lockere Herden an beschatteten (bis lichtreichen, doch nicht sonnigen), frischen, kalkarmen, sauren, oft modrig-humosen Lehmböden, v.a. in montanen Buchen- und Buchen-Tannen-Wäldern, hier im Gebiet vorzugsweise an Wegböschungen, an Blockstandorten in Humusdecken über Blöcken, Schwerpunkt in artenreichen Nadelholzbeständen (z.B. im Galio-Abietetum), gerade in tieferen Lagen oder in kalkreichen Gebieten durch Nadelholzkulturen in Ausbreitung, an Blockmauern oder (in höheren Lagen des Schwarzwaldes) in Lesesteinhaufen der Weidfelder, gilt als Trennart farnreicher Laubmischwälder luftfeuchter Schluchten (Luzulo-Fagetum dryopteridetosum

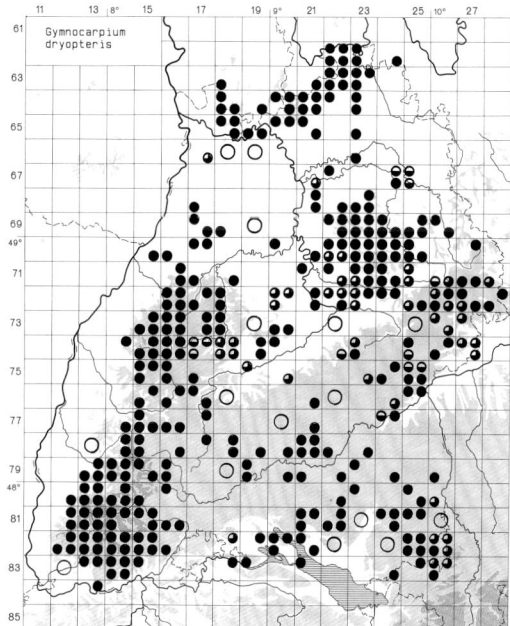

Eichenfarn *(Gymnocarpium dryopteris)*
Notschrei (Südschwarzwald), 1989

bzw. Asperulo-Fagetum dryopt.), die im Gebiet insgesamt selten zu beobachten sind. – Vegetationsaufnahmen: Vereinzelt in Waldaufnahmen des Schwarzwaldes (z. B. BARTSCH 1940, MURMANN-KRISTEN 1987), oder des Schwäbisch-Fränkischen Waldes (SEBALD 1974).

Allgemeine Verbreitung: Nordhalbkugel: Europa, Asien, Nordamerika, hier v. a. in den borealen Zonen, temperate Gebiete seltener und hier v. a. auf die Gebirge beschränkt, in Europa v. a. in den subozeanischen Gebieten.

Verbreitung in Baden-Württemberg: V. a. in kalkarmen Gebieten Schwarzwald verbreitet, hier nur im mittleren Schwarzwald seltener und offensichtlich gebietsweise fehlend, im Odenwald (bis zum Main), im Schwäbisch-Fränkischen Wald; zerstreut im Alpenvorland (nach BERTSCH (1948) im württembergischen Teil 56 Fundstellen) und in den Keupergebieten entlang des Neckars. Kalkgebiete selten oder fehlend; in der Schwäbischen Alb im Gebiet des Braunen Jura sowie auf den Decklehmen der Hochfläche. Gelegentlich auch in der Rheinebene (nur vorübergehend?). Insgesamt durch den Fichtenanbau in Ausbreitung.

Niedrigste Fundstellen in der Rheinebene bei 110–120 m, am Schwarzwaldfuß bei ca. 250 m, höchste am Feldberg, ca. 1300 m. Verbreitungsschwerpunkt in Höhen über 400–600 m.

Die Art ist im Gebiet urwüchsig (alt-einheimisch). – Der älteste Hinweis findet sich bei BOCK (1539: 160A): „Schwartzwalt".

Bestand und Bedrohung: Im Gebiet in reichen Beständen vorhanden und keineswegs bedroht. In Ausbreitung.

2. Gymnocarpium robertianum (F. G. Hoffm.) Newman 1851

Polypodium robertianum F. G. Hoffm. 1796; *Aspidium robertianum* (F. G. Hoffm.) Luerssen; *Dryopteris robertiana* (F. G. Hoffm.) Christensen 1905; *Lastrea robertiana* (F. G. Hoffm.) Newm. 1844
Ruprechtsfarn

Morphologie: Geophyt, mit kriechendem Rhizom, Blätter locker stehend, bis 60 cm hoch, grün bis leicht graugrün, ± derb, etwas wintergrün, Blattstiel bis 1,5mal so lang wie die Blattspreite;

Ruprechtsfarn *(Gymnocarpium robertianum)*
Wutachschlucht, 1991

Blattspreite länger als breit, bis 25 cm lang, jede Fieder kürzer als der Rest der Spreite, 2–3fach fiedrig eingeschnitten; Fiedern gegenständig, Fiederchen stumpf, kerbig gesägt. Sori klein, gegen den Rand der Fiederchen gerückt. Blattspindel und Fiederachsen sowie Unterseite der Fiederchen dicht drüsig, Drüsenhaare 0,05 mm lang, gelblich, kugelig, den eigenartigen Geruch der Pflanze verursachend.

Ökologie: An schattigen bis halbschattigen, sickerfrischen, kalkhaltigen Stellen, optimal in ± konsolidierten Schutthalden, hier als Kennart einer eigenen Gesellschaft (Gymnocarpietum robertianae, Verband Stipion calamagrostis), weiter auch in Felsspalten oder in Mauerfugen, hier zusammen mit *Asplenium ruta-muraria* oder *Cystopteris fragilis*. – Vegetationsaufnahmen vgl. KUHN (1937), SEBALD (1980, 1983).

Allgemeine Verbreitung: Nordhalbkugel, Europa, Asien (v.a. Ostasien), Nordamerika. In Europa nordwärts bis Nordnorwegen, im Mittelmeerraum selten (vereinzelt bis Nordafrika), nur in Kalkgebie-

123

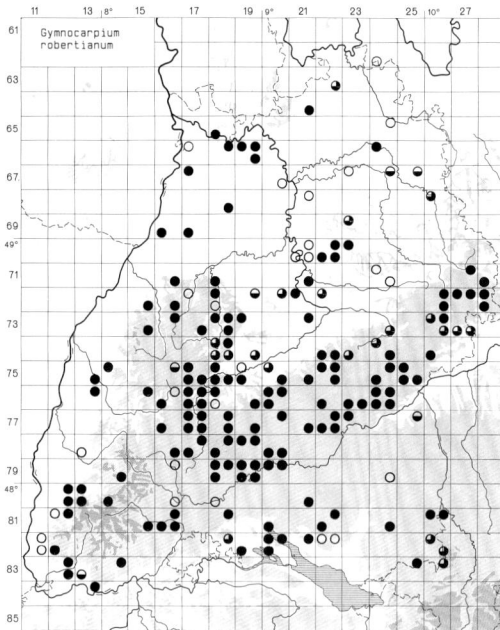

ten häufiger, in kalkarmen Gebieten seltener oder fehlend und deshalb in Mitteleuropa größere Verbreitungslücken zeigend, in den Alpen bis 2330 m. **Verbreitung in Baden-Württemberg:** Schwerpunkt in den Kalkgebieten: Schwäbische Alb, Oberes Nekkargebiet, Wutachschlucht, hier Vorkommen an natürlichen Wuchsorten. Im übrigen Gebiet zerstreut an Mauern, hier auch in kalkarmen Gebieten wie dem Schwarzwald oder dem Odenwald (gern an Burgruinen). Alpenvorland (v.a. im Allgäuer Hügelland und westlichen Bodensee-Gebiet). Gebiet um Stuttgart, meist auf Mauern, auf Muschelkalkfelsen fehlend, vgl. SEYBOLD (1968: 152). Schwäbisch-Fränkischer Wald (Einzelangaben vgl. SEBALD u. SEYBOLD 1973). In den Gäulandschaften auffallend selten, auch Oberrheinebene wenige Fundstellen.

Tief gelegene Vorkommen in der Oberrheinebene (ca. 110–120 m), hoch gelegene bei ca. 800–900 m.

Der Farn ist im Gebiet urwüchsig (gebietsweise dürfte die Pflanze jedoch als Archaeo- oder Neophyt anzusehen sein). – Der älteste literarische Nachweis findet sich bei GMELIN (1772: 323): „in sylva Blabyrensi proxima ruderibus arcis Rusenschlos" (7524).

Isolierte Funde: Östlicher Odenwald: 6421/4; Buchen, SACHS (1961); 6322/4: Hardheim, SACHS (1961); 6624/1: Dörzbach, St. Wendel am Stein, MEIEROTT (STU-K); Rheinebene: 6916/3: Karlsruhe, Schloßgartenmauer; 6717/1: Waghäusel, Eremitage, 1987 THOMAS (KR-K).

124

Bestand und Bedrohung: Insgesamt im Gebiet nicht bedroht, wenn auch örtlich infolge von Mauersanierungen zurückgehend. Vorkommen vielfach recht beständig; die Fähigkeit, neu geschaffene Stellen zu besiedeln, lange nicht so gut wie bei anderen Mauerfarnen. Lediglich bei isolierten Vorkommen ist eine potentielle Bedrohung anzunehmen.

2. **Dryopteris** Adans. 1763
Wurmfarn, Dornfarn

Blattstiel mit 7–17 Leitbündeln, Schleier seitlich angeheftet (nierenförmig). Gattung mit ca. 240 Arten, v.a. in der nördlich gemäßigten Zone sowie in den Gebirgen der Tropen.

1	Blatt einfach gefiedert, Fiederabschnitte nur kerbig eingeschnitten, ohne dornartige Zähne	2
–	Blatt doppelt bis mehrfach gefiedert bzw. fiedrig eingeschnitten, Fiederabschnitte mit dornartigen Spitzen	4
2	Sporangientragende Wedel länger und aufrechter als die nicht sporangientragenden, mit 10–20 Fiederpaaren, Blattstiel dünn, nur spärlich spreuschuppig, Blattspreite am Grund wenig verschmälert . . . . 4. *D. cristata*	
–	Sporangientragende Wedel wie nicht sporangientragende ausgebildet, Blatt mit 20–35 Fiederpaaren, Blattstiel dick (3–4 mm stark), ± dicht spreuschuppig	3
3	Blätter ledrig, überwinternd, Blattstiel und Blattspindel mit langen, oft bis zur Spitze dunklen Spreuschuppen besetzt, Schleier derb, Fiederspindel am Grund auf 3–7 mm Länge violettschwarz angelaufen (beim Trocknen oft verschwindend) 2. *D. affinis*	
–	Blätter kaum ledrig, nicht überwinternd, Blattstiel und Blattspindel mit hellen Spreuschuppen besetzt, Schleier dünn, Fiederspindel am Grund ohne violett-schwarze Zone . . . . . . 1. *D. filix-mas*	
4	Blätter zweifach gefiedert	5
–	Blätter drei- bis vierfach gefiedert, Fiederchen oft etwas gebuckelt	6
5	Blattstiel und Blattspindel mit einfarbigen, blassen Spreuschuppen spärlich besetzt, Spindel der Fiedern am Grund ohne schwarzblauen Streif, Fiederabschnitte mit langen Stachelspitzen . . . . 5. *D. carthusiana*	
–	Blattstiel und Blattspindel mit zweifarbigen Spreuschuppen, diese an der Basis rötlich bis dunkelbraun, am Rand hellbraun, Spindel der Fiedern am Grund auf 2–8 mm Länge schwarzblau, Fiederabschnitte mit kurzen Stachelspitzen 3. *D. remota*	
6	Blätter bis in den Winter grün, Fiedern dicht stehend, Sporen dunkelbraun, mit zusammenfließenden, stumpfen Höckern . . . . . . 6. *D. dilatata*	
–	Blätter hellgrün, bereits im Oktober absterbend, Fiedern locker stehend, Sporen hellbraun, mit getrennten, stachelartigen Höckern . 7. *D. expansa*	

Gemeiner Wurmfarn *(Dryopteris filix-mas)*
Feldberg, 1982

1. Dryopteris filix-mas (L.) Schott 1834

Aspidium filix-mas (L.) Sw. 1801; *Polypodium*
F. mas L. 1753
Gemeiner Wurmfarn

Morphologie: Hemikryptophyt, Rhizom kurz und dick, aufsteigend. Blätter dicht stehend, ± trichterig, dunkelgrün, derb, matt (bis schwach glänzend), sommergrün, an wintermilden Stellen z.T. auch überwinternd, bis 1,4 m lang, mit kurzem Blattstiel, dieser etwa ein Fünftel der Blattlänge erreichend, mit 6–8 Leitbündeln (vgl. *Thelypteris limbosperma*), ± dicht mit gelbbraunen Spreuschuppen besetzt; Blattspreite im Umriß länglich, nach unten wenig verschmälert, einfach gefiedert; Fiedern dicht stehend, mit länglichen Fiedern, rechtwinklig abstehend, meist bis nahe zur Mittelrippe eingeschnitten; Fiederabschnitte abgerundet, am Rand fein und spitz gesägt; Zähne nicht stachelspitzig. Sori dicht stehend, groß, der Mittelrippe genähert, bei der Sporenreife sich untereinander fast berührend; Schleier nierenförmig, bei der Sporenreife einschrumpfend und nach der Sporenreife bald abfallend. – Formenreiche Sippe (vgl. auch *Dr. affinis*).

Ökologie: An schattigen (bis halbschattigen), frischen bis mäßig trockenen, kalkhaltigen, basischen bis kalkarmen, sauren Lehmböden, schwacher

125

Mullbodenzeiger. In Laubmischwäldern weit verbreitet (Fagetalia-Art), nur in trockenen Ausbildungen des Luzulo-Fagetum oder im Luzulo-Quercetum fehlend, auf Kalkböden etwas seltener und hier deutlich frische-lehmige Stellen bevorzugend, auch gern in künstlichen Nadelholzbeständen, weiter an Wegböschungen, in Staudenfluren oder an Schutthängen, hier oft bestandsbildend, an Mauern. Insgesamt an ähnlichen Stellen wie *Athyrium filix-femina*, doch deutlich weniger frische Stellen bevorzugend. – In zahlreichen Vegetationsaufnahmen von Waldgesellschaften enthalten.

Allgemeine Verbreitung: Nordhalbkugel: Europa, Zentralasien, Nordamerika (v. a. im pazifischen Teil). Europa von Nordnorwegen bis in das Mittelmeergebiet verbreitet, ostwärts bis zum Kaukasus und Ural, im nordöstlichen Europa (nördliche Teile von Finnland und Nordrußland) selten.

Verbreitung in Baden-Württemberg: Weit verbreitet und meist häufig, nur Kalkgebiete seltener und örtlich auch fehlend, von den Tieflagen (Rheinebene 100 m) bis in die höheren Lagen des Schwarzwaldes (1400 m) reichend.

Die Art ist im Gebiet urwüchsig. – Älteste Nachweise: Spätglazial des Südschwarzwaldes und des Bodenseegebietes (Sporen, vgl. LANG 1952). – Er-

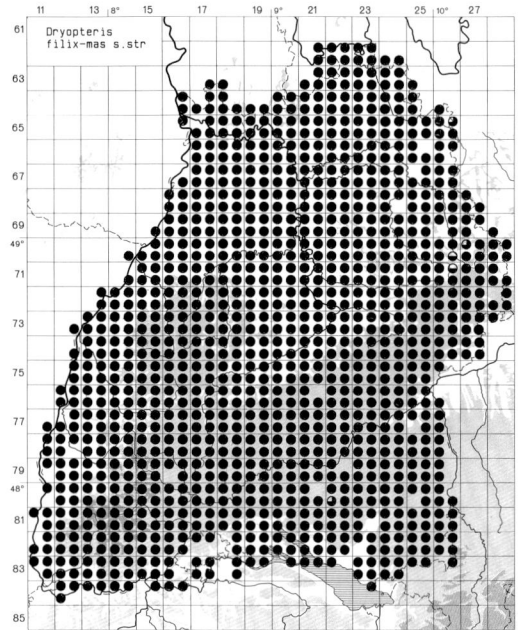

ster schriftlicher Hinweis: J. BAUHIN (1598: 204), Umgebung von Bad Boll (7323).

Bestand und Gefährdung: *Dryopteris filix-mas* ist im Gebiet nicht gefährdet. Isolierte Vorkommen an jungen Mauern zeigen, daß er recht ausbreitungsfreudig ist.

2. Dryopteris affinis (Lowe) Fraser-Jenkins 1979
Nephrodium affine Lowe 1838; *Dryopteris borreri* (Newm.) Newm. 1937; *D. paleacea* (Moore) Fomin 1911; *D. pseudomas* (Wolast.) Hol. et Pouz. 1967
Schuppiger Wurmfarn

Morphologie: Hemikryptophyt, Rhizom kurz, aufsteigend und oft etwas über die Bodenoberfläche reichend. Blätter trichterig, dunkelgrün, ± ledrigderb, wintergrün, matt bis schwach glänzend, bis 160 cm lang; Blattstiel kurz, etwa ein Fünftel der Länge der Blattspreite erreichend, wie Blattspindel dicht mit rotbraunen bis kastanienbraunen Spreuschuppen besetzt, diese an der Basis dunkel bis schwarz. Blattspreite im Umriß eiförmig-lanzettlich; untere Fiedern deutlich kürzer als die folgenden, einfach gefiedert; Fiedern meist dicht stehend (Ausn. subsp. *affinis*), bis fast zur Rippe eingeschnitten, unterseits locker spreuschuppig (v. a. im unteren Teil des Blattes); unterster Teil der Fiederrippe wie angrenzender Teil der Blattspindel blauschwarz bis schwarz (an Herbarexemplaren kaum

Gemeiner Wurmfarn *(Dryopteris filix-mas)*
Unterseite des Blattes. Kandel, 1967

Schuppiger Wurmfarn *(Dryopteris affinis* subsp. *stillupensis)*, triploide Sippe
Oberried (Südschwarzwald), 1982

zu sehen); Fiederabschnitte abgerundet, mit ± parallelen Seitenrändern, am Rand schwach, an der Spitze stärker kerbig eingeschnitten. Schleier ledrig, hart, mit den Rändern den Sorus umschließend, zur Sporenreife meist noch deutlich vorhanden.

Dryopteris affinis läßt sich im Gelände relativ leicht erkennen. Die starke braunrote bis kastanienbraune Beschuppung fällt v.a. im Frühjahr beim Ausrollen der Wedel auf; im Herbst ist die Art nach dem ersten Frost leicht von *D. filix-mas* zu unterscheiden: Sie hat dann noch grüne Wedel, während die von *D. filix-mas* rasch absterben.

Ökologie: Lichtreiche bis halbschattige, seltener auch schattige, frische bis mäßig feuchte, kalkarme, saure (bis schwach saure), (mild-) modrig humose Stellen, meist an schutt- oder blockreichen Hängen in luftfeuchter Klimalage, meist in Gebieten mit Niederschlägen über 1000 mm, v.a. im Gebiet v.a. im Tannen-Areal, im Asperulo-Fagetum und in frischen Ausbildungen des Luzulo-Fagetum, gern in farnreichen Staudenfluren an Wegböschungen. – Vegetationsaufnahmen mit *Dryopteris affinis* vgl. K. MÜLLER (1948), MURMANN-KRISTEN (1987).
Allgemeine Verbreitung: Europa, angrenzende Teile

127

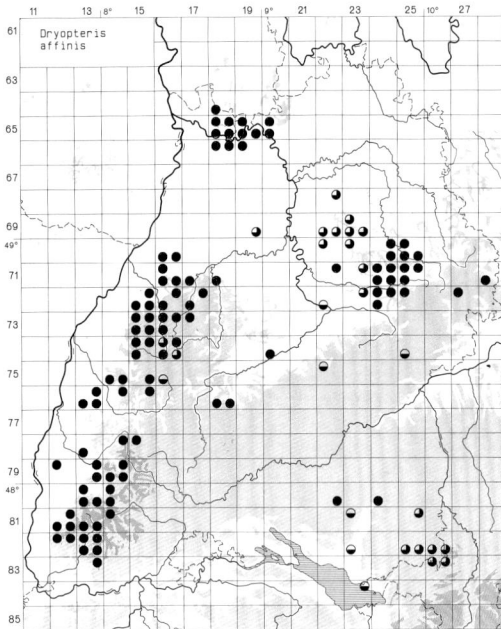

von Nordafrika, nördliche Türkei, Kaukasus und nördlicher Iran. In Europa v.a. im westlichen und südlichen Teil, nordwärts bis Westnorwegen (bis 63° n.Br.), ostwärts bis zur Tschechoslowakei, Polen, Rumänien, Ukraine. In Mitteleuropa Alpen (bis 2000 m, in den Nordalpen bis 1000 m), Mittelgebirge (ostwärts bis Bayerischer Wald, nordwärts bis in das Sauerland, selten auch in Niedersachsen). – In benachbarten Gebieten im Pfälzer Wald, im Spessart und in den Vogesen.

Verbreitung in Baden-Württemberg: Schwerpunkt des Vorkommens im Schwarzwald, hier weit verbreitet, von den Tallagen um 300 m bis über 1000 m (Belchen 1150 m, Feldberg nach K. MÜLLER bis 1350 m), Schwerpunkt in den Tälern der Westseite; in den Tälern der Schwarzwaldsüdseite selten und örtlich fehlend. – Kaiserstuhl, selten. – Odenwald, zerstreut. – Schwäbisch-Fränkischer Wald (vgl. RODI 1965), nach Beobachtungen von P. ALEKSEJEW weit verbreitet. – Schönbuch: Selten. – Schwäbische Alb und Vorland: Bisher erst an wenigen Stellen nachgewiesen, wohl etwas weiter verbreitet. – Alpenvorland: v.a. aus dem Westallgäuer Hügelland bekannt.

Die Verbreitungskarte fußt auf Herbarbelegen und mehr oder weniger zufälligen Beobachtungen; bei der Kartierung wurde die Art nicht erfaßt. Dazu kommt, daß lange Zeit Formen von *Dryopteris affinis* mit *D.* × *tavelii* verwechselt wurden (s.u.). So ist die Karte dringend ergänzungsbedürftig.

Die erste Erwähnung von *Dryopteris affinis* findet sich wohl bei DÖLL (1855: 27 als *Aspidium filix-mas* b. *subintegrum* (nach Beobachtungen vom Nordostabhang des Battert bei Baden-Baden. Später wurde *Aspidium filix-mas* var. *paleaceum* „in angenäherten Formen" von Baden-Baden und aus dem Zastler genannt und Formen aus dem Schwarzwald als subvar. *ursinum* beschrieben (ohne Diagnose, W. ZIMMERMANN 1916). Als eigene Art wird die Sippe in der baden-württembergischen Literatur erstmals von WOLF (1936, *Dryopteris paleacea* var. *borreri*) erwähnt, später von K. u. F. BERTSCH (1936) sowie von LÖSCH (1940).

Bemerkenswerte Einzelfunde: 7912/1: Kaiserstuhl, im Gagenhard, SCHLESINGER (KR-K), Liliental, HARMS (KR-K). – 7420/3: Tübingen, HARMS (STU, von FRASER-JENKINS als subsp. *affinis* bestimmt). – 7618/3, 7618/4: Haigerloch, HARMS (STU), von FRASER-JENKINS als subsp. *borreri* bestimmt). – 7522/1: Gütersteiner Wasserfall, 1938 (STU, von FRASER-JENKINS als subsp. *affinis* bestimmt).

Variabilität: Von *D. affinis* sind diploide und triploide Sippen bekannt (2n = 82, 2n = 123), wobei nach Untersuchungen in der Schweiz triploide Sippen am häufigsten sind. Die Vermehrung erfolgt apomiktisch, d.h. ohne Befruchtung: Prothallien bilden keine Archegonien aus, dagegen Antheridien. Sehr oft gibt es lokale Populationen mit eigenem Erscheinungsbild, die sich schwer oder gar nicht bei den hier ausgeschiedenen Sippen einordnen lassen.

Unterscheidung der Unterarten:

Schlüssel nach T. REICHSTEIN in OBERDORFER 1983

1 Fiederabschnitte locker stehend, deutlich voneinander getrennt (Abstand bis 2 mm), Schleier ledrig, bleibend . . . . a) subsp. *affinis*
– Fiederabschnitte dicht stehend, z.T. sich berührend 2
2 Fiederabschnitte seitlich eingeschnitten, Schleier bei der Sporenreife abfallend . d) subsp. *robusta*
– Fiederabschnitte seitlich nicht oder kaum eingeschnitten, Schleier bei der Sporenreife abfallend oder bleibend 3
3 Spreuschuppen rotbraun, schmal, Schleier oft mit Drüsen, bleibend . . . . . . b) subsp. *stillupensis*
– Spreuschuppen braun, Schleier ohne Drüsen, bleibend oder abfallend . . . . . . c) subsp. *borreri*

a) subsp. *affinis*: Diploide Sippe (2n = 82), im Gebiet in der var. *disjuncta* (Fom.) Fras.-Jenk., bekannt aus dem Nordschwarzwald um Baden-Baden und bei Herrenalb (RASBACH).
b) subsp. *stillupensis* (Sabr.) Fras.-Jenk.: Triploide Sippe (2n = 123), Schwarzwald.
c) subsp. *borreri* (Newm.) Fras.-Jenk.: Triploide Sippe, wohl die häufigste Sippe des Gebiets.
d) subsp. *robusta* Oberholzer et v. Tavel: Triploide Sippe, Schwarzwald.

128

Schuppiger Wurmfarn *(Dryopteris affinis* subsp. *affinis* var. *disjuncta)*, diploide Sippe
Herrenalb (Nordschwarzwald), 1984

Dryopteris × *tavelii*, tetraploide Sippe.
Die vorliegende Pflanze wurde von H. RASBACH und J.J. SCHNELLER zytologisch untersucht:
ca. 49 Chromosomenpaare und ca. 66 ungepaarte Chromosomen in der Meiose.
Herrenalb (Nordschwarzwald), 1984

Bestand und Bedrohung: Im Gebiet insgesamt nicht bedroht, auch wenn die Pflanzen (wie alle wintergrünen Farne) gern vom Wild (Gemsen) gefressen werden. Es bleibt zu untersuchen, ob bei den einzelnen Kleinarten eine unterschiedliche Gefährdung vorliegt.

1. × 2. Dryopteris × tavelii Rothmaler 1945
Dryopteris affinis (Lowe) Fras.-Jenk. × *D. filix-mas* (L.) Schott

Er findet sich regelmäßig zusammen mit den Stammeltern, doch insgesamt nur zerstreut. In ihrer Häufigkeit wurde diese Sippe früher wesentlich überschätzt. Die Merkmale sind intermediär; das wichtigste Merkmal sind die vorwiegend abortierten Sporen (mikroskopische Prüfung reifer Sporangien). – Je nach dem Elternteil gibt es pentaploide und tetraploide Sippen. Die pentaploide Sippe geht auf die triploide Sippe von *D. affinis* zurück, die tetraploide Sippe auf die diploide Sippe. Auf dem europäischen Kontinent sind v.a. pentaploide Sippen von *D. × tavelii* bekannt geworden; die tetraploide Sippe wurde erst einmal bei Herrenalb im Schwarzwald (7216/2) festgestellt. (vgl. RASBACH et al. 1973, hier auch Tabelle zur Unterscheidung von *Dryopteris × tavelii* von den Eltern).

3. Dryopteris remota (A. Braun) Druce 1908
Aspidium rigidum Hoffm. var. *remotum* A. Braun in Döll 1843; *Aspidium filix-mas* × *spinulosum* A. Braun et Döll 1855
Entferntfiedriger Wurmfarn

Morphologie: Hemikryptophyt, Rhizom kurz, aufsteigend. Blätter locker büschelig, dunkelgrün,

(etwas) wintergrün, ± ledrig-derb, steif aufrecht bis leicht überhängend, bis 90 cm lang; Blattstiel etwas ½(–¾) so lang wie die Blattspreite, v.a. am Grund dicht mit rotbraunen Spreuschuppen bedeckt, nach oben wie die Blattspindel zerstreut spreuschuppig; Blattspreite bis 65 × 20 cm, im Umriß verlängert dreieckig bis eiförmig; untere Fiedern nur wenig kürzer als die folgenden, Fiedern locker stehend, v.a. die unteren gegenständig genähert, Blattspreite im unteren Teil 2(–3)fach fiedrig eingeschnitten, gegen die Spitze 1(–2)fach; Rippe der Fiedern im unteren Teil sowie angrenzende Blattspindel blauschwarz gefärbt (bei Herbarexemplaren nicht mehr zu sehen, vgl. auch *D. affinis*), Fiederabschnitte im Umriß verlängert eiförmig, am Rand gesägt, Zähne mit kurzen Dornspitzen. Sori rundlich, mit derbem, lange bleibendem, die Sori seitlich umschließenden Schleier.

Dryopteris remota wurde lange Zeit als Bastard von *D. affinis* und *D. spinulosa* angesehen. Versuche, den Bastard herzustellen, schlugen fehl. Heute vermutet man eine Bastardentstehung aus der diploiden Sippe von *D. affinis* (oder einer verwandten Sippe) und einem anderen Partner, der nicht bekannt ist. *Dryopteris remota* pflanzt sich normal durch Sporen fort und ist so als „gute" Art anzusehen.

Dryopteris remota sieht ganz ähnlich wie *D. carthusiana* aus und ist nicht immer leicht anzusprechen. Ein erster Hinweis im Gelände gibt schon die Umrißform des Blattes: bei *D. remota* lang gestreckt, unteres Fiederpaar kürzer als die folgenden, bei *D. carthusiana* kürzer (höchstens doppelt so lang wie breit), unteres Fiederpaar deutlich länger

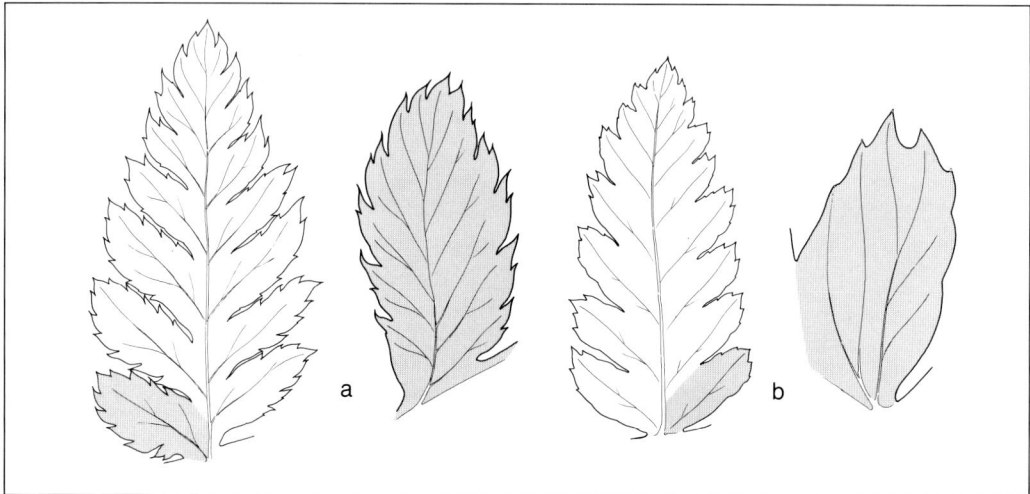

a: Dorniger Wurmfarn *(Dryopteris carthusiana)*. b: Entferntfiedriger Wurmfarn *(Dryopteris remota)*.
Jeweils die untersten Fiedern (Blattspindel nur angedeutet). *D. carthusiana*: Durmersheim bei Karlsruhe, *Dryopteris remota*: Wildbad (Nordschwarzwald). Zeichnung F. WEICK

Entferntfiedriger Wurmfarn (*Dryopteris remota*)
Wehratal, 1970

Verbreitung in Baden-Württemberg: Schwarzwald, vielleicht auch im Westallgäuer Hügelland noch aufzufinden.

Niedrigste Fundstellen bei Tennenbach (7813/3, ca. 300 m) und Baden-Baden (7215/4, ca. 300–350 m), höchste am Notschrei (Kreuzledobel, ca. 8113/1, ca. 1050 m).

Der Farn ist im Gebiet urwüchsig. Die erste Beobachtung geht auf A. BRAUN zurück, der die Art am 7. Juli 1834 am Geroldsauer Wasserfall bei Baden-Baden (7215/4) entdeckte (locus classicus); das Vorkommen konnte später nicht mehr wiedergefunden werden (DÖLL 1843). Zahlreiche Fundortsangaben aus dem Südschwarzwald gehen auf A. LÖSCH zurück (vgl. LÖSCH 1940: 208), während aus dem Nordschwarzwald nur wenige Fundmeldungen vorlagen (vgl. z.B. K. u. F. BERTSCH 1934).

Schwarzwald: Weit verbreitet, doch zumeist nur in kleinen, oft nur wenige Stöcke umfassende Populationen (oft nur 2–5 Stöcke). Der Farn läßt sich leicht übersehen. So hat diese Fundortszusammenstellung nur provisorischen Charakter. Beobachtungen, soweit nicht anders angegeben, PHILIPPI (KR-K). Die Zahl der Stöcke wird nur bei größeren Vorkommen sowie bei ganz kleinen mit 1–2 Stöcken aufgeführt. Bei „mittleren" Vorkommen mit 5–15 Stöcken fehlen nähere Angaben.

Die Fundstellen verteilen sich auf Gneis-, Granit- und Buntsandsteingebiete, ohne daß eine besondere Vorliebe für ein bestimmtes Substrat erkennbar wäre (Buntsandstein v.a. im Alb-, Enz- und Eyachgebiet, Granit im Murgtal, Gneise im Südschwarzwald.

als die folgenden. Der violettschwarze Spindelgrund der Fiedern ist nur an frischem Material gut zu sehen. – Sehr leicht und bereits aus großer Entfernung läßt sich *Dryopteris remota* im Frühsommer erkennen: die jungen, gerade entrollten Blätter zeigen das auffallende frische Grün (mit leichtem Olivton), das auch *D. affinis* auszeichnet.

Ökologie: An beschatteten (bis mäßig beschatteten), frischen, gern etwas sickerfrischen, auch an sickerfeuchten, basenreichen bis mäßig basenreichen, (mäßig) sauren, z.T. modrig-humosen, meist schutt- oder blockreichen Böden, meist in luftfeuchter Lage (gern in Bachnähe), zusammen mit *Impatiens noli-tangere, Galium odoratum* und *Lamium galeobdolon*, v.a. in frischen Ausbildungen des Buchen-Tannenwaldes (Asperulo-Fagetum), seltener auch im Aceri-Fraxinetum oder in Erlenwäldern, auch gern in farnreichen Staudenfluren, hier z.T. gern mit *Dryopteris affinis*. – Vegetationsaufnahmen: MURMANN-KRISTEN (1987).

Allgemeine Verbreitung: Europa, Asien (Kaukasus, Türkei); in Europa v.a. in Südwesteuropa: Nordspanien, Frankreich, Schweiz, Südwestdeutschland, Alpen, ostwärts bis zur Tschechoslowakei, Polen, Jugoslawien und Rumänien.

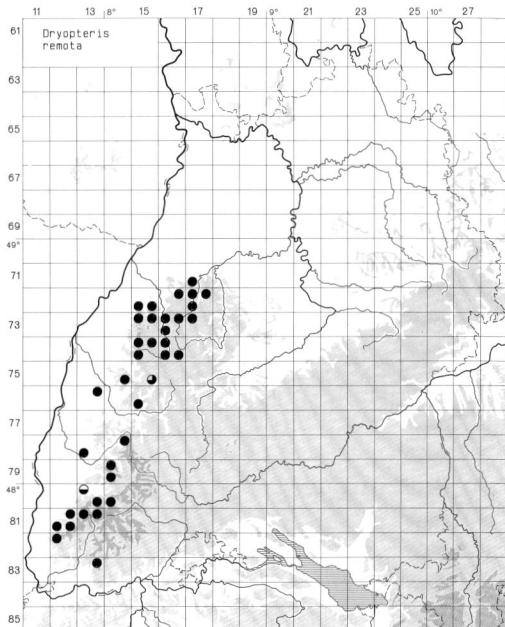

Entferntfiedriger Wurmfarn *(Dryopteris remota)*
Wehratal, 1980

Auffallend in dieser Zusammenstellung ist das Fehlen von Beobachtungen in den Tälern des Südschwarzwaldes zum Hochrhein hin (Albtal, Schwarza- und Schlüchttal). Vielleicht ist dieser Teil des Schwarzwaldes für *Dryopteris remota* zu warm und zu trocken, vielleicht hat man den Farn dort bisher einfach übersehen.

Nordschwarzwald: Albtal: 7216/2: Herrenalb, am Geißbrunnen, von SCHUMACHER (vor 1950) entdeckt, von RASBACH u. REICHSTEIN wieder bestätigt, reicher, ca. 30–40 Stöcke umfassender Bestand; 7216/2: Plotzsägmühle bei Herrenalb, an zwei Stellen, wenige Stöcke; 7117/3: südlich Langenalb – Conweiler und östlich Neusatz, je ein kleiner Stock.

Enzgebiet: 7316/2: östlich Enzklösterle, Fuchsklinge, 740 m, 1 Stock; 7317/1: Kälberbachtal oberhalb Wildbad, ca. 20 Stöcke; 7217/3: Wildbad, hier um 1900 schon von WÄLDE gesammelt (STU), im unteren Rollwassertal sowie südlich der Gulden-Brücke; 7216/2: südwestlich Dobel nahe der Stierhütte, 730 m, 1 Stock; 7216/2: Quellstelle westlich Dürreich, Kompaniebuckel, 25 Stöcke; 7217/1: südlich Lehenssägmühle; 7217/2: östlich Höfen, 1 Stock, 7217/2: Mannenbachtal, ca. 30 Stöcke, 7117/3: Ruine Straubenhardt, weiter Bahnhof Rotenbach, 1 Stock.

Nagoldgebiet: 7416/4: Igelsberg, nahe Wurstbrunnen, 1 Stock; 7317/2: zwischen Schmieh und Oberkollwangen, Lautenbachtal, ca. 15 Stöcke.

Murgtal: 7416/3: Klosterreichenbach, Ailbachtal; 7416/2: unterhalb des Huzenbacher Sees; 7415/2: Obertal nahe Jakobsbrunnen, 760 m, 3 Stöcke; 7415/2: gegenüber Schönmünz; 7416/1: Schönmünzach gegen Steingrundbach, reicher, über 50 Stöcke umfassender Bestand, 550–650 m; 7316/3: Rauhmünzach, Kaltenbach und Schlangenbrünnele, 660 m; Seebachtal westlich Schönmünzach mehrfach; 7316/1: südlich Forbach, Saubrunnenbächle; östlich Eckkopf; 7315/2: westlich Bermersbach, Wegscheid oberhalb Forbach gegen Schwarzenbachtalsperre, 740 m.

Gebiet von Acher, Bühlott und Oos: 7415/1: oberhalb Achert, 670 m; 7315/1: östlich Gasthaus Gertelbach, 1 Stock; 7215/3, 7215/4: Geroldsau bei Baden-Baden, an zahlreichen Stellen, ab ca. 320 m, ca. 50 Stöcke, „locus classicus", hier von A. BRAUN entdeckt, 1977 von H. u. K. RASBACH wiedergefunden, weiter im Oosbachtal bei Zwieselschlag.

Renchgebiet: 7415/3: Allerheiligen, unterhalb Hirschhalde; 7514/4: südlich Herlisries bei Bad Peterstal.

Kinziggebiet: im Gebiet von Alpirsbach von CHRIST gesammelt (vgl. K. u. F. BERTSCH 1934: 79). 7616/3: Teisenkopf bei Schenkenzell, ca. 40 Stöcke, WIMMENAUER (KR-K); 7515/4: Bad Rippoldsau, um 1967, SCHULZE (KR-K); 7514/4: oberhalb Oberharmersbach gegen Löcherberg.

Mittlerer Schwarzwald: 7613/2: Gereut oberhalb Reichenbach, RASBACH (KR-K). – Elzgebiet: 7814/2: Hinterprechtal; 7813/3: Westlich Tennenbach, ca. 300 m, RASBACH (KR-K), tiefst gelegene Fundstelle im Schwarzwald; 7914/3: Ränke im oberen Glottertal, RASBACH (KR-K).

Südschwarzwald: Von LÖSCH an zahlreichen Stellen gefunden, vgl. KNEUCKER (1935: 212), „z.T. zahlreich im Zastler- und St. Wilhelmer Tal, Münstertal, Wehra- und Kapplertal".

Dreisamgebiet: 8014/3: Höllental am Hirschsprung, LÖSCH, KNEUCKER (1935: 211), hier weiter bei Falkensteig. – Oberrieder Tal: 8013/4: Hohbrück, weiter im Tal gegen den Notschrei: 8113/2: Schmelzplatz, RASBACH (KR-K), 8113/1: Kreuzledobel unterhalb des Notschreis, ca. 1050 m, RASBACH (KR-K); höchste Fundstelle im Schwarzwald. – Die früheren Fundstellen von LÖSCH im Zastler lassen sich nicht genauer lokalisieren.

Münstertal: 8112/4: Westseite des Belchens im Stangenbodentobel, 8112/2: Pfaffengrund oberhalb St. Trudpert, 8113/1: Obermünstertal, Stampfe.

Klemmbachtal östlich Schweighof mehrfach; so: 8112/3, 8212/1: Rauhe Halden, bis 8212/2: Langenbuck südlich Sirnitz, ca. 950 m, hier ca. 50 Stöcke.

8313/2: Wehratal, LÖSCH, später von REICHSTEIN und RASBACH wieder bestätigt (KR-K).

Bestand und Bedrohung: *Dryopteris remota* ist insgesamt im Gebiet nicht bedroht, auch wenn es sich vielfach nur um kleine bzw. sehr kleine Populationen handelt. Allerdings wird der Farn gern von Gemsen verbissen; für die Vorkommen an schuttreichen Hängen der oberen Lagen könnte im Laufe der Zeit eine Bedrohung erwachsen.

4. Dryopteris cristata (L.) Asa Gray 1848
Polypodium cristatum L. 1753; *Aspidium cristatum* (L.) Sw. 1801
Kammfarn, Kammartiger Wurmfarn

Morphologie: Hemikryptophyt, Rhizom kriechend. Blätter in lockeren Büscheln, bis 70 (100) cm lang, dunkelgrün, sporangientragende Wedel aufrecht, in der Mitte des Stockes, größer als die nicht sporangientragenden, auch Fiedern schmäler und lockerer stehend, nicht sporangientragende etwas überhängend; Blattstiel etwa ein Drittel der Blattlänge (etwa halb so lang wie die Blattspreite), locker spreuschuppig; Blattspreite bis 10 cm breit, im Umriß verlängert eiförmig bis verlängert dreieckig, unterste Fieder kaum kürzer als die folgenden, einfach gefiedert; Fiedern locker stehend, ihre Fläche etwa senkrecht zur Gesamtfläche der Spreite (dadurch kammartiges Aussehen), Fiedern einfach bis doppelt fiederschnittig, mit abgerundeten Fiederabschnitten, gesägt, mit kurz dornigen Spitzen.

Ökologie: Lockere Gruppen an schwach beschatteten (bis schattigen), feuchten bis nassen, meist kalkarmen, doch basenreichen, nährstoffarmen, humosen Böden, oft auf Bruchwaldtorf. Begleitpflanzen z.B. *Thelypteris palustris, Carex acutiformis*, an offeneren Stellen *Salix cinerea* oder (an ärmeren Stellen) *Salix aurita*. Vorkommen in Erlenbrüchern, lokale Kennart des Carici elongatae-Alnetum, auch

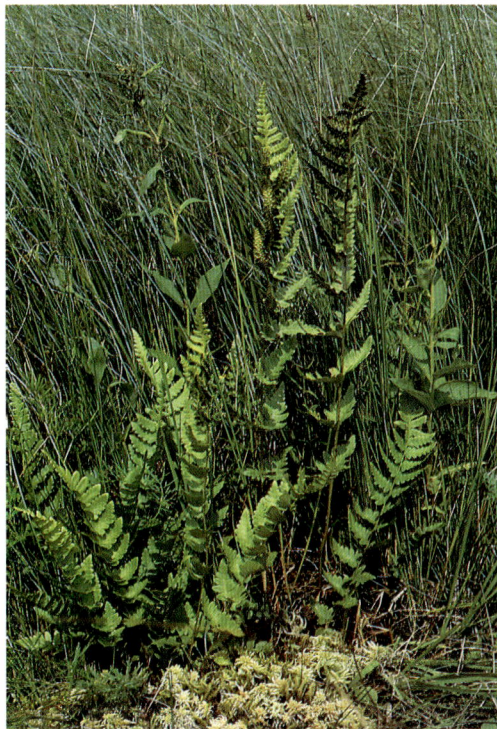

Kammfarn *(Dryopteris cristata)*
Unterhölzer Weiher bei Donaueschingen, 1990

in oder am Rand von Weidengebüschen mit *Salix cinerea* oder *S. aurita*, in offenen Röhrichten oder am Rand von Schwingrasen. – Vegetationsaufnahmen: In synthetischen Tabellen des Carici elongatae-Alnetum enthalten: OBERDORFER (1957, nach Aufnahmen aus der Oberrheinebene).

Allgemeine Verbreitung: Europa, Nordamerika. In Europa v.a. im Nordosten, in Skandinavien nur im Süden Schwedens und im Südosten Norwegens, Finnland bis 65° n. Br., Ostseegebiet, Ukraine, Gebiet des Baikalsees, Westgrenze über Dänemark, Nordwestdeutschland, Nordfrankreich, Oberrheingebiet – Vogesen, südwärts bis Norditalien, Slowenien und Ungarn. In Mitteleuropa zeigt *D. cristata* zwei Verbreitungsschwerpunkte: Norddeutsche Tiefebene und angrenzende Ostseegebiete, Alpenvorland (in den Mittelgebirgen selten). Im Gebiet die West- und Südwestgrenze der Verbreitung erreichend. – Boreal-kontinental.

Verbreitung in Baden-Württemberg: Schwerpunkt des Vorkommens im Alpenvorland, einzelne Fundstellen in der Baar, in der Schwäbischen Alb, im Neckargebiet und im Oberrheingebiet.

Tiefste Fundstellen in der Oberrheinebene, ca. 125 bzw. 225 m, höchste in der Baar, ca. 680 m.

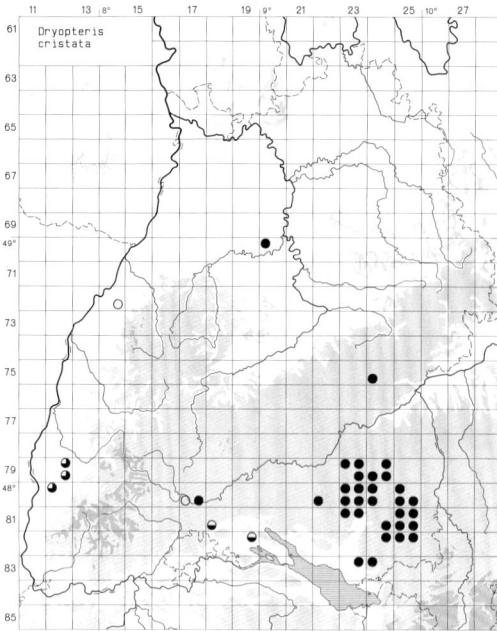

Die Pflanze ist im Gebiet urwüchsig. – Der erste richtige Hinweis findet sich bei SPENNER (1825: 8, Moos bei Lehen). Frühere Angaben bei GMELIN (1772: 322), VULPIUS (1791: 75) und WIBEL (1798) sind unrichtig.

Oberrheingebiet: Mooswälder bei Freiburg, 7912/4: Mooswald bei Lehen, 225 m, von SPENNER entdeckt, reiches Vorkommen, das bis etwa 1965–70 existierte, durch Entwässerung zerstört. Kleinere Vorkommen: 8012/1: Mooswald bei Tiengen, 1954; 7912/2: Mooswald bei Benzhausen, 1961. Beide Vorkommen erloschen. – 7214/4: Abtsmoorwald bei Oberbruch, 125 m, 1838, DÖLL (1843, 1857), später nicht mehr beobachtet.

Gäulandschaften: Mittlerer Neckar: 7920/1: Sersheimer Moor, KREH (1954: 2 Stöcke), noch ein Stock vorhanden (STU-K).

Baar: 8017/4: Unterhölzer Weiher – Birkenried bei Pfohren, noch immer reichlich, 680 m (höchst gelegene Fundstelle in Baden-Württemberg). – 8017/3: Hüfinger Ried, wenige Ex., 1887, ZAHN.

Schwäbische Alb: 7524/3: Seißen, spärlich, 1981, WEIDMANN, ALEKSEJEW, WALDERICH in SEBALD u. SEYBOLD (1982), RAUNEKER (1984).

Alpenvorland: Hier bereits von v. MARTENS u. KEMMLER von mehreren Stellen genannt (z.B. Ummendorfer Ried, Lindenweiher). BERTSCH (1948) nennt 12 Fundstellen, diese v.a. am Außenrand der Jungmoräne, während die Vorkommen im Jungmoränengebiet jeweils relativ wenige Stöcke umfassen. Beobachtungen nach DÖRR, ENDERLE u.a. (STU-K), vgl. die Zusammenstellungen von DÖRR (1980, 1981, 1982), so z.B. 7923/2: Federseegebiet, im Bannwald Staudacher in Menge, Steinhausener Ried, weiter ältere Beobachtungen im Oggenhausener Wald, 578 m; 7924/2: Ummendorfer Ried reichlich, 7924/4: Lindenwei-

her, sehr zahlreich am Westufer; 8022/3: Pfrunger Ried, Schnödenwiesen; 8023/1: Booser Ried bei Aulendorf; 8023/2: Laubbronnen westlich Aulendorf; 8023/3: Unteres Ried bei Waldsee, Ebenweiler See, Altshauser Weiher, Pfeifenhard südlich Malmishaus; 8023/4: Dolpenried; 8024/1: Haslach-Weiher, Schwaigfurter Weiher, zahlreich, nach BERTSCH (STU-K) weiter Hagnaufurt; 8024/3: Oberes Moos bei Waldsee, spärlich, Unteres Ried bei Waldsee; 8025/3, 4: Wurzacher Ried, weiter südlich Riedhöfe, 650 m; 8025/1: Oberschwarzach und Füramooser Moor. 8123/1: Blinder See; 8123/1, 2: Häcklerweiher; 8124/4: Breitmoos bei Wolfegg, spärlich, 650 m; 8125/1: Quelltöpfe der Haidgauer Aach; 8125/2: Unteres Ried bei Gospoldshofen; 8125/3: Alte Torfstiche bei Matzenweiler; 8125/4: Ellerazhofen, Rötsee-Moos bei Kißlegg; 8224/2: Riedgartmoos bei Rötenbach; 8225/1: Schurtannen südlich Kißlegg; 8323/2: Wasenmoos bei Meckenbeuren, spärlich; 8324/1: Herzogenweiher bei Spießberg.

Westliches Bodensee-Gebiet: 8219/2: Buchensee, 1921, ROSENBOHM: BARTSCH 1924, 8118/3: Binninger Ried; 1921, ROSENBOHM: BARTSCH 1924, zuletzt 1934, HÜBSCHER; Vorkommen erloschen.

Bestand und Bedrohung: Vorkommen im Alpenvorland sind offensichtlich wenig gefährdet; in allen übrigen Gebieten Baden-Württembergs ist er wegen der begrenzten Vorkommen stark gefährdet. In der Rheinebene ist er zwischen 1965 und 1970 ausgestorben. Ursache des Rückganges ist die Entwässerung; vielleicht spielt auch Eutrophierung der Standorte eine Rolle. Beim Rückgang des Farnes darf nicht vergessen werden, daß er im Gebiet die West- bzw. Südwestgrenze der Verbreitung erreicht.

Dryopteris × uliginosa
Lehen bei Freiburg (locus classicus), 1966

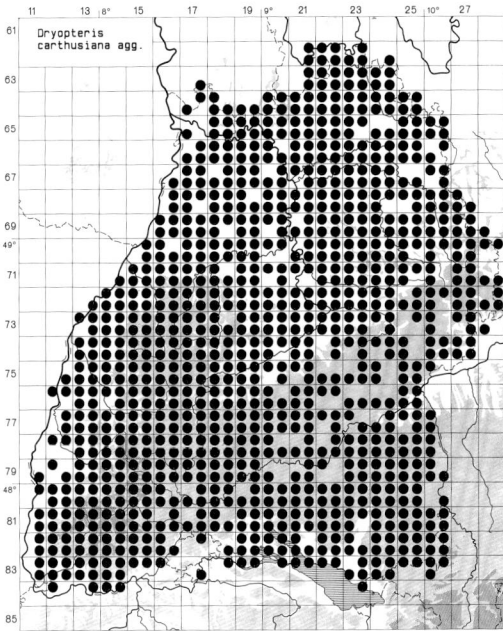

Dryopteris carthusiana agg.

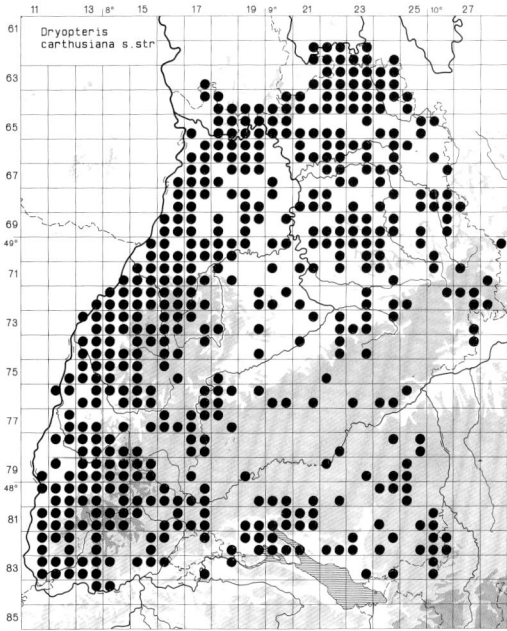

Dryopteris carthusiana s.str.

4. × 5. Dryopteris × uliginosa (A. Braun ex Döll) Druce 1908

D. carthusiana (Vill.) H.P. Fuchs × *D. cristata* (L.) A. Gray

Der Bastard tritt regelmäßig zusammen mit den Eltern auf. Sporangientragende Wedel sind weniger stark eingeschnitten als die von *D. carthusiana* und größer als die von *D. cristata*. *Dryopteris uliginosa* wurde von A. BRAUN (in DÖLL 1843: 17) als *„Aspidium spinulosum* b) *uliginosum"* beschrieben. Der „locus classicus" war der Mooswald bei Lehen (7912/4), hier zuletzt zwischen 1965–80; inzwischen erloschen.

Der Bastard wurde auch als *D. × boottii* (Tuckerm.) Underw. bezeichnet; diese Sippe stellt den Bastard von *D. cristata* und *D. intermedia* dar und ist auf Nordamerika beschränkt.

5. Dryopteris carthusiana (Vill.) H.P. Fuchs 1959

Polypodium carthusianum Vill. 1786; *Dryopteris spinulosa* (O.F. Müller) O. Kuntze 1891; *Aspidium spinulosum* (O.F. Müller) Sw.

Dorniger Wurmfarn, Dornfarn

Morphologie: Hemikryptophyt, Rhizom waagrecht bis aufsteigend. Blätter büschelig, ± frischgrün, später mehr graugrün, im Herbst meist absterbend, aufrecht bis leicht übergebogen, bis 70 (90) cm lang; Blattstiel so lang oder länger als die Blattspreite, spärlich mit hellbraunen Spreuschuppen besetzt, diese ohne dunklen Mittelstreif; Blatt ohne Drüsen auf der Unterseite des Blattstiels und der Blattspin-

del; Blattspreite im Umriß eiförmig bis verlängert dreieckig, unterste Fieder so lang (oder länger) wie die folgenden, Blattspreite bis doppelt bis dreifach fiedrig eingeschnitten, gegen die Spitze nur einfach fiedrig eingeschnitten, Fiedern locker stehend; Fiederchen eiförmig, am Rand scharf gezähnt, mit dornenartiger Spitze, flach (nicht gebuckelt). Sori bei der Sporenreife deutlich getrennt, unter 1 mm im Durchmesser, Schleier gezähnt, drüsenlos.

Ökologie: An beschatteten bis schattigen, frischen bis mäßig trockenen, seltener auch feuchten, kalkarmen, sauren, modrig-humosen bis anmoorigen, lehmigen bis sandigen Böden, insgesamt an ähnlichen Standorten wie *D. dilatata*, doch ärmere und trockenere Standorte bevorzugend, weniger an luftfeuchte Gebiete gebunden. Zusammen mit *Oxalis acetosella, Avenella flexuosa, Vaccinium myrtillus* u.a. in bodensauren Buchen- und Buchen-Eichen-Wäldern (Luzulo-Fagetum, Fago-Quercetum), auch in ärmeren Ausbildungen der Waldmeister-Buchenwälder (Asperulo-Fagetum), in Erlen- und Erlen-Eschen-Wäldern (Alnion, Alno-Padion), insgesamt durch Nadelholzanbau gefördert, in natürlichen Nadelholzbeständen (z.B. Vaccinio-Abietetum oder Bazzanio-Piceetum der Schwarzwaldhochlagen) seltener, wie alle Farne gern an Böschungen von Forststraßen, in Kalkgebieten gern auf Totholz oder epiphytisch (z.B. auf *Salix alba* in der Rheinaue).

Allgemeine Verbreitung: Nordhalbkugel: Europa,

Dorniger Wurmfarn *(Dryopteris carthusiana)*
Schwarzwald, 1990

6. Dryopteris dilatata (F.G. Hofmann) Asa Gray 1848

Polypodium dilatatum F.G. Hofmann 1796;
Aspidium dilatatum (Hoffm.) Sm.; *Dryopteris austrica* (Jacq.) Woyn. 1913
Breitblättriger Dorn- oder Wurmfarn

Morphologie: Hemikryptophyt, Rhizom aufsteigend bis aufrecht. Blätter büschelig, ± deutlich überhängend, dunkelgrün, ± wintergrün, bis 1,5 m lang; Blattstiel etwa halb so lang bis fast so lang wie die Blattspreite, v.a. am Grund reichlich mit hellbraunen Spreuschuppen besetzt, Spreuschuppen mit langem, dunklen Mittelstreif, schmal und lang zugespitzt; Blattstiel wie Blattspindel unterseits zerstreut mit kurzen Drüsenhaaren besetzt; Blattspreite im Umriß eiförmig bis verlängert dreieckig, etwa doppelt so lang wie breit, untere Fiedern nur wenig kürzer als die folgenden; Blattspreite in der unteren Hälfte dreifach fiedrig eingeschnitten, in der oberen Hälfte ein- bis zweifach; Fiedern locker stehend, Fiederabschnitte länglich, am Rand scharf gesägt, Zähne dornartig ausgezogen; Fiederchen oft (gerade an trockeneren Stellen) buckelig gewölbt. Sori bis 1 mm im Durchmesser, auch bei der Sporenreife getrennt; Schleier ohne Drüsen.

Ökologie: An beschatteten, frischen bis feuchten, meist kalkarmen, schwach sauren bis sauren, gern modrig-humosen Lehmböden, oft an schuttreichen Hängen, gern in luftfeuchter Lage, insgesamt an

Asien (Ostasien fehlend), Nordamerika. In Europa von Nordeuropa (Skandinavien und Finnland bis ca. 65° n.Br.) bis in die Gebirge des Mittelmeergebietes (Nordspanien, Norditalien, Jugoslawien und Albanien), nach Osten rasch seltener werdend, Alpen bis über 2600 m.

Verbreitung in Baden-Württemberg: Weit verbreitet und vielfach einer der häufigeren Farne. Schwerpunkt des Vorkommens in kalkarmen Gebieten, so im Odenwald, Schwarzwald und Schwäbisch-Fränkischen Wald, weiter im Alpenvorland und in der Rheinebene (in der Rheinniederung selten). Schwäbische Alb vereinzelt. Insgesamt zeigt das Verbreitungsbild eine deutliche Abnahme der Fundpunkte nach Südosten bzw. nach Osten.

Tiefste Fundstellen: Rheinebene, ca. 95 m, in Höhen über 1000 m deutlich seltener, doch bis ca. 1300 m zu beobachten (Feldberg).

Die Pflanze ist im Gebiet urwüchsig. – Der erste Hinweis findet sich bei MARTENS (1823: 248): Bopser bei Stuttgart.

Bestand und Bedrohung: Der Farn ist nicht bedroht. Neu geschaffene Stellen können von ihm rasch besiedelt werden. Durch den Nadelholzanbau wurde und wird er stark gefördert.

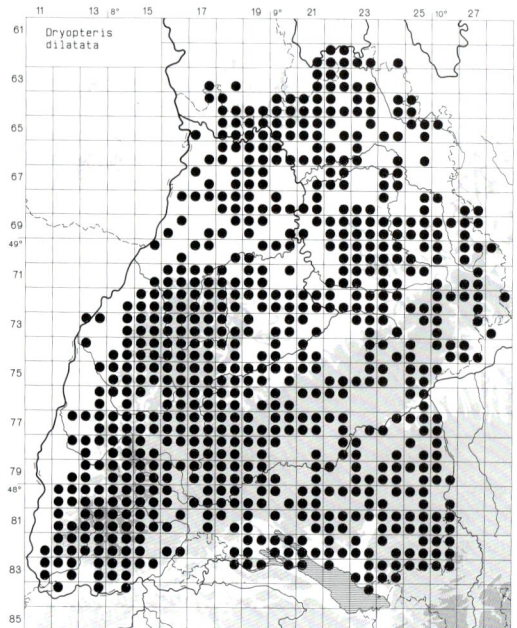

Breitblättriger Dornfarn (*Dryopteris dilatata*)
Feldberg, 1983

ähnlichen Stellen wie *D. carthusiana* und auch oft mit diesem vergesellschaftet, doch etwas reichere und v.a. frischere Standorte bevorzugend. In Buchen- und Buchenmischwäldern, z.B. im Luzulo-Fagetum nordexponierter Hänge, auch im Asperulo- oder Aceri-Fagetum, durch Nadelholzanbau begünstigt und hier oft in großen Herden, auch in natürlichen Tannen-Fichten- und Fichtenwäldern (z.B. Vaccinio-Abietetum, Luzulo-Abietetum oder Bazzanio-Piceetum), in tieferen Lagen seltener, hier z.B. gern in entwässerten Erlenwäldern oder in künstlich begründeten Nadelholzforsten, weiter an Wegböschungen oder in Hochstaudenfluren. – In zahlreichen Vegetationsaufnahmen, gerade aus kalkarmen Gebieten enthalten, so z.B. OBERDORFER (1938), BARTSCH (1940), K. MÜLLER (1948), SEBALD (1974) usw.

Allgemeine Verbreitung: Europa und vorderes Asien (Kaukasus, Iran); in Europa von Nord-Norwegen über West- und Mitteleuropa bis in die Gebirge des Mittelmeergebietes, nach Osten seltener werdend (bis Polen und westliches Rußland), in den Alpen bis über 2200 m. – Temperat-boreal, schwach subozeanisch.

Verbreitung in Baden-Württemberg: Weit verbreitet, in allen Landschaften Baden-Württembergs vorkommend und nur örtlich in kalkreichen oder in zu trockenen Gebieten seltener oder fehlend.

Tiefste Fundstellen in der Rheinebene um 100 m, hier deutlich seltener als *D. carthusiana*, höchste Fundstellen in den Hochlagen des Schwarzwaldes um 1400 m; in den Hochlagen deutlich häufiger als *D. carthusiana*.

Der älteste historische Nachweis findet sich bei SPENNER (1825: 10), nach Beobachtungen in der Umgebung von Freiburg.

Bestand und Bedrohung: Nicht bedroht. Durch Zunahme des Nadelholzanbaues in den letzten Jahrzehnten konnte sich der Farn stark ausbreiten.

5. × 6. Dryopteris × deweveri (Jansen) Jansen et Wachter 1934
D. carthusiana (Vill.) H. P. Fuchs × *D. dilatata* (Hoffm.) A. Gray

Ähnlich *Dryopteris carthusiana*, Sori mit drüsigem Schleier, teilweise auch Unterseite des Blattes (v.a. auf der Spindel und auf den Adern junger Blätter) dicht mit Drüsen besetzt, so daß sich die Pflanzen klebrig anfühlen.

Wird als nicht selten angegeben und auch für den Schwarzwald genannt (FRASER-JENKINS u. REICHSTEIN in HEGI 1984), zu den (wenigen) Vorkommen im Allgäu vgl. BENL u. ESCHELMÜLLER (1983), hier nächste Fundstelle: 8326/3: Zwerenberg östlich Harbatshofen.

Breitblättriger Dornfarn *(Dryopteris dilatata)*
Silhouette der Fiederchen letzter Ordnung aus der Mitte
der Blattspreite, links im Bild die Blattspindel.
Kt. St. Gallen (Schweiz), T. REICHSTEIN, Nr. 1273

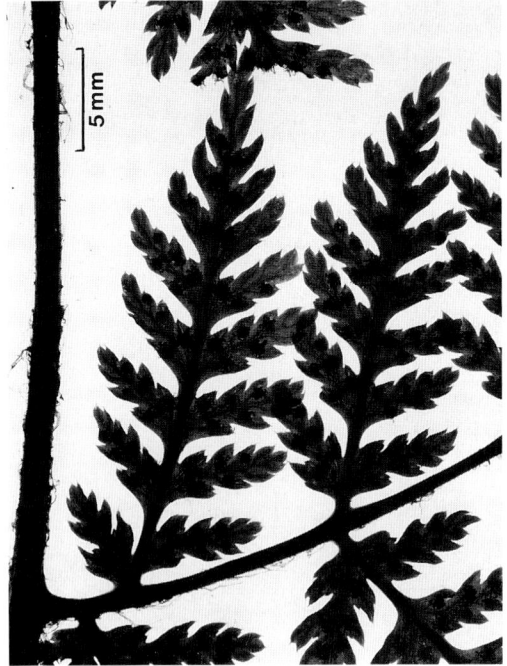

Feingliedriger Dornfarn *(Dryopteris expansa)*
Silhouette der Fiederchen letzter Ordnung aus der Mitte
der Blattspreite, links im Bild die Blattspindel
Kt. St. Gallen (Schweiz), T. REICHSTEIN, Nr. 302

7. Dryopteris expansa (C. Presl) Fraser-Jenkins 1977

Nephrodium expansum C. Presl 1825; *Dryopteris assimilis* Walker 1961
Feingliedriger Dornfarn

Morphologie: Hemikryptophyt, ganz ähnlich *Dryopteris dilatata*, mit bis 100 (150) cm langen Blättern, diese hellgrün (bis fast gelblichgrün), Fiederabschnitte entfernter stehend, relativ lang zugespitzt und oft leicht sichelförmig gebogen (bei *D. dilatata* im Umriß mehr rechteckig), mit kleinen, allmählich auslaufenden Zähnen (bei *D. dilatata* kräftige Zähne, die plötzlich in einer Spitze zusammengezogen sind. Sporen hellbraun (loh- bis bernsteinfarben), mit wenig deutlich hervortretenden Perisporleisten (bei *D. dilatata* dunkelbraun, undurchsichtig, mit deutlich hervortretenden Perisporleisten). Blätter bereits im Frühherbst (September/Oktober) absterbend (Blätter von *D. dilatata* sind um diese Zeit noch grün). – Diploide Sippe, $2n = 82$.

Die Ansprache von *Dryopteris expansa* im Gelände bereitet Schwierigkeiten; bei Herbarpflanzen ist eine sichere Bestimmung nicht immer möglich.

Ökologie: Ähnlich *Dryopteris dilatata* und auch meist zusammen mit dieser Art, doch feuchtere Stellen bevorzugend, auf kalkarmen, sauren, humosen Böden, zusammen mit *Polytrichum commune, Sphagnum nemoreum, Blechnum spicant* oder *Lycopodium annotinum* in Fichtenwäldern montaner Lagen (Bazzanio-Piceetum), in Norddeutschland auch in Birkenbrüchern beobachtet.

Allgemeine Verbreitung: Nordhalbkugel: Europa, Asien, Nordamerika; in Europa von den Gebirgen des nördlichen Mittelmeergebietes bis Nordeuropa, ostwärts bis zum Ural, in den Alpen von 580 bis über 2000 m bekannt. In Mitteleuropa in den Gebirgen, v.a. Alpen, Schwarzwald, Vogesen, Thüringer Wald; Verbreitung insgesamt noch ungenügend bekannt.

Verbreitung in Baden-Württemberg: Sichere Vorkommen sind nur aus dem Südschwarzwald bekannt.

Südschwarzwald: Hier 1956 von DÖPP im Feldberggebiet (Zastler, 8114/1, ca. 1200 m) entdeckt und zytologisch geprüft (vgl. DÖPP 1958); weitere Fundstellen: 8113/2: Notschrei, Kreuzletobel, ca. 1050 m, RASBACH (KR-K), 8114/1: Feldberg, Feldseekessel, ca. 1150 m, RASBACH (KR-K, vgl. Photo von RASBACH in OBERDORFER (1982: 47)), an

Feingliedriger Dornfarn *(Dryopteris expansa)*
Notschrei (Südschwarzwald), 1981

den Fundstellen jeweils in größeren Populationen. Sicher in den Hochlagen des Schwarzwaldes weiter verbreitet. – Im Allgäu zahlreiche Vorkommen im bayerischen Gebiet, so z.B. 8226/2: Geißertobel nördlich Häfeliswald, 8326/2: Roßsteigwald südlich Wengen, vgl. dazu BENL u. ESCHELMÜLLER (1983). Vielleicht auch im baden-württembergischen Teil nachzuweisen.

Bestand und Bedrohung: Keine Bedrohung erkennbar.

6. × 7. Dryopteris × ambroseae Fraser-Jenkins et Jermy 1977
D. dilatata (Hoffm.) A. Gray × *D. expansa* (C. Presl) Fraser-Jenkins

Bastard bildet sich regelmäßig dort, wo die Eltern zusammen vorkommen, fällt durch kräftigeren Wuchs auf, Sporen abortiert.
Vorkommen im Südschwarzwald, benachbart im Allgäu (vgl. BENL u. ESCHELMÜLLER 1983).

3. **Polystichum** Roth 1799

Schildfarn

Schleier rund, in der Mitte angewachsen (schildförmig). Meist wintergrüne Farne mit derben Blättern, Fiedern bzw. Fiedern 2. Ordnung am Grund mit einem Zahn auf dem der Achse abgewandten Seite. – Gattung mit ca. 225 Arten (vorwiegend gemäßigte Gebiete der nördlichen Halbkugel und Gebirge der Tropen), in Mitteleuropa wie in Baden-Württemberg 4 Arten.

1 Blätter einfach gefiedert, mit sichelförmigen, nicht eingeschnittenen Fiedern . . . . . . 1. *P. lonchitis*
– Blätter doppelt gefiedert oder fiedrig eingeschnitten 2
2 Blätter auf der Oberseite behaart, Pflanze olivgrün, weich, ± sommergrün (bis wintergrün), Fiederchen weichdornig . . . . 4. *P. braunii*
– Blätter oberseits kahl, Pflanze grün bis dunkelgrün, ± wintergrün, Fiederchen scharfdornig . . 3
3 Blattspreite am Grund deutlich verschmälert, dunkelgrün, glänzend, deutlich wintergrün, Fiederchen spitzwinklig abstehend (vorwärts gerichtet), Fiederchen allmählich in die Dornspitze verschmälert, Schleier derb, bleibend . . . 2. *P. aculeatum*
– Blattspreite am Grund kaum verschmälert, matt, leicht bläulichgrün, undeutlich wintergrün, Fiederchen rechtwinklig abstehend, plötzlich in die Dornspitze verschmälert, Schleier zart, hinfällig .
3. *P. setiferum*

1. **Polystichum lonchitis** (L.) Roth (1789) 1799

Polypodium lonchitis L. 1753; *Aspidium lonchitis* (L.) Sw. 1802
Lanzenfarn, Lanzen-Schildfarn

Morphologie: Hemikryptophyt, mit kurzem Rhizom. Blätter büschelig, oberseits dunkelgrün, glänzend, unterseits etwas graugrün, ± matt, im Gebiet meist bis 30–40 cm lang und bis 6 cm breit (in den Alpen bis 50–60 cm lang), im Umriß schmal lanzettlich, nach unten sich verschmälernd, Blattstiel kurz, bis 7 cm lang, Blattstiel und Blattspindel (v.a. im unteren Teil) mit Spreuschuppen besetzt; Blatt einfach gefiedert, Fiedern ungeteilt, sichelförmig, kurz gestielt, oberseits mit bleichen Spreuschuppen. Sori nur in der oberen Blatthälfte, in zwei Reihen dicht stehend, im Durchmesser ca. 1,5 mm.

Bemerkung: Junge Pflanzen sind oft schwer von denen des *Polystichum aculeatum* zu unterscheiden und gelegentlich Anlaß von Fehlbestimmungen.

Ökologie: An mäßig beschatteten bis beschatteten, gern etwas sickerfrischen, kalkarmen, sauren (doch basenreichen) bis kalkreichen, basischen Böden, zwischen Blöcken, auf Lehmböden in lückigen Bergahorn-Wäldern und Schluchtweiden-Gebü-

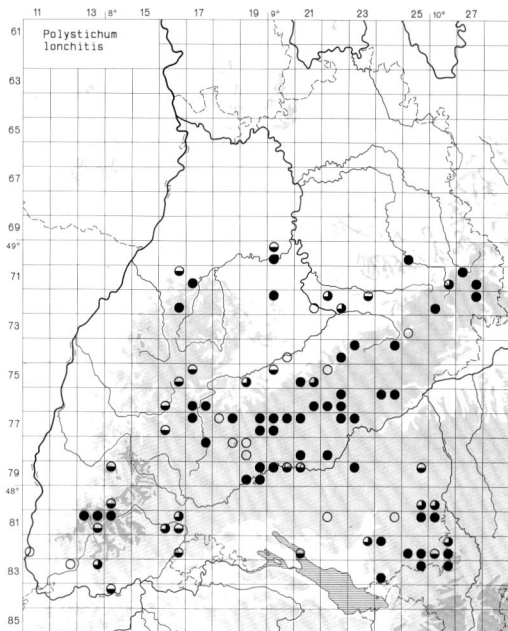

schen (Aceri-Fagetum, Salicetum appendiculatae), hier gern an der Basis der Bäume bzw. der Sträucher, seltener in Felsspalten (Kalkfelsen, kalkführende Spalten von Gneisfelsen), mehrfach an Mauern, vorübergehend auch an Wegböschungen (an mit Kalkschotter befestigten Wegen). – In den Alpen wird *P. lonchitis* als Kennart einer eigenen Gesellschaft genannt; diese ist jedoch aus dem Gebiet nicht belegt. Vegetationsaufnahmen mit *Polystichum lonchitis* aus dem Gebiet fehlen.

Allgemeine Verbreitung: Nordhalbkugel: Europa, Asien, Nordamerika. In Europa von Nordnorwegen bis in die Gebirge des Mittelmeerraumes, nach Osten seltener werdend. Alpen bis 2310 m. – Boreal-alpine Art.

Verbreitung in Baden-Württemberg: V.a. in montanen Kalkgebieten, Schwäbische Alb, Oberer Neckar, Wutach, im Alpenvorland im Westallgäuer Hügelland, selten Südschwarzwald. Neben diesen Vorkommen an natürlichen Wuchsorten vereinzelt an Mauern, so vereinzelt im Süd- und Nordschwarzwald oder im mittleren Neckargebiet, z.T. hier unbeständig.

Tiefste Fundstellen an natürlichen Wuchsorten ca. 500 m (Argen-Gebiet), an künstlichen Wuchsorten (Mauern) bei ca. 250 m (Neckargebiet), höchste am Feldberg (Baldenweger Buck), ca. 1380 m.

Der Farn ist im Gebiet urwüchsig. – Der älteste Hinweis findet sich bei MARTENS (1823: 248), nach einer Beobachtung von Stuttgart.

Lanzen-Schildfarn *(Polystichum lonchitis)*
Wutachschlucht, 1963

Hier sollen nur einige wichtige, umfangreichere Vorkommen an natürlichen Wuchsorten aufgeführt werden:

Südschwarzwald: 8114/1: Feldberggebiet mehrfach, erstmals von DÖLL (1857, nach einer Beobachtung von BOHN) erwähnt, heute v.a. am Baldenweger Buck (ca. 1380 m) in einer kleinen Population von 30–50 Stöcken, Einzelstöcke weiter an der Zastler Wand und am Seebuckabsturz, offensichtlich durch Plündern und Ausgraben vor 1940 dezimiert. – Übrige Fundstellen im Schwarzwald meist 1–2 Stöcke, zumeist an Mauern.

Wutach: 8116/4: Flüheschlucht, 1935, LÖSCH, 6 Stöcke (KR), um 1955, A. MAYER; 8226/4: Stühlingen, 1935, LÖSCH, 10 Stöcke (KR). Vorkommen nicht mehr bestätigt.

Schwäbische Alb: 7226/3: Wental, Blockhalde, mehrere Stöcke, SEBALD (STU-K); 7622/2: Hohenstein, Lautertal, BURGHARDT (STU-K); 7720/2: Buo bei Neufra, 6 Stöcke (STU-K); 7919/3: Lipbachtal bei Nendingen, 3 Stöcke, BURGHARDT (STU-K):

Westallgäuer Hügelland/Adelegg: Fundortsangaben vgl. BRIELMAIER (1959, mit Fundortskarte) und DÖRR (1967/ 68), meist nach Beobachtungen von BRIELMAIER, DÖRR und ENDERLE, z.B. 8125/2: mehrfach im Gebiet der Zeiler Höhe, BRIELMAIER; 8226/4: Adelegg (Rohrdorfer Tobel)

Bestand und Bedrohung: Der Farn kommt an den meisten Fundstellen in sehr kleinen Populationen vor, oft nur in 1–2 Stöcken. Gelegentlich beobachtete isolierte Jungpflanzen zeigen, daß der Farn sich relativ leicht ausbreiten kann. Verbiß durch Rehe oder Gemsen ist kaum festzustellen; offensichtlich sind die Pflanzen zumeist durch Blöcke oder Bäume ausreichend geschützt. So erscheint der Farn insgesamt kaum gefährdet. Eine gewisse Gefährdung ergibt sich lediglich aus der geringen Ausdehnung der natürlichen Wuchsorte: hier ist eine potentielle Gefährdung anzunehmen.

1. × 2. Polystichum × illyricum (Borbas) Hahne 1904
Polystichum aculeatum (L.) Roth × *P. lonchitis* (L.) Roth

Westallgäuer Hügelland: 8225/4: Argentalhang südlich Gottrazhofen, zusammen mit *P. lonchitis*, BRIELMAIER (1959: 86).

2. Polystichum aculeatum (L.) Roth 1799

Polypodium aculeatum L. 1753; *Polystichum lobatum* (Huds.) Chevall. 1827; *Aspidium lobatum* (Huds.) Sw. 1802; *A. aculeatum* (L.) Sw. 1802 (sensu Döll 1843)
Gelappter Schildfarn

Morphologie: Hemikryptophyt, mit kurzem und dickem Rhizom. Blätter ledrig, wintergrün, oberseits dunkelgrün, glänzend, unterseits etwas graugrün (bis weißgrün), matt, Blatt bis 90 cm lang; Blattstiel bis 20 cm lang; Blattspreite im Umriß lanzettlich, bis 60 (70) cm lang und 15 cm breit; Blattstiel dicht mit großen und breiten, kupferbraunen Spreuschuppen besetzt, Blattspindel locker spreu-

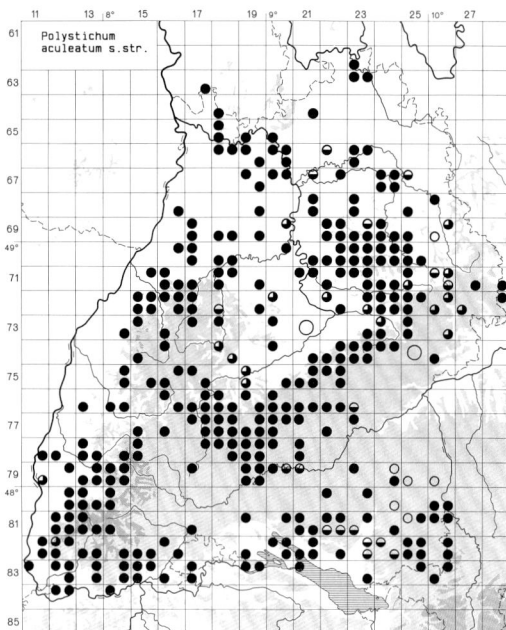

schuppig; Blätter doppelt gefiedert bis fiedrig eingeschnitten, die untersten Fiedern deutlich kürzer als die folgenden, Fiedern 2. Ordnung schräg vorwärts gerichtet (nur im unteren Teil ± rechtwinklig abstehend), an der zur Spindel abgewandten Seite mit einem vergrößerten Zahn; Fiederchen gesägt, mit grannenartig verlängerten Zähnen, unterseits zerstreut mit hellen Spreuschuppen. Sori klein (unter 1 mm im Durchmesser), nur bei kräftigeren Pflanzen zusammenfließend.

Ökologie: Gesellig an beschatteten (bis schattigen), frischen und bewegten, steilen Hängen mit kalkarmen, doch basenreichen, schwach sauren, bis kalkreichen, basischen Böden, gern an schuttreichen Hängen, auch an Felsen oder Mauern, meist in ± wintermilder, luftfeuchter Klimalage, kennzeichnend für Schluchtwälder (Aceri-Fraxinetum), gelegentlich auch in schuttreichen oder steilen Buchenwäldern (Asperulo-Fagetum). – In zahlreichen Vegetationsaufnahmen aus Schluchtwäldern enthalten, so z.B. KUHN (1937), OBERDORFER (1949), TH. MÜLLER (1969), LANG (1973), SEBALD (1983) u.a.

Allgemeine Verbreitung: Europa, Nordafrika, Kleinasien bis Kaukasus und Nordiran, in Europa v.a. im westlichen Teil, nordwärts bis Westnorwegen (ca. 62° n.Br.), ostwärts bis etwa zur Weichsel und zu den Karpaten, Mittelmeergebiet nur in den Gebirgen. – Submediterran-temperat, schwach subatlantisch.

Gelappter Schildfarn *(Polystichum aculeatum)*
Kaiserstuhl, 1991

Verbreitung in Baden-Württemberg: Weit verbreitet in Gebieten mit Schluchten, v.a. auf Kalk. Hauptverbreitungsgebiet Schwäbische Alb, hier v.a. am Nordwest- und Westrand, Schwäbisch-Fränkischer Wald, Alpenvorland, hier v.a. im Jungmoränenbereich. Gäulandschaften: Schwerpunkt in Gebieten mit Schluchten, so v.a. Oberer Neckar und Hohenlohe, Mittleres Neckargebiet vereinzelt, Kraichgau v.a. am Rand zur Rheinebene (Lößschluchten). Südschwarzwald, v.a. Gneisgebiete am Westrand, seltener im mittleren und im nördlichen Schwarzwald: Gneis- und Granitgebiete, selten auch auf Buntsandstein, hier neuerdings durch die Verwendung von Kalkschotter beim Wegebau in Ausbreitung (Einzelstöcke an Wegböschungen). – Odenwald: zerstreut, v.a. an der Bergstraße und entlang des Neckars. Vorhügelzone des Schwarzwaldes, Kaiserstuhl: zerstreut, gern an Lößböschungen. Rheinebene – abgesehen von wohl vorübergehenden Verschleppungen – fehlend.

Tiefste Fundstellen an natürlichen Wuchsorten ca. 170 m (Kraichgaurand bei Karlsruhe), höchste Fundstellen am Herzogenhorn im Südschwarzwald, ca. 1200 m.

Der Farn ist im Gebiet urwüchsig. Die ersten Beobachtungen gehen auf J. BAUHIN et al. (1651: 3, 739) zurück; Beobachtungen bei Bad Boll (7323) und im Griesbacher Tal (7515).

Bestand und Bedrohung: *Polystichum aculeatum* ist im Gebiet nicht gefährdet. Im Gegensatz zu anderen einheimischen *Polystichum*-Arten kann er frisch geschaffene Wuchsorte wie z.B. junge Lößböschungen rasch besiedeln, der Farn hat offensichtlich auch die Fähigkeit, sich rasch auch über größere Entfernungen hin auszubreiten. In jüngerer Zeit erfolgte eine stärkere Ausbreitung an den Böschungen der Forststraßen im Buntsandstein-Schwarzwald. Eine Gefährdung ist lediglich in durch Gemsen belasteten Gebieten des Schwarzwaldes zu vermuten: als wintergrüner Farn wird er gern von Gemsen gefressen.

3. Polystichum setiferum (Forssk.) Woyn. 1913

Polypodium setiferum Forssk. 1775; *Aspidium angulare* Kit. in Willd. 1810; *A. aculeatum* (L.) Sw. 1802; *A. aculeatum* var. *angulare* (Kit.) A. Braun in Döll 1843

Borstiger Schildfarn

Morphologie: Hemikryptophyt, mit kurzem, dickem Rhizom. Blätter büschelig, oft ± trichterig, bis 100 (120) cm lang, mit 5–30 cm langem Blattstiel, Blattspreite ± derb, mattgrün (leicht blaugrün), nicht glänzend, teilweise überwinternd, bis 80

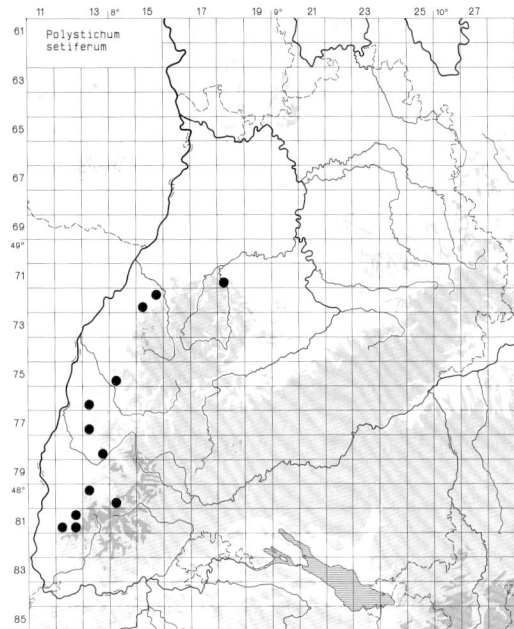

(100) cm lang und 20–25 cm breit, im Umriß lanzettlich, am Grund wenig verschmälert; Blattstiel und Blattspindel dicht mit braunen Spreuschuppen besetzt; Fiedern ± senkrecht zur Blattspindel stehend (nur gegen die Spitze schräg stehend), untere deutlich zurückgeschlagen, nur unwesentlich kürzer als die Fiedern der Blattmitte, Fiedern 2. Ordnung senkrecht abstehend, das erste unwesentlich größer als die folgenden, gezähnt; Zähne in eine lange Grannenspitze auslaufend (vgl. Name): Sori klein, 0,6–0,8 mm im Durchmesser, mit ± hinfälligem Schleier.

Ökologie: An beschatteten, frischen (bis mäßig feuchten), teilweise etwas durchsickerten, meist basenreichen, doch kalkarmen, schwach sauren Lehmböden, meist an steilen, z.T. auch schuttreichen Hängen in luftfeuchter Lage, gern an Bacheinschnitten, meist in farnreichen Buchen- oder seltener in Buchen-Tannenwäldern (Asperulo-Fagetum), teilweise in Ausbildungen mit *Impatiens noli-tangere*. – Vegetationsaufnahmen mit *Polystichum setiferum* vgl. MURMANN-KRISTEN (1987).

Allgemeine Verbreitung: Europa, Nordafrika, Kanarische Inseln, Kleinasien, Kaukasus. In Europa im südlichen und südwestlichen Teil, nordwärts bis England und Irland, in Deutschland die Nordostgrenze der Verbreitung erreichend: Sauerland, Odenwald (eine Fundstelle bei Zwingenberg), Maingebiet bei Obernburg, Schwarzwald, benachbart in der Nordschweiz (Rheinfelden) und in den

Borstiger Schildfarn *(Polystichum setiferum)*
Günterstal bei Freiburg, 1991

Vogesen (Südvogesen bis Nordvogesen bei Zabern: Zinseltal).

Verbreitung in Baden-Württemberg: Schwarzwald.

Tiefste Fundstellen bei Baden-Baden, ca. 275 m, höchst gelegene am Maistollen oberhalb St. Trudpert, 740 m.

Der Farn ist im Gebiet urwüchsig. Die erste Erwähnung findet sich bei GRIESSELICH (1836: 47): „von Prof. BRAUN auf der Iburg bei Baden gefunden".

Polystichum setiferum und *P. aculeatum* wurden vielfach verwechselt. So sind viele ältere Angaben (z.B. von NEUBERGER 1912) nur bedingt brauchbar. Eine erste Zusammenstellung der Fundstellen im Schwarzwald haben BECHERER u. GYHR (1928) gegeben, eine spätere LÖSCH (1939: 4).

Schwarzwald: 7118/3: Nördlich Unterreichenbach, Beutbach, wenige Stöcke, 1984, 1988, PHILIPPI (KR-K); 7215/2: Merkur, Südhang, Tälchen an der Ochsenmatte nördlich Ebersteinburg, an beiden Stellen wenige Pflanzen an Wegböschungen (KR-K); 7215/3: Baden-Baden, Tälchen am Iberst, Iburg, hier von A. BRAUN entdeckt, an beiden Stellen in ± reichen Beständen; 7215/3: oberhalb Liehenbach bei Bühlertal, ca. 10 (meist kleine) Stöcke, 1989, PHILIPPI (KR-K); 7514/3: Tälchen östlich Gengen-

145

bach, um 1938, K. HENN in PHILIPPI (1971); 7616/3: Zwischen Lahr und Sulz, zahlreich, 1964, PHILIPPI u. WIRTH (1970), ferner (wohl vorübergehend) bei Kuhbach (1 Stock), 1964; 7713/3: Östlich Bleichheim in mehreren Schluchten, PHILIPPI (1961), 1987 (KR-K); 7813/4: Sexau, Eberbächle, kleiner Bestand, KNOCH, KOCH (KR-K); 8014/3: Falkensteig, Engenbach, ca. 640 m, wenige Stöcke, 1987 PHILIPPI (KR-K); 8013/1: Günterstal, reicher Bestand auf sehr kleiner Fläche, seit langem bekannt, weiter westlich Ebnet, WIMMENAUER in PHILIPPI (1961); 8112/2: Maistollen oberhalb St. Trudpert, am Nordhang, 1962 WIMMENAUER in PHILIPPI u. WIRTH (1970); 8112/4: Untermünstertal, Langeck, BECHERER u. GYHR (1928), LÖSCH (1939), kleiner Bestand; 8112/3: Sulzburg gegen Schweighof, BECHERER u. GYHR (1928), hier 1987 von HARMS (KR-K) in wenigen Stöcken bestätigt.

Daneben gibt es zwei fragliche Angaben, die auf der Karte nicht berücksichtigt wurden: 8211/4: Wolfsschlucht bei Kandern, 1894, 1899 leg. ZIMMERMANN. Die Belege stimmen. Doch wurde an dieser Stelle nur *P. aculeatum* und kein *P. setiferum* gefunden, vgl. BECHERER u. GYHR (1928: 2). Wohl Etikettenverwechslung (oder Schwindel?). – 7912/3 (?): Roßkopf bei Freiburg, vgl. LÖSCH (1939). Hiermit könnte auch gut die kleine Fundstelle am Fuß des Roßkopfes bei Ebnet gemeint sein.

Odenwald: Hier verzeichnet der Atlas der Bundesrepublik zwei Vorkommen auf 6417 und 6517. Beide Vorkommen erscheinen sehr fraglich und bedürfen einer Bestätigung.

Bestand und Bedrohung: Im Gebiet überall in kleinen bis mittelgroßen Populationen, die höchstens 50–100 Stöcke umfassen, teilweise jedoch nur 5–10. Lediglich das Vorkommen bei Freiburg mit über 200 Stöcken ist größer. Die Bestände sind alle sehr eng beschränkt. Daraus ergibt sich eine potentielle Gefährdung der Vorkommen (z. B. durch Zukippen der Schluchten, Bau von Forstwegen usw.). Einzelne isolierte Stöcke im Umkreis der Vorkommen – meist an Wegen oder Wegböschungen – zeigen, daß *Polystichum setiferum* eine gewisse, im Vergleich mit anderen Farnen jedoch recht geringe Fähigkeit zur Ausbreitung und Neubesiedlung geeigneter Standorte hat.

2. × 3. Polystichum × bicknellii (Christ) Hahne 1905

Polystichum aculeatum (L.) Roth × *P. setiferum* (Forssk.) Woyn.

Bastard regelmäßig dort zu finden, wo die Eltern zusammen vorkommen (in der Regel sind die Populationen beider Arten ± getrennt!), in den Merkmalen intermediär, z. T. durch großen Wuchs auffallend. – 8013/1: Günterstal bei Freiburg, 7413/3: Gengenbach, HENN (KR-K). Sicher auch an anderen Wuchsorten des *P. setiferum* zu finden.

Polystichum × *bicknellii*
Günterstal bei Freiburg i. Br., 1984

Brauns Schildfarn *(Polystichum braunii)*
Prägbachschlucht (Südschwarzwald), 1970

4. Polystichum braunii (Spenner) Fée 1852
Aspidium braunii Spenner 1825
Brauns Schildfarn

Morphologie: Hemikryptophyt. Blätter dicht, ±
trichterig stehend, bis 70–80 cm lang, weich, sommergrün (bis schwach wintergrün), grün bis oliv-
graugrün, oberseits (matt) glänzend, unterseits
graugrün, matt; Blattstiel 5–15 cm lang, dicht mit
gelbbraunen Spreuschuppen besetzt; Blätter im
Umriß lanzettlich, nach dem Grund deutlich verschmälert, senkrecht abstehend (nicht zurückgeschlagen); Blattspindel dicht mit hellbraunen,
schmal lanzettlichen Spreuschuppen bedeckt, da-
zwischen haarartige Spreuschuppen, diese auch auf
der Achse der Fieder 1. Ordnung; Fieder 1. Ordnung mit eiförmigen, im Umriß stumpflichen, kurz
gestielten, oft etwas gebuckelten Fiederchen, diese
senkrecht zur Fiederachse, am Rand gesägt, mit
weicher, bleicher Borstenspitze, unterseits ± dicht,
oberseits zerstreut mit haarartigen, gelbbraunen
Spreuschuppen bedeckt. Sori v.a. in der oberen
Blatthälfte, bis 2–3 mm im Durchmesser, mit hinfälligem Schleier.

Ökologie: An beschatteten, sickerfrischen, schuttreichen, oft etwas bewegten Hängen, im Gebiet auf
kalkarmen, doch basenreichen und mäßig nährstoffreichen Böden, in anderen Gebieten auch auf
Kalk, regelmäßig in sehr luftfeuchter Lage (Bach-
schluchten, in der Nähe von Wasserfällen). Begleitpflanzen z.B. *Mercurialis perennis, Galium odoratum, Impatiens noli-tangere*; Pflanze kennzeichnend für Schluchtwald-artige Ausbildungen des
Asperulo-Fagetum bzw. für den Schluchtwald
(Aceri-Fraxinetum), gelegentlich auch in sickerfrischen Spalten von Gneisfelsen. – Vegetationsaufnahme vgl. K. MÜLLER (1948: 276).
Allgemeine Verbreitung: Nordhalbkugel, Europa,
Asien, Nordamerika. In Europa v.a. im südlichen
und südwestlichen Teil, nordwärts bis Westnorwegen (66° n.Br.), ostwärts bis Mittelrußland und Balkan. In Mitteleuropa außerhalb der Alpen sehr zerstreut, vielfach nur in kleinen bis sehr kleinen Populationen: Schwarzwald, Vogesen, Meißner bei
Kassel, früher auch im Elbsandsteingebirge, Nordalpen zerstreut, in den Südalpen häufiger.
Verbreitung in Baden-Württemberg: Schwarzwald.
Hier wurde der Farn erstmals von SPENNER gesam-

Brauns Schildfarn *(Polystichum braunii)*
Prägbachschlucht (Südschwarzwald), 1990

RASBACH (KR-K); 8213/2: Schlucht oberhalb Präg, PHI-
LIPPI in PHILIPPI u. WIRTH (1970), ca. 10 Stöcke; 8313/2:
Wehratal, von LÖSCH um 1930 entdeckt, hier an mehreren
Stellen, z. T. noch in gut entwickelten Populationen, bis
500 m herabreichend.

Der Atlas der Bundesrepublik verzeichnet eine Reihe
weiterer Vorkommen im Südschwarzwald, so: 8312: Steinen, ZIMMERMANN, von BINZ (1942) als *P. aculeatum* revidiert. 8113: Bezieht sich wohl auf die Angabe St. Wilhelmer Tal – die Fundstellen liegen alle auf dem Nachbar-
blatt. – Zu überprüfen bleibt die Angabe vom Tafelbühl
bei Yach (7814/2, Vorkommen wäre eben noch denkbar),
doch fehlen Belege wie ernsthafte Meldungen. – Schließlich wird im Nordschwarzwald der Farn aus dem Gebiet
um Baden-Baden genannt; diese Angabe ist wohl irrig.
Alpenvorland: 7924/4: Unteressendorf, PROBST in CHRIST
(1893), KIRCHNER u. EICHLER (1900). Hier handelte es sich
um eine Jungpflanze, die mit Vorbehalt zu *P. braunii* gestellt wurde (STU-K). Das Vorkommen konnte später
nicht mehr bestätigt werden; es wurde in der Karte nicht
berücksichtigt.

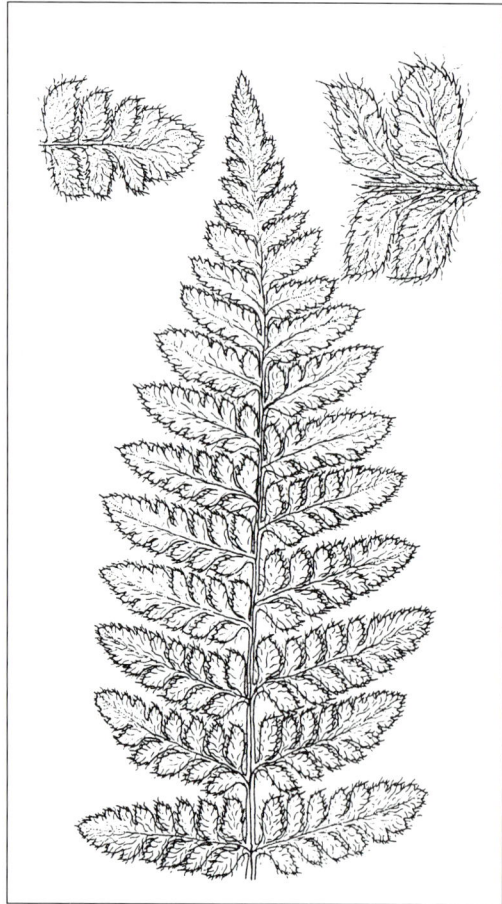

Brauns Schildfarn *(Polystichum braunii)*
Zeichnung der Originalbeschreibung aus SPENNER (1825)

melt, zunächst in einer sterilen Zwergform („ß.
Minus"), später von A. BRAUN in typischen Formen gefunden. Vgl. dazu SPENNER (1825: 10): „in
rupibus humidis, muscosis, dumetosis in d. Hoelle
prope d. Hirschsprung." – Der Farn ist im Gebiet
urwüchsig.

Tiefste Fundstelle ca. 500 m (Wehratal), höchste
ca. 950–1000 m (Zastler: Angelsbachkar).

Schwarzwald: 8014/3: Hirschsprung, im Hohfelsendobel,
„locus classicus", SPENNER, A. BRAUN, hier um 1955 noch
ca. 20 Stöcke, davon 12–15 kräftige Stöcke und zahlreiche
Jungpflanzen. Bestand durch Gemsen fast vollkommen
vernichtet, 1985 noch eine kümmernde Jungpflanze vorhanden (KR-K); 8013/4: Oberrieder Tal unterhalb der
Hohbrück, A. BRAUN in DÖLL (1855), 1988 ca. 3 Stöcke.
8015/1: Zastler Tal, A. BRAUN, DÖLL (1855), hier heute
noch in 2 Stöcken bekannt. Weiter in den Seitentälern des
Zastlers: 8013/4: Angelsbachkar, schon um 1900 LÖSCH
bekannt (KR), 950–1000 m (höchste Fundstelle im
Schwarzwald), 1954 noch 8 gut entwickelte Stöcke, 1986 2
kümmerliche, junge Pflanzen (KR-K): starker Verbiß
durch Gemsen; 8013/4: Stollenbach, bereits LÖSCH bekannt (KR), früher zahlreich, heute noch 1 Stock bekannt,

148

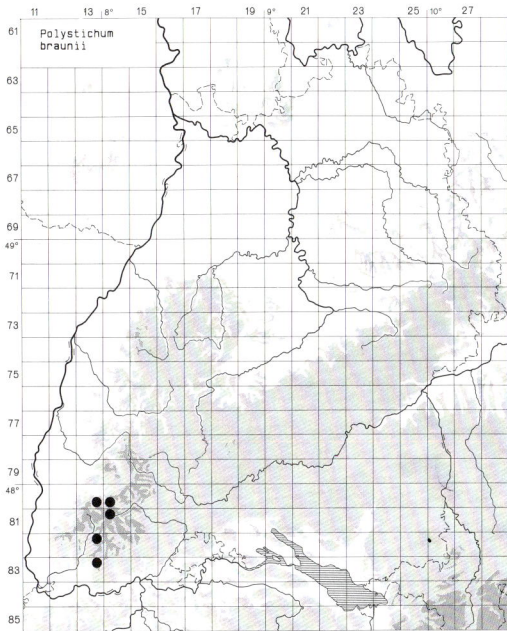

Bestand und Bedrohung: Abgesehen von dem reichen Vorkommen im Wehratal handelt es sich im Schwarzwald überall um sehr kleine Populationen. Jungpflanzen sind vereinzelt zu finden; der Farn hätte im Schwarzwald gute Chancen, sich zu halten. Der Verbiß durch Gemsen hatte zur Folge, daß das Hirschsprung-Vorkommen, am „locus classicus" weitgehend vernichtet wurde, das im Angelsbachkar erheblich dezimiert. Auch den Beständen im Wehratal könnte ein ähnliches Schicksal drohen. Solange die Gamsplage nicht wirksam bekämpft wird, ist *Polystichum braunii* im Schwarzwald langfristig akut gefährdet, örtlich sogar vom Aussterben bedroht.

2. × 4. Polystichum × luerssenii (Doerfl.) Hahne 1904
Polystichum aculeatum (L.) Roth × *P. braunii*
(Spenner) Fée

Hybride oft durch kräftigen Wuchs auffallend. Im Gebiet aus dem Wehratal (8313/2) bekannt, hier bereits 1931 in wenigen Stöcken von LÖSCH entdeckt (vgl. KNEUCKER 1936: 211), später LITZELMANN (1963).

Polystichum × luerssenii
Wehratal, 1964

149

Athyriaceae

Frauenfarngewächse
Bearbeiter: G. PHILIPPI

Rhizom mit netzartig durchbrochenem Leitbündelrohr (Dictyostele), Blattstiel rinnig, mit zwei Gefäßbündeln, die sich oben vereinigen. – Familie mit
15 Gattungen, den Aspidiaceae nahestehend und
z. T. mit dieser Familie vereinigt.

1   Sporangientragende Wedel in der Mitte des Stok-
    kes, deutlich verschieden von den nicht sporan-
    gientragenden, großer Farn mit trichterig stehen-
    den Blättern . . . . 4. *Matteuccia*
–   Sprangientragende Wedel nicht deutlich von den
    nicht sporangientragenden geschieden 2
2   Schleier fransenartig gewimpert, Blattstiel in der
    Mitte mit knotiger Verdickung . . . 3. *Woodsia*
–   Schleier nicht gewimpert oder Schleier früh abfal-
    lend, Blattstiel ohne Verdickung 3
3   Sori komma- oder hakenförmig, Schleier zur
    Sporenreife vorhanden . . . . 1. *Athyrium*
–   Sori rundlich 4
4   Schleier oval, nur an seinem der Fiederblättchen-
    basis zugewandten Rand angewachsen . . . . . .
                                            2. *Cystopteris*
–   Schleier rund, bei der Sporenreife bereits abgefal-
    len . . . . 1. *Athyrium*

1. Athyrium Roth 1799
Frauenfarn

Sommergrüne Farne ohne Drüsen, Blattstiel am
Grund mit zwei bandartigen Leitbündeln, die sich
nach oben hufeisenförmig zusammenschließen,
Blattstiel daher oberseits rinnig. Schleier seitlich angewachsen, zart. – Gattung mit ca. 185 Arten, v.a.
auf der nördlichen Halbkugel, hier besonders in den
Gebirgen Asiens. In Europa zwei Arten.

1   Sori länglich, hakenförmig bis gerade, bis zur
    Sporenreife vom Schleier bedeckt; Sporen glatt bis
    warzig . . . . 1. *A. filix-femina*
–   Sori kreisförmig, Schleier schon früh abfallend;
    Sporen netzartig geflügelt . . 2. *A. distentifolium*

1. Athyrium filix-femina (L.) Roth 1799
Polypodium filix-femina L. 1753; *Asplenium filix-
femina* (L.) Bernh. 1806
Gemeiner Frauenfarn, Wald-Frauenfarn

Morphologie: Sommergrüner Hemikryptophyt,
Rhizom waagrecht bis aufsteigend, dick, mit Spreuschuppen. Blätter büschelig, hellgrün bis frischgrün, 0,3–1 (1,5) m lang; Blattstiel bis ⅓ der Länge
der Blattspreite, am Grund dicht spreuschuppig,

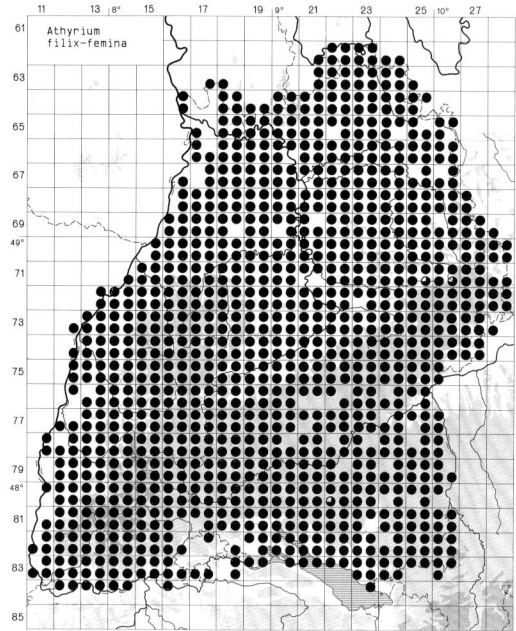

schwarzbraun, verbreitert und verdickt; Blattspindel grün (an besonnten Stellen z. T. braun);
Blattspreite im Umriß eiförmig-lanzettlich, nach
dem Grund hin verschmälert, 2–3fach gefiedert;
Fiedern 2. Ordnung bis 2 (3) cm lang, 2,5–3mal so
lang wie breit, spitz, doch ohne grannenartige
Zähne. Sori klein, unter 0,7 mm groß.

Ökologie: An lichtreichen bis schattigen, frischen
bis feuchten, gern etwas durchsickerten, kalkarmen,
sauren, oft nur mäßig basenreichen, bis kalkreichen, basischen Stellen, nur an zu kalkreichen Stellen seltener, von sandigen bis tonigen Böden vorkommend, gegen zu starke Besonnung und Austrocknung empfindlich. – Im Gebiet in Wäldern
weit verbreitet, optimal in Erlen-Eschen-Wäldern
(Alno-Padion), auch in Buchen- und Hainbuchen-
wäldern, in Hochlagen in Tannen- und Tannen-
Fichten-Wäldern; weiter an Wegböschungen, in
Staudenfluren, auch in sickerfrischen Mauerfugen,
in Wäldern an Störstellen (Wegspuren) rasch auf-
kommend. – In zahlreichen Waldaufnahmen aus
dem Gebiet enthalten.

Allgemeine Verbreitung: Nordhalbkugel, bis Nordafrika und Südamerika (Peru), in Europa von
Nordnorwegen bis in das Mittelmeergebiet (hier
vorwiegend in den Gebirgen), Alpen bis 2400 m. –
Nordisch-temperat, schwach subozeanisch.

Verbreitung in Baden-Württemberg: Im ganzen Gebiet verbreitet, meist häufig, nur in den kalkreichen
Gebieten seltener und örtlich fehlend.

Gemeiner Frauenfarn *(Athyrium filix-femina)*
Feldberg, 1991

Tiefste Vorkommen in der Rheinebene (ca. 100 m), höchste in den Gipfellagen des Schwarzwaldes (bis ca. 1450 m).

Die Art ist im Gebiet urwüchsig. – Fossile Nachweise: Sporen mit Perispor im Präboreal des Erlenbruckmoores bei Hinterzarten und des Schleinsees (LANG 1952). – Ältester Nachweis: DUVERNOY (1722: 63), Umgebung von Tübingen.

Bestand und Bedrohung: Keine Bedrohung.

Variabilität: SCHNELLER u. RASBACH (1984) konnten im Feldberggebiet (Südschwarzwald) in Höhen zwischen 1210 und 1290 m mehrfach eine triploide Sippe nachweisen.

Parasiten: Auf *Athyrium filix-femina* parasitiert *Synchytrium athyrii* Lagerh. ap. Minden. (Chytridiomycetes). Von diesem Pilz sind insgesamt sieben Fundstellen in Mitteleuropa bekannt, alle in Höhen von 1000 bis 1420 m. Im Schwarzwald wurde dieser Pilz zwischen Rinken und Raimartihof am Feldberg (8114/1, ca. 1200 m) beobachtet (vgl. RASBACH u. SCHNELLER 1983).

151

2. **Athyrium distentifolium** Tausch 1820

A. alpestre (Hoppe) Ryl. 1856; *Asplenium alpestre*
(Hoppe) Metten. 1859; *Polypodium alpestre*
(Hoppe) Hoppe 1821
Alpen-Frauenfarn

Morphologie: Ganz ähnlich *A. filix-femina*, unterschieden durch die runden Sori, den früh abfallenden Schleier und die Form der Sporen. Blattspindel
oft goldgelb bis goldbraun (bei *A. filix-femina* grün
bis braun).

A. distentifolium und *A. filix-femina* lassen sich
am Blattschnitt kaum trennen. Nur Pflanzen mit
besonders fein geschnittenen Blättern lassen sich
ohne Kontrolle der Sori mit Vorbehalt als *A. filix-
femina* ansprechen. – Vgl. auch den Bastard!

Ökologie: An lichtreichen bis schwach beschatteten,
frischen, kalkarmen, sauren, meist lange schneebedeckten Stellen, meist trockener und modrig-humo-
ser als *A. filix-femina* stehend, nur z.T. mit diesem
vergesellschaftet, gern mit *Thelypteris limbosperma*.
Optimal in Hochstaudenfluren als Kennart einer
eigenen Gesellschaft (Athyrietum distentifolii) bestandesbildend, diese deutlich trockenere Stellen als
die *Adenostyles alliariae*-Bestände einnehmend, in
Lichtungen von Tannen-Fichten-Wäldern und
Fichten-Wäldern der Hochlagen, seltener auch in
Bergahorn-Buchen-Wäldern (Aceri-Fagetum). –
Vegetationsaufnahmen vgl. K. MÜLLER (1948:
254, 256, Athyrietum alpestris), BARTSCH (1940),
MURMANN-KRISTEN (1987, Tab. Nordschwarz-
wald).

Allgemeine Verbreitung: Zirkumpolar: Europa,
Mittel- und Ostasien, pazifisches Nordamerika. In
Europa zerstreut in den Gebirgen von den Pyrenäen, Alpen bis Norwegen, Ural, Karpaten, Kaukasus, Korsika, Apennin. In Mitteleuropa außerhalb der Alpen in den Mittelgebirgen: Schwarzwald, Vogesen, Bayerischer Wald, Thüringer Wald,
Harz, Riesengebirge. In den Alpen bis 2400
(2700) m.

Verbreitung in Baden-Württemberg: Schwarzwald,
Allgäu.

Tiefste Fundstellen im Südschwarzwald bei ca.
1100 m, im Nordschwarzwald bei ca. 1000 m,
höchste in den Gipfellagen um 1450 m.

Im Gebiet urwüchsig. – Fossiler Nachweis: Spore
(cf. *A. distentifolium*) im Subboreal (Baldenweger
Moor am Feldberg, LANG 1973). – Ältester Hinweis: SPENNER (1825: 12), Südschwarzwald.

Nordschwarzwald: 7315/3: Hornisgrinde; 7415/1:
Schwarzkopf, Vogelskopf. Unbestätigt 7515/1: Roßbühl,
KIRCHNER u. EICHLER (1900); 7516/1: Freudenstadt,
MAYER (1930).

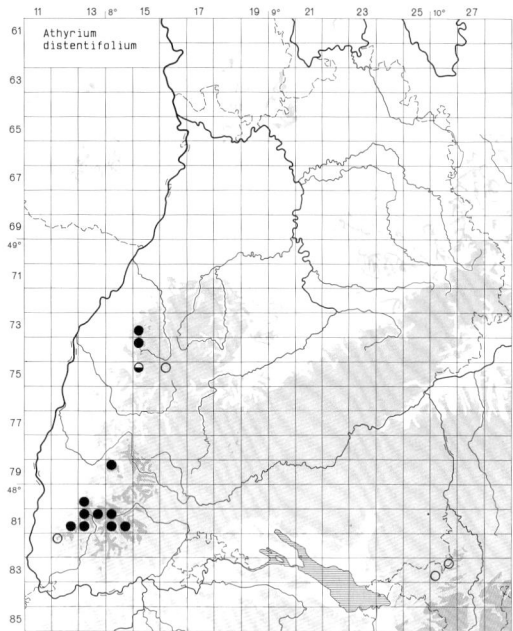

Südschwarzwald: 8114/1: Feldberg, hier vielfach, oberhalb
1300 m deutlich häufiger als *A. filix-femina*, bis 8114/3
Herzogenhorn; 8114/4: Schnepfhalde, nach Westen über
8113/2: Stübenwasen und 8113/1: Notschrei-Halde bis
8013/3: Schauinsland; 8112/4, 8113/3: Belchen; 7914/1:
Kandel. Isolierte Fundstelle: 8015/1: Bossenbühl bei Wal-
dau, Nordhang, 1989, PHILIPPI (KR-K, Punkt fehlt der
Karte). Unbestätigt: 8212/1: Blauen, NEUBERGER (1912).
Allgäu: 8326/2: Schwarzer Grat, KIRCHNER u. EICHLER
1900; 8326/3: Iberger Kugel, BERTSCH.

Bestand und Bedrohung: In den Hauptverbreitungsgebieten des Schwarzwaldes ist der Farn wenig bedroht. Die Bestände verjüngen sich oberhalb
1200–1300 m recht gut; frisch geschaffene passende
Wuchsorte können ± rasch besiedelt werden. – Die
Wedel von *A. distentifolium* werden – im Gegensatz
zu anderen Farnen wie *Thelypteris limbosperma* –
von Gemsen sehr gern gefressen. In Gebieten mit
extremer Gams-Dichte wie auf der Nordwestseite
des Belchens sind die Stöcke alle kurzgefressen;
Sporangien können kaum entwickelt werden. Hier
erscheint der Bestand des Farnes stark bedroht.

1. × 2. **Athyrium × reichsteinii** Schneller et Rasbach 1984
Athyrium filix-femina L. × *A. distentifolium* Tausch

Dieser Bastard bildet sich regelmäßig, wo beide Eltern
zusammen vorkommen, doch im Verhältnis zum häufigen
Vorkommen der beiden Elternarten recht selten. Durch
vegetative Vermehrung kann er kleine Bestände aufbauen.
Im Gelände fällt er oft durch den kräftigeren Wuchs auf.
Die Sporen sind abortiert (mikroskopische Prüfung), die

Alpen-Frauenfarn *(Athyrium distentifolium)*
Feldberg, 1991

Sori sind deshalb hellbraun; der Schleier ist relativ klein, doch ist er bei der Sporenreife noch vorhanden. – Ausführliche Darstellung des Bastardes und seines Vorkommens vgl. SCHNELLER u. RASBACH (1984). – Typus-Lokalität: Südschwarzwald, 8114/1: Feldberg, Felsenweg, südöstlich Baldenweger Köpfle, 1320 m.

Im Gebiet sind zwei Sippen bekannt:

Diploide Sippe: Südschwarzwald mehrfach: 7914/1: Kandel; 8113/1: Notschrei; 8113/3: Belchen, Rübgartenwald; 8114/1: Feldberg, vielfach, SCHNELLER u. RASBACH (1984); weitere Beobachtungen: 8114/1: Zastler, RASBACH (KR-K); 8114/3: Herzogenhorn, RASBACH (KR-K).

Triploide Sippe: Hier lassen sich zwei Sippen unterscheiden, eine mit (mutmaßlich) einem Genom *A. distentifolium* und zwei Genomen *A. filix-femina* (dff), eine mit zwei Genomen *A. distentifolium* und einem Genom *A. filix-femina* (ddf). – Beide triploide Sippen sind im Gebiet am Feldberg nachgewiesen, wobei der ffd-Typ deutlich häufiger als der ddf-Typ beobachtet wurde. Insgesamt sind die triploiden Hybriden seltener als die diploiden.

Athyrium × reichsteinii wurde im Gebiet erstmals von 1959 von D. E. MEYER oberhalb des Feldsees erkannt und gesammelt. LÖSCH kannte den Bastard aus den Vogesen, hat ihn aber wohl im Schwarzwald nicht gefunden.

153

2. **Cystopteris** Bernh. 1806
Blasenfarn

Felspflanzen mit sommergrünen Blättern, die Fiederabschnitte ohne Stachelspitze, Schleier an einer Stelle angewachsen, die Sori blasenartig umschließend. – 18 Arten, diese weltweit vorkommend, in Mitteleuropa 3 bzw. 5 Arten, im Gebiet drei.

1 Blattspreite verlängert dreieckig, ca. 2–3mal so lang wie breit, kürzer oder höchstens so lang wie der Blattstiel 2
– Blattspreite breit dreieckig, etwa so lang wie breit, Blattstiel 1–3mal so lang wie die Blattspreite . . . . 3. *C. montana*
2 Sporen mit Stacheln . . . . 1. *C. fragilis*
– Sporen mit Leisten . . . . 2. *C. dickieana*

1. **Cystopteris fragilis** (L.) Bernh. 1806
Polypodium F.-fragile L. 1753; *P. fragile* L. 1763; *Cystopteris filix-fragilis* (L.) Borb. 1900
Zerbrechlicher Blasenfarn

Morphologie: Hemikryptophyt, Rhizom kurz aufsteigend. Blätter ± büschelig (locker stehend), bis 30 (50) cm lang; Blattstiel so lang oder wenig kürzer als die Blattspreite, am Grund glänzend rotbraun, nach oben grün bis gelblichgrün, v.a. am Grund mit einzelnen Spreuschuppen; Blattspreite dünn, hellgrün, 2–3fach fiedrig eingeschnitten, unterstes Fiederpaar deutlich kleiner, abgerückt, etwas zurück-

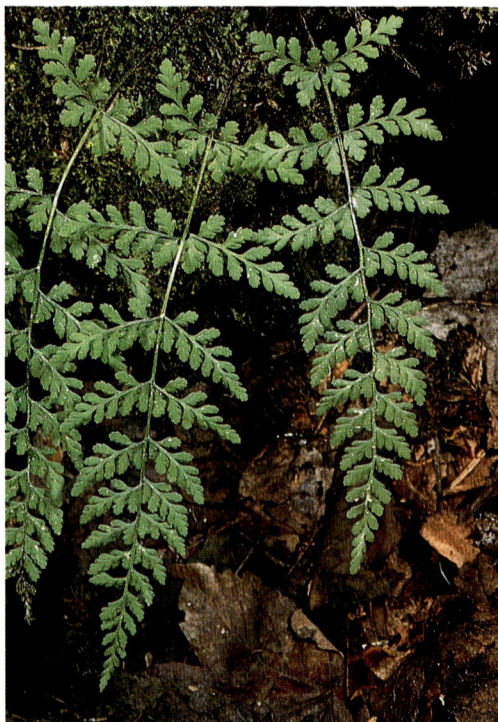

Zerbrechlicher Blasenfarn *(Cystopteris fragilis)* Höllental (Schwarzwald), 1992

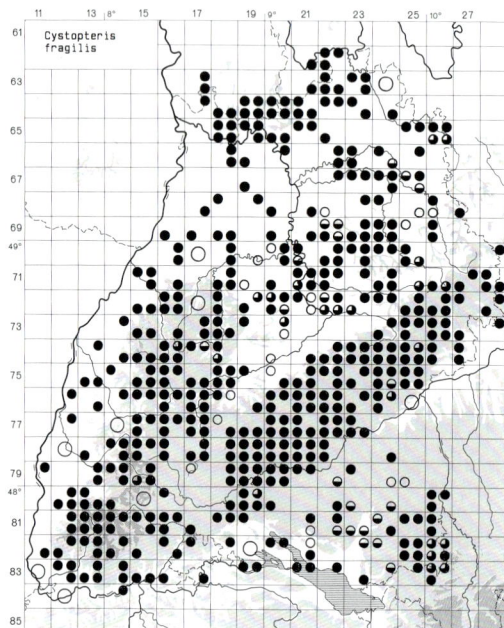

geschlagen, Fiederabschnitte oval, zugespitzt. Sori rund; Schleier schon vor der Sporenreife zurückgebogen und von Sporangien überdeckt (scheinbar fehlend); Sporen mit Stacheln.

Ökologie: An beschatteten bis schattigen, frischen, z.T. leicht durchsickerten Fels- und Mauerspalten mit basenreichen, oft kalkhaltigen, (schwach sauren) neutralen bis basischen Böden, meist in luftfeuchter Lage, auch im Steinschutt von Wäldern, an Lößböschungen, zusammen mit *Asplenium trichomanes* und *A. viride*, Kennart des Asplenio-Cystperidetum, doch wesentlich weiter verbreitet als *Asplenium viride*. Vegetationsaufnahmen z.B. Kuhn (1937), Oberdorfer (1949), Th. Müller (1969).

Allgemeine Verbreitung: Weit verbreitet auf der Nordhalbkugel, bis in die Tropen reichend, Südamerika, Südafrika, Australien; in Europa von Nordnorwegen bis in das Mittelmeergebiet, Alpen bis 3125 m.

Verbreitung in Baden-Württemberg: Im ganzen Gebiet verbreitet. Schwerpunkt des Vorkommens an natürlichen Wuchsorten (Kalkfelsen) in der Schwäbischen Alb, am Oberen Neckar, Wutach und im Westallgäuer Hügelland; seltener an kalkspatführenden Gneisfelsen des Südschwarzwaldes. Vorkommen an Sekundärstellen (Mauern) auch in kalkarmen Gebieten wie Odenwald oder Nordschwarzwald (gern an ungemörtelten Buntsandsteinmauern). Gäulandschaften (Kraichgau, Mittlerer Neckar, Taubergebiet) zerstreut, im nördlichen Oberschwaben selten. Vereinzelt auch in der Rheinebene.

Tief gelegene Fundstellen in der Rheinebene (ca. 115 m), hoch gelegene am Belchen im Schwarzwald (1390 m).

Die Art ist im Gebiet urwüchsig. Der älteste literarische Hinweis findet sich bei LEOPOLD (1728: 58–59), nach einem Fund bei Überkingen (7324).

Bestand und Bedrohung: Die Pflanze ist im Gebiet nicht bedroht, zumal sie meist in reichen Beständen vorkommt. Ganz offensichtlich kann sie neu geschaffene Wuchsorte ± rasch besiedeln. Nur in wenigen Gebieten ist – wohl durch Verputzen der Mauern – der Farn verschwunden.

2. Cystopteris dickieana R. Sim 1848
Dickies Blasenfarn

Morphologie: Ähnlich *Cystopteris fragilis*, Unterschiede in den Sporen: diese durch unregelmäßige Leisten runzlig (bei *C. fragilis* mit Stacheln).
Ökologie: Wenig bekannt, wohl ähnlich wie *C. fragilis*.
Allgemeine Verbreitung: Nordhalbkugel; in Europa von Nordeuropa bis in das Mittelmeergebiet (hier offensichtlich seltener). In Deutschland neben der südwestdeutschen Fundstelle in den Berchtesgadener Alpen, in der Schweiz wenige Fundstellen im Wallis und im Kt. Glarus.
Verbreitung in Baden-Württemberg: Südschwarzwald. Hier wurde die Pflanze im Herbst 1988 von K.H. HARMS in drei Stöcken im Schwarzatal unterhalb der Einmündung des Föhrenbaches (8215/3, ca. 520 m) entdeckt; eine zytologische Überprüfung erfolgte durch H. RASBACH. Vgl. dazu HARMS u. RASBACH (in Vorbereitung).
Bestand und Bedrohung: Wegen des seltenen Vorkommens vermutlich potentiell bedroht.

Cystoperis regia (L.) Desvaux 1827
C. alpina var. *regia* (L.) Rossi 1911
Alpen-Blasenfarn

Ähnlich *C. fragilis*, unterschieden durch ausgerandete Fiederabschnitte (bei *C. fragilis* spitz) und in den Fiederbuchten endenden Adern (bei *C. fragilis* in den Fiederspitzen endend), insgesamt etwas feiner gefiedert als *C. fragilis*. – An ähnlichen Stellen wie *C. fragilis* vorkommend. – Aus den süd- und mitteleuropäischen Gebirgen bekannt (v.a.

Alpen und Schweizer Jura); meist über 1000 m; ferner Skandinavien. Nächste Fundstellen bei Arbon am Bodensee, 405 m. Der Farn könnte auch im Gebiet noch nachgewiesen werden.

3. Cystopteris montana (Lam.) Desv. 1827
Polypodium montanum Lam. 1778
Berg-Blasenfarn

Morphologie: Geophyt bis Hemikryptophyt, Rhizom weit kriechend. Blätter einzeln stehend, ca. 35 cm lang; Blattstiel etwa 1–3mal so lang wie die Blattspreite, dunkelbraun, spreuschuppig; Blattspreite dunkelgrün, etwa so lang wie breit, 3–4fach fiedrig eingeschnitten, Fiederabschnitte stumpflich. Sori klein, im Durchmesser ca. 0,6 mm, sich nicht berührend.
Ökologie: An beschatteten, frischen, z.T. humosen Stellen über Kalkschutt in kühler Lage, gilt als Kennart des Cystopteridetum montanae (Petasition paradoxi), im Gebiet in etwas lichten Tannenwäldern zusammen mit *Lunaria rediviva, Mercurialis perennis* sowie (im Humus wurzelnden) azidophytischen Arten wie *Gymnocarpium dryopteris* oder *Dryopteris dilatata*. Vegetationsaufnahme vgl. SEBALD u. SEYBOLD (1973).
Allgemeine Verbreitung: Nordhalbkugel, Europa, Asien, Nordamerika. In Europa zerstreut in den Gebirgen, nordwärts bis Nordnorwegen, südwärts bis Pyrenäen, Apennin und Jugoslawien, Kauka-

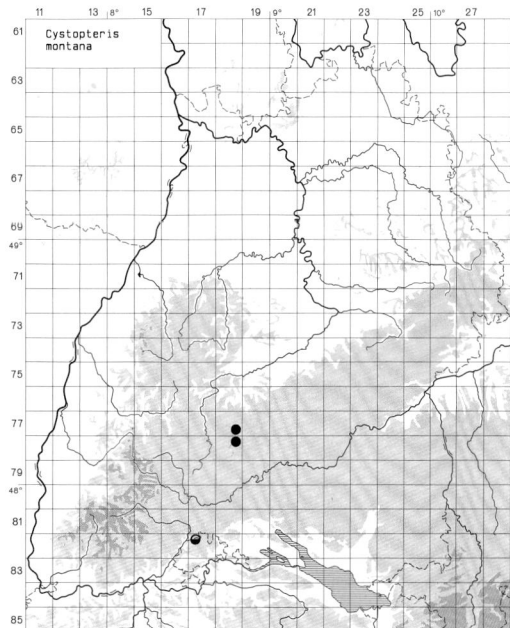

Berg-Blasenfarn *(Cystopteris montana)*
Plettenberg, 1984

sus, in den Alpen bis 2400 m. Im Gebiet isoliertes Vorkommen (nächste Fundstellen im Allgäu).

Verbreitung in Baden-Württemberg: Schwäbische Alb. Die Art ist urwüchsig. – Erster Hinweis bei v. MARTENS u. KEMMLER (1882): Plettenberg und Deilinger Berg.

7818/2: Ortenberg bei Deilingen, hier erstmals von HEGELMAIER beobachtet, 1972 von HAUFF u. SEBALD wieder bestätigt, reicher Bestand in ca. 875 m Höhe (vgl. SEBALD u. SEYBOLD 1973). 7718/4: Plettenberg bei Hausen, 1868 von SAUTERMEISTER entdeckt; noch immer vorhanden.
Benachbart auf schweizerischem Gebiet am Randen: 8217/1: Beggingen, 1912, KAUFFMANN, vgl. LÖSCH (1937: 299). Spätere Beobachtungen fehlen.

Bestand und Bedrohung: Der Farn ist im Gebiet wegen der begrenzten Vorkommen potentiell bedroht.

3. **Woodsia** R. Brown 1810 corr. 1815
Wimperfarn

Kleine Farne mit krugförmigem Schleier, der (bei den europäischen Arten) haarförmig zerteilt ist. Gattung mit 23 Arten, v.a. auf der Nordhalbkugel.

In Mitteleuropa drei Arten, von denen im Gebiet eine vorkommt.

1. **Woodsia ilvensis** (L.) R. Brown 1816
Acrostichum ilvense L. 1753; *W. ilvensis* subsp. *rufidula* (Mich.) Aschers. 1896
Südlicher Wimperfarn

Morphologie: Hemikryptophyt, mit kräftigem Rhizom, dicht mit Resten alter Blattstiele besetzt. Blätter ± dicht büschelig, frischgrün bis leicht graugrün, nur mäßig derb, sommergrün, bis 20 (30) cm lang (im Gebiet meist unter 15 cm lang); Blattstiel etwa ein Drittel so lang wie die Blattspreite, unten schwarz, oben braun, glänzend, v.a. an der Basis mit Spreuschuppen, nach oben mehr mit einzelnen Haaren bedeckt, in der Mitte mit einer leicht knotigen Verdickung (Ringwulst: Abbruchstelle der Blätter); Blattspreite ca. 10 cm lang und bis 3,5 cm breit, 1–2fach fiedrig eingeschnitten, unterseits auf der Spindel wie auf den Fiedern ± dicht mit bleichen Spreuschuppen und mehrzelligen Haaren besetzt; Fiederabschnitte eiförmig, abgerundet, leicht kerbig gesägt. Sori dem Blattrand genähert, bei kräftigen

Südlicher Wimperfarn *(Woodsia ilvensis)*
Utzenfeld (Südschwarzwald), 1987

Exemplaren bei der Sporenreife verschmelzend, von spinnwebartigem Schleier bedeckt.

Ökologie: In kleinen Beständen an lichtreichen bis schwach beschatteten, selten auch sonnigen, kalkarmen, sauren, doch basenreichen, leicht sickerfrischen Felsspalten, im Gebiet in warmen Lagen, zusammen mit *Asplenium trichomanes* und *A. septentrionale*, Kennart des Woodsio-Asplenietum septentrionalis. Vegetationsaufnahmen vgl. OBERDORFER (1957, 1977, synthet. Tabelle).

Allgemeine Verbreitung: Nordhalbkugel, Europa, Asien, Nordamerika, in Europa v. a. in der borealen Zone (nördlich des Polarkreises nur sehr zerstreut), in Mitteleuropa vereinzelt in kalkarmen Mittelgebirgen, Alpen, südwärts bis zum Französischen Zentralmassiv, Kroatien, Karpaten, Kaukasus. Im Gebiet im Südschwarzwald; nächste Fundstellen in der Rhön, bei Kassel und in Oberfranken; in den Vogesen und in den deutschen Alpen nicht bekannt.

Verbreitung in Baden-Württemberg: Südschwarzwald, an wenigen Stellen, ca. 380–700 m. – Die Art ist urwüchsig. Die ersten schriftlichen Hinweise finden sich bei DÖLL (1865: 34–35) sowie bei DE BARY (1865: 20) und beziehen sich auf das kurz zuvor entdeckte Vorkommen am Hirschsprung im Höllental.

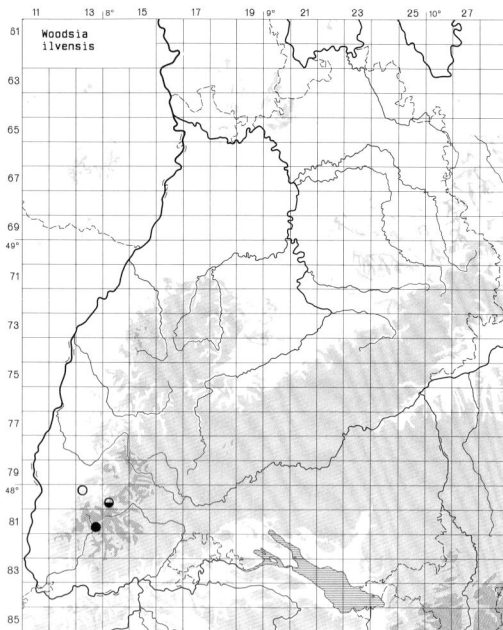

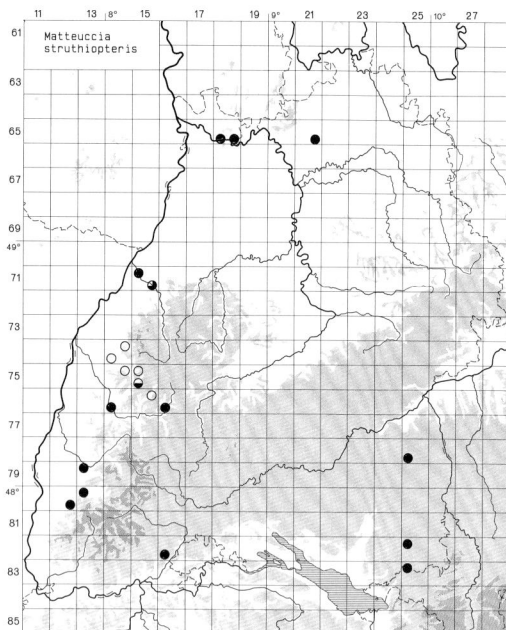

8014/3: Hirschsprung im Höllental, an Gneisfelsen am Ost-Ausgang des Unteren Hirschsprungtunnels, ca. 525–550 m, 1864 von Reess entdeckt, später mehrfach gesammelt; 1893 waren hier 4 leicht zugängliche Stöcke bekannt. 1901 von K. Müller „in ziemlich großer Menge und in stattlichen Büschen" an einer Felswand über dem Tunnel in unzugänglicher Lage beobachtet, 1931 noch ein Stock mit zwei kümmerlichen Wedeln bestätigt (vgl. K. Müller 1933). Seither nicht mehr beobachtet. – Ursache des Verschwindens war der Zugbetrieb mit Dampflokomotiven, wie K. Müller vermutet. – 8113/4: Utzenfeld, Utzenfluh, Devonschieferfelsen, hier 1901 von Th. Herzog entdeckt; es sollen damals rund 300 Stöcke gewesen sein(?). Heute an der Kleinen Utzenfluh (ca. 630 m) 7–10 (mittel-)große Stöcke sowie 4 kleine (mit einer Blattgröße um 4 cm), deren Überdauern sehr fraglich erscheint. Um 1955 waren es noch ca. 25 (mittel-)große Stöcke. Bereits Geheeb (1906) wies auf die geringe Größe der Pflanzen der Utzenfluh (bis 9 cm Wedellänge) hin. Ursache des offensichtlichen Rückganges könnte z. T. das „Plündern" gewesen sein: Woodsia ilvensis wurde an der Utzenfluh von A. Lösch für die Reihe Wirtgen, Pteridophyta exsiccata gesammelt. Für den jüngeren Rückgang lassen sich schwer Gründe angeben. – Heute weiter an der Großen Utzenfluh an schwer zugänglichen Felsen in reicheren Beständen (25–50 Stöcke?), ca. 700 m (KR-K). – 8013/1: Schloßberg bei Freiburg, Felswand im Graben hinter dem Salzbüchsle, Gneis, ca. 380 m, 1882, K. Bartenstein, vgl. Lösch (1940: 211), Beleg KR; offensichtlich sehr kleines Vorkommen, das später nicht mehr bestätigt werden konnte.

Bestand und Bedrohung: Der Farn ist potentiell gefährdet wegen der Kleinheit der Population. Der offensichtliche Rückgang, der schwer erklärbar ist,

läßt an eine Einstufung als „vom Aussterben bedroht" möglich erscheinen (Einstufung in der Roten Liste der Bundesrepublik: stark gefährdet).

4. **Matteuccia** Todaro 1866
Straußenfarn, Straußfarn

Große Farne mit dimorphen Blättern. Gattung mit drei Arten auf der Nordhalbkugel, in Europa nur eine Art.

1. **Matteuccia struthiopteris** (L.) Todaro 1866
Osmunda struthiopteris L. 1753; *Struthiopteris filicastrum* All. 1785; *Struthiopteris germanica* Willd. 1809; *Onoclea struthiopteris* (L.) Roth 1794. Deutscher Straußenfarn

Morphologie: Hemikryptophyt, Rhizom kurz aufrecht, z. T. über die Bodenoberfläche hinausragend, mit langen unterirdischen Ausläufern; nicht sporangientragende Blätter steif aufrecht, trichterförmig stehend, bis über 1,5 m lang und 0,3 m breit, frischgrün, im Umriß nach unten stark verschmälert, hier z. T. nur mit 1 cm langen Fiedern, nach oben ± stumpflich; Blattstiel sehr kurz, am Grund spreuschuppig; Blattspreite einfach gefiedert, Fiedern rechtwinklig zur Blattspindel stehend, fiederspaltig, mit abgerundeten, am Rand etwas gekerbten Fiederabschnitten; sporangientragende Blätter ein-

158

Deutscher Straußenfarn (*Matteuccia struthiopteris*)
St. Ulrich, (Südschwarzwald), 1964

zeln in der Mitte des Stockes, 40–60 × 5–6 cm groß, steif, bei der Sporenreife braun, überwinternd, Fiedern dicht stehend, gebogen, dadurch etwas an eine Straußenfeder erinnernd. Sori zusammenfließend, durch Einrollen und Reißen der Blattränder ± perlschnurartig; Sporen werden erst im Frühjahr ausgestreut.

Ökologie: Lockere Herden an z.T. nur schwach beschatteten, frischen bis feuchten, meist etwas durchsickerten, nur selten überschwemmten, kalkarmen, (schwach) sauren, meist basen- und z.T. auch nährstoffreichen, sandig-kiesigen bis sandig-lehmigen Böden in Flußauenwäldern, im Gebiet v.a. in aufgelichteten *Alnus glutinosa*-Bachsäumen (Stellario-Alnetum), gegen Beschattung empfindlich, im Osten Mitteleuropas auch im Alnetum incanae. – Vegetationsaufnahmen aus dem Gebiet fehlen.

Allgemeine Verbreitung: Europa, hier v.a. im Norden: Skandinavien, Finnland, bis in das nördliche Norwegen reichend, in Mitteleuropa v.a. östlich des Rheins (England und Niederlande fehlend), im Süden bis Westalpen und Poebene, Rumänien, Ukraine; Asien (bis China); in Nordamerika eine nah verwandte Sippe (var. *pensylvanica* (Willd.) Mort.). Boreal(-temperat)-kontinental, im Gebiet die Westgrenze der Verbreitung erreichend.

Verbreitung in Baden-Württemberg: Schwarzwald, v.a. im nördlichen und mittleren Schwarzwald, selten bis in die vorgelagerte Rheinebene, bereits im vorigen Jahrhundert von GMELIN, DÖLL u.a. an zahlreichen Stellen beobachtet. Odenwald. Alpenvorland: vereinzelte, wohl synanthrope Vorkommen.

Tief gelegene Fundstellen in der Rheinebene bei Rastatt (112 m), hoch gelegene im Steinatal (Südschwarzwald, 620 m).

Der Farn ist im Gebiet wohl urwüchsig. Da er leicht verwildert und zudem gern in aufgelichteten

Deutscher Straußenfarn (*Matteuccia struthiopteris*)
Sporangientragende Wedel.
St. Ulrich (Südschwarzwald), 1964

Wäldern vorkommt, ist die Trennung ursprünglicher und synanthroper Vorkommen nicht immer sicher vorzunehmen. Dazu kommen erhebliche Bestandesschwankungen (Zunahme nach Auflichtung, fast völliges Verschwinden bei Beschattung). – Der erste Hinweis findet sich bei DÖLL (1857: 44): „Gengenbach, GMELIN, 1823."

Oberrheingebiet: In der dem Schwarzwald vorgelagerten Rheinebene an wenigen Stellen beobachtet: 7115/1: Rastatt, Großer Brufert, 112 m, 1926, JAUCH in KNEUCKER (1935), hier 1977 in kleiner, ca. 10 Stöcke umfassenden Gruppe wieder bestätigt, PHILIPPI; 7913/1: zwischen Denzlingen und Buchholz, wenige Stöcke an eng begrenzter Stelle, HÜGIN (um 1965). – In der benachbarten pfälzischen Rheinebene fehlend, in der elsässischen ein wohl synanthropes Vorkommen an der ehem. Remiger Mühle bei Altenstadt.

Odenwald: 6518/3: Ziegelhausen, Rand der Mausbachwiese, MESZMER (KR-K); DÜLL (STU-K); 6518/4: südlich Schönau: reicher Bestand an der Steinach auf ca. 50 m Länge, Bestand ca. 400–500 Stöcke umfassend; HAGEMANN, SCHÖLCH; 6519/4: Schwanheimer Grund oberhalb Allemühl, 100–200 Stöcke, MESZMER (KR-K, Punkt fehlt der Karte); 6521/3: Elz südwestlich Rittersbach, an mehreren Stellen, insgesamt ca. 1000 Pflanzen, MESZMER (KR-K). – Im benachbarten hessischen Gebiet: 6519/1: Ulfenbachtal zwischen Langenthal und Hirschhorn, Bestand mit ca. 400 Exemplaren.

Nördlicher und mittlerer Schwarzwald: 7115/4: Zwischen Ottenau und Gaggenau an der Murg, BRAUN in DÖLL 1843, zwischen Kuppenheim und Oberndorf, DÖLL (1857), hier östlich Kuppenheim von MAENNING 1915 bestätigt (in Menge), vgl. KNEUCKER (1935), zuletzt spärlich 1954 (OBERDORFER 1956); 7414/2: Kappelrodeck, SEUBERT in DÖLL (1857), Acher in Furschenbach, ZIMMERMANN (1923); 7414/3: Rench bei Oberkirch, KNEIFF & HARTMANN in DÖLL (1857); 7515/3: Rench zwischen Löcherberg und Ibach an mehreren Stellen, 1921, GÖTZ (STU-K); 7515/3: Zwischen Peterstal und Oppenau, an mehreren Stellen entlang der Rench zahlreich, GÖTZ in ZIMMERMANN (1923); 7515/1: Bad Antogast bei Oppenau (ca. 500 m), KIRSCHLEGER in DÖLL (1843); 7514/3: Gengenbach, 1823, GMELIN in DÖLL (1857); 7614/3: Nordwestlich Lachen bei Steinach, Graben am Rand der Kinzigniederung, SCHMIDT in FRITZ (1989); 7615/1: Oberwolfach, Erzenbach, kleines Vorkommen entlang des Baches, ca. 380 m, synanthrop? 1989, PHILIPPI (KR-K). (Punkt fehlt der Karte.) 7615/2: Schapbach, STOCKER in DÖLL (1857); 7616/3: Kleine Kinzig südlich Vortal, 410 m, 1902 von GÖTZ entdeckt, 1972 von SEYBOLD bestätigt, vgl. SEBALD u. SEYBOLD (1973).

Südschwarzwald: 8013/1: Freiburg, Waldweg neben dem Schützenhaus am Waldsee; 1984, SCHLESINGER, PHILIPPI, wohl synanthrop; 8012/4: Waldtobel zwischen St. Ulrich und Bollschweil, 1954 KLEIBER in OBERDORFER (1956), damals sehr reiches und üppiges Vorkommen in einem aufgelichteten Erlenwald mit mehreren hundert Stöcken, inzwischen durch Beschattung auf wenige Restbestände mit ca. 50 Stöcken zurückgegangen; 8216/3: Steinatal an der Illmühle, ca. 620 m, STOFFLER in PHILIPPI (1961), hier an weiterer Stelle von THOMMA (1972) beobachtet.

Nördliches Oberschwaben: 7825/3: Sommerhausen bei Ochsenhausen, „halb verwildert", DÖRR (1968), wohl synanthrop.

Allgäuer Hügelland: 8225/1: St. Anna – Bauhof bei Kißlegg, ca. 130–150 Pflanzen, HARMS (STU-K); 8325/1: Waldbad bei Wolmbrecht (benachb. bayer. Gebiet), SEITZ u. DÖRR (STU-K).

Bestand und Bedrohung: Die Vorkommen der Pflanze in Baden-Württemberg sind insgesamt „gefährdet"; ein Rückgang gegenüber den Vorkommen im letzten Jahrhundert ist ganz deutlich. Ursache des Rückganges dürfte in erster Linie Verbau der Flußufer und Zerstörung der Erlensäume an Bächen sein. Neben diesem Rückgang, der offensichtlich gerade die alten, ursprünglichen Vorkommen betrifft, ist vielfach eine jüngere Ausbreitung und Einbürgerung (in naturnahen Gesellschaften) zu beobachten.

Aspleniaceae

Streifenfarngewächse
Bearbeiter: G. Philippi

Blätter büschelig, Blattstiel mit zwei Leitbündeln, Sori länglich, längs der Adern, Schleier seitlich. – Familie mit 10 Gattungen, von denen in Mitteleuropa drei vorkommen.

1 Blätter ganzrandig, am Grund herzförmig, großer Farn . . . . 3. *Phyllitis*
– Blätter anders: gebuchtet, fiederschnittig oder gefiedert 2
2 Blätter gebuchtet, auf der Unterseite dicht mit Spreuschuppen besetzt . . . . 2. *Ceterach*
– Blätter gefiedert oder fiederschnittig, nur vereinzelte Spreuschuppen am Grund des Blattes . . . .
. . . . 1. *Asplenium*

1. Asplenium L. 1753
Streifenfarn

Kleine (bis mittelgroße) Farne mit kurzem Rhizom, Blätter gefiedert oder gegabelt, Schleier seitlich (gegen den Blattrand hin) angewachsen, so groß wie die Sori. – Gattung mit ca. 100 Arten, von denen in Mitteleuropa 15 Arten vorkommen, in unserem Gebiet 7 Arten. Dazu kommen noch zahlreiche Bastarde.

1 Blätter unregelmäßig gabelig, nicht gefiedert . . .
. . . . 6. *A. septentrionale*
– Blätter gefiedert 2
2 Blätter einfach gefiedert 3
– Blätter mehrfach gefiedert (zumindest die unteren Fiedern) 4
3 Blattstiel und Blattspindel schwarzbraun (bis rotbraun) . . . . 1. *A. trichomanes*
– Blattstiel und Blattspindel grün, nur Grund des Blattstieles (höchstens bis zu den ersten Fiederblättchen) rotbraun . . . . 2. *A. viride*
4 Blattspreite nach unten verschmälert, untere Fiedern kürzer als die folgenden, Blattstiel kürzer als die Blattspreite 5
– Blattspreite nach unten nicht verschmälert, untere Fiedern länger als die folgenden, Blattstiel 1–3mal so lang wie die Blattspreite 6
5 Blattstiel nur am Grund braun, Blattspreite nach unten deutlich verschmälert, grün, nicht glänzend
. . . . 3. *A. fontanum*
– Blattstiel mindestens bis zu den ersten Fiedern braun, Blattspreite am Grund nicht oder nur wenig verschmälert, dunkelgrün, ± glänzend . . . . . .
. . . . 4. *A. billotii*
6 Fiederabschnitte stumpflich bis breit abgerundet, Blattspreite dunkelgrün, matt 7. *A. ruta-muraria*
– Fiederabschnitte deutlich gespitzt, Blattspreite dunkelgrün, glänzend . . 5. *A. adiantum-nigrum*

1. Asplenium trichomanes L. 1753
Braunstieliger Streifenfarn

Morphologie: Hemikryptophyt, mit kurzem Rhizom und dicht büschelig stehenden Blättern, diese bis 20–25 cm lang; Blattstiel kurz, wenige cm lang, wie die Blattspindel (bis fast zur Spitze) glänzend braunschwarz; Blatt einfach gefiedert, Fiedern 2–12 mm lang, eiförmig, kurz gestielt, am Rand kerbig gesägt, im Alter abfallend (vgl. *A. viride*). Sori 4–6 pro Fieder, auch im Alter nicht zusammenfließend, Schleier bei Sporenreife vorhanden.

Ökologie: Von lichtreichen (selten sonnigen) bis halbschattigen und schattigen, kalkarmen bis kalkreichen, schwach sauren bis basischen, oft etwas frischen (leicht sickerfrischen) Fels- und Mauerspalten, zusammen mit anderen *Asplenium*-Arten, nicht selten auch in Reinbeständen, im Gebiet auf Gneis, Granit, Buntsandstein oder Kalk, auf kalkarmem Gestein oft als erster Zeiger eines ± basenreicheren Substrates, an Mauern v.a. an unverfugten Stellen. – Asplenietea-Klassenkennart. – In zahlreichen Vegetationsaufnahmen von Felsspaltgesellschaften enthalten, vgl. z.B. Kuhn (1937), Oberdorfer (1938, 1977).

Allgemeine Verbreitung: Nordhalbkugel, Europa bis Nordafrika, Asien (in Ostasien seltener), Nordamerika. Südhalbkugel: Australien, Gebirge Afrikas und Südamerikas. In Europa von Norwegen

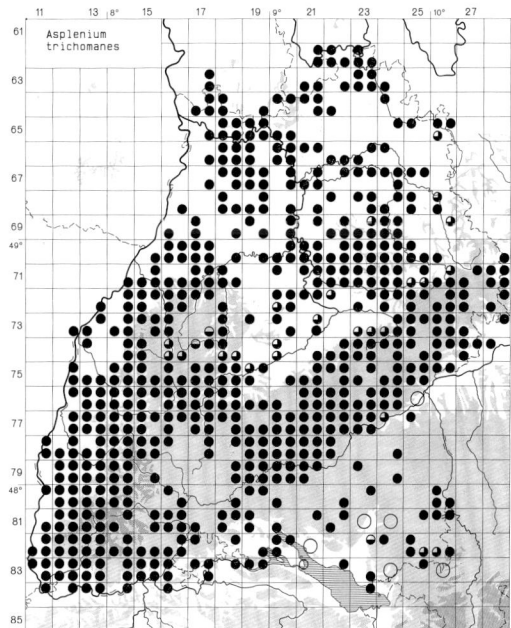

Asplenium trichomanes

Braunstieliger Streifenfarn *(Asplenium trichomanes* subsp. *quadrivalens)*
Pflanze zytologisch von H. RASBACH geprüft, n = 72 Chromosomenpaare.
Oberried (Südschwarzwald), 1983

Braunstieliger Streifenfarn *(Asplenium trichomanes* subsp. *trichomanes)*
Pflanze zytologisch von H. RASBACH geprüft, n = 36 Chromosomenpaare.
Oberried (Südschwarzwald)

162

(nordwärts etwa bis zum Polarkreis) und südlichen Finnland bis in das Mittelmeergebiet, Alpen bis ca. 2200 m.

Verbreitung in Baden-Württemberg: Weit verbreitet, in allen Landschaften vorkommend. Schwerpunkt im Schwarzwald, Odenwald, in der Schwäbischen Alb und im Schwäbisch-Fränkischen Wald. In Gebieten mit wenig Felsen und ohne alte Natursteinmauern selten und in kleineren Gebieten auch fehlend. So im Alpenvorland oder in den Gäulandschaften deutlich seltener.

Höchste Fundstellen im Feldberggebiet, ca. 1300 m, tiefste in der Rheinebene, ca. 100 m.

Die Art ist im Gebiet urwüchsig. – Der älteste Hinweis findet sich bei Schöpf (1622: 27), Umgebung von Ulm. Auch Harder (1574–6) hat die Art vermutlich im Gebiet gesammelt.

Variabilität: Im Gebiet konnten bisher drei Unterarten unterschieden werden, deren Verbreitung bisher noch nicht genügend geklärt werden konnte.

a. subsp. *trichomanes* (subsp. *bivalens* D.E. Meyer 1962), diploide Sippe, v.a. auf kalkarmensauren Substraten;

b. subsp. *quadrivalens* D.E. Meyer 1962, autotetraploide Sippe, v.a. auf kalkreichen Substraten.

Diese beiden Unterarten lassen sich im Gelände nur sehr schwer erkennen, zu ihrer Unterscheidung vgl. die Tabelle. Über ihre Verbreitung in Baden-Württemberg ist wenig bekannt.

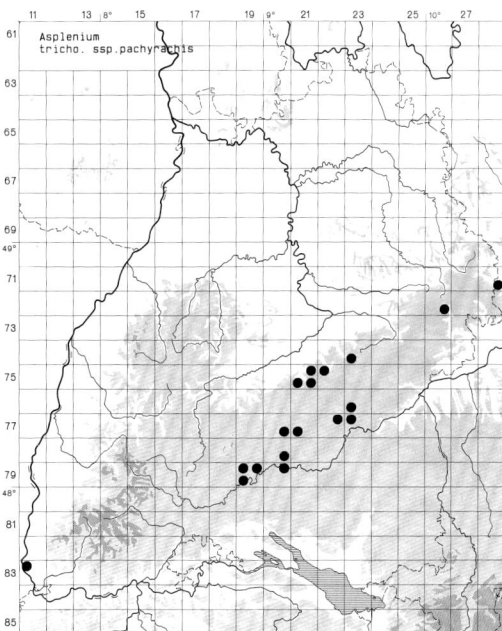

An nordexponierten, teils etwas beschatteten, senkrechten, oft durch Überhänge geschützten Kalkfelsen, insgesamt relativ trocken stehend. – Diese Sippe wurde bisher v.a. an Kalkfelsen der Schwäbischen Alb durch H. Burkhardt (STU-K)

Unterscheidung der beiden Unterarten von *Asplenium trichomanes* L.

	subsp. *trichomanes*	subsp. *quadrivalens*
Chromosomenzahl (2n)	72	144
Rhizomschuppen	bis 3,5 mm lang, mit rotbraunem Mittelstreif	bis 5 mm lang, mit dunkelbraunem Mittelstreif
Wedel	jederseits 10–25 Fiedern	jederseits 16–30 Fiedern
Fiederlänge	2,5–7,5 mm	4–12 mm
Sporengröße (maximaler Durchmesser des Exospors, nicht des Perispors)	29–36 µm	34–42 µm
Standort	meist kalkarm – sauer	gern basisch – kalkreich

c. subsp. *pachyrachis* (Christ) Lovis et Reichst. 1980, tetraploide Sippe, die morphologisch gut umrissen und auch im Gelände zu erkennen ist: Blätter 2–12 cm lang, oft Seestern-artig den Felsen anliegend, Spindel gern s-förmig gebogen, brüchig, Fiedern dicht stehend, am Grund sich oft dachziegelig überlappend, 2–4mal so lang wie breit, auf der Unterseite mit 0,1–0,2 mm langen Drüsenhaaren (Merkmal variiert etwas), Sporengröße 34–42 µm.

nachgewiesen; (vgl. Lovis u. Reichstein 1985, hier genaue Fundortsangaben. Weitere Vorkommen sind im Nördlinger Ries (7128/4: Utzmemmingen, Rasbach (KR-K)), und 8311/1: Isteiner Klotz, ca. 250 m, Schulze (KR-K). Eine erste Verbreitungskarte, die auf diesen ersten Beobachtungen beruht, hat nur vorläufigen Charakter und soll zu weiteren Untersuchungen anregen.

Bestand und Bedrohung: Vorkommen an natür-

Braunstieliger Streifenfarn *(Asplenium trichomanes* subsp. *pachyrachis)* Isteiner Klotz (südliches Oberrheingebiet), 1984

lichen Wuchsorten sind nicht bedroht; die Pflanze scheint dort nicht zurückgegangen zu sein. Wo die Pflanze nur an Mauern vorkommt und wo natürliche Wuchsorte fehlen, ist sie sicher zurückgegangen und wohl örtlich auch verschwunden. Allerdings läßt sich dieser Rückgang in der Karte schwer aufzeigen und auch sonst durch floristische Angaben nur schwer belegen. Neu geschaffene potentielle Wuchsorte werden von *Asplenium trichomanes* nur sehr langsam besiedelt (im Gegensatz dazu steht das Verhalten von *Asplenium ruta-muraria*). – Insgesamt ist in Baden-Württemberg die Pflanze nicht gefährdet; in Gebieten ohne natürliche Wuchsorte und wenigen Natursteinmauern wie in der Oberrheinebene oder im Alpenvorland läßt sich der Farn als „gefährdet" einstufen.

2. Asplenium viride Hudson 1762
Grüner Streifenfarn

Morphologie: Hemikryptophyt, mit kurzem Rhizom und büschelig stehenden Blättern, ähnlich *A. trichomanes*, doch Blätter steifer und Blattspindel grün; Blattstiel nur am Grund, höchstens bis zu den ersten Fiederblättchen dunkel rotbraun, glänzend, sonst grün, bis 5 cm lang; Blattspreite bis 15 cm lang und 1,5 cm breit, frischgrün bis dunkelgrün, grün überwinternd, einfach gefiedert, beiderseits bis 30, grün gestielte eiförmige Fiederblättchen, diese am Rand kerbig gesägt, im Alter nicht abfallend. Sori 4–8, in der Mitte der Fiederblättchen, den Rand nicht erreichend, im Alter verschmelzend.

Ökologie: An schattigen (in höheren Lagen auch an schwach beschatteten), frischen (selten feuchten), auch zeitweise durchsickerten, kalkhaltigen, basischen Felsspalten in kühler Lage, auch auf Humus zwischen Kalkblöcken, selten auch an Sekundärstellen wie Mauern, meist zusammen mit *Cystopteris fragilis* (doch deutlich seltener), Kennart des Asplenio (viridi) – Cystopteridetum. – Vegetationsaufnahmen vgl. OBERDORFER (1949), SEBALD (1980).

Allgemeine Verbreitung: Europa (bis Nordafrika), Asien, Nordamerika; in Europa vom Mittelmeerraum bis Nordeuropa, ostwärts bis Finnland, Ural und Kaukasus.

Verbreitung in Baden-Württemberg: In den höher gelegenen Kalkgebieten, v.a. in der Schwäbischen

Grüner Streifenfarn *(Asplenium viride)*
Wutachschlucht, 1984

cken. Reichere Vorkommen: 8014/3: Höllental mehrfach (Hirschsprung, Posthalde, Büstenfall, Ravenna); 8114/1: Feldberg (Zastler, Seebuckabsturz); 8214/3, 8313/2: Wehratal; 8013/4: Oberrieder Tal; 8213/2: Prägbachtal; daneben zahlreiche kleinere Vorkommen, gelegentlich auch an Mauern.

Im Nordschwarzwald wenige Vorkommen an natürlichen Standorten (Buntsandstein mit kalkhaltigen Spaltenfüllungen), jeweils an eng begrenzter Stelle: 7216/2: Großes Loch bei Loffenau (nur wenige Stöcke); 7315/3: Hornisgrinde, Biberkessel. Daneben einige Vorkommen an Mauern.

Taubergebiet: 6525/1: Weikersheim, wohl an einer Mauer (vor 1900).

Schwäbisch-Fränkischer Wald: Ältere Angaben von Ellwangen und Gaildorf, Zusammenfassung der neueren Fundstellen vgl. SEBALD u. SEYBOLD (1973): südlich Mainhardt, nördlich Bubenorbis, Hausen a.d. Rot, Ebersberg und Rotenhar, Sulzbach a.K., Krempelbach südlich Rübgarten, Bahnhof Laufenmühle, Lorch.

Neckargebiet: Z.T. Sekundärstellen an Mauern und in Steinbrüchen, so: 6918/4: Steinbruch bei Maulbronn; 7220/3: Büsnau; 7420/4: auf Kalktuff im Neckartal unterhalb Kusterdingen, 1961, 1970, HARMS (STU-K).

Oberer Neckar: Mehrere Fundstellen um Rottweil, z.T. unbestätigt, isolierte Fundstellen: 7519/1: Niedernau und Obernau.

Baar – Wutach: Wutachschlucht bis Wutachflühen verbreitet (Fundortskarte vgl. PHILIPPI (1972: 256).

Schwäbische Alb: Hauptvorkommen der Pflanze in Baden-Württemberg, hier v.a. im Donautal zwischen Mühlheim und Inzigkofen sowie in den Seitentälern (nach BERTSCH 20 Fundorte), im Gebiet um Blaubeuren sowie am Steilrand von Deilingen bis zur Eger (nach BERTSCH 28 Fundorte).

Alb, seltener im Alpenvorland und im Schwäbisch-Fränkischen Wald, vereinzelt an Kalkstellen des Schwarzwaldes, selten auch in der Vorhügelzone des Schwarzwaldes.

Tiefste Fundstellen ca. 380 m (Dinkelberg), vorübergehende Vorkommen an Mauern und in Brunnen auch in Höhen von ca. 120 m, Schwerpunkt oberhalb 600 m; höchste Fundstellen am Feldberg und Belchen, ca. 1250–1300 m.

Im Gebiet urwüchsig. Frühester Hinweis: MARTENS (1825: 338): Urach am Wasserfall (7522), SPENNER (1825: 5): Hirschsprung (8014). Auch von HARDER 1594 vermutlich im Gebiet gesammelt (SCHORLER 1907: 82).

Oberrheingebiet: Zahlreiche alte Angaben, zumeist aus Brunnen; Vorkommen immer sehr spärlich, seit längerer Zeit unbestätigt.

Vorhügelzone des Schwarzwaldes: Vereinzelte Beobachtungen, oft nur kümmerliche Exemplare. Meiste Vorkommen seit langer Zeit unbestätigt, heute nur noch im Dinkelberg-Gebiet: 8312/4: südlich Nordschwaben (KR-K); 8413/1: südwestlich Öflingen (STU-K).

Schwarzwald: Im Südschwarzwald zerstreut an Gneis- und Devonschieferfelsen mit kalkhaltigen Spaltenfüllungen, hier oft auf kleiner Fläche in Populationen von 30–40 Stö-

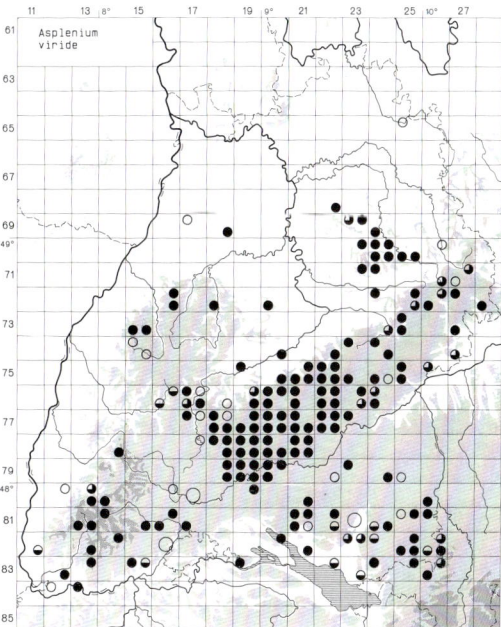

165

Alpenvorland: V.a. in den Schluchten des Westallgäuer Hügellandes, seltener im Schussenbecken; BERTSCH nennt hier 36 Fundstellen. Einzelangaben von der Zeiler Höhe (v. a. 8125/2) vgl. BRIELMAIER (1959). An zahlreichen früheren Fundstellen nicht mehr nachgewiesen. – Westliches Bodenseegebiet in den Molasseschluchten zerstreut, so Schiener Berg, um Bodman-Wallhausen, Salem, Schiggendorf bei Meersburg.

Bestand und Bedrohung: *Asplenium viride* ist insgesamt nicht gefährdet; ein Rückgang ist gerade in den Randgebieten angedeutet, wo die Pflanze schon immer selten war oder nur an vom Menschen geschaffenen Wuchsorten wie Brunnen beobachtet wurde. Eine gewisse potentielle Gefährdung ist im Schwarzwald und im Schwäbisch-Fränkischen Wald wegen der geringen Ausdehnung der Vorkommen anzunehmen. In jüngerer Zeit wurden einige neue Vorkommen an Mauern in montaner Lagen beobachtet; insgesamt zeigt der Farn eine nur sehr geringe Tendenz, neu geschaffene Stellen zu besiedeln (im Gegensatz zu *Cystopteris fragilis*).

3. Asplenium fontanum (L.) Bernh. 1799

Polypodium fontanum L. 1753; *Asplenium halleri* (Roth) DC. 1815
Jura-Streifenfarn

Morphologie: Hemikryptophyt, Rhizom schief aufsteigend. Blätter ± locker büschelig, frischgrün bis dunkelgrün, matt, nicht überwinternd, bis 15 (selten 25) cm lang; Blattstiel etwa ½ bis ⅓ so lang wie die Blattspreite, grün, nur am Grund braunrot, wie Blattspindel zerstreut mit lanzettlichen, braunen Spreuschuppen; Blattspreite im Umriß lanzettlich, nach unten sich deutlich verschmälernd, 1–2fach gefiedert, beiderseits mit bis zu 20 fein zerteilten, ± locker stehenden Fiedern; Fiederchen oval, mit breiten Zähnen und dornartigen Spitzen. Sori bis 1 mm lang, nahe der Mittelrippe.

Ökologie: An beschatteten, mäßig trockenen bis mäßig frischen Spalten von Kalkfelsen, meist in ± warmer Lage, zusammen mit *Asplenium trichomanes*, im Gebiet ohne frischeliebende Arten wie *Cystopteris fragilis*, wird als Kennart des Asplenio-Cystopteridetum angegeben, wohl aber eher Kennart einer eigenen (mehr trockenheitsliebenden) Assoziation. – Vegetationsaufnahmen: Nur in der synthet. Liste bei OBERDORFER (1977) enthalten.

Allgemeine Verbreitung: Südwesteuropa, von der iberischen Halbinsel über Südfrankreich bis zur Westschweiz und zum französischen Jura. Im Gebiet ein isoliertes Vorkommen in der Schwäbischen Alb. – Eine nah verwandte Sippe (subsp. *pseudofontanum* (Koss.) Reichstein & Schneller in Zentralasien.

Verbreitung in Baden-Württemberg: Schwäbische Alb, daneben ± vorübergehende Vorkommen im südwestlichen Landesteil. – Ältester Hinweise: HARDER (1574–6): Überkingen, nach SCHORLER (1907: 83), auch bei LEOPOLD (1728: 58) von dort genannt. – Die Art ist im Gebiet urwüchsig.

Schwäbische Alb: 7324/4: Überkingen, ca. 650 m, 7325/3: Geislingen, insgesamt mehrere, doch kleine, etwa 30–50 Stöcke umfassende Populationen.

Vorübergehende Vorkommen: An Mauern, die teilweise nur wenige Jahre bestehen: Mehrfach im Südschwarzwald: 8014/3: Hirschsprung im Höllental, 1884 von K. BARTENSTEIN entdeckt, erste Erwähnung bei SEUBERT u. KLEIN (1891) mit dem Hinweis „wahrscheinlich verschwunden". 7913/3: St. Ottilien bei Freiburg, ein kümmerlicher Stock, 1911 von KAUFMANN entdeckt, bereits im folgenden Jahr abgestorben. 7714/3: Oberbiederbach, ein Stock 1912 von SCHLATTERER entdeckt (spätere Beobachtungen fehlen). 8213/3: Zell i. W., an einer Mauer, 2 kräftige Stöcke, 1931 von LÖSCH entdeckt, um 1950 Vorkommen zerstört. Dieses Vorkommen hat sich über 20 Jahre gehalten. Vgl. auch LÖSCH (1936). – Vorbergzone des Schwarzwaldes: 8211/3: Rheinweiler, ein Stock an einer Mauer, 1884 von STERCK entdeckt, nur wenige Jahre beobachtet, 1887 hier am Mühlengrund ein weiterer Stock festgestellt (WINTER 1889: 50). – 8311/1: Isteiner Klotz, zwischen Betontrümmern, 1 Stock, um 1983 von FRITZ entdeckt, inzwischen wieder verschwunden. – Auch im benachbarten österreichischen Bodenseegebiet (Pfänder bei Bregenz, SUNDERMANN 1916, inzwischen verschollen) dürfte der Farn keine dauerhaften Vorkommen besessen haben.

Nächste dauerhafte Vorkommen im Jura bei Basel, von den Fundstellen in der Vorhügelzone des Schwarzwaldes

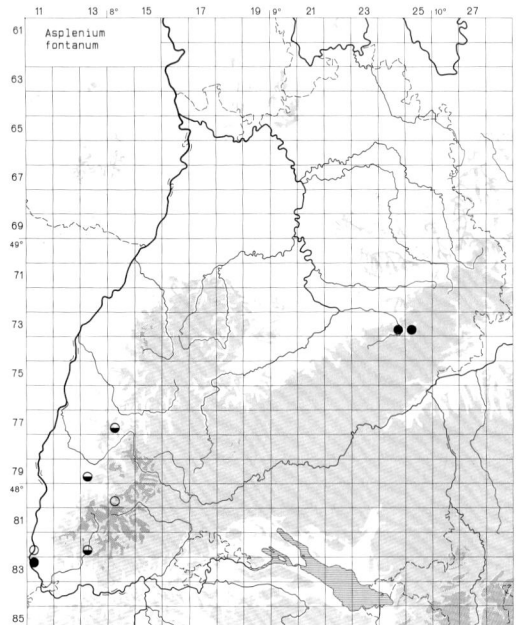

166

Jura-Streifenfarn *(Asplenium fontanum)*
Überkingen, 1988

und im Schwarzwald ca. 40 km entfernt, von dem bei Geislingen-Überkingen ca. 200 km.

Bestand und Bedrohung: Potentielle Gefährdung wegen der geringen Ausdehnung der Fundstellen, weiter auch gewisse Gefährdung durch Sammeln. Rückgang nicht nachweisbar.

4. Asplenium billotii F.W. Schultz 1845
A. lanceolatum Huds. 1778; *A. obovatum* Viv. 1802
Eiförmiger Streifenfarn

Morphologie: Hemikryptophyt, Rhizom kriechend. Blätter in mäßig dichten Büscheln, überwinternd, nur schwach glänzend, Blatt bis 30 cm lang (oft nur 15–20 cm lang); Blattstiel zumindest unten rotbraun, oft auch Blattspindel (hell-)braun, Blattstiel und Blattspindel spärlich spreuschuppig, Blattstiel etwa ⅓ bis ½ der Länge der Blattspreite, diese bis 6 cm breit und bis 25 cm lang (meist nur bis 15 cm lang), in der Mitte am breitesten, nach unten wenig verschmälert; Fiederchen eiförmig, mit breit keilförmigem Grund, gesägt, Zähne mit dorniger Spitze. Sori 1–2 mm lang, dem Rand genähert.

Ökologie: An leicht beschatteten, gern etwas sickerfrischen, kalkarmen Felsen, gern an durch Über-

hänge geschützten Stellen, in geschützter, wintermilder Lage, meist an südwestexponierten Hängen, zusammen mit wenigen anderen Farnen wie *Asplenium trichomanes* oder Jungpflanzen von *Dryopteris dilatata*, Moosen und Flechten. Vergesellschaftung von Buntsandsteinfelsen der Pfalz als Crocynio-Asplenietum billotii beschrieben (SCHULZE u. KORNECK 1971). Vegetationsaufnahmen aus Baden-Württemberg fehlen. – Der Farn wächst im Oberrheingebiet nicht mit *A. adiantum-nigrum* zusammen; diese Art bevorzugt weniger geschützte, exponierte Wuchsorte.

Allgemeine Verbreitung: Südwest- und Westeuropa: Iberische Halbinsel, Frankreich, England, ostwärts bis Pfälzer Wald – nördliche Vogesen, isoliertes Vorkommen im Nordschwarzwald, Tessin, westliche Teile Italiens, Korsika, Sardinien; Nordafrika, Kanarische Inseln, Madeira. – Atlantisch-subatlantisch-submediterran, im Gebiet an der Ostgrenze der Verbreitung.

Verbreitung in Baden-Württemberg: Nordschwarzwald, auf Porphyr-Konglomerat des Battert bei Baden-Baden, ca. 500 m (7215/2), 1981 von H. REINHARD entdeckt (vgl. OBERDORFER (1983), REICHSTEIN in HEGI (1984)). Hier in einer Spalte

Eiförmiger Streifenfarn *(Asplenium billotii)*
Battert bei Baden-Baden, 1988

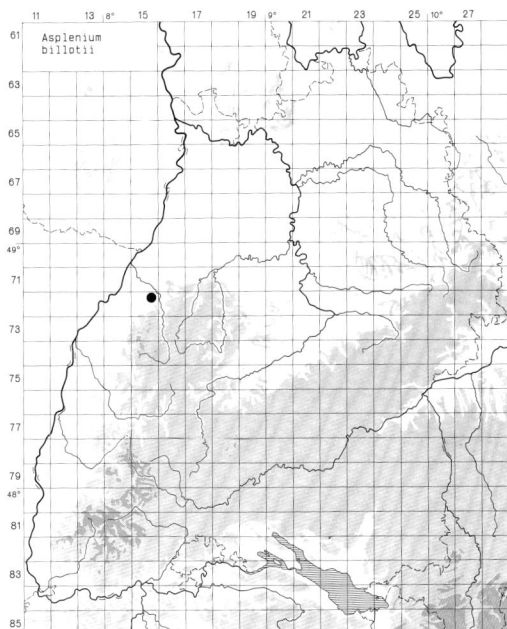

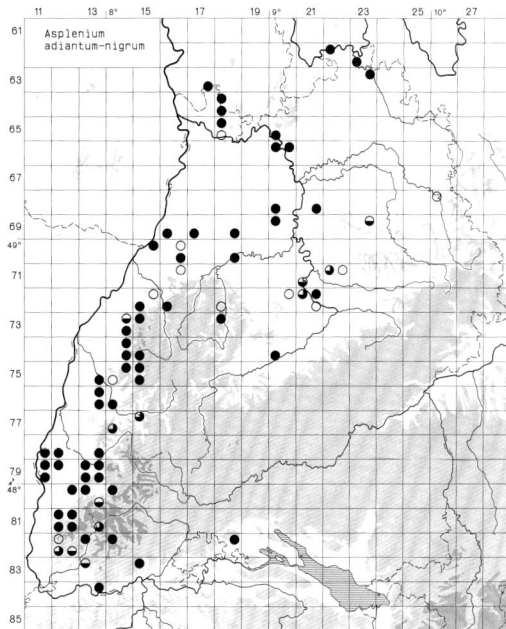

zwei Gruppen von Pflanzen, beide jeweils 6 Stöcke umfassend, drunter auch 2 Jungpflanzen, maximale Länge der Wedel 20 cm.

Die Entdeckung der Pflanze durch H. REINHARD war eine große Überraschung. Zwar wurde der Battert immer wieder von Botanikern besucht. So entdeckte hier A. BRAUN vor 150 Jahren hier das erste Vorkommen von *Lepidozia cupressina* auf dem europäischen Festland. Das Vorkommen von *Asplenium billotii* an eng beschränkter, relativ versteckter Stelle wurde übersehen! – Nächste Fundstellen in der Pfalz (z. B. westlich Annweiler oder bei Schönau), in den Nordvogesen zwischen Zabern – Bitsch – Weißenburg an mehreren Stellen, hier auch bei Fischbach der „locus classicus", wo F. W. SCHULTZ die Pflanze entdeckte und zu Ehren von P. BILLOT, Professor in Hagenau, benannte.

Bestand und Bedrohung: Potentiell bedroht wegen der geringen Ausdehnung des Bestandes; Gefährdung durch Kletterer.

5. Asplenium adiantum-nigrum L. 1753
Schwarzer Streifenfarn

Morphologie: Hemikryptophyt, mit kurzem, aufsteigendem Rhizom. Blätter in mäßig dichten Büscheln, dunkelgrün, derb, schwach glänzend, überwinternd, bis 30 (40) cm lang; Blattstiel so lang oder länger als die Blattspreite, vom Grund an bis über die Mitte des Stieles schwarzbraun; Blattspreite im Umriß verlängert dreieckig, etwa doppelt so lang wie breit, 2(–3)fach fiedrig eingeschnitten; Fieder-

abschnitte länglich, mit keilförmigem Grund, etwa doppelt so lang wie breit, gesägt, Zähne stachelspitzig. Sori 2,5–3 (4) mm lang, meist 3–4 pro Fiederabschnitt, nahe am Mittelnerv, zur Reifezeit ± verschmelzend.

Chromosomenzählung: D. E. MEYER (1959: 46) 2n = 144, nach Zählung von Material von Freiburg (Kartäuserstraße), weiter vom Wasigenstein (Nordvogesen) und Amorbach (Odenwald).

Variabilität: Wedel von *A. adiantum-nigrum* können in Größe und Form sehr variieren. Gerade in geschützten Tieflagen finden sich gelegentlich Formen mit sehr großen Wedeln, die an die von *A. onopteris* erinnern können. Auf den Formenreichtum wies bereits DÖLL (1857) hin; er gibt von Heidelberg Übergangsformen zu *A. serpentinum* Presl an (diese Sippe fehlt jedoch im Gebiet).

Ökologie: An lichten bis schwach beschatteten, nur selten an sonnigen, kalkarmen, sauren (doch meist basenreichen) mäßig trockenen Stellen, in Felsspalten, an Mauern, im Hangschutt von Wäldern, meist zusammen mit *Asplenium trichomanes*, nur selten zusammen mit *A. septentrionale* (sonnigere und trockenere Stellen bevorzugend), im Gebiet meist an sehr kleinen Felsen (v. a. Gneis, sehr selten auch Buntsandstein), an ungemörtelten Mauern (auch auf Buntsandstein und Granit), an Stammfüßen der Bäume in Buchen-Eichen-Wäldern (Luzulo-Quercetum, Luzulo-Fagetum), meist in wintermilder Lage. Gilt als Kennart des Asplenietum septentrio-

169

Schwarzer Streifenfarn *(Asplenium adiantum-nigrum)*
Glottertal bei Freiburg, 1991

nali-adianti-nigri, Vegetationsaufnahmen vgl. OBER-
DORFER (1938).

Die Bindung an wintermilde Klimate zeigte sich
nach dem kalten Winter 1955/56 um Freiburg: die
Pflanzen von *Asplenium adiantum-nigrum* waren an
exponierten Stellen vielfach erfroren und erholten
sich im Laufe des Sommers 1956 nur langsam oder
überhaupt nicht mehr.

Allgemeine Verbreitung: Europa, Nordafrika,
Kanarische Inseln, Azoren, Madeira, Gebirge
Asiens (Himalaya), westliches Nordamerika, weiter
auf der Südhalbkugel: Australien, Südafrika bis
tropische Gebirge. – In Europa in den Gebirgen
Südeuropas, Frankreich, England, bis südwestli-
cher Teil Norwegens, ostwärts bis Karpaten und
Kaukasus. In Süddeutschland im Gebiet die Ostgrenze der Verbreitung erreichend, in Mitteldeutschland bis zur Lausitz, in Norddeutschland
fehlend. – Mediterran-submediterran-subatlan-
tisch.

Verbreitung in Baden-Württemberg: Schwerpunkt
auf der Westseite des Schwarzwaldes, hier auch Vorkommen an natürlichen Wuchsorten, seltener im
Odenwald, vereinzelt in den Keupergebieten, hier
fast nur an Mauern. Kaiserstuhl. Westliches Bodenseegebiet.

Höchste Fundstellen 1000 m (8214/1, Todtmoos), tiefste Fundstellen am Schwarzwaldfuß ca.
200 m, im Odenwald 190 m.

Asplenium adiantum-nigrum ist im Gebiet urwüchsig (alteinheimisch), im Neckargebiet nach
dem weitgehenden Fehlen an primären Wuchsorten
vielleicht erst mit dem Menschen eingewandert (Archaeophyt). Der erste Hinweis findet sich bei SPEN-
NER (1825: 6), nach Funden im Gebiet um Freiburg.

Kaiserstuhl: Im westlichen Teil des Kaiserstuhles auf vul-
kanischem Gestein (Tephrit) mehrfach: 7911/4: Blankenhornsberg; 7912/2: Bitzenberg, Achkarrer Schloßberg;
7912/1: Totenkopf; 7811/4, 7812/3: Sasbach am Eichert,
Bisamberg und Teufelsburg bei Kiechlinsbergen.

Odenwald: 6518/3: Heidelberg, Haarlaß, unbestätigt;
6518/1: Schriesheim, Leutershausen; 6418/1, 3: Weinheim,
Hohensachsen; 6319/3: Laudenbach. Zu diesen Vorkommen am Bergstraßenrand vgl. DEMUTH (1988).

Neckartal: 6520/3: Zwingenberg; 6620/1, 2: Neckarge-
rach, vgl. hierzu die Fundortskarte von MESZMER (1984),
reichlich.

Im östlichen Odenwald im Tauber-Main-Gebiet: 6323/
2: Niklashausen; 6223/3: Waldenhausen, Reicholzheim;
6222/1: Boxtal. – Reichlicher auf der benachbarten bayerischen Mainseite, z.B. bei Kreuzwertheim.

Schwarzwald: 8315/1: Schlüchttal; 8413/2: Säckingen,
Eggberg; im Gebiet des Wiesentales zahlreiche Angaben,
doch vielfach ohne jüngere Bestätigung, so: 8313/1: Hohe

Möhr; 8212/4: Gresgen, Tegernau; 8212/3: Marzell-Lüt-
schenbach, bis 700 m, Vogelbach; 8113/4: Geschwend, bis
700 m; 8214/1: nördlich Todtmoos, Schwarzer Fels,
1000 m; 8212/1: Badenweiler, A. Braun; 8112/3: Oberweiler, A. Braun; 8112: um Staufen, Untermünstertal
und Obermünstertal mehrfach, Muggardt; 8013/1: um
Freiburg vielfach, so Schloßberg, Hirzberg, Lorettoberg,
Kappler Tal; 8014/4: Zastler, Lösch; 8014/1: Buchenbach;
7913/3: Reutebacher Tal bei Freiburg; 7913/2: Glottertal,
Waldkirch (unbestätigt); 7813/4: Tennenbach (auf Buntsandstein); 7714/3: Heidburg bei Elzach; 7715/1: Wolfach,
Spitzfels; 7613/4: Geroldseck bei Lahr sowie an der Straße
oberhalb Reichenbach; 7613/2: Diersburg; 7614/3: westlich Zell a.H. sowie bei Steinach; 7513/4: Bottenbach bei
Berghaupten; 7514/3: Gengenbach; 7514/2, 7515/1: Oppenau; 7515/3: unterhalb Herlisries bei Bad Peterstal; 7414/
4: Wolfhag bei Oberkirch; 7414/2: Furschenbach; 7415/3:
Unterwasser bei Ottenhöfen; 7314/3: Oberachern; 7314/2:
unbestätigte Angaben von Sasbachwalden, Kappelrodeck
und Hub, Winter (1883), Huber (1933); 7315/1: Bühlertal oberhalb des Bades; 7215/4: Neuweier, Varnhalt; 7215/
2: Ebersteinburg, Braun, unbestätigt; 7216/3: unterhalb
Schloß Eberstein; 7116/2: Marxzell, Bonnet (1887); 7016/
4: Ettlingen; 7016/2: zwischen Wolfartsweier und Durlach,
Bonnet (1887). – Im östlichen Schwarzwald: 7318/1: Bad
Teinach; 7218/3: Calw, Bulach, unbestätigt.
Neckarland: Stromberg: 6820/3: Neipperg; Zweifelsberg;
6918/4: Maulbronn; 6920/1: Südöstlich Neipperg. – Hohenlohe: 6826/1: Jagstklingen bei Crailsheim (früher). –
Schwäbisch-Fränkischer Wald: 6821/4: Heilbronn, Stein-
bruch beim Jägerhaus; 6923/2: Bubenorbis; 7122/1: Win-
nenden, Steinbruch Waiblinger Berg (bis 1969), zwischen
Roßberg und Haselstein (1943); 7122/2: früher bei Oppels-
bohm. – Enztal: 7018/4: Enzberg, Lattenberg, 1985, Sei-
ler (STU-K). – Stuttgarter Raum: 7121/3: Feuerbacher
Heide (bis 1930); 7220/2: Hasenberg und Botnanger
Heide, Kirchner (1888); 7221/1: Lederberg nördlich
Heumaden, 1964, Mattern und Vock (STU-K); 7221/2:
Rotenberg, 1988, Seiler (STU-K); 7221/4: früher Esslingen. – Tübinger Raum: 7420/3: Hagelloch, reichlich.
Hegau: 8218/2: Hohentwiel; Hohenkrähen (unbestätigt).
   Daneben sind einige ± vorübergehende Vorkommen
bekannt: 6916/3: Karlsruhe, Rand des Lutherischen Wäld-
chens bei Mühlburg, Braun, Mauer des Erbprinzengar-
tens, Bausch (vgl. Döll 1857); 7015/3: Mörsch, Sand-
steinmauer, 2 Stöcke, 1988, Harms; 6917/3: südlich Weingarten, Mauer, 1 Stock, Haisch (um 1980, später nicht
mehr beobachtet).

Bestand und Bedrohung: Gerade im Südschwarzwald ist der Farn an den primären Wuchsorten an
kleinen Felsen in Eichen-reichen Wäldern in ±
schönen Beständen anzutreffen; ein Rückgang ist
hier nicht nachweisbar. Stärker bedroht erscheinen
die Mauervorkommen, die oft nur 5 bis 10 Stöcke
umfassen und meist in intensiv genutztem Gelände
(Weinberge) liegen. Im Schwarzwald ist hier kein
Rückgang nachweisbar; im Neckargebiet ist *Asplenium adiantum-nigrum* stark zurückgegangen. Ursache des Rückganges ist im Verputzen der Mauern
oder überhaupt in ihrer Beseitigung zu suchen. Die
Fähigkeit zur Besiedlung neuer Wuchsorte ist offen-

sichtlich gering. So läßt sich die Art als „gefährdet"
einstufen, im Neckargebiet sogar als „stark gefährdet".

Asplenium onopteris L. 1753
Spitzer Streifenfarn

Ähnlich *A. adiantum-nigrum*, unterschieden durch kräftigeren Wuchs, an der Spitze ausgezogene (geschwänzte)
Fiedern und kleinere Sporen (28–32 μ, gegenüber
34–40 μm bei *A. adiantum-nigrum*. Chromosomenzahl 2n
= 72 (diploide Sippe). – Hauptverbreitung im Mittelmeergebiet bis Südalpen.
   Diese Sippe wurde von D. E. Meyer (1957) als „diploide Rasse" von *Asplenium adiantum-nigrum* von Freiburg und aus dem Kaiserstuhl bei Kiechlinsbergen gemel-
det; diese Sippe entspricht *A. onopteris*. Die Angabe wurde
später von Oberdorfer (1979, 1983) und Reichstein (in
Hegi, 1984) übernommen. Bei späteren Besuchen konnte
D. E. Meyer den Farn nicht mehr wiederfinden; Belege
fehlen. Auch H. & K. Rasbach konnten die Vorkommen
trotz intensiver Nachsuche an den von D. E. Meyer beschriebenen Fundstellen nicht bestätigen (es wurde nur
A. adiantum-nigrum gefunden). Das Vorkommen von
Asplenium onopteris in Südwestdeutschland erscheint so
überaus zweifelhaft (Mitteilung von H. u. K. Rasbach).

6. Asplenium septentrionale (L.) Hoffm. 1795
Acrostichum septentrionale L. 1753
Nordischer Streifenfarn

Morphologie: Hemikryptophyt, mit dicht büschelig
stehenden Blättern. Blätter graugrün, wintergrün,
bis 15 cm lang; Blattstiel etwa 2–3mal so lang wie

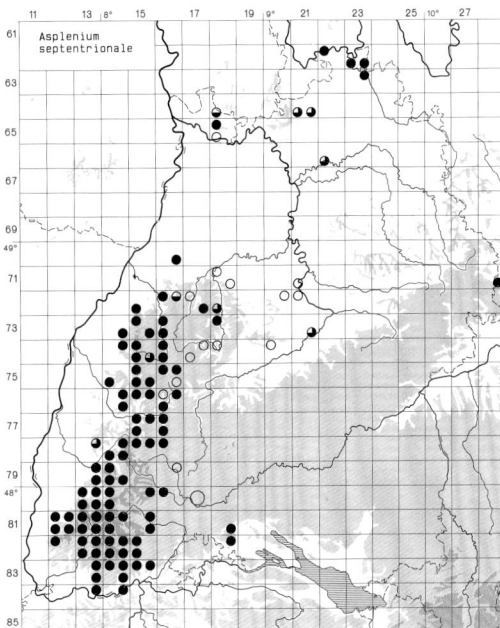

Asplenium
septentrionale

Nordischer Streifenfarn *(Asplenium septentrionale)*
bei Todtmoos, 1991

die Blattspreite, nur an der Basis braunschwarz, nach oben plötzlich grün; Blattspreite lang und schmal, 3–5fach geteilt, Fiederabschnitte bis 3 cm lang und 0,2 (0,3) cm breit. Sori die ganze Unterseite bedeckend, Schleier zurückgeschlagen.

Bemerkungen: Im Gebiet nur die tetraploide Sippe mit 2n = 144; Chromosomenzählungen nach Material von Todtnau, Freiburg, Glottertal und Schönau: D. E. MEYER (1957). Die diploide Sippe subsp. *caucasicum* Fraser-Jenkins & Lovis im Kaukasus und in der Türkei.

Ökologie: An sonnigen bis schwach beschatteten, kalkarmen, sauren, trockenen Stellen, in Fels- und Mauerspalten, v.a. über Gneis und Granit, seltener auf Buntsandstein (hier meist an Mauern), meist in Reinbeständen oder zusammen mit *Asplenium trichomanes*, in tieferen Lagen vereinzelt mit *Asplenium adiantum-nigrum*. Kennart des Asplenietum septentrionali-adianti-nigri (in tieferen Lagen) bzw. des Woodsio-Asplenietum septentrionalis, regional Androsacetalia vandelii – Ordnungskennart. – Vegetationsaufnahmen vgl. OBERDORFER (1938), K. MÜLLER (1948), synth. Tab. OBERDORFER (1957, 1977).

172

Allgemeine Verbreitung: Nordhalbkugel: Europa, Zentralasien bis Nordchina, östliches Nordamerika. In Europa v. a. in gemäßigten und kühl-gemäßigten Gebieten, nördliche Teile von Nordeuropa und Mittelmeergebiet selten oder fehlend. Mitteleuropa in kalkarmen Gebirgen weit verbreitet, in den Alpen im Wallis bis 2500 m.

Verbreitung in Baden-Württemberg: Schwarzwald verbreitet, Odenwald vereinzelt. Hegau. Nördlinger Ries.

Tief gelegene Fundstellen ca. 200 m (Ettlingen), höchst gelegene Baldenweger Buck am Feldberg, ca. 1350 m.

Die Art ist im Gebiet urwüchsig. – Erster Nachweis: GATTENHOF (1782: 350): „Inter rupes in via ducente ad lapidicinas unter Schlierbach" (6518).

Schwarzwald: An Felsen v. a. in den Gneis- und Devonschiefergebieten des Südschwarzwaldes, seltener in den Granitgebieten (hier fehlen den Felsen entsprechende Spalten), im mittleren und nördlichen Schwarzwald seltener. Vorkommen an Mauern im ganzen Gebiet häufig (bis zerstreut). An Buntsandsteinmauern auf der Ostseite des Schwarzwaldes, meist in kleineren Populationen und stark zurückgehend. – Beobachtungen nach STU-K: 7217/4: Würzbach, HARMS, 7218/1: Zavelstein–Rötenbach, 1966 zuletzt, 1972 vergeblich gesucht, 7318/1: Zavelstein, bis 1983, Neubulach, 1971 erloschen.
Odenwald: Um Heidelberg früher mehrfach, jüngere Beobachtung: 6518/1: Schriesheim gegen den Ölberg, SCHÖLCH. Im östlichen Odenwald 6421/3, 4: Buchen und Rumpfen, SACHS, SCHÖLCH, um 1953, Taubertal: 6323/2,

6223/4: mehrfach bei Niklashausen, 6223/3: Reicholzheim. Maintal: 6222/1: Boxtal.
Neckargebiet: Früher in den Keupergebieten um Stuttgart und Tübingen mehrfach, doch nur in kleinen Populationen; letzte Beobachtung: 7321/4: Hardt, am Ulrichstein, 1 Stock (1967, vgl. SEYBOLD 1968). – 6622/3: Ruchsen, SCHÖLCH (um 1953).
Nördlinger Ries: 7128/4: Utzmemmingen, FISCHER.
Bodensee-Gebiet: 8118/4: Mägdeberg, 8218/2: Hohentwiel, hier neuerdings durch Sicherung der Felsen stark zurückgegangen.

Bestand und Bedrohung: Heute gerade im Südschwarzwald noch in reichen Beständen, die kaum bedroht sind, in allen anderen Gebieten, wo Vorkommen an Sekundärstellen (Mauern) überwiegen, im Rückgang und ± stark bedroht. Ursachen des Rückganges sind das Verputzen oder Vermörteln der Trockenmauern, Zuwachsen der Mauern infolge Aufgabe der Nutzung oder Zerstörung der Mauern bei Straßenverbreiterung. Außerhalb des Südschwarzwaldes Gefährdungsstufe 3 („gefährdet"), örtlich vielleicht schon 2 („stark gefährdet").

7. Asplenium ruta-muraria L. 1753
Mauerraute, Mauer-Streifenfarn

Morphologie: Hemikryptophyt, wintergrün, Rhizom verzweigt. Blätter bis 15 cm lang, an schattigen Stellen auch bis 20 cm; Blattstiel meist länger als Blattspreite (bis doppelt so lang), grün, nur im untersten Teil schwarzbraun, zerstreut mit Drüsen und einzelnen Spreuschuppen besetzt; Blattspreite im Umriß verlängert dreieckig bis eiförmig, doppelt fiederspaltig, mit schräg abgehenden Fiedern, mindestens Fiedern erster Ordnung deutlich gestielt; Fiederabschnitte am Grund keilförmig. Sori lineal, zuletzt die gesamte Unterseite bedeckend.

Ökologie: An sonnigen bis leicht beschatteten, trockenen bis mäßig frischen, kalkhaltigen Stellen. Natürliche Vorkommen in Spalten von Kalkfelsen, sekundär in Fugen gemörtelter Mauern, hier auch an Gneis-, Buntsandstein- oder Ziegelmauern, seltener in Fugen des Verputzes oder in Betonspalten. Meist in Reinbeständen, seltener auch mit *Asplenium trichomanes*, an frischeren Stellen mit *Cystopteris fragilis*, an natürlichen Wuchsorten der Schwäbischen Alb zusammen mit *Kernera saxatilis* oder *Hieracium humile*. In tiefen Lagen Kennart des Asplenietum trichomano – rutae-murariae, in der Schwäbischen Alb im Drabo-Hieracietum humilis, reg. Potentilletalia-Ordnungskennart. – Vegetationsaufnahmen vgl. FABER (1936), KUHN (1937), TH. MÜLLER (1966), WILMANNS u. RUPP (1966), LANG (1973), synthetische Tabelle OBERDORFER (1977).

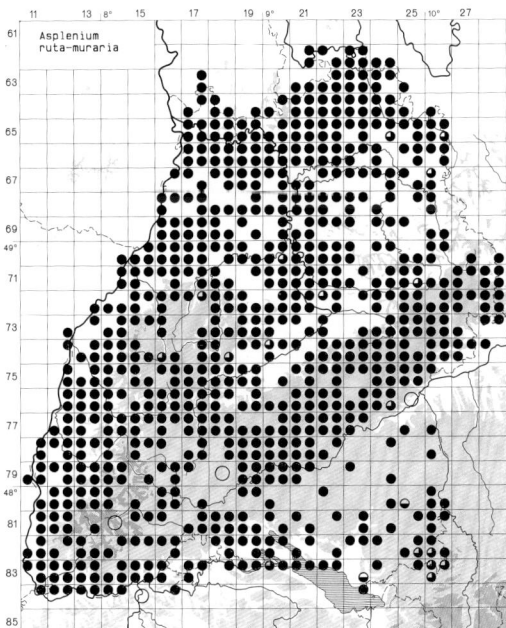

Mauerraute *(Asplenium ruta-muraria)*
Niederrotweil (Kaiserstuhl), 1972

Allgemeine Verbreitung: Nordhalbkugel, Europa (bis Nordafrika), Asien, Nordamerika. In Europa v.a. im temperaten Gebiet, Nordeuropa seltener, Südeuropa v.a. in den Gebirgen; in den Alpen bis 2700 m.

Verbreitung in Baden-Württemberg: Im ganzen Gebiet verbreitet bis zerstreut, nur in kleineren Gebieten selten oder fehlend, so in Teilen des Alpenvorlandes oder der Ostseite des Südschwarzwaldes. Ursache des Fehlens ist das Fehlen entsprechender Mauerstandorte. Vorkommen an natürlichen Wuchsorten (Kalkfelsen) v.a. in der Schwäbischen Alb, seltener im Neckargebiet und in der Vorhügelzone des Schwarzwaldes, sehr selten auch im Südschwarzwald (Gneise mit kalkhaltigen Spaltenfüllungen); Vorkommen an sekundären Wuchsorten (Mauern) überwiegen.

Tiefste Fundstellen in der Rheinebene (ca. 100 m), höchste im Südschwarzwald (Feldseekessel, ca. 1250 m).

Die Art ist im Gebiet urwüchsig. Ältester literarischer Nachweis: J. BAUHIN (1598: 204, 1602: 222): „wechst an den Mawren der Kirchen zu Boll" (7323).

Bestand und Bedrohung: Die Mauerraute kommt heute vielfach noch in reichen Beständen vor. Doch ist ein Rückgang nicht zu übersehen. Ursache ist das Verputzen der Mauern oder Ersatz alter Stein- oder Ziegelmauern durch Betonmauern. Auf der anderen Seite vermag die Pflanze neu geschaffene, auch abgelegene Standorte zu besiedeln, wie z. B. im Gebiet an den Bunkerruinen entlang des Rheines zu beobachten war. Bei den Vorkommen an natürlichen Wuchsorten ist kein Rückgang erkennbar. – Trotz des offensichtlichen Rückganges an Mauerstandorten ist die Mauerraute im Gebiet nicht bedroht.

Bastarde

Innerhalb der Gattung *Asplenium* sind eine Reihe von Bastarden bekannt. Im Gebiet wurden drei Sippen beobachtet:

1. × 6a. Asplenium × alternifolium Wulfen 1789
Asplenium × breynii Koch 1845; *A. × germanicum* Aschers. et Graebn. 1896; *A. × hansii* Aschers. et Graebn. 1896; *Asplenium septentrionale* (L.) Hoffm. × *A. trichomanes* L. subsp. *trichomanes*
Deutscher Streifenfarn

Morphologie: Hemikryptophyt; Blätter dicht büschelig, sommergrün, bis 15 (25) cm lang; Blattstiel so lang wie die Blattspreite, nur untere Hälfte des Blattstieles braun, sonst wie Blattspindel grün; Fiedern sehr locker stehend, untere Fiedern fiederschnittig bis gefiedert, oberer Teil des Blattes einfach gefiedert, Fiederabschnitte keilförmig, sitzend, wechselständig (bis gegenständig genähert). Sporen abortiert. – Chromosomenzahl 2n = 108 (also triploide Hybride), zytologische Angaben vgl. D.E. MEYER (1957), Zählungen an Pflanzen von Todtnau, Glottertal und Schönau (Südschwarzwald).
Ökologie: An ähnlichen Stellen wie *A. septentrionale* und mit dieser Art meist eng vergesellschaftet, doch vorwiegend an Mauern und nur ausnahmsweise auch an Felsen; vermutlich bieten Mauern mit den kleinen Erdstellen bessere Möglichkeiten zur Bastardbildung als die eng begrenzten Felsspalten, wo zumeist nur eine der beiden Arten vorhanden ist.

Allgemeine Verbreitung: Ähnlich wie *A. septentrionale*, doch anscheinend etwas wärmeliebender.
Verbreitung in Baden-Württemberg: Schwarzwald, Odenwald, Hegau. – Tiefste Fundstellen: 350 m (Glottertal), höchste ca. 1150 m (Belchen). – Erste Beobachtungen: SPENNER (1825, Schwarzwald um Freiburg).

Schwarzwald: Südschwarzwald und mittlerer Schwarzwald zerstreut, Nordschwarzwald selten, meist über Gneis und Granit, kaum an Buntsandsteinmauern. Fundzusammenstellungen für den badischen Schwarzwald vgl. DÖLL (1857) und LÖSCH (1938: 375), für den württembergischen Schwarzwald BERTSCH (1950: 78). Hoch gelegene Fundstellen: 8113/4 oberhalb Todtnau, 750 m, 8115/4: Wutachschlucht am Räuberschlössle, ca. 700 m, 8112/4: Belchen, Südseite, ca. 1150 m.
Odenwald: 6518/3: Heidelberg. Hier wurde von CHRIST (1900) eine var. *kneuckeri* unterschieden, die eine extreme Form von *A. × alternifolium* sein könnte. Von den zahlreichen Fundstellen, die DÖLL (1857) aufführt, zuletzt um

Deutscher Streifenfarn *(Asplenium × alternifolium)*
Oberried (Südschwarzwald), 1990

175

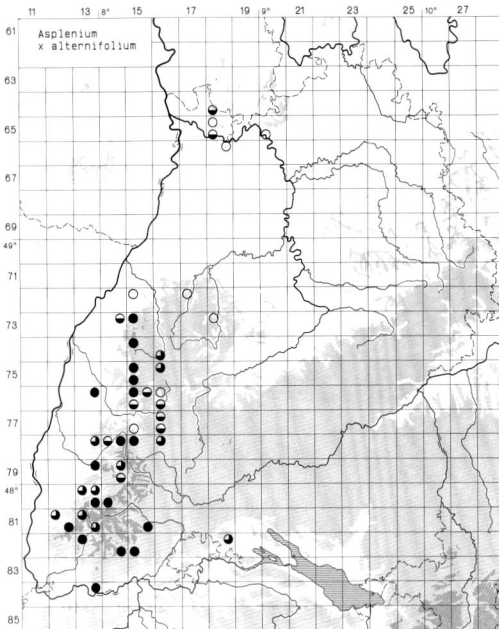

Asplenium × alternifolium

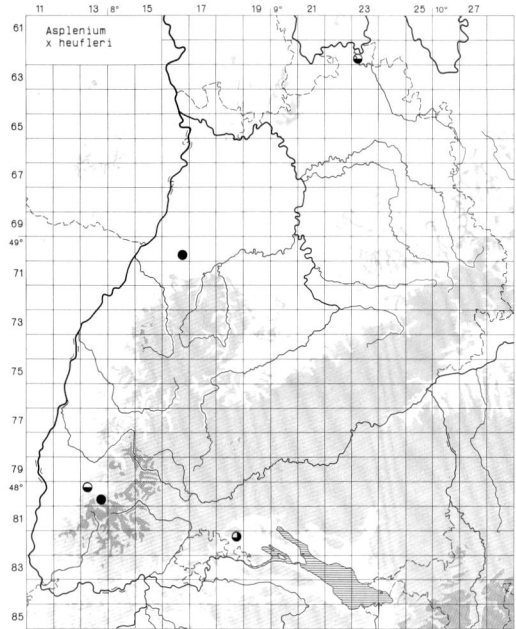

Asplenium × heufleri

1950 von H. WOLF die Vorkommen bei 6418/3: Großsachsen und 6518/3: Heidelberg beobachtet.

Hegau: 8218/2: Hohentwiel. Hier von BERTSCH (1950) als *A. × hansii* Aschers. et Graebn. genannt.

Bestand und Bedrohung: *Asplenium × alternifolium* war im Gebiet immer nur in einzelnen Pflanzen zwischen den Eltern zu finden. Da er v.a. an Mauern vorkam, die oft bei Straßenerweiterungen zerstört wurden, ist er – ähnlich wie *A. septentrionale* – stark zurückgegangen. Doch kann sich der Bastard dort, wo *A. septentrionale* noch vorkommt, immer wieder neu bilden.

1. × 6b. Asplenium × heufleri Reichardt 1860

Asplenium × baumgartneri Dörfler 1895; *A. septentrionale* (L.) Hoffm. × *A. trichomanes* L. subsp. *quadrivalens* D. E. Meyer
Heuflers Streifenfarn

Morphologie: Ähnlich *A. × alternifolium*, unterschieden durch den braunen (nicht grünen) Blattstiel, teilweise auch untere Teile der Blattspindel braun, Fiederchen sehr kurz gestielt, oben fast gegenständig. Sporen abortiert. Chromosomenzahl 2n = 144, also tetraploide Sippe, Zählung von Pflanzen bei Ettlingen: H. RASBACH (unveröff.).

Ökologie: Ähnlich *A. × alternifolium*.

Allgemeine Verbreitung: Wie *A. septentrionale*, doch Skandinavien fehlend, überall wesentlich seltener als *A. × alternifolium*. Offensichtlich bildet

sich der Bastard recht selten, obwohl die Eltern öfters zusammen vergesellschaftet sind.

Verbreitung in Baden-Württemberg:

Schwarzwald: 8013/1: Kappler Tal bei Freiburg, 1933 STOLTZ, vgl. LÖSCH (1936: 214); 8013/4: Oberried, Wittelsbachtal, ca. 650 m, WIMMENAUER, RASBACH, inzwischen erloschen (vgl. HEGI 1984: 255); 7016/4: Ettlingen, Watthalde, hier um 1965 von O. BRETTAR entdeckt, 1987 von H. u. K. RASBACH wieder bestätigt.

Hegau: 8218/2 Hohentwiel, 1897, BERTSCH (vgl. BERTSCH 1950); zuletzt um 1965: ATTINGER (1967).

Benachbart im Spessart: 6223/1: Kreuzwertheim, Hasloch, vgl. VOLLMANN 1914, BERTSCH 1950.

6. × 7. Asplenium × murbeckii Dörfler 1895

Asplenium ruta-muraria L. × *A. septentrionale* (L.) Hoffm.

Morphologie: Blätter überwinternd, im Blattstiel so lang oder länger als die Blattspreite, nur am Grund schwarzbraun; Blattspreite im Umriß eiförmig, sehr locker gefiedert, mindestens die unteren Fiedern fiederspaltig bis gefiedert; Fiederabschnitte meist keilförmig, mehrfach länger als breit.

Vorkommen in Baden-Württemberg: 8218/2: Hohentwiel, hier 1879 von KARRER entdeckt, 1928 von KUMMER und KOCH wiedergefunden und 1935 von BERTSCH (an der Südwestseite des Hohentwiels) bestätigt (vgl. BERTSCH 1950), zuletzt um 1965 ATTINGER (1967). – Diese Form war mehr der Mauerraute genähert. Eine weitere Form, die mehr an *A. sep-*

176

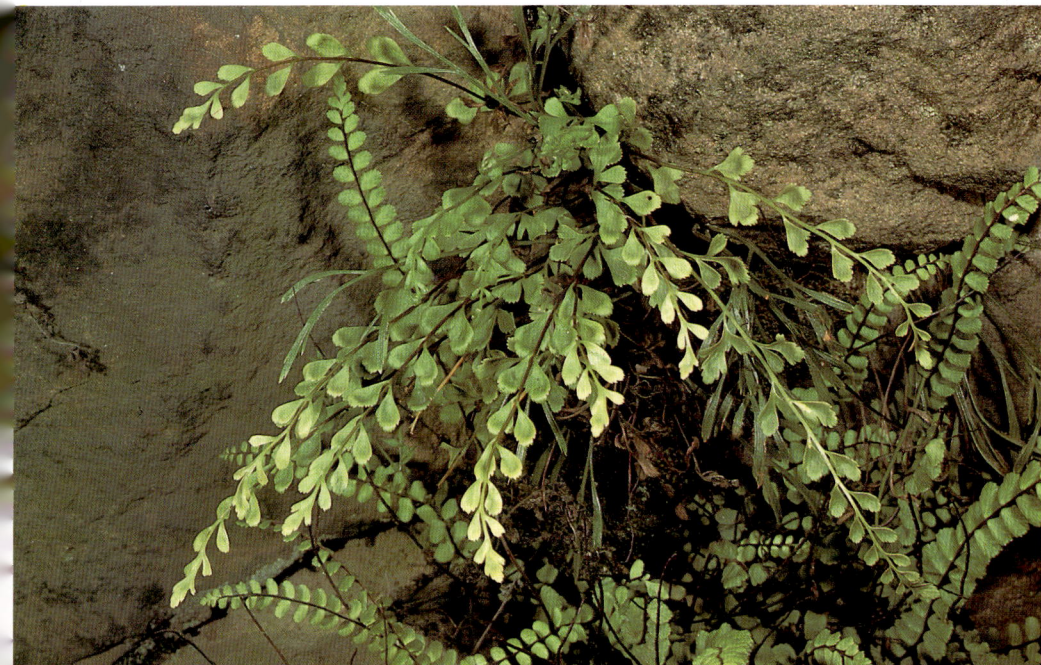

Heuflers Streifenfarn *(Asplenium × heufleri)*
Pflanze zytologisch von H. RASBACH untersucht: ca. 55 Chromosomenpaare
und 34 univalente Chromosomen in der Meiose.
Ettlingen bei Karlsruhe, 1988

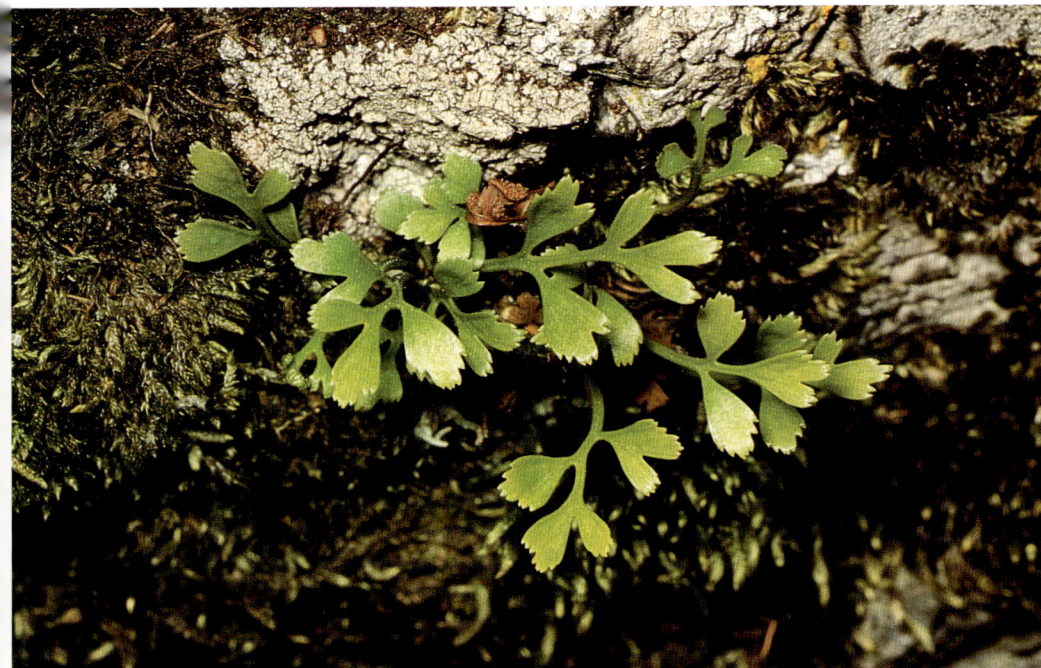

Murbecks Streifenfarn *(Asplenium × murbeckii)*
Utzmemmingen (Ries), 1988

177

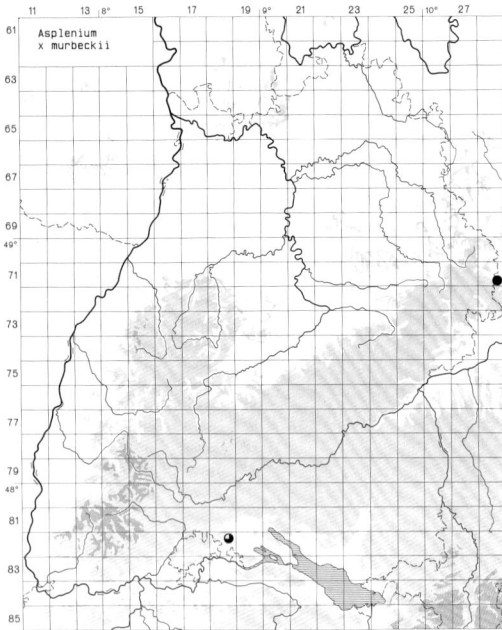

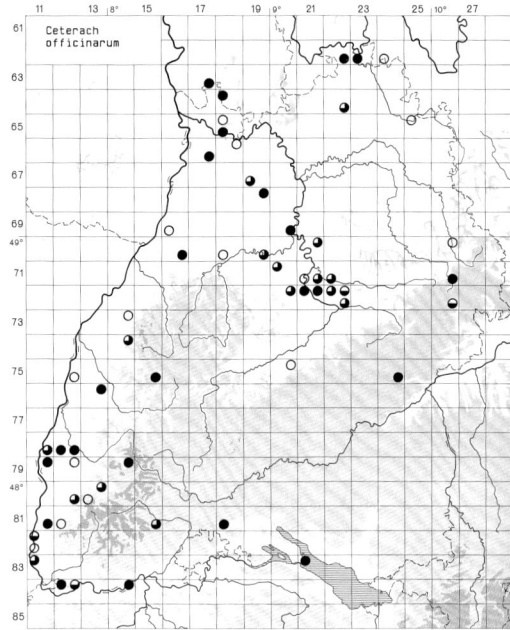

tentrionale erinnert, wurde von BERTSCH (1950: 82) als *A. suevicum* bezeichnet; BERTSCH deutete sie als Bastard *A. murbeckii* × *septentrionale*, nach MEYER gehört sie zu *A. septentrionale* ♀ × *A. ruta-muraria* ♂. – 7128/4: Utzmemmingen (Nördlinger Ries), 1988, RASBACH, vgl. ALEKSEJEW (1988).

2. Ceterach Willd. 1804
Schuppenfarn, Milzfarn

Unterseite der Wedel dicht mit Spreuschuppen bedeckt. Gattung mit 4–6 Arten in trockenen Gebieten Europas und Asiens, in Europa nur eine Art.

1. Ceterach officinarum Willd. 1804
Asplenium ceterach L. 1753; *Grammitis ceterach* (L.) Sw. 1806
Schriftfarn, Spreuschuppiger Milzfarn

Morphologie: Hemikryptophyt; Blätter dicht büschelig, überwinternd, graugrün, lederartig, matt, sich bei Trockenheit einrollend; Blattstiel halb so lang wie die Blattspreite, diese bis 10 cm lang und 2–3 cm breit, einfach fiederschnittig, Fiederabschnitte wechselständig, parabolisch, Umriß des Blattes etwa einen Schriftzug wiedergebend, unterseits wie auch Blattstiel dicht von Spreuschuppen bedeckt, diese braun, über den Blattrand reichend, einzelne Spreuschuppen auch auf der Blattoberseite

(v.a. auf der Rachis). Sori länglich, von den Spreuschuppen verdeckt, erst bei der Sporenreife deutlich sichtbar.

Variabilität: Im Gebiet nur die autotetraploide Sippe (subsp. *officinarum*) mit 2n = 144; Chromosomenzählungen von Pflanzen von Freiburg (wo?), vgl. MEYER (1957). Die diploide Sippe (subsp. *bivalens* D. E. MEYER) mit 2n = 72 in Ost- und Südosteuropa sowie selten in Italien.

Ökologie: Sonnige bis schwach beschattete, trockene, meist kalkarme, doch basenreiche, meist schwach saure Standorte in Fels- und Mauerspalten, meist in wintermilder Lage (Weinbaugebiete), gesellig, regelmäßig zusammen mit *Asplenium trichomanes*, seltener auch mit *A. ruta-muraria* (an kalkhaltigeren Stellen) oder mit *A. septentrionale* und *A. adiantum-nigrum* (an kalkärmeren Stellen), Asplenietea-Klassenkennart. Im Gebiet ganz überwiegend an Mauern, v.a. an nicht oder nur schwach gemörtelten Sandsteinmauern, seltener an ungemörtelten Kalksteinmauern, nur selten an Felsen (Vulkanite, so Kaiserstuhl und Hegau, Kalkfelsen der Schwäbischen Alb). – Vegetationsaufnahmen vgl. OBERDORFER (1938), LANG (1973), DEMUTH (1988).

Allgemeine Verbreitung: Südeuropa, Westeuropa nordwärts bis Irland und England (in Schottland fehlend), im Gebiet etwa die Nordostgrenze der ± geschlossenen Verbreitung erreichend (weiter nordwärts nur wenige Fundstellen in Mitteldeutsch-

Schriftfarn *(Ceterach officinarum)*
Ettlingen bei Karlsruhe, 1988

land), in den Alpen gelegentlich bis 2000 m bzw. 2450 m beobachtet. Nordafrika, Kleinasien, über den Kaukasus und Himalaya bis China. – Mediterran-submediterran (subatlantisch).

Vorkommen in Baden-Württemberg: Sehr zerstreut in den wärmeren Gebieten, v.a. Oberrhein- und Neckargebiet, Main-Tauber-Gebiet, vereinzelt auch Schwäbische Alb, Schwarzwald und Bodenseegebiet.

Niedrigste Fundstellen in der Rheinebene (ca. 105 m), höchste im Schwarzwald bei 630 m bzw. in der Baar bei 680 m.

Ceterach officinarum ist im Gebiet vermutlich erst mit dem Menschen eingewandert; es handelt sich wohl um einen Archaeophyten. Hierauf deutet das Vorkommen an Mauern und das weitgehende Fehlen an Felsen. – Erste Erwähnung: CORDUS (1561: 127a) „in nigra sylva inter Brisgoiam et Wirtembergensem Sueviam sita", 1534–41.

Oberrheingebiet: Erste Beobachtung 1784 von GMELIN an der Limburg im Kaiserstuhl. – 6617/4: Walldorf, Friedhofsmauer, KNEUCKER (1924), auch heute noch reicher Bestand mit ca. 110 Stöcken, vgl. DEMUTH (1988); 6916/3: Karlsruhe, Gartenmauer an der Erbprinzenstraße, SCHMIDT in DÖLL (1857); 7512/4: Dundenheim (vor 1900); im Kaiserstuhl mehrfach: 7811/4: Limberg bei Sasbach, 1784, GMELIN, 1823, BRAUN, zuletzt spärlich 1960 am Lützelberg, PHILIPPI (1961); 7911/2: Niederrotweil, v. ROCHOW (1952), zuletzt 1985 von H. u. K. RASBACH beobachtet, sehr spärlich, weiter Achkarren, Schloßberg, v. ROCHOW (1952); 7812/3: Bahlingen, 1987, KÜBLER-

THOMAS, H. u. K. RASBACH, nur wenige Stöcke; 7812/4: Riegel, an einer Brückenmauer, PHILIPPI (1961); 7912/2: Hugstetten (vor 1900); 8012/4: Kuckucksbad bei Bollschweil, sehr reicher, mehrere hundert Stöcke umfassender Bestand, PHILIPPI (1961), um 1965 durch Rebflurbereinigung zerstört; 8112/3: Muggard, LANG in SCHILDKNECHT (1863); 8114/4: Oberweiler, Weinbergsmauern am Römerberg, 15 Stöcke, um 1980, HÜGIN, FRITZ; 8211/1: Steinenstadt gegen Neuenburg, BINZ (1934), zuletzt um 1950, FUCHS in BINZ (1951), 8211/3: Bamlach; 8311/1: Kleinkems, P. MÜLLER in BINZ (1942), zuletzt LITZELMANN (1966): 24 Stöcke.

Angrenzendes unteres Hochrhein-Gebiet: 8412/1: Degerfelden, wenige Stöcke SEBALD (STU-K); 8412/2: Beuggen, BECHERER (1921).

Bergstraße und westlicher Odenwald: Zusammenstellung der Vorkommen sowie neuere Beobachtungen vgl. DEMUTH (1988). – 6317/4: Laudenbach, ca. 80 Stöcke, WIRTH in DEMUTH (1988). 6418/1: Weinheim, DÖLL (1843), hier im Birkenauer Tal zwei Stöcke an Granitfelsen, 1984, SCHUBERT, vgl. DEMUTH (1988), 6518/1: Schriesheim, DÖLL (1843); 6518/3: Heidelberg mehrfach, zuletzt am Philosophenweg bis 1985, Vorkommen inzwischen zerstört, HAGEMANN in DEMUTH (1988); Neckargemünd, Stadtmauer, DÖLL (1863).

Main-Tauber-Gebiet: (östlicher Odenwald und angrenzende Gäulandschaften): An Buntsandsteinmauern: 6222/4: Sachsenhausen, 1 Stock, 1986, PHILIPPI; 6223/3: Bronnbach, PHILIPPI, Waldenhausen, MERTIN in DÖLL (1857), südlich Wertheim, PHILIPPI, überall in kleinen Populationen; etwas häufiger auf bayerischer Mainseite, z.B. 6222/2: Stadtprozelten. – Auf Muschelkalk: 6224/3: Wenkheim, 1 Stock, vor 1900, KNEUCKER; 6525/1: Weikersheim, KIRCHNER u. EICHLER (1888), lange nicht mehr beobachtet.

Schwarzwald und Randgebiete: 7016/4: Ettlingen, Watthalde, GMELIN in DÖLL (1857), auch heute noch reiches Vorkommen; 7314/2: Hub bei Bühl gegen den Windeck; 7515/4: Dollenbach S Bad Rippoldsau, 1986, SEYBOLD (STU-K); 7414/2: Waldulm, 1957, GÖTZ in PHILIPPI (1961); 7613/2: Diersburg, K. MÜLLER (1938), 1985 wenige Stöcke (KR-K).

7914/2: Obersimonswald, beim Sternen, ca. 630 m, LÖSCH (1936), 1986 von REICHENBACH wieder bestätigt, ca. 25 Stöcke; 8013/2: Zartener Becken mehrfach bei Burg-Buchenbach, um 1920 20–30 Stöcke, LÖSCH, NEUBERGER (1912), zuletzt bis 1957 ein Stock; 8013/3: St. Ulrich gegen Horben (vor 1900).

Benachbart in der Baar: 8115/4: Reiselfingen gegen die Schattenmühle, 680 m, 6 Stöcke, 1966, RASBACH in PHILIPPI u. WIRTH (1970), inzwischen offensichtlich verschwunden. Höchste Fundstelle im Gebiet.

Neckargebiet (Gäulandschaften, Keuper-Lias-Neckarland): V.a. aus dem mittleren Neckargebiet bekannt (Weinbaugebiete), vgl. die Fundzusammenstellung von SEYBOLD (1968, hier S. 151 Fundortskarte).

6719/3: Reihen, ca. 50 Stöcke, 1961, KLOTZ (STU-K); 6720/2: nördlich Heinsheim, Gäßnerklinge, ca. 400 Stöcke und damit heute wohl das reichste Vorkommen in Baden-Württemberg, 1988, M. MÜLLER (KR-K); 6819/2: Ittlingen, 2 Stöcke, um 1985, KLOTZ (STU-K); 6920/4: Walheim, (STU-K); 7018/3 (?): Pforzheim, KILIAN in DÖLL (1857); 7019/4: Roßwaag, 1966, ARNOLD (STU-K), Vai-

hingen a.d. Enz, KIRCHNER u. EICHLER (1900); 7021/2: Murr, 1959, SIEB, 1968, SEYBOLD (STU-K); 7120/1: Hochdorf, an der Straße nach Enzweihingen, 1950, KÖHLER in SEYBOLD (1968); 7121/4: Fellbach, zuletzt 1956, SEYBOLD (1968); 7122/3: Beutelsbach, 1929, SEYBOLD (1968), Grunbach, 1969, BÜCKLE, 1975 erloschen (STU-K); 7220/2: Stuttgart-Heslach, 1957 zuletzt beobachtet, R. u. s. SEYBOLD (STU-K); 7221/1: Hedelfingen, DEFFNER in KIRCHNER (1888), mit ca. 1000 Stöcken lange Zeit reichstes Vorkommen in Baden-Württemberg, inzwischen stark zurückgegangen, Wangener Höhe, 1962, SAUERBECK (STU-K); 7221/2: Untertürkheim, 1985, WAGNER (STU-K); 7221/4: Sillenbuch, SEYBOLD (1968). Weiter nach KIRCHNER (1888) um Stuttgart: 7220/2: zw. Herdwang und Botnanger Steige; 7121/3: Feuerbacher Heide; 7221/1: Alte Weinsteige. 7222/1: Stetten-Strümpfelbach gegen Kernen, 1955, und gegen Rommelshausen, 1955, SEYBOLD (1968); 7222/2: Schönbühl bei Schnait, KIRCHNER (1888), zuletzt 1924, SEYBOLD (1968), Schnait, 1926, 1936 zerstört, PLANKENHORN (STU); 7222/4: Plochingen, 1951, LEIDOLF, SEYBOLD (1968). – Weiter einmal bei 7520/2: Mähringen beobachtet, wohl angepflanzt, vgl. KIRCHNER u. EICHLER (1913).

Hohenlohe und Schwäbisch-Fränkischer Wald: 6625/4: Schrozberg, KIRCHNER u. EICHLER (1913); 6826/3: Crailsheim, KIRCHNER u. EICHLER (1913); 7026/2: Ellwangen, KIRCHNER u. EICHLER (1913).

Schwäbische Alb: 7126/4: Unterkochen, an Kalkfelsen, BERTSCH (1933), 1985, SEYBOLD (STU-K); 7226/4: Königsbronn, 1945 (STU-K); 7524/2: o.O., 1984, WEIDMANN (STU-K).

Hochrhein- und Bodensee-Gebiet: 8414/2: Albbruck, Ufermauer, PHILIPPI in PHILIPPI u. WIRTH (1970); 8118/3: Hohenhewen, Osthang, auf Basaltfelsen, 5 Stöcke, 1982, WITSCHEL (KR-K); 8321/1: Konstanz-Staad, Hafenmauer (1926 errichtet), 1952, KIEFER in OBERDORFER (1956); der ehemals reiche Bestand durch Verputzen der Mauer auf 7 Stöcke (1985) geschrumpft. – Vorkommen im weiteren Bodenseegebiet: Bregenz, vgl. DÖRR (1967/68).

Bestand und Bedrohung: Im Gebiet fast nur in kleinen bis sehr kleinen Populationen, die oft nur 5–10 Stöcke umfassen und auch räumlich sehr beschränkt sind (oft nur auf wenigen Metern Mauerlänge zu finden). Nur etwa drei Vorkommen dürften mehr als 100(–200) Stöcke umfassen. *Ceterach officinarum* scheint wenig ausbreitungsfreudig zu sein; die Vorkommen sind meist recht beständig (z.T. schon über 150 Jahre bekannt). In Baden-Württemberg ist der Farn als „gefährdet" eingestuft; gebietsweise wie im Oberrheingebiet dürfte er eher als „stark gefährdet" anzusehen sein. Ursachen des offensichtlichen Rückganges sind Vermörteln oder Verputzen, Verstürzen oder Beseitigen der Mauern (bei Flurbereinigungen). Auch im benachbarten Elsaß kommt der Farn nur selten vor (ca. 3–4 aktuelle Fundstellen). – Beim Rückgang des Farnes spielt sicher auch eine Rolle, daß die baden-württembergischen Vorkommen außerhalb des Kernareales liegen (die Nordgrenze des Kernareales dürfte etwa im Gebiet des Bieler Sees verlaufen.)

× **Asplenoceterach badense** D.E. Meyer 1957

Von D.E. MEYER 1956 in einer Pflanze im Kaiserstuhl bei Niederrotweil (7911/2) entdeckt; die Pflanze wurde als Bastard *Ceterach officinarum* × *Asplenium ruta-muraria* gedeutet. Die Pflanze ist dann um 1962 wieder verschwunden. – Eine Nachprüfung der Belege hat gezeigt, daß es sich hier um keinen Bastard handeln kann. Die Pflanze wird als mißgebildetes Exemplar von *Ceterach officinarum* angesehen. Da die Pflanze über mehrere Jahre kultiviert wurde, wobei die Merkmale konstant blieben, dürfte die Mißbildung genetisch bedingt sein. Vgl. H. RASBACH, K. RASBACH u. R. VIANE (1989).

3. **Phyllitis** Hill 1756
Zungenfarn, Hirschzunge

Mittelgroße Farne mit einfachen, ungeteilten bis fiederteiligen Blättern, Sori strichförmig, paarweise genähert. Gattung mit 8 Arten (Europa, Ostasien, tropisches Amerika), in Europa 3 Arten.

1. **Phyllitis scolopendrium** (L.) Newm. 1844
Asplenium scolopendrium L. 1753; *Scolopendrium vulgare* Sm. 1793; *Sc. officinarum* Sw. 1802
Gewöhnliche Hirschzunge

Morphologie: Hemikryptophyt, Rhizom kurz, aufsteigend. Blätter büschelig, dunkelgrün, glänzend, wintergrün, bis 60 (100) cm lang und 8–10 cm breit; Blattstiel ⅓ bis ½ der Blattspreite erreichend, am Grund ± dicht, oberwärts locker mit langen und schmalen Spreuschuppen besetzt; Blattspreite einfach, lanzettlich, zungenförmig, gespitzt, am Grund herzförmig. Sori paarweise genähert, bei der Sporenreife verschmelzend; Schleier häutig, ganzrandig, zurückgeschlagen.

Ökologie: An beschatteten, frischen, teilweise schwach durchsickerten, kalkreichen Stellen, in luftfeuchter Lage (Schluchten), an Felsen im Asplenio-Cystopteridetum fragilis, in Block- und Schutthalden, in Schluchtwäldern schuttreicher Hänge (Aceri-Fraxinetum, vgl. auch das früher unterschiedene Phyllitidi-Aceretum), im Oberrheingebiet meist an Lößböschungen, sekundär an Mauern und in Brunnenschächten (hier angepflanzt?). – Vegetationsaufnahmen vgl. aus Wäldern vgl. KUHN (1937), OBERDORFER (1949), LANG (1973), SEBALD (1983), Vorkommen in Blockhalden vgl. SEBALD (1980).

Allgemeine Verbreitung: Nordhalbkugel, Europa bis Nordafrika und Transkaukasien, Vorderasien,

Gewöhnliche Hirschzunge *(Phyllitis scolopendrium)*
Kiechlinsbergen (Kaiserstuhl), 1984

Phyllitis scolopendrium

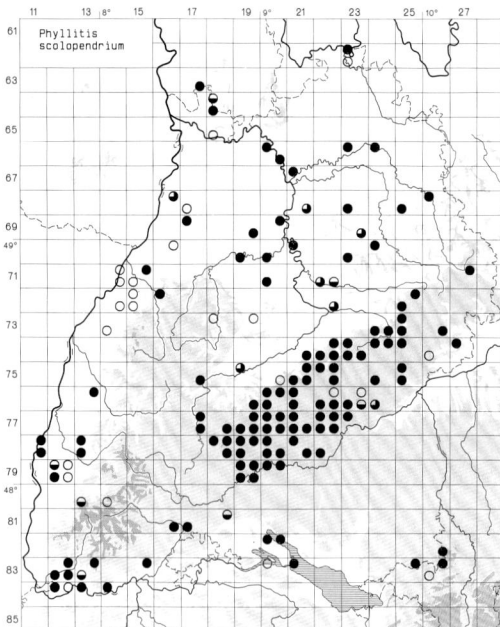

in Ostasien (Japan) und im östlichen Nordamerika durch eigene tetraploide Sippen vertreten. In Europa im temperaten, atlantischen bis subatlantischen Bereich, Nordeuropa weitgehend fehlend, im Mittelmeergebiet, insgesamt relativ wintermilde Lagen bevorzugend, ostwärts bis zu den Karpaten und bis zur Krim, in den Alpen bis 1700 m, ausnahmsweise auch bis 2000 m. – Submediterrantemperat – subatlantisch.

Verbreitung in Baden-Württemberg: Schwerpunkt in der Schwäbischen Alb, hier vom Donaudurchbruch unterhalb Tuttlingen bis zum Rosenstein (7225/2) und der Gegend bei Ulm reichend, zerstreut im Neckargebiet (Muschelkalk), wenige Vorkommen im Alpenvorland und in der Vorbergzone des Schwarzwaldes, im westlichen Odenwald (Bergstraße). Selten im Schwarzwald, in der Rheinebene früher zerstreut in Brunnen.

Die niedrigsten Vorkommen finden sich im Oberrheingebiet bei ca. 100 m (Brunnen), an primären Wuchsorten (Lößabbrüche) bei ca. 200 m, die höchst gelegenen bei 990 m (Lemberg).

Die Art ist im Gebiet urwüchsig. Der älteste literarische Hinweis findet sich bei FUCHS (1542: 294): Farrenberg bei Mössingen (7620). – Interglaziale Funde sind aus dem Holstein bei Bad Cannstatt bekannt (BERTSCH 1927).

Ausführliche Fundortszusammenstellung für das Gebiet der Schwäbischen Alb und für das Neckargebiet bei SEYBOLD (1983); aus diesem Gebiet wie aus dem Bodenseegebiet werden 193 Fundstellen aufgeführt. Der Gesamtbestand dieser Vorkommen wird auf 10–20000 Stöcke geschätzt.

Fundstellen sollen hier nur aus wenigen Gebieten aufgeführt werden:

Oberrheinebene: Früher zahlreiche Vorkommen in Brunnen, die heute erloschen sind, seltener an Mauern, hier zuletzt bis 1970: 6816/2: Mühle in Graben.

Odenwald: Lößböschungen an der Bergstraße, so 6418/3: Weinheim; 6317/4: Laudenbach, DEMUTH (KR-K).

Vorhügelzone des Schwarzwaldes: Vereinzelt an Lößböschungen, so z.B. 6917/1: Weingarten, Ungeheuerklamm; 7115/2: Muggensturm gegen Waldprechtsweier; 7813/1: Heimbach, KNOCH (KR-K); 7813/3: östlich Mundingen, FRITZ (KR-K); Kaiserstuhl-Tuniberg mehrfach, so 7811/2: Limberg, RASBACH; 7811/4: Kiechlinsbergen; 7912/3: Gottenheim. – Muschelkalkschluchten des Dinkelberges vielfach, so z.B. 8412/1: Wyhlen.

Schwarzwald: Sehr selten: 7216/1: Loffenau, Großes Loch, auf Buntsandstein; 8313/2: unteres Wehratal, auf Gneisböden, früher auch 8014/1: Hirschsprung im Höllental.

Neckargebiet: Zerstreut, vgl. die Zusammenstellung von SEYBOLD (1983).

Baar-Wutach: 8116/4, 8117/2: Flüheschlucht, selten auch 8116/3: Wutachschlucht.

Schwäbische Alb: Verbreitet, vgl. die Zusammenstellung von SEYBOLD (1983).

Alpenvorland: 8220/1: Zwischen Bodman und der Marienschlucht; 8220/2: Spetzgarter Tobel; 8321/1: Konstanz, Eggerhalde; 8226/4: Kreuzthal, Kreuzlershöhe; 8325/2: Syrgenstein; 8326/2: Wengen.

Vorkommen in Brunnen: Früher an zahlreichen Stellen, heute sehr selten, z.B. 6223/1: Wertheim, Brunnenschacht in der Burg, sehr reichlich, DÜLL: (KR-K). – Bei diesen Brunnenvorkommen sind Anpflanzungen nicht auszuschließen; in den Vorkommen der Hirschzunge in Brunnen sah man früher im Mittel gegen Verzauberung und Vergiftung des Wassers (vgl. ADE 1943: 116).

Daneben gibt es zahlreiche Vorkommen des Farnes, die nicht als autochthon anzusehen sind (vgl. SEYBOLD 1983: 37). Die Hirschzunge wird öfters kultiviert, kann sich von Gärten aus an Mauern einstellen und so kleine Bestände aufbauen. Derartige Vorkommen sind v.a. aus dem Stuttgarter Gebiet bekannt. Sie wurden nicht in die Karte aufgenommen.

Bestand und Bedrohung: Die Hirschzunge findet sich meist in eng begrenzten Beständen, die meist zwischen 10 und 100 Pflanzen umfassen; größere Bestände mit über 500 Stöcken sind selten. Insgesamt erscheint der Farn wenig bedroht; ein Rückgang ist nur bei den Vorkommen in Brunnenschächten deutlich, nicht oder kaum bei denen an natürlichen Wuchsorten.

Blechnaceae

Rippenfarngewächse
Bearbeiter: G. Philippi

Blattstiel mit zwei Gefäßbündeln, Sori z. T. kontinuierlich (Coenosorus), Schleier seitlich, Sporen bohnenförmig. – Familie mit sechs Gattungen, v. a. in den Tropen und Subtropen, im Gebiet nur eine Gattung, in Südeuropa weiter *Woodwardia*.

1. Blechnum L. 1753

Rippenfarn

Gattung mit ca. 200 Arten, v. a. Tropen und Subtropen, in Europa nur die Typus-Art.

1. Blechnum spicant (L.) Roth 1794

Osmunda spicant L. 1753
Rippenfarn, Gewöhnlicher Rippenfarn

Morphologie: Hemikryptophyt, mit aufsteigendem Rhizom. Blätter rosettig gehäuft, verschieden gestaltet, Blätter ohne Sporangien niedergebogen, die sporangientragenden zu wenigen in der Mitte des Stockes, aufrecht; Blätter oberseits dunkelgrün und derb, wintergrün, schwach glänzend, unterseits weißgrün, nicht sporangientragende Blätter im Umriß lineal-lanzettlich, nach der Basis stark verschmälert, bis 60 cm lang. Der Blattstiel ist kurz, bis 10 cm lang, braun, am Grund mit Spreuschuppen; Blattspreite einfach fiedrig eingeschnitten (bis fast zur Spindel), Fiederabschnitte dicht kammartig stehend, ± gleichbreit, etwas sichelig gebogen, ganzrandig, spitz; sporangientragende Blätter länger als die nicht sporangientragenden, mit schmalen, entfernt stehenden Fiederabschnitten, diese bis 1–2 mm breit, ganz von den Sori bedeckt.

Ökologie: An lichtreichen (nicht sonnigen) bis schattigen, frischen (bis feuchten), kalkarmen, sauer-humosen Stellen, meist in luftfeuchter Lage, zusammen mit *Vaccinium myrtillus, Avenella flexuosa* oder Moosen wie *Rhytidiadelphus loreus* und *Polytrichum formosum*. Natürliche Vorkommen in Fichten- und Tannen-Fichten-Wäldern montaner Lagen (z. B. Bazzanio-Piceetum, Luzulo-Abiete-

Rippenfarn *(Blechnum spicant)*
Notschrei (Südschwarzwald), 1983

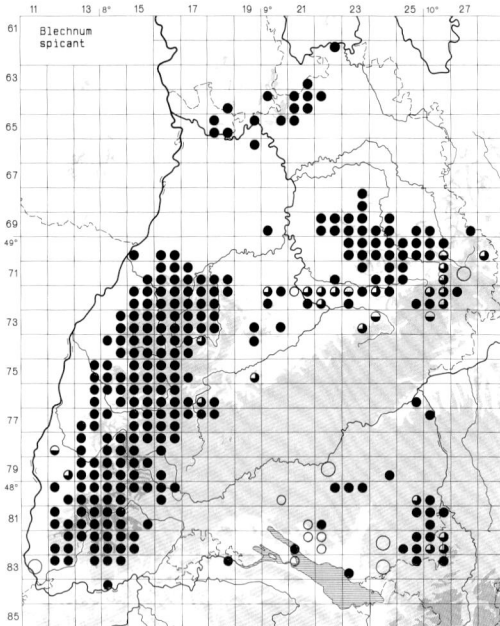

Blechnum
spicant

tum), v.a. oberhalb 600 bis 800 m, auch in Tannen-Fichten-Wäldern der Schwarzwaldostseite (Vaccinio-Abietetum), in tieferen Lagen meist an Blockstellen oder in *Sphagnum*-reichen Erlenwäldern (Sphagno-Alnetum), heute vielfach sekundär an Wegböschungen, vorzugsweise in künstlich begründeten Nadelholzbeständen, seltener auch unter Laubholz, in höheren Lagen des Schwarzwaldes auch in nordexponierten Weidfeldern. – Vegetationsaufnahmen z.B. OBERDORFER (1936, 1938), BARTSCH (1940), SEBALD (1974), MURMANN-KRISTEN (1987).

Allgemeine Verbreitung: Europa, Ostasien (Japan), pazifisches Nordamerika. In Europa v.a. in der borealen und temperaten Zone, südwärts bis Nordspanien (vereinzelt auch Südspanien), nördliches Italien, Balkanhalbinsel, nordwärts bis Nordnorwegen, nach Osten rasch seltener werdend (Südschweden – Weichsel – Karpaten), Alpen bis 2000 m. – Temperat-boreal-subozeanisch.

Verbreitung in Baden-Württemberg: V.a. Schwarzwald, weiter Odenwald, Schwäbisch-Fränkischer Wald, vereinzelt im Alpenvorland und im Keuper-Lias-Neckarland, selten in der Rheinebene und im Kaiserstuhl.

Höchste Fundstellen am Feldberg (Seebuck, ca. 1350 m), tiefste in Erlenbrüchern der Rheinebene (Mooswald bei Freiburg, ca. 210 m).

Die Art ist im Gebiet urwüchsig. Ältester Hinweis bei BOCK (1539: 160A): „Schwartzwalt".

Oberrheingebiet: Natürliche Vorkommen in Erlenbrüchern, so im Mooswald bei Tiengen (8012/1, ca. 210 m), bis ca. 1965 auch bei 7912/4: Lehen, weiter 7314/2: Oberweier – Breithurst (HUBER 1933), an Sekundärstellen im Hardtwald bei Durmersheim (7015/4). (Linksrheinisch im Hagenauer Forst und im Bienwald in Höhen um 120 m verbreitet.)

Kaiserstuhl: 7812/4: Kiechlinsbergen, v. ROCHOW (1952).

Odenwald: Zerstreut, deutlich seltener als im Schwarzwald, im östlichen Odenwald gegen den Main nur ganz vereinzelt.

Schwarzwald: Verbreitet und vielfach häufig, von den Tälern bis in höhere Lagen, auf Buntsandstein besonders häufig. Insgesamt durch Nadelholzanbau gefördert.

Schwäbisch-Fränkischer Wald: Zerstreut.

Glemswald, Schönbuch: Mehrfach, oft nur vorübergehend und steril, zu Einzelangaben vgl. SEYBOLD (1968: 149).

Schwäbische Alb: Selten auf entkalkten Lehmen, nur vorübergehende Vorkommen.

Alpenvorland: V.a. im Westallgäuer Hügelland, selten auch im westlichen Bodenseegebiet (nach Bertsch 1948 insgesamt 44 Fundstellen).

Bestand und Gefährdung: *Blechnum spicant* ist im Gebiet nicht gefährdet. Mit dem verstärkten Nadelholzanbau hat sich der Farn vielfach ausbreiten können. Manche dieser Vorkommen sind allerdings recht kurzlebig. Auch scheinen in trockeneren Gebieten keine Sporangien gebildet zu werden.

Polypodiaceae
Tüpfelfarngewächse
Bearbeiter: G. PHILIPPI

Rhizom kriechend, mit netzartig durchbrochenem Leitbündelrohr (Dictyostele), Blätter meist auf niedrigen Auswüchsen des Rhizoms (Phyllopodien), Adern netzartig verbunden, Schleier fehlend. – Die Familie umfaßt ca. 1200 Arten (v.a. in den Tropen), die früher in einer Gattung zusammengefaßt wurden, heute auf 10–65 Gattungen verteilt werden. In Europa nur eine Gattung.

1. **Polypodium** L. 1753
Tüpfelfarn, Engelsüß

Rhizom kriechend, Blätter zweizeilig angeordnet, entfernt stehend, Blattstiel mit zwei oberseitigen und mehreren schwächeren unterseitigen Leitbündeln, die sich oben zu einem einzigen dreischenkligen Leitbündel vereinigen. Sori rund (bis elliptisch), groß. – Gattung mit rund 100 Arten; in Mitteleuropa drei Sippen, von denen in Baden-Württemberg zwei vorkommen.

1 Chromosomenzahl 2n = 148, Anulus mit 10–15 dickwandigen Zellen, Strecke zwischen verdickten Anuluszellen und Sporangienstiel 20–70 µm, Sporen 55–68 µm (maximaler Durchmesser) . . . . .
.... 1. *P. vulgare*
– Chromosomenzahl 2n = 222, Anulus mit 5–10 dickwandigen Zellen, Strecke zwischen verdickten Anuluszellen und Sporangienstiel 100–fast 200 µm, Sporen 72–90 µ . . . 2. *P. interjectum*

Polypodium vulgare und *P. interjectum* wurden im Gebiet bisher kaum unterschieden; die folgenden Ausführungen für *P. vulgare* gelten teilweise auch für *P. interjectum*. – Zur Unterscheidung der beiden Sippen vgl. auch die Tabelle.

Unterschiede von *Polypodium vulgare* und *P. interjectum*

	P. vulgare	*P. interjectum*
Verhältnis Länge zur Breite der Blattspreite	4–5 : 1	3–4 : 1
Fiedern	wenig gesägt	stark gesägt
Unteres Fiederpaar	nicht verlängert	verlängert
Sekundärnerven	1–2 (3) × gegabelt	3–4 × gegabelt
Knorpelverbindung zwischen Blattbucht und Hauptnerv (Durchlicht)	vorhanden (selten teilweise vorhanden)	nicht vorhanden (selten teilweise vorhanden)
Rhizomschuppen	3,5–4 mm lang, am Grund schmal	4–6 mm lang, am Grund sehr breit
Zahl der verdickten Anuluszellen	10–15	6–10
Strecke zwischen verdickten Anuluszellen und Sporangienstiel	20–70 µm	100–fast 200 µm
Sporengröße	55–70 µm	72–90 µm

1. **Polypodium vulgare** L. 1753
Gewöhnlicher Tüpfelfarn, Engelsüß

Morphologie: Geophyt, auch Chamaephyt, mit weit kriechendem Rhizom. Blätter bis 70 cm lang, Blattstiel etwa ein Drittel der Blattlänge einnehmend. Blatt wintergrün (in kälteren Gebieten auch sommergrün), graugrün, matt, kahl, nach dem Absterben samt Stiel abfallend und am Rhizom charakteristische Narben hinterlassend; Blätter bis fast zur Rachis eingeschnitten, Fiederabschnitte ganzrandig bis feingesägt, abgerundet bis zugespitzt, mit ± parallelen Rändern. Sori kreisrund bis rundlichelliptisch, ca. 1,5 mm im Durchmesser.

Ökologie: Lockere Herden an beschatteten bis schattigen, mäßig trockenen (bis mäßig frischen), kalkarmen, z.T. basenreichen, sauren bis schwach sauren, seltener kalkreichen, basischen, meist moosreichen Fels- und Blockflächen, nur ausnahmsweise in Felsspalten, weiter vielfach epiphytisch auf alten Stämmen von *Salix alba* oder *Acer pseudoplatanus* in luftfeuchter Lage, auch an humosem Böschungen in Eichenwäldern (Luzulo-Quercetum, Fago-Quercetum). Der Tüpfelfarn gilt als Asplenietea-Klassenkennart und ist in geringer Stetigkeit in zahlreichen Tabellen dieser Gesellschaften enthalten (bes. im Androsacion vandellii), hat aber das Optimum in einer eigenen Gesellschaft, zusammen mit Moosen wie *Hypnum cupressiforme*, *Dicranum scoparium* u.a. Aufnahmen dieser Stellen feh-

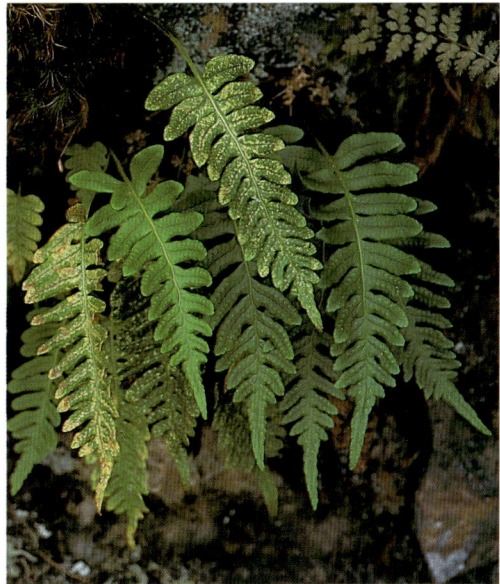

Gewöhnlicher Tüpfelfarn *(Polypodium vulgare)* Belchen (Südschwarzwald), 1985

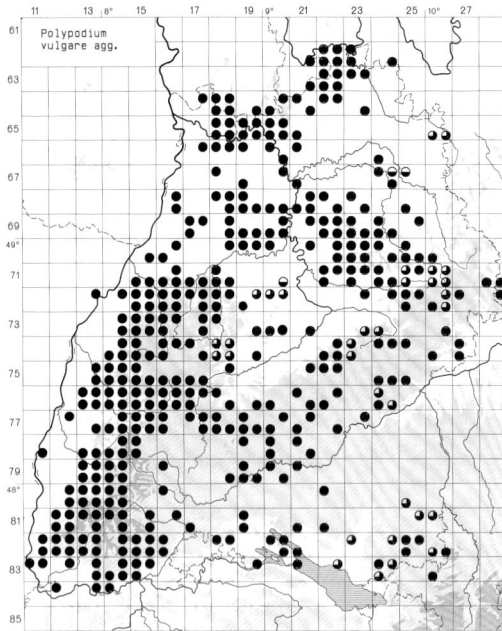

len. – Vegetationsaufnahmen vgl. z.B. OBERDOR-FER (1938, 1949), in synthetischen Tabellen z.B. OBERDORFER (1977).

Allgemeine Verbreitung: Nordhalbkugel: Europa, Asien, Nordamerika (hier selten), weiter Südafrika. In Europa v.a. in temperaten Gebieten (Mittelmeergebiet selten), nordwärts bis Nordnorwegen, in Finnland und Schweden kaum nördlich des Polarkreises, nach Osten seltener werden, in den Alpen bis 2700 m, in den deutschen Alpen nur bis 1360 m bekannt. – Schwach subozeanisch.

Verbreitung in Baden-Württemberg: V.a. in Gebieten mit kalkarmen Felsen oder Blöcken: Schwarzwald, Odenwald, Schwäbisch-Fränkischer Wald, hier weit verbreitet und in felsreichen Gebieten häufig. Zerstreut in der Schwäbischen Alb, zerstreut bis selten im Alpenvorland. Rheinebene: Selten in Flugsandgebieten (Erdböschungen), zerstreut in der Rheinebene: epiphytisch auf *Salix alba*.

Tiefste Fundstellen: Rheinebene, ca. 100 m, höchste im Feldberggebiet, ca. 1300 m.

Die Art ist urwüchsig. Neben interglazialen Be-

Gesägter Tüpfelfarn *(Polypodium interjectum)*
Pflanze von H. RASBACH zytologisch geprüft (hexaploid).
Teufelsburg bei Kiechlinsbergen (Kaiserstuhl), 1983

obachtungen (Steinbach bei Baden-Baden, Cromer: SCHEDLER 1981, Bad Wurzach, Eem, FRENZEL 1978) sind vielfach Sporenfunde bekannt; die ältesten reichen bis in die Jüngere Dryaszeit (Pfrunger Ried, F. BERTSCH 1935) zurück. – Der älteste literarische Hinweis findet sich bei FUCHS (1543: CCXXIIII): „und hab sie selber zu Tübingen auff dem Werd nur hüpsch gefunden".

Bestand und Bedrohung: Im Gebiet nicht bedroht, meist in reichen Beständen vorhanden und auch neu entstehende Wuchsstellen rasch besiedelnd, wie die epiphytischen Vorkommen zeigen.

2. Polypodium interjectum Shivas 1961
P. vulgare L. subsp. *prionodes* (Aschers.) Rothm. 1929
Gesägter Tüpfelfarn

Morphologie: Ähnlich *P. vulgare*, zu den Unterschieden siehe Tabelle.
Ökologie: An ähnlichen Stellen wie *P. vulgare*, gilt als wärmeliebender und wird auch für kalkreichere Standorte angegeben.
Allgemeine Verbreitung: West- und Südwesteuropa, ostwärts bis Ungarn, nordwärts bis England und Dänemark. – Temperat-submediterran – subatlantisch.
Verbreitung in Baden-Württemberg: Zytologisch geprüfte Vorkommen sind von folgenden Stellen bekannt: 7811/4: Kaiserstuhl bei Kiechlinsbergen, an Felsen der Teufelsburg; 8013/1: Freiburg, Schloßberg, zytologische Untersuchung von H. RASBACH (mündl. Mitt., 1988). – ATTINGER (1967) nennt diese Sippe weiter vom Hohentwiel (8218/2, det. VILLARET) und vom Rosegger Berg (8218/4). Eine zytologische Prüfung dieser Vorkommen steht noch aus. – Wahrscheinlich läßt sich in den warmen Tieflagen am Oberrhein und Neckar *P. interjectum* noch mehrfach nachweisen.
Bestand und Bedrohung: Nicht bedroht(?).

1. × 2. Polypodium × mantoniae (Rothm.) Shivas 1970
P. interjectum Shivas × *P. vulgare* L.

Pentaploide Sippe, zu erkennen an den abortierten Sporen. – In Mitteleuropa vielfach angegeben und wohl auch im Gebiet nachzuweisen.

Unterklasse
Hydropterides
Wasserfarne

Pflanzen heterospor, Makro- und Mikrosporangien dünnwandig, ohne Ring, in besonderen Behältern an der Basis der Blätter. Die Unterklasse umfaßt die Ordnungen Marsileales mit der einzigen Familie Marsileaceae und die Salviniales mit den beiden Familien Salviniaceae und Azollaceae.

Marsileaceae
Kleefarngewächse
Bearbeiter: G. PHILIPPI

Mit langem Rhizom, gabelig verzweigt, im oder auf dem Schlamm kriechend, Blätter zweizeilig, wechselständig. Durch Einsenken der Sporenanlagen in Blätter entstehen Sporokarpien, diese am Grund der Blattstiele, in zwei bis vier Klappen aufreißend. – Familie mit drei Gattungen, insgesamt 80 Arten. In Europa zwei Gattungen, die 3. Gattung mit einer Art (*Regnellidium diphyllum* Lindm.) in Südamerika.

1   Blätter fädig . . . . 2. *Pilularia*
–   Blätter vierteilig, kleeblattartig . . . 1. *Marsilea*

1. Marsilea L. 1753
Kleefarn

Gattung mit ca. 70 Arten, diese v.a. in tropischen und subtropischen Gebieten, besonders in Australien. In Europa 2 Arten, im Gebiet nur eine Art.

1. Marsilea quadrifolia L. 1753
Vierblättriger Kleefarn

Morphologie: Hemikryptophyt bzw. Hydrophyt, ausdauernd, Rhizom weit kriechend, verzweigt. Blätter entfernt stehend (im Abstand von 3–5 cm), mit vierteiliger, kleeblattartiger Spreite (2 nahe zusammenstehende Fiedern), im Wasser bis 50 cm lang gestielt; Blattspreite im Durchmesser hier bis 3–4 cm, auf der Wasseroberfläche schwimmend, auf trockenem Schlamm 5–10 cm lang gestielt, Blattspreite im Durchmesser bis 1–2 cm; Blattspreite braungrün, matt glänzend, kahl. Sporokarpien (rund bis) bohnenförmig, oft zu 2, 3–6 mm groß, kurz gestielt, Stiele der Sporokarpien am Grund des Blattstieles abgehend.

Vierblättriger Kleefarn *(Marsilea quadrifolia)*
Ottersdorf bei Rastatt; hierher wurden Pflanzen vom
Vorkommen bei Au a. Rh. versetzt, 1965

Biologie: Sporokarpien werden nur an trockengefallenen Stellen gebildet. Die Pflanze ist gegenüber
Wasserstandsänderungen sehr empfindlich. Steigt
der Wasserspiegel, sterben die alten Blätter ab
(wegen des Fehlens eines interkalaren Wachstums
können die Blattstiele sich nicht strecken); neue
werden gebildet. *Marsilea* ist die einzige Farngat-
tung, bei der die Blätter Schlafbewegungen ausfüh-
ren: tagsüber liegen die Fiederabschnitte der
Blattspreite in einer Ebene, abends und nachts hängen sie herab.

Ökologie: In lockeren Rasen bzw. lockeren Herden
im flachen (bis 40 cm tiefen) Wasser oder auf trok-
kengefallenem Schlamm, an lichtreichen, mäßig
nährstoffreichen, basenreichen, mäßig kalkreichen
bis kalkarmen, basischen bis schwach sauren Stellen
auf Lehm- und Schluffböden, an offenen Stellen in
Lehmgruben oder Schweineweiden, im Uferbereich
zeitweise trockenfallender Weiher und Tümpel, im
Wasser in Vergesellschaftung mit *Chara* spec., *Najas
minor*, auf trockengefallenem Schlamm zusammen
mit *Eleocharis acicularis, Limosella aquatica* oder
Cyperus fuscus; Schwerpunkt in Eleocharition aci-
cularis-Gesellschaften, auch für Gesellschaften der
Cyperetalia fusci genannt. – Zur Ökologie und Soziologie nähere Angaben BRETTAR (1966), PHILIPPI
(1969).

Allgemeine Verbreitung: Europa, Asien (bis Japan
und China), in Nordamerika eingeschleppt, jeweils
in den sommerwarmen (submediterranen) Gebieten. In Europa in Portugal, Südwest-Frankreich,
Loire-Gebiet, Saône-Becken, Oberrheingebiet, Po-
ebene und Donau-Gebiet, untere Wolga, vereinzelt
im Mittelmeergebiet. Im Gebiet die Nordgrenze der
Verbreitung erreichend. – Submediterran (kontinental).

Verbreitung in Baden-Württemberg: Oberrheinebene, hier letzte Beobachtungen in der Bundesrepublik Deutschland, früher hier weit verbreitet,
nach 1900 stark zurückgegangen und inzwischen
ausgestorben. Fundortskarte vgl. PHILIPPI (1969:
143, 1978: 104). Bodenseegebiet.

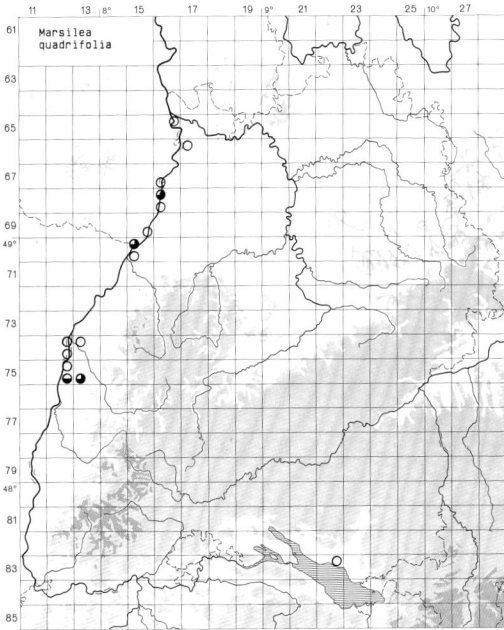

Oberrhein: 7512/4: Ichenheim, GMELIN, BAUR in DÖLL 1857, zuletzt LEUTZ (1899: 155): „Nicht weit davon war das Wasser überdeckt mit *Marsilea.*" 7512/4: Dundenheim, in einer flachen Kiesgrube, K. HENN, bis 1937 beobachtet, dann verschwunden (vgl. PHILIPPI 1969). 7512/2: Altenheim, KNEIFF in DÖLL (1857); 7412/4: Marlen südlich Kehl, RIEGER in DÖLL (1859: 958); 7412/2: Sundheim bei Kehl, KNEIFF in DÖLL (1857); 7412/2: Kehl, linkes Ufer der Kinzig, BRAUN in DÖLL (1857). Hier bemerkte KIRSCHLEGER bereits um 1850 das Verschwinden der Pflanze. 7513/3: Höfen bei Schutterwald, BAUR, hier von K. HENN bis etwa 1955 beobachtet, die Pflanze hatte sich von der Schweineweide aus (als dem alten Vorkommen) auch im neu angelegten Panzergraben angesiedelt (Beobachtungen von K. HENN und W. HEINZ, vgl. OBERDORFER 1956). Inzwischen durch Zuschütten zerstört. 7413/1: Lehmgrube nördlich Kork, DÖLL (1857), hier bis etwa 1908 beobachtet (LÖSCH, Beleg in KR mit der Bemerkung „Aussterbend").

Im Gebiet zwischen Rastatt und Karlsruhe: 7015/1: Au a.Rh., FRANK (1830), hier auf der Schweineweide in schönen Beständen, vgl. KNEUCKER (1924), nach 1950 mehrfach beobachtet, vgl. OBERDORFER (1956), zuletzt 1963/64 (BRETTAR, KORNECK, PH., vgl. auch BRETTAR 1966), 1965 nach abnorm hohem Wasserstand nicht mehr erschienen, seither erloschen. – 7015/3: Würmersheim, FRANK (1830); 7015/3 (?): Bietigheim, GILG in KNEUCKER.– Gebiet zwischen Karlsruhe und Mannheim: 6915/4: Daxlanden, GMELIN in DÖLL (1857); 6816/3: Hochstetten, BRAUN in DÖLL (1857); 6816/1: Liedolsheim, BRAUN in DÖLL (1857); 6816/1: westlich Rußheim, Altwasserrand, um 1957, O. u. H. BRETTAR, seit etwa 1962 durch Ausbaggern zerstört. 6716/3: Rheinsheim, SCHMIDT in DÖLL (1857); 6617/1: Ketsch, DÖLL (1857); 6516/2: Neckarauer Wald, 1837 einmal von DÖLL gefunden, vgl. DÖLL (1843).

Linksrheinisch waren gerade aus dem Elsaß zahlreiche Fundstellen bekannt, die sich am Rhein entlang von Hüningen bei Basel bis Fort-Louis (7114/3) erstreckten. Nach 1900 wurde hier *Marsilea* nur noch an wenigen Stellen beobachtet (bei Erstein, um 1910, Hangenbieten, um 1911, Holzheim-Achenheim, um 1911); diese Vorkommen sind heute alle erloschen. Heute kommt die Pflanze im Elsaß nur noch im Sundgau bei Friesen und im benachbarten Gebiet des Territoire de Belfort vor. – In der Pfalz wurde *Marsilea* nur an zwei Stellen beobachtet: 6716/3: Germersheim, WÜRSCHMITT in SCHULTZ (1858), bereits um 1900 „längst verschwunden", vgl. HINDENLANG, 6516/4 (oder 6516/3): Altrip, ZIMMERMANN (1907), GLÜCK (1911), POEVERLEIN (1912), seither verschollen. – In Hessen Fundstelle bei Astheim bei Rüsselsheim, BECKER, bereits 1888 als erloschen bezeichnet, nördlichste Fundstelle in Mitteleuropa.

Pflanzen von Au a. Rh. wurden 1964 nach Ottersdorf bei Rastatt (7114/2) verpflanzt und konnten sich dort bis etwa 1967 halten. Der Wuchsort ist inzwischen zugeschüttet. – Neuerdings wurde *Marsilea quadrifolia* nördlich Kittersburg bei Kehl (7413/3) in einer flachen Ausschachtung beobachtet (1986); das Vorkommen dürfte auf eine Anpflanzung oder unbewußte Einschleppung (mit anderem Pflanzmaterial) zurückzuführen sein. 1989 noch vorhanden und besonders üppig entwickelt (KR-K).

Bodensee-Gebiet: 8322/2: Weiher an der Klostermühle bei Friedrichshafen, 1840, REMPP, bereits 1856 vergeblich gesucht (v. MARTENS u. KEMMLER 1882).

Bestand und Bedrohung: Die Pflanze ist im Gebiet seit 1964 ausgestorben. Eine Neueinwanderung oder ein Wiedererscheinen sind wenig wahrscheinlich. Die Pflanze, die im Gebiet die nördliche Verbreitungsgrenze erreicht und deshalb sehr empfindlich reagiert, ist seit dem letzten Jahrhundert beständig zurückgegangen. Ursachen des Rückganges sind Flußkorrektionen, Eutrophierung der Gewässer, Zuwachsen alter Lehmgruben usw.

2. **Pilularia** L. 1753
Pillenfarn

Gattung mit 6 Arten (außerhalb der Tropen vorkommend), in Europa 2 Arten, im Gebiet wie im übrigen Gebiet der Bundesrepublik Deutschland nur eine Art.

1. **Pilularia globulifera** L. 1753
Pillenfarn

Morphologie: Hemikryptophyt, ausdauernd (z. T. einjährig), Rhizom oberirdisch kriechend, bis 50 cm lang. Blätter binsenartig, ohne eigentliche Spreite, frischgrün, jung Bischofsstab-artig eingerollt, an feuchten bis nassen Stellen 10–15 cm lang, an trockenen oft nur 5 cm lang, bogig aufsteigend, ± entfernt stehend, zu 1–5 pro Knoten, die einzel-

Pillenfarn *(Pilularia globulifera)*
Scherzheim bei Kehl, 1987

nen Knoten 3–5 cm voneinander entfernt. Sporokarpien am Grund der Blätter, kurz gestielt, einzeln, bis 3 mm im Durchmesser.

Die Pflanze ist im Gelände schon aus größerer Entfernung
an den niederen, frischgrünen Rasen zu erkennen, aus der
Nähe an den bogig aufsteigenden, Bischofsstab-artig ein-
gerollten Blättern. *Eleocharis acicularis*, mit der der Pillenfarn ev. verwechselt werden könnte, hat dünnere Blätter,
die gerade aufsteigen und nicht eingerollt sind.

Biologie: Sporokarpien werden nur auf trockengefallenen Standorten im Herbst gebildet, Pflanze oft
steril bleibend. Optimale Entwicklung im Herbst,
dann auf vegetativem Weg rasch geschlossene
Rasen bis 1 m² Fläche bildend; oft jahrelang aus-
bleibend.

Ökologie: Frischgrüne, ± dichte Rasen an lichten
Stellen mit feuchten (bis nassen), auch zeitweise
überfluteten, meist nährstoff- und kalkarmen,
schwach sauren Lehm- und Sandböden, im Gebiet
unbeständig in periodisch ausgeräumten Wiesengräben (Wässerwiesen), an Rändern von Lehmgruben und Weihern (in Nordwestdeutschland in Hei-

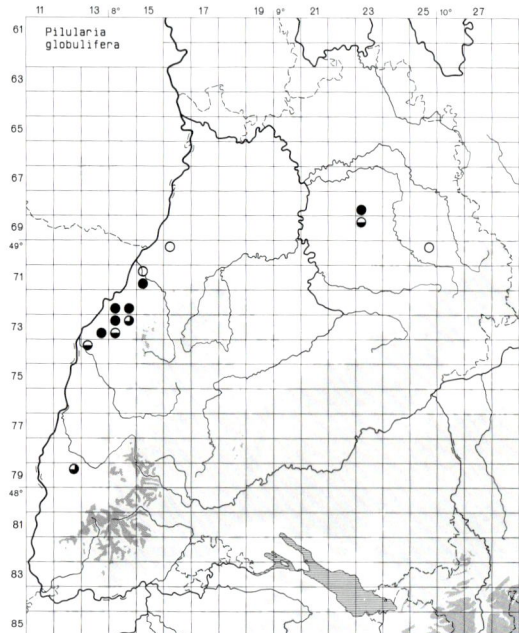

deweihern), neuerdings auch an lange überfluteten Stellen in Maisäckern. – Begleitpflanzen *Eleocharis acicularis, Peplis portula, Ranunculus flammula* usw., Vegetationsaufnahmen vgl. PHILIPPI (1969), BREUNIG u. PHILIPPI (1988). Kennart einer eigenen Gesellschaft (Pilularietum globuliferae, Hydrocotylo-Baldellion-Verband).

Allgemeine Verbreitung: Temperates Europa: Britische Inseln, Portugal, Frankreich, v.a. Südwestfrankreich und Loire-Gebiet, Saône-Becken bis Sundgau (zw. Basel und Belfort), Belgien, Niederlande, Norddeutschland, hier ostwärts bis zur Lausitz, Dänemark, Südschweden, polnische Ostseegebiete, Mittelfranken, Oberrheingebiet, Poebene, vereinzelt im Mittelmeer-Gebiet. – Subatlantisch-temperat, im Gebiet die Ostgrenze der Verbreitung erreichend.

Verbreitung in Baden-Württemberg: Oberrheingebiet, Schwäbisch-Fränkischer Wald.

Tiefst gelegene Fundstellen in der Oberrheinebene, ca. 120 m, höchst gelegene im Schwäbisch-Fränkischen Wald, ca. 450 m.

Der Pillenfarn ist wohl erst mit dem Menschen im Gebiet eingewandert (Archaeophyt); Beobachtungen der letzten Jahre deuten auf eine neuere, starke Ausbreitung. – Der erste schriftliche Hinweis

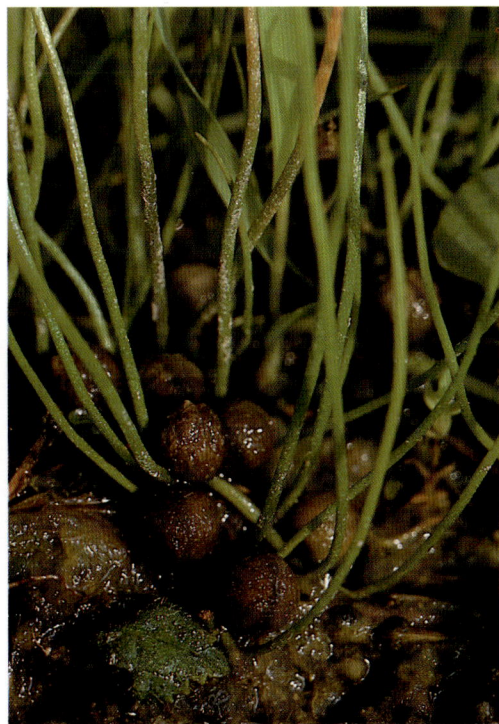

Pillenfarn *(Pilularia globulifera)*

findet sich bei v. MARTENS (1823: 249), nach einem Fund bei Adelmannsfelden.

Oberrheingebiet: Verbreitungskarte vgl. PHILIPPI (1969: 143; hier auch nähere floristische Angaben). 7912/2: Holzhausen, in Wiesengräben des Neufeldes, 1862 von GOLL entdeckt und bis etwa 1930 immer wieder beobachtet, z.T. in Mengen. Nach dem Autobahnbau 1961 wieder aufgetaucht und bis 1963 beobachtet, z.Z. verschollen. 7413/1: Kork, Lehmgrube und Schweineweide, bis etwa 1909 beobachtet; 7314/3: zwischen Achern und Großweier, einmal von ZIMMERMANN (1911) beobachtet; 7115/1: Rastatt, FRANK (1830), SCHILDKNECHT in DÖLL (1862); 7016/1: Scheibenhardt bei Karlsruhe, Wiesengräben, etwa 1830–1889.

Neuauftreten in Maisäckern nach 1980 vgl. BREUNIG u. PHILIPPI (1988): 7313/4: nördlich Wagshurst, B. HAISCH; 7314/1: nördlich Michelbuch bei Unzhurst, erstmals 1967 beobachtet; 7214/3: östlich Scherzheim, bei Hildmannsfeld, Oberbruch; 7214/4: südlich Vimbuch, zwischen Vimbuch und Müllenbach; 7115/3: nordwestlich Hauenebertstein.

Schwäbisch-Fränkischer Wald: 7025/1: zwischen Adelmannsfelden und Bühler, von FRÖLICH um 1825 entdeckt (ohne Sporokarpien), seither nicht mehr beobachtet; 6923/1: Weiher bei Mainhardt, mit Sporokarpien, 1930, 1931, BAUCH: vgl. BAUCH (1933); 6823/3: Gleichen, spärlich, 1981, SEYBOLD (STU-K).

Bestand und Bedrohung: Die Pflanze galt als „vom Aussterben bedroht". Die neuen Funde lassen vermuten, daß diese Gefährdung überschätzt wurde; eine Einstufung als „gefährdet" erscheint sinnvoller.

Salviniaceae

Schwimmfarngewächse
Bearbeiter: G. PHILIPPI

Familie mit einer Gattung *(Salvinia)*, diese mit 10 Arten in warmen Gebieten Europas, Asiens, Afrikas und Amerikas. In Europa eine Art.

1. **Salvinia** Séguier 1754
Schwimmfarn

1. **Salvinia natans** (L.) All. 1785
Marsilea natans L. 1753
Gewöhnlicher Schwimmfarn

Morphologie: Pflanze einjährig, schwimmend, 5–10 cm lang und 3 cm breit, locker verzweigt, im Alter in zahlreiche Pflanzen auseinanderbrechend, die jeweils 2–3 Blattpaare umfassen. Achse waagrecht, ca. 1 mm stark, nahe der Wasseroberfläche, zerstreut behaart, Blätter in dreizähligen Quirlen,

191

Gewöhnlicher Schwimmfarn *(Salvinia natans)*
Rußheim bei Karlsruhe, 1992

davon zwei als Schwimmblätter, eines als Wasserblatt. Schwimmblätter eiförmig, bis 1,2 cm lang und 7 mm breit, mit ca. 1 mm langem Blattstiel, mäßig fleischig, ± gekielt, mit aufsteigenden Blatthälften, an den Rändern mit den Nachbarblättern zusammenstoßend, auffallend hellgrün, mit gefelderter Oberseite. Blätter auf der Oberseite ± dicht behaart, Haare in Gruppen zu vier Haaren, die Haargruppen reihig. Haare eine Benetzung der Oberfläche vermeidend. Blattunterseite ebenfalls mit Haaren, diese einzeln stehend. – Wasserblätter in 9–13 wurzelartige Zipfel zerteilt, diese locker fedrig behaart, bis 5 (6) cm lang, grünlichweiß, im Alter braun. Sporokarpien am Grund des Wasserblattes, in Knäueln mit 3–8 weißlichen Kugeln, die untersten 1–2 Megasporangien (Makrosporangien), die übrigen Mikrosporangien enthaltend, jeweils 2–3 mm im Durchmesser.

Biologie: Hydrophyt, Schwimmblattpflanze, im Gebiet erst in der zweiten Junihälfte erscheinend (z.T. erst Anfang Juli), durch vegetative Vermehrung langsam bis zur 2. Augusthälfte große Schwimmdecken aufbauend, in der 2. Septemberhälfte (selten erst Anfang Oktober) nach den ersten kühlen Nächten absterbend. Das Absterben geht offensichtlich von den Wasserblättern aus. Die Sporangien sinken an den Grund des Gewässers; über ihre Keimung und über die Befruchtung (im Frühsommer?) ist nichts bekannt. – Gelegentlich können einzelne *Salvinia*-Pflanzen verschwemmt werden und rasch an geeigneten Stellen rasch ausgedehnte Schwimmdecken bilden. Trotz reichlicher Sporangienbildung bleibt hier in der Regel im Folgejahr die Pflanze aus.

Ökologie: In flachen, warmen, mäßig eutrophen bis eutrophen, doch nicht zu nährstoffreichen, kalkrei-

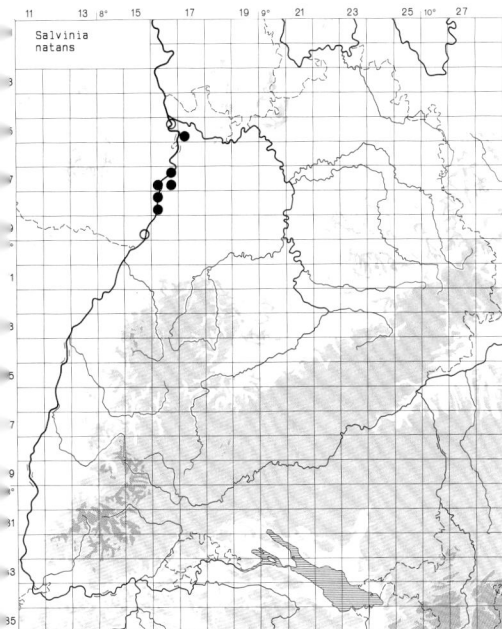

chen Gewässern, gern an leicht beschatteten Stellen, in Röhrichtlücken, im Spätsommer dichte Bestände bildend, in denen meist nur wenige Arten enthalten sind: *Lemna trisulca, Riccia rhenana,* seltener *Hydrocharis morsus-ranae,* Einzelpflanzen von *Lemna minor.* Kennart des Salvinietum natantis (Spirodelo-Salvinietum p.p., Lemnion minoris- bzw. Hydrocharition-Verband). Vegetationsaufnahmen typischer Bestände vgl. PHILIPPI (1978), ältere Aufnahmen KORNECK (1959), PHILIPPI (1969).

Allgemeine Verbreitung: Europa, Asien; in Europa v.a. im mittleren und östlichen Teil, nordwärts bis Weichsel- und Odergebiet, Mittelmeergebiet v.a. Poebene und Mittelitalien, im Gebiet an der Westgrenze der Verbreitung (isoliertes Vorkommen).

Verbreitung in Baden-Württemberg: Selten im nördlichen Oberrheingebiet zwischen Karlsruhe und Mannheim, hier in Altwassern, die vom Rhein abgeschnitten sind, sowie in alten Ziegeleigruben.

Erste Beobachtung im Gebiet wohl von A. v. HALLER (1739, vgl. LAUTERBORN 1927), später von GMELIN 1787 zwischen Linkenheim und der Ziegelhütte von Hochstetten beobachtet, weiter bei Karlsruhe-Daxlanden (A. BRAUN), Huttenheim-Germersheim (SCHMIDT, DÖLL), Neckarau (SCHIMPER) und Mannheim (Hasengraben, DÖLL, bis 1880, KR). Ein Vorkommen im Mittelgründloch bei Linkenheim wurde 1886 von KLOTZ entdeckt. – Zu den jüngeren Beobachtungen vgl. KORNECK (1959), PHILIPPI (1971, 1978). Aktuell sind heute folgende Vorkommen: 6816/1: Altrhein nördlich Rußheim; 6716/3: Westende des Altrheins westlich Huttenheim (Rußheimer

Altrhein, hier zeitweise in den wasserarmen Sommern 1971 und 1972 infolge zu großer Abwasserbelastung verschwunden, Bestände haben sich wieder nach 1980 erholt), ferner Gewässer um den Kurfürstenbau, so z.B. Schrankenwasser; 6716/2: ehem. Ziegeleigruben südwestlich Rheinhausen, reichlich, von hier bis in einzelne Gewässer gegen Altlußheim reichend. 6517/3: ehem. Ziegeleigruben nördlich der Kollerfähre bei Brühl. – Erloschen sind um 1965 die Vorkommen um Rheinsheim und Philippsburg, 1976 das im Mittelgründloch bei Linkenheim (andere Vorkommen bei Linkenheim sind schon früher erloschen). – Von den existierenden Vorkommen aus können immer wieder Verschwemmungen erfolgen; diese Vorkommen sind jedoch nicht beständig (vgl. dazu LAUTERBORN 1927, PHILIPPI 1971).

Linksrheinisch bei Berghausen südlich Speyer, früher auch bei Germersheim. Weitere Vorkommen in der Bundesrepublik sind nicht bekannt.

Bestand und Bedrohung: *Salvinia natans* kommt heute im Gebiet noch in reichen Beständen vor. Ein Rückgang ist jedoch nicht zu übersehen. Ursache hierfür ist die Eutrophierung der Gewässer. Zwar vermag die Pflanze in eutrophen Gewässern gut zu gedeihen und auch reichlich Sporangien zu bilden. Doch benötigen die Sporen zur Keimung und Weiterentwicklung offensichtlich sauberes Wasser. Ein einziger „Dreckschub" zwischen Herbst und Frühsommer kann ausreichen, das Vorkommen erlöschen zu lassen. Aus diesem Grund wird die Pflanze als „vom Aussterben bedroht" eingestuft.

Azollaceae
Algenfarngewächse
Bearbeiter: G. PHILIPPI

Familie mit einer Gattung *(Azolla)*, diese mit 6 Arten. In Mitteleuropa bis in frühe Interglaziale vorhanden, dann ausgestorben, heute stellenweise wieder eingebürgert.

1. Azolla Lamarck 1783
Algenfarn

1. Azolla filiculoides Lamarck 1783
Großer Algenfarn

Morphologie: Pflanze bis 5 (10) cm groß, oft in 1–2 cm große Teilstücke zerfallend, locker fiedrig verzweigt, dicht zweizeilig beblättert, Blätter blaugrün, im Alter und im Herbst rotbraun, aufrecht abstehend, zweilappig (nur am Blattgrund verwachsen), mit eiförmigen, bis 2 (2,5) mm langen,

Großer Algenfarn *(Azolla filiculoides)*
Rappenwört bei Karlsruhe, 1967

stumpflichen Lappen, diese dicht dachziegelig übereinanderliegend, fast so breit wie lang, mit breitem wasserhellem Rand, Lappen auf der Oberseite der Pflanze dicht mit haarartigen Papillen besetzt, die eine Benetzung verhindern, Papillen auf der wasserwärtigen Seite des unteren Lappens kurz. Unterseite der Pflanze vereinzelt mit bis 2 cm langen Wasserwurzeln. In Höhlungen an der Unterseite des Oberlappens Blaualgen *(Anabaena azollae)*. Sporangien an den Unterlappen der Seitenäste, Mikrosporangien bis 2 mm im Durchmesser, Megasporangien kleiner, ca. 1 mm lang.

Biologie: Hydrophyt, Schwimmblattpflanze, im Gebiet z.T. das ganze Jahr über zu finden, auch die ersten Fröste gut ertragend, durch vegetative Vermehrung z.T. riesige Schwimmdecken aufbauend

(bis 1 ha Größe), so v.a. im Spätjahr. Diese Decken zeichnen sich an sonnigen Stellen durch die rotbraune Farbe aus. Insgesamt sehr unbeständig erscheinend (siehe unten). Sporangien werden überall reichlich gebildet.

Ökologie: In warmen, eutrophen bis sehr eutrophen, kalk- und nährstoffreichen Gewässern. In optimal ausgebildeten *Azolla*-Decken können sich nur wenige *Lemna*-Arten *(L. minor, L. minuscula*, auch *Spirodela polyrhiza)* halten. Kennart des Lemno-Spirodeletum azolletosum. – Vegetationsaufnahmen vgl. Philippi (1969, synth. Tabelle, 1978: 152).

Allgemeine Verbreitung: Amerika (Nordamerika, Südamerika bis Chile und Argentinien), vielfach verschleppt und z.T. eingebürgert.

Verbreitung in Baden-Württemberg: Am Oberrhein

194

nördlich Straßburg–Kehl vielfach, erstmals um 1930 beobachtet (vgl. KNEUCKER 1935), früher als *A. caroliniana* bestimmt, doch beziehen sich die früheren Angaben nach Herbarbelegen offensichtlich immer auf *A. filiculoides* (H. KLEIN, vgl. OBERDORFER 1956). Bis zum Rheinausbau um 1975 regelmäßig, doch unbeständig in Rhein-nahen Altwassern, besonders in den Herbstmonaten nach kräftigeren Sommerhochwassern, oft in großen Mengen, in Einzelpflanzen auch zwischen Ufersteinen am Rhein. Im späten Winter und zeitigen Frühjahr wieder verschwindend, dann erst wieder zu beobachten, wenn bei Hochwasser neue Pflanzen geliefert werden. Sporangien überall reichlich, gelangen offensichtlich nur unter besonderen Bedingungen zur Keimung. „Lieferzentrale" dürfte der Waldrhein östlich La Wantzenau (7313/1) nördlich Straßburg sein (vgl. JAEGER u. CARBIENER 1956). In den Jahren nach dem Rheinausbau (nach 1976) insgesamt seltener. Doch sind offensichtlich neue Vorkommen in der südbadischen Rheinebene hinzugekommen (so z.B. 7911/1: westlich Burkheim, 1985; 7512/2: Altenheim, 1989). – Dauerhafte Vorkommen sind auf der badischen Rheinseite nicht bekannt.

Neckar: Einmal bei Benningen (1915) beobachtet (vgl. BERTSCH 1948).

Azolla caroliniana Willd. 1810
Kleiner Algenfarn

Ähnlich *Azolla filiculoides*, doch kleiner, Pflanzen gabelig (nicht fiedrig) verzweigt, Haare der Blattoberseite zweizellig. – Heimat Nordamerika.

Die Angaben vom Rhein sind zweifelhaft und beziehen sich wohl meist auf *A. filiculoides*. – Straßburg (1885, DE BARY). Aus dem Neckargebiet von BERTSCH (1948) für Hohenheim (1908) und Berkheim bei Esslingen (1909) genannt, wohl nur vorübergehende Vorkommen.

Abteilung

Spermatophyta (Anthophyta) Samenpflanzen (Blütenpflanzen)

Die Samenpflanzen pflanzen sich neben der Möglichkeit zu rein vegetativer Vermehrung durch die Bildung von Samen fort. Die Samen entwickeln sich in der Regel nach vorhergehender Befruchtung der in den Samenanlagen befindlichen Eizelle. Sie enthalten innerhalb ihrer Schale den Embryo oder Keimling und häufig noch Nährgewebe (Endosperm). Die Samenanlagen entsprechen den Megasporangien bei den Farnpflanzen. Die aus den Megasporen entstehenden Prothallien werden jedoch im Gegensatz zu den Farnpflanzen nicht selbständig. Sie verbleiben in Form des Embryosacks in der Samenanlage (= Megasporangium). Im Embryosack findet auch die Befruchtung der Eizelle statt. In der Regel erfolgt die Befruchtung durch unbewegliche männliche Gameten, die durch Wachstum des Pollenschlauches zu der Eizelle gelangen. Pro Samenanlage entwickelt sich nur eine Megaspore weiter zu einem Embryosack. Pro Embryosack entwickelt sich auch nur eine Eizelle und damit auch nur ein Keimling.

Die Pollenkörner entsprechen Mikrosporen der Farnpflanzen und die Pollensäcke der Antheren Mikrosporangien. Die wenigen Zellkerne, die in dem aus dem Pollenkorn herauswachsenden Pollenschlauch bei der Befruchtung zu finden sind, können als ein auf das Äußerste reduziertes Prothallium aufgefaßt werden. Die die Samenanlagen und die Pollensäcke tragenden Organe entsprechen den Sporophyllen der Farnpflanzen. Diese Sporophylle weichen bei den Samenpflanzen noch viel mehr von der ursprünglichen Blattähnlichkeit ab als bei den allermeisten Farnpflanzen. Die Sporophyllstände der Spermatophyten sind gewöhnlich deutlich als Blüten anzusprechen.

Die Gruppe der Samenpflanzen (Spermatophyten) wird daher häufig auch mit dem Namen Blütenpflanzen (Anthophyta) belegt. Allerdings findet man vereinzelt bei Farnpflanzen auch schon Sporophyllstände, die man in weiterem Sinne als Blüten bezeichnen kann.

Die Blüten- oder Samenpflanzen gliedert man in zwei Unterabteilungen. Bei den Gymnospermae sitzen die Samenanlagen frei am Rand der Megasporophylle. Man bezeichnet sie daher auch als Nacktsamer. In unserer mitteleuropäischen Flora gehören zu ihnen nur die wenigen von Natur aus bei uns vorkommenden Nadelgehölze. Die große Masse unserer Blütenpflanzen gehört zu den Bedecktsamigen Pflanzen, den Angiospermae. Bei dieser Unterabteilung sind die Samenanlagen von den Fruchtblättern (Megasporophyllen) umschlossen. Die Fruchtblättern bilden einzeln oder aus mehreren verwachsen den Fruchtknoten. In einer Blüte können viele, wenige oder sehr häufig auch nur ein Fruchtknoten vorhanden sein.

Unterabteilung
Gymnospermae, Nacktsamer

Die Gymnospermen umfassen nur Holzgewächse. Im Holz sind die Gefäße nur aus Tracheiden aufgebaut. Die Blüten sind stets eingeschlechtlich und besitzen auch keine deutliche Blütenhülle (Perianth). Der weibliche Zapfen unserer Nadelgehölze entspricht nach der heute herrschenden Auffassung morphologisch einem ganzen Blütenstand, dessen einzelne weibliche Blüten (= Megasporophyllstände) auf die nur 2 Samenanlagen tragende Fruchtschuppen reduziert sind. Ein weiblicher Zapfen entspricht daher auch der Gesamtheit der an der Basis eines Langtriebes sitzenden männlichen Blüten.

Die Gymnospermen werden heute systematisch meist in mehrere Klassen oder sogar Unterabteilungen gegliedert. Unsere einheimischen Gymnospermen (Nadelgehölze) gehören in diesem Fall zu der Unterabteilung Coniferophytina. Die Taxaceae (Eibengewächse) werden öfters einer besonderen Klasse Taxopsida zugewiesen, während die übrigen einheimischen Nadelgehölze der Klasse Coniferopsida zugeordnet werden.

Pinaceae
Kieferngewächse
Bearbeiter: M. NEBEL

Bäume, selten Sträucher, immergrün (mit Ausnahme von *Larix*). Blätter nadelförmig, schraubig angeordnet, an den horizontalen Zweigen oft gescheitelt. Jahreszuwachs in der Regel nicht verzweigt. Winterknospen mit 2 Knospenschuppen. Pflanzen meist einhäusig, Blüten stets eingeschlechtig. Männliche Blüten in Blattachseln, meist kätzchenförmig, am Grunde von einer Schuppenhülle umgeben, mit zahlreichen Staubblättern, diese auf der Unterseite mit den 2 Staubbeuteln verwachsen. Pollen meist mit 2 Luftsäcken. Weibliche Blüten in Zapfen, diese mit zahlreichen, spiralig angeordneten Deck- und Fruchtschuppen; Deckschuppen oft kurz und schmal; Fruchtschuppe holzig, bei Samenreife bedeutend größer als die Deckschuppe, auf der Oberseite am Grunde mit 2 Samenanlagen. Samen einseitig geflügelt. Reife Zapfen als Ganzes oder nur die Schuppen abfallend, Zapfenspindel verbleibt dabei am Baum.

Der durch Luftsäcke besonders flugfähige Pollen wird in großen Mengen produziert (Schwefelregen, Seeblüte) und vom Wind verbreitet. Er verfängt sich in den weit auseinander gespreizten Samenschuppen der aufrecht stehenden Zapfen, auf denen er zur Samenanlage rollt. Hier wird der Pollen von einem abgesonderten Flüssigkeitstropfen eingefangen und auf die Spitze des Nucellus gezogen.

Die Familie umfaßt 10 Gattungen mit etwa 200 Arten. Sie ist nordhemisphärisch von der arktischen Waldgrenze bis in die subtropischen Gebiete verbreitet. Auf den Sunda-Inseln überschreitet sie sogar den Äquator. Die größte Artenzahl wird in Ostasien und im westlichen Nordamerika erreicht.

Im Gebiet sind 3 Gattungen heimisch. Aus dieser Familie werden darüber hinaus eine Vielzahl von Arten auch aus hier nicht aufgeführten Gattungen vor allem in Parks und Gärten, seltener in Wäldern, kultiviert.

1 Nadel weich, sommergrün, an den Kurztrieben in reichblättrigen Büscheln, an den Langtrieben einzeln . . . . *[Larix]*
– Nadel starr, wintergrün, einzeln an Langtrieben oder zu 2–5 an Kurztrieben 2
2 Nadeln zu 2–5 an Kurztrieben, am Grunde von einer gemeinsamen häutigen Scheide umgeben . . . . 3. *Pinus*
– Nadeln einzeln an Langtrieben 3
3 Zapfen am Baum aufrecht, zur Samenreife nur die Schuppen abfallend; Nadeln flach, mit scheibenförmiger Ablösestelle . . . . 1. *Abies*
– Zapfen am Baum hängend, als Ganzes abfallend; Nadeln ohne scheibenförmige Ablösestelle 4
4 Deckschuppen der Zapfen klein oder verkümmert, nie zwischen den Fruchtschuppen hervortretend; Nadeln im Querschnitt viereckig; Abbruchstelle der Nadeln vorstehend, beim Abfallen zurückbleibend, Zweige daher rauh . . . . 2. *Picea*
– Dreizähnige Deckschuppen zwischen den Fruchtschuppen hervorragend; Nadeln im Querschnitt flach, beim Zerreiben orangenartig duftend; Abbruchstelle der Nadeln fast flach, Zweige deshalb glatt; nur kultiviert vorkommend *[Pseudotsuga]*

Pseudotsuga Carr. 1867
Douglasie, Douglastanne, Douglasfichte

Die Gattung umfaßt 7 Arten. Sie ist im pazifischen Nordamerika und in Ostasien beheimatet.

Im Gebiet wird nur die folgende Art kultiviert.

Pseudotsuga menziesii (Mirb.) Franco 1950
Douglasie

Bis 100 m hoher Baum, Wuchsform ähnlich *Picea abies*, tiefer wurzelnd als diese. Rinde graubraun. Nadeln 2–3 cm lang, im Querschnitt flach, oberseits dunkelgrün, unterseits mit Kiel und 2 hellen Streifen von Spaltöffnungen, Lebensdauer 4 Jahre; Abbruchstelle der Nadeln am Zweig rund, Nadelpolster kaum vorhanden, Zweige dadurch mehr oder weniger glatt. Zapfen bis 10 cm lang, hängend, Deckschuppe weit zwischen den Fruchtschuppen hervorragend, 3zähnig.

Der ursprünglich aus dem pazifischen Nordamerika stammende Baum ist bei uns heute die wichtigste fremdländische Holzart (Waldflächenanteil um 4%).

Die Art wächst schneller als die Fichte. Sie liefert wertvolles Nutzholz. Am besten gedeiht die Douglasie auf frischen, humosen, lehmigen Böden, die nicht vernäßt sein dürfen. Beste Anbauerfolge wurden in den unteren Lagen der Westabdachung des Südschwarzwaldes erzielt.

Die Douglasie wird gerne von Pilzen befallen, besonders leidet sie unter der Douglasienschütte. Der Erreger der Krankheit *(Phaecryptopus gaeumannii)*, im Heimatgebiet der Pflanze ein harmloser Nadelbewohner, hat sich in Europa wegen anderer Umweltverhältnisse zu einem gefährlichen Schädling entwickelt.

Larix Miller 1754
Lärche

Sommergrüne Bäume. Nadeln an den Kurztrieben zu 20–50 gebüschelt, an den Langtrieben einzeln stehend. Männliche Blüten zahlreich, kugelig bis oval, an einjährigen, unbenadelten Kurztrieben. Weibliche Blüten an benadelten Kurztrieben; Zapfen eiförmig bis kugelig, klein, allseitig abstehend. Samenreife im gleichen Jahr wie die Blüte; Zapfen 2–3 Jahre am Baum bleibend, als Ganzes abfallend.

Die Gattung umfaßt 10 Arten, die in den Gebirgen der nördlichen Hemisphäre und in den subarktischen Gebieten verbreitet sind. Die meisten Arten kommen in Ostasien vor.

Im Gebiet werden 2 Arten häufiger auch in Wäldern kultiviert.

1 Rinde rotbraun, Jungtriebe rötlich; Nadeln blaugrün; Samenschuppen am Rande zurückgeschlagen . . . . *[L. kaempferi]*
– Rinde grau bis braun, Jungtriebe braun oder schwärzlich; Nadeln hellgrün; Samenschuppen eng anliegend, am Rande wellig . . . . *[L. decidua]*

Larix kaempferi (Lamb) Carr. 1856
Larix leptolepis (Sieb. & Zucc.) Gord.
Japanische Lärche

Die Art unterscheidet sich durch folgende Merkmale von *L. decidua*: Kurztriebe rotbraun, mit mehr als 40 Nadeln je Büschel. Nadeln blaugrün, Deckschuppen kaum ½ so lang wie die Fruchtschuppen; diese an den Vorderrändern zurückgerollt.

Die aus Zentraljapan stammende Art ist bei uns nur in niederschlagsreichen Gebieten mit hoher Luftfeuchtigkeit für den forstlichen Anbau geeignet. Sie wächst schneller als *L. decidua* und ist nicht so anfällig gegen den Lärchenkrebs.

Larix decidua Miller 1768
Pinus larix L. 1753; *Larix europaea* Lam. & DC. 1805
Europäische Lärche

Bis 50 m hoher und 800 Jahre alt werdender Baum mit kegelförmiger Krone; Tiefwurzler. Langtriebe rutenförmig; Kurztriebe weniger als 1 cm lang. Rinde grau. Nadeln zu 20–40 je Büschel, 2–5 cm lang und 1–2,5 mm breit, zart, an den Langtrieben spitz, an den Kurztrieben stumpf, im Frühjahr hellgrün, im Herbst goldgelb. Weibliche und männlichen Blüten am selben Zweig. Pollen ohne Luftsäcke. Reife Zapfen eiförmig, 2–4 cm lang; Deckschuppen fein zugespitzt, länger als die Fruchtschuppen, diese eng anliegend und am Vorderrand wellig. – Blütezeit: April bis Juni.

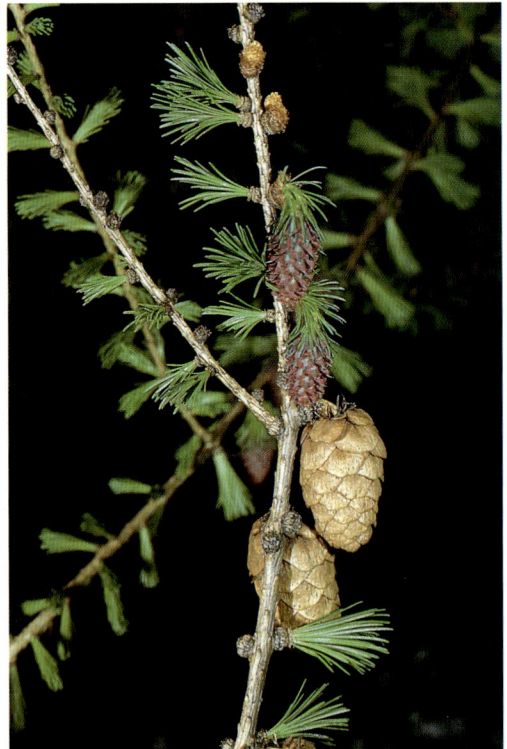

Europäische Lärche *(Larix decidua)*

Ökologie: Auf frischen, basenreichen Lehm- und Tonböden in meist lufttrockener Klimalage. Extreme Lichtholzart, Rohboden-Keimer. Kultiviert gedeiht die Pflanze am besten auf tiefgründigen, lehmigen Böden. Wegen der großen Lichtansprüche wächst sie in Tieflagen schlechter.

Allgemeine Verbreitung: Ursprünglich alpin-karpatische Pflanze (in tieferen Lagen vielfach gepflanzt). Alpen, Sudeten, Karpaten, südpolnisches Hügelland. Nahe verwandte Sippen von Nordrußland durch ganz Sibirien bis zum Japanischen Meer.

Verbreitung in Baden-Württemberg: Die Europäische Lärche kommt im Gebiet nur kultiviert vor (Waldflächenanteil um 2%). Sie wird häufig gepflanzt. Reine Bestände sind selten, meist findet man sie eingestreut in Mischkulturen. Gelegentlich sind Keimlinge und Jungpflanzen zu beobachten, die sich in der Regel nicht lange halten.

Erstnachweis: FRENZEL (1978): Eem, Füramoos (Pollen).

1. **Abies** Miller 1754
Tanne

Bearbeiterin: M. VOGGESBERGER

Die Gattung umfaßt etwa 50 Arten, die in Europa, Zentral- und Ostasien (südwärts bis Afghanistan und Himalaja) und in Nordamerika vorkommen. Am artenreichsten sind die chinesischen Gebirge und das pazifische Nordamerika.

Im Gebiet ist nur 1 Art heimisch, einige weitere Arten werden als Forst- und Zierbäume kultiviert. Forstlich bedeutungsvoll sind *Abies grandis* (Dougl.) Lindl., die Riesentanne aus dem pazifischen Nordamerika, und *Abies nordmanniana* (Stev.) Spach, die Nordmanns- oder Kaukasische Tanne aus dem Kaukasus.

1. **Abies alba** Miller 1768
Pinus picea L. 1753; *Pinus abies* Du Roi 1771; *Abies pectinata* Lam. et DC. 1805
Weißtanne, Edeltanne

Morphologie: Immergrüner Baum bis 50 m Höhe. Pfahlwurzel. Krone anfangs kegelförmig, später walzlich, da Seitenäste den Gipfeltrieb überragen („Storchennest"). Rinde weißgrau, lange glatt bleibend. Junge Triebe kurz rauhhaarig. Knospen ohne Harzüberzug, grünlich-braun. Blätter nadelförmig, spiralig gestellt, häufig gescheitelt, mit scheibenartig verbreiterter Stielbasis dem Zweig aufsitzend, nadellose Zweige glatt; Nadeln flach, bis 3 mm breit und 2–3 cm lang, stumpf oder ausgerandet, oberseits dunkelgrün, unterseits mit zwei weißlichen Wachsstreifen neben dem Kiel; Lebensdauer der Nadeln 7–11 Jahre. Blüten nur im obersten Teil der Krone, Zweige entweder mit weiblichen oder männlichen Blüten. Männliche Kätzchen 20–27 mm

Weißtanne *(Abies alba)*
Bollschweil

lang, gelb, abwärtsgerichtet; Pollensäcke quer aufreißend. Weibliche Zapfen zur Zeit der Samenreife 8–16 cm lang, braungrün, aufrecht; Zapfenspindel nach der Samenreife stehenbleibend, nur die Schuppen abfallend; Deckschuppen schmal, mit langem, zugespitztem Fortsatz, der die Fruchtschuppen zur Zeit der Samenreife überragt und nach außen umgebogen ist; Fruchtschuppen aus keilförmigem Grund breit abgerundet, mit je 2 Samenanlagen am Grunde. Samen 8–13 mm lang, fast 3kantig, geflügelt, glänzend braun. Keimblätter 4–8.

Biologie: Blüte von Mai bis Juni, erste Blüte im Einzelstand ab dem 30. Jahr, im Bestand erst ab dem 60.–70. Jahr. Tannen sollen ein Lebensalter von 600 Jahren erreichen. Blüte in ungünstigen Lagen alle 5–8 Jahre, sonst oft mehrere Jahre nacheinander. Samenreife im Herbst. Verbreitung der Samen durch den Wind (Schraubendrehflieger). Niedrige Keimungsrate.

Ökologie: Auf frischen, kühlen, humosen, mehr oder weniger basenreichen, meist mittelgründigen Lehm- und Tonböden in humider Klimalage. Spät-

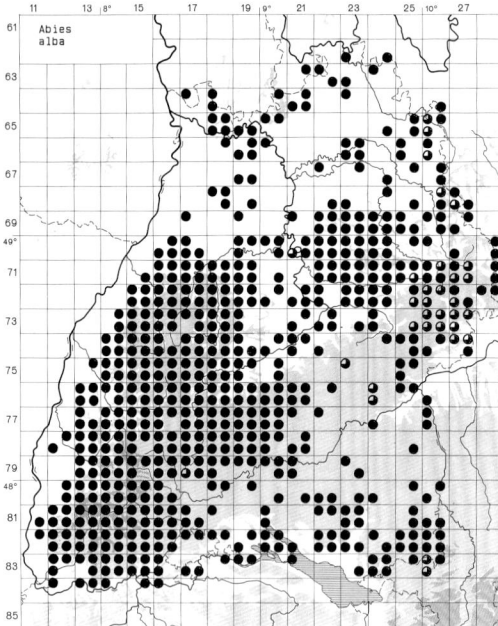

frost- und freistellungs-empfindliches Schattholz, Schattenkeimer, Tiefwurzler mit langsamem Jugendwachstum. Optimal im Abieti-Fagetum (Fagion), außerdem in montanen und hochmontanen Luzulo-Fageten, im Galio-Abietenion (Fagion), im Vaccinio-Abietenion (Piceion) und in luftfeuchten Quercion robori-petraeae-Gesellschaften. Typische Begleiter sind *Festuca altissima, Luzula luzuloides, Deschampsia flexuosa, Vaccinium myrtillus, Polygonatum verticillatum.* Aufnahmen bei OBERDORFER (1938, 1949, 1957) und SEBALD (1974).

Allgemeine Verbreitung: Mittel- und südeuropäische Gebirgspflanze. Westwärts bis zu den Pyrenäen, dem französischen Zentralplateau, Normandie (isoliertes Vorkommen), den Alpen, Jura und Vogesen, nordwärts bis zum Schwarzwald, Schwäbische Alb, Thüringen und Tschechoslowakei, ostwärts bis zu den Karpaten (nördlich bis Lublin), südwärts bis Korsika, im Apennin bis Kalabrien und Gebirge der Balkanhalbinsel. Über dieses Areal hinaus wird die Tanne vielfach forstlich kultiviert.

Verbreitung in Baden-Württemberg: Die Tanne kommt ursprünglich zumeist in Mischbeständen mit Buchen, seltener auch mit Fichten, in den sub- bis hochmontanen Lagen folgender Gebiete vor: Schwarzwald, Baar-Wutach, Oberer Neckar, Traufzone der Zollern- und Südwest-Alb, Vorland der Ostalb, Schwäbisch-Fränkischer Wald, südliches Oberschwaben, Westallgäuer Hügelland. Überwie-

gend aus klimatischen Gründen – Sommertrockenheit und Spätfrostgefahr – meidet die Tanne die Oberrheinische Tiefebene, Kraichgau, Bauland, Neckarbecken, Mittlere Alb und das nördliche Oberschwaben.

Die forstlichen Anpflanzungen überschreiten ihr natürliches Verbreitungsgebiet nur wenig, so im Odenwald und auf der Ostalb (gesamter Waldflächenanteil 10%).

Die natürlichen Vorkommen reichen von etwa 200 m in luftfeuchten Tallagen des Nordschwarzwaldes bis 1480 m am Feldberg (8114/1), wobei der Schwerpunkt der Vorkommen zwischen 500 und 1000 m liegt. Darüber hinaus kommt die Tanne als Kulturpflanze bereits ab 100 m in der Oberrheinebene bei Mannheim vor.

Die Art ist im Gebiet urwüchsig. Erstnachweise: FRENZEL (1978): Eem, Bad Wurzach (Pollen); SCHEDLER (1981): Cromer, Steinbach (Pollen); RÖSCH (1985): Spät-Atlantikum, Hornstaad; kontinuierliche Pollenkurve im Alpenvorland und Schwarzwald ab Mittel-/Spät-Atlantikum. LEOPOLD (1728: 1): „In Wäldern nach Wain" (7826).

Bestand und Bedrohung: Obwohl die Tanne forstlich kultiviert wird, ist in fast allen Teilen ihres eigentlichen Areals ein mehr oder weniger starker Rückgang zu beobachten.

Zu Beginn der menschlichen Einflußnahme auf den Wald wurde sie durch Waldweide und Kahlschlag zugunsten der Fichte zurückgedrängt. Das sogenannte „Tannensterben" in den zwanziger und dreißiger Jahren stempelte sie zur forstlich unzuverlässigsten Holzart. Es wurde durch tierische Schädlinge (Tannenwollaus, -triebwickler, -borkenkäfer, -rüßler) verursacht.

Heutzutage ist sie die vom Waldsterben am stärksten betroffene Baumart. Schadsymptome sind: Ausbildung der Storchennestkrone bereits an jüngeren Exemplaren, Nadelverluste, Vergilben von Nadeln sowie verstärkte Bildung von Wasserreisern. Nach PAPKE et al. (1986) ist sie in ihrem Bestand als akut bedroht anzusehen.

Literatur: GERWIG (1868).

2. **Picea** A. Dietr. 1824
Fichte
Bearbeiterin: M. VOGGESBERGER

Die Gattung umfaßt 36 Arten, die vorwiegend in der gemäßigten Zone der Nordhalbkugel verbreitet sind. Das Mannigfaltigkeitszentrum liegt in den Gebirgen Mittel- und Westchinas.

Im Gebiet ist nur 1 Art heimisch. Verschiedene

Gewöhnliche Fichte *(Picea abies)*
Südschwarzwald

weitere Arten werden als Forst- oder Zierbäume kultiviert, darunter vor allem die Blaufichte, *Picea pungens* Engelm., die aus dem westlichen Nordamerika stammt, und die Serbische Fichte, *Picea omorika* (Pancić) Purkyne, die in Bosnien-Serbien endemisch ist.

1. Picea abies (L.) Karsten 1881
Pinus abies L. 1753; *Picea excelsa* Lam. 1778
Gewöhnliche Fichte, Rottanne

Morphologie: Immergrüner Baum bis 60 m Höhe. Flachwurzler. Krone kegelförmig, selten walzlich.

Rinde dünn, rissig-schupig, rotbraun. Äste quirlig gestellt; junge Triebe kahl oder behaart, braun- oder rötlichgelb; Knospen ei- bis kegelförmig, hell- bis rotbraun, ohne Harzüberzug. Blätter nadelförmig, am Zweig spiralig angeordnet, auf der Zweigunterseite gelegentlich gescheitelt, mehr oder weniger vierkantig, zugespitzt, 7–20(–30) mm lang und ca. 1 mm breit; Abbruchstelle der Nadeln am Zweig vorstehend, mit wulstigen Nadelpolstern, Zweige nach dem Abfallen der Nadeln daher raspelartig rauh; Lebensdauer der Nadeln 5–7 Jahre. Männliche Kätzchen in den Achseln vorjähriger Triebe, 2–3 cm lang, rot bis rotgelb, aufrecht; weibliche

Fichtenzapfen *(Picea abies)*
Südschwarzwald, 1960

Zapfen an der Spitze vorjähriger Triebe, grün oder purpurrot, zur Blütezeit aufrecht, reife Zapfen hängend, dunkelbraun, (2–)10–15(–20) cm lang, als Ganzes abfallend; Samenschuppen rund bis elliptisch, ganzrandig, gezähnelt oder zweispitzig ausgezogen; Deckschuppen höchstens ½ mal so lang wie die Samenschuppen, lanzettlich. Samen 2–5 mm lang mit einem 2–5mal so langen Flügel; Keimblätter 8–9. Die Art ist hinsichtlich Kronenform, Farbe und Größe der Zapfen sowie Form der Zapfenschuppen außerordentlich vielgestaltig.

Biologie: Blüte von Mai bis Juni, in Tieflagen alle 3–4, im Gebirge alle 7–12 Jahre. Erste Blüte ab dem 30. Lebensjahr. Fichten können ein Alter von mehr als 300 Jahren erreichen. Die Samen reifen Anfang Oktober, doch öffnen sich die Zapfenschuppen erst im Spätwinter oder im darauffolgenden Frühjahr. Sie können mit dem Wind verbreitet werden (Schraubendrehflieger).

Ökologie: Auf frischen bis nassen, vorwiegend basenarmen, humosen (Humusform meist Moder), lockeren, steinigen bis sandigen Lehm- und Ton- sowie Moderböden in kühl-humider, winterkalter Klimalage. Licht- und halbschatt-liebend. Pionier auf Magerweiden und Waldverlichtungen.

Vaccinio-Piceetalia-Art, vorherrschend im Bazzanio-Piceetum (Schwarzwald) und im Asplenio-Piceetum (Schwäbische Alb), beigemischt im Fagion und Alno-Ulmion.

Typische Begleiter sind Moose *(Bazzania trilobata, Plagiothecium undulatum)*, Bärlappe *(Lyco-*

podium annotinum, Huperzia selago) und Farne *(Blechnum spicant)* sowie *Galium rotundifolium, Melampyrum sylvaticum, Vaccinium vitis-idaea.*

Vegetationsaufnahmen bei TÜXEN (1931), OBERDORFER (1938, 1957), J. und M. BARTSCH (1941), SEBALD (1961), MÜLLER (1975), B. und K. DIERSSEN (1984).

Allgemeine Verbreitung: Eurasiatische Pflanze. Das Gesamtareal gliedert sich in 3 Teile: 1. Mittel- und südosteuropäisches (Alpen, Jura, Schwarzwald, Gebirge der Balkanhalbinsel, Karpaten, Sudeten, Erzgebirge, Thüringer Wald, Harz, Fichtelgebirge, Böhmerwald, Bayerischer Wald); 2. nordosteuropäisches (Skandinavien, Baltikum, Rußland bis zum Ural); 3. sibirisches Fichtengebiet (vom Ural ostwärts bis zum Ochotskischen Meer). Die Art erreicht im Gebiet die Westgrenze ihrer Verbreitung.

Verbreitung in Baden-Württemberg: Natürliche Vorkommen der Fichte sind im Gebiet nur in folgenden Landschaften anzunehmen:

Schwarzwald: Feldberggebiet; höhere Lagen des Hotzenwaldes; Hornisgrindegebiet. Baar und Wutach. Schwäbische Alb: Südwestalb. Alpenvorland: Nördlich bis zur Linie Pfullendorf – Saulgau – Biberach – Memmingen; Adelegg. Schwäbisch-Fränkischer Wald: Virngrund zwischen Crailsheim und Ellwangen.

In ihrem natürlichen Verbreitungsgebiet besiedelt die Art in der Regel Sonderstandorte wie Moor-

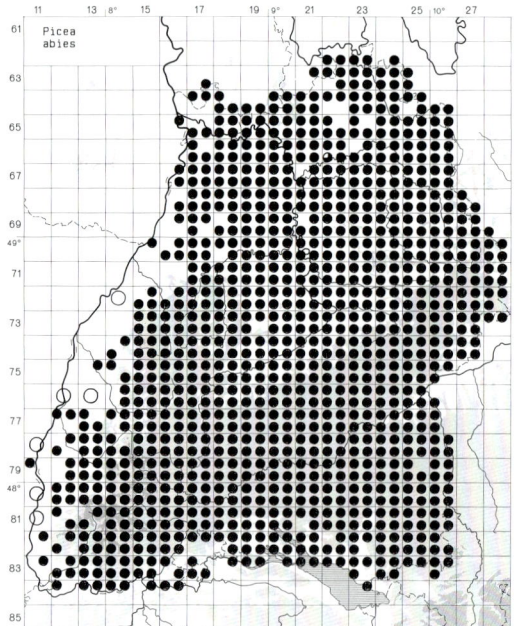

andwälder (Hornisgrinde, Virngrund, Oberschwaben), Blockhalden und Kaltluftmulden (Südwestalb, Baar – Wutach) und beteiligt sich nur in höhe-
en Lagen ab etwa 800 m am Aufbau des Waldes.
Die Fichte ist der mit Abstand wichtigste Forst-
baum und nimmt im Gebiet derzeit 42% der Waldfläche ein. Sie wird lediglich in der Oberrheinebene
nicht gebaut. Im Mittelalter begann die verstärkte
Ausbreitung der Fichte als Folge der intensiver werdenden Beeinflussung des Waldes durch den Menschen. Bereits vor zweihundert Jahren wurde sie auf
Kahlschlägen ausgesät.

Die Vorkommen reichen von 100 m im Oberrheingebiet bei Mannheim bis 1480 m am Feldberg
(8114/1). Wuchsorte, von denen angenommen werden kann, daß sie natürlich sind, liegen zwischen
500 m im Virngrund und 1300 m im Schwarzwald.

Die Art ist im Gebiet urwüchsig. Erstnachweise:
K. BERTSCH (1927): Holstein, Bad Cannstatt;
FRENZEL (1978): Eem, Bad Wurzach (Pollen);
KÖRBER-GROHNE (1985): Früh-Subatlantikum,
Hochdorf (Pollen); Pollenkurve ab dem Spät-Sub-
atlantikum im gesamten Land über 5%. JÄNICHEN
(1956: 12): Gültbuch der Abtei Ellwangen um 1335;
LEOPOLD (1728: 1). „Im Böfinger Holz" (7526).

Bestand und Bedrohung: Die Fichte ist in ganz
Baden-Württemberg dank ihrer forstlichen Kulti-
vierung verbreitet und häufig. Bei nicht standortge-
mäßer Anpflanzung treten vermehrt Schädlingsbe-
fall (Rotfäule, Borkenkäfer) sowie Wurf- und
Bruchschäden auf. An natürlichen und naturnahen
Standorten ist die Art auch durch die in neuerer
Zeit bekannt gewordenen, hauptsächlich durch
Luftverunreinigungen verursachten Waldschäden
noch nicht im Bestand gefährdet.

3. **Pinus** L. 1753
Kiefer

Immergrüne Bäume, selten Sträucher. Nadeln zu
2–5 in Büscheln, am Grunde von häutigen Scheiden
umschlossen. Männliche Blüten zahlreich, kätzchenförmig, am Grunde junger Langtriebe; Staubblätter zahlreich, spiralig angeordnet, auf der
Unterseite mit zwei Pollensäcken. Weibliche Zapfen
hängend oder schief aufrecht, als Ganzes abfallend;
Deckschuppen klein, häutig, oft verkümmert, nie
zwischen den Fruchtschuppen hervorragend;
Fruchtschuppen holzig, an der Spitze meist mit
einer rhombischen Verdickung.

Alle *Pinus*-Arten sind Lichtholzarten und gedeihen nicht im Schatten anderer Bäume.

Die Gattung umfaßt etwa 90 Arten, die nordhe-

misphärisch verbreitet sind und nur auf den Sun-
dainseln den Äquator überschreiten. Die meisten
Arten kommen im pazifischen Nordamerika vor.

Außer den unten aufgeführten einheimischen
und häufig kultivierten Arten werden bei uns noch
gelegentlich die 5nadeligen Kiefernarten *Pinus cem-
bra* L., Zirbelkiefer (aus den Alpen) und *Pinus stro-
bus* L., Weymouths-Kiefer (aus dem atlantischen
Nordamerika) auch in Wäldern gepflanzt. Daneben
sind eine Vielzahl von weiteren Arten in Parks und
Gärten zu finden.

1 Nadeln 8–15 cm lang, schwarzgrün mit gelblicher
   Spitze . . . . *[P. nigra]*
– Nadeln 3–7 cm lang 2
2 Rinde grau- bis schwarzbraun; Jungtriebe hellgrün, Nadeln stumpflich, dunkelgrün; Zapfen sitzend, nach dem Blühen nicht abwärts
   gebogen . . . . 2. *P. mugo*
– Rinde hell, im Kronenbereich fuchsrot; Jungtriebe
   gelblich; Nadeln zugespitzt, hell- oder graugrün;
   Zapfen gestielt, nach der Blüte abwärts
   gebogen . . . . 1. *P. sylvestris*

Pinus nigra Arnold 1785
Schwarzkiefer

Bis 20 m hoher Baum; Rinde dunkelgrau. 2 Nadeln je
Büschel, Nadeln meist 8–15 cm lang, beiderseits dunkelgrün. Zapfen 4–8 cm lang, pyramidenförmige Verdickung
an der Spitze der Fruchtschuppen gelbbraun glänzend, mit
dunkelbrauner Spitze.

Die aus den Gebirgen Südeuropas und Nordafrikas
stammende Schwarzkiefer wird bei uns nur künstlich angebaut. Sie wird bevorzugt zur Aufforstung trockener und
warmer Hänge mit sehr kalkhaltigen und flachgründigen
Böden (z.B. im Taubergebiet) verwendet. Auf solchen
Standorten ist sie in der Wuchsleistung der Waldkiefer
überlegen.

1. **Pinus sylvestris** L. 1753
Waldkiefer, Föhre, Forle, Forche

Morphologie: Bis 40 m hoher Baum mit bis zu 1 m
Stammdurchmesser; Krone im Alter meist schirmförmig. Rinde (zumindest im Kronenbereich) fuchsrot. Nadeln zu 2 im Büschel, 4–7 cm lang, bis 2 mm
breit, innerseits mit 2 wachsüberzogenen, blaugrü-
nen Streifen, Lebensdauer in der Regel 3 Jahre;
Epidermiszellen der Nadeln so hoch wie breit,
Lumen punktförmig. Zapfen im 1. Jahr mit zurückgebogenem Stiel, reife Zapfen (erst im 2. Jahr nach
der Blüte) 2,5–7 cm lang, kugel- bis eiförmig, hängend; Fruchtschuppen schmal, am Grunde nur
wenig verbreitet, pyramidenförmig verdickter Teil
an der Spitze mit rhombischem Grundriß, grau- bis
gelbbraun, die Spitze meist nicht schwarz umrandet.

Waldkiefer *(Pinus sylvestris)*
Freiburg,1970

Biologie: Blüte im Mai. Samenreife im Herbst des folgenden Jahres. Erste Blüte ab dem 30. Jahr, im Einzelstand auch früher. Die Zeitspanne zwischen Bestäubung und Befruchtung beträgt mehr als ein Jahr. Die Samen reifen im Herbst des 2. Jahres nach der Blüte, werden jedoch erst nach Ablauf des Winters im zeitigen Frühjahr des folgenden Jahres aus den sich weit spreizenden Schuppen entlassen. Die Samen sind geflügelt und werden als Schraubendreher vom Wind dank ihres geringen Gewichtes bis zu 2 km weit verbreitet. Der Baum kann ein Alter von bis zu 600 Jahren erreichen.

Ökologie: Die konkurrenzschwache Lichtholzart kann unter natürlichen Verhältnissen nur auf Sonderstandorten wie Felsen, Steilhängen, Schotterflä-chen, Dünen und Mooren bestandsbildend auftreten, wo die übrigen, besser Schatten ertragenden Baumarten nur schlecht gedeihen.

Vor allem in Mooren auf Torf, weiter auf trockenen bis mäßig trockenen, basenarmen (Buntsandsteingebiete) oder kalkreichen und steinigen (Kalkgebiete), flachgründigen Lehm- und Sandböden. Pionierpflanze, Licht- und Rohbodenkeimer, Tiefwurzler.

Vorherrschend im Dicrano-, Cytiso- und Erico-Pinion, beigemischt im Vaccinio-Piceion und Vaccinio-Abietion. Typische Begleiter sind *Vaccinium uliginosum, Betula pubescens, Carex humilis, Sesleria varia, Cytisus nigricans* und *Calamagrostis varia.*

Vegetationsaufnahmen bei OBERDORFER (1949:

204

Tab. 11), KUHN (1954: Tab. 11, 12), GÖRS (1960), LANG (1973), WITSCHEL (1980), DIERSSEN (1984: Tab. 24).

Allgemeine Verbreitung: Eurosibirische Pflanze. In Europa nordwärts bis 70° NB in Norwegen (fehlt auf Island), im Süden bis Sierra Nevada, nördlicher Apennin, Olymp, Krim; Kaukasus, Kleinasien; ostwärts zwischen dem 50° und 65° NB durch Sibirien bis ins Amurgebiet.

Verbreitung in Baden-Württemberg: Gesicherte natürliche Vorkommen der Waldkiefer sind im Gebiet nur aus den Mooren des Schwarzwaldes und Alpenvorlandes bekannt. Darüber hinaus ist die Art möglicherweise von Natur aus an Südhängen des Nordschwarzwaldes auf extrem nährstoffarmen Buntsandsteinböden als Beimischung vertreten. Weitere naturnahe Vorkommen sind Steilhänge und Felsköpfe der südwestlichen Schwäbischen Alb und des Wutachgebietes. Durch die Absenkung des Grundwasserspiegels sind in der südlichen Oberrheinebene trockene und nährstoffarme Kies- und Sandflächen entstanden, auf denen die Föhre kaum von Konkurrenten bedrängt wird und sich deshalb wohl für längere Zeit halten kann. Die Waldkiefer wird über ihr natürliches Verbreitungsgebiet hinaus häufig forstlich angebaut. Sie nimmt derzeit etwa 10 % der Waldfläche ein. Keimlinge und Jungpflanzen sind auch in künstlich begründeten Beständen regelmäßig anzutreffen, wenn lichtreiche Stellen vorhanden sind. Unter natürlichen Bedingungen

Waldkiefer *(Pinus sylvestris)*
Männliche Blüten

würden sie jedoch schnell der Konkurrenz der übrigen Baumarten erliegen.

Die natürlichen Vorkommen in Mooren reichen von 580 m am Federsee (7923/2) bis 1100 m im Feldseemoor (8114/1). Darüber hinaus findet man die Föhre von 100 m bei Mannheim bis 1150 m am Feldberg forstlich eingebracht.

Die Art ist im Gebiet urwüchsig. Erstnachweise: LANG (1952): Bölling, Schleinsee; Pinus-Pollenkurve im gesamten Gebiet über 10 % (stellenweise bis 90 %) vom Bölling bis Boreal sowie im Spät-Subatlantikum. GMELIN (1772: 300): „In silva montis Spizberg et Schwärzloch" (7420).

Bestand und Bedrohung: Die Waldkiefer ist im gesamten Gebiet aufgrund ihrer forstlichen Kultivierung recht häufig anzutreffen. Sie ist hier nicht gefährdet. Anders verhält es sich bei den natürlichen Vorkommen in Mooren, da viele dieser Lebensräume heute zerstört sind, ist die Art hier stark zurückgegangen.

2. Pinus mugo Turra 1764
Pinus montana Mill. 1768; *Pinus mughus* Scop. 1772
Berg-Kiefer

Im Gebiet kommt ursprünglich nur die folgende Unterart vor:
subsp. **uncinata** (Mill. ex Mirbel) Domin 1935
Pinus uncinata Mill. ex Mirbel 1806;
Pinus rotundata Link 1841
Moorkiefer, Hakenkiefer, Spirke

Morphologie: Bogig aufsteigend wachsender Strauch oder über 10 m hoch werdender mehr oder weniger aufrechter Baum; Stammdurchmesser bis 50 cm. Krone kegelförmig bis zylindrisch, auch im

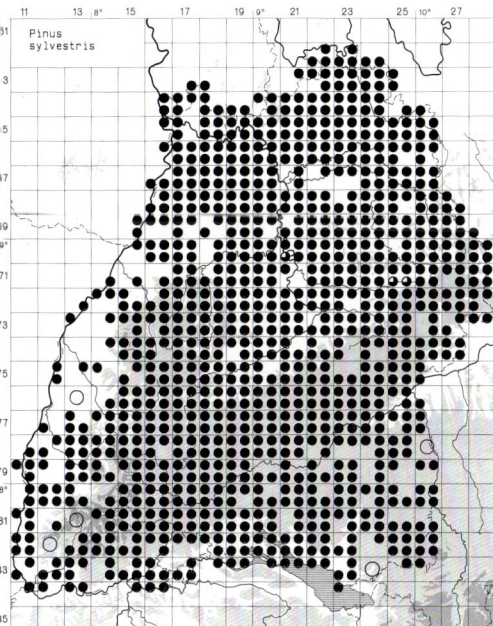

Bergkiefer *(Pinus mugo)*
Eisenhammer Moos bei Eisenharz, 1981

Alter nie schirmförmig. Rinde grau- bis schwarzbraun. Nadeln zu 2 (selten 3) im Büschel, 3–7 cm lang, bis 2 mm breit, beiderseits mit Wachsstreifen, grün; Epidermiszellen der Nadeln 2 mal so hoch wie breit, Lumen strichförmig; Lebensdauer 5–10 Jahre. Zapfen nie mit zurückgebogenem Stiel, aufrecht, horizontal oder schief abwärts gerichtet. Pyramiden- oder kegelförmige Verdickung an der Spitze der Fruchtschuppe in der Regel schwarz umrandet.

Biologie: Blüte von Juni bis Juli. Erste Blüte oft schon im 6. Jahr. Bildet in der Regel jedes Jahr reichlich Blüten und Samen, die sehr gut keimfähig sind. Die Bergkiefer kann ein Alter von bis zu 200 Jahren erreichen. Im übrigen verhält sie sich sehr ähnlich wie die Waldkiefer.

Ökologie: Schwerpunkt im Randgehänge von Hochmooren. Auf staunassen, basen- und nährstoffarmen Torfböden, selten auch auf Mineral-Boden. Licht- und Pionierholzart, Flachwurzler. Charakterart des Pino-Sphagnetum magellanici (Sphagnion magellanici), auch im Vaccinio-Piceion. Typische Begleiter sind *Vaccinium uliginosum, Vaccinium myrtillus, Vaccinium vitis-idaea, Eriophorum*

vaginatum sowie Bleichmoosarten, vor allem *Sphagnum magellanicum*. Vegetationsaufnahmen bei OBERDORFER (1938: Tab. 26, BARTSCH (1940: 103), KUHN (1954: Tab. 12), GÖRS (1960: Tab. 10, 11), DIERSSEN (1984: Tab. 19, 24).

Allgemeine Verbreitung: Mittel- und südeuropäische Gebirgspflanze. Mittelspanische Gebirge, Pyrenäen, französisches Zentralplateau, Vogesen, Schwarzwald, mitteldeutsche Gebirge, Sudeten, Jura, Alpen, Apennin, Gebirge des Balkans, Karpaten; in Mooren auch im Vorland der Gebirge.

Unsere Rasse nimmt den Westteil des Areals ein. Sie reicht ostwärts bis Schweizer Alpen, Bayerische Alpen, Schwarzwald, Fichtelgebirge, Erzgebirge, Lausitz, Bayerischer Wald, Südböhmen, Galizien.

Verbreitung in Baden-Württemberg: Die Spirke ist im Gebiet auf den Nord- und Südschwarzwald und das südöstliche Alpenvorland beschränkt. Hier tritt sie zerstreut in Mooren auf. Eine ausführliche Darstellung der Vorkommen im Schwarzwald findet sich bei DIERSSEN (1984). Für das Alpenvorland gibt BERTSCH 76 Fundorte an. Über das natürliche Verbreitungsgebiet hinaus wird die Bergkiefer in Gärten und Parks, gelegentlich auch in Wäldern gepflanzt. In der Karte sind keine Wuchsorte enthalten, die bekanntermaßen oder mit hoher Wahrscheinlichkeit auf Ansalbung beruhen.

Die Vorkommen reichen von 470 m bei Neuhaus (7315/2) und 580 m im Federseeried (7923/2) bis 1150 m auf der Hornisgrinde (7315/3). Nach MÜLLER (1948: 243) ist die Angabe 8114/1: Hirschbäder (1280 m) von BROCHE fraglich. DIERSSEN (1980: 209) hält ein früheres Vorkommen jedoch für denkbar.

Die Art ist im Gebiet urwüchsig. Erstnachweise: OBERDORFER (1931): Alleröd, Schluchsee; K. BERTSCH (1930): Subboreal, Kißlegg, KERNER (1783: 17): Kniebis (7515).

Bestand und Bedrohung: Die Spirke tritt im Gebiet fast nur in oder im Kontakt zu Hochmooren auf. Mit der zunehmenden Veränderung und Zerstörung dieses Lebensraumes ist auch die Moor-Kiefer zurückgegangen. Insbesondere isoliert liegende Vorposten und randliche Vorkommen sind schon seit längerer Zeit nicht mehr beobachtet worden. Im Alpenvorland ist es sicher möglich den einen oder anderen Wuchsort noch zu bestätigen, dennoch dürfte auch hier ein deutlicher Rückgang zu verzeichnen sein.

Am wertvollsten für die Erhaltung der Art sind nach DIERSSEN (1984) Moore, in deren Wasserhaushalt noch nicht eingegriffen wurde. Zur Vermeidung von Schäden sollte nicht nur der Moorkörper selbst, sondern auch die weitere Umgebung

Bergkiefer *(Pinus mugo)*
Männliche Blüten

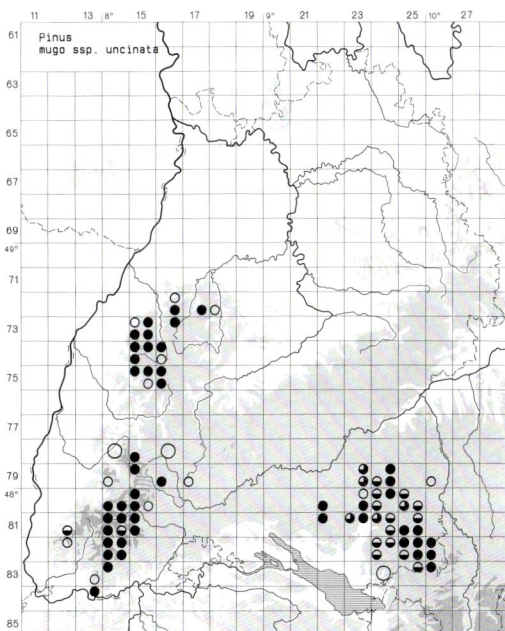

von Entwässerungsmaßnahmen ausgespart werden, da die Spirke besonders die Randgehänge der Moore besiedelt. Bei einem Trockenfallen des Moores dringen Fichtenwaldarten in die Spirkenbestände ein und verdrängen im Laufe der Zeit die ursprünglich ansässigen Arten.

Die Moor-Kiefer ist in Baden-Württemberg gefährdet und hat in der roten Liste den Gefährdungsgrad 3.

Taxaceae

Eibengewächse
Bearbeiter: M. NEBEL

Immergrüne Bäume und Sträucher mit nadelförmigen, schraubenständigen Blättern. Pflanzen meist eingeschlechtig (diözisch). Männliche Blüten einzeln in Blattachseln oder in wenigblütigen Ähren. Staubblätter schildförmig, mit je 2–8 Pollensäcken; weibliche Blüten meist einzeln in Blattachseln. Same von einem Samenmantel (Arillus) ganz oder teilweise umgeben.

Die Familie umfaßt je nach Auffassung 3–5 Gattungen. Mit Ausnahme der Gattung *Austrotaxus* auf Neukaledonien, sind sie nordhemisphärisch verbreitet. Im Gebiet kommt nur die folgende vor.

1. **Taxus** L. 1753
Eibe

Die Gattung umfaßt nur eine Art, die sich in 7 (nach anderer Ausffassung 10) geographisch getrennte, habituell unterschiedliche Sippen gliedern läßt. Sie werden in der Regel als Unterarten (z.T. auch als Arten) geführt. Die folgenden Ausführungen beziehen sich auf die europäische Sippe, daneben existieren noch 2 Sippen im Himalaja und Ostasien sowie 4 Sippen in Nordamerika.

1. **Taxus baccata** L. 1753
Eibe

Morphologie: Strauch oder Baum, bis 20 m hoch; durch Verwachsung mehrerer Stämme entstehen im höheren Alter oft Scheinstämme; regelmäßig mit Stockausschlägen; Rinde anfangs rotbraun, später graubraun, ähnlich wie bei Platanen abblätternd. Nadeln an den Zweigen in einer Ebene, bis 35 mm lang und bis 2 mm breit, stachelspitzig, oberseits dunkelgrün und glänzend, unterseits hellgrün und matt, durchschnittlich 8 Jahre alt werdend. Blüten

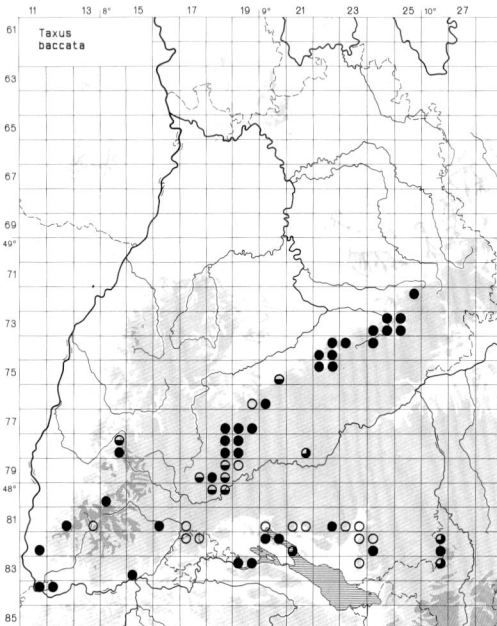

werden im Herbst angelegt; männliche Blüte aus 6–14 Staubblättern bestehend, vor dem Stäuben von Schuppen umgeben; weibliche Blüte aus einer Samenanlage (selten zwei), bei Geschlechtsreife aus den Blattschuppen hervorragend. Der dunkelbraune, holzige Samen ist zum größten Teil von einem becherförmigen, roten, fleischigen Samenmantel umschlossen.

Biologie: Blüte von März bis April. Die Pflanzen kommen nach 20 Jahren zur ersten Blüte. Die kompliziert gebauten Pollensäcke reißen bei Austrocknung auf und schließen sich bei feuchtem Wetter wieder. Mit Hilfe eines Flüssigkeitstropfens, den die Mikropyle der Samenanlage ausscheidet, wird der durch den Luftstrom verbreitete Pollen aufgefangen. Verbreitung der im Herbst reifenden Samen durch Amseln, Drosseln, Stelzen und Marder, die den Samenmantel verdauen und den keimfähigen Samen wieder ausscheiden. Andere Vögel und Nagetiere verdauen auch den Samen, dem dabei so stark nachgestellt wird, daß trotz jährlich reichem Ansatz nur wenige Keimlinge zu beobachten sind. Die Mehrzahl der Eibensamen keimt erst im zweiten Jahr. Durch die Bildung von Scheinstämmen wurde das Höchstalter früher oft überschätzt (Angaben von bis zu 1000 Jahren), neuere Schätzungen gehen von höchstens 650–700 Jahren aus.

Ökologie: Im Unterstand von Buchenwäldern steiler Hänge, in Linden-Ahornwäldern und an Felsen. Auf basenreichen, humosen, lockeren, flach- bis mittelgründigen, steinigen Ton- und Lehmböden (meist Rendzinen) in luftfeuchter, wintermilder Klimalage. Erträgt Schatten gut, entwickelt sich aber erst bei stärkerem Lichteinfall optimal. Trotz des häufigen Auftretens im Unterstand von Buchen, weicht die Eibe dem übermächtigen Konkurrenten gerne an lichtreichere Standorte (besonders Felsen) aus.

Die frostempfindliche Pflanze benötigt hohe Niederschläge. OBLINGER (1969) stellt in Bayerisch Schwaben ein Zusammenfallen der Verbreitungsgrenze mit der 1000 mm Niederschlagslinie fest, während LOHRMANN (1939) Niederschläge von wenigstens 800 mm im Jahr für einen Eibenstandort voraussetzt. Hohe Niederschlagsmengen mildern durch Nebelbildung, Schneedecke und gute Wasserversorgung die Gefahr von Frostschäden (ähnliches gilt auch für die Weißtanne). Vor allem im Carici-Fagetum, auch in anderen Fagion-Gesellschaften, im Tilio-Acerion und Buxo-Quercetum. Vegetationsaufnahmen bei LANG (1973: Tab. 115, 116) und HÜGIN (1979: Tab. 5).

Allgemeine Verbreitung: Europäisch-westasiatische Pflanze. Nordwärts bis Irland, Schottland, Norwe-

Eibe *(Taxus baccata)*
Michelsberg bei Geislingen/Steige, 1973

gen, Baltikum und Polen; südeuropäische und nordafrikanische Gebirge; ostwärts bis Kleinasien, nordpersische Gebirge, Krim und Kaukasus.

Verbreitung in Baden-Württemberg: Aufgenommen wurden nur Wuchsorte, bei denen es sich mit hoher Wahrscheinlichkeit um ursprüngliche Vorkommen handelt. Daneben sind Verwilderungen aus Parkanlagen und Gärten sowie Pflanzungen auch in Wäldern nicht selten. Eine ausführliche Darstellung der württembergischen Eibenvorkommen findet sich bei LOHRMANN (1939).

Die Vorkommen reich von etwa 400 m am Grenzacher Horn (8412/1) im Hochrheingebiet bis 980 m am Plettenberg (7718/4) auf der Schwäbischen Alb.

Die Art ist im Gebiet urwüchsig. Erstnachweise: K. BERTSCH (1927): Holstein, Bad Cannstatt; FRENZEL (1978): Eem, Füramoos (Pollen); NEUWEILER (1935): Früh-Subboreal, Dullenried; Pollenfunde mehr oder weniger regelmäßig in vielen Diagrammen von Boreal bis Subboreal. Erste schriftliche Erwähnung: Taxus in ... Sylva non procul a Geislinga oppido distante (Fuchs ca. 1565; 3 (2) 281).

Die Eibe ist im Gebiet an ursprünglichen Wuchsorten selten und tritt nur in folgenden Landschaften auf:

Südschwarzwald: 7814/2: Gschasikopf, FROMHERZ (1903); 7814/4: Kostgfäll; 8014/3: Höllental beim Neuhof; 8112/4: Belchen; 8113/2: Geschwend im Wiesental, NEUBERGER (1912); 8211/4: Wolfsschlucht bei Kandern.

Hochrhein: 8411/2: Grenzacher Horn, Hornfelsen, 1987, NEBEL; 8412/1: Grenzacher Horn, HÜGIN (1979).

Wutach und Klettgau: 8116/3: Wutach bei Bad Boll, 1986, PHILIPPI; 8117/3: Oberhalb Fützen, DÖLL (1857); 8217/1: Hochranden, DÖLL (1857); 8217/2: Wiechs am Randen, DÖLL (1857); 8315/3: Tiengen bei Waldshut, NEUBERGER (1912), NSG Ibenkopf, um 1960, HARMS.

Schwäbische Alb: Entlang des Albtraufes im Nordost- und Südwestteil zerstreut, im mittleren Abschnitt nur: 7520/4: Dachslochberg, seit 1938 verschollen, LOHRMANN (1939); 7619/4: Eibensteig bei Hechingen, MARTENS u. KEMMLER (1865); 7620/3: Kohlwinkel SW Jungingen. Auf der mittleren Donaualb nur der deutlich abweichende aber lange bekannte Fundort 7812/4: Bingen, Altgeländ.

Alpenvorland: 8012/3: Ludwigshafen, DÖLL (1857); 8121/3: Riedhof unterhalb Hohenbodmann, DÖLL (1857); 8121/4: O Schloß Heiligenberg, DÖLL (1857); 8122/4: Tälchen N Oberhomberg; Zußdorf, Bruckenbachtal und Tobel S Latten, LOHRMANN (1939); 8123/3: Zogenweiler, MARTENS u. KEMMLER (1865); 8123/4: Weingarten, MARTENS u. KEMMLER (1865); 8220/1: Steckenloch SO Bodman; 8220/2: Karegg; 8221/3: Zihlbühl SO Unteruhldingen, LANG (1973); 8223/2: Ravensburg, MARTENS u. KEMMLER (1965); 8224/1: Waldburg, MARTENS u. KEMMLER (1865); 8224/3: O Tannerholz; 8226/2: O Friesenhofen, OBLINGER (1969); 8226/4: Tobel der Adelegg, 1955, BAUR, Schuhwerktobel, 1975, BRIELMAIER und ENDERLE; 8319/1: o.O.; 8319/2: S Grünenberg; 8323/2: Tettnang, MARTENS u. KEMMLER (1865); 8326/2: Tobel der Adelegg, 1955, BAUR (STU-K); die Angabe Isny, KOLB in MARTENS u. KEMMLER (1865), bezieht sich sehr wahrscheinlich auf die Adelegg. Bei historischen Angaben aus dem Alpenvorland ist der Status unsicher, dies betont auch LOHRMANN (1939). Die Angabe Rosenfeld (7718/1), KERNER (1783), bezieht sich möglicherweise auf den Plettenberg (7718/4), die Angabe Ebingen (7720/3) auf Wuchsorte des Nachbarblattes (7719). Die folgenden in der Literatur erwähnten Angaben sind mit großer Wahrscheinlichkeit synanthrop: 6826/1: Zw. Crailsheim und Kirchberg, SCHNIZLEIN u. FRICKHINGER (1848); 7216/2: Braunen, nach LOHRMANN (1939) um 1760 angesalbt; 7524/4: Rusenschloß, nach HAUFF, Nachtrag zur Ulmer Flora (1964), „vermutlich ursprünglich", stark abweichender Fundort, auch früher nirgends erwähnt; 8023/3: Altshausen, MARTENS u. KEMMLER (1865).

Bestand und Bedrohung: Nach Lohrmann (1939: 23) beträgt die Anzahl der Eiben an ursprünglichen Standorten in Württemberg rund 1500 Stück. Diese Zahl dürfte heute eher noch höher liegen. Über die Anzahl der Exemplare auf badischem Gebiet bestehen keine Angaben. Es dürfte sich hier jedoch um wenige hundert handeln, so daß man grob geschätzt in Baden-Württemberg von circa 2000 Eiben ausgehen kann. Seit der Arbeit von LOHRMANN (1939), in einer Zeitspanne von rund 50 Jahren also, läßt sich ein weiterer Rückgang kaum feststellen.

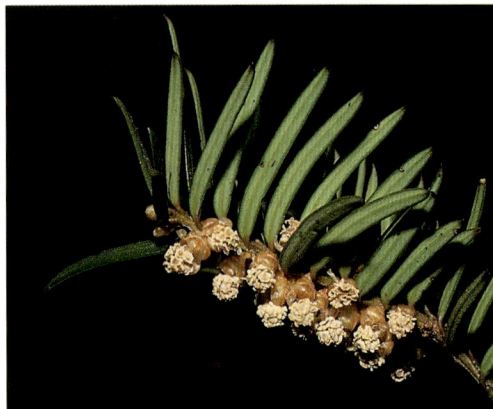

Eibe *(Taxus baccata)*
Zweig mit Blüten

Die schon aus dem Tertiär in Europa bekannte Art hat sich nacheiszeitlich noch vor der Buche ausgebreitet. Sie ist dann von den nachher einwandernden Schattholzarten stark zurückgedrängt worden, auch wenn sie heute meist mit der Buche zusammen auftritt (allerdings immer auf Standorten außerhalb des Optimalbereichs der Buche).

Durch den Eingriff des Menschen ging die Eibe dann vor allem seit dem späten Mittelalter ständig weiter zurück. Hauptgründe hierfür waren: Übernutzung der Bestände: Um das wertvolle Holz vor allem für die Bogen- und Armbrustherstellung (die Eibe wurde deshalb sogar als ehemalige Grundfeste der britischen Macht bezeichnet) zu erhalten, wurde regelrechter Raubbau betrieben. Reisiggewinnung verhinderte besonders den Fruchtansatz. Bewirtschaftung der Wälder: Bei Kahlschlag und nachfolgendem Hochwaldbetrieb fielen die Eiben einmal dem Kahlschlag selbst zum Opfer, zum anderen konnten sie in den dichtschließenden Beständen als langsamwüchsige, lichthungrige Pflanzen nicht gedeihen. Außerdem ist die Eibe für Pferde, die zum Holzrücken gebraucht wurden, giftig; deshalb wurde sie wohl auch in Waldweidegebieten aus den entsprechenden Flächen entfernt (vgl. auch OBLINGER 1969). Dazu behindern die oben angesprochene Beliebtheit der Samen als Nahrung, der Keimverzug und die Tatsache, daß Eiben gerne vom Rehwild (für Paarhufer ungiftig) gefressen werden und Jungpflanzen darunter besonders leiden, sowie das langsame Wachstum auch heute noch eine Verjüngung der Bestände. Die oben angeführten Gründe erklären deutlich, warum die Eibe bei uns heute so selten und fast nur an schwer zugänglichen Stellen zu finden ist. Von forstlicher Seite wird heute in der Regel Rücksicht auf die Pflanze genommen (wohl

der wesentliche Grund, weswegen der Rückgang seit 50 Jahren stagniert). Bei Verjüngungsmaßnahmen sollte auf eine möglichst naturnahe Bestockung (in der Regel Buchen) abgezielt und auf das Einbringen von Nadelhölzern verzichtet werden. Bei sehr dicht schließenden Beständen kann eine gewisse Auflichtung durch die Entnahme einzelner Bäume aus der oberen Bauschicht die darunter stockenden Eiben fördern. In größeren Populationen sollten zumindest Teile zeitweilig eingezäunt werden, um nach Ausschluß des Wildes eine Verjüngung zu erreichen. Auf jeden Fall muß ein künstliches Einbringen von Eibenpflanzen im natürlichen Verbreitungsgebiet unterbleiben, da es hierbei möglicherweise durch Erbgut aus anderen Florengebieten zu schädlichen Einflüssen (z. B. herabgesetzte Widerstandskraft) kommen kann. Die Eibe ist in Baden-Württemberg gefährdet (in der Roten Liste Gefährdungsgrad 3).

In Kultur läßt sich die Pflanze recht gut heranziehen und pflegen, was auch durch die regelmäßig in der Umgebung von Eibenpflanzungen zu findenden Jungpflanzen zum Ausdruck kommt.

Literatur: LOHRMANN (1939, 1949); OBLINGER (1969).

Cupressaceae

Zypressengewächse
Bearbeiter: M. NEBEL

Immergrüne, niederliegende bis aufrechte Sträucher und hohe Bäume. Pflanzen mit ausgesprochener Jungform; Blätter der Jungpflanzen nadelförmig, in dreizähligen Quirlen, bei älteren Pflanzen gewöhnlich schuppenförmig und kreuzgegenständig, oft mit dem Zweig verwachsen, nur bei *Juniperus* auch im Alter nadelförmig. Winterknospen ohne Knospenschuppen. Pflanze ein- oder zweihäusig. Blüten stets eingeschlechtig. Männliche Blüten einzeln, endständig oder in Blattachseln, mit Schuppenhülle; Staubblätter am verbreiterten, dreieckigen Endabschnitt unterseits mit 2–6 Pollensäcken. Pollen ohne Luftsäcke. Weibliche Blüten in Zapfen; Frucht- und Deckschuppe miteinander verwachsen, Schuppen holzig, dachziegelig oder schildförmig angeordnet, bei Samenreife spreizend oder fleischig, beerenartig, nicht spreizend.

Die Familie umfaßt etwa 20 Gattungen mit über 130 Arten, die weltweit verbreitet sind. Im Gebiet kommt nur eine Gattung ursprünglich vor, zwei weitere verwildern gelegentlich. Daneben werden eine ganze Reihe weiterer Arten aus verschiedenen

Gattungen in Parkanlagen, Gärten und auf Fried-höfen kultiviert.

1   Zapfen bei Samenreife beerenartig, Schuppen nicht spreizend; Blätter älterer Pflanzen wenigstens an einigen Zweigen nadelförmig . . . 2. *Juniperus*
–   Zapfen bei Samenreife mehr oder weniger ver-holzt, Schuppen spreizend; alle Blätter bei älteren Pflanzen schuppenförmig 2
2   Zapfen kugelig, mit nebeneinander liegenden, schildförmigen Schuppen; Gipfeltrieb meist über-hängend . . . . 1. *Chamaecyparis*
–   Zapfen eilänglich, mit spiralig angeordneten Schuppen; Gipfeltrieb meist aufrecht . . *[Thuja]*

1. **Chamaecyparis** Spach 1842
Scheinzypresse

Die Gattung umfaßt 7 Arten, die von Natur aus in Nordamerika, Japan und Formosa vorkommen. Die meisten davon werden bei uns vor allem in wintermilden Klimabereichen kultiviert. Verwilde-rungen sind im Gebiet bisher von folgender Art bekannt.

1. **Chamaecyparis lawsoniana** (A. Murray) Parl. 1864
Cupressus lawsoniana A. Murray 1855
Lawsons Scheinzypresse

Morphologie: Hoher, kegeliger Baum, Gipfeltrieb überhängend. Zweige abgeflacht. Blätter schuppen-förmig, unterseits besonders an den Zweigenden weiß gestreift. Männliche Zapfen rot; weibliche Zapfen klein, 0,8 cm im Durchmesser, kugelig, mit nebeneinander liegenden, schildförmigen Schup-pen; Schuppen mit 2–4 Samenanlagen. Samen breit geflügelt, mit deutlichen Harzdrüsen.

    Der aus dem pazifischen Nordamerika stam-mende Baum ist in Mitteleuropa winterhart. Er wird in zahllosen Gartenformen kultiviert und gele-gentlich sogar in Wäldern gepflanzt (4,1 Hektar in württembergischen Staatswaldungen).

Verbreitung in Baden-Württemberg: Die Art tritt im Gebiet in wintermilden Lagen gelegentlich verwil-dert auf. Einige dieser aus Samen hevorgegangenen Pflanzen blühen und fruchten sogar, so daß eine Besiedlung in zweiter Generation möglich ist. Eine

Lawsons Scheinzypresse *(Chamaecyparis lawsoniana)*

211

Einbürgerung ist also denkbar. Deshalb sollte auf weitere Vorkommen von Verwilderungen geachtet werden.

Bisher sind folgende Wuchsorte bekannt (vgl. auch SE-BALD & SEYBOLD 1978): 6518/3: Heidelberger Schloß, bis 150 cm hohe Sträucher, 1976, SEYBOLD (STU-K); Heidelberg, Philosophenweg, Jungpflanzen, 1976, SEYBOLD (STU-K); 6918/4: Kloster Maulbronn, Mauer, bis über 2 m hohe, fruchtende Sträucher, 1976, SEYBOLD (STU-K); 6920/2: Lauffen, Regiswindiskirche, mehrere Pflanzen, 1971, KUNICK u. SEYBOLD, 1976, SEYBOLD (STU-K); 7221/3: Sillenbuch, Stubensandsteinbruch, 1942, KREH (1951); Degerloch, Garten, 1950, KREH (1951); 7715/3: Hornberg, Gutachbrücke, blühende Sträucher, 1973, SEY-BOLD (STU-K).

Erstnachweis: KREH (1951: 111). Sillenbuch.

Thuja L. 1753
Lebensbaum

Die Gattung umfaßt 5 Arten, die in Nordamerika und Ostasien verbreitet sind; davon werden 4 Arten bei uns vor allem in Gebieten mit milden Wintern und hohen Niederschlägen kultiviert. Verwilderungen sind aus dem Gebiet von folgender Art bekannt:

Thuja orientalis L. 1753
Biota orientalis (L.) Endl. 1847; *Platycladus orientalis* (L.) Franco 1844
Orientalischer Lebensbaum

Bis 10 m hoher Strauch oder Baum. Äste vertikal verzweigt; Zweige beiderseits gleichfarbig. Flächenständige Schuppenblätter mit Mittelfurche. Zapfen eiförmig, bis 15 mm lang, vor der Samenreife blaugrün bereift, mit 6–8 Schuppen; Zapfenschuppen mit je einem zurückgekrümmten Dorn. Samen ungeflügelt.

Der in Ostasien beheimatete Strauch wird gerne, besonders auf Friedhöfen angepflanzt. Er ist jedoch nur in wintermilden Gebieten völlig winterhart. Vereinzelt findet man die Pflanze auch in Wäldern.
Verbreitung in Baden-Württemberg: Der Orientalische Lebensbaum tritt im Oberrheingebiet selten auch verwildert auf. Aus Samen hervorgegangene Sträucher kommen zur Blüte, bei Weinheim soll die Art sogar in Wäldern eingebürgert sein. Oberrheingebiet: 6418/1: Weinheim, in Wäldern eingebürgert (HEGI I, 1, Teil 2: 106; 1981); 7115/1: Rastatt, an Kanalmauern aus Samen hervorgegangene blühbare Sträucher, KRAUSE (1921: 130).

2. Juniperus L. 1753
Wacholder

Die Gattung umfaßt etwa 60 Arten, die nordhemisphärisch verbreitet sind. Im Gebiet ist nur eine Art heimisch.

1. Juniperus communis L. 1753
Gewöhnlicher Wacholder

Morphologie: Aufrechter Strauch oder selten bis 12 m hoher Baum, meist vom Grunde an verzweigt. Rinde an älteren Pflanzen faserig abschälend, graubraun. Blätter stets nadelförmig, 8–20 mm lang und um 1 mm breit, allmählich fein zugespitzt, graugrün, abstehend, gerade; Lebensdauer 4 Jahre. Die Blüten werden im Herbst in den Blattachseln angelegt. Männlichen Blüten mit 3–4 Staubbeuteln je Staubblatt. Weibliche Blüten mit 3–4 Fruchtschuppen. Fruchtschuppen fleischig werdend und im 2. Jahr nach der Blüte einen kugeligen, dunkelbraunen, blau bereiften, kurzgestielten Beerenzapfen (Wacholderbeere) von 4–9 mm Durchmesser bildend, Beerenzapfen vom Tragblatt weit überragt. Samen 1–10, mit harter Schale.

Biologie: Blüte von April bis Mai. Bestäubung mit Hilfe eines Mikropylartropfens, der den durch den Wind verbreiteten Pollen auffängt. Zwischen Bestäubung und Befruchtung verstreichen 2–3 Monate. Die Bildung des Embryos dauert 1 Jahr. Samenreife im Winter des 2. Jahres. Die Wacholderbeeren werden von Vögeln gefressen und endozoisch verbreitet, da die durch ihre feste Schale geschützten Samen später wieder ausgeschieden werden. Die Pflanze kann ein Alter von bis zu 300 Jahren erreichen.

Ökologie: Auf Magerweiden, an Felsen und in lich-

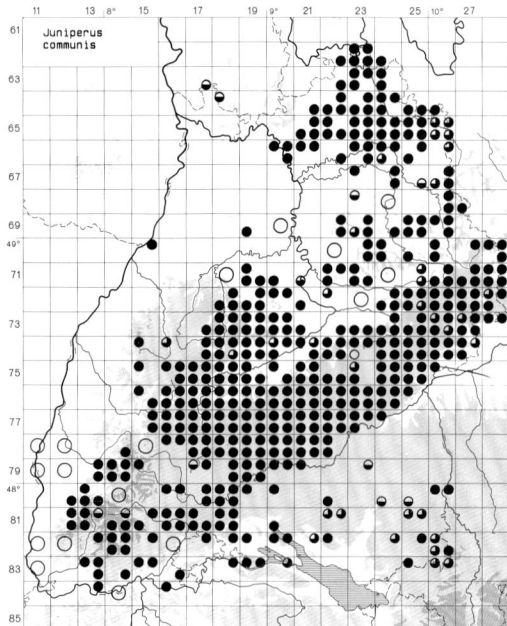

Wacholder *(Juniperus communis)*

ten, trockenen Wäldern. Auf mäßig trockenen oder wechseltrockenen, meist basenreichen (oft kalkhaltigen), nicht selten skelettreichen Lehm- und Tonböden, auch auf Sand und Torf. Tiefwurzler, Lichtholzart.

Urwüchsig im Felsgebüsch, als Weidezeiger auf Magerrasen (Mesobromion, Violion). Berberidion-Verbandstrennart, auch im Erico-Pinion und Quercion pubescentis. Typische Begleiter sind *Prunus spinosa, Viburnum lantana, Sorbus aria, Amelanchier ovalis, Cotoneaster integerrimus*. Vegetationskundliche Aufnahmen bei KUHN (1937: Tab. 22, 30–32), LANG (1973), SEBALD (1983: Tab. 9, 12), PHILIPPI (1984: Tab. 4, 11).

Allgemeine Verbreitung: Eurasiatisch-nordamerikanische Pflanze. Ganz Europa, im Süden nur in den Gebirgen, in Rußland südlich bis 50° NB; Nordafrika; Krim, Kaukasus; in Asien südwärts bis in den Himalaja, ostwärts bis Japan und Kamtschatka; in Nordamerika südwärts bis zur Sierra Nevada im Westen und 45° NB im Osten; Süd-Grönland.

Verbreitung in Baden-Württemberg: Der Wacholder ist im Gebiet in den meisten Landschaften zerstreut anzutreffen, in einigen Kalkgebieten tritt er verbreitet auf, in anderen Landesteilen fehlt die Pflanze.

Die Vorkommen reichen von etwa 150 m bei Wertheim bis 1240 m im Gewann Hüttenwasen am Feldberg (8113/2).

Die Art ist im Gebiet urwüchsig. Erstnachweise: FRENZEL (1978): Spätriß, Bad Wurzach (Pollen); Pollen in vielen Diagrammen des Alpenvorlandes von Ältester Dryas bis Bölling zwischen 5 und

213

Beerenzweig von *Juniperus communis*

80%, so z. B. A. Bertsch (1961): Buchenseen; Körber-Grohne (1985): Früh-Subatlantikum, Hochdorf. Bock (1577: 378a): „Im Kreichgaw uberschwencklich vil" (merkwürdigerweise heute hier praktisch fehlend).

Oberrheingebiet: Nördlicher Teil: Sehr selten, nur 6317/4: o. O., 1943, Wolf; 6418/1: NSG Wüstnächstenbach, 1941, Braunsteffer; 7015/2: Rappenwört, 1 Baum, 1972, Philippi. Mittlerer Teil: Fehlend. Südlicher Teil: zerstreut.

Schwarzwald: Nördlicher Teil: Sehr selten, nur 7415/1: Wildsee, um 1930, Götz (STU-K); 7416/1: Schönegründ, Schlößlesberg, 1954, Baur (STU-K). Mittlerer Teil im Osten zerstreut, im Westen fehlend. Südlicher Teil: Zerstreut.

Gäulandschaften: Zerstreut bis verbreitet, im südlichen Hohenlohe seltener, im Kraichgau und im mittleren Neckargebiet fehlend.

Keuper-Lias-Neckarland: Zerstreut, im Stromberg nur 6919/3: Endberg O Zaisersweiher, 1985, N. Schmatelka (STU-K).

Baar, Wutach und Klettgau: Zerstreut.

Schwäbische Alb: Verbreitet.

Alpenvorland: Sehr zerstreut, im Nordosten sehr selten, nur 7923/2: Federsee, um 1910, K. Bertsch (STU-K).

Bestand und Bedrohung: In den meisten Landschaften ist der Wacholder heute noch regelmäßig und in größeren Beständen anzutreffen. Lediglich in Gebieten, in denen er schon früher selten war und an den Rändern des Areals ist die Pflanze stärker zurückgegangen und stellenweise verschwunden. Die Karte gibt den Rückgang sicher nur unvollständig wieder, da Angaben mit Einzelfundorten auch aus solchen Landesteilen in der Literatur wegen des früher zahlreichen Auftretens kaum vorliegen. Die ursprünglich nur in Felsgebüschen beheimatete Art konnte sich auf Weiden (vor allem auf von Schafen beweideten Magerrasen) weit verbreiten, weil sie

von Vieh gemieden wurde. Als die Beweidung von Magerstandorten nicht mehr rentabel war, wurden die meisten Flächen durch Aufforstung und natürlichen Bewuchs wieder zu Wald (und damit für den Wacholder zu schattig), etliche Flächen auch zu Mähwiesen und Ackerland. Dieser Prozeß ist auch heute in vielen Gegenden noch nicht abgeschlossen. Will man die Pflanze in der Landschaft erhalten, so müssen entsprechende Flächen durch Beweidung mit Schafen offengehalten werden, andere Pflegemaßnahmen (z. B. regelmäßiges Entfernen der übrigen Gehölze und Mahd) können auf Dauer den Bestand nicht sichern, weil es kaum zu Verjüngungen kommt.

Der Wacholder bedarf der Schonung (in der Roten Liste Gefährdungsgrad 5).

Ephedraceae
Meerträubchengewächse
Bearbeiter: M. Nebel

Weltweit mit nur einer Gattung. Die Ephedraceae stehen systematisch isoliert und werden anderen Gruppen der nacktsamigen Pflanzen zugeordnet als die einheimischen Nadelgehölze.

Ephedra L. 1753
Meerträubchen

Meist Sträucher, von Grunde an verzweigt, seltener windend. Zweige rund, grün, mit feinen Längsrillen. Blätter sehr klein, schuppenförmig, kreuzgegenständig oder in Quirlen. Pflanzen 1- oder 2geschlechtig; Blüten stets 1geschlechtig. Männliche Blütenstände aus 2–24 Blüten, mehrere Staubbeutel auf gemeinsamem Staubfaden, Blüte von schlauchförmiger Hülle umgeben. Weibliche Blütenstände aus 1–3 Blüten, von Hochblättern eingeschlossen, jede Samenanlage von schlauchförmiger Hülle umgeben; Mikropyle narbenartig verlängert, aus der Hülle ragend. Hochblätter entweder zur Zeit der Samenreife fleischig werdend, Frucht dadurch beerenartig, oder Hochblätter häutig oder holzig bleibend.

Die Gattung umfaßt etwa 35 Arten. Sie ist vom Mediterrangebiet nach Osten bis ins Amurgebiet, sowie in den Gebirgen Nord- und Südamerikas verbreitet. Im Gebiet wurden von *Ephedra distachya* L. 1753 und *Ephedra fragilis* Desf. 1799 Pollen nachgewiesen: Schedler (1981): Cromer, Steinbach; während der Älteren Dryas in vielen Diagrammen mehr oder weniger kontinuierlich.

Unterabteilung
Angiospermae, Bedecktsamer

Zu den Angiospermae gehört die weitaus überwiegende Zahl unserer Blütenpflanzen. Die Blüten sind oft von einem Perianth umhüllt, das in Kelch- und Kronblätter differenziert ist. Die Pollenkörner gelangen nicht unmittelbar auf die Samenanlagen wie bei den Nadelgehölzen, sondern auf die Narbe, die sich gewöhnlich an der Spitze des Fruchtknotens befindet. Typisch ist auch die doppelte Befruchtung. Einer der beiden Spermakerne des Pollenschlauches verschmilzt mit dem Eikern, während der andere sich mit dem diploiden sekundären Embryosackkern vereinigt und dadurch die Bildung des sekundären Endosperms einleitet. Auch im vegetativen Bereich sind die Gewebe stärker differenziert.

Die Angiospermae werden in zwei Klassen eingeteilt, nämlich in die Einkeimblättrigen und in die Zweikeimblättrigen Blütenpflanzen.

Außer dem im Namen zum Ausdruck kommenden und nicht immer zutreffenden Unterschied in der Keimblattzahl gibt es für beide Klassen noch eine ganze Reihe zusätzlicher Unterscheidungsmerkmale.

Man nimmt heute meist an, daß sich die Monocotyledoneae als eine Seitenlinie aus Vorläufern der heutigen polycarpen Familien der Dicotyledoneae entwickelt haben. Die Dicotyledoneae werden in den meisten Floren heute daher vor den Monocotyledoneae abgehandelt.

Klasse
Dicotyledoneae (Magnoliatae)
Zweikeimblättrige

Keimling meist mit 2 Keimblättern (Cotyledonen). Primärwurzel oft lange vorhanden. Blätter vorwiegend fieder- bis handnervig, nicht selten auch gefiedert, oft mit Nebenblättern. Leitbündel kreisförmig angeordnet, mit Kambium und senkundärem Dickenwachstum bei mehrjährigen Pflanzen. Blütenteile häufig in 5zähligen Quirlen, etwas weniger häufig 4zählig, selten auch 2- oder 3zählig. Über die Untergliederung der Dicotyledoneae in Unterklassen oder Ordnungen herrscht noch keine völlige Übereinstimmung. Wir haben uns an die Anordnung bei HEYWOOD (1978) gehalten, verzichten aber im folgenden auf die morphologische Charakterisierung der von ihm unterschiedenen Ordnungen.

Ein Bestimmungsschlüssel, der zu den Familien führt, ist für den letzten Teil des Werks vorgesehen.

Unterklasse
Magnoliidae (Polycarpicae)
Magnolienähnliche
(Vielfrüchtige)

Zu dieser Unterklasse zählen nach HEYWOOD (1978):
Aristolochiaceae
Ceratophyllaceae
Nymphaeaceae
Berberidaceae
Ranunculaceae
Papaveraceae

Aristolochiaceae
Osterluzeigewächse
Bearbeiter: M. NEBEL

Ausdauernde Kräuter oder windende Holzpflanzen. Blätter wechselständig, ungeteilt, ganzrandig, oft herzförmig. Blüten zwittrig, radiär oder zygomorph; Blütenhülle einfach, meist dreiteilig oder einlippig, verwachsen, bauchig röhrig oder glocken-

förmig. Staubblätter 6–12, frei oder mit dem Griffel zu einer Säule verwachsen. Fruchtknoten meist unterständig, 4–6fächerig, mit zahlreichen Samenanlagen; Griffel 6, zu einer Säule verwachsen, mit 6 strahlig angeordneten Narben. Frucht kapselartig, sich durch Längsspalten öffnend.

Die Familie umfaßt 7 Gattungen mit über 600 Arten, die weltweit verbreitet sind (Schwerpunkt Südamerika). Im Gebiet ist sie mit zwei Gattungen vertreten.

1 Blüten radiär, braunpurpurn, endständig; Staubblätter 12; Stengel niederliegend, zweiblättrig. Blätter nierenförmig, immergrün . . 1. *Asarum*
– Blüten dorsiventral, mit gebogener, am Grunde bauchiger Röhre, gelblich grün, achselständig. Staubblätter 6; Stengel aufrecht, mehrblättrig. Blätter rundlich bis eiförmig, sommergrün.
2. *Aristolochia*

1. **Asarum** L. 1753
Haselwurz

Die eurasiatisch-nordamerikanisch verbreitete Gattung umfaßt etwa 100 Arten, von denen nur die folgende im Gebiet vorkommt.

1. **Asarum europaeum** L. 1753
Europäische Haselwurz

Morphologie: Pflanze ausdauernd, 5–10 cm hoch, mit starkem, pfefferartigem Geruch. Stengel kriechend, am Grunde mit 3–4 schuppenförmigen, weißen bis hellbraunen Niederblättern, verzweigt, bogig aufsteigend, wie die Blattstiele flaumig behaart, an der Spitze mit meist 2 langgestielten Blättern und einer endständigen Blüte. Blätter nierenförmig, 3–10 cm im Durchmesser, Spreite ledrig, glänzend, kahl, dunkelgrün. Perigon radiär, 1–1,5 cm lang, nicht abfallend, kurz gestielt, außen schwach grün, innen rotbraun, drüsig behaart, 3-(selten) 4teilig, mit eingebogener Spitze, glockig, unterhalb der freien Perigonabschnitte eingeengt, basal verwachsen. Staubblätter 12, mit verlängertem, pfriemförmigem Konnektiv, in 2 Kreisen, die inneren länger. Fruchtknoten 6fächrig, in jedem Fach 2–3 Samenanlagen, Narbe 6strahlig, Griffel

Europäische Haselwurz *(Asarum europaeum)*

kurz und dick. Frucht eine kugelige Kapsel. Samen mit Anhängsel.

Biologie: Blüte von März bis Mai. In den Wurzeln wurde endotrophe Mykorrhiza festgestellt. Blüten proterogyn. Insekten- und Selbstbestäubung. Ameisenverbreitung.

Ökologie: In krautreichen Laub- oder Nadelmischwäldern, oft in Hecken, auf mäßig frischen bis feuchten, nährstoffreichen, meist kalkhaltigen, humosen Lehm- und Tonböden, bodenlockernd, Mullbodenkriecher, Lehm- und Kalkzeiger. In Kalk-Buchenwäldern aller Frischegrade, auch im Carpinion sowie in Schlucht- und Auwäldern. Typische Begleiter sind *Lathyrus vernus, Daphne mezereum, Sanicula europaea, Bromus ramosus* und *Euphorbia amygdaloides.* Vegetationskundliche Auf-

nahmen z.B. bei KUHN (1937), SEBALD (1966, 1974), PHILIPPI (1983), NEBEL (1986).

Allgemeine Verbreitung: Euro-sibirische Pflanze. Im Norden bis' Nordfrankreich, England, Norddeutschland, Südfinnland; ostwärts bis ins Wolgagebiet, isoliert im Altai; im Westen bis Frankreich (fehlt West- und Südfrankreich); südwärts im Apennin bis Mittelitalien, Balkan bis Mazedonien, Ukraine.

Verbreitung in Baden-Württemberg: Während die Pflanze in den östlichen Landesteilen überall regelmäßig zu finden ist und nur im nördlichen und westlichen Alpenvorland selten vorkommt, fehlt sie großen Teilen Badens völlig. Der Schwarzwald mit seinen kalkarmen Böden wirkt hier für die offensichtlich von Osten eingewanderte Art als nicht zu

217

überwindende Barriere. Lediglich im Süden wird das Gebirge entlang des Hochrheines umgangen. Von hier aus wird auch noch das südliche Oberrheingebiet bis in die Gegend von Freiburg besiedelt. Im Norden gelangt die Haselwurz im Kraichgau bis an den Rand der Rheinebene. Sehr isoliert liegen 2 Vorkommen in der mittleren Oberrheinebene.

Die Vorkommen reichen von 125 m in der Oberrheinebene bei Halberstung (7214/2) bis 920 m am Hochberg (7818/2) auf der Schwäbischen Alb.

Die Art ist im Gebiet urwüchsig. Literarischer Erstnachweis: J. Bauhin (1598: 192, 224; 1602: 206): „Beym Brunnen Rappensegen" bei Bad Boll (7323); Schorler (1907: 83): Vermutlich aus dem Gebiet belegt durch Harder (1574–76).

Es werden im folgenden nur einige der besonders isoliert liegenden Fundorte aufgezählt:
Mittleres Oberrheingebiet: 7214/2: Halberstung, Zimmermann (1929); 7214/4: Bühl, Zimmermann (1929).
Schwarzwald: 7914/4: Zweribach, 1984, Philippi; 8014/1: Spirzendobel, 1987, Philippi; 8014/3: Höllental, 1858, Eichler (STU).
Alpenvorland: 7824/4: Windberg N Warthausen, 1971, Seybold (STU-K); 7925/3: Rehmoos S Fischbach, 1982, Seybold (STU-K); 8025/1: Hummertsried, Herter (1888); 8121/3: ohne Ortsangabe (KR-K); 8220/4: o.O., 1985, Kiechle (STU-K); 8222/3: Markdorf, Gehrenberg, Jack (1900).

Bestand und Bedrohung: Die Haselwurz tritt vorwiegend in Wäldern und meist in größeren Beständen auf. Sie ist nicht gefährdet. Lediglich eine Umwandlung der Laubwälder in reine Nadelholzkulturen kann lokal zum Rückgang führen.

2. **Aristolochia** L. 1753
Osterluzei, Pfeifenblume

Die Gattung umfaßt etwa 500 Arten, die mit Ausnahme der kalten Zonen weltweit verbreitet sind und ihren Schwerpunkt in Südamerika haben. Im Gebiet ist nur die folgende Art eingebürgert.

1. **Aristolochia clematitis** L. 1753
Gewöhnliche Osterluzei

Morphologie: Pflanze ausdauernd, bis 1 m hoch, Grundachse kurzkriechend. Stengel krautig, unverzweigt, aufrecht, oft hin und her gebogen, wie die ganze Pflanze gelbgrün, kahl und von eigentümlichem, obstartigem Geruch. Blätter tief herzförmig, etwa so lang wie breit, bis 10 cm lang, mit stumpfer Spitze und radiär angeordneten Hauptnerven; Blattstiel nur wenig kürzer als die Spreite. Blüten in Büscheln zu 2–8 in den Blattachseln, zur Blütezeit aufrecht, 3–8 cm lang, später zurückgebogen; Perigon zygomorph, schwefelgelb, am Grunde bauchig erweitert, mit gerader Röhre, oben in eine eiförmige Zunge verbreitert; Perigonröhre inwendig mit anfangs abwärts gerichteten Haaren besetzt. Staub-

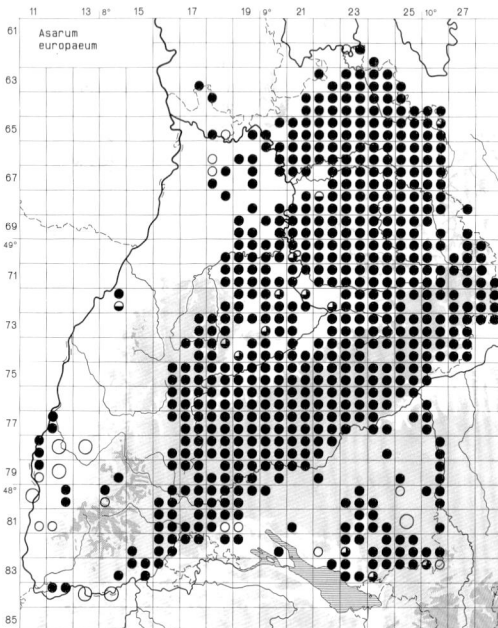

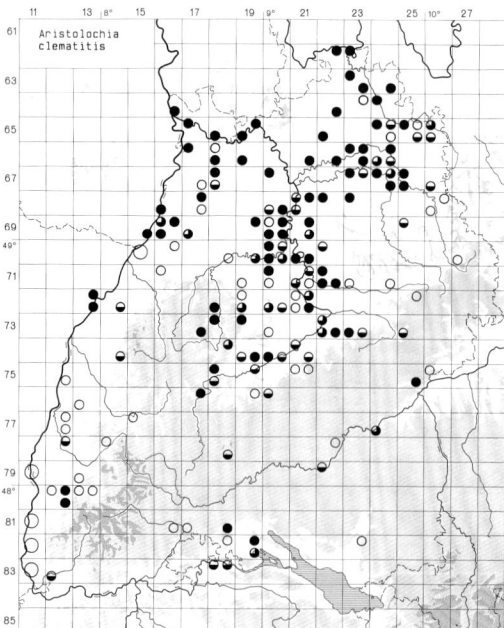

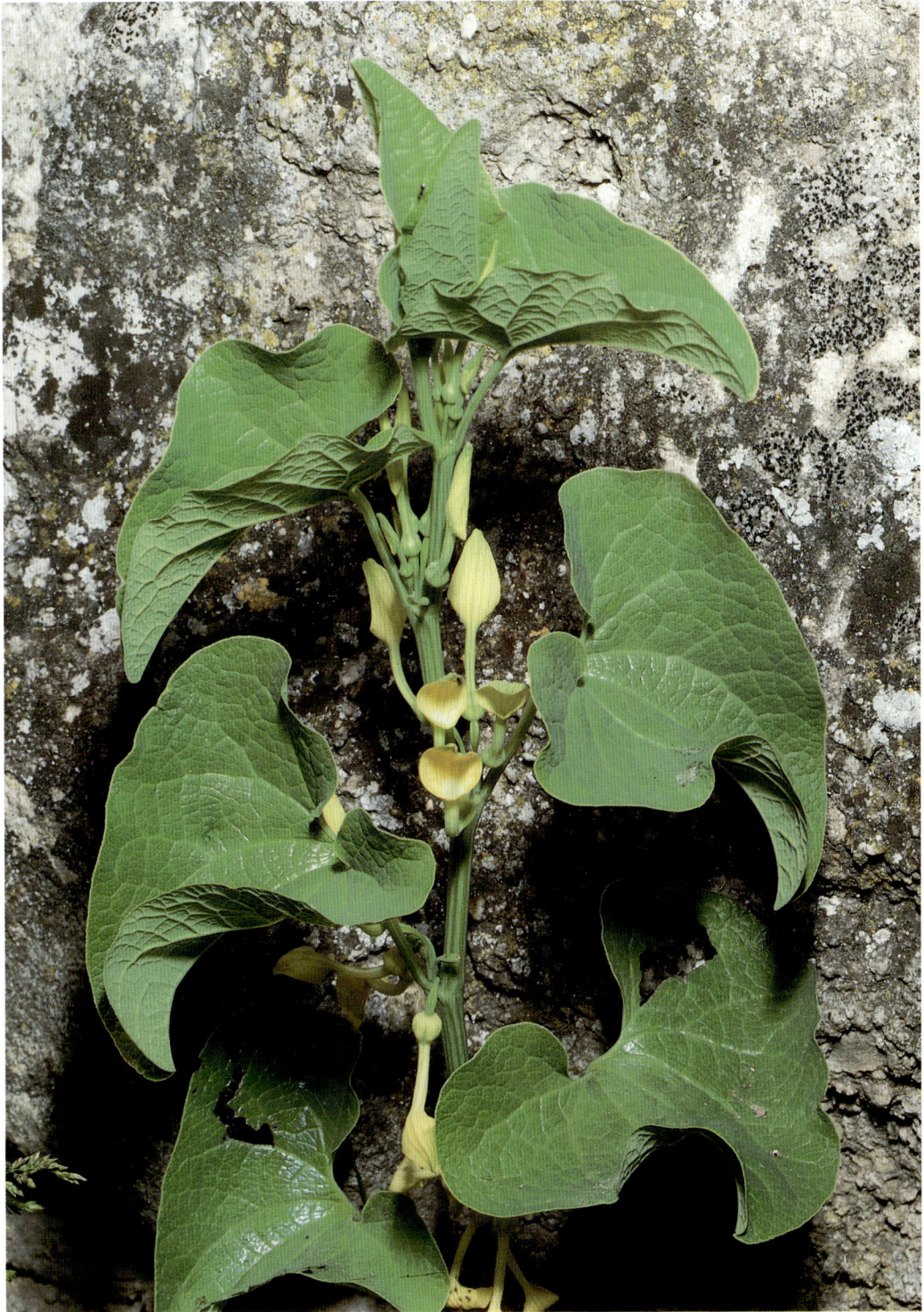

Gewöhnliche Osterluzei *(Aristolochia clematitis)*
Tübingen, 1989

blätter 6, mit dem Griffel zu einer Röhre verwachsen. Fruchtknoten 6fächrig, mit zahlreichen Samenanlagen. Frucht hängend, grün, birnförmig bis kugelig, 6klappig aufspringend.

Biologie: Blüte von Mai bis September. Die Bestäubung verläuft folgendermaßen: kleine Insekten (vor allem Fliegen) kriechen in die aufrecht stehende Röhre. Die abwärts gerichteten Reusenhaare hindern sie am zurückkriechen. So gelangen die Tiere in die bauchige Erweiterung am Grunde. Erst wenn die Narbe bestäubt ist, welken die Reusenhaare und geben den Rückzug frei. Die vorher abwärts gekehrten Narbenlappen richten sich nach der Bestäubung auf, und die Staubbeutel öffnen sich. Die Insekten kehren pollenbeladen ins Freie zurück und besuchen weitere Blüten. Die Art ist also eine proterogyne Kesselfallenblume. Es kommt auch zu Selbstbestäubung.

Ökologie: In Weinbergen, besonders an Mauern, im Saum der Rebgärten und in angrenzenden Gebüschen, gerne auch zwischen Ufersteinen am Rhein. Auf mäßig trockenen, nährstoff- und kalkreichen, lockeren, mehr oder weniger humosen, oft skelettreichen Lehmböden. Stickstoff- und wärmeliebend. Meist Zeiger ehemaligen Weinbaus. Wurzelkriechpionier. Schwerpunkt im Urtico-Aegopodietum (Aegopodion), auch im Berberidion.

Allgemeine Verbreitung: Ursprünglich aus dem Mittelmeergebiet (ohne Nordafrika); ostwärts bis Südrußland, Kleinasien und Kaukasus; in Weinbaugebieten Mitteleuropas als alte Heilpflanze verwildert und eingebürgert.

Verbreitung in Baden-Württemberg: Die Verbreitungsschwerpunkte der Osterluzei liegen in den Weinbaugebieten. Höherliegende Landschaften und Gebiete mit kalkarmen Böden meidet sie.

Die Vorkommen reichen von 100 m im Oberrheingebiet bei Wallstadt (6517/1) bis 840 m bei Gosheim (7818/4) auf der Schwäbischen Alb.

Die Art ist seit dem Mittelalter bei uns eingebürgert. Literarischer Erstnachweis: SCHINNERL (1912: 213–214): „Die Lang Holwurtz ist im Land Wirttemberg gar gemain, sonderlich in den weinbergen, do die Gertner die nicht gnug eracker kinden, sy wex auch außer halb denn Gerten in Heggen und anderst wo, basaumpt sich gar vil", H. HARDER (1576–94).

Oberrheingebiet: Zerstreut (stärkerer Rückgang im mittleren und südlichen Abschnitt).
Schwarzwald: 7317/4: Berneck, 1974, ASSMANN (STU); 7715/1: Hausach i.K., 1895, HUBER (1909); 7814/1: Elzach, NEUBERGER (1912); 8013/2: Kirchzarten, NEUBERGER (1912).
Gäulandschaften (mit Ausnahme des oberen Neckar): zerstreut.

Glemswald – Schönbuch – Rammert und Vorland der mittleren Alb: Zerstreut.
Schwäbisch-Fränkischer Wald und Vorland der Ostalb: 6925/1: Eschenau, um 1920, HANEMANN; 7027/3: Dalkingen, MARTENS u. KEMMLER (1865); 7123/3: Schorndorf, SCHÜBLER u. MARTENS (1834); 7124/4: Schwäbisch Gmünd, KIRCHNER u. EICHLER (1900).
Schwäbische Alb: 7225/2: Heubach, MARTENS u. KEMMLER (1882); 7325/3: Eybach, A. MAYER (1950); 7525/4: Ulm, Wilhelmsburg, 1970, v. ARAND-ACKERFELD; 7526/1: Hörvelsingen, MARTENS u. KEMMLER (1865); 7818/4: Gosheim, KIRCHNER u. EICHLER (1913).
Wutach: 8116/4: Blumegg, ZAHN (1889); 8117/3: Fützen, ZAHN (1889).
Hegau und westlicher Bodensee: Zerstreut.
Alpenvorland: 7724/3: Rottenacker, 1967, v. ARAND-ACKERFELD; 7822/2: Riedlingen, SCHÜBLER u. MARTENS (1834); 7922/1: Mengen, 1907, K. BERTSCH (STU-K); 8223/2: Ravensburg, SCHÜBLER u. MARTENS (1834) – heute mit den Weinbergen verschwunden (K. BERTSCH STU-K).

Bestand und Bedrohung: Die Osterluzei ist in vielen Gebieten stark zurückgegangen. Ein erster Verlust von Wuchsorten trat mit der Aufgabe vieler Weinberge (infolge der Reblauseinschleppung aus Amerika) schon im vorigen Jahrhundert ein (doch kann sich die Art noch lange in Gebieten ehemaligen Weinbaus halten). In neuerer Zeit sind die Vorkommen vor allem wegen Weinbergumlegungen, bei denen Mauern, Lesesteinhaufen, Hecken und Säume verschwunden sind, aber auch infolge intensiver Bearbeitung und Unkrautbekämpfung, erloschen. In einigen Fällen hat auch die Ausdehnung der Siedlungsgebiete auf altes Rebland zur Zerstörung der Standorte geführt. Die Pflanze ist heute vielerorts in ihrem Bestand gefährdet, da es sich oft nur um kleine Populationen handelt (in der Roten Liste Gefährdungsgrad 3).

Ceratophyllaceae

Hornblattgewächse
Bearbeiter: M. NEBEL

Die Familie besteht weltweit nur aus einer Gattung.

1. Ceratophyllum L. 1753

Hornblatt

Morphologie: Krautige, ausdauernde, untergetauchte, freischwimmende oder im Boden verankerte Wasserpflanzen. Sproßachse aus gestreckten Internodien und mehrzelligen Blattquirlen bestehend, unregelmäßig verzweigt, spröde und zerbrechlich; Blätter gabelteilig, ohne Nebenblätter.

Völlig wurzellos. Blüten untergetaucht, eingeschlechtlich, einhäusig, radiär, mit einfacher, grüner, neun- bis zwölfblättriger Blütenhülle, männliche Blüten mit 6–16 Staubblättern, weibliche Blüten mit oberständigem, aus einem Fruchtblatt gebildetem Fruchtknoten mit langem, pfriemlichem Griffel und seitlicher Narbe. Frucht eine einsamige Nuß. Keimling mit zwei großen Keimblättern. Die Pflanzen sind besonders gut an das Leben im Wasser angepaßt. Sie bilden keine Landformen aus, sind wurzellos (Verankerung im Boden durch sogenannte Erdsprosse), die Blätter sind stark aufgespalten, Spaltöffnungen und Haare fehlen. Die Leitbündel haben keine wasserleitenden Elemente. Sproßachsen und Blätter sind luftgefüllt.

Biologie: Die Blüten sind der Bestäubung im Wasser angepaßt. Die reifen Staubblätter lösen sich aus den Blüten und schweben nach oben (Luftgewebe im Spitzenbereich). Während des Aufstieges öffnen sie sich durch Längsrisse und entleeren den Pollen, der dann im ruhigen Wasser langsam absinkt und mit den langen fadenförmigen Narben in Berührung kommt. Der generativen Vermehrung kommt in Mitteleuropa nur untergeordnete Bedeutung zu. Vermehrung meist vegetativ durch Zerbrechen der Sprosse und Ablösen der Seitentriebe. Zur Überwinterung sinken die Sprosse auf den Grund der Gewässer und überdauern dort. Ein intensiver Austrieb erfolgt erst im Juli, wenn sich die Gewässer erwärmt haben. Die Verbreitung geschieht durch Wasservögel.

Die Gattung umfaßt weltweit je nach Auffassung bis zu 10 Arten, davon kommen zwei im Gebiet vor (zur Verbreitung vgl. auch BERTSCH 1955).

1 Blätter dunkelgrün, 1–2mal gabelteilig, mit 2–4 linealischen, starren, dichtstachelig gezähnten Zipfeln. Frucht am Grunde mit zwei Stacheln, Griffelrest so lang oder länger als die Frucht
                                          1. *C. demersum*
– Blätter hellgrün, 3–4mal gabelteilig, mit 5–8 borstlichen, weichen, kaum stachelig gezähnten Zipfeln. Frucht stachellos, Griffelrest viel kürzer als die reife Frucht . . . . 2. *C. submersum*

1. Ceratophyllum demersum L. 1753
Gewöhnliches Hornblatt

Morphologie: Blätter dunkelgrün, in 4–12zähligen Wirteln, 1–2mal gabelteilig, mit 2–4 Zipfeln, starr, auf der Unterseite mehr oder weniger dicht mit kurzen, aufwärtsgebogenen Stacheln besetzt. Frucht bis 5 mm lang, eiförmig, schwarz, meist rauh, mit 2 basalen, seitlich abstehenden Stacheln und einem endständigen, vom Griffelrest gebildeten Stachel, der so lang oder länger als die reife Frucht ist.

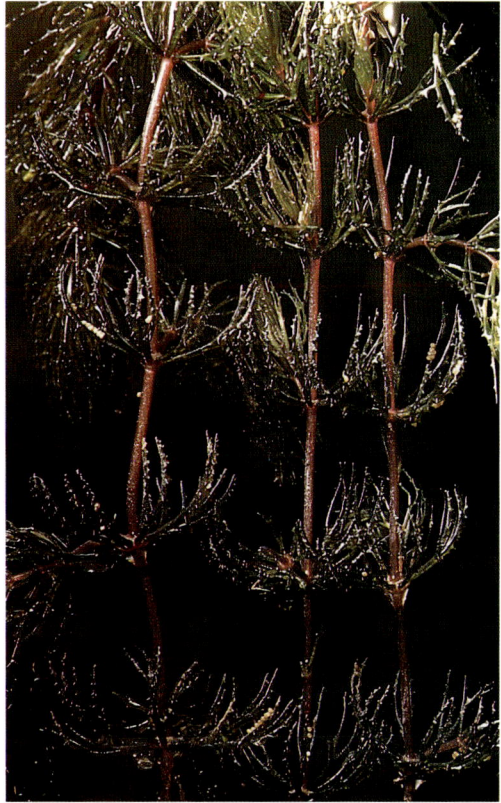

Gewöhnliches Hornblatt *(Ceratophyllum demersum)* Plittersdorf

Biologie: Blüte von Juni bis September. Blüten und Früchte werden selten beobachtet.

Ökologie: In Wasserrosen- und Laichkrautbeständen von Teichen, Altwässern und ruhigen Seebuchten, seltener in langsam fließendem Wasser. Vornehmlich in eutrophen und basenreichen Gewässern über humosem Schlammboden bis zu 10 m Wassertiefe. Schwerpunkt in eutrophen Ausbildungen des Myriophyllo-Nupharetum, im Nymphoidetum und Trapetum, auch im Potamogetonetum lucentis, teilweise reine Bestände bildend. Typische Begleiter sind *Myriophyllum verticillatum, Ranunculus circinatus, Potamogeton crispus, Potamogeton lucens* und *Nuphar lutea.* Vegetationskundliche Aufnahmen bei PHILIPPI (1969, 1981), LANG (1973).

Allgemeine Verbreitung: Weltweit mit Ausnahme der Arktis und Antarktis. In Europa nordwärts bis nach Island und zu den Färöern, in Skandinavien bis 69° NB.

Verbreitung in Baden-Württemberg: Das Gewöhnliche Hornblatt tritt im Gebiet in tieferen Lagen entlang der größeren Flüsse und im Alpenvorland zerstreut auf. In den übrigen Landschaften ist die Art selten oder fehlt ganz.

Die Vorkommen reichen von 95 m in der Oberrheinebene bei Ketsch (6617/1) bis 675 m bei Donaueschingen (8016/2).

Die Art ist im Gebiet urwüchsig. Archäologischer Erstnachweis: RÖSCH (1986): Praeboreal, Durchenbergried. Literarischer Erstnachweis: LEOPOLD (1728: 55): „am Werth" bei Ulm.

Oberrheingebiet: Zerstreut.
Odenwald: 6520/3: o.O., nach 1970, SCHÖLCH (STU-K).
(Schwarzwald: 8114/2: Oberzarten, K. MÜLLER (1948), Angabe wohl irrig.
Main und Tauber: 6222/1: Boxtal gegen Tremhof, PHILIPPI (1981); 6223/3: Reicholzheim, PHILIPPI (1981); 6525/1: Weikerheim, um 1920, HANEMANN (STU-K); Schäftersheim, PHILIPPI (1981).
Neckarland: Hohenlohe-Bauland: zerstreut. Kraichgau: sehr zerstreut. Entlang des Neckars von Tübigen bis Lauffen: zerstreut. Hecken- und oberes Gäu: 7218/2: NW Möttlingen, 1959, WREDE (STU-K); 7318/1: Sommenhardt; 1979, ASSMANN, (STU-K), 7517/4: Ihlingen, nach 1900, MAIER (STU-K). Schwäbisch-Fränkischer Wald, Ellwanger Berge und Vorland der Ostalb: sehr zerstreut.
Schwäbische Alb: 7226/4: Brenz oberhalb Schnaitheim, 1953, MAHLER (STU-K); 7327/3: Brenz bei Giengen, um 1850, E. LECHLER (STU); 7622/1: Bernloch, 1985, REINÖHL (STU-K); 7820/1: o.O., 1977, E. BECK (STU-K). Donautal von Donaueschingen bis Ulm: Zerstreut.
Alpenvorland: Zerstreut.

Bestand und Bedrohung: Auffallend ist der hohe Anteil älterer Angaben. Der vermeintlich starke Rück-

gang dürfte in vielen Gebieten nur Ausdruck einer immer wieder festzustellenden unzureichenden Bearbeitung der Wasserpflanzenflora sein. Im Bodenseegebiet und im Stuttgarter Raum muß man jedoch davon ausgehen, daß die Art an einigen Stellen erloschen ist. Die Gründe hierfür sind nur teilweise ersichtlich. Die Pflanze ist entlang der Flüsse auf Altwässer und Stillwasserzonen angewiesen, die im Zuge des Gewässerausbaus verlorengegangen sind. Einen gewissen Ausgleich stellen Kiesgruben und künstlich angelegte Tümpel und Teiche dar. Nährstoffanreicherungen verträgt die Art verhältnismäßig gut, das Wasser muß jedoch klar bleiben. Intensive Bewirtschaftung von Fischteichen mit regelmäßigem Ablassen und Abfischen des Bewuchses sind schädlich. Maßnahmen zur Erhaltung der Art sind vorerst nicht notwendig, sollte jedoch der Rückgang in einzelnen Landschaften sich auf das ganze Gebiet übertragen, ist die Art gefährdet. In der Roten Liste ist sie nicht enthalten, sollte jedoch als schonungsbedürftig bei Gefährdungsgrad 5 eingereiht werden.

2. Ceratophyllum submersum L. 1763
Zartes Hornblatt

Morphologie: Im Habitus ähnlich wie *C. demersum*, jedoch zarter und weniger brüchig. Blätter hellgrün, 3–4mal gabelteilig, mit 5–8 Zipfeln, sehr zart, die Stacheln spärlich und weniger deutlich. Frucht

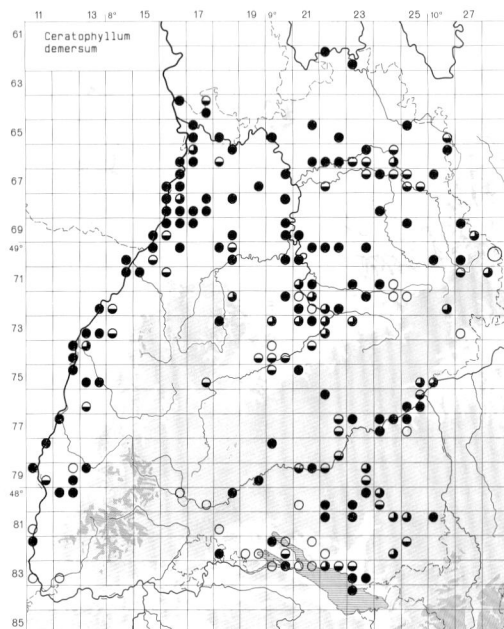

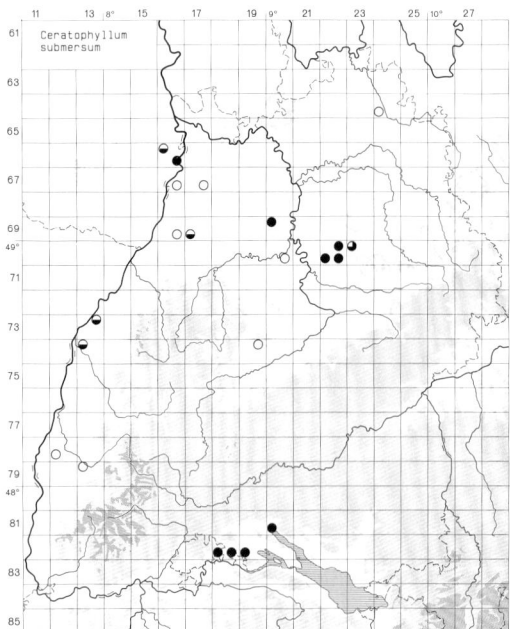

ohne basale Stacheln, endständiger, vom Griffelrest gebildeter Stachel viel kürzer als die reife Frucht. – Blütezeit: Juni bis August.

Ökologie: Wasserpflanze in flachen, sich stark erwärmenden Seen, Gräben und Wasserlöchern, seltener in Ruhigwasserzonen von Fließgewässern. In basenreichen, sehr nährstoffreichen Gewässern über Schlammböden, auch an unbeschatteten Trägaufstellen stark belasteter Flüsse. Durch das Auftreten an ausgesprochen sommerwarmen Standorten mit geringer Wassertiefe ökologisch deutlich von *C. demersum* geschieden. In wärmeliebenden Nymphaeion- und Potamogetonion-Gesellschaften, Potamogetonetalia-Ordnungscharakterart, oft auch in reinen Beständen. Typische Begleiter sind *Nuphar lutea, Myriophyllum verticillatum* und *Potamogeton crispus.* Vegetationsaufnahmen bei PEINTINGER (1986).

Allgemeine Verbreitung: Eurasiatische Pflanze. Süd- und Mitteleuropa, im Norden bis Südengland und Dänemark; ostwärts bis Westsibirien und Zentralasien; Mesopotamien; Nordafrika.

Verbreitung in Baden-Württemberg: Das Zarte Hornblatt ist im Gebiet selten und tritt nur in wärmeren Tieflagen auf.

Die Vorkommen reichen von 100 m im Oberrheingebiet bei Schwetzingen (6617/1) bis 510 m SW Bietingen (8218/3).

Die Art ist im Gebiet urwüchsig. Erstnachweis: C. C. GMELIN (1808: 691–692): Rheingebiet.

Oberrheingebiet: 6617/1: Schwetzingen, DÖLL (1862); Schwetzingen und Brühl, ZIMMERMANN (1906); 6617/4: Vespersuhl, 1985, BREUNIG (KR-K); 6716/4: Philippsburg, DÖLL (1862); 6717/4: Langenbrücken, DÖLL (1862); 6916/4: 6916/4: Rintheim und Durlach, DÖLL (1862); 6917/3: Weingartener Moor, nach 1900, GLÜCK (STU); 7313/2: Memprechtshofen, vor 1945, BERTSCH (1955); 7413/1: Kork, vor 1945, BERTSCH (1955); 7812/3: Zwischen Endingen und Riegel, SCHILDKNECHT (1855); 7913/1: Denzlingen, SCHILDKNECHT (1862).
Tauber: 6424/3: Edelfingen, BAUER (1815–35).
Neckarland: Mittlerer Neckar: 6920/1: SO Haberschlacht, 1983, SEBALD (STU); 7020/4: Fuß des Hohenasperg, MARTENS u. KEMMLER (1882); 7022/2: Oppenweiler, Schloßsee (vermutlich Ausgangsort des gesamten Vorkommens in der Murr); Murr von Oppenweiler bis Backnang, Massenbestand (erste Beobachtung 1979), 1983, SCHWEGLER (STU-K). 7022/3: Zwischen Backnang und Burgstall, vereinzelt in der Murr, 1983, SCHWEGLER (STU-K); 7022/4: Backnang, vereinzelt in der Murr, 1983, SCHWEGLER (STU-K); 7023/1: Murrhardter Feuersee, 1967, W. LOSCH (STU). Schönbuch: 7419/2: Kayh, Waldteich, HEGELMAIER (STU).
Alpenvorland: Hegau und westlicher Bodensee: 8120/3: Stockacher Aach NW Bodmann, Altarm, 1984, PEINTINGER (1986); 8218/3: Bietingen, GLÜCK (1936), Vogelbuckweiher, KUMMER (1941), ca. 1968, K. HENN in PEINTIN-

GER (1986); Feisenweide SW Bietingen, Verlandungsmoor, 1987, PEINTINGER (STU); 8218/4: Hardtsee SO Bietingen, KUMMER (1941), ca. 1968, K. HENN in PEINTINGER (1986); 8218/4: Allmensee NW Gottmadingen, PEINTINGER (1986), Gottmadingen, vor 1945, BERTSCH (1955); 8219/3: Teich S Arlen, 1983, W. KRAMER (STU-K), SCHERBARTH und BREYER in PEINTINGER (1986).

Bestand und Bedrohung: Die Neufunde und Bestätigungen der letzten Zeit haben dazu geführt, daß eine akute Gefahr für das zarte Hornblatt nicht mehr besteht. Die Art scheint sich vielmehr auszubreiten. Oft handelt es sich dabei um Massenbestände, so daß die in der Roten Liste als vom Aussterben bedroht geltende Pflanze in Gefährdungsgrad 2 zurückgestuft werden kann. Abzuwarten bleibt, ob sich *C. submersum* an den neuen Wuchsorten halten kann, und wie sich die Bestände entwickeln.

Literatur: PEINTINGER, M. (1986).

Nymphaeaceae

Seerosengewächse
Bearbeiter: M. NEBEL

Wasserpflanzen mit großen, ganzrandigen Schwimmblättern und dickem, stärkereichem Rhizom. Blütenorgane spiralig; Blütenhüllblätter und Staubblätter ineinander übergehend. Narbe oft strahlig. Fruchtblätter frei, aber von der becherförmigen Achse eingeschlossen; Sammelfrucht beeren- oder kapselartig. Leitbündel ohne Tracheen.

Weltweit vier Gattungen, davon zwei im Gebiet (zur Verbreitung vgl. auch BERTSCH 1955). Alle einheimischen Seerosengewächse sind gesetzlich geschützt.

1   Doppelte Blütenhülle, 4 grüne Kelchblätter, 15–25 weiße Kronblätter. Nebenblätter vorhanden; Seitennerven der Blätter gegen den Rand miteinander verbunden . . . . 1. *Nymphaea*
–   Einfache Blütenhülle, 5 gelbe Perigonblätter. Außer den etwa 13 gelben viele kleinere Honigblätter. Nebenblätter fehlend; Seitennerven nicht miteinander verbunden. . . . . 2. *Nuphar*

1. **Nymphaea** L. 1753

Seerose, Wasserrose

Ausdauernde Schwimmblattpflanze mit im Schlamm kriechendem, kräftigem, im Boden stark verwurzeltem Rhizom. Wechselständige, derbe Schwimmblätter, Spreite oval bis rundlich, an der Basis tief bis zum langen, runden Stiel eingeschnitten; Seitennerven 1. Ordnung untereinander verbunden; mit häutigen Nebenblättern. Blüten zwittrig, radiär, mit langen Stielen dem Wurzelstock entspringend; Blütenhülle aus 4 außen grünen Kelchblättern und zahlreichen weißen Kronblättern, diese durch Übergänge mit einer Vielzahl von Staubblättern verbunden. Die zahlreichen Fruchtblätter sind mit der Blütenachse zu einer fleischigen Kapsel verwachsen, an der die übrigen Blütenorgane ansitzen; jedes Fach enthält zahlreiche Samen.

Die Pollen reifen zur selben Zeit wie die Narben oder kurz danach (schwache Protogynie). Es kommt zu Selbst- und Insektenbestäubung durch Käfer und Fliegen, auch Hummeln und Bienen wurden beobachtet. Nach der Blüte wird durch einseitiges Wachstum der Blütenstiele erreicht, daß die Früchte unter die Wasseroberfläche gelangen und dort reifen. Die reife Frucht löst sich vom Stiel, durch unregelmäßige Risse steigt der zu schleimigen Klumpen vereinigte Samen an die Oberfläche. Erst wenn der Samenmantel zerstört ist, sinken die Samen zu Boden. Die Samen werden durch das Wasser verbreitet. Die Fernverbreitung geschieht durch Wasservögel.

Die Gattung umfaßt weltweit etwa 40 Arten, davon kommen zwei im Gebiet wild vor.

1   Basallappen der Schwimmblätter mit mehr oder weniger geradem Hauptnerv. Blütenbasis mehr oder weniger abgerundet. Staubfäden der inneren Staubblätter fadenförmig, in der Mitte kaum verbreitert; Pollen mehr oder weniger dicht mit zylindrischen, 1,5–5 µ hohen stumpfen Zapfen. Narbenscheibe flach (10–)14–24strahlig, wenig schmaler als die Frucht . . . . 1. *N. alba*
–   Basallappen der Schwimmblätter mit bogigem Hauptnerv. Blütengrund schwach vierkantig. Staubfäden der inneren Staubblätter lanzettlich, in der Mitte am breitesten; Pollen auf einer Seite glatt, auf der anderen mit meist unter 1,5 µ hohen Warzen besetzt. Narbenscheibe deutlich konkav, 6–14strahlig, viel schmaler als die Frucht
2. *N. candida*

1. Nymphaea alba L. 1753
Weiße Seerose

Morphologie: Hauptnerven der Basallappen fast immer gerade oder nur wenig gebogen, im ersten Drittel jedoch immer fast gerade. Geöffnete Blüten 7–12 cm im Durchmesser, Blütenbasis mehr oder weniger abgerundet; Hüll- und Staubblätter dem Fruchtknoten seitlich eingefügt; Kelchblätter 4, meist kürzer als die Kronblätter, außen grün, innen weiß; Kronblätter wie Staubblätter zahlreich, allmählich ineinander übergehend; Staubfäden der inneren Staubblätter bandförmig schmal. Narben-

scheibe (fast) so breit wie der Fruchtknoten; Frucht eine bis zu 25fächerige Kapsel mit bis zu über 1700 Samen. – Blütezeit: Anfang Juni bis Ende August. Bei der Sippe mit kleinen Blüten und Blättern, die hauptsächlich aus mesotrophen Gewässern höherer Lagen bekannt geworden ist und als var. *minor* DC. abgetrennt wird, handelt es sich wahrscheinlich um kein eigenständiges Taxon.

Ökologie: Schwimmblattpflanze in meso- bis eutrophem, stehendem oder langsam fließendem Wasser über humosem Schlamm bis zu 3 m Tiefe (optimal 1–1,5 m). In offenen Altwässern, Seebuchten, Teichen und breiteren Gräben. Empfindlich gegen Beschattung und Konkurrenz. Charakterart des Nymphaeetum albae bzw. Nymphaeion-Verbandscharakterart. Typische Begleiter sind *Nuphar lutea, Myriophyllum verticilllatum, Potamogeton natans, Potamogeton lucens* und *Ceratophyllum demersum.* Vegetationsaufnahmen bei GÖRS (1969), LANG (1973), PHILIPPI (1969).

Allgemeine Verbreitung: Europäische Pflanze. Fast im gesamten Europa mit Ausnahme des hohen Nordens (bis 63° NB), großer Teile Spaniens und des östlichen Rußland; südwärts bis Nordafrika, Griechenland, europäische Schwarzmeerküste, Kaukasus.

Verbreitung in Baden-Württemberg: Die natürlichen Grenzen der Verbreitungsgebiete lassen sich heute nur noch in groben Zügen rekonstruieren, da die Weiße Seerose ob ihrer Attraktivität und ihres Nut-

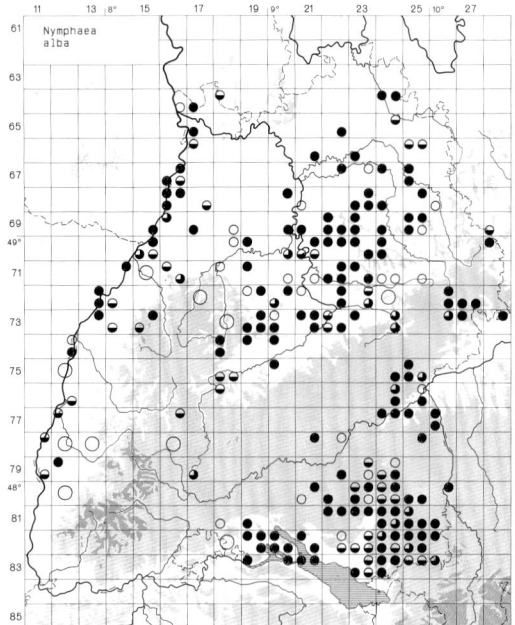

Weiße Seerose *(Nymphaea alba)*
Federsee, 1973

zens schon seit langer Zeit immer wieder angepflanzt wurde. Die Pflanze ist von Natur aus auf
Landschaften mit natürlichen Stillgewässern, also
das Oberrheingebiet und das Alpenvorland, beschränkt. Hier ist sie auch heute noch regelmäßig
anzutreffen. Abweichend liegt der Wuchsort Herrenwieser See im Nordschwarzwald. Die Pflanze
wurde hier erst in den letzten Jahren entdeckt. In
der Literatur gibt es keinen Hinweis auf ein früheres
Auftreten, obwohl sich die Art nach pollenanalytischen Befunden schon lange hier gehalten haben
muß.

Die Tatsache, daß einige Vorkommen schon seit
längerer Zeit nicht mehr bestätigt worden sind, ist
in erster Linie auf fehlende neuere Bearbeitungen
zurückzuführen. Auffallend ist, daß die Auen von
Neckar und Donau offenbar nicht zum natürlichen
Wuchsbereich der Art gehören. Hier hätten früher
genügend Altwässer für eine Besiedlung zur Verfügung gestanden, aus älteren Floren ist jedoch nur

die Angabe „Altwasser bei Riedlingen" (SCHÜBLER
u. MARTENS 1834) übermittelt. Dies hängt vielleicht
auch damit zusammen, daß *Nymphaea alba* sich
gegenüber *Nuphar lutea* nicht durchsetzen konnte.

In den übrigen Landschaften beruht das Auftreten von *N. alba* überwiegend auf Anpflanzungen,
wobei sich die Pflanze an einigen dieser Stellen
schon lange hält und verjüngt. Bei manchen Vorkommen ist auch eine Verschleppung durch Wasservögel denkbar. Die hierfür in Frage kommenden
Gewässer sind fast immer vom Menschen angelegte, aufgestaute oder ausgebaute Teiche und Seen.

In folgenden Gebieten ergibt sich eine auffallende
Häufung der Vorkommen: Hohenlohe, mittlerer
Neckar, Hecken- und oberes Gäu, Schwäbisch-
Fränkischer Wald, Vorland der Ostalb, Glemswald
– Schönbuch – Rammert, Vorland der mittleren
Alb, östliche Schwäbische Alb (hier vor allem in
Bohnerzgruben) und in der Umgebung von Ulm.

Im Bereich der Ellwanger Berge sind im Verbrei-

225

tungsgebiet von *Nymphaea candida* Angaben von *N. alba* aus neuerer Zeit wohl meist Verwechslungen mit der vorgenannten Art. M. WEISS, der die in Baden-Württemberg für verschollen gehaltene Glänzende Seerose wieder entdeckt hat, hat alle weißen Seerosen in diesem Gebiet, die sicher ansprechbar waren (d.h. blühten) als *N. candida* identifiziert. Daß sich *N. candida* und *N. alba* nahezu ausschließen, geht auch aus der Kartierung von REICHEL (1984) in Oberfranken hervor.

Nymphaea alba ist ein gutes Beispiel dafür, wie schwierig die Frage nach dem Status werden kann, wenn eine Art häufig vom Menschen angepflanzt wird. Denn auch im natürlichen Verbreitungsgebiet wird eine Reihe von Vorkommen auf Ansalbungen zurückgehen. Deshalb ist eine Unterscheidung von ursprünglichen, eingebürgerten und unbeständigen (hierher gehört die ganz überwiegende Zahl der Fälle) Vorkommen praktisch nicht möglich, weshalb hier alle Wuchsorte zusammengefaßt seien.

Die Vorkommen reichen von 95 m in der Oberrheinebene bei Mannheim bis 720 m im Hengelesweiher (8326/1) im Alpenvorland und 840 m im Herrenwieser See (7315/2).

Die Art ist im Gebiet urwüchsig. Archäologischer Erstnachweis: LANG (1952): Praeboreal, Degersee. Literarischer Erstnachweis: LEOPOLD (1728: 114): „In Altwassern im Steinhäulen" bei Ulm.

Bestand und Bedrohung: Die Weiße Seerose besitzt im natürlichen Verbreitungsgebiet zahlreiche Vorkommen mit größeren Populationen. Obwohl sie auch in nährstoffreichen Gewässern gedeiht, scheint sie sich in mesotrophem Wasser wohler zu fühlen. Bei zu starker Verschmutzung nimmt ihre Vitalität ab. Am Oberrhein ist sie infolge Gewässerausbau und Eutrophierung stark zurückgegangen. Durch die gute Kultivierbarkeit der auffallenden, gern gesehenen Pflanze nehmen die Vorkommen vor allem in letzter Zeit deutlich zu. Immer wieder kann man beobachten, daß auch nahe verwandte tropische Vertreter und aus Kreuzungen hervorgegangene Neuzüchtungen mit eingebracht werden. Da die heimische Art mit diesem bastardiert, besteht die Gefahr einer Florenverfälschung. Die Weiße Seerose ist in der Roten Liste bei Gefährdungsgrad 3 eingeordnet.

2. Nymphaea candida J. Presl 1822
Kleine Seerose, Glänzende Seerose

Morphologie: Sehr ähnlich *N. alba*, jedoch kleiner. Geöffnete Blüten 7–9 cm Durchmesser. Von *N. alba* durch folgende Merkmale geschieden:

Hauptnerven der Basallappen der Schwimmblätter bogenförmig gekrümmt. Blütenbasis vierkantig. Kelchblätter meist länger als die Kronblätter; Staubfäden der innersten Staubblätter in der Mitte am breitesten, 1,5–3mal so breit wie die beiden Staubbeutel vor dem Platzen (Herbarmaterial aufkochen!), Pollenkörner auf einer Seite glatt, auf der anderen mit unter 1,5 µ hohen Warzen besetzt. Fruchtknoten im unteren Teil am breitesten; Narbenscheibe deutlich schmaler als der Fruchtknoten.

Biologie: Blüte von Ende Juni bis September. Die Blüten duften am Morgen nach Aprikosen (REUSS 1888: 205).

Ökologie: In Wasserrosengesellschaften stehender, mesotropher, meist kalkarmer Gewässer über humosen, z.T. moorigen Schlammböden, in bis zu 1,5 m tiefem Wasser. Im Gebiet fast immer in schon

Vegetationsaufnahmen des Nymphaeetum candidae

Nr. d. Spalte	1	2	3	4
Fläche (m²)	4	15	2	6
Wassertiefe (cm)	110	65–90	50	60
Vegetationsbedeckung (%)	25	75	100	40
Artenzahl	6	4	5	5
kennzeichnende Art:				
Nymphaea candida	3	2a	r	3
lokale Kennart:				
Potamogeton trichoides	1	.	.	.
Verbandskennarten:				
Nuphar lutea	2a	.	.	.
Potamogeton natans	.	3	.	.
Ordnungs- und Klassenkennarten:				
Potamogeton lucens	.	2b	2a	.
Potamogeton obtusifolius	1	.	.	1
Potamogeton pusillus	+	.	.	.
Ranunculus trichophyllus	.	.	.	+
Phragmition-Arten:				
Sparganium emersum	1	.	1	.
Sagittaria sagittifolia	.	1	.	.
Oenanthe aquatica	.	.	r	.
Equisetum fluviatile	.	.	.	2b
Sonstige:				
Eleocharis acicularis	.	.	5	.
Lemna minor	.	.	.	1

1: 7026/2 – Schloßweiher in Ellwangen, 460 m, August 1986;
2, 3: 6927/4 – Lettenweiher S Wört, NSG, 465 m, September 1986;
4: 6927/3 – Neuweiher oberhalb Muckenweiher, 495 m, August 1986; alle Aufnahmen von M. VOGGESBERGER.

änger aufgestauten Fischweihern. Die Art ist empfindlich gegen Eutrophierung und intensive Bewirtschaftung der Weiher (häufiges Ablassen, zu dichter Fischbesatz, Düngung und Kalkung).

Charakterart des Nymaeetum candidae. Typische Begleiter sind *Potamogeton natans, Sagittaria sagittifolia* und *Nuphar lutea.*

Allgemeine Verbreitung: Eurosibirische Pflanze. West- und nordwärts bis Skandinavien, Rheingebiet (Elsaß-Lothringen und Pfalz); südwärts bis Bodenseegebiet, Salzburg, Steiermark; ostwärts bis ins Baikalseegebiet. Im Gebiet an der Südwestgrenze der Verbreitung.

Verbreitung in Baden-Württemberg: Die Glänzende Seerose ist im Gebiet selten und tritt nur im Schwäbisch-Fränkischen Wald und im Alpenvorland auf. Im Oberrheingebiet reicht ein in Rheinland-Pfalz gelegener Wuchsort bis nahe an die Landesgrenze.

Die Vorkommen reichen von 430 m im Killenweiher bei Salem (8221/4) und 433 m im Eisenweiher (7025/4) bis 500 m bei Wäldershub (6927/1). Unweit der Grenze in Rheinland-Pfalz liegt der Fundort im Neuhofener Altrhein (6516/4) bei 95 m.

Im Schwäbisch-Fränkischen Wald kommt die Art nicht an natürlichen Standorten vor. Der Ursprung dieser Vorkommen ist unbekannt. Der Fundort Killenweiher läßt vermuten, daß die Art im Bodenseegebiet ursprünglich vorhanden waren und damit als urwüchsig gelten darf. Ebenso ist anzunehmen, daß die Pflanze auch im Oberrheinge-

biet, wie es das Vorkommen im Neuhofener Altrhein belegt, in Altwassern aufgetreten ist. Allerdings sind aus dem badischen Oberrheingebiet keine Angaben überliefert. Erstnachweis: MARTENS u. KEMMLER (1865: 769): „Bei Ellwangen in den zwei mittleren Weihern der Fischteiche und den Weihern bei Espachweiler, der Glassägmühle, dem Schleifhäusle und im Galgenwald", LANG, Juni 1865; Killenweiher, 1857, JACK, Beleg in ZT.

Schwäbisch-Fränkischer Wald: 6924/2: Sulzdorf, HANEMANN (1924: 40), 6925/3: Teuerzer Sägmühle, REUSS (1888: 205), heute hier kein Weiher mehr; 6926/3: Herlingssägmühle, GLÜCK (1936), wohl identisch mit Weiher N Rosenberg, 1916, HANEMANN (STU); Spitzensägmühle, um 1920, HANEMANN (STU-K); 6927/1: Bernhardsweiler, 1917; Wäldershub; Ölmühle; Rötlein; 3 Weiher bei Deufstetten (1924: 40), alle Angaben um 1920 von HANEMANN; Hammerweiher, 1985, WEISS u. REINÖHL (STU), sehr kleiner nicht blühender Bestand, Bestimmung daher unsicher; 6927/3: Gerhof; 2 Weiher bei Muckental, Heiligenwald bei Konradsbronn, alle Angaben um 1920 von HANEMANN (STU-K); Neuweiher oberhalb Muckenweiher, 1986, M. VOGGESBERGER (STU), nicht blühend, 1987, NICKEL u. NEBEL, blühend; 6927/4: Hilsenweiher; Hintersteinbach; Niederroden; Hirschhof; Spitalhof; Schnepfenmühle; Wört, alle Angaben um 1920 von HANEMANN; See bei Wört, 1928, PLANKENHORN (STU-K); Auweiher, um 1920, HANEMANN, 1985, M. WEISS (STU); Strebenklingenweiher unterhalb Ellenberg, um 1920, HANEMANN, Lettenweiher, 1985, M. WEISS (STU); 7024/2: Gschwend, in einem Waldsee, 1896, BUHL (STU), bezieht sich wahrscheinlich auf den Bergsee bei Gschwend; 7025/1: Schärtlens Sägmühle, REUSS (1888: 205); 7025/4: Eisenweiher; Schleifhäusle, beide Angaben um 1920 von HANEMANN; 7026/1: Glassägmühle, GLÜCK (1936: 246), 1865, LANG in MARTENS u. KEMMLER (1865: 769); 7026/2: Galgenwald (= Galgenberg) bei Ellwangen; Fischweiher bei Ellwangen, die 2 mittleren Teiche, beide Angaben 1865 von LANG in MARTENS u. KEMMLER (1865: 769), auch LANG (STU); Umgebung Ellwangen, 1927, PLANKENHORN (STU); Ellwangen, in den Schloßweihern, im untersten und zweiten von oben, 1985 ohne Blüten, 1986 mit Blüten, WEISS & REINÖHL (STU); 7026/3 + 4: Weiher der Espacher Mühle, 1865, LANG in MARTENS u. KEMMLER (1865: 769), in 3 Teichen bei der Espacher Mühle, GLÜCK (1936), davon Griesweiher und Sägweiher auf 7026/3 und Espachweiher auf 7026/4; 7026/4: Schleifhäusle bei Ellwangen, 1865, LANG in MARTENS u. KEMMLER (1865: 769); 7027/1: 2 Weiher bei Häsle; Weiher bei Muckental, um 1920, HANEMANN.

Alpenvorland: 8221/4: Killenweiher, 1857, JACK (ZT).

Rheinland-Pfalz: 6516/4: Altrhein bei Neuhofen (westlichstes Vorkommen in Deutschland).

M. WEISS, der in den Jahren 1985 und 1986 eine große Anzahl von Weihern im Bereich der Ellwanger Berge besucht hat, fand nur noch die wenigen oben angegebenen Wuchsorte. In den übrigen Weihern waren infolge der Eutrophierung keine weißblühenden Seerosen mehr vorhanden. In allen Fäl-

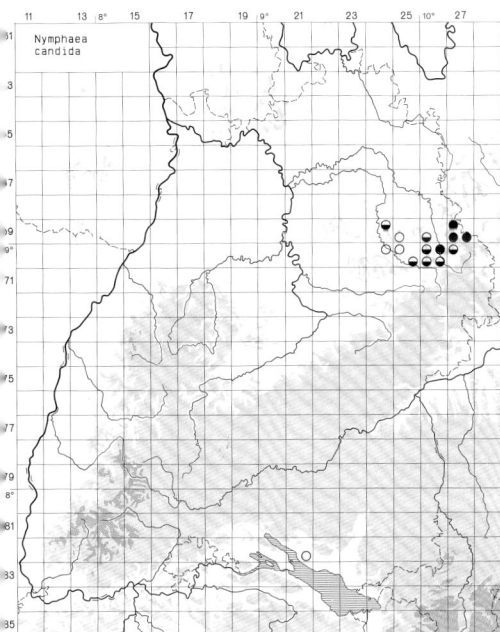

Glänzende Seerose *(Nymphaea candida)*
Lettenweiher bei Wört, 1987

len, wo eine sichere Bestimmung an Hand der Blüten möglich war, handelte es sich um *N. candida*, in den übrigen Fällen deuten die Blattmerkmale ebenfalls auf diese Art hin. *N. alba* ist aus diesem Gebiet nicht nachgewiesen.

Bestand und Bedrohung: Die Glänzende Seerose kommt heute im Gebiet nur noch im Schwäbisch-Fränkischen Wald vor. Zur Zeit sind 4 Vorkommen, die innerhalb der letzten 2 Jahre geblüht haben, bekannt. Davon umfaßt der Bestand im Auweiher nur wenige Pflanzen, die anderen Bestände sind größer. Dazu kommen noch 2 sehr kleine, nicht blühende Vorkommen. Die schon früher seltene Pflanze hat also seit 1920 stark abgenommen. Wesentliche Ursache für den Rückgang ist die zunehmende Eutrophierung und die intensive Bewirtschaftung der Gewässer. Da dieser Prozeß weiter fortschreitet, ist die Glänzende Seerose akut vom Aussterben bedroht. Die Lage am Rand des Verbreitungsgebietes macht die Populationen besonders wertvoll. Deshalb sollten alle noch erhaltenen Wuchsorte unter Schutz gestellt werden (bisher ist nur der Lettenweiher als NSG geschützt). Außerdem muß einer weiteren Eutrophierung entgegengewirkt werden (z.B. durch Schaffung nicht mehr gedüngter Pufferzonen). Eine intensive fischerei-wirtschaftliche Nutzung mit Kalkung und Düngung der Gewässer sollte unterbleiben. Auch das Anfüttern von Stockenten zu Jagdzwecken (z.B. am Lettenweiher beobachtet), das zu starken Störungen und Eutrophierung führt, ist für die Bestände schädlich. Die Weiher dürfen nicht zu oft abgelassen werden und lange trockenfallen (auf keinen Fall über Winter, da die Rhizome frostempfindlich sind). Ein Ausbaggern muß unbedingt unterbleiben. Die Glänzende Seerose ist in der Roten Liste als verschollen angegeben, kann jedoch aufgrund der Wiederentdeckung in Gefährdungsgrad 1 zurückgestuft werden.

2. **Nuphar** Smith 1908
Teichrose, Mummel

Krautige, ausdauernde Wasserpflanzen, Rhizom horizontal an der Bodenoberfläche wachsend. Blätter schwimmend oder untergetaucht, grün selten rotbraun, hellgrüne Wasserblätter stets vorhanden; Blattnerven dreimal gabelig geteilt, ohne Querverbindungen, Nebenblätter fehlen. Äußere Blütenhüllblätter meist 5, rundlich, nach außen gewölbt, innen gelb, außen oft grünlich, sich randlich überdeckend; gelbe Honigblätter meist 13, durch allmähliche Übergänge mit den Staubblättern verbunden. Fruchtknoten 6–20fächrig, aus zahlreichen Fruchtblättern, die auf Rücken- und Bauchseite mit der Blütenachse verwachsen sind; Narbenstrahlen 5–20; Frucht birnenförmig, von der Blütenhülle nicht umschlossen.

Die Hüllblätter dienen zusammen mit den Staubblättern und der Narbenscheibe als Schauapparat. Beim Öffnen der Blüte ist die Narbe sofort empfängnisbereit, der Pollen ist reif oder reift am folgenden Tage (schwache Protogynie). Es kommt zu Selbst- und Insektenbestäubung, vor allem durch Käfer und Fliegen. Nektar wird nur spärlich produziert. Nach der Blüte krümmt sich der Blütenstiel durch einseitiges Wachstum, so daß die Frucht unter der Wasseroberfläche reifen kann. Nach Zerfall des Fruchtknotens steigen die einzelnen Fruchtblätter zur Wasseroberfläche auf. Sie bestehen aus einer festeren Außenwand und einer inneren lufthaltigen, schleimigen Masse, in die die Samen eingebettet sind. Nach Zersetzen der Wandschichten und der Schleimmasse sinken die Samen zu Boden. Ausbreitung durch Fische und Wasservögel, dabei sollen die Samen entweder wegen des Samenmantels gefressen und wieder ausgespuckt werden, oder sie passieren den Darmkanal und werden unversehrt wieder ausgeschieden.

Über die Anzahl der Arten gehen die Ansichten weit auseinander, sie reichen von 2 bis 25. Im Gebiet sind 2 Arten heimisch.

1 Blüten (3–)4–5 cm im Durchmesser, stark duftend; Narbenscheibe ganzrandig, mit 12–25 braunen Narbenstrahlen, in der Mitte trichterförmig vertieft; Blätter 10–30 cm, Blattunterseite unbehaart . . . . 1. *N. lutea*
– Blüten 2–3 cm im Durchmesser, schwach duftend; Narbenscheibe am Rande wellig, mehr oder weniger flach, mit 6–13 braunen Narbenstrahlen; Blätter 5–10 cm, Blattunterseite mehr oder weniger behaart . . . . 2. *N. pumila*

1. Nuphar lutea (L.) Smith 1809
Gelbe Teichrose, Große Mummel

Morphologie: Rhizom 3–8 cm dick, verzweigt. Blätter breit oval, 10–30 cm lang, Blattunterseite unbehaart; Blattstiel je nach Wassertiefe bis zu 2 m lang, im oberen Teil stumpf dreikantig. Blüten 3–5 cm im Durchmesser, stark duftend, Perigonblätter 2–3 cm lang. Narbenscheibe rund, ganzrandig, mit 12–25 braunen Narbenstrahlen, in der Mitte trichterförmig vertieft. Frucht 2–4 cm hoch, mit bis zu 400 Samen.
Biologie: Blüte von Juni bis September. Blüht in

ständig 18 °C. warmer Quelle bei Algershofen (7723/4) schon im März (KURZ 1973).
Ökologie: In stehenden und träge fließenden, meso- und eutrophen Gewässern (Teiche, Seen, Altwässer und Stillwasserbereiche der Flüsse) über humosen Schlamm-, Sand- und Kiesböden in bis zu 6 m Wassertiefe (optimal bis 2 m). *N. lutea* hat, was Klimabedingungen, Nährstoffhaushalt, Wasserbewegung und Wassertiefe anbetrifft, eine weitere ökologische Amplitude als *Nymphaea alba*. Die Anpassung an größere Wassertiefen zeigt sich in den regelmäßig vorhandenen Wasserblättern. Außerdem ist sie toleranter gegenüber Nährstoffanreicherungen (*Nymphaea alba* scheint sich dagegen in eher mesotrophen Gewässern am besten zu entwickeln).

Charakterart des Myriophyllo-Nupharetum (Nymphaeion). Typische Begleiter sind *Myriophyllum verticillatum*, *Potamogeton natans*, *Nymphaea alba*, *Ceratophyllum demersum* und *Potamogeton lucens*. Vegetationskundliche Aufnahmen bei GÖRS (1969), PHILIPPI (1969, 1981: Tab. 1), LANG (1973).
Allgemeine Verbreitung: Eurasiatische Pflanze. Nordwärts bis Schottland, in Skandinavien bis 67° NB, Finnland, südliche Gebiete des Ob und Jenissei; südwärts bis Nordafrika, Kleinasien, Kaukasus; ostwärts bis ins Baikalseegebiet.
Verbreitung in Baden-Württemberg: Die gelbe Teichrose tritt ursprünglich häufiger nur entlang der größeren Flüsse und im Alpenvorland auf. Vereinzelt trifft man sie auch im Schwarzwald. Natür-

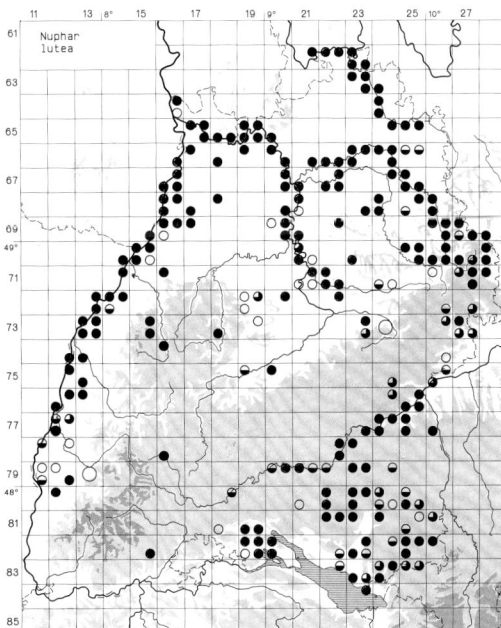

Gelbe Teichrose *(Nuphar lutea)*

liche und synanthrope Vorkommen lassen sich nicht sicher trennen, daher werden alle Vorkommen zusammen auf einer Karte dargestellt.

Die Vorkommen reichen von 95 m bei Mannheim bis 790 m im Schurmsee (7315/4).

Die Art ist im Gebiet urwüchsig. Archäologischer Erstnachweis: LANG (1952): Praeboreal, Degersee. Literarischer Erstnachweis: LEOPOLD (1728: 114): Aus der Umgebung von Ulm.

Zerstreut im Oberrheingebiet und im Alpenvorland; sonst entlang folgender Flüsse: Neckar (ab Stuttgart), Main, Tauber, Jagst, Kocher (im Oberlauf infolge Verschmutzung erloschen, im Unterlauf erst wieder ab Sindringen), Donau (ab Tuttlingen), Brenz.
Außerdem findet man sie noch selten im Nordschwarzwald: 7315/2: Herrenwieser See, 1825, SPENNER (1827), 1986, THIES; 7315/4: Schurmsee, 1986, NEBEL; 7416/1: Huzenbacher See, 1981, SEYBOLD (STU-K). Über den Status dieser Vorkommen ist nichts bekannt. Am Oberlauf der Würm ist die Pflanze wohl wegen Verschmutzung und Ausbau erloschen: 7219/1: Weil der Stadt, 1887, M. LAIBLE; 7219/3: Dätzingen, MARTENS u. KEMMLER (1865); 7319/2: Dagersheim, SCHÜBLER u. MARTENS (1834).

Bestand und Bedrohung: Den Schwerpunkt der Verbreitung hat *Nuphar lutea* entlang der Flüsse. Hier ist sie heute noch meist in größeren, individuenreichen Beständen zu finden. Da die Art auf Stillwasserzonen und Altwässer beschränkt ist, geht Gefahr vor allem von einer weiteren Gewässerverbauung aus, ebenso können ansteigende Nährstoffeinträge zu abnehmender Vitalität führen. Die Art ist heute in den meisten Gebieten nicht gefährdet, sollte aber geschont werden (in der Roten Liste Gefährdungsgrad 5).

2. Nuphar pumila (Timm) DC. 1821
Nymphaea pumila Timm 1792
Kleine Teichrose, Zwergteichrose, Zwergmummel
Bearbeiter: H. REINÖHL

Morphologie: Ähnlich wie die vorige Art, jedoch in allen Teilen kleiner als diese. Ausdauernde Schwimmblattpflanze mit 20–70 cm langem, verzweigtem und 1–2 cm dickem Rhizom; Blattstiel je nach Wassertiefe 50–150 (350) cm lang, im oberen

Kleine Teichrose *(Nuphar pumila)*

Teil im Querschnitt fast zweikantig; Blattspreiten der Schwimmblätter länglich-eiförmig, 5–15 cm lang, 4–12 cm breit, tief herzförmig eingeschnitten; Blattunterseite dicht bis zerstreut behaart. Wasserblätter („Salatblätter") kurz gestielt, fast durchscheinend, schlaff, gelb-grün. Diese werden vorwiegend im Frühjahr und Herbst gebildet; bei schlechten Beleuchtungsverhältnissen unterbleibt die Schwimmblattbildung. Blüten 2–3 cm groß, gelb; Perigonblätter 1–2 cm lang, gelblichgrün, bleibend. Narbenscheibe im Durchmesser 5–9 mm, Rand sternförmig, wellenförmig gekerbt oder gezähnt bis tief eingeschnitten, mit 7–13 Narbenstrahlen, die den Rand der Narbenscheibe erreichen, in der Mitte rundlich eingetieft, meist mit einem kleinen Höcker im Zentrum. Frucht 1–3 cm hoch, nach einer Seite gekrümmt, teilweise rötlich gefleckt oder mit kleinen roten Punkten. Zwischen typischer *N. pumila* und *N. lutea* vermitteln zahlreiche Formen, die Merkmale beider Arten aufweisen und als Bastard (*N.* × *intermedia* Ledeb.) angesehen werden. Die Pollenfertilität dieser Bastarde soll stark vermindert sein, sie bilden auch weniger Samen, die jedoch schneller reifen. Solche Übergangsformen kamen früher in ausgedehnten Beständen im Schluchsee und Titisee vor (CASPARY 1870).

Biologie: Im zeitigen Frühjahr werden Wasserblätter gebildet, mit zunehmender Erwärmung des

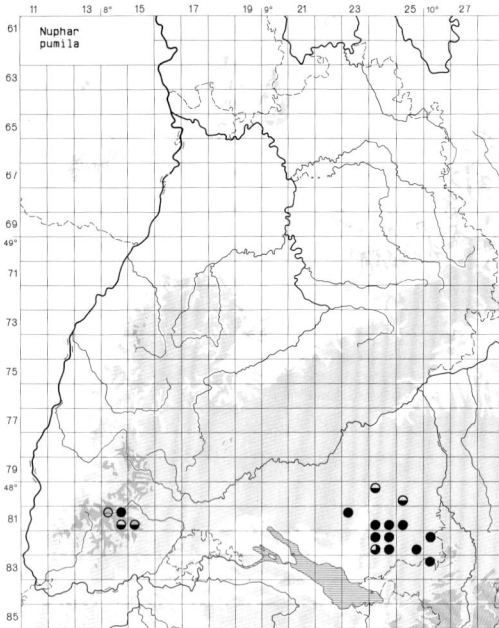

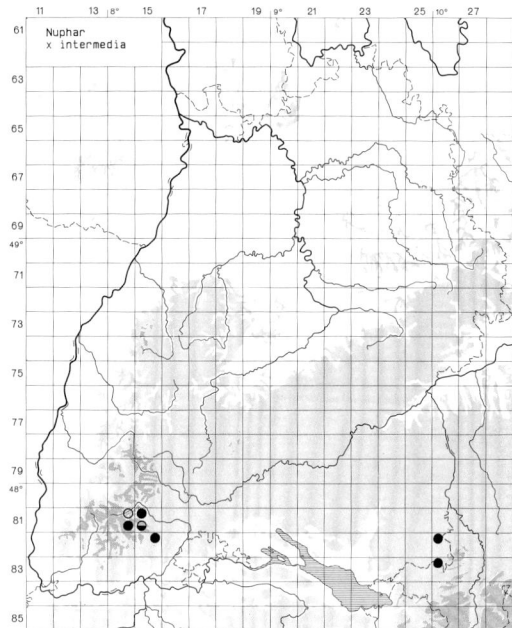

Wassers (ab 10 °C) erscheinen ab Mitte Mai Schwimmblätter. Blüte von Mitte Juni bis August, geringe Nektarproduktion.

Ökologie: Im Gebiet nur in stehenden Gewässern wie Toteisseen, Karseen und Fischweihern. Im Südschwarzwald und im Alpenvorland in dystrophem bis mesotrophem und kühlem, schwach saurem Wasser, im Alpenvorland bisweilen auch in leicht eutrophierten Fischweihern. Vor allem über Torf- und Teichschlamm, sehr selten über Mineralboden. Wassertiefe 50–350 cm, ab 200 cm bleibt die Pflanze steril. Empfindlich gegen Beschattung.

Verbreitungsschwerpunkt in Landschaften mit kühlem Lokalklima, etwa in der Nachbarschaft von Hochmooren und in der kühlen Bergregion. Glazialrelikt, nur in Gebieten, die während der letzten Eiszeit von Gletschern überdeckt waren.

Assoziationscharakterart der subarktischen Reliktgesellschaft des Nupharetum pumili. Typische Begleiter sind im Südschwarzwald *Myriophyllum alterniflorum, Isoetes lacustris, I. echinospora*; im Alpenvorland *Nymphaea alba, Potamogeton natans, Polygonum amphibium*.

Allgemeine Verbreitung: Eurasiatische Pflanze der kontinentalen bis borealen Zone. Nordwärts Schottisches Hochland, in Skandinavien bis 70° NB; ostwärts durch Sibirien nördlich 50° NB bis Kamtschatka und Japan; südwärts Vogesen, Schwarzwald, nördl. Alpenvorland und Alpen, franz. Jura, Karpaten und Gebirge der Balkanhalbinsel. Areal

im Verlauf des Postglazials nach Norden eingeschränkt.

Verbreitung in Baden-Württemberg: Die Art ist im Gebiet sehr selten und tritt nur im Südschwarzwald und im Alpenvorland auf.

Die Vorkommen reichen von 580 m im Häcklerweiher (8123/1) bis 1109 m im Feldsee (8114/1).

Die Art ist im Gebiet urwüchsig. Literarischer Erstnachweis: GMELIN (1826: 401–402): „Retro Neustadt im Didisee vidi 1814. . . Feldberg im See Spenner et Braun".

Südschwarzwald: 8114/1: Feldsee, 1867 vermutl. ausgerottet, CASPARY (1870); 8114/2: Titisee, zuletzt 1982 submerse Blätter gesehen, REINÖHL; 8114/4 u. 8115/3: Schluchsee, durch Aufstauung 1932 vernichtet, OBERDORFER (1934);

Alpenvorland: 8024/1: Osterholzweiher, vor 1955 eingegangen, BERTSCH (1955); 8025/3: Wurzacher Ried im Schwindsee, bis 1926, durch Trockenlegung erloschen, BERTSCH (1937); Wurzacher Ach, vor 1865, GESSLER (STU), wohl bei der Tieferlegung 1870 erloschen, BERTSCH (1937); 8123/1: Häcklerweiher, 1983, REINÖHL (STU-K); Buchsee, 1949, GÖTTLICH (1951), wohl nur vorübergehend; 8124/3 u. 8224/1: Rößlerweiher, 1982, QUINGER (STU-K); 8124/4 u. 8125/3: Stockweiher, 1983, REINÖHL (STU-K); 8124/4: Boscherweiher, 1874, DUCKE (1874), seit etwa 1875 trockengelegt (GÖTTLICH, 1968); 8224/2: Holzmühleweiher, 1983, DÖRR (STU-K); 8224/3: Scheibensee, 1961, BRIELMAIER (STU), verschollen; 8224/4: Feldersee, 1983, REINÖHL (STU-K); Grundweiher bei Wangen, 1983, DÖRR (STU); 8225/4: Reuteweiher und Schloßweiher westl. Siggen, 1983, REINÖHL (STU-K); 8226/1:

Kleiner Ursee, 1983, REINÖHL (STU-K); 8326/1: Hengelesweiher, 1983, REINÖHL (STU-K). Übergangsformen zwischen *N. lutea* und *N. pumila* kommen vor in: Südschwarzwald: 8114/2: Titisee, 1867, CASPARY (1870); 8114/4: Windgefällweiher, aus dem Schluchsee verpflanzt (OBERDORFER, 1934), 1983, REINÖHL (STU-K); 8114/4 u. 8115/3: Schluchsee, 1867, CASPARY (1870), durch Aufstauung vernichtet; 8115/1: Ursee, 1983, REINÖHL (STU-K); 8215/2: Schlüchtsee, aus dem Schluchsee verpflanzt (SCHURHAMMER 1934), 1983, REINÖHL (STU-K). Alpenvorland: 8025/3: Mühlbach SO Banholz, 1973, BRIELMAIER & ENDERLE (STU); 8226/1: Großer Ursee, 1983, REINÖHL (STU-K); Taufachmoos bei Beuren, 1911, BERTSCH (STU); 8326/1: Hengeleswei her, 1983, REINÖHL (STU-K).

Zweifelhafte Angaben: 8023/2 u. 8024/1: Schwaigfurter Weiher, von ZELLER (1864) erwähnt. Es existieren keine Herbarbelege. 8321/1: Weiher bei der Schwanenbrücke bei Konstanz, nur einmal von ROTH V. SCHRECKENSTEIN (1814) angegeben, wird schon von HÖFLE (1850) angezweifelt.

Bestand und Bedrohung: Den Schwerpunkt der Verbreitung hat *N. pumila* in Weihern und Seen der montanen Region. Im Südschwarzwald hat sie keine ursprünglichen Vorkommen mehr. Im Alpenvorland befinden sich noch mehrere große, stabile Bestände. Hauptgründe für den Rückgang sind Entwässerung und Trockenlegung, Aufstau, Eutrophierung. Die noch bestehenden Populationen sind vor allem durch zunehmenden Freizeitbetrieb (Surfen, Bootfahren, Angeln) und Eutrophierung der Gewässer infolge Intensivierung der Fischerei (Fütterung und Kalkdüngung) und Nährstoffeinträgen aus der Landwirtschaft gefährdet. Die Art ist in Baden-Württemberg stark gefährdet (Rote Liste Gefährdungsgrad 2). Die nur noch im Alpenvorland bestehenden Vorkommen sollten ausnahmslos unter Schutz gestellt werden, wobei sichergestellt werden muß, daß es zu keinen für die Pflanze nachteiligen Veränderungen der Standorte mehr kommt.

In den Fischweihern ist ein Eutrophierungsgrad erreicht, der einen Bestandesrückgang in nächster Zukunft befürchten läßt. Hier sollten Maßnahmen ergriffen werden, die unter anderem den bestehenden Nährstoffgehalt vermindern. Ausführliche Darstellung der Schutzmaßnahmen bei ROWECK & REINÖHL (1986).

Literatur: ROWECK u. REINÖHL (1986).

Berberidaceae

Sauerdorngewächse
Bearbeiter: M. NEBEL

Sträucher (teilweise auch immergrün) oder Kräuter. Blätter einfach oder zusammengesetzt, wechselständig, ohne Nebenblätter. Blüten in traubigen oder rispigen Blütenständen, zwittrig, radiär, meist dreizählig, in Kelch und Krone gegliedert; Kronblätter z. T. mit Nektardrüsen; Kelch- und Kronblätter frei. Staubblätter vor den Kronblättern stehend. Fruchtknoten einzeln, oberständig, ein- bis mehrsamig. Frucht eine Beere oder Kapsel.

Die Familie der Berberidaceae umfaßt 14 Gattungen mit etwa 650 Arten, die in den außertropischen Gebieten der nördlichen Halbkugel verbreitet sind.

1   Sommergrün. Langtriebe bedornt. Blätter ungeteilt. Blütenstand traubig. Nektar drüsen am Grunde der Kronblätter. Beere rot. . 1. *Berberis*
–   Immergrün. Langtriebe dornenlos. Blätter unpaarig gefiedert. Blütenstand rispig. Nektardrüsen am Grunde der Staubblätter. Beere blau   *[Mahonia]*

Mahonia aquifolium (Pursh) Nutt.
Berberis aquifolium Pursh
Mahonie

Der immergrüne, aus dem westlichen Nordamerika stammende Strauch wird bei uns nicht selten in Gärten, auf Friedhöfen und in Parks als niedrig bleibende Heckenpflanze gepflegt. Er verwildert gelegentlich, vor allem in wintermilden und stadtnahen Gebieten. Ältester Nachweis einer Verwilderung: BERTSCH (1933: 131): Schwediwäldchen bei Langenargen, 1913, K. BERTSCH.

1. **Berberis** L. 1753

Sauerdorn, Berberitze

Die Gattung umfaßt rund 500 Arten, die ihren Verbreitungsschwerpunkt in Südostasien haben. Immergrüne Vertreter gibt es nur in Südamerika. Bei uns ist nur die folgende Art heimisch.

1. Berberis vulgaris L. 1753
Sauerdorn

Morphologie: Sommergrüner, bis 3 m hoher Strauch. Laubblätter der Langtriebe in 0,5 bis 3 cm lange, 1–7teilige Dornen umgewandelt, in den Achseln Kurztriebe mit Büscheln von ovalen, 2–6 cm langen Blättern. Blätter derb, fein und spitz gezähnt, kahl, in einen kurzen Stiel verschmälert. Blüten gelb, stark riechend, in vielblütigen, lockeren, endständig an den Kurztrieben hängenden Trau-

Sauerdorn *(Berberis vulgaris)*

ben. Kelch- und Kronblätter an den seitlichen Blüten je 6, an der Endblüte je 5; Kelchblätter gelb, Kronblätter goldgelb, z.T. rot überlaufen, oval, 5–7 mm lang, halbkugelig zusammenneigend, am Grunde meist mit 2 Nektardrüsen. Staubblätter 6, in 2 Kreisen, reizbar. Fruchtknoten mit breiter Narbe und 2–3 Samenanlagen. Frucht eine rote, sauer schmeckende Beere, 8–11 mm lang.

Biologie: Blüte von April bis Juni. Staubblätter und Narbe reifen gleichzeitig (homogam). Nektarsammelnde Insekten (Fliegen, Hautflügler und Käfer) besuchen die waagrecht bis schräg abwärts gerichteten und dadurch vor Regen geschützten Blüten. Im ungereizten Zustand sind die Staubblätter von den konkaven Kronblättern völlig eingehüllt. Saugt nun ein Insekt am Grunde der Blüte Nektar auf, wird das Staubblatt gereizt und schlägt mit der geöffneten Anthere auf den Kopf des Tieres. In der Regel verläßt das Insekt hierauf die Blüte und besucht eine andere, dort bleibt der Pollen am klebrigen Rand der als Scheibe auf dem Fruchtknoten sitzenden Narbe hängen und bewirkt Fremdbestäubung. Bei ausbleibendem Insektenbesuch berühren

beim Verwelken der Blüte die Antheren von allein die Narbe, dadurch kommt es zur Selbstbestäubung. Die Früchte werden von Vögeln gefressen, die Samen später wieder ausgeschieden und so verbreitet.

Ökologie: In Hecken, im Gebüsch, an Waldrändern, in lichten Eichen- und Kiefern-Wäldern sowie in Auen. Auf trockenen bis frischen, nährstoff- und kalkreichen, humosen oder rohen, meist tiefergründigen Lehmböden. Licht- und Halbschattenpflanze. Berberidion-Verbandscharakterart. Typische Begleiter sind *Ligustrum vulgare, Viburnum lantana, Cornus sanguinea, Rhamnus cathartica* und *Rosa canina.* Vegetationskundliche Aufnahmen bei Roser (1962: Tab. C), Th. Müller (1966: Tab. 17, 1966: Tab. 10, 1974: Tab. 6, 7), Sebald (1983: Tab. 4, 9).

Allgemeine Verbreitung: Südeuropäisch-westasiatische Pflanze. Nordgrenze Schottland, Norwegen (Trondheim), Südschweden, Baltikum; Ostgrenze im unteren Wolgagebiet, Kaukasus, Nordiran; Südgrenze Südspanien, Mittelitalien, Nordgriechenland, Kleinasien.

Verbreitung in Baden-Württemberg: Die Berberitze kommt in den meisten Landschaften zerstreut vor. Verbreitungsschwerpunkte sind das Taubergebiet, der obere Neckar, die Donaualb, der Hegau, der westliche Bodensee und das Allgäu. Selten findet man die Pflanze im Schwäbisch-Fränkischen Wald, auf der Albhochfläche und im nördlichen Alpenvorland. Im Schwarzwald fehlt sie ganz. Die Vorkommen reichen von 100 m in der Oberrheinebene bei Mannheim bis 800 m an der Adelegg bei Rohrdorf (8226/3) und 760 m am Stiegelesfelsen bei Fridingen (7919/4) auf der Schwäbischen Alb. Die Art ist im Gebiet urwüchsig. Literarischer Erstnachweis: DUVERNOY (1722: 28): Aus der Umgebung von Tübingen.

Bestand und Bedrohung: Die Berberitze wurde früher, besonders in der Zeit des Dritten Reiches, als Zwischenwirt des Getreide-Schwarzrostes stark bekämpft. Ferner hat sie unter der Rodung von Hecken gelitten. Durch die Umwandlung der lichtreichen Niederwälder in schattige Hochwälder ist die recht lichtliebende Pflanze ebenso zurückgegangen wie in Gebieten, wo durch Aufgabe der früheren Nutzung (Beweidung, Mahd) ehemals offene Flächen immer stärker verbuschen und sich langsam wiederbewalden oder aufgeforstet werden. Die Art ist in Baden-Württemberg dennoch nicht gefährdet, sollte jedoch in Regionen, wo sie selten ist, besonders geschont werden.

Literatur: LEHMANN, E., et al. (1934, 1937).

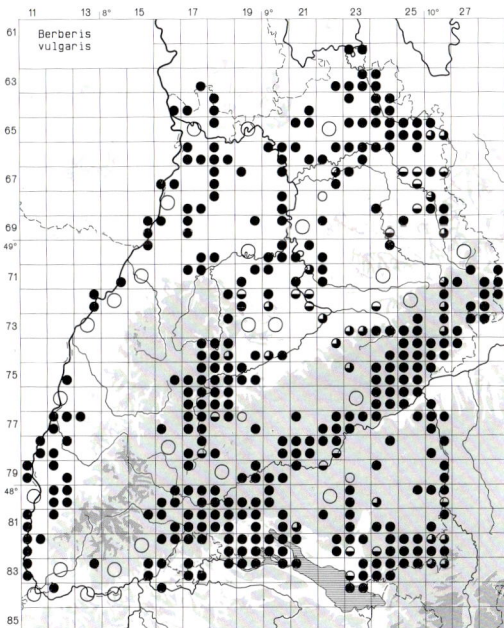

Ranunculaceae

Hahnenfußgewächse
Bearbeiter: M. NEBEL

Einjährige oder ausdauernde Kräuter, selten verholzt *(Clematis)*. Blätter wechselständig (bei *Clematis* gegenständig), vielgestaltig; Nebenblätter fehlen (Ausnahmen: *Caltha*, Wasserhahnenfüße). Blüten meist zwittrig, radiär oder zygomorph; Blütenhülle einfach, selten in Kelch und Krone geschieden; Nektarblätter oft vorhanden (bei *Ranunculus* kronblattartig). Staubblätter zahlreich. Fruchtblätter meist nicht verwachsen (Ausnahmen: *Helleborus, Nigella*), entweder einsamige Schließfrüchte (Nüßchen) oder mehrsamige, sich längs der Bauchnaht öffnende Früchte (Balgfrüchte) bildend. Bei *Actaea* ist die Frucht eine vielsamige Beere.

Die Familie umfaßt etwa 50 Gattungen mit über 4000 Arten und hat ihre Hauptverbreitung in den gemäßigten Zonen der Nordhemisphäre.

1	Blüten zygomorph	2
–	Blüten radiär	3
2	Perigon mit langem Sporn . . . . . 8. *Consolida*	
–	Perigon ungespornt, oberstes Perigonblatt einen Helm bildend . . . . 7. *Aconitum*	
3	Blüten mit 5 langgespornten Nektarblättern; Blüten nickend, blau, violett oder rötlich 17. *Aquilegia*	
–	Blüten ungespornt oder Sporn kurz und dem Stengel anliegend	4
4	Blütenhülle in Kelch und Krone gegliedert (bei Ranunculus sind die Nektarblätter kronblattartig; die 3 Hochblätter bei *Hepatica* können einen Kelch vortäuschen)	5
–	Alle Blütenhüllblätter gleichartig (daneben oft noch kleine, unscheinbare Nektarblätter vorhanden)	7
5	Kronblätter am Grunde ohne Nektardrüse . . . . 13. *Adonis*	
–	Kronblätter am Grunde mit Nektardrüse	6
6	Frucht mit langem ± gebogenem Schnabel; Stengel unverzweigt, blattlos . . . 15. *Ceratocephala*	
–	Frucht höchstens kurz geschnäbelt; Stengel beblättert (z. T. nur mit Schuppenblättern) . . . . 14. *Ranunculus*	
7	Perigonblätter mit kurzem dem Stengel anliegenden Sporn; Blütenboden zur Fruchtzeit bis 6 cm lang; alle Blätter grundständig, grasartig . . . . . 16. *Myosurus*	
–	Perigonblätter ohne Sporn	8
8	Blätter gegenständig, gefiedert . . . 12. *Clematis*	
–	Blätter wechselständig	9
9	Staubblätter deutlich länger als die hinfällige Blütenhülle; reichblütige Trauben oder Rispen	10
–	Höchstens einige Staubblätter die Blütenhülle wenig überragend	11
10	Blüten weiß, in Trauben; Frucht eine Beere . . . . 5. *Actaea*	

– Blüten grünlich, gelblich oder hellviolett, in Rispen
. . . . 18. *Thalictrum*
11 Kleine, becher-, trichter- oder spatelförmige Nektarblätter vorhanden 12
– Nektarblätter fehlend 15
12 Kranz von Hochblättern unterhalb der Blüte vorhanden 13
– Kranz von Hochblättern fehlend 14
13 Blüte hellblau bis weiß; Fruchtblätter verwachsen
. . . . 3. *Nigella*
– Blüte gelb; Fruchtblätter frei . . . . 2. *Eranthis*
14 Perigon gelb, kugelig, zusammenneigend . . . . .
. . . . 4. *Trollius*
– Perigon weiß oder grünlich, nicht zusammenneigend . . . . 1. *Helleborus*
15 Kranz von Hochblättern unterhalb der Blüte fehlend; Früchtchen mehrsamig . . . . . . 6. *Caltha*
– Kranz von Hochblättern vorhanden; Früchtchen
einsamig 16
16 Hochblätter ungeteilt, dicht unter der Blüte . . .
. . . . 10. *Hepatica*
– Hochblätter 3zählig oder handförmig geteilt . . 17
17 Griffel sich zur Fruchtzeit stark verlängernd, abstehend behaart; Perigon violett . . 11. *Pulsatilla*
– Griffel zur Fruchtzeit kurz; Perigon weiß oder
gelb . . . . 9. *Anemone*

1. **Helleborus** L. 1753
Nieswurz

Pflanzen ausdauernd, mit kräftigem Wurzelstock. Stengel bogig aufsteigend oder aufrecht, beblättert. Grundständige Blätter lang gestielt, groß, oft bis zum Grunde in mehrere, lanzettliche Abschnitte geteilt; Abschnitte meist gezähnt, kurz gestielt oder sitzend. Blüten radiär. Perigonblätter 5, groß, überlappend und nach vorne gerichtet oder abstehend, grün, weiß oder rot, nicht abfallend, zur Fruchtzeit grün. Nektarblätter 5–15, trichterförmig, gestielt, viel kürzer als die Perigonblätter. Fruchtknoten 3–8, mehrsamig, meist am Grunde verwachsen, Früchtchen mit vorstehenden Quernerven und langem, schnabelartigem Griffel. Proterogyne Nektarblume. Fremdbestäubung durch Hautflügler. Ameisenverbreitung der Samen, deren Elaiosom Zucker, Fett und Vitamin C enthält. Nieswurz-Arten sind seit dem Altertum als Gift- und Heilpflanzen bekannt. Vor allem die weiß, rot und purpurviolett blühenden Sippen werden auch gerne als Zierpflanzen kultiviert. Nieswurz-Arten gedeihen am besten im Schatten und Halbschatten, sie sind gegen nassen und schlecht durchlüfteten Boden empfindlich.

Die Gattung umfaßt rund 22 Arten, die schwerpunktmäßig im Mittelmeergebiet und Südwestasien verbreitet sind. Im Gebiet sind 2 Arten eingebürgert.

1 Oberste Stengelblätter meist geteilt, stets gezähnt, grundständige Blätter nicht überwinternd . . . .
. . . . 2. *H. viridis*
– Oberste Stengelblätter oval, ganzrandig, von den grundständigen Blättern verschieden, grundständige Blätter überwinternd 2
2 Blüten weiß oder rosa, einzeln an den unverzweigten Stengeln; Stengel nur zuoberst mit 1–2 Blättern; Perigon ausgebreitet . . . . [*H. niger*]
– Blüten grün, zu mehreren am verzweigten Stengel; Stengel mehrblättrig; Perigon glockenförmig zusammenneigend . . . . 1. *H. foetidus*

Helleborus niger L. 1753
Christrose, Schneerose

Südosteuropäische Gebirgspflanze: Nordöstliche Kalkalpen, südliche Kalkalpen, Kroatien, Apennin.

Die Christrose wird häufig in Gärten kultiviert und gelegentlich mit Gartenabfällen verschleppt.

1. **Helleborus foetidus** L. 1753
Stinkende Nieswurz

Morphologie: Pflanze bis 50 cm hoch. Grundständige Blätter überwinternd, im Durchmesser bis 35 cm, 3–9teilig. Stengel verzweigt, mehrblütig; oberste Stengelblätter oval, ganzrandig, bis 5 cm lang; untere Stengelblätter den Grundblättern ähnlich. Blüten hängend; Perigonblätter glockenförmig zusammenneigend, grün, vorne oft mit rotem Rand. Nektarblätter grün. Früchtchen ohne Schnabel bis 2 cm lang. – Blütezeit: März bis Mai.

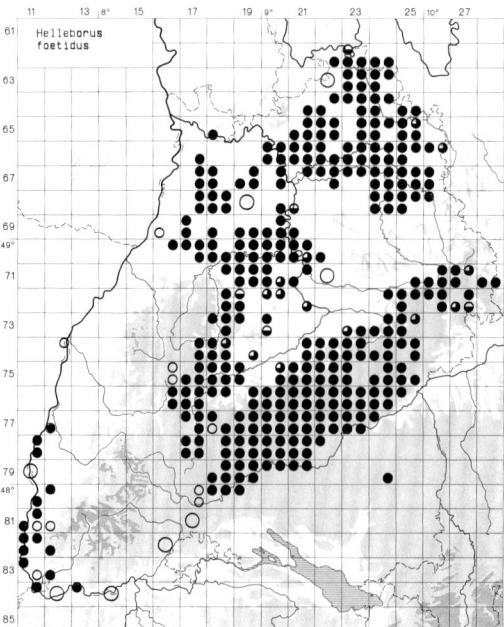

Stinkende Nießwurz *(Helleborus foetidus)*
Mähringen bei Ulm, 1976

Ökologie: In lichten, krautreichen Buchen- und Eichenwäldern, in Schlehengebüschen, an Waldsäumen. Auf mäßig trockenen bis frischen nährstoff- und kalkreichen, humosen, lockeren oft skelettreichen Lehm- und Lößböden in wintermilder Klimalage. Mullbodenpflanze, Kalkzeiger.

In trockeneren Fagion-Gesellschaften und im Berberidion, schwache Quercion pubescentis-Verbandscharakterart. Typische Begleiter sind *Euphorbia amygdaloides, Hepatica nobilis, Lathyrus vernus, Carex digitata* und *Rubus saxatilis.* Vegetationskundliche Aufnahmen bei KUHN (1937), ROSER (1962), PHILIPPI (1983), SEBALD (1983).
Allgemeine Verbreitung: Südwesteuropäische Pflanze. Nordwärts bis Südengland, Wales, Ardennen, Hessen, Thüringen, Schwäbische Alb; südwärts bis Südspanien, Balearen, Korsika, Kalabrien. Im Gebiet an der Ostgrenze der Verbreitung (vgl. auch SCHÖNFELDER 1970).
Verbreitung in Baden-Württemberg: Die Vorkommen im Osten des Gebietes und am Südrand der Schwäbischen Alb bilden die Arealgrenze.

Die Stinkende Nieswurz ist in den Kalkgebieten (Gäulandschaften, Schwäbische Alb) verbreitet und regelmäßig anzutreffen. Im südlichen Oberrheingebiet und am Hochrhein findet man sie zerstreut.

Die Vorkommen reichen von 110 m im Oberrheingebiet bei Walldorf (6617/4) bis 1015 m auf dem Lemberg-Plateau (7818/2).

Die Art ist im Gebiet urwüchsig. Erstnachweis: BOCK (1539: 118B): „Im gebirg des Schwartzwalds"; CORDUS (1561: 92): „Iuxta Reutlingam et Messingam in Taurino monte"; Farrenberg (7620), ca. 1534–1541.

In folgenden Landschaften ist die Pflanze selten:
Oberrheingebiet: 6916/3: Daxlanden; 7412/2: Kehl, beide Angaben EICHLER, GRADMANN u. MEIGEN (1926); 7712/3: Oberhausen, SCHILDKNECHT (1862); Niederhausen, Langgrün, 1972, TH. MÜLLER in GÖRS u. MÜLLER (1974).
Keuper-Lias-Neckarland: 7221/4: Hedelfingen, Palmenwald; Ruit, Klebwald; Esslingen, Eisberg – alle Angaben SEYBOLD (1968); 7320/3: Holzgerlingen, MAYER (1929), 7419/4: Hirschauer Berg, MÜLLER in GÖRS (1966).
Alpenvorland: 7924/4: Schweinhausen, 1977, DÖRR (STU-K).

Bestand und Bedrohung: Die Stinkende Nieswurz ist in Baden-Württemberg nicht gefährdet. Wo sie auftritt, ist sie in der Regel nicht selten. Die Bestände am Rande des Verbreitungsgebietes besonders in den östlichen Landesteilen sollten geschont werden, da sie die Verbreitungsgrenze darstellen. Gefahr geht dabei in erster Linie von Nadelholzkulturen aus, da die Pflanze im Dauerschatten nicht gedeihen kann.

2. Helleborus viridis L. 1753
Grüne Nieswurz

Morphologie: Pflanze bis 50 cm hoch. Grundständige Blätter meist nur 2, nicht überwinternd, im Durchmesser bis 20 cm, 7–11teilig, einzelne, besonders äußere Abschnitte, häufig noch 2–3fach mehr oder weniger tief geteilt; Abschnitte meist doppelt gezähnt. Stengel verzweigt, mit wenigen Blüten. Oberste Stengelblätter meist geteilt, stets gezähnt, untere Stengelblätter den grundständigen ähnlich. Blüten nur nickend, Durchmesser 4–6 cm. Perigonblätter mehr oder weniger ausgebreitet, grün. Nektarblätter grün. Früchtchen ohne Schnabel bis 2,5 cm lang. – Blütezeit: März bis April.
Ökologie: In lichten Wäldern, Gebüschen, Hecken und an Weinbergrändern. Auf frischen, nährstoff- und basenreichen (meist kalkhaltigen), humosen, lockeren Stein- und Lehmböden. Mullbodenpflanze. Ursprünglich Fagetalia-Ordnungscharakterart.

237

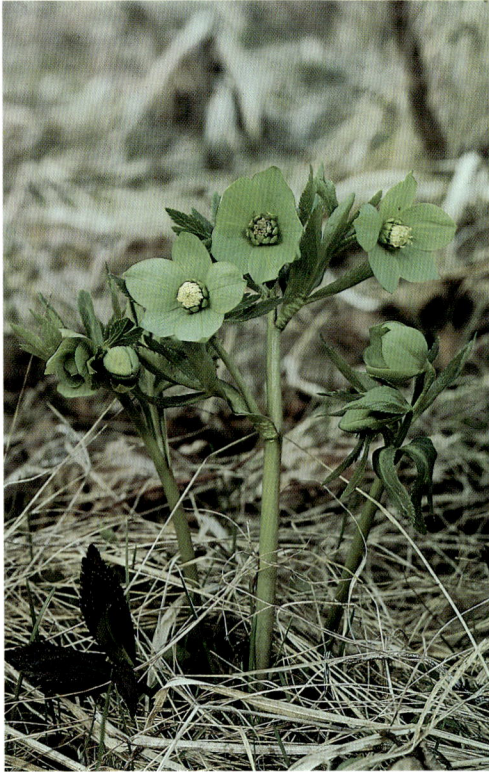

Grüne Nießwurz *(Helleborus viridis)*

BAUMGÄRTNER (1884: 123); 8111/2: Heitersheim, NEU-BERGER (1912); 81111/4: Zwischen Badenweiler und Müllheim, DÖLL (1862); 8112/1: Ballrechten, NEUBERGER (1912), um 1960, PHILIPPI, Nachsuche trotz genauer Fundortsangabe vergeblich, 1987, NEBEL; 8112/3: Laufen, NEUBERGER (1912).

Klettgau: 8315/2: Aichen, Tännlehau, 1950–69; Reckholderbuck, 1952; Witznau, Schlüchttal, 1966, alle Angaben THOMMA (1972); Falkenstein S Bernau, 1987, SEYBOLD (STU-K).

Schwarzwald: 7616/3: Kloster Wittichen, MAYER (1929).

Tauber, Hohenlohe: 6426/3: Waldmannshofen, KIRCHNER u. EICHLER (1913); 6526/1: Reinsbronn, KIRCHNER u. EICHLER (1913); 6723/2: Niedernhall, 1897, GRADMANN (STU); 6724/1: Künzelsau, KIRCHNER u. EICHLER (1900).

Stromberg: 6919/4: Eibensbach, KARRER in MARTENS u. KEMMLER (1882); 6920/3: Cleebronn, nach 1900, SCHLENKER (STU-K).

Albvorland: 7126/1: Niederalfingen, Köhlwald, 1942, MAHLER, 1987, E. NICKEL (STU-K); möglicherweise bezieht sich auch folgende Angabe auf diesen Wuchsort: Aalen, 1910, A. BRAUN (STU); 7322/2: Kirchheim, Hohes Reisach, 1982, W. SEILER (STU-K).

Schwäbische Alb: 7525/4: Ulm, Michelsberg, 1861, HEGELMAIER (STU); Söflinger Weinberge, 1962, G. KNAUSS (STU); 7624/4: Oberdischingen, KIRCHNER u. EICHLER (1900); 8018/4: Tuttlingen, Witthoh, 1938, H. HAUG (STU-K); 8019/3: Zeilental, MAYER (1950); oberes Wasserburger Tal, 1974, SEYBOLD (STU), 1988, V. WIRTH; 8119/1: Wasserburger Tal, BARTSCH (1924).

Alpenvorland: 7824/4: Zwischen Biberach und Birkenhard, 1931, PLANKENHORN (STU); Warthausen, 1949, MAYER (STU); 7923/4: Schussenried, um 1850, TROLL (STU); 8023/2: Zwischen Menzenweiler und Hopferbach, 1986, WILLBOLD (STU-K); 8024/2: Oberessendorf, 1904,

Allgemeine Verbreitung: Ursprüngliche Verbreitung unklar, da als Heilpflanze an vielen Orten kultiviert und immer wieder verwildert. Mitteleuropäische Pflanze. Nordwärts bis England, Belgien, Norddeutschland, Tschechoslowakei, Polen; südwärts bis Spanien und Norditalien.

Verbreitung in Baden-Württemberg: Die Grüne Nieswurz ist im Gebiet selten, eine gewisse Häufung der Wuchsorte ergibt sich im Alpenvorland.

Wuchsorte, bei denen es sich bekanntermaßen nur um kurzfristige Verwilderungen handelt, sind nicht aufgenommen.

Die Vorkommen reichen von 220 m bei Niedernhall (6723/2) bis 650 m bei Wohnried (8325/1).

Die Art ist im Gebiet vermutlich nicht ursprünglich. Wahrscheinlich ist sie als Heilpflanze zu uns gekommen, aus Kulturen verwildert und an einigen Stellen schon seit langer Zeit eingebürgert. Erstnachweis: ROTH VON SCHRECKENSTEIN (1798: 107): Um Tuttlingen wild.

Südliches Oberrheingebiet: 7613/3: Lahr, NEUBERGER (1912); 8012/2: Leutersberg, NEUBERGER (1912), um 1960, PHILIPPI; 8012/4: Ehrenstetten, Ölberg, WETTERHAN in

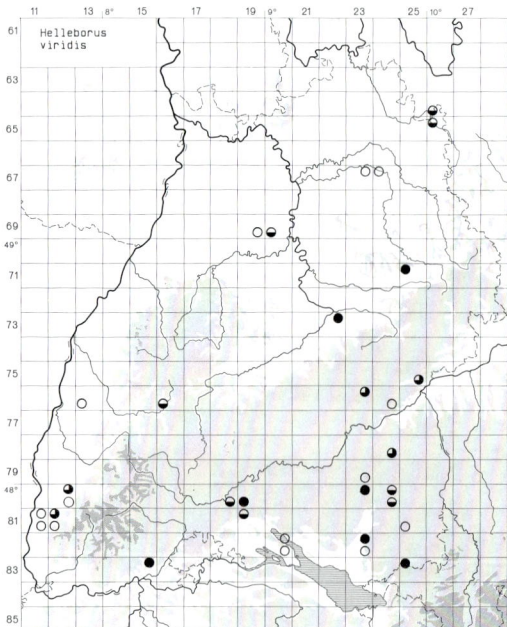

K. Bertsch (STU); Mittishaus, Herter (1888); 8024/4: Waldsee, 1904, K. Bertsch (STU); 8125/3: Wiggenreute, Pfanner in Martens u. Kemmler (1865); 8220/2: Überlingen, Grasgarten, Jack (1900); 8220/4: Oberdorf, Brühl, Jack (1900); 8223/2: Tobel nahe Albertshofen, 1987, Dörr (1988); 8223/4: Gornhofen, Kirchner u. Eichler (1900); 8325/1: Deuschelried, Etti in Schübler u. Martens (1834); Wohnried, Brielmaier u. Dörr in Dörr (1973); Wolfatz, Brielmaier u. Dörr in Dörr (1973), 1981, Harms; Gerazreute, Ruine Haldenberg, 1987, Dörr (1988).

Bestand und Bedrohung: Die Grüne Nieswurz ist stark zurückgegangen. Zur Zeit sind im Gebiet nur noch sechs aktuelle Vorkommen bekannt. Da die Art zumeist im Umkreis menschlicher Siedlungen auftritt, ist sie Neubaugebieten, Heckenrodungen und dem Abtragen alter Straßenböschungen zum Opfer gefallen. Im Bereiche der Weinberge verschwindet die Pflanze infolge von Umlegungen. Am ehesten kann sich die Art noch in lichten Laubwäldern, also an naturnahen Standorten, halten. Die Grüne Nieswurz ist in Baden-Württemberg stark gefährdet (in der Roten Liste Gefährdungsgrad 2). Sie ist gesetzlich geschützt.

2. **Eranthis** Salisb. 1807
Winterling

Die Gattung besteht je nach Auffassung aus 1 oder 2 Arten. Von manchen Botanikern wird die in Vorderasien vorkommende *E. cilicica* Schott & Kotschy in *E. hyemalis* einbezogen.

1. **Eranthis hyemalis** (L.) Salisb. 1807
Helleborus hyemalis L. 1753
Winterling

Morphologie: Pflanze ausdauernd, bis 20 cm hoch, mit knolligem Rhizom. Stengel einzeln, aufrecht, kahl, rotbraun. Grundständige Blätter lang gestielt, im Umriß rundlich, radiär 3–7teilig, meist erst nach der Blüte erscheinend; Abschnitte nochmals bis auf ein Drittel eingeschnitten; Stengelblätter 3, sitzend, den Grundblättern ähnlich, dicht unter der einzelnen, endständigen, radiären Blüte eine sternförmige Rosette bildend. Perigonblätter 6 (selten bis 10), gelb, 1,5–2 cm lang und 0,8–1,2 cm breit, oval. Nektarblätter trichterförmig, gelb, 2lippig, ¼ bis ½ so lang wie das Perigon. Fruchtblätter 4–8, mehrsamig, geschnäbelt, Balgfrüchte bis 1,5 cm lang.
Biologie: Blüte von Februar bis April. Bestäubung vor allem durch nektarsuchende Bienen, daneben auch durch Tagfalter und Fliegen. Staub- und Fruchtblätter reifen gleichzeitig, dadurch kommt es

Winterling *(Eranthis hyemalis)*

auch zu Selbstbestäubung. Das Öffnen (bei Tag und guten Wetter) und Schließen (bei Nacht und schlechter Witterung) geschieht mit Hilfe eines temperaturgesteuerten Wachstumsprozesses, wobei jeweils die Gegenseite der Bewegungsrichtung stärker wächst. Bei diesem bis zu 8 Tagen andauernden Öffnen und Schließen erreichen die Blütenhüllblätter das Doppelte ihrer ursprünglichen Länge.
Ökologie: Verwildert in Weinbergen, Obstgärten und Gebüschen. Auf frischen, nährstoff- und basenreichen (meist kalkhaltigen), humosen, lockeren Lehmböden. Licht- und Halbschattenpflanze. Im Gebiet vor allem im Geranio-Allietum (Fumario-Euphorbion) und in Prunetalia-Gesellschaften.
Allgemeine Verbreitung: Südeuropäische Pflanze. Ursprünglich von Südfrankreich bis zur Balkanhalbinsel; in West- und Zentraleuropa sowie in Nordamerika eingeführt.
Verbreitung in Baden-Württemberg: Häufig in Gärten und Parks kultiviert. Verwilderungen sind recht selten. Literarischer Erstnachweis: Hagenbach (1843: 105–106): „Sponte nunc crescit in vineis inter Binzen et Fischingen. Im Schüpf inter Riehen et Wyl." Umgebung von Basel. Besonders im südlichen Oberrheingebiet sind einige Vorkommen schon lange bekannt und immer wieder beobachtet worden, so daß man hier von einer Einbürgerung ausgehen kann.

Markgräfler Hügelland: 8311/4: Zwischen Binzen und Fischingen, Hagenbach (1843: 106); 8411/2: Zwischen Riehen und Weil (auf Schweizer Gebiet), Hagenbach (1843: 106), Moor (1962: 139), 1987, Nebel (STU-K).

Daneben gibt es noch eine Reihe weiterer Fundmeldungen überwiegend aus dem vorigen Jahrhundert, von denen es keine neueren Bestätigungen gibt. Auffallend ist, daß Meldungen verwilderter Vorkommen aus neuerer Zeit fehlen.

Bestand und Bedrohung: Der Winterling wird in der Roten Liste bei den Neophyten in Gefährdungsgrad 4 (potentiell durch Seltenheit gefährdet) geführt.

3. **Nigella** L. 1753
Schwarzkümmel

Zur Gattung gehören etwa 20 Arten, die im Mittelmeerraum und in Westasien verbreitet sind. Im Gebiet ist nur eine Art eingebürgert.

1   Blüte von laubartigen Hochblättern umgeben
                            [N. damascena]
–   Blüte ohne Hochblätter . . . . . . 1. *N. arvensis*

1. **Nigella arvensis** L. 1753
Ackerschwarzkümmel

Morphologie: Pflanze einjährig, 15–30 cm hoch, kahl, Wurzel bis 65 cm lang. Stengel aufrecht, meist verzweigt. Blätter stengelständig, 2–3fach fiederteilig; Zipfel lineal-lanzettlich, kurz zugespitzt. Blüte ohne Hochblätter, radiär, zwittrig, einzeln endständig. Perigonblätter in der Regel 5, hellblau mit grünen Adern, 1–1,5 cm lang, zugespitzt, in einen Stiel verschmälert, der etwa halb so lang ist wie das Perigonblatt. Nektarblätter etwa ein Viertel so lang wie die Perigonblätter, von diesen abstehend, becherförmig, 2lippig, Oberlippe fadenförmig, kürzer als die Unterlippe, letztere zweiteilig, zerstreut bewimpert, Teile rundlich mit keulenförmigem Anhängsel. Staubblätter in Gruppen zusammenstehend und mehrere Kreise bildend, mit grannenartiger Verlängerung. Fruchtblätter 2–10, bis zur Mitte miteinander verwachsen, mehrsamig. Narben lang geschnäbelt, etwa so lang wie die Frucht, aufrecht. Frucht zylindrisch um 1,5 cm lang.

Biologie: Blüte von Juli bis September. Die Perigonblätter bilden einen auffälligen Schauapparat mit komplizierten Saftmalen. Jeden Tag reift einer der Staubblattkreise und biegt sich nach außen. Bienen, die nach Nektar suchen, berühren mit dem Rücken die Staubbeutel. Erst wenn alle Staubbeutel geöffnet sind, reifen die Narben, die die gesamte Griffellänge einnehmen. Beim Besuch einer weiteren Blüte streicht das mit Pollenstaub eingepuderte Insekt mit dem Rücken an den empfängnisbereiten Narben entlang und bewirkt Fremdbestäubung. Die Samen keimen im Dunkeln, mit steigender Temperatur nimmt die Keimungsrate zu.

Ökologie: In Getreidefeldern und Brachäckern. Auf mäßig trockenen, nährstoff- und kalkreichen, mäßig humosen, skelettreichen, lockeren, warmen Lehmböden. Caucalidion-Verbandscharakterart.

Allgemeine Verbreitung: Mediterrane Pflanze. Ganzes Mittelmeergebiet; ostwärts bis Mesopotamien und Persien; in Mitteleuropa eingeschleppt.

Verbreitung in Baden-Württemberg: Der Ackerschwarzkümmel ist im Gebiet sehr selten und mit Ausnahme von Bauland und Taubergebiet heute verschollen. Die meisten Angaben stammen noch aus dem vorigen Jahrhundert. Angaben aus neuerer Zeit beruhen nicht selten auf Verwechslungen mit Kümmerformen von *N. damascena.*

Die Vorkommen reichen von 100 m bei Schwetzingen (6617/1) bis 750 m am Rutschenhof bei Urach (7522/1) auf der Schwäbischen Alb.

Die Art ist wahrscheinlich mit dem Getreideanbau in der Jungsteinzeit zu uns gelangt. Archäologischer Erstnachweis: RÖSCH (im Druck): Früh-Subboreal, Wallhausen. Literarischer Erstnachweis: FUCHS (1543: CXCII): „Umb Rotenburg am Neckar wechßt es überflüssig" (7519).

Oberrheingebiet: 6617/1: Schwetzingen, SCHULTZ (1846); 6618/3: Baiertal; 6718/1: Rauenberg; Rotenberg; Altwiesloch, alle HUBER (1909); 7016/2: Durlach, BONNET (1887); 7414/1: Renchen, WINTER (1895); 7811/4: Mondhalde, K. MÜLLER (1937); Lützelberg; 7911/2: Kirchberg; 7912/1: Eichelberg, NEUBERGER (1912); 8011/1: Rothaus; 8011/4: Bremgarten; Hartheim; Weinstetten, alle NEUBERGER (1912); 8111/4: Müllheim, SCHILDKNECHT (1862); 8211/2:

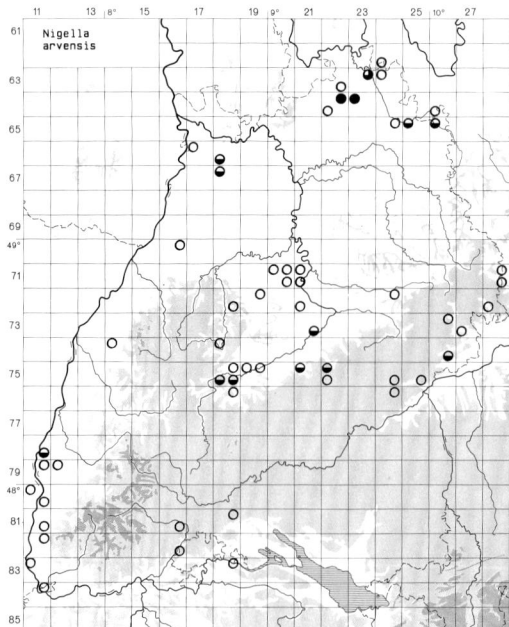

Nigella arvensis

Ackerschwarzkümmel *(Nigella arvensis)*

MAYER (1929). Ries: 7128/2: Goldberg; 7128/4: Utzmemmingen, beide FRICKHINGER (1911).

Schwäbische Alb: 7228/3: Zwischen Dischingen und Fleinheim, LANG in MARTENS u. KEMMLER (1882); 7326/2: Heidenheim, HAIST in MARTENS u. KEMMLER (1882); 7327/3: Herbrechtingen, KEMMLER in MARTENS u. KEMMLER (1882); 7426/4: Langenau, Birkenbühl, 1932, ARAND-AKKERFELD (STU); 7522/1: Rutschenhof, MAYER (1929); Urach, KIRCHNER u. EICHLER (1913); 7522/3: Gächingen, 1891, A. MAYER (STU); 7524/4: Blaubeuren, WIDENMANN in MARTENS u. KEMMLER (1865); 7525/4: Michelsberg bei Ulm, LEOPOLD (1728), 1819, MARTENS (STU); 7624/2: S Gerhausen, vor 1900, BAUER in MÜLLER (1957). Wutach: 8116/4: Aselfingen; Blumegg; Lausheim; 8216/4: Stühlingen, alle ZAHN (1889).

Hegau: 8118/2: Engen; 8318/2: Gailingen, beide JACK (1900).

Bestand und Bedrohung: Der Acker-Schwarzkümmel ist in Baden-Württemberg akut vom Aussterben bedroht (in der Roten Liste Gefährdungsgrad 1) und wahrscheinlich schon erloschen (letzte Beobachtung im Jahr 1972). Lediglich aus dem Bauland sind noch 3 Angaben aus neuerer Zeit bekannt. Da die meisten Vorkommen schon zu Beginn dieses Jahrhunderts nicht mehr existiert haben, muß man den Hauptgrund für den Rückgang in der Intensivierung des Feldfrüchteanbaus suchen, vor allem in den immer kürzer werdenden Brachzeiten. Die konkurrenzschwache, lichtliebende Art hat wohl der Häufung der Bearbeitungsgänge und der immer höher werdenden Bestandesdichte des Getreides nicht standhalten können. Um die Pflanze in unserer Feldflur zu erhalten, sollten entsprechende Flächen (z.B. Ackerränder) als Brachen liegenbleiben. Diese dürften dann nicht mit Unkrautvertilgungsmitteln in Kontakt kommen und müßten alle 2–3 Jahre umgebrochen werden.

Nigella damascena L. 1753
Damaszener Schwarzkümmel, Jungfer im Grünen,
Gretl im Busch

Die ursprünglich aus dem Mittelmeergebiet und Kleinasien stammende Pflanze wird im Gebiet häufig in Gärten gepflegt und verwildert gelegentlich. Sie unterscheidet sich von der ähnlichen *N. arvensis* wie folgt: Zipfel der Blätter allmählich in eine grannenartige Spitze verschmälert. Blüte von einem Kranz von Hochblättern umgeben, die den unteren Stengelblättern gleichen. Perigonblätter hellblau bis weiß, 1,5–2 cm lang. Oberlippe der Nektarblätter flach, kürzer als die Unterlippe, letztere ganzrandig, bewimpert. Staubblätter ohne grannenartige Verlängerung. Fruchtblätter miteinander in der ganzen Länge verwachsen. Narben oft fast senkrecht zur Fruchtachse abstehend, bis 2 cm lang. Frucht kugelig, bis 3 cm im Durchmesser.

Auggen, NEUBERGER (1912); 8311/1: Isteiner Klotz, WINTER (1889); 8411/2: Weil, HAGENBACH (1834: 51).

Neckarland und Taubergebiet: 6224/4: Henig bei Wenkheim, KNEUCKER (1890); 6322/4: Höpfingen, BRENZINGER (1904); 6323/2: Hunzenberg bei Hochhausen, um 1965, GÖRS u. MÜLLER (STU-K); 6324/1: Werbachhausen, KNEUCKER (1890); 6422/2: Waldstetten, BRENZINGER (1887); Bretingen, 1974, SCHÖLCH (STU-K); 6422/3: Rinschheim, BRENZINGER (1904); 6423/1: Birkenfeld, 1972, SCHNEDLER (STU-K); 6426/3: Waldmannshofen, nach 1900, K. SCHLENKER (STU-K); 6524/2: Mergentheim, 1860, W. GMELIN (STU); 6525/1: Elpersheim, um 1920, HANEMANN (STU-K); 6526/1: Archshofen, um 1920, HANEMANN (STU-K). Mittlerer Neckar: 7120/1: Schwieberdingen, 1898, SEYBOLD (1968); 7120/2: München; 7120/4: Korntal; 7121/1: Kornwestheim; 7121/3: Zuffenhausen; Zazenhausen; Cannstatt; 7221/3: Ramsbachtal zwischen Degerloch und Birkach, alle KIRCHNER (1888). Hecken- und öberes Gäu: 7218/4: Zwischen Hengstett und Gächingen, 1873, E. SCHÜZ (STU); 7219/2: Renningen, 1888, M. LAIBLE (STU-K); 7418/1: Nagold, MARTENS u. KEMMLER (1865); 7518/2: Eckenweiler, MAYER (1904); 7518/3: Horb; Ahldorf; Egelstal; 7518/4: Mühringen, alle MAYER (1929); 7519/1: Schwalldorf, MAYER (1904); 7519/2: Rottenburg, 1832, H. SAUTERMEISTER (STU); 7618/2: Haigerloch, 1859, LANG (STU). Vorland der mittleren Alb: 7224/2: Zwischen Schwäbisch Gmünd und Waldstetten, STRAUB (1903); 7321/4: Hardt, um 1935, LINDENLAUB in SEYBOLD (1968); 7521/1: Reutlingen,

4. Trollius L. 1753
Trollblume

Die Gattung umfaßt weltweit 29 Arten. Sie ist eurasiatisch-nordamerikanisch verbreitet und hat ihren Schwerpunkt in Ostasien.

In Europa tritt nur die folgende Art auf.

1. Trollius europaeus L. 1753
Trollblume

Morphologie: Pflanze ausdauernd, 20–60 cm hoch. Stengel aufrecht, kahl, meist 1-, seltener 2–3blütig. Grundständige Blätter radiär geteilt, lang gestielt, bis zum Grunde fünfteilig; Abschnitte bis auf ½ dreiteilig; Zipfel ungleich gezähnt. Untere Stengelblätter den Grundblättern gleich, aber kürzer gestielt, obere sitzend und einfacher, meist dreiteilig. Blüten radiär, zwittrig, endständig, 3–5 cm im Durchmesser; Perigonblätter 10–15, gelb, oval, über der Mitte am breitesten, kugelig zusammenneigend; Nektarblätter 4–19, gelb, 6–8 mm lang, an der Spitze abgerundet, dem Grunde zu verschmälert. Fruchtblätter zahlreich, reife Balgfrüchte etwa 1 cm lang, durch den bis zu 3 mm langen Griffelrest geschnäbelt, mehrsamig. Samen schwarz, glänzend.

Biologie: Blüte von Anfang bis Ende Juni, in Hochlagen bis in den Juli hinein. Stellenweise zweite Blüte von Ende August bis Anfang Oktober. Die

dicht kugelig zusammenneigenden Perigonblätter schützen die Staub- und Fruchtblätter vor Regen. Auch bei Sonnenschein öffnet sich nur ein kleiner Zugang unmittelbar oberhalb der Narben. Kleine Insekten (hauptsächlich Käfer, Fliegen und Hautflügler) kriechen durch die Öffnung und berühren zuerst die Narben der homogamen Blüte. Beim Versuch zu den Nektarblättern vorzudringen oder Pollen zu sammeln, bepudern sich die Tiere mit Pollenstaub, der dann zur nächsten Blüte getragen wird.

Ökologie: In feuchten bis nassen, moorigen oder quelligen Wiesen überwiegend montaner Lagen. Auf kühlen, sicker- oder grundfeuchten, mäßig nährstoff- und basenreichen, auch kalkarmen, humosen Lehm- und Tonböden. Lehmzeiger, Lichtpflanze.

Vor allem in Calthion-Gesellschaften, auch im Molinion oder Filipendulion. Molinietalia-Ordnungscharakterart.

Typische Begleiter sind *Filipendula ulmaria, Polygonum bistorta, Cirsium rivulare, Scorzonera humilis, Succisa pratensis* und *Bromus racemosus*. Vegetationsaufnahmen bei KUHN (1937: Tab. 27); KUHN (1961: Tab. 9); SEBALD (1974: Tab. 22a); NEBEL (1986: Tab. 19).

Allgemeine Verbreitung: Eurosibirische Pflanze. Nordwärts bis Schottland, Nordkap, Finnland, arktische Küsten Rußlands; ostwärts bis in das Gebiet des Ob; südwärts (nur in den Gebirgen) bis Mittelspanien; westwärts Alpen, Jura, Schwarzwald, isolierte Vorkommen im Zentralmassiv und den Vogesen, fehlt nordwestlich einer Linie Hunsrück–Westerwald–Siegen–Lippe–Hannover.

Verbreitung in Baden-Württemberg: Die Trollblume ist innerhalb ihres Verbreitungsgebietes in den meisten Landschaften regelmäßig anzutreffen, oft handelt es sich dabei jedoch nur noch um kleine Populationen. Verbreitungslücken bestehen in einigen Teilen der Schwäbischen Alb, im Hegau und am westlichen Bodensee.

Die Art erreicht im Gebiet (abgesehen vom Schwarzwald, dem noch das Vogesenvorkommen vorgelagert ist) die Westgrenze der Verbreitung, deshalb kommt den westlich gelegenen Wuchsorten besondere Bedeutung zu.

Die Verbreitungsgrenze verläuft im Schwarzwald weitgehend identisch mit der Wasserscheide (Vorkommen am Westabfall sind sehr selten und fast immer liegen die Beobachtungen lange zurück), diese Linie setzt sich bis zum Stromberg fort. Die Trollblume fehlt im östlichen Teil des mittleren Neckarraumes und dem angrenzenden vorderen Schwäbisch-Fränkischen Wald. In der Karte kommt diese Verbreitungslücke deutlich als Aus-

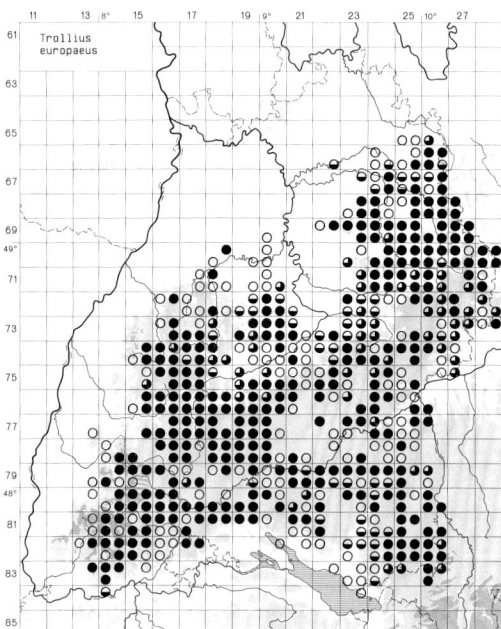

Trollblume *(Trollius europaeus)*
Böblingen, 1989

buchtung zum Ausdruck. Von den Löwensteiner Bergen verläuft die Grenze in nordöstlicher Richtung durch den Westteil von Hohenlohe bis ins Taubergebiet bei Weikersheim.

Ein isolierter Wuchsort liegt bei 6622/4: Berlichingen, um 1920, HANEMANN. Auf unsicherer Quelle beruht die Angabe in EICHLER, GRADMANN u. MEIGEN (1909: 234) 6919/2: Wiesen an der Zaber oberhalb Güglingen. Dieses Vorkommen, das auch in seiner Lage deutlich abweicht, wurde nicht berücksichtigt.

Immer wieder kann man bei Arten, die stark zurückgehen, beobachten, daß nicht nur die Verbreitung in der Horizontalen am auffallendsten an den Rändern zurückgeht, sondern auch in der Vertikalen die Grenzpopulationen zuerst erlöschen. Bei dieser montanen Art sind es die Vorkommen auf geringer Meereshöhe, die durch intensive Kultivierung am stärksten betroffen sind. Die genaue Höhenlage läßt sich in der Regel nicht mehr feststellen,

da sich ältere Angaben oft nur auf eine nahegelegene Ortschaft beziehen.

Die tiefsten Vorkommen reichen von 200 m bei 7020/3: Oberriexingen und 220 m bei 7020/1: Sersheim, beide Angaben EICHLER, GRADMANN u. MEIGEN (1909) über circa 300 m (210–340 m) bei 6622/4: Berlichingen, um 1920, HANEMANN bis etwa 350 m bei 7120/4: Bergheim und Lindenbachtal, 1950, KREH (STU-K). Aktuell ist nur ein genau lokalisierbarer Fundort unter 400 m bekannt: 6824/1: Kupfermoor, 1977, NEBEL (1986:224), 376 m. Die höchsten Wuchsorte liegen bei 1380 m am Seebuck auf dem Feldberg (8114/1) und bei 1040 m bei der Schletteralm auf der Adelegg (8326/2).

Die Art ist im Gebiet urwüchsig. Literarischer Erstnachweis: THEODOR (1588: 136): „Auff dem Schwartzwaldt".

Bestand und Bedrohung: In vielen Regionen sind die früher dort ansehnlichen und zahlreichen Bestände zu kleinen Restpopulationen zusammengeschmolzen. Auch die Anzahl der Wuchsorte pro Grundfeld (Meßtischblatt-Quadrant) ist so stark zurückgegangen, daß heute oft nur noch ein aktuelles Vorkommen bekannt ist.

Aus älterer Zeit sind eine große Zahl von Wuchsorten deshalb namentlich bekannt, weil die Trollblume, eine auffällige und bekannte Art, als Vertreter der montanen Gruppe schon von EICHLER, GRADMANN u. MEIGEN (1909) kartiert wurde. Daher läßt sich hier am Beispiel einer relativ häufigen Pflanze der Rückgang besonders anschaulich darstellen. Dabei zeigt sich, daß randliche Vorkommen und Vorposten zuerst erlöschen. Weiter sind Ballungsräume und Gebiete mit intensiver landwirtschaftlicher Nutzung wie z. B. die Hohenloher Ebene am stärksten betroffen. Vergleicht man die Verbreitungskarte der Trollblume mit der einer anderen, ebenfalls gut bekannten und gefährdeten Pflanze, nämlich der Küchenschelle (die Art wurde ebenfalls von EICHLER, GRADMANN u. MEIGEN kartiert), so kommt der ungleich stärkere Rückgang der Trollblume deutlich zum Ausdruck.

Wesentliche Gründe für das Zurückgehen sind die Intensivierung der Landwirtschaft und das Aufforsten von unrentabel gewordenen Grünlandflächen, insbesondere im Bereich von Wiesentälchen. Durch die Trockenlegung und Düngung werden magere Feucht- und Naßwiesen sowie Niedermoorflächen, die ehemals niederwüchsige, extensiv genutzte Bestände waren, zu hochwüchsigen, dichten Mähwiesen, in denen die Trollblume nicht mehr existieren kann. Viele Populationen sind Reliktvorkommen, bei denen es in den hoch- und dichtwüchsigen, jetzt zu trocken stehenden Beständen zu keiner Verjüngung mehr kommen kann. Populationen auf solchen Standorten können zwar noch über längere Zeit hinweg erhalten bleiben, irgendwann aber sind die Pflanzen überaltert und sterben ab. Es ist deshalb unabhängig von weiteren Meliorierungsmaßnahmen und Aufforstungen mit einem andauernden Rückgang der Art zu rechnen.

Pflücken und Ausgraben spielen als Gefährdungsgrund nur eine geringe Rolle und dies vor allem bei Wuchsorten in Siedlungsnähe.

Um einem weiteren Rückgang entgegenzuwirken, sollten noch intakte magere Feuchtwiesen und Niedermoore weiterhin extensiv genutzt, das heißt regelmäßig gemäht und nicht gedüngt werden. In den meisten Fällen wird dies nicht ohne finanzielle Anreize für den Eigentümer zu bewerkstelligen sein. Die Art ist in Baden-Württemberg gefährdet (in der Roten Liste Gefährdungsgrad 3), in Anbetracht des starken (auch weiterhin wohl anhaltenden) Rückgangs ist in den meisten Landschaften schon eine

starke Gefährdung gegeben und damit eine Einstufung in Gefährdungskategorie 2 erwägenswert. Die Trollblume ist gesetzlich geschützt.

Die Pflanze entwickelt sich optimal bei einmaliger Mahd ab Anfang Juli, verträgt aber auch eine zweimalige Mahd (ab Ende Juni und im September). Bei Brache nimmt sie zunächst meist kräftig zu, geht längerfristig jedoch zurück. Die Trollblume ist gegen intensive Beweidung empfindlich, Abbrennen hingegen übersteht sie.

5. **Actaea** L. 1753
Christophskraut

Die Gattung umfaßt etwa 10 Arten, die in den gemäßigten Zonen der Nordhemisphäre verbreitet sind. Im Gebiet kommt nur eine Art vor.

1. **Actaea spicata** L. 1753
Christophskraut

Morphologie: Pflanze ausdauernd, 30–65 cm hoch, unangenehm riechend, Wurzelstock holzig, kräftig. Stengel einzeln, aufrecht, beblättert. Grundständige Blätter fehlen. Stengelblätter lang gestielt, groß, im Umriß fünfeckig, dreiteilig; Teilblätter 1. Ordnung langgestielt, einfach-, selten doppelt-gefiedert; Teilblätter 2. Ordnung sitzend oder kurz gestielt, oval, scharf unregelmäßig gezähnt, Spitze mehr oder we-

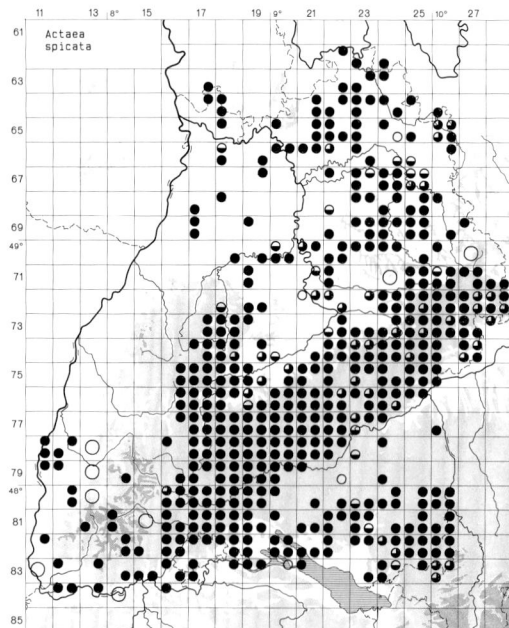

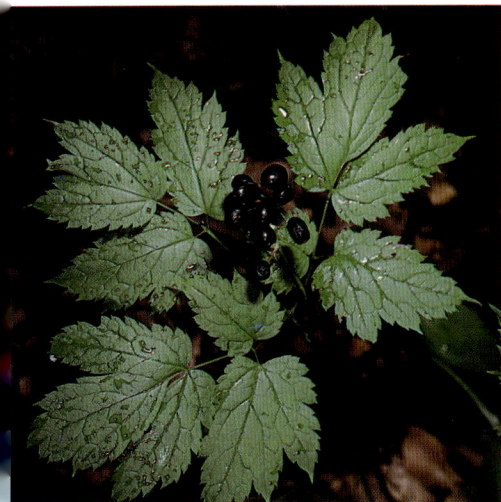

Christophskraut *(Actaea spicata)*
Kaiserstuhl

niger ausgezogen. Blüten radiär, zwittrig, klein, kurz gestielt, in dichter, end- oder achselständiger Traube. Kelchblätter 4–5, oval, gelblichweiß, hinfällig. Kronblätter 4–6, spatelförmig, halb so lang wie die Kelchblätter, weiß. Nektarien fehlen. Staubblätter länger als die Blütenhülle, weiß. Fruchtknoten einzeln, mehrsamig; Narbe breit, sitzend. Frucht eine schwarze, vielsamige Beere, eiförmig, etwa 1 cm lang.

Biologie: Blüte von Mitte Mai bis Ende Juni. Die nektarlosen Blüten, deren Narben vor den Staubbeuteln reifen, werden von pollensammelnden Käfern und Geradflüglern besucht.

Ökologie: In Schluchtwäldern und krautreichen Buchenmischwäldern schattiger Hänge. Auf frischen, nährstoff- und basenreichen (meist kalkhaltigen), humosen, lockeren (oft bewegten), meist steinigen Lehmböden. Mullbodenpflanze. In Tieflagen Charakterart des Aceri-Fraxinetum (Tilio-Acerion), in höheren Lagen auch im Fagion und Galio-Abietion. Typische Begleiter sind *Acer pseudoplatanus, Anemone ranunculoides, Senecio fuchsii, Paris quadrifolia* und *Allium ursinum*. Vegetationskundliche Aufnahmen bei KUHN (1937: Tab. 34, 38), OBERDORFER (1949: Tab. 9), ROSER (1962: Tab. E).

Allgemeine Verbreitung: Eurasiatische Pflanze. Fast ganz Europa, nördlich bis Norwegen und Schottland, im Süden nur in den Gebirgen; gemäßigtes und arktisches Asien.

Verbreitung in Baden-Württemberg: Das Christophskraut tritt in den Kalkgebieten zerstreut, auf der Schwäbischen Alb und am oberen Neckar verbreitet auf. Im Westen wird die Pflanze deutlich seltener. Sie fehlt im mittleren und nördlichen Schwarzwald sowie im Oberrheingebiet (mit Ausnahme des Südteiles). Im mittleren Neckarraum, im Schönbuch und Glemswald sowie im nördlichen Alpenvorland ist das Christophskraut selten und weist größere Verbreitungslücken auf.

Die Vorkommen reichen von etwa 200 m am Rande der Oberrheinebene bei Weinheim (6417/2) bis 1000 m am Hochberg bei Deilingen (7818/2).

Die Art ist im Gebiet urwüchsig. Literarischer Erstnachweis: DUVERNOY (1722: 47–48): „In summo cacumine Spitzberg" bei Tübingen; SCHINNERL (1912: 239): Auch von HARDER 1576–94 vermutlich aus dem Gebiet belegt.

Bestand und Bedrohung: Die Pflanze ist in Baden-Württemberg nicht gefährdet. Sie verträgt sogar stärkere Beschattung in nadelholzreichen Mischwäldern recht gut.

6. **Caltha** L. 1753
Dotterblume, Kuhblume

Die Gattung umfaßt etwa 40 Arten, die in den außertropischen Gebieten der Nord- und Südhemisphäre verbreitet sind. Im Gebiet tritt nur die folgende auf.

1. **Caltha palustris** L. 1753
Sumpf-Dotterblume

Morphologie: Pflanze ausdauernd, 15–60 cm hoch, mit kräftigem, vielköpfigem Wurzelstock. Stengel niederliegend, bogig aufsteigend bis aufrecht, hohl, kahl, im oberen Teil verzweigt, mehrblütig. Blätter rundlich, groß, bis 15 cm im Durchmesser, am Grunde herz- oder nierenförmig, gezähnt, dunkelgrün, glänzend; grundständige Blätter langgestielt, obere fast sitzend. Blüten radiär, zwittrig. Perigonblätter in der Regel 5, breit oval, bis 2 cm lang, innerseits glänzend, dunkelgelb. Nektarien am Grunde der Fruchtknoten. Staubblätter zahlreich. Fruchtknoten 3–8, flach, länglich, sichelförmig, gerade oder s-förmig, vielsamig (Balgfrüchte).

Die Art ist sehr variabel, es werden eine Reihe von Unterarten beschrieben, die jedoch zahlreiche Übergänge aufweisen und sich weder im Areal noch in den Standortsansprüchen unterscheiden.

Biologie: Blüte von März bis Juni, zuweilen nochmals von Juli bis Oktober. Insektenbestäubung (Fliegen, Hautflügler, Käfer). Nektarblume. Verbreitung der Samen durch den Regen (Regenschwemmling). Die geöffneten Balgfrüchte bilden

Sumpfdotterblume *(Caltha palustris)*

einen nach oben erweiterten Trichter, aus dem die hineinfallenden Regentropfen den leichten Samen herausschleudern. Die Samen sind durch den lockeren Samenschalenbau schwimmfähig.

Ökologie: In Sumpfwiesen, an Quellen, Bächen und Gräben, in Bruch- und Auenwäldern. Auf nassen, nährstoff- und basenreichen Sumpfhumusböden oder humosen Lehm- und Tonböden. Verbreitungsschwerpunkt in nassen Wirtschaftswiesen (vor allem Wiesengräben) und Seggenwiesen. Schwache Calthion-Verbandscharakterart, ferner im Alnion und Alno-Ulmion. Typische Begleiter sind *Alnus glutinosa, Carex acutiformis, Filipendula ulmaria, Lychnis flos-cuculi* und *Cirsium oleraceum.* Vegetationskundliche Aufnahmen bei LANG (1973), PHILIPPI (1982, 1983: Tab. 23), SEBALD (1974, 1983: Tab. 13).

Allgemeine Verbreitung: Eurosibirisch-nordamerikanische Pflanze. Europa bis in die Arktis hinein; gemäßigtes und nördliches Asien; nördliches und arktisches Nordamerika.

Verbreitung in Baden-Württemberg: Die Sumpf-Dotterblume tritt in allen Landschaften verbreitet und häufig auf.

Die Vorkommen reichen von 100 m in der Oberrheinebene bei Mannheim bis 1450 m am Feldberg. Nordseite gegen das Zastler Loch (8114/1).

Die Art ist im Gebiet urwüchsig. Archäologischer Erstnachweis: KÖRBER-GROHNE (1978): Spät-Subatlantikum, Sindelfingen, Pollen. Literarische Erstnachweise: J. BAUHIN (1598: 192): Aus der Umgebung von Bad Boll (7323); SCHORLER (1907: 82): Auch von HARDER 1574–76 vermutlich aus dem Gebiet belegt.

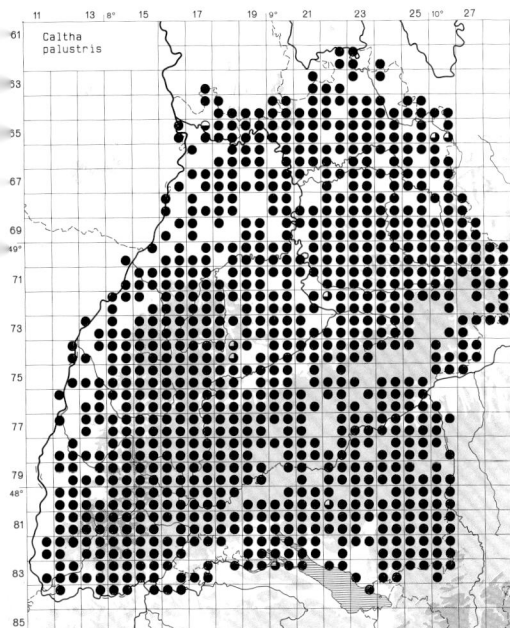

Caltha palustris

Bestand und Bedrohung: Die Sumpf-Dotterblume ist als häufige Pflanze nicht gefährdet. Durch Trockenlegung von nassen Wiesen, zu intensives Ausputzen von Gräben und Verdohlen von Wiesengräben ist die Pflanze mancherorts seltener geworden.

Sie verträgt ein- bis zweimalige Mahd und Brennen.

7. **Aconitum** L. 1753
Eisenhut, Sturmhut

Stauden; Stengel beblättert. Blätter wechselständig, meist handförmig geteilt; Abschnitte oft nochmals geteilt, so daß schmale Zipfel entstehen. Blütenstände traubenförmig, seltener mit kurzen Ästen rispig. Blüten zygomorph, zwittrig; Perigonblätter 5, das oberste einen auffallenden Helm bildend, die übrigen rundlich bis oval; Honigblätter 2, auf langem Stiel in den Helm ragend, frei. Fruchtknoten meist 3–5, mehrsamig (Balgfrüchte).

Die Blüten sind sehr gut einer Bestäubung durch Hummeln angepaßt. Wichtigster Bestäuber ist die Hummelgattung *Bombus; Aconitum*-Arten kommen nur im Areal dieser Gattung vor. Die Tiere kriechen auf der Suche nach Nektar ganz in die Blüten hinein, um die weit in den Helm ragenden Nektarien zu erreichen. Dabei streifen sie in der zuerst ca. 1 Woche lang rein männlichen Blüte mit der Bauchseite über die Staubblätter. Die Hummeln fliegen den von unten nach oben reifenden Blütenstand in der Regel von unten an, besuchen also zuerst die weiblichen Stadien und verlassen ihn nach dem Besuch der oberen Blüten, die sich im männlichen Zustand befinden, mit neuem Pollen beladen.

Aconitum-Arten vermeiden als ausgesprochene Frostkeimer weitgehend tiefere Lagen.

Eisenhutpflanzen werden gerne als Zierstauden gezogen. Sie lieben einen kühl-feuchten, lockeren Humusboden und Halbschatten.

Der Gattung gehören je nach Auffassung zwischen 60 und 350 Arten an, die auf der ganzen nördlichen Halbkugel vorkommen. Das Verbreitungszentrum liegt in Ostasien.

Im Gebiet sind 3 Arten heimisch, die alle gesetzlich geschützt sind.

1 Blüten hellgelb . . . . 1. *A. vulparia*
– Blüten blau oder violett, selten weißgescheckt . . 2
2 Helm deutlich höher als breit; Blütenstiele kahl; Stiel der kapuzenförmigen Nektarblätter gerade; jüngere Früchtchen parallel . . 2. *A. variegatum*
– Helm meist breiter als hoch; Blütenstiele mit gekrümmten Haaren; Stiel der kapuzenförmigen Nektarblätter bogig; jüngere Früchtchen voneinander spreizend . . . . 3. *A. napellus*

1. **Aconitum vulparia** Rchb. 1827
A. lycoctonum auct.
Wolfs-Eisenhut, Fuchs-Eisenhut, Gelber Eisenhut

Morphologie: Pflanze ausdauernd, 50–150 cm hoch, Wurzeln nicht knollig verdickt. Stengel aufrecht, unten schwach, oben stärker behaart. Grundblätter lang gestielt; Spreite bis nahe dem Grund handförmig, in 5–7fiedrig eingeschnittene Segmente geteilt, auf den Nerven und am Blattrand, meist auch auf der Blattfläche behaart; Stengelblätter kürzer gestielt bis sitzend, stärker, oft bis zum Stielansatz eingeschnitten. Blütenstand meist verzweigt, Seitenzweige bogig abstehend; Blütenstiele wie die Hauptachse behaart. Blüten blaßgelb, Helm anliegend flaumig behaart, etwa dreimal so hoch wie breit; Stiel der Nektarien aufrecht, gerade, Nektarsporn schlank, schneckenförmig eingerollt. Staubfäden kahl, an der Basis verbreitert. Balgfrüchte kahl, im Durchschnitt 15 mm lang; Samen stumpf dreikantig, schwärzlich. – Blütezeit: Ende Mai bis Ende August.

Ökologie: In Schluchtwäldern, in frischen bis feuchten Laubmischwäldern, in Auenwäldern und Auengebüschen, im subalpinen Hochstaudengebüsch. Auf kühlen, frischen bis nassen, nährstoff- und basenreichen, humosen, lockeren, oft skeletreichen Lehm- und Tonböden. Mullbodenzeiger, Schattenpflanze. Schwerpunkt im Tilio-Acerion und in frischen bis feuchten Fagion-Gesellschaften sowie im Alno-Ulmion, in Hochlagen im Adenostylion. Typische Begleiter sind *Acer pseudoplatanus, Mercurialis perennis, Actaea spicata, Aruncus dioicus, Senecio fuchsii*. Vegetationskundliche Aufnahmen bei KUHN (1937: Tab. 38, 39), OBERDORFER (1949: Tab. 7, 9), SEBALD (1974: Tab. 11c, 1983: Tab. 4).

Allgemeine Verbreitung: Mittel- und südeuropäische Gebirgspflanze. Alpen, Jura, Vogesen, Schwarzwald; nordwärts bis Belgien, Holland und Norddeutschland; Gebirge der Tschechoslowakei, Karpaten, Gebirge des Balkans.

Verbreitung in Baden-Württemberg: Der von Osten eingewanderte Wolfeisenhut erreicht im Schwarzwald die Westabdachung nur an wenigen Stellen, im Oberrheingebiet hat er lediglich 2 Wuchsorte: 7214/4: Abtsmoor zwischen Oberbruch und Weitenung, nach 1970, PHILIPPI, auch DÖLL (1862); 7912/3: Wasenweiler, Großholz, 1935, LAUTERBORN (1941). Im gesamten Nordwestteil des Landes, im mittleren Neckarraum sowie den daran angrenzenden Gebieten des Schwäbisch-Fränkischen Waldes und des mittleren Albvorlandes fehlt er. Verbreitungsschwerpunkte sind der Schwäbisch-Fränkische Wald, die Schwäbische Alb, das Vorland der Südwestalb und die Gäulandschaften des oberen Neckar, der Südschwarzwald mit Baar und Wutachgebiet bis hinunter zum Hochrhein sowie das Allgäu. Deutlich seltener findet man die Pflanze im Tauber-

gebiet, in Hohenlohe, im Ostteil des mittleren und nördlichen Schwarzwaldes, im Schönbuch und Glemswald, im oberen und Hecken-Gäu sowie im nordwestlichen Alpenvorland.

Die Verbreitung im Gebiet erinnert stark an die ebenfalls im montanen Klimabereich auftretende Trollblume.

Die Vorkommen reichen von 150 m im Abtsmoor zwischen Oberbruch und Weitenung (7214/4) in der Oberrheinebene und 210 m im Kupfertal bei Forchtenberg (6723/1) bis 1100 m am Feldsee im Schwarzwald (8114/1).

Die Art ist im Gebiet urwüchsig. Erstnachweis: FUCHS (1542: 86): Farrenberg (7620).

Bestand und Bedrohung: Der Gelbe Eisenhut ist trotz seines verbreiteten Auftretens mit Ausnahme der Schwäbischen Alb und des oberen Neckargebietes nirgends häufiger zu finden. In den Landesteilen, wo er nur zerstreut auftritt, sind die Bestände oft recht klein, hier ist die Gefahr eines Rückgangs verhältnismäßig groß. So fehlen neuere Beobachtungen vor allem aus Oberschwaben und vom westlichen Bodensee. Als Waldpflanze ist die Art am ehesten durch Nadelholzkulturen bedroht, in den dichten Schonungen kann sie nicht gedeihen. Der Wolfeisenhut ist in Baden-Württemberg nicht gefährdet, seine Wuchsorte sollten jedoch geschont werden (in der Roten Liste Gefährdungsgrad 5).

2. Aconitum napellus L. 1753
Blauer Eisenhut

Im Gebiet tritt nur folgende Unterart auf:

a) subsp. neomontanum (Wulfen) Gayer 1912
A. neomontanum Wulfen 1788; *A. pyramidale* Miller 1769; *A. lobelianum* (Rchb.) Host 1831

Morphologie: Pflanze ausdauernd, 50–200 cm hoch, Wurzeln knollig verdickt. Stengel kräftig, fast stets starr aufrecht. Stengelblätter in der Zerteilung sehr variabel, fast kahl, Blattmittelsegment meist bis zu $\frac{2}{3}$ seiner Länge eingeschnitten, Blattzipfel 3–7 mm breit. Blütenstand mäßig bis stark verzweigt, fast immer dicht bogenhaarig, nie mit Drüsenhaaren; Blütenstiel recht kurz; Blüten meist blauviolett; Helm nicht höher als breit; Stiel der Nektarien stets eingebogen. Staubblätter meist behaart. Fruchtblätter meist 3, kahl, jüngere Früchte auseinander weichend. Samen pyramidenförmig, an den drei Kanten geflügelt. Blütezeit: Ende Juli bis Anfang September.

Ökologie: In subalpinen Hochstaudenfluren, an Bächen und Quellen, in montanen Auenwäldern und Weidengebüschen. Auf kühlen, feuchten bis

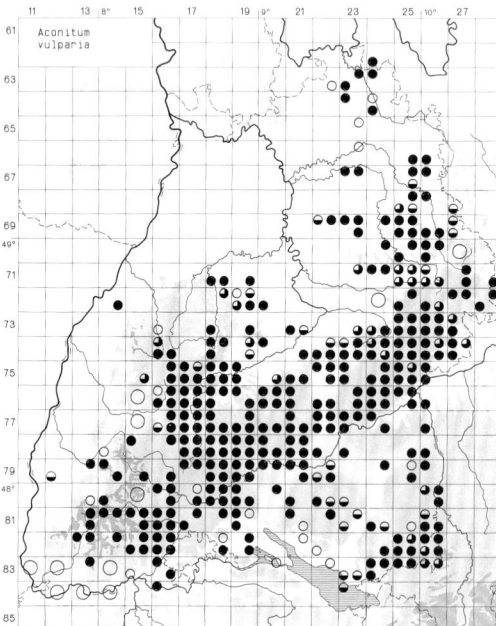

Aconitum vulparia

248

Wolfs-Eisenhut *(Aconitum vulparia)*
Böblingen, 1989

nassen, nährstoff- und basenreichen, humosen Lehm- und Tonböden. Licht- und Halbschattenpflanze, Feuchte- und Nährstoffzeiger. Montan im Alno- vor allem im alnetum incanae (Alno-Ulmion), auch im Filipendulion, subalpin im Adenostylion. Typische Begleiter sind *Alnus incana, Chaerophyllum hirsutum, Ranunculus aconitifolius, Carduus personata* und *Aconitum vulparia.* Vegetationsaufnahmen bei BERTSCH (1940: Tab. 30), OBERDORFER (1949: Tab. 7), SEBALD (1983: Tab. 5), SCHWABE (1985, 1987: Tab. 36).

Allgemeine Verbreitung: Europäische Gebirgspflanze. Alpen, französische Gebirge, Jura, Vogesen, Schwarzwald, Rhön, Frankenwald, Norddeutschland, Südskandinavien.

Verbreitung in Baden-Württemberg: Der Blaue Eisenhut ist im Gebiet auf wenige Landschaften beschränkt. Es lassen sich zwei Hauptausbreitungsrichtungen feststellen. Zur einen ist die Pflanze vom Allgäu ausgehend entlang der Iller bis in den Ulmer Raum gewandert, zur anderen gelangte sie von Südschwarzwald her entlang des Neckars bis Sulz und entlang der Donau bis Emeringen. Im Bereich der Verbreitungsschwerpunkte trifft man die Art regelmäßig auch in größeren Beständen.

Die Vorkommen reichen von 400 m an der Argenmündung (8423/1) bis 1350 m am Feldberg (8114/1).

Die Art ist im Gebiet urwüchsig. Literarischer Erstnachweis: CORDUS (1561: 222A): In der Baar.

Odenwald (es ist bisher nicht bekannt inwieweit die Vorkommen auf Verwilderungen zurückgehen): 6420/3: o.O., nach 1970, SCHÖLCH (STU-K); 6521/1: Elzbachtal, nach 1970, SCHÖLCH (STU-K); 6521/3: Elzbachtal unterhalb Auerbach, 1985, TH. BREUNIG (KR-K); 6621/1: Elzbachtal bei Dallau und Neckarburken, 1985, TH. BREUNIG (KR-K).

Südschwarzwald, Wutach und Baar: Verbreitet.

Neckarland: Entlang der Eschach und von hier Neckar abwärts bis Sulz (7617/1), zerstreut.

Schwäbische Alb: Oberes Donautal bis Emeringen (7723/3), von hier aus entlang der größeren Zuflüsse auch in die Alb eindringend, zerstreut.

Alpenvorland: Nördliches Oberschwaben (ausgehend von der Donau): 7920/4: Messkirch gegen Menningen, JACK (1900); 7921/4: Ablachtal oberhalb Ennetach, 1913, K. BERTSCH (STU); 8021/4: Taubenried, JACK (1900); 8022/4: NW Hoßkirch, 1978, L. ZIER (STU-K). Allgäu mit Iller- und Argental: zerstreut bis verbreitet.

Da die Art als Zierpflanze gepflegt wird, kann es sich bei einigen Vorkommen auch um Verwilderungen handeln. Dies ist besonders bei folgenden Wuchsorten anzunehmen: Nordschwarzwald: 7316/2: Enzklösterle, Wegrand, 1979, KRIEGELSTEINER (STU-K); 7317/3: Am Köllbach NO Simmersfeld, 1985, SEYBOLD (STU-K); 7416/2: Am Omersbach, beim Wirtshaus, 1985, SEYBOLD (STU-K).

Bestand und Bedrohung: In den Hauptverbreitungsgebieten sind die Bestände im allgemeinen ausreichend groß. Eine Reihe von älteren Angaben dürfte sich auch noch bestätigen lassen. Isolierte und rand-

Blauer Eisenhut *(Aconitum napellus)*
Herzogenhorn, 1988

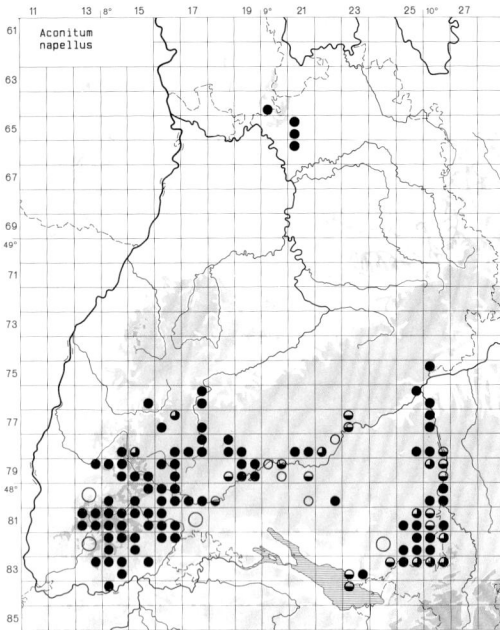

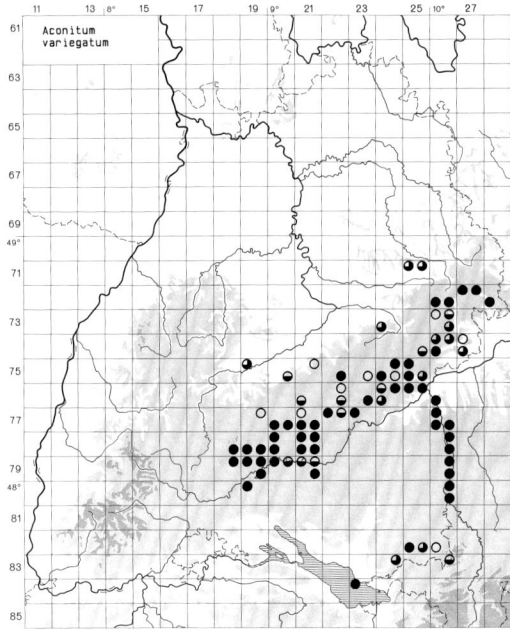

liche Vorkommen sind stärker bedroht. Eine Gefahr geht vor allem vom Gewässerausbau aus, da es hierbei zur Absenkung des Grundwasserspiegels kommt und im Zuge dieser Maßnahmen Auwälder oft in landwirtschaftliche Nutzflächen umgewandelt werden. So ist die Art entlang des Unterlaufs der Iller heute selten geworden. Der Blaue Eisenhut ist in Baden-Württemberg nicht gefährdet, sollte jedoch geschont werden (in der Roten Liste Gefährdungsgrad 5).

3. Aconitum variegatum L. 1753

A. gracile Rchb. 1819; *A. judenbergense* Rchb. 1832; *A. cammarum* Jacq. 1878
Bunter Eisenhut, Gescheckter Eisenhut

Morphologie: Pflanze ausdauernd, 60–200 cm hoch, Wurzeln kugelig verdickt. Stengel oft rötlich überlaufen, aufrecht, hin- und hergebogen oder überhängend, kahl, auf der ganzen Länge reich beblättert. Blätter bis zum Grunde 3- oder 5teilig, Abschnitte doppelt fiederschnittig oder fiederzähnig, meist nicht überlappend. Blütenstand locker, lang, stark durchblättert, mit zahlreichen, weit voneinander entfernten, abstehenden, langen Ästen, die nur wenige Blüten tragen, Seitentrauben meist so stark wie die Endtrauben; Blütenstiele ziemlich lang, aufrecht-abstehend. Tragblätter den Laubblättern ähnlich, kleiner und einfacher. Blüten blau, violett oder weiß gescheckt; Helm höher als breit,

Stiel der Nektarien gerade. Staubfäden kahl. Fruchtblätter 3–5, an den Bauchnähten behaart. Samen 3kantig, mit 4–6 häutigen, gewellten Querlamellen, an einer Kante geflügelt. – Blütezeit: Anfang Juli bis Ende September.

Ökologie: In Schluchtwäldern, hier besonders am Hangfuß, in tiefgründigen Rinnen und in der Talsohle, in Auwäldern und montanen Hochstaudenfluren. Auf frischen bis feuchten, nährstoff- und kalkreichen, humosen, oft skelettreichen Lehm- und Tonböden. Im Bereich der Schwäbischen Alb vor allem im Fraxino-Aceretum und in frischen Fagion-Gesellschaften sowie den angrenzenden Gebüschen. Im Lein-, Iller- und Argental in Auwäldern, lokale Charakterart des Alnetum incanae (Alno-Ulmion). Typische Begleiter sind *Alnus incana Chaerophyllum hirsutum, Carduus personata* und *Aconitum vulparia*.

Allgemeine Verbreitung: Mittel- und südosteuropäische Gebirgspflanze. Deutsche Mittelgebirge, Alpen, Apennin, Balkangebirge, Kaukasus.

Verbreitung in Baden-Württemberg: Der Bunte Eisenhut ist im Gebiet selten. Verbreitungsschwerpunkte sind die Schwäbische Alb sowie das Iller- und Argental.

Die Vorkommen reichen von 400 m bei Langenargen (8423/1) und im Rommelstal (7519/1) sowie 380 m an der Lein unterhalb Heuchlingen (7125/2) bis 860 m im Irndorfer Hardt (7919/2) und 870 m bei Ebingen (7720/3).

250

Die Art ist im Gebiet urwüchsig. Literarischer Erstnachweis: SCHÜBLER & MARTENS (1834: 357): „Auf dem Heuberg zwischen Trochtelfingen und Megerkingen, bei Neutrauchburg".

Neckarland: Schwäbisch-Fränkischer Wald: 7124/2: Amandusmühle, 1954, D. RODI (STU-K); 7125/1: Lindachtal unterhalb Täferrot, 1959, BAUR (STU); 7125/2: Lein unterhalb Heuchlingen, 1950, MAHLER (STU). Oberer Neckar: Rommelstal SW Nellingen, 1953, K. MÜLLER (STU-K).
Schwäbische Alb: Neckarseite: 7324/3: Grünenberg, Fränkel, 1953, MÜRDEL (STU), ob ursprünglich?; 7520/4: Roßberg, A. MAYER (1929); 7719/2: Streichen, 1871, E. WIDMANN (STU). Donauseite: Nördlich der Donau an Talhängen und in Schluchten verbreitet, aber nicht häufig. Südlich der Donau: 7921/4: S Rulfingen, 1978, SEBALD (STU-K); 8019/1: Rottweiler Tal N Altental, 1984, SEYBOLD (STU-K).
Alpenvorland: Entlang der Iller und Argen zerstreut in Auwäldern. 8326/2: Schwarzer Grat, KIRCHNER u. EICHLER (1913).

Bestand und Bedrohung: Der Bunte Eisenhut ist in Baden-Württemberg seltener als der Blaue, die Bestände sind meist kleiner und umfassen nicht selten eine geringere Anzahl von Individuen. Da die Pflanze in lichten Laubwäldern beheimatet ist, leidet sie besonders, wenn die Bestände in Nadelholzforste umgewandelt werden und ihr damit das Licht

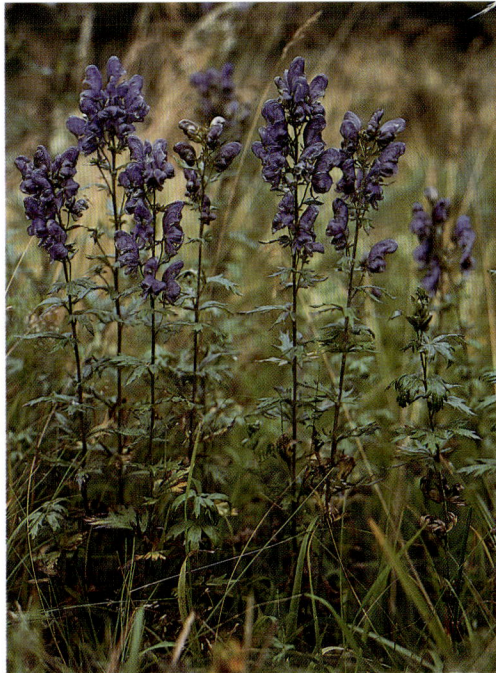

Bunter Eisenhut *(Aconitum variegatum)*
Irndorfer Hardt, 1978

genommen wird. Dies ist am häufigsten in den Talsohlen der Trockentäler der Fall. Eine weitere Gefahr geht aus der Anlage von Forstwegen hervor, da kleinere Bestände hierbei völlig zerstört werden können. In den Gebieten, wo die Art in Auwäldern auftritt (Lein, Iller, Argen) ist sie vom Gewässerausbau und dem damit verbundenen Rückgang dieses Lebensraums betroffen. Der Bunte Eisenhut ist in Baden-Württemberg stärker bedroht als der nahe verwandte Blaue Eisenhut, zählt aber noch nicht zu den gefährdeten Arten. Er gehört zu den Pflanzen, deren Bestände schonungsbedürftig sind (in der Roten Liste Gefährdungsgrad 5).

8. **Consolida** (DC.) S. F. Gray 1821
Delphinium L. 1753 Sect. *Consolida* DC. 1817
Rittersporn

Pflanzen einjährig. Blätter fingerförmig geteilt; Abschnitte oft noch mehrmals geteilt, Zipfel schmal. Stengel verzweigt, Blütenstand meist rispig. Blüten zygomorph, zwittrig; Perigonblätter meist blau, 5, die unteren 4 eiförmig, das obere mit langem hohlem Sporn. Nektarblätter 2, miteinander verwachsen, gespornt, in den Perigonblattsporn ragend. Staubblätter in 5 schraubig angeordneten Reihen. Fruchtknoten 1.

Proterandrische Hummelblume. Der Nektar wird am Grunde des Sporns der Nektarblätter abgesondert. Nur Hummeln (fast ausschließlich *Bombus hortorum*) mit ihrem langen Rüssel erreichen ihn. Die Pollensäcke bzw. Narben werden beim Besuch mit der Unterseite des Kopfes oder Rüssels gestreift.

Consolida-Arten werden gerne als anspruchslose Sommerblumen für sonnige Standorte in Gärten gepflegt. Neben Kultursorten von *C. regalis* findet man noch *C. ajacis* und *C. orientalis* häufiger als Zierpflanzen.

Die Gattung umfaßt etwa 60 Arten, die in Südeuropa und Westasien verbreitet sind. Im Gebiet ist nur eine Art eingebürgert

1 Fruchtknoten kahl; Blütenstand locker, armblütig . . . . 1. *C. regalis*
– Fruchtknoten behaart; Blütenstand dicht, reichblütig 2
2 Vorblätter mit ihrer Spitze den Blütengrund nicht erreichend; Sporn 13–18 mm lang; Frucht allmählich in den Griffel verschmälert. Gepflanzt, selten verwildert . . . . *[C. ajacis]*
– Vorblätter den Blütengrund erreichend oder überragend; Sporn 8–12 mm lang; Frucht plötzlich in den Griffel verschmälert. Gepflanzt, selten verwildert . . . . *[C. orientalis]*

1. Consolida regalis S.F. Gray 1821
Delphinium consolida L. 1753
Acker-Rittersporn, Feld-Rittersporn

Morphologie: Pflanze 15–50 cm hoch, locker bis dicht behaart. Stengel einzeln, aufrecht, seltener aufsteigend, oberwärts verzweigt. Blätter stengelständig, untere kurz gestielt, obere sitzend, bis zum Grunde dreiteilig; Abschnitte gestielt, nochmals bis zum Grunde dreiteilig, seltener fiederteilig, Zipfel 0,5–1,5 mm breit, spitz. Blüten in lockeren Trauben; Tragblätter sehr schmal, untere 1–3teilig, obere einfach, kürzer als die Blütenstiele; Perigonblätter dunkelblau, seltener rötlich oder weiß, 12–15 mm lang; Sporn 15–30 mm lang, gerade oder gebogen. Fruchtknoten kahl. – Blütezeit: Ende Mai bis Anfang September (selten noch im Oktober).

Ökologie: In Getreidefeldern, selten auch an Wegen und auf Schutt. Auf warmen, mäßig trockenen bis mäßig frischen, nährstoff- und kalkreichen, humosen, lockeren, oft steinigen Lehmböden. Bis 50 cm tief wurzelnd. Vor allem in tieferen Lagen.

Caucalidion-Verbandscharakterart, auch in anspruchsvollen Aperion-Gesellschaften. Typische Begleiter sind *Sherardia arvensis, Adonis aestivalis, Euphorbia exigua, Ranunculus arvensis* und *Lathyrus tuberosus.* Vegetationskundliche Aufnahmen bei KUHN (1937: Tab. 7), TH. MÜLLER (1964), GÖRS (1966: Tab. 3).

Allgemeine Verbreitung: Ursprünglich südeuropäische Pflanze. Fast ganz Europa (ohne Britische Inseln), in Skandinavien vereinzelt bis zum Polarkreis; West- und Südwestasien; in Nordamerika eingebürgert.

Verbreitung in Baden-Württemberg: Der Feld-Rittersporn ist auf die Kalkgebiete beschränkt und hier zerstreut, in den Tieflagen auch häufiger, anzutreffen. Die Art fehlt im Schwarzwald, im mittleren Oberrheingebiet und im Alpenvorland fast völlig. Nur 7726/1: Wochenau, nach 1975, BANZHAF in RAUNEKER (1984) und unbeständig auf Bahngelände 8324/2: Wangen, Güterbahnhof, 1972, DÖRR (1973). Verbreitungslücken bestehen in Teilen des Schwäbisch-Fränkischen Waldes und in den Hochlagen der Schwäbischen Alb (besonders im Südwestteil).

Die Vorkommen reichen von 100 m in der Oberrheinebene bei Mannheim bis 770 m bei Böttingen (7523/2) auf der Schwäbischen Alb.

Die Art ist wohl mit dem Getreideanbau in der Jungsteinzeit zu uns gelangt. Literarischer Erstnachweis: J. BAUHIN (1598: 195): Aus der Umgebung von Bad Boll (7323). SCHORLER (1907: 83): Auch von HARDER 1575–76 vermutlich aus dem Gebiet belegt.

Bestand und Bedrohung: Der Feld-Rittersporn ist infolge Unkrautbekämpfung und Saatgutreinigung sowie intensivere Bestellung und Bearbeitung der Äcker zurückgegangen. Die Karte zeigt den Rück-

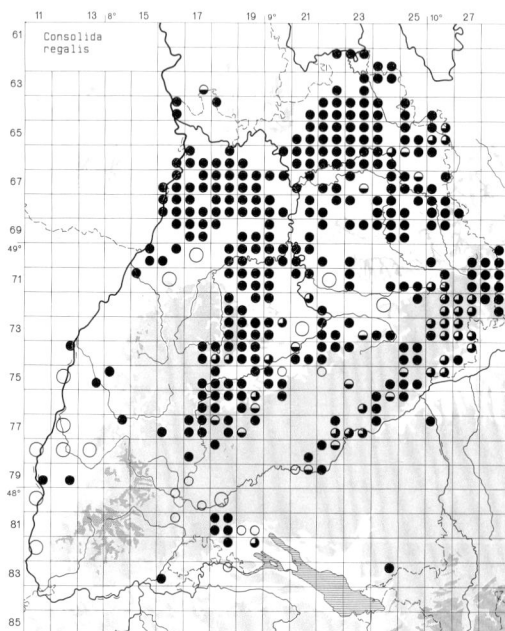

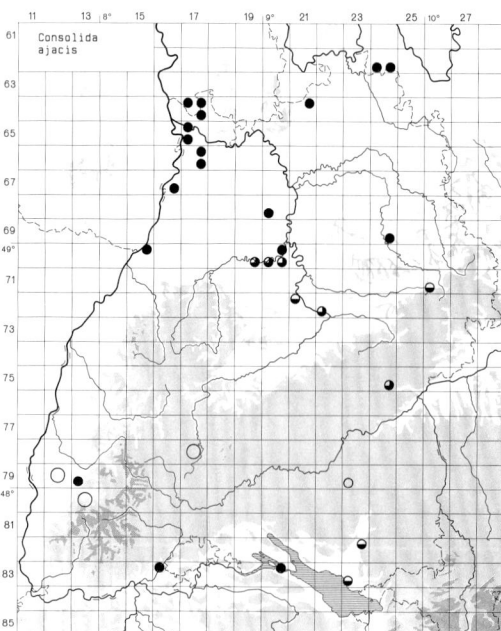

Acker-Ritttersporn *(Consolida regalis)*
Weil der Stadt, 1989

gang nur unvollständig, da in der älteren Literatur wegen der Häufigkeit der Pflanze auf Fundortsangaben weitgehend verzichtet wurde. Vielfach handelt es sich bei den heutigen Vorkommen auf einem Grundfeld nur noch um wenige Individuen oder gar Einzelpflanzen, während es sich früher in der Regel um eine Mehrzahl von größeren Beständen gehandelt hat. Einen gewissen Ausgleich stellen offene Flächen an Wegen, Ödflächen und Schuttplätze dar. Um einen weiteren Rückgang der ausgesprochen attraktiven Pflanze zu verhindern, reicht oft schon der Verzicht auf chemische Unkrautbekämpfungsmaßnahmen an Ackerrändern.

Der Feld-Rittersporn ist in Baden-Württemberg schonungsbedürftig (in der Roten Liste Gefährdungsgrad 5).

9. **Anemone** L. 1753
Anemone, Windröschen

Ausdauernde Kräuter mit kräftigem Wurzelstock. Grundständige Blätter 1–mehrere, handförmig geteilt, mit am Grunde keilförmig verschmälerten Abschnitten. Stengelblätter 3–4, quirlständig, weit unterhalb der Blüte oder des Blütenstandes entspringen, den grundständigen Blättern ähnlich. Blüten radiär, zwittrig, einzeln endständig oder zu mehreren in den Achseln der Hochblätter; Perigonblätter 5–20, im Gebiet innen weiß oder gelb gefärbt. Nektarien fehlen. Staubblätter gelb. Fruchtblätter zahlreich, einsamig. Früchtchen nußartig, mehr oder weniger flach, mit kurzem schnabelartigem Griffel.

253

Buschwindröschen *(Anemone nemorosa)*
Rottenburg, 1989

Die Staubblätter reifen gleichzeitig oder kurz vor den Fruchtblättern. Als Bestäuber kommen pollensammelnde Käfer, Fliegen oder Bienen in Betracht. Die Samen werden ob ihres Anhängsels (Elaiosom), das Zucker, Fett und Stärke enthält, von Ameisen gesammelt und verbreitet.

Die einheimischen Arten der Gattung sind mehr oder weniger giftig. *Anemone nemorosa* und *A. ranunculoides* enthalten in der frischen Pflanze Protoanemonin und Anemonin; *Anemone sylvestris* Protoanemonin und Saponin. Der Genuß von 10–20 frischen Pflanzen von *Anemone nemorosa* soll für den Menschen tödlich sein.

Die Gattung umfaßt etwa 120 Arten, die in den gemäßigten und kalten Zonen beider Hemisphären beheimatet sind und ihren Verbreitungsschwerpunkt in Süd- und Ostasien sowie im Süden Nordamerikas haben. Im Gebiet sind 4 Arten heimisch.

1 Blüten gelb, außen behaart; Blütenstand zweiblütig . . . . 2. *A. ranunculoides*
– Blüten weiß, zuweilen rötlich-purpurn überlaufen   2
2 Blütenhülle außen behaart, Blüten 4–7 cm im Durchmesser; Blätter handförmig 5teilig . . . . . .
. . . . 4. *A. sylvestris*

– Blütenhülle beiderseits kahl   3
3 Blüten einzeln, selten zu zweien; Früchtchen behaart; grundständige Blätter zur Blütezeit meist fehlend . . . . 1. *A. nemorosa*
– Blüten zu 3–8; Blütenstand doldenartig; Früchtchen kahl; grundständige Blätter zur Blütezeit vorhanden . . . . 3. *A. narcissiflora*

1. Anemone nemorosa L. 1753
Busch-Windröschen

Morphologie: Pflanze 10–25 cm hoch, Wurzelstock waagrecht im Boden kriechend. Stengel meist einzeln, aufrecht, mehr oder weniger kahl. Grundständige Blätter zur Blütezeit meist fehlend. Stengelblätter 3, im oberen Drittel des Stengels entspringend, normalerweise mindestens 1 cm lang gestielt, 3–6 cm lang, bis zum Grunde dreiteilig; Abschnitte 2–3mal so lang wie breit, mehr oder weniger tief 2–5teilig und grob gezähnt. Blüte 1 (selten 2), im Durchmesser 2–4 cm; Blütenstiele kraus behaart; Perigonblätter 6–8 (selten bis 12), weiß, bisweilen außen rosa, beiderseits kahl. Früchtchen dicht mit kurzen, geraden, borstigen Haaren besetzt. – Blütezeit: Anfang März bis Anfang Juni.
Ökologie: In Laub- und Nadelwäldern, in Gebüschen, in Bergwiesen. Auf mäßig frischen bis feuchten, mehr oder weniger nährstoff- und basenreichen, kalkhaltigen bis mäßig sauren, humosen, lockeren Lehmböden, bis 15 cm tief wurzelnd. Bodenlockernde Mullbodenpflanze. Vor allem in

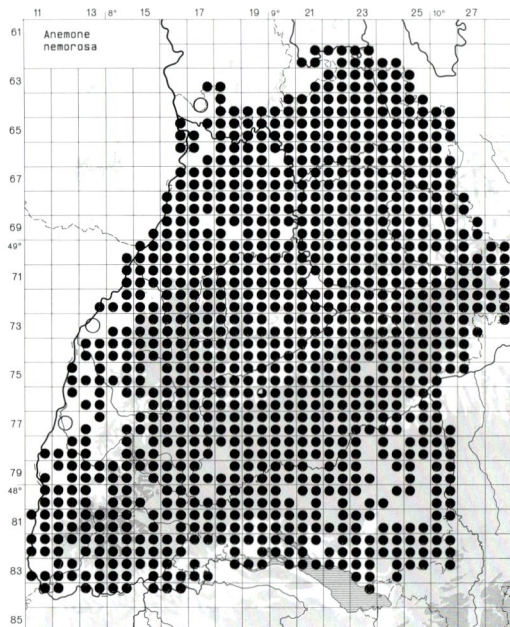

Fagion- und Carpinion-Gesellschaften, auch im Alno-Ulmion und Prunetalia-Gesellschaften, ferner in mageren Bergwiesen (Polygono-Trisetion). Vegetationsaufnahmen bei KUHN (1937), OBERDORFER (1949), SEBALD (1974, 1983), PHILIPPI (1983), NEBEL (1986).

Allgemeine Verbreitung: Europäische Pflanze. Fast in ganz Europa (fehlt im Süden Spaniens, auf Sardinien, im Süden Italiens, auf Sizilien, in großen Teilen des Balkans); östlich bis Kasan an der mittleren Wolga nördlich bis Nordfinnland und Nordschweden.

Verbreitung in Baden-Württemberg: Das Busch-Windröschen ist in allen Landschaften verbreitet und häufig.

Die Vorkommen reichen von 100 m in der Oberrheinebene bei Mannheim bis 1350 m am Feldberg (8114/1).

Die Art ist im Gebiet urwüchsig. Erstnachweise: C. BAUHIN (1622: 52): „In nemore Wilensi" bei Basel; SCHOEPF (1622: 9): Aus der Umgebung von Ulm; SCHORLER (1907: 82): von HARDER 1574–76 belegt.

Bestand und Bedrohung: Die Pflanze ist in Baden-Württemberg nicht gefährdet. Sie verträgt ein- bis zweimalige Mahd und ist unempfindlich gegen Brennen.

2. Anemone ranunculoides L. 1753
Gelbes Windröschen, Gelbe Anemone

Morphologie: Pflanze 10–30 cm hoch, Wurzelstock waagrecht im Boden kriechend, mit Schuppenblättern besetzt. Stengel aufrecht, mehr oder weniger kahl. Grundständige Blätter während der Blütezeit in der Regel fehlend. Hochblätter 3, im oberen Viertel des Stengels entspringend, weniger als 1 cm lang gestielt oder sitzend, im Umriß rhombisch, 4–8 cm lang, bis zum Grunde 3teilig; Abschnitte 3–5mal so lang wie breit, unregelmäßig und grob gezähnt, vereinzelt mit tieferen Einschnitten. Blüten 1–3, meist zu zweien, Durchmesser 1,8–2,5 cm; Blütenstiele kraus behaart; Perigonblätter 5, gelb, außen behaart. Früchtchen dicht mit kurzen, geraden, borstigen Haaren besetzt. – Blütezeit: April bis Mai.

Ökologie: In kraut- besonders geophytenreichen, feuchten Buchen-, Laubmisch- und Auenwäldern, auch in Hecken, seltener in feuchten Wiesen. Auf frischen, nährstoff- und basenreichen (meist kalkhaltigen), humosen, lockeren, mehr oder weniger tiefgründigen Lehm- und Tonböden. Mullbodenpflanze. Oft mit anderen Geophyten im Tilio-Acerion (besonders Klebwäldern), in frischen bis

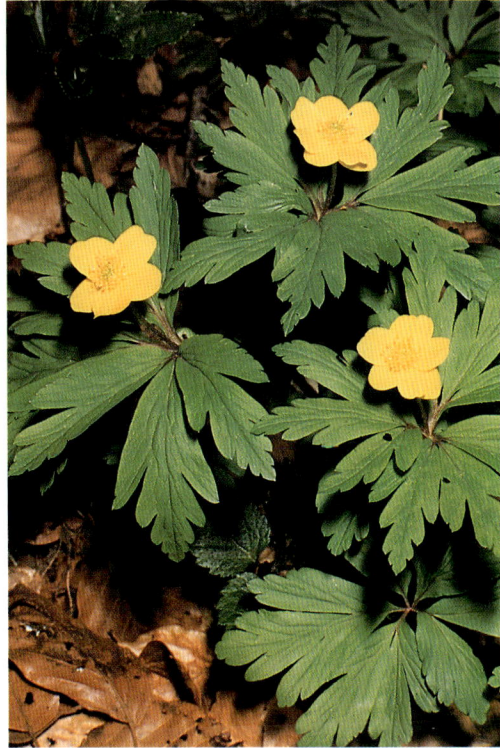

Gelbes Windröschen *(Anemone ranunculoides)* Donautal bei Beuron, 1986

feuchten Fagion- und Carpinion-Gesellschaften und im Alno-Ulmion. Fagetalia-Ordnungscharakterart. Typische Begleiter sind *Corydalis cava, Ranunculus ficaria, Paris quadrifolia, Adoxa moschatellina, Acer pseudoplatanus, Fraxinus excelsior.* Vegetationskundliche Aufnahmen bei KUHN (1937: Tab. 38), KREH (1938), OBERDORFER (1949: Tab. 9), LANG (1973).

Allgemeine Verbreitung: Europäische Pflanze. Fast ganz Europa; fehlt in England (nur eingeschleppt), im größten Teil von Skandinavien, in Nordrußland, in Westfrankreich, auf der Iberischen Halbinsel, in Mittel- und Süditalien und im südlichen Balkan.

Verbreitung in Baden-Württemberg: Die Gelbe Anemone hat ihren Verbreitungsschwerpunkt in den Kalkgebieten. Hier ist sie, besonders in den Tälern, regelmäßig anzutreffen. Die eher kontinentale Art wird in den westlichen Landesteilen deutlich seltener. Sie fehlt im gesamten Schwarzwald. In der mittleren Oberrheinebene und im nördlichen Alpenvorland ist die Pflanze selten.

Die Vorkommen reichen von 100 m in der Oberrheinebene bei Mannheim (6516/3) bis 1015 m auf dem Lemberg-Plateau (7818/2).

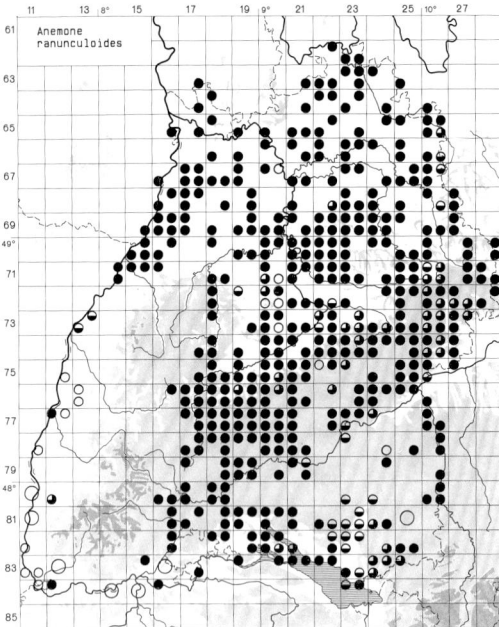

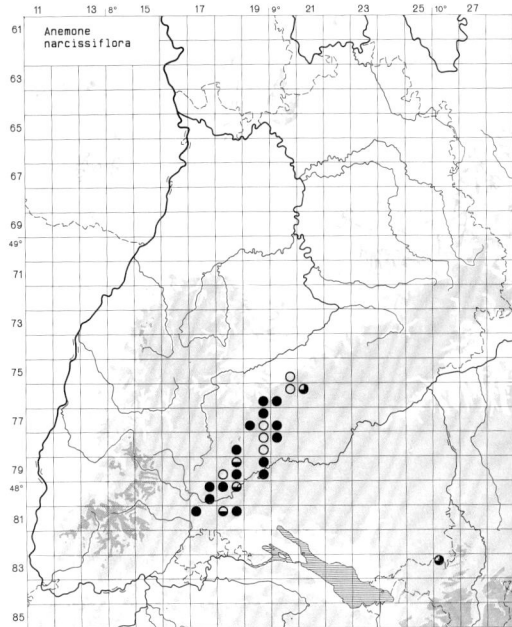

Die Art ist im Gebiet urwüchsig. Erstnachweis: FUCHS (1542: 162): Bebenhausen (7420).

Bestand und Bedrohung: Die Gelbe Anemone kommt meist in größeren Herden vor. Sie ist, da sie vor allem in Wäldern auftritt und Nährstoffreichtum liebt, nicht gefährdet. Lediglich die Umwandlung von Laubwäldern in Nadelholzkulturen würde der während der Blütezeit recht lichtliebenden Pflanze durch dauernde Beschattung schaden. Sie verträgt ein- bis zweimaliges Mähen gut.

3. Anemone narcissiflora L. 1753
Berghähnlein

Morphologie: Pflanze 20–45(–55) cm hoch; Rhizom mehr oder weniger senkrecht, kräftig. Stengel aufrecht, abstehend behaart. Grundständige Blätter stets vorhanden, mit langen abstehend behaarten Stielen, im Umriß rundlich, Durchmesser 4–8 cm, bis zum Grund 3- oder 5teilig; Abschnitte mehrmals tief geteilt; Stengelblätter ungestielt, ungleich tief gespalten, wie die Grundblätter behaart. Blütenstand doldenartig, 3–8blütig; Blütenstiele behaart; Blüten im Durchmesser 2–3 cm; Perigonblätter 5–6, weiß, beiderseits kahl. Früchtchen kahl. – Blütezeit: Mitte Mai bis Anfang Juni.

Ökologie: In Hochstaudenfluren, lichten Buchen-Hangwäldern, an Gebüschrändern und in Halbtrockenrasen. Auf frischen bis wechselfrischen kalkhaltigen, mageren, skelettreichen Lehm- und Tonböden. Lichtliebend. Schwerpunkt in Buntreitgras-Halden (Laserpitio-Calamagrostietum variae), auch in frischeren Fagion-Gesellschaften, vor allem in *Sesleria*- und *Calamagrostis varia*-Buchenwäldern, seltener im Mesobromion. Typische Begleiter sind *Calamagrostis varia*, *Sesleria varia*, *Phyteuma orbiculare*, *Ranunculus oreophilus* und *Laserpitium latifolium*. Vegetationsaufnahmen bei WITSCHEL (1980: Tab. 13, 1986).

Allgemeine Verbreitung: Eurasiatisch-nordamerikanische Gebirgspflanze. Kantabrisches Gebirge, Pyrenäen, Alpen, Jura, Sudeten, Karpaten, Apennin, Gebirge des Balkans. Nahe verwandte Sippen in den asiatischen Gebirgen und Sibirien sowie in Nordamerika.

Verbreitung in Baden-Württemberg: Das Berghähnlein ist im Gebiet sehr selten und tritt nur im Südteil der mittleren Alb, auf der Südwestalb und im Allgäu auf.

Die Vorkommen reichen von 620 m im Kriegertal (8118/2) bis 950 m auf dem Lochenhörnle (7719/3). Bertsch (1948) gibt 1000 m an (wo?).

Die Art ist im Gebiet urwüchsig. Erstnachweis: ROTH VON SCHRECKENSTEIN (1797): „Wohnt nicht sparsam auf dem Maienbühl" bei Immendingen (handschriftliche Flora von Immendingen, Donaueschingen).

Schwäbische Alb: 7520/4: Filsenberg bei Öschingen; 7619/4: Sauters Rain bei Thanheim; Zwischen Thanheim und Zimmern; Zellerhorn; Raichberg; 7620/2: Willmandingen

Berghähnlein *(Anemone narcissiflora)*
Balingen, 1989

Gewann Eichhalde; 7620/3: Jungingen; 7621/1: Willman-
dingen-Erpfingen; Raichtal S Undingen, 1958, A. WEHR-
MAKER; 7719/2: Blasenberg; Hundsrücken bei Streichen;
Irrenberg; 7719/3: Hörnle; 7719/4: Böllat; Margrethausen;
7720/3: Hardt bei Ebingen; Hüttenkirch bei Truchtelfin-
gen; Hochbühl bei Ebingen; 7818/4: Zwischen Gosheim
und Denkingen; Heuberg bei Böttingen; Schloßberg bei
Wehingen; 7819/2+4: Hardt bei Meßstetten; 7820/1:
Waldwiesen am Zwerenbach (heute Zwerenboch); Pfaffental; 7918/2: Dreifaltigkeitsberg; 7918/3: Zwischen Hausen
und Talheim; 7918/4: Aiberg bei Wurmlingen; Erbsberg;
7919/2: Irndorf; 7919/4: Fridingen; 8017/2: Talhof; 8017/
4: Länge zwischen Gutmadingen und Neudingen; 8018/1:
Maienbühl zwischen Öfingen und Geisingen; Bachzimmern; 8018/2: Tuttlingen-Witthoh; 8117/1: Eichberg bei
Blumberg; 8118/1: Eichberger Halde bei Zimmerholz;
8118/2: Kriegertal.
Allgäu: 8326/1: Rotenbach.

Eine ausführliche Darstellung aller Wuchsorte mit
Quelle, Finder und Fundzeit findet sich bei WIT-
SCHEL (1986).
Bestand und Bedrohung: Mehr als die Hälfte der
ehemals 40–60 Vorkommen des Berghähnleins
sind heute in Baden-Württemberg verschollen.

Neben einer Reihe von gut entwickelten Beständen
gibt es auch manche Vorkommen mit nur wenigen
Pflanzen, die dringend eine Pflege benötigen. Die
größte Gefahr für die gegen stärkere Beschattung
und Eutrophierung empfindliche Art geht von einer
Umwandlung der Laubholzbestände in Fichtenkulturen und vom Aufforsten der Magerwiesen aus.
Insgesamt hat wohl allgemein die Intensivierung
waldbaulicher Maßnahmen und die Aufgabe der
Nieder- und Mittelwaldnutzung zum Rückgang
beigetragen. Die Vorkommen in Magerrasen sind
durch die Aufgabe der Nutzung und dem damit
verbundenen Verbuschen ebenso bedroht wie durch
eine Intensivierung mit Hilfe von Dünger. Das
Berghähnlein ist in Baden-Württemberg gefährdet
(in der Roten Liste Gefährdungsgrad 3).

Mit Hilfe von Pflegemaßnahmen konnte, besonders durch das Entfernen von Fichten, ein noch
stärkerer Rückgang verhindert werden. Einige Bestände haben sich inzwischen gut erholt (vgl. WIT-
SCHEL 1986). Die Art ist gesetzlich geschützt. Sie
verträgt eine Mahd nach dem Fruchten (ab Juli)

ohne Nachteil. In Weiden fehlt die Pflanze, vermutlich weil sie vom Vieh gefressen wird.

Literatur: WITSCHEL, M. (1986).

4. Anemone sylvestris L. 1753
Wald-Windröschen, Großes Windröschen

Morphologie: Pflanze 15–50 cm hoch; Rhizom schräg aufsteigend. Stengel aufrecht, abstehend behaart, Haare 1–2 mm lang. Grundständige Blätter stets vorhanden, auf langen, abstehend behaarten Stielen, meist 2–6, bis zum Grunde handförmig 3- oder 5teilig, im Umriß 5- oder 7eckig, beiderseits lang behaart; Abschnitte 2- oder 3teilig, vorne grob gezähnt. Stengelblätter 3, von gleicher Form wie die Grundblätter, meist mehr als 1 cm lang gestielt, etwa in der Mitte des Stengels entspringend. Blüte 1 (selten 2), Durchmesser 3–7 cm; Blütenstiele dicht und lang behaart; Perigonblätter 5–6, weiß, außen lang behaart. Früchtchen dicht, lang und weiß behaart, Haare mehrmals so lang wie das Früchtchen.
Biologie: Blüte von Mitte April bis Mitte Juni. Windverbreitung der langhaarigen Früchte.
Ökologie: In sonnigen Busch- und Kieferwäldern, an Waldrändern, Böschungen, in Hohlwegen und Halbtrockenrasen. Auf warmen, mäßig trockenen, kalkreichen, lockeren, tiefgründigen, sandigen oder reinen Löß- und Kalksandböden, auch auf mäßig tiefgründigen, z.T. skelettreichen Kalkverwitterungslehmen. Vor allem im Geranion sanguinei

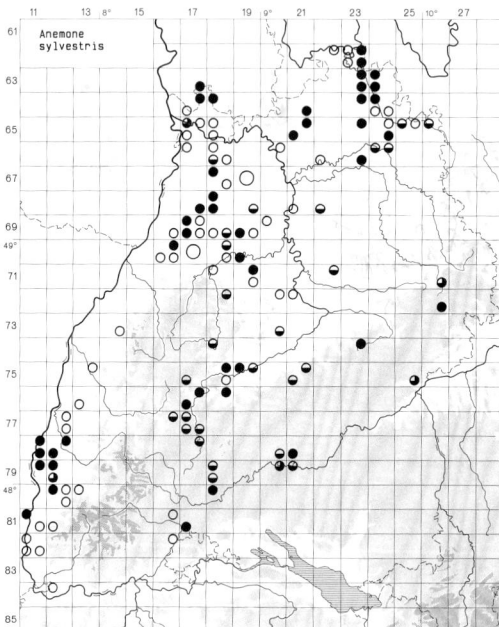

(Charakterart des Geranio-Anemonetum sylvestris) und in Kiefernwäldern (Erico- und Cytiso Pinion). Typische Begleiter sind *Peucedanum oreoselinum, Geranium sanguineum, Fragaria viridis, Polygonatum odoratum* und *Bupleurum falcatum*. Vegetationsaufnahmen bei WITSCHEL (1980), FISCHER (1982: Tab. 6 + 7), PHILIPPI (1984).

Allgemeine Verbreitung: Eurosibirische Pflanze Nordwärts bis Norddeutschland, Baltikum, vereinzelt im nördlichen Rußland; durch ganz Sibirien zwischen 48° und 60° NB; westwärts bis Nordwestfrankreich, Lothringen, Oberrheingebiet; südwärts bis in die Südalpen, Gebirge des Balkans, Donaubecken, Krim, Kaukasus. Die Art erreicht im Gebiet die Westgrenze des geschlossenen Areals.

Verbreitung in Baden-Württemberg: Das Große Windröschen tritt im Gebiet sehr zerstreut auf.

Die Vorkommen reichen von 100 m bei Seckenheim (6517/1) bis 900 m bei Ippingen (8018/1).

Die Art ist im Gebiet urwüchsig. Erstnachweis: J. BAUHIN et al. (1651: 412): „Spontanea vero ad Rhenum in Brisgovia inter Burcken et Offenburg, ut etiam circa Heidelbergam".

Oberrheingebiet: Im nördlichen und südlichen Teil zerstreut. Im mittleren Abschnitt nur 7314/4: Achern, EICHKER, GRADMANN u. MEIGEN (1914); 7513/2: Offenburg, DÖLL (1862); 7613/3: Sulz, EICHLER, GRADMANN u. MEIGEN (1914); Lahr, NEUBERGER (1912); 7712/2: Ettenheim, EICHLER, GRADMANN u. MEIGEN (1914); 7712/4: Herbolzheim, EICHLER, GRADMANN u. MEIGEN (1914). Hochrhein: Wyhlen, EICHLER, GRADMANN u. MEIGEN (1914); Grenzach, SEUBERT u. KLEIN (1905).

Main-Taubergebiet: Zerstreut.

Neckarland: Hohenlohe-Bauland: 6421/4: o.O., nach 1970, SCHÖLCH (STU-K); 6521/2: Bödigheim, EICHLER, GRADMANN u. MEIGEN (1914); o.O., nach 1970, SCHÖLCH (STU-K); 6521/3: o.O., nach 1970, SCHÖLCH (STU-K); 6620/2: Mosbach, DÖLL (1862); 6622/3: Möckmühl, KIRCHNER u. EICHLER (1900); 6623/4: Crispenhofen, 1978, H. WOLF (STU-K); 6624/1: Hohebach, KIRCHNER u. EICHLER (1913); 6624/2: Ailringen, um 1920, HANEMANN (STU-K). Kraichgau und Stromberg: zerstreut. Mittlerer Neckar: 6821/3: Heilbronn, 1826, LANG (STU) Heilbronn, Katzensteige, 1869 (STU); 6822/3: Eschenau, 1901, R. DIETZ (STU-K); 7119/2: Heimerdingen, Ölmühle, 1978, SEYBOLD (STU); 7119/4: Weissach, EICHLER, GRADMANN u. MEIGEN (1914); 7122/2: Stöckenhof, um 1940, KREH in SEYBOLD (1968); 7218/2: Möttlingen, KIRCHNER u. EICHLER (1913); Simmozheim, MAYER (1950); 7220/2: Heslach, Hasenberg, 1869, E. WIEDMANN (STU); 7221/1: Stuttgart, im Kienle, KIRCHNER (1888). Schönbuch: 7320/4: Waldenbuch, bis 1930, MAYER (1950: 185). Heckengäu, oberes Gäu und oberer Neckar: zerstreut.

Baar und Wutach: 8116/2: Mundelfingen, DÖLL (1862); 8117/3: Eichberg bei Blumberg, 1987, NEBEL; 8216/2: Grimmelshofen, EICHLER, GRADMANN u. MEIGEN (1914). Schwäbische Alb: 7126/4: Wolfertstal, 1951, MAHLER (STU-K); 7226/2: SO Ochsenberg, 1972, ENGELHARDT

Wald-Windröschen *(Anemone sylvestris)*
Wiesensteig, 1973

(STU-K); 7226/4: Aufhausen, vor 1945, G. BRAUN (STU-K); 7423/2: Wiesensteig; 7521/2: Übersberg, MAYER (1950); Urselberg, MAYER (1904), hierher wohl auch die Angabe Pfullingen, SCHÜBLER u. MARTENS (1834); 7521/3: Lippentaler Hochberg, MAYER (1929); 7525/4: Mähringen, 1964, RAUNEKER, erloschen (STU-K); 7820/4: Fürstenhöhe, um 1930, PLANKENHORN (STU-K); Oberschmeien, MAYER (1929), beide Angaben können sich auch auf folgenden Wuchsort beziehen: 7821/3: Fürstenhöhe, Verbrannter Hau, 1971, E. BECK (STU-K); 7918/1: Zundelberg, vor 1945, REBHOLZ (STU-K); Hausen o.V., MAYER (1929); 7918/3: Langenberg, MAYER (1929); 7920/2: Bühl bei Vilsingen, 1961, SEYBOLD (STU-K); 7921/1: Sigmaringen, KIRCHNER u. EICHLER (1913); 8018/1: Ippingen, WITSCHEL (1980: 128), hierher wohl auch die Angabe: bei Immendingen, DÖLL (1862).

Bestand und Bedrohung: In allen Gebieten ist das Große Windröschen stark zurückgegangen, in einigen Regionen, wo die Pflanze schon immer selten war, ist sie ganz verschwunden. Oft umfassen die einzelnen Vorkommen nur wenige Exemplare, die nur vereinzelt zur Blüte gelangten. Die Hauptgründe für den Rückgang dürften allgemein in der Eutrophierung der Standorte liegen, hierdurch wird die verhältnismäßig konkurrenzschwache Art von anderen verdrängt. Weiter sind durch das Vordringen

von Gebüschen und Wald Wuchsorte überwachsen worden, die lichtliebende Pflanze konnte nicht mehr gedeihen. Auch die direkte Zerstörung der Vorkommen, etwa infolge von Flurbereinigungen (besonders der Rebfluren) sowie Erweiterungen und Verlegungen alter Wege, wobei besonders die Böschungen zerstört wurden, hat wesentlich zum Verschwinden der Art beigetragen. Pflücken und Ausgraben der attraktiven Pflanze spielen als Grund für den Rückgang wahrscheinlich eine untergeordnete Rolle. Die Wald-Anemone ist in Baden-Württemberg stark gefährdet, sie sollte deshalb in der Roten Liste von Gefährdungsgrad 3 auf 2 hochgestuft werden. Die Art ist gesetzlich geschützt. Sie verträgt eine Mahd ab dem Spätsommer und ist wenig empfindlich gegen Brennen.

10. **Hepatica** Miller 1754
Leberblümchen

Die Gattung umfaßt je nach Fassung 5–8 Arten, davon treten 2 in Europa, die restlichen in Asien und Nordamerika auf.
Im Gebiet ist nur die folgende Art heimisch.

1. **Hepatica nobilis** Schreber 1771
Anemone hepatica L. 1753; *Hepatica triloba* Gilib. 1781
Leberblümchen

Morphologie: Pflanze ausdauernd, 5–15 cm hoch; Rhizom kurz, faserig, dunkelbraun. Laubblätter grundständig, zahlreich, überwinternd, auf langen, kraus behaarten Stielen, oberseits grün, kahl, unterseits oft rotbraun bis violett, lang behaart bis kahl, im Umriß 3eckig, bis zur Hälfte dreiteilig eingeschnitten, am Grunde tief herzförmig, mit 3 stumpfen, breiten sich oft überlappenden Abschnitten. Stengel zu mehreren, lang behaart, einblütig. Kelchartige Hochblätter 3, bis 1 cm lang, oval, ganzrandig, sitzend, den Perigonblättern anliegend. Blütendurchmesser 2–3,5 cm; Perigonblätter 5–10, blau, beiderseits kahl; Nektarien fehlend. Staubblätter fast weiß mit rotem Konnektiv. Narbe kopfig. Früchtchen länglich, behaart, mit kurzem Schnabel.
Biologie: Blüte von Ende Februar bis Mitte Mai. Pollenblume. Besuch von Käfern, Schwebfliegen, Bienen und Schmetterlingen. Verbreitung durch Ameisen, der Same bildet ein Elaiosom, das von den Ameisen gesammelt und gefressen wird.
Ökologie: In krautreichen Buchen- und Eichenmischwäldern. Auf mäßig trockenen bis mäßig fri-

Leberblümchen *(Hepatica nobilis)*
Unterrot, 1986

schen, wenig nährstoff- und basenreichen, meist kalkhaltigen, humosen, lockeren Lehmböden. Lehm- und Mullbodenzeiger, bis 50 cm tief wurzelnd, einer unserer besten Kalkzeiger. Kennart des Kalk-Buchenwaldes (Carici- und Lathyro-Fagetum). Typische Begleiter sind *Helleborus foetidus, Lathyrus vernus, Carex montana, Daphne mezereum* und *Cephalanthera rubra.* Vegetationsaufnahmen bei OBERDORFER (1949: Tab. 12), LANG (1973), SEBALD (1983: Tab. 2–4), WITSCHEL (1980, 1986), NEBEL (1986: Tab. 12).

Allgemeine Verbreitung: Europäische Pflanze (meidet atlantische Gebiete). Nordwärts in Skandinavien bis 63° NB, Südfinnland und Baltikum; ostwärts bis ins Gebiet der oberen Wolga; südwärts bis Mittelspanien, Frankreich (nicht im Westen), Süditalien, Balkanhalbinsel (ohne Griechenland). Abweichende Sippen in Ostasien.

Verbreitung in Baden-Württemberg: Das Leberblümchen hat im Gebiet 2 Verbreitungsschwerpunkte. Der eine erstreckt sich von der Ostalb über den Schwäbisch-Fränkischen Wald bis ins Muschelkalkgebiet Hohenlohes. Der zweite umfaßt die Südwestalb, den Hegau und das westliche Bodenseegebiet sowie die Wutach und den Klettgau. In der übrigen Landschaften ist die Pflanze selten oder fehlt ganz.

Die Vorkommen reichen von 260 m zwischen Kocherstetten und Morsbach (6724/1) bis etwa 850 m am Zundelberg (7918/2), bei Kolbingen (7919/1) und im Schuhwerktobel (8226/4).

Die Art ist im Gebiet urwüchsig. Erstnachweis SCHOEPF (1622: 11). Umgebung von Ulm; SCHORLER (1907: 82), SCHINNERL (1912: 213), SCHWIMMER (1941: 52): Von HARDER 1574–76 bis 160? vermutlich aus dem Gebiet belegt.

Oberrheingebiet: 7613/4: Seelbach, zwischen Lützelhard und Kallenwald, MOHR (1898: 33); 7911/2: Zwischen Ihringen und Totenkopf, 1975, D. REINEKE (STU-K); 7912 1: Totenkopf, Nordhang, 1975, D. REINEKE (STU-K) Neun Linden, SEUBERT u. KLEIN (1905); Eichstetten, SEUBERT u. KLEIN (1905). Hochrhein: 8412/1: Rührberg Wyhlen, beide Angaben BINZ (1911).
Taubergebiet und nördliches Hohenlohe (bei einigen Vorkommen kann es sich auch um Verwilderungen oder Verschleppungen handeln): 6424/4: Schüpf, BAUER (1815–35); 6524/2: Mergentheim, SCHÜBLER u. MARTENS (1834), SCHLENKER (1910); 6526/2: Frauental, Klosterwald, nach 1900, K. SCHLENKER (STU); 6624/1: Dörzbach, St. Wendel, BAUER (1815–35); 6625/2: Tälchen N Hachtel, 1984, SEYBOLD (STU-K).
Schwäbisch-Fränkischer Wald: Zerstreut, abweichender Wuchsort: 7122/4: Wald zwischen Grunbach und Buoch, 1941, SCHMOHL, nach 1970, o.O., Bückle (STU-K).
Hecken- und oberes Gäu: 7319/1: Hochberghalde SO Aidlingen, 1980, H. BAUMANN; 7417/2: Märzenhalde N Oberschwandorf, 1955, WREDE; 7417/4: Gewann Tann NW

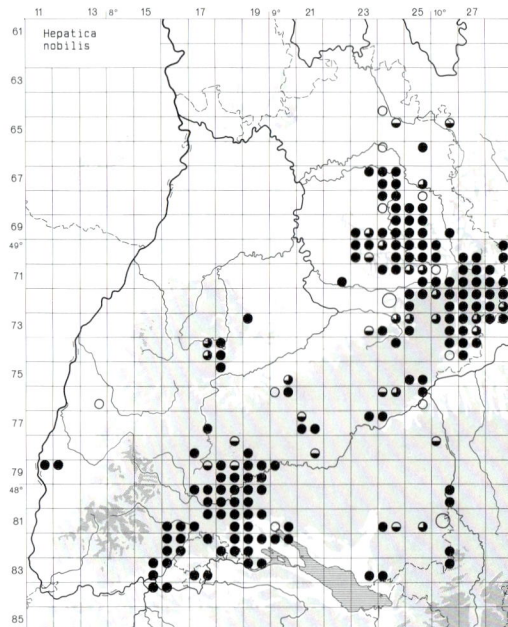

Haiterbach, 1955, WREDE; 7418/1: Märzenhalde W Nagold; Galgenberg O Nagold, beide 1984, WREDE; 7418/3: Gewann Buchschlägle SW Nagold, 1984, WREDE; 7518/1: Untertalheim, 1984, M. ADE (alles STU-K).

Oberer Neckar: 7717/4: Bendelbachtal O Bösingen, 1987, AIGELDINGER (STU-K); 7817/3: Wildenstein, 1985, S. HARR (STU-K); Trossingen, MAYER (1929).

Mittlere Schwäbische Alb: Neckaralb: 7520/4: Gönningen; Öschingen; Bolberg – alle MAYER (1904); Firstberg, MAYER (1929); Filsenberg, MAYER (1929), um 1950, P. FILZER (STU-K); 7620/1: Farrenberg, MAYER (1904); 7620/2: Willmandingen, Riedernberg, MAYER (1904), 1984, G. MAYER (STU-K); Talheim, MAYER (1904), 1984, G. MAYER (STU-K). Donaualb: Im Ulmer Raum bis Munderkingen zerstreut, sonst nur: 7721/1: Mariaberg; Gammertingen – beide MAYER (1929); 7721/3: Hettingen, Ziegelsteig, 1984, G. MAYER (STU-K); 7721/4: Hettingen, Totental, 1984, G. MAYER (STU-K); 7821/4: Bittelschießer Tälchen, MAYER (1950).

Alpenvorland: 7826/1: Oberbalzheim nach 1900, WEIGER in BERTSCH (STU-K); 8026/2: o.O., 1983, K.H. LENKER (STU-K); 8026/4: Ferthofen, 1914, BERTSCH (STU); o.O., 1983, K.H. LENKER (STU-K); 8124/3: Waldbad NO Baienfurt, LANG (1973); Achtal SW Bergatreute, 1985, R. BUSSMANN (STU-K); 8124/4: Weißenbronnen, BERTSCH (1948); 8125/4: Reichenhofener Halde, BRIELMAIER u. HESS in DÖRR (1973); 8226/4: Schuhwerktobel, 1975, DÖRR (STU-K); Bläsistobel N Wehrlang, 1975, DÖRR (STU-K); 8323/4: Gießenbrücke, Unteresch, 1975, DÖRR (STU-K); Drackenstein bei Laimnau, 1979, DÖRR (STU-K); 8324/3: Neu-Summerau, 1963, BRIELMAIER (STU-K); S Steinenbach, 1979, DÖRR (STU-K); die Angabe Wangen, SCHÜBLER u. MARTENS (1834) bezieht sich wahrscheinlich auf die Vorkommen an der unteren Argen; 8326/2: Michelstobel, 1955, BAUR, 1975, BRIELMAIER, DÖRR u. ENDERLE (STU-K).

Vorkommen, die bekanntermaßen auf Ansalbungen zurückgehen, sind nicht aufgenommen, auch wenn sich die Pflanze dort schon längere Zeit hält und vermehrt.

Bestand und Bedrohung: Innerhalb ihrer Hauptverbreitungsgebiete nehmen die Bestände des Leberblümchens in der Regel größere Flächen ein und sind individuenreich. Bei abweichend gelegenen Wuchsorten handelt es sich in einigen Fällen um verhältnismäßig kleine Populationen, diese sind dementsprechend stärker gefährdet. Die Gefahr geht vor allem von einer Veränderung oder Zerstörung des Standortes aus. So wird die Umwandlung der Laubwälder in Nadelholzforste der recht lichtliebenden Pflanze am ehesten schaden. Kleinere Vorkommen können auch durch Wegebaumaßnahmen zerstört werden. Ausgraben und Pflücken sind dagegen nur selten Grund für einen Rückgang. Die Art ist im Gebiet nicht gefährdet, sollte jedoch geschont werden (in der Roten Liste Gefährdungsgrad 5). Sie steht unter Naturschutz.

11. **Pulsatilla** Miller 1754

Anemone L. 1753 Sect. *Pulsatilla* DC. 1817
Küchenschelle, Kuhschelle

Die Gattung umfaßt etwa 30 Arten, die nordhemisphärisch, vor allem in den Gebirgen Mittel- und Ostasiens, auftreten. Im Gebiet ist nur die folgende Art heimisch.

1. **Pulsatilla vulgaris** Miller 1768

Anemone pulsatilla L. 1753
Gewöhnliche Küchenschelle

Morphologie: Pflanze ausdauernd, 5–15 cm, fruchtend bis 40 cm, hoch. Stengel aufrecht, lang zottig und weiß behaart. Grundständige Blätter nicht überwinternd, 2–6, zur Blütezeit meist nur unvollständig entwickelt, 4–6 cm lang, einfach gefiedert; Abschnitte meist 5–7, 1–2fach fiederteilig, die meisten Blattzipfel nicht über 2 mm breit; Oberseite der Blätter anfangs behaart, später verkahlend. Stengelblätter am Grunde verwachsen, mit 15–25 schmalen Zipfeln, 2–3 cm lang. Blüten radiär, zwittrig, einzeln; Blütenstiel 1–2 cm, sich später verlängernd, Blüten jung und bei gutem Wetter aufrecht, älter und bei schlechtem Wetter nickend; Perigonblätter 6, 3–4 cm lang, jung zusammenneigend, später ± ausgebreitet, beiderseits rot violett, außen zottig, weißhaarig. Nektarblätter den Staubblättern ähnlich. Fruchtblätter zahlreich, Nüßchen mit 3,5–5 cm langem Griffel.

Biologie: Blüte von Mitte März bis Ende Mai, vereinzelt bis Mitte Juni und selten nochmals im Herbst (September) blühend.

Die Blüten sind normalerweise proterogyn. Als Bestäuber finden sich Hummeln und Bienen ein, die nach Nektar suchen. Mittags bestäubte Blüten zeigen den besten Fruchtansatz. Gegen Ende der Blütezeit biegen sich die Griffelenden so stark nach außen, daß es zu Selbstbestäubung kommen kann. Der verlängerte, behaarte Griffel wirkt wie eine Feder und befähigt den Samen zu Schwebflügen von bis zu 80 m Weite. Mit Hilfe ihrer scharfen Spitze bohren sich die Samen unter hygroskopischen Bewegungen in den Boden ein.

Ökologie: In Magerrasen, seltener in Kalk-Kiefernwäldern, auf warmen, trockenen, kalkhaltigen, nährstoffarmen, steinigen Kalkverwitterungsböden sowie Sand- und Lößböden. Tiefwurzler (bis über 1 m), Licht- und Halbschattenpflanze.

Vor allem in Brometalia-Gesellschaften, auch im Cytiso- und Erico-Pinion. Typische Begleiter sind *Bromus erectus, Hippocrepis comosa, Linum tenuifolium, Potentilla tabernaemontani, Teucrium chamae-*

Gewöhnliche Küchenschelle *(Pulsatilla vulgaris)*
Schelklingen, 1989

drys. Vegetationskundliche Aufnahmen bei KUHN (1937), WITSCHEL (1980), SEBALD (1983: Tab. 12), PHILIPPI (1984).

Allgemeine Verbreitung: Europäische Pflanze. Im Norden bis England, Niedersachsen und Südskandinavien (bis 60° Nb); ostwärts bis Tschechoslowakei, Donaugebiet, vereinzelt bis in die Ukraine; westwärts bis Nordfrankreich; südwärts bis Jura, Nordschweiz, Tirol, nördliches Jugoslawien. Die Art erreicht im Untersuchungsgebiet die Südgrenze der Verbreitung.

Verbreitung in Baden-Württemberg: Die Gewöhnliche Küchenschelle tritt in den meisten Kalkgebie-

ten verbreitet auf, ist aber oft nur in kleinen Populationen anzutreffen, fehlt dagegen den übrigen Landesteilen (Mittleres Oberrheingebiet, Odenwald, Schwarzwald, Keuper-Lias-Neckarland, Alpenvorland).

Die Vorkommen reichen von 100 m im Oberrheingebiet bei Mannheim (6517/3) bis 1000 m bei der Gosheimer Kapelle (7818/4) und 999 m am Plettenberg (7718/4) auf der Schwäbischen Alb (beide Angaben nach Bertsch 1919: 327).

Die Art ist im Gebiet urwüchsig. Erstnachweis: J. BAUHIN (1598: 207, 1602: 232): „Wechst auff der Spitze des Berges Teck" (7422).

Oberrheingebiet: Zerstreut, stark zurückgegangen.
Gäulandschaften: Zerstreut bis verbreitet, starker Rück-
gang vor allem in den Randzonen.
Schwäbische Alb: Verbreitet, Rückgang in den Randgebie-
ten.
Baar, Wutach, Klettgau: Zerstreut, besonders hier fehlen
Beobachtungen aus neuerer Zeit, wahrscheinlich stärker
Rückgang.
Alpenvorland: Hegau: Zerstreut, von zahlreichen Wuchs-
orten fehlen Beobachtungen aus neuerer Zeit. Westlicher
Bodensee: 8220/1: Schlauchen NO Liggeringen, 1965,
LANG (1973); W Liggeringen; Ruine Altbodman; N Stek-
kenloch, alle Angaben BARTSCH (1924); o.O., 1980, BE-
YERLE (STU-K); 8320/2: Wollmatinger Ried, 1962, LANG
(1973), 1982, M. DIENST (STU-K); 8321/1: Konstanz,
EICHLER, GRADMANN u. MEIGEN (1914).

Bestand und Bedrohung: In den Hauptverbreitungsgebieten sind die Bestände der Küchenschelle im
allgemeinen ausreichend groß, auf der Schwäbischen Alb sind schöne Bestände, die mehrere hundert bis einige tausend Pflanzen umfassen, nicht
selten.

Ein Rückgang kann vor allem in den Randgebieten und in Landschaften, in denen die Art schon
früher nur zerstreut vorkam, beobachtet werden.
Hier sind die noch bestehenden Populationen oft
recht klein (in vielen Fällen bestehen sie nur aus
wenigen Pflanzen), so daß mit einem weiteren
Rückgang gerechnet werden muß. Dieser ist auch
sicher stärker als dies in der Karte zum Ausdruck
kommt, da eine Abnahme der Vorkommen im
Grundfeld unberücksichtigt bleibt. Auf der anderen

Seite ist sicher noch manche Bestätigung älterer Angaben möglich.

Hauptursache für das Verschwinden der Küchenschelle ist die aufgegebene Nutzung magerer Wiesen
und Weiden. Durch die ausbleibende Beweidung
der Halbtrockenrasen mit Schafen sowie das Einstellen der Mahd einschüriger, oft steiler Hangwie-
sen hat hier die Verbuschung und Wiederbewaldung
eingesetzt. Unter den aufkommenden Gehölzen
geht die sehr lichtliebende Küchenschelle zugrunde.
Daneben wurden gut zugängliche, flachere Magerstandorte durch Düngung so verändert, daß der
konkurrenzschwachen, auf offene Stellen in der
Pflanzendecke angewiesenen Art in den dichtschließenden Beständen ein Fortkommen nicht mehr
möglich war.

Eine Gefährdung durch Ausgraben, Abpflücken
oder Samenentnahme spielt wohl nur eine geringe
Rolle, ist aber bei kleinen, isoliert liegenden, siedlungsnahen Populationen durchaus gegeben. Eher
führt noch ein zu starkes Begehen zur Schwächung
der Bestände. Zur Erhaltung der Wuchsorte müssen die Flächen offengehalten und nach Möglichkeit extensiv beweidet bzw. einmal im Jahr gemäht
werden. Auf eine Düngung sollte in jedem Fall verzichtet werden (vgl. auch WOLF 1984).

Die Art ist in Baden-Württemberg gefährdet (in
der Roten Liste Gefährdungsgrad 3), wobei die Gefährdung in den einzelnen Landschaften sehr unterschiedlich ist. So ist sie in vielen Teilen der Schwäbischen Alb kaum gefährdet, im Oberrheingebiet dagegen stark. Die Küchenschelle ist gesetzlich
geschützt.

Die Pflanze verträgt eine einmalige Mahd und
extensive Beweidung ab Ende Juni; über Schäden
durch Abbrennen ist nichts bekannt.
Literatur: W. ZIMMERMANN (1952).

12. **Clematis** L. 1753
Waldrebe

Die Gattung umfaßt über 400 Arten, die weltweit
in den gemäßigten und subtropischen Zonen verbreitet sind. Im Gebiet ist nur eine Art heimisch.

1 Stengel aufrecht, krautig, nicht windend oder kletternd . . . . *[C. recta]*
– Stengel windend oder kletternd, verholzt . . . . .
   . . . . 1. *C. vitalba*

Clematis recta L. 1753
Aufrechte Waldrebe

Die Aufrechte Waldrebe ist eine Stromtalpflanze, die im
nordöstlich gelegenen Maingebiet vorkommt. Sie reicht

263

bei Wertheim auf der rechten Mainseite nahe an unser Gebiet heran, wo sie an wenigen Stellen auch verwildert aufgefunden wurde.

1. Clematis vitalba L. 1753
Gewöhnliche Waldrebe

Morphologie: Pflanze ausdauernd, lianenartig windend und kletternd. Stengel verholzt, vielkantig, im Alter auffasernd, linkswindend. Blätter gegenständig, lang gestielt, unpaarig gefiedert, mit 3–5 lang gestielten Teilblättern; Stiele der Teilblätter oft hin und her gebogen, Teilblätter breit lanzettlich, am Grunde herzförmig, unregelmäßig gezähnt, seltener ganzrandig, Blatt- und Blättchenstiele rankend. Blütenstände endständig und in Blattachseln, vielblütig, rispig. Blüten radiär, zwittrig, lang gestielt, unangenehm nach Weißdorn (Trimethylamin) riechend, bis 2,5 cm im Durchmesser; Perigonblätter 4, oval, weiß oder außen grünlich, beiderseits dicht flaumig behaart, abstehend bis zurückgebogen; Nektarblätter fehlend. Staubblätter wenig kürzer als die Perigonblätter, kahl. Fruchtblätter zahlreich, behaart; Griffel an der reifen Frucht 2–3 cm lang, abstehend behaart.

Biologie: Blüte von Juni bis August. *Clematis vitalba* ist eine proterogyne Pollenblume ohne Nektarabsonderung. Die Anlockung der Insekten geschieht durch Duft. Beim Aufblühen stehen die noch geschlossenen Staubblätter tiefer als die schon reifen Narben. Die von älteren Blüten mit schon

Gewöhnliche Waldrebe *(Clematis vitalba)* Hartheim-Weinstetten, 1982

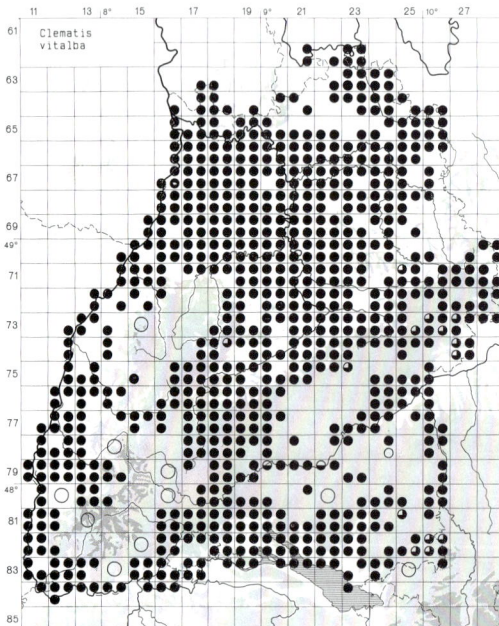

reifen Staubgefäßen kommenden pollensuchenden Bienen und Fliegen fassen zuerst den in der Blütenmitte etwas herausragenden Narbenfuß, dadurch kommt es zu Fremdbestäubung. Gegen Ende der Blütezeit, wenn Narben und Staubbeutel reif sind, kann es auch zu Selbstbestäubung kommen. Die Verbreitung der durch den langen, behaarten Griffel flugfähigen Früchte geschieht durch den Wind.

Ökologie: In Auenwäldern und Auengebüschen, an Busch- und Waldrändern, auf Waldlichtungen, in Hecken und (Ruderal-)Gebüschen. Auf frischen, nährstoff- und basenreichen (meist kalkhaltigen), humosen, oft rohen, lockeren, tonreichen Lehmböden. Stickstoffzeiger, Rohbodenkeimer, Pionierpflanze.

Gedeiht am besten im Querco-Ulmetum (Alno-Ulmion) und in frischeren Prunetalia-Gesellschaften. Typische Begleiter sind *Ligustrum vulgare, Prunus spinosa, Rubus caesius, Cornus sanguinea, Euonymus europaeus* und *Sambucus nigra*. Vegetationskundliche Aufnahmen bei MÜLLER (1966: Tab. 17, 1974: Tab. 5–8), KUHN (1937: Tab. 32), ROSER (1962: Tab. E), PHILIPPI (1978).

Allgemeine Verbreitung: Europäische Pflanze. Nordwärts bis Südengland, Norddeutschland, Österreich, Donaubecken, Krim; südwärts bis Südspanien, Sizilien, Peleponnes, Kleinasien; ostwärts bis in den Kaukasus.

Verbreitung in Baden-Württemberg: Die Waldrebe ist in den meisten Landschaften verbreitet. Eine größere Verbreitungslücke besteht im Schwarzwald.

Auf kleinerer Fläche fehlt die Pflanze in den Ellwanger Bergen, auf der mittleren Flächenalb und im nordöstlichen Alpenvorland.

Die Vorkommen reichen von 100 m in der Oberrheinebene bei Mannheim bis 980 m am Dreifaltigkeitsberg (7918/2) auf der Schwäbischen Alb.

Die Art ist im Gebiet urwüchsig. Archäologischer Erstnachweis: RÖSCH (1985): Spät-Atlantikum, Hornstaad, Literarischer Erstnachweis: J. BAUHIN (1598: 151): aus der Umgebung von Bad Boll (7323).

Bestand und Bedrohung: Die Pflanze ist in Baden-Württemberg nicht gefährdet. Da sie gerne an vom Menschen stärker beeinflußten Standorten auftritt, breitet sie sich sogar aus.

13. **Adonis** L. 1753

Adonisröschen, Teufelsauge, Feuerauge, Feuerröslein, Blutströpfchen

Einjährige (im Gebiet) oder ausdauernde Kräuter. Stengel beblättert. Blätter 2–3fach gefiedert; Zipfel 1–2 mm breit. Blüten radiär, zwittrig, meist einzeln; Kelchblätter 5, grün; Kronblätter ohne Nektardrüsen, 3–20, gelb oder rot, länger als die Kelchblätter. Fruchtknoten zahlreich, einsamig, auf kugelförmigem oder zylindrischem Blütenboden.

Proterogyne Pollenblumen, die sich bei Sonnenschein öffnen. Während der Narbenreife sind die unreifen Staubblätter nach außen gerichtet. Als Bestäuber kommen pollensammelnde Bienen und pollenfressende Fliegen, Käfer, Ameisen und Wanzen in Betracht. Bei *Adonis flammea* liegen die Staubblätter bei der Pollenreife den Narben dicht an, dadurch kommt es auch zu Selbstbestäubung. Die Samen besitzen ein Anhängsel, das Fett, Zucker, Vitamin B1 und C enthält. Sie werden durch Ameisen verbreitet.

Von den etwa 40 Arten, die in Europa sowie in West- und Zentralasien vorkommen, sind 2 Arten im Gebiet eingebürgert.

1 Pflanze ausdauernd; Blütendurchmesser 3–8 cm, Kronblätter 10–20, gelb; Früchtchen behaart
[A. vernalis]

– Pflanze einjährig; Blütendurchmesser 1–3,5 cm, Kronblätter 5–8, rot oder gelb; Früchtchen kahl   2

2 Kelchblätter am Grunde zerstreut langhaarig, zuletzt verkahlend; Stengel am Grunde weich behaart; Nüßchen lockerstehend (Fruchtboden daher sichtbar), auf der Bauchkante (der Achse zugewandten Seite) unmittelbar unter dem Schnabel mit einem stumpfen Zahn, Rückenkante ohne Zahn; Fruchtschnabel an der Spitze schwarz (bei Reife) . . . . 1. *A. flammea*

– Kelchblätter kahl; Stengel kahl; Nüßchen dichtstehend, außer dem stumpfen Zahn noch mit je einem spitzen Zahn auf der Bauch- und Rückenkante im unteren Drittel; Fruchtschnabel auch an der Spitze grün. . . . . 2. *A. aestivalis*

Adonis vernalis L. 1753
Frühlings-Adonisröschen

Die vorwiegend osteuropäisch verbreitete Art reicht an einigen Stellen (Mainz, Maingebiet bei Karlstadt und Südelsaß) nahe an Baden-Württemberg heran.

1. **Adonis flammea** Jacq. 1776

Flammen-Adonisröschen, Brennendes Teufelsauge

Morphologie: Pflanze 15–50 cm hoch. Stengel aufrecht, am Grunde weich behaart, einfach oder verzweigt. Blüten einzeln, endständig, 1,5–3,5 cm im Durchmesser; Kelchblätter anliegend, lang behaart. Kronblätter 5–8, rot, an der Basis mit schwarzem Fleck. Staubblätter dunkelviolett. Früchtchen locker stehend (Blütenboden sichtbar), mit nur einem Zahn auf der Bauchkante (die der Achse zugewandte Seite), Ansatzstelle der Frucht etwa halb so breit wie die Frucht, Schnabel etwas seitenständig, auch an der Spitze schwarz. – Blütezeit: Anfang Juni bis Anfang August.

Verwechslungen mit *Adonis aestivalis* sind relativ häufig, so dürfte bei Literaturangaben und Fundmeldungen ohne Beleg mancher Fehler enthalten sein.

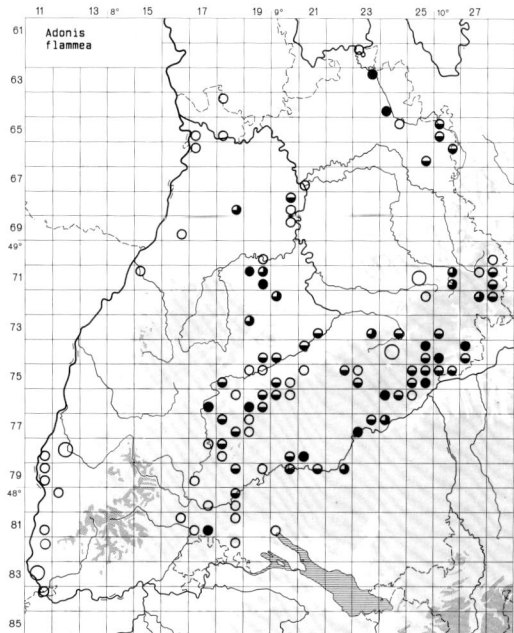

Ökologie: In Getreidefeldern, seltener in Hackfruchtäckern. Auf trockenen bis mäßig trockenen, nährstoff- und kalkreichen, meist steinigen Ton- und Lehmböden. Charakterart des Caucalido-Adonidetum (Caucalidion). Typische Begleiter sind *Adonis aestivalis, Conringia orientalis, Consolida regalis, Euphorbia exigua* und *Caucalis platycarpos*.

Allgemeine Verbreitung: Südeuropäisch-westasiatische Pflanze. Nordwärts bis 51° NB; nach Westen bis Frankreich und Nordspanien; nach Süden bis Sizilien, Ägypten, Kleinasien; nach Osten bis zum Kaukasus und Nordpersien.

Verbreitung in Baden-Württemberg: Die Pflanze trat zerstreut bis selten in den Kalkgebieten auf. Sie ist heute nur noch in wenigen Landschaften äußerst selten anzutreffen.

Die Vorkommen reichen von 100 m bei Friedrichsfeld (6517/3) in der Oberrheinebene bis 983 m am Dreifaltigkeitsberg (7918/2) auf der Schwäbischen Alb.

Die Art ist wohl mit dem Getreideanbau während der Jungsteinzeit zu uns gelangt. Erstnachweis: DIERBACH (1819: 159): circa Neuenheim et alibi.

Oberrheingebiet: 6418/1: Weinheim; 6517/3: Friedrichsfeld; 6518/3: Heidelberg; 6617/1: Schwetzingen; 6916/4: Durlach; 7115/1: Rastatt; alle Angaben nach DÖLL (1862). 7811/4: Sasbach, NEUBERGER (1912); 7911/2: Achkarren, Rottweil, beide NEUBERGER (1912); 7911/4: Breisach; Gründlingen; Ihringen, alle NEUBERGER (1912); 8012/1: Munzingen, NEUBERGER (1912); 8111/4: Müllheim, DÖLL (1862), NEUBERGER (1912); 8211/2: Zwischen Mauchen und Liel, SCHILDKNECHT (1862); 8311/4: Tüllingen, DÖLL (1862); 8411/2: Weil, DÖLL (1862).
Tauber und Neckargebiet: 6223/1: Wertheim, DÖLL (1862); 6323/2: Apfelberg, 1984, MEIEROTT (1986); 6524/2: Mergentheim, MARTENS u. KEMMLER (1865); 6526/1:

Creglingen, nach 1900, K. SCHLENKER (STU), um 1920, HANEMANN; 6526/3: Standorf, nach 1900, K. SCHLENKER (STU); Schmerbach, um 1920, HANEMANN; 6625/4: Schrozberg, um 1920, HANEMANN; 6626/2: Heiligenbronn, um 1920, HANEMANN (alle STU-K). Kraichgau: 6818/4: o.O.; Mittlerer Neckar: 6721/3: Kochendorf, 1873, E. SCHÜZ (STU); 6820/2: Biberach, nach 1900, K. SCHLENKER (STU); 6820/4: Zwischen Kirchhausen und Großgartach, MARTENS u. KEMMLER (1882); 6920/2: Hausen a.d. Zaber, KIRCHNER u. EICHLER (1900); 7019/4: Aurich, KIRCHNER u. EICHLER (1900); 7119/2: Eberdingen, 1957, SEYBOLD (STU-K); 7220/1: Rappenhof bei Eltingen, 1954, R. u. S. SEYBOLD (STU). Heckengäu, Oberes Gäu und Oberer Neckar mit angrenzendem Albvorland: früher zerstreut, nach 1970 nur noch 7617/4: Breitenberg O Bochingen, 1977, M. ADE (STU); 7619/3: W Bisingen, 1986, M. ADE (STU).
Schwäbische Alb: früher zerstreut, nach 1970 nur noch 7426/3: Bernstadt, nach 1975, RAUNEKER (1984); 7427/1: o.O., nach 1975, RAUNEKER (STU-K); 7525/4: Ehrenstein, nach 1975, RAUNEKER (1984); 7624/1: Schmiechen, nach 1975, RAUNEKER (1984); 7723/3: Emeringen, 1970, v. ARAND in KURZ (1973); 7821/3: Großwieshof, 1978, M. MARQUART (STU-K); 8117/4: Tengen, 1977, K. HENN (STU-K).
Baar und obere Wutach: 7917/3: Dürrheim, ZAHN (1889); 8116/2: Mundelfingen, ZAHN (1889); 8117/3: Buchberg bei Blumberg, ZAHN (1889).
Hegau und westlicher Bodensee: 8118/2: Engen, JACK (1900); 8120/3: Ludwigshafen, JACK (1900); 8218/2: Hohentwiel, MARTENS u. KEMMLER (1882).

Bestand und Bedrohung: Das Flammen-Adonisröschen ist im Gebiet äußerst selten geworden. Da ein großer Teil der Vorkommen schon im letzten Jahrhundert erloschen ist, sind nicht allein Unkrautbekämpfungsmaßnahmen Ursache für den Rückgang. Vielmehr haben, wie beim Acker-Schwarzkümmel, die Intensivierung der Anbaumethoden, mit immer kürzeren Brachzeiten, größerer Bestandesdichte der Feldfrüchte und die Häufung der Bearbeitungsgänge, neben einer besseren Saatgutreinigung, der konkurrenzschwachen Art immer stärker zugesetzt. Zur Erhaltung der Pflanze in unserer Feldflur sollten entsprechende Flächen (z. B. Ackerränder) bei der Unkrautbekämpfung ausgespart werden. Besonders zur Stabilisierung der Populationen könnten eingestreute Brachflächen, die alle 2–3 Jahre umgebrochen werden sollten, beitragen.

Die Pflanze ist in Baden-Württemberg vom Aussterben bedroht (in der Roten Liste Gefährdungsgrad 1).

2. Adonis aestivalis L. 1762
Sommer-Adonisröschen

Morphologie: Pflanze 20–60 cm hoch. Stengel aufrecht, am Grunde kahl, nur im oberen Teil verzweigt. Blüten einzeln, endständig, 1–3,5 cm im

Flammen-Adonisröschen *(Adonis flammea)*
Maintal

Sommer-Adonisröschen *(Adonis aestivalis)*

Durchmesser; Kelchblätter anliegend, kahl; Kronblätter 5–8, rot oder gelb (fo. *citrina*), an der Basis mit schwarzem Fleck. Staubblätter dunkelviolett. Früchtchen dichtstehend (Blütenboden nicht sichtbar), mit 2 Zähnen auf der Bauchkante (die der Achse zugewandte Seite) und einem Zahn auf der Rückenkante, Ansatzstelle der Frucht fast so breit wie die Frucht, Fruchtschnabel aufrechtstehend, gerade, grün. – Blütezeit: Mitte Mai bis Anfang August.

Ökologie: In Getreidefeldern, heute besonders an Rändern von Weizenfeldern, selten an Wegböschungen. Auf trockenen bis mäßig trockenen,

nährstoff- und kalkreichen, meist steinigen Ton- und Lehmböden, bis 80 cm tief wurzelnd. Charakterart des Caucalido-Adonidetum (Caucalidion). Typische Begleiter sind *Consolida regalis, Ranunculus arvensis, Anagallis foemina* und *Sherardia arvensis*. Vegetations-Aufnahmen bei KUHN (1937: Tab. 7), TH. MÜLLER (1964), GÖRS (1966: Tab. 3).

Allgemeine Verbreitung: Südosteuropäisch-asiatische Pflanze. Nordwärts bis 54° NB (nicht in England); im Süden bis Nordafrika, Kleinasien, Mesopotamien; im Osten bis Zentralasien.

Verbreitung in Baden-Württemberg: Die Pflanze ist auf die Kalkgebiete beschränkt. Sie tritt in den

Gäulandschaften und im Bereich der Donaualb zerstreut auf. Auf der Neckaralb und im Albvorland ist sie deutlich seltener.

Die Vorkommen reichen von circa 150 m im Oberrheingebiet (6717/4) bis 980 m am Plettenberg auf der Schwäbischen Alb (7718/4).

Die Art ist wohl in der Jungsteinzeit mit dem Getreideanbau zu uns gelangt. Erstnachweis: SCHOEPF (1622: 14): „Ackerröslein in der Umgebung von Ulm; C. BAUHIN (1668: 53): Inter Wilam et montem Crentzacens; SCHINNERL (1912: 217): Auch von HARDER 1576–94 vermutlich aus dem Gebiet gesammelt.

Vereinzelt kommt das Sommer-Adonisröschen in folgenden Gebieten vor:

Südliches Oberrheingebiet: 7712/4: Herbolzheim; Ettenheim, Kahlenberg; 7812/2: Kenzingen; Malterdingen, Hasenbank; 7812/3: Riegel; 8012/3: Zwischen Krozingen und Biengen; 8111/4: Hügelheim, alle Angaben SCHILDKNECHT (1862).
Hochrhein: Keine genau lokalisierbaren Angaben.
Baar: 7917/3: Dürrheim; 8016/2: Buchberg; 8116/2: Döggingen, alle Angaben ZAHN (1889).
Hegau und westlicher Bodensee: 8120/3: Ludwigshafen, JACK (1900); 8218/2: Singen und Hilzingen, JACK (1900).

Bestand und Bedrohung: Das Sommer-Adonisröschen ist stark zurückgegangen. Besonders an den Rändern des Verbreitungsgebietes fällt auf, daß viele Vorkommen in neuerer Zeit nicht mehr beobachtet wurden. Die Karte gibt den Rückgang nur unvollständig wieder, da in älteren Floren Einzel-

fundorte wegen des damals häufigen Auftretens der Art nicht angegeben wurden. Der Rückgang ist im wesentlichen auf Unkrautbekämpfungsmaßnahmen zurückzuführen. Außerdem spielen die intensive Bearbeitung, der dichte Stand des Getreides, die immer kürzer werdenden Brachzeiten und das tiefe Umpflügen eine Rolle. Zur Erhaltung der Art sollten Teilflächen (z. B. Ackerränder) bei der Unkrautbekämpfung ausgespart werden. Eingestreute Brachflächen könnten wesentlich zur Erholung der Populationen beitragen. Die Pflanze ist in Baden-Württemberg gefährdet (in der Roten Liste Gefährdungsgrad 3).

14. **Ranunculus** L. 1753
Hahnenfuß

Pflanzen einjährig oder ausdauernd, Land- und Wasserpflanzen. Blätter sehr vielgestalig. Blüten radiär; Kelchblätter meist 5, grün oder gelbgrün; Kronblätter (eigentlich Nektarblätter) meist 5, in der Regel deutlich größer als die Kelchblätter gelb oder weiß, am Grunde mit nackter (nur Subgenus *Batrachium*) oder von einer Schuppe bedeckter Nektargrube. Fruchtknoten zahlreich, auf gewölbtem Blütenboden, einsamig, mit grundständiger Samenanlage; die Narbe bildet oft einen Schnabel; die Früchte sind Nüßchen.

Die Gattung *Ranunculus* ist die artenreichste der Familie. Sie ist mit etwa 850 Arten weltweit verbreitet und hat ihren Schwerpunkt in den außertropischen Gebieten der Nordhemisphäre.

1 Blüten weiß, höchstens Kronblätter am Grunde
   gelb 2
– Blüten gelb 4
2 Wasserpflanzen, Kronblätter oft mit gelbem Nagel, Haarblätter (außer bei *R. hederaceus*) vorhanden (s. besonderen Schlüssel) Subgen. *Batrachium*
– Landpflanzen, ohne Haarblätter 3
3 Mittellappen der Grundblätter in einen Stiel verschmälert; Abschnitte aller Stengelblätter ziemlich breit und bis zur Spitze gesägt; Blütenstiele oberwärts während der Blütezeit aufallend flaumig, 1–3mal so lang wie das Tragblatt . . . .
   16. *R. aconitifolius*
– Blätter nicht bis zur Spreitengrund geteilt, Mittellappen mit den Seitenlappen breit verbunden; Abschnitte der oberen Stengelblätter schmal, die der obersten meist ganzrandig; Blütenstiele kahl, 4–5mal so lang wie das Tragblatt . . . .
   17. *R. platanifolius*
4 Kronblätter 8 oder mehr; kelchblattähnliche Perigonblätter 3(–5); Blätter rundlich-herzförmig, stark glänzend . . . . 15. *R. ficaria*
– Kelch- und Kronblätter je 5 5

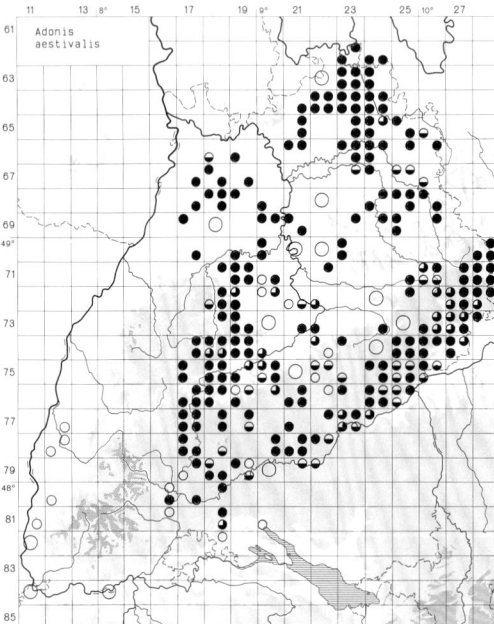

5　Alle Blätter ungeteilt, ganzrandig oder schwach
　　gezähnt 6
–　Wenigstens die mittleren und oberen Blätter geteilt 8
6　Blüten 20–40 mm breit; Stengel aufrecht, dick,
　　hohl; Blätter lanzettlich; meist über 50 cm hoch
　　　　　　　　　　　　　　　　　　　　20. *R. lingua*
–　Blüten 5–20 mm breit; Pflanze bis 50 cm hoch . . 7
7　Stengel fädlich, kriechend, an jedem Knoten wur-
　　zelnd, mit bogigen Stengelgliedern; Blüten einzeln;
　　alle Blätter gestielt, lineal-lanzettlich; Nüßchen
　　1–1,5 mm lang, Schnabel gebogen . . . .
　　　　　　　　　　　　　　　　　　　19. *R. reptans*
–　Stengel aufrecht oder kriechend, dann nur an den
　　unteren Knoten wurzelnd und mit geraden Glie-
　　dern; Blüten meist zu mehreren; untere Blätter el-
　　liptisch, gestielt, obere lanzettlich, sitzend; Nüß-
　　chen 1,5–2 mm lang, Schnabel gerade . . . .
　　　　　　　　　　　　　　　　　　18. *R. flammula*
8　Kelchblätter zurückgeschlagen 9
–　Kelchblätter aufrecht oder waagrecht abstehend . 11
9　Stengel am Grunde knollig; Pflanze unterwärts ab-
　　stehend, oberwärts anliegend behaart . . . .
　　　　　　　　　　　　　　　　　　9. *R. bulbosus*
–　Stengel am Grunde nicht verdickt; Pflanze kahl
　　oder abstehend behaart 10
10　Blüten klein, 4–10 mm breit; Kronblätter etwa so
　　lang wie der Kelch; Früchtchen in walzlichen
　　Köpfchen; Stengel hohl, kahl oder oberwärts be-
　　haart . . . . 14. *R. sceleratus*
–　Blüten 12–20 mm breit; Kronblätter doppelt so
　　lang wie der Kelch; Früchtchen in halbkugeligen
　　Köpfchen; Pflanze behaart . . . . 10. *R. sardous*
11　Früchtchen mit Stacheln besetzt, ohne Stacheln
　　4–7 mm lang; Blüten 4–10 mm breit, hellgelb . .
　　　　　　　　　　　　　　　　　　11. *R. arvensis*

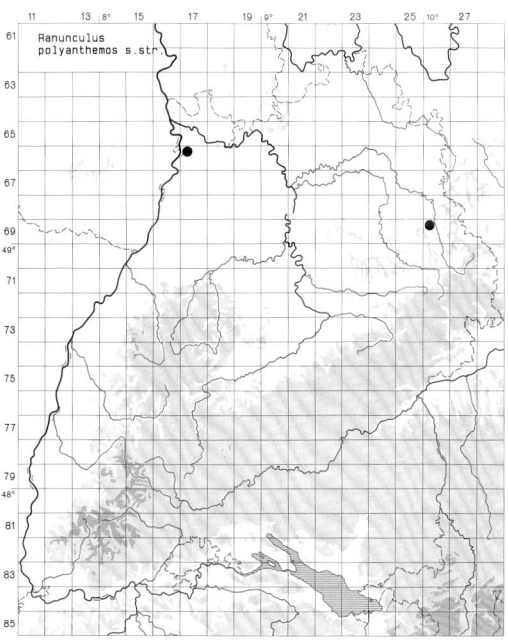

–　Früchtchen ohne Stacheln, ohne Schnabel unter
　　4 mm lang 12
12　Früchtchen behaart; Stengelblätter sitzend, finge-
　　rig geteilt, mit linealischen Zipfeln, von den unge-
　　teilten bis breitzipfeligen Grundblättern deutlich
　　verschieden . . . .
　　　　　　　12.–13. Artengruppe des *R. auricomus*
–　Früchtchen kahl, aber bisweilen Blütenboden be-
　　haart 13
13　Blütenboden behaart 14
–　Blütenboden kahl; Blütenstiele nie gefurcht 16
14　Pflanze mit kriechenden Ausläufern; mittlerer Ab-
　　schnitt der dreizähligen Grundblätter in einen lan-
　　gen Stiel verschmälert . . . . 3. *R. repens*
–　Pflanze meist aufrecht, selten liegend und an den
　　Knoten wurzelnd; mittlerer Abschnitt der Grund-
　　blätter mit den übrigen breit verbunden 15
15　Blütenstiele gefurcht; Früchtchen berandet; Sten-
　　gel meist vielblütig, über 20 cm hoch . . . .
　　　　　　　1.–2. Artengruppe des *R. polyanthemos*
–　Blütenstiele ungefurcht; Früchtchen nie berandet;
　　Stengel 1–3(–8)blütig, meist unter 15 cm hoch . .
　　　　　　　6.–8. Artengruppe des *R. montanus*
16　Fruchtschnabel kurz; Pflanze anliegend behaart;
　　Zipfel der Grundblätter lineal-lanzettlich, selten
　　länglich-eiförmig . . . . 5. *R. acris*
–　Fruchtschnabel lang, zuletzt eingerollt; Pflanze ab-
　　stehend rauhhaarig; Zipfel der Grundblätter breit
　　eiförmig . . . . 4. *R. lanuginosus*

1.–2. Artengruppe des Ranunculus polyanthemos

Diese Gruppe ist im Gebiet mit 2 Arten vertreten.
Den hier als Unterarten geführten Taxa wird in der
Literatur z. T. auch Artrang zugestanden.

　　Literatur: BALTISBERGER (1980); HESS (1955);
BERTSCH (1951).

1　Grundblätter bis zum Stielansatz 3teilig, Mittelab-
　　schnitt bis 1 cm lang gestielt, bis auf ein Fünftel
　　3teilig; Fruchtschnabel kurz, etwa 0,5 mm lang,
　　gerade oder wenig gebogen . 1. *R. polyanthemos*
–　Grundblätter tief (oft bis fast zum Stielansatz) 3tei-
　　lig, Mittelabschnitt meist bis auf ein Drittel
　　(manchmal auch tiefer) 3teilig; Fruchtschnabel um
　　1,5 mm lang, eingerollt . . . . . . 2. *R. serpens*

1. Ranunculus polyanthemos L. 1753
Vielblütiger Hahnenfuß

Morphologie: Pflanze ausdauernd, 30–60 cm hoch.
Stengel aufrecht, reich verzweigt, vielblütig, im
unteren Teil oft dicht abstehend behaart. Grundständige Blätter dunkelgrün, bis zum Stielansatz
3–5teilig, locker bis dicht abstehend behaart;
Mittelabschnitt bis 1 cm lang gestielt, bis auf ein
Fünftel 3teilig, Seitenabschnitte nochmals tief geteilt; Blattzipfel sich weit überdeckend; untere Sten-

gelblätter den grundständigen gleichend, obere bis zum Grund geteilt; Abschnitte lanzettlich, ganzrandig. Blütenstiele gefurcht. Blüten 1,8–2,5 cm im Durchmesser, leuchtend gelb bis zitronengelb; Kelchblätter außen behaart, den Kronblättern anliegend. Blütenboden kugelig, behaart. Früchtchen 2–3 mm lang, kahl, deutlich berandet; Fruchtschnabel kurz, etwa 0,5 mm lang, gerade oder schwach gebogen. – Blütezeit: Mai bis Juli.

Ökologie: In trockenen, lückigen Wiesen, sonnigen Gebüschen und lichten, wärmeliebenden Wäldern. Auf mäßig trockenen, oft nährstoff- und basenärmeren, humusreichen Lehm- und Tonböden. Vegetationskundliche Aufnahmen aus dem Gebiet sind bis jetzt nicht bekannt, die folgende stammt von einer Wiese am Rheindamm im NSG Rheinwald bei Ketsch, aufgenommen am 2. 6. 1985. Es handelt sich um eine ruderal beeinflußte, wechseltrockene Salbei-Glatthaferwiese in Wegnähe.

Höhe über NN 94 m; Größe der Fläche 6 m²; Vegetationsbedeckung 90%; Bestandeshöhe bis 1,5 m; Artenzahl 31.

Ranunculus polyanthemos +
Kennzeichnende Arten der Glatthaferwiese: *Arrhenatherum elatius* 2b, *Salvia pratensis* +, *Crepis biennis* +
Trockenzeiger: *Leontodon hispidus* 1, *Medicago lupulina* 1, *Trifolium campestre* 1, *Vicia angustifolia* 1, *Daucus carota* +, *Euphorbia cyparissias* +, *Plantago media* +
Stör- und Stickstoffzeiger: *Cirsium arvense* 1, *Picris hieracioides* +, *Rubus caesius* +, *Sonchus asper* +, *Urtica dioica* +
Ordnungs- und Klassenkennarten: *Festuca rubra* 2 m, *Cerastium fontanum* 1, *Plantago lanceolata* 1, *Poa angustifolia* 1, *Pimpinella major* +, *Tetragonolobus maritimus* +, *Trifolium pratense* +
Sonstige: *Centaurea jacea* 2a, *Arenaria serpyllifolia* 2 m, *Achillea millefolium* 1, *Dactylis glomerata* 1, *Hypericum perforatum* 1, *Prunella vulgaris* 1, *Taraxacum officinale* 1, *Inula salicina* +

Allgemeine Verbreitung: Osteuropäisch-asiatische Pflanze. Westwärts bis ins Rheinland; nordwärts bis 60° NB in Skandinavien; südwärts bis Süddeutschland, Balkan und Kaukasus; ostwärts bis Baikalsee und Turkestan. Die Art erreicht im Gebiet die Südwestgrenze ihres Areals.

Verbreitung in Baden-Württemberg: Bisher sind im Gebiet nur 2 durch Belege abgesicherte Wuchsorte bekannt. Bei den übrigen Angaben handelt es sich wohl um Verwechslungen. So konnte die Art nach Baltisberger (1980) trotz intensiver Suche im Kaiserstuhl nicht gefunden werden.

Oberrheingebiet: 6617/1: Ketsch, NSG Rhein-

wald, Rheindamm (94 m), 1985, Nebel (STU). Schwäbisch-Fränkischer Wald: 6926/1: Auberg NW Jagstheim (430 m), 1973, K. H. Harms (STU), nur fruchtend.

Angaben zum Status der Art sind zum jetzigen Zeitpunkt noch nicht möglich

Bestand und Bedrohung: Vom Vielblütigen Hahnenfuß sind in Baden-Württemberg nur wenige Exemplare bekannt. Da die Pflanze erst jetzt sicher im Gebiet nachgewiesen werden konnte, ist die Beurteilung einer möglichen Gefährdung schwierig. Die Art dürfte aber wegen ihrer großen Seltenheit als gefährdet, wenn nicht stark gefährdet einzustufen sein (in der Roten Liste nicht enthalten, hier bei Gefährdungsgrad 2 einzureihen). Alle Vorkommen im Land verdienen wegen ihrer Lage an der Verbreitungsgrenze besonderen Schutz.

2. Ranunculus serpens Schrank 1789
Hain-Hahnenfuß, Wurzelnder Hahnenfuß

Morphologie: Pflanze ausdauernd, 20–80 cm hoch. Stengel aufrecht oder schief aufrecht, seltener (nur bei subsp. *serpens*) später niederliegend, verzweigt. Grundständige Blätter tief, oft bis zum Stielansatz 3(–5)teilig; Abschnitte nochmals mehr oder weniger tief geteilt, grob gezähnt; untere Stengelblätter den grundständigen gleichend, obere bis zum Grunde geteilt; Abschnitte lanzettlich, meist ungeteilt; Blätter abstehend, weich, unterseits dichter behaart. Blütenstiel gefurcht. Blütenstand mehrblütig; Blüten 2–3 cm im Durchmesser, gelb; Kelchblätter außen behaart, den Kronblättern anliegend. Blütenboden behaart, kugelförmig. Früchtchen 2,5–4 mm lang; Fruchtschnabel um 1,5 mm lang, eingerollt.

Die Art läßt sich in folgende Unterarten (die z.T. auch als Arten geführt werden) gliedern.

1 Stengel schief aufrecht bis niederliegend; grundständige Blätter gelbgrün, höchstens bis auf ein Drittel 3teilig; gegen Ende der Blütezeit an den Knoten wurzelnd und Rosetten bildend; Kronblätter dunkelgelb bis orange . a) subsp. *serpens*
– Stengel aufrecht; grundständige Blätter dunkelgrün, meist tiefer eingeschnitten; Knoten nie mit Rosetten und Wurzeln; Kronblätter leuchtend gelb bis zitronengelb . . . . b) subsp. *nemorosus*

Hain-Hahnenfuß (*Ranunculus serpens* subsp. *nemorosus*); rechts, aus Reichenbach, L.: Icones florae germanicae et helveticae, Band 3, Tafel 18, Figur 4608 (1838–1839).

4507. polyanthemos.
(LOBEL) L.

4658. aureus SCHLEICH. 1821.
nemorosus DEC. 1828.

Villarsii DEC.

Ranunculus.

a) subsp. **serpens**

Ranunculus nemorosus DC. subsp. *serpens*
(Schrank) Tutin 1964 nom. illeg.

Wurzelnder Hahnenfuß, Kriechender Hain-Hahnenfuß

Morphologie: Pflanze 2–3jährig, bis 30 cm hoch. Stengel zu Blütezeit schief aufrecht, später niederliegend, dann bis 1 m lang, wenig verzweigt. Grundständige Blätter gelbgrün, beiderseits dicht abstehend behaart, höchstens bis auf ein Drittel 3teilig; Mittelabschnitt nochmals höchstens bis zur Hälfte 3teilig; Blattzipfel sich nie überdeckend. Gegen Ende der Blütezeit in den Achseln der Stengelblätter Rosetten bildend, die sich dann bewurzeln. Blütenstand armblütig (2–3 Blüten pro Stengel); Kronblätter dunkelgelb bis orange. – Blütezeit: Mitte Juni bis Mitte Oktober.

Ökologie: In montanen und subalpinen, staudenreichen Berg-Mischwäldern ohne geschlossene Pflanzendecke. Auf frischen nährstoff- und oft basenreichen, lockeren, steinigen Lehmböden. Mullbodenzeiger, Schattenpflanze. Lokal Kennart des Aceri-Fagetum, auch in anderen Fagion-Gesellschaften. Vegetationsaufnahme bei OBERDORFER (1982: Tab. 1).

Allgemeine Verbreitung: West- und mitteleuropäische Gebirgspflanze. Pyrenäen, Jura, Vogesen, Schwarzwald, Alpenvorland und Nordalpen; isoliert in Nordhessen und auf Korsika.

Verbreitung in Baden-Württemberg: Typische Formen sind bis jetzt nur aus dem Südschwarzwald bekannt. Die Vorkommen reichen von 550 m bei Schönau (8213/1) bis 1320 m bei der Todtnauer Hütte am Feldberg (8114/1).

Die Sippe ist im Gebiet urwüchsig. Erstnachweis: C. BAUHIN (1620: 96): „Ranunculus montanus lanuginosus foliis ranunculi pratensis repentis: in altissimis montibus, ut in Belken Marchionatus reperitur", (Belchen im Schwarzwald).

Südschwarzwald: 8112/4: In Wäldern am Belchen, 1857, VULPIUS (STU), Belchen, Heideck, 1965, M. LITZELMANN (STU), Belchen, um 1985, PHILIPPI (KR-K); 8113/2: Hüttenwasen, 1979, OBERDORFER (1982); 8113/3: Belchen, um 1985, PHILIPPI (KR-K); 8114/1: Feldberg, Seebuck, Felsenweg, 1971, SEYBOLD (STU), Todtnauer Hütte, 1970, M. LITZELMANN (STU); 8213/1: Ebener Wald NO Schönau, 1979, M. LITZELMANN (STU).

Abweichende Formen sind im östlichen Teil des Tauberlandes und Hohenlohes beobachtet worden. Sie zeichnen sich durch verhältnismäßig aufrechten Wuchs, reichere Verzweigung und nur schwache Neigung zu Rosetten- und Wurzelbildung aus, erinnern also stärker an die subsp. *nemorosus*.

Bisher sind folgende Wuchsorte bekannt.

6325/3: Bergholz S Unterwittigheim, 1986, SEYBOLD (STU-K); 6526/4: Oberrimbach, Burgstall, 1975, K. H. HARMS (STU); 6626/1: Geistholz W Obereichenrot 1989, NEBEL (STU-K); 6626/3: Wald O Wolfskreut, 1969, SEYBOLD (STU); Wald W Schmalfelden, 1983, SEYBOLD (STU).

Bestand und Bedrohung: Die Pflanze kommt zwar nur in einem verhältnismäßig kleinen Gebiet vor, ist hier aber kaum gefährdet. Lediglich in reinen Nadelholzkulturen dürfte sie kümmern. Wegen ihrer Seltenheit sollten die Bestände unbedingt geschont werden (in der Roten Liste nicht enthalten, hier bei Gefährdungsgrad 4 einzureihen).

b) subsp. **nemorosus** (DC.) G. López 1986 in
Flora iberica I: 338

Ranunculus nemorosus DC. 1817; *Ranunculus nemorosus* DC. subsp. *nemorosus* sensu Tutin 1964 in Flora Europaea 1: 227, nom. illeg.; *Ranunculus tuberosus* Lapeyr. 1813; incl. *Ranunculus polyanthemophyllus* W. Koch et H. Hess 1955; *Ranunculus nemorosus* DC. subsp. *polyanthemophyllus* (W. Koch et H. Hess) Tutin 1964 in Feddes Repert. 69: 53, nom. illeg.

Hain-Hahnenfuß

Morphologie: Pflanze ausdauernd, 20–80 cm hoch. Stengel aufrecht, meist reich verzweigt. Grundständige Blätter dunkelgrün, oft bis zum Stielansatz 3(–5)teilig; Mittel- und Seitenabschnitte nochmals bis auf ein Drittel oder tiefer geteilt; Stengelblätter

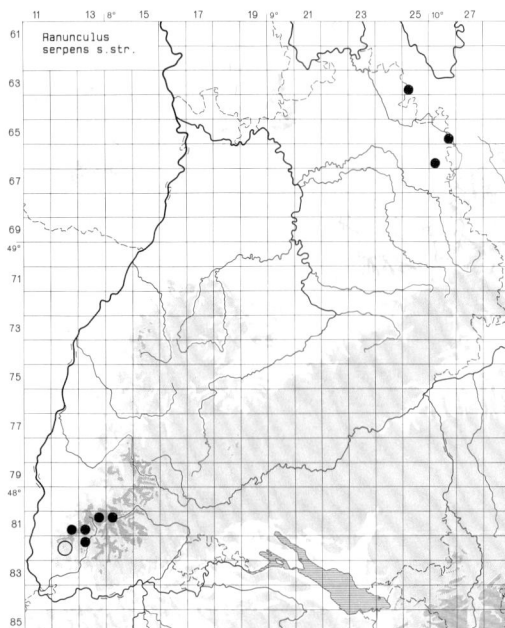

Ranunculus
serpens s.str.

n der Form immer von den grundständigen abweichend, bis zum Grunde geteilt; Abschnitte schmal lanzettlich. Blüten leuchtend gelb bis zitronengelb. - Blütezeit: Ende März bis Mitte September.

Die Abtrennung einer Subspezies *polyanthemophyllus* ist nach dem vorliegenden Material (110 Belege) wegen der im Gebiet zahlreich auftretenden Übergangsformen kaum möglich. Da die Unterscheidung nur auf Blattmerkmalen (grundständige Blätter tiefer geteilt; Mittelabschnitt bis 1 cm lang gestielt, bis auf ein Fünftel 3teilig) beruht und gerade das Blatt bei der Gattung *Ranunculus* sehr variabel ist, muß man fragen, inwieweit es sinnvoll ist, solche Sippen auf so hohem taxonomischen Niveau (vielfach werden sie in den Artrang erhoben) zu trennen, zumal beide Taxa nach BALTISBERGER (1980) voll fertil kreuzbar sind. Eine gewisse Häufung der Wuchsorte von *polyanthemophyllus*-artigen Pflanzen ist im südlichen Oberrheingebiet zu beobachten. Jedoch treten verwandte Formen auch in anderen Landesteilen auf. Auf eine getrennte Darstellung der beiden Sippen wird aus den oben genannten Gründen verzichtet.

Ökologie: In lichten, krautreichen Laub-Wäldern, höher gelegenen, mageren Wiesen und Weiden sowie in Flachmooren. Auf mäßig frischen bis frischen, verhältnismäßig nährstoffarmen, oft kalkhaltigen (aber auch kalkarmen) Lehm- und Tonböden. Licht- und Halbschattenpflanze. Vor allem in Magerrasen (Mesobromion, Molinion, Violion)

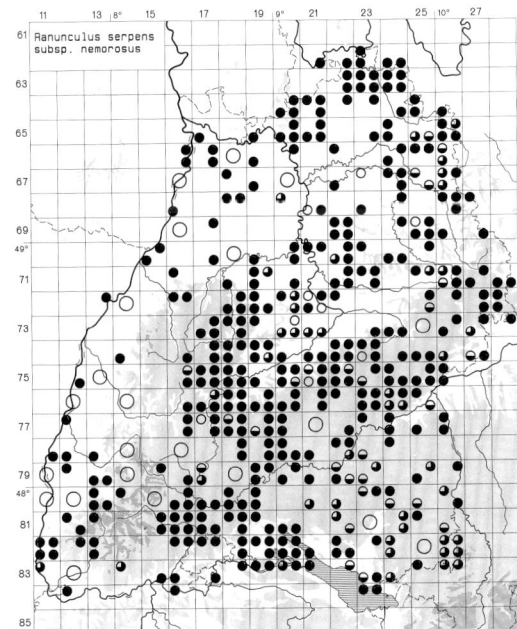

```
11      13 |8°  15      17      19 |9°  21      23      25 |10°  27
61 Ranunculus serpens
   subsp. nemorosus
63
65
67
69
49°
71
73
75
77
79
48°
81
83
85
```

oder mageren Gebirgswiesen und -weiden (Cynosurion, Polygono-Trisetion) sowie in lichten Wäldern (Carpinion, Fagion). Vegetationskundliche Aufnahmen bei KUHN (1937: Tab. 33), LANG (1973), WITSCHEL (1980: Tab. 13, 21, 1986) PHILIPPI (1983: Tab. 15, 16), SEBALD (1983: Tab. 12).

Allgemeine Verbreitung: Europäische Pflanze. Nordwärts bis Dänemark (kommt in Großbritannien, Irland, Island und Skandinavien ursprünglich nicht vor), Baltikum; südwärts bis Mittelspanien, Sardinien, Süditalien, Griechenland; östliche Grenze durch Polen und die Ukraine (Verlauf noch ungeklärt).

Verbreitung in Baden-Württemberg: Der Hain-Hahnenfuß ist in den meisten Landschaften verbreitet, jedoch nicht häufig anzutreffen. Eine größere Verbreitungslücke besteht im nördlichen und mittleren Schwarzwald. In manchen Landesteilen (Oberrheingebiet, Kraichgau, Vorland der mittleren Alb) tritt die Pflanze nur sehr zerstreut auf.

Die Vorkommen reichen von 100 m in der Oberrheinebene bei Rheinau (6517/3) bis 965 m NW Böttingen (7818/4).

Die Unterart ist im Gebiet urwüchsig. Erstnachweis: J. F. GMELIN (1772: 171): Tübingen (als „Ranunculus polyanthemos").

Bestand und Bedrohung: Ein Rückgang ist bei Hain-Hahnenfuß noch nicht zu beobachten, jedoch schadet die Umwandlung der Laubwälder in Nadelholzforsten der lichtliebenden Pflanze. Auf Grünland findet man sie vor allem an mageren Stellen mit niedrigem Bewuchs. Hier würde der verhältnismäßig konkurrenzschwache Hahnenfuß bei intensiver Nutzung mit Hilfe von Düngung auf Dauer von Fettwiesenpflanzen verdrängt. Die Pflanze verträgt Mähen ab Ende Juni und extensive Beweidung.

3. Ranunculus repens L. 1753
Kriechender Hahnenfuß

Morphologie: Ausdauernde Pflanze mit kräftigen Wurzeln, Stengel verzweigt, niederliegend bis bogig aufsteigend, bis zu 50 cm hoch. Ausläufer oberirdisch, beblättert, an den Knoten wurzelnd. Grundblätter gestielt, kahl oder behaart, Spreite im Umriß dreieckig-herzförmig, 3zählig; Abschnitte 1–2fach fiederteilig, mittlerer Abschnitt stets lang gestielt; untere Stengelblätter den Grundblättern ähnlich, obere sitzend, einfacher mit schmaleren Abschnitten. Blütenstiele gefurcht. Blüten gelb, 2–3 cm im Durchmesser; Kelchblätter behaart, den Kronblättern anliegend. Blütenboden behaart. Früchtchen 2,5–3,5 mm lang und 2–3 mm breit, flach, mit

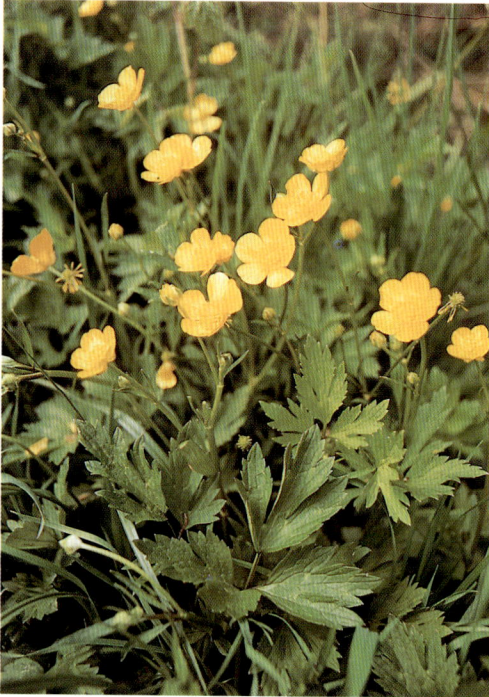

Kriechender Hahnenfuß (*Ranunculus repens*)
Schönberg bei Freiburg

deutlich abgesetztem Rand, kahl; Schnabel gerade oder schwach gekrümmt.

Biologie: Blüte von Mai bis August. Starke vegetative Vermehrung. Selbst- und Insektenbestäubung.

Ökologie: In Pioniergesellschaften, auf Äckern, in Gärten, an Wegen, Ufern, in Gräben, feuchten Wiesen und Auwäldern. Vor allem auf frischen bis feuchten, nährstoffreichen Lehm- und Tonböden. Bodenverdichtungszeiger, bis 50 cm tief wurzelnder Bodenfestiger. Licht- und Halbschattenpflanze. Bezeichnend für *Ranunculus repens*-Stadien und als Störzeiger in den verschiedensten Gesellschaften. Vegetationskundliche Aufnahmen bei TH. MÜLLER (1974), SEBALD (1974: Tab. H, 22), PHILIPPI (1982: Tab. 16, 21, 22; 1983: Tab. 23, 26), SCHWABE (1987: Tab. 1, 13).

Allgemeine Verbreitung: Ursprünglich eurasische Pflanze. Heute in den gemäßigten Zonen weltweit verbreitet.

Verbreitung in Baden-Württemberg: Der Kriechende Hahnenfuß ist in allen Landschaften verbreitet und häufig anzutreffen. Die Vorkommen reichen von 95 m bei Mannheim bis 1335 m am Feldberg (8114/1). Die Art ist im Gebiet urwüchsig. Archäologischer Erstnachweis: K. BERTSCH (1931): Boreal/Atlantikum, Federsee. Literarischer

Erstnachweis: J. BAUHIN (1598: 207): Aus der Umgebung von Bad Boll (7323).

Bestand und Bedrohung: Die Pflanze ist nicht gefährdet, sie befindet sich vielmehr eher in Ausbreitung. Der Kriechende Hahnenfuß verträgt Vielschnitt und intensive Beweidung, ist aber empfindlich gegen Feuer.

4. Ranunculus lanuginosus L. 1753
Wolliger Hahnenfuß

Morphologie: Pflanze ausdauernd, mit kurzem Rhizom, 30–100 cm hoch, dicht abstehend und weich behaart. Stengel aufrecht, reich verzweigt, unten hohl, stielrund, vielblütig. Grundständige Blätter langgestielt, gelbgrün, tief (bis auf das letzte Drittel) 3teilig; Abschnitte nochmals bis zu einem Viertel eingeschnitten, 3teilig, grob gezähnt; untere Stengelblätter ähnlich den grundständigen, obere sitzend, bis zum Grunde 3teilig; Abschnitte lanzettlich, oft gezähnt. Blütenstiele rund, nie gefurcht. Blüten ockergelb, 1,5–2,5 cm im Durchmesser; Kelchblätter den Kronblättern anliegend. Blütenboden kahl. Früchtchen rundlich bis oval, 3,5–4 mm lang und 2–2,5 mm breit, flach, kahl, undeutlich berandet; Schnabel um 1,3 mm lang, hakig gebogen bis eingerollt, lang und fein zugespitzt. – Blütezeit: Ende April bis Mitte Juni.

Ökologie: In krautreichen Buchenwäldern, in frischen Eichen-Hainbuchen- und in Schluchtwäl-

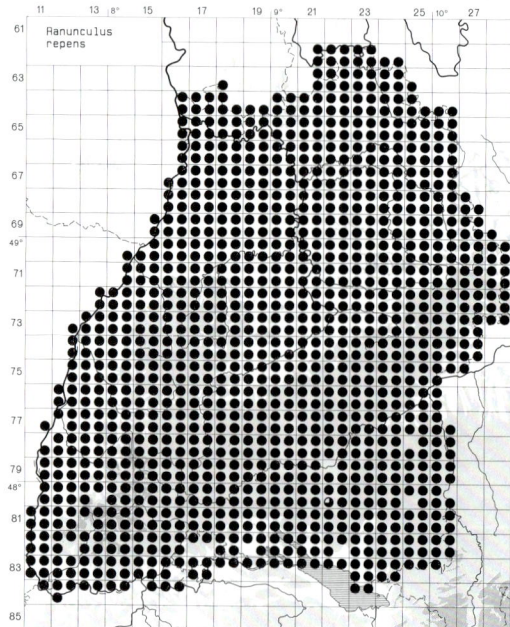

Wolliger Hahnenfuß *(Ranunculus lanuginosus)*

dern, auch im Bereich der Auen. Auf frischen bis feuchten (z.T. staunassen), nährstoff- und kalkreichen, lockeren bis dichten, humosen, steinigen oder reinen Lehm- und Tonböden. Schatt- und Mullbodenpflanze.

Vor allem in frischen Fagion- und Tilio-Acerion-Gesellschaften sowie im Carpinion und Alno-Ulmion. Fagetalia-Ordnungscharakterart.

Typische Begleiter sind *Paris quadrifolia, Ranunculus ficaria, Primula elatior, Senecio fuchsii, Stellaria holostea.* Vegetationskundliche Aufnahmen bei PHILIPPI (1983: Tab. 18), SEBALD (1983: Tab. 1), NEBEL (1986: Tab. 14, 15).

Allgemeine Verbreitung: Europäische Pflanze. Westwärts bis Rhein und Rhône; nordwärts bis Norddeutschland, Dänemark, Baltikum; südwärts bis Sardinien, Sizilien, Peleponnes, Schwarzmeergebiet; ostwärts bis in die Ukraine. Die Pflanze erreicht im Gebiet die Westgrenze der Verbreitung.

Verbreitung in Baden-Württemberg: Der Wollige Hahnenfuß kommt in den östlichen Landesteilen verbreitet, aber nicht häufig vor. Selten findet man die Pflanze in den nördlichen Teilen des Schwäbisch-Fränkischen Waldes und im Alpenvorland mit Ausnahme des Allgäus. Im Westen endet das geschlossene Areal am Fuße des Schwarzwaldes, im

Nordwesten dringt die Art bis an den Rand der Rheinebene vor. Der sehr abweichend liegende Wuchsort 7513/4: Hohes Hölzle S Offenburg, 1977, PHILIPPI (KR-K), kann als Vorposten angesehen werden.

Bei der Angabe auf Blatt 8112 Staufen handelt es sich sehr wahrscheinlich um eine Verwechslung mit *Ranunculus serpens*, der auch sehr stark behaart sein kann und einen ähnlichen Blattschnitt aufweist. Diese Sippe ist von diesem Blatt bekannt und hat in der weiteren Umgebung des Feldberggebietes ihren Verbreitungsschwerpunkt.

Die Vorkommen reichen von 180 m bei Grünenwört (6222/2) im Maintal bis 970 m am Oberhohenberg (7818/2) auf der Schwäbischen Alb.

Die Art ist im Gebiet urwüchsig. Erstnachweis: C. BAUHIN (1596: 323–324): „Ranunculus montanus latifolius hirsutus alter... in Roßberg monte prope Tubingan, cum ibi versaremus, collegimus", also um 1590 am Roßberg (7520).

Bestand und Bedrohung: Der Wollige Hahnenfuß tritt in der Regel in größeren Beständen auf. Am ehesten schaden ihm die Umwandlung der Laubwälder in Nadelholzforste. Im Bereich der Aue können auch Grundwasserstandsänderungen als Folge des Gewässerausbaus zum Rückgang führen. Die Art ist in Baden-Württemberg nicht gefährdet, sollte jedoch wegen ihres Vorkommens an der Verbreitungsgrenze im Westen des Gebietes besonders beachtet und geschont werden.

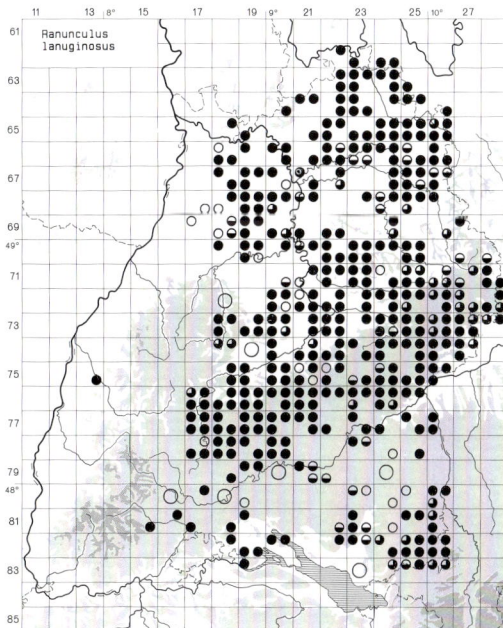

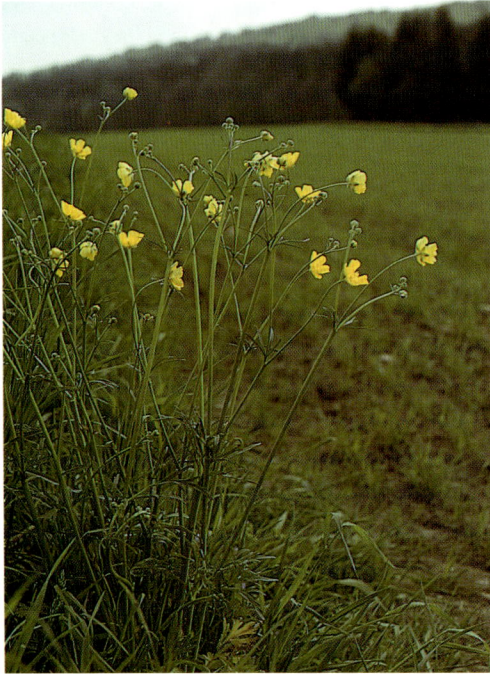

Scharfer Hahnenfuß *(Ranunculus acris)*
Stuttgart, 1987

5. Ranunculus acris L.
Scharfer Hahnenfuß

Morphologie: Pflanze ausdauernd, 20–100 cm hoch, mit Rhizom. Stengel aufrecht, kahl oder locker behaart, am Grunde kohl, meist reich verzweigt und vielblütig. Grundständige Blätter langgestielt, 3–5teilig; Abschnitte meist mehr oder weniger dreispaltig, unregelmäßig eingeschnitten, zugespitzt, kahl bis dicht behaart; Stengelblätter den grundständigen gleichend, allmählich einfacher werden und kürzer gestielt, die obersten sitzend, bis zum Grunde geteilt. Blütenstiele rund, nie gefurcht. Blüten goldgelb, 2–3 cm im Durchmeser; Kelchblätter behaart, den Kronblättern anliegend, gelblich. Blütenboden kugelig, kahl. Früchtchen rundlich, flach, berandet, kahl; Schnabel ⅛–¼ so lang wie das Früchtchen, gerade oder schwach gebogen.
Biologie: Blüte von Mai bis September. Die Staubblätter reifen von außen nach innen, die unreifen Antheren umhüllen die Narben. Bei Reife biegen sich die Staubgefäße nach außen, die Staubbeutel platzen auf. Kurz bevor die innersten Antheren aufspringen, entwickeln sich die Narben. Bestäubung durch nektarsuchende Fliegen, Käfer, Hautflügler und Schmetterlinge. Selbstbestäubung kommt vor, teilweise sind die Blüten auch selbststeril.

Ökologie: In Wiesen und Weiden aller Art. Au frischen bis feuchten, nährstoffreichen, kalkhalti gen bis mäßig sauren, humosen Lehmböden, auc auf anmoorigen Böden. Bis 50 cm tief wurzelnde Nährstoffzeiger. Am besten entwickelt in Arrhenat herion-, Polygono-Trisetion- und Calthion-Wiesen Molinio-Arrhenatheretea-Klassencharakterart. Ty pische Begleiter sind *Arrhentatherum elatius, Fe stuca pratensis, Plantago lanceolata, Rumex acetosa Trifolium partense.* Vegetationskundliche Aufnah men bei KUHN (1937), GÖRS (1966, 1974), LANC (1973), SEBALD (1974, 1983), SCHWABE-BRAUN (1983), PHILIPPI (1983).

Der Scharfe Hahnenfuß kommt bei uns ir 2 Unterarten vor.

1 Rhizom bis 10 cm lang; grundständige Blätter bis fast zum Grund 3–5teilig, Abschnitte nochmals bis auf ⅔ 2–3teilig, Zipfel nicht spreizend, sich nicht überdeckend . . . . b) subsp. *friesianus*
– Rhizom bis 1 cm lang; grundständige Blätter bis zum Grund 3–5teilig, Abschnitte noch mehrmals tief geteilt, Zipfel schmal, spreizend, sich überdeckend . . . . a) subsp. *acris*

a) subsp. acris
Scharfer Hahnenfuß

Morphologie: Rhizom bis 1 cm lang. Grundständige Blätter bis zum Grund 3–5teilig; Abschnitte noch mehrmals tief geteilt; Zipfel schmal, spreizend, sich überdeckend, untere Stengelblätter den grund-

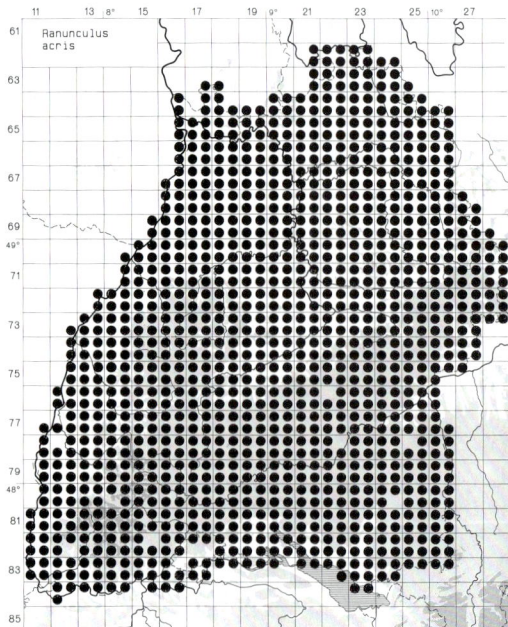

ständigen gleichend, obere mit schmal lanzettlichen Abschnitten. Schnabel etwa ⅛ so lang wie das Früchtchen, gerade oder wenig gebogen.

Allgemeine Verbreitung: Eurasiatische Pflanze. Ganz Europa, nordwärts bis 71° NB; Asien (nördlich des Himalaja); in Nordamerika wahrscheinlich eingeschleppt; Grönland; auch aus Nordafrika, Abessinien, dem Kapland und Neuseeland angegeben.

Verbreitung in Baden-Württemberg: Der Scharfe Hahnenfuß ist im Gebiet in allen Landschaften verbreitet und häufig. Da bisher kaum auf die Unterarten geachtet wurde, läßt sich zum jetzigen Zeitpunkt nicht sagen, wie häufig die Typus-Sippe im Süden und Westen des Gebietes ist. In der angrenzenden Nordschweiz wurde *Ranunculus acris* s.str. nur sehr zerstreut gefunden, während *R. acris* subsp. *friesianus* verbreitet vorkommt (vgl. WELTEN u. SUTTER 1982).

Die Vorkommen reichen von 100 m bei Mannheim bis 1335 m am Feldberg (8114/1: Seebuck).

Die Unterart ist im Gebiet urwüchsig. Archäologischer Erstnachweis für *R. acris*: K. BERTSCH (1950): Spät-Subboreal, Bad Buchau. Literarischer Erstnachweis: J. BAUHIN (1598: 207): „Ranunculus rectus" in der Umgebung von Bad Boll (7323).

Bestand und Bedrohung: Die Pflanze tritt gewöhnlich in großen Beständen auf. Großflächige Umwandlungen von Grünland in Äcker haben zu Rückgängen, aber nicht zu einer Gefährdung geführt. Der Scharfe Hahnenfuß entwickelt sich am besten bei 2–3maliger Mahd oder mäßig intensiver Beweidung, er ist recht empfindlich gegen Brennen.

b) subsp. **friesianus** (Jord.) Rouy & Fouc. 1893
R. friesianus Jord. 1847; *R. stevenii* auct.
Fries'scher Hahnenfuß

Morphologie: Rhizom bis 10 cm lang, je nach Standort horizontal bis vertikal. Grundständige Blätter bis fast zum Grund 3–5teilig; Abschnitte breit, im Umriß rhombisch, nochmals bis auf ⅔ 2–3teilig; Zipfel grob gezähnt, nicht spreizend und sich nicht überdeckend; untere Stengelblätter den Grundblättern gleichend, obere mit schmal lanzettlichen Abschnitten; Schnabel bis ¼ so lang wie das Früchtchen, gerade, gebogen oder eingerollt. – Blütezeit: Mai bis September.

Ökologie: In Fettwiesen, auch in Parkanlagen, an Ruderalstellen und Straßenböschungen sowie in gestörten Wiesen.

Allgemeine Verbreitung: Westeuropäische Pflanze. Von Südostfrankreich bis ins westliche Österreich häufig, sonst in Europa weit verschleppt.

Verbreitung in Baden-Württemberg: Das Areal des Fries'schen Hahnenfußes ist im Gebiet zur Zeit nur sehr unzureichend bekannt, da die Unterarten kaum unterschieden wurden. Die Pflanze ist bis jetzt vor allem in den südlichen Landesteilen beobachtet worden. Sicher tritt sie hier sehr viel häufiger auf, als dies die Karte, die im wesentlichen auf belegten Angaben basiert, darstellt. In der angrenzenden Schweiz überwiegt der Fries'sche Hahnenfuß die Typus-Sippe bei weitem (vgl. WELTEN u. SUTTER 1982).

Die Vorkommen reichen von 100 m bei Ofling im Oberrheingebiet (6417/4) bis 850 m auf dem Kostgefäll im Schwarzwald (7814/4).

Die Art ist im Gebiet vermutlich urwüchsig. Erstnachweis: KRAUSE (1920: 131). „Um Rastatt auf Wiesen sehr viel".

Oberrheingebiet: 6417/4: NO Ofling, frisch geschüttete Straßenböschung beim Schwimmbad, BUTTLER & STIEGLITZ (1976); 7115/1: Rastatt, auf Wiesen, KRAUSE (1920); 7712/1: Taubergießen, GÖRS u. MÜLLER (1974). Klettgau: 8316/3: Wiese S Horheim, 1984, SEYBOLD (STU).
Südschwarzwald: 7814/4: Kostgefäll; 8113/4: Brandenberg; 8116/1: Straßenkreuzung NW Unadingen; 8312/1: Wiese oberhalb Hauingen; 8313/1: Hausen-Raitbach; 8314/1: Grunholz N Görwihl, alle Angaben 1984, SEYBOLD (STU).
Schwäbische Alb: 7427/3: Schloßgarten Niederstotzingen, 1938, K. MÜLLER (STU); 7524/4: Blaubeuren, auf Schutt, 1944, K. MÜLLER (STU); 7525/4: Ulm, alter Friedhof, 1935, K. MÜLLER (STU).
Alpenvorland: 8118/2: S Bittelbrunn, an der Straße Engen-Aach; 8119/3: Wiese bei Aach; 8120/3: Wiese S

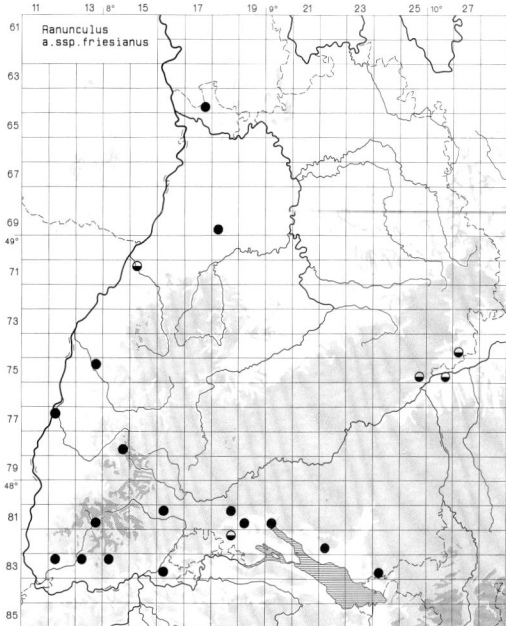

Stockach, alle Angaben 1984, SEYBOLD (STU); 8218/2: Hohentwiel, vor 1945, K. BERTSCH (STU-K); 8222/3: Wiese W Markdorf, 1984, SEYBOLD (STU); 8324/3: Muttelsee, 1972, DÖRR (STU).

Bestand und Bedrohung: Mit hoher Wahrscheinlichkeit ist der Friessche Hahnenfuß in Baden-Württemberg sehr viel häufiger als bis heute bekannt. Da die Pflanze gerne auch an gestörten Standorten wächst, ist mit einer Gefährdung nicht zu rechnen.

6.–8. Artengruppe des Ranunculus montanus

Diese Gruppe ist im Gebiet mit 3 Arten vertreten. In älteren Floren sind diese nicht unterschieden worden. Die unbelegten Fundortsangaben lassen sich jedoch aufgrund der unterschiedlichen Areale recht gut den einzelnen Arten zuordnen. *R. montanus* ist auf das Allgäu und den Feldberg beschränkt, es gibt also keine Berührungspunkte mit den beiden anderen Arten. *R. carinthiacus* hat seine Vorkommen auf der mittleren Alb, während *R. oreophilus* auf die Südwestalb und die Baar beschränkt ist. Die Verbreitungsgebiete dieser zwei Arten überschneiden sich (soweit heute bekannt) nur auf den Kartenblättern 7620 Jungingen und 7621 Trochtelfingen (ein sehr isoliertes Vorkommen von *R. oreophilus* liegt noch auf 7421/4: Dettingen, Roßberg), eine Zuordnung der Literaturangaben außerhalb dieser Gebiete ist deshalb gut möglich. Die Angaben von KUHN (1937) müssen als unsicher eingestuft werden, sie wurden deshalb nicht aufgenommen.

Literatur: LANDOLT (1954); K. MÜLLER (1965).

1 Rhizom oben dicht mit bis zu 4 mm langen Haaren besetzt; Grundblätter anliegend behaart, mit scharf zugespitzten Zähnen, noch gefaltete junge Spreiten nach unten geknickt; Blütenboden und Staubblattansatzstelle behaart . . 8. *R. oreophilus*
– Rhizom (selten mit sehr kurzen Haaren) und Staubfadenansatzstelle kahl; junge Blätter im noch gefalteten Zustand aufrecht 2
2 Grundblätter mit fast bis zum Spreitengrund reichenden Haupteinschnitten, Zipfel etwa doppelt so lang wie breit; Stengelblattzipfel lineal; Schnabel des Früchtchens sehr kurz, anliegend . . . .
7. *R. carinthiacus*
– Haupteinschnitte der Grundblätter nur zwei Drittel des Spreitendurchmessers erreichend; Stengelblattzipfel elliptisch bis lineal-lanzettlich; Schnabel des Früchtchens etwas abstehend . . . .
6. *R. montanus*

6. Ranunculus montanus Willd. 1799
Berg-Hahnenfuß

Morphologie: Pflanze ausdauernd, 10–30 cm hoch, Rhizom kahl. Stengel aufrecht, meist nur 1 Stengel pro Wurzelstock, 1–2(–3)blütig. Grundständige

Blätter langgestielt, glänzend, kahl bis schwach behaart, bis zu ⅔ 3teilig eingeschnitten, die seitlichen Abschnitte bis zur Mitte 2teilig, gezähnt, Zähne länglich bis 3eckig; junge Blattspreiten im gefalteten Zustand aufrecht; Stengelblätter meist sitzend, in 3, 5 oder 7 breit bis schmal ovale Abschnitte geteilt; Abschnitte 2–7mal so lang wie breit, in oder etwas über der Mitte am breitesten. Blütenstiel ungefurcht, behaart. Blüten gelb, 1,5–3 cm im Durchmesser; Kelchblätter den Kronblättern anliegend, behaart; Kronblätter nicht ausgerandet; Staubfadenansatzstelle kahl. Blütenboden behaart. Früchtchen kahl, rundlich 2–3 mm im Durchmesser, unberandet; Schnabel etwas abstehend, 0,5–1 mm lang. – Blütezeit: Mai bis Juni.

Ökologie: In montanen und subalpinen, mageren Weiden und Moorwiesen. Auf frischen bis sehr frischen, mäßig nährstoffreichen, meist kalkhaltigen, humosen Lehmböden. Vor allem im Polygono-Trisetion und Molinion.

Allgemeine Verbreitung: Alpen-Pflanze. Alpen, Alpenvorland (meist nur herabgeschwemmt), Jura, Schwarzwald, Karte bei LANDOLT (1954); BRESINSKY (1965). Im Gebiet an der Nordgrenze der Verbreitung.

Verbreitung in Baden-Württemberg: Der Berg-Hahnenfuß ist im Gebiet sehr selten, er kommt nur am Feldberg im Schwarzwald und im Allgäu vor.

Die Vorkommen reichen von 570 m bei Egelsee (7926/4) und 620 m bei Altmannshofen (8126/2) bis

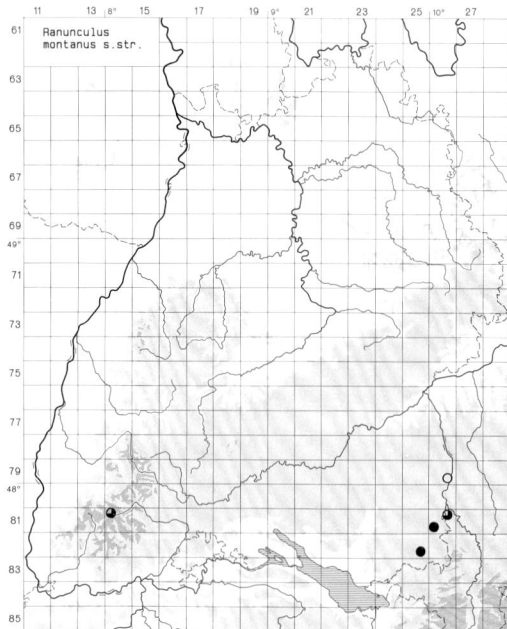

Ranunculus
montanus s.str.

Berg-Hahnenfuß (*Ranunculus montanus*)
Feldberg

etwa 1400 m am Feldberg (8114/1). Die Art ist im Gebiet urwüchsig. Erstnachweis: Spenner (1829: 1021): Als „Ranunculus jacquini nobis" vom Feldberg.

Schwarzwald: 8114/1: Feldberg, auf Felsen am Seebuck, Döll (1862), Felswände am Feldsee, K. Müller (1948). Westallgäuer Hügelland: 7926/4: Iller bei Egelsee, Eichler, Gradmann, Meigen (1905); 8126/2: O Altmannshofen, Dörr (1973); 8126/3: Kesselbrunn N Adrazhofen, Moorwiese, 1973, Sebald u. Seybold (STU); 8225/4: Quellmoor W Ried, 1980, K.H. Harms (STU).

Bestand und Bedrohung: In Baden-Württemberg ist der Berg-Hahnenfuß sehr selten und nur in kleinen Beständen anzutreffen. Die konkurrenzschwache Art ist vor allem durch die Eutrophierung der Standorte gefährdet. Da sie gerne in Moorwiesen und Quellmooren auftritt, leidet die Pflanze besonders unter Entwässerungsmaßnahmen. Ein Schutz ist nur durch den Erhalt des entsprechenden Lebensraumes bei unveränderter Nutzung möglich. Die Lage am Rand des Verbreitungsgebietes macht die Vorkommen besonders wertvoll. Der Berg-Hahnenfuß ist in Baden-Württemberg stark gefährdet (in der Roten Liste Gefährdungsgrad 2). Optimal entwickelt sich die Pflanze bei extensiver Beweidung, sie verträgt Mahd ab Juli.

7. Ranunculus carinthiacus Hoppe 1826
Kärntner Hahnenfuß

Morphologie: Pflanze ausdauernd, 4–25 cm hoch, Rhizom kurz, kahl, selten mit wenigen sehr kurzen Haaren. Stengel aufrecht, 1–3blütig, öfters 2–3 Stengel pro Wurzelstock. Grundständige Blätter gestielt, etwas glänzend, kahl, meist bis zum Grund 3teilig; seitliche Abschnitte bis über die Mitte 2teilig; Blattzipfel schmal lanzettlich; junge Blattspreiten im gefalteten Zustand aufrecht; Stengelblätter sitzend, bis fast zum Grund in 3, 5 oder 7 schmal lanzettliche Abschnitte geteilt; Abschnitte meist mehr als 7mal so lang wie breit, etwa in der Mitte am breitesten. Blütenstiel ungefurcht, behaart. Blüten 1,5–2,5(–3) cm im Durchmesser; Kelchblätter den Kronblättern anliegend, behaart; Kronblätter nicht ausgerandet, goldgelb; Staubfadenansatzstelle kahl. Blütenboden behaart. Früchtchen kahl, rundlich, 2–2,5 mm im Durchmesser, unberandet; Schnabel sehr kurz, anliegend. – Blütezeit: Mitte April bis Anfang Juni.

Ökologie: In montanen bis subalpinen, mageren Wiesen, Schafweiden und Halbtrockenrasen, auch an Waldrändern und in lichten Wäldern, vor allem in absonnigen Lagen. Auf mäßig frischen, kalkhaltigen, meist flachgründigen, wenig entwickelten Böden. Lokale Charakterart des Polygono vivpari-Genistetum sagittalis. Auf der Schwäbischen Alb schwerpunktmäßig in frischen Mesobrometen der

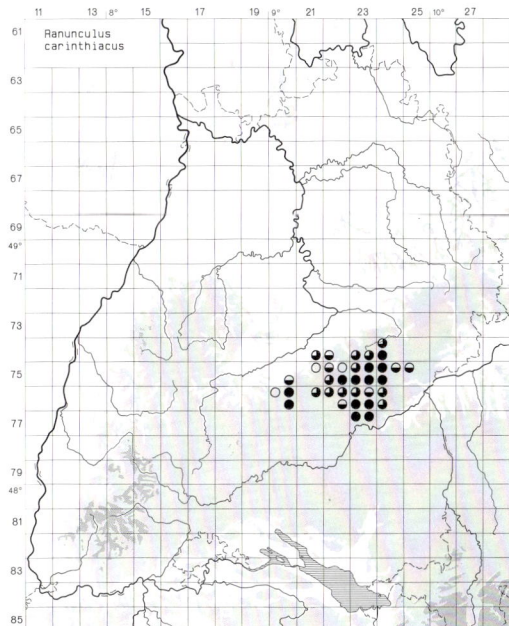

Kärntner Hahnenfuß *(Ranunculus carinthiacus)*
Wassertal bei Laichingen, 1975

Gebirgs-Hahnenfuß *(Ranunculus oreophilus)*
Trochtelfinger Heide, 1973

Nord- und Osthänge. Typische Begleiter sind *Bromus erectus, Crepis praemorsa, Gentiana verna, Muscari botryoides, Phyteuma orbiculare.* Vegetationskundliche Aufnahmen bei KUHN (1937: Tab. 23, 24 – keine Trennung der Arten, enthält auch Verwechslungen mit *Ranunculus serpens* subsp. *nemorosus*).

Allgemeine Verbreitung: Mittel- und südeuropäische Gebirgspglanze. Kantabrisches Gebirge, Pyrenäen, Jura, Alpen, Jugoslawische Gebirge. Die Vorkommen im Gebiet sind die nördlichsten überhaupt.

Verbreitung in Baden-Württemberg: Der Kärntner Hahnenfuß ist im Gebiet selten und tritt nur auf der mittleren Schwäbischen Alb auf.

Die Vorkommen reichen von 550 m im Grießtal am Meisenberg (7624/3) bis 850 m am Bühlberg (7620/4).

Die Art ist im Gebiet urwüchsig. Erstnachweis: MÜLLER (1965): Im Herbar HEGELMAIER (jetzt STU) befindet sich folgender Beleg: *Ranunculus montanus* var. *tenuifolius* Schleicher, *R. carinthiacus* Hoppe, auf dem Seeburger Felsen mitten im Dorf sehr häufig, Mai 1834, ohne Finder.

Mittlere Schwäbische Alb: 7421/4: Glems, Roßfels, 1946, CH. MAIER (STU); Grasberg bei Glems, 1952, K. MÜLLER (STU); 7422/3: Dettingen, Calverbühl, 1932, PLANKENHORN (STU); 7423/3: Donnstetten, Hasenhäuslesberg, 1965, G. KNAUSS (STU); 7423/4: Hochsträß O Westerheim, 1957, W. WREDE (STU); Westerheim, 1965, SEBALD (STU); 7424/2: Drackenstein, 1947, HAUFF (STU-K); 7424/3: Afra SO Hohenstadt, 1972, SEYBOLD u. RÜCKER (STU); Wassertal, 1971, SEBALD (STU); 7520/4: Roßberg, MAYER (1929), Gönningen, KIRCHNER u. EICHLER (1900); 7521/2: Eningen, KIRCHNER u. EICHLER (1900); 7522/1: Urach, Hochberg, 1911, E. KOLB (STU); 7522/2: Wittlingen, KIRCHNER u. EICHLER (1900); 7522/3: Kohlstetter Tal W Offenhausen, 1952, K. MÜLLER (STU); Lonsingen, 1946, GUTBROD (STU); 7522/4: Seeburg, 1980, SEBALD (STU); Münsingen, Baumtal, 1952, K. MÜLLER (STU); 7523/1: Zainingen, Wanne, 1949, SCHMOHL (STU-K); 7523/2: Hohler Stein O Feldstetten, 1978, SEBALD (STU); 7523/3: Hühnerbühl SW Böttingen, 1974, SEYBOLD (STU); Böttingen, Sternenberg, 1974, G. SCHILL (STU-K); 7523/4: O Magolsheim, 1981, SEBALD (STU); 7524/1: Himpfertal N Suppingen, 1953, K. MÜLLER (STU); NW Berghülen, 1953, K. MÜLLER (STU); o.O., 1982, RAUNEKER (STU-K); 7524/2: Treffensbuch, 1942, K. MÜLLER (STU-K); Bühlenhausen, 1942, K. MÜLLER (STU-K); 7524/3: Seißer Bühl SO Sontheim, 1977, SEBALD (STU); 7525/1: Bermaringen, 1942, K. MÜLLER (STU-K); 7620/1: Heuberg, 1871, F. HEGELMAIER (STU); 7620/2: Talheim, Kirchkopf, 1982, SEBALD (STU); Farrenberg, Osthang, 1953, K. MÜLLER (STU); 7620/4: Bühl-Berg N Ringingen, 1971, SEBALD (STU); 7621/2: Kohlstetten, Urleswald, 1952, K. MÜLLER (STU); 7622/1: Lerchenberg und Hungerberg S Gomadingen, 1954, K. MÜLLER (STU); 7622/2: Buttenhausen, 1947, SCHMOHL (STU); 7622/4: Hundersingen, 1906, R. GRADMANN (STU); 7623/1: Oberlauh NW Bremelau, 1952, BRIELMAIER (STU); 7623/2: Ennahofen, KIRCHNER u. EICHLER (1913); 7623/3: S Bremelau, 1977, SEBALD (STU); Lautertal unterhalb Gundelfingen, 1905, F. HEGELMAIER (STU); 7623/4: Rauntal S Weilersteußlingen, 1984, SEBALD (STU); 7624/1: Teuringshofen, 1954, K. MÜLLER (STU); 7624/3: Weites Tal W Allmendingen, 1954, K. MÜLLER (STU); Grießtal, Meisenberg, 1954, K. MÜLLER (STU); 7723/1: O Erbstetten, 1980, SEBALD (STU); 7723/2: O Mundingen, 1980, SEBALD (STU).

Bestand und Bedrohung: Oft umfassen die Bestände des Kärntner Hahnenfußes nur wenige Pflanzen, die sich an Weg- und Waldrändern oder am Rande jetzt intensiv genutzter Großvieh-Weiden noch halten können. Größere Vorkommen sind selten geworden. Die nur extensiv genutzten Halbtrockenrasen, mageren Wiesen und Schafweiden, in denen die konkurrenzschwache, auf magere Standorte angewiesene Art hauptsächlich auftritt, sind heute zum großen Teil entweder in gedüngtes Intensivgrünland und Ackerland umgewandelt oder sie bleiben sich selbst überlassen, verbuschen und werden damit zu schattig. Die Pflanze hat im Gegensatz zu *R. oreophilus* kaum Vorkommen an naturnahen Standorten (z. B. in Wäldern, auf Felsschutthalden) und ist deshalb von einer Nutzungsänderung besonders betroffen. Um die noch bestehenden Wuchsorte zu erhalten, sollten die betreffenden Flächen weiterhin extensiv genutzt und nicht gedüngt werden. Am besten sind eine nicht zu starke Beweidung durch Schafe oder eine einmalige Mahd ab Juli geeignet. Der Kärntner Hahnenfuß ist in Baden-Württemberg gerade in neuerer Zeit stark zurückgegangen. Da auch in Zukunft mit einem weiteren Rückgang zu rechnen ist, muß die Art als stark gefährdet eingestuft werden (in der Roten Liste Gefährdungsgrad 2, bisher mit Gefährdungsgrad 3 geführt). Die Tatsache, daß unsere Vorkommen die nördlichsten überhaupt sind und zudem sehr isoliert liegen, machen sie besonders wertvoll und erhaltenswert.

8. Ranunculus oreophilus MB. 1819
Gebirgs-Hahnenfuß

Morphologie: Pflanze ausdauernd, 10–40 cm hoch, Rhizom im oberen Teil dicht behaart. Stengel aufrecht, 1–4(–6)blütig, meist nur 1 Stengel pro Wurzelstock. Grundständige Blätter langgestielt, matt, anliegend behaart, bis fast zum Grund 3teilig; die seitlichen Abschnitte bis zur Mitte 2teilig, gezähnt; Blattzähne 3eckig, scharf zugespitzt; junge Blattspreiten im noch gefalteten Zustand nach unten geknickt; Stengelblätter sitzend, bis zum Grund in 2–5 schmal lanzettliche Abschnitte geteilt; Abschnitte 8–12mal so lang wie breit. Blütenstiel ungefurcht, behaart. Blüten 2–3 cm im Durchmesser; Kelchblätter den Kronblättern anliegend; Kronblätter etwas ausgerandet, zuerst leuchtend hellgelb, später goldgelb; Staubfadenansatzstelle dicht behaart. Blütenboden dicht behaart. Früchtchen kahl, rundlich, 2,5–3 mm im Durchmesser, unberandet; Schnabel sehr kurz, anliegend. – Blütezeit: Anfang Mai bis Anfang Juni.

Ökologie: In montanen bis subalpinen Geröllhalden, Steinrasen, steinigen Wiesen und lichten Wäldern, insbesondere auf geröllreichen, bewegten Standorten. Von der Erstbesiedlung bis hin zur sich schließenden Vegetationsdecke. Auf frischen, kalkhaltigen, lockeren, feinererreichen Steinschuttböden vor allem in Nord- und Ostexposition. Lichtpflanze. Bei dichterer Vegetationsdecke und stärkerer Beschattung kümmert die Art und fällt schließlich aus. Auf der Alb im Koelerio-Seslerietum und Laserpitio-Calamagrostietum variae, auch in frischen Fagion-Gesellschaften (*Sesleria-* und *Calamagrostis varia*-Buchenwälder) und im Mesobromion. Typische Begleiter sind *Anemone narcissiflora, Aster bellidiastrum, Calamagrostis varia, Phyteuma orbiculare, Sesleria varia.* Vegetationskund-

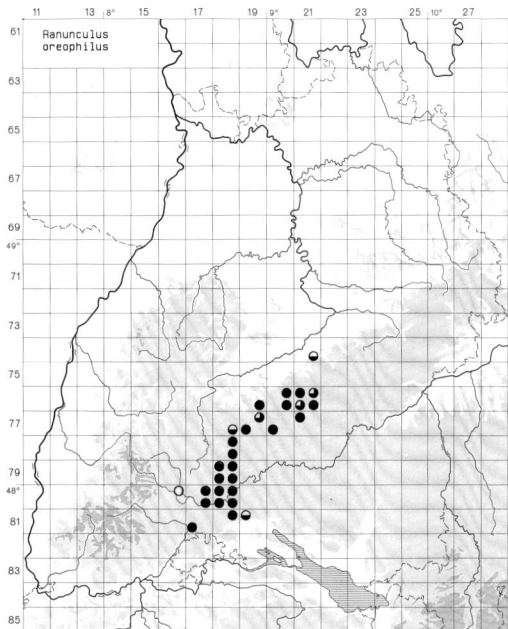

281

liche Aufnahmen bei WITSCHEL (1980: Tab. 10, 11, 13, 20, 1986).

Allgemeine Verbreitung: Mittel- und südeuropäische Gebirgspflanze. Kaukasus, Krim, Transsilvanien, Karpaten, Bosnien, Istrien, Alpen, Jura, Apennin, Korsika, Pyrenäen. Der Gebirgs-Hahnenfuß erreicht im Gebiet den nördlichsten Punkt seiner Verbreitung.

Verbreitung in Baden-Württemberg: Der Gebirgs-Hahnenfuß ist im Gebiet selten und tritt nur im Südteil der mittleren Alb, auf der Südwestalb und in der Baar auf. Das Verbreitungsbild gleicht auffallend dem von *Anemone narcissiflora*, mit der *R. oreophilus* auch öfters zusammen vorkommt.

Die Vorkommen reichen von 590 m im Kriegertal bei Engen (8118/2) bis 1000 m an der Melchiorshalde SO Gosheim (7818/4).

Die Art ist im Gebiet urwüchsig. Erstnachweis: ROTH VON SCHRECKENSTEIN (1797, 1798: 106): „Ranunculus nivalis im Fürstenbergischen Thiergarten Bachzimern" (8018).

Mittlere Alb: 7421/4: Dettingen, Roßberg, 1926, J. PLANKENHORN, K. MÜLLER (1965); 7620/2: Salmendingen, Kornbühl (= Salmendinger Kapelle), um 1830, FLEISCHER (STU), 1986, NEBEL (STU-K); 7620/4: Bühl-Berg N Ringingen, 1982, SEBALD (STU), hier beide Arten; 7621/1: Kalkstein SO Undingen, 1971, SEBALD (STU-K); Erfingen, 1952, K. MÜLLER (STU); 7621/2: NW Meidelstein, 1952, K. MÜLLER (STU); 7621/3: Stetten unter Holstein, 1952, K. MÜLLER (STU); 7621/4: Hasental N Trochtelfingen, 1972, SEYBOLD u. BECK (STU-K); 7721/1: Wendelstein SO Bronnen, 1984, IRSSLINGER (STU-K).
Südwestalb: 7619/4: Zellerhorn, 1981, SEYBOLD (STU-K); 7718/4: Plettenberg, MAYER (1929); 7719/2: Hundsrücken bei Streichen, vor 1969, DÜLL (STU-K); Irrenberg, 1963, G. KNAUSS (STU); 7719/3: Lochenstein, 1987, NEBEL (STU-K); Schafberg, MAYER (1929); Tieringen, WITSCHEL (1986); 7720/3: Tailfingen, Braunhartsberg, 1976, SEYBOLD (STU-K); Bitz, WITSCHEL (1986); 7818/2: Wehingen, Hochberg, Westrand, 1972, SEBALD (STU); 7818/4: Melchiorshalde SO Gosheim, 1973, SEBALD (STU); Klippeneck, 1914, K. BERTSCH (STU); 7918/1: Hausen ob Verena, WITSCHEL (1980); 7918/2: Dreifaltigkeitsberg, 1928, PLANKENHORN (STU); Birental, 1973, SEBALD (STU); Burghalde N Dürbheim, 1923, REBHOLZ (STU); 7918/3: Zundelberg, Gehrn, 1922, REBHOLZ (STU); Seitingen, WITSCHEL (1980); 7918/4: Erbsenberg N Wurmlingen, 1974, SEYBOLD (STU-K); Aienbuch und Selttal NW Wurmlingen, 1922, REBHOLZ (STU); 8017/2: Talhof, WITSCHEL (1980); Osterberg, SEUBERT u. KLEIN (1905); Blatthalde, WITSCHEL (1984); 8017/4: Kapf und Länge bei Gutmadingen, WITSCHEL (1980); Pfaffental, 1987, NEBEL (STU); 8018/1: Konzenberg O Esslingen, 1974, SEYBOLD (STU); Esslinger Mühle: Ippinger Mühle; Ippingen, alle Angaben WITSCHEL (1980); Bachzimmern, WITSCHEL (1986); 8018/2: Grünenberg, 1922, REBHOLZ (STU); Honberg, um 1920, REBHOLZ (STU); Möhringen, WITSCHEL (1980); 8018/3: Rübenberg O Amtenhausen, 1974, SEYBOLD (STU-K); Bühl bei Zimmern; Galgenbuck bei Geisingen;

Kirchen-Hausen; Roggenhalde bei Amtenhausen, alle Angaben WITSCHEL (1980); Hintschingen, 1987, SEBALD (STU); 8018/4: Gutenbühl S Hattingen, 1979, SEYBOLD; 8117/3: Buchberg bei Blumberg, WITSCHEL (1980); 8118/2: Kriegertal, 1958, KORNECK (1960), WITSCHEL (1986); Ramberg bei Talmühle, 1963, G. KNAUSS (STU); Talmühle, WITSCHEL (1986); 8119/1: Wasserburger Tal, ZIMMERMANN (1924); Wasserburger Hof, ZIMMERMANN in KUMMER (1941).
Baar: 8016/2: Buchberg bei Donaueschingen, DÖLL (1862); Grüninger Wald bis zum Buchberg, SEUBERT u. KLEIN (1905).

Bestand und Bedrohung: Die Vorkommen des Gebirgs-Hahnenfußes sind auf ein relativ kleines Gebiet beschränkt. Hier ist die Art jedoch an ihr zusagenden Standorten nicht selten anzutreffen. Neben einer Reihe größerer Bestände findet man immer wieder Wuchsorte an Weg- und Waldrändern, die nur wenige Pflanzen umfassen. Meist handelt es sich dabei um Reste ehemals größerer Populationen, die einer intensiveren Land- und Forstwirtschaft weichen mußten. Vorwiegend tritt der Gebirgs-Hahnenfuß (im Gegensatz zum Kärtner Hahnenfuß) jedoch an von Menschen wenig beeinflußten Standorten auf. Hier geht die Gefahr in erster Linie vom Einbringen von Nadelhölzern und der damit verbundenen Beschattung aus. So berichtet WITSCHEL (1980: 87) von einem sehr lokkeren Buchenbestand, dessen Krautschicht zum Laserpitio-Calamagrostietum gehört. Dieser Steilhang wurde abgeholzt und mit Fichte aufgeforstet. Derartiges konnte an mehreren Stellen im Bereich des Albtraufs beobachtet werden. Da keine Mühe gescheut wird, mit allen Mitteln diesen letzten lichten und teilweise völlig baumfreien Flächen, auf denen sich bis jetzt noch Glazialrelikte wie *Anemone narcissiflora*, *Carex sempervirens* u.a. halten konnten, einen mit Sicherheit allenfalls minimalen Nutzen abzuringen, müssen Schutzüberlegungen und -bemühungen auch solche bislang ungefährdet scheinende Bestände erfassen. Der Gebirgs-Hahnenfuß ist in Baden-Württemberg gefährdet (in der Roten Liste Gefährdungsgrad 3). Die Tatsache, daß es sich bei den Vorkommen im Gebiet um die nördlichsten überhaupt handelt, macht die Art besonders schützenswert.

9. Ranunculus bulbosus L. 1753
Knolliger Hahnenfuß

Morphologie: Pflanze ausdauernd, 10–40 cm hoch, aufrecht, am Grunde knollig verdickt, mit kurzem Rhizom. Stengel meist verzweigt, mehr oder weniger oben abstehend, unten anliegend behaart. Grundblätter langgestielt, kahl bis behaart, sehr

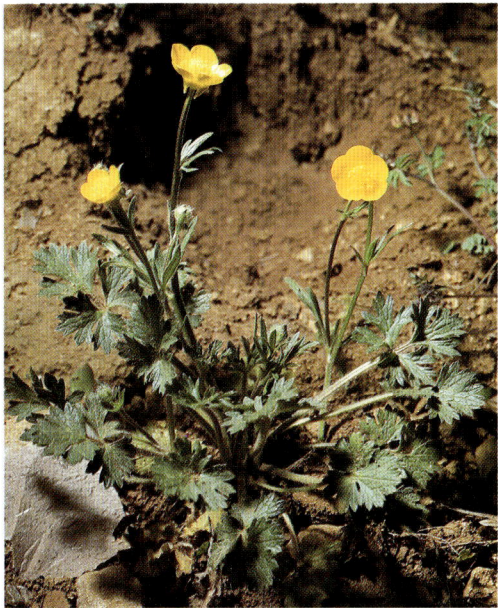

Knolliger Hahnenfuß *(Ranunculus bulbosus)*
Bad Krozingen

wärts bis Westrußland, Ukraine; Nordafrika; Kaukasus, Kleinasien, Persien; in Nordamerika eingeschleppt.

Verbreitung in Baden-Württemberg: Der Knollige Hahnenfuß ist in den meisten Landesteilen verbreitet, aber nicht immer häufig anzutreffen. Die Pflanze tritt in der mittleren Oberrheinebene, im südöstlichen Schwäbischen-Fränkischen Wald und im Alpenvorland deutlich seltener auf. Dem zentralen Schwarzwald fehlt sie weitgehend. Wesentlicher Grund hierfür dürfte mangelnder Basengehalt des Bodens und erst in zweiter Linie fehlende Wärme sein.

Die Vorkommen reichen von 100 m bei Mannheim bis 950 m am Salzenberg bei Böttingen (7818/4) auf der Schwäbischen Alb.

Die Art ist im Gebiet urwüchsig. Erstnachweis: J. BAUHIN (1598: 207, 1602: 232): „Wechst nit weit vom Wunderbrunnen" Bad Boll (7323); SCHORLER (1907: 86): Auch von HARDER vermutlich aus dem Gebiet 1574–76 gesammelt.

Bestand und Bedrohung: Durch Düngung und Aufforstung magerer Wiesen sowie allgemeine Eutrophierung und der damit verbundenen Förderung konkurrenzkräftiger Arten kann es zu einem gewissen Rückgang kommen. Die Art ist in Baden-Württemberg nicht gefährdet. Die Pflanze entwickelt sich bei ein- bis zweimaliger Mahd ab Ende Juni oder bei extensiver Beweidung optimal; Brennen führt zu starken Schädigungen.

vielgestaltig, bis zum Grunde 3teilig; Abschnitte (besonders der mittlere) gestielt, meist bis über die Mitte 3teilig, unterschiedlich lang stumpf oder spitz gezähnt; untere Stengelblätter wie die grundständigen, aber kürzer gestielt, mittlere und obere allmählich einfacher gestaltet, tief in schmal lanzettliche Zipfel geteilt, meist sitzend. Blütenstiele abstehend oder anliegend behaart, gefurcht. Blüten gelb 1,5–3 cm im Durchmesser; Kelchblätter lang behaart, stark zurückgeschlagen. Blütenboden behaart. Früchtchen 2,5–4 mm lang und 2–3 mm breit, flach, kahl, mit deutlich abgesetztem Rand und kurzem gekrümmten Schnabel. – Blütezeit: Anfang Mai bis Anfang Juli.

Ökologie: In Kalk-Magerrasen, in mageren Wiesen, auf Weiden, an Böschungen. Auf mäßig trockenen und nährstoffreichen, basenreichen (meist kalkhaltigen), humosen, lockeren, auch stärker skeletthaltigen Lehmböden. Mesobromion Verbandscharakterart, auch in trockenen, mageren Arrhenatherion-Gesellschaften. Typische Begleiter sind *Bromus erectus, Hippocrepis comosa, Scabiosa columbaria, Sanguisorba minor, Salvia pratensis.* Vegetationskundliche Aufnahmen bei KUHN (1937: Tab. 19–23), TH. MÜLLER (1966: Tab. 20), SEBALD (1974: Tab. 26–27), WITSCHEL (1980: Tab. 10), NEBEL (1986: Tab. 20).

Allgemeine Verbreitung: Europäische Pflanze. Nordwärts bis etwa 63° NB, fehlt auf Island; ost-

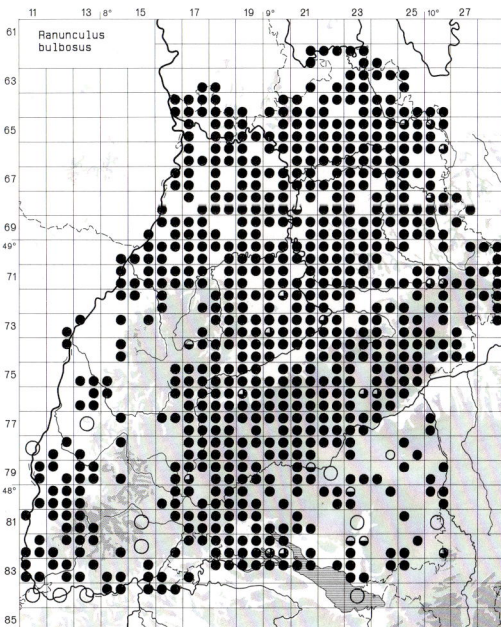

Ranunculus
bulbosus

10. **Ranunculus sardous** Crantz 1763

R. philonotis Ehrh. 1782

Sardischer Hahnenfuß, Rauher Hahnenfuß, Rauhhaariger Hahnenfuß

Morphologie: Pflanze einjährig (Habitus erinnert
stark an *R. bulbosus*, aber Stengel am Grunde nicht
verdickt), 10–40 cm hoch, meist dicht abstehend
bis zottig behaart. Stengel aufrecht oder bogig aufsteigend, reich verzweigt, vielblütig. Grundständige
Blätter langgestielt, behaart, meist bis zum Grunde
3teilig; Abschnitte mit zahlreichen meist spitzen
Zähnen; untere Stengelblätter gleichen den grundständigen, obere sitzend, einfacher, mit schmal lanzettlichen Abschnitten. Blütenstiele abstehend behaart, gefurcht. Blüten gelb, 1–1,5 cm im Durchmesser; Kelchblätter lang behaart, bei Blüte
zurückgeschlagen. Blütenboden behaart. Früchtchen 2,5–4 mm lang und 2–3 mm breit, flach, mit
deutlich abgesetztem Rand, kahl, auf den Seitenflächen meist mit Höckern, Höcker ohne Borsten;
Schnabel kurz und gerade.

Biologie: Blüte von Mai bis September. Bestäubung
durch Bienen und Fliegen.

Ökologie: In offenen Pionierfluren (z.B. frisch aus-
gehobenen Baugruben), an Ufern, Acker-, Weg-
und Grabenrändern, in zertretenen Naßweiden, auf
Kleeäckern und Getreidefeldern (hier wohl stark
zurückgegangen). Auf frischen bis feuchten, zeitweise überschwemmten, nährstoffreichen, kalkar-

Sardischer Hahnenfuß *(Ranunculus sardous)*

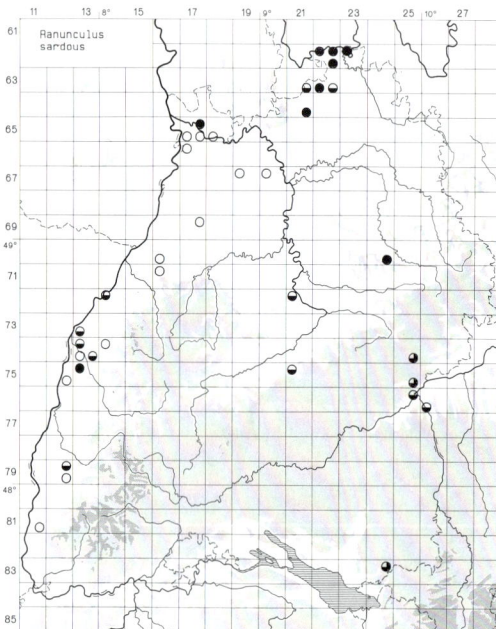

men, schwach sauren, sandig-lehmigen Tonböden.
Feuchte- und Bodenverdichtungszeiger, Pionier-
pflanze. Kennart des Myosuro-Ranunculetum sar-
doi. Typische Begleiter sind *Myosurus minimus,
Agrostis stolonifera, Ranunculus repens, Poa annua*.
Vegetations-Aufnahmen bei PHILIPPI (1983:
Tab. 21).

Allgemeine Verbreitung: Mediterrane Pflanze. Mit-
tel- und Südeuropa (im Norden bis Südschweden);
Nordafrika, Kanarische Inseln, Madeira; Westasien; in Nordamerika eingeschleppt.

Verbreitung in Baden-Württemberg: Der Sardische
Hahnenfuß ist im Gebiet selten. Er tritt nur in wenigen Landschaften (meist entlang größerer Flüsse)
auf. Sehr selten sind auch unbeständige Vorkommen vor allem im Bereich von Bahnhöfen beobachtet worden.

Die Vorkommen reichen von 100 m in der Ober-
rheinebene bei Schwetzingen (6617/1) bis 565 m bei
Rotenhar (7024/4) im Schwäbisch-Fränkischen
Wald.

Über den Status der Art lassen sich zur Zeit keine
Aussagen machen. Literarischer Erstnachweis:
C.C. GMELIN (1806: 543–544): „Circa Carlsruhe,
Mühlburg, Dachsland et alibi passim non infre-
quens".

Oberrheingebiet: 6517/2: Ladenburg, DÖLL (1862); Rosenhof, um 1972, BUTTLER (KR-K); 6517/3: Friedrichsfeld, SEUBERT u. KLEIN (1905); 6517/4: Eppelheim; 6518/3: Heidelberg; 6617/1: Schwetzingen; 7016/3: Ettlingen; 7116/1: Malsch, alle Angaben DÖLL (1862); 7214/1: Greffern; 7313/3: Linx, beide Angaben ZIMMERMANN (1929); 7413/1: Kork, NEUBERGER (1912); Odelshofen, ZIMMERMANN (1926); 7413/3: Willstätt, NEUBERGER (1912); 7413/4: Sand, ZIMMERMANN (1926); 7414/1: Renchen; 7512/4: Ichenheim, beide Angaben SEUBERT & KLEIN (1905); 7513/1: W Waltersweier, um 1980, PHILIPPI (KR-K); 7912/2: Neuershausen, NEUBERGER (1912); Reuthe, THELLUNG (1904); 7912/4: Lehen; 8111/4: Müllheim, beide Angaben NEUBERGER (1912).

Main-Tauber und Bauland: 6222/1: Boxtal, um 1980, PHILIPPI (KR-K); 6222/2: Vockenrot, um 1980, PHILIPPI (KR-K); 6222/4: Nassig, um 1980, PHILIPPI (KR-K); 6223/1: Wertheim, DÖLL (1862); S Haidhof, PHILIPPI (1983); 6321/4: Rippberg, Bahnhof, BRENZINGER (1904); 6322/3: S Glashofen, um 1980, PHILIPPI (KR-K); 6322/4: Rüdental; 6421/4: Hainstadt, beide Angaben BRENZINGER (1904); o.O., nach 1970, SCHÖLCH (STU-K).

Neckarland: Kraichgau: 6719/1: Sinsheim; 6720/1: Hüffenhardt; 6917/2: Gondelsheim, alle Angaben DÖLL (1862). Mittlerer Neckar: 7221/1: Stuttgart, Hauptbahnhof, 1934, K. MÜLLER in SEYBOLD (1968). Schwäbisch-Fränkischer Wald: 7024/4: Rotenhar, Hohentannen, 1979, FOERSTER (STU-K). Albvorland: 7521/1: Reutlingen, Güterbahnhof, 1933, PLANKENHORN (STU-K).

Schwäbische Alb: 7425/4: Westerstetten, Bahnhof, 1933, K. MÜLLER (STU).

Alpenvorland: 7525/4: Ulm, Güterbahnhof, 1952, K. MÜLLER (STU-K); Ulm-Söflingen, 1944, K. MÜLLER (STU); 7625/2: Ulm-Söflingen, Auffüllplatz, 1936, K. MÜLLER (STU); 7626/3: Unterkirchberg, Kleeacker, 1938, K. MÜLLER (STU).

Allgäu: 8324/2: Wangen, Güterbahnhof, 1936, K. MÜLLER (STU); Wangen, Kunstrasen, 1963, BRIELMAIER (STU).

Bestand und Bedrohung: Im Gebiet bestehen die Vorkommen des Sardischen Hahnenfußes in der Regel nur aus einer kleinen Zahl von Individuen. Die Pflanze benötigt für ihr Fortkommen offene Flächen wie Wegränder, Baugruben oder Äcker. Früher trat die Art vor allem an Ufern und Gräben oder sonstigen von Schweinen und Gänsen beweideten Flächen auf. Das Fehlen dieser Beweidung sowie die Intensivierung der Landschaft (häufige Bearbeitung, dichter Stand der Feldfrüchte) haben wesentlichen Anteil am Rückgang der Art, der am deutlichsten in der Oberrheinebene zum Ausdruck kommt. Im Maingebiet ist die Pflanze weniger gefährdet, da in Kleeäcker noch ausreichend Wuchsmöglichkeiten bestehen. Der Sardische Hahnenfuß ist in Baden-Württemberg stark gefährdet (in der Roten Liste Gefährdungsgrad 2).

11. Ranunculus arvensis L. 1753
Acker-Hahnenfuß

Morphologie: Pflanze einjährig, 10–60 cm hoch, aufrecht, kahl oder behaart. Stengel einzeln, vielblütig. Erste grundständige Blätter spatelförmig, grob gezähnt, spätere bis zum Grund 3teilig; Abschnitte schmal oft nochmals tief geteilt, Zipfel grob gezähnt; untere Stengelblätter wie die grundständigen gestielt, obere sitzend, bis zum Grunde dreiteilig; Mittelabschnitte, meist auch die Seitenabschnitte, gestielt, nochmals wie bei den Grundblättern bis fast zum Grunde geteilt, Zipfel schmäler, grob gezähnt. Blütenstiel rund, nicht gefurcht. Blüten zahlreich, hellgelb, im Durchmesser 8–15 mm, Kelchblätter den Kronblättern anliegend. Blütenboden zerstreut behaart. Früchte wenige (4–8), 6–7 mm lang und 4–5 mm breit, flach, berandet, auf beiden Seiten mit bis zu 3 mm langen, an der Spitze oft hackig gekrümmten Stacheln besetzt (Stacheln manchmal sehr kurz oder nur als Höcker ausgebildet, in einigen Fällen auch fehlend, dann sind die Seitenflächen nur netzig gerippt); Schnabel um 3 mm lang, schmal angesetzt, gerade oder schwach gebogen.

Biologie: Blüte von Mitte Mai bis Ende Juli. Bestäubung durch Fliegen. Klettverbreitung der Samen.

Ökologie: In Getreideäckern (meist Winterfrucht), nur selten ruderal. Auf mäßig trockenen bis mäßig

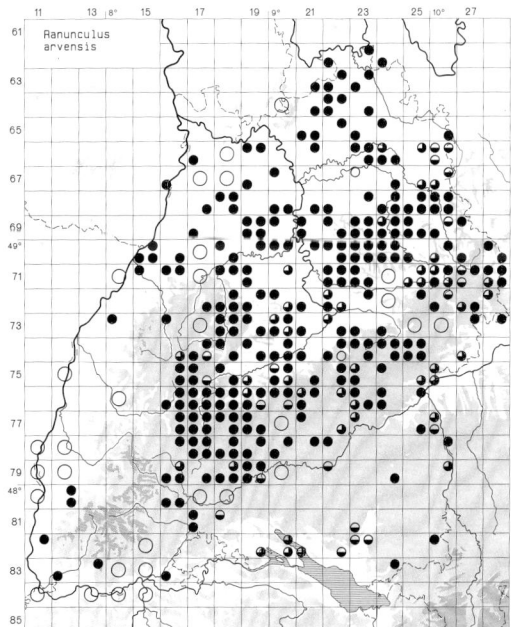

Acker-Hahnenfuß *(Ranunculus arvensis)*
Nusplingen, 1989

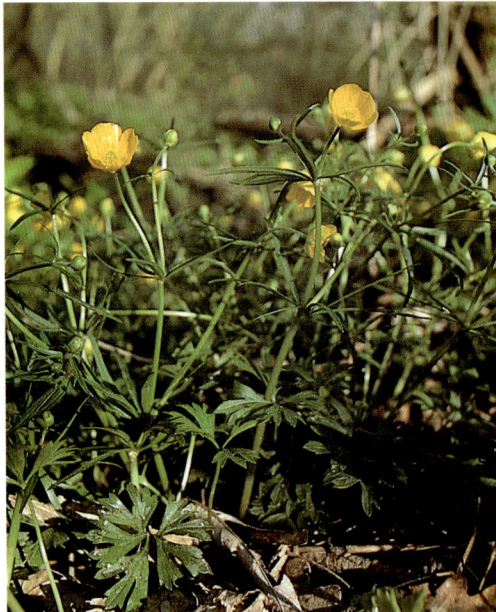

Gold-Hahnenfuß *(Ranunculus auricomus)*
Tuniberg

frischen, nährstoff- und kalkreichen, humosen Ton-
und Lehmböden. Lehmzeiger. Secalinetea-Klassen-
charakterart. Typische Begleiter sind *Consolida regalis, Adonis aestivalis, Fumaria vaillantii, Euphorbia exigua, Lathyrus tuberosus.* Vegetationskundliche Aufnahmen bei KUHN (1937: Tab. 7),
TH. MÜLLER (1964), GÖRS (1966: Tab. 3).
Allgemeine Verbreitung: Mediterrane Pflanze. Süd-
und Mitteleuropa (ohne die Gebirge), nordwärts bis
Schottland und an den Bottnischen Meerbusen;
Nordafrika; Südwest- und Zentralasien.
Verbreitung in Baden-Württemberg: Der Acker-
Hahnenfuß ist in den Kalkgebieten (Gäulandschaften, Keuper-Lias-Neckarland, Alb) regelmäßig,
aber nirgends häufig anzutreffen. Im Oberrheinge-
biet findet man die Pflanze nur sehr zerstreut, im
Alpenvorland ist sie selten. Dem Schwarzwald fehlt
die Art mit Ausnahme der Randzonen ganz.

Die Vorkommen reichen von 100 m in der Rheinebene bei Hockenheim (6617/3) bis 980 m am Plettenberg (7718/4) und im Gosheimer Steinbruch
(7818/4) auf der Schwäbischen Alb.

Die Art ist wohl in der Jungsteinzeit mit dem
Getreideanbau zu uns gelangt. Erstnachweis: DU-
VERNOY (1722: 124): Aus der Umgebung von Tübingen; SCHORLER (1907: 86): Auch von HARDER
1574–76 vermutlich im Gebiet gesammelt.
Bestand und Bedrohung: Der Acker-Hahnenfuß ist
in neuerer Zeit recht stark zurückgegangen. Die

Karte gibt dies jedoch nur unvollständig wieder, da
die Pflanze früher so häufig war, daß in der älteren
Literatur kaum Einzelfundorte aufgeführt sind.
Wesentlicher Grund für das Ausbleiben sind Unkrautbekämpfungsmaßnahmen und die Intensivierung des Anbaus, dabei spielen sowohl der dichtere
Stand des Getreides wie fehlende Brachzeiten eine
Rolle. Erschwerend kommt hinzu, daß die Art nur
sehr selten an Ruderalstellen auftritt, hier also keine
Ausgleichsflächen zur Verfügung stehen. Um die
Pflanze in der Feldflur zu erhalten, sollten Ackerränder von der Herbizidbehandlung ausgenommen
sowie hier und da eingestreute Brachstreifen geschaffen werden. Der Acker-Hahnenfuß ist in
Baden-Württemberg noch nicht gefährdet, um jedoch einem weiteren Rückgang vorzubeugen, sollten die einjährigen Pflanzen geschont und, wo
immer dies möglich ist, bis zur Fruchtreife stehenge-
lassen werden (in der Roten Liste Gefährdungsgrad 5).

12.–13. Artengruppe des Ranunculus auricomus

In der vorliegenden Bearbeitung erwies sich lediglich die Unterscheidung von 2 Sippen als praktika-
bel (vgl. auch HESS et al. 1970).

Eine ausführliche Darstellung des *Ranunculus auricomus*-Komplexes findet sich bei BORCHERS-

KOLB (1983, 1985). Hier wurde auch ein großer Teil des im Herbar STU liegenden württembergischen Materials untersucht.

Literatur: BORCHERS-KOLB (1983, 1989).

1 Grundblätter ungeteilt, groß; Blütenboden behaart; Blüten 2,5–3 cm im Durchmesser; Kronblätter vollständig vorhanden . . . .
13. *R. cassubicifolius*
– Grundblätter bis über die Mitte geteilt; Blütenboden kahl; Blüten kleiner; Kronblätter oft unvollständig ausgebildet . . . . . . 12. *R. auricomus*

12. **Ranunculus auricomus** L. 1753
Gold-Hahnenfuß

Morphologie: Pflanze ausdauernd, 20–60 cm hoch, mit kurzem Rhizom. Stengel 1 bis mehrere, aufrecht, reich verzweigt, vielblütig. Grundständige Blätter langgestielt, sehr verschieden gestaltet, im Umriß rundlich bis nierenförmig, oft wenig zerteilt, gezähnt. Stengelblätter sitzend, bis zum Grunde in mehrere Abschnitte geteilt; Abschnitte der unteren Stengelblätter schmal lanzettlich (mindestens 11mal so lang wie breit), oft mit 1–2 langen Zähnen. Blütenstiel rund. Blüten goldgelb, 1–2,5 cm im Durchmesser; Kelchblätter eiförmig, behaart, den Kronblättern anliegend; Kronblätter oft unvollständig entwickelt. Blütenboden kahl. Früchtchen behaart, 2–4 mm lang und 1,5–3 mm breit, aufgeblasen, unberandet, mit kurzem Schnabel.

Biologie: Blüte von April bis Mai. Die hier verein-

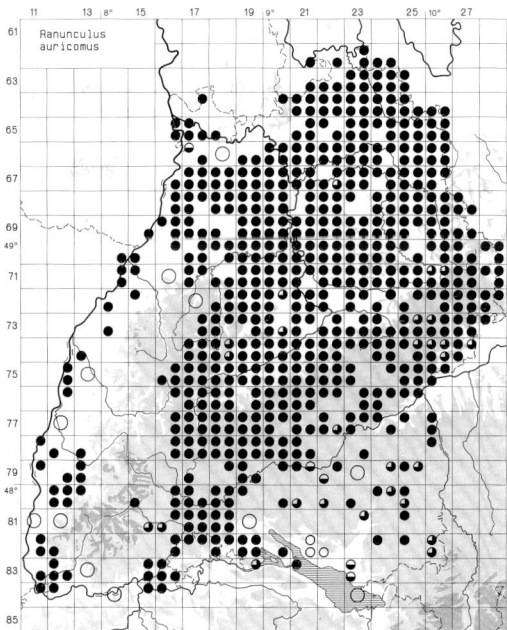

ten Sippen sind polyploid und apomiktisch. Verbreitung der Samen durch Ameisen.

Ökologie: In krautreichen Laubmisch- und Auenwäldern, auch in Berg- und Feuchtwiesen. Auf frischen bis feuchten, nährstoff- und basenreichen, oft kalkhaltigen, humosen Ton- und Lehmböden. Mullbodenzeiger, Licht- und Halbschattenpflanze. In tieferen Lagen vor allem im Carpinion und frischen Fagion-Gesellschaften sowie im Tilio-Acerion und Alno-Ulmion, in höheren Lagen auch in frischen Arrhenatheretalia- und Molinietalia-Gesellschaften. Vegetationskundliche Aufnahmen bei KUHN (1937), OBERDORFER (1949: Tab. 3, 1952), TH. MÜLLER (1966: Tab. 2, 1968), PHILIPPI (1982, 1983), NEBEL (1986: Tab. 13, 19).

Allgemeine Verbreitung: Eurosibirische Pflanze. Fast ganz Europa (im Süden nur in den Gebirgen); Kaukasus; ostwärts bis zum Jenissei; Grönland.

Verbreitung in Baden-Württemberg: Der Gold-Hahnenfuß ist in den meisten Landschaften verbreitet und regelmäßig anzutreffen. Im Alpenvorland ist die Pflanze nur sehr zerstreut zu finden, während sie dem Odenwald und Schwarzwald weitgehend fehlt.

Die Vorkommen reichen von 100 m bei Mannheim bis 920 m am Lochenstein (7719/3) auf der Schwäbischen Alb.

Die Art ist im Gebiet urwüchsig. Erstnachweis: LEOPOLD (1728: 140): Ruhetal bei Ulm; SCHORLER (1907: 82): Auch von HARDER 1574–76 vermutlich im Gebiet gesammelt.

Bestand und Bedrohung: Der Gold-Hahnenfuß ist in Baden-Württemberg nicht gefährdet. Eine Umwandlung von Laubholzbeständen in Nadelholzkulturen schadet der im Frühjahr sehr lichtbedürftigen Art. Sippen auf mageren Feucht- und Naßwiesen sind durch Trockenlegungen und Düngung bedroht. Die Pflanze verträgt normale Mahd und Beweidung.

13. **Ranunculus cassubicifolius** W. Koch 1939
Kassubenblättriger Hahnenfuß

Morphologie: Pflanze ausdauernd, 20–50 cm hoch, mit kurzem Rhizom. Stengel 1 bis mehrere, aufrecht, vielblütig. Grundständige Blätter lang gestielt, meist 2, ungeteilt, kreisrund bis nierenförmig, bis 10 cm im Durchmesser, oft höher als breit, mit tiefer Basalbucht, wie die ganze Pflanze dunkelgrün; Blattrand grob gekerbt, mit stumpfen Zähnen. Stengelblätter sitzend, in der Regel bis zum Grunde 5teilig; Abschnitte grob gezähnt, breit lanzettlich, höchstens 5mal so lang wie breit; spreitenlose Niederblätter 2–3, meist vorhanden. Blütenstiel rund, nicht gefurcht. Blüten 2,5–3 cm im

Durchmesser; Kelchblätter eiförmig, behaart, den Kronblättern anliegend; Kronblätter 5 (seltener bis 8) vollständig ausgebildet, goldgelb; Staubblätter viel länger als die Fruchtblätter. Blütenboden behaart. Früchtchen behaart, 3 mm lang und 2,5 mm breit, aufgeblasen, mit auffallend dünnem, schlankem fast geradem Schnabel. Die Pflanze erinnert mit ihren großen, goldgelben Blüten und den ungeteilten Grundblättern stark an *Caltha palustris*, mit der sie auch öfters den Standort teilt.

Biologie: Blüte von Mitte April bis Ende Mai. Bestäubung durch Insekten. Verbreitung der Samen durch Ameisen.

Ökologie: In Auwäldern, mageren Feuchtwiesen und Gebüschen entlang von Bächen. Auf feuchten bis nassen, mäßig nährstoffreichen, basenreichen (auch kalkhaltigen), humosen Ton- und Lehmböden. Nässezeiger. Vor allem im Stellario-Alnetum (Alno-Ulmion) und dessen Ersatzgesellschaften sowie in Calthion-Gesellschaften. Typische Begleiter sind *Alnus glutinosa, Caltha palustris, Carex acutiformis, Filipendula ulmaria, Primula* elatior. Vegetationskundliche Aufnahme bei SEBALD & SEYBOLD (1969).

Allgemeine Verbreitung: Ungenügend bekannt. Unter Einschluß nahe verwandter Sippen (*Ranunculus cassubicus* L. s.l.) osteuropäische Pflanze. Westwärts bis Nordschweiz; ostwärts bis zum Ural; südwärts bis Jugoslawien und in die Ukraine; nordwärts bis Südschweden und Südfinnland. *R. cassu-*

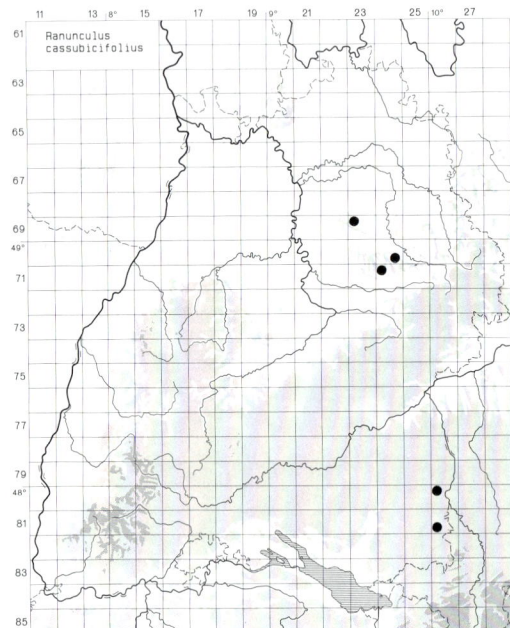

Kassubenblättriger Hahnenfuß *(Ranunculus cassubicifolius)*
Gschwend, 1988

bicifolius ist bisher nur aus der Nordschweiz, Baden-Württemberg und Bayern bekannt. Verbreitungskarte für Süddeutschland bei BORCHERS-KOLB (1985: 63).

Verbreitung in Baden-Württemberg: Die Art ist im Gebiet sehr selten und tritt nur im Schwäbisch-Fränkischen Wald und im Westallgäuer Hügelland auf.

Die Vorkommen reichen von 410 m bei Mainhardt (6923/1) bis 680 m bei Hofs (8126/3).

Die Art ist im Gebiet urwüchsig. Erstnachweis: GRADMANN (1892: 102–3): Leutkirch, rechts an der Straße nach Hofs, 1890 (als *Ranunculus cassubicus*). Erst SEBALD (1969) erkannte die Übereinstimmung mit dem von W. KOCH 1939 beschriebenen *R. cassubicifolius*.

Schwäbisch-Fränkischer Wald: 6923/1: N Mainhardt, am Benzenbach, 1969, SEBALD (STU), 1988, NICKEL, SAUER u. NEBEL; O Mainhardt, an der Brettach, 1969, SEBALD (STU), 1971, SEYBOLD (STU); 7024/4: Gschwender Mühle, 1978, H. PAYERL (STU); 1987, NICKEL u. NEBEL; 7124/1: Hüttenbühl, Rottal, 1984, H. PAYERL (STU-K). Westallgäuer Hügelland: 8026/1: NW Haslach, am Bach, 1983, K.-H. LENKER (STU-K), Rötelsbach NO Obermittelried, 1984, DÖRR (STU); 8126/3: Leutkirch, rechts an der Straße nach Hofs, 1890, GRADMANN (1892), Leutkirch, 1900, SEEFRIED (STU), O Adrazhofen, 1944, HEPP (STU-K), Hofs, 1972, DÖRR (STU), zwischen Hofs und Leutkirch, 1972, DÖRR (M); Raggener Holz SW Hofs, 1973, SEBALD u. SEYBOLD (STU) – alle Angaben aus dem Gebiet von Leutkirch beziehen sich auf denselben Wuchsort.

Bestand und Bedrohung: Aus Baden-Württemberg sind insgesamt nur 6 Vorkommen bekannt, die meisten dieser Bestände umfassen zwischen 50 und

00 Individuen. Wegen des recht kleinen Gesamta-
eals (sonst nur noch in der Nordschweiz und in
Bayern) ist jeder Wuchsort besonders wertvoll und
nuß unbedingt erhalten bleiben. Solange die
Pflanze in naturnahen Erlen-Bachauenwäldern ent-
ang kleiner wenig beeinflußter Bäche auftritt, ist sie
elativ ungefährdet. In breiteren Bachtälern ist die-
er Lebensraum heute in den meisten Fällen der
andwirtschaftlichen Nutzung zum Opfer gefallen.
Es ist lediglich ein schmaler Gebüschstreifen oder
in Rest Naßwiese übriggeblieben, in dem sich die
Art noch halten kann. Hier ist sie dann durch Gewässerausbau und Drainage gefährdet, weil diese
Maßnahmen den Grundwasserspiegel senken. Auf
Wiesen steht die Pflanze aus Konkurrenzgründen
bevorzugt an recht mageren Stellen. Düngergaben
sind deshalb besonders schädlich. Die Art wird in
der Roten Liste als schonungsbedürftig (Gefährdungsgrad 5) geführt, sollte jedoch besser als wegen
seiner Seltenheit potentiell gefährdet (Gefährdungsgrad 4) eingestuft werden.

Literatur: GRADMANN (1892); KOCH (1933, 1939);
SEBALD u. SEYBOLD (1969, 1973, 1980).

14. Ranunculus sceleratus L. 1753
Gift-Hahnenfuß

Morphologie: Pflanze ein- bis zweijährig,
10–100 cm hoch, aufrecht, kahl, ohne Rhizom.
Stengel hohl, gefurcht, meist stark verzwegt.
Grundständige Blätter lang gestielt, oft bis zum
Grunde dreiteilig; Abschnitte oft wieder 2–3lappig,
Zipfel grob gezähnt; untere Stengelblätter gleichen
den grundständigen, obere sitzend, bis zum Grunde
3teilig; Abschnitte schmal lanzettlich, grob gezähnt
oder ganzrandig; alle Blätter dicklich, die unteren
kahl, glänzend. Blütenstiele gefurcht. Blüten hellgelb, 0,5–1 cm im Durchmesser; Kelchblätter
2–4 mm, zurückgeschlagen, bald abfallend; Kronblätter meist kürzer als die Kelchblätter. Blütenboden zerstreut behaart, selten kahl. Reife Früchtchen
(bis zu 100) einen 2,5–9 mm langen, zylindrischen
bis eiförmigen Kopf bildend; Nüßchen rundlich,
flach, 0,8–1 mm im Durchmesser, Seiten glatt oder
schwach querrunzelig, kahl; Schnabel 0,1–0,2 mm
lang, gerade.
Biologie: Blüte von Mitte Mai bis Anfang Oktober
(Allgäu). Bestäubung durch Fliegen. Fernverbreitung durch Wasservögel.
Ökologie: In lückigen Schlamm-Pionierfluren, an
Teichrändern, Flußufern, in abgelassenen Teichen
und in Gräben. Auf nassen, zeitweise überschwemmten, sehr nährstoffreichen, humosen
Schlammböden. Pionierpflanze, Lichtkeimer. Cha-

rakterart des Ranuculetum scelerati (Bidention).
Typische Begleiter sind *Alopecurus aequalis, Rorippa palustris, Polygonum lapathifolium, Veronica
anagallis-aquatica, Bidens tripartita*. Vegetations-
Aufnahmen bei GÖRS (1968), LANG (1973),
TH. MÜLLER (1974: Tab. 4), PHILIPPI (1977, 1980).
Allgemeine Verbreitung: Eurasiatische Pflanze. Fast
in ganz Europa, mit Schwerpunkt im zentralen und
nördlichen Teil. In Nordamerika z.T. natürlich vorkommend. Heute weltweit verschleppt.
Verbreitung in Baden-Württemberg: Der Gift-Hahnenfuß hat seinen Verbreitungsschwerpunkt entlang der größeren Flüsse und im Alpenvorland.

Die Vorkommen reichen von 95 m bei Mannheim bis 800 m bei Donnstetten (7423/3) auf der
Schwäbischen Alb.

Die Art ist im Gebiet urwüchsig. Archäologischer Erstnachweis: FIRBAS (1935): Praeboreal, Federsee. Literarischer Erstnachweis: DUVERNOY
(1722: 123–4): „Ad sepes Amerae" bei Tübingen;
SCHORLER (1907: 86): Auch von HARDER (1574–76
vermutlich im Gebiet gesammelt.

Oberrheingebiet: Zerstreut, im Norden häufiger.
Schwarzwald: nur 7516/1: Freudenstadt, MAYER (1929).
Gäulandschaften: Zerstreut, besonders entlang der Flüsse.
Schwäbisch-Fränkischer Wald und Ellwanger Berge: Zer-
streut.
Baar: 7917/3: Schwenninger Moos, 1988, WÖRZ (STU-K);
8016/2: Tannheimer Weiher, um 1985, PHILIPPI (KR-K).
Schwäbische Alb: Auf der Ostalb zerstreut, sonst selten:
7423/3: Donnstetten, 1866, MARTENS u. KEMMLER (1882);

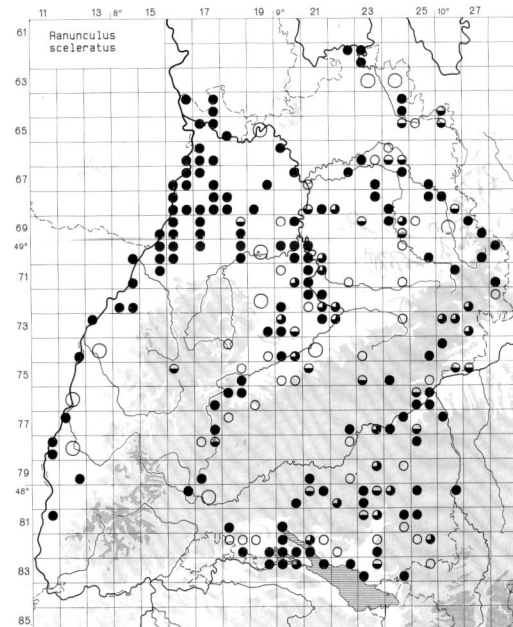

Gift-Hahnenfuß *(Ranunculus sceleratus)*
Burkheim

7523/3: Böttingen, DIETERICH (1904); 7524/3: Seißen, Dorfhüle, 1978, RAUNEKER (1984).

Alpenvorland: Zerstreut, um Ulm und am westlichen Bodensee häufiger.

Bestand und Bedrohung: Da der geeignete Habitat meist nur kurzfristig zur Verfügung steht, tritt der Gift-Hahnenfuß oft nur eine Vegetationsperiode lang mit einer sehr stark schwankenden Zahl von Individuen auf. Viele Vorkommen verschwinden dann wieder, weil die Flächen zuwachsen oder abgelassene Weiher aufgestaut werden. Dieses sprunghafte Auftauchen und Verschwinden kann einen Rückgang und damit eine Gefährdung vortäuschen. Bei günstigen Bedingungen ist die Begründung einer Population sowohl durch von Wasservögeln eingeschleppte wie auch durch im Schlamm über Jahre hinweg ausdauernde Samen denkbar. Die Häufung der Wuchsorte in Ballungsgebieten spricht dafür, daß die Art auch in Zukunft kaum gefährdet sein dürfte.

15. Ranunculus ficaria L. 1753
Ficaria verna Hudson 1762
Scharbockskraut, Feigwurz

Morphologie: Pflanze ausdauernd, 5–30 cm hoch, kahl. Wurzeln keulenförmig, kein Rhizom. Stengel niederliegend oder schief aufsteigend, an den Knoten wurzelnd, verzweigt. Grundständige Blätter langgestielt, mit scheidenförmigem Grund, herzförmig, entfernt abgerundet gezähnt bis ganzrandig, fleischig, glänzend, kahl; Stengelblätter wie die grundständigen, in den Blattachseln oft mit Brutknospen. Blüten gelb, 2–3 cm im Durchmesser; Kelchblätter 3–5, selten mehr, grün, etwa halb so lang wie die Kronblätter, am Grunde mit einem 1 mm langen, sackartigem Sporn; Kronblätter 8–12, schmal oval, in der Mitte am breitesten. Blütenboden kahl. Früchtchen (oft fehlend) kugelig, 2–2,5 mm im Durchmesser, gestielt, locker behaart; Schnabel gerade, 0,2–0,3 mm lang. Bildet nur 1 Keimblatt aus (das zweite ist verkümmert).

Biologie: Blüte von Anfang März bis Ende Mai. Bestäubung durch Fliegen, Bienen und Käfer. Ameisenverbreitung. Die Pflanze fruchtet selten. Vegetative Vermehrung durch stärkereiche Brut- und Wurzelknöllchen.

Ökologie: In Auwäldern und frischen bis feuchten Laubmischwäldern, in Obstgärten, Hecken, Parkanlagen, auf feuchten Wiesen (besonders in Auen).

Auf feuchten, oft wechselfeuchten, nährstoff- und basenreichen, humosen, mehr oder weniger tiefgründigen, oft verdichteten Lehm- und Tonböden. Lehm- und Nährstoffzeiger, Mullbodenpflanze, Flachwurzler, Schatten- und Halbschattenpflanze. Vor allem in sehr frischen bis feuchten, geophytenreichen Fagion- und Carpinion-Gesellschaften, im Alno-Ulmion, auch im Alliarion und frischen Arrhenatherion-Gesellschaften. Typische Begleiter sind *Adoxa moschatellina, Alliaria petiolata, Aegopodium podagraria, Paris quadrifolia, Stachys sylvatica*. Vegetationsaufnahmen bei KUHN (1937: Tab. 38), PHILIPPI (1982, 1983. Tab. 18), NEBEL (1986: Tab. 13, 14), MURMANN-KRISTEN (1987: Tab. 10), SCHWABE (1987: Tab. 36).

Allgemeine Verbreitung: Eurasiatische Pflanze. Europa (ohne den extremen Norden); Nordafrika; Westsibirien, Kaukasus, Zentralasien. In Nordamerika eingeschleppt.

Verbreitung in Baden-Württemberg: Das Scharbockskraut ist in fast allen Landschaften verbreitet und regelmäßig anzutreffen. Verbreitungslücken bestehen in Teilen des Schwarzwaldes, auf der Ostalb und im Alpenvorland.

Die Vorkommen reichen von 100 m bei Mannheim bis 960 m am Dreifaltigkeitsberg (7918/2) auf der Schwäbischen Alb.

Die Art ist im Gebiet urwüchsig. Erstnachweis: DUVERNOY (1722: 123): „Ad sepes Amerae" bei Tübingen; SCHORLER (1907: 82): Auch von HARDER 1574–76 vermutlich im Gebiet gesammelt.

Bestand und Bedrohung: Die Art ist in Baden-Württemberg nicht gefährdet. Da die Pflanze gerne an

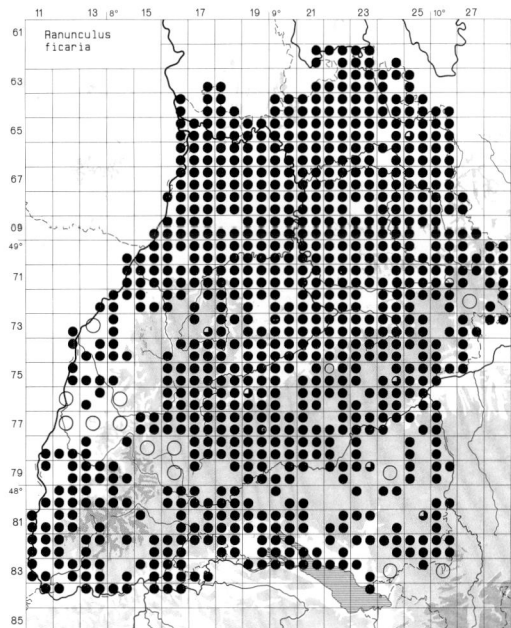

Ranunculus ficaria

Scharbockskraut *(Ranunculus ficaria)*
Mooswald bei Freiburg

vom Menschen beeinflußten und gestörten Standorten vorkommt, konnte sie sich in neuerer Zeit verstärkt ausbreiten. Die Feigwurz verträgt normale Mahd und Beweidung.

16. Ranunculus aconitifolius L. 1753
Eisenhutblättriger Hahnenfuß

Morphologie: Pflanze ausdauernd, 20–80 cm hoch, Rhizom kräftig. Stengel aufrecht, mit spreizenden Ästen, vielblütig. Grundständige Blätter lang gestielt, fast bis zum Grund 3–5(–7)teilig, kahl; Blattabschnitte mit unregelmäßigen vorwärts gerichteten Zähnen, über der Mitte am breitesten, an der Basis ± plötzlich verschmälert, mittlerer Abschnitt der Grundblätter deutlich gestielt; unterste Stengelblätter wie die grundständigen, nicht gestielt, oberste Stengelblätter sitzend, die schmal rhombischen Abschnitte bis fast zur Spitze gezähnt. Blütenstiel bis 3mal so lang wie die Tragblätter, unter der Blüte kurz behaart, meist dicker als 0,8 mm. Blüten 10–20 mm im Durchmesser; Kelchblätter breit eiförmig, außen oft rötlich bis bläulich überlaufen, kahl, hinfällig; Kronblätter eiförmig, an der Spitze leicht eingekerbt, weiß. Blütenboden be-

haart. Früchtchen unberandet, undeutlich netzadrig, kahl, 2,5–3,5 mm lang und 2–3 mm breit; Schnabel gekrümmt, unter 0,5 mm lang. – Blütezeit: Ende April bis Ende Juni.

Ökologie: In montanen bis subalpinen staudenreichen Wäldern, vor allem an Bächen und um Quellstellen, oft auch in offenen, quelligen Staudenwiesen. Auf sickernassen, nährstoffreichen, meist kalkarmen, mäßig sauren, humosen, sandigen oder reinen Lehm- und Tonböden in feucht-kühlem Klima. Licht- und Halbschattenpflanze. In tieferen Lagen Charakterart des Chaerophyllo-Ranunculetum. Typische Begleiter sind *Chaerophyllum hirsutum, Aconitum napellus, Polygonum bistorta, Stellaria nemorum, Alnus incana.* Vegetationskundliche Aufnahmen bei OBERDORFER (1938: Tab. 12), BARTSCH (1940: Tab. 30), SCHWABE (1985, 1987: Tab. 18, 36), MURMANN-KRISTEN (1987: Tab. 10, 23).

Allgemeine Verbreitung: Mittel- und südeuropäische Gebirgspflanze. Mittel- und nordspanische Gebirge, Pyrenäen, Cevennen, Plateau Central und süddeutsche Gebirge, Jura, Alpen, Nordapennin, Bosnien, Karpaten.

Verbreitung in Baden-Württemberg: Die Art tritt nur im Odenwald (6420/3: Ittertal zwischen Gaismühle und Friedrichsdorf, 1987, S. Demuth), im Schwarzwald, in den daran östlich angrenzenden Gebieten des Oberen Neckars, der Baar und der Wutach und im Alpenvorland auf. Im Schwarzwald

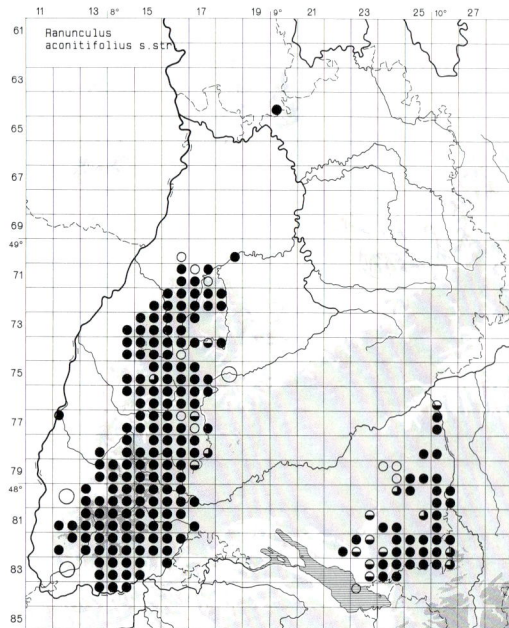

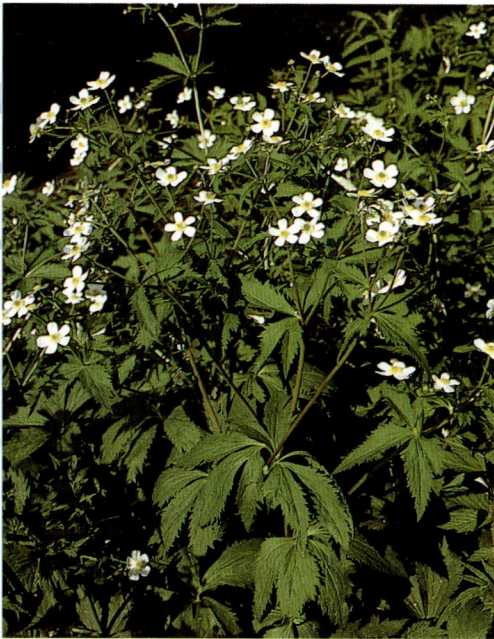

Eisenhutblättriger Hahnenfuß *(Ranunculus aconitifolius)*
Feldberg

findet man die Art verbreitet. Selten wird sie auch weiter in der Rheinebene hinausgeschwemmt und kann sich hier halten (7712/1: Mündungsbereich des Leopoldkanales, 1986, PHILIPPI (KR–K)). Im Alpenvorland ist die Pflanze zerstreut im Westallgäuer Hügelland, in der südöstlichen Altmoräne und entlang der Iller bis in den Ulmer Raum hinein anzutreffen.

Die Vorkommen reichen von 165 m in der Oberrheinebene (7712/1) bis 1450 m am Feldberg (8114/1: Nordseite gegen das Zastlerloch).

Die Art ist im Gebiet urwüchsig. Erstnachweis: J. BAUHIN & al. (1651: 3: 859–860): „Prope fontes acidos Griesbachiana et S. Petri ad silvam Hercyniam".

Bestand und Bedrohung: Die Art ist in den Verbreitungsgebieten recht häufig, die Bestände sind im allgemeinen individuenreich. Eine Reihe von Vorkommen im Alpenvorland, besonders am Westrand des Areals, sind in neuerer Zeit nicht mehr bestätigt worden. Hier ist zu befürchten, daß er zurückgegangen ist. Eine mögliche Gefährdung geht in erster Linie von Bachbegradigungen, einer intensiven Nutzung der Bachauen und vom Trockenlegen der Quellsümpfe aus. Die Pflanze ist in Baden-Württemberg nicht gefährdet, ihre Bestände sind jedoch zu schonen (in der Roten Liste Gefährdungsgrad 5). Sie verträgt eine ein- bis zweimalige

Mahd ab Mitte Juni, ist aber empfindlich gegen Beweidung. Nach SCHREIBER & SCHIEFER (1985) werden insbesondere die Blüten gerne vom Rotwild gefressen.

Literatur: TRALAU, H. (1958).

17. Ranunculus platanifolius L. 1767
R. aconitifolius L. subsp. *platanifolius* (L.) Rikli 1905
Platanenblättriger Hahnenfuß

Morphologie: Pflanze ausdauernd, 30–100 cm hoch, Rhizom 4–12 cm lang. Stengel aufrecht, mit wenig spreizenden Ästen, vielblütig. Grundständige Blätter langgestielt, handförmig 5–7teilig; Blattabschnitte mit unregelmäßigen, vorwärts gerichteten Zähnen, in eine ganzrandige Spitze ausgezogen, in der Mitte am breitesten, gegen die Basis allmählich verschmälert, nicht gestielt; unterste Stengelblätter wie die grundständigen, nicht gestielt, oberste Stengelblätter sitzend, die schmal lanzettlichen Abschnitte nur bis zur Mitte grob gezähnt. Blütenstiele 3–5mal so lang wie die Tragblätter, unter der Blüte kahl, dünner als 0,5 mm. Blüten 10–25 mm im Durchmesser; Kelchblätter eiförmig, kahl oder außen behaart, hinfällig; Kronblätter eiförmig, weiß. Blütenboden behaart. Früchtchen 3–3,5 mm lang und 2,5 mm breit; Schnabel gekrümmt, bis zu 1,5 mm lang. – Blütezeit: Mai bis August.

Ökologie: In frischen bis feuchten Buchen- und

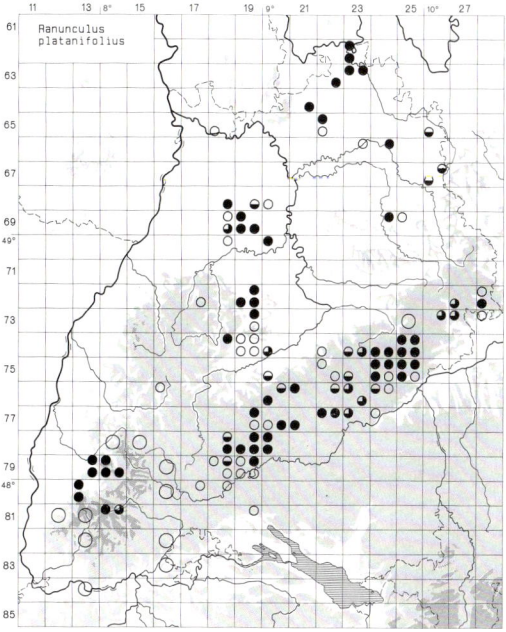

Schluchtwäldern, in subalpinen Hochstauden-Ge-
büschen. Auf sickerfrischen, nährstoff- und basenreichen, humosen, lockeren, meist steinigen Lehmböden. Halbschattenpflanze. In tieferen Lagen Dif-
ferenzialart frischer Buchen- und Eschen-Ahorn-
Wälder, in Hochlagen vor allem im Alnetum viridis
und Sorbo-Calamagrostietum. Typische Begleiter
sind *Calamagrostis arundinacea, Aconitum vulparia,
Acer pseudoplatanus, Adenostyles alliariae, Aruncus
dioicus.* Vegetationsaufnahmen bei OBERDORFER
(1936: 83), KUHN (1937: 291), BARTSCH (1940: 40,
208, Tab. 31), K. MÜLLER (1948: 254, 257, 290,
Tab. 10), PHILIPPI (1983: Tab. 7).

Allgemeine Verbreitung: Europäische Gebirgspflanze. Pyrenäen, mittelfranzösische und
deutsche Gebirge, Belgien, Südwestskandinavien,
Jura, Vogesen, Alpen, Korsika, Sardinien, Apennin, Karpaten, Gebirge des Balkans (südwärts bis
Albanien und Bulgarien).

Verbreitung in Baden-Württemberg: Der Platanenblättrige Hahnenfuß kommt nur in wenigen Landschaften meist sehr zerstreut vor.

Die Vorkommen reichen von 150 m bei Urphar
(6223/3) bis 1440 m am Feldberg (8114/1: Seebuck).

Die Art ist im Gebiet urwüchsig. Erstnachweis:
GMELIN (1772: 170): „In silva montis Spizberg" bei
Tübingen.

Odenwald: 6518/3: Heidelberg, SEUBERT u. KLEIN (1905).
Schwarzwald: Im Südschwarzwald zerstreut (die Karte
gibt die Verbreitung nur unvollständig wieder, bei zahlreichen Angaben aus der Mitteleuropa-Kartierung können
aber Verwechslungen mit *R. aconitifolius* vorliegen). Im
übrigen Schwarzwald nur: 7217/4: Würzbach, vor 1900,
W. GMELIN (STU); 7616/1: Alpirsbach, Glaswald, 1822
(STU).
Tauber und Bauland: 6223/1: NSG Lettenquelle, 1984,
PHILIPPI u. NEBEL (KR-K); Wertheim, SEUBERT u. KLEIN
(1905); 6223/3: Zwischen Wertheim und Urphar, 1983,
SEYBOLD (STU-K); 6322/4: N Höpfingen, PHILIPPI
(1983), Hardheim, SEUBERT u. KLEIN (1905); 6323/1: Küls-
heim, Taubenloch, 1976, KÜNKELE (STU-K); 6323/2: Zwischen Eiersheim und Uissigheim, 1983, SEYBOLD (STU-
K); 6421/4: Buchen, SEUBERT u. KLEIN (1905), o.O., nach
1970, SCHÖLCH (STU-K); 6522/1: N Seckach, 1980,
H. DIETERICH (STU-K); Bofsheim, SEUBERT u. KLEIN
(1905); 6522/3: Zimmern, SEUBERT u. KLEIN (1905).
Neckarland: Hohenlohe: 6526/3: Herrgottstal von Schme-
rach bis Münster, um 1920, HANEMANN (STU-K); 6623/2:
Krautheim, SEUBERT u. KLEIN (1905); 6624/2: Hollen-
bach, Rißbachtal, 1974, MATTERN, 1988, NEBEL (STU-K);
6726/2: Hirschberg, um 1920, HANEMANN (STU-K); 6726/
3: Wallhausen, um 1920, HANEMANN (STU-K); 6924/2:
Remsbach-Schlucht SO Einkorn, 1971, SEBALD, SEYBOLD
& SCHEERER (STU); N Herlebach, 1975, O. ENGELHARDT
(STU-K); 6925/1: Hausen/Bühler, 1856, KEMMLER (STU).
Kraichgau und Stromberg: 6818/4: Zaisenhausen, SEU-
BERT u. KLEIN (1905); o.O., nach 1970, SCHÖLCH (STU-

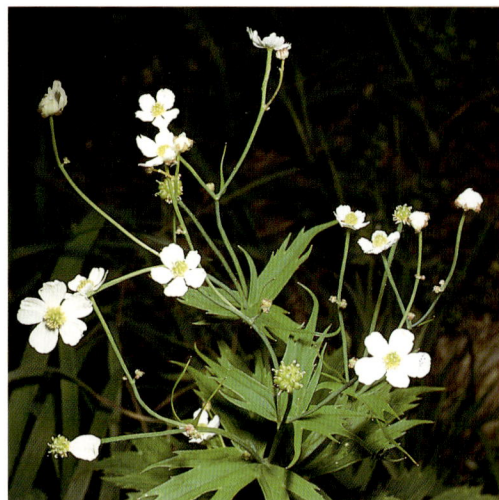

Platanenblättriger Hahnenfuß *(Ranunculus platanifolius)*
Nusplingen, 1989

K); 6819/4: Niederhofen, vor 1945, SCHLENKER (STU-K);
6820/3: Stetten a.H., EICHLER, GRADMANN, MEIGEN
(1909); 6918/2: Sickingen, SEUBERT u. KLEIN (1905); 6918/
4: Knittlingen, nach 1945, GUTBROD (STU-K); Maulbronn, MARTENS u. KEMMLER (1882); 6919/1: Sternenfels,
vor 1945, SCHLENKER (STU-K); Kürnbach, Alter Berg,
1978, PHILIPPI (KR-K); 6919/3: N Tiefenbach, 1983,
PHILIPPI (KR-K). 6919/4: Pfaffenhofen, Rodbachhof,
1974, S. HENKEL (STU); Ochsenbach, EICHLER, GRAD-
MANN, MEIGEN (1909); 7018/2: Ölbronn, SCHÜBLER u.
MARTENS (1834); 7020/1: Großsachsenheim, MARTENS u.
KEMMLER (1882); NO Sersheimer Moor, 1985, SEBALD
(STU-K). Heckengäu, Oberes Gäu und Schönbuch: 7219/
2: Renningen, Schloßberg, 1988, SEBALD (STU-K); S Renningen, 1983; Naturtheater; 7219/3: O Schafhausen, 1983,
alle Angaben E. SCHEUERLE (STU-K); 7219/4: Steinbühl
O Schafhausen, 1973, BÜCKING (STU); 7319/2: Stelzen-
hau O Ehningen, 1985, SEYBOLD (STU-K); 7319/4: Hildrizhausen, SCHÜBLER u. MARTENS (1834); 7418/2: NO
Oberjettingen, 1986, W. WREDE (STU-K); 7419/1: Herrenberg, SCHÜBLER u. MARTENS (1834); 7419/2: Müneck;
Hohenentringen, beide Angaben KIRCHNER u. EICHLER
(1900); Kayh, MAYER (1904); 7419/3: Pfäffingen; 7419/4:
Seebronn, beide Angaben KIRCHNER u. EICHLER (1900);
7420/3: Tübingen, KIRCHNER u. EICHLER (1900); Lustnau,
1896, MAYER (1904); Spitzberg, SCHÜBLER u. MARTENS
(1834); Tübingen, Ödenburg, durch Anlage von Tiergarten
vernichtet, KRAUSS (1925).
Schwäbische Alb: Zerstreut. Baaralb: 8017/2: Osterberg,
ZAHN (1889) (als *R. aconitifolius*).
Hegau: 8119/2: Zwischen dem Braunenberg und dem Hir-
schlander Hof, JACK (1900), (als *R. aconitifolius*).

In älteren Floren werden *R. platanifolius* und
R. aconitifolius oft unzureichend oder falsch getrennt. Eine Zuordnung der Literaturangaben ist
deshalb in Gebieten, in denen beide Arten vorkommen, nicht möglich. Dies ist im Südschwarzwald

(im Nordschwarzwald beziehen sich fast alle Angaben auf *R. aconitifolius*), im Klettgau und in der Baar der Fall (im Bereich der Oberen Gäue berühren sich die beiden Areale, so daß bei unsicherer Zuordnung Grenzvorkommen weggelassen wurden). Da gesicherte Angaben gerade hier fehlen, sind Meldungen, möglichst mit Beleg, aus diesem Raum besonders wertvoll und erwünscht.

Bestand und Bedrohung: Die Größe der Bestände schwankt bei dieser Art stark. Nicht selten findet man größere Bestände, auf der anderen Seite bestehen eine Reihe von Vorkommen nur aus wenigen Pflanzen. Besonders auf der Schwäbischen Alb, aber auch in den meisten übrigen Landschaften ist die Art deutlich zurückgegangen. Der Hauptgrund dafür ist im Einbringen der Fichte zu suchen, da die Halbschattenpflanze auf lichte Laubwälder angewiesen ist. Eine dauerhaft starke Beschattung, wie sie unter Fichten herrscht, verträgt sie nicht. Auf der Schwäbischen Alb liegt der Schwerpunkt der Vorkommen an Nord- und Osthängen, im Bereich des Talgrundes und auf ebenen Flächen, wo die Böden tiefgründig und ausreichend durchfeuchtet sind. Gerade auf diesen Standorten werden jedoch bevorzugt Fichten angepflanzt, während auf flachgründigen Stellen, wo die Art nicht gedeihen kann, Laubwald erhalten bleibt. Deshalb ist die Pflanze wirksam nur zu schützen, wenn auf weitere Umwandlungen der Laubwälder in Nadelholzforste verzichtet wird. Der Platanenblättrige Hahnenfuß wird in der Roten Liste als schonungsbedürftig (Gefährdungsgrad 5) geführt, sollte jedoch wegen des sich abzeichnenden deutlichen Rückganges als gefährdet (Gefährdungsgrad 3) eingestuft werden.

18. Ranunculus flammula L. 1753
Brennender Hahnenfuß

Morphologie: Pflanze ausdauernd, bogig aufsteigend bis aufrecht, seltener niederliegend, ohne unterirdische Ausläufer, 10–60 cm hoch, meist reich verzweigt und mehrblütig, kahl. Stengel an den unteren Knoten, manchmal auch weiter hinauf, Wurzeln treibend. Grundständige Blätter lang gestielt, lanzettlich bis breit eiförmig (sehr variabel), am Grunde oft abgerundet; Stengelblätter meist schmal lanzettlich, kürzer gestielt oder sitzend, alle Blätter ungeteilt, ganzrandig oder entfernt gezähnt. Blütenstiele gefurcht. Blüten zahlreich, klein, 0,8–1,7 cm im Durchmesser, blaßgelb, glänzend. Blütenboden kahl. Früchtchen rundlich, 1,2–1,5 mm im Durchmesser, kahl, Oberfläche glatt, ohne oder mit nur 0,1 mm breitem Rand; Schnabel sehr kurz, gerade.

Biologie: Blüte von Ende Mai bis Anfang Oktober. Die Staubblätter entwickeln sich vor den Fruchtblättern. Bestäubung durch Nektar suchende Insekten (meist Fliegen), auch Selbstbestäubung.

Ökologie: In Sümpfen, auf Sumpfwiesen, an Quellen, Ufern und Gräben, in nährstoffreicheren Mooren. Auf nassen, oft offenen, basenarmen, tonreichen, humosen Sumpfböden. Vielfach Erstbesiedler und Kriechpionier. In offenen Stör- und Initialgesellschaften des Caricionfuscae (Ranunculus flammula-Agrostis canina-Gesellschaft), im Agropyro-Rumicion und Calthion. Typische Begleiter sind *Agrostis canina, Glyceria fluitans, Juncus bulbosus, Juncus bufonius, Carex nigra.* Vegetationskundliche Aufnahmen bei OBERDORFER (1938: Tab. 13, 14), PHILIPPI (1963), LANG (1973), SEBALD (1974: Tab. 22), SCHWABE (1987: Tab. 2, 4).

Allgemeine Verbreitung: Eurosibirisch-nordamerikanische Pflanze. In fast ganz Europa (ohne den extremen Norden), im Mittelmeergebiet seltener, ostwärts bis zum Ural und Kaukasus; isolierte Fundstellen in Zentralasien; in Nordamerika wenige Wuchsorte im Gebiet der St. Lorenz-Mündung.

Verbreitung in Baden-Württemberg: Der Brennende Hahnenfuß tritt im Odenwald, im Schwarzwald, im

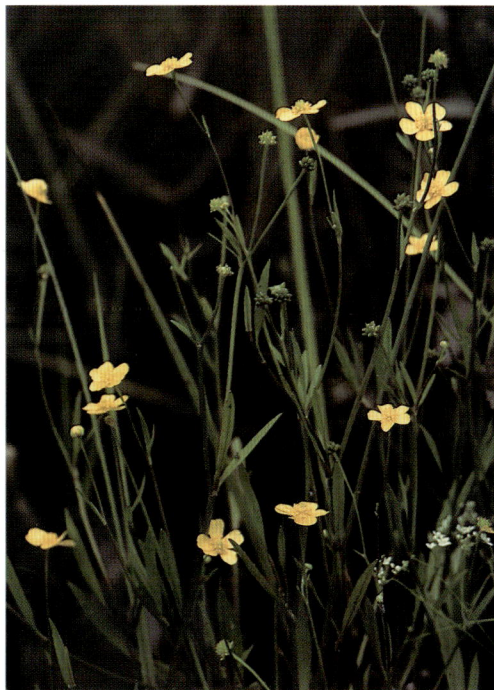

Brennender Hahnenfuß (*Ranunculus flammula*)
Sasbach

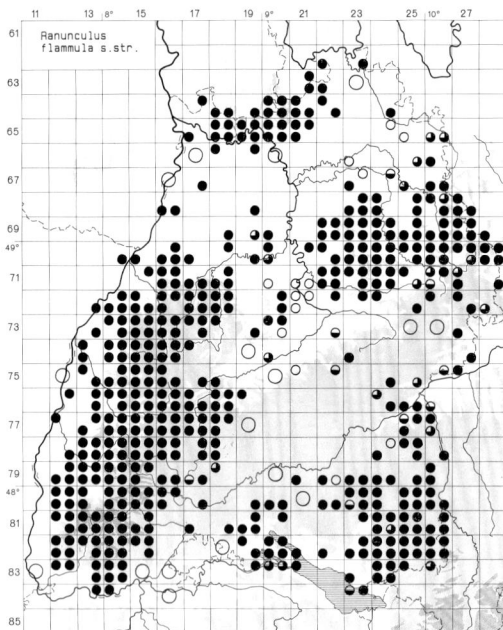

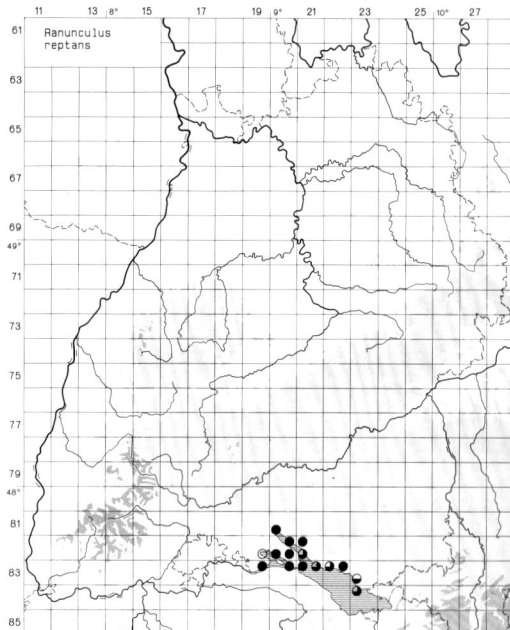

Gebiet des oberen Neckar und im Alpenvorland verbreitet auf. In den übrigen Landschaften findet man die Pflanze nur sehr vereinzelt, sie fehlt den Kalkgebieten (Gäulandschaften, Schwäbische Alb) auf weiten Strecken fast ganz.

Die Vorkommen reichen von 100 m in der Rheinebene bei Schwetzingen bis 1100 m im Feldseemoor (8114/1) am Feldberg.

Die Art ist im Gebiet urwüchsig. Archäologischer Erstnachweis: LANG (1952): Älteste Dryas, Schleinsee. Literarischer Erstnachweis: J. BAUHIN (1598: 208): Aus der Umgebung von Bad Boll (7323).

Bestand und Bedrohung: In den Verbreitungszentren ist der Brennende Hahnenfuß nicht gefährdet. Wo die Art seltener ist, kann es wie im Stuttgarter Raum und in Hohenlohe zum Rückgang kommen. Hier sollten die Wuchsorte geschont werden. Der Brennende Hahnenfuß kann, ohne Schaden zu nehmen, ein- bis zweimal im Jahr gemäht werden.

19. Ranunculus reptans L. 1753
Kleiner Kriech-Hahnenfuß, Ufer-Hahnenfuß

Morphologie: Pflanze ausdauernd, niederliegend, 2–10 cm hoch, kahl, ohne unterirdische Ausläufer. Stengel fadenförmig, kriechend, 5–50 cm lang, an den Knoten wurzelnd, mit nur einer endständigen Blüte, Stengelglieder bogig gekrümmt. Blätter schmal lanzettlich bis fast linealisch, 1–3(–5) mm

breit und 1–5 cm lang; grundständige Blätter lang gestielt, meist zu 3–5 in Büscheln an den bewurzelten Stengelknoten. Blüte 3–10 mm im Durchmesser; Kronblätter blaß gelb, glänzend. Blütenboden kahl. Früchtchen oval, 1,5–1,8 mm lang und 1 mm breit, ohne Rand, mit glatter Oberfläche, kahl; Schnabel 0,5 mm lang, hakig gebogen. Die Pflanze wird gerne mit kleinen Formen von *R. flammula* verwechselt. – Blütezeit: Mitte Mai bis Ende September.

Ökologie: An Ufern, im Wasserschwankungsbereich zwischen mittlerer Mittelwasser- und mittlerer Hochwasserlinie. Auf offenen, nassen, zeitweise überschwemmten (Überschwemmungsdauer 1–4 Monate), meist nährstoff- und basenarmen, rohen, wenig humosen, sandigen Kiesböden (selten lehm- und tonreich). Pionierpflanze. Im Gebiet Charakterart des Deschampsietum rhenanae (Deschampsion). Typische Begleiter sind *Deschampsia rhenana, Myosotis rehsteineri, Littorella uniflora, Armeria purpurea, Eleocharis acicularis.* Vegetations-Aufnahmen bei LANG (1967, 1973), THOMAS et al. (1987).

Allgemeine Verbreitung: Eurosibirisch-nordamerikanische Pflanze mit zirkumpolarer Verbreitung. Nordwärts bis Island, Nordskandinavien, Nordsibirien, Alaska, West- und Ostgrönland; südwärts bis ins nördliche Italien, in Asien bis 50° NB, in Nordamerika bis Kalifornien und New Jersey.

Verbreitung in Baden-Württemberg: Der Ufer-Hah-

Kleiner Kriechhahnenfuß *(Ranunculus reptans)*
Bodensee, 1989

nenfuß kommt im Gebiet gesichert nur an Bodensee-Ufer vor. Angaben vom Schluchsee (nach der Aufstauung erloschen) werden heute vielfach in Frage gestellt. Das gleiche gilt für die Vorkommen in der Oberrheinebene. Die Belege aus Mooren waren immer Verwechslungen mit kleinen Formen von *R. flammula.*

Höchste und tiefste Vorkommen um 400 m.

Die Art ist im Gebiet urwüchsig. Literarischer Erstnachweis: Roth von Schreckenstein (1799: 30): „Am Ufer des Bodensees aufgesammelt, Ferusac."

Bodensee: 8120/3: SO Ludwigshafen, 1982, R. Buchwald (STU-K); 8219/4: Radolfzell, Jack (1900); 8220/2: NW Allensbach, 1959; Reichenau, Bauernhorn, 1959; 8220/3: Mettnau, Süd-Ufer, 1959; Naturfreundehaus SO Markelfingen, 1959; 8220/4: Hegne, 1959; Klausenhorn NW Dingelsdorf, 1959; O Wallhausen, 1964, alle Angaben Lang (1973); Wollmatinger Ried, 1982–83, M. Dienst (STU-K); 8221/3: Maurach, 1850, Jack (STU); 1987, Weber (1988); 8319/2: Wangener Horn, Ostseite, 1934,

A. Bacmeister (STU); Marbach bei Hemmenhofen, 1964, Lang (1973); 8320/2: Reichenau, Bibershof, 1959, Lang (1973); Reichenau, Gew. Schopflen, K.H. Harms (STU-K); Wollmatinger Ried, 1982–83, M. Dienst (STU-K); 8321/1: Eichhorn O Konstanz, 1959, Lang (1973); 8321/2: O Hagnau, 1987, Weber (1988); 8322/1: Kirchberg bei Hagnau, 1987, Weber (1988); Immenstaad, 1929, A.-Mayer (STU); 8322/2: Friedrichshafen, 1919, K. Bertsch (STU); 8323/3: Eriskirch, 1921, K. Bertsch (STU); 8423/1: Langenargen, 1921, K. Bertsch (STU), 1965, Brielmaier in Dörr (1973).

Bestand und Bedrohung: Der Ufer-Hahnenfuß ist in neuerer Zeit stark zurückgegangen. Die meisten Beobachtungen stammen aus den Fünfziger- und Sechziger-Jahren. Nach 1970 wurde die Pflanze nur auf sechs Rasterfeldern beobachtet. Meist sind die Bestände klein und haben kaum noch die Möglichkeit sich auszubreiten. Wesentliche Gründe für die Vernichtung der Wuchsorte sind zum einen die Eutrophierung des Sees durch Einleitung von Abwässern, die auch von den Flüssen aus dem Hinterland mitgebracht werden (die konkurrenzschwache Art wird dabei von anderen Pflanzen verdrängt, die jetzt auf dem nährstoff- und feinteilereicheren Boden ansiedeln können), zum zweiten die Verbauung des Ufers und der intensive Badebetrieb (LANG 1973). Die Ausweisung von Schutzgebieten allein reicht in diesem Fall nicht aus. Abhilfe kann auf Dauer nur geschaffen werden, wenn der Nährstoffeintrag stark zurückgenommen wird. Der Ufer-Hahnenfuß ist in Baden-Württemberg akut vom Aussterben bedroht (in der Roten Liste Gefährdungsgrad 1).

20. Ranunculus lingua L. 1753
Zungen-Hahnenfuß, Großer Hahnenfuß

Morphologie: Pflanze ausdauernd, 50–150 cm hoch, behaart oder kahl, Rhizom gegliedert, mit bis zu 1 m langen, hohlen, unterirdischen Ausläufern. Stengel aufrecht, kräftig, hohl, reich verzweigt. Grundständige Blätter lang gestielt, den oberen, sitzenden Stengelblättern gleichgestaltet, meist lanzettlich, bis 25 cm lang und 4 cm breit, allmählich in den Stiel verschmälert, z.T. mit herzförmiger Basis, ganzrandig oder entfernt gezähnt; Blattbasen scheidig, stengelumfassend. Blüten im Durchmesser 3–4 cm (die größten Blüten aller einheimischen Hahnenfußarten); Kelchblätter breit eiförmig, gelblichgrün; Kronblätter rundlich eiförmig, goldgelb, glänzend. Blütenboden kahl. Früchtchen 2,5–3 mm lang und 1,9–2,2 mm breit, oval, berandet, nervenlos, kahl; Schnabel um 0,5 mm lang, dick, hakig gebogen. – Blütezeit: Mitte Juni bis Ende September.
Ökologie: Im Röhricht, in Großseggen-Beständen, an Ufern und in Gräben. Auf zumindest zeitweise flach überschwemmten, basenreichen, meist kalkarmen, nicht zu nährstoffreichen Schlammböden, an stehenden oder träge fließenden Gewässern. Lichtliebend. Phragmition-Verbandscharakterart. Typische Begleiter sind *Phragmites communis, Rumex hydrolapathum, Typha latifolia, Equisetum fluviatile, Cicuta virosa.* Vegetationskundliche Aufnahmen bei GÖRS (1960: Tab. 8), KUHN (1961: Tab. 2, 3), LANG (1973), PHILIPPI (1973: Tab. 5).
Allgemeine Verbreitung: Eurasiatische Pflanze. Fast ganz Europa (isolierte Fundstellen bis 67° NB in Skandinavien), fehlt auf Island, im Mittelmeergebiet vereinzelt; in Asien zwischen 40° und 60° NB ostwärts bis ins Gebiet des Jenissei, isoliert im Westhimalaja.
Verbreitung in Baden-Württemberg: Der Zungen-Hahnenfuß ist im Gebiet selten. Abgesehen von Einzelfundorten tritt er nur im Oberrheingebiet, in

den Ellwanger Bergen, entlang der Donau und Brenz sowie im Alpenvorland zerstreut auf. Die Art ist in letzter Zeit verstärkt zur Bepflanzung von Feuchtgebieten herangezogen worden. Vorkommen, von denen bekannt ist, daß sie auf Ansalbung beruhen, sind nicht aufgeführt.

Die Vorkommen reichen von 100 m in der Oberrheinebene bei Schwetzingen (6617/1) bis 914 m am Schlüchtsee im Schwarzwald (8215/2).

Die Art ist im Gebiet urwüchsig. Archäologischer Erstnachweis: K. BERTSCH (1932): Früh-Subboreal, Sipplingen. Literarischer Erstnachweis: GATTENHOF (1782: 229): Aus der Umgebung von Heidelberg.

Oberrheingebiet: 6517/3: Rohrdorf, SCHMIDT (1857); 6617/1: Brühl, SCHMIDT (1957); Schwetzingen, vor 1900 (KR); Ketsch, vor 1900, SCHULTZ; 6717/1: Waghäusel, SCHMIDT (1857); 6816/3: Leopoldshafen, um 1980, PHILIPPI (KR-K); 6817/3: Röhrichte um Bruchsal, OBERDORFER (1936); 6915/4: Zwischen Daxlanden und Maxau, MAUS (1890); 6916/1: Eggenstein, um 1980, PHILIPPI (KR-K); 6916/3: Knielingen, FRANK (1830); 6917/3: Weingartener Moor, um 1980, PHILIPPI (KR-K); 7015/3: Tieflachgraben bei Au, um 1980, PHILIPPI (KR-K); 7115/3: Rastatt, FRANK (1830); 7214/4: Abtsmoor bei Oberbruch, 1965, PHILIPPI (KR-K); zwischen Moos und Balzhofen, ZIMMERMANN (1929); 7313/2: Memprechtshofen, WINTER (1884); 7315/1: Bühlertal, FRANK (1830); 7413/4: Appenweier, FRANK (1830); 7513/3: Gräben an der Schutter, BAUR (1886); 7612/4: Mietersheim, NEUBERGER (1912); 7911/2: Achkarren, NEUBERGER (1912), zuletzt 1914, SCHATZ (KR); 7912/3: Gottenheimer Ried, NEUBERGER (1912).

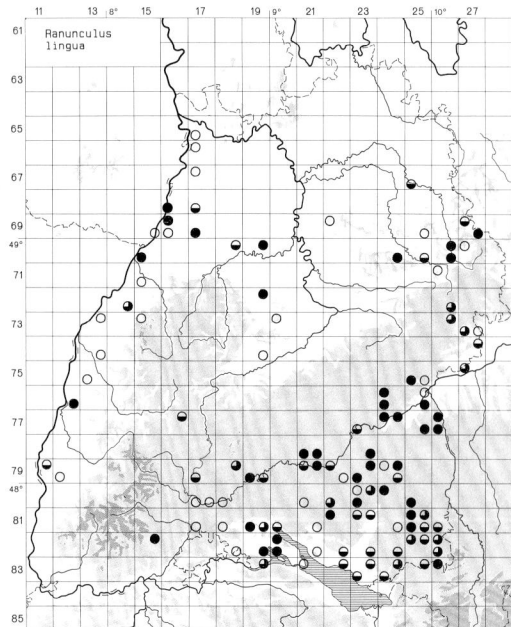

298

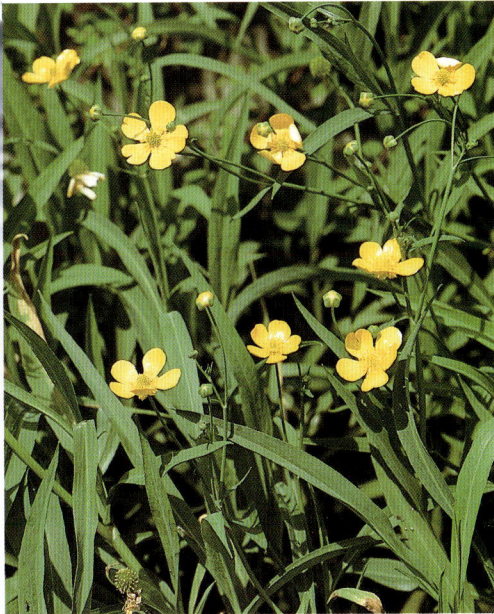

Zungen-Hahnenfuß *(Ranunculus lingua)*
Graben, Ortenau

Schwarzwald: 7716/2: Eschach von Heiligenbronn bis Aichhalden, 1904, K. BERTSCH (STU); 8215/2: Schlücht-see, 1986, PHILIPPI, zuerst SULGER-BÜEL (KR-K).

Neckarland: Hohenlohe: 6725/3: Nesselbach, Großer See, 1940, MÜRDEL (STU-K). Kraichgau: 7018/2: Aalkisten-see, 1922, K. SCHLENKER (STU). Mittlerer Neckar: Mauäcker S Horrheim, 1969, SEYBOLD (STU), um 1981, E. ZIEGLER (STU-K). Hecken- und oberes Gäu: 7219/2: Zwischen Warmbronn und Renningen, 1988. M. SCHEUERLE (STU-K); 7320/1: Böblinger See, 1872, E.-WIDMANN (STU); 7419/4: Früher im Ammertal und bei Roseck, MAYER (1904). Schwäbisch-Fränkischer Wald: 6922/1: Löwenstein, Bleichsee, LÖRCHER (STU). Ellwanger Berge: 6925/4: Fleckenbachsee, MARTENS u. KEMMLER (1865); 6927/1: Neustädtlein-Rötlein, 1913, R. BLEZIN-GER (STU-K); Unterdeufstetten, um 1920, HANEMANN (STU-K); 6927/4: Gaxhardt, Breitweiher, 1975, O. EN-GELHARDT (STU-K); Auweiher, 1985, H. WOLF (STU-K); 7024/4: Zwischen Linsenhof und Wolfsmühle, 1979, H.W. SCHWEGLER (STU-K); 7025/4: Eisenweiher, um 1920, HANEMANN (STU-K); 7026/2: Ellwangen, Schloß-weiher, nach 1970, (STU-K); 7026/4: Säg- oder Espach-weiher, nach 1970, (STU-K); 7027/1: Muckental, KIRCH-NER & EICHLER (1900); 7126/1: Abtsgmünd, SCHÜBLER u. MARTENS (1834).

Baar: 7917/3: Schwenninger Moos, 1905, G. SCHLENKER (STU); 8017/3: Hüfinger Torfstich; Neudingen; Pfohren; 8017/4: Geisingen; Gutmadingen; Pfohrener Weiher; 8018/3: Hintschingen, alle Angaben ZAHN (1889).

Schwäbische Alb: Entlang der Donau zerstreut, von hier auch in die Unterläufe der größeren Täler eindringend. Brenz: 7226/4: Itzelberger See, 1966; Brühl bei Aufhausen, 1966; 7326/2: Brenz N Heidenheim, 1966; 7327/3: Brenz bei Herbrechtingen, Altwasser, 1966, alle Angaben

E. KOCH (STU-K); 7327/4: Hermaringen, vor 1900, E. LECHLER (STU); 7427/2: Sontheim, KIRCHNER u. EICHLER (1913). Südwestalb: 7918/2: Dürbheimer Ried, 1957, W. WREDE (STU). Baaralb: 8117/3: Aitrach bei Steppacher Hof, ZAHN (1889).

Alpenvorland: Zerstreut.

Eine Karte der Verbreitung im Oberrheingebiet findet sich bei PHILIPPI (1978).

Bestand und Bedrohung: Der Zungen-Hahnenfuß kommt nur in Gebieten mit stehenden Gewässern vor. Die Bestände sind in der Regel recht klein. An vielen Stellen ist die Pflanze seit längerer Zeit nicht mehr beobachtet worden. Hauptgründe für den Rückgang sind die Eutrophierung und Entwässe-rung von Feuchtgebieten, die Zerstörung der Ufer-region durch intensive Nutzung wie Angel- und Ba-debetrieb, Fischzucht und Entenhaltung (auch An-fütterung von Wildenten). Durch die Ausweitung der landwirtschaftlichen Nutzung (in letzter Zeit findet man die Maisäcker oft schon wenige Meter vom Ufer entfernt) kommt es zum vermehrten Ein-trag von Unkrautbekämpfungsmitteln und Nähr-stoffen. Um einen weiteren Rückgang zu verhin-dern, sollten um die Gewässer herum breite Grün-land-Pufferzonen geschaffen werden, die nicht mehr gedüngt und regelmäßig gemäht werden. In der eigentlichen Ufer- und Verlandungszone wäre jeder Eingriff, von einer Mahd im Abstand mehre-rer Jahre abgesehen, zu vermeiden. Maßnahmen, die zu einer Senkung des Nährstoffeintrags führen, erhöhen die Lebenskraft der Bestände. In Natur-schutzgebieten sollte eine intensivere Nutzung durch Fischzucht sowie Angel- und Badebetrieb stark eingeschränkt oder unterbunden werden. Ge-legentliche Mahd scheint die Art zu fördern (PHIL-IPPI 1973).

In neuerer Zeit wird die Art vermehrt besonders in neuangelegten Feuchtgebieten eingebracht. Die Ansalbung kann kein Ausgleich für verlorene na-türliche Wuchsorte sein. Das künstliche Einbringen in bestehende Feuchtgebiete muß unbedingt unter-bleiben, da es zu Störungen führt. Der Zungen-Hahnenfuß ist in Baden-Württemberg stark gefähr-det (in der Roten Liste Gefährdungsgrad 2). Die Pflanze ist gesetzlich geschützt.

21.–25. Ranunculus subgenus **Batrachium**

(DC.) A.Gray 1886
Ranunculus sect. *Batrachium* DC. 1917; *Batra-chium* S.F. Gray 1821
Wasserhahnenfuß, Froschkraut

Wasserpflanzen, einjährig oder ausdauernd. Unter-getauchte Blätter (Haarblätter) außer bei *R. hede-*

299

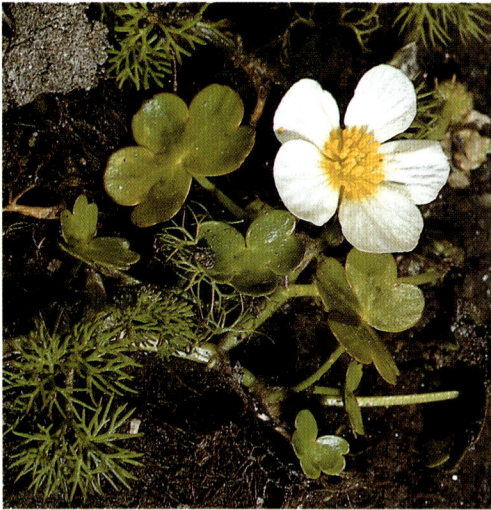

Schild-Wasserhahnenfuß *(Ranunculus peltatus)*

raceus vorhanden, bis zum Grunde 3teilig; Abschnitte noch mehrmals geteilt, so daß fadenförmige Zipfel entstehen; flächige Blätter (Schwimmblätter, häufig fehlend) im Umriß rundlich, am Grunde herz- oder nierenförmig, verschieden tief geteilt; Abschnitte grob gezähnt; Zähne stumpf oder spitz. Blütenboden kugelig oder eiförmig. Blüten zahlreich, auf langen Stielen, den Blättern gegenüber; Kronblätter weiß, mit gelbem Nagel, ohne Glanz, mit offener Nektargrube; Kelchblätter abstehend. Zahl der Staubblätter sehr variabel. Früchtchen klein, oval bis rundlich, mit 5–14 Querrippen; Schnabel 0,1–0,2 mm lang.

Frucht- und Staubblätter reifen gleichzeitig. Es kommt zu Fremd- und Selbstbestäubung. Als Besucher wurden Fliegen, Bienen und Käfer beobachtet. Bei hohem Wasserstand bleiben die Blüten geschlossen unter Wasser und sind kleistogam. Verbreitung der Früchtchen durch das Wasser und Wasservögel.

Die Beschreibungen beziehen sich auf gut entwickelte, fertile Wasserformen. Kümmer- und Landformen sind atypisch ausgebildet, oft steril und deshalb kaum bestimmbar. Es kann vorkommen, daß man ein Gewässer mehrfach, auch über Jahre hinweg, besuchen muß, um gut entwickelte Pflanzen für eine sichere Bestimmung zu erhalten.

Aus Bayern werden von VOLLRATH & KOHLER (1972) eine Reihe von Bastarden angegeben. In der hier vorliegenden Bearbeitung wurde auf eine Beurteilung kritischer Zwischenformen verzichtet, da dies nur in Verbindung mit Kultivierungsversuchen möglich gewesen wäre. Die Zahl der Fälle, in denen

eine Zuordnung Schwierigkeiten bereitete, war jedoch gering.

Die weltweit verbreitete Untergattung, von der 17 Arten bekannt sind, ist im Gebiet mit bisher 5 sicher nachgewiesenen Arten vertreten.

Literatur: COOK (1966, 1972); VOLLRATH u. KOHLER (1972).

1 Flächige Blätter (Schwimmblätter) vorhanden . . 2
– Flächige Blätter fehlend 5
2 Haarblätter fehlend . . . . . . *[R. hederaceus]*
– Haarblätter vorhanden 3
3 Stiel der Schwimmblätter bis 3 cm lang; Blattzähne meist länger als breit; Blütenstiel bis 4 cm lang; Nektarium kreisförmig; im Gebiet bisher nur in stehendem Wasser . . . . 22. *R. aquatilis*
– Stiel der Schwimmblätter meist über 3 cm lang; Blattzähne meist breiter als lang; Blütenstiel meist über 4 cm lang; Nektarium birnförmig 4
4 Haarblätter kürzer als die Internodien; Blattabschnitte nicht fleischig, spreizend; Blütenboden dicht behaart; Staubblätter die Fruchtknoten überragend . . . . 21. *R. peltatus*
– Haarblätter länger als die Internodien; Blattabschnitte in frischem Zustand fleischig, fast parallel; Blütenboden spärlich behaart; Staubblätter die Fruchtknoten nicht überragend; im Gebiet bisher nur in fließendem Wasser . . . . 25. *R. fluitans*
5 Haarblätter im Umriß kreisförmig; Blattabschnitte in einer Ebene liegend; Nektarium halbmondförmig . . . . 24. *R. circinatus*
– Haarblätter nicht kreisförmig; Blattabschnitte sich allseitig ausbreitend 6
6 Kronblätter einander bei voll geöffneter Blüte nicht überdeckend; Nektarium halbmondförmig
       23. *R. trichophyllus*
– Kronblätter einander bei voll geöffneter Blüte überdeckend; Nektarium kreis- oder birnförmig . 7
7 Haarblätter länger als die Internodien; Blattabschnitte in frischem Zustand fleischig, fast parallel; Blütenboden spärlich behaart; Staubblätter die Fruchtknoten nicht überragend; im Gebiet bisher nur in fließendem Wasser . . . . 25. *R. fluitans*
– Haarblätter kürzer als die Internodien; Blattabschnitte nicht fleischig, spreizend; Blütenboden dicht behaart; Staubblätter die Fruchtknoten überragend 8
8 Haarblätter meist auch außerhalb des Wassers gespreizt; Blütenstiel bis 4 cm lang; Nektarium kreisförmig . . . . 22. *R. aquatilis*
– Haarblätter außerhalb des Wassers zusammenfallend; Blütenstiel meist über 4 cm lang; Nektarium birnförmig . . . . 21. *R. peltatus*

Ranunculus hederaceus L. 1753
Efeublättriger Hahnenfuß

Pflanze einjährig oder ausdauernd, bis 50 cm lang, im Schlamm kriechend. Stengel rund, hohl, niederliegend, an den Knoten wurzelnd, kahl. Blätter ungeteilt, lang gestielt, gegen- oder wechselständig, im Umriß herz- oder nierenförmig, meist 3–5lappig, selten ganzrandig; Abschnitte stumpf. Blütenboden kahl. Stiel der Blüte kürzer als der des gegenüberliegenden Blattes. Blüten bis 0,5 cm im Durchmesser; Kelchblätter wenig kürzer als die Kronblätter; Kronblätter eiförmig, nicht ausdauernd; Nektardrüsen halbmondförmig. Staubblätter (4–)7–11. Früchtchen oval, 1,4–1,7 mm lang und 0,9–1,1 mm breit, scharf gekielt, kahl, mit 10–14 deutlichen, oft unterbrochenen Querrippen. – Blütezeit: Mai bis August.

In Quellfluren, Gräben und zeitweise überschwemmten Mulden, auch in kleinen Tümpeln und Teichen. Auf nassen, basen- und nährstoffarmen (selten eutrophen), humusarmen Sandböden. Gewöhnlich in offenen und gestörten Gesellschaften. Charakterart des Ranunculetum hederacei (Cardamine-Montion).

Allgemeine Verbreitung: Westeuropäisch-nordamerikanische Pflanze. Irland, Großbritannien, Norwegen (bis 63° NB), Dänemark, Norddeutschland, Frankreich, Spanien und Portugal; atlantische Küste Nordamerikas (zwischen 30° und 40° NB), Neufundland.

Der Efeublättrige Hahnenfuß ist im Gebiet nicht sicher nachgewiesen. Von den in der Literatur angegebenen Wuchsorten sind keine Belege bekannt.

Oberrheingebiet: In Gräben bei 6516/2: Neckarau und 6517/3: Brühl (SEUBERT u. KLEIN 1891). Bei SEUBERT u. KLEIN (1905) findet sich die Angabe: „Angeblich in Gräben bei Neckarau und Brühl(?)". Das Vorkommen der Art in Baden-Württemberg ist also äußerst fraglich.

21. Ranunculus peltatus Schrank 1789
Schild-Wasserhahnenfuß, Schildhahnenfuß

Morphologie: Pflanze einjährig oder ausdauernd, bis 5 m lang. Blätter in haarfeine Segmente geteilt, Haarblätter kürzer als die Stengelinternodien, bis zum Grunde 3teilig; Abschnitte gestielt, noch mehrmals 3teilig oder gegabelt; Zipfel fadenförmig, sich allseitig ausbreitend, schlaff, außerhalb des Wassers zusammenfallend; Blattstiel kurz, selten bis 2,5 cm; flächige Blätter oft vorhanden, im Umriß rundlich, am Grunde herz- bis nierenförmig, Spreite bis 3 cm im Durchmesser, meist bis zur Hälfte, selten tiefer, 3teilig; Abschnitte grob gezähnt, Zähne meist breiter als lang, gerundet; Blattstiel bis 10 cm lang; intermediäre Blätter bei Fließwasserformen nicht selten. Blütenstiel bis 10 cm lang; Blüten bis 2,5 cm im Durchmesser; Kelchblätter 3–5 mm lang; Kronblätter 7–13 mm lang, breit verkehrt-eiförmig, sich überdeckend; Nektarien birnförmig. Staubblätter 15–30. Blütenboden kugelig oder eiförmig, behaart. Früchtchen oval, 1,8–2,3 mm lang und 1,1–1,4 mm breit, mit 9–12 feinen Querrippen, unreif behaart, bei Reife meist kahl. – Blütezeit: Mai bis Anfang September.

Große Schwierigkeiten bestehen bei der Unterscheidung von *Ranunculus penicillatus* (Dum.) Babington (mit Haarblättern, die länger als die Internodien sind). Den Beschreibungen zufolge ist dieses Taxon außergewöhnlich vielgestaltig und vereinigt Merkmale von *R. fluitans*, *R. peltatus* und *R. tri-*

chophyllus. Nach HESS & al. 1970 ist diese Sippe vorläufig besser als fertiler Bastard zwischen zwei der drei Arten aufzufassen. Im Gebiet ließen sich die am Wuchsort beobachteten oder als Herbarbeleg vorliegenden Exemplare ohne größere Schwierigkeiten einer der 3 Arten zuordnen, so daß hier auf die Ausscheidung einer weiteren Sippe verzichtet wurde. Formen mit Schwimmblättern lassen sich im allgemeinen gut von *R. aquatilis* s.str. unterscheiden.

Ökologie: In stehenden und fließenden Gewässern. In Bächen und Flüssen im ruhig strömenden (z.T. auch recht schnell fließenden), meist flacheren, mesotrophen, vorwiegend kalkarmen, klaren Wasser über Sand und Schluff, bis etwa 1,5 m Tiefe. Der Schild-Wasserhahnenfuß besiedelt vor allem die ruhigeren Mittelläufe der Flüsse, die am Grunde mehr Sand und Schluff enthalten und schon nährstoffreicheres Wasser führen. Nur selten findet man ihn auch in den Oberläufen, wenn diese ein geringes Gefälle aufweisen. Fels- und geröllreiche Wildwasserstrecken meidet die Pflanze. In den eutrophen Bereichen des Unterlaufes wird sie von *R. fluitans* abgelöst. In Fließgewässern Charakterart des Ranunculo-Callitrichetum hamulatae (Ranunculion). Typische Begleiter sind *Callitriche hamulata*, *Veronica beccabunga* und das Laubmoos *Fontinalis antipyretica*. Aufnahmen bei MONSCHAU-DUDENHAUSEN (1982). In Gräben, Teichen und Seen im flachen, meso- bis eutrophen, basenärmeren Wasser über

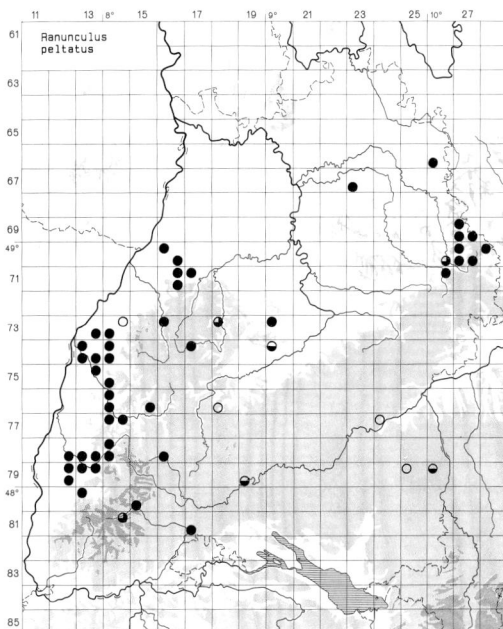

301

Gewöhnlicher Wasserhahnenfuß *(Ranunculus aquatilis)*

sandigen Schlammböden, bis etwa 1 m Tiefe. In stehenden Gewässern Charakterart des Ranunculetum peltati (Nymphaeion). Typische Begleiter sind *Polygonum amphibium, Potamogeton natans.*

Allgemeine Verbreitung: Europäische Pflanze. Nordwärts bis Schottland, Mittelschweden, Finnland; ostwärts bis ins Wolgagebiet; südwärts bis Nordafrika.

Verbreitung in Baden-Württemberg: Der Schild-Wasserhahnenfuß wurde früher meist nicht vom Gewöhnlichen Wasserhahnenfuß unterschieden. Deshalb sind hier nur Vorkommen aufgeführt, von denen Herbarbelege vorliegen oder die selbst beobachtet wurden. Aus der Literatur wurden nur die Angaben von MONSCHAU-DUDENHAUSEN (1982) übernommen, da diese durch Abbildungen belegt sind. Nach dem jetzigen Kenntnisstand ist die Pflanze im Gebiet selten. Verbreitungsschwerpunkte sind der Schwarzwald mit dem angrenzenden Oberrheingebiet und die Ellwanger Berge. Hier tritt die Art zerstreut auf. In den übrigen Landschaften ist sie sehr selten.

Die Vorkommen reichen von 115 m bei Rüppur (7016/1) bis 845 m im Titisee (8114/2).

Die Art ist im Gebiet urwüchsig. Erstnachweis: In einem Bach zwischen Ochsenhausen und Biberach, 13. 6. 1832, v. MARTENS (STU, als *R. heterophyllus*).

Hohenlohe: 6626/3: Weiher NW Schmalfelden, 1983, SEYBOLD (STU); 6723/3: Neu angelegter Teich SW Zweiflingen, 1986, NEBEL (STU).

Glemswald-Schönbuch: 7320/1: Böblinger Panzerplatz, 1974, BAUMANN (STU); 7420/1: Teich bei Bebenhausen, 1906, R. GRADMANN (STU).

Oberer Neckar: 7617/3: Weiher bei Hochmössingen, 1897, K. BERTSCH (STU).

Donautal: 7724/1: Ehingen, 1895, A. BRAUN (STU); 7919/3: Altwasser zwischen Mühlheim und Fridingen, 1933, J. PLANKENHORN (STU).

Alpenvorland: 7925/1: Bach zwischen Ochsenhausen und Biberach, 1832, MARTENS (STU); 7926/1: Edenbachen, Tümpel in der Lehmgrube der Ziegelei, 1936, K. MÜLLER (STU).

Bestand und Bedrohung: In den Hauptverbreitungsgebieten handelt es sich im allgemeinen um größere Bestände, in manchen Schwarzwaldflüssen bilden sich in günstigen Jahren sogar Massenbestände. Da die Wuchsorte des Schildhahnenfußes erst in den letzten Jahren systematisch erfaßt werden und ältere Angaben (mit Herbarbeleg) nur spärlich vorliegen, sind Aussagen über einen eventuellen Rückgang kaum möglich. Außerhalb des Schwarzwaldes und der Ellwanger Berge war die Art wohl immer sehr selten, von den meisten dieser Vorkommen fehlen Bestätigungen aus neuerer Zeit.

Bei Fließgewässern geht eine Gefahr hauptsächlich vom Gewässerausbau, der zu größeren Wassertiefen und höheren Fließgeschwindigkeiten führt

302

und von einer weiteren Eutrophierung aus. Bei stehenden Gewässern schaden eine zu intensive Nutzung der Teiche und Seen durch die Fischereiwirtschaft, zu häufiges und tiefes Ausbaggern sowie das Kanalisieren, Verdohlen und oftmalige Reinigen der Gräben am stärksten. Die recht pionierfreudige Art konnte vereinzelt auch in neuangelegten Teichen beobachtet werden. Der Schildhahnenfuß ist in Baden-Württemberg schonungsbedürftig. Er ist in der Roten Liste nicht enthalten, sollte hier jedoch bei Gefährdungsgrad 5 aufgenommen werden.
Literatur: MONSCHAU-DUDENHAUSEN (1982).

22. Ranunculus aquatilis L. 1753
R. heterophyllus Weber 1790; *R. radians* Revel 1853
Gewöhnlicher Wasserhahnenfuß

Morphologie: Pflanze einjährig oder ausdauernd, bis 2 m lang. Blätter in haarfeine Segmente geteilt, Haarblätter immer kürzer als die Stengelinternodien, bis zum Grunde 3teilig; Abschnitte gestielt, noch mehrmals 3teilig oder gegabelt; Zipfel fadenförmig, sich allseitig ausbreitend, oft auch außerhalb des Wassers mehr oder weniger gespreizt bleibend; Blattstiel bis 3,5 cm lang; flächige Blätter meist vorhanden, im Umriß rundlich, am Grunde herz- oder nierenförmig, Spreite bis 2 cm im Durchmesser, meist bis zum Grunde 3teilig; Abschnitte noch mehr oder weniger tief geteilt und grob gezähnt; Blattzähne meist länger als breit, spitz oder stumpf; Blattstiel bis 3 cm lang; intermediäre Blätter selten vorhanden. Blütenstiel bis 4 cm lang; Blüten 1–1,6 cm im Durchmesser; Kelchblätter 2–4 mm lang; Kronblätter 5–8 mm lang, breit eiförmig, sich meist überdeckend; Nektardrüsen rund, mehr oder weniger becherförmig. Staubblätter 14–22. Blütenboden behaart, auch während der Fruchtzeit kugelig. Früchtchen oval, 1,4–1,7 mm lang und 0,9–1,2 mm breit, auf dem Rücken gegen den Schnabel hin oft borstig behaart, bei Reife nicht selten kahl, mit 5–7, oft undeutlichen, unterbrochenen Querrippen. – Blütezeit: Mai bis September.
Schwimmblattlose Formen sind oft kaum von *R. trichophyllus* oder *R. peltatus* zu unterscheiden.
Ökologie: Vor allem in neu angelegten oder frisch gereinigten Teichen und Gräben. In stehenden, vorwiegend flachen, meso- bis eutrophen, meist kalkarmen Gewässern über humosem Schlamm, bis etwa 1,5 m Tiefe. Licht- und Pionierpflanze, meidet fließendes Wasser. Potamogetonetalia-Ordnungscharakterart. Die folgende Aufnahme wurde im Zufluß eines künstlich angelegten Sees südlich von Finsterlohr (6526/4) gemacht.

Höhe über NN 445 m, Größe der Fläche 1 m², Vegetationsbedeckung 100%; M. NEBEL 19. 7. 1985.
Ranunculus aquatilis 2a, *Potamogeton berchtoldii* 5, *Lemna minor* 2 m.
Allgemeine Verbreitung: Eine weltweit verbreitete Pflanze. Europa (bis 60° NB), Nordafrika, Zentral- und Ostasien, westliches Nord- und Südamerika.
Verbreitung in Baden-Württemberg: Die Verbreitung des Gewöhnlichen Wasserhahnenfußes im engeren Sinn ist nur sehr ungenügend bekannt. Da die Art leicht mit anderen zu verwechseln ist und meist nicht unterschieden wurde, sind hier nur durch Herbarbelege gesicherte Wuchsorte aufgeführt. Nach heutigem Kenntnisstand ist die Pflanze im Gebiet sehr selten und tritt nur in wenigen Landschaften auf.
Die Vorkommen reichen von 327 m im Erlachsee bei Neuhausen (7321/2) bis 635 m bei Walbertsweiler (8020/2).
Die Art ist im Gebiet urwüchsig. Erstnachweise (für „*R. aquatilis*", ob es sich um die Art im engeren Sinn handelt muß offen bleiben): Archäologisch: K. BERTSCH (1931): Boreal-Atlantikum, Tannstock/Federsee; Literarisch: THEODOR (1588: 144): „Ranunculus aquaticus folio rotundo et capillacea. Dieses Gewächß wird viel in dem Necker zwischen Heydelberg und Neckergemünd gesehen, an steinechten Orten da der necker dünn ist und über die Kieselstein und andere Stein lauffet."

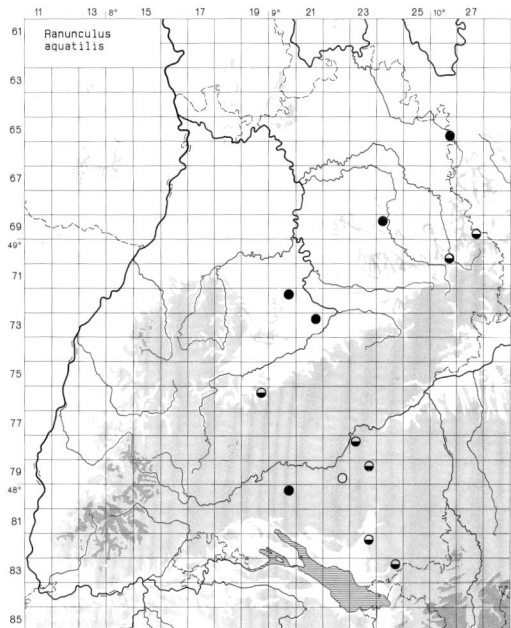

Haarblättriger Wasserhahnenfuß *(Ranunculus trichophyllus)*

Hohenlohe: 6526/4: Teich S Finsterlohr, 1985, NEBEL (STU); 6924/1: Weiher NO Bibersfeld, 1970, SEBALD (STU); 1985, NEBEL.
Ellwanger Berge: 6927/4: Tragenrodener Weiher, 1937, K. MÜLLER (STU); 7026/4: Seelesweiher W Schwabsberg, 1940, MAHLER (STU).
Mittlerer Neckar: 7220/2: Schatten, 1920, R. DIETZ? (STU), Schattensee bei Büsnau, 13. 7. 1968, SEYBOLD (STU, ohne Schwimmblätter); Teiche im Rotwildpark, 21. 6. 1969, SEYBOLD (STU), 24. 6. 1976, SEYBOLD; 7321/2: Erlachsee, 17. 7. 1987, NEBEL (STU).
Vorland der Zollernalb: 7619/2: Butzensee bei Bodelshausen, 23. 6. 1902, F. HEGELMAIER (STU).
Alpenvorland: 7823/1: Unlingen, Wiesengraben, 1. 5. 1911, K. BERTSCH (STU); 7922/4: Bei Sießen, um 1850, TROLL (STU), 1899, K. BERTSCH (STU); 7923/2: Federseeried bei Buchau, um 1850, TROLL (STU); Buchau-Schussenried, 1922, K. MÜLLER (STU); 8020/2: Fischteiche NW Walbertsweiler, 1974, SEYBOLD (Schwimmblätter beobachtet), 1985, NEBEL (STU, ohne Schwimmblätter); 8223/2: Einödweiher beim Locherhof O Ravensburg, nach 1900, K. BERTSCH (STU); 8324/2: Oberer See bei Primisweiler, 1934, K. BERTSCH (STU).

Bestand und Bedrohung: Der Gewöhnliche Wasserhahnenfuß ist bis jetzt von 13 Wuchsorten bekannt, davon sind nur 5 aktuell. Die in neuerer Zeit beobachteten Bestände umfassen immer nur wenige Pflanzen. Die Art benötigt stehende, kalkarme, flache Gewässer, die gelegentlich (außerhalb der Vegetationsperiode) ausgeräumt werden und nicht be-

schattet sind. Gefahren gehen vor allem von folgenden Maßnahmen aus: Zu intensive Nutzung (Kalkung, Düngung, Einsetzen gebietsfremder, pflanzenfressender Fische, Entfernen des Pflanzenwuchses) der Gewässer durch die Fischereiwirtschaft; Auffüllen von Teichen und Seerändern; zu tiefes Ausbaggern; Kanalisierung und Verdohlung von Wiesengräben. Wegen des deutlichen Rückganges und seiner Seltenheit ist der Gewöhnliche Wasserhahnenfuß in Baden-Württemberg stark gefährdet (in der Roten Liste nicht enthalten, hier mit Gefährdungsgrad 2 einzuordnen).

23. Ranunculus trichophyllus Chaix 1786
Ranunculus flaccidus Persoon 1795; *R. paucistamineus* Tausch
Haarblättriger Wasserhahnenfuß

Morphologie: Pflanze einjährig oder ausdauernd, bis 1 m lang. Blätter in haarfeine Segmente geteilt, flächige Blätter fehlend, Haarblätter schlaff (außerhalb des Wassers zusammenfallend); Blattstiel bis 2 cm lang. Blütenstiel zur Fruchtzeit bis 4 cm lang. Blütenboden kugelig, behaart. Blüten bis 1,6 cm im Durchmesser; Kelchblätter 2–4 mm lang; Kronblätter 3,5–8,0 mm lang, eiförmig bis verkehrt eiförmig, sich bei voll geöffneter Blüte nicht überdekkend; Nektardrüsen halbmondförmig. Staubblätter 9–15. Früchtchen oval, 1,4–1,7 mm lang und 0,9–1,2 mm breit, auf dem Rücken gegen den Schnabel hin stets borstig behaart, auf der Seite mit 5–7, oft undeutlichen, unterbrochenen Querrippen. – Blütezeit: April bis September.

In stehenden Gewässern bestehen Verwechslungsmöglichkeiten mit schwimmblattlosen Formen von *R. aquatilis* und *R. peltatus*.

Ökologie: In Fluthahnenfuß- und Laichkrautgesellschaften. In langsam bis schnell fließenden, seltener stehenden, meso- bis eutrophen, nicht zu stark verschmutzten, meist kalkhaltigen Gewässern über sandig-kiesigem Untergrund bis 1,5 m Tiefe. Oft mehr oder weniger reine Bestände bildend. Ranunculion-fluitantis-Verbandscharakterart, auch im Potamogetonion. Typische Begleiter sind *Groenlandia densa, Ranunculus fluitans, Zannichellia palustris, Potamogeton pectinatus, Myriophyllum spicatum*. Vegetationskundliche Aufnahmen bei LANG (1973), PHILIPPI (1981).

Allgemeine Verbreitung: Eurasiatisch-nordamerikanische Pflanze. Ganz Europa (ohne Nordskandinavien), Asien (ohne Tropen und Arktis), Nord- und Südafrika, Südaustralien, Tasmanien, Nordamerika.

Verbreitung in Baden-Württemberg: Die Art ist in vielen Landschaften vor allem in den Kalkgebieten zerstreut bis verbreitet anzutreffen. Die Pflanze fehlt im Schwarz- und Odenwald, da sie kalk- und

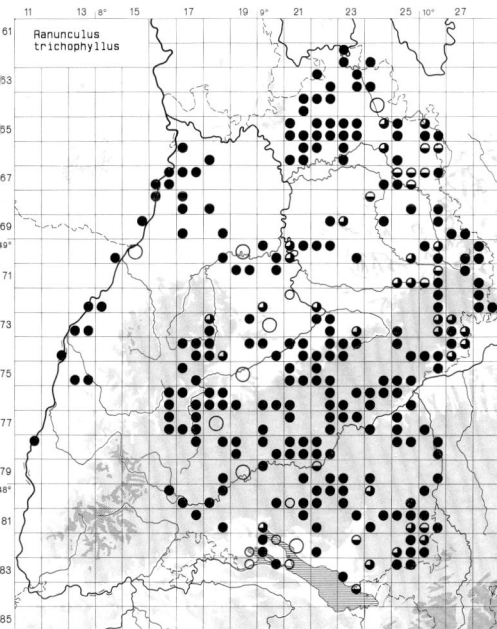

nährstoffarme Gewässer meidet. Bei den wenigen Vorkommen im mittleren und südlichen Oberrheingebiet handelt es sich ausschließlich um Wuchsorte in Kiesgruben und an gestörten Rändern von Stillgewässern. Im Kraichgau, im Nordteil des mittleren Neckars, in Hohenlohe und im Schwäbisch-Fränkischen Wald ist die Art relativ selten.

Die Vorkommen reichen von 100 m bei Schwetzingen (6617/1) bis 700 m bei Rimpach (8226/3) und Bruggen (8016/2).

Die Art ist im Gebiet urwüchsig. Archäologischer Erstnachweis: K. BERTSCH (1956): Früh-Subboreal, Ravensburg. Literarischer Erstnachweis: LEOPOLD (1728: 142): „Im Herdbrucker Höltzlein und anderswo".

Bestand und Bedrohung: Wegen seiner weiten Verbreitung und großen Ausbreitungsfreudigkeit ist der Haarblättrige Wasserhahnenfuß, der zumeist in größeren Beständen auftritt, in Baden-Württemberg nicht gefährdet. Er verträgt auch höhere Nährstoffgehalte recht gut, allerdings dürfen nicht zu viele Schwebstoffe im Wasser enthalten sein. Bei sehr starker Verschmutzung und zu intensivem Gewässerausbau verschwindet die Pflanze jedoch.

24. Ranunculus circinatus Sibthorp 1794
Ranunculus divaricatus auct.
Spreizender Hahnenfuß

Morphologie: Pflanze ausdauernd, bis 1 m lang. Blätter in haarfeine Segmente geteilt, flächige Blätter fehlend, Haarblätter im Umriß kreisrund bis halbkreisförmig, stets deutlich kürzer als die Stengelinternodien, sitzend oder kurz (2–5 mm) gestielt, bis zum Grunde 3teilig; Abschnitte kurz gestielt, noch mehrmals 3teilig oder gabelig geteilt; Zipfel borstenförmig, gespreizt, alle in einer Ebene liegend; Blätter auch außerhalb des Wassers gespreizt bleibend (nicht zusammenfallend). Blütenstiele bis 8 cm lang, mehrmals länger als das gegenüberstehende Blatt. Blüten 1–2 cm im Durchmesser; Kelchblätter 2–4 mm lang; Kronblätter 5–10 mm lang, verkehrt eiförmig; Nektardrüsen halbmondförmig; Staubblätter (5–)20–27. Blütenboden kugelig bis eiförmig, behaart. Früchtchen oval 1,4–1,6 mm lang und 0,8–1,2 mm breit, mit 6–10 Querrippen, auf dem Rücken gegen den Schnabel hin fast immer borstig behaart, selten kahl. – Blütezeit: Juni bis Mitte September.

Ökologie: In Seerosen- und Laichkraut-Gesellschaften. In stehenden oder langsam fließenden, eutrophen, aber klaren, vorwiegend kalkreichen Gewässern über humosem Schlamm, bis etwa 4 m Tiefe. Potamogetonetalia-Ordnungscharakterart.

Typische Begleiter sind *Potamogeton lucens, P. natans, Ceratophyllum demersum, Myriophyllum verticillatum, Polygonum amphibium*. Vegetationskundliche Aufnahmen bei PHILIPPI (1969), LANG (1973).

Allgemeine Verbreitung: Europäisch-westasiatische Pflanze. Europa (ohne Nordskandinavien), Westasien (ostwärts bis Turkestan).

Verbreitung in Baden-Württemberg: Der Spreizende Hahnenfuß tritt im Gebiet nur sehr zerstreut bis selten auf. Verbreitungsschwerpunkte sind das nördliche und mittlere Oberrheingebiet, das Donautal und das westliche Alpenvorland. Außerdem findet man die Art noch im östlichen Hohenlohe, am mittleren und oberen Neckar, in den Ellwanger Bergen sowie sehr vereinzelt im Schwäbisch-Fränkischen Wald, auf der Schwäbischen Alb und im östlichen Alpenvorland. In den übrigen Landschaften fehlt die Art, von wenigen Ausnahmen abgesehen, ganz.

Die Vorkommen reichen von 100 m bei Brühl (6517/3) bis 700 m bei Schwenningen (7917/3).

Die Art ist im Gebiet urwüchsig. Literarischer Erstnachweis: GMELIN (1772: 172): „Ranunculus aquatilis in paludibus ambulacri dicti Studentenwäldlein" bei Tübingen.

Bestand und Bedrohung: Die Bestandesgrößen können beim Spreizenden Hahnenfuß stark schwanken, oft handelt es sich jedoch nur um kleinere Populationen. Die Art erträgt zwar stärkere Eutrophierung recht gut, das Wasser muß dabei aber klar

Spreizender Hahnenfuß *(Ranunculus circinatus)*
Hinterlinger See bei Sindelfingen, 1985

bleiben, Erdeintrag und Schwebstoffe, die sich bei übermäßigem Nährstoffeintrag bilden, schaden ihr. Schwerpunkt der Verbreitung sind Altarme und Stillwasserzonen entlang der größeren Flüsse, diese Lebensräume sind durch den Gewässerausbau sehr bedroht und häufig zerstört worden. Nur in beschränktem Maße stellen Kiesgruben einen gewissen Ausgleich dar, diese müssen jedoch Flachwasserzonen aufweisen. In Teichen und Seen geht die größte Gefahr von einer Intensivierung der Fischereiwirtschaft aus. Am stärksten ist die Pflanze in den Fließgewässern zurückgegangen, hier reagiert sie am empfindlichsten auf die Verschmutzung und den Ausbau. Der Spreizende Hahnenfuß ist in Baden-Württemberg gefährdet (in der Roten Liste Gefährdungsgrad 3).

25. Ranunculus fluitans Lam. 1778
Flutender Wasserhahnenfuß

Morphologie: Pflanze ausdauernd, bis 6 m lang. Blätter in haarfeine Segmente geteilt, Haarblätter bis 30 cm lang, meist länger als die Stengelinternodien, bis zum Grund 2–3teilig; Abschnitte noch mehrmals 3teilig oder gegabelt; Zipfel lang, schlaff, band- bis fadenförmig, 0,5–1,5 mm breit, im frischen Zustand fleischig, mehr oder weniger parallel; Blattstiel der unteren Blätter bis 22 cm lang, obere Blätter sitzend; flächige Blätter selten vorhanden, sehr vielgestaltig, im Umriß breit oval, am Grunde nierenförmig, Spreite bis 3 cm im Durchmesser, meist bis über die Hälfte 3teilig eingeschnitten; Abschnitte grob gezähnt oder bis zur Hälfte eingeschnitten; Blattzähne meist breiter als lang; Blattstiel bis 12 cm lang; intermediäre Blätter bei hetero-

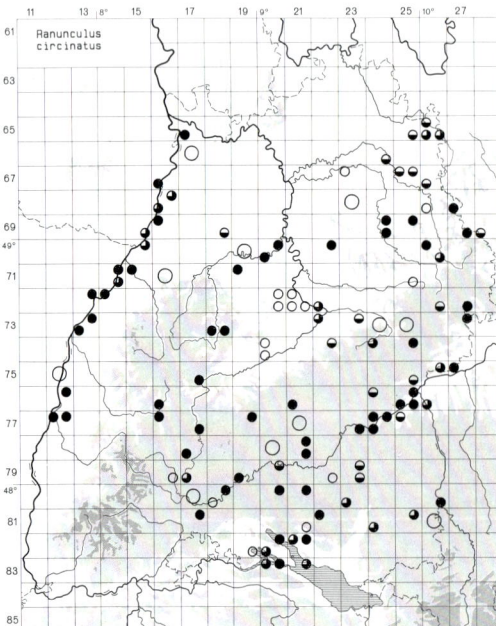

Flutender Wasserhahnenfuß *(Ranunculus fluitans)*
Beuron, 1989

phyllen Formen häufig, alle Übergänge von Haarblättern mit leicht verbreiterten Segmentenden über stark verbreitere Segmente mit haarförmigen Zipfeln bis hin zu typischen, an *R. peltatus* erinnernde, echte Schwimmblätter vorhanden. Blütenstiel bis 11 cm lang; Blüten bis 3,4 cm im Durchmesser; Kelchblätter 4–6 mm lang; Kronblätter 5–10, 6–16 mm lang, meist fast so breit wie lang; Nektarien verlängert eiförmig bis birnförmig. Staubblätter 20–35, kaum länger als die Fruchtknoten. Blütenboden kugelig bis eiförmig, schwach behaart. Früchtchen oval, 1,4–2,2 mm lang und 1,3–1,8 mm breit, bei Reife meist kahl, mit 8–10 Querrippen.

Nach COOK (1966, 1972) fehlen bei Ranunculus fluitans die Schwimmblätter. MONSCHAU-DUDENHAUSEN (1982) bildet in ihrer Arbeit Formen mit Schwimmblättern aus der Alb bei Karlsruhe ab, die von COOK nach Herbarmaterial als *R. fluitans* bestimmt wurden. Solche heterophyllen Pflanzen, die nach der Form der Blüten und Haarblätter eindeutig zum Flutenden Hahnenfuß gehören, sind inzwischen aus einer Reihe weiterer Schwarzwaldflüsse, aus dem Alpenvorland und dem Neckar bekannt. Bei den immer gut entwickelten und kräftigen Individuen, die in der Regel auch fruchten, scheint es sich nicht um eine eigenständige Sippe zu handeln, vielmehr hat *R. fluitans* offenbar unter optimalen Bedingungen (weiches, nicht zu nährstoffreiches Wasser) die Fähigkeit, Schwimmblätter auszubilden.

Vor allem in den Flüssen der Schwäbischen Alb, aber auch in Kocher und Jagst (hier fast immer ohne Blüten) sowie in einigen Fließgewässern des Alpenvorlandes findet man Formen von *R. fluitans* mit Haarblättern, die deutlich kürzer als die Internodien und dabei auch stärker gespreizt sind als die der typischen Sippe. Der Blütenboden dieser Pflanzen ist dichter behaart und die Staubblätter überragen die Fruchtknoten. Sehr wahrscheinlich handelt es sich hierbei um den Bastard *R. fluitans × trichophyllus*, der von VOLLRATH und KOHLER (1972) aus Bayern angegeben wird. Nicht selten treten solche Formen zusammen mit *R. trichophyllus* auf oder ersetzen diese Art im Mittel- und Unterlauf. Selten (z. B. in der Zwiefalter Ach) wurde bisher ein gemeinsames Auftreten mit der typischen Sippe beobachtet.

Biologie: Blüte von Mitte Mai bis Ende August. Die Art fruchtet nur in kalkarmem Wasser häufiger.

Ökologie: In größeren Bächen und Flüssen. In ruhig strömenden bis schnell fließendem, kalkarmen bis kalkreichen, meso- bis eutrophem, kühlem, sauerstoffreichem Wasser bis 3 m Tiefe, über sandigem bis schlammigem Grund. Ranunculion fluitantis-Verbandscharakterart. Schwerpunkt im Ranunculetum fluitantis, hier oft reine Bestände bildend. Typische Begleiter sind *Potamogeton pectinatus, Myriophyllum spicatum, Ranunculus trichophyllus, Groenlandia densa, Potamogeton crispus*. Vegetationskundliche Aufnahmen bei LANG (1973) und MONSCHAU-DUDENHAUSEN (1982).

Allgemeine Verbreitung: West- und zentraleuropäische Pflanze. Nordwärts bis Irland, Nordengland, Südschweden; südwärts bis Südfrankreich, Norditalien; ostwärts bis in die Tschechoslowakei.

Verbreitung in Baden-Württemberg: Der Flutende Wasserhahnenfuß tritt im Gebiet zerstreut in den größeren Flüssen und deren Zuflüssen auf. Verbreitungsschwerpunkte sind das Oberrheingebiet, die Donau mit ihren Nebenflüssen, der obere Neckar (mit der Eschach), Nagold und Enz sowie die Radolfzeller Aach. In aufgestauten und kanalisierten Abschnitten (Rhein, mit Ausnahme des Hoch-

rheins, mittlerer Neckar, hier seit der Aufstauung nachweislich verschwunden) fehlt die Art. Entlang der Iller ist die Pflanze nur aus den Zuflüssen bekannt, in der Iller selbst kann sie sowohl von Natur aus wegen der zu starken Strömung als auch infolge der Kanalisierung fehlen. In den übrigen Gebieten (Kocher, Jagst, Lein) ist der Hahnenfuß selten. Im Hochrhein und seinen Zuflüssen sowie im südlichen Oberrheingebiet ist die Verbreitung nur unzureichend bekannt. Gesicherte Angaben fehlen hier weitgehend. Da Verwechslungen mit anderen Wasserhahnenfußarten recht häufig sind, wurden Meldungen ohne Beleg und Literaturangaben nur übernommen, wenn aus dem Gewässer Herbarbelege oder eigene Beobachtungen vorlagen. So handelte es sich bei allen Angaben aus den Neckarzuflüssen der Schwäbischen Alb (soweit sie sich überprüfen ließen) um *R. trichophyllus*. Im mittleren und südlichen Oberrheingebiet sowie in den Zuflüssen des Hochrheins kann der flutende Hahnenfuß mit dem Schildhahnenfuß verwechselt werden. Bisher lagen kaum Angaben zu *R. peltatus* aus diesen Gebieten vor, da die Pflanze hier aber nicht selten ist, beziehen sich wohl eine ganze Reihe von *R. fluitans*-Meldungen auf diese Art.

Die Vorkommen reichen von 96 m im Rußenheimer Altrhein (6716/3) bis 800 m in der Breg in Vöhrenbach (7915/4), höchstes Vorkommen der Form ohne Schwimmblätter; Formen mit Schwimmblättern erreichen in der Schollach oberhalb des Zähringerhofes (8015/1) 920 m.

Die Art ist im Gebiet urwüchsig. Literarischer Erstnachweis: LEOPOLD (1728: 142): In der Donau und Blau bei Ulm.

Formen mit Schwimmblättern sind bisher aus folgenden Gebieten bekannt:

Oberrheingebiet: Alb bei Karlsruhe, MONSCHAU-DUDENHAUSEN (1982); 7812/4: Nimburg, Dreisambrücke, 1985, NEBEL (STU-K).

Schwarzwald: 8015/1: Schollach, von oberhalb des Zähringerhofes bei zur Mündung des Eisenbaches, 1985, NEBEL (STU).

Neckar: 7420/3: Tübingen, träges Gewässer, vor 1900, F. HEGELMAIER (STU).

Obere Wutach: 8117/3: Achdorf, 1987, NEBEL (STU).

Westallgäuer Hügelland: 8125/2: Rot bei Rimmeldingen, 1987, NEBEL (STU).

Bestand und Bedrohung: Bei den Vorkommen des Flutenden Hahnenfußes handelt es sich meist um große Bestände. Die Art toleriert Eutrophierungen bis zu einem gewissen Grad, zu starke Verschmutzungen, vor allem wenn sie mit Wassertrübungen einhergehen, führen allerdings zum Rückgang (z. B. Kocher). Auch ein intensiver Gewässerausbau, der zu großen Wassertiefen oder durch Aufstau zum

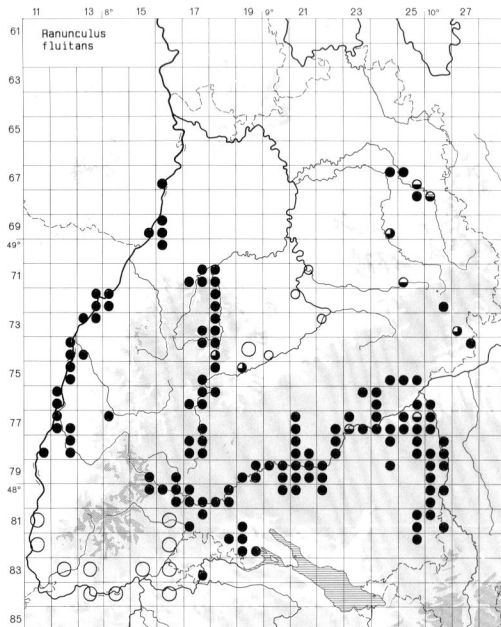

Verschwinden der Fließstrecken führt, hat, wie am Neckar zu beobachten, das Aussterben der Pflanze zur Folge. Wie sich das regelmäßige Mähen der Wasserpflanzenbestände, das in neuerer Zeit zugenommen hat, und die immer dichtere, oft nahezu lückenlose Bepflanzung der Ufer auf die Vegetation der Fließgewässer auswirken, muß noch vergleichend untersucht werden. Sehr wahrscheinlich aber sind sie mit weitgehenden Veränderungen, die oft deutliche Rückgänge einzelner Arten bedeuten, verbunden. Der Flutende Wasserhahnenfuß ist in Baden-Württemberg nicht gefährdet.

Literatur: MONSCHAU-DUDENHAUSEN, K. (1982); MÜLLER. TH. (1962).

15. **Ceratocephala** Pers. 1805
Hornköpfchen

Die Gattung steht *Ranunculus* sehr nahe und wird von manchen Autoren auch mit dieser vereinigt. Sie unterscheidet sich durch folgende Merkmale: Pflanze mit unterirdischem Stengelstück, das einem Wurzelstock gleicht; Fruchtblatt einsamig, mit zwei hohlen Höckern (aus 2 leeren Zellen bestehend) auf jeder Seite; Früchtchen mit aus breitem Grund lang zugespitztem, flachem Schnabel, bei der Reife am Fruchtknoten bleibend, insgesamt als Klebfrucht verbreitet. Keimblätter linealisch. Basischromosomenzahl $n = 10$ (bei den übrigen Arten der Gattung *Ranunculus* $n = 8$, seltener $n = 7$).

Weltweit sind 2 Arten bekannt.

1 Fruchtschnabel gebogen, breit, flach. Hohle Höcker an der Frucht entfernt stehend   1. *C. falcata*
– Fruchtschnabel mehr oder weniger gerade, schmal, spitz. Hohle Höcker sich fast berührend . . . .
                                        [*C. testiculata*]

Ceratocephala testiculata (Crantz) Roth 1827
Ranunculus testiculatus Crantz 1763; *Ceratocephalus orthoceras* DC. 1817
Geradfrüchtiges Hornköpfchen

Die Art ist sehr nahe mit *C. falcata* verwandt. TAKHTAJAN (1854, Flora Arm. 1: 206) faßt beide zu einem Taxon zusammen.

Die Pflanze unterscheidet sich von *C. falcata* durch folgende Merkmale: Blüten kleiner, 5–10 mm im Durchmesser. Früchtchen 5–7 mm lang; Höcker stumpf, sich fast berührend, nur durch eine schmale Furche getrennt; Fruchtschnabel mehr oder weniger gerade, dünn.

Eurasiatische Pflanze. Südosteuropa und östliches Zentraleuropa, westwärts bis Niederösterreich; Zentral- und Südrußland; Kaukasus; NW-Iran, Afghanistan, Westpakistan, ostwärts bis zum Altai; im westlichen Nordamerika eingeschleppt.

Das Geradfrüchtige Hornköpfchen ist im Gebiet bisher nur an zwei Orten unbeständig beobachtet worden.

Oberrheingebiet: 6416/4: Mannheim, Hafen, 1894, 1899, 1901, 1903 und 1906, seltener erscheinend als *C. falcata*, ZIMMERMANN (1907: 84).

Mittlerer Neckar: Untertürkheim, Mönchberg und Rotenberg, in umgelegten Weinbergen, vielleicht mit Wollabfällen eingeschleppt, 1984 Massenvorkommen, 1985 einzelne Pflanzen, WEHRMAKER (auch STU).

1. **Ceratocephala falcata** (L.) Pers. 1805
Ranunculus falcatus L. 1753
Sichelfrüchtiges Hornköpfchen

Morphologie: Pflanze einjährig, 2–10 cm hoch, behaart, mit bis zu 7 Stengeln; Stengel unverzweigt, blattlos. Blätter aus langem stielförmigem Grund dreiteilig, mit linealem, 1–2mal gegabelten Zipfeln, abstehend wollig behaart. Kelchblätter grün, kürzer als die Kronblätter, behaart, Kronblätter schmal eiförmig, 5–8 mm lang, gelb; Nektarium lang (⅓ der Kronblattlänge erreichend). Früchtchen auf langem, walzlichem Fruchtboden, zahlreich, 7–10 mm lang, auf der Oberseite mit 2 spitzen, hohlen, dem einsamigen Fruchtblatt parallelen Höckern (aus je einer leeren Zelle bestehend) versehen, letztere durch eine breite Rinne voneinander getrennt. Fruchtschnabel aus breitem Grund lang zugespitzt, stark sichelförmig gekrümmt, flach. – Blütezeit: April bis Mai.

Ökologie: Auf sandigen und lehmigen Äckern, an Schutt- und Verladeplätzen sowie an Straßenrändern.

Allgemeine Verbreitung: Eurasiatische Pflanze. Südliches und zentrales Europa, Süd- und Zentralrußland; Südwestasien; Zypern; Nordwestafrika.

Verbreitung in Baden-Württemberg: Die Art war bis in die Mitte des vorigen Jahrhunderts in der Gegend von Ulm auf sandigen Äckern eingebürgert.

1728 von LEOPOLD angegeben
1834 noch häufig auf den zwischen Donau und Iller liegenden sandigen Äckern (SCHÜBLER u. MARTENS)
1882 immer noch häufig, aber auf der württembergischen Seite nicht mehr vorkommend (MARTENS u. KEMMLER).
1898 selten, doch jedes Jahr auf Äckern beim Neu-Ulmer Friedhof (MAHLER)
1913 KIRCHNER und EICHLER lassen die Pflanze, die nunmehr verschwunden ist, weg
1942 alle Nachforschungen blieben ohne Erfolg (K. MÜLLER)

Daraus folgt, daß die Pflanze um die Jahrhundertwende im Ulmer Raum auch auf bayerischer Seite ausgestorben ist.

Bei den zahlreichen Aufsammlungen läßt sich oft nicht sicher sagen, ob sie auf württembergischer oder bayerischer Seite gemacht wurden. Einige Beispiele:

Sichelfrüchtiges Hornköpfchen *(Ceratocephala falcata)*

7625/2: Ulm, auf Feldern gegen Wiblingen, 1820, 1821, MARTENS (STU); Äcker zwischen Ulm und Wiblingen, 1853, W. STEUDEL (STU); Kornfelder zwischen Ulm und Wiblingen, 1859, LECHLER (STU); bei Ulm, um 1850, VALET (STU). Außerdem selten und unbeständig: Oberrheingebiet: 6416/4: Mannheim, Hafen, 1880–1906, fast jedes Jahr auftretend, ZIMMERMANN (1907: 83). Oberes Gäu: 7419/4: Breiter Berg zwischen Altingen und Reusten, 1961, DÜLL (STU-K).

Erstnachweis: LEOPOLD (1728: 145): „In den Äkkern hinder den Krautgärten vorm Frauen-Thor" bei Ulm; SCHINNERL (1912: 218), HAUG (1915: 59): Auch von HARDER 1576–94 vermutlich dort gesammelt.

Bestand und Bedrohung: Die ehemals eingebürgerte Pflanze kann heute, von einem unbeständigen Auftreten abgesehen, als ausgestorben gelten (in der Roten Liste Gefährdungsgrad 0).

16. **Myosurus** L. 1753
Mäuseschwänzchen

Die Gattung umfaßt weltweit etwa 20 Arten, die ihren Verbreitungsschwerpunkt in Europa, Sibirien und Nordamerika haben. Im Gebiet kommt nur die folgende Art vor.

1. **Myosurus minimus** L. 1753
Kleines Mäuseschwänzchen, Zwergmäuseschwanz

Morphologie: Pflanze einjährig, bis 17 cm hoch, aufrecht, kahl, mit kurzer Faserwurzel. Alle Blätter grundständig, grasartig, zahlreich, bis 6 cm lang und kaum über 1 mm breit, ganzrandig, stumpf. Stengel unverzweigt, meist zu mehreren, länger als die Blätter. Blüten radiär, einzeln, endständig. Perigonblätter 5, kronblattartig, hellgrün, oval, 3–4 mm lang, größte Breite über der Mitte, am Grunde mit etwa 2 mm langem, dem Blütenstiel anliegenden Sporn. Honigblätter 5, gelbgrün, etwa so lang wie die Perigonblätter, fadenförmig, an der Spitze zungenförmig verbreitert. Staubblätter 5–10, gelb. Fruchtknoten zahlreich (über 50), schraubig angeordnet, 1samig. Blütenboden kahl, zylindrisch, nach der Blüte weiterwachsend, bis zu 5 cm lang.

Biologie: Blüte von April bis Mitte Mai. Die Staubblätter reifen meist vor den Narben. Nektarsuchende Insekten (meist Fliegen) werden auf der Bauchseite mit Pollen eingepudert und sorgen bei älteren Blüten für Fremdbestäubung. Die Narben am Grunde werden meist durch Selbstbestäubung befruchtet, da die Antheren der Blütenachse angedrückt sind. Durch die nachträgliche Streckung des

Blütenbodens werden viele Narben an den Antheren vorbeigeschoben. Im oberen Teil der Blütenachse findet dagegen regelmäßig Fremdbestäubung statt. Die sehr kleinen Früchte werden durch den Wind verbreitet.

Ökologie: In offenen Pioniergesellschaften, in Akkerrinnen, an Ackerrändern, Wegen und Ufern. Auf feuchten (auch zeitweise überfluteten), nährstoff- und basenreichen, rohen, dichten Lehm- und Tonböden. Feuchte- und Nährstoffzeiger. Mit *Ranunculus sardous* Charakterart des Myosuro-Ranunculetum sardoi (Agropyro-Rumicion), auch im Nanocyperion und Aperion. Vegetationsaufnahmen bei PHILIPPI (1983).

Allgemeine Verbreitung: Eurasiatisch-nordamerikanische Pflanze. Süd- und Mitteleuropa, nordwärts bis England, Nordskandinavien, Südfinnland, Mittelrußland; Nordafrika; Vorderasien; atlantisches Nordamerika, Kalifornien (in Australien eingeschleppt).

Verbreitung in Baden-Württemberg: Das Mäuseschwänzchen ist im Gebiet selten, tritt jedoch in manchen Landschaften etwas häufiger auf.

Die Vorkommen reichen von 100 m in der Oberrheinebene bei Friedrichsfeld (6517/3) bis 680 m bei Hüfingen (8016/4).

Kleines Mäuseschwänzchen *(Myosurus minimus)* Oberrimsingen, 1984

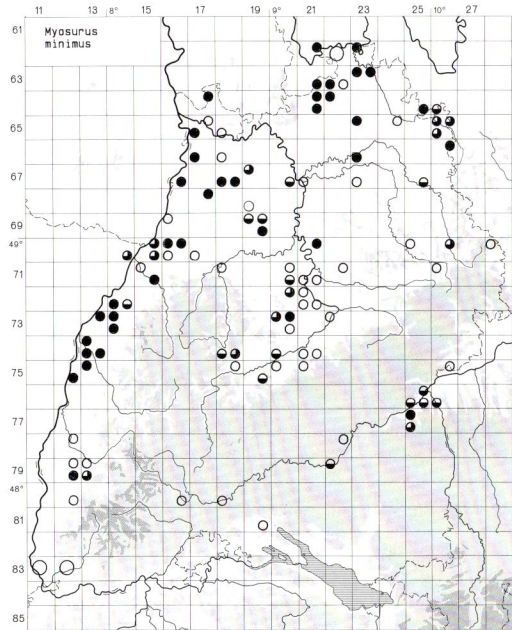

Die Art ist wohl an offenen Stellen im Überschwemmungsbereich der größeren Flüsse ursprünglich aufgetreten. Erstnachweis: GATTENHOF (1782: 225): „In hortis locisque stercoratis" bei Heidelberg.

Oberrheingebiet: Zerstreut, mit einer Häufung der Funde zwischen Karlsruhe und Offenburg.
Main-Taubergebiet und Bauland: Zerstreut.
Neckarland: Hohenlohe: 6623/3: S Halsberg, 1975, H. DIETERICH (STU-K); 6626/2: S Spielbach, 1983, SEYBOLD (STU-K); 6723/3: Öhringen, BAUER (1815–35); 6725/4: Kirchberg; Weckelweiler, beide um 1920, HANEMANN (STU-K). Kraichgau: 6718/3: W Östringen, 1978, PHILIPPI (KR-K); 6718/4: Waldangelloch, 1975, PHILIPPI (KR–K); 6719/1: Sinsheim, 1961, G. KNAUSS (STU); 6720/4: Bonfeld, nach 1900, SCHLENKER (STU-K); 6819/3: Eppingen, vor 1900 (KR); 7017/3: Langensteinbach, DÖLL (1862); 7118/1: Pforzheim, DÖLL (1862). Im mittleren Neckarland zwischen Marbach und Horb zerstreut. In diesem Raum besonders stark zurückgegangen. Im Nordteil nur 6721/3: Friedrichshall, MARTENS u. KEMMLER (1882). Stromberg: 6919/1: Ochsenburg; Leonbronn; Sternenfels, alle nach 1900, SCHLENKER (STU-K); 6919/2: Zaberfeld, nach 1900, SCHLENKER (STU-K); 6919/4: Ochsenbach, Eichwald, 1970, H. GLOCKER (STU-K). Ellwanger Berge und Vorland der Ostalb: 7025/1: Trögelsberg, 1859, KEERL (STU); 7026/2: Ellwangen, 1956, SCHULTHEISS (1976); 7028/1: Tannhausen, FRICKHINGER (1911); 7126/1: Abtsgmünd, SCHÜBLER u. MARTENS (1834).
Donautal: 7526/2: Langenau, SCHÜBLER u. MARTENS (1834); 7625/2: Wiblingen, 1934, K. MÜLLER (STU); 7625/3: Dellmensingen, vor 1945, K. MÜLLER (STU-K); 7625/4: Unterweiler, vor 1945, K. MÜLLER (STU-K); 7626/3: Unterkirchberg, 1935, K. MÜLLER (STU); 7725/

1: W Stetten, 1983, BANZHAF (STU-K); 7725/3: Baustetten, vor 1970, RAUNEKER (1984); 7822/2: Riedlingen, SCHÜBLER u. MARTENS (1834); 7922/1: Mengen, 1905, K. BERTSCH (STU); 8016/4: Hüfingen, ZAHN (1889); 8018/3: Immendingen, ZAHN (1889).
Hegau: 8119/4: Zwischen Stockach und Wahlwies, JACK (1900).

Bestand und Bedrohung: Das Mäuseschwänzchen kommt oft nur in kleinen Populationen hauptsächlich in Äckern vor. Hier ist die sehr früh blühende und fruchtende Art besonders stark von den hauptsächlich im Frühjahr stattfindenden Unkrautbekämpfungsmaßnahmen betroffen. Die konkurrenzschwache, niederwüchsige, lichtliebende Pflanze leidet auch unter dem immer dichter werdenden Stand des Getreides. In vielen Gebieten (besonders auffällig im Neckarraum) ist die Art schon seit längerer Zeit stark zurückgegangen. Das kleine Mäuseschwänzchen ist in Baden-Württemberg gefährdet, mit Ausnahme der mittleren Oberrheinebene, des Main-Taubergebiets und des Baulands sogar stark gefährdet. In der Roten Liste wird es bei Gefährdungsgrad 3 geführt, sollte jedoch eher bei Gefährdungsgrad 2 eingestuft werden.

17. **Aquilegia** L. 1753
Akelei

Ausdauernde Kräuter mit kräftigem, meist mehrköpfigem Wurzelstock. Stengel aufrecht, reich verzweigt, 30–80 cm hoch, wie die Blütenstiele mit Drüsenhaaren. Grundständige Blätter lang gestielt, doppelt dreizählig; Blättchen gestielt, breiter als lang, bis zu ⅔ dreiteilig eingeschnitten, Lappen stumpf gekerbt; Stengelblätter ähnlich den Grundblättern, nach oben kürzer gestielt und einfacher werdend, Blättchen hier oft ganzrandig. Blüten bis zu 12, zwitterig, radiär, nickend, 3–5 cm im Durchmesser; Perigonblätter 5, kronblattartig, spitz, 1,5–2,5 cm lang und 1–1,5 cm breit. Nektarblätter 5, kronblattartig, mit den Perigonblättern abwechselnd, glockig zusammenneigend, gespornt, am Grunde mit Nektardrüsen; Sporn 1–1,5 cm lang, an der Spitze hackig gekrümmt. Innerste Staubblätter steril. Fruchtknoten zu mehreren (in der Regel 5), mehrsamig. Früchtchen aufrecht, 2–3 cm lang, meist drüsig behaart. Samen schwarz, glatt, glänzend.

In den Blüten reifen die Staubblätter zuerst. Nektarsuchende Bienen und langrüsslige Hummeln (*Bombus*-Arten) hängen sich an die Blüten, halten sich mit den Vorderbeinen am Öffnungsrand des Spornes fest und dringen mit dem Kopf ein, um am Grunde den Nektar zu erreichen. Bei jungen Blüten berühren sie dabei die Staubbeutel und pudern sich mit Pollen ein. In älteren Blüten ragen die Stempel aus den verwelkten Staubblättern heraus, die an den nach außen gebogenen Enden sitzenden Narben können so den Pollen vom Hinterleib der Insekten aufnehmen. Bienenarten mit kurzem Rüssel sind als Nektardiebe beim Anbeißen des Sporns beobachtet worden.

Viele Akeleiarten und deren Bastarde werden als dankbare Zierpflanzen kultiviert. Sie wachsen an sonnigen bis halbschattigen Standorten in jedem normalen Gartenboden.

Die Gattung umfaßt weltweit 67 Arten, die in den gemäßigten Zonen der Nordhemisphäre verbreitet sind. Im Gebiet kommt nur die folgende Art in 2 Unterarten vor.

1. **Aquilegia vulgaris** L. 1753
Gewöhnliche Akelei

1   Blüten blauviolett, selten rosa oder weiß; Staubblätter zur Zeit des Aufspringens kaum aus der Blüte ragend . . . . a) subsp. *vulgaris*
–   Blüten braunviolett, sehr selten weiß; Staubblätter zur Zeit des Aufspringens weit (1–2 cm) aus der Blüte ragend . . . . b) subsp. *atrata*

Die beiden Taxa werden hier, obwohl sie in den meisten Floren als Arten behandelt werden, als Unterarten geführt, da die Differentialmerkmale Staubblattlänge und Blütenfarbe recht variabel und Zwischenformen nicht selten zu beobachten sind.

a) subsp. **vulgaris**
Gewöhnliche Akelei, Wald-Akelei

Morphologie: Siehe Schlüssel. – Blütezeit: Mitte Mai bis Anfang Juli.
Ökologie: In krautreichen, meist lichten Eichen- und Buchen-Mischwäldern, in Heckensäumen, Halbtrockenrasen, Wiesen und deren Säumen. Auf mäßig trockenen bis frischen, nährstoff- und basenreichen, meist kalkhaltigen, humosen, lockeren Lehmböden. Mullbodenzeiger, Licht- und Halbschattenpflanze. Vor allem in Fagetalia- oder Quercetalia pubescentis-Gesellschaften, deren Verlichtungen und Schlägen (Atropion), in Prunetalia-Gesellschaften und im Geranion sanguinei, seltener in Mesobromion- und Arrhenatheretalia-Gesellschaften. Typische Begleiter sind *Helleborus foetidus, Hepatica nobilis, Viola hirta* und *Anthericum ramosum*. Vegetationskundliche Aufnahmen bei KUHN (1937: 278), LANG (1973: 411), SEBALD (1974: Tab. 13b, 20; 1983: Tab. 2), PHILIPPI (1983: 76, 126), WITSCHEL (1980: 106).

Allgemeine Verbreitung: Eurasiatische Pflanze. Europa (bis 66° NB); Nordafrika; Asien (vom Himalaja bis 60° NB), ostwärts bis Japan. In vielen Gebieten synanthrop.

Verbreitung in Baden-Württemberg: Die genaue Feststellung der ursprünglichen Verbreitung ist durch zahlreiche Verschleppungen und Ansalbungen der ansehnlichen Pflanze sehr erschwert. Synanthrope Vorkommen sind, soweit der Status bekannt war, nicht aufgeführt.

Nach den bisher vorliegenden Beobachtungen ist die Gewöhnliche Akelei im Verbreitungsgebiet der Dunklen Akelei in der Regel recht selten oder fehlt stellenweise sogar ganz. Eine Reihe von Angaben zu *Aquilegia vulgaris* aus diesen Landesteilen dürfte sich deshalb vermutlich auf die Unterart *atrata* beziehen (die Sippen lassen sich außerhalb der Blütezeit nicht unterscheiden). Um die große Zahl der Meldungen aus den in Frage kommenden Gebieten nicht verwerfen zu müssen, wurde sie trotz einer gewissen Unsicherheit in die Karte übernommen.

In Kalkgebieten tritt die Gewöhnliche Akelei verbreitet aber nicht häufig, in den meisten übrigen Landschaften zerstreut auf. Selten ist die Pflanze in den westlichen Teilen des nördlichen und mittleren Schwarzwaldes und dem daran grenzenden Oberrheingebiet.

Die Vorkommen reichen von 100 m in der Oberrheinebene bei Reilingen (6717/1) bis etwa 1300 m am Feldberg (8113/2: Stübenwasen).

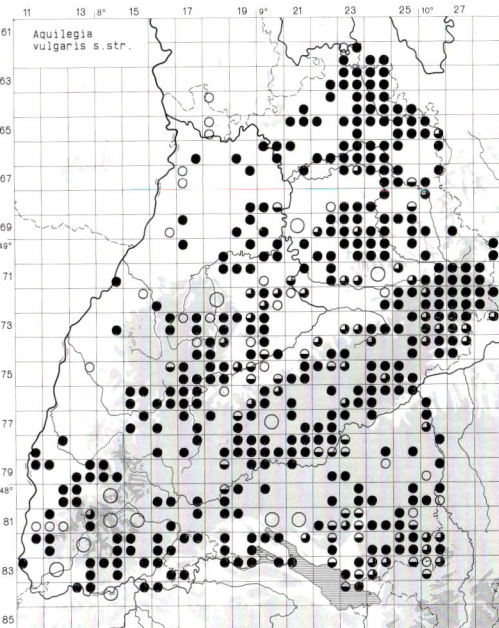

Gewöhnliche Akelei *(Aquilegia vulgaris* subsp. *vulgaris)* Kaiserstuhl

Die Art ist im Gebiet urwüchsig. Erstnachweis: DUVERNOY (1722: 22): Spitzberg bei Tübingen (7420).

Bestand und Bedrohung: In der Regel sind die Bestände der Wald-Akelei ausreichend groß. Ein Rückgang läßt sich nicht feststellen, in einigen Landschaften dürfte sich die Pflanze durch Verschleppung und Ansalbung in neuerer Zeit sogar ausgebreitet haben. Eine Gefahr geht in erster Linie von der Umwandlung lichter Laubholzbestände in Nadelholzreinkulturen sowie von Aufforstungen magerer, nach Süden ausgerichteter Wiesen und entlang der Waldränder und Hecken aus. Einen gewissen Ersatz für verlorengegangene Standorte stellen die Ränder neuangelegter Forstwege und vergleichbare Störstellen im Wald dar. Hier findet man die lichtliebende Wald-Akelei auffallend häufig.

Das Pflücken und Ausgraben der gesetzlich geschützten Pflanze dürfte, von einigen siedlungsnahen Vorkommen abgesehen, kaum zum Rückgang dieser Sippe beitragen. Die Gewöhnliche Akelei ist in Baden-Württemberg nicht gefährdet, ihre Bestände sollten jedoch geschont werden (in der Roten Liste Gefährdungsgrad 5). Die Pflanze verträgt

Dunkle Akelei *(Aquilegia vulgaris* subsp. *atrata)*
Fridingen/Donau, 1985

eine einmalige Mahd ab August, ist aber empfindlich gegen Beweidung. Wenig schadet ihr dagegen
das Flämmen.

b) subsp. **atrata** (Koch) Gaudin 1836
Aquilegia atrata Koch 1830
Dunkle Akelei, Schwarzviolette Akelei, Schwarze
Akelei

Morphologie: Blüten dunkel braunviolett, sehr selten weiß, meist kleiner als bei der typischen Unterart. Staubblätter zur Zeit des Aufspringens 1–2 cm
aus der Blüte ragend. – Blütezeit: Ende Mai bis
Ende Juli.
Ökologie: In Kiefern- und Fichten-Mischwäldern
des Gebirges, an Waldsäumen, im Gebüsch und in
Moorwiesen. Auf mäßig trockenen bzw. wechseltrockenen, nährstoffärmeren, kalkhaltigen, auch
anmoorigen Lehm- und Tonböden. Erico-Pinion-
Verbandscharakterart, auch in Molinion- und
Atropion-Gesellschaften. Typische Begleiter sind
*Calamagrostis varia, Melittis melissophyllum, La-
serpitium latifolium, Tofieldia calyculata.* Vegetationskundliche Aufnahmen bei KORNECK (1960),
LANG (1973), SEBALD (1983: Tab.24), WITSCHEL
(1986: 167).

Allgemeine Verbreitung: Europäische Pflanze (Verbreitung ungenügend bekannt). Alpen, Alpenvorland, Apennin, Jura.
Verbreitung in Baden-Württemberg: Die Dunkle
Akelei ist auf wenige Landschaften im Süden des
Gebietes beschränkt und tritt hier nur sehr zerstreut
auf.

Die Vorkommen reichen von 395 m im Wollmatinger Ried (8320/1) bis 890 m am Schafberg Nordhang (7719/3) bis circa 950 m in der Hochholzhalde
bei Deilingen (7818/2).

Die Pflanze ist im Gebiet urwüchsig. Erstnachweis: LECHLER (1847: 148) Wurmlingen bei Tuttlingen, VON STAPF.

Schwäbische Alb: Am Trauf der Südwestalb und im obe-
ren Donautal zerstreut; im Südteil der mittleren Alb sel-
ten: 7520/4: Filsenberg, A. MAYER (1904); Roßberg,
MARTENS u. KEMMLER (1882); 7521/3: Wanne bei Pfullin-
gen, A. MAYER (1904); 7522/1: Hochberg bei Urach,
KIRCHNER u. EICHLER (1913); 7619/4: Zellerhorn, A.
MAYER (1929); Mariazell, 1960, W. DITTRICH (STU-K);
7620/1: Farrenberg; 7620/2: Kirchkopf; 7620/3: Killertal,
A. MAYER (1929).
Wutachgebiet: Zerstreut.
Klettgau: 8315/4: o.O.; 8317/4: o.O..
Alpenvorland: Zerstreut.
Ein abweichender Fundort liegt auf 7418/1: Horn N
Nagold, letzte Beobachtung 1968, W. WREDE (STU-K).

Bestand und Bedrohung: Die Pflanze findet man in
der Regel nur in kleinen Populationen, oft sind es
nur wenige Pflanzen. Zur Zeit läßt sich ein auffälli-

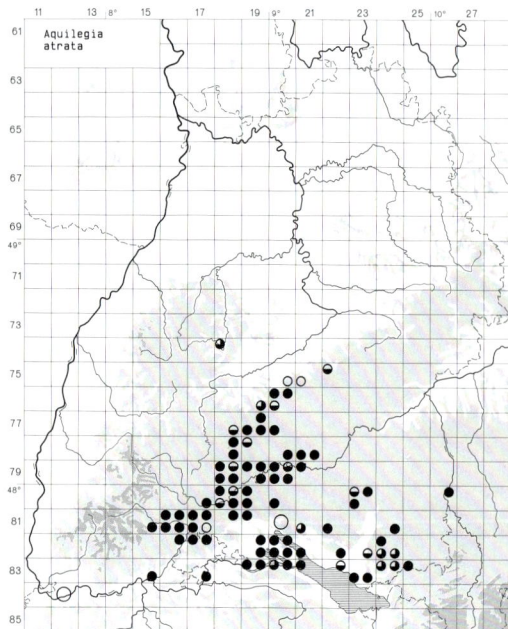

ger Rückgang nicht feststellen, lediglich auf der mittleren Alb sind die nordöstlichsten Vorkommen schon seit längerem nicht mehr beobachtet worden. Bei den Vorkommen in Wäldern und an Waldrändern besteht vor allem die Gefahr, daß die recht lichtliebende Pflanze durch eine dicht schließende Baumschicht „herausgedunkelt" wird. Dies ist der Fall, wenn die bestehende Mischwaldbestockung durch reine Fichtenkulturen ersetzt wird oder frühere Nieder- und Mittelwälder durch die geänderte Nutzung zu Hochwäldern werden. Auf Moorwiesen wird eine Gefährdung in erster Linie von einer Intensivierung der Nutzung und der damit verbundenen Düngung ausgehen. Die Dunkle Akelei ist im Gebiet deutlich seltener und auch eher gefährdet als die typische Unterart. Sie zählt zwar zum jetzigen Zeitpunkt noch nicht zu den gefährdeten Arten, bedarf aber der Schonung (in der Roten Liste Gefährdungsgrad 5). Die Pflanze ist gesetzlich geschützt. Die Dunkle Akelei verträgt eine einmalige Mahd ab August, ist aber empfindlich gegen Beweidung.

18. Thalictrum L. 1753
Wiesenraute

Stauden mit zahlreichen Faserwurzeln. Stengel meist aufrecht. Blätter gefiedert; Blattgrund scheidig erweitert. Blütenstand rispig oder traubig, meist

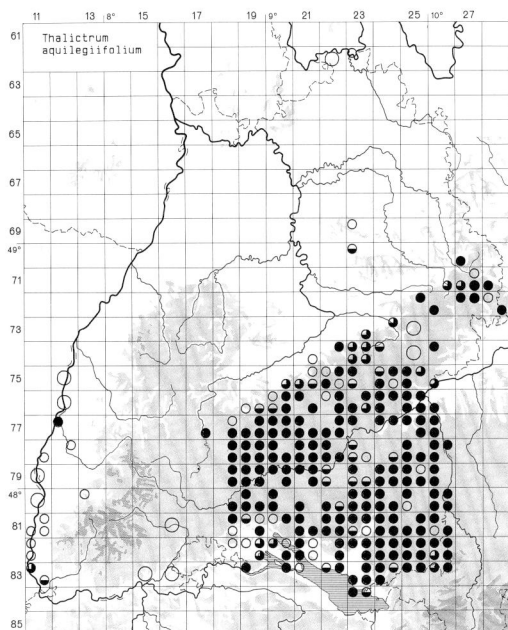

vielblütig. Blüten radiär, meist zwittrig, ohne Nektarblätter. Perigonblätter 4–5, unscheinbar, meist früh abfallend. Staubblätter länger als die Perigonblätter, oft lebhaft gefärbt. Fruchtblätter zu mehreren, die einsamigen Früchtchen sitzend oder kurz gestielt, spindelförmig, oft mit Längsrippen oder geflügelt.

Die Gattung umfaßt etwa 250 Arten, die vorwiegend in den extratropischen Gebieten Eurasiens verbreitet sind, davon kommen 4 Arten im Gebiet vor.

1 Staubfäden unterhalb der Staubblätter auffallend verdickt, lila, seltener weiß; Früchtchen auf langen Stielen . . . . 1. *Th. aquilegiifolium*
– Staubfäden kaum verdickt, gelblich oder grünlich; Früchtchen sitzend 2
2 Blüten an der Spitze der Ästchen dicht gedrängt, in kleinen Büscheln, wie die Staubblätter aufrecht . 4. *Th. flavum*
– Blüten entfernt stehend, in pyramiden- oder eiförmigen Rispen, wie die Staubblätter meist hängend 3
3 Fiederblättchen rundlich oder rundlich-keilig, etwa so lang wie breit; Blüten gelblich . . . . . . 2. *Th. minus*
– Fiederblättchen länglich bis fast linealisch, deutlich länger als breit; Blüten grünlich . . . . 3. *Th. simplex*

1. Thalictrum aquilegiifolium L. 1753
Akeleiblättrige Wiesenraute

Morphologie: Pflanze 40–130 cm hoch, mit kurzem Wurzelstock und büscheligen Wurzeln. Stengel aufrecht, verzweigt, auf der ganzen Länge beblättert. Blätter 2–3fach gefiedert, am Grunde und an den Abzweigungen mit kleinen Nebenblättchen; Fiederblättchen im Umriß rundlich bis oval, höchstens anderthalb mal so lang wie breit, grob und stumpf gezähnt oder wenig tief eingeschnitten, blaugrün bereift, kahl. Blütenstand rispig, reich verzweigt. Blüten aufrecht. Perigonblätter 4–6 mm lang, gelbgrün. Staubfäden viel länger als die Fruchtblätter, lila, seltener weiß, unterhalb der Staubbeutel auffallend verdickt. Fruchtblätter wenige, Früchtchen auf langen, dünnen Stielen (so lang oder länger als die Frucht) aufrecht oder hängend, 5–7 mm lang, mit 3 flügelartigen Kanten, allmählich in den Stiel verschmälert; Narbe hakig gebogen.
Biologie: Blüte von Anfang Mai bis Anfang Juli. Pollenblume, Bestäubung durch Bienen, Fliegen und Käfer. Die hakenförmige Narbe dient als Haftorgan zur Verbreitung durch vorbeistreifende Tiere.
Ökologie: In Auen- und Schluchtwäldern, auch an lichten Stellen in frischen Buchenwäldern, in Gebüschen und nassen Staudenwiesen. Auf sehr frischen bis wechselnassen (auch zeitweise überschwemm-

Akeleiblättrige Wiesenraute *(Thalictrum aquilegiifolium)*
Nusplingen, 1989

ten), nährstoffreichen, meist kalkhaltigen, mehr oder weniger humosen Ton- und Lehmböden. Nährstoff- und Feuchtigkeitszeiger. Charakterart des Alnetum incanae (Alno-Ulmion), auch im Tilio-Acerion und im Filipendulion. Typische Begleiter sind *Aconitum vulparia, Astrantia major, Knautia dipsacifolia, Alnus incana, Chaerophyllum hirsutum* und *Aconitum napellus*. Vegetationsaufnahmen bei LANG (1973), SEBALD (1983: Tab. 4).

Allgemeine Verbreitung: Europäisch-ostasiatische Pflanze. Nach Norden bis Norddeutschland, Baltikum, Nordrußland; westwärts bis Oberrheingebiet, französisches Zentralplateau und Pyrenäen; südwärts bis in die Gebirge des Balkans; östlich bis zur mittleren Wolga. Außerdem in einer manchmal als eigene Art abgetrennten Sippe im Altai und in Ost-

asien. Die Art erreicht im Gebiet die Westgrenze ihres Areals.

Verbreitung in Baden-Württemberg: Die Akeleiblättrige Wiesenraute tritt im Gebiet nur auf der Schwäbischen Alb und im Alpenvorland häufiger auf. Im mittleren und südlichen Oberrheingebiet findet man sie zerstreut. In den übrigen Landschaften ist die Pflanze sehr selten oder fehlt ganz. Vorkommen, die bekanntermaßen auf Ansalbungen oder Verwilderungen zurückgehen, sind nicht aufgenommen.

Die Wuchsorte reichen von 150 m bei Wertheim (6223/1) bis 960 m im Längenloch NW Böttingen (7818/4).

Die Art ist im Gebiet urwüchsig. Erstnachweis: THEODOR (1588: 146): „Schwartzwald".

Mittleres und südliches Oberrheingebiet: Zerstreut, genau lokalisierbare Angaben aus neuerer Zeit sind selten: 7712/1: Taubergießen, GÖRS u. MÜLLER (1974); 8311/1: Kleinkems, 1957, LITZELMANN (nach Photo) in SCHÄFER u. WITTMANN (1966: 242).
Wutach und Klettgau: Lokalisierbare Angaben fehlen.
Maingebiet: 6223/1: Wertheim, DÖLL (1862).
Neckarland: Schwäbisch-Fränkischer Wald (Status unsicher): 6923/1: Mainhardt, KIRCHNER u. EICHLER (1900); 7023/1: S Murrhardt, um 1920, HANEMANN (STU-K). Vorland der Ostalb: 7027/3: Dalkingen, KIRCHNER u. EICHLER (1900); NO Haisterhofen, nach 1970, (STU-K). Oberer Neckar: 7717/4: o.O., nach 1970, M. ADE.
Schwäbische Alb: Verbreitet, aber nicht häufig, in Nordost-Teil seltener.
Alpenvorland: Verbreitet, aber nicht häufig.

Bestand und Bedrohung: Die Art ist in Baden-Württemberg in ihren Hauptverbreitungsgebieten nicht gefährdet. In der Regel handelt es sich aber auch hier um recht kleine Bestände, oft sogar nur um wenige Pflanzen, die deshalb geschont werden sollten (in der Roten Liste Gefährdungsgrad 5). Der recht lichtliebenden Pflanze dürfte eine Umwandlung der Laubwälder in Nadelholzkulturen am ehesten schaden, da die überwiegende Zahl der Vorkommen in Wäldern liegt. In den Rheinauenwäldern war die Pflanze früher vielfach zu finden, mit der Austrocknung begann sie zurückzugehen. Heute ist die Akeleiblättrige Wiesenraute mit dem Ausbau des Rheins fast erloschen. Die im Oberrheingebiet vom Aussterben bedrohte Art erreicht hier die Westgrenze ihrer Verbreitung, da randliche oder abweichende Wuchsorte besonders erhaltenswert sind, sollte dies ein zusätzlicher Grund sein, die Vorkommen dieser Wiesenrautenart zu schützen. Die Pflanze verträgt eine einmalige Mahd ab August; sie ist empfindlich gegen Beweidung. Brennen schadet ihr weniger.

2. Thalictrum minus L. 1753

incl. *Thalictrum minus* L. subsp. *majus* (Crantz) Rouy & Fouc. 1893; *Thalictrum majus* Crantz 1762; *Thalictrum minus* L. subsp. *saxatile* (DC.) Gaudin; *Thalictrum saxatile* DC. 1805
Kleine Wiesenraute

Morphologie: Pflanze 20–150 cm hoch. Stengel aufrecht, verzweigt, gerillt bis gefurcht. Grundblätter 3–4fach dreiteilig gefiedert, meist ohne Nebenblättchen; Teilblättchen etwa so lang wie breit, rundlich oder am Grunde keilförmig verschmälert, mit wenigen, stumpfen Zähnen, oft tief eingeschnitten, blau- bis graugrün. Blütenstand rispig, reich verzweigt, mit langen Ästen. Blüten aufrecht oder nickend. Perigonblätter 4–5 mm lang. Staubfäden hängend, wie das Perigon gelblich. Reife Frücht-

chen sitzend, 3–5 mm lang, spindelförmig, mit mehreren Längsrippen; Schnabel der Narbe meist viel kürzer als das Früchtchen. Die Art ist äußerst variabel. Eine Unterscheidung von Unterarten ist zur Zeit nach dem vorliegenden Material nicht sinnvoll, da im Gebiet die einzelnen Sippen durch fließende Übergänge miteinander verbunden sind. In künftigen Bearbeitungen sollte vor allem untersucht werden, inwieweit die angegebenen Differentialmerkmale vom Standort beeinflußt werden.

Biologie: Blüte von Mitte Mai bis Ende Juli. Vor allem Windbestäubung, Insektenbesuche werden seltener beobachtet.

Ökologie: In trockenen Säumen, an Gebüschrändern, in Trockenrasen und an Felsen, entlang des Maines in trockenen Mähwiesen. Auf warmen, mäßig trockenen, meist kalkreichen, oft flachgründigen, lehmigen Steinböden sowie auf Löß und Kalksand. Geranion sanguinei-Verbandscharakterart, auch in Brometalia-Gesellschaften. Typische Begleiter sind *Bupleurum falcatum, Geranium sanguineum, Anthericum ramosum, Polygonatum odoratum, Fragaria viridis*. Vegetationskundliche Aufnahmen bei WITSCHEL (1980), FISCHER (1982: Tab. 3, 6, 7), SEBALD (1983: Tab. 9), PHILIPPI (1984: Tab. 3, 7).

Allgemeine Verbreitung: Eurasiatische Pflanze. Fast ganz Europa; Nord-, Zentral- und Ostasien; südwärts bis Nordwest-Afrika. In Südafrika eine etwas abweichende Sippe.

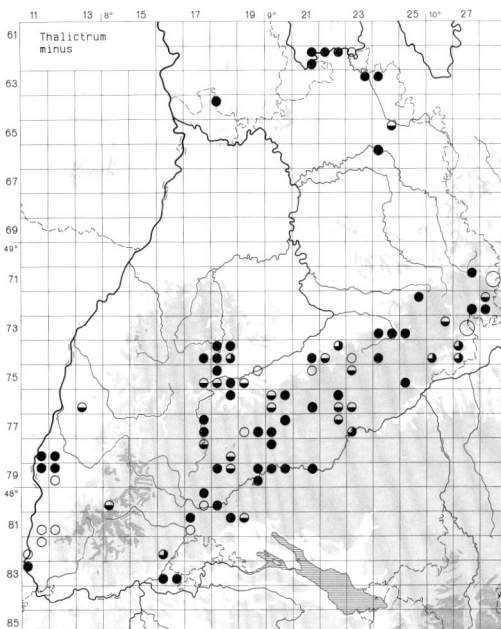

Kleine Wiesenraute *(Thalictrum minus)*
Beuron, 1986

Verbreitung in Baden-Württemberg: Die kleine Wiesenraute tritt nur in wenigen Landschaften und hier meist sehr zerstreut auf.

Die Vorkommen reichen von etwa 150 m bei Wertheim bis 850 m am Kornbühl (7620/2) und Dreifürstenstein (7620/1) auf der Schwäbischen Alb.

Die Art ist im Gebiet urwüchsig. Erstnachweis: GMELIN (1772: 166): „Thalictrum flavum L. in monte Balingensi Schalksberg" meint sicher *Thalictrum minus*; SCHORLER (1907: 82): Auch von HARDER 1574–76 belegt.

Oberrheingebiet: 6418/1: Nächstenbach, 1988, DEMUTH (STU-K). 7613/3: Sulz, NEUBERGER (1912), um 1935, HENN (STU-K); 7811/4: Limburg, NEUBERGER (1912); Sponeck, NEUBERGER (1912); Kiechlingsbergen, FISCHER (1982); 7812/3: Schelingen, NEUBERGER (1912); NSG Ohrberg, 1986, KÜBLER (KR-K); 7911/2: Oberbergen, FISCHER (1982); 7912/1: Badberg; 7912/3: Tuniberg, NEUBERGER (1912); 8111/4: Müllheim, DÖLL (1862); Buggingen, NEUBERGER (1912); 8112/2: Sulzburg, SEUBERT u. KLEIN (1905); 8211/2: Auggen, NEUBERGER (1912); 8211/3: Rheinweiler, SEUBERT u. KLEIN (1905); 8311/1: Huttingen, 1982, K.H. HARMS (STU-K); Istein, SEUBERT u. KLEIN (1905).

Untere Wutach und Klettgau: 8216/3: Obereggingen, im Heidelbach und Stöckle, 1967; 8316/3: Küssaburg, 1967; 8316/4: Grießen, Krätzler, 1950, alle THOMMA (1972).
Schwarzwald: 8014/3: Hirschsprung, K. MÜLLER (1948).
Main-Taubergebiet: 6221/2: o.O., nach 1970, PHILIPPI (KR-K); 6221/4: W Freudenberg, 1984, PHILIPPI (KR-K); 6222/1: N Boxtal, PHILIPPI (1984); 6222/2: Grünenwört, Mainwiesen, 1980, PHILIPPI (KR-K); 6223/1: Wertheim, SEUBERT & KLEIN (1905); 6323/2: O Werbach, 1987, PHILIPPI (KR-K); 6324/1: Werbach, Lindenberg, PHILIPPI (1984).
Hohenlohe: 6524/2: Mergentheim, BAUER (1815–35), K. SCHLENKER (1910); Igersheim, K. SCHLENKER (1910); 6624/1: Dörzbach, Rengerstal, um 1980, MATTERN (STU-K).
Obere Gäue und Schwäbische Alb: Zerstreut.

Bestand und Bedrohung: Die Kleine Wiesenraute findet man oft nur in kleinen Beständen. In den meisten Gebieten geht die Pflanze schon seit dem letzten Jahrhundert zurück. Ein wesentlicher Grund dürfte im Zuwachsen der Trockenrasen, im Vordringen des Waldes in Saum- und Mantelgesellschaften sowie in der Verdichtung ehemals lichter Gebüsche liegen. Die lichtliebende Art kann dann im stärker werdenden Schatten nicht mehr gedeihen. Ein Teil der Wuchsorte ist Flächenumlegungen (vor allem in Lößgebieten) zum Opfer gefallen. Eine weitere Ursache ist die allgemeine Eutrophierung infolge Luftverunreinigung und Düngung, die die Konkurrenzkraft der Mesophyten auf Magerstandorten fördert und so zur Verdrängung unserer Pflanze beträgt. Eine Reihe von Vorkommen an Felsen sind durch Tritt und die Anlage von Verkehrswegen (Höllental) geschädigt oder vernichtet. Die Kleine Wiesenraute ist in Baden-Württemberg gefährdet (in der Roten Liste Gefährdungsgrad 3). Die Pflanze reagiert empfindlich auf Mahd und Brennen.

3. Thalictrum simplex L. 1755
Einfache Wiesenraute, Schmalblättrige Wiesenraute

TUTIN (1964) faßt bei seiner Bearbeitung des *Thalictrum simplex*-Komplexes (Flora Europaea I) die einzelnen Sippen als Unterarten auf und muß dabei unter anderem *Th. bauhinii* einen neuen Status geben (vgl. auch TUTIN in HEYWOOD 1964: 55). Er erwähnt dabei *Th. simplex* L. 1767 (Mantissa) als Basionym. In diesem Fall hätte jedoch der Name *Th. bauhinii* Crantz 1763 Priorität. *Th. simplex* ist aber von LINNAEUS schon 1755 in der Flora Suecica beschrieben worden, so daß die Art weiterhin *Thalictrum simplex* L. 1755 heißen muß.

Morphologie: Pflanze 30–100 cm hoch, kahl, mit kriechender Grundachse. Stengel aufrecht, meist unverzweigt, gerillt, reich beblättert. Laubblätter sitzend, ohne Nebenblättchen, doppelt bis dreifach

318

gefiedert, mit keilig-lanzettlichen bis linealischen Blättchen, diese deutlich länger als breit, gelappt oder gezähnt bis ungeteilt. Blütenstand rispig, gewöhnlich zusammengezogen, mit kurzen Ästen. Blüten anfangs nickend, dann aufrecht; Perigonblätter um 3 mm lang, gelblich. Staubblätter überhängend, meist grünlich. Früchtchen eiförmig, kantig gerippt, 2 mm lang; Narbe pfeilförmig. – Blütezeit: Ende Juni bis Ende Juli.

Ökologie: In Moorwiesen und Kalkmagerrasen. Auf wechselfeuchten bis trockenen, basenreichen, humosen Ton-, Lehm- oder Torfböden, seltener stärker sandhaltigen Böden. Verbreitungsschwerpunkt im trockenen Molinion-Gesellschaften (Verbandscharakterart), auch im Mesobromion. Typische Begleiter sind *Galium boreale, Inula salicina, Polygala amarella, Scorzonera humilis*. Vegetationskundliche Aufnahmen bei LANG (1973: 352).

Allgemeine Verbreitung: Eurasiatische Pflanze. In den meisten Gebieten des kontinentalen Europa, im Westen seltener; Kaukasus, West- und Ostsibirien, Mongolei, China, Korea, Japan.

Im Gebiet lassen sich zwei Sippen unterscheiden.

1 Blättchen der obersten 4 Blätter (unterhalb des Blütenstandes) lanzettlich, 2,5–4 mm breit, wenigstens einige mit 2 oder 3 groben und stumpfen Zähnen oder ± tief 2- oder 3teilig . . . .
         a) subsp. *bauhinii*
– Blättchen der obersten 4 Blätter schmal lanzettlich bis fadenförmig, 0,5–1,5(–3) mm breit, meist ganzrandig (manchmal mit gezähnten Endfiedern), Rand stark umgerollt . . . .
         b) subsp. *galioides*

a) subsp. bauhinii (Crantz) Tutin 1964
Thalictrum bauhinii Crantz 1763
Bauhins Wiesenraute

Morphologie: Siehe Schlüssel. Außer den Endfiedern (die auch bei der Unterart *galioides* gelegentlich gezähnt sein können) sollten noch weitere Blättchen der obersten Blätter gelappt sein.

Im Gegensatz zur hier behandelten Sippe weist die eigentliche Unterart im oberen Stengelbereich noch breitere Blättchen und einen bis zur Spitze beblätterten Blütenstand auf.

Allgemeine Verbreitung: Wenig bekannt; bisher aus Mitteleuropa und Schweden angegeben.

Verbreitung in Baden-Württemberg: Bauhins Wiesenraute ist im Gebiet sehr selten und wurde sicher bisher nur auf der Ostalb nachgewiesen.

Schwäbische Alb: 7127/2: NO Aufhausen, 1989, NICKEL (STU-K); 7127/3: NSG Dellenhäule SO Waldhausen, 1987, L. KRIEGLSTEINER (STU); 7228/3: Neresheim, 1863 (STU); 7327/1: Giengener Tal, 1957, E. KOCH (STU), er-

loschen; 7525/3: Herrlingen, Kiesental, 1967, SEYBOLD (STU).

NEUBERGER (1912) gibt eine Pflanze mit breiteren Blättern als *Th. simplex* neben *Th. galioides* an, bei der es sich um Bauhins Wiesenraute handeln könnte. Von diesem Fund (Oberrheingebiet: 8111/4: Zwischen Müllheim und Buggingen) ist leider kein Beleg bekannt, eine Klärung der Zugehörigkeit daher auch nicht möglich.

b) subsp. galioides (Nestler) Borza 1947
Thalictrum galioides Nestler 1806
Labkraut-Wiesenraute

Morphologie: Siehe Schlüssel. Immer wieder findet man Pflanzen, die in ihren Merkmalen (Blättchen der oberen Blätter 1,5–2,5(–3) mm breit, Blattrand weniger stark umgerollt) zur Subspecies *bauhinii* überleiten.

Allgemeine Verbreitung: Wenig bekannt; Zentral- und Südosteuropa.

Verbreitung in Baden-Württemberg: Die Labkraut-Wiesenraute ist im Gebiet selten und tritt nur in wenigen Landschaften auf. Etwas häufiger findet man die Pflanze im Bereich der Donaualb, im Hegau und am westlichen Bodensee.

Labkraut-Wiesenraute (*Thalictrum simplex* subsp. *galioides*)
Bollingen bei Ulm, 1979

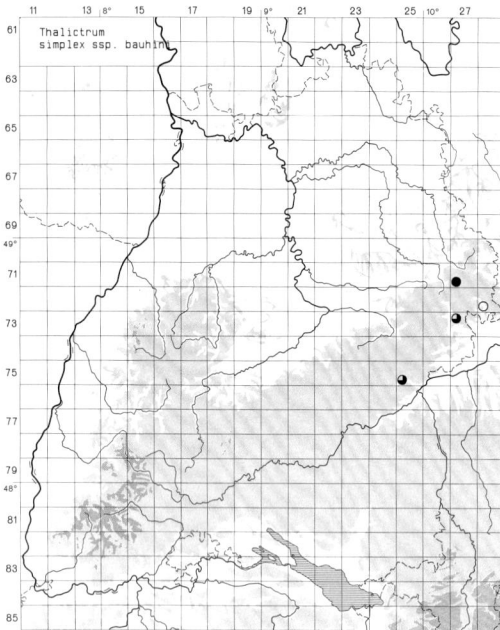

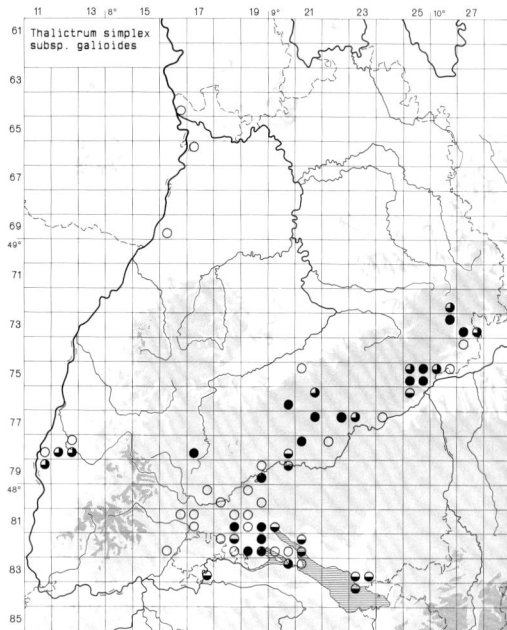

Die Vorkommen der Art *Th. simplex* reichen von 92 m auf der Friesenheimer Insel bei Mannheim (6416/4) bis 790 m am Linsenberg bei Harthausen (7721/2).

Die Art ist im Gebiet urwüchsig. Erstnachweis: SPENNER (1829: 996): „In pratis rhenanis p. Saspach c. Spiraea filipendula et Galio boreali frequens".

Oberrheingebiet: 6416/4: Friesenheimer Insel, 1888, FÖRSTER in LUTZ (1889: 118); 6617/1: Ketsch, SEUBERT u. PRANTL (1880); 6916/3: Knielingen, DÖLL (1862); 7811/4: Sasbach, Rheinwiesen, NEUBERGER (1912); 7812/2: Hecklingen, NEUBERGER (1912); 7812/3: Schelingen, 1959, KORNECK in PHILIPPI (1961); zwischen Oberbergen und Schelingen, Hessleterbuck, 1958, KORNECK in PHILIPPI (1961); 7812/4: Kondringen, 1958, HÜGIN in PHILIPPI (1961); 7911/2: S Oberbergen, um 1960, PHILIPPI (KR-K).
Wutach: 8116/2: Dögginger Wald, ZAHN (1889); 8117/3: Blumberg, ZAHN (1889); 8216/3: Stühlingen, DÖLL (1862).
Oberer Neckar: 7817/3: Hausen ob Rottweil, 1959 + 1963, G. KNAUSS (STU); Eschachtal hinter Rottweil, H. HERRMANN (STU), O Horgen, 1985, AIGELDINGER (STU-K).
Schwäbische Alb: 7226/4: Schnaitheim, 1959, E. KOCH, erloschen (STU-K); 7326/2: Heidenheim, 1959, E. KOCH, erloschen (STU-K); Schäfhalde W Heidenheim, um 1980, ALEKSEJEW (STU-K); 7327/3: Herbrechtingen, Wartberg, 1959, E. KOCH, 1987, NICKEL u. NEBEL (STU-K); 7324/4: Giengen, 1957, VON HEYDEBRAND (STU); 7427/1: Kaltenburg, E. LECHLER in MARTENS u. KEMMLER (1882); 7521/1: Achalm, KIRCHNER u. EICHLER (1900); 7525/1: Bollingen, Eichbühlberg, 1965, RAUNEKER (STU-K); 7525/2: Eiselau, 1981, RAUNEKER (1984); 7525/3: Herrlingen, 1955,

LEIDOLF (STU); Kiesental, nach 1975, RAUNEKER (1984); 7525/4: Mähringen, nach 1975, RAUNEKER (1984); 7526/1: Zwischen St. Moritz und Witthau, 1946, K. MÜLLER (STU); 7526/2: Langenauer Ried, VALET in MARTENS u. KEMMLER (1882); 7620/4: o.O., um 1978, HARMS (STU-K); 7621/2: NW Meidelstetten, 1952, K. MÜLLER (STU); 7625/1: Tosertal S Arnegg, 1942, K. MÜLLER (STU); 7721/2: Harthausen, Linsenberg, 1978, E. BECK (STU); 7722/2: Digelfeld W Hayingen, 1988, SCHILL u. SEBALD (STU-K); 7723/1: Erbstetten, 1959, O. STRACK (STU-K); 7723/1: Ehingen, KIRCHNER u. EICHLER (1900); 7820/4: Oberschmeien, WEIGER (1949); 7821/1: W Veringendorf, 1982, SEBALD (STU-K); 7822/1: Zwischen Dürrenwaldstetten und Friedingen, KIRCHNER u. EICHLER (1900); 7919/2: Beuron, um 1850, VALET in MARTENS u. KEMMLER (1882); 7919/4: NSG Stiegelesfelsen, 1981, SEYBOLD (STU-K); 7920/2: Unterschmeien, WEIGER (1949); 8017/2: Öfingen, ZAHN (1889); 8018/4: Zwischen Immendingen und Möhringen, ZAHN (1889); 8019/1: Ludwigstal, Leutenberg, RÖSLER in SCHÜBLER u. MARTENS (1834); 8117/1: Länge zwischen Hondingen und Fürstenberg, ZAHN (1889).
Hochrhein: 8317/4: Nack, Gießen gegenüber Ellikon, KUMMER (1934).
Hegau und westlicher Bodensee: Zerstreut.
Östlicher Bodensee: 8323/3: Oberdorf, Argenauen, 1921, K. BERTSCH (STU); 8323/4: Laimnau, 1915, K. BERTSCH (STU); 8423/1: Langenargen, Argenauen, um 1920, K. BERTSCH (STU).

Bestand und Bedrohung: Bei den Vorkommen der Einfachen Wiesenraute handelt es sich fast immer um kleine Bestände mit wenigen Pflanzen. Die Art ist in allen Landschaften stark zurückgegangen. Der Rückgang hat bereits im letzten Jahrhundert eingesetzt. Aber auch bei Angaben aus neuerer Zeit fehlt heute von vielen Wuchsorten die Bestätigung. Hauptgrund hierfür sind bei Magerrasen das Überwachsen der Flächen mit Gehölzen infolge aufgegebener Nutzung, die Aufforstung von Heiden und die Ausdehnung der Siedlungsgebiete. Bei Moorwiesen hat im wesentlichen die Trockenlegung und Düngung sowie die Umwandlung in Ackerland zum Verlust vieler Wuchsorte geführt. Daneben spielen sicher auch Nährstoffeinträge durch Niederschläge eine Rolle, weil sie zur Verschiebung der Konkurrenzverhältnisse führen (Aufkommen von Mesophyten, die die konkurrenzschwache Art verdrängen). Die Gefährdung der beiden im Gebiet auftretenden Unterarten ist unterschiedlich. Bei der Labkraut-Wiesenraute sind noch auf 15 (von ursprünglich 64) Rasterfeldern aktuelle Vorkommen bekannt. Diese Sippe ist in Baden-Württemberg stark gefährdet (Gefährdungsgrad 2). Bauhins Wiesenraute ist nur von 5 Wuchsorten sicher bekannt und wurde nur zweimal nach 1970 beobachtet. Die Pflanze ist vom Aussterben bedroht (Gefährdungsgrad 1). Von der Einfachen Wiesenraute war bisher im Gebiet nur eine Unterart bekannt. Die Art wird in der Roten Liste als stark gefährdet (Gefährdungsgrad 2) geführt. Sie ist gesetzlich geschützt.

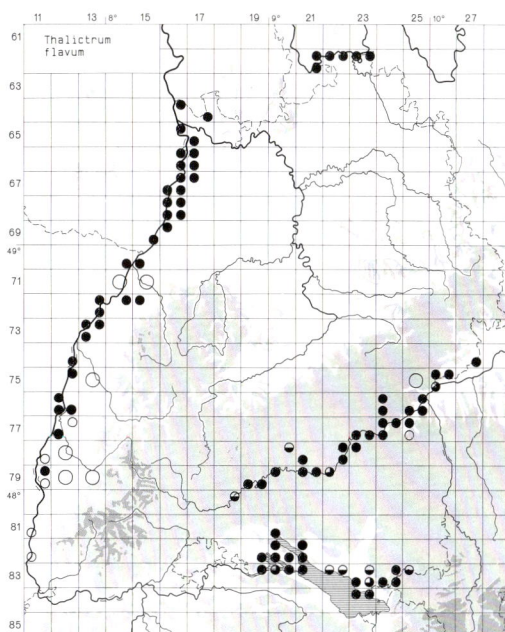

Gelbe Wiesenraute *(Thalictrum flavum)*
Schmiecher See, 1988

4. Thalictrum flavum L. 1753
Gelbe Wiesenraute

Morphologie: Pflanze 50–150 cm hoch, mit kriechender Grundachse, meist stielrunde Ausläufer treibend. Stengel aufrecht, kahl, gerillt, meist unverzweigt. Untere Laubblätter gestielt, obere sitzend, 2- bis 3fach fiederteilig, an den Verzweigungen mit schuppenförmigen Nebenblättchen. Teilblätter sitzend, verkehrt eiförmig, keilig, meist 2–4mal so lang wie breit, unregelmäßig grob gezähnt. Blütenstand rispig; Blüten aufrecht, gelb, duftend; Perigonblätter 2–4 mm lang, weißlich; Tragblätter meist wenigstens 1 mm lang; Staubbeutel meist 1,4–1,7 mm lang, gelb. Früchtchen ohne Schnabel 1,5–2 mm lang, Schnabel etwa ¼ so lang wie die Frucht, gerade. Im Main-, Oberrhein- und Bodenseegebiet wird neben *Th. flavum* noch *Thalictrum morisonii* C.C. Gmelin 1826 angegeben, die sich durch kräftigeren Wuchs, weit ausladenden Blütenstand und glänzenden Stengel sowie nach HESS et al. 1970 durch Tragblätter unter 1 mm und Staubbeutel unter 1,4 mm Länge unterscheiden soll. Nach dem vorliegenden Material und zahlreichen Beobachtungen am Wuchsort lassen sich die beiden Sippen im Gebiet vorläufig nicht trennen (vgl. auch PHILIPPI 1978).

Biologie: Blüte von Anfang Juni bis Mitte August. Wind- und Insekten-Bestäubung.

Ökologie: In Moorwiesen und Staudenfluren, an

Gräben, im Saum von Auengebüschen, vor allem um Altwässer. Auf wechselnassen, nährstoff- und basenreichen, humosen Lehm-, Ton- und Torfböden. Stromtalpflanze, Wurzel-Kriechpionier. Filipendulion-Verbandscharakterart auch im Molinion. Typische Begleiter sind *Filipendula ulmaria*, *Lythrum salicaria*, *Lysimachia vulgaris*. Vegetationskundliche Aufnahmen bei LANG (1973), GÖRS (1974: Tab. 7), PHILIPPI (1978: Tab. 42–44).

Allgemeine Verbreitung: Eurosibirische Pflanze. Fast ganz Europa mit Ausnahme des extremen Nordens; durch das südliche Sibirien bis ins Baikalsee-Gebiet.

Verbreitung in Baden-Württemberg: Die Gelbe Wiesenraute kommt als typische Stromtalpflanze nur entlang der größeren Flüsse und am Bodensee vor. Hier tritt sie verbreitet aber nicht häufig auf.

Die Vorkommen reichen von 95 m auf der Rheininsel bei Ketsch (6617/1) bis 640 m an der Donau bei Tuttlingen (8018/2) und Ludwigstal (7919/3).

Die Art ist im Gebiet urwüchsig. Archäologischer Erstnachweis: RÖSCH (1985): Spät-Atlantikum, Hornstaad. Literarischer Erstnachweis: ROTH VON SCHRECKENSTEIN (1799: 30): „Zwischen Imendingen und Möhringen" (8018).

Oberrheingebiet: Von Freiburg bis Mannheim verbreitet. Südlich von Freiburg nur 8111/3: Zienken, DÖLL (1862); Neuenburg, NEUBERGER (1912); 8211/3: Rheinweiler, NEUBERGER (1912).

Main: Verbreitet.

Donau: An den Altwassern von Tuttlingen bis zur Landesgrenze verbreitet. Etwas abweichender Wuchsort: 7820/2: Winterlingen, KIRCHNER u. EICHLER (1913), ob ursprünglich?

Bodensee: Im Westen und Osten häufiger, im Mittelabschnitt nur 8322/1: Immenstaad gegen Friedrichshafen, 1929, A. MAYER (STU); 8322/2: Friedrichshafen, 1919, K. BERTSCH (STU). Entlang der Argen bis 8325/1: Staudach aufsteigend.

Bestand und Bedrohung: Zur Zeit ist die Gelbe Wiesenraute in ihren Hauptverbreitungsgebieten noch kaum gefährdet. Die beobachteten Bestände an Altwassern der Donau (ähnliches gilt wohl auch für die übrigen Gebiete) sind jedoch oftmals recht klein und umfassen in einigen Fällen nur wenige Pflanzen. Eine Gefahr geht in erster Linie vom allgemeinen Rückgang ihrer Lebensräume durch Gewässerausbau und Auffüllungen aus. Daneben leidet die recht lichtliebende Art auch unter Gehölzanpflanzungen (besonders Pappeln und Erlen). Bei Anhalten dieser Entwicklung könnte sich schon in wenigen Jahren eine stärkere Gefährdung ergeben. Deshalb sollten Wuchsorte dieser Pflanze geschont werden (in der Roten Liste Gefährdungsgrad 5). Die Ausbreitungsfähigkeit der Gelben Wiesenraute

ist nicht groß, nur selten findet man sie an sehr flachen Ufern von Kiesgruben, die mit Altwassern in Verbindung stehen, als Pionier. Gegen wiederholte zu frühe Magd scheint die Pflanze empfindlich zu sein, deshalb sollte frühestens ab September gemäht werden.

Papaveraceae
Mohngewächse
Bearbeiter: M. NEBEL

In einigen Floren werden die Fumariaceae als eigene Familie behandelt. Diese würde im Gebiet die Gattungen *Fumaria* und *Corydalis* umfassen und sich durch folgende Merkmale: kein Milchsaft, zygomorphe Blüten, Staubblätter 2 + 2, die 2 inneren nochmals geteilt, je zwei innere und ein äußeres miteinander bis unter die Anthere verwachsen, von den Papaveraceen im engeren Sinn unterscheiden. Da jedoch (nicht im Gebiet) Übergänge bestehen, seien die beiden Familien hier zusammengefaßt.

Krautige Pflanzen. Laubblätter wechselständig, ohne Nebenblätter. Blüten zwittrig, zweizählig; Kelchblätter zwei, hinfällig; Kronblätter 2 + 2. Staubblätter 2 + 2 oder ein vielfaches davon. Fruchtknoten oberständig, einfächerig. Samen mit ölhaltigem Nährgewebe, oft mit Anhängsel.

Die Familie umfaßt 43 Gattungen mit 800 Arten, davon sind 4 Gattungen im Gebiet ursprünglich oder eingebürgert.

1 Blüten radiär; Pflanze mit Milchsaft 2
– Blüten zygomorph; Milchsaft fehlt 3
2 Blüten rot, selten weiß; Narbe scheibenförmig, 4–18strahlig; Frucht eine vielsamige Kapsel . . .
      1. *Papaver*
– Blüten gelb; Narbe zweilappig; Frucht eine Schote
      2. *Chelidonium*
3 Blüten 5–8 mm lang; Frucht eine einsamige Nuß; Pflanze einjährig . . . . 4. *Fumaria*
– Blüten 1–3 cm lang; Frucht eine mehrsamige, scheidewandlose Schote; Pflanze ausdauernd
      3. *Corydalis*

1. Papaver L. 1753
Mohn

Im Gebiet nur einjährige, selten zweijährige, krautige Pflanzen, mit weißem oder selten gelbwerdendem Milchsaft, ein- oder mehrstengelig. Blüten einzeln, end- und achselständig, radiär, meist langgestielt, vor dem Aufblühen nickend. Kelchblätter 2, behaart, hinfällig. Kronblätter 4, hinfällig, lebhaft gefärbt, in der Knospe geknittert. Staubblätter zahlreich. Fruchtknoten aus 2–18 Fruchtblätter verwachsen, von den Fruchtblatträndern unvollständig gefächert. Narben soviele wie Karpelle, strahlenförmig auf der Oberseite des Fruchtknotens ohne Griffel sitzend. Frucht eine keulenförmige, eiförmige oder kugelige, unterhalb der Narben sich mit Löchern öffnende Kapsel. Samenanlagen zahlreich; Samen nierenförmig, mit netzgrubigen Strukturen. Nährgewebe ölhaltig.

Homogame Pollenblumen ohne Duft und Nektar. Insektenbestäubung (die Narbe dient als Anflugplatz). Aus der vom Wind hin und her bewegten Kapsel werden die Samen herausgeschleudert.

Die Gattung umfaßt etwa 100 Arten mit einer Hauptverbreitung im Mittelmeergebiet und in Zentralasien. Im Gebiet sind 4 Arten eingebürgert.

1 Blätter stengelumfassend, ungeteilt, blaugrün, kahl; Krone violett bis weiß . . *[P. somniferum]*
– Blätter nicht stengelumfassend, fiederteilig; Krone meist rot 2
2 Staubfäden zur Spitze hin keulig verbreitert; Kapsel borstig 3
– Staubfäden gleich dick; Kapsel kahl 4
3 Kapsel lang-keulenförmig, mehrmals länger als dick . . . . 4. *P. argemone*
– Kapsel kurz kreiselförmig, höchstens doppelt so lang wie dick . . . . *[P. hybridum]*
4 Kapsel dick eiförmig, am Grunde abgerundet; Narbenstrahlen 8–12; Blütenstiele meist mit abstehenden Haaren . . . . 1. *P. rhoeas*
– Kapsel keulenförmig, allmählich in den Stiel verschmälert; Narbenstrahlen 5–8; Blütenstiele stets anliegend behaart 5
5 Milchsaft an der Luft weißbleibend; Narbenstrahlen bis auf 0,5–0,3 mm an den Deckelrand der Kapsel heranreichend, Staubbeutel bläulich . . . . 2. *P. dubium*
– Milchsaft an der Luft sofort dunkelgelb werdend; Narbenstrahlen bis auf 0,3–0,1 mm an den Deckelrand der Kapsel heranreichend; Staubbeutel gelblichbraun . . . . 3. *P. lecoqii*

Papaver somniferum L. 1753
Schlaf-Mohn, Garten-Mohn

Ursprüngliche Vorkommen sind nicht bekannt. Die Pflanze wird heute nur noch in Gärten kultiviert. Früher wurde sie bei uns zur Öl- (Mohnöl aus Samen) und Samengewinnung angebaut. Der Milchsaft unreifer Kapseln enthält eine Reihe von Alkaloiden mit beruhigender und schmerzstillender Wirkung.

Die Art verwildert immer wieder einmal auf Schuttplätzen und an Straßenrändern.

Erstnachweis: RÖSCH (1985b): Spät-Atlantikum, Hornstaad.

Papaver hybridum L. 1753
Bastard-Mohn

Kelch dicht mit 2–3 mm langen Haaren besetzt. Staubfäden nach oben keulenförmig verdickt und unterhalb der

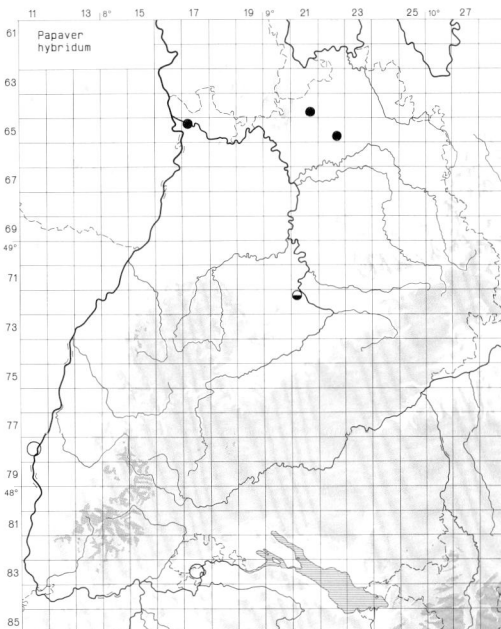

Staubbeutel plötzlich in einen kurzen Stiel verschmälert. Frucht eiförmig, 1–1,5 cm lang und 0,7–0,8 cm dick, mit zahlreichen 1,5–3 mm langen, am Grunde 0,3–0,4 mm dicken Haaren.

Mediterrane Pflanze, die bei uns nur sehr selten unbeständig an Ruderalstellen (besonders Bahnanlagen) auftritt.

Erstnachweis: BAUHIN et al. (1651: 3: 396): „Argemone capitula breviore hispido... Heidelbergae observavi".

1. Papaver rhoeas L. 1753
Klatschmohn, Klatschrose

Morphologie: Pflanze einjährig, 25–90 cm hoch. Stengel aufrecht oder aufsteigend, einfach oder verzweigt, abstehend steifhaarig, beblättert. Blätter 1–2fach fiederteilig, borstig behaart; Blattabschnitte, besonders die Endabschnitte, meist gezähnt, untere Blätter gestielt, mittlere und obere mit schmalem Grund sitzend. Blütenstiele meist abstehend behaart. Kronblätter 4 cm lang, rot, am Grunde meist mit schwarzem Fleck. Staubfäden fadenförmig, dunkelviolett, die Höhe der Narbenstrahlen oft nicht erreichend. Kapsel kahl, oft mit undeutlichen Längslinien, 10–22 mm lang, am Grunde abgerundet, 1–2mal so lang wie breit, mit 8–18 Narbenstrahlen, diese bis auf 0,4–1 mm an den Deckelrand der Kapsel reichend; Deckel der Frucht zur Reifezeit meist flach.
Biologie: Blüte von Mitte Mai bis Anfang Oktober. Selbststeril.

Klatschmohn *(Papaver rhoeas)*

Ökologie: In Getreidefeldern, seltener auf Schutt, an Wegrändern und Straßenböschungen. Auf trockenen bis mäßig frischen, nährstoff- und basenreichen (besonders kalkhaltigen), humosen Böden, Lehm und Kalk bevorzugend, bis 1 m tief wurzelnd, Kulturbegleiter. Schwerpunkt im Caucalidion, auch in anspruchsvollen Gesellschaften des Aperion. Typische Begleiter sind *Thlaspi arvense, Fumaria officinalis, Vicia angustifolia* und *Sinapis arvensis.* Vegetationsaufnahmen bei KUHN (1937: Tab. 7), TH. MÜLLER (1964), GÖRS (1966: Tab. 3), PHILIPPI (1983: Tab. 6).

Allgemeine Verbreitung: Eurasiatisch-mediterrane Pflanze. Vom Mittelmeergebiet ausgehend in ganz Eurasien, mit Ausnahme der Arktis, eingebürgert; in Nord- und Südamerika, Australien, und Neuseeland eingeschleppt.

Verbreitung in Baden-Württemberg: Der Klatschmohn ist im gesamten Gebiet mit Ausnahme des Schwarzwaldes (hier fehlt er den zentralen Teilen) verbreitet. Auch im Alpenvorland kommt die Pflanze seltener vor.

Die Vorkommen reichen von 100 m in der Oberrheinebene bei Mannheim bis 990 m auf der Schwäbischen Alb bei Gosheim (7818/4).

Die Art ist mit dem Getreideanbau in der jüngeren Steinzeit zu uns gelangt. Archäologischer Erstnachweis: KÜSTER (1985): Spät-Atlantikum, Hochdorf. Literarischer Erstnachweis: J. BAUHIN (1598: 204): Aichelberg (7323); SCHORLER (1907: 83): Auch von HARDER 1574–76 vermutlich im Gebiet gesammelt.

Bestand und Bedrohung: Trotz des Rückgangs in Getreideäckern durch verstärkte Unkrautbekämpfung ist die Art heute nicht gefährdet. Einen gewissen Ausgleich stellen Ruderalflächen (insbesondere Straßenböschungen, an denen der Mohn sogar zur Begrünung angesät wird) dar.

324

2. Papaver dubium L. 1753
Saatmohn, Zweifelhafter Mohn

Morphologie: Pflanze einjährig, 25–70 cm hoch. Stengel aufrecht, einfach oder verzweigt, beblättert. Blätter ein- bis zweifach fiederteilig, borstig behaart; Blattabschnitte ganzrandig oder mit schmalen Zähnen, die länger sind als die halbe Abschnittsbreite, Abschnitte zweiter Ordnung mindestens zweimal so lang wie die Breite der ungeteilten Abschnittsmitte, untere Stengelblätter gestielt, obere sitzend. Blütenstiele anliegend behaart. Kronblätter 1–3 cm lang, am Grunde zuweilen mit schwarzem Fleck. Staubfäden fadenförmig, dunkelviolett, die Höhe der Narbenstrahlen nicht erreichend. Kapsel kahl, 15–20 mm lang, keulenförmig bis walzlich, allmählich in den Stiel verschmälert, 2–4mal so lang wie dick, mit meist 6–9 Narbenstrahlen und deutlichen Längslinien, Narbenstrahlen bis auf 0,5–0,3 mm an den Deckelrand der Kapsel heranreichend, freie Lappen der Narbenscheibe berühren sich nicht; Deckel zur Fruchtzeit meist flach.

Biologie: Blüte von Ende Mai bis August. Selbstfertil.

Ökologie: In Getreidefeldern, an Wegen, Straßenböschungen, auf Schutt und in Steinbrüchen. Auf sommerwarmen, trockenen bis mäßig frischen, nährstoff- und basenreichen, vorzugsweise kalkarmen Böden. Schwache Charakterart des Papaveretum argemone, auch in anderen Aperion-Gesellschaften. Typische Begleiter sind *Arabidopsis thaliana*, *Erophila verna*, *Papaver argemone*, *Aphanes arvensis* und *Scleranthus annuus*. Vegetationskundliche Aufnahmen bei GÖRS (1966), SEBALD (1974: Tab. H, 1983: Tab. 16), LANG (1973).

Allgemeine Verbreitung: Mediterrane bis submediterrane Pflanze. Im gesamten Mittelmeergebiet und auf den Kanaren; im übrigen Europa eingebürgert.

Verbreitung in Baden-Württemberg: Der Saatmohn kommt im Gebiet zerstreut vor. In den meisten Landschaften ist er deutlich seltener als der Klatschmohn. Größere Verbreitungslücken existieren nicht. Selten ist die Art im zentralen Schwarzwald und im südlichen Alpenvorland. Besondere Fundhäufungen sind wohl mehr ein Ausdruck der Bearbeitungsintensität.

Die Vorkommen reichen von 100 m in der Oberrheinebene bei Mannheim bis 990 m auf der Schwäbischen Alb bei Gosheim (7818/4).

Die Art ist als Kulturbegleiter wohl während der jüngeren Steinzeit zu uns gelangt. Archäologischer Erstnachweis: RÖSCH (1985b): Spät-Atlantikum, Hornstaad. Literarischer Erstnachweis: GATTENHOF (1782: 159): Umgebung von Heidelberg; ROTH VON SCHRECKENSTEIN (1799: 29); WIBEL (1799: 260): Umgebung von Wertheim.

Bestand und Bedrohung: Der Saatmohn ist ähnlich wie *Papaver rhoeas* vor allem in Getreideäckern am Zurückgehen. Dennoch ist die Pflanze zur Zeit nicht gefährdet, da Ersatzflächen in Wegrändern,

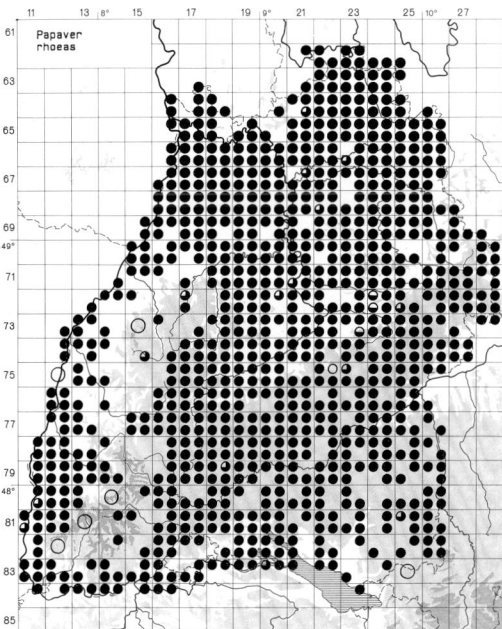

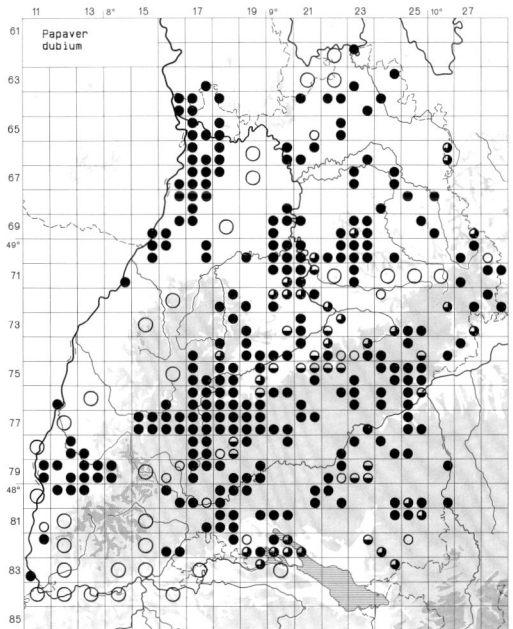

Saatmohn *(Papaver dubium)*
Bopfingen, Schloßberg, 1986

Böschungen und Ödflächen ausreichend zur Verfügung stehen.

3. Papaver lecoqii Lamotte 1851

P. dubium L. subsp. *lecoqii* (Lamotte) Fedde;
P. dubium L. var. *lecoqii* (Lamotte) Syme 1863.
Lecoqs-Mohn

Morphologie: Die Pflanze unterscheidet sich von *P.* durch folgende Merkmale: Milchsaft an der Luft sofort dunkelgelb werdend. Blattabschnitte 2. Ordnung höchstens zweimal so lang wie die Breite der ungeteilten Abschnittsmitte. Staubbeutel gelblich braun, meist bis auf die Höhe der Narbenstrahlen reichend. Narbenstrahlen bis auf 0,3–0,1 mm an den Deckelrand der Kapsel reichend; freie Lappen der Narbenscheibe berühren oder decken sich teilweise.
Biologie: Blüte von Ende Mai bis Mitte August. Selbstfertil.
Ökologie: Offene Stellen an Wegen, in Steinbrüchen, auf Schutt und in ruderal beeinflussten Trocken- und Halbtrockenrasen. Auf sommerwarmen, trockenen bis mäßig frischen, nährstoff- und basen-

reichen (meist kalkhaltigen) Rohböden. Stärker wärme- und kalkliebend als *Papaver dubium*. Vor allem im Sisymbrion. Vegetationskundliche Aufnahmen bei Th. MÜLLER (1966: 456, 1966: 19) GÖRS (1966: Tab. 15), PHILIPPI (1983: Tab. 6).
Allgemeine Verbreitung: Bisher unzureichend bekannt, vielleicht mitteleuropäische Pflanze.
Verbreitung in Baden-Württemberg: Der Mohn ist im Gebiet selten. Da er in den Landesfloren bis in neuere Zeit nicht vom Saatmohn unterschieden wurde, ist die Art sicher in einigen Fällen übersehen worden. Lecoqs-Mohn wird, auch wenn er stärkere Beachtung findet, deutlich seltener bleiben als *Papaver dubium*. Besonders in Kalkgebieten, so auf der Schwäbischen Alb, in Hohenlohe und im Taubergebiet ist auf die Art zu achten.

Die Vorkommen reichen von 150 m bei Wertheim (6223/1) bis 790 m bei Böttingen (7523/3) auf der Schwäbischen Alb.

Der Status der Art ist unbekannt. Literarischer Erstnachweis: SCHNEIDER (1880: 64): Hügelheim, Buggingen (8111), FREY.

Bisher gibt es Angaben aus folgenden Gebieten:
Südliches Oberrheingebiet: 8111/4: Hügelheim; Buggingen, beide Angaben FREY in SCHNEIDER (1880).
Schwarzwald: 7816/1: Ramstein, 1986, SEYBOLD (STU-K).
Main-Taubergebiet: 6223/1: W Lindelbach, 1981, PHILIPPI; 6323/2: O Eiersheim, 1987, PHILIPPI; 6323/3: Schweinberg, 1983, PHILIPPI; 6423/1: N Brehmen, 1980, PHILIPPI; 6423/2: Dittwar, Geisberg, 1987, PHILIPPI; zwi-

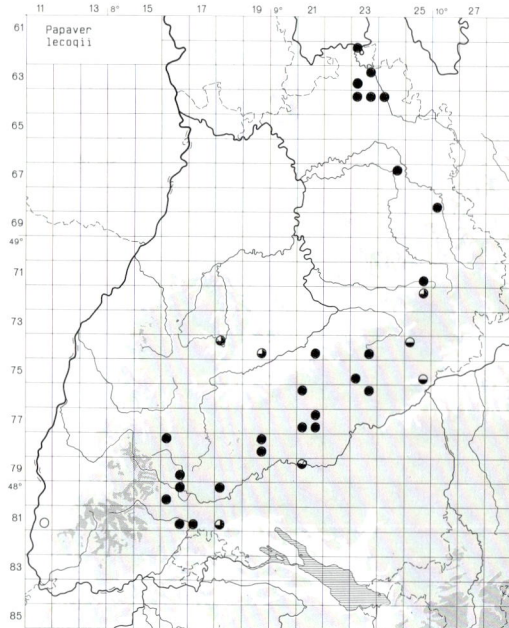

schen Heckfeld und Gissigheim, PHILIPPI (1983); 6424/1:
N Marbach, 1985, PHILIPPI, alle (KR-K).
Neckarland: Hohenlohe: 6724/2: Kocherstetten, 1977,
KÖHLER (STU-K); 6826/3: Altenmünster, 1985, NEBEL
(STU). Hecken- und Oberes Gäu: 7418/1: Mindersbach
bei Nagold, 1959, W. WREDE (STU); Schönbuch: 7419/4:
Wurmlinger Kapelle, TH. MÜLLER (1966); Wurmlingberg; Hirschauerberg, beide Angaben GÖRS (1966). Vorland der Schwäbischen Alb: Bahnhof Metzingen, 1986,
NEBEL (STU-K).
Schwäbische Alb: Zerstreut, wahrscheinlich auch öfters
übersehen.
Baar und obere Wutach: 7916/4: S Rietheim, 1986, SEY
BOLD (STU-K); 8016/2: Aufen, 1985, PHILIPPI (KR-K);
8016/3: NO Dittisheim, 1985, PHILIPPI (KR-K); 8116/4:
Aselfingen, 1987, NEBEL (STU-K); 8117/3: Achdorf, 1987,
NEBEL (STU-K).
Hegau: 8118/4: Mägdeberg, TH. MÜLLER (1966).

Bestand und Bedrohung: Die Art ist vor allem von
Ruderalstandorten bekannt. Da diese Lebensräume in unserer Landschaft eher zunehmen, ist
trotz der Seltenheit dieses Mohns mit einer Gefährdung in nächster Zeit nicht zu rechnen. Inwieweit
die Pflanze früher in Getreidefeldern aufgetreten
ist, läßt sich wegen fehlender älterer Angaben nicht
sagen. Zur Erhaltung einzelner Bestände sollte man
die einjährige Pflanze bis zur Samenreife stehenlassen.

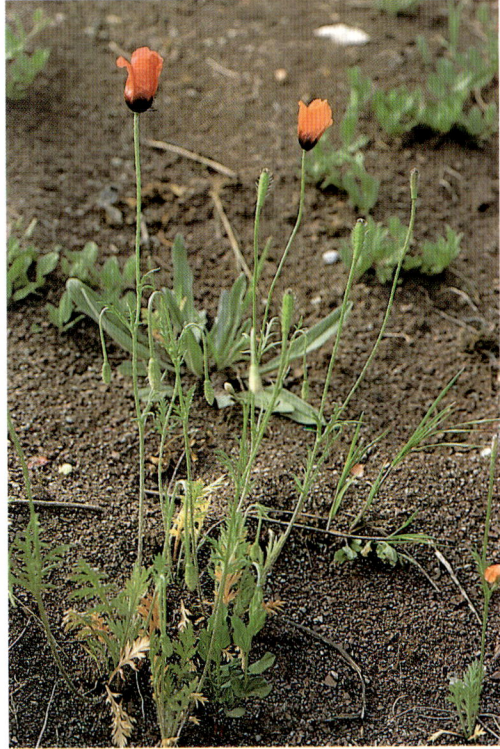

Sandmohn (*Papaver argemone*)

4. Papaver argemone L. 1753
Sandmohn

Morphologie: Ein- oder zweijährige Pflanze, 10 bis
50 cm hoch. Stengel aufrecht oder aufsteigend, beblättert, anliegend borstig, mit 1,5–3 mm langen
Haaren. Blätter bis fast zum Mittelnerv 1–3fach
fiederteilig, mit bis zu 3 mm breiten, spitzen Zipfeln, meist zerstreut behaart, untere Blätter gestielt,
mittlere und obere mit schmalem Grund sitzend.
Kronblätter dunkelrot, 1,2–2,5 cm lang, am Grund
mit schwarzem Fleck. Staubfäden nach oben keulig
verdickt und unterhalb der Staubbeutel plötzlich in
einen kurzen Stiel verschmälert, dunkelviolett.
Frucht keulenförmig, allmählich in den Stiel verschmälert, mit hellen, borstenförmigen, 1,5–3 mm
langen Haaren, Längslinien oft undeutlich,
1,5–2 cm lang und 0,4–0,5 cm dick; Narbenstrahlen 4–8; Deckel der Frucht zur Reifezeit gewölbt.
Biologie: Blüte von Anfang Mai bis Ende Juli (selten bis September). Selbstfertil.
Ökologie: In Getreidefeldern, seltener an Wegen
und Schuttplätzen, heute besonders auf Bahnanlagen. Auf sommerwarmen, nährstoffreichen, kalkfreien, mäßig sauren, humosen Sandböden. Kultur-

Lecoqs Mohn (*Papaver lecoqii*)
Tübingen, Spitzberg, 1984

begleiter. Charakterart des Papaveretum argemones (Aperion). Typische Begleiter sind *Veronica triphyllos*, *Vicia villosa*, *Aphanes arvensis* und *Papaver dubium*. Vegetationsaufnahmen bei TH. MÜLLER (1964), GÖRS (1966: Tab. 3), SEBALD (1974: Tab. H.).

Allgemeine Verbreitung: Mediterrane bis submediterrane Pflanze. Mittelmeergebiet; nordwärts eingebürgert bis Mittelschweden; in anderen Gebieten nur verschleppt.

Verbreitung in Baden-Württemberg: Der Sandmohn tritt im Gebiet zerstreut auf. Schwerpunkte der Verbreitung liegen im nördlichen Oberrheingebiet, im Bereich des mittleren und oberen Neckars, im Schwäbisch-Fränkischen Wald, im Vorland der Schwäbischen Alb und im Gebiet um Ulm. Die Pflanze fehlt im Odenwald, im zentralen Schwarzwald und im mittleren Oberrheingebiet. Selten ist der Sandmohn im Bauland, in Hohenlohe, auf der Hochfläche der Schwäbischen Alb und im Alpenvorland.

Die Vorkommen reichen von 100 m im Oberrheingebiet bei Mannheim bis 800 m bei Delkhofen (7818/2) und Ringingen (7620/4) auf der Schwäbischen Alb.

Die Art ist wohl während der Jungsteinzeit mit dem Getreideanbau zu uns gelangt. Archäologischer Erstnachweis: BERTSCH (1932): Früh-Subboreal, Sipplingen. Literarischer Erstnachweis: DUVERNOY (1722: 111): Umgebung von Tübingen.

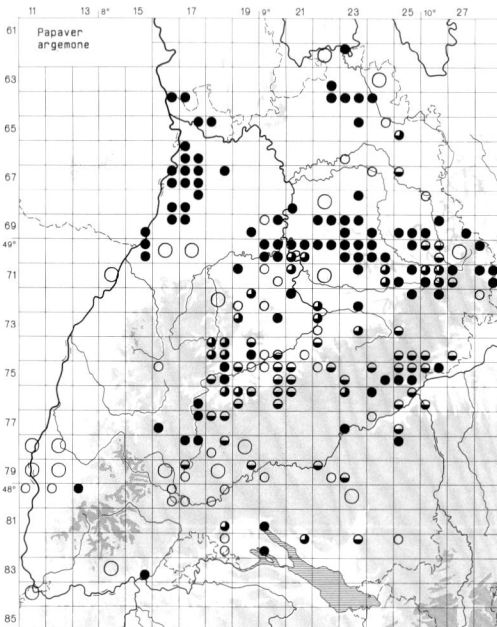

Bestand und Bedrohung: Die Art ist stark zurückgegangen. Dabei zeigt die Karte den Rückgang nur unvollständig, weil in vielen älteren Floren wegen der Häufigkeit des Sandmohns keine Einzelfundorte aufgeführt wurden. In der Roten Liste ist die Pflanze als gefährdet (Gefährdungsgrad 3) angegeben, sollte jedoch nach heutigen Kenntnissen als sehr gefährdet bei Gefährdungsgrad 2 eingestuft werden. Wesentlich hat hierzu die Intensivierung der Landwirtschaft beigetragen. Nicht nur Unkrautbekämpfungsmaßnahmen, sondern auch der dichtere Stand des Getreides als Folge verbesserter Düngung besonders auf ärmeren Böden, sowie der Wegfall längerer Brachzeiten haben der konkurrenzschwachen Art zugesetzt. Für den Verlust dieser Standorte stellen Ruderalstellen wie z. B. Bahnanlagen nur einen geringen Ausgleich dar. Will man die Art in unserer Feldflur erhalten, so müssen immer wieder eingestreut kleinere Flächen als Brache liegenbleiben, die nur alle zwei bis drei Jahre bearbeitet werden sollten.

2. **Chelidonium** L. 1753
Schöllkraut

Weltweit nur eine Art.

1. **Chelidonium majus** L. 1753
Großes Schöllkraut

Morphologie: Pflanze ausdauernd, mit kurzem Rhizom, 20–80 cm hoch. Stengel aufrecht, verzweigt, stielrund, zerstreut abstehend behaart, beblättert, wie die ganze Pflanze mit orangegelbem Milchsaft. Blätter unregelmäßig fiederteilig bis gefiedert, mit asymmetrischen, ovalen, unregelmäßig stumpf gezähnten bis geteilten Abschnitten und breiten, gerundeten Buchten, oberseits grün, unterseits graugrün, zerstreut behaart, untere Blätter gestielt, obere sitzend. Blüten radiär, in 2–8blütigen Bolden. Kelchblätter 2, blaßgelb, zerstreut behaart, Kronblätter 4, breit eiförmig, 0,7–1,2 cm lang, gelb. Staubfäden zahlreich, nach oben keulenförmig verdickt und unterhalb der Staubbeutel in einen kurzen Stiel verschmälert. Fruchtknoten linealisch, aus 2 Fruchtblättern, einfächrig; Narben 2, auf kurzem Griffel; Frucht 2–5 cm lang, zweiklappig aufspringend, in der Schote nierenförmige Samen mit grubiger Struktur, schwarz, 1–1,5 mm, mit kammförmigem Anhängsel.

Biologie: Blüte von Mai bis Oktober. Proterandrische Pollenblume. Insektenbestäubung durch Fliegen und Hautflügler, auch Selbstbestäubung.

Ameisenverbreitung. Vegetative Vermehrung durch abfallende Blattknospen ist selten.

Ökologie: In Unkrautfluren, an Wegen, Wald- und Heckensäumen, Mauern und Zäunen, auf Schutt, in ungepflegten Parkanlagen und Robinienforsten, vorzugsweise an mäßig beschatteten Standorten. Auf frischen, nährstoffreichen, meist humosen, lockeren Böden. Stickstoffzeiger, Kulturbegleiter und Siedlungszeiger. Alliarion-Verbandscharakterart. Typische Begleiter sind *Alliaria petiolata, Chaerophyllum temulum, Geum urbanum, Glechoma hederacea, Lapsana communis* und *Geranium robertianum*. Vegetationsaufnahmen bei PHILIPPI (1983: Tab. 16).

Allgemeine Verbreitung: Eurasiatische Pflanze. In ganz Eurasien mit Ausnahme des extremen Nordens; in Nordamerika eingeschleppt.

Verbreitung in Baden-Württemberg: Das Schöllkraut ist in fast allen Landschaften verbreitet. Lediglich im Südschwarzwald gibt es kleinere Verbreitungslücken.

Die Vorkommen reichen von 100 m in der Oberrheinebene bei Mannheim bis 750 m bei Unterdigisheim auf der Schwäbischen Alb.

Die Art ist im Gebiet urwüchsig. Archäologischer Erstnachweis: MAIER (1983): Spät-Subatlantikum, Heidelberg. Literarische Erstnachweise: J. BAUHIN (1598: 202): Umgebung von Bad Boll (7323); SPRENGER (1597: 21) erwähnt „Chelidonia major foliis et floribus incisis Springeri", die schlitz-

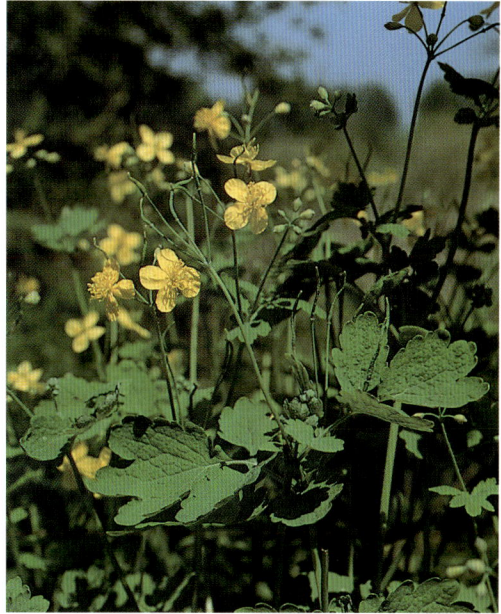

Großes Schöllkraut *(Chelidonium majus)*
Freiburg

blättrige Form vermutlich als Wildpflanze von Heidelberg.

Bestand und Bedrohung: Als Art, die besonders im Umkreis menschlicher Siedlungen auftritt, ist das Schöllkraut nicht gefährdet.

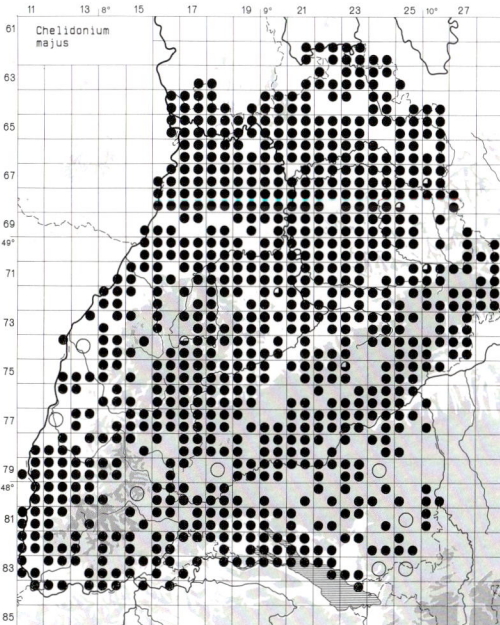

3. **Corydalis** Vent. 1803
Lerchensporn

Pflanzen ausdauernd, bläulich bereift, kahl, ohne Milchsaft. Blätter mehrfach dreiteilig bis fiederteilig oder gefiedert, gestielt. Blüten in endständigen Trauben, in den Achseln von Tragblättern, 1–3 cm lang. Kelchblätter 2, hinfällig. Äußere Kronblätter 2, das obere rückwärts gespornt, vorn verbreitert und nach oben gebogen (Oberlippe), das untere vorne verbreitert und nach unten gebogen (Unterlippe); innere Kronblätter 2, vorne auf der Außenseite mit einer flügelartigen Rippe, an der Spitze miteinander verwachsen. Staubblätter 4, 2 äußere und 2 innere, die inneren halbiert, diese mit dem äußeren Staubblatt verwachsen, es entstehen 2 dreiteilige Staubblätter; am Grunde des oberen Staubblattes eine Nektardrüse. Fruchtknoten aus 2 Fruchtblättern, einfächrig; 1 Griffel mit 2 Narben. Frucht eine mehrsamige, schotenförmige, sich zweiklappig öffnende Kapsel. Samen nierenförmig, schwarz, mit weißem Anhängsel.

Insektenbestäubung: das besuchende Insekt drückt die beiden inneren Kronblätter durch Druck auf deren Außenleisten herab. Dadurch werden Narben und Staubbeutel freigelegt. Bei *Corydalis lutea* schnellt der Bestäubungsapparat nach oben, das Insekt berührt diese Teile mit dem Rücken. Die Blüte bleibt offen und verrät so den Besuch. Bei *Corydalis cava* hingegen schließt sich die Blüte wieder, die Biene berührt Staubbeutel und Narbe mit dem Bauch. Die Samen werden von Ameisen verbreitet, die das Samenanhängsel (Elaiosom) fressen.

Die Gattung *Corydalis* umfaßt weltweit etwa 300 Arten, die fast ausschließlich auf der Nordhemisphäre, vorwiegend in Ostasien, vorkommen. Im Gebiet sind 4 Arten heimisch oder eingebürgert.

1 Krone gelb. Stengel reich verzweigt, dicht beblättert. Pflanze mit Rhizom 2
– Krone purpurn oder weiß. Stengel unverzweigt, 2–3blättrig. Pflanze mit Knolle 3
2 Blüten 10–12 mm lang, gelb. Kelchblätter 4–6 mm lang. Blattstiel ohne schmalen, flügelartigen Rand . . . . 1. *C. lutea*
– Blüten 10–15 mm lang, blaßgelb. Kelchblätter 2–3 mm lang. Blattstiel gegen den Grund mit schmalem, flügelartigem Rand [*C. ochroleuca*]
3 Tragblätter der Blüten keilig, handförmig gespalten. Stengel mit Niederblatt . . . . . 4. *C. solida*
– Tragblätter der Blüten eiförmig, ganzrandig . . . 4
4 Traube mit (4–)6–20 Blüten, stets aufrecht. Blüten 18–28 mm lang. Stengel ohne Niederblatt. Knolle hohl . . . . 2. *C. cava*

– Traube mit 1–5(–8) Blüten, wenigstens zur Fruchtzeit überhängend. Blüten 10–15 mm lang. Stengel mit bleichem, schuppenförmigem Niederblatt. Knolle gefüllt . . . . . . 3. *C. intermedia*

Corydalis ochroleuca Koch 1831
Blaßgelber Lerchensporn

Ähnlich *C. lutea*, unterscheidet sich wie folgt: Blätter blaugrün; Blattstiel am Grunde mit schmalem, flügelartigem Rand. Blüten 10–15 mm lang, blaßgelb; Kelchblätter 2–3 mm lang. Samen matt.

Die im Apennin, den Südalpen, in Istrien und den Gebirgen des Balkans beheimatete Pflanze wird bei uns gelegentlich in Gärten gezogen und selten auch wie *C. lutea* an Mauern verwildert gefunden.

1. Corydalis lutea (L.) DC. 1815

Fumaria lutea L. 1753
Gelber Lerchensporn

Morphologie: Pflanze mit verzweigtem Rhizom, 10–30 cm hoch, mit mehreren, meist verzweigten Stengeln und vielen Blättern, ohne Niederblattschuppe. Blätter oberseits grün, unterseits graugrün; Zipfel oval, mit feiner Spitze. Blütenstände von den Seitentrieben überragt, 5–16blütig. Blüten 12–20 mm lang, gelb. Kelchblätter 4–6 mm lang, gezähnt. Sporn ¼ bis ⅓ so lang wie der Rest der Krone. Griffel aufwärts gebogen, nach der Blüte abfallend. Frucht etwa 1 cm lang, hängend. Samen glänzend. – Blütezeit: Mai bis September.

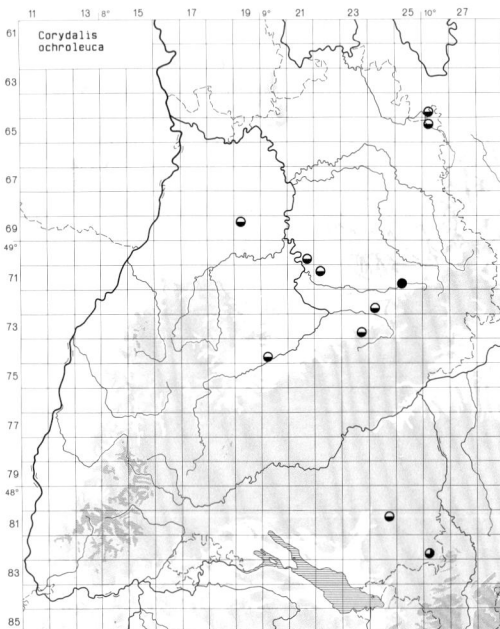

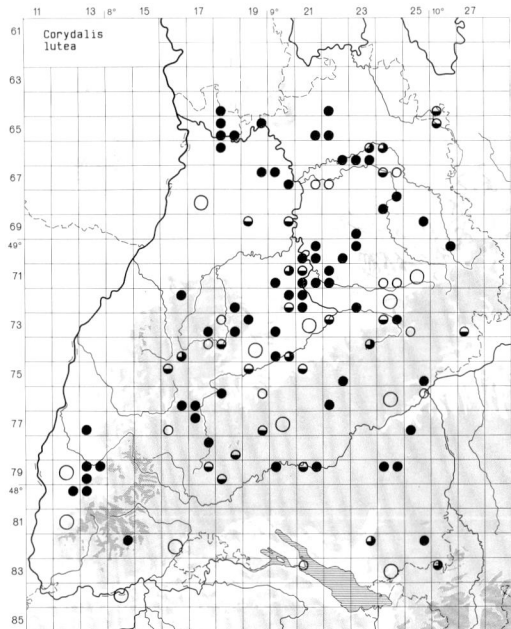

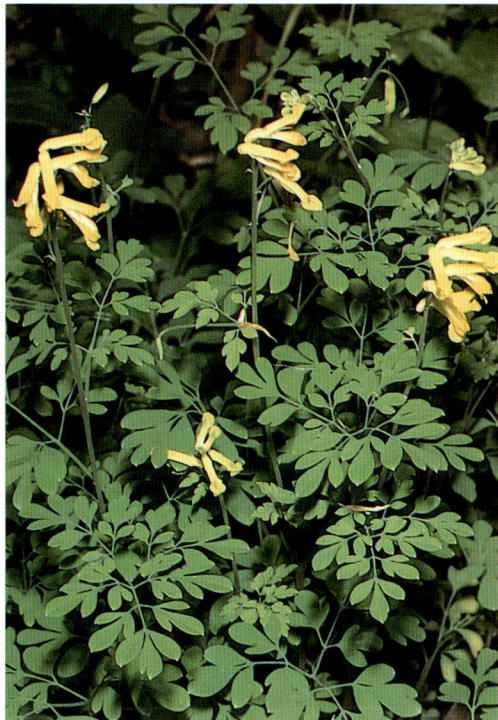

Gelber Lerchensporn *(Corydalis lutea)*
Tübingen, Spitzberg, 1985

Ökologie: In tieferen, wintermilden Lagen verwildert. In kalkhaltigen, frischen, oft etwas beschatteten, feinerde- oder humusreichen Mauerspalten. Vor allem im Cymbalarietum. Typische Begleiter sind *Asplenium ruta-muraria, Asplenium trichomanes* und *Cymbalaria muralis.* Vegetationsaufnahmen bei Görs (1966: Tab. 16).

Allgemeine Verbreitung: Submediterrane Pflanze. Ursprünglich Art der Südalpen, vom Lago Maggiore bis Kroatien. Das eigentliche Areal läßt sich wegen Verwilderung und Einbürgerung kaum noch feststellen.

Verbreitung in Baden-Württemberg: Der Gelbe Lerchensporn ist im Gebiet nur sehr zerstreut anzutreffen. Häufungen ergeben sich in den tiefer liegenden Kalkgebieten und den Ballungsräumen, da hier viel Kalkstein verbaut wird. Selten ist die Pflanze im Schwäbisch-Fränkischen Wald und auf der Albhochfläche. In großen Teilen des Schwarzwaldes und im Alpenvorland fehlt sie fast ganz.

Die Vorkommen reichen von 100 m im nördlichen Oberrheingebiet bis 970 m am Lupfen (7918/3) auf der Schwäbischen Alb.

Die Art ist im Gebiet nur an vom Menschen geschaffenen Standorten verwildert, kann sich hier aber sehr lange halten und verjüngt sich auch. An natürlichen Standorten (z. B. Felsen) tritt sie nie auf. Literarischer Erstnachweis: Gmelin (1826: 526): „Prope Durlach ad muros antiquos horti aulici".

Bestand und Bedrohung: Die Vorkommen sind oft klein, meist sind es nur wenige Pflanzen. An vielen Orten ist der Gelbe Lerchensporn verschollen, da alte Mauern, insbesondere Trockenmauern, verschwinden und durch kompakte Betonmauern ersetzt werden, die keine Ritzen mehr aufweisen. Bei der Renovierung von Burgruinen, Kirchen und Friedhofsmauern werden oft die alten Fugen mit Zement ausgefüllt, dadurch geht dieser Lebensraum, den auch noch eine ganze Reihe anderer Pflanzen (z.B. Glaskrautarten) und Tiere bewohnen, nach und nach verloren. Maßnahmen zum Schutz solcher Arten könnten die Erhaltung und Neuanlage solcher Trockenmauern, der Verzicht auf ein Verfugen von Ritzen und eine weniger perfekte Renovierung von „alten Gemäuern" sein.

2. Corydalis cava (L.) Schweigg. et Körte 1811
Fumaria bulbosa L. var. *cava* L. 1753; *Fumaria cava* Mill. 1768
Hohler Lerchensporn

Morphologie: Geophyt mit kugeliger, hohler Knolle, 15–35 cm hoch. Stengel aufrecht, unverzweigt, meist mit 2 Blättern, ohne Niederblattschuppe. Blätter aus 3 gestielten Teilblättchen be-

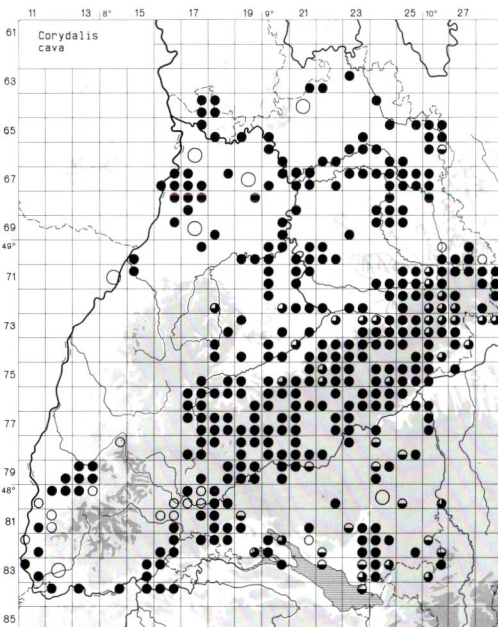

Hohler Lerchensporn *(Corydalis cava)*
Freiburg-Betzenhausen

stehend, diese nochmals dreiteilig, mit mehrteiligen und gezähnten Abschnitten, Zipfel schmal oval, stumpf oder spitz. Blütentraube 10–20blütig; Tragblätter der Blüten ganzrandig, oval bis lanzettlich; Blüten 18–28 mm lang, purpurn oder weiß. Kelchblätter klein, kaum 0,5 mm lang. Sporn an der Spitze abwärts gekrümmt, etwa so lang wie die übrige Blüte. Griffel gerade. Frucht 2–2,5 cm lang, zuletzt hängend, Fruchtstiel $\frac{1}{5}$ bis $\frac{1}{3}$ so lang wie die Frucht.

Biologie: Blüte von Ende März bis Mitte Mai. Bienenblume. Selbststeril.

Ökologie: In kraut- und geophytenreichen Buchen- und Schluchtwäldern, auch in Auenwäldern, Hecken und Streuobstwiesen, im Oberrheingebiet sogar in Weinbergen. Auf frischen bis sehr frischen, nährstoff- und basenreichen (besonders kalkhaltigen), lockeren, tiefgründigen, humosen Lehmböden. Mullboden-, Nährstoff- und Lehmzeiger. Vor allem in frischen Fagion- und Carpinion-Gesellschaften und im Fraxino-Aceretum sowie im Alno-Ulmion. Typische Begleiter sind *Ranunculus ficaria, Anemone ranunculoides, Aegopodium podagraria, Paris quadrifolia* und *Adoxa moschatellina.* Vegetationskundliche Aufnahmen bei KUHN (1937: Tab. 38), KREH (1938), NEBEL (1986: Tab. 11, 13).

Allgemeine Verbreitung: Mitteleuropäische Pflanze. Die Verbreitung deckt sich in etwa mit dem Buchenareal, nur im Osten reicht die Art darüber hinaus und geht bis Moskau und auf die Krim. Im Westen meidet sie die atlantischen Klimabereiche, im Norden reicht sie bis Südschweden, im Süden bis Süditalien und Mazedonien.

Verbreitung in Baden-Württemberg: Der Hohle Lerchensporn ist vor allem in den Kalkgebieten, so auf der gesamten Schwäbischen Alb bis hinunter zum Hochrhein und in den Gäulandschaften verbreitet. Im nördlichen und südlichen Oberrheingebiet tritt er zerstreut auf. Die Pflanze fehlt dem Schwarzwald und dem mittleren Oberrheingebiet sowie dem größten Teil des Schwäbisch-Fränkischen Waldes. Im nördlichen Alpenvorland ist sie selten und wird erst nach Südosten zu im Bereich der Jungmoräne wieder häufiger.

Die Vorkommen reichen von 100 m im Oberrheingebiet bei Mannheim bis 960 m am Dreifaltigkeitsberg (7918/2) auf der Schwäbischen Alb.

Die Art ist im Gebiet urwüchsig. Literarischer Erstnachweis: SCHOEPF (1622: 9): Aus der Umgebung von Ulm; SCHORLER (1907: 86): Auch von HARDER 1574–76 vermutlich aus dem Gebiet belegt.

Bestand und Bedrohung: Die Art kommt oft in großen Herden vor. Da sie meist in Wäldern auftritt

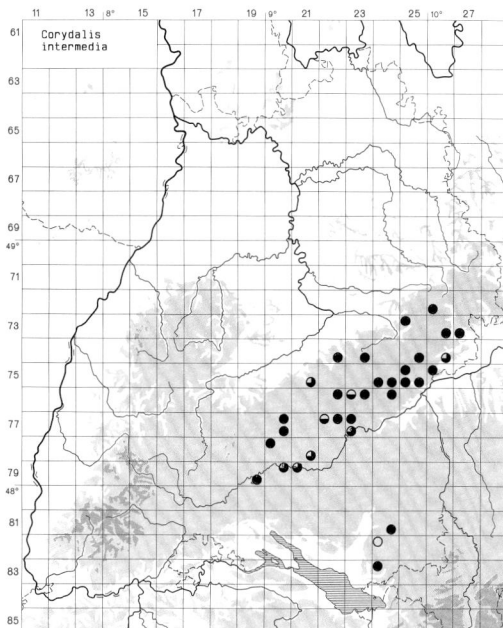

und Nährstoffreichtum liebt, ist sie nicht gefährdet. Lediglich die Umwandlung von Laubwald in reine Nadelholzforste dürfte betroffene Bestände durch dauernde Beschattung beeinträchtigen.

3. Corydalis intermedia (L.) Mérat 1812

C. fabacea (Retz.) Pers. 1807; *Fumaria bulbosa* L. var. *intermedia* L. 1753; *Fumaria intermedia* Ehrh. 1791; *Fumaria fabacea* Retz. 1795
Mittlerer Lerchensporn

Morphologie: Geophyt mit kugeliger, ausgefüllter Knolle, 7–20 cm hoch. Stengel aufrecht, nicht verzweigt, mit 2–3 Blättern, am Grunde mit auffälliger, bleicher, 0,5–2 cm langer Niederblattschuppe, in deren Achsel oft noch ein weiterer Sproß entspringt. Blätter doppelt 3teilig, ähnlich Corydalis cava. Blütentraube 1–8blütig, gedrängt, wenigstens im Alter überhängend. Tragblätter der Blüten ganzrandig, oval-lanzettlich. Blüten 10–15 mm lang, purpurn, selten weiß; Kelchblätter fehlend; Sporn gerade, etwa so lang wie die restliche Blüte; Griffel gerade. Frucht 1,5–2 cm lang, hängend. Fruchtstiel ⅓–⅕ so lang wie die Frucht. – Blütezeit: Ende März bis Anfang Mai.

Ökologie: In krautreichen Buchen- und Eschen-Ahorn-Wäldern, im Weißjuragebiet vor allem auf den Talsohlen enger Tälchen und am Fuße von Felsen, am Hang seltener, auch in Hecken. Auf frischen, nährstoff- und basenreichen, meist kalkhaltigen, lockeren, humosen, skelettreichen Lehmböden in luftfeuchter Klimalage. Mullbodenzeiger. Vor allem in frischen Fagion-Gesellschaften und im Tilio-Acerion. Typische Begleiter sind *Corydalis cava, Mercurialis perennis, Anemone ranunculoides, Aconitum vulparia* und *Aegopidum podagraria*. Vegetationsaufnahmen bei SEYBOLD (1981).

Allgemeine Verbreitung: Europäische Pflanze. Nach Westen bis ins Rhein-Rhône-Gebiet; nordwärts bis Norwegen (entlang der Küste), Südschweden und Südfinnland; südwärts bis Südwestfrankreich, Oberitalien, nördliche Balkanhalbinsel; ostwärts bis in die Ukraine. Im Gebiet bis auf einen Vorposten in den Vogesen an der Westgrenze des Areals.

Verbreitung in Baden-Württemberg: Der Mittlere Lerchensporn kommt im Gebiet nur in Württemberg und hier zerstreut auf der Schwäbischen Alb und selten im Alpenvorland vor.

Die Vorkommen reichen von 470 m im Eselsburger Tal (7327/3) bis 720 m im Liebfrauental (7919/4).

Die Art ist im Gebiet urwüchsig. Literarischer Erstnachweis: LEOPOLD (1728: 61): Umgebung von Ulm.

Mittlerer Lerchensporn *(Corydalis intermedia)*
Eselsburger Tal, 1970

Schwäbische Alb: Der Schwerpunkt der Verbreitung liegt auf der Donauseite. Vorkommen im Bereich der Neckaralb sind seltener. 7226/3: Rümmelestal im Wental; 7325/1: Teufelsküche bei Schnittlingen; 7326/4: Bindsteinmühle im Eselsburger Tal; 7422/4: Erdtal bei Strohweiler; 7423/4: Schertelhöhle; 7425/4: Birkhof bei Westerstetten; 7426/4: Eschental W Börslingen; 7521/4: Tobel S Honau; 7524/3: Tiefental; Eisental; 7524/4: o.O., nach 1975, RAUNEKER (STU-K); 7525/1: Lautertal oberhalb Lauterursprung; 7525/3: Kiesental bei Weidach; 7525/4: Tobel N Mähringen; 7526/1: Tobel SW Hörvelsingen; Laushalde S Hörvelsingen; 7622/2: Tiefental bei Buttenhausen; 7623/1: Schandental NO Bremelau; 7623/2: Trockental oberhalb Springen; Mündung des Hoftäles ins Heutal; 7624/2: Höllental S Blaubeuren; Pappelau, nach 1975, RAUNEKER (1984); 7720/2 + 4: Teufelstal NO Bitz, 1986, W. KARL (STU-K); 7722/1: Aichelau; 7722/2: Glastal; Indelhausen; 7723/1: Bärental O Hayingen; Schneiderstal NO Oberwilzingen; Wolfstal bei Lauterach; 7723/3: Zwiefalten Dorf; 7820/1: Zerrissenes Loch bei Ebingen; 7821/4: Hornstein; 7919/4: Liebfrauental S Beuron; 7920/2: Schlucht W Thiergarten; 7921/1: Antoniustäle bei Sigmaringen.
Alpenvorland: 8124/4: Hecken N Grund bei Wolfegg, 1978, E. DÖRR (1978); 8224/1: Waldburg, am Fußweg über Forstenhausen nach Edensbach, 1840, JUNG in KIRCHNER u. EICHLER (1900); 8324/1: Hof Landolz, 1982, F. WELLER (STU-K).

Ausführliche Angaben zur Verbreitung mit Quelle, Finder und Fundzeit bei SEYBOLD (1981), Ergänzungen bei SEBALD & SEYBOLD (1982).
Bestand und Bedrohung: Neben einigen größeren Vorkommen finden sich auch eine ganze Reihe von Populationen mit geringer Individuenzahl. Zusammen mit einem Einbringen von Nadelhölzern und der damit verbundenen ganzjährigen Beschattung dürfte der Forstwegebau die größte Gefahr vor allem für kleine Bestände, die nur die Talsohle enger Tälchen einnehmen, darstellen. Hier füllt ein even-

tueller Weg oft fast den gesamten Talgrund aus und angrenzende Flächen werden mit dem beim Trassenbau anfallenden Material so hoch aufgefüllt, daß dem Lerchensporn kein Lebensraum mehr bleibt. Die Art ist dennoch bis jetzt nicht gefährdet, sollte jedoch wegen ihrer Seltenheit und der Lage an der Areal-Westgrenze besonders geschont werden (in der Roten Liste Gefährdungsgrad 5). Die oberschwäbischen Vorkommen sind an Hecken und Wegböschungen gebunden und deshalb eher gefährdet und zu schützen.
Literatur: S. SEYBOLD (1981).

4. **Corydalis solida** (L.) Swartz 1819
Fumaria bulbosa L. var. *solida* L. 1753; *Fumaria solida* Ehrh. 1791
Fester Lerchensporn, Finger-Lerchensporn, Gefingerter Lerchensporn

Morphologie: Geophyt mit kugeliger, ausgefüllter Knolle; 10–20 cm hoch. Stengel aufrecht, nicht verzweigt, mit 2–3 Blättern, am Grunde mit auffälliger, bleicher, 0,5–2 cm langer Niederblattschuppe. Blätter doppelt dreiteilig, ähnlich *Corydalis cava*. Blütentraube 5–20blütig. Wenigstens die unteren Tragblätter vorne fingerförmig eingeschnitten. Blüten 16–25 mm lang, purpurn, selten weiß; Kelchblätter fehlend; Sporn an der Spitze etwas nach unten gekrümmt oder gerade, etwa so lang wie die übrige Blüte. Griffel aufwärts gebogen. Frucht

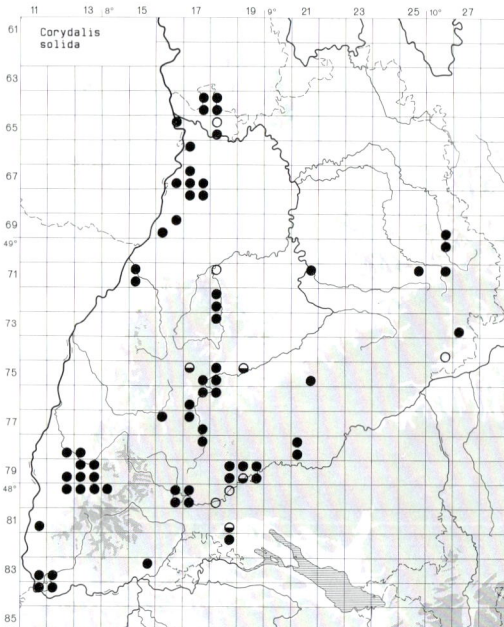

Fester Lerchensporn *(Corydalis solida)*

1–2,5 cm lang, zuletzt am fast gleichlangen Stiel hängend.

Biologie: Blüte von Ende März bis Anfang Mai. Bienenblume.

Ökologie: In krautreichen Laubmischwäldern, in Hecken, auf offenen Stellen in feuchten Wiesen, vor allem entlang größerer Flüsse. Auf frischen, nährstoff- und basenreichen, aber oft kalkarmen, lockeren, humosen, sandigen Lehmböden. Mullbodenzeiger. In frischen Fagion- und Carpinion-Gesellschaften, im Fraxino-Aceretum, im Alno-Ulmion und in Prunetalia-Gesellschaften. Typische Begleiter sind *Ranunculus ficaria, Aegopodium podagraria, Adoxa moschatellina* und *Anemone ranunculoides*. Auffallend selten kommt die Art mit *Corydalis cava* vor. Vegetationskundliche Aufnahmen bei KUHN (1937: Tab. 38), KREH (1938: 73), SEYBOLD (1981).

Allgemeine Verbreitung: Europäische Pflanze. Im Westen bis zu den Pyrenäen; nordwärts bis Südostschweden, Südfinnland, Nordrußland; Ostgrenze im Wolgagebiet; im Süden nur in den Gebirgen (auch algerischer Atlas, Taurus und Libanon).

Verbreitung in Baden-Württemberg: Der Finger-Lerchensporn ist im Gebiet selten, tritt jedoch in manchen Landschaften gehäuft auf.

Die Vorkommen reichen von 100 m im Oberrheingebiet bei Mannheim bis 820 m im Ursental NO Dürbheim (7918/2) auf der Schwäbischen Alb.

Die Art ist im Gebiet urwüchsig. Literarischer Erstnachweis: WIBEL (1799: 202): „In pomario Reichertiano ad montem Schloßberg prope der alten Birke" bei Wertheim.

Oberrheingebiet: Nördlicher Teil: zerstreut. Südlicher Teil: In der Umgebung von Freiburg zerstreut, sonst selten: 8111/4: Müllheim, DÖLL (1862), 1987, NEBEL (STU-K); 8311/4: Lörrach, Wiesental, 1988, WÖRZ (STU-K); 8312/3: Burg Rötteln, 1988, WÖRZ; 8411/2: Lörrach, Wiesental, 1987, NEBEL; 8412/1: Lörrach, Mainbühl, 1988, WÖRZ, alle (STU-K).

Main: 6223/1: Wertheim, WIBEL (1799), SEUBERT & KLEIN (1905).

Schwarzwald: Nördlicher Teil: 7118/1: Pforzheim, am Weg zum Buckenberg, FISCHER (1867); 7218/1: Monbachmündung N Liebenzell, 1971, WREDE (STU-K); 7218/3: Hirsau, 1971, SEYBOLD (STU-K); 7318/1: S Bahnhof Teinach, 1972, WREDE (STU-K). Mittlerer Teil: 7716/1: Schiltach, 1986, WINTERER (STU-K).

Neckarland: Mittlerer Neckar: 7121/2: Neckarrems. – Oberer Neckar: Zerstreut. – Ellwanger Berge und Vorland der Ostalb: 6926/4: S Stimpfach, Jagstufer, 1985, SEBALD (STU-K); 7026/2: N Rindelbach, 1901, KOCH, 1985, NEBEL (STU-K); 7125/2: Laubach, 1941, MAHLER, 1985,

NEBEL (STU-K); 7126/2: Hüttlingen, 1941, MAHLER, 1983, SEBALD (STU-K).

Schwäbische Alb: Ostalb: 7327/3: Buigen bei Herbrechtingen, 1953, KOCH, 1985, NEBEL (STU-K); 7426/4: Langenau, GMELIN in SCHÜBLER u. MARTENS (1834). Mittlere Alb: Echazquelle bei Honau. Baar und Südwestliche Alb: zerstreut.

Wutach und Klettgau: 8315/2: Falkenstein S Bernau, 1987, SEYBOLD (STU-K).

Hegau: 8118/3: Hohenhewen, Nordseite, BARTSCH (1924); 8118/4: Mägdeberg, OCHS in BARTSCH (1924); 8218/2: Hohenkrähen, 1970, HENN (STU-K).

Richtigstellung von Fehlangaben in württembergischen Floren bei SEBALD & SEYBOLD (1982).

Bestand und Bedrohung: Die Art kommt meist in größeren Beständen in Wäldern vor. Hier wird sie lediglich durch dauernde Beschattung bei zu hohem Nadelholzanteil beeinträchtigt. Nur bei kleinen Populationen im Bereich von Hecken besteht die Gefahr, daß durch die Entfernung der Hecke auch der Finger-Lerchensporn vernichtet wird. Die Art ist in Baden-Württemberg nicht gefährdet, sollte jedoch wegen ihrer Seltenheit geschont werden (in der Roten Liste Gefährdungsgrad 5).

4. **Fumaria** L. 1753
Erdrauch

Einjährige, kahle, blaugrüne, bereifte Kräuter ohne Milchsaft, Stengel beblättert. Blütentrauben locker, von den Seitentrieben überragt. Laubblätter gestielt, wechselständig, 2–4fach fiederschnittig. Tragblätter schuppenartig. Blüten zwittrig, 0,5–1,5 cm lang; Kelchblätter 2, hinfällig. Blütenaufbau ähnlich wie bei *Corydalis*. Fruchtknoten aus 2 Fruchtblättern bestehend, einfächrig, mit nur 1 Samenanlage. Narbe 2- bis 3spaltig. Frucht eine kugelige Nuß. Samen ohne Anhängsel, mit viel Nährgewebe.

Bestäubung ähnlich wie bei *Corydalis cava*. Bienenblume, auch Selbstbestäubung kommt vor. Ameisenverbreitung der Samen.

Die Gattung umfaßt etwa 50 Arten, die den Schwerpunkt ihrer Verbreitung im Mittelmeergebiet haben. Aus Baden-Württemberg sind bis heute 5 Arten bekannt.

1 Stengel lang kriechend oder klimmend. Blattstiele oft rankend. Blüten 9–15 mm lang; Kelchblätter 4–6 mm lang. Fruchtstiele nach rückwärts gekrümmt; Frucht glatt . . . . . . [*F. capreolata*]
– Stengel aufrecht oder aufsteigend. Blüten 5–9 mm lang; Kelchblätter 0,5–3,5 mm lang. Fruchtstiele aufrecht-abstehend; Früchte etwas runzelig 2
2 Die leicht abfallenden Kelchblätter 1,5–3,5 mm lang und 0,8–1 mm breit. Krone (5–)7–9 mm lang, purpurrot . . . . 1. *F. officinalis*
– Die leicht abfallenden Kelchblätter 0,5–1 mm lang und bis 0,8 mm breit. Krone 5–6 mm lang, oft blaßrosa 3
3 Tragblätter ¼–⅓ so lang wie die 3–4 mm langen Fruchtstiele . . . . 2. *F. schleicheri*
– Tragblätter ½–1 ⅓ so lang wie die bis 3 mm langen Fruchtstiele 4
4 Tragblätter so lang oder länger als der dicke Fruchtstiel, dieser etwa so lang wie die Nuß. Kronblätter weiß, an der Spitze dunkelpurpurn. Frucht mit deutlicher Spitze. Blattabschnitte rinnig . . . 4. *F. parviflora*
– Tragblätter kürzer als der kaum verdickte Fruchtstiel. Kronblätter blaßrosa. Blattabschnitte flach 3. *F. vaillantii*

Fumaria capreolata L. 1753
Rankender Erdrauch

Pflanze 30–80 cm lang. Stengel kletternd oder niederliegend. Blätter 2fach gefiedert, oft mit den Teilblättern rankend, Blattabschnitte letzter Ordnung unregelmäßig tief geteilt, Zipfel und Zähne 1–3mal so lang wie breit, mit feiner Spitze. Blütentraube 5–20blütig; Tragblätter schmal lanzettlich, ganzrandig, ½–1mal so lang wie die Fruchtstiele. Blüten 9–15 mm lang, gelblich weiß (selten rosa), vorne dunkelpurpurn; Kelchblätter 4–6 mm lang und 2–3 mm breit, gezähnt, breiter als die Krone; Sporn ⅕–¼ so lang wie der Rest der Blüte. Fruchtstiele nach rückwärts gekrümmt, länger als die Frucht, diese 2–2,5 mm im Durchmesser, glatt. – Blütezeit: Juni bis September.

In Unkrautfluren von Gärten oder Schuttplätzen. Auf frischen, nährstoffreichen, kalkarmen, lockeren Lehm- und Tonböden. Vor allem in Heckensaumgesellschaften, z.B. mit *Galium aparine* im Alliarion.

Westeuropäisch-mediterrane Pflanze. Nordwärts bis Irland, Schottland, Mitteldeutschland, Alpen; Nordwestafrika; Kleinasien. Heute in gemäßigten Zonen weltweit verschleppt.

Der Rankende Erdrauch wird im Gebiet nur aus dem Taubergebiet und dem südlichen Oberrheingebiet angegeben. Taubergebiet: Tauberbischofsheim, Stammberg,

Übersicht wichtiger Merkmale bei *Fumaria*

Art	Tragblätter mm	Fruchtstiele mm	Verhältnis Tragblätter/ Fruchtstiele
F. officinalis	1,5–2,5	3–4,5	½–⅔
F. parviflora	1,2–2	1,1–1,7	1–1⅓
F. vaillantii	1,0–2,3	1,5–3	½–¾
F. schleicheri	um 1	3–4	¼–⅓

WILL in DÖLL (1862). Südliches Oberrheingebiet: 7913/3: Gundelfingen; 8013/1: Freiburg, im Metzgergrün; 8111/3: Neuenburg; 8111/4: Müllheim; alle Angaben NEUBERGER (1912). Ob die Art dort jemals eingebürgert war, läßt sich heute nicht mehr feststellen.

1. Fumaria officinalis L. 1753
Gewöhnlicher Erdrauch

Morphologie: Pflanze 10–15 cm hoch. Stengel aufrecht, aufsteigend oder niederliegend aufsteigend (dann manchmal bis zu 1 m lang), verzweigt. Blätter 2fach gefiedert, Blattabschnitte letzter Ordnung meist tief geteilt, Blattzipfel 2–4mal so lang wie breit. Blütenstand 10–50blütig; Tragblätter 1,5–2,5 mm lang, ½–⅔ so lang wie die 3–4,5 mm langen Fruchtstiele. Blüten 6–9 mm lang, rosapurpurn. Kelchblätter 1,5–2,5 mm lang und 0,8–1 mm breit, gezähnt. Fruchtstiele aufrecht-abstehend; Frucht 2–3 mm im Durchmesser, ½–1mal so lang wie ihr Stiel, oben etwas eingebuchtet, leicht runzelig. – Blütezeit: Ende April bis Ende Oktober.
Eine Abtrennung der subsp. *wirtgenii* (Koch) Arc. ist nach dem vorliegenden Material im Gebiet nicht möglich. Zur Klärung der Stellung dieser Sippe bedarf es weiterer Bearbeitung (vgl. HESS et al. (1967–72).
Ökologie: In offenen Unkrautfluren von Gärten, Weinbergen und Äckern, seltener an Wegen und auf Schutt. Auf frischen, nährstoff- und basenreichen (aber oft kalkarmen), humosen, lockeren Lehmbö-

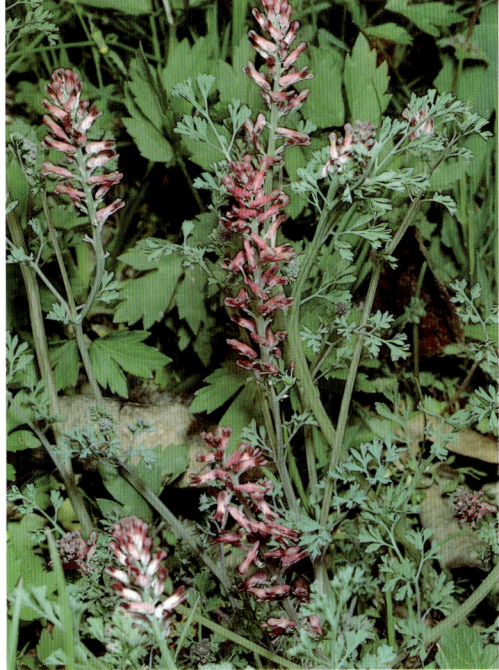

Gewöhnlicher Erdrauch *(Fumaria officinalis)* Reichenau, 25. 4. 1992

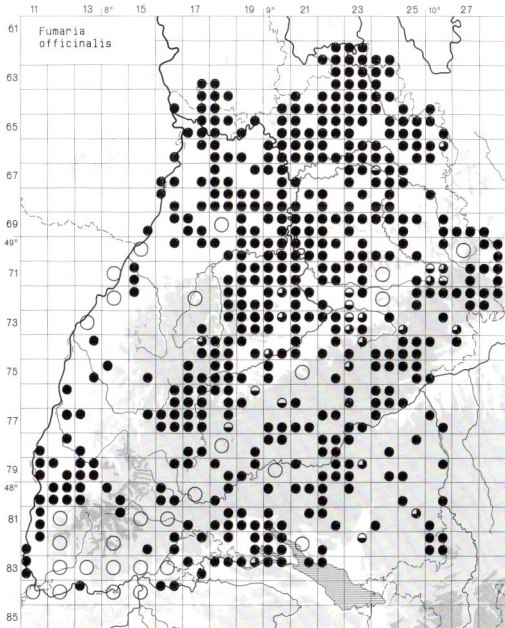

den. Bis 60 cm tief wurzelnd, Nährstoff- und Garezeiger alter Kulturböden. Fumario-Euphorbion-Verbandscharakterart. Typische Begleiter sind *Veronica polita, Euphorbia helioscopia, Atriplex patula, Lamium amplexicaule* und *Thlaspi arvense.* Vegetationsaufnahmen bei ROSER (1962), TH. MÜLLER (1964), GÖRS (1966: Tab. 1).
Allgemeine Verbreitung: Eurasiatische Pflanze. Ganz Europa mit Ausnahme des extremen Nordens; Nordafrika; Kleinasien, Kaukasus, Zentralasien.
Verbreitung in Baden-Württemberg: Der Gebräuchliche Erdrauch ist im Gebiet verbreitet und in den meisten Landschaften auch recht häufig. Größere Verbreitungslücken bestehen im Schwarzwald und im südlichen Alpenvorland.

Die Vorkommen reichen von 100 m in der Oberrheinebene bei Mannheim bis 940 m am Lochenhorn (7719/3) auf der Schwäbischen Alb (BERTSCH 1919).

Die Pflanze ist als Kulturbegleiter wohl während der Jungsteinzeit zu uns gelangt. Archäologischer Erstnachweis: BERTSCH (1956): Früh-Subboreal, Ravensburg. Literarischer Erstnachweis: DUVERNOY (1722: 64): Umgebung von Tübingen; SCHORLER (1907: 86): Auch von HARDER 1574–76 vermutlich aus dem Gebiet belegt.

Bestand und Bedrohung: Die Art ist trotz eines gewissen Rückganges durch Unkrautbekämpfungsmaßnahmen nicht gefährdet. Sie ist pionierfreudig und breitet sich deshalb schnell auf ihr zusagenden Flächen aus.

2. Fumaria schleicheri Soyer-Willement 1828
Schleichers Erdrauch, Dunkler Erdrauch

Morphologie: Pflanze 15–30 cm hoch, Stengel aufrecht bis aufsteigend (dann bis 50 cm lang), verzweigt. Blätter 2fach gefiedert, Teilblätter letzter Ordnung tief geteilt; Blattzipfel 3–5mal so lang wie breit. Blütenstand 8–20blütig; Tragblätter um 1 mm lang, $\frac{1}{3}$–$\frac{1}{4}$ mal so lang wie die 3–4 mm langen, aufrecht abstehenden Fruchtstiele. Blüten 5–6 mm lang, dunkelrosa, an der Spitze dunkelpurpurn; Kelchblätter 0,5–1 mm lang und 0,4–0,8 mm breit. Frucht 1,5–2 mm im Durchmesser, etwa halb so lang wie der Fruchtstiel, oben mit kleiner Spitze. Blütezeit: Mitte Juni bis Mitte September.
Ökologie: In Unkrautfluren von Weinbergen, Gärten und Äckern, auf Brachen, an Wegen und Weinbergsmauern, auf Ödflächen und Schutt. Auf trockenen, nährstoff- und kalkreichen Stein- und Lehmböden. Weniger wärmeliebend als bisher angenommen. Der Gesellschaftsanschluß ist wegen fehlender Aufnahmen im Gebiet unklar.
Allgemeine Verbreitung: Osteuropäisch-westasiatische Pflanze. Nordwärts bis ins obere Donaugebiet und Mittelrußland; westwärts bis zum Jura; nach Osten hin über Kleinasien und den Kaukasus bis nach Südsibirien und Zentralasien.
Verbreitung in Baden-Württemberg: Der Dunkle Erdrauch ist im Gebiet selten. Wahrscheinlich ist die Art in einigen Fällen übersehen oder falsch angesprochen worden. Wegen einer Reihe von Fehlbestimmungen, die z.T. auf unzureichenden Bestimmungsschlüsseln in den Landesfloren beruhen, sind hier nur belegte Angaben aufgeführt.

Die Vorkommen reichen von 260 m in Stuttgart (7121/3) bis 850 m bei Irndorf (7919/2) auf der Schwäbischen Alb.

Die Pflanze ist vermutlich wie die meisten Fumaria-Arten mit dem Getreideanbau zu uns gelangt, sie dürfte also eingebürgert sein. Literarischer Erstnachweis: MARTENS & KEMMLER (1865): „Tübingen im Ammerthal auf einer Mauer (HEGELMAIER); Donnstetten beim Heuberg auf Ackerfeld (KEMMLER)".

Mittlerer Neckar: 7121/3: Stuttgart, Rosensteinpark, ruderal, 1985, NEBEL (STU).
Schönbuch: 7420/3: Tübingen, an Mauern, 1864, F. HEGELMAIER (STU); Tübingen, ruderal, 1977, GOTTSCHLICH (STU-K).
Baar: 7917/3: Quellgebiet der Stillen Musel, ruderal, 1984, D. LAKEBERG (STU).
Schwäbische Alb: 7127/4: SSE Beuren, 1988, SEBALD (STU); 7822/1: Warmtal bei Friedingen, Getreidefeld, 1986, NEBEL (STU-K); 7919/2: N Irndorf, 1978, SEBALD (STU); 7921/2: Scheer, 1907, K. BERTSCH (STU).

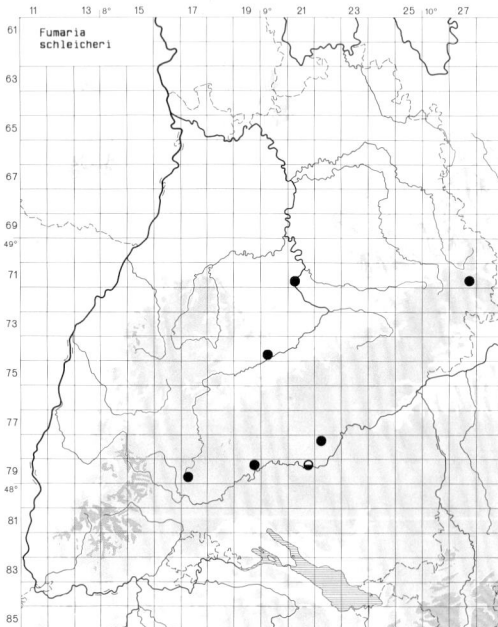

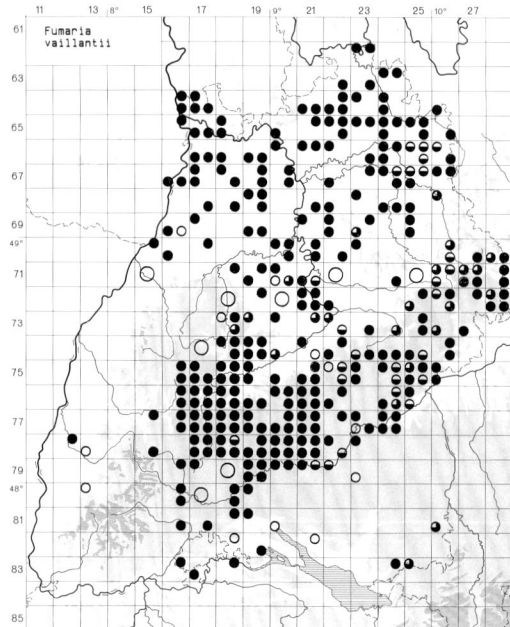

Vaillants Erdrauch *(Fumaria vaillantii)*

Bestand und Bedrohung: Die Pflanze hat im Gebiet nur wenige Vorkommen und dürfte wie die übrigen Arten der Gattung auf Äckern unter Unkrautbekämpfung leiden. Jedoch stammen eine Reihe von Angaben gerade aus neuerer Zeit und vor allem von Ruderalstellen. Es kann angenommen werden, daß der Dunkle Erdrauch hier gewisse Ausgleichsflächen gefunden hat. In der Roten Liste wird die Art als gefährdet geführt (Gefährdungsgrad 3).

3. Fumaria vaillantii Loisel. 1809
Vaillants Erdrauch, Blasser Erdrauch, Feinblättriger Erdrauch, Buschiger Erdrauch

Morphologie: Pflanze 10–30 cm hoch, Stengel aufrecht bis aufsteigend (dann bis 50 cm lang), verzweigt. Blätter 2fach gefiedert, Teilblätter letzter Ordnung tief geteilt; Blattzipfel meist 2–6mal so lang wie breit. Blütenstand 6–15blütig; Tragblätter 1,0–2,3 mm lang, ½–¾ so lang wie die 1,5–3 mm langen, aufrecht abstehenden Fruchtstiele. Blüten 5–6 mm lang, blaßrosa, an der Spitze dunkelpurpurn; Kelchblätter 0,5–1 mm lang und 0,3–0,6 mm breit. Frucht 1,7–2,4 mm, oben mit kleiner Spitze. Blütezeit: Anfang Mai bis Anfang Oktober.

Fumaria schrammii (Asch.) Velen. mit fast sitzender Blütentraube und Tragblätter, die ¾ so lang wie der Fruchtstiel sind, läßt sich nach dem vorliegenden Material im Gebiet nicht abtrennen, da beide Merkmale hier nicht miteinander korreliert sind und fließende Übergänge bestehen.

Ökologie: In Ackerunkrautfluren, besonders in Getreidefeldern, auch in Weinbergen, auf Brachen, in Gärten, an Wegen und Mauern sowie auf Schutt, selten auch an Kalkfelsen. Auf mäßig trockenen bis mäßig frischen, nährstoff- und kalkreichen, oft steinigen Lehmböden. Stickstoffzeiger, etwas wärmeliebend. Verbandscharakterart im Caucalidion, auch im Fumario-Euphorbion. Typische Begleiter sind *Veronica polita, Campanula rapunculoides, Aethusa cynapium, Euphorbia exigua* und *Sherardia arvensis.* Vegetationskundliche Aufnahmen bei TH. MÜLLER (1964), GÖRS (1966: Tab. 3, 4), SEBALD (1983: Tab. 16).

Allgemeine Verbreitung: Ursprünglich mediterranwestasiatische Pflanze, heute in ganz Europa (mit Ausnahme des extremen Nordens); Nordwestafrika; West- und Zentralasien.

Verbreitung in Baden-Württemberg: Der Blasse Erdrauch kommt im Gebiet verbreitet aber nicht häufig vor. Sein Verbreitungsschwerpunkt liegt in den Kalkgebieten (Gäulandschaften und Schwäbische Alb). Die Vorkommen reichen von 100 m in der Oberrheinebene bei Mannheim bis 880 m bei Renquishausen (7919/1) auf der Schwäbischen Alb.

F. vaillantii ist wohl mit dem Getreideanbau während der Jungsteinzeit zu uns gelangt. Erstnachweis: SPENNER (1829: 911); GMELINS Angabe (1808: 148) für *F. parviflora* bezieht sich vermutlich ebenfalls auf unsere Art. Die Art fehlt mit Ausnahme der Muschelkalk-Randgebiete dem Schwarzwald (nur 7715/2: o.O., um 1980, ADE (STU-K); 7815/4: Nußbach, 1986, SEYBOLD (STU-K) und dem mittleren Oberrheingebiet.

In folgenden Landschaften ist die Pflanze selten:
Südliches Oberrheingebiet: 7812/2: o.O.; 1987, SCHLESINGER (STU-K); 7813/3: Emmendingen, DÖLL (1862); 8013/1: Freiburg, DÖLL (1862).
Alpenvorland: 7923/3: Saulgau, 1898, K. BERTSCH (STU); 8120/3: Ludwigshafen, SEUBERT u. KLEIN (1905); 8126/3: Bahnhof Leutkirch, DÖRR (1973); 8218/2: Hohentwiel, SEUBERT u. KLEIN (1905); 8219/4: Mettnau, 1971, SEYBOLD (STU-K); 8221/2: Salem, SEUBERT u. KLEIN (1905); 8318/2: Lochmühle SO Gailingen, 1974, SEYBOLD (STU-K); 8324/2: Wangen, 1972, BRIELMAIER (STU); 8325/1: Bahnhof Wangen, DÖRR (1973). Eine kleinere Verbreitungslücke besteht im zentralen Schwäbisch-Fränkischen Wald.

Bestand und Bedrohung: Die Art ist durch Unkrautbekämpfungsmaßnahmen, intensivere Bearbeitung und dichteren Stand der Feldfrüchte vor allem in Getreideäckern sicher zurückgegangen. Auf Ruderalstellen, an neuangelegten Straßen und Wegen sowie auf Bahnhöfen hat die Pflanze Ausweichflächen gefunden. Ein auffälliger Rückgang läßt sich an der Karte noch nicht ablesen. In der Roten Liste wird die Art als nicht gefährdet aber schonungsbe-dürftig (Gefährdungsgrad 5) eingestuft.

4. Fumaria parviflora Lam. 1786
Kleinblütiger Erdrauch

Morphologie: Pflanze 15–30 cm hoch, Stengel auf-steigend bis aufrecht, verzweigt. Blätter 2fach gefie-dert, Teilblätter letzter Ordnung tief geteilt, Blatt-zipfel 4–6mal so lang wie breit, gegen den Grund eine Rinne bildend, Blütenstand 10–20blütig; Trag-blätter 1,5–2 cm lang, 1–1 ½mal so lang wie die 1,3–1,7 mm langen, aufrecht abstehenden Frucht-stiele. Blüten 5–6 mm lang, meist weiß, an der Spitze dunkelpurpurrot; Kelchblätter 0,5–1 mm lang und 0,3–0,6 mm breit. Frucht 1–1 ½mal so lang wie der Fruchtstiel, oben mit deutlicher Spitze und ringsum gekielt. Blütezeit: Juni bis September.
Ökologie: In Unkrautfluren von Äckern, Gärten und an Wegen. Auf warmen, trockenen, nährstoff- und basenreichen, meist kalkhaltigen Stein-, Lehm- oder Tonböden, wärmeliebend. Im Mittelmeerge-biet vor allem in Weizenäckern, stelterer in Hack-fruchtäckern oder Ruderalgesellschaften.
Allgemeine Verbreitung: Westeuropäisch-mediter-rane Pflanze. Nordwärts bis Schottland; von Nord-westafrika und den Kanaren durch das ganze Mit-telmeergebiet bis Westeuropa; von Südwestasien über die Balkanhalbinsel nach Nordosten bis in die Ukraine.

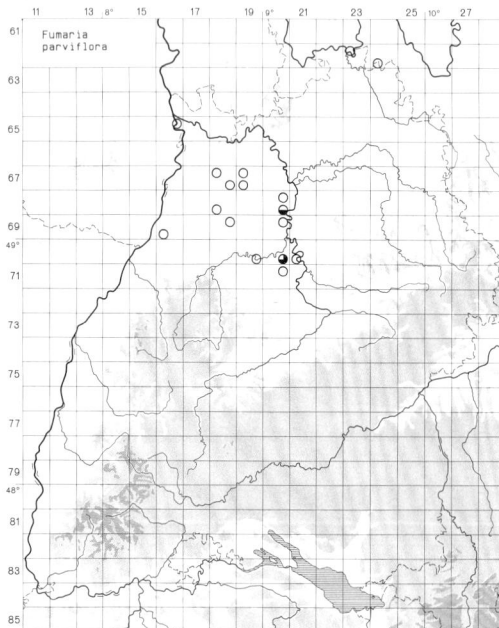

Verbreitung in Baden-Württemberg: Der Kleinblü-tige Erdrauch war im vorigen Jahrhundert im Ge-biet sehr selten und kam im Main-Tauber-Gebiet, im nördlichen Oberrheingebiet, im Kraichgau und im mittleren Neckargebiet vor.

Die Vorkommen reichen von 95 m bei Mann-heim (6516/2) bis 230 m bei Wenkheim (6224/3).

Ob die Pflanze im Gebiet jemals fest eingebürgert war, läßt sich heute nicht mehr feststellen. Erstnach-weis: GRIESSELICH (1836: 185–186): Äcker zwi-schen Sinsheim und Eppingen, bei Reihen in der Gegend von Heidelberg (6719/3). Die Art wurde oft mit *F. vaillantii* verwechselt. Durch Herbarbelege abgesicherte Angaben sind daher in der folgenden Zusammenstellung gesondert aufgeführt.

Durch Belege abgesicherte Angaben:
Nördliches Oberrheingebiet: 6516/2: Mannheim, vor 1900, (KR).
Main-Tauber-Gebiet: 6224/3: Wenkheim, 1880, KNEUK-KER (KR), SEUBERT u. KLEIN (1905).
Kraichgau: 6719/1: vor 1900, DIERBACH (KR).
Mittlerer Neckar: 6820/2: Schluchtern, Kartoffelacker gegen den Marienhof, 1887, BONNET (KR).
Literaturangaben ohne Belege:
Nördliches Oberrheingebiet: 6516/2: Mühlau bei Mann-heim, DÖLL (1862); 6916/3: Karlsruhe, SEUBERT u. KLEIN (1905).
Main-Tauber-Gebiet: 6223/1: Wertheim, DÖLL (1862).
Kraichgau: 6718/1: Wiesloch; 6718/4: Eichtersheim; 6719/3: Reihen, GRIESSELICH (1836); 6818/3: Unteröwisheim; 6918/2: Flehingen; alle Angaben (außer von 6719/3) SEU-BERT u. KLEIN (1905).
Mittlerer Neckar: 6820/4: Großgartach, KIRCHNER u. EICHLER (1913); 6920/2: Hausen/Zaber, KIRCHNER u. EICHLER (1900); 7019/4: Vaihingen, KIRCHNER u. EICH-LER (1900); 7020/4: Markgröningen, 1957, GLOCKER in SEYBOLD (1968); 7021/3: Eglosheim, RIEBER (1897); 7120/2: Münchingen, LÖRCHER in KIRCHNER (1888).
Folgende in der Literatur genannte Fundangaben sind nach Überprüfung der Belege zu *F. vaillantii* zu stellen:
Mittlerer Neckar: 7120/3: Leonberg, Engelberg, 1876, HERRMANN (STU), vgl. KIRCHNER (1888); 7121/3: Korn-westheim, Steinbruch, 1869, W. GMELIN (STU), vgl. v. MARTENS u. KEMMLER (1865). Aus der weiteren Umge-bung von Stuttgart fehlen also gesicherte Angaben von *F. parviflora*.

Bestand und Bedrohung: Alle Belege stammen aus dem letzten Jahrhundert. Gesicherte Aussagen über die Gründe des Rückgangs der Pflanze (deren Sta-tus unsicher ist) können nicht gemacht werden. Die Art ist heute im Gebiet verschollen (in der Roten Liste Gefährdungsgrad 0).

Kleinblütiger Erdrauch *(Fumaria parviflora)*, links unten (Figur 4451); ferner abgebildet: Vaillants Erdrauch *(Fumaria vaillantii)*, oben (Figur 4452); aus REICHENBACH, L.: Icones florae germanicae et helveticae, Band 3, Tafel 1 (1838–1839).

4452.
Vaillantii Lois.

4451. parviflora LAM.

4450 .... spicata L.

Fumaria.

Unterklasse

Hamamelidae
Hamamelisähnliche

Zu dieser Unterklasse zählen nach Heywood (1978):
Platanaceae
Betulaceae
Fagaceae
Diese Unterklasse stimmt zum beträchtlichen Teil überein mit den früheren Amentiferae (Kätzchenblütigen). Allerdings werden heute die Salicaceae meist zu den Dilleniidae gestellt. Auch die Juglandaceae (Walnußgewächse) werden heute öfters den Rosidae zugeordnet. Im Gegensatz zu Heywood (1978) sind bei Rothmaler (1976) die Urticales nicht den Dilleniidae, sondern den Hamamelidae zugeordnet.

Platanaceae

Platanengewächse
Bearbeiter: S. Seybold

Die Familie umfaßt nur eine einzige Gattung.

Platanus L. 1753
Platane

Von dieser Gattung sind nur 8 Arten bekannt.

P. × **hybrida** Brotero 1804
P. × *acerifolia* (Aiton) Willd. 1804
Bastardplatane

Baum, bis 35 m hoch, Borke in großen Platten abspringend, Blätter 3–5lappig, 12–25 cm breit, buchtig gezähnt, derb, Blattstiel 3–10 cm lang; Blüten unscheinbar, in Köpfchen; Fruchtstand kugelig, meist zu zweiten, etwa 2,5 cm im Durchmesser, an langen Stielen herabhängend, Frucht ein Nüßchen.

Dieser Baum, der möglicherweise als Kreuzung der *P. orientalis* aus dem östlichen Mittelmeergebiet mit der nordamerikanischen *P. occidentalis* entstanden ist, wird häufig als Alleebaum gepflanzt. Gelegentlich trifft man auf Sämlinge, die auffallenderweise besonders im Überschwemmungsbereich von Bächen oder Flüssen auftreten. Sowohl *P. orientalis* wie *P. occidentalis* sind beides Auwaldarten. *P. hybrida* ist bei uns jedoch noch nirgends eingebürgert. Beobachtungen liegen vor von:
7121/1: Ludwigsburg, Arsenalbau, 1970, S. Seybold (STU-K);
7121/3: Bad Cannstatt-Münster, Neckarufer, 1976, S. Seybold (STU-K);
7221/1: Stuttgart, Ufer der früheren Anlagenseen und auf Trümmerschutt, um 1950, W. Kreh (1951: 106); Berg, Hof der früheren Materialprüfungsanstalt, 1969, S. Seybold (STU-K); Gaisburger Brücke, 1967, Seybold et al. (1968: 213);
7221/2: Obertürkheim, Ölhafen, 1973, Seybold (STU-K).

Betulaceae

Birkengewächse
Bearbeiter: M. Nebel

Bäume oder Sträucher. Blätter 2zeilig oder schraubig angeordnet, gezähnt, gestielt, mit frühzeitig abfallenden Nebenblättern. Blüten an den vorjährigen Zweigen, eingeschlechtig; Pflanzen einhäusig. Männliche Blütenstände sind hängende Ähren (Kätzchen), mit 1–3 Blüten je Tragblatt, Blütenhülle fehlend oder einfach, hochblattartig. Weibliche Blütenstände wenigblütig *(Corylus)* oder vielblütige Ähren, mit 1–3 Blüten je Tragblatt, Vorblätter meist vorhanden, vielgestaltig, Perigon unscheinbar, mit dem Fruchtknoten verwachsen. Fruchtstände einzeln, zur Zeit der Reife zerfallend oder zu mehreren beisammen, einen traubigen Fruchtstand bildend. Frucht eine einsamige Nuß, vom Vorblatt umschlossen oder nicht. Alle Vertreter der Familie sind Windbestäuber. Die männlichen Kätzchen hängen an einem sehr biegsamen Stiel und können so leicht vom Wind hin und her geweht werden und ihren Pollen ausstreuen. Die Familie umfaßt 9 Gattungen mit etwa 130 Arten, die fast ausschließlich auf die gemäßigten Breiten der nördlichen Hemisphäre (daneben nur noch wenige Arten in Südamerika) beschränkt sind. Verbreitungszentren sind Zentral- und Ostasien, das Mittelmeergebiet und Nordamerika. Im Gebiet sind 4 Gattungen heimisch.

1 Weibliche Blütenstände armblütig, zur Blütezeit in Knospenschuppen eingehüllt, nur die roten Narben herausragend; Blüte vor Beginn des Laubaustriebs . . . . 4. *Corylus*
– Weibliche und männliche Blütenstände in vielblütigen Ähren; Blüte zur Zeit des Blattaustriebs oder später 2
2 Weibliche Blütenstände zu mehreren beisammen, einen traubigen Gesamtblütenstand bildend, nicht zerfallend; die leeren, verholzten Fruchtstände noch im folgenden Jahr als zapfenförmige Gebilde am Baum oder Strauch hängend . . . . 2. *Alnus*
– Weibliche Blütenstände einzeln, zur Zeit der Fruchtreife zerfallend 3
3 Frucht ungeflügelt, von einem mindestens 1 cm langen Vorblatt umhüllt; Staubblätter an der Spitze mit Haarschopf . . . . 3. *Carpinus*
– Frucht geflügelt, nicht von einem Vorblatt umhüllt; Staubblätter kahl . . . . 1. *Betula*

1. **Betula** L. 1754

Birke

Bäume oder Sträucher. Blätter schraubig angeordnet. Männliche Blütenstände nackt oder von Knospenschuppen umgeben, überwinternd; männliche Blüten zu 3, dem gemeinsamen Tragblatt aufsitzend, Vorblätter 2, Perigon 4blätterig, Staubblätter 2, seltener 3, bis zum Grund 2teilig, ohne Haarschopf an der Spitze. Weibliche Blütenstände von Knospenschuppen umgeben, überwinternd, sich mit oder nach den Blättern entwickelnd, Tragblatt mit den 2 Vorblättern zu einer 3lappigen oder 3spaltigen zur Fruchtzeit abfallenden Schuppe verwachsen; 3 Blüten je Tragblatt, Perigon fehlend; Fruchtknoten 2fächerig, Narben 2, fadenförmig, rot. Frucht eine einsamige, dünnhäutige Nuß mit 2 durchsichtigen Flügeln. Die Früchte werden durch den Wind verbreitet.

Die Gattung umfaßt etwa 40 Arten, die auf der nördlichen Halbkugel verbreitet sind. Die meisten Arten findet man in Zentral- und Ostasien. Im Gebiet sind 4 Arten beheimatet.

1 Bäume oder hohe Sträucher; Blätter über 3,5 cm lang, doppelt gezähnt, zugespitzt; männliche Blütenstände hängend 2
– Niedrige Sträucher mit graubrauner Rinde; Blätter unter 3,5 cm lang, einfach gezähnt, stumpf; männliche Blütenstände aufrecht oder abstehend, im Winter von Knospenschuppen umgeben 3
2 Blätter ± rhombisch, lang zugespitzt, Seitenecken kaum abgerundet; Blätter und Zweige kahl; Seitenlappen der Tragblätter der weiblichen Blüten rückwärts gebogen; Flügel der Frucht 2–3mal so breit wie die Frucht, diese an der Spitze deutlich überragend . . . . 1. *B. pendula*
– Blätter rundlich-eiförmig, kurz zugespitzt, Seitenecken abgerundet, Blätter und junge Zweige behaart; Seitenlappen der Tragblätter der weiblichen Blüten nach vorne gerichtet; Flügel der Frucht 1–1,5mal so breit wie die Frucht, diese an der Spitze kaum überragend . . . . . 2. *B. pubescens*
3 Blätter rundlich, oft breiter als lang, Zähne stumpf; jüngste Triebe dicht flaumig behaart, ohne Drüsen . . . . [*B. nana*]
– Blätter oval, oft länger als breit, Zähne spitz; jüngste Triebe locker flaumig behaart bis kahl, mit vielen Harzdrüsen . . . . 3. *B. humulis*

Betula nana L. 1753
Zwerg-Birke

Bis 1,2 m hoher Strauch; niederliegende Zweige sich oft bewurzelnd. Jüngste Triebe dicht flaumig behaart, ohne Drüsen. Rinde braun oder dunkelbraun. Blätter kahl, rundlich, bis 1,2 cm lang und 1,5 cm breit, oberseits dunkel- unterseits hellgrün, einfach gezähnt, Blattzähne stumpf; Blattstiel weniger als ½ so lang wie das Blatt. Männliche Kätzchen sitzend, aufrecht, kurz walzlich, bis 1,5 cm lang, wie die weiblichen im Winter von Knospenschuppen umgeben. Weibliche Kätzchen sehr kurz gestielt, eiförmig-länglich, bis 1 cm lang; Seitenabschnitte des Tragblattes nach vorne gerichtet, fast so lang wie der Mittelabschnitt. Flügel der Frucht von unten her gegen die Narbe hin allmählich schmäler werdend.

Blüte von Ende April bis Anfang Juni. Männliche und weibliche Kätzchen erscheinen zur Zeit des Laubaustriebs. Die weiblichen Blüten entwickeln sich deutlich früher als die männlichen. Die Frucht reift im Herbst.

In offenen Hochmooren und Kiefern-Moorwäldern. Auf nassen, nährstoff- und basenarmen, sauren Torfböden. Vor allem mit *Vaccinium uliginosum* im Pino-Sphagnetum und im Eriophoro-Trichophoretum (Sphagnion magellanici). Typische Begleiter sind *Empetrum nigrum*, *Andromeda polifolia*, *Vaccinium oxycoccus*, *Eriophorum vaginatum* und *Sphagnum magellanicum*.

Eurosibirisch-nordamerikanische Pflanze. Island, Spitzbergen, Schottland, Skandinavien (südwärts bis Südnorwegen und Südschweden), Finnland, Baltikum, Nordrußland (südwärts bis 58° NB); ostwärts bis ins Jenissei-Gebiet; vereinzelt in der norddeutschen Tiefebene und den deutschen Gebirgen, Ardennen, Jura, Alpen und Karpaten; Nordamerika (Labrador); Grönland.

Von der Zwergbirke wird rezent im Gebiet nur der Fundort 7815/3: Blindensee bei Triberg, OLTMANNS (1927: 26) aus dem Schwarzwald angegeben. Da die Pflanze hier vorher und nachher nie wieder beobachtet worden ist und kein Beleg bekannt ist, wird diese Fundmeldung allgemein als äußerst fraglich angesehen.

Die nächsten aktuellen Vorkommen liegen nahe der Landesgrenze in Bayern. 8127/4: Reichholzrieder Moor bei Dietmannsried, DÖRR (1972); 8327/1: Breitenmoos O Rechtis, zur Abtorfung freigegeben, 1978, DÖRR (STU-K).

Fossil wurde die Zwergbirke aus Torf- und Seeablagerungen an mehreren Stellen des Alpenvorlandes sowie vereinzelt aus dem Südschwarzwald, der Baar, der Schwäbischen Alb und dem mittleren Neckargebiet nachgewiesen. Eine Karte der rezenten und fossilen Verbreitung findet sich bei BERTSCH (1958: 81). Archäologischer Erstnachweis: FRENZEL (1978): Eem, Füramoos (Pollen); LANG (1952): Älteste Dryas, Schleinsee.

1. **Betula pendula** Roth 1788

Betula verrucosa Ehrh. 1791; *Betula alba* L. 1753
pro parte
Weiß-, Hänge- und Gewöhnliche Birke

Morphologie: Bis 30 m hoher Baum. Rinde im unteren Stammteil rissig, wulstig, dunkelbraun bis schwarz, selten mit weißen Flecken, weiter oben glatt, weiß oder gelblichweiß. Äste spitzwinkelig aufsteigend. Zweige stark überhängend; die jüngsten Triebe meist dicht mit warzigen Harzdrüsen besetzt, unbehaart. Blätter im Umriß rhombisch, lang zugespitzt, an den Seitenecken kaum abgerundet, bis 6,5 cm lang und 5,5 cm breit, jung zerstreut behaart, rasch verkahlend, doppelt gezähnt, Blattzähne 1. Ordnung mit feiner, oft gegen die Blattspitze hin einwärts gebogener Spitze, Blattstiel bis

Hänge-Birke *(Betula pendula)*

Biologie: Blüte von April bis Mai. Blüte und Laubaustrieb fallen zusammen. Die weiblichen Blüten entwickeln sich vor den männlichen. Die Früchte reifen von Spätsommer bis Spätherbst. Früh ausfallende Früchte keimen bereits nach 8 Tagen, später ausfallende erst im kommenden Frühjahr. Zur ersten Blüte kommt es im Alter von 20–30 Jahren. Der Baum kann bis zu 120 Jahre alt werden.

Ökologie: Auf Schlägen, in lichten Laub- und Nadelwäldern, auf Magerweiden, Heiden und Ödflächen. Bevorzugt auf trockeren, mäßig nährstoffreichen, meist basenarmen, ± humosen Böden. Lichtholz, Humuszehrer, Flach- und Intensivwurzler, Bodenfestiger. Vor allem mit *Salix caprea* in Vorwald-Gesellschaften des Quercion robori-petraeae und Luzulo-Fagion, auch als Pioniergehölz in Nardo-Callunetea-Gesellschaften, auf Brandflächen, in Mooren und als Nebenholz in lichten Wäldern. Vegetationsaufnahmen bei OBERDORFER (1938: Tab. 16), K. MÜLLER (1948: 215), SEBALD (1974: Tab. 2), SCHWABE-BRAUN (1980: Tab. 11), MURMANN-KRISTEN (1987: Tab. 15).

Allgemeine Verbreitung: Eurosibirische Pflanze. In Europa nordwärts bis 69° NB (fehlt auf Island); südwärts bis Katalonien, Sizilien (Ätna), Mazedonien, Kleinasien, Nordpersien; ostwärts bis ins Gebiet des Jenissei und Altai.

Verbreitung in Baden-Württemberg: Die Hänge-Birke ist in allen Landschaften verbreitet und regelmäßig anzutreffen, wobei sie in den Kalkgebieten

2 cm lang, kahl. Männliche Blütenstände hängend, bis 10 cm lang, als geschlossene Kätzchen nackt überwinternd. Weibliche Blütenstände zur Blütezeit aufrecht, später hängend, bis 4 cm lang und 1 cm dick; Seitenabschnitte des Tragblattes rückwärts gebogen. Fruchtflügel 2–3mal so breit wie die Frucht, die Narbe um das Doppelte überragend.

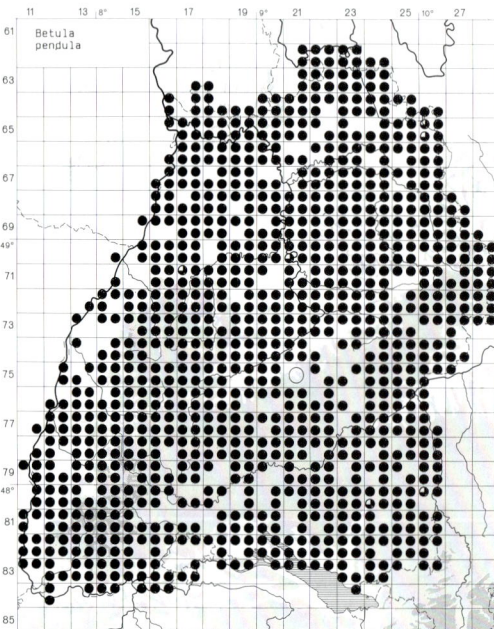

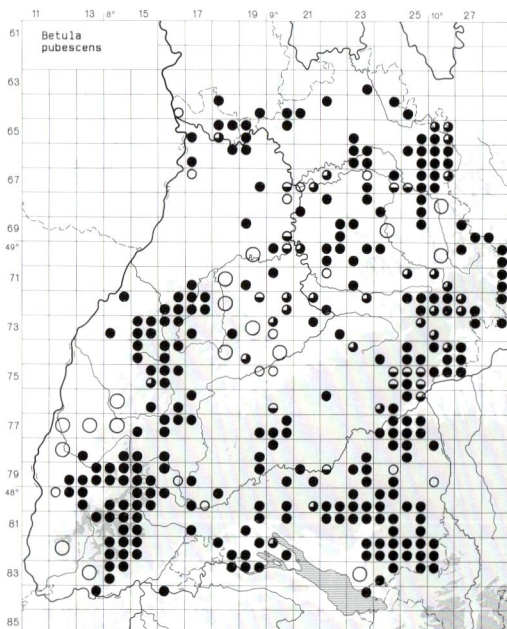

meist deutlich seltener auftritt. Dadurch können auch kleinere Verbreitungslücken wie auf der Schwäbischen Alb entstehen.

Die Vorkommen reichen von 100 m bei Mannheim bis etwa 1400 m am Feldberg (8114/1).

Die Art ist im Gebiet urwüchsig. Archäologischer Erstnachweis: LANG (1952): Bölling, Schleinsee; Birkenpollen mehr als 5% bis 80%: Bölling bis Boreal im ganzen Gebiet. Literarischer Erstnachweis: J. BAUHIN (1598: 144): Umgebung von Bad Boll (7323).

Bestand und Bedrohung: Dank ihrer Häufigkeit und Pionierfreudigkeit ist die Hänge-Birke im Gebiet nicht gefährdet. Lediglich in geschlossenen Beständen dürfte die lichtliebende Art wegen der Umstellung der Nieder- und Mittelwaldwirtschaft auf Hochwaldbewirtschaftung zurückgegangen sein.

2. Betula pubescens Ehrh. 1791

(incl. *Betula carpatica* Waldst. & Kit. 1805); *Betula alba* L. 1753 pro parte
Moor-, Haar-, Flaumhaarige Birke

Morphologie: Bis 30 m hoher Baum. Rinde fast überall glatt, meist weiß oder gelblich, selten grau bis schwarz. Äste und Zweige aufwärts gerichtet oder waagrecht abstehend. Junge Triebe dicht flaumig behaart, mit wenigen Harzdrüsen, ältere Zweige verkahlend. Blätter im Umriß oval, kurz zugespitzt, an den Seitenecken abgerundet, bis 7 cm lang und 6 cm breit, jung flaumig behaart, zuletzt meist nur noch in den Nervenwinkeln bärtig, doppelt gezähnt, Blattzähne 1. Ordnung ohne feine Spitze, diese nie einwärts gebogen, Blattstiel bis 2 cm lang, jung meist behaart. Männliche Blütenstände hängend, bis 8 cm lang, als geschlossene Kätzchen nackt überwinternd. Weibliche Blütenstände aufrecht, später hängend, bis 4 cm lang und 1 cm dick; Seitenabschnitte des Tragblattes nach vorne gerichtet. Fruchtflügel 1–1,5mal so breit wie die Frucht, die Narbe kaum überragend. – Blütezeit: April bis Mai.

Treten *Betula pubescens* und *B. pendula* zusammen auf, kommt es nicht selten zu Kreuzungen. Die durch die Rückkreuzungen entstehenden Formenschwärme erschweren die Unterscheidung der beiden Sippen erheblich. In manchen Gebieten scheinen sie sogar durch kontinuierliche Übergänge miteinander verbunden zu sein (vgl. NATHO 1959).

Die Karpaten-Birke *(Betula carpatica)* ist nach NATHO (1959) durch Einkreuzung von Merkmalen der Hänge-Birke in Moor-Birken-Populationen entstanden und konnte sich in bestimmten Gegenden aufgrund besonderer Umweltfaktoren halten.

Moor-Birke *(Betula pubescens)*
Degermoos, 1981

Auf eine Ausgliederung dieser sehr variablen Sippe aus dem Formkreis der Moor-Birke wurde deshalb in diesem Rahmen verzichtet.

Ökologie: In Moor- und Bruchwäldern sowie in Zwischenmooren, an Hochmoorrändern, in Quellsümpfen und Blockfeldern bevorzugt höherer Lagen. Auf staunassen bis feuchten, mäßig nährstoffreichen, basenarmen, humosen Sand- oder Torfböden. Frosthartes Pionierholz. Vor allem im Birkenmoor (Vaccinio uliginosi-Betuletum) und Birkenbruch (Betulo-Salicetum auritae). Typische Begleiter sind *Vaccinium uliginosum, Vaccinium myrtillus, Vaccinium vitis-idaea, Pinus sylvestris, Eriophorum vaginatum*. Vegetationskundliche Aufnahmen bei KUHN (1954: Tab. 11), GÖRS (1960: Tab. 10), LANG (1973: 381), DIERSSEN (1984: Tab. 23–25), SEBALD (1984: Tab. 8), MURMANN-KRISTEN (1987: Tab. 15).

Allgemeine Verbreitung: Eurosibirische Pflanze. In Europa bis 69° NB (auch auf Island); südwärts bis Katalonien, Alpensüdfuß, Serbien, Montenegro, Karpaten, Südrußland (ohne Steppengebiete); Kaukasus; durch Rußland und Sibirien zwischen 50° und 70° NB ostwärts bis ins Gebiet der Lena und des Baikalsees.

Verbreitung in Baden-Württemberg: Die Moorbirke tritt im Gebiet zerstreut auf. Im Odenwald, im Schwarzwald, in Hohenlohe, auf der Ostalb und im Alpenvorland kann man eine Häufung der Vorkommen beobachten. Im Bereich des mittleren Neckars, im Schwäbisch-Fränkischen Wald und auf der Südwest-Alb findet man die Art nur noch sehr zerstreut. In den übrigen Landschaften ist sie selten oder fehlt fast ganz. Das verstärkte Auftreten in höheren Lagen und in den östlichen Landesteilen ist wohl auch Ausdruck der Frosthärte dieser Baumart.

Die Vorkommen reichen von 100 m bei Mannheim bis 1280 m im Zweiseenblick-Moor (= Hirschbäder) am Feldberg (8114/1).

Die Art ist im Gebiet urwüchsig. Archäologischer Erstnachweis: LANG (1952): Bölling, Schleinsee. Literarischer Erstnachweis: GMELIN (1808: 676–677): „Auf dem Kaltenbrunn, auf der Herrnwiese, auf dem Kniebis et alibi", Schwarzwald.

Bestand und Bedrohung: Die Bestände der Moorbirke sind im allgemeinen nicht besonders groß. Die recht pionierfreudige Art ist jedoch durch ihre flugfähigen Samen in der Lage, auch einen weiter entfernten für sie geeigneten Standort zu besiedeln. Die Trockenlegung und Eutrophierung von Mooren hat auch bei ihr zu einem gewissen Rückgang geführt, der jedoch geringer ausgefallen ist, wie bei sehr vielen anderen Bewohnern dieses Lebensraumes. In Gebieten mit gehäuftem Auftreten ist die Art kaum gefährdet. Fundorte, die in neuerer Zeit nicht mehr bestätigt wurden, liegen vor allem in Landschaften, in denen die Art nur selten vorkommt. Hier ist sie schonungsbedürftig. Standorte der Moorbirke sollten allgemein nicht verändert oder zerstört werden, weil die Pflanze in der Regel in Lebensräumen auftritt, die wie Moore und Blockhalden besonders wertvoll und schützenswert sind.

3. Betula humilis Schrank 1789
Strauch-Birke, Niedrige Birke

Morphologie: Bis 3 m hoher Strauch. Jüngste Triebe locker flaumig behaart bis kahl, mit vielen Harzdrüsen. Rinde braun. Blätter jung zerstreut behaart, später verkahlend, oval, nie breiter als lang, bis 3,5 cm lang und 2,5 cm breit, am Grunde oft herzförmig, unterseits nur wenig heller, einfach gezähnt, Blattzähne spitz; Blattstiel bis 5 mm lang, kahl. Alle Kätzchen aufrecht, im Winter von Knospenschuppen umgeben. Männliche Kätzchen sitzend, schlanker als die weiblichen. Weibliche Blütenstände kurz gestielt, eirund bis zylindrisch, 10–15 mm lang und 5–8 mm dick; Seitenabschnitte des Tragblattes der weiblichen Blüten schief nach außen gerichtet, weniger als ½ so lang wie der Mittelabschnitt. Flügel der Frucht bei der Narbe gestutzt. – Blütezeit: April bis Mai.

Bastarde werden aus dem Gebiet sowohl mit *Betula pubescens* wie mit *B. pendula* angegeben, sie sind jedoch selten und nur schwer zu erkennen.

Ökologie: In Birken- und Zwischenmooren, meist in lichten Birken- und Weiden-Pioniergehölzen. Auf nassen, mäßig nährstoff- und basenreichen, nicht zu sauren Torfböden. Zwischenmoorpflanze. Charakterart des Betulo-Salicetum repentis (Salicion cinereae). Typische Begleiter sind *Salix repens, Betula pubescens, Salix aurita, Salix cinerea, Frangula alnus*. Vegetationskundliche Aufnahmen bei KUHN (1954: Tab. 11), GÖRS (1960: Tab. 10, 11), OBERDORFER (1964).

Allgemeine Verbreitung: Eurosibirische Pflanze. In Europa von Nordosten (Baltikum, Nordostdeutschland) her bis Süddeutschland und Alpenvorland, Kärnten, Karpaten (fehlt in Westeuropa, Skandinavien und Finnland); hauptsächlich zwischen 50° und 65° NB durch Nord- und Mittelrußland und Sibirien bis ins Jenissei-, Amur- und Altaigebiet. Die Art erreicht im Gebiet die Südwest-Grenze der Verbreitung.

Verbreitung in Baden-Württemberg: Die Strauch-Birke ist im Gebiet selten und auf wenige Landschaften im Südosten beschränkt.

Die Vorkommen reichen von 437 m bei Riedheim (8222/4) bis 760 m bei Heiligenberg (8121/4) und 740 m bei Kommingen (8117/4).

Die Art ist im Gebiet urwüchsig. Archäologischer Erstnachweis: K. BERTSCH (1931): Boreal, Riedschachen/Federsee. Literarischer Erstnachweis: MEMMINGER (1841: 291): Wurzacher Ried, DUCKE.

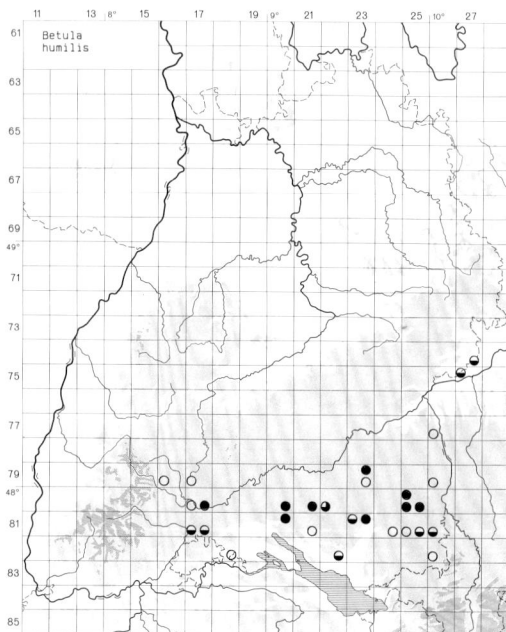

Strauch-Birke *(Betula humilis)*
Wurzacher Ried, 1983

Baar: 7916/3: Stadttorfmoos bei Villingen (= Platten-moos), ZAHN (1889), bei Villingen, SEUBERT u. KLEIN (1905); 7917/3: Schwenninger Moos, WINTER (1882); 8017/3: Hüfinger Ried, ZAHN (1889): 8017/4: Birkenried O Pfohren, 1956/57 KORNECK in PHILIPPI (1961), 1987, QUINGER (STU-K).
Baar-Alb: 8117/3: Zollhausried, NEUBERGER in ZAHN (1889); Hondinger Ried, STARK (1912); 8117/4: Ried bei Kommingen (= Kummenried), 1913, NEUBERGER (1913: 280), 1926 noch 1 Stock, KUMMER u. HÜBSCHER in KUM-MER (1929).
Hegau: 8218/4: Katzentaler See (= Spies), JACK (1892: 394).
Alpenvorland: 7427/4: Ried bei Sontheim/Brenz, 1922, SANTER (STU); 7527/1: Wilhelmsfeld S Asselfingen, 1943, K. MÜLLER (STU); 7726/3: Illertal bei Dietenheim, 1891, KARRER (STU), von K. MÜLLER 1942 vergeblich gesucht; 7923/2: Federseeried O Moosburg, 1985, QUINGER (STU-K); 7923/4: Schussenried, um 1850, F. VALET (STU); 7926/3: Rot, VALET, Eichenberger Ried, CALWER, beide in MARTENS u. KEMMLER (1865), Berkheim, EICHLER, GRADMANN u. MEIGEN (1909: 246), wohl alles ein Fund-ort; 8020/4: Waltere-Ried W Sentenhart, 1974, SEYBOLD (STU); Langenmoos S Walbertsweiler, BARTSCH (1924); 8021/4: Taubenried O Pfullendorf, 1976, SEYBOLD (STU); 8022/3: Pfrunger Ried, Schnödenwiesen, 1954, GÖRS (1960); Burgweiler Ried, BARTSCH (1924); 8025/1: Ober-schwarzach, 1977, DÖRR (STU-K); 8025/3: Wuracher Ried, 1974, SEYBOLD (STU-K); 8025/4: Dietmannser Ried, 1951, K. MÜLLER u. BRIELMAIER (STU); Ried bei Albers, 1977, BRIEMLE (1980); 8120/2: Birkenmoos bei Ebratsweiler, 1978, REINEKE (STU), Ruhestetter Ried, Torfstiche, 1987, STADELMAIER (STU-K), Moor bei Ruhe-stetten, 1962, GÖRS in OBERDORFER (1964); 8121/4: Heili-genberg, Tiergarten, JACK (1892: 382); 8123/1: Einödwei-her bei Blitzenreute, 1917, BERTSCH (STU); 8123/2: Vorsee, DÖRR, 1982 (STU); 8124/4: Wolfegg, 1853, HEGELMAIER

(STU); 8125/3: Gründelenried, 1852, SCHUPP (STU), Im-menried, KIRCHNER u. EICHLER (1900); 8125/4: Rötsee, KIRCHNER u. EICHLER (1913); 8126/3: Leutkircher Stadt-weiher, vor 1945, WÄLDE (STU-K); 8222/4: Riedheim, EICHLER, GRADMANN u. MEIGEN (1909: 266) wohl iden-tisch mit Raderacher Ried, LINDER (1907); 8226/3: Schweinebach, GMELIN in MARTENS u. KEMMLER (1865) wohl identisch mit Neutrauchburg, EICHLER, GRADMANN u. MEIGEN (1909: 250).
Eine Angabe vom Schwarzwald (8114/1: Feldsee, WINTER (1887) ist fraglich (DIERSSEN 1984: 208)).

Bestand und Bedrohung: Die Strauchbirke ist in Baden-Württemberg stark zurückgegangen. Von 32 bekannten Wuchsorten sind heute noch 9 aktuell. Bei einigen dieser Vorkommen sind die Bestände recht klein, stehen in Moorflächenresten und sind in ihrer Vitalität deutlich gemindert, so daß hier mit weiteren Verlusten gerechnet werden muß. Haupt-ursachen für den Rückgang sind Trockenlegung, Abtorfung und Eutrophierung der Moore. An vielen Stellen treten, durch diese Eingriffe geför-derte, hochwüchsige Baum- und Straucharten als Konkurrenten der niederwüchsigen, lichtliebenden Pflanze auf. Der beste Schutz, der durch ihre Lage an der Arealgrenze besonders wertvollen Vorkom-men, ist das Unterlassen aller weiteren Eingriffe. Darüber hinaus wäre es wünschenswert, wenn Ent-wässerungsmaßnahmen rückgängig und einer wei-teren Eutrophierung entgegengewirkt würde. Die Strauch-Birke ist in Baden-Württemberg stark ge-fährdet (in der Roten Liste Gefährdungsgrad 2).
Literatur: OBERDORFER (1964).

2. **Alnus** Miller 1754
Erle

Bäume oder Sträucher. Junge Äste 3kantig. Blätter schraubig angeordnet. Männliche Kätzchen ge-schlossen nackt überwinternd, über den weiblichen stehend. Männliche Blüten zu 3 in der Achsel eines Tragblattes, Tragblatt schildförmig, mit den 4 Vor-blättern verwachsen; Blüte mit 4–6 Perigonblät-tern; Staubbeutel meist 8 je Blüte, auf 4 Staubfä-den, die durch Verwachsung entstanden sind, ohne Haarschopf an der Spitze. Weibliche Blütenstände zu mehreren einen traubigen Gesamtblütenstand bildend; je 2 Blüten in der Achsel eines Tragblattes, die 4 Vorblätter mit dem Tragblatt verwachsen, zur Fruchtzeit eine verholzte, nicht abfallende Schuppe bildend, die leeren Fruchtstände deshalb noch im folgenden Jahr als zapfenartiges Gebilde an der Pflanze hängend. Narben 2, fädlich, die Tragblätter überragend. Frucht mit oder ohne Flügel.
In den Anschwellungen der Wurzeln leben Bakte-

rien aus der Gruppe der Actinomyceten (Strahlenpilze), die durch ihre Fähigkeit Luftstickstoff fixieren zu können, die Erlen besonders an nährstoffarmen Standorten konkurrenzfähig machen.

Die Gattung umfaßt rund 30 Arten, die in der Nordhemisphäre verbreitet sind. Die meisten Arten treten in Zentral-, Nord- und Ostasien auf, eine Art wächst in den südamerikanischen Gebirgen. Im Gebiet sind 3 Arten heimisch. Die aus Nordamerika stammende *Alnus rugosa* (Duroi) Spreng., die Runzel-Erle (Zweige und Blattunterseite in der Jugend rostgelb behaart), wird in neuerer Zeit öfter angepflanzt.

1 Knospen ungestielt, spitzlich; Blattzähne deutlich höher als breit; Kätzchen bei der Entfaltung der Blätter stäubend . . . . 1. *A. viridis*
– Knospen gestielt, stumpf; Blattzähne viel breiter als hoch; Kätzchen vorlaufend 2
2 Blätter mit 5–7 Seitennervenpaaren, sehr stumpf oder ausgerandet, ungleich schwach gesägt, kahl (nur in den Nervenwinkeln bärtig behaart), jung klebrig; weibliche Kätzchen gestielt . . . .
. . . . 2. *A. glutinosa*
– Blätter mit 8-13 Seitennervenpaaren, zugespitzt, scharf doppelt gesägt, jung unterseits graugrün behaart (nie in den Nervenwinkeln bärtig); weibliche Kätzchen sitzend . . . . 3. *A. incana*

1. Alnus viridis (Chaix) DC. 1815
Betula viridis Chaix 1786
Grünerle

Morphologie: Bis 3 m hoher Strauch. Rinde glatt, grau bis bräunlich. Junge Zweige behaart, verkahlend, etwas kantig. Mark der Zweige im Querschnitt kreisförmig. Knospen sitzend, wenig klebrig. Blätter oval, zugespitzt, bis 6 cm lang und 4 cm breit, mit 5–7 Seitennervenpaaren, oberseits dunkelgrün, kahl, unterseits hellgrün, oft nur auf den Nerven behaart, oft in den Nervenwinkeln bärtig, in der Jugend klebrig, Rand scharf doppelt gesägt, Blattzähne meist auffallend höher als breit; Blattstiel bis 1,5 cm lang. Kätzchen zur Zeit des Blattaustriebes blühend. Weibliche Blütenstände von Knospenschuppen umgeben überwinternd. Narben rot. Seitenständige Fruchtstände kurz gestielt, Fruchtzapfen 1–1,5 cm lang, jung grün und sehr klebrig. Frucht mit deutlichen Flügeln.
Biologie: Blüte von Ende April bis Anfang Juni. Die weiblichen Blüten sind bereits einige Tage empfängnisfähig bevor die männlichen zu stäuben beginnen.
Ökologie: In den Alpen bestandsbildend im subalpinen Knieholz; im Gebiet in bachbegleitenden Hochstaudenfluren, in Wildbach-Rinnen, an Rutschhängen und Böschungen, in Schluchtwäl-

dern, Vorwäldern, auf Weiden und an Waldrändern. Auf sickerfrischen, ± nährstoff- und basenreichen, meist kalkarmen, rohen, lehmigen Stein- und Tonböden in kühl-humider Klimalage. Pionierpflanze, Rohbodenkeimer, Bodenfestiger. In den Alpen Charakterart des Alnetum viridis; im Gebiet in Vorwaldgesellschaften des Epilobio-Salicetum capreae (Sambuco-Salicion capreae), im Chaerophyllo-Ranunculetum (Filipendulion), im Aceri-Fraxinetum (Tilio-Acerion) und als Pionier in Weiden. Typische Begleiter sind *Salix caprea, Chaerophyllum hirsutum, Ranunculus aconitifolius, Knautia sylvatica, Senecio fuchsii.* Vegetationskundliche Aufnahmen bei BARTSCH (1925), WILMANNS (1977) und SCHWABE (1987).

Allgemeine Verbreitung: Mittel- und südosteuropäische Gebirgspflanze. Alpen, Südjura, Schwarzwald, mitteldeutsche Gebirge, Böhmerwald, Sudeten, Karpaten, Gebirge des Balkans.

Verbreitung in Baden-Württemberg: Die Grünerle tritt im Gebiet nur im Schwarzwald und im Alpenvorland zerstreut auf.

Die Vorkommen reichen von 330 m bei Waldkirch (7913/2) bis 1170 m am Rinken (8114/1).

Die Art ist im Gebiet urwüchsig. Archäologischer Erstnachweis: FRENZEL (1978): Eem, Bad Wurzach (Pollen); Pollen vereinzelt in Diagrammen aus Alpenvorland und Schwarzwald (Flandern). Literarischer Erstnachweis: GMELIN (1808): 678–679): „Prope St. Mariam, vulgo St. Mergen

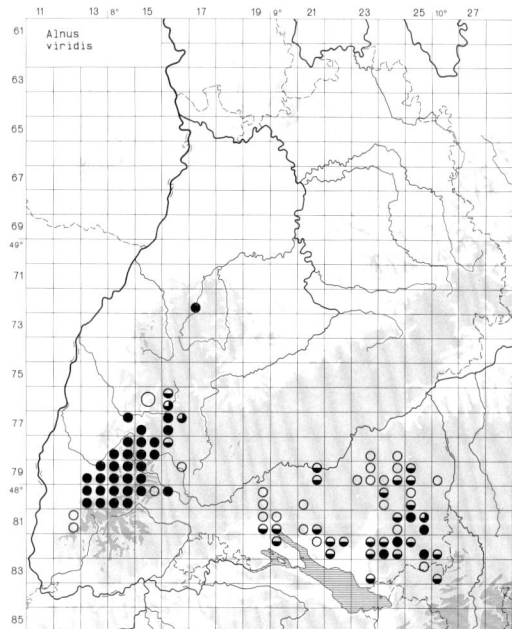

Grünerle *(Alnus viridis)*

nec non am Zwerrenbacher Wasserfall nuper cum cl. Eckero florentem abunde vidi".

Schwarzwald: Im Süd-Schwarzwald und im östlichen Mittelschwarzwald verbreitet, aber nicht häufig. Abweichend liegt ein Wuchsort (7217/3: Lautenhof, Blöckerrain, 12 Büsche am Weg, 1977, SEYBOLD) im Nordschwarzwald. Ein Fundort: Geisingen (Baar) ist bei WILMANNS (1977) leider ohne Quelle erwähnt.

Alpenvorland: Zerstreut, aber äußerst stark zurückgegangen. In neuer Zeit nur noch 8125/1: N Arnach, 1975, DÖRR (STU-K); 8125/2: Kiesgrube NW Sebastianssaul, vor 1970, BRIELMAIER in DÖRR (1972); 8125/4: Bahneinschnitt bei Lanzenhofen, 1982, DÖRR (STU); 8224/2: Altdorfer Wald N Vogt, 1988, WÖRZ (STU); 8224/3: Arnegger, 1988, WÖRZ (STU); 8225/4: Am Neuweiher, 1957, BAUR, 1984, R. BUSSMANN (STU-K).

Für den Schwarzwald stellt WILMANNS (1977) fest, daß die Vorkommen eine Korrelation mit der Verbreitung der Reutbergwirtschaft aufweisen. Bei dieser Bewirtschaftungsform entstehen immer wieder Rohböden, wodurch die Ansiedlung und Ausbrei-

tung der Pflanze sicherlich gefördert wurde. Die Art tritt in diesem Gebiet aber auch an naturnahen Standorten auf, die ähnlich auch außerhalb des Areals existieren. Im Alpenvorland waren die Vorkommen, wie auch im Schwarzwald, überwiegend an sekundäre Standorte gebunden. Aufnahmen von BARTSCH (1925) aus den Bodenseegebiet belegen aber, daß die Grünerle auch in lichten Schluchtwäldern, also naturnahen Standorten, auftreten kann. WILMANNS (1977) sieht eine gewisse Isolation der Schwarzwald-Population. Eine Verbindung dieser Vorkommen mit denen des Alpenvorlandes, die wiederum mit denen der bayerischen Alpen verknüpft sind, ist aber durchaus denkbar, zumal früher eine ungebändigte Donau mit ihrer Aue als Vermittler dienen konnte.

Bestand und Bedrohung: Im Schwarzwald ist die Grünerle nicht merklich zurückgegangen. Nur wenige ältere Angaben, die zumeist etwas isoliert liegen, konnten in neuerer Zeit nicht bestätigt werden.

Die pionierfreudige Art dürfte auch in Zukunft hier kaum gefährdet sein. Ganz anders stellt sich die Situation im Alpenvorland dar. Hier sind von weit über 50 Wuchsorten auf 47 Grundfeldern nur noch 6 nach 1945 beobachtet worden. Gründe für diesen extremen Rückgang sind nicht bekannt. Der in der Regel ausbreitungsfreudigen Pionierart hätten entlang von Straßen und Wegen an Böschungen und offenen Stellen eigentlich ausreichend Ersatzstandorte zur Verfügung gestanden. So besteht nur noch die Hoffnung, daß bei einer intensiven Nachsuche der eine oder andere Wuchsort noch entdeckt oder wiedergefunden wird. Die Grünerle ist in der Roten Liste als schonungsbedürftig (Gefährdungsgrad 5) aufgeführt. Da sie im Alpenvorland akut vom Aussterben bedroht ist, sollte sie in ganz Baden-Württemberg besser als gefährdet (Gefährdungsgrad 3) eingestuft werden.

Literatur: WILMANNS (1977).

2. Alnus glutinosa (L.) Gaertn. 1791
Betula alnus var. *glutinosa* L. 1753
Schwarzerle

Morphologie: Bis 25 m hoher Baum. Junge Rinde glatt, braun, alte Rinde zerklüftet, dunkelgrau. Mark der Zweige im Querschnitt 3strahlig. Knospen deutlich gestielt, stumpf, rotbraun, klebrig. Blätter oval oder rundlich, an der Spitze breit abgerundet oder ausgerandet, 4–9 cm lang und 3–7 cm

Schwarzerle *(Alnus glutinosa)*

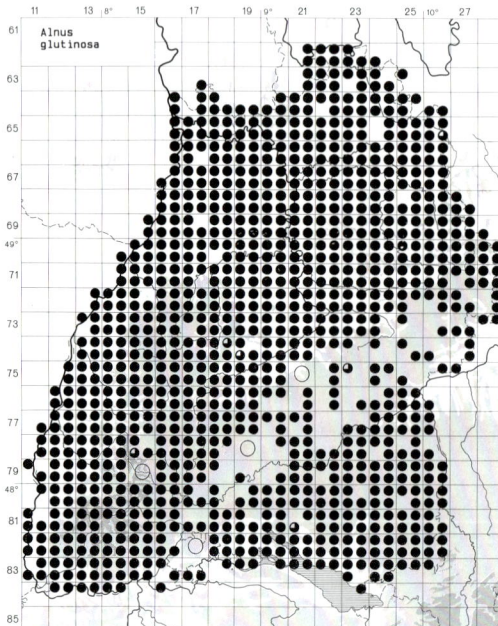

breit, größte Breite meist über der Mitte, mit 5-7 Paar Seitennerven, oberseits dunkelgrün, kahl, unterseits heller grün, kahl, aber in den Nervenwinkeln stets gelbbraun bärtig behaart, fast alle Blattzähne breiter als hoch; Blattstiel bis 2,5 cm lang. Kätzchen vor dem Laubaustrieb blühend. Weibliche Blütenstände überwintern ohne Schutz von Knospenschuppen; seitenständige Fruchtstände mindestens 0,5 cm lang gestielt, Fruchtzapfen bis 2 cm lang. Frucht mit schmalen, nicht durchsichtigen Flügeln.

Biologie: Blüte von März bis April. Die weiblichen Kätzchen blühen in der Regel erst auf, wenn die männlichen schon vertrocknet sind. Die Samen reifen im September oder Oktober. Das Ausfallen der Samen zieht sich bis ins Frühjahr hin. Der Baum kann bis zu 120 Jahre alt werden.

Ökologie: In Auen- und Bruchwäldern, an Bächen und um Quellstellen. Auf sicker- und staunassen, auch zeitweise überfluteten, nährstoffreichen, eher kalkarmen, humosen Kies-, Sand-, Ton- oder Torfböden. Grundwasserzeiger, Torfbildner, Tief- und Intensivwurzler, Halbschattholz. Waldpionier auf Flachmooren und an Ufern. Optimal in Reinbeständen im Alnion glutinosae und zusammen mit der Esche im Alno-Ulmion. Typische Begleiter sind

Carex elongata, Carex acutiformis, Caltha palustris, Stellaria nemorum und *Fraxinus excelsior*. Vegetationskundliche Aufnahmen bei BAUR (1941), SEBALD (1974: Tab. 11–15), PHILIPPI (1982), NEBEL (1986: Tab. 15), SCHWABE (1987: Tab. 36).

Allgemeine Verbreitung: Eurosibirische Pflanze. Fast ganz Europa, nordwärts bis zum Polarkreis (nicht auf Island), Mittelrußland; ostwärts bis ins südliche Obgebiet; südwärts bis Nordafrika, Sizilien, Peleponnes, Kleinasien, Kaukasus.

Verbreitung in Baden-Württemberg: Die Schwarzerle ist in fast allen Landschaften verbreitet und häufig. Nur im Bereich der Schwäbischen Alb hat sie deutliche Verbreitungslücken, da auf der an Oberflächengewässern armen Hochfläche geeignete Standorte fehlen.

Die Vorkommen reichen von 100 m bei Mannheim bis 1000 m am Westabfall des Schwarzwaldes (ohne Ortsangabe) und 910 m im Kunzenmoos am Feldberg.

Die Art ist im Gebiet urwüchsig. Archäologischer Erstnachweis: K. BERTSCH (1931): Boreal/Atlantikum, Tannstock/Federsee; Erlenpollen im Gebiet über 5% ab Mittel-/Spät-Atlantikum. Literarischer Erstnachweis: J. BAUHIN (1598: 144): Bad Boll (7323).

Bestand und Bedrohung: In neuerer Zeit hat der Bestand der Schwarzerle wieder deutlich zugenommen. In Feuchtwiesen und Niedermooren, deren Nutzung aufgegeben wurde, sowie entlang von Gewässern konnte der Baum durch natürliche Ansamung oder Pflanzung Flächen wiederbesiedeln, die ursprünglich zu seinem natürlichen Lebensraum gehörten. Bei Pflanzungen sollte unbedingt darauf geachtet werden, daß für die Aufzucht auf Samenmaterial aus dem entsprechenden Gebiet zurückgegriffen wird. Auf die Ansalbung fremdländischer Arten und das Einbringen (gewollt oder ungewollt entstandener) Hybridformen sollte verzichtet werden, weil es hierbei zu Einkreuzungen in Wildpopulationen und damit zu Florenverfälschungen kommen kann. Zur Begrünung von Ödflächen, abgedeckten Mülldeponien und Straßenböschungen wird immer wieder auch die Schwarzerle verwendet. Die Art gedeiht hier in der Regel gut, kommt aber von Natur aus an solch trockenen Standorten nie vor. Deshalb sollte man auf diesen Flächen besser andere, standortsgerechte, an solchen Stellen von Natur aus wachsende Laubgehölze einbringen. Die Art ist in Baden-Württemberg nicht gefährdet.

3. Alnus incana (L.) Moench 1794
Betula alnus var. *incana* L. 1753
Grauerle, Weißerle

Morphologie: Bis 25 m hoher Baum oder Strauch. Auch die ältere Rinde glatt, glänzend weißgrau. Einjährige Zweige flaumig behaart, Mark der Zweige im Querschnitt 3strahlig. Knospen gestielt, stumpf, feinzottig behaart, nicht klebrig. Blätter eiförmig bis elliptisch, meist mit deutlicher, allmählich zulaufender Spitze, 4–12 cm lang und 3–9 cm breit, größte Breite meist unterhalb der Mitte, mit 8–13 Seitennervenpaaren, oberseits fast kahl, dunkelgrün, unterseits graugrün, jung graufilzig behaart, später bis auf die Nerven verkahlend, nie in den Nervenwinkeln bärtig; Rand scharf doppelt gesägt, fast alle Blattzähne breiter als hoch; Blattstiel bis 2,5 cm lang. Kätzchen vor dem Laubaustrieb blühend. Weiblicher Blütenstand überwintert ohne Schutz von Knospenschuppen; seitenständige Fruchtstände sitzend, Fruchtzapfen bis 2 cm lang. Frucht von schmalem, undurchsichtigem Flügel umgeben.

Im Gebiet trifft man selten auch den Bastard *Alnus glutinosa × incana* (= *A. × pubescens* Tausch) an. Er steht in seinen Merkmalen fast immer genau zwischen den Eltern und ist deshalb in der Regel gut zu erkennen (zu Rückkreuzungen kommt es offenbar nicht, wenn man das Fehlen weiterer Zwischenformen so interpretieren darf). Das seltene Auftreten von Hybriden scheint mit der unterschiedlichen Blütezeit der beiden Arten zusammenzuhängen.

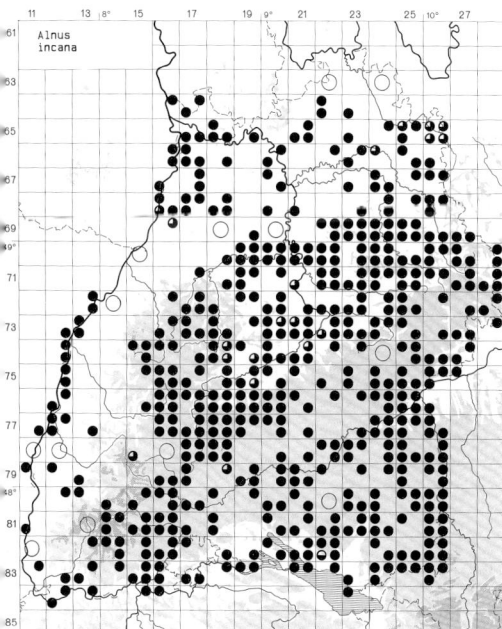

351

1291. *Alnus incana W.*

Biologie: Blüte von Februar bis April, blüht unter gleichen Bedingungen früher als *A. glutinosa*. Die weiblichen Blüten sind schon 2 Tage befruchtungsfähig bevor die männlichen stäuben. Die Früchte reifen in der zweiten Septemberhälfte und sind rund 1 Jahr keimfähig. Der Baum kann bis zu 50 Jahre alt werden.

Ökologie: Bestandsbildend in Auenwäldern der Gebirgsbäche und -flüsse, selten in Bruchwäldern *Alnus glutinosa* ersetzend. Auf sickernassen, zeitweise überfluteten, nährstoff- und basenreichen (meist kalkhaltigen), lockeren, rohen, vorwiegend kiesigen und sandigen Böden, selten auf Bruchtorf. Intensivwurzler, Licht- und Halbschatt-Holz, Pionierpflanze. Charakterart des Alnetum incanae (Alno-Ulmion). Typische Begleiter sind *Prunus padus, Carduus personata, Chaerophyllum hirsutum, Thalictrum aquilegiifolium, Aconitum napellus*. Vegetationskundliche Aufnahmen bei BARTSCH (1940: 191), OBERDORFER (1949: Tab. 7), SCHWABE (1985).

Allgemeine Verbreitung: Europäische Pflanze. Nordwärts bis 71° NB; westwärts bis Norwegen, Rheinland, Südjura, Westalpen; südwärts bis Mittelitalien, Karpaten, Syrien, Kaukasus; ostwärts bis in den Ural (fehlt in Steppen, atlantischen und mediterranen Gebieten). Die Art erreicht im Gebiet die Westgrenze der natürlichen Verbreitung.

Verbreitung in Baden-Württemberg: Die Grauerle tritt von Natur aus im Gebiet zerstreut in Teilen des Ost-Schwarzwaldes, am oberen Neckar, im Vorland der Schwäbischen Alb und im Alpenvorland entlang von Flüssen und Bächen auf. In den übrigen Landesteilen wird die Art nicht selten angepflanzt, da sie sich gut hält und leicht verwildert, dürfte es in vielen Fällen auch zur Einbürgerung gekommen sein. Die Frage nach der Ursprünglichkeit der Bestände ist im Einzelfall oft nur sehr schwer zu beantworten. Die Grauerle fehlt in großen Teilen des Oberrheingebietes, des West-Schwarzwaldes, der Gäulandschaften Tauber, Hohenlohe, Bauland und Kraichgau sowie der Albhochfläche oder tritt hier nur selten zumeist gepflanzt auf.

Die Vorkommen reichen von 100 m bei Mannheim (synanthrop) und 270 m bei Nürtingen (7322/3 – ursprünglich) bis 1030 m im Bernauer Albtal (8114/3) bzw. 1100 m (ohne Ortsangabe) im Schwarzwald.

Grauerle *(Alnus incana)*; aus REICHENBACH, L.: Icones florae germanicae et helveticae, Band 12, Tafel 629, Figur 1291 (1850).

Die Art ist im Gebiet urwüchsig. Archäologischer Erstnachweis: FRENZEL (1978): Eem, Bad Wurzach (Pollen); Flandern, Pollen vereinzelt in Diagrammen aus Alpenvorland und Schwarzwald, NEUWEILER (1935): Spät-Atlantikum, Aichbühl/Federsee, Bestimmung fraglich, da nach heutiger Kenntnis von *Alnus glutinosa* holzanatomisch nicht unterscheidbar). Literarischer Erstnachweis: J. BAUHIN (1598: 144): „Alnus incana et hirsuta", Umgebung von Bad Boll (7323).

Bestand und Bedrohung: Die Grauerle ist als pionierfreudige Art, die sich gut auszubreiten vermag, in Baden-Württemberg nicht gefährdet. Die abnehmende Intensität des Gewässerausbaues und die Hinwendung zur naturnahen Lebendverbauung des Fließgewässers läßt für die Zukunft eher auf eine Zunahme dieser Pflanze schließen. In Gebieten, in denen die Baumart von Natur aus fehlt, sollte sie nicht eingebracht werden, hier ist der Schwarzerle der Vorzug zu geben.

Literatur: SCHWABE (1985).

3. **Carpinus** L. 1754
Hainbuche

Die Gattung umfaßt 26 Arten und hat ihren Verbreitungsschwerpunkt im östlichen Asien. In Nordamerika tritt nur eine Art auf. Im Gebiet ist nur die folgende heimisch.

1. **Carpinus betulus** L. 1753
Hainbuche, Weißbuche, Hagebuche

Morphologie: Bis 25 m hoher Baum, häufig mit Stockausschlägen. Stamm mit deutlichen Längswülsten. Rinde glatt, grau, mit hellen Flecken. Winterknospen braun bis braunrot, spitz-kegelförmig, den Zweigen angedrückt, bewimpert. Blätter 2zeilig gestellt, länglich-eiförmig, meist 5–8 cm lang und 3–6 cm breit, faltig, am Grunde oft ausgerandet und asymmetrisch, mit 11–15 Seitennerven, am Rand scharf doppelt gezähnt, ältere Blätter oberseits kahl, dunkelgrün, unterseits nur auf den Nerven und in den Nervenwinkeln behaart, hellgrün. Blütenstände mit den Blättern erscheinend. Männliche Blütenstände 4–6 cm lang, am Sproß unter den weiblichen stehend, Überwinterung in Knospenschuppen; Blüten ohne Perigon und Vorblätter, einzeln in den Achseln der Tragblätter, Tragblatt kahnförmig, am Rande weichhaarig; Staubblätter 4–10 je Blüte, meist durch Verwachsung mit 4 Staubbeuteln, an der Spitze mit einem Haarschopf der ungefähr so lang ist wie der Staub-

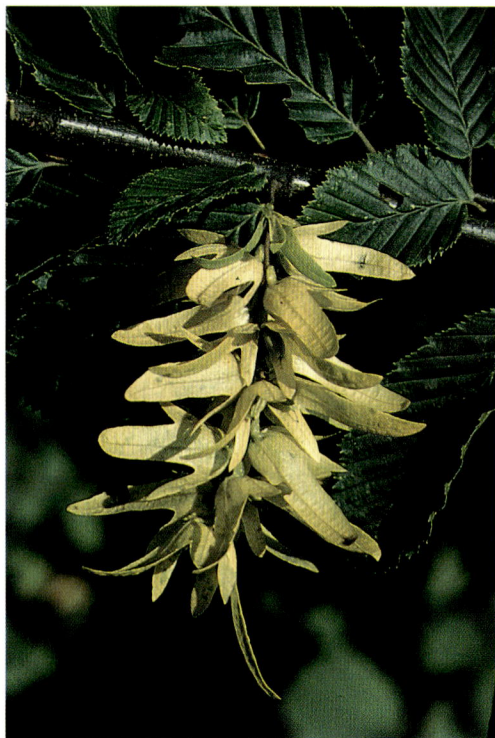

Hainbuche *(Carpinus betulus)*

buche ist, wie die Stiel-Eiche, gezwungen, der Konkurrenz der Rotbuche auszuweichen, da sie auf mittleren Standorten deutlich schwächere Wuchsleistungen erbringt und weniger Schatten erträgt. Auf wechseltrockenen bis wechselfrischen, zu Staunässe neigenden Böden hingegen baut sie zusammen mit der Stiel-Eiche als natürliche Schlußgesellschaft den Eichen-Hainbuchen-Wald auf, da hier die Rotbuche in ihrer Vitalität geschwächt ist. Im Vergleich zur Stiel-Eiche siedelt die Hainbuche weniger häufig auf trockenen, nährstoff- und basenarmen Standorten, die häufiger überfluteten Bereiche der Hartholzaue meidet sie weitgehend. Typische Begleiter sind *Quercus robur, Sorbus torminalis, Rosa arvensis, Stellaria holostea, Galium sylvaticum, Potentilla sterilis* und *Festuca heterophylla.* Vegetationskundliche Aufnahmen bei OBERDORFER (1952), TH. MÜLLER (1968), LOHMEYER & TRAUTMANN (1974), PHILIPPI (1982, 1983), NEBEL (1986).
Allgemeine Verbreitung: Europäisch-südwestasiatische Pflanze. Westwärts bis Westfrankreich; nordwärts bis Südostengland, Jütland, Südschweden, Litauen; ostwärts bis ins Dnjepr-Gebiet, Krim, Kaukasus, Südküste des Kaspischen Meeres; südwärts bis zum Nordfuß der Pyrenäen, Italien, Balkan und griechische Inseln, Schwarzmeerküste.
Verbreitung in Baden-Württemberg: Die Hainbuche ist in den meisten Landschaften verbreitet, vor allem in tieferen Lagen trifft man sie regelmäßig an. In den Hochlagen des Nord- und Südschwarzwal-

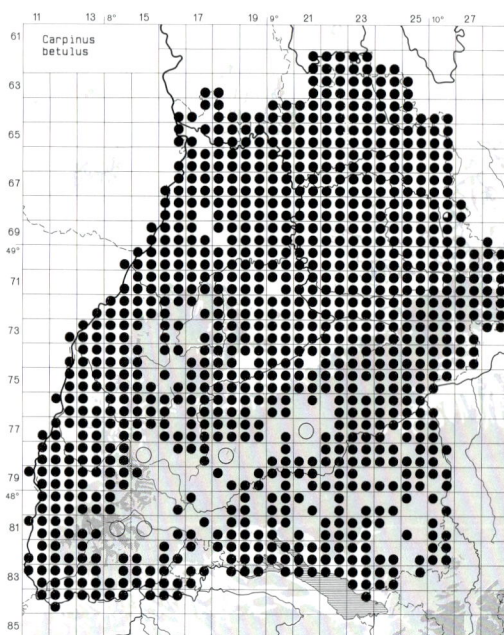

beutel. Weibliche Blütenstände sind endständige, hängende, bei Fruchtreife zerfallende Ähren, zur Blütezeit 1–3 cm lang, später bis 15 cm lang; je 2 Blüten in der Achsel eines lanzettlichen, außen locker und lang behaarten, früh abfallenden Tragblattes, jede Blüte mit 3teiligem Vorblatt; Fruchtknoten vom verwachsenen, 4–5zähligen Perigon umschlossen, Narben 2, fädlich, purpurrot; Vorblatt zur Fruchtzeit groß, Mittelabschnitt 3–5 cm lang, doppelt so lang wie die Seitenabschnitte, die Frucht umschließend. Nuß zusammengedrückt eiförmig, 8–10 mm lang, vom grünen Perigon kelchartig umschlossen, mit 7–11 starken Längsrippen.
Biologie: Blüte von April bis Mai. Die Früchte reifen im Oktober und bleiben nicht selten den Winter über am Baum hängen. Verbreitung durch den Wind, das Vorblatt dient als Flugorgan (Schraubenflieger). Der Baum kann je nach Standort bis zu 150 Jahren alt werden.
Ökologie: In gras- und krautreichen Laubwäldern der tieferen und mittleren Lagen, in Hecken und an Waldrändern. Bevorzugt auf frischen bis feuchten, nährstoff- und basenreichen, humosen, tiefgründigen Lehm- und Tonböden. Tiefwurzler, bodenaufschließend, Halbschatt- bis Schattholz. Die Hain-

des, auf der Baar, der Südwest-Alb und in Teilen des Alpenvorlandes ist die Art selten oder fehlt stellenweise ganz.

Die Vorkommen reichen von 100 m bei Mannheim bis 970 m am Plettenberg (7718/4) auf der Schwäbischen Alb.

Die Art ist im Gebiet urwüchsig. Archäologischer Erstnachweis: K. BERTSCH (1927): Holstein, Bad Cannstatt; SCHEDLER (1981): Cromer, Steinbach (Pollen); FRENZEL (1978): Eem, Bad Wurzach (Pollen); NEUWEILER (1935): Früh-Subboreal, Dullenried/Federsee; kontinuierliche Pollenkurve im Neckarland ab Früh-/Mittel-Subboreal, im Alpenvorland ab Subboreal/Subatlantikum. Literarischer Erstnachweis: J. BAUHIN (1598: 144), Bad Boll (7323).

Bestand und Bedrohung: In früheren Zeiten ist die sehr stockausschlagfreudige Hainbuche durch die Nieder- und Mittelwaldwirtschaft stark gefördert worden. Seit diese Bewirtschaftungsform kaum mehr zur Anwendung kommt, ist der Baum deutlich seltener geworden. Weiter hat die Beseitigung von Hecken infolge der Flurbereinigung mit zum Rückgang beigetragen. Die oben genannten Vorkommen beruhen im wesentlichen auf einer Förderung durch den Menschen. Von Natur aus bildet die Hainbuche im nennenswerten Umfang nur im Bereich der auf wechselfeuchten, staunassen Böden stockenden Eichen-Hainbuchen-Wälder zusammen mit der Stiel-Eiche die Baumschicht. Diese Waldgesellschaft ist oft nur auf kleiner Fläche ausgebildet und in den meisten Landschaften relativ selten. Sie beherbergt aufgrund ihrer Eigenart eine Vielzahl von Blütenpflanzen, Flechten und Moosen, die hier ihr natürliches Refugium besitzen. Der Umwandlung der Laubwälder in Fichtenkulturen fielen auch die immer wieder eingesprengten Eichen-Hainbuchen-Bestände zum Opfer, so daß diese artenreiche Waldgesellschaft heute sehr selten geworden ist. Sie muß, um einen weiteren Rückgang zu verhindern, dringend geschützt werden. Die Hainbuche ist als Art in Baden-Württemberg nicht gefährdet.

4. **Corylus** L. 1754
Hasel

Die Gattung umfaßt 15 Arten, die vor allem von Kleinasien bis Japan auftreten, 3 Arten kommen in Nordamerika vor. Im Gebiet ist nur die folgende Art heimisch. Daneben werden noch *Corylus maxima* Mill. – Lamberts Hasel (Heimat: Südost-Europa bis Kleinasien, liefert große, eßbare Nüsse) und *Corylus colurna* L. – Baum-Hasel (Heimat:

Südost-Europa bis Himalaia, wächst baumartig) in Gärten und Parks, der Baum-Hasel in neuerer Zeit auch entlang von Straßen, kultiviert.

1. **Corylus avellana** L. 1753
Gewöhnliche Haselnuß, Haselstrauch

Morphologie: Bis 5 m hoher Strauch. Rinde grau bis rötlich, glatt, glänzend, mit braunen Warzen. Zweige in der Jugend wie die Blattstiele drüsigrauhhaarig. Blätter an den schwachen Trieben 2zeilig, sonst rings um den Zweig angeordnet, im Umriß oval, rundlich oder herzförmig, bis 13 cm lang und 10 cm breit, unregelmäßig grob, oft doppelt gezähnt, beiderseits locker und weich behaart, oberseits oft mit gestielten Drüsen; Blattstiel bis 2 cm lang. Nebenblätter oval, früh abfallend. Blüten vor Beginn des Blattaustriebs blühend. Männliche Blütenstände in hängenden Ähren (Kätzchen), in geschlossenem Zustand nackt überwinternd, zylindrisch, bis 10 cm lang, meist zu 2–4 genähert; Blüten einzeln in der Achsel eines Tragblattes; Perigon fehlend, Vorblätter 2, oval, mit dem Tragblatt teilweise verwachsen, Staubbeutel 8 je Blüte, an der Spitze mit Haarschopf. Weibliche Blüten zu 2–6 beisammen, eine kleine aufrechte Ähre bildend, von Knospenschuppen umgeben, zur Blütezeit nur die leuchtend dunkelroten Narben herausragend, Perigon unscheinbar, mit dem Fruchtknoten verwachsen, Narben 2, fadenförmig. Vorblatt verwächst zur

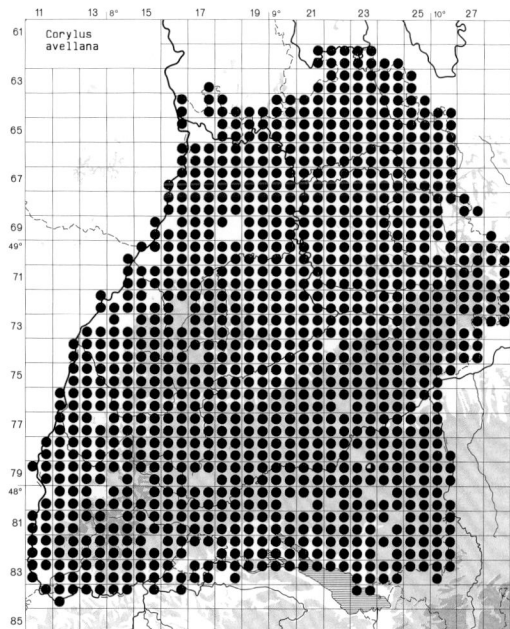

Corylus avellana

355

Haselstrauch *(Corylus avellana)*

Fruchthülle. Fruchthülle röhren- bis glockenförmig, offen, unregelmäßig zerschlitzt, kürzer oder so lang wie die reife Frucht. Fruchtknoten 2fächerig, nur eine Samenanlage entwickelt sich. Frucht eine fast kugelige, hartschalige Nuß, zur Reife erst gelblich, später braun.

Biologie: Blüte von Februar bis April. Die Blüten sind je nach Standort und Witterungsverhältnissen bald homogam, bald proterandrisch, bald proterogyn. In kalten Frühjahren reifen beide Geschlechter gleichzeitig, während bei warmem Wetter die männlichen vorlaufend sind. Die Früchte reifen ab Mitte September. Bei Freistand kommt es fast jährlich zum Fruchtansatz, im Bestand nur alle 3–4 Jahre. Verbreitung der Nüsse durch größere Vögel wie Spechtmeise und Nußhäher sowie durch Nager, die angelegte Vorratslager vergessen. Die Nüsse bleiben meist nur bis zum Frühjahr keimfähig.

Ökologie: Im Unterholz lichter, krautreicher Laubwälder, bestandsbildend in Hecken, an Waldrändern, in Niederwäldern. Auf mäßig trockenen bis sehr frischen, nährstoff- und basenreichen, humosen Stein- und Lehmböden. Pioniergehölz, Licht- und Halbschattenpflanze. Schwerpunkt im Carpinion und Alno-Ulmion, optimal in älteren Hecken-Stadien potentieller Buchenstandorte, auf offenem, bewegtem Blockschutt auch die natürliche Schlußgesellschaft bildend. Querco-Fagetea-Klassencharakterart. Typische Begleiter sind *Acer campestre, Clematis vitalba, Cornus sanguinea, Euonymus europaea, Fraxinus excelsior.* Vegetationsaufnahmen bei KUHN (1937: Tab. 32), TH. MÜLLER (1962: Tab. 3), ROSER (1962: Tab. C, D, E), SEBALD

(1974: Tab. 11, 1983: Tab. 3, 4, 6), PHILIPPI (1982), SCHWABE (1987: Tab. 33).

Allgemeine Verbreitung: Europäische Pflanze. Fast ganz Europa; nordwärts bis Orkneyinseln, in Norwegen bis 68° NB, in Finnland bis 63° NB, in Rußland bis ins Ladogaseegebiet; ostwärts bis zum Ural; im Mittelmeergebiet nur in den Gebirgen; Kleinasien; Kaukasus.

Verbreitung in Baden-Württemberg: Der Haselstrauch ist in allen Landschaften verbreitet und häufig. In einigen Gebieten, so in den Ellwanger Bergen, findet man ihn seltener. Auf kleiner Fläche fehlt er hier auch mal ganz.

Die Vorkommen reichen von 100 m bei Mannheim bis 1350 m am Feldberg (8114/1: Seebuck).

Die Art ist im Gebiet urwüchsig. Archäologischer Erstnachweis: K. BERTSCH (1927): Holstein, Bad Cannstatt; SCHEDLER (1981): Cromer, Steinbach (Pollen); RÖSCH (1985): Spät-Atlantikum, Hornstaad; Pollen im Gebiet sporadisch ab Jüngere Dryas, Maximum (bis 70%) Praeboreal/Boreal. Literarischer Erstnachweis: J. BAUHIN (1598: 142): Umgebung von Bad Boll (7323).

Bestand und Bedrohung: Die Haselnuß ist durch den Rückgang der Nieder- und Mittelwälder und die Ausräumung der Landschaft (Entfernen der Hecken) heute seltener. Dennoch ist die sehr ausbreitungsfreudige Pflanze im Gebiet nicht gefährdet.

Fagaceae

Buchengewächse
Bearbeiter: M. NEBEL

Bäume oder Sträucher. Blätter schraubig oder zweizeilig angeordnet, ganzrandig, gezähnt oder gelappt; Nebenblätter bilden die Knospenschuppen, meist nach dem Austrieb abfallend. Blüten eingeschlechtig, meist ohne Vor- und Tragblätter; Pflanze einhäusig. Männliche Blütenstände kätzchenförmige Scheinähren bildend, hängend oder teilweise aufrecht, in Blattachseln; Perigon 4–8teilig, mit 4–15 Staubblättern; oft rudimentäre weibliche Blütenteile vorhanden. Weibliche Blütenstände 1–5blütig; Blüten einzeln oder zu mehreren beisammen, am Grunde von einem, aus einer Achsenwucherung hervorgegangen, Fruchtbecher (Cupula) umgeben; Perigon 5–8zählig, Perigonblätter nur an der Spitze frei. Fruchtknoten 3–8fächerig; meist gelangt nur eine Samenanlage je Blüte zur Entwicklung; oft auch rudimentäre männliche Blütenteile vorhanden. Frucht meist eine 1-, seltener 2samige trockene Schließfrucht (Nuß).

Die Familie umfaßt 7 Gattungen mit rund 850 Arten, die in den gemäßigten Zonen der Nordhemisphäre, in Südostasien und in den Gebirgen der Südhemisphäre verbreitet sind. Im Gebiet kommen 2 Gattungen ursprünglich vor, eine hat sich eingebürgert.

1 Junge Blätter am Rande abstehend behaart, fast ganzrandig; männliche Blüten in fast kugeligen, lang gestielten Kätzchen; Nüsse dreikantig . . . .
. . . . 1. *Fagus*
– Junge Blätter am Rande nicht abstehend behaart; männliche Blüten in zylindrischen Kätzchen . . . 2
2 Blätter stachelig gezähnt; männliche Kätzchen aufrecht; Fruchtbecher stachelig, mehrere Nüsse umschließend . . . . 2. *Castanea*
– Blätter gelappt; männliche Kätzchen hängend; Fruchtbecher nur eine Nuß meist weniger als zur Hälfte umschließend . . . . 3. *Quercus*

1. **Fagus** L. 1754
Buche

Die Gattung umfaßt je nach Auffassung 8–12 Arten, die in den gemäßigten Zonen der Nordhemisphäre verbreitet sind. Im Gebiet ist nur folgende Art heimisch.

1. **Fagus sylvatica** L. 1753
Rotbuche

Morphologie: Bis 40 m hoher, sommergrüner Baum; Stammdurchmesser bis 2 m; Stamm ohne Längswülste. Rinde des Stammes glatt, grau. Knospen lang und schmal, allmählich zugespitzt, auf langen Stielen, mit häutigen, hellbraunen, am Rand lang und weich behaarten Schuppen. Blätter an den Langtrieben schraubig, an den Horizontalen Trieben 2zeilig angeordnet, breit lanzettlich, bis 10 cm lang und 7 cm breit, in der Mitte am breitesten, mit 5–8 Paar Seitennerven, Rand unregelmäßig wellig; junge Blätter vor allem am Rand und auf den Nerven lang und weich abstehend behaart, ältere Blätter verkahlend, nur noch am Rand und in den Nervenwinkeln bärtig behaart; Blattstiel um 1 cm lang, behaart. Männlicher Blütenstand an bis zu 5 cm langem Stiel hängend, 1,5–2 cm im Durchmesser, vielblütig, gleichzeitig mit den Blüten erscheinend; Einzelblüten kurz gestielt; Perigon 5–7teilig, in der unteren Hälfte verwachsen; Staubblätter 4–15, weit aus dem lang behaarten Perigon ragend. Weiblicher Blütenstand 2blütig, Blütenstengel aufrecht, lang, mehr oder weniger aufrecht; beide Blüten gemeinsam von weichstacheligem, behaartem, sich bei Fruchtreife 4klappig öffnendem Fruchtbecher umgeben; Perigon mit 6 Zähnen, behaart, mit dem Fruchtknoten verwachsen. Fruchtknoten 3fächerig, jedes Fach mit 2 Samenanlagen. Frucht eine 3kantige, etwa 1 cm lange, braune Nuß.

Biologie: Blüte von Mitte April bis Mitte Mai. Laubaustrieb und Blüte fallen zusammen. Die weiblichen Blüten entfalten sich einige Tage früher als die männlichen. Der Pollen wird durch den Wind auf die Narben übertragen. Erste Blüte ab dem 60. Jahr (selten schon ab dem 40.). Meist erfolgt nur alle 5–6 Jahre eine Vollblüte, Bäume am Waldrand blühen häufiger. Die Früchte reifen im Herbst und sind in der Regel nur 6 Monate keimfähig. Da die Nüsse sehr nahrhaft (ölhaltig) und wohlschmeckend sind, werden sie von Säugern (z.B. Eichhörnchen, Schlafmäuse) und größeren Vögeln (z.B. Tauben, Eichelhäher, Bergfinken) gerne gefressen, vergessene Vorratslager oder verlorene Früchte tragen zur Ausbreitung bei, die bei der Rotbuche nur sehr langsam vonstatten geht. Der Baum kann bis zu 300 Jahre alt werden.

Ökologie: Gedeiht am besten auf mäßig frischen bis frischen, gut dränierten, lockeren, warmen, eher kalkreichen, mittel- bis tiefgründigen, skelettreichen Lehmböden (Braunerden und Rendsinen), bevor-

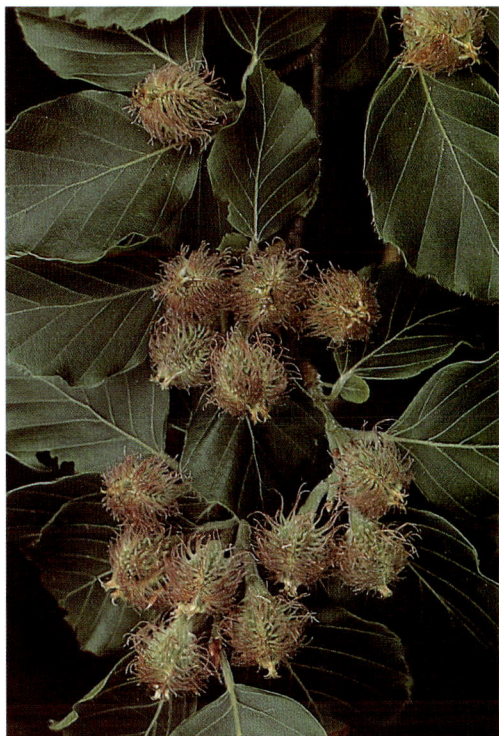

Rotbuche *(Fagus sylvatica)*

zugt in Hanglage, in sommerfeuchter, regenreicher, verhältnismäßig wintermilder Klimalage. Scheut Staunässe (schwere Tonböden und Auen), bewegten Steinschutt und rutschende Feinerde. Schattholzart (erträgt neben *Buxus sempervirens* von allen einheimischen Baumarten Schatten am besten), Tiefwurzler, spätfrostempfindlich, verjüngt sich fast ausschließlich durch Kernwüchse (geringe Neigung zu Stockausschlägen). Bildet von Natur aus in mittleren Lagen nahezu reine Bestände, in Tieflagen sind verstärkt Eichen, in Hochlagen Tanne seltener Bergahorn und Fichte beigemischt. Fagion-Verbandscharakterart. Vegetationsaufnahmen bei KUHN (1937), OBERDORFER (1949), LANG (1973), SEBALD (1974), PHILIPPI (1983), NEBEL (1986).

Allgemeine Verbreitung: Europäische Pflanze. Nordwärts bis Südengland, Südskandinavien; ostwärts bis ins Weichselgebiet, im Südosten in den Karpaten, isoliertes Vorkommen auf der Südkrim; westwärts bis ins Küstengebiet Westfrankreichs; südwärts bis in die mittelspanischen Gebirge, Korsika, Gebirge von Italien und Sizilien, Gebirge der Balkanhalbinsel (ohne Peleponnes); fehlt innerhalb dieses Gebietes in Gegenden mit kontinentalem oder mediterranem Klima, so in den Zentralalpen, im Gebiet von Brünn und Prag, in der Ungarischen Tiefebene und in tieferen Lagen des Mittelmeergebietes.

Verbreitung in Baden-Württemberg: Die Rotbuche ist heute im Gebiet die mit Abstand häufigste Laub-

baumart und kommt in allen Landschaften vor. Sie nimmt derzeit etwa 20 % der Waldfläche ein. Da ein ganz überwiegender Teil der Nadelholzkulturen auf Flächen stockt, die von Natur aus von Buchen besiedelt würden, kann man davon ausgehen, daß die Buche ohne Eingriff des Menschen weit über 80 % der Waldfläche einnehmen würde. In einigen Gebieten (Oberschwaben, Ostabdachung des Schwarzwaldes) ist die Umwandlung der Buchenwälder in Nadelholzkulturen schon so weit fortgeschritten, daß die Baumart hier selten geworden ist. Dabei ist auch zu berücksichtigen, daß auf der Ostseite des Schwarzwaldes die Rotbuche aus klimatischen und edaphischen Gründen in einigen Gebieten (besonders auf der Baar) schlechter gedeiht.

Die Vorkommen reichen von 100 m im Oberrheingebiet bei Mannheim bis 1470 m am Feldberg (8114/1).

Die Art ist im Gebiet urwüchsig. Archäologischer Erstnachweis: SCHEDLER (1981): Cromer, Steinbach (Pollen); HOPF (1968): Spät-Atlantikum, Ehrenstein; BLANKENHORN u. HOPF (1982): Spät-Atlantikum, Riedschachen; RÖSCH (1985): Spät-Atlantikum, Hornstaad; Pollenkurve im Alpenvorland ab dem Mittel- bis Spät-Atlantikum über 20 %, im Neckarland erst 2000 Jahre später (Früh- bis Mittel-Subboreal). Literarischer Erstnachweis: J. BAUHIN (1598: 143): Bad Boll und Teck (7323, 7422).

Bestand und Bedrohung: Man trifft die Rotbuche in fast allen Landschaften Baden-Württembergs noch regelmäßig an. In vielen Gebieten bildet sie die wesentlichen Teile des Laubwaldbestandes. Als Art ist die Pflanze im Gebiet nicht gefährdet. Ganz anders stellt sich die Situation in bezug auf die von ihr bestimmten Pflanzengesellschaften, die Buchenwälder dar. Je nach Standort hat hier die moderne Forstwirtschaft der höheren Erträge wegen die Buche durch andere Holzarten (im wesentlichen Nadelhölzer) ersetzt. Nicht zu feuchte, kalkarme, verhältnismäßig nährstoffarme Böden sind am besten für den Anbau der Fichte geeignet (solche Standortsbedingungen gelten für den größten Teil der Waldfläche des Landes). Die an diesen Standorten ursprünglich tockenden Hainsimsen-Buchen-Wälder sind in vielen Landschaften bis auf kleinere Restflächen verschwunden und zählen heute zu den gefährdeten Pflanzengesellschaften. Die auf den Hainsimsen-Buchen-Wald angewiesenen Tiere und Pflanzen (diese Waldbestände zeichnen sich besonders durch ihren Reichtum an Mykorrhiza-Pilzen z. B. Röhrlingen aus) sind selten geworden oder drohen sogar zu verschwinden. Auf feuchteren, nährstoffreichen Böden ist die Buche vor allem durch

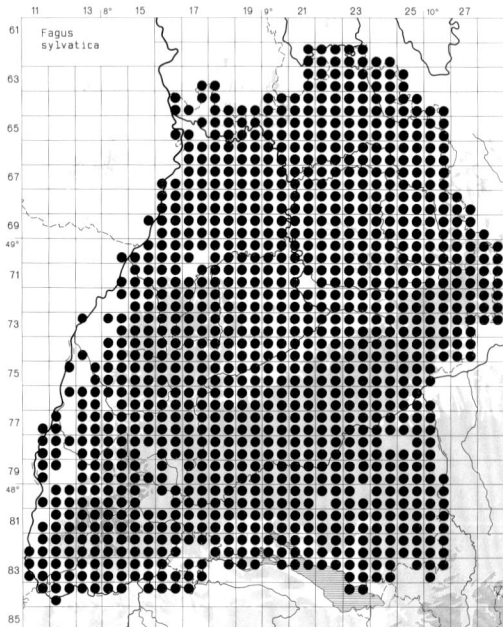

Fagus sylvatica

Edellaubhölzer (Ahorn, Esche und Stieleiche) ersetzt worden, da auf diesen Standorten Nadelhölzer nicht so gut gedeihen. Der Laubwaldcharakter bleibt hier weitgehend erhalten, so daß auch die Folgen für die von diesem Waldtyp abhängigen Organismen nicht so gravierend sind.

Größere zusammenhängende Buchenwaldbestände findet man im Gebiet fast nur noch an Hängen über kalkhaltigem Gestein, so am Albtrauf, in den Tälern der Alb und der Muschelkalkgebiete. In letzter Zeit werden diese Hang-Buchen-Wälder gerne in Douglasienforste umgewandelt. Im Kocher- und Jagstgebiet sind davon bevorzugt die Südhänge mit ihren Seggen-Buchen-Wäldern betroffen, die besonders viele floristische Kostbarkeiten (z. B. Orchideen) beherbergen.

Auch der Forstwegebau hat diese noch verhältnismäßig naturnahen Hangwälder stark in Mitleidenschaft gezogen. Die damit einhergehenden Eingriffe haben zu Störungen durch Erosion und Eutrophierung geführt. Auf den unmittelbar an die Wegtrasse angrenzenden Flächen kränkeln die mechanisch oder durch vermehrte Sonneneinstrahlung verletzten Bäume. Insbesondere die Flechten und Moose an Bäumen und Gestein, die nur noch in naturnahen Wäldern überdauern können, haben unter der Veränderung der Licht- und Luftfeuchtigkeitsverhältnisse gelitten. Der Buchenwald ist die wichtigste Lebensgemeinschaft in Mitteleuropa. Er kann seine Funktion nur dann voll erfüllen, wenn die Bestände auf großer Fläche einen naturnahen Zustand aufweisen. Deshalb dürfen die noch vorhandenen Buchenwälder nicht weiter abnehmen, längerfristig wäre es sehr zu begrüßen, wenn sich ihr Anteil durch eine entsprechend geänderte Bewirtschaftung wieder erhöhen würde.

2. **Castanea** Miller 1763
Edelkastanie

Die Gattung umfaßt 5 nahe verwandte Arten. Eine Art kommt in Südeuropa und Südwestasien, eine Art in Japan und 3 Arten treten im atlantischen Nordamerika auf. Im Gebiet ist die folgende Art eingebürgert.

1. **Castanea sativa** Miller 1768
Castanea vulgaris Lam. 1783; *Castanea vesca* Gaertn. 1788
Edelkastanie, Eßkastanie, Echte Kastanie

Morphologie: Bis 35 m hoher, sommergrüner Baum, oft mit Stockausschlägen; Stammdurchmes-

ser bis 2 m. Ältere Rinde mit tiefen Rissen. Knospen gedrungen eiförmig, spitz, mit wenigen Schuppen, braunrot. Blätter lanzettlich, bis 25 cm lang und 8 cm breit, kurz zugespitzt, am Grunde keilförmig verschmälert bis ausgerandet, ledrig, oberseits dunkelgrün, kahl, unterseits heller, kahl werdend, am Rande stachelig gezähnt. Nebenblätter schmal linealisch, bald abfallend. Blütenstände in Blattachseln, nach den Blätter erscheinend. Männliche Blütenstände bis 20 cm lang, aufrecht; männliche Blüten zu mehreren in Knäueln; Staubblätter 8–12, das meist 6spaltige, ca. 2 mm lange, feinbehaarte Perigon weit überragend. Weibliche Blütenstände am Grunde der männlichen. Weibliche Blüten meist zu 1–3, von grünem, mit lanzettlichen, schuppenförmigen Blättchen besetzten Fruchtbecher (Cupula) umschlossen; Perigonblätter 6, nur an der Spitze frei; Narben meist 6, fadenförmig, steif aufgerichtet, die Perigonblätter weit überragend; Fruchtknoten unterständig, meist 6fächerig, jedes Fach mit 2 Samenanlagen, von welchen in der Regel nur eine zum Samen heranreift. Frucht einsamig, dunkelbraun, glatt, ± halbkugelig, 2–3 cm lang, an Scheitel anliegend seidenhaarig, mit Resten der Narben und des Perigons. Fruchtbecher kugelig, bis 7 cm im Durchmesser, in der Regel mit 3 Früchten, außen dicht mit langen Stacheln besetzt, im Herbst 4klappig aufspringend.

Biologie: Blüte im Juni. Erste Blüte im Freistand ab dem 20.–30. Jahr, im Bestand erst mit 40-60 Jah-

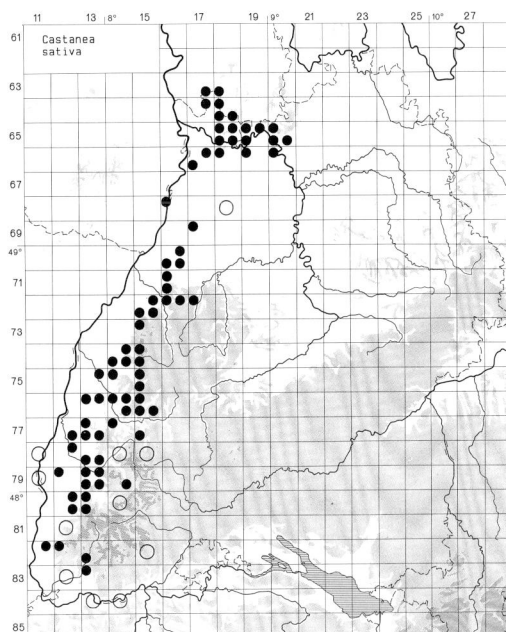

Edelkastanie *(Castanea sativa)*

ren, blüht dann fast jedes Jahr. Bestäubung durch Insekten (Käfer, Fliegen und Hautflügler). Die Kastanienblüte zeigt sowohl Merkmale einer primitiven Käferblume (Schauapparat, reichliche Nektarabsonderung und Anlockung durch Trimethylamin-Duft bei den männlichen Blüten, Klebrigkeit des Pollens, Zwittrigkeit der Blütenanlage, Vielzahl der Samenanlagen) als auch eines Windblütlers (starkes zahlenmäßiges Überwiegen der männlichen Blüten, fehlende Schau- und Duftreinrichtungen der weiblichen Blüten, geringer Grad der Klebrigkeit des Pollens). Die Früchte reifen im Oktober, sie werden von Rabenvögeln und Nagern verbreitet. Die Edelkastanie kann 500 Jahre (in seltenen Fällen bis zu 1000 Jahre) alt werden.

Ökologie: In lichten Eichenwäldern, auf Weiden, im Gebüsch. Auf mäßig trockenen bis frischen, nährstoff- und kalkarmen, mittelgründigen, lockeren, meist stärker sauren, modrig-humosen Stein- und Lehmböden in wintermilden, niederschlagsreichen Gebieten. Erträgt Sommertrockenheit gut. Halbschattenpflanze, Tiefwurzler. Laubstreu (Kalireich) wirkt bodenverbessernd. Schwerpunkt im Luzulo-Quercetum und Luzulo-Fagetum der tieferen Lagen. Typische Begleiter sind *Quercus petraea, Luzula albida, Melampyrum pratense, Hieracium*

umbellatum und *Teucrium scorodonia.* Vegetationskundliche Aufnahmen bei OBERDORFER (1938: 20), BARTSCH (1940: 150), MURMANN-KRISTEN (1987: Tab. 3).

Allgemeine Verbreitung: Ursprünglich wohl südwestasiatische Pflanze (Kleinasien, Kaukasus). Heutige Verbreitung: Mittelmeergebiet (vor allem in den Gebirgen von 600–1300 m); nordwärts bis Südpyrenäen, Cevennen, französisches Zentralplateau, Alpensüdseite, Föhngebiete nördlich der Alpen, Jurasüdfuß, Vogesen, Rheingebiet, Ober- und Niederösterreich, Ungarische Tiefebene; Krim; Kleinasien; Nordpersien.

Verbreitung in Baden-Württemberg: Die Edelkastanie wurde sehr wahrscheinlich von den Römern zusammen mit dem Weinbau in unser Gebiet gebracht und hat sich im Odenwald und an der Westabdachung des Schwarzwaldes eingebürgert. Hier trifft man sie regelmäßig. In den übrigen Landschaften findet man immer wieder Anpflanzungen der Art, die gelegentlich auch verwildert.

Die Vorkommen reichen von etwa 200 m bei Heidelberg bis 700 m (geschlossene Bestände) bzw. 1000 m (Einzelexemplare) im Schwarzwald. Archäologischer Erstnachweis: Pollen ab dem Früh- bis Mittel-Spätatlantikum (Römerzeit) in vielen

360

Diagrammen. Literarischer Erstnachweis: ROTH VON SCHRECKENSTEIN (1799: 48): „Ganze Wäldchen sieht man am Fuß des Künziger Thals".

Bestand und Bedrohung: Die Edelkastanie hat wegen ihrer Stockausschlagsfreudigkeit stark von der früher in viel größerem Maße üblichen Niederwaldwirtschaft profitiert. Weil in neuerer Zeit die meisten Niederwälder durch die geänderte Bewirtschaftungsweise zu Hochwäldern wurden, ist diese Baumart seltener geworden. Weiter hat die Umwandlung der Laubwälder in Nadelholzforste ebenso wie die Aufgabe der Nutzung extensiv beweideten Grünlandes (Weidfelder), das zumeist mit Nadelhölzern aufgeforstet wurde, zusätzlich zum Rückgang beigetragen. Die Art ist in Baden-Württemberg jedoch nicht gefährdet, sie kann sich auf trockenen, nährstoffarmen, flachgründigen Böden, wo andere Baumarten schlecht gedeihen, gut halten und ist außerdem recht pionierfreudig.

3. **Quercus** L. 1754
Eiche

Bäume, seltener Sträucher, im Gebiet nur sommergrün. Blätter fiederteilig, ganzrandig oder gezähnt. Blütenstände mit den Blättern erscheinend. Männliche Blütenstände in vielblütigen, hängenden, zylindrischen Ähren. Perigon meist bis zum Grunde 4–8teilig; Staubblätter 4–10; oft Rudimente von weiblichen Blütenteilen vorhanden. Weibliche Blütenstände achselständig, ca. 1 cm lang, 2–5blütige, lockere Ähren oder Trauben; jede Blüte mit zur Blütezeit noch unscheinbarem Fruchtbecher; Perigon 6zähnig; Fruchtknoten unterständig, 3fächerig, mit 2 Samenanlagen je Fach (es entwickelt sich nur eine Samenanlage je Fruchtknoten); Narben 3, flach und oval. Frucht (Eichel) eine eiförmige, glatte Nuß, die teilweise vom Fruchtbecher umschlossen wird.

Die Gattung umfaßt je nach Auffassung 500 und 700 Arten, die in den gemäßigten Zonen der Nordhemisphäre verbreitet sind. Die meisten Arten findet man in Nord- und Mittelamerika sowie in West- und Ostasien. Im Gebiet kommen 3 Arten ursprünglich vor, 2 weitere werden angepflanzt und verwildern gelegentlich. Daneben werden noch eine Reihe weiterer Arten in Parks und Gärten gepflegt.

1 Blattzipfel zugespitzt; Frucht im 2. Jahr reifend 2
– Blattzipfel abgerundet; Frucht im 1. Jahr reifend 3
2 Junge Blätter beiderseits graufilzig, ältere wenigstens unterseits dicht mit Sternhaaren besetzt; Schuppen der Fruchtbecher bis 1 cm lang, zugespitzt, abstehend . . . . *[Q. cerris]*
– Ältere Blätter unterseits kahl oder nur in den Nervenwinkeln mit wenigen Sternhaaren; Blattabschnitte und Zähne mit langer borstiger Spitze; Schuppen des Fruchtbechers stumpf, anliegend
[Q. rubra]
3 Blätter unterseits nie mit Sternhaaren (30fache Vergrößerung); Stiel des Fruchtstandes viel länger als der Blattstiel; Blattstiel meist unter 0,7 cm lang
2. *Q. robur*
– Blätter unterseits mit Sternhaaren (30fache Vergrößerung); Stiel des Fruchtstandes viel länger als der Blattstiel; Blattstiel 1–2 cm lang 4
4 Junge Äste zerstreut behaart oder kahl; Strahlen der Sternhaare meist nicht über 0,2 mm lang, locker stehend, angedrückt . . . . . . 1. *Q. petraea*
– Junge Äste dicht sternhaarig filzig; Strahlen der Sternhaare 0,3–0,6 mm lang, dicht stehend, meist etwas abstehend . . . . 3. *Q. pubescens*

Quercus rubra L. 1753
Rot-Eiche

Bis 50 m hoher Baum. Rinde dunkelgrau bis braun, lange glatt bleibend. Blätter im Umriß oval, 10–20 cm lang und 9–12 cm breit, schwach fiederteilig, jederseits mit 4–6 nach vorne gerichteten Abschnitten, die lange borsten- bis fadenförmige Spitzen haben; Seitennerven verlaufen meist in die Abschnitte; ältere Blätter kahl oder nur unterseits in den Innenwinkeln zwischen Haupt- und Seitennerven mit Sternhaaren; Blattstiel bis 5 cm lang. Fruchtstiel sitzend oder sehr kurz gestielt. Schuppen am Fruchtbecher stumpf, anliegend. – Blütezeit: Mai.

Der ursprünglich aus dem atlantischen Nordamerika stammende Baum wird bei uns nicht selten, meist in kleineren Gruppen oder als Beimischung in Laubwäldern forstlich kultiviert. Keimlinge und Jungpflanzen trifft man in Beständen mit älteren Bäumen regelmäßig. Der Baum wächst am besten auf tiefgründigen, humosen, kalkarmen Böden in niederschlagsreichen, wintermilden Gebieten, er eignet sich nicht für trockene Kalkböden. Im Oberrheingebiet wird die Art vor allem für Wind- und Feuerschutzstreifen in Kiefernbeständen verwendet. In Rot-Eichen-Beständen sind hierzulande Mykorrhiza-Pilze weitgehend unbekannt, die Baumart sollte deshalb nicht in Gebieten mit reicher Pilzflora eingebracht werden. *Quercus rubra* wächst in den ersten 60 Jahren schneller als die einheimischen Eichen, später dürfte die Holzproduktion nicht größer sein als bei den heimischen Arten. Die Holzqualität ist vergleichsweise schlechter (mehr Schwund, rauhe, unregelmäßige Oberfläche, rötliche Farbe).

Da die Vorteile, die die Rot-Eiche gegenüber den hiesigen Eichenarten besitzt, gering sind, sollte, um den Erhalt der heimischen Tier- und Pflanzenwelt (insbesondere der Pilze) zu dienen, in Zukunft auf ein weiteres Einbringen dieser florenfremden Baumart weitgehend verzichtet werden.

Quercus cerris L. 1753
Zerr-Eiche

Bis 30 m hoher Baum, im Gebiet meist strauchförmig. Rinde graubraun, rissig. Äste sparrig abstehend. Jüngster Trieb grau behaart, schnell verkahlend. Blätter im Umriß

Traubeneiche *(Quercus petraea)*

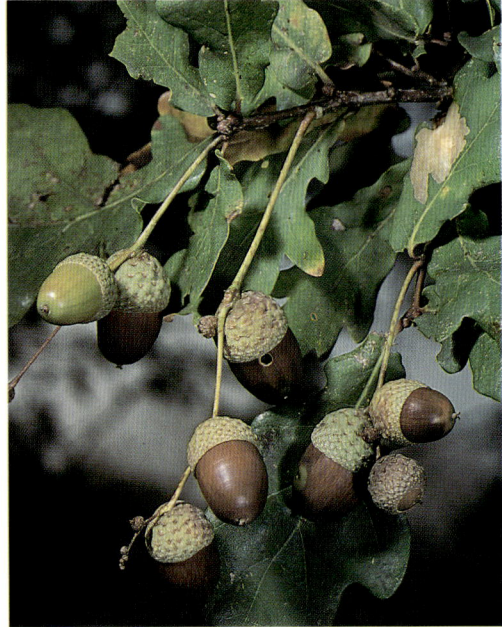

Stieleiche *(Quercus robur)*
Hunnenbuck bei Freiburg

oval, 8–15 cm lang und 4–10 cm breit, unregelmäßig und meist tief fiederteilig; Abschnitte mit aufgesetzter Spitze oder allmählich zugespitzt, oft noch unregelmäßig und grob gezähnt; Seitennerven verlaufen selten in die Buchten; oberseits zerstreut, unterseits dicht mit sitzenden, meist 6–10 strahligen Sternhaaren bedeckt; Blattstiel bis 2 cm lang, Nebenblätter fadenförmig, nicht abfallend. Fruchtstand sitzend. Fruchtbecher mit bis zu 1 cm langen, allmählich zugespitzten und abstehenden Schuppen.

Blüte im April. Früchte reifen erst im September des 2. Jahres.

Auf warmen mineralkräftigen Böden über Kalk- und Silikatgestein. Schwerpunkt in Flaumeichen-Beständen. Orneto-Ostryon-Verbandscharakterart.

Südosteuropäische Pflanze. Westwärts bis Italien, Westalpen, Tal des Doubs; nordwärts bis Alpensüdfuß, Gebiet von Wien, Mähren, Südkarpaten; südwärts bis Sizilien, Kreta; ostwärts bis an die Küsten Kleinasiens.

Die Zerr-Eiche wird im Gebiet gelegentlich gepflanzt, selten kommt es auch zu Verwilderungen. Die Angabe aus dem Kaiserstuhl 7911/2: Ihringen, am Weg zum Kreuzbuck und am Katzensteinbuck, auf ehemaligen Rebterrassen im Wald in rund 50 Büschen und Bäumen, 1935, O. SCHWARZ in MÜLLER (1937: 353), soll nach dieser Quelle nicht auf eine Anpflanzung zurückgehen. ROCHOW (1951: 96) stellt die Ursprünglichkeit, auch weil die Pflanzen auf alten Rebterrassen stocken, sehr in Frage. ISSLER (1935) betont, daß die südelsässischen Vorkommen teils gepflanzt, teils mit *Quercus pubescens*-Saatgut eingeschleppt wurden. In den älteren Floren fehlen Angaben von *Quercus cerris* für den Kaiserstuhl. Es handelt sich bei diesen Vorkommen also mit hoher Wahrscheinlichkeit nicht um ursprüngliche Wuchsorte.

1. Quercus petraea (Mattuschka) Lieblein 1784
Quercus robur L. Spielart *petraea* Mattuschka 1777; *Quercus sessiliflora* Salisb. 1796
Trauben-Eiche, Stein-Eiche, Winter-Eiche

Morphologie: Ähnlich wie *Quercus robur*. Bis 40 m hoher Baum. Rinde dunkelbraun, mit weniger tiefen Rissen. Stamm sich in die Krone fortsetzend. Äste schief aufwärts gerichtet. Krone geschlossen. Jüngste Triebe manchmal zerstreut behaart. Winterknospen länger und spitzer als bei der Stieleiche, nicht selten mit behaarten Schuppen. Blätter mit der größten Breite in der Mitte, 8–16 cm lang und 5–10 cm breit; Blattgrund oft ausgerandet, seltener mit deutlichen Öhrchen (diese in der Regel schwächer ausgebildet als bei *Q. robur*); Seitennerven verlaufen meist nur in die Lappen; Blattunterseite lokker bis dicht (im Laufe des Jahres abnehmend) mit sitzenden meist 4–6strahligen Sternhaaren besetzt, Strahlen der Haare nicht über 0,2 mm lang; Blattstiel meist 1–2 cm lang. Fruchtstand meist sitzend, mit 1–5 Früchten. Fruchtbecher mit anliegenden, behaarten Schuppen. Frucht bis 2,6 cm lang und 1,4 cm dick. Trauben- und Stiel-Eiche sind in ihren Merkmalen (insbesondere in bezug auf Länge des Blatt- und Fruchtstiels sowie Form des Blattgrundes) sehr variabel. Als gutes Differentialmerkmal hat sich die Behaarung der Blattunterseite erwiesen.

362

Individuen, die sich durch abweichende Frucht- und Blattstiellänge der jeweils anderen Sippe annähern, werden auch als Bastarde bezeichnet. Solange die hybridogene Entstehung nicht gesichert ist, sollte man vorsichtiger von Übergangs- oder Annäherungsformen sprechen. Exemplare, die in ihrer Merkmalskombination genau zwischen den beiden Arten liegen, sind im Gebiet sehr selten (ein Beleg aus der Umgebung von Stuttgart zeigt z. B. kurz gestielte Blätter mit deutlichen Öhrchen und lang gestielte Früchte, also die Merkmale von *Q. robur*, aber Sternhaare auf der Blattunterseite, ein sicheres Merkmal für *Q. petraea*). In England und Skandinavien, wo die Blütezeit beider Arten fast zusammenfällt, sollen Bastarde häufiger auftreten. An trockenen, sehr sonnigen Wuchsorten weist *Q. petraea* oft eine stärkere Behaarung der Blätter und Triebe auf. Dabei kann es sich entweder um Standortsmodifikationen der Art oder um Einflüsse von *Q. pubescens* handeln.

Biologie: Blüte von Ende April bis Mai, blüht etwas später als die Stieleiche (daher der Name Wintereiche), sonst wie diese.

Ökologie: In tieferen Gebirgslagen und im Hügelland (wohl fast immer aufgrund forstlicher Förderung) bestandsbildend, sonst in Laubwälder beigemischt. Auf trockenen bis frischen, vorwiegend basenarmen, mittel- bis flachgründigen Stein- und Lehmböden. Die Traubeneiche ist wie die Stieleiche der Konkurrenz der Buche nicht gewachsen. Da sie gegen Staunässe und Grundwasser empfindlich ist, findet man sie vorwiegend an trockenen, nährstoffarmen Standorten oder auf flachgründigen Böden, also an Stellen, wo die Wuchsleistungen der Buche deutlich nachlassen. Außerdem benötigt der Baum, als spätfrostempfindliche Art, eher wintermilde und luftfeuchtere Lagen, insgesamt kann man sagen, daß die Traubeneiche sich sehr viel „buchenähnlicher" verhält als die Stieleiche. Schwerpunkt im Luzulo-Quercetum und im tiefer gelegenen Luzulo-Fagetum, auch im Carpinion und Quercion pubescenti-petraeae. Vegetations-Aufnahmen bei KUHN (1937: Tab. 29, 33), OBERDORFER (1938: Tab. 20, 1952), SEBALD (1974), PHILIPPI (1983), NEBEL (1986).

Allgemeine Verbreitung: Europäische Pflanze. Nordwärts bis Irland und Schottland, Südnorwegen, Südschweden; ostwärts bis Ostpreußen, Polen, Karpaten, Südwest-Rußland, Schwarzmeerküsten, Kaukasus; südwärts bis Nordwest-Spanien, Korsika, Sardinien, Sizilien, Nordgriechenland, Bulgarien.

Verbreitung in Baden-Württemberg: Die Trauben-Eiche ist in den meisten Landschaften verbreitet,

häufiger trifft man sie vor allem in tieferen Lagen an. Sie nimmt heute rund 3 % der Waldfläche des Gebietes ein. Selten ist der Baum im mittleren Oberrheingebiet, auf der Hochfläche der mittleren Alb, im Bereich der Ostalb und ihres Vorlandes. Er fehlt weitgehend im Südschwarzwald, auf der Südwest-Alb und im Alpenvorland (ausgenommen Hegau und westlicher Bodensee). Ausschlaggebend für die Verbreitungslücken sind klimatische Faktoren.

Die Vorkommen reichen von 100 m in der Rheinebene bei Schwetzingen bis 1120 m am Belchen (8113/3) im Schwarzwald.

Die Art ist im Gebiet urwüchsig. Archäologischer Erstnachweis: Eichenpollen in Spuren ab Alleröd, ab Früh-/Spät-Praeboreal über 5 %. Literarischer Erstnachweis: J. BAUHIN (1598: 143): Umgebung von Bad Boll (7323).

Bestand und Bedrohung: Hier gelten im wesentlichen die Ausführungen bei *Quercus robur*. Die Traubeneiche wächst im Gegensatz zur Stieleiche kaum auf feuchten und staunassen Böden. Sie tritt heute meist als Begleiter der Buche in Laubwäldern über trockenen und nährstoffarmen Böden auf. Höhere Eichenanteile in den Beständen lassen in der Regel auf forstliche Förderung schließen, doch dürfte die Art in den Hainsimsen-Buchen-Wäldern auch von Natur aus schon immer eine gewisse Rolle gespielt haben. Da die Traubeneiche ein sehr geschätzter Holzlieferant ist, insbesondere, wenn sie, im Verein mit Buche wachsend, schlanke, fast ast-

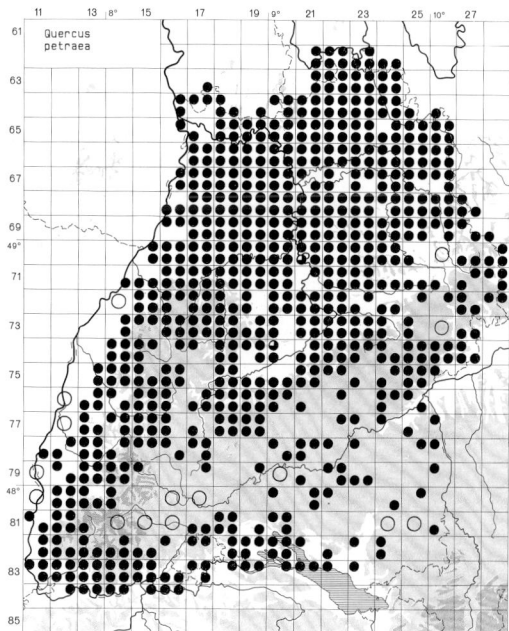

Quercus petraea

363

freie, hohe Stämme ausbildet, wird die Art in nächster Zeit kaum weiter zurückgehen.

2. Quercus robur L. 1753
Quercus pedunculata Ehrh. 1790
Stiel-Eiche, Sommer-Eiche

Morphologie: Bis 50 m hoher Baum. Rinde dunkelbraun, mit tiefen Rissen. Stammfortsetzung in der Krone hin und her gebogen. Äste knorrig, weit ausladend und ± horizontal abstehend; Krone locker. Winterknospen hellbraun, dick, leicht kantig, kahl. Blätter im Umriß oval, größte Breite im obersten Drittel, 6–16 cm lang und 3–10 cm breit, am Grunde jederseits des Blattstiels mit einem Öhrchen, fiederteilig, jederseits mit 5–7 meist stumpfen Lappen; Seitennerven verlaufen gegen die Buchten und in die Lappen; Blatt oberseits kahl, unterseits nur mit vereinzelten einfachen Haaren oder kahl; Blattstiel meist unter 0,7(–1,0) cm lang. Fruchtstand auf bis zu 6 cm langem Stiel, viel länger gestielt als die Blätter, mit 1–5 Früchten; Fruchtbecher mit anliegenden, behaarten Schuppen. Frucht bis 2,5 cm lang und 1,5 cm dick.

Biologie: Blüte Ende April bis Mai. Laubaustrieb und Blüte fallen zusammen. Der Pollen wird durch den Wind auf die langen, klebrigen Narben übertragen. Erste Blüte im Alter von 40–80 Jahren. Die reifen Eicheln fallen vor dem Laubfall aus dem Fruchtbecher. Die stärkehaltigen Früchte werden

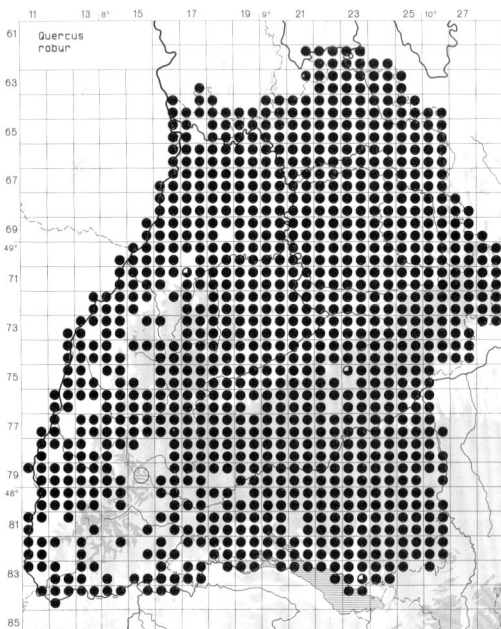

von Nagern und größeren Vögeln (Ringeltauben, Spechten, Hähern) verbreitet. Der Baum erreicht in der Regel ein Alter von 500–800 Jahren, kann jedoch in Einzelfällen weit über 1000 Jahre alt werden und dabei einen Stammumfang von fast 10 m erreichen.

Ökologie: In Laubmischwäldern der tiefen und mittleren Lagen, vor allem an trockenen und feuchten Standorten bestandsbildend. Die Stieleiche gedeiht am besten auf mittleren Standorten. Hier ist sie als relativ langsam wachsende Lichtholzart der Buche unterlegen. Dies erklärt ihr Hauptvorkommen auf Sonderstandorten, zum einen auf trockenen, nährstoffarmen, zum anderen auf feuchten (z. T. staunassen), nährstoff- und basenreichen Böden. Sie erträgt größere Temperatur- und Feuchtigkeits-Extreme als die Traubeneiche. Schwerpunkt in Auwäldern des Alno-Ulmion (Querco-Ulmetum) und in feuchten Carpinion-Gesellschaften (Querco-Carpinetum), auch im Quercion roboripetraeae. Vegetations-Aufnahmen bei PHILIPPI (1972, 1982: Tab. 6), LOHMEYER & TRAUTMANN (1974: 428), NEBEL (1986: Tab. 14).

Allgemeine Verbreitung Europäische Pflanze. Nordwärts bis Irland und Schottland, in Norwegen bis 62° NB, in Schweden und Finnland bis 61° NB, in Rußland bis etwa 59° NB; ostwärts nur wenig über den Ural hinaus; südwärts bis Portugal und Mittelspanien, Süditalien, Nordgriechenland, Karpaten, Südrußland, isoliert auf der Krim und im Kaukasus.

Verbreitung in Baden-Württemberg: Die Stieleiche ist in fast allen Landesteilen verbreitet und regelmäßig anzutreffen, sie nimmt heute etwa 3 % der Waldfläche des Gebietes ein. Lediglich in den Hochlagen des Nord- und Südschwarzwaldes wird die Art sehr selten oder fehlt ganz.

Die Vorkommen reichen von 100 m bei Mannheim bis 980 m am Dreifaltigkeitsberg (7918/2) auf der Schwäbischen Alb.

Die Art ist im Gebiet urwüchsig. Archäologischer Erstnachweis: K. BERTSCH (1927): Holstein, Bad Cannstatt. Literarischer Erstnachweis: J. BAUHIN (1602: 154): „Klotzeychen", Umgebung von Bad Boll (7323).

Bestand und Bedrohung: Die Stieleiche war in früherer Zeit sehr viel häufiger. Der damals übliche Nieder- und Mittelwaldbetrieb hat die stockausschlagfreudige Art gegenüber der Buche stark gefördert. Während bei Niederwäldern der Bestand alle 20–30 Jahre völlig abgeholzt wurde, blieben bei den Mittelwäldern eine Reihe von älteren Bäumen, sogenannte Überhälter, als Samenlieferanten stehen. Seit der Umstellung auf Hochwaldbetrieb hat der Baum auf mittleren Standorten deutlich abgenommen. Im Bereich der Hartholzaue, wo die Stieleiche von Natur aus wesentlich die Baumschicht mit aufbaut, wird sie in neuerer Zeit wieder verstärkt forstlich gefördert. Auf wechselfeuchten, staunassen Böden stockende Eichen-Hainbuchen-Wälder, ein zweiter Schwerpunkt natürlicher Stieleichen-Vorkommen, wurden in der Vergangenheit und werden leider noch heute oft in Fichtenforste umgewandelt. Diese wertvolle, fast immer kleinflächig auftretende Waldgesellschaft ist deshalb in vielen Gebieten sehr selten geworden und bedarf dringend des Schutzes.

3. Quercus pubescens Willd. 1796
Flaum-Eiche

Morphologie: Bis 20 m hoher Baum, im Gebiet meist strauchförmig. Rinde graubraun, rissig. Äste sparrig abstehend. Jüngste Triebe graufilzig behaart, im folgenden Jahr bereits kahl. Winterknospen eiförmig, spitz, mit braunen, flaumig behaarten Schuppen. Blätter im Umriß oval, bis 11 cm lang und 6 cm breit, oft in der Mitte am breitesten, nicht selten mit Öhrchen, fiederteilig, jederseits mit 4–7 meist stumpfen Abschnitten, Seitennerven verlaufen nur in die Abschnitte; Blätter oberseits in der Jugend behaart, später verkahlend, unterseits dicht mit sitzenden, meist 4–6strahligen Sternhaaren besetzt, Strahlen der Haare

0,3–0,4 mm lang. Blattstiel bis 1,5 cm lang, dicht sternhaarig. Fruchtstiel nicht länger als der Blattstiel. Fruchtbecher mit anliegenden, filzig behaarten Schuppen. Frucht kleiner und schlanker als bei *Q. petraea*. Die Haare der Blattunterseite weisen im südlichen Oberrheingebiet (Kaiserstuhl, Isteiner Klotz) und im Hegau in der Regel eine Strahlenlänge von 0,4 mm auf. Diese liegt bei den Belegen von der mittleren Alb meist bei 0,3 mm. Als zu *Q. pubescens* im engeren Sinn gehörig wurden alle Formen gerechnet, die folgende Merkmale aufweisen: Junge Zweige und Blätter dicht behaart; Haare der Blattunterseite deutlich abstehend (Haare auf Haupt- und Seitennerven zählen hierbei nicht); Strahlen der Sternhaare 0,3–0,4 mm lang. Alle Aufsammlungen, die diese Bedingungen nicht erfüllten, aber deutlich stärker behaart waren als die typische *Q. petraea*, wurden als Zwischenformen eingestuft.

Quercus pubescens weist im Gebiet oft mehr oder weniger stufenlose Übergänge zu *Q. petraea* auf. Bei der bekannt großen Variabilität der *Quercus*-Arten sind Ansprache und Interpretation von Kreuzungen und Zwischenformen nicht leicht (solange gesicherte Erkenntnisse über Kreuzungsverhalten und Variabilität der einzelnen Merkmale nicht vorliegen, sollte man besser von Zwischenformen als von Bastarden sprechen). Die verstärkte Behaarung mancher Zwischenformen kann auch als Ausdruck der Anpassung an den trocken-warmen

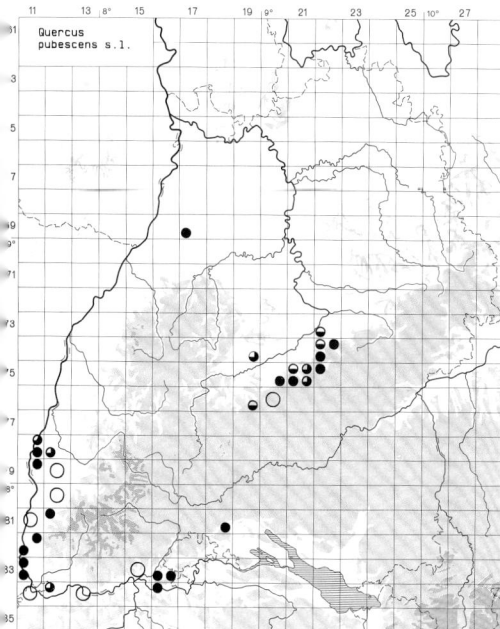

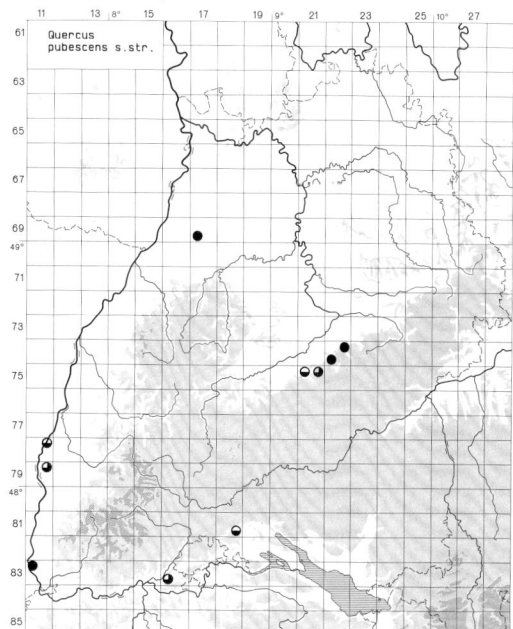

365

Standort gewertet werden (vgl. Abschnitt *Quercus petraea*).

KISSLING (1977, 1980) interpretiert die Formenfülle der Eichenarten des Jura als Produkt von Kreuzung und Rückkreuzung. Dabei sollen alle drei Arten *(Q. robur, Q. petraea* und *Q. pubescens)* miteinander bastardieren. In der Tochtergeneration kann es dann zur Einkreuzung weiterer Arten oder Bastarde kommen. Leider basiert diese Erkenntnis nur auf morphologischen Untersuchungen und mathematischen Berechnungen und nicht auf Kreuzungsversuchen.

Die immer wieder postulierte Einkreuzung von *Q. robur* in *Q. pubescens*-Sippen (ZIMMERMANN 1932, KÄMMER & DIENST 1982) ist besonders schwer zu beurteilen, da die Merkmale (Blattstiel-Länge, Ausbildung von Öhrchen, Blattform), die zu diesem Schluß führten, schon bei den Eltern sehr variabel sind. Öhrchen und kürzere Blattstiele treten auch bei *Q. pubescens* und *Q. petraea* so häufig auf und unterscheiden sich oft bei einem Individuum schon so stark, daß die Annahme schwerfällt, dieses Merkmal beruhe ausschließlich auf Einkreuzung von *Q. robur*. Die in der Literatur angegebenen Bastarde mit *Q. robur* werden nicht gesondert dargestellt.

Biologie: Blüte von Ende April bis Ende Mai. Männliche und weibliche Blüten entwickeln sich gleichzeitig. Die Früchte reifen im Herbst. Der Baum kann bis zu 500 Jahre alt werden.

Ökologie: In Eichen-Buschwäldern und Mänteln der Trockenwälder sonniger Hänge. Auf trockenwarmen, mäßig nährstoffreichen, meist kalkhaltigen, flach- bis mittelgründigen Lehm- und Steinböden. Lichtholzart, Tiefwurzler. Lokale Charakterart des Lithospermo-Quercetum und Buxo-Quercetum (Quercion pubescenti-petraeae). Typische Begleiter sind *Sorbus aria, Sorbus torminalis, Viola hirta, Chrysanthemum corymbosum, Lithospermum purpurocaeruleum*. Vegetationskundliche Aufnahmen bei SLEUMER (1933), TH. MÜLLER (1962: Tab. 3), HÜGIN (1979), WITSCHEL (1980: Tab. 30), KÄMMER & DIENST (1982).

Allgemeine Verbreitung: Südeuropäische Pflanze. Nordwärts vereinzelt bis Nordfrankreich, mittleres Rheingebiet, Süddeutschland, Wiener Becken, Südkarpaten, Krim, Kaukasus; südwärts bis Nordspanien, Korsika, Sardinien, Sizilien, südliches Griechenland, griechische Inseln, Kleinasien. Die Art erreicht im Gebiet die Nordgrenze der Verbreitung.

Verbreitung in Baden-Württemberg: Die Flaum-Eiche ist im Gebiet selten und tritt nur in wenigen Landschaften auf. Die Vorkommen reichen von

140 m bei Weingarten (6917/3) bis 860 m am Roßberg (7520/4) auf der Schwäbischen Alb.

Die Art ist im Gebiet urwüchsig. Literarischer Erstnachweis: SPENNER (1826: 282): Kaiserstuhl, 1824, A. BRAUN; GMELIN (1826: 672–673).

Im folgenden wird die Verbreitung der Flaum-Eiche in zwei Karten dargestellt. Die erste Karte enthält nur Fundorte, von denen ein Beleg vorliegt, der *Q. pubescens* im engeren Sinn (vgl. oben) darstellt. Die zweite Karte enthält neben diesen Angaben auch Zwischenformen, Literaturangaben (die oft auch Zwischenformen mit einbeziehen) und Fundstellen ohne Beleg.

Geprüfte Belege:

Oberrheingebiet: Nördlicher Teil: 6917/3: S Weingarten, 1988, K.H. HARMS (STU). Südlicher Teil: 7811/2: Limburg, 1923, E. BOLTER (STU); 7911/2: Achkarren, Schloßberg, 1960, G. KNAUSS (STU); 8311/1: Isteiner Klotz, 1927, K. BERTSCH (STU); Kapf bei Huttingen, 1982, HARMS.

Klettgau: 8316/3: Küssaburg, 1965, H. DIETERICH (STU).

Mittlere Alb: 7422/2: Teck, 1983, BUCK-FEUCHT (STU); 7422/3: Dettingen, Hörnle, 1978, BUCK-FEUCHT (STU); 7520/4: Schönberger Kapf NO Öschingen, 1989, NEBEL (STU); 7521/1: Urselberg, 1926, A. MAYER (STU); 7521/2: Eningen, Bürzlenberg, 1952, K. MÜLLER (STU).

Hegau: 8118/4: Schoren, 1931, REBHOLZ (STU).

Übrige Angaben (wenn Belege von *Q. pubescens* im engeren Sinn für den Quadranten vorliegen, werden Literaturangaben und Zwischenformen weggelassen):

Südliches Oberrheingebiet: Im Kaiserstuhl zerstreut. 8111/4: Niederweiler, NEUBERGER (1912); 8112/1: Fohrenberg bei Ballrechten, 1986, PHILIPPI (KR-K); Kastelberg, NEUBERGER (1912); 8211/2: o.O., 8211/3: Rheinaue SW Rheinweiler; 8311/1: Rheinaue W Kleinkems; Rheinaue bei Istein; 8311/3: Rheinaue S Istein, alle Angaben KÄMMER & DIENST (1982).

Hochrhein: 8412/1: Grenzacher Horn, Oberberg, vor 1966, HÜGIN (1979).

Klettgau: 8316/3: Küssaburg; 8316/4: Kätzler; Birnberg; Hornbuck; 8416/1: Sommerhalde bei Küßnacht; Reckingen, alle Angaben WITSCHEL (1980).

Kraichgau: 6917/3: Berghausen, 1947; S Weingarten, 1949, beide Angaben OBERDORFER (1951: 187).

Keuper-Lias-Neckarland: 7419/4: Hirschauerberg und Spitzberg, 1962, TH. MÜLLER in GÖRS (1966: 551), det. NEUMANN (Wien), als Zwischenform.

Mittlere Alb: 7323/3: Weilheim, Limburg, vor 1945, GEISSLER (STU-K); 7422/1: Hohenneuffen, um 1926, GAMS (STU-K); 7521/3: Wackerstein, 1984, SEBALD (STU), Zwischenform; 7521/4: Traifelberg bei Honau, 1944, K. MÜLLER (STU), Zwischenform; Traifelberg und Burgstein, vor 1969, DÜLL (STU-K), als Zwischenform; 7522/1: Hohenurach und Güterstein, um 1926, GAMS (STU-K); Umgebung Uracher Wasserfall, um 1970, WINTERHOFF (STU-K); 7619/4: Zellerhorn, ZIMMERMANN (1932), als Zwischenform; 7620/2: Talheim, ZIMMERMANN (1932), als Zwischenform.

Hegau: 8118/4: Neuhausen, Schoren, 1974, SEYBOLD (STU), Zwischenform.

Flaumeiche *(Quercus pubescens)*
Kaiserstuhl, Katharinenberg

B<small>AUR</small> (1961) hat auf der Ostalb bei Aalen stärker behaarte Formen gefunden, die er als *Q. pubescens*-Bastarde anspricht. Diese Funde sind leider nicht belegt, so daß eine Bewertung nicht möglich ist. Die Wuchsorte wurden nicht aufgenommen. Karten, die die Verbreitung von *Q. pubescens* in Südwestdeutschland und den angrenzenden Gebieten darstellen, findet man bei S<small>LEUMER</small> (1933: 217) und O<small>BERDORFER</small> (1951: 188).

Bestand und Bedrohung: Die Flaum-Eiche ist in Baden-Württemberg nur im südlichen Oberrheinge-biet und am Trauf der mittleren Alb etwas häufiger. Außerhalb des Kaiserstuhls umfassen die Bestände in der Regel nur eine kleine Zahl von Individuen. Am Trauf steiler Hänge sind sie hier vor allem in einem schmalen, dem Wald vorgelagerten Mantel zu finden. Flaumeichen-Wälder wurden früher fast ausschließlich niederwaldartig bewirtschaftet. In den lichten Beständen, die an den wärmsten Stellen unseres Gebietes stocken, konnten sich zahlreiche seltene süd- und südosteuropäische Arten halten. Flaumeichen-Wälder zählen deshalb bei uns zu den

artenreichsten und wertvollsten Pflanzengesellschaften. Um sie zu erhalten, muß das Einbringen
fremder Holzarten (besonders gefährlich ist hier die
Robinie, weil sie Stickstoff anreichert) unbedingt
unterbleiben. Die Fortführung der Niederwaldwirtschaft ist wünschenswert, da ein Hochwachsen der
Bestände zu vermehrter Beschattung führt, die zum
einen der sehr lichtliebenden floristischen Besonderheit schadet, zum anderen das Eindringen weiterer Baumarten wie Traubeneiche und Buche fördert, die dann den Standort nachhaltig verändern.

Die Flaum-Eiche ist in Baden-Württemberg gefährdet (in der Roten Liste Gefährdungsgrad 3).
Ihr Schutz ist besonders wichtig, da unsere Vorkommen an der Nordgrenze des Areals liegen und
sie bei der weiteren wissenschaftlichen Bearbeitung
zur Klärung der zahlreichen noch ungeklärten Fragen beitragen können.

Literatur: BAUR (1961); KÄMMER u. DIENST (1982);
KISSLING (1977, 1980, 1980); REBHOLZ (1931);
ZIMMERMANN (1932).

Unterklasse
Caryophyllidae
Nelkenähnliche

Zu dieser Unterklasse zählen nach HEYWOOD
(1978):
Cactaceae
Caryophyllaceae
Amaranthaceae
Phytolaccaceae
Chenopodiaceae
Portulacaceae
Polygonaceae
Plumbaginaceae

Cactaceae
Kakteen
Bearbeiter: S. SEYBOLD

Ausdauernde, dickfleischige Pflanzen; Stamm säu-
lenartig oder flach, oft in breite, flache Teile gegliedert; Blätter fehlend oder winzig; Zweige oft mit
Dornen; Blüten zwittrig, mit zahlreichen Blütenhüllblättern; Staubblätter zahlreich; Fruchtknoten
unterständig, Frucht eine Beere.

Die Familie umfaßt mehr als 2000 Arten.

Opuntia Miller 1754
Opuntie

Stamm mit zylindrischen oder abgeflachten Gliedern; Blätter klein, pfriemlich, hinfällig; Glieder oft
mit Stacheln besetzt.

Die Gattung umfaßt mehr als 200 Arten.

Opuntia vulgaris Miller 1768
O. humifusa (Raf.) Raf. 1830; *O. compressa* Mc. Bride
1922
Gewöhnliche Opuntie

Niederliegender oder aufsteigender Strauch; Glieder eiförmig oder rund, dick, dunkelgrün, 5–13 cm lang; Blätter
pfriemlich, bis 8 mm lang; Stacheln oft fehlend; Blüten
gelb, 6–9 cm im Durchmesser; Frucht rot, 3–5 cm lang,
fleischig, eßbar. – Blütezeit: Juni–Juli.

Verbreitung: Faßt man die Art im weiteren Sinne auf, so
kommt sie sowohl in Südamerika wie im östlichen Nordamerika vor. Sie ist außerdem in vielen Trockengebieten
der Erde gepflanzt und verwildert.

Verbreitung in Baden-Württemberg: Die Art kann bei
uns nicht als fest eingebürgert gelten. Sie kommt in Weinbaugebieten selten gepflanzt und verwildert vor und hält sich
dann einige Zeit. Es ist nicht sicher, ob es sich nur um eine
einzige Art handelt.

6921/3: Mundelsheim, 1970, S. SEYBOLD (STU-K);
7122/1: Korber Kopf, 1952, SEYBOLD (1968); 7122/3:
Kleinheppach, zuerst ca. 1900 beobachtet, SEYBOLD
(1968); Steinreinach, 1988, M. WARTH (STU-K); 7122/4:
Geradstetten, 1988, M. WARTH (STU-K); 7222/1: Zwischen Strümpfelbach und Beutelsbach, 1976, S. SEYBOLD
(STU-K).

Bestand und Bedrohung: Die meisten vor 1970 beobachteten Vorkommen sind durch Weinbergsumlegungen vernichtet worden.

Caryophyllaceae
Nelkengewächse
Bearbeiter: S. SEYBOLD

Kräuter oder Halbsträucher, seltener Sträucher,
mit meist schmalen, ungeteilten, meist gegenständigen Blättern; Blütenstand cymös; Blüten meist
zwittrig, 5- oder 4zählig; Kelch frei oder verwachsen, Kronblätter meist vorhanden und frei, oft in
Platte und Nagel gegliedert; Fruchtblätter 2–5,
einen meist einfächerigen Fruchtknoten bildend;
Samenanlagen meist zahlreich, am Grund oder auf
einer freien Säule angeordnet; Frucht meist eine
Kapsel.

Die Familie umfaßt 2000 Arten, die insgesamt
weltweit vorkommen, doch liegen Schwerpunkte im
außertropischen Bereich z.B. im Mittelmeergebiet.
Selten lassen sich alle Arten einer größeren Gruppe
ökologisch auf einen Nenner bringen. Die Nelken-

gewächse sind bei uns in der Mehrzahl Liebhaber kalkarmer, sandiger Standorte; so z. B. *Dianthus arneria, D. deltoides, D. superbus, Gypsophila muralis, Cerastium glomeratum, C. semidecandrum, Herniaria glabra, H. hirsuta, Lychnis viscaria, Sagina apetala, Silene gallica, S. rupestris, Scleranthus annuus, S. perennis, Spergula arvensis, Spergularia rubra, Stellaria alsine* und *graminea*. Es gibt jedoch auch einige wenige Arten, die kalkreichen Boden schätzen *(Dianthus carthusianorum, D. gratianopolitanus)*. Trotzdem scheint die Familie einige charakteristische physiologische Eigenschaften zu besitzen; sie sind jedoch noch näher zu erforschen (ROHWEDER 1934; KINZEL 1963). Pflanzen kalkarmer Standorte reagieren bei Störungen durch Zufuhr von Nährstoffen meist negativ. Deshalb sind viele der Ackerunkräuter schon durch Düngung gefährdet, aber auch die düngende Wirkung der Luftverunreinigungen verändert Standorte. Deshalb sind alle *Dianthus*-Arten sowie *Petrorhagia* gefährdet; daß sie daneben auch gepflückt werden, ist fast nebensächlich. Nur wenige Arten profitieren von einer Eutrophierung, so *Stellaria media* oder *Myosoton aquaticum*. Aber selbst so verbreitete und mäßige Düngung ertragende Arten wie *Lychnis floscuculi* sind nicht mehr überall häufig. Eine Reihe besonders empfindlicher Arten ist schon verschwunden. Bei uns ohnehin nur am Rande ihres Areals vertreten, bedeutet, daß sie gewissermaßen mit dem Rücken zur Wand stehen. So genügen kleine Änderungen, daß sie nicht mehr gedeihen können. Sowohl nordische Arten *(Minuartia stricta, Sagina nodosa, Stellaria crassifolia)* zählen dazu, wie auch südwesteuropäische Arten, die über Südfrankreich und die Westschweiz gerade noch das Oberrheingebiet erreichten *(Corrigiola, Illecebrum, Moenchia, Polycarpon, Spergularia segetalis)*.

1	Kelchblätter getrennt oder nur am Grunde verwachsen	12
–	Kelchblätter verwachsen	2
2	Griffel 3–5 oder fehlend	7
–	Griffel 2	3
3	Kelch ohne Außenkelch	4
–	Kelch mit Außenkelch	5
4	Kelchblätter durch trockenhäutige Streifen verbunden . . . . 24. *Petrorhagia*
–	Kelchblätter ohne trockenhäutige Streifen 25. *Dianthus*
5	Kelch mit trockenhäutigen Streifen, Blüten weniger als 15 mm breit . . . . 21. *Gypsophila*
–	Kelch ohne trockenhäutige Streifen	6
6	Kelch scharf geflügelt . . . . 23. *Vaccaria*
–	Kelch nicht geflügelt . . . . 22. *Saponaria*
7	Pflanze kletternd, Frucht eine schwarze Beere 20. *Cucubalus*

–	Pflanze nicht kletternd, Frucht eine Kapsel	8
8	Kelchzipfel länger als die Blütenblätter . . . . . . 18. *Agrostemma*
–	Kelchzipfel kürzer als die Blütenblätter	9
9	Blüte nur mit Staubblättern . . . . . 19. *Silene*
–	Blüte zwittrig oder nur mit Fruchtblättern	10
10	Griffel 3 . . . . 19. *Silene*
–	Griffel 5	11
11	Kapsel fünfzähnig . . . . 17. *Lychnis*
–	Kapsel zehnzähnig . . . . 19. *Silene*
12	Stengel niederliegend, Blüten in blattachselständigen Knäueln	13
–	Blüten nicht zu mehreren in den Blattachseln . . .	14
13	Kelchblätter grannig zugespitzt, Blüten weiß . . . 13. *Illecebrum*
–	Kelchblätter stumpf, Blüten grünlich 12. *Herniaria*
14	Blätter wechselständig . . . . 11. *Corrigiola*
–	Blätter gegenständig oder quirlig	15
15	Blätter quirlständig	16
–	Blätter gegenständig	17
16	Blätter linealisch-pfriemlich, Blüten weiß 15. *Spergula*
–	Blätter rundlich bis länglich, Blüten grünlich . . . 14. *Polycarpon*
17	Blütenhülle einfach . . . . 10. *Scleranthus*
–	Blütenhülle doppelt	18
18	Kronblätter tief zweispaltig	19
–	Kronblätter ungeteilt oder etwas ausgerandet . .	22
19	In den meisten Blüten 3 Griffel	20
–	Griffel 5, seltener 4	21
20	Kapsel sich mit 10 Zähnen öffnend 6. *Cerastium*
–	Kapsel sich mit 6 Zähnen öffnend . . 4. *Stellaria*
21	Kronblätter fast bis zum Grund gespalten . . . . 8. *Myosoton*
–	Kronblätter höchstens bis zur Mitte gespalten . . 6. *Cerastium*
22	Blätter mit silbrigen, häutigen Nebenblättern . . . 16. *Spergularia*
–	Blätter ohne silbrige Nebenblätter	23
23	Blüten in Dolden . . . . 5. *Holosteum*
–	Blüten nicht in Dolden	24
24	Griffel 3 oder 2	26
–	Griffel 4 oder 5	25
25	Blätter lanzettlich, Kelchblätter lang zugespitzt 7. *Moenchia*
–	Blätter pfriemlich, Kelchblätter stumpf oder kurz gespitzt . . . . 9. *Sagina*
26	Kapsel mit doppelt so vielen Zähnen wie Griffel	28
–	Kapsel mit ebensovielen Zähnen wie Griffel . . .	27
27	Blätter lanzettlich, breit, Griffel 2, Kronblätter ausgerandet . . . . *[Lepyrodiclis]*
–	Blätter linealisch-pfriemlich . . . . 3. *Minuartia*
28	Kronblätter 4 . . . . 2. *Moehringia*
–	Kronblätter 5	29
29	Blätter kürzer als 1 cm . . . . 1. *Arenaria*
–	Blätter länger als 1 cm . . . . . . 2. *Moehringia*

Lepyrodiclis holosteoides (C.A. Mey.) Fenzl ex Fisch. et
Mey. 1841
Gouffeia holosteoides C.A. Meyer 1831
Blasenmiere

Pflanze einjährig, niederliegend-aufsteigend; Blätter ähn-
lich denen von *Stellaria holostea*; Blüten weiß, fünfzählig,
Kronblätter schwach ausgerandet, Kelchblätter stumpf,
Griffel 2, Fruchtblätter 4. – Blütezeit: Mai bis Juni
Heimat: West- bis Zentralasien.
6516/2: Mannheim, Hafen, 1906, F. ZIMMERMANN (KR);
6526/4: Acker bei Burgstall, 1975, K.H. HARMS (STU-K);
7519/4: Acker bei Hirrlingen, 1977, G. GOTTSCHLICH
(STU); 7717/1: Acker zwischen Beffendorf und Bösingen,
1978, M. ADE (STU).
Literatur: GOTTSCHLICH, G. (1978); SEBALD, O.,
S. SEYBOLD (1978).

1. **Arenaria** L. 1753
Sandkraut

Einjährige bis ausdauernde Kräuter; Blätter gegenständig; Blüten fünfzählig, Kelchblätter teilweise
hautrandig, Kronblätter 5, weiß; Staubblätter 10,
Griffel meist 3; Kapsel meist mit 6 Zähnen.

Die Gattung umfaßt 200 Arten in Eurasien,
Afrika, Nord- und Südamerika. Sie fehlt in Australien. Viele Arten kommen im Hochgebirge vor. So
auch die am höchsten steigende Blütenpflanze der
Erde, *A. musciformis*, die im Himalaja 6222 m erreicht. In Europa kommen 51 Arten vor, die meisten davon im Mittelmeergebiet.

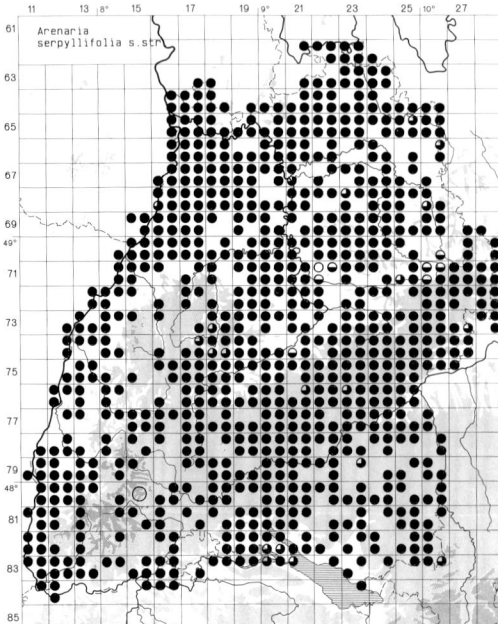

Im Gebiet kam möglicherweise auch das Wim-
per-Sandkraut, *A. ciliata* L. 1753 vor. Es ist ausdauernd, niederliegend, hat lanzettliche Blätter, die
an den Seiten meist gewimpert sind; die Kronblätter
sind doppelt so lang wie der Kelch. Von dieser Art
gibt es einen Beleg im Staatlichen Museum für Naturkunde in Stuttgart (STU) mit der Beschriftung
Wehingen, Westrutsche am Hochberg, 1930, E
BOLTER. Eine Nachsuche am Ort brachte bishe-
kein Ergebnis. Die westalpine Art reicht bis Vorarl-
berg und kommt auch im Schweizer Jura vor. Ob
die Art dort wirklich existiert hat oder ob nur eine
Etikettenverwechslung vorliegt?

1   Pflanze ausdauernd, Kronblätter doppelt so lang
    als der Kelch . . . . *[A. ciliata]*
–   Pflanze einjährig, Kronblätter kürzer als der Kelch   2
2   Fruchtkelch schmaler als 1,3 mm . . . .
                                          2. *A. leptoclados*
–   Fruchtkelch bei der Reife ca. 2 mm breit   . . . . t
                                          1. *A. serpyllifolia*

1. **Arenaria serpyllifolia** L. 1753
Quendel-Sandkraut

Morphologie: Pflanze einjährig, 5–35 cm hoch, aufsteigend oder aufrecht, meist stark ästig, kahl oder
sehr kurz flaumig behaart; Stengel meist mit
10–20 Internodien, die nach oben allmählich länger werden; Blätter klein, eiförmig, zugespitzt, sitzend, die unteren in einen Stiel verschmälert.
3–5nervig, 2–6 mm lang und 1–4 mm breit; Blütenstand dichasial, Hochblätter den Laubblättern
ähnlich; Kelchblätter langspitzig, 3–4,5 mm lang,
die inneren mit breitem Hautrand; Kronblätter
ganzrandig, weiß, ½–⅔ so lang wie die Kelchblätter;
Kapsel gelblichgrün, eiförmig-kegelig, 3–4 mm
lang und bei der Reife 2 mm breit, mit 6 Zähnen.
Variabilität: Gelegentlich treten bei uns drüsige Exemplare auf, die als eine besondere Varietät mit dem
Namen var. *viscida* (Hall. fil. ex Lois.) Ascherson
bezeichnet werden kann. Bei OBERDORFER (1983:
383) wird die Sippe sogar als Unterart, subsp. *glutinosa* (Mert. et Koch) Arcang., bewertet. Uns erscheint die Stufe der Varietät angemessen. BUTT-
LER u. STIEGLITZ (1976: 27) fanden bei drüsigen wie
nichtdrüsigen Exemplaren aus dem Grenzgebiet zu
Hessen stets die Chromosomenzahl 2n = 40.
Biologie: Blütezeit ist März-Mai-Juli-(September).
Die Blüten werden nach KIRCHNER (1888) von Bienen besucht.
Ökologie: Auf trockenen, lockeren, rohen, meist
kalkreichen Kies-, Sand- oder Steinböden, auf betretenen Felsen, auf Mauern, an Böschungen, seltener in Trockenrasen. Vegetationsaufnahmen z.B.
bei PHILIPPI (1973: 24–62); KORNECK (1974:

Quendel-Sandkraut *(Arenaria serpyllifolia)*

Tab. 39, 72, 75) und WITSCHEL (1980: 30–31, 34–36). Den pH-Wert des Bodens untersuchte VOLK (1931: 124).

Allgemeine Verbreitung: Europa, Asien, Nordafrika und Nordamerika.

Verbreitung in Baden-Württemberg: Im ganzen Gebiet ziemlich verbreitet.

Tiefste Vorkommen bei 100 m, höchste etwa bei 1070 m (8014/4: Fürsatzhöhe).

Die Art ist im Gebiet urwüchsig. Ältester archäologischer Nachweis: Spätes Atlantikum, Hochdorf, KÜSTER (1985) und Hornstaad, RÖSCH (1985b). Ältester literarischer Nachweis: J. BAUHIN (1598: 194) in der Umgebung von Bad Boll (7323). Auch von H. HARDER in den Jahren 1574–76 wohl im Gebiet gesammelt unter dem Namen „Spatzenzinglin" (SCHORLER 1907).

Bestand und Bedrohung: Als ausbreitungsfähige Pionierpflanze ist die Art nicht gefährdet.

2. Arenaria leptoclados (Reichenb.) Gussone 1845

A. serpyllifolia L. var. *leptoclados* Reichenb. 1842
Dünnstengeliges Sandkraut

Morphologie: Pflanze einjährig, stark ästig, aufsteigend, 5–15 cm hoch, dünnstengelig, Blätter klein, eiförmig, zugespitzt, 2–4 mm lang, 1–2 mm breit; Kelchblätter 2–3 mm lang, schmal, spitzig; Kapsel 2–3 mm lang, eiförmig, bei der Reife nur bis 1,3 mm breit, nicht so bauchig wie bei *A. serpyllifolia*.

Biologie: Blütezeit ist Juni bis September. Bei Pflanzen aus dem Grenzgebiet zu Hessen fanden BUTTLER u. STIEGLITZ (1976) die Chromosomenzahl 2n = 20.

Ökologie: Auf trockenen, flachgründigen oder steinigen Böden, auf Mauern, auf Wegen, nur in wärmeren Lagen des Gebiets, oft zusammen mit *A. ser-*

pyllifolia. Vegetationsaufnahmen bei WITSCHEL (1980: 40–41, 56–57).

Allgemeine Verbreitung: Submediterrane Art mit Schwerpunkt in Südwesteuropa, nordostwärts bis Südschweden, Ungarn und zur Krim.

Verbreitung in Baden-Württemberg: Hauptsächlich im Oberrheingebiet, vereinzelt auch im mittleren Neckargebiet und am Schwarzwaldrand beobachtet, dort teilweise aber unbeständig.

Tiefste Vorkommen bei 100 m, höchste: 7317/2 Weikenmühle, 490 m.

Ob die Art im Gebiet ureinheimisch ist, ist nicht bekannt. Erster literarischer Nachweis: BECHERER u. KOCH (1923: 261) „Äcker am Rhein beim Äule bei Waldshut, Äcker Rietheim-Zurzach (KOCH)"

Fundorte (in Auswahl):
Oberrheingebiet: 6418/1: Wüstnächstenbach, 1984, F. HELD u. S. SEYBOLD (STU); 6517/4: Autobahnausfahrt Dossenheim, 1984, S. SEYBOLD (STU); 6617/2: Autobahnraststelle Hartwald, 1984, S. SEYBOLD (STU); 6917/2: N Obergrombach 1986, S. SEYBOLD (STU); 7114/4: Beim Hafen Iffezheim, 1984, S. SEYBOLD (STU); 7213/2: Bei der Fähre Greffern, 1984; S. SEYBOLD (STU); 7713/1: Kuhbach S Wallburg, 1987, S. SEYBOLD (STU); 8111/1: Am Rhein bei Müllheim, 1984, S. SEYBOLD (STU).
Schwarzwald: 7317/2: Weikenmühle, Mauer, 1972, A. ASSMANN (STU-K).
Neckargebiet: 7021/1: Acker beim Salenwald bei Kleiningersheim, 1969, S. SEYBOLD (STU); 7021/3: Beihingen, 1983, S. SEYBOLD (STU); 7121/2: Hochberg, Friedhofmauer, 1977, S. SEYBOLD (STU).
Schwäbische Alb: 7525/4: Bhf. Ulm, 1942, K. MÜLLER (STU).

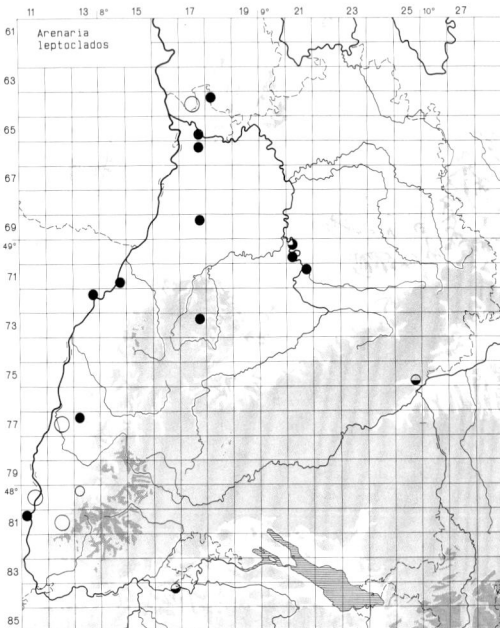

Bestand und Bedrohung: Die Art ist im Gebiet nicht gefährdet. Sie dürfte im Oberrheingebiet häufiger vorkommen, als bisher bekannt ist.

2. **Moehringia** L. 1753
Nabelmiere

Einjährige oder ausdauernde Pflanzen; Blätter gegenständig; Blüten vier- oder fünfzählig, Kronblätter ungeteilt oder ausgerandet, Staubblätter 8 oder 10, Griffel 2 oder 3; Kapsel mit 4 oder sechs Zähnen; Samen am Nabel mit einem Anhängsel.

Die Gattung umfaßt 25 Arten hauptsächlich in Mittel- und Südeuropa, doch auch von Asien und Nordamerika. Besonders die südlichen Alpen sind reich an endemischen Arten. In Europa kommen 23 Arten vor.

1 Blätter fadendünn, Blüten vierzählig
　　　　　　　　　　　　　　2. *M. muscosa*
– Blätter eiförmig, Blüten fünfzählig 1. *M. trinervia*

1. **Moehringia trinervia** (L.) Clairville 1811
Arenaria trinervia L. 1753
Wald-Nabelmiere

Morphologie: Pflanze ein- bis mehrjährig, am Grunde kriechend, aufsteigend, ästig, 10–25 cm hoch, kurzhaarig; Blätter eiförmig oder elliptisch zugespitzt, in einen Stiel verschmälert, die unteren auch langstielig, 6–30 mm lang und bis 15 mm breit, am Rang gewimpert; Blütenstand sparrigästig, Blüten langgestielt, Kelchblätter 3–6 mm lang, zugespitzt, mit grünem Mittelstreifen und weißhäutigem Rand; Kronblätter weiß, ganzrandig, etwa halb so lang als der Kelch; Kapsel kugelig, kürzer als der Kelch, mit 6 Zähnen aufspringend.

Biologie: Blütezeit ist Mai bis Juli. Erst werden die Narben reif, dann die äußeren und inneren Staubblätter. Bestäuber sind Käfer und Dipteren. Bei fehlendem Insektenbesuch tritt auch Selbstbestäubung ein. Die Samen werden wegen ihres Anhängsels durch Ameisen verbreitet. Nach der Blüte werden die meisten Pflanzen im Juli welk.

Ökologie: Auf schattigen, nährstoffreichen, oberflächlich entkalkten Mullböden in Nadelwäldern

Dünnstengeliges Sandkraut *(Arenaria leptoclados)*, rechts unten (Figur 4941ß); ferner Wald-Nabelmiere *(Moehringia trinervia)*, oben (Figur 4943); Quendel-Sandkraut *(Arenaria serpyllifolia)*, links unten (Figur 4941); aus REICHENBACH, L.: Icones florae germanicae et helveticae, Band 5, Tafel 216 (1841–1842).

4943. *Moehringia trinervia* CLAIRV.

4941. *serpyllifolia* L.

β. *leptoclados* RCHB.

Arenaria.

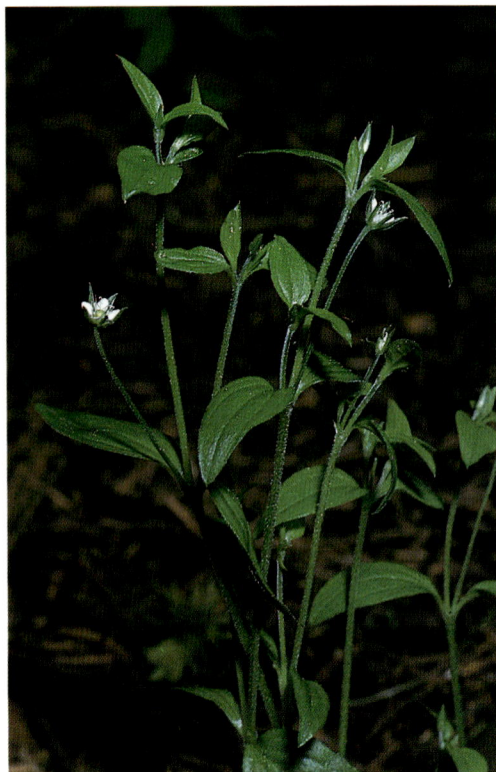

Wald-Nabelmiere *(Moehringia trinervia)*
Haarberg bei Unterböhringen, 1974

und Laubwäldern, auch in Waldschlägen und in Gebüsch, besonders oft in Nadelholzforsten. Vegetationsaufnahmen z. B. bei PHILIPPI (1978: 224) SEBALD (1980: 468–470), T. MÜLLER (1983).

Allgemeine Verbreitung: Nordafrika, Europa bis Westasien.

Verbreitung in Baden-Württemberg: Im ganzen Gebiet verbreitet.

Tiefste Vorkommen bei 100 m, höchste am Feldberg, Kriegshalde, 1100 m (OBERDORFER 1982 354). Die Art ist im Gebiet urwüchsig. Ältester archäologischer Nachweis: Spätes Atlantikum, Hornstaad, RÖSCH (unpubl.). Ältester literarischer Nachweis: J. BAUHIN (1598: 225) „Alsine glabra‛ aus der Umgebung von Bad Boll. Auch bei H. HARDER 1594 belegt, vermutlich aus dem Gebiet (HAUG 1915).

Bestand und Bedrohung: Die Art ist im Gebiet nicht gefährdet.

2. Moehringia muscosa L. 1753
Moos-Nabelmiere

Morphologie: Pflanze ausdauernd, aufsteigend, 5–20 cm hoch, Stengel zart; Blätter pfriemlich, bis 50 mm lang und 0,5–1,2 mm breit; Blüten vierzählig, Kelchblätter zugespitzt, schmal weißhäutig berandet, 2,5–3,5 mm lang; Kronblätter weiß, 1,5mal so lang als der Kelch; Kapsel mit 4 Klappen aufspringend. – Blütezeit ist Mai bis September.

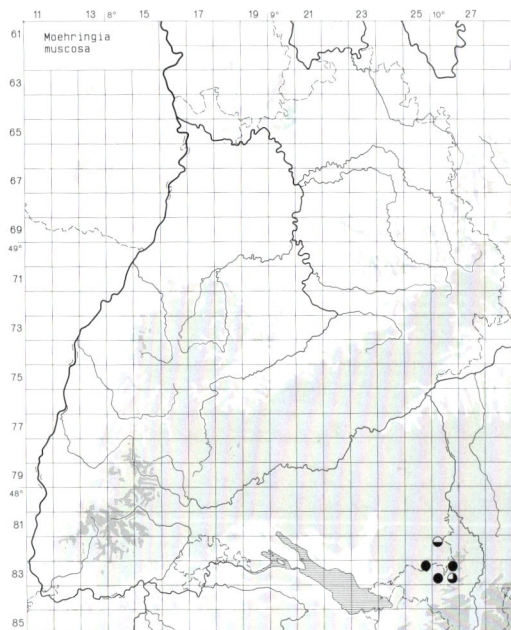

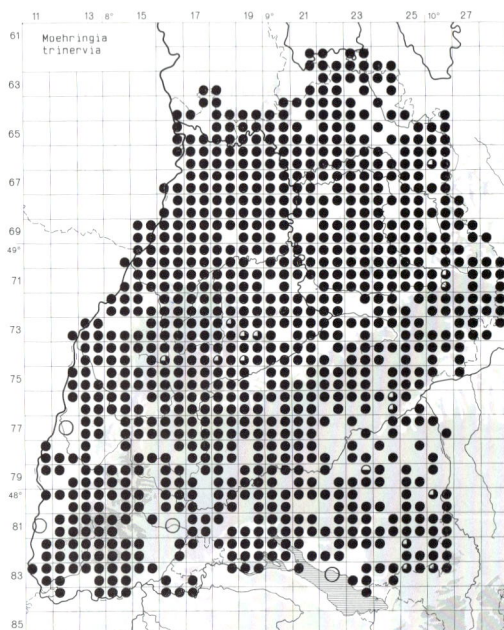

Moos-Nabelmiere *(Moehringia muscosa)*
Malaichen/Allgäu, 1987

Ökologie: Auf feuchten, schattigen, kalkreichen Steinböden an Nagelfluhfelsen in luftfeuchten, kühlen Nischen, an Mauern. Charakterart des Asplenio-Cystopteridetum, mit *Asplenium viride* und *Cystopteris fragilis.*

Allgemeine Verbreitung: Pyrenäen, Alpen, Schweizer Jura, Apenninen bis Sizilien, Balkan, Karpaten.
Verbreitung in Baden-Württemberg: Nur im Allgäu, sehr selten:

8226/1: Friesenhofen, ca. 700 m, um 1940, WEIGER (STU-K); 8325/2: Malaichen, von HERTER (1888: 182) entdeckt, 1979 von K.H. HARMS wiederentdeckt, 1986 von S. SEYBOLD bestätigt, Höhe: 650 m (STU-K); 8326/3: Am Osthang der Kugel, ca. 1000 m, 1911, K. BERTSCH, 1972, E. DÖRR (1973: 164). Selten verschleppt: 7717/1: Stützmauer in Oberndorf, 1984, M. ADE (STU-K). Die Angaben aus Baden (GMELIN 1826) sind nach DÖLL (1858: 35) als Fehlangaben zu werten.
Die Art ist im Gebiet urwüchsig. Erster literarischer Nachweis: HERTER (1888: 182) „Eglofs" (8325/2).

Bestand und Bedrohung: Die Art ist durch ihre Seltenheit im Gebiet potentiell gefährdet. Doch besitzt sie in den angrenzenden Alpengebieten genügend ungefährdete Wuchsorte.

3. **Minuartia** Loefling ex L. 1754
Miere

Einjährige, mehrjährige oder ausdauernde Arten oder Halbsträucher; Blätter gegenständig, meist pfriemlich; Blüten fünfzählig, Kronblätter weiß, ungeteilt, Staubblätter 10, Griffel 3; Kapsel mit 3 Klappen aufspringend.

100 Arten hauptsächlich der Gebirge Eurasiens sowie Nordafrikas, auch in Nordamerika, Chile und Patagonien vorkommend. Weniger häufig sind Steppenpflanzen. In Europa kommen 57 Arten vor.

Nicht sicher im Gebiet nachgewiesen ist *Minuartia viscosa* (Schreb.) Sch. et Th. 1907 (Synonym: *Alsine viscosa* Schreber 1771). Sie unterscheidet sich von *M. hybrida* durch Kelchblätter, die länger sind als die Fruchtkapsel. DIERBACH (1827: 106–7) nennt sie „prope Käferthal et dem Relaishause", doch sind keine Belege bekannt. DÖLL hat die Angaben nicht übernommen. MARTENS u. KEMMLER (1882: 1: 66) geben ferner *Minuartia verna* (L.) Hiern 1899 (Synonym: *Arenaria verna* L. 1767) hinter dem Schloß Wolfegg an. Diese Angabe ist zu korrigieren. DUCKES Beleg im Herbar der Universität Hohenheim stellt eine andere Art dar.

1 Kelchblätter weiß, trockenhäutig, mit schmalem grünem Mittelstreifen 2
– Kelchblätter grün oder nur am Rand trockenhäutig 3
2 Kronblätter kürzer als der Kelch, Pflanze einjährig . . . . 2. *M. fastigiata*
– Kronblätter länger als der Kelch, Pflanze ausdauernd . . . . 3. *M. setacea*
3 Kronblätter länger als der Kelch . 4. *M. stricta*
– Kronblätter höchstens so lang als der Kelch, meist kürzer 4
4 Kelchblätter länger als die Kapsel . *[M. viscosa]*
– Kelchblätter etwas kürzer als die Kapsel . . . . . 1. *M. hybrida*

1. Minuartia hybrida (Vill.) Schischkin 1936

Alsine tenuifolia (L.) Cr. 1766; *Minuartia tenuifolia* (L.) Hiern 1899 non Nees ex Martius 1814; *Arenaria hybrida* Villars 1779.
Zarte Miere

Morphologie: Pflanze einjährig, 4–20–(30) cm hoch, aufrecht, ästig oder einfach, mit ca. 7 längeren Internodien; Stengel unten oft violettrot; Blätter linealisch pfriemlich, ca. 5–12 mm lang, am Grunde verbreitert, Blütenstiele 5–20 mm lang, Blütenstand locker gabelig; Kelchblätter lanzettlich, spitz, 2–4 mm lang, schmal hautrandig; Kronblätter halb so lang als der Kelch, selten auch so lang wie der Kelch, weiß; Kapsel 3,8–4,8 mm lang, länger als

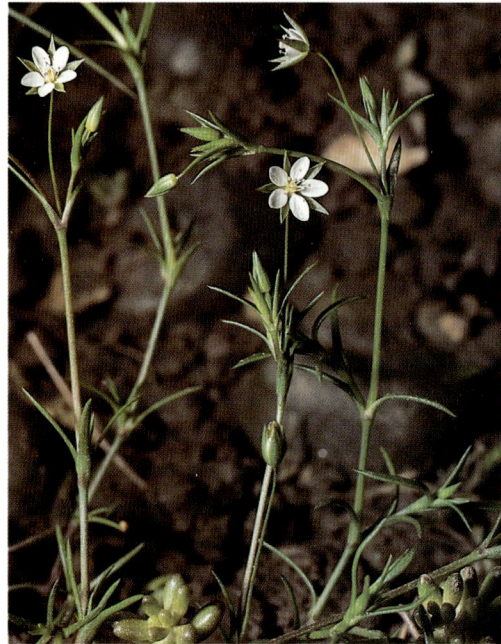

Zarte Miere *(Minuartia hybrida)*

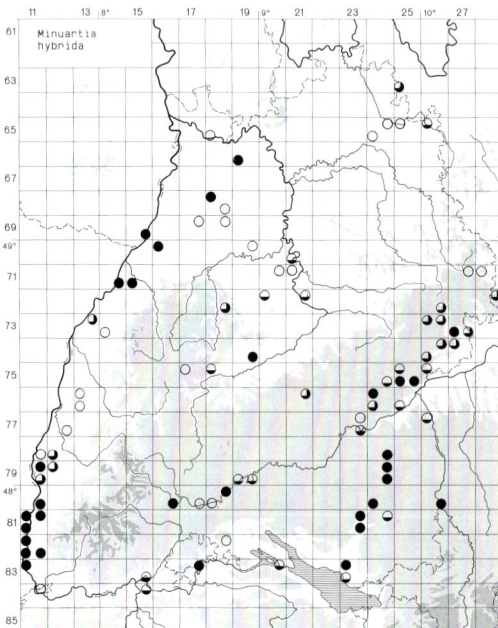

der Kelch, mit 3 Klappen aufspringend. – Blütezeit ist Mai bis Juli.

Ökologie: Auf trockenen, kalkhaltigen, oft flachgründigen Böden, in lückigen Trockenrasen, auf Mauern, auf Wegen, auf Bahnhöfen, früher auch in Äckern. Vegetationsaufnahmen bei WITSCHEL (1980: 30–31, 34–36, 43).

Allgemeine Verbreitung: Westmediterrane Art, die von Südwesteuropa bis Großbritannien, Mitteldeutschland, Italien, Balkanhalbinsel, Ukraine und Krim bis Vorderasien vorkommt.

Verbreitung in Baden-Württemberg: Mittleres und südliches Oberrheingebiet, mittleres Neckargebiet, Taubergebiet, auf der Donauseite der Schw. Alb, im Alpenvorland meist auf Bahnhöfen. Bevorzugt als submediterrane Art die tieferen Lagen.

Tiefste Vorkommen: 7313/2: N Freistett 130 m, höchste: 7919/4 Laibfelsen, 760 m (BERTSCH 1919: 332); Bräunlingen (8016/4) 750 m.

Die Art ist im Gebiet vielleicht urwüchsig. Ältester archäologischer Nachweis: Spätes Atlantikum, Hochdorf, KÜSTER (1985). Ältester literarischer Nachweis: LEOPOLD (1728: 9) „auf Mauren und rauhen sandichten Orten" aus der Umgebung von Ulm.

Nördliches Oberrheingebiet (Beobachtungen ab 1970): 6915/4: Karlsruher Rheinhafen, 1982, K.H. HARMS (STU-K); 7016/1: o.O. (KR-K); 7114/4 + 7115/3: Bahngeleise Wintersdorf-Rastatt, um 1980, B. HAISCH (KR-K); 7313/2: Freistett, PHILIPPI (KR-K).

Südliches Oberrheingebiet (Beobachtungen ab 1970): 7911/2: SW Haltepunkt Achkarren, 1983, G. HÜGIN (STU-K); 8011/4: Hartheim, Leinpfad und Schwarzkunst, M. WITSCHEL (1980); 8111/1: Grißheim, 1984, S. SEY-BOLD (STU); 8111/2: Hochgestade Weinstetten und Griß-heim, M. WITSCHEL (1980); 8111/3: Klosterau bei Neuen-burg; Zienken, M. WITSCHEL (1980); 8211/1: Steinen-stadt, M. WITSCHEL (1980); 8211/3: Bad Bellingen, 1983, G. HÜGIN (STU-K); 8211/4: Hagschutz bei Niedereggen-nen, M. WITSCHEL (1980); 8311/1: Isteiner Klotz und Leinpfad, M. WITSCHEL (1980).

Hochrhein (Beobachtungen ab 1970): 8317/2: Bahnhof Altenburg, 1982, K. H. HARMS (STU-K).

Tauber-Main-Gebiet (Beobachtungen ab 1900): 6325/3: Oberwittighausen-Unterwittighausen, ca. 1950, ADE (STU-K); 6526/1: Reinsbronn, 1910, HANEMANN (STU-K).

Neckarland (Beobachtungen ab 1900): 6619/3: Steinbruch NE Eschelbronn, 1985, S. DEMUTH (KR-K); 6818/1: Zeu-tern-Östringen, 1970, F. SCHÖLCH (STU-K); 7021/3: Steinbruch bei Eglosheim, noch 1920, R. KOLB (STU); 7218/4: Hemberg zwischen Althengstett und Ostelsheim, Waldrand, 1953, W. WREDE (STU); 7220/1: Gerlinger Heide, 1940, W. KREH (STU-K); 7221/2: Untertürkheim, Bahngelände, ca. 1935, A. MÄNNING (STU-K); 7419/4: Reusten, 1977, O. SEBALD u. S. SEYBOLD (STU-K); 7518/1: Hochdorf, A. MAYER (1950: 173).

Baar (Beobachtungen ab 1970): 8016/4: Bräunlingen, M. WITSCHEL (1980: 43); 8018/2: Gbf. Tuttlingen, 1974, S. SEYBOLD (STU).

Schwäbische Alb (Beobachtungen ab 1970): 7326/1: Burg-stall bei Sontheim, 1987, J. GENSER; 7327/3: Herbrechtin-gen; 7426/1: WSW Heuchlingen, 1987, J. GENSER; 7525/3: Weidach, 1978, O. SEBALD (STU); 7525/4: Mähringen, H. RAUNEKER (1984: 30); 7624/1: Schmiechen, BOSCH in H. RAUNEKER (1984: 30).

Alpenvorland (Beobachtungen ab 1970): 7824/4: Bahnhof Warthausen, 1988, S. SEYBOLD (STU); 7924/2: Bahnhof Ummendorf, 1987, E. DÖRR (STU-K); 7924/4: Bahnhof Essendorf, 1987, E. DÖRR (STU-K); 8024/3: Bahnhof Durlesbach, 1982, E. DÖRR (STU); 8026/4: Kieswerk Ai-trach, 1984, E. DÖRR (STU); 8123/2: Bahnhof Mochen-wangen, 1982, E. DÖRR (STU); 8123/4: Bahnhof Nieder-biegen, 1982, E. DÖRR (STU); 8323/1: Bahnhof Mecken-beuren, 1984, E. DÖRR (STU); Haltepunkt Reute-Kehlen, 1985, O. SEBALD (STU).

Bestand und Bedrohung: Die Art ist stark gefährdet, sie hat zahlreiche Fundorte verloren und nur we-nige auf Bahnhöfen (vorübergehend?) neu hinzuge-wonnen. Durch intensive Nutzung der Landschaft sind ihre oft kleinflächigen Vorkommen gefährdet. Auf Äckern ist sie infolge Düngung und Unkraut-vernichtung ganz verschwunden, so auch in Hol-land. Einige Fundorte auf der Schw. Alb sowie im südlichen Oberrheingebiet könnten als Biotope ge-schützt werden. Die Art teilt das Schicksal anderer westmediterraner Arten, die an ihrem Arealrand im Rückgang begriffen sind wie *Moenchia erecta* und *Spergularia segetalis*.

Büschel-Miere *(Minuartia fastigiata)*
Schelingen

2. Minuartia fastigiata (Sm.) Reichenbach 1842

Alsine jacquinii Koch 1835; *Arenaria fastigiata* Sm. 1807; *Minuartia fasciculata* auct.; *M. rubra* (Scop.) Mc Neill 1963
Büschel-Miere

Morphologie: Pflanze einjährig oder zweijährig, 10–20–(30) cm hoch, am Grunde verzweigt; Sten-gel aufrecht, mit zahlreichen, vielfach gleichlangen Internodien (bis zu 25); Blätter nadelig borstig, auf-recht, ca. 6–16 mm lang, am Grund miteinander verbunden; Blütenstand gedrängt, oft reichblütig, Blütenstiele meist kürzer als der Kelch; Kelch 4–6 mm lang, lanzettlich-pfriemlich, spitzig; Kron-blätter nur ⅓ bis ½ so lang als der Kelch; Kapsel ca. 3 mm lang. – Blütezeit: Juli bis August.

Ökologie: Auf trockenen, basenreichen, meist kalk-haltigen Steinböden, in lückigen Trockenrasen; Charakterart des Cerastietum pumili. Vegetations-aufnahmen bei OBERDORFER (1957: 270–272) und bei WITSCHEL (1980: 34–36).

Allgemeine Verbreitung: Submediterrane Art. Pyre-näen, Frankreich, Oberitalien, Schweiz bis zum Oberrheingebiet, Österreich, Ungarn, Rumänien und Jugoslawien. Kommt außerhalb Europas nicht vor. Ist im Gebiet an der Nordgrenze des Areals.

Verbreitung in Baden-Württemberg: Sehr selten im südlichen Oberrheingebiet.

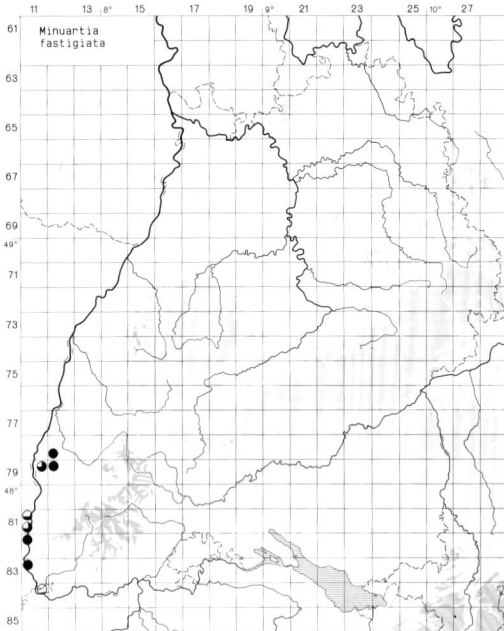

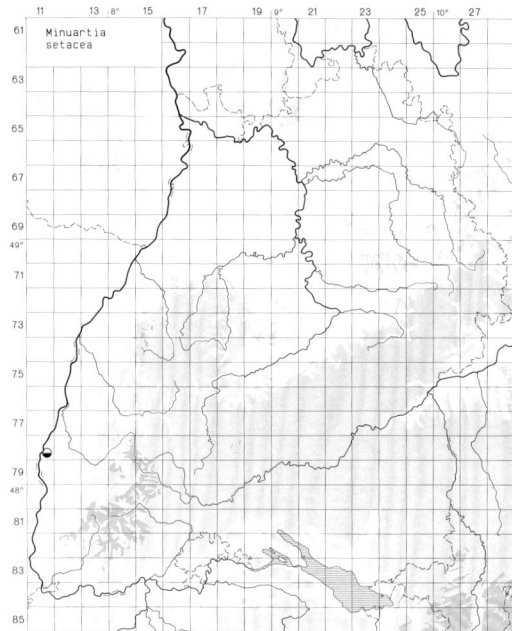

Tiefste Vorkommen bei Faule Waag (7911/2), 180 m; höchste Vorkommen am Haselschacher Buck, 450 m.

Die Art ist im Gebiet urwüchsig. Erster literarischer Nachweis: HALLER (1768: 384) „Alsine... in Castello Istein".

7911/2: Faule Waag, 1961, V. WIRTH in PHILIPPI (1961: 180); 7912/1: Badberg; Vogtsburg und Haselschacher Buck, 1973, KORNECK (1975: 88); 8111/1: Grißheim, LAUTERBORN (1941: 289); 8111/3: N Neuenburg, um 1955, G. PHILIPPI (KR-K); 8211/1: Steinenstadt, 1972, KORNECK (1975); 8311/1: Isteiner Klotz, M. WITSCHEL (1980); Kleinkems, SCHLATTERER in FROMHERZ et al. (1903: 335); 8411/2: Grenzacher Horn und Sandgrube an der Wiese, DÖLL (1862: 1218). Bei der Ortsangabe „Orschweier" (EICHLER, GRADMANN u. MEIGEN (1914: 378)) liegt nach G. PHILIPPI eine Verwechslung vor.

Bestand und Bedrohung: Die Art ist im Gebiet stark gefährdet.
Literatur: EICHLER, GRADMANN u. MEIGEN (1914).

3. Minuartia setacea (Thuill.) Hayek 1911
Alsine setacea (Thuill.) Mert. et Koch 1831;
Arenaria setacea Thuillier 1800
Borsten-Miere

Morphologie: Pflanze ausdauernd, 10–20 cm hoch, am verholzten Wurzelstock stark verzweigt, Blütenstengel dünn; Blätter borstig pfriemlich, 3–10 mm lang, am Grunde verbunden, aufrecht; Blütenstand wenigblütig; Kelchblätter 2,5–3 mm lang, mit grünem Mittelstreifen und häutigem Rand; Kronblätter etwas länger als der Kelch, weiß; Kapsel so lang oder länger als der Kelch. – Blütezeit ist Mai bis Juli.

Ökologie: Auf trockenen, flachgründigen, basenreichen Steinböden, in Felsrasen. Zur Ökologie gibt SPENNER (1829: 843) an: „In rupium basalticarum fissuris prope arcem Limburg versus Lützelberg cum Stipa capillata et Lino tenuifolio rarissima" (Übersetzt: sehr selten in Basaltfelsspalten bei der Limburg gegen den Lützelberg mit *Stipa capillata* und *Linum tenuifolium*).

Allgemeine Verbreitung: Ostsubmediterrane-kontinentale Art. Vom Ural und Kaukasus über Südosteuropa bis Bayern, dem Kaiserstuhl und Frankreich. Im Gebiet an der Westgrenze der Verbreitung.

Verbreitung in Baden-Württemberg: Nur im Kaiserstuhl: 7811/4: Basaltfelsen bei der Limburg, ca. 200 m, 1822, A. BRAUN; 1881, LEUTZ (KR); 1912 wiedergefunden, NEUBERGER (1912).

Die Art war im Gebiet urwüchsig. Ältester literarischer Nachweis: GMELIN (1826: 315–316) „Alsine verna. In Brisgovia in rupibus basalticis am Kaiser-

Borsten-Miere (*Minuartia setacea*), links unten; aus REICHENBACH, L.: Icones florae germanicae et helveticae, Band 5, Tafel 205, Figur 4921 (1841–1842).

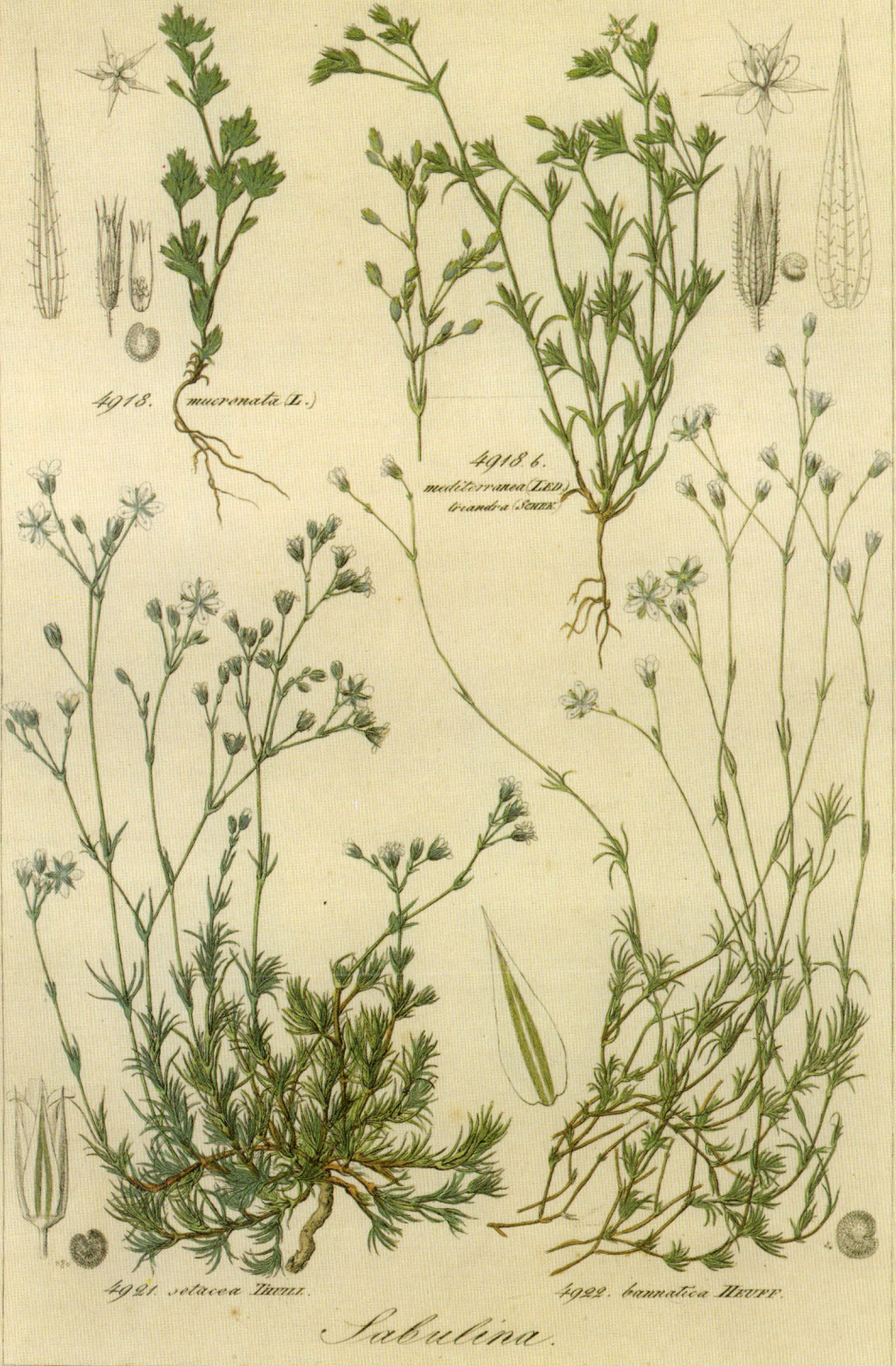

4918. mucronata (L.)

4918.b. mediterranea (LED.) triandra (SCHUR.)

4921. setacea THUIL.

4922. bannatica HEUFF.

Sabulina.

4940. *Facchinia lanceolata* (All.) Rchb.

4935.
stricta (Sw.)
uliginosa (Schl.)

Helvetia

4939.
biflora Sw.

Lapponia

Alsinanthe LXXI.

stuhl prope Limburg, ubi eam legit Alex. Braun 1822“.

Bestand und Bedrohung: Die Art ist im Gebiet verschollen. Sie wurde wohl durch einen Steinbruch vernichtet. Von A. BRAUN und von LEUTZ sind Belegexemplare vorhanden.

4. Minuartia stricta (Sw.) Hiern 1899
Alsine stricta (Sw.) Wahlenb. 1812; *Spergula stricta* Swartz 1799
Steife Miere

Morphologie: Pflanze ausdauernd, 10–20 cm hoch, kahl, am Grunde verzweigt, einer *Sagina* ähnlich; Stengel mit wenigen, ca. 3–5 längeren Internodien; Blätter linealisch, spitz, 3–12 mm lang, teilweise aufwärts gekrümmt; Blütenstand mit wenigen, ca. 3–(7) Blüten, mit langen, 15–35 mm langen aufrechten Stielen; Kelchblätter eiförmig, 2,5–3 mm lang, schmal weißhäutig berandet, stumpf; Kronblätter weiß, etwa so lang wie der Kelch; Kapsel 4 mm lang, länger als der Kelch, mit 3 Klappen. – Blütezeit ist Juni bis August.
Ökologie: Auf nassen Torfböden in Hochmooren und Zwischenmooren.
Allgemeine Verbreitung Skandinavien bis Sibirien, Island; Grönland und Labrador, Alpenvorland.
Verbreitung in Baden-Württemberg: (nach EICHLER, GRADMANN u. MEIGEN (1906: 84) und STU-K):

7923/2: Federsee, 580 m, 1845, VALET, 1851, GMELIN; 1853, R. FINCKH; 7926/3 Eichenberger Ried, 1836, DUCKE, und Schweinsgraben bei Unterzell, 580 m, 1869, E. LECHLER; 8021/3: Tiefer Graben bei Wald, 660 m, 1859; SAUTERMEISTER in JACK (1901); 8025/3: Wurzacher Ried bei Dietmanns, 650 m, ca. 1830, PFANNER, 1851, W. GMELIN, 1869, LECHLER; 8120/2: Ruhestetter Ried, 650 m, ca. 1880, SAUTERMEISTER; 8225/1: Kißlegg, 650 m, ca. 1830, PFANNER; 8225/2: Argensee bei Gebrazhofen, 650 m, ca. 1850, JUNG; 8326/1: Isny, zwischen Schweinebach und Dorenwaid, 700 m, ca. 1850, W. GMELIN, ca. 1890, LAUFFER.

Tiefstes Vorkommen: 7923/2 Federsee, 580 m. Höchstes Vorkommen: 8326/1 Isny, 700 m.

Die Art war im Gebiet urwüchsig. Erster literarischer Nachweis: SCHÜBLER u. MARTENS (1834: 283–284) „Auf Torfwiesen bei Wurzach und Kislegg, Pfanner“.
Bestand und Bedrohung: Die Art ist im Gebiet ausgestorben. Die Vorkommen in den Mooren des Al-

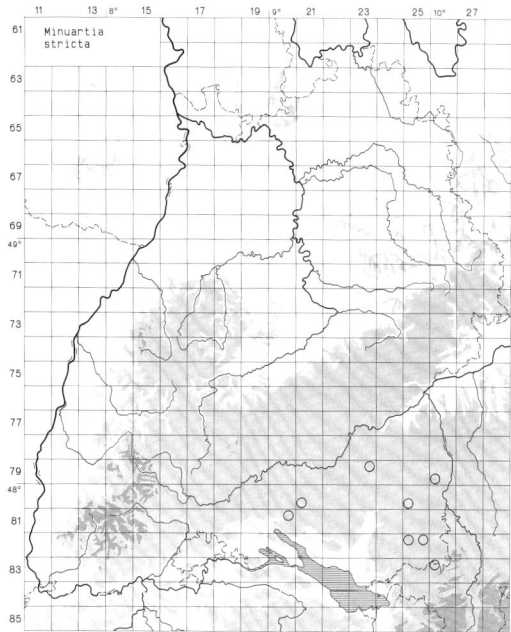

penvorlands waren Relikte aus der Nacheiszeit, weitab von ihrem heutigen nordischen Areal. Für die unscheinbare Art liegen nur aus einem kurzen Zeitraum, etwa zwischen 1830 und 1890 Beobachtungen vor. Letzter Beobachter war LAUFFER (8326/1). Ein späterer Beleg (8222/3 Unterteuringen, E. VON ARAND 1919, STU) dürfte auf eine Etikettenverwechslung zurückzuführen sein. Schon um die Jahrhundertwende wurde die Art an allen Stellen vermißt (vgl. auch DÖRR 1973: 163). Das Verschwinden ist auf Standortsänderungen in den Mooren zurückzuführen. E. LECHLER (in ZKM) schrieb darüber 1869: „Kommt auf Wiesen bei Unterzell Gemeinde Roth, den wenigen, die sich der Drainage bis jetzt entzogen haben, vor.“
Literatur: EICHLER, GRADMANN u. MEIGEN (1906: 84).

4. Stellaria L. 1753
Sternmiere

Einjährige oder mehrjährige Kräuter; Stengel aufsteigend, in diesem Teil mit kurzen Internodien, an den unteren Knoten leicht abbrechend; Blätter gegenständig; Blüten in Dichasien, mittlere Blüte beim Abblühen oft nach unten umgeschlagen, Kelchblätter 5, Kronblätter 5, weiß, tief ausgerandet oder zweispaltig, selten fehlend, Staubblätter 3–5–10, Griffel 3; Kapsel kegelig-eiförmig, mit 6 Klappen aufspringend.

Steife Miere *(Minuartia stricta)*, links unten; aus REICHENBACH, L.: Icones florae germanicae et helveticae, Band 5, Tafel 209, Figur 4935 (1841–1842).

Die Gattung umfaßt rund 100 Arten, die vorwiegend in Eurasien (Schwerpunkt östliches Zentralasien) vorkommen. Im Gebiet treten 9 Arten auf.

1   Stengel stielrund, untere und mittlere Blätter ge-
    stielt   2
–   Stengel vierkantig, Blätter sitzend, seltener gestielt
    (S. alsine)   6
2   Kronblätter höchstens so lang oder nur wenig län-
    ger als der Kelch oder fehlend, Stengel einreihig
    behaart . . . . (S. media agg.)   4
–   Kronblätter 1,5 bis 2mal so lang als der Kelch,
    Stengel oberwärts ringsum behaart oder kahl . .   3
3   Griffel 3, Kapsel mit 6 Zähnen . 1. S. nemorum
–   Griffel 5, Kapsel mit 10 Zähnen . . . .
                                    Myosoton aquaticum
4   Staubblätter meist 10, Samen 1,3–1,7 mm im
    Durchmesser . . . . 3. S. neglecta
–   Staubblätter 3–5, Samen kleiner als 1,3 mm,
    Kronblätter kürzer als die Kelchblätter   5
5   Samen 0,8–1,3 mm im Durchmesser, rotbraun,
    Kronblätter klein oder fehlend . . . 2. S. media
–   Samen 0,5–0,8 mm im Durchmesser, hell gelblich-
    braun . . . . 4. S. pallida
6   Kronblätter kürzer als die Kelchblätter, Blüten-
    stand seitenständig . . . . 6. S. alsine
–   Kronblätter so lang oder länger als die Kelchblät-
    ter   7
7   Kronblätter etwa 10–15 mm lang, bis zur Mitte
    gespalten, Blätter 3–8 cm lang . 5. S. holostea
–   Kronblätter 2–10 mm lang, fast ganz gespalten .   8
8   Tragblätter krautig . . . . 9. S. crassifolia
–   Tragblätter trockenhäutig   9
9   Trag- und Laubblätter am Grunde gewimpert,
    Blütenstände 10–60blütig . . . . 8. S. graminea
–   Tragblätter ganz kahl, Stengel 2–9blütig . . . . .
                                      7. S. palustris

1. Stellaria nemorum L. 1753
Wald-Sternmiere

Morphologie: Ausdauernde, 20–60 cm hohe
Pflanze, Rhizom kriechend, ausläufertreibend;
Stengel aufsteigend, mittlere und untere Laubblätter gestielt, herzförmig, obere sitzend, eiförmig, zugespitzt; Dichasien 2–4fach verzweigt; Kelchblätter
5–8 mm lang, Kronblätter doppelt so lang wie der
Kelch; Samen 1–1,3 mm breit.

Verwechslungsmöglichkeiten: Die Art ist *Myosoton aquaticum* ähnlich, aber die unteren Blätter sind
meist sehr lang gestielt, am Grunde herzförmig, der
Blattrand ist streckenweise fast parallelrandig, der
Rand lang gewimpert, die Blüte mit 3 Griffeln.
Variabilität: Im Gebiet kommen zwei Unterarten
vor.

1   Reife Samen am Rand mit kurzen Papillen; erstes
    Blattpaar oberhalb der ersten Blüte mindestens
    halb so lang wie das darunter . . . ssp. *nemorum*
–   Reife Samen mit verlängerten, an der Spitze ausge-
    weiteten Papillen; erstes Blattpaar über der unter-

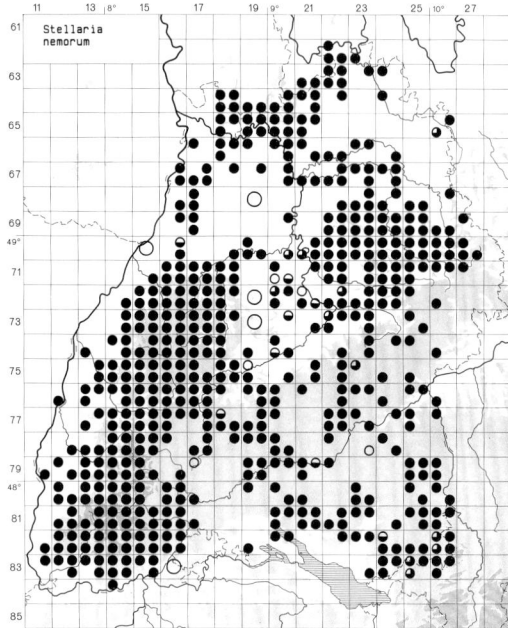

sten Blüte weniger als ein Drittel der Länge des
Paars darunter, zweites Paar über der untersten
Blüte nur mit 1–2 mm langen Blättchen . . . . .
                        ssp. *glochidisperma* Murbeck 1891

Im Gebiet kommt fast ausschließlich die ssp. *nemorum* vor. Die ssp. *glochidisperma* ist bisher fast nur
aus einem kleinen Gebiet im Nordschwarzwald be-

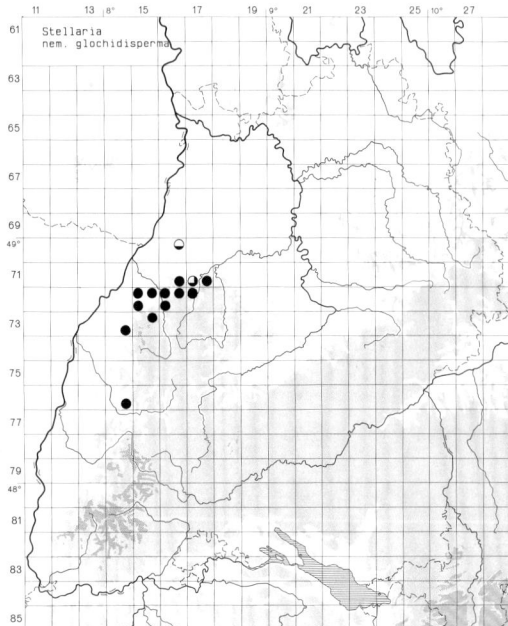

Wald-Sternmiere *(Stellaria nemorum)*
Weschnitz, 1987

kanntgeworden, in dem beide Unterarten teilweise sogar miteinander vorkommen. Die ssp. *glochidisperma* fällt durch ihre geringere Behaarung auf. Sie kommt besonders gern an Waldwegen vor. Ihr Verbreitungsgebiet reicht von Nordspanien und Nordgriechenland bis Südskandinavien. Als Art aufgefaßt muß die Sippe den Namen *Stellaria montana* Pierrat 1880 tragen. Die meisten Finder des 19. Jahrhunderts hatten die Besonderheit der Sippe nicht erkannt. DÖLL war sie jedoch nicht entgangen. Er weist auf eine besondere kahle Form der *Stellaria nemorum* vom Schwarzwald bei „Reichenthal" hin (1843, 1862: 1224). Die Sippe war damals noch gar nicht beschrieben, Döll hätte sie sogar als erster beschreiben können! Auch im Atlas der Flora Europaea (JALAS u. SUOMINEN 1983) fehlen noch sämtliche Angaben aus Baden-Württemberg.

Fundorte der subsp. *glochidisperma*: 7016/2: Grünwetters-bach, 1937, F. JAUCH (KR); 7016/4: Neurod-Spessart, 1986, G. PHILIPPI (KR); 7116/4: Herrenalb-Bernbach, 1911, A. KNEUCKER; 1972, A. SEITHE (KR); ca. 1970, R. DÜLL (KR-K); Holzbachtal bei Marxzell, 1981, G. PHILIPPI (KR); 7117/3: Dennach, Rotenbachtal, ca. 1969, R. DÜLL in PHILIPPI (1971: 32); 7117/4: Engelsbrand, Büchenbronner Höhe, 1946, K. BAUR; 1985, S. SEYBOLD (STU); Herzogswiesen S Schwann, 1986,

G. PHILIPPI (KR-K); 7215/1: Altes Schloß bei Baden-Baden, 1988, G. PHILIPPI (KR-K); 7215/2: Eberstein-burg, 1884, A. KNEUCKER (KR); Battert, ca. 1969, R. DÜLL in PHILIPPI (1971: 32); 1987, S. SEYBOLD (STU); Merkur, Oberdorfer in PHILIPPI (1971: 32); 7215/3: Yburg, 1843–44, LOUDET (KR); 1988, G. PHILIPPI (KR-K); oberhalb Geroldsau, R. DÜLL in PHILIPPI (1971: 32); NE Gallenbach, 1987, S. SEYBOLD (STU); 7216/1: Loffenau, 1881, NN (KR); Herrenalb, zwischen Käppele und Teufelsloch, 1970, G. PHILIPPI (KR); 7216/2: Herrenalb-Loffenau, Albtal, mehrfach, 1924, A. KNEUCKER (KR); 1949, J. HRUBY (KR); PHILIPPI (1971: 32); 1983, S. SEYBOLD (STU); 7216/3: Reichental, 1843, DÖLL (1862: 1224); 1987, S. SEYBOLD (STU); 7217/1: Schönklinge SW Höfen, 1987, S. SEYBOLD (STU); 7314/4: Gaishölle bei Sasbach-walden, 1972, G. PHILIPPI (KR); 7315/2: Schwarzenbach-talsperre, 680 m, 1986, S. SEYBOLD (STU); 7614/4: Nördlich des Nill, 1987, S. SEYBOLD (STU).

Biologie: Die Art blüht von Mai bis Juli, seltener bis September. Sie ist mit anderen *Stellaria-*, *Cerastium-* und *Arenaria*-Arten Zwischenwirt des Rostpilzes *Melampsorella caryophyllacearum* (Johnst.) Schroeter. Dieser Pilz ist der Erreger des Hexenbesens auf der Weißtanne.

Ökologie: Schattenertragende Waldpflanze besonders der Bergwälder. In tieferen Lagen in bachbegleitenden Eschenwäldern auf sickerfrischen, nährstoffreichen Böden. Typische Begleiter sind *Impa-*

tiens noli-tangere, *Alnus glutinosa* oder *Acer pseudo-platanus*. Die Art ist namengebend in der Gesellschaft des Stellario-Alnetum. Vegetationsaufnahmen aus dem Gebiet finden sich z. B. bei J. u. M. BARTSCH (1940: 196–197) oder bei OBERDORFER (1957: 404–405, 410–411).

Allgemeine Verbreitung: Hauptsächlich in Nord- und Osteuropa, südlich bis zu den Pyrenäen, Süditalien, Nordgriechenland und dem Kaukasus. Die Art ist ein nordisch-subatlantisches Florenelement.

Verbreitung in Baden-Württemberg (ssp. *nemorum*). In Baden-Württemberg sind Verbreitungszentren der Schwarzwald, Odenwald, das Allgäu und der Schwäbisch-Fränkische Wald. Wärmere Klimagebiete werden meist gemieden. Hier kommt die Art höchstens an kühlen fluß- oder bachnahen Standorten vor.

Die tiefsten Vorkommen liegen bei 100 m, die höchsten am Seebuck bei 1440 m (KR-K).

Die Pflanze ist im Gebiet urwüchsig. Ob auch ssp. *glochidisperma* urwüchsig ist, ist nicht sicher. In folgenden Quadranten kommt außer ssp. *nemorum* auch ssp. *glochidisperma* vor: 7117/4, 7216/2, 7217/1, 7315/2. Die höchsten Wuchsorte der ssp. *glochidisperma* sind: 7315/2, Schwarzenbachtalsperre, 680 m; die tiefsten: 7016/4: Neurod-Spessart ca. 180 m. Ältester literarischer Nachweis der Art: DUVERNOY (1722: 18) „ad Ameram" bei Tübingen (7420).

Bestand und Bedrohung: Die Art ist dank ihrer Mas-

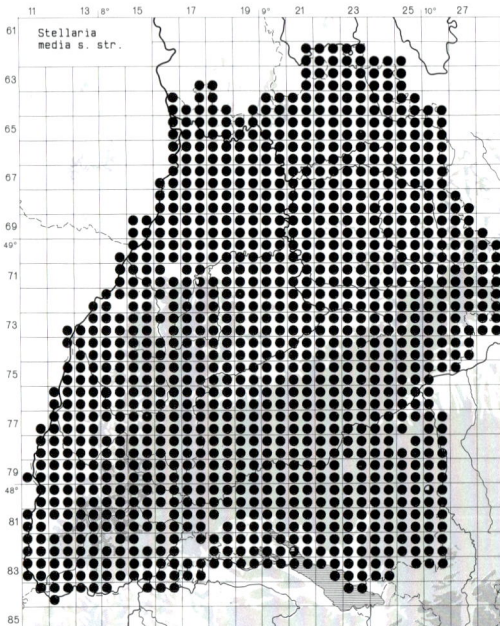

Vogelmiere *(Stellaria media)*
Tübingen, Spitzberg, 1986

senvorkommen im Schwarzwald nicht gefährdet. Schon MARTENS und KEMMLER (1865: 78) berichten, die Art sei „am häufigsten auf dem Schwarzwald". Sie hat nur im Umkreis der Städte durch stärkere Besiedlung lokal Verluste erlitten. Auch die ssp. *glochidisperma* ist nicht gefährdet.

2. Stellaria media (L.) Villars 1789
Alsine media L. 1753
Vogelmiere

Morphologie: Einjähriges bis zweijähriges, niederliegendes und aufsteigendes, bis 40 cm hohes ästiges Kraut; untere Blätter gestielt, obere sitzend, eiförmig; Stengel rund, entlang einer Linie behaart; Blüten im Abblühen auffallend nach unten zurückgeschlagen, Kelchblätter 2–5 mm lang, Kronblätter ca. 3 mm lang, oft fehlend, Staubblätter meist 3 oder 5, Kapsel länger als der Kelch, Samen rotbraun, 0,8–1,3 mm breit. Verwechslungsmöglichkeiten: Die Art ist manchmal *Moehringia trinervia* ähnlich, aber der Blattrand ist fast kahl und nicht gewimpert. Die Abgrenzung von *S. pallida* und *S. neglecta* untersuchten WHITEHEAD u. SINHA (1967).

Biologie: Die Pflanze blüht das ganze Jahr hindurch und fruchtet reichlich. FRIEDRICH REINÖHL (1903) hat in seiner Dissertation die Verteilung der Staubblattzahlen an etwa 80000 Blüten aus der Umgebung von Tübingen und Künzelsau untersucht. Er berichtet, daß die Keimruhe 50 Tage dauert und daß 42 Tage von der Keimung bis zur ersten Blüte nötig sind. Es kann also zu zwei Generationen in einem Jahr kommen. Die Sommerpflanzen leben etwa 5 Monate lang, die überwinternden nahezu ein Jahr lang. Bei fehlender Fremdbestäubung tritt Selbstbestäubung ein. Insektenbestäuber sind Hymenopteren, Dipteren und Thysanopteren. LYRE (1957) berichtet, daß unter günstigsten Umständen sogar drei Generationen in einem Jahr möglich sind. Sowohl Fremd- wie Selbstbestäubung führt zu vollem Samenansatz. Ein Exemplar bildet etwa 15000 Samen.

Ökologie: In Hackunkrautgesellschaften der Weinberge, Gärten und Äcker, auf lockerem, stark humosem, stickstoffreichem Boden mit guter Wasserversorgung, gern an schattigen Stellen, auch auf Waldwegen, auf Auffüllplätzen und in Blumentöpfen. Vegetationsaufnahmen finden sich z.B. bei OBERDORFER (1957).

Allgemeine Verbreitung: Die Pflanze ist weltweit verbreitet.

Verbreitung in Baden-Württemberg: Kommt im Gebiet fast überall vor.

Tiefste Vorkommen liegen bei 100 m; im Feldberggebiet kommt sie bis 1280 m vor.

Die Pflanze ist im Gebiet wohl nicht urwüchsig, doch kommt sie seit der jüngeren Steinzeit fest eingebürgert vor. Ältester archäologischer Nachweis: Mittleres Atlantikum, Ulm-Eggingen, GREGG (1984). Ältester historischer Nachweis: J. BAUHIN (1598: 193) aus der Umgebung von Bad Boll (7323).

Bestand und Bedrohung: Trotz starker Unkrautbekämpfung ist die Art eher häufiger geworden. Sie ist nicht bedroht.

Literatur: LYRE, H.H. (1957); REINÖHL (1903); WHITEHEAD, F.H. u. R.P. SINHA (1967).

3. Stellaria neglecta Weihe 1825

Stellaria media ssp. *neglecta* (Weihe) Murbeck 1899; *S. media* ssp. *major* Arcang. 1882.
Auwald-Sternmiere

Morphologie: Ähnlich *Stellaria media*, doch größer und kräftiger, 25–90 cm hoch; Kelchblätter 5–6,5 mm lang, Kronblätter so lang oder etwas länger als der Kelch, Staubblätter 10, Staubbeutel purpurrot, Samen dunkel rotbraun, 1,3–1,7 mm im Durchmesser, mit 4 Reihen hoher, spitzkegeliger

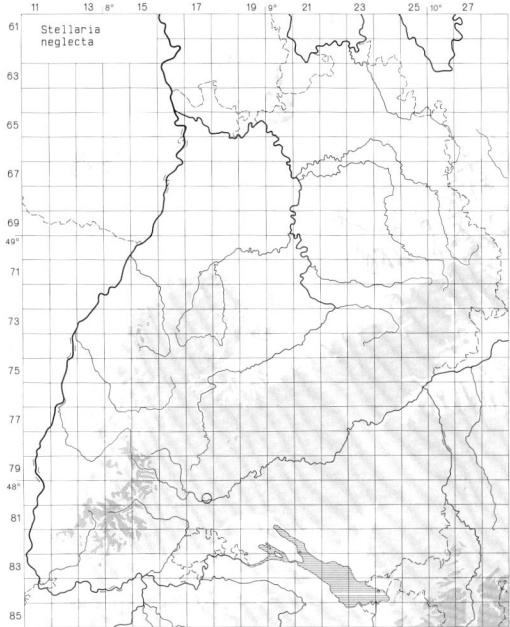

Warzen. (Abbildungen bei BUTTLER (1985) und MEIEROTT (1986)) – Blütezeit ist April–Juli.

Ökologie: In Auwäldern, in schattigen Unkrautgesellschaften der Flußauen.

Allgemeine Verbreitung: West-, Mittel- und Südeuropa.

Verbreitung in Baden-Württemberg: DÖLL (1862:

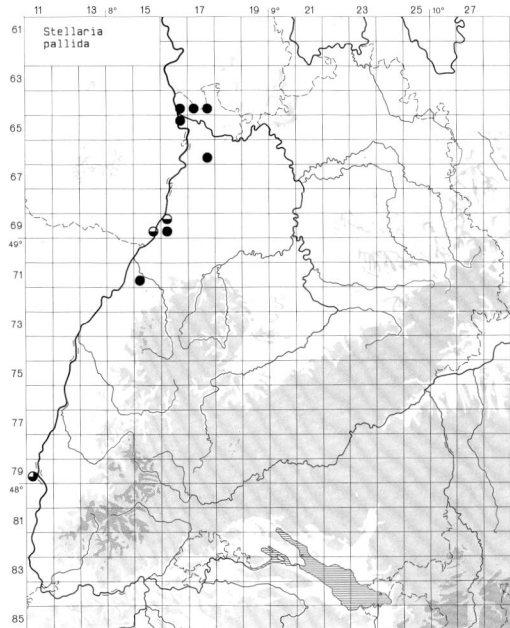

4904. *media Sx.*
Alsine media L.

4905. *neglecta* WEIHE.

4906. *nemorum L.*

Stellaria

224) erwähnt die Art z. B. „im Carlsruher Schloßgarten, im Hardtwalde, bei Rastatt, Durlach und
Waghäusel". A. MAYER (1929: 142) gibt sie für das
Kriegertal (8118) an, erwähnt sie aber in der späteren Auflage (1950) nicht mehr. Alle diese Vorkommen sind leider ohne Beleg. Ein einziger sicherer
und belegter Nachweis aus dem Lande existiert:
8017/4: Geisingen, 1884, J. A. SCHATZ (KR). Die
Art ist aber auch in den Auwaldgebieten des nördlichen Oberrheingebiets zu erwarten, da sie dort im
benachbarten Hessen vorkommt.

4. Stellaria pallida (Dumort.) Piré 1863
Alsine pallida Dumortier 1827; *Stellaria media* ssp.
pallida (Dumort.) Asch. et Gr. 1898; *S. media* ssp.
apetala Čelak. 1881
Bleiche Sternmiere

Morphologie: Ähnlich *Stellaria media*, aber mehr
gelbgrün statt dunkelgrün; Stengel dünn, zart; Blätter fast alle gestielt; Kelchblätter 2–3,5 mm lang,
kürzer als bei *S. media*; Kronblätter meist fehlend;
Staubbeutel grau; Fruchtstiele aufrecht, nicht zurückgeschlagen; Samen etwa 0,8 mm im Durchmesser, deutlich kleiner als bei *S. media*, hell gelblichbraun.
Biologie: Schon PIRÉ (1863) beobachtete, daß diese
Art vor dem Winter keimt, in Rosetten überwintert,
im zeitigen Frühjahr hochschießt, im Mai blüht und
schon im Juni wieder verschwindet. Die Chromosomenzahl 2n = 22 wurde durch BUTTLER und STIE-
GLITZ (1976) an Material aus Viernheim bestätigt.
Ökologie: In sandigen, etwas ruderal beeinflußten
Kiefernwäldern, seltener an Ruderalstellen.
Allgemeine Verbreitung: In Süd-, West- und Mitteleuropa, wohl submediterraner Verbreitung.
Verbreitung in Baden-Württemberg: In Baden-
Württemberg vermutlich auf das Oberrheingebiet
beschränkt, auch dort erst an wenigen Stellen nachgewiesen. Höhenverbreitung bisher zwischen 100
und 200 m. Ist im Gebiet nicht urwüchsig. Ältester
literarischer Nachweis: KRAUSE (1921: 131), Kiefernwald gegen Sandweier, 1917–18.

6416/4: Schönau, Herrschaftswald, 1986, M. NEBEL
(STU-K); 6417/3: Kiefernwald bei Viernheim (Hessen);
BUTTLER u. STIEGLITZ (1976), 1984, SEYBOLD (STU);
6417/4: Weinheim, Markuskirche, 1988, S. DEMUTH (KR-
K); 6516/2: Mannheim, bei der Reissinsel, 1985, M. NE-

BEL (STU-K); 6617/4: Sandhausen, Düne W Galgenberg,
1985, TH. BREUNIG (STU-K); 6915/4: Maxau-Neureut,
1925, KNEUCKER (1935: 233); 6916/1: Hochgestade bei
Eggenstein, JAUCH nach KNEUCKER (1935: 233); 6916/3:
Neureut-Knielingen, 1925, KNEUCKER (1935: 233); Karls-
ruhe, Friedrichsplatz, 1987, S. DEMUTH (KR-K); 7115/3:
Autobahnraststelle Baden-Baden bei Sandweier, 1984,
SEYBOLD (STU); 7911/3: Breisach, 1967, LUDWIG u.
LENSKI in PHILIPPI u. WIRTH (1970: 340).

Bestand und Bedrohung: Wegen ruderaler Neigungen ist die Art trotz ihrer Seltenheit, soweit bisher
bekannt, nicht gefährdet.

5. Stellaria holostea L. 1753
Große Sternmiere

Morphologie: Pflanze ausdauernd, 15–60 cm hoch,
mit zahlreichen aufsteigenden, zerbrechlichen Stengeln, Blätter lineal-lanzettlich, 3–8 cm lang und
5–7–(10) mm breit, am Rande rauh, in eine Spitze
lang auslaufend; Dichasien 3–4mal verzweigt;
Blüte groß, 15–30 mm im Durchmesser, Kelchblätter 6–9 mm lang, Kronblätter bis doppelt so lang
wie der Kelch, Samen 1,5–2 mm breit.
Biologie: Entwickelt sich sowohl aus Rhizom-
knospen als auch aus Blattachseln vorjähriger,
scheinbar abgestorbener Triebe in Bodennähe
(KIRCHNER 1888: 238–239). Blütezeit ist April bis
Juni.
Ökologie: Lichtliebende Art der Eichen-Hainbu-
chenwälder auf sandigen oder lehmigen Böden, kalk-

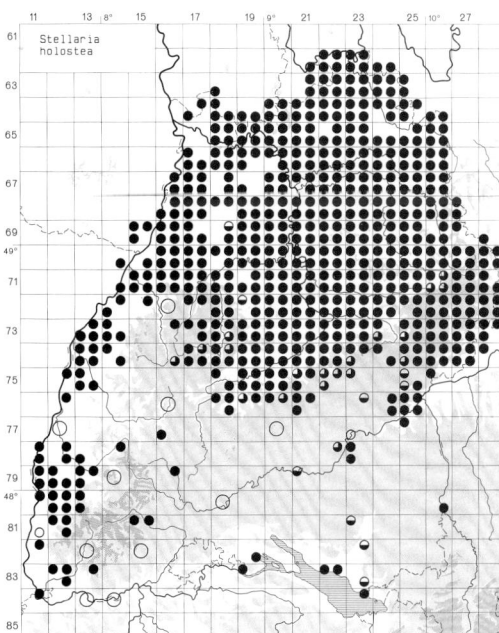

Auwald-Sternmiere *(Stellaria neglecta)*, Mitte (Figur
4905); ferner Vogelmiere *(Stellaria media)*, links
(Figur 4904); Wald-Sternmiere *(Stellaria nemorum)*,
rechts (Figur 4906); aus REICHENBACH, L.: Icones florae
germanicae et helveticae, Band 5, Tafel 222 (1841–1842).

Große Sternmiere *(Stellaria holostea)*
Schönaich, 1986

armen Boden bevorzugend, doch auch auf Kalk; gern an Waldrändern und Gebüschstreifen. Typische Begleiter sind *Rosa arvensis* und *Potentilla sterilis*. Sie ist namengebende Art des Stellario-Carpinetum Oberd. 57. Vegetationsaufnahmen z.B. bei OBERDORFER (1957: 419–423), T. MÜLLER (1967: 56–61) oder BUCK-FEUCHT (1980: 484–485).

Allgemeine Verbreitung: Von Nordspanien und Nordgriechenland bis Südskandinavien und Zentralsibirien.

Verbreitung in Baden-Württemberg: Während die Nordhälfte des Landes dicht besiedelt ist, besitzt die Art bei uns eine lokale Südgrenze. Nur im Oberrheingebiet und am Schwarzwaldrand reicht sie südwärts bis zur Schweiz. Sie meidet den oberen Neckar, die mittlere und südwestliche Schwäbische Alb sowie Oberschwaben. Sie fehlt auch großen Teilen der Alpen. Sie besitzt jedoch einige Vorposten und könnte in sehr langsamer Ausbreitung begriffen sein.

Tiefste Vorkommen bei 100 m, höchste Vorkommen im Schwarzwald: 8013/3: Bergstation Schauinsland, 1200 m.

Die Art ist im Gebiet urwüchsig. Ältester archäologischer Nachweis: Spätes Atlantikum, Horn-

staad, RÖSCH (1985b). Ältester literarischer Nachweis: J. BAUHIN (1598: 161) aus der Umgebung von Bad Boll (7323).

Fundorte südöstlich des geschlossenen Areals:

7716/3: o.O.; 7723/3: Obermarchtal, SCHÜBLER u. MARTENS (1834); 7822/2: Riedlingen, 1945, WEIGER (STU-K); 7823/3. Hailtingen, Bahndamm, 1975, S. SEYBOLD (STU); 7916/2: Villingen, Obere Waldstraße, 1975, A. ASSMAN (STU-K); 7921/1: Inzigkofen, 610 m, K. BERTSCH (1919: 334); 8026/4: o.O.; 8115/1: o.O.; 8115/2: SW Rötenbach, 1988, G. PHILIPPI (KR-K); 8123/1: Häcklerweiher, 1938, H.J. EICHLER (STU-K); 8219/4: o.O.; 8223/2: Ravensburg, Bahndamm, ca. 1930, K. BERTSCH (STU-K); 8319/1: Öhningen-Kattenhorn, 1971, BEYERLE (STU-K); 8321/1: Brunnisachaue, 1983, MEGERLE (STU-K); 8322/2: Friedrichshafen, 1987, O. SEBALD (STU-K); 8323/4: Lainau, ca. 1930, ZÖTTL (STU-K); 8423/2: Winterberg-Hattnau (Bayern), 1963–1972, BRIELMAIER u. DÖRR i E. DÖRR (1973: 159).

Bestand und Bedrohung: Die Pflanze ist im Gebiet nicht gefährdet.

6. Stellaria alsine Grimm 1767

S. uliginosa Murray 1770
Quell-Sternmiere

Morphologie: Pflanze ausdauernd, 10–40 cm hoch, Stengel niederliegend oder aufsteigend; Blätter schmal elliptisch-lanzettlich, meist blaugrün; Blüten in seitenständigen, 1–2–(3)fach verzweigten Dichasien, Blütenstiele dünn, zur Fruchtzeit etwas dicker

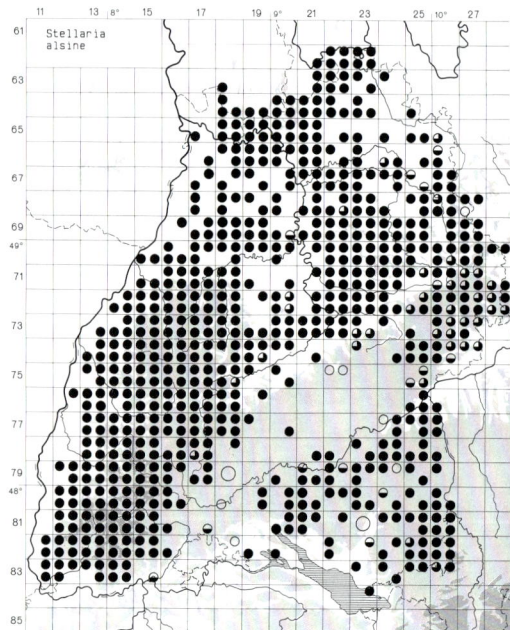

Quell-Sternmiere *(Stellaria alsine)*
Kinzigtal/Schwarzwald, 1985

unterste Blüte 1–2 cm lang gestielt; Blüte etwa 7 mm breit, Kelchblätter 2,5–3,5 mm lang, schmal und spitz, Kronblätter meist viel kürzer als der Kelch, selten ebenso lang, Kapsel 3 mm lang, so lang wie der Kelch.

Biologie: Blütezeit ist Mai bis August. Aus den Achseln der Blätter entwickeln sich Laubtriebe, die sich später bewurzeln und neue Pflanzen bilden.

Ökologie: Auf sandig-lehmigen, wasserstauenden Waldwegen, an Wassergräben und in Quellfluren auf sickernassen, kalkarmen Böden, auch in Zwergbinsengesellschaften. Erträgt Halbschatten. Typische Begleiter sind *Ranunculus flammula, Juncus bufonius* und *Callitriche palustris*. Vegetationsaufnahmen z. B. bei BARTSCH (1940: 36, 38), SCHEERER (1956: 302), OBERDORFER (1957: 112–113, 145–146, 410–411), PHILIPPI (1968: 105–113), PHILIPPI u. OBERDORFER (1977: 204).

Allgemeine Verbreitung: Nord-, West- und Mitteleuropa, dazu Himalaja bis Indonesien und Japan sowie das östliche Nordamerika. Die Art ist ein eurasiatisch-subozeanisches Element mit zirkumpolarer Verbreitung.

Verbreitung in Baden-Württemberg: Schwerpunkte der Verbreitung sind die Sandgebiete Schwarzwald,

Odenwald und Schwäbisch-Fränkischer Wald. Die wärmeren tieferen Lagen am Oberrhein, am Neckar und Bodensee werden gemieden. Auf der Schwäbischen Alb ist nur das Feuersteinlehmgebiet im Osten dichter besiedelt.

Die Pflanze ist in Quellfluren urwüchsig, besiedelt aber heute hauptsächlich sekundäre Standorte.

Die tiefsten Vorkommen liegen bei 100 m, die höchsten am Feldberg bei 1450 m. Ältester archäologischer Nachweis: Spätes Atlantikum, Hornstaad, RÖSCH (1985b). Ältester literarischer Nachweis: ROTH VON SCHRECKENSTEIN (1799: 25) „an der Donau bey Imendingen", gefunden von J. B. AMTSBÜHLER.

Bestand und Bedrohung: Die Art ist im Gebiet nicht bedroht; sie hat durch den Waldwegebau eher zugenommen.

7. Stellaria palustris Retzius 1795
S. glauca Withering 1796
Sumpf-Sternmiere

Morphologie: Pflanze ausdauernd, 8–50 cm hoch, insgesamt der *S. graminea* ähnlich, aber Stengel aufrecht, weniger verzweigt, kahl; Blätter linealisch;

389

Sumpf-Sternmiere *(Stellaria palustris)*

Blütenstand 2–9blütig, Dichasien 0–3mal verzweigt, unterste Blüte 36–65 mm lang gestielt; Kronblätter 6–11 mm lang, so lang bis doppelt so lang wie der Kelch, Hochblätter ganz kahl. – Blütezeit: Juni–Juli.

Variabilität: Es gibt großblütige Formen mit wenigen und kleinblütige mit zahlreicheren Blüten. Letztere erinnern an *S. graminea* sind aber an den kahlen Hochblättern von ihr zu unterscheiden. Exemplare vom Mindelsee (8220) haben sogar nur 2 mm lange Kelchblätter!

Ökologie: In Flachmooren, am Ufer von Teichen, auf staunassen, kalkarmen Böden, an Wiesengräben, oft in etwas gestörten Gesellschaften (OBERDORFER 1983). Eine Vegetationsaufnahme liegt vor bei HAUFF u. SEBALD (1965: 226–227). Begleiter sind nach PHILIPPI (1971: 32) *Ranunculus flammula, Agrostis canina* und *Veronica scutellata*.

Allgemeine Verbreitung: Pflanze nordisch-eurasiatischer Verbreitung, die Südeuropa meidet. Im Gebiet fast an der Grenze ihres Areals.

Verbreitung in Baden-Württemberg: Selten, nur in den östlichen, südlichen und westlichen Randgebieten. Tiefste Vorkommen bei 100 m, höchstes Vorkommen: Schopflocher Torfgrube (7423/1), 750 m.

Ist im Gebiet vermutlich urwüchsig. Ältester archäologischer Nachweis: Frühes Subatlantikum, Schmiden, KÖRBER-GROHNE (1982). Ältester literarischer Nachweis: WIBEL (1799: 244) „in palustribus prope Bestenhaid am Taeuberchen" (6223).

Fundorte (Beobachtungen nach 1945):
Oberrheingebiet: 6617/1: SW Ketsch, PHILIPPI (1971: 32); 7015/3: W Illingen, BRETTAR in PHILIPPI (1971: 32); 7214/

: Zwischen Hügelsheim und Sinzheim, PHILIPPI (1971: 32); 7214/3: S Hildmannsfeld bei Schwarzach, PHILIPPI (1971: 32); 7314/1: N Michelbuch, PHILIPPI (1971: 32); 7314/o.O.; 7413/1: Zwischen Bodersweier und Legelshurst 1980, G. PHILIPPI (KR); 7512/2: Schutterniederung bei Altenheim, 1955, PHILIPPI (1961: 181); 7513/3: W Höfen vor 1940, K. HENN, 1970, PHILIPPI (1971: 32); 7712/1 Taubergießen, an zeitweise überstauten Schluten, GÖRS u. MÜLLER (1974: 241).

Neckarland: 6626/3: Weiher bei Wolfskreut, 1969, SEYBOLD (STU); Weiher bei Schmalfelden, 1983, SEYBOLD (STU-K); 6927/1: Brettenweiher NE Lautenbach, 1970 SEYBOLD (STU); Stockweiher bei Wildenstein, 1971, SEYBOLD (STU-K); Rohrweiher bei Wäldershub, 1974, SEBALD u. SEYBOLD (STU-K); 6927/3: Unterer Straßenweiher N Ellenberg, 1969, SEYBOLD (STU); 6927/4: Kolbenweiher, 1969, ENGELHARDT (STU-K); Auweiher, 1985, SEYBOLD (STU-K); 7026/2: Rotenbach, Sekretärweiher 1985, VOGGESBERGER (STU-K); 7026/3: Grießweiher 1985, VOGGESBERGER (STU-K); 7027/1: Muckental und Muckenweiher, 1985, M. VOGGESBERGER (STU-K); Häsleweiher, 1970, S. SEYBOLD (STU-K); Neuweiher, 1987, J. GENSER (STU-K); 7028/1: Baronenweiher E Tannhausen, 1975, SEYBOLD (STU-K); 7618/2: Salenhof bei Haigerloch, HAUFF u. SEBALD (1965: 226); 7917/2: Streuwiese bei Schura, 1967, SEBALD (STU); 7917/3: Schwenninger Moos, GÖRS u. BENZING (1968: 165).

Schwäbische Alb: 7226/2: Waldrand N Ochsenberg, 1975, O. ENGELHARDT (STU-K); 7226/4: Itzelberger See, 1948, E. KOCH (STU-K); Eisweiher N Schnaitheim, 1948, E. KOCH (STU-K); 7326/2: Eisweiher N Heidenheim, 1948, E. KOCH (STU-K), durch Auffüllung vernichtet; 7327/3: Eisgraben NW Giengen, 1948, E. KOCH (STU-K), durch Auffüllung und Überbauung vernichtet. 7423/1: Schopflocher Torfgrube, 1976, SEYBOLD (STU-K); 7427/

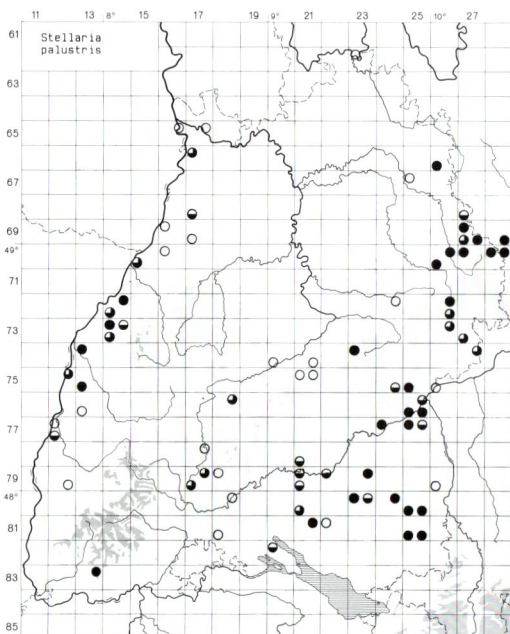

390

2: Osterried bei Hermaringen, 1948, E. Koch (STU-K); 7525/3: Arnegger Ried, 1976, Bergmann (STU-K); 7724/1: o.O.

Alpenvorland: 7625/4: Gögglingen, 1979, Bosch (STU-K); 7724/1: o.O.; 7725/1: o.O.; 7923/2: Federseeried NE Buchau, 1982, O. Sebald (STU); 8021/3: Alter Torfstich S Wald, 1967, O. Sebald (STU); 8024/2: Wildes Ried bei Oberessendorf, ca. 1981, Brauner u. Köster (STU-K); 8025/3 + 4: Alberser aund Dietmannser Ried, 1978, 1983, E. Dörr (STU); 8121/2: Egelsee bei Großstadelhofen, 1977, Briemle (1980); 8125/3: Gründlenried, 1977/78, Briemle (1980); 8125/4: Rötsee, 1985, E. Dörr (STU).

Bestand und Bedrohung: Die Art ist stark gefährdet. Sie hat zahlreiche Wuchsorte im Laufe dieses Jahrhunderts durch Entwässerung, Auffüllung und Überbauung oder zu starke Eutrophierung eingebüßt. Wenige Fundorte liegen in Naturschutzgebieten, doch kann die Erhaltung auch dort erst sicherer werden, wenn man die ökologischen Ansprüche der Art genauer kennt. Die meisten Bestände sind außerordentlich individuenarm; die Gesamtzahl wird im Gebiet bei wenigen tausend Exemplaren liegen. Man sollte auch unbedingt eine Erhaltungskultur erproben.

8. Stellaria graminea L. 1753
Gras-Sternmiere

Morphologie: Pflanze ausdauernd, 10–50 cm hoch, Stengel schlaff, aufsteigend, stark verzweigt; Blätter linealisch, kahl; Blütenstand endständig, 10–60blü-

Gras-Sternmiere *(Stellaria graminea)*
Stödtlen, 21. 6. 1992

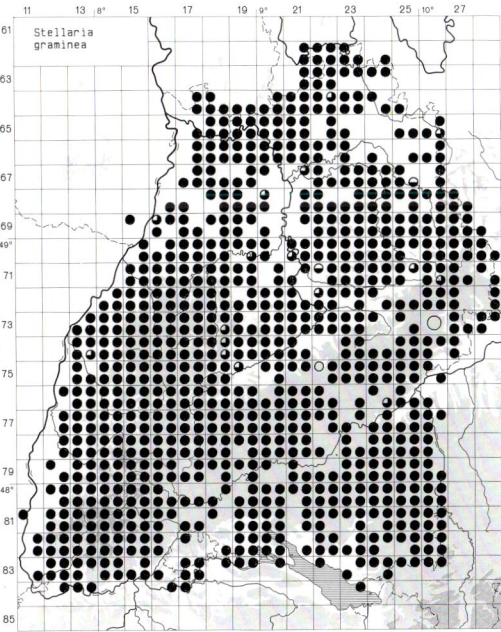

tig, Dichasien 3–6fach verzweigt, unterste Blüte 22–45 mm lang gestielt; Blüte bei großblütigen Formen mit 10–12 mm Durchmesser, bei kleinblütigen mit 5–6 mm Durchmesser, Hochblätter bewimpert, besonders am Grund; Kelchblätter 3–7 mm lang, Kronblätter etwa so lang wie der Kelch, Samen 1 mm breit.

Variabilität: Überwiegend kommen im Gebiet kleinblütige Formen vor; großblütige sind selten.

Biologie: Blütezeit ist Juni bis August. Bestäuber sind Käfer und Dipteren, doch kommt Selbstbestäubung häufig vor. Zwitterblüten sind am häufigsten, es kommen aber auch rein weibliche, sehr kleine Blüten vor. Nach der Blüte bildet sich an der Basis des Blütenstandes ein Laubzweig aus, der sich niederlegt, Wurzeln schlägt und im folgenden Jahr eine neue Pflanze erzeugt.

Ökologie: Vorwiegend auf sauren Sand- oder Lehmböden, auf mageren Wiesen, Weiden oder Feldrainen, in nur schwach eutrophierten Magerrasen (Oberdorfer 1983), oft zusammen mit *Festuca rubra*; seltener auch in Sandäckern im Galeopsio-Spergularietum arvensis (Müller u. Oberdorfer 1988: 86–88). Vegetationsaufnahmen auch z.B. bei Görs (1968: 238–239).

Allgemeine Verbreitung: Nordisch-eurasiatische Pflanze, die in ganz Europa vorkommt, aber das Mittelmeergebiet meidet.

Verbreitung in Baden-Württemberg: Kommt fast überall vor, ist aber in den tieferen Lagen eine Seltenheit. Insgesamt aber nirgends häufig, am ehesten noch im Schwarzwald.

3669.
uliginosa MURR.
Stellaria Alsine
REICH.

3668.
bracteata
KL. RICHT.

alpestris FRIES.
e Norvegia.

3669. β. *apetale*

3667. *crassifolia* FENZL.

Larbrea A. St. Hil.

Tiefste Vorkommen bei 100 m. Höchste Vorkommen am Feldberg bei 1400 m. Ist im Gebiet vermutlich urwüchsig. Ältester archäologischer Nachweis: Spätes Atlantikum, Hochdorf (KÜSTER 1985) und Hornstaad (RÖSCH unpubl.) Ältester literarischer Nachweis: J. BAUHIN (1598: 193) aus der Umgebung von Bad Boll. (7323).

Bestand und Bedrohung: Die Art ist im Gebiet insgesamt noch nicht gefährdet. Sie ist aber sicher infolge Intensivierung der Landwirtschaft und durch Eutrophierung zurückgegangen. Besonders gern kommt sie in den Randgebieten von Grasland gegen Acker oder Wald vor, wo sie viel Licht hat und die Düngung weniger stark ist. Daher der Rückgang bei intensiverer Kultur und bei Flurbereinigung. Mähbarkeit: Optimale Entwicklung bei ein- bis zweimaliger Mahd ab Mitte Juni oder bei extensiver Beweidung.

9. Stellaria crassifolia Ehrhart 1784
Dickblättrige Sternmiere

Morphologie: Pflanze ausdauernd, 3–45 cm hoch, der *Stellaria alsine* ähnlich; Stengel aufsteigend, kahl; Blätter länglich-lanzettlich, sitzend, 6–25 mm lang und 2–6 mm breit, etwas fleischig, Tragblätter krautig; Blüte etwa 5–8 mm breit, Kelchblätter 2–3 mm lang, stumpfer als bei *S. alsine*, Kronblätter 2–3 mm lang, die Kelchblätter überragend, Kapsel 5 mm lang, bis doppelt so lang wie der Kelch. – Blütezeit ist Juli bis August.

Ökologie: Pflanze nährstoffarmer Moore. Aus dem Gebiet sind keine typischen Begleiter noch Vegetationsaufnahmen bekannt geworden. In Bayern vergesellschaftet mit *Carex diandra* und *Eriophorum gracile* (PHILIPPI 1977: 230–232, ROSSKOPF 1971).

Allgemeine Verbreitung: Pflanze arktisch-zirkumpolarer Verbreitung, die im Gebiet einen ihrer südlichsten Vorposten in Europa hatte.

Verbreitung in Baden-Württemberg: 7923/2: Buchauer Ried, 580 m, 1852, A. F. VALET; Oggelshausen, 1872, J. SEYERLEN; 8025/3: Wurzacher Ried, 650 m, 1847–1849, J. G. GESSLER. Die Art war im Gebiet urwüchsig. Ältester literarischer Nachweis: LECHLER (1847: 149), Wurzacher Ried, J. G. GESSLER.

Bestand und Bedrohung: Die Art ist im Gebiet schon seit über 100 Jahren ausgestorben. Sie dürfte ein

---

Dickblättrige Sternmiere *(Stellaria crassifolia)*, rechts unten (Figur 3667); ferner Quell-Sternmiere *(Stellaria alsine)*, links oben (Figur 3669); aus REICHENBACH, L.: Icones florae germanicae et helveticae, Band 5, Tafel 226, (1841–1842).

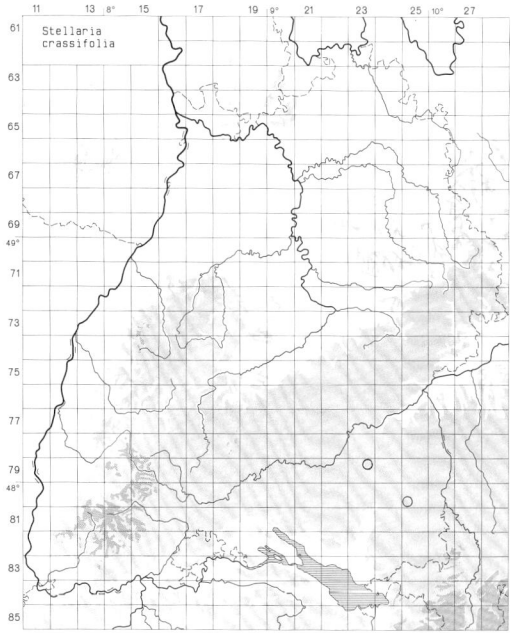

Relikt der Nacheiszeit gewesen sein. Verhältnismäßig geringfügige Biotopveränderungen haben vermutlich ihr Verschwinden verursacht. Beide Gebiete, in denen die Art vorkam, stehen heute unter Naturschutz. Ein Versuch einer Wiedereinbürgerung kann aber erst sinnvollerweise gemacht werden, wenn man mehr über die ökologischen Ansprüche der Art und die Ursachen des Rückgangs weiß.

Literatur: BERTSCH, K. (1925), EICHLER, J.; R. GRADMANN; W. MEIGEN (1906), ROSSKOPF, G. (1964, 1971).

5. Holosteum L. 1753
Spurre

Einjährige, blaugrüne Pflanzen mit fünfzähligen Blüten, die in doldenähnlichen Cymen angeordnet sind; Blüten mit 10 Staubblättern; Kapselzähne bei der Reife zurückgekrümmt; Samen schildförmig.

Die Gattung umfaßt nur 2 Arten mit mehreren Unterarten; sie kommen beide in Vorderasien vor. Nur eine Art findet sich auch in Europa.

1. Holosteum umbellatum L. 1753
Spurre

Morphologie: Pflanze einjährig oder überwinternd einjährig, nur am Grunde verzweigt, 3–40 cm

Spurre *(Holosteum umbellatum)*
Tübingen, 21. 4. 1992

hoch, aber bis über 20 cm tief wurzelnd, mit grundständiger Blattrosette, grundständige Blätter meist
schmal länglich; Stengel nur schwach und teilweise
drüsig behaart, nur mit 2–4 Blattpaaren; Blätter
länglich-eiförmig, sitzend, blaugrün; Blüten in Dolden, nacheinander aufblühend, nach der Blüte zurückgeschlagen, danach wieder aufgerichtet, Dolde
mit (1)–5–7–(18) Blüten; Kelchblätter hautrandig,
4–5 mm lang, Blütenblätter weiß, etwas länger als
der Kelch, Staubblätter 3–5, Griffel 3, Kapsel
5–7 mm lang, auf dünnem Stiel, sich mit 6 Zähnen
öffnend.

Biologie: Blütezeit ist März bis Mai. Bestäuber sind
Fliegen und Bienen, doch finden selten Besuche
statt. In nicht besuchten Blüten tritt Selbstbestäubung ein. Nach BASKIN u. BASKIN (1973) keimt die
Pflanze in den USA erst ziemlich spät ab Oktober
und entwickelt ihre Samen im März und April.

Ökologie: In lückigen Sand- und Trockenrasen, als
Unkraut in Weinbergen, auf Weinbergsmauern, nur
selten noch in Äckern, auf lockerem, mehr oder
weniger rohem Sand- oder Kiesboden, gern zusammen mit *Erophila verna, Arenaria serpyllifolia* oder
Erodium cicutarium. Braucht nach KUTSCHERA
(1960) gut durchlüftete, lose, wenig bewachsene
Böden, die sich im Frühjahr. rasch erwärmen und
wo keine stärkeren Kälterückschläge stattfinden.
Vegetationsaufnahmen bei ROSER (1962: 112–113);
T. MÜLLER (1966: 456), FRIEDRICH in HEGI (1969:
872), PHILIPPI (1971: 90), OBERDORFER (1983:
42–43); FISCHER (1982: 140–141).

Allgemeine Verbreitung: Das Areal der Art reicht
von Südschweden über West-, Mittel- und Südosteuropa bis nach Griechenland und Südwest-

asien. Im Mittelmeergebiet im engeren Sinne ist sie
jedoch nicht häufig. Kommt in Nordamerika eingebürgert vor.

Verbreitung in Baden-Württemberg: Im Gebiet konzentriert sich die Pflanze auf die wärmsten und tiefsten Lagen, besonders die Weinbaugebiete. In den
höheren Lagen des Schwarzwaldes, Oberschwabens
und der Schwäbischen Alb fehlt sie.

Tiefste Fundorte: 100 m; höchster Fundort:
8226/4 Nahe dem Gasthaus Batschen bei Kreuzthal, ca. 800 m (DÖRR 1973: 162). Die übrigen
Fundorte liegen jedoch unter 650 m. BERTSCH
(1919: 330) und nach ihm OBERDORFER (1983: 377)
geben 700 m als Grenze an. dies beruht auf einem
Fund bei Tuttlingen und Immendingen, der auf
ROTH VON SCHRECKENSTEIN (1799: 10) zurückgeht.
Doch sind hier nur rund 650 m anzunehmen.

Die Art ist im Gebiet vermutlich nicht urwüchsig.
Selbst wenn sie einmal in naturnahen Gesellschaften auftritt, findet sie sich dort meist nur an gestörten Stellen. Ältester literarischer Nachweis: LEO
POLD (1728: 9–10) „in Äckern ob der Steingruben"
bei Ulm.

Fundorte: Kommt im nördlichen Oberrheingebiet und im
Neckarland zerstreut vor. Ist sonst seltener:
Südliches Oberrheingebiet: 7613/3: Lahr, MOHR (1898:
31); 7712/2: Kippenheim, 1903, SCHERER (KR); 7811/4:
Burkheim und Sasbach, KORNECK (1975: 88); Oberbergen, FISCHER (1982: 114); Jechtingen, FISCHER (1982:
140); 7812/3: NSG Ohrberg, 1986, KÜBLER (STU-K);
Schelingen, FISCHER (1982: 140); 7911/2: Achkarren, FI-

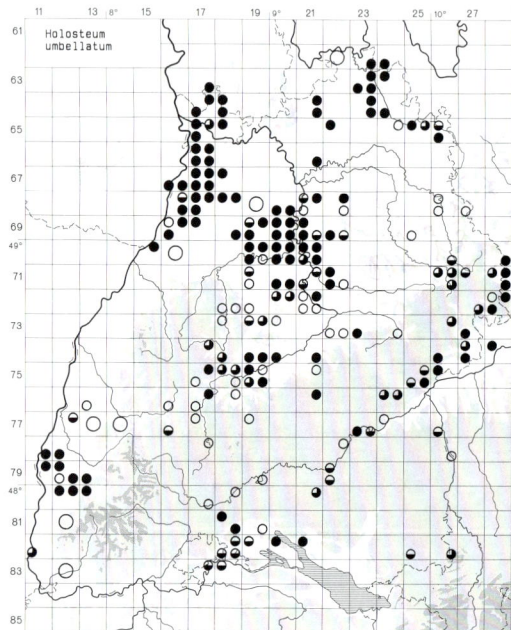

394

scher (1982: 140); Ihringen, Fischer (1982); 7912/1: Bötzingen, Fischer (1982: 92–93); 7912/3: Merdingen, Stehle (1895: 324); 7912/4: o.O.; 7913/3: o.O.; 8012/1: o.O.; 8012/2: Uffhausen, Stehle (1895: 324); 8013/1: o.O.; 8211/3: Unterhalb Bellingen, 1951, H. Kunz in Binz (1951: 255).

Schwarzwald: 7616/3: Alpirsbach; 7716/3: Schramberg, 1904, K. Bertsch (STU).

Schwäbische Alb: Hauptsächlich auf der Ostalb und im Donautal, sonst selten: 7323/3: Egelsberg, 1982, R. Flogaus (STU-K); 7421/4: Hofbühl bei Neuhausen, 1984, R. Flogaus (STU-K); 7621/2: o.O.

Alpenvorland: Besonders im Hegau bis zum Bodensee, sonst selten: 7726/3: Dietenheim, K. Müller in Rauneker (1984); 7826/4: Kirchberg an der Iller; 8021/2: Habsthal, auf Sand, 1950, K. Müller (STU); 8225/3: Ratzenried; 8226/4: Batschen bei Kreuzthal, Dörr (1973).

Bestand und Bedrohung: Die Art weist einen bedrohlichen Rückgang auf. Ackerstandorte scheint sie nirgends mehr zu besiedeln, auch in Weinbergen beschränkt sie sich auf weniger stark kultivierte Stellen. Sie ist selten geworden, während sie früher vermutlich stellenweise häufig war. Ihre Fähigkeit, auch gestörte Standorte, wenn auch manchmal nur vorübergehend neu zu besiedeln, könnte ihre Erhaltung sichern (vgl. auch Baskin u. Baskin 1973).

6. **Cerastium** L. 1753
Hornkraut

Kräuter, seltener Halbsträucher; Blätter gegenständig, ganzrandig, Blüten in Dichasien, fünfzählig; Hochblätter krautig oder hautrandig; Kronblätter weiß, zweispaltig oder ausgerandet, Staubblätter meist 10, Griffel 5, seltener 3, Fruchtkapsel zylindrisch, länger als der Kelch, an der Spitze mit meist 10 Zähnen aufspringend, oft etwas gekrümmt.

Zu dieser Gattung gehören etwa 110 Arten Eurasiens sowie Nord- und Südamerikas. In Europa kommen 51 Arten vor.

1	Griffel 3, Blätter schmal linealisch, Pflanze drüsig
	1. *C. dubium*
–	Griffel 5 2
2	Kronblätter (bei Zwitterblüten) doppelt so lang als der Kelch . . . . 2. *C. arvense*
–	Kronblätter höchstens wenig länger als der Kelch 3
3	Auch die oberen Hochblätter ohne trockenhäutigen Saum 4
–	Wenigstens die oberen Hochblätter, wenn nicht alle mit trockenhäutigem Saum 5
4	Blütenstiele länger als der Kelch . . . .
	4. *C. brachypetalum*
–	Blütenstiele (auch der unteren Mittelblüten) kürzer als der Kelch . . . . 5. *C. glomeratum*
5	Pflanze kaum drüsig, Kronblätter 4–7 mm lang, Pflanze ausdauernd . . . . . . 3. *C. fontanum*
–	Pflanze dicht drüsig, Kapsel 5–8 mm lang 6

6	Unterstes Hochblatt stark trockenhäutig . . . . .
	6. *C. semidecandrum*
–	Unterstes Hochblatt nur schwach oder gar nicht häutig . . . . 7. *C. pumilum*

C. tomentosum L. 1753
Filziges Hornkraut

Ausdauernd, 15–30 cm hoch, dichte Rasen bildend, deren unterste Blätter bald absterben; Blätter lineal-lanzettlich, 10–30 mm lang und 2–5 mm breit, dicht wollig weißfilzig, ohne sternförmige Haare; Kelchblätter hautrandig, 5–7 mm lang, Kronblätter doppelt so lang als der Kelch; Kapselzähne mit zurückgerollten Rändern. – Blütezeit: Mai bis Juli. Die Heimat der Art sind die Gebirge Mittel- und Süditaliens bis Sizilien.

Wird in Gärten und Weinbergen auf Trockenmauern viel gepflanzt, ohne sich einzubürgern.

1. **Cerastium dubium** (Bastard) Guepin 1830
C. anomalum Willd. 1799, non Schrank 1795; *Stellaria dubia* Bastard 1812
Klebriges Hornkraut

Morphologie: Einjährig, 6–30 cm hoch, Stengel einfach oder am Grunde verzweigt, drüsig-weichhaarig, Blätter schmal linealisch, stumpf, 13–20 mm lang; Blütenstand armblütig, Hochblätter krautig, Kelch 4–5 mm lang, Kronblätter weiß, gespalten, Griffel 3, Kapsel 8–10 mm lang, mit 6 Zähnen. – Blütezeit Mai–Juni

Ökologie: Auf nassen, zeitweilig überfluteten, oft salzhaltigen Tonböden, in Pioniergesellschaften, an

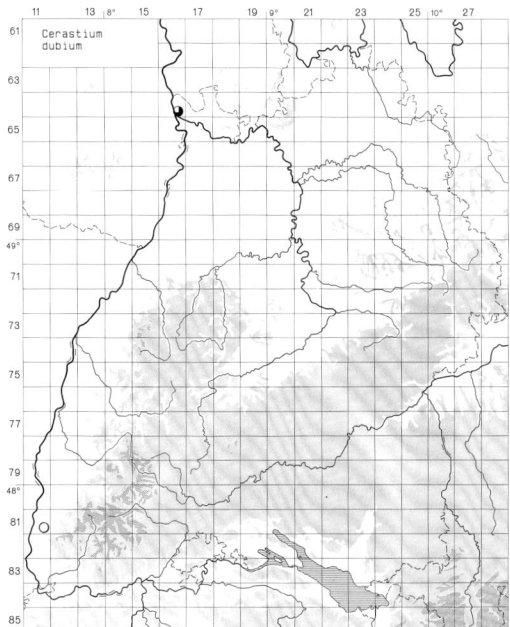

Klebriges Hornkraut *(Cerastium dubium)*
Rheinufer bei Lampertsheim

Ufern und Wegen, oft zusammen mit *Veronica pere-grina*, Charakterart des Poo-Cerastietum dubii. Vegetationsaufnahmen bei OBERDORFER (1983: 332–333).

Allgemeine Verbreitung: Gemäßigt-kontinentales Florenelement, von Westasien über Südosteuropa bis Norditalien, Westfrankreich, Spanien und Nordafrika.

Verbreitung in Baden-Württemberg: Wurde im Gebiet nur selten und unbeständig beobachtet. 6416/3: Friesenheimer Insel, 90 m, H. HEINE in OBERDORFER 1957: 97, 8111/4: Müllheim-Neuenburg, ca. 230 m; 1835, LANG, HAGENBACH, BINZ (1956: 184).

Ist im Gebiet wohl nicht urwüchsig. Erster literarischer Nachweis: HAGENBACH (1843: 83–84)

„Locis siccissimis des Wässereweihers inter Müllheim et Neuenburg primum detexit rev. Lang"

Bestand und Bedrohung: Die Art ist im Gebiet verschollen!

2. Cerastium arvense L. 1753
Ackerhornkraut

Morphologie: Ausdauernd, 5–30 cm hoch, mit zahlreichen, auch nichtblühenden Ausläufertrieben, Stengel aufsteigend, behaart, oberwärts drüsig, mit wenigen, nach oben länger werdenden Internodien; Blätter linealisch oder schmal länglich, 10–30 mm lang und 1–4 mm breit, die unteren etwas breiter, spatelig, stumpf, gern mit Achseltrieben; Blütenstand dichasial, mit 5–15 Blüten; Hochblätter hautrandig, Blütenstiel drüsig-flaumig; Kelch 5–8 mm lang, Kronblätter 10–15 mm lang, vorn gespalten, weiß, etwa doppelt so lang wie der Kelch; Kapsel meist hinter den Blütenresten versteckt.

Variabilität: Im Gebiet wohl nur die subsp. *arvense*. Die in den Alpen vorkommende subsp. *strictum* (Koch) Schinz et Keller 1905 wird nur bis 10 cm hoch und hat nur 1–3 Blüten. Sie hat halb so viele Chromosomen (2n = 36) wie die subsp. *arvense*. Im Gebiet wurde sie noch nicht nachgewiesen. Verwechslungsmöglichkeiten: Die ähnliche *Stellaria holostea* hat mehr hellgrüne, fast kahle Blätter, einen vierkantigen Stengel und steht eher an schattigen Standorten. Sie hat auch 3 Griffel statt 5.

Biologie: Blütezeit ist Mai bis Juli. Die meisten Blüten sind zwittrig. Rein weibliche Blüten, die kleiner sind, sind selten. Bestäuber sind Dipteren und Hymenopteren.

Ökologie: Auf trockenen, nährstoffarmen, kalkreichen Böden in Trockenrasen, auf Feldrainen, besonders auf Ameisenhaufen, auf Weinbergsmauern. Vegetationsaufnahmen z.B. bei PHILIPPI (1971: 116–117), T. MÜLLER (1983).

Allgemeine Verbreitung: Nordwestafrika, Südeuropa bis Skandinavien, Asien, Nord- und Mittelamerika.

Verbreitung in Baden-Württemberg: Durch das ganze Gebiet ziemlich verbreitet, jedoch im Schwarzwald und im Alpenvorland zurücktretend.

Tiefste Vorkommen bei 100 m, höchste bei

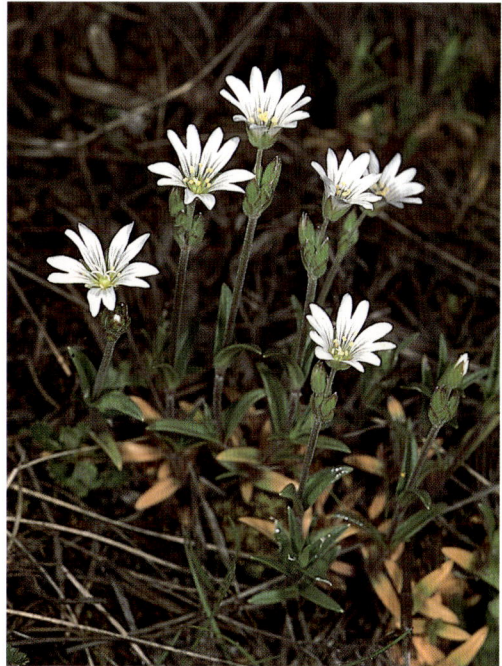

Ackerhornkraut *(Cerastium arvense)*
Gerhausen, 1978

1000 m: 7818/2 Schlichte bei Delkhofen. Ist im Gebiet urwüchsig. Ältester archäologischer Nachweis: Spätes Atlantikum, Hornstaad, RÖSCH (1985b). Erster literarischer Nachweis: J. BAUHIN (1598: 193) „Auricula muris" aus der Umgebung von Bad Boll (7323). Auch von H. HARDER 1574–6 wohl aus dem Gebiet belegt (SCHORLER 1907).

Bestand und Bedrohung: Die Art ist im Gebiet nicht gefährdet. Sie hat zwar durch Intensivierung der Landwirtschaft und durch Flurbereinigung Verluste erlitten, doch ist sie immer noch ziemlich häufig. Mähbarkeit: Verträgt bis zu zweimalige Mahd, ist aber empfindlich gegen Brennen.

3. Cerastium fontanum Baumgarten 1816

C. vulgatum L. 1762 non L. 1755; *C. caespitosum* Gilib. 1781; *C. holosteoides* Fr. 1817; *C. vulgare* Hartman 1820; *C. triviale* Link 1821
Gewöhnliches Hornkraut

Morphologie (für die subsp. *vulgare* (Hartman) Greuter et Burdet 1982): Ausdauernd, 5–50 cm hoch, im untersten Teil verzweigt, Blütentriebe aufsteigend, Blütenstand ein anfangs geknäueltes Dichasium; ganze Pflanze behaart, selten drüsig; Blätter länglich-lanzettlich oder länglich-elliptisch, am Grund verschmälert, 10–25–(49) mm lang und

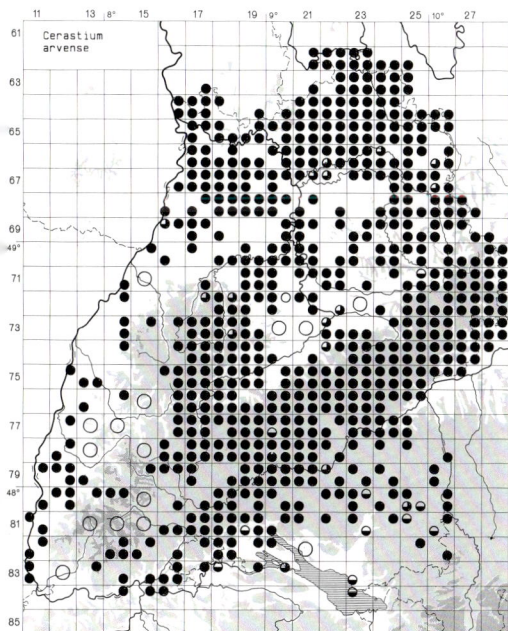

Gewöhnliches Hornkraut *(Cerastium fontanum)*
Böblingen, 1985

3–10 mm breit; Hochblätter krautig, die oberen am Rand trockenhäutig, Fruchtstiele länger als der Kelch; Kelch 4–5,5 mm lang, spitz, hautrandig, behaart; Kronblätter etwa so lang wie der Kelch oder etwas kürzer, tief geteilt, weiß; Staubblätter 10; Kapsel 8–12 mm lang, Samen 0,4–0,8 mm breit. – Blütezeit: April–Oktober.

Variabilität: Im Gebiet kommt überwiegend nur die Unterart *vulgare* (Hartman) Greuter et Burdet vor. Vereinzelt wurde aber auch in Wäldern die subsp. *macrocarpum* (A. Kotula) Jalas nachgewiesen. Sie unterscheidet sich durch größere, 12–18 mm lange Kapseln, größere Samen (0,8–1,0 mm) und oberwärts dicht drüsigen Stengel (Abbildung bei MEIEROTT 1986). Im Herbar belegte Fundorte: 6916/4: Elfmorgenbruchwald bei Rintheim, 1935, A. KNEUCKER (KR); 7222/1: Haldenbachtal bei Stetten, 1948, M. MACHULE (STU); 7818/2: Hinterer Schroffen bei Tanneck, 1983, S. SEYBOLD (STU). Auch die in den Alpen vorkommende subsp. *fontanum* könnte im Gebiet noch gefunden werden. Sie ist wenig drüsig, die Kronblätter sind meist deutlich länger als die Kelchblätter, die Kapsel ist 12–18 mm lang und die Samen sind 0,9–1,1 mm groß.

Ökologie: Auf frischen, nährstoffreichen Lehmböden in Fettwiesen, in Rasen, auf Äckern, an Böschungen und auf Wegen, seltener in Wäldern. Vegetationsaufnahmen z.B. bei GÖRS (1968: 241–242), PHILIPPI (1973: 42–44), OBERDORFER (1983: 413–414).

Allgemeine Verbreitung: In den gemäßigten Zonen weltweit verbreitet. In Europa nach Süden zu seltener werdend.

Verbreitung in Baden-Württemberg: Durch das ganze Gebiet verbreitet. Tiefste Vorkommen bei 100 m, höchste: Feldberger Hof, 1280 m (KR-K).

Ist im Gebiet vermutlich urwüchsig. Ältester archäologischer Nachweis: Spätes Atlantikum, Hornstaad, RÖSCH (unpubl.). Ältester literarischer Nachweis: LEOPOLD (1728: 111) aus der Umgebung von Ulm.

Bestand und Bedrohung: Die Art ist im Gebiet nicht gefährdet. Mähbarkeit: Verträgt ein- bis zweimalige Mahd und mäßig intensive Beweidung.

4. Cerastium brachypetalum Persoon 1805
Bärtiges Hornkraut, Kleinblütiges Hornkraut

Morphologie: Pflanze einjährig, 2–40 cm hoch, lang abstehend behaart und dadurch etwas graugrün wirkend, oberwärts drüsig; Blätter klein, bis 2 cm lang, länglich-elliptisch, stumpf oder spitz, die unteren am Grund verschmälert; Blütenstand ein lockeres, spreizendes Dichasium, Hochblätter ganz

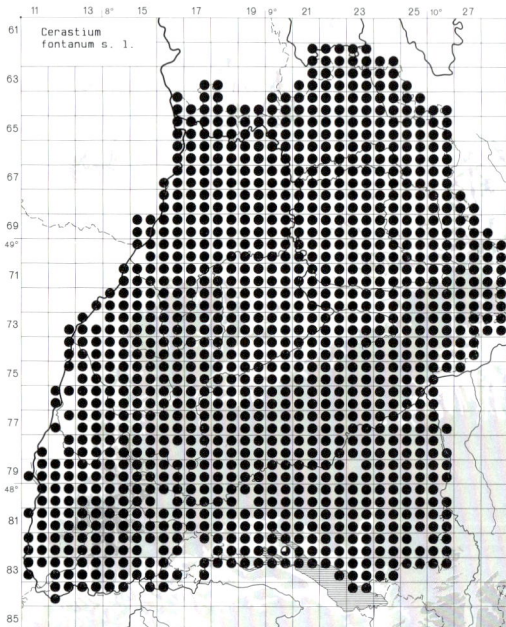

398

krautig; Blüten lang gestielt; Kelch 3–6,5 mm lang, hautrandig, Haare über die Spitze hinausreichend; Kronblätter kürzer oder so lang wie der Kelch; Kapsel 6–9 mm lang. – Blütezeit: April–Juni.

Variabilität: Im Gebiet fast ausschließlich in der subsp. *tauricum* (Sprengel) Murbeck 1891, die durch die Drüsenhaare gekennzeichnet ist. Es fand sich bisher nur ein Beleg zur subsp. *tenoreanum* (Seringe) Sóo 1951: 6916/3: Karlsruhe, 1936, KNEUCKER. Der Stengel hat hier keine Drüsenhaare, er ist aufrecht-anliegend behaart, die Pflanze aber 30 cm hoch! In der Schweiz kommt dieselbe Unterart unmittelbar an der deutschen Grenze beim Friedhof Hörnli bei Basel vor.

Ökologie: Auf trockenen, kalkhaltigen Lehm- oder Lößböden an Feldrainen, seltener in Trockenrasen; Pionierpflanze auf offenen Böden, etwas unbeständig. Vegetationsaufnahmen z.B. bei OBERDORFER (1957: 266–267); WITSCHEL (1980: 34–35, 40–41).

Allgemeine Verbreitung: Von Süd- und Westeuropa nordostwärts bis Dänemark, Südschweden, Polen, Rumänien und zur Krim und Kleinasien.

Verbreitung in Baden-Württemberg: Hauptsächlich in den Gäulandschaften des Neckar-, Tauber- und Mainlandes, in der Oberrheinebene, am Hochrhein und im Hegau. Sehr selten im Raum Ulm: 7426/3: Bernstadt, K. MÜLLER (1957), Börslingen, K. MÜLLER (STU-K); 7525/4: Gbf. Ulm, 1932, K. MÜLLER (STU). Im östlichen und nördlichen Alpenvorland ebenfalls sehr selten: 8020/3: Bhf.

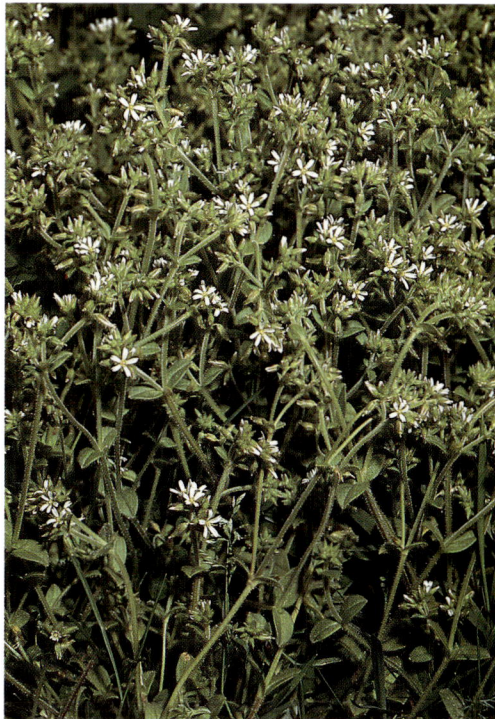

Knäuel-Hornkraut *(Cerastium glomeratum)* Müllheim

Schwackenreute, 620 m, 1962, G. KNAUSS (STU); 8326/1: Bhf. Isny, 700 m, 1977, E. DÖRR (STU); 8423/2: Hemigkofen, 1912, K. BERTSCH (STU).

Hier finden sich auch die höchsten Vorkommen bei 700 m bzw. 620 m. Die tiefsten Vorkommen liegen bei 100 m. Die meisten Wuchsorte liegen unter 400 m Meereshöhe.

Die Art ist im Gebiet wohl nicht urwüchsig. Ältester literarischer Nachweis: DIERBACH (1826: 110) „prope Rohrbach", (6618/1). GMELIN (1826: 322–323) nennt mehrere Fundorte.

Bestand und Bedrohung: Infolge Intensivierung der Landschaft und durch Flurbereinigungen hat die Art sicher manche Wuchsorte an Rainen eingebüßt. Dennoch ist sie aber im Gebiet insgesamt noch nicht gefährdet, aber schonungsbedürftig.

5. Cerastium glomeratum Thuillier 1800
Knäuel-Hornkraut

Morphologie: Pflanze einjährig, 1–45 cm hoch, höchstens am Grund und im Blütenstand verzweigt, langhaarig, oberwärts drüsig; Blätter breit elliptisch, 5–25 mm lang, stumpf oder mit aufgesetzter kurzer Spitze, untere zum Grund verschmä-

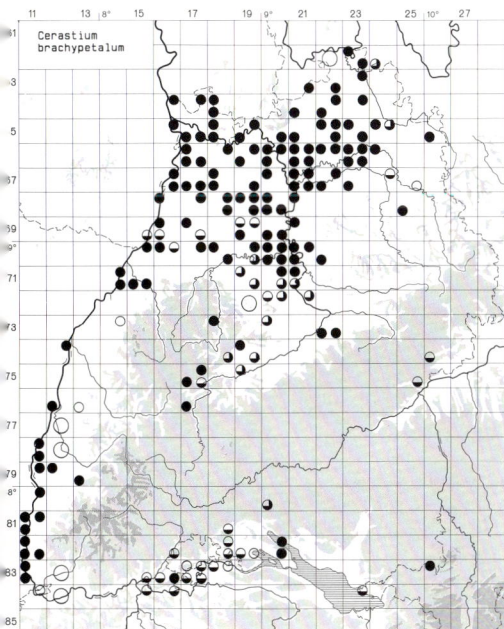

399

4970. vulgatum L.
  glomeratum THUILL.
  ovale P.
  rotundifolium STROB HPE.
  viscosum HUDS.

4971 brachypetalum DESP.
  barbulatum WILLD.
  strigosum PR.
  canescens HOENEX.

4972. triviale LK.
  viscosum α. L.
  vulgatum OENT.

Cerastium.

ert; Blütenstand ein geknäueltes Dichasium zur Fruchtzeit aber etwas aufgelockert, Hochblätter ganz krautig; Blüten kurz gestielt, Stiel der untersten Mittelblüte kürzer als der Kelch; Kelch 4–5 mm lang, Kelchblätter spitz, schmal hautrandig, über die Spitze hinaus behaart; Kronblätter etwa so lang wie der Kelch, gespalten; Staubblätter 10; Kapsel 6–10 mm lang, gerade oder leicht aufwärts geknickt. – Blütezeit Anfang April–Mitte Juni–September.

Ökologie: Auf mäßig frischen, sandigen oder sandig-lehmigen, kalkarmen lockeren Böden in Hackfruchtäckern, Gärtnereien, Baumschulen, auf Sand der Kinderspielplätze, oft zusammen mit *Arabidopsis thaliana.* Vegetationsaufnahmen z. B. bei OBERDORFER (1957: 56–58), T. MÜLLER (1983).

Allgemeine Verbreitung: In den gemäßigten Zonen weltweit verbreitet.

Verbreitung in Baden-Württemberg: Im Gebiet zerstreut, bevorzugt die Sandsteingebiete und die tieferen Lagen. Tiefste Vorkommen bei 100 m, höchste Vorkommen: 8114/1: Rinken, ca. 1200 m.

Ist im Gebiet nicht urwüchsig. Ältester archäologischer Nachweis: Spätes Atlantikum, Hornstaad, RÖSCH (1985). Ältester literarischer Nachweis: LEOPOLD (1728: 111) „Myosotis hirsuta altera viscosa Tourn.... Gelbichter Acker Hüner-Darm" aus der Umgebung von Ulm.

Bestand und Bedrohung: Hat infolge der Unkrautbekämpfung auf Äckern Verluste erlitten. Die Art hat aber in Sonderkulturen auf Sandboden ein Refugium gefunden und ist nicht gefährdet.

6. Cerastium semidecandrum L. 1753
Sandhornkraut

Morphologie: Einjährig, mit Rosette, höchstens hier verzweigt, 4–30 cm hoch, behaart und drüsig, mit ca. 4 längeren Internodien bis zum Blütenstand; Blätter elliptisch bis länglich elliptisch, stumpf, untere zum Grund hin verschmälert, 5–18 mm lang und 2–3 mm breit, aber auch manchmal nur 2 mm lang und 1,5 mm breit; Blütenstand zuerst ein kurzes, gedrängtes Dichasium, später spreizend, drüsig, Hochblätter, auch die untersten breit hautrandig; Fruchtstiel länger als der Kelch, erst herabgeschlagen, dann wieder aufrecht; Kelch 3,5–5 mm

Bärtiges Hornkraut *(Cerastium brachypetalum)*, Mitte (Figur 4971); ferner Knäuel-Hornkraut *(Cerastium glomeratum)*, links (Figur 4970); Gewöhnliches Hornkraut *(Cerastium fontanum)*, rechts (Figur 4972); aus REICHENBACH, L.: Icones florae germanicae et helveticae, Band 5, Tafel 229 (1841–1842).

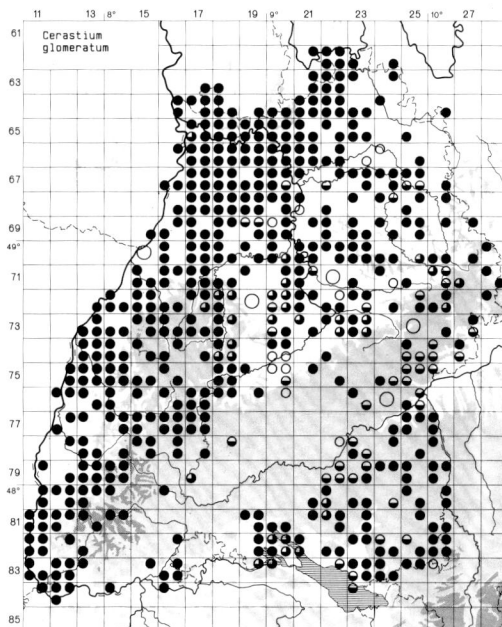

lang; Kronblätter etwas kürzer als der Kelch, gespalten, weiß; Staubblätter; Kapsel 5–7 mm lang.

Biologie: Blütezeit ist April bis Mai–(Juni). Die kleinen Blüten werden nicht oft von Insekten besucht und bestäuben sich meist selbst.

Ökologie: Auf lockeren Sandböden in Trockenrasen, auf Bahnhöfen. Vegetationsaufnahmen bei

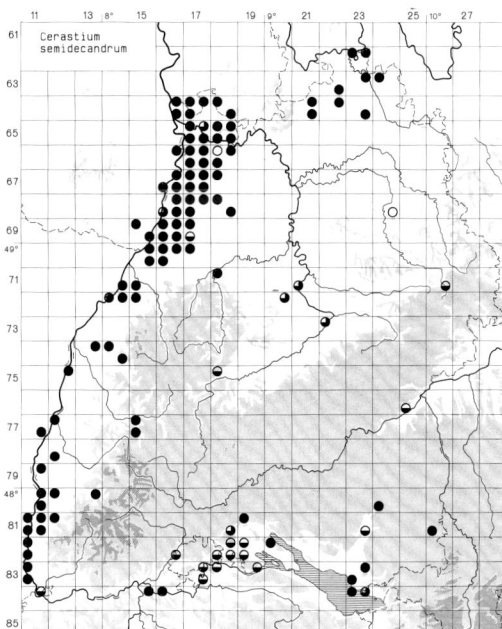

4968. semidecandrum L.
pellucidum CHAUBARD.

macilentum FRIES

glutinosum FRIES.
viscosum P.vessidum L.E.

atrovirens
BABINGTON.

4969. pumilum CURTIS.

13.? viscarium R.CHB.fl.gmsie.

Cerastium.

VOLK (1931: 102–104), PHILIPPI (1971: 127; 1971: 72–73, 1973: 33, 36–39); KORNECK (1974: Tab. 39) und WITSCHEL (1980: 34–36, 40–41).

Allgemeine Verbreitung: Von West- und Südeuropa über Mitteleuropa bis Südskandinavien, Westrußland und Kleinasien.

Verbreitung in Baden-Württemberg: Schwerpunkt sind die Sand- und Kiesgebiete am Oberrhein, dazu Hegau, Hochrhein und Maingebiet. Sonst findet sich die Art fast nur auf Bahnhöfen. Im Raum Aalen kam sie früher auch auf Heiden der Goldshöfer Sande vor.

Seltener findet sich die Art in folgenden Gebieten: Neckarland: 6924/4: Viehweide bei Winzenweiler, 1860, C. KEMMLER (STU); 7118/1: o.O.; 7121/3: Gbf. Stuttgart-Bad Cannstatt, 1953, W. KREH (STU); 7126/4: Hirschbachheide und Heide bei Appenwang, 1913, A. BRAUN (STU); 7220/2: Gbf. Stuttgart-West, 1953, W. KREH (STU); 7322/1: Wendlingen, 1961, G. KNAUSS (STU); 7518/1: Mühlen, über dem Eutinger Tal, 1905, F. HEGELMAIER (STU).
Alpenvorland (ohne Hegau): 7625/3: Dellmensingen, gegen Donaustetten, 1936, K. MÜLLER (STU); 8024/3: Bhf. Durlesbach, 1982, E. DÖRR (STU); 8123/4: Annaberg, 1919, K. BERTSCH (STU); 8126/3: Bhf. Leutkirch, 1971, 1986, E. DÖRR (STU); 8323/2: Bhf. Tettnang, 1987, O. SEBALD (STU-K); 8323/3: Eriskirch, 1931, 1940, K. BERTSCH (STU); Langenargen, gegen Schwedi, 1932, K. BERTSCH (STU); 8423/1: Bhf. Langenargen, 1982, E. DÖRR, 1985, O. SEBALD (STU); 8423/2: Bhf. Kreßbronn, 1981, E. DÖRR (STU-K).

Tiefste Vorkommen bei 100 m, höchstes Vorkommen: 8126/3: Bhf. Leutkirch, 650 m.

Die Art ist im Gebiet vielleicht nicht urwüchsig. Ältester archäologischer Nachweis: Mittleres Subatlantikum, Welzheim, KÖRBER-GROHNE (1983). Ältester literarischer Nachweis: Erst bei GRIESSELICH (1836: 214) werden für Baden alle *Cerastium*-Arten im heutigen Sinn genau unterschieden. Ältere Angaben (LEOPOLD 1728: 111, ROTH 1798: 102, WIBEL 1799: 245 etc.) beziehen sich nicht eindeutig auf die Art unter Ausschluß von *C. pumilum* agg.

Bestand und Bedrohung: Die Art ist im Oberrheingebiet noch ziemlich verbreitet. Sie hat aber insgesamt sicher einen starken Rückgang zu verzeichnen gehabt, der sich aber mangels Herbarbelegen nicht mehr genau rekonstruieren läßt. Sie muß neu als „gefährdet" eingestuft werden, da viele Wuchsorte für sie keine sicheren Refugien sind.

Niedriges Hornkraut *(Cerastium pumilum)*, Mitte unten (Figur 4969); ferner Sandhornkraut *(Cerastium semidecandrum)*, oben links (Figur 4968); Niedriges Hornkraut in der Unterart ssp. *pallens (Cerastium pumilum* ssp. *pallens)*, oben rechts; aus REICHENBACH, L.: Icones florae germanicae et helveticae, Band 5, Tafel 228 (1841–1842).

7. Cerastium pumilum Curtis 1777
C. glutinosum auct.
Niedriges Hornkraut

Morphologie: Pflanze einjährig, 4–15 cm hoch, höchstens am Grund sowie im Blütenstand verzweigt; Blätter klein, elliptisch, stumpf oder zugespitzt, 2–15 mm lang und 1–4,5 mm breit; Stengel mit ca. 3 längeren Internodien, Blütenstand dichasial, drüsig, Hochblätter nur schwach oder die unteren gar nicht hautrandig; Kelchblätter 3–5 mm lang, drüsig; Kapsel 6–8 mm lang, etwas gekrümmt. – Blütezeit: März–Mai.

Variabilität: Im Gebiet kommen zwei Unterarten vor:

1 Nur die oberen Hochblätter mit Hautrand, Staubblätter 5 . . . . subsp. *pumilum*
– Auch die unteren Hochblätter mit Hautrand, Staubblätter 6–10 . . . . subsp. *pallens* (Schulz) Sch. et Thell. 1907 (= *C. pallens* (Schultz) Schultz 1848, = ssp. *glutinosum* (Fries) Jalas 1983, = *C. glutinosum* Fries 1817.

Ökologie: Auf lockeren, meist kalkhaltigen Sand- oder Kiesböden, in lückigen Trockenrasen, an Wegrainen, auf Bahnhöfen. Vegetationsaufnahmen bei OBERDORFER (1957: 266–7); KORNECK (1974, Tab. 75); KORNECK (1975: 87) und WITSCHEL (1980: 30–31, 34–35, 40–41).

Allgemeine Verbreitung: Südwesteuropa bis Südschweden und Westrußland, sowie bis zur Balkanhalbinsel und Kleinasien.

Verbreitung in Baden-Württemberg: Nur in den tieferen Lagen des Gebiets am südlichen Oberrhein, im mittleren Neckartal und im Taubergebiet, sonst nur vereinzelt.

Tiefste Vorkommen bei 100 m, höchste bei 620 m: Bahnhof Schwackenreute (8020/3).

Die Art ist im Gebiet vielleicht nicht urwüchsig. Ältester literarischer Nachweis: GRIESSELICH 1836: 214 für Baden. Ältere Autoren hatten die Art meist mit *C. semidecandrum* vereint, so sogar noch bei K. BERTSCH (1962). Im Gebiet tritt überwiegend die ssp. *pallens* auf, doch ist die Verbreitung der beiden Unterarten noch nicht ganz klar. Von der Unterart subsp. *pumilum* sind bisher nur folgende Belege bekannt:

7121/1: Bhf. Ludwigsburg, 1953 (STU); 7121/3: Bhf. Stuttgart-Bad Cannstatt, 1953, W. KREH (STU); 7222/3: Bhf. Plochingen, 1953, R. LEIDOLF (STU); 7525/4: Bhf. Ulm, 1936, K. MÜLLER (STU); 7912/1: Badberg.
Fundorte (Auswahl):
Oberrheingebiet: 6617/4: Bandholz S Sandhausen, 1987, M. KÜBLER (STU-K); 7811/4: Lützelberg bei Sasbach und Rheinhalde bei Burkheim, KORNECK (1975); 7812/3: Schelingen, KORNECK (1975); 7911/2: Schneckenberg bei

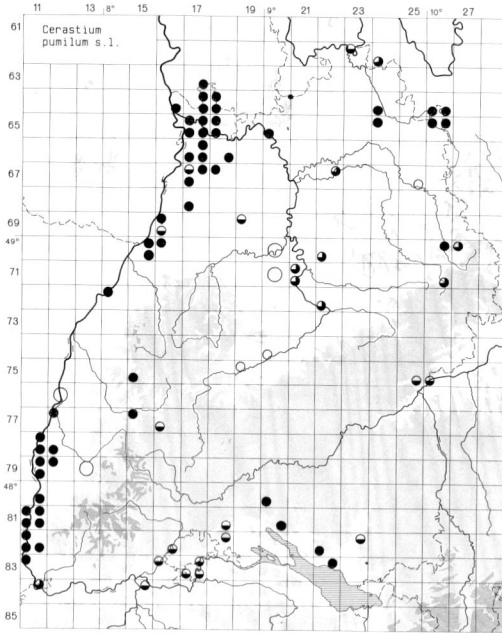

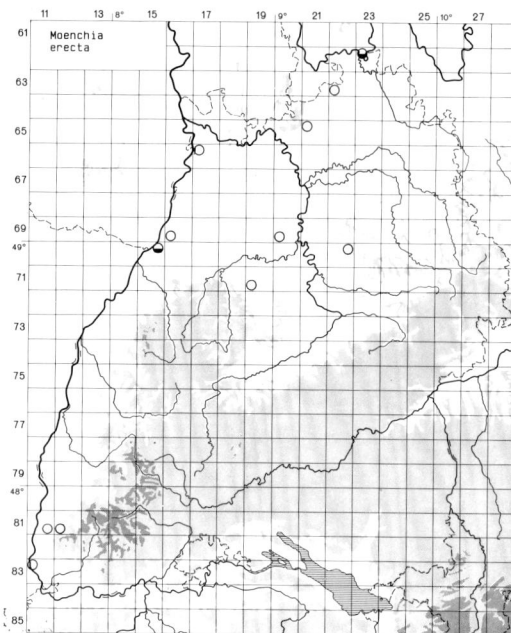

Achkarren, Korneck (1975); 7912/1: Badberg, Korneck (1975); 8111/2: Bremgarten und Grißheim, M. Witschel (1980); 8111/3: Zienken und Neuenburg, M. Witschel (1980); 8211/1: Steinenstadt, M. Witschel (1980); 8211/3: Bad Bellingen, 1984, S. Seybold (STU); 8211/4: Hagschutz bei Niedereggenen, M. Witschel (1980); 8311/1: Isteiner Klotz, M. Witschel (1980).

Schwarzwald: 7915/3: Bhf. Peterstal, 1988, S. Seybold (STU).

Tauber-Main-Gebiet: 6424/3: Bläßberg NW Edelfingen, 1987, S. Seybold (STU); 6426/3: Schatzenberg bei Niedersteinach, 1983, O. Sebald (STU); 6524/1: Schüpferloch bei Mergentheim, 1983, 1987, S. Seybold (STU); 6526/1: Unterer Berg NW Schirmbach, 1985, M. Nebel (STU); 6526/2: Frauental, 1985, M. Nebel (STU).

Neckarland: 6520/3: Zwingenberg, Bhf., 1986, Th. Breunig (KR); 6618/4: Meckesheim, 1986, Th. Breunig (KR); 6722/2: Hörnlesberg bei Ohrnberg, 1969, S. Seybold (STU); 7022/3: Buchenbachbrücke W Burgstall, 1968, S. Seybold (STU); 7026/2: Eigenzeller Heide, 1985, M. Voggesberger (STU-K); 7126/4: Hirschhof, 1952, K. Mahler (STU); 7519/1: Heubergturm, 1898, F. Hegelmaier (STU).

Alpenvorland: 8222/3: Bhf. Bermatingen, 1987, O. Sebald (STU-K); 8322/2: Friedrichshafen, Schloß, 1987, O. Sebald (STU-K).

7. **Moenchia** Ehrhart 1783
Weißmiere

Einjährige Kräuter; Blüten vier- oder fünfzählig, Kelchblätter mit breitem Hautrand; Kronblätter weiß, ungeteilt.

Die Gattung umfaßt nur drei Arten: *M. erecta*, *M. graeca* Boiss. et Heldr. 1853 und *M. mantica* (L.) Bartl. 1839. Sie kommt von Südeuropa und Kleinasien bis Mitteleuropa vor.

Moenchia mantica (L.) Bartl. 1839
Cerastium manticum L. 1756
Mantische Weißmiere

Pflanze einjährig, 10–30 cm hoch; Blüten fünfzählig, weiß, Kronblätter fast doppelt so lang als die Kelchblätter.

Pflanze Kleinasiens und Südosteuropas. Bei uns sehr selten eingeschleppt:

7015/2: Gbf. Karlsruhe, 1935, 1939, F. Jauch (KR).

1. **Moenchia erecta** (L.) Gaertner, Meyer et Scherbius 1799
Sagina erecta L. 1753; *Cerastium quaternellum* (Ehrh.) Fenzl 1833
Aufrechte Weißmiere

Morphologie: Einjähriges Kraut, 3–13 cm hoch, höchstens am Grunde verzweigt, mit ca. 4 längeren Internodien; Blätter klein, schmal lineal-lanzettlich; Blüten auf auffallend langen, geraden Stielen, die sich zur Fruchtzeit noch verlängern, mit 8–10 mm Durchmesser; Kelchblätter lanzettlich, spitz, mit breitem weißem Rand, 6–7 mm lang; Kronblätter kürzer als der Kelch, ungeteilt; Staubblätter 4, Griffel 4, Kapsel mit 8 Zähnen aufspringend.

Biologie: Blütezeit Mai bis Juni. Zuerst werden die Narben reif, dann erst die Antheren. Bestäuber sind

Fliegen, doch gibt es auch geschlossen bleibende Blüten mit Selbstbestäubung.

Ökologie: Auf lockeren, kalkarmen Sand- oder Kiesböden, in Sandrasen, auf Äckern, im Filagini-Vulpietum mit *Aira-, Vulpia-, Filago*-Arten und *Jasione montana*. Keine Vegetationsaufnahmen aus dem Gebiet bekannt.

Allgemeine Verbreitung: Die westsubmediterrane Art kommt besonders in Spanien, Portugal, Frankreich, Südengland bis Südwest- und Mitteldeutschland vor, selten auch in Italien und der Balkanhalbinsel. Ist im Gebiet an der Grenze der Verbreitung.

Verbreitung in Baden-Württemberg: Sehr selten.

Tiefstes Vorkommen: Schwetzingen, 100 m; höchstes Vorkommen: Perouse, ca. 450 m.

Die Art war im Gebiet nicht urwüchsig. Erster literarischer Nachweis: ROTH VON SCHRECKENSTEIN (1804: 367) „Badenweiler".

Oberrheingebiet: 6617/1: Schwetzingen, 1880–91, F. ZIMMERMANN; 6916/3: Karlsruhe, 1843, DÖLL 1887, MAUS (KR); 7015/2: Forchheim, Schießplatz und Kugelfang, zuletzt 1912, A. KNEUCKER (KR); 8111/4: Müllheim, Zienken, ca. 1820, HAGENBACH (BAS); 8112/3: Badenweiler, ca. 1800, VULPIUS, ROTH V. SCHRECKENSTEIN (1804: 367); 8311/1: Istein, 1821, HAGENBACH. Tauber-Maingebiet: 6223/1: Heidhof, zuletzt 1912, H. STOLL (KR); Reinhardshof, SEUBERT u. KLEIN (1905); 6322/3: Wettersdorf, BRENZINGER (1904: 396). Neckarland: 6521/1: Scheringen, BRENZINGER (1904:

396); 6920/3: Cleebronn, auf Sandheide, 1880, KARRER (STU); 7022/2: Zwischen Backnang und Oppenweiler, 1806, W. HARTMANN (STU-K); 7119/3: Heimsheim, Perouse und Flacht, 1840, H. NÖRDLINGER (STU-K).

Bestand und Bedrohung: Die Art ist schon lange im Gebiet verschwunden. Bei uns am Rande ihres Areals war sie wohl teilweise stets unbeständig aufgetreten. KEMMLER (in MARTENS u. KEMMLER 1882) bezeichnet sie als „Flüchtiges Frühlingskind auf trockenen Hügeln und sandigen Stellen". Die Art ist auch in großen Teilen des angrenzenden nordöstlichen Areals ausgestorben. Da die Bedingungen, die zu ihrem Verschwinden geführt haben, wohl immer noch gelten, ist auch eine künstliche Wiederansiedlung vermutlich vergeblich.

8. **Myosoton** Moench 1794
Wasserdarm

Diese Gattung umfaßt nur die Art *M. aquaticum*. Sie steht *Stellaria* nahe, besonders der Art *St. nemorum*. Wenn man die Art in die Gattung *Stellaria* stellt, so muß sie *Stellaria aquatica* (L.) Scop. 1772 heißen.

1. **Myosoton aquaticum** (L.) Moench 1794
Malachium aquaticum (L.) Fries 1817; *Stellaria aquatica* (L.) Scopoli 1772; *Cerastium aquaticum* L. 1753
Wassermiere

Morphologie: Ein- bis mehrjährige, 15–45 cm hohe, krautige Pflanze; Stengel niederliegend oder aufsteigend, zerbrechlich, unten kahl, oben mehr und mehr drüsig behaart; Blätter eiförmig, am Grunde herzförmig, zugespitzt, am Rand oft wellig, 20–80 mm lang, höchstens die unteren Blätter sind kurz gestielt; Blüten in Dichasien, die 2–6fach verzweigt sind, Blütendurchmesser 12–15 mm; Kelchblätter schmal eiförmig, stumpf, 4–8 mm lang; Kronblätter weiß, fast bis zum Grund geteilt; Staubblätter 10, Griffel 5; Kapsel mit 5 zweizähnigen Klappen, reif eiförmig, 5–7 mm breit. – Blütezeit: Juni–September–(Dezember). Verwechslungsmöglichkeiten: Die Art ist *Stellaria nemorum* ähnlich, aber die unteren Blätter sind höchstens kurz gestielt, der Blattrand ist nicht streckenweise fast parallelrandig, die jungen Blätter sind am Rand nur sehr kurz bewimpert, die älteren sind kahl, die Blüte hat 5 Griffel. (Vgl. KAIRIES, Kieler Notizen 9: 17–18, 1977).

Ökologie: Auf nassen, sehr nährstoffreichen Böden, in Unkrautgesellschaften der Flußauen, an Teich-

Aufrechte Weißmiere *(Moenchia erecta)*

Wassermiere *(Myosoton aquaticum)*

ufern, an Wassergräben und Wegrändern. Die Pflanze braucht nach KUTSCHERA (1960: 250) grundwassernahe Böden, hohen Mineralstoffgehalt, gut durchlüftete obere Bodenschichten und bewegtes Bodenwasser. Vegetationsaufnahmen finden sich z. B. bei GÖRS (1968: 267–268; 1974: 326–335), OBERDORFER (1971: 263–267; 1983), T. MÜLLER (1974: 292–297).

Allgemeine Verbreitung: Pflanze von Eurasien, meidet in Europa den extremen Süden wie Norden.

Verbreitung in Baden-Württemberg: Die Art kommt im ganzen Gebiet zerstreut vor, sie meidet aber die Hochlagen des Schwarzwaldes und der Schwäbischen Alb.

Die niedrigsten Fundorte liegen bei 100 m, die höchsten bei 950 m, 8015/2: Hühnermösle, 1986, B. QUINGER.

Im Überschwemmungsbereich der Flüsse kam die Art möglicherweise ursprünglich vor. Ältester

archäologischer Nachweis: Spätes Atlantikum, Hornstaad, RÖSCH (unpubl.). Ältester literarischer Nachweis: J. BAUHIN (1598: 193), Umgebung von Bad Boll (7323). Ist auch bei H. HARDER belegt, vermutlich aus dem Gebiet in den Jahren 1574–76 (SCHORLER 1907: 84).

Bestand und Bedrohung: Die Pflanze ist im Gebiet nicht gefährdet; sie ist infolge zunehmender Eutrophierung vieler Standorte eher in Ausbreitung begriffen.

9. **Sagina** L. 1753
Mastkraut

Einjährige bis ausdauernde Pflanzen, meist zart und niedrig; Blätter gegenständig, linealisch, am Grund paarweise verwachsen; Blüten vier- oder fünfzählig, Kronblätter weiß, meist klein oder feh-

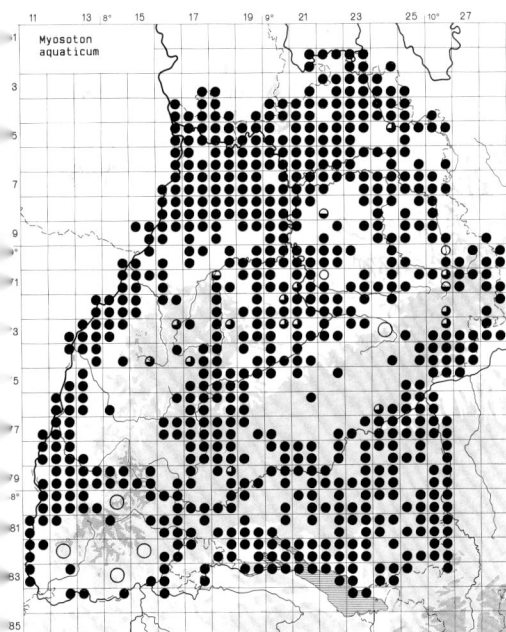

Myosoton
aquaticum

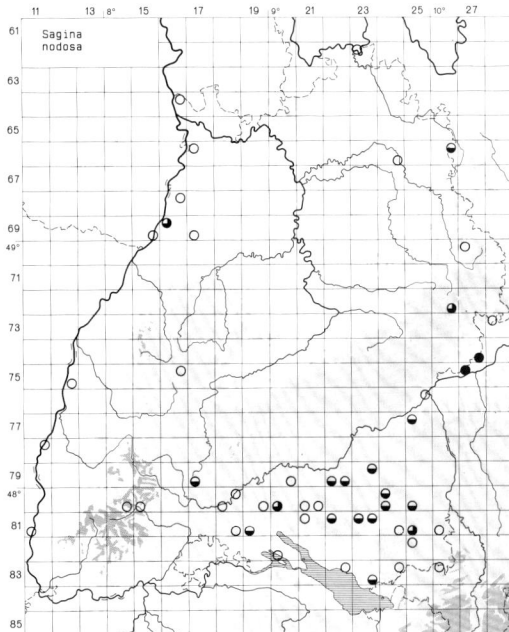

Sagina
nodosa

lend, Staubblätter 4–10, Fruchtknoten mit 4–5 Griffeln, Kapsel 4–5teilig, Samen sehr klein, 0,2–0,5 mm im Durchmesser.

Zur Gattung *Sagina* zählen 20–30 Arten Eurasiens, Amerikas, Nordafrikas, Neuguineas und Neuseelands. In Europa kommen 12 Arten vor. Bestäuber sind kleine Fliegen und Bienen; es findet aber auch Selbstbestäubung statt.

1 Blüten vierzählig 2
– Blüten fünfzählig 3
2 Blätter mit kurzer Stachelspitze, die kürzer als ½ der Blattbreite ist, Stengel niederliegend bis aufsteigend, mit zentraler Blattrosette . . . .
                            3. S. procumbens
– Blätter mit längerer Spitze, Stengel aufrecht . . .
                               4. S. apetala
3 Kronblätter doppelt so lang als der Kelch . . . .
                               1. S. nodosa
– Kronblätter etwa so lang wie der Kelch . . . . . .
                              2. S. saginoides

1. Sagina nodosa (L.) Fenzl 1833
Spergula nodosa L. 1753
Knotiges Mastkraut

Morphologie: Pflanze ausdauernd, 5–17 cm hoch, wenig- oder vielstengelig, aus einer Rosette entspringend, aufrecht, mit ca. 12 ziemlich gleichlangen Internodien; Blätter pfriemlich, 2–30 mm lang, mit verkürzten Zweigen in den Blattachseln, von unten nach oben an Größe stark abnehmend; Blü-

ten 5–10 mm im Durchmesser, zu 1–3 am Ende des Stengels und der oberen Äste, fünfzählig, auf etwa 1 cm langen Stielen; Kelchblätter 2–3 mm lang, stumpf, der Kapsel angedrückt; Kronblätter eiförmig, weiß, etwa doppelt so lang wie der Kelch; Kapsel 4 mm lang.

Biologie: Blütezeit ist Juli bis September. Die Triebe in den Blattachseln werden abgeworfen, bewurzeln sich und bilden neue Pflanzen.

Ökologie: Auf feuchten, kalkhaltigen Tonböden, auf nacktem Boden in gestörten, abgetorften Mooren, an Gräben, auf Wegen. Vegetationsaufnahmen aus dem Gebiet sind nicht bekannt.

Allgemeine Verbreitung: Boreal-subatlantische Art, von Island und Skandinavien bis nach Portugal und zu den Pyrenäen, Frankreich, dem Alpenvorland bis Rumänien und der Ukraine, außerdem in Sibirien, Grönland und Kanada.

Verbreitung in Baden-Württemberg: Hauptsächlich im Alpenvorland, sehr selten im Oberrheingebiet, im Schwarzwald, der Baar, der östlichen Schw. Alb und dem Keupergebiet zwischen Jagst und Tauber.

Tiefste Vorkommen bei 100 m, höchste im Schwarzwald bei Hinterzarten, (8014/4), 900 m (OBERDORFER 1979: 369).

Die Art ist im Gebiet nicht sicher urwüchsig. Ältester literarischer Nachweis: ROTH (1799: 25) „Spergula nodosa, In der Baar". Die Art wird auch bei LEOPOLD (1728: 10) „aufm Ried, auch bißweilen an der Mauer, wo man zum Gänßthor eingehet" genannt, doch liegt erstere Stelle wohl in Bayern und bei der letzteren ist die Richtigkeit wegen des ungewöhnlichen Standorts nicht gesichert.

Oberrheingebiet: 6416/2: Sandtorf, vor 1900, SCHRICKEL (KR); 6617/1: Schwetzingen, vor 1900 (KR); 6816/2: Graben-Huttenheim, KNEUCKER (1888: 415); 6915/4: Federsümpfe bei Daxlanden, 1889, H. MAUS (KR); 6916/1: Karlsruhe-Eggenstein, 1953–54, G. PHILIPPI in OBERDORFER (1956: 280); 6917/3: Rintheimer Entenfang–Weingartner Moor, 1887, LEUTZ in KNEUCKER (1888: 415); 7512/4: Ichenheim, 1856, W. BAUR (KR); 7811/2: Wyhl, NEUBERGER (1912); 8111/3: Neuenburger Rheininsel, NEUBERGER (1912).

Schwarzwald und Baar: 7516/2: Freudenstadt, in der langen Au, 1832, ROESLER (STU-K); 7917/3: Schwenningen, KIRCHNER und EICHLER (1913); 8014/4: Hinterzarten, NEUBERGER (1912); 8015/3: Neustadt-Rötenbach, NEUBERGER (1912); 8018/2: Tuttlingen, ZAHN (1889: 53); 8018/3: Immendingen, ZAHN (1889: 53).

Neckarland und Tauber-Maingebiet: 6223/1: Nassiger Wiese bei Wertheim, 1874, H. STOLL (KR); 6624/4: Hohenrot, MARTENS u. KEMMLER (1865); 6626/2: Schwarzenbronn, 1914, HANEMANN (STU); 7027/1: Eigenzell, 1848, FRICKHINGER (STU-K); (Vermutlich identisch mit „Mülle" bei SCHABEL 1836: 45).

Schwäbische Alb: 7226/4: Itzelberger See, durch Entschlammung des Sees 1960 vernichtet, E. KOCH (STU-K); 7328/1: Dischingen, MARTENS u. KEMMLER (1865).

Alpenvorland: 7427/4: Riedhausen, Kiesgrube (Bayern),

Knotiges Mastkraut *(Sagina nodosa)*
Riedhausen bei Günzburg, 1987

1982, H. RAUNEKER (STU); 7527/1: Wilhelmsfeld N Riedheim, 1966, G. KNAUSS (STU); 7625/2: Gögglinger Ried, 1820, FRIEDLEIN (STU-K); 7725/1: Ersingen, 1919, E. VON ARAND (STU); 7920/4: Engelswies, JACK (1891: 385); 7922/3: Ostrachried bei Ursendorf, K. BERTSCH (STU-K); 7922/4: Wagenhauser Weiher bei Sießen, K. BERTSCH (STU-K); 7923/2: Federsee, Moosburger Ried, K. BERTSCH (STU-K); 8019/4: Schindelwald, SCHÜBLER und MARTENS (1834); Heudorf, JACK (1891: 387); 8020/3: Große Waltere bei Schwackenreute, 1959, G. PHILIPPI (1961: 181); 8021/3: Klosterwald, JACK (1891: 384); 8021/4: Taubenried, JACK (1891: 383); 8024/1: Schwaigfurtweiher; ca. 1930, WEIGER (STU-K); 8024/3: Oberried bei Möllenbronn, 1926, K. BERTSCH (1926: 33–34); 8025/3: Wurzacher Ried, 1933, E. VON ARAND (STU); 8118/4: Neuhausen-Ehingen, JACK (1891: 402); 8119/3: Volkertshausener Ried, 1924, A. KNEUCKER (KR); 8121/1: Herdwangen, JACK (1891: 380); 8122/1: Pfrunger Ried, K. MÜLLER (STU-K); 8123/1: Torfstich bei Rupprechtsbruck, 1921, K. MÜLLER (STU); 8123/2: Vorsee, 1938, A. GSCHEIDLE (STU); 8124/4: Wolfegg, SCHÜBLER und MARTENS (1834); 8125/3: Reipertshofen, SCHÜBLER und MARTENS (1834); 8126/3: Leutkirch, ca. 1870, LANG (STU-K); 8220/3: Winterried, JACK (1891: 353); 8225/1: Kisslegg, SCHÜBLER und MARTENS (1834); 8322/2: Raderacher Ried, JACK (1891: 373); 8323/4: Kammersee, K. BERTSCH (STU-K); 8324/2: Wangen, Kolbensee-Schwarzensee, SCHWARZ u. ROTHMALER (1937: 293); 8326/1: Isny, SCHÜBLER und MARTENS (1834).

Bestand und Bedrohung: Die Art ist vom Aussterben bedroht. Wegen ihrer komplizierten Ansprüche ist es auch schwierig, sie in Biotopen zu schützen. Man sollte die Erhaltungskultur versuchen. Sie ist im Gebiet an der Südgrenze ihres Areals und ist auch anderorts an ihrer Arealgrenze stark zurückgegangen (vgl. JALAS u. SUOMINEN 1983).

2. Sagina saginoides (L.) Karsten 1882

Spergula saginoides L. 1753; *Sagina linnaei* C. Presl 1831; *S. saxatilis* (Wimmer) Wimmer 1840

Alpen-Mastkraut

Morphologie: Pflanze ausdauernd, 2-7 cm hoch, polsterbildend, mit wenigen aufrechten Stengeln; Blätter pfriemlich, 2–15 mm lang, am Grunde häutig paarweise verbunden; Kelch fünfzählig, 2,5 mm lang, Kelchblätter oval, abgerundet; Kronblätter weiß, fünf, so lang oder kürzer als der Kelch; Kapsel 3–4 mm lang, mit 5 Klappen, zur Fruchtzeit doppelt so lang als der Kelch, Kelch der Kapsel angedrückt. – Blütezeit ist Juni bis August.

Ökologie: Auf frischen, lange schneebedeckten, kalkarmen Böden, in Quellfluren und in betretenen Magerrasen, im Montio-Bryetum schleicheri. Vegetationsaufnahmen bei BARTSCH (1940: 38), Vergesellschaftung in HEGI (1962: 835–836), PHILIPPI u. OBERDORFER (1977: 204).

Allgemeine Verbreitung: Arktisch-alpine Art der Gebirge Europas, des Kaukasus, von Nordeurasien, Grönland, Nordamerika bis Mexiko.

Verbreitung in Baden-Württemberg: Nur am Feldberg.

Höchste Vorkommen: 1400 m, tiefste dort 1100 m.

Die Art ist im Gebiet urwüchsig.

Die Angabe der genauen Verbreitung von *S. saginoides* wird erschwert durch Exemplare, die Übergänge zu *S. procumbens* zeigen. Alle diesbezüglichen Belege haben fünfteilige Blüten. Doch kommen auch in reinen Populationen von *S. procumbens* gelegentlich Exemplare mit einzelnen fünfzähligen Blüten vor. Dies wurde schon von DÖLL beobachtet (1862: 1214). Die fünfzählige Blüte scheint kein ganz sicheres Merkmal zu sein. Sicherer ist die Länge der reifen Kapsel. Nicht alle Belege sind daher endgültig zu beurteilen. Als nicht sicher müssen daher folgende, bei EICHLER, GRADMANN und MEIGEN (1905) angegebenen Fundorte gelten: 7616/1: Reinerzau; 8013/3: Schauinsland, Hofsgrund und Bohrer; 8113/3: Belchen; 8114/4: Schluchsee; 8114/3: Menzenschwand; 8014/4: Hinterzarten; 8226/4: Adelegg, Rohrdorf und 8326/2: Schwarzer Grat. Dazu kommen die nicht eindeutigen Belege: 7914/2: Brend bei Furtwangen, 1904, K. BERTSCH (STU); 7818/4: W Kronbühl bei Gosheim, 1932, E. BOLTER (STU). Es bleibt als einziger sicherer belegter Fundort: 8114/1: Feldberg. Der

Alpen-Mastkraut *(Sagina saginoides)*
Feldberg, 18. 6. 1992

älteste literarische Nachweis findet sich daher bei SPENNER (1829: 839).

Bestand und Bedrohung: Die Art ist im Gebiet heute vom Aussterben bedroht, da sie auch am Feldberg selten geworden ist.

Literatur: EICHLER, GRADMANN und MEIGEN (1905).

3. Sagina procumbens L. 1753
Niederliegendes Mastkraut

Morphologie: Pflanze ausdauernd, bis 5 cm hoch, mit Blattrosette und zahlreichen, aufsteigenden Blütenstengeln; Stengel dünn, bis 20 cm lang; Pflanze auch mit nichtblühenden Stengeln; Blätter linealisch-pfriemlich, 5–15 mm lang und 0,2–1,0 mm breit, in eine kurze Granne auslaufend; Kelchblätter oval, stumpf, kapuzenartig, grün, mit schmalem Hautrand, 1–2,5 mm lang, später zu vieren sternförmig von der Kapsel abstehend (seltener angedrückt); Kronblätter weiß oder fehlend; Kapsel 2–3 mm lang, länger als der Kelch, sich mit 4 stumpfen Zähnen öffnend. Variabilität: vgl. auch *S. saginoides*.

Biologie: Blütezeit ist Mai bis September. Fruchtansatz meist durch Selbstbestäubung. Die Samen werden vielleicht mit den Schuhen bei Regen verbreitet. Es fällt jedenfalls auf, daß sich in der sternförmigen Frucht Wassertropfen sammeln.

Ökologie: Auf feuchten, kalkarmen Sandböden, auch auf Löß oder Lehm, auf Wegen, in feuchten Gräben, auf Äckern, in mit Sand gefüllten Pflasterfugen an schattigen Stellen, Charakterart des Bryo-Saginetum. Vegetationsaufnahmen z.B. bei BARTSCH (1940: 36), PHILIPPI (1968: 105–113),

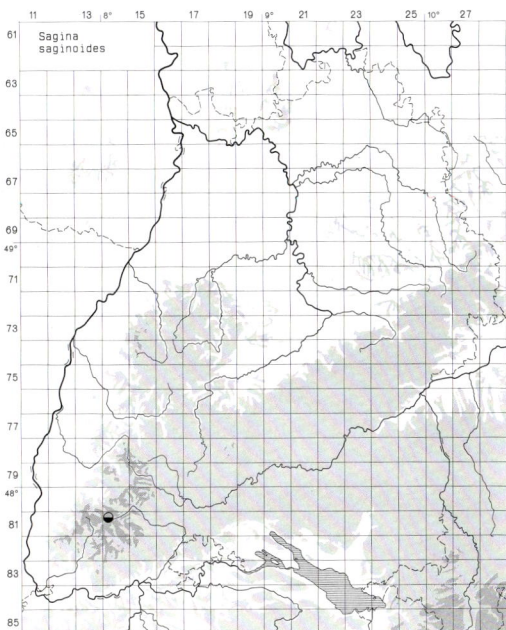

OBERDORFER (1983: 301–303). Die Pflanze braucht offensichtlich ein gewisses Maß an dauernder Feuchtigkeit im Wurzelraum. Das findet sie entweder an feuchten oder schattigen Stellen oder im Sand von Pflasterfugen. Sie ist sonst sehr genügsam und gehört zu den wenigen Arten im gepflasterten Bereich menschlicher Siedlungen.

Allgemeine Verbreitung: Eurasien und Nordamerika, sekundär auch weltweit verschleppt.

Verbreitung in Baden-Württemberg: Ziemlich verbreitet, besonders in den Sandsteingebieten, im Jura- und Muschelkalkgebiet seltener.

Tiefste Vorkommen bei 100 m, höchste am Feldberg bei ca. 1300 m.

Ist in unserem Gebiet vermutlich urwüchsig. Ältester literarischer Nachweis: GMELIN (1772: 46) „in arvis inter Waldhusam et Bebenhusam mediis, et in silva Bebenhusana", also in der Umgebung von Tübingen.

Bestand und Bedrohung: Die Art ist im Gebiet nicht bedroht. Im Gegenteil; sie beginnt sich heute weiter auszubreiten, besonders in Pflasterfugen von Plätzen und Garagenhöfen. Im letzten Jahrhundert war sie im Großraum Stuttgart wesentlich seltener als heute. KIRCHNER (1888) kennt um Stuttgart nur 12 Fundorte, fast alle außerhalb der Ortschaften. SCHÜZ (1858) nennt für den nördlichen Schwarzwald nur Äcker als Standorte. Auch HERMANN (1890: 91) und GÖTZ (1890: 30) zählen in ihren Gebieten Fundorte auf. GÖTZ kennt um Löwen-

Niederliegendes Mastkraut *(Sagina procumbens)* Böblingen, 1989

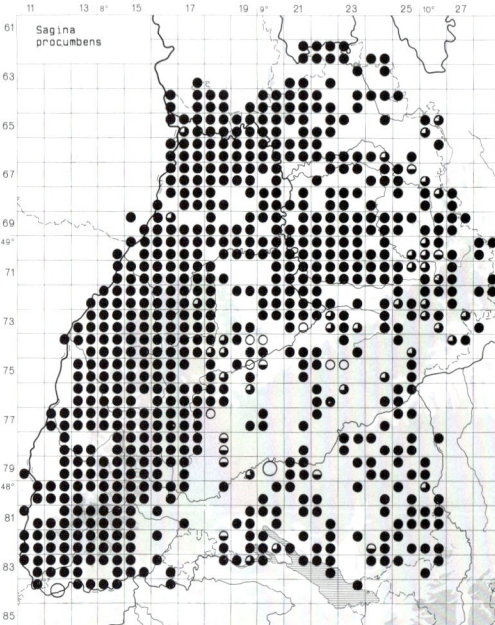

stein (6922) nur 1 Fundstelle, von *Silene gallica* dagegen 3! Die Pflanze ist wohl erst nach und nach in den Städten heimisch geworden. Ein früher Nachweis dafür aus unserem Raum findet sich bei SPENNER (1829: 835). Er kennt die Art von Freiburg: „in plateis urbium... e.g. in ipsa urbe (Friburgi)".

4. Sagina apetala Arduino 1764
Kronloses Mastkraut

Morphologie: Pflanze einjährig, 4–10 cm hoch; Stengel aufrecht oder aufsteigend, dünn, am Grunde stark verzweigt; Blätter pfriemlich, meist sehr kurz, 1–5–(12) mm lang, meist kürzer als die Internodien, am Rande oft gewimpert, an der Spitze mit einer Granne, die länger als die halbe Blattbreite ist; Blüten langgestielt, Kelchblätter 4, 1–2 mm lang, länglich-eiförmig, an der Spitze kapuzenförmig; Kronblätter klein, weiß; Kapsel vierspaltig, meist länger als der Kelch. – Blütezeit: (Mai)–Juni–November.

Variabilität: Im Gebiet kommen zwei Unterarten vor:

subsp. **erecta** Hermann 1912 (*S. micropetala* Rauschert 1969); Kelchblätter von der fruchtenden Kapsel sternförmig abstehend, Kapsel meist länger als ¾ der Kelchlänge, Samen meist kleiner als 0,34 mm. Ist die im Gebiet fast ausschließlich aufgefundene Unterart.

subsp. **apetala** (*S. ciliata* Fries 1816); Kelchblätter der fruchtenden Kapsel angedrückt, Kapsel bis ¾mal so lang als der Kelch, Samen meist größer als 0,34 mm. Nach K. BERTSCH (1935: 73–74) bei Frommenhausen (7519/3) und am Hochrhein. Hierher könnten auch einige kleinere Belegstücke von Rottenburg (7519/2) und von Niedernau (7519/1) gehören. Eine ältere Verbreitungskarte findet sich bei K. u. F. BERTSCH 1935. Die heutige Verbreitung könnte nur durch Sammlung zahlreicher Herbarbelege erarbeitet werden. Im Gebiet kommt außerdem eine var. *leiosperma* Thellung von *S. apetala* vor. Sie besitzt Samen, die fast glatt sind. THELLUNG selbst fand sie: 7323/4: Bad Boll, Pflaster im Hof, THELLUNG (1911: 35).

Ökologie: Auf frischen, kalkarmen, sandigen Lehmböden, auf Äckern, in Pflasterfugen, im Centunculo-Anthocerotetum, wärmeliebend, daher nur in den tieferen Lagen des Gebiets. Meist in Gesellschaft von *S. procumbens*. Vegetationsaufnahmen bei OBERDORFER (1957: 111), PHILIPPI (1973: 52–53, 1977: 176).

Allgemeine Verbreitung: Submediterran-subatlantische Art, von Nordafrika bis Vorderasien und zum Kaukasus, in Europa hauptsächlich im Südwesten, nördlich und östlich bis Dänemark, Polen, Rumänien und Bulgarien.

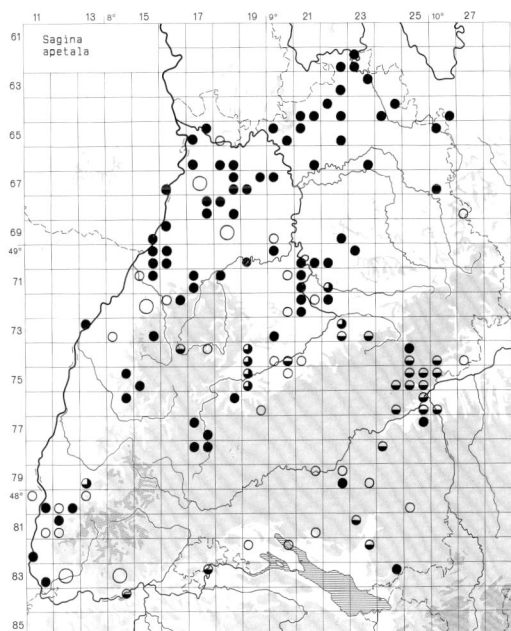

Verbreitung in Baden-Württemberg: Hauptsächlich Neckargebiet, Kraichgau, Bauland bis zum Taubergebiet, außerdem im Gebiet um Ulm und im Alpenvorland sowie am Oberrhein. Selten im Schwarzwald und Odenwald.

Tiefste Vorkommen bei 100 m, höchste bei 650 m (7524/4 Sonderbuch, 7525/1 Bermaringen, 8025/5 Wurzach).

Ist im Gebiet nicht urwüchsig. Ältester literarischer Nachweis: C. C. GMELIN (1805: 392) „Carlsruhe im Fasanengarten in der Baumschule frequens ubi prima observavit Schweyckert"

Bestand und Bedrohung: Die Art ist im Gebiet gefährdet. Sie war früher möglicherweise häufiger auf den herbstlichen Stoppeläckern, aber wegen ihrer Kleinheit gelegentlich übersehen worden. Seit die Äcker gleich nach der Ernte umgebrochen werden, kann die Pflanze ihre Samen nicht mehr ausreifen. Die Pflanzengesellschaft des Centunculo-Anthocerotetum ist deshalb auch insgesamt gefährdet. *Sagina apetala* hat immerhin die Möglichkeit, auf Pflasterfugen auszuweichen, doch scheint sie dort nur unbeständig aufzutreten. Man könnte sie auf jeden Fall durch Erhaltungskultur schützen.

10. **Scleranthus** L. 1753
Knäuelkraut

Kräuter, Blätter gegenständig, schmal pfriemlich, am Grunde paarweise verwachsen, ohne Nebenblätter; Blüten grünlich, Kronblätter fehlend, Staubblätter 5 oder 10, Griffel 2, Fruchtknoten halbunterständig, Kelch die Frucht fest einschließend.

Die Gattung umfaßt höchstens 10 Arten, die in Eurasien, Afrika, Australien und Nordamerika vorkommen. In Europa kommen 3 Arten mit zahlreichen Unterarten vor. Zur Ausbreitung der Arten tragen die hakigen Kelche, die die Samen umschließen, bei.

1 Kelchzähne schmal häutig berandet, Hautrand unter 0,1 mm breit, Pflanze einjährig . . . .
2. *S. annuus*
– Kelchzähne breit weißhäutig berandet, Rand breiter als 0,3 mm, Pflanze ausdauernd 1. *S. perennis*

1. **Scleranthus perennis** L. 1753
Ausdauerndes Knäuelkraut

Morphologie: Pflanze ausdauernd, 4–15 cm hoch, mit mehreren bogig aufsteigenden Stengeln, auch mit vegetativen Trieben, längere Internodien 6–10 mm lang; Blätter linealisch, 5–10 mm lang,

Ausdauerndes Knäuelkraut *(Scleranthus perennis)*

an vegetativen Trieben dünn und lang, an Blüten-trieben von unten her absterbend, am Grund paar-weise verwachsen, dort am breitesten, oft ge-krümmt, am Rand behaart; Blütenstand gedrängt, Blüten sitzend, weißlichgrün, Kelchzipfel ca. 2 mm lang, mit 0,3–0,5 mm breitem weißem Hautrand, stumpf, vorn kapuzenförmig, zur Fruchtzeit auf-recht; Frucht 3–4,5 mm lang. – Blütezeit: Juni–Se-ptember.

Variabilität: DÖLL (1862: 1048) beschrieb eine Sippe „b. *glomeratus*" von Karlsruhe. Ihre Zuord-nung ist ungeklärt.

Ökologie: Auf trockenen, kalkarmen Sandböden oder Steingrusböden, auf Felsköpfen und auf Wegen, in Sandrasen. Vegetationsaufnahmen bei VOLK (1931: 98), BARTSCH (1940: 43), OBERDORFER (1957: 246–247, 249), KORNECK (1975: 56), die Ver-gesellschaftung auch in HEGI (1971: 946). Den pH-Wert des Bodens untersuchte VOLK (1931: 125).

Allgemeine Verbreitung: Von Nordspanien, Sizilien und der Balkanhalbinsel bis Mittelskandinavien, dem Baltikum, Sibirien, Kaukasus und Kleinasien. Eurasiatisch-subozeanisches bis submediterranes Florenelement.

Verbreitung in Baden-Württemberg: Hauptsächlich im Schwarzwald, seltener im Odenwald, Oberrhein-gebiet, den Keupersandsteingebieten des mittleren Neckargebiets, des Kraichgaus und der oberen Jagst, sehr selten auf der Schw. Alb, der Baar und im Alpenvorland.

Tiefste Vorkommen bei 100 m, höchste am Bel-chen bei mehr als 1270 m (KORNECK 1975: 56).

Die Art ist im Gebiet urwüchsig. Ältester literari-scher Nachweis: KERNER (1786: 147) „Wächst so-wohl auf der Gäns- als der Feuerbacherheide" (7221).

Fundorte (ohne Schwarzwald):
Oberrheingebiet: 6417/3: Käfertal, Kuhbuckel, VOLK (1931: 98); 6817/2: N Forst, 1936, E. OBERDORFER in PHILIPPI (1971: 32); 6916/3: Mühlburg und Knielingen,

412

vor 1900 (KR); 7115/3: Sandweier, PHILIPPI (1971: 32); 7811/4: Lützelberg, 1959, G. KNAUSS (STU); 7813/3: o.O.; 7911/2: Schloßberg bei Achkarren, 1957, G. KNAUSS (STU); 8411/2: Weil, 1877, E. STEIGER (BAS). Odenwald: 6518/1: o.O., F. SCHÖLCH (STU-K). Tauber-Main-Gebiet: 6222/2: Bestenheid, 1901, R. GRADMANN (STU); 6223/1: Heidhof-Eichel, 1986, H. BAUMANN (STU-K). Neckarland (Fundorte ab 1900): 6826/2: Ellrichshausen, Schilfsandsteinbruch, 1917, HANEMANN (STU-K); 6920/1: Haberschlacht, HECKEL (1929); 6926/3: Riegelhof, SCHULTHEISS (1976: 166); 6927/1: Rötlein, 1915, HANEMANN (STU-K); 7026/2: Sandgrube W Ellwangen; 7028/1: Steigweiher NW Rühlingstetten, 1970, S. SEYBOLD (STU); 7028/4: o.O.; 7123/1: E Königsbronnhof, 1959–64, E. BÜCKLE (STU-K); 7126/2: Bürgle W Wasseralfingen, 1910, A. BRAUN (STU); 7126/4: Grauleshof, 1913, A. BRAUN (STU); 7220/1: Gerlinger Heide, 1951, SCHMOHL (STU-K). Schwäbische Alb: 7128/4: Altenbürg, KIRCHNER u. EICHLER (1913); 7525/1: Bermaringen, Lehmgrube, 1946, K. MÜLLER (STU); 7919/3: Ludwigstal, MARTENS u. KEMMLER (1865). Alpenvorland: 8124/4: Wolfegg, KIRCHNER u. EICHLER (1900); 8218/2: Hohentwiel, 1931, KUMMER (1941: 193).

Bestand und Bedrohung: Die Art ist im Gebiet gefährdet. Sie hat eine große Anzahl von Wuchsorten eingebüßt. Die verbleibenden Vorkommen sind oft kleinflächig, mit wenigen Exemplaren besetzt und schwer als Biotop schützbar. Für die Art sollten verstärkt Naturdenkmale und Naturschutzgebiete entstehen, um ihren Bestand zu sichern. Nur wenige Vorkommen stehen schon unter Schutz.

2. Scleranthus annuus L. 1753
Acker-Knäuelkraut

Morphologie: Pflanze einjährig, 4–15 cm hoch, am Grunde stark verzweigt, Stengel aufrecht bis aufsteigend, mit ca. 7–8 längeren Internodien; Blätter pfriemlich, 4–20 mm lang, paarweise am Grunde häutig verbunden; Blütenstand geknäuelt, Blüten kaum gestielt, Hochblätter meist länger als die Blüten; Kelchzähne dreieckig, spitz, mit schmalem, bis 0,1 mm breitem Hautrand, leicht spreizend, Fruchtkelch mit 10 Furchen.

Variabilität: Die meisten Floren gliedern diese Art (bzw. Artengruppe) in mehrere Sippen auf. Für unser Gebiet kommen 2 Unterarten in Frage, die sich nach der Literatur folgendermaßen unterscheiden lassen:

1 Reife Frucht 3,2–4,5–(5,9) mm lang, Internodien oft über 1 cm lang . . . . subsp. *annuus*
– Reife Frucht 2,2–3,0–(3,8) mm lang, Internodien meist kürzer als 1 cm, Blätter 4–8 mm lang . . . subsp. *polycarpos* (L.) Thell. 1914 (Synonym: *Scleranthus polycarpos* L. 1756).

Nach OBERDORFER (1970) und anderen Autoren kommt subsp. *polycarpos* im Südschwarzwald vor und steigt z.B. am Belchen bis 1400 m. Eine Untersuchung der Herbarbelege erlaubt aber keine saubere Trennung nach den üblichen Schlüsseln (z.B. RÖSSLER 1955) im Gebiet. Auch ökologisch lassen sich keine Sippen trennen. Man muß deshalb bis-

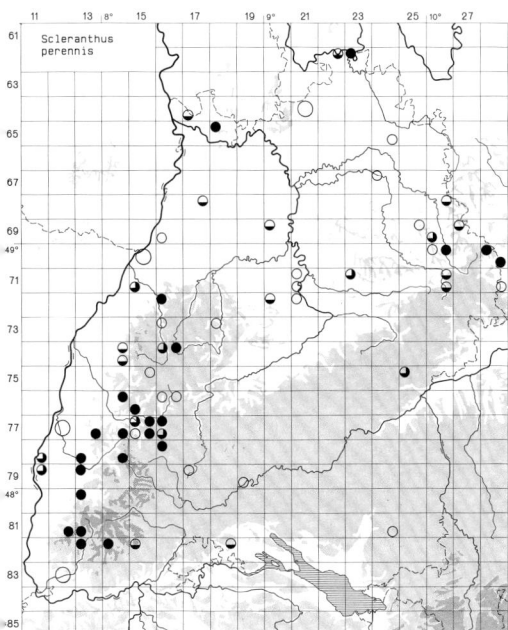

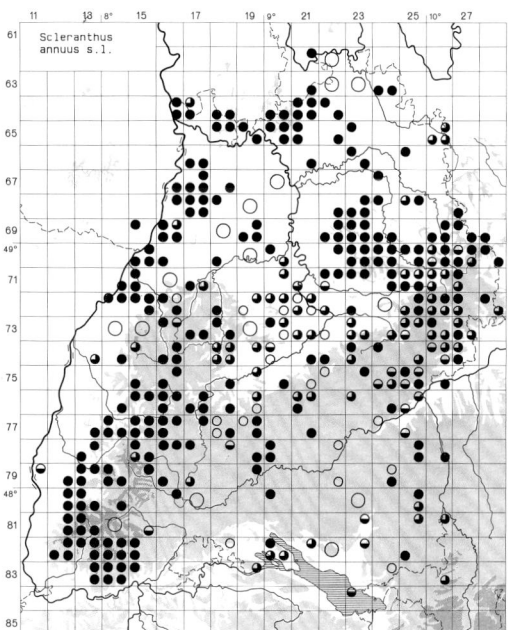

Die Art ist im Gebiet nicht sicher urwüchsig. Ältester archäologischer Nachweis: Mittleres Subatlantikum, Villingen, KÖRBER-GROHNE u. WILMANNS (1977). Ältester literarischer Nachweis: GMELIN (1772: 124) „inter Waldhusam et silv. Bebenhus." (7420). LEOPOLDS Angabe (1728: 7–8) „In Äckern am Ried" bezieht sich auf Bayern.

Bestand und Bedrohung: Die Art ist im Gebiet im Rückgang begriffen, doch insgesamt noch nicht gefährdet.

11. **Corrigiola** L. 1753
Hirschsprung

Einjährige oder ausdauernde, niederliegende Kräuter; Blüten klein, in gedrängten Trugdolden; Blütenhüllblätter stumpf, Fruchtblätter 3, Griffel sehr kurz.

Die Gattung umfaßt 10 Arten, die teils in Europa und Asien, Afrika oder Südamerika vorkommen. In Europa kommen 2 Arten mit mehreren Unterarten vor.

1. **Corrigiola litoralis** L. 1753
Hirschsprung

Morphologie: Einjährige Pflanze, niederliegend, am Grunde verzweigt, 7–30 cm lang; Blätter wechselständig, blaugrün, mit häutigen Nebenblättern,

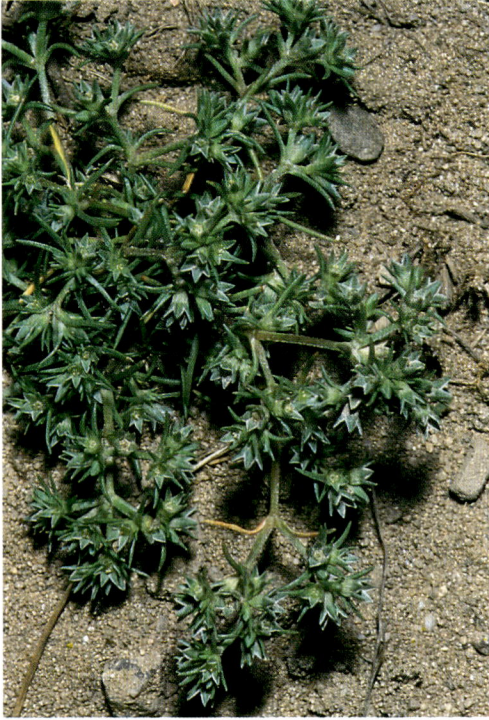

Acker-Knäuelkraut *(Scleranthus annuus)*
Rastatt, 1988

lang annehmen, daß bei uns nur die subsp. *annuus* vorkommt, ein sicherer Nachweis für subsp. *polycarpos* steht noch aus. Vielleicht ist hier aber überhaupt versucht worden, eine vielgestaltige Sippe zu stark aufzutrennen; diese Ansicht vertritt wenigstens MEIKLE (1977: 286).

Biologie: Blütezeit ist Mai bis Oktober. Insektenbesuch wurde nur spärlich beobachtet; es findet wohl überwiegend Selbstbestäubung statt.

Ökologie: Auf kalkarmen, sandigen Äckern, seltener auf Wegen, in Sandfluren und auf Felsen. Vegetationsaufnahmen z.B. bei BARTSCH (1940: 30), GÖRS (1968: 254), OBERDORFER (1957: 246–247), PHILIPPI (1973: 29–53), KORNECK (1975: 56), OBERDORFER (1983).

Allgemeine Verbreitung: Europa, Asien, Ostafrika, Nordamerika.

Verbreitung in Baden-Württemberg: Überwiegend in den Sandsteingebieten des Schwarzwaldes, des Odenwaldes und der Keupersandsteingebiete, doch mit auffallenden lokalen Lücken, aber auch im Oberrheingebiet, im Alpenvorland und selbst auf der Schwäbischen Alb.

Tiefste Vorkommen bei 100 m, höchste am Belchen bei 1400 m (OBERDORFER 1970).

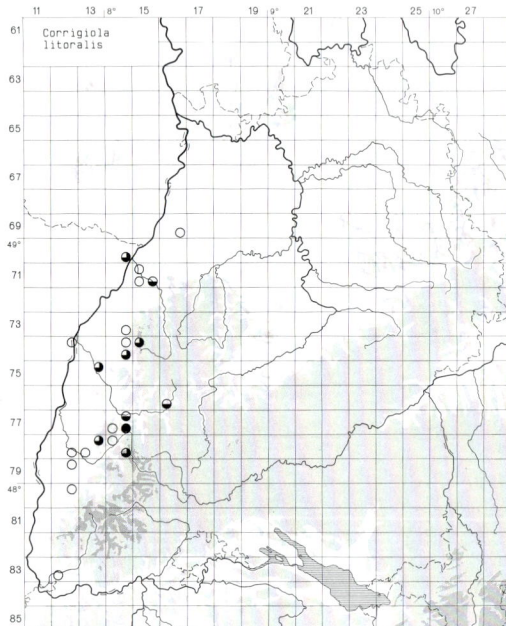

Hirschsprung *(Corrigiola litoralis)*

schmal länglich, 5–30 mm lang, stumpf, in einen Stiel verschmälert; Blüten in kopfartigen Trugdolden oder Trauben, 1,5–2 mm im Durchmesser; Kelchblätter 5; eiförmig, 1–1,5 mm lang, weiß hautrandig; Kronblätter 5, weiß, kürzer als der Kelch; Staubblätter 5; Frucht eine Schließfrucht. – Blütezeit ist (Mai)–Juni bis September.

Ökologie: Auf feuchten, kalkarmen, rohen Kies- oder Sandböden, an Ufern, auf Wegen, in Baumschulen oder Äckern, Charakterart des Chenopodio-Corrigioletum. Vegetationsaufnahmen bei Bartsch (1940: 36), Oberdorfer (1957: 62), Philippi u. Wirth (1970: 341).

Allgemeine Verbreitung: Subatlantische Art, im Gebiet an der Grenze des Areals. Von Portugal bis Frankreich und dem nordwestlichen Mitteleuropa, seltener in Italien, Griechenland und Kleinasien, außerdem in Afrika und Amerika.

Verbreitung in Baden-Württemberg: Nur im Schwarzwald, besonders in seinem mittleren Teil, und von dort in die Oberrheinebene herabgeschwemmt.

Tiefste Vorkommen: Murgmündung, 110 m; höchste Vorkommen am Schweinskopf (7415/1) bei 950 m.

Ist im Gebiet nicht urwüchsig. Ältester literarischer Nachweis: Roth (1798: 96) „um Mülheim, Vulpius". Der von C. Bauhin (1622: 83) genannte Fundort „in sabulosis ad Wiesam" liegt an der Grenze oder außerhalb des Gebiets.

6916/3: Appenmühle bei Karlsruhe, 1884, Bonnet (1887: 327); 7014/4: Murgmündung bei Steinmauern, 1964, Philippi (1971: 32), 7115/1: Rastatt beim Karlsruher Tor, um 1880, Kneucker (1924: 297); 7115/4: Bahnhof Gaggenau, A. Maenning in Kneucker (1924: 297); Südliches Murgufer bei Rotenfels, 1916–23, A. Maenning in

415

KNEUCKER (1924: 297); 7314/4: Oberachern, WINTER (1895: 273); 7412/2: Kinzig bei Kehl, vor 1900, NN (KR); 7414/2: Schwend bei Waldulm, WINTER (1895: 273); 7414/4: Sohlberg, BARTSCH (1940: 35–36), OBERDORFER (1951: 29); 7415/1: Blöchereck, WINTER (1895: 273); Schweinskopf, 950 m, 1969, C.P. HERRN (STU); 7513/2: Flugplatz Offenburg, 1964, KRAUSE in PHILIPPI u. WIRTH: (1970: 341); 7714/2: Kinzigufer bei Eschau, ca. 1926–29, FISCHER (1940: 177); 7616/3: Sandige Äcker rechts der Kinzig über Rötenbach und Alpirsbach, zuletzt 1941, SCHMOHL (STU-K); 7714/4: Heidenacker, 1983, G. HÜGIN (STU-K); 7812/4: Elzdamm bei Teningen, 1859, VULPIUS, NEUBERGER (1912); 7813/2: Steinbühl-Hockenbühl N Schillingerberg, 1961, PHILIPPI in PHILIPPI u. WIRTH (1970: 341); 7813/3: Emmendingen, DÖLL (1862: 1367); 7814/1: Elzach, beim Schwimmbad, GÖTZ (1902: 239); 7814/4: Rohrhardsberg, 1961, G. KNAUSS STU; 7912/2: Reute, NEUBERGER (1912); 8012/2: Haslacher Kiesgrube, NEUBERGER (1912); 8312/3: Wiese bei Steinen, GMELIN (1805: 748); 7115/3: Zwischen Kuppenheim und Rastatt, DÖLL (1862: 1367); 7714/3: Biederbach, NEUBERGER (1912: 99); 7813/4: Siegelau, NEUBERGER (1912: 99).

Bestand und Bedrohung: Die Art ist vom Aussterben bedroht. Ihre Fundorte sind meist unbeständig, so daß die Erhaltung der Biotope ihr wenig nützt. An alten Fundorten kann vielleicht die Schaffung neuer Rohböden zum Neuauftreten führen. Zuletzt wurde die Art 1969 und 1983 beobachtet.

Literatur: WINTER (1895), PHILIPPI u. WIRTH (1970).

12. **Herniaria** L. 1753
Bruchkraut

Einjährige bis ausdauernde, niederliegende Kräuter; Blätter teils gegenständig, teils wechselständig, mit gefransten Nebenblättern; Blüten klein, grün, fünfzählig, in Knäueln, im unteren Teil mit einem Achsenbecher; Staubblätter 5; Frucht eine Schließfrucht, die in der Blütenhülle eingeschlossen bleibt.

Die Gattung umfaßt etwa 33 Arten, die in Europa, Asien, Afrika und Patagonien vorkommen. Zentrum der Gattung ist das Mittelmeergebiet. In Europa kommen 23 Arten vor.

1   Blätter und Blütenhülle kahl oder bewimpert, Frucht länger als die Blütenhülle . . 1. *H. glabra*
–   Blätter und Blütenhülle auffallend behaart, Frucht höchstens so lang als die Blütenhülle 2. *H. hirsuta*

Herniaria alpina Chaix 1786
Alpenbruchkraut

Ein Beleg dieser Art von der Argen bei Wangen (8324), von Apotheker ETTI gesammelt, lag im Herbarium MARTENS vor (vgl. MARTENS u. KEMMLER 1865: 214). Etikettenverwechslung? Die Art fehlt in den angrenzenden Alpen.

1. **Herniaria glabra** L. 1753
Kahles Bruchkraut

Morphologie: Pflanze einjährig bis mehrjährig, niederliegend, 6–20 cm lang, am Grunde und höher hinauf verzweigt, Stengel kahl oder schwach behaart; Blätter eiförmig-lanzettlich, 3–7 mm lang und bis 3,5 mm breit, spitzlich, in einen Stiel verschmälert, teils gegenständig, meist aber wechselständig und mit kleineren Ästen alternierend, kahl oder leicht bewimpert, mit bewimperten Nebenblättern; Blüten bis zu zehn in den Blattachseln geknäuelt, fast sitzend; Kelchblätter kahl, stumpf, 0,5 mm lang, Kronblätter klein, weiß; Frucht eine Nuß, spitz, den Kelch überragend.

Biologie: Blütezeit ist Juni bis Oktober. In den Blüten reifen erst die Staubblätter, dann die Narben. Blütenbesucher sind winzige Dipteren und Ameisen. Es findet auch Selbstbestäubung statt.

Ökologie: Auf trockenen, kalkarmen, lockeren Sand- oder Kiesböden, auf Wegen, auf Bahnhöfen, in Gärtnereien, früher auch an Flußufern; in Gesellschaft des Rumici-Spergularietum. Vegetationsaufnahmen bei BARTSCH (1940: 43), MÜLLER (1974: 300) und GÖRS u. MÜLLER (1974: 241).

Allgemeine Verbreitung: Europa bis Westsibirien, Mittelmeergebiet, Iran und Nordafrika.

Verbreitung in Baden-Württemberg: Selten, insgesamt beschränkt auf die tieferen Lagen des Rhein-Neckar- und Donaugebietes.

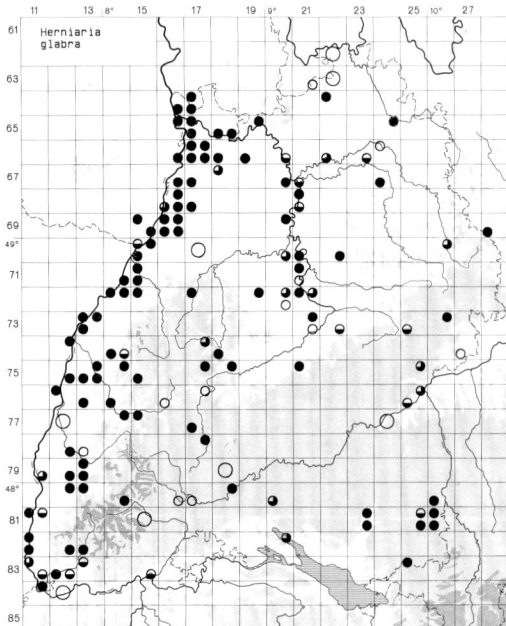

Kahles Bruchkraut *(Herniaria glabra)*

Tiefste Vorkommen bei 100 m, höchste Vorkommen: Bregufer bei Hüfingen (8016/4) 680 m; Bahnhof Leutkirch (8126/3) 650 m; Bahnhof Tuttlingen (8018/2) und Unterzeil bei Mailand (8126/1), 640 m.

Ist im Gebiet nicht urwüchsig. Ältester literarischer Nachweis: GATTENHOF (1782: 290) „in arenosis circa Wißloch" (6718). Die Angabe bei LEOPOLD (1728: 77) „in Brachäckern um Burlefingen" bezieht sich auf bayerisches Gebiet.

Bestand und Bedrohung: Wegen ihrer Fähigkeit, neue trittbelastete Standorte zu besiedeln, ist die Art im Gebiet noch nicht gefährdet. Sie ist aber zurückgegangen.

2. **Herniaria hirsuta** L. 1753
Behaartes Bruchkraut

Morphologie: Einjähriges oder wenige Jahre ausdauerndes Kraut, niederliegend, ästig, 5–20 cm lang; Blätter schmal eiförmig bis eiförmig, in einen Stiel verschmälert, 4–12 mm lang und bis 3,5 mm breit, am Rand borstig behaart, teils gegenständig, teils wechselständig und dann mit Blütenästen alternierend, mit gefransten Nebenblättern; Blüten zu 6–10 knäuelig gehäuft, Kelch 0,6–2 mm lang, borstig behaart, in eine Granne auslaufend, Kronblätter 5, Staubblätter 5; Frucht kürzer als die Blütenhülle. – Blütezeit ist Mai bis September.

417

Behaartes Bruchkraut *(Herniaria hirsuta)*

Ökologie: Auf trockenen, kalkarmen Sand- oder Kiesböden, auf Wegen, auf Bahnhöfen, in Sandrasen. Vegetationsaufnahmen aus dem Gebiet sind anscheinend noch keine veröffentlicht worden.

Allgemeine Verbreitung: Submediterrane Art. Von den Kanarischen Inseln über das Mittelmeergebiet bis Pakistan, außerdem in Ostafrika und Südamerika.

Verbreitung in Baden-Württemberg: Oberrheingebiet, mittleres Neckarland, selten im Alpenvorland und auf der Schwäbischen Alb.

Tiefste Vorkommen bei 100 m, höchstes Vorkommen: Gbf. Ebingen, 730 m (7720/3).

Ist im Gebiet nicht urwüchsig. Ältester literarischer Nachweis: ROTH (1805: 254–255) „Rheingestade, Vulpius".

Fundorte (Beobachtungen ab 1945):
Oberrheingebiet: 6418/1: o.O.; 6717/: o.O.; 6916/4: Karlsruhe, Zoolog. Institut, 1988 (KR-K); 7015/2: Sandgruben E Forchheim und E Mörsch, G. PHILIPPI (KR-K); 7114/4: Hügelsheim, 1972, G. PHILIPPI (KR-K); 7513/2: o.O.; 7811/4: Sasbach, 1959, G. KNAUSS (STU); 8012/2: o.O.;

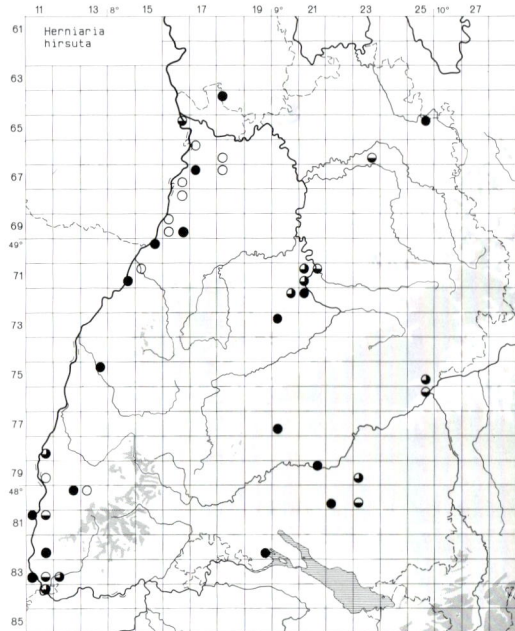

418

8111/1: Grißheimer Plan, 1984, S. Seybold (STU); 8211/4: Bahnhof Kandern, 1988, G. Philippi (KR-K); 8311/3: Märkt, 1988, G. Philippi (KR-K); 8312/3: Zwischen Haagen und Brombach, 1955, E. Litzelmann (1963: 469); 8411/2: Basel, Badischer Bahnhof, 1955, E. Litzelmann (1963: 46).

Neckarland: 6525/2: Bhf. Laudenbach, 1985, M. Nebel (STU-K); 6623/4: Ingelfingen, 1920, E. von Arand (STU); 7121/1: Gbf. Kornwestheim, 1954, W. Kreh u. R. u. S. Seybold (STU-K); 7121/2: Müllplatz Neustadt, 1935–41, W. Kreh u. K. Müller (STU-K); 7121/3: Gbf. Stuttgart-Nord, 1952, W. Kreh (STU); 7220/2: Gbf. Stuttgart-West, 1953, W. Kreh (STU-K); 7221/1: Hauptgüterbahnhof Stuttgart, 1978, W. Seiler (STU-K); Stuttgart, auf Trümmerschutt, 1953, E. Hildebrand (STU).

Schwäbische Alb: 7720/3: Gbf. Ebingen, 1975, E. Beck (STU-K);

Alpenvorland: 7525/4: Bhf. Ulm, 1954, K. Müller (1957); 7625/2: Auffüllplatz Söflingen, 1940, K. Müller (STU-K); 7921/2: Bhf. Scheer, 1986, O. Sebald (STU); 7923/3: Gbf. Saulgau, 1947, K. Müller (STU-K); 8023/3: Bahnhof Altshausen, 1944, K. Müller (STU).

Bestand und Bedrohung: Die Art ist vom Aussterben bedroht. Sie ist auch außerhalb unseres Gebietes am Rande ihres Areals verschwunden, vgl. Jalas u. Suominen (1983: 148).

13. Illecebrum L. 1753
Knorpelblume

Einjähriges Kraut, mit 5 Blütenhüllblättern und abstehender Granne, Griffel kurz; Frucht eine Schließfrucht. Die Gattung umfaßt nur eine Art.

1. Illecebrum verticillatum L. 1753
Quirlige Knorpelmiere

Morphologie: Pflanze einjährig, niederliegend oder aufsteigend, 5–20 cm lang, verzweigt, mit zahlreichen, fast gleichlangen Internodien, Stengel vierkantig; Blätter gegenständig, verkehrt eiförmig, 2–5 mm lang, in den Stiel verschmälert, stumpf, Nebenblätter häutig; Blüten zu 4–6 in den Blattachseln in geknäuelten Wickeln; Kelchblätter 5, 1,5–2,5 mm lang, weiß, kappenförmig, auf dem Rücken mit einer Granne, nach der Blütezeit bleibend und die Frucht umhüllend; Kronblätter 5, weiß, fädlich, kürzer als der Kelch; Staubblätter 5.
Biologie: Blütezeit Juni bis September. Fruchtansatz durch Selbstbestäubung.
Ökologie: Auf feuchten, rohen, kalkarmen Sandböden, auf Wegen, in Feldern und Baumschulen. Charakterart des Spergulario-Illecebretum. Vegetationsaufnahmen aus dem Gebiet sind nicht bekannt, nur aus den Nachbargebieten (z.B. Philippi 1968: 114).

Quirlige Knorpelmiere *(Illecebrum verticillatum)*

Allgemeine Verbreitung: Kanarische Inseln, Nordwestafrika, Portugal, W- u. N-Spanien, Frankreich, Südengland, Nordwestdeutschland bis Polen, selten in Italien und Griechenland. Subatlantisches Florenelement, im Gebiet am Rande des Areals.
Verbreitung in Baden-Württemberg: Kam nur im mittleren Schwarzwald im Elztal und von dort bis in die Rheinebene vor, außerdem einmal im Neckarland und bei Wertheim.

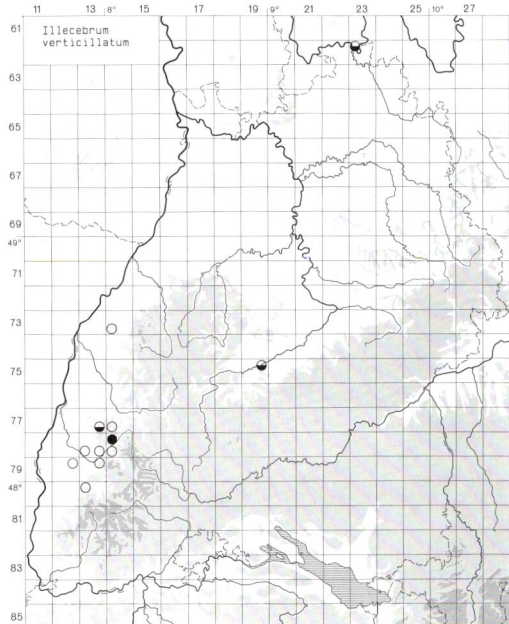

Nagelkraut *(Polycarpon tetraphyllum)*

Tiefste Vorkommen bei Emmendingen, 200 m, höchste Vorkommen: 7519/2: Rammert bei Rottenburg, ca. 400–500 m; 7713/4: Hünersedel, ca. 500–740 m.

Ist im Gebiet nicht urwüchsig. Ältester literarischer Nachweis: GMELIN (1826: 182) „prope Elzach... versus der Eck... teste Spinnero et Kreuzero" (7814/1). Nach SPENNER (1829: 819) waren die Finder DANNER und SPENNER, 1821.

Schwarzwald und Oberrheingebiet: 7314/3: Achern, um 1900, K. RASTETTER (KR); 7713/4: Hünersedel, Haferakker, 1926, JAUCH (KR); 7714/3: Biederbach, Baumschule und Umgebung, GOETZ (1902: 239); 7814/1: Elzach-Prechtal, GOETZ (1902: 239); 7814/3: Bleibach, NEUBERGER (1912); 7813/3: Emmendingen, DÖLL (1862: 1367); 7813/4: Siegelau, NEUBERGER (1912); 7814/1: Oberwinden, SPENNER (1829); nahe Illenberg, 1985, GEROLD HÜGIN (STU-K); 7912/2: Oberreutener Schweinsweide, DÖLL (1862: 1367); 7913/2: Buchholz und Waldkirch, SPENNER (1829); 8013/1: Günterstal, NEUBERGER (1912). Maingebiet: 6223/1: Eichel bei Wertheim, 1911, H. STOLL (KR). Neckarland: 7519/2: Rammert bei der Weilerburg, Baumschulen, 1909, A. MAYER u. ALLMENDINGER, zuletzt 1927.

Bestand und Bedrohung: Ist im Gebiet fast völlig verschwunden. GEROLD HÜGIN fand 1985 nahe Illenberg ein letztes Exemplar.
Literatur: PHILIPPI, G. (1969).

14. **Polycarpon** L. 1759
Nagelkraut

Einjährige oder ausdauernde Kräuter, teilweise mit gegenständigen und quirlständigen Blättern, mit trockenhäutigen Nebenblättern und kleinen Blüten, die in dichtgedrängten Cymen angeordnet sind; Blütenhüllblätter am Rand trockenhäutig, ganzrandig, gekielt, mit 5 Staminodien, mit 3 Fruchtblättern und einem unten verwachsenen Griffel.

Die Gattung enthält 16 Arten, die teils nur im Mittelmeergebiet vorkommen, teils auf der Erde weit verbreitet sind. In Europa kommen 4 Arten vor.

1. **Polycarpon tetraphyllum** (L.) L. 1759
Mollugo tetraphylla L. 1753
Nagelkraut

Morphologie: Pflanze einjährig, 5–15 cm hoch, aufrecht oder aufsteigend, einfach oder ästig; Blätter verkehrt eiförmig, stumpf, in einen Stiel verschmälert, bis 15 mm lang, unterste und oberste gegenständig, sonst zu vieren, ungleich groß und quirlständig, Nebenblätter häutig; Blütenstand dicht trugdoldig-rispig, Hochblätter häutig, kurz, Blüten klein, kurzgestielt; Kelchblätter am Rand weißhäu-

...ig, 1,5–2 mm lang, Kronblätter weiß, kürzer als der Kelch, Staubblätter 3–5, Griffel 3, Kapsel mit 3 Klappen aufspringend. – Blütezeit ist Juni bis September.

Ökologie: Auf kalkarmen Sandböden auf Wegen, in Pflasterfugen. Vegetationsaufnahmen aus dem Gebiet sind keine bekannt.

Allgemeine Verbreitung: Die mediterran-submediterrane Art ist heute weltweit verbreitet.

Verbreitung in Baden-Württemberg: Mittlere und nördliche Oberrheinebene.

Tiefste Vorkommen bei 100 m, höchste Vorkommen: Baden-Baden, ca. 180 m.

Ist im Gebiet nicht urwüchsig. Ältester literarischer Nachweis: DIERBACH (1825: 19) und GMELIN (1826: 108) „inter Graben et Waghäusel... legit A. Braun 1821, prope Mannheim Succow". Nach GRIESSELICH (1836: 210) war A. BRAUN der Erstfinder.

Oberrheingebiet: 6516/2: Mannheim, SUCCOW nach GMELIN (1826: 108); 6617/3: Hockenheim, DÖLL (1862); 6716/2: Rheinhausen, SEUBERT u. KLEIN (1905); 6717/3: Wiesental, 1821, A. BRAUN, FRANK (KR); 6917/1: Weingarten, ca. 1850, NN (STU); 7215/1: Baden-Baden, DÖLL (1862); 7412/2: Kehl, NEUBERGER (1912); 7413/1: Kork, DÖLL (1862); 7512/4: Ichenheim, 1889, W. BAUR (KR). Außerdem: 7221/1: Güterbahnhof Stuttgart, 1941, K. MÜLLER (STU-K); 7525/4: Güterbahnhof Ulm, 1941, K. MÜLLER (STU-K). Im Grenzgebiet beobachtet: 6616/4: Speyer, 1985, E. DÖRR (STU).

Bestand und Bedrohung: Die Art kam im Gebiet am Rande ihres Areals vor; sie war nicht sicher eingebürgert und trat zum Teil nur unbeständig auf. Sie ist heute im Gebiet verschollen.

15. **Spergula** L. 1753
Spörgel, Spark

Einjährige Kräuter; Blätter linealisch-pfriemlich, fleischig, gegenständig, aber mit verkürzten Seitensprossen in den Achseln und daher scheinbar quirlständig; Blüten fünfzählig, Kronblätter ungeteilt, Staubblätter 5 oder 10, Griffel 5, Kapsel öffnet sich mit 5 tief eingeschnittenen Klappen.

Die Gattung umfaßt fünf Arten, die hauptsächlich auf Europa und das Mittelmeergebiet beschränkt sind, von denen S. arvensis aber als Ackerunkraut weltweit verschleppt wurde. In Europa kommen 4 Arten vor.

1   Blätter länger als 10 mm, unterseits mit Furche, Stengel zerstreut drüsenhaarig . . . 1. *S. arvensis*
  –   Blätter höchstens 10 mm lang, Stengel kahl . . . 2
2   Samenhautrand so breit wie der Samen . . . . . .
                                    [S. pentandra]

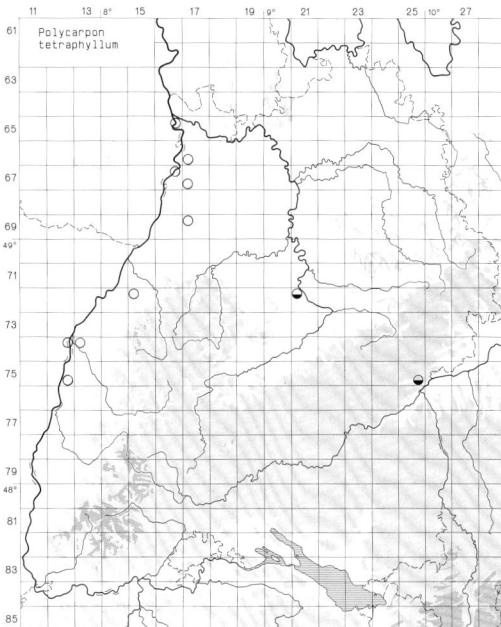

Polycarpon
tetraphyllum

–   Samenhautrand etwa halb so breit wie das Mittelfeld . . . . 2. *S. morisonii*

1. **Spergula arvensis** L. 1753
Ackerspörgel, Ackerspark

Morphologie: Pflanze einjährig, 10–60 cm hoch, am Grunde und im Blütenstand ästig, Internodien 2–10 cm lang; Blätter quirlständig, pfriemlich, ungleich lang, meist 1–3 cm lang, selten bis 6 cm lang, unterseits mit einer Furche, mehr oder weniger klebrig drüsig, Nebenblätter häutig; Blütenstand dichasial, Hochblätter sehr klein, häutig, Blüten mit 4–7 mm Durchmesser, lang gestielt, nach der Blüte herabgeschlagen, dann wieder aufgerichtet; Kelchblätter eiförmig, stumpf, hautrandig, 3–5 mm lang; Kronblätter weiß, wenig länger als der Kelch; Kapsel ca. 5 mm lang, mit fünf Zähnen aufspringend, Samen schwarz, mit sehr schmalem Hautrand.

Variabilität: Eine var. *maxima* (Weihe) Mertens u. Koch, die in allen Teilen größer ist und insbesondere große Samen besitzt, wurde früher z.B. in Leinfeldern am Gantenwald bei Geifertshofen (7025/1) und bei Vellberg (6925/1) beobachtet; MARTENS u. KEMMLER (1882: 64).

Biologie: Blütezeit ist Juni bis September. Die Blüten sind bei gutem Wetter meist nachmittags offen. Besucher sind Dipteren und Hymenopteren. Bei schlechtem Wetter bestäuben sich die Blüten selbst.

Ökologie: Auf lockerem, kalkarmem Sandboden in

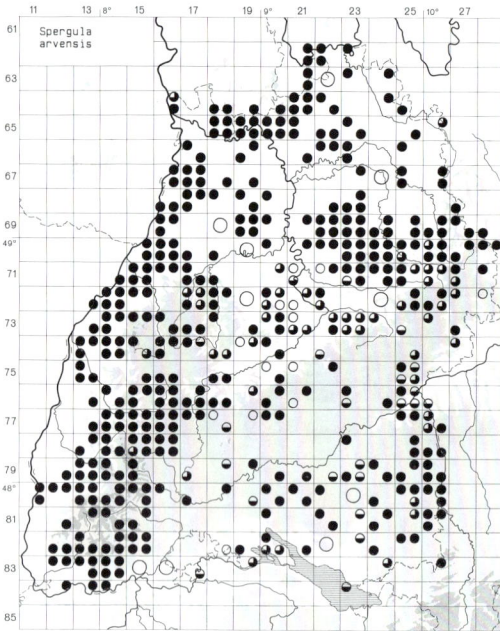

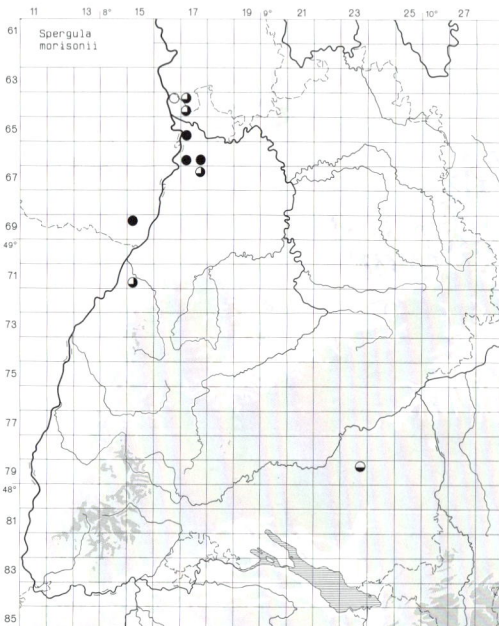

Ackerspörgel *(Spergula arvensis)*

Hackfruchtäckern und Getreidefeldern, gern im Galeopsio-Sperguletum arvensis. Vegetationsaufnahmen z. B. bei BARTSCH (1940: 30), GÖRS (1968: 254), OBERDORFER (1983: 36–39; 42–43), MÜLLER u. OBERDORFER (1983: 86–88, 95–96). Gern zusammen mit *Scleranthus annuus* und *Rumex acetosella.*

Allgemeine Verbreitung: Fast kosmopolitisch, in Europa überall, nur in Südeuropa seltener.

Verbreitung in Baden-Württemberg: Hauptsächlich in den Sandgebieten am Oberrhein, Schwarzwald und Odenwald, im Alpenvorland sowie den Keupersandsteingebieten des Neckarlandes.

Tiefste Vorkommen bei 100 m, höchste im Feldberggebiet bei 1280 m.

Ist im Gebiet nicht urwüchsig. Ältester archäologischer Nachweis: Frühes Subatlantikum, Hochdorf, KÖRBER-GROHNE (1985). Ältester literarischer Nachweis: J. BAUHIN (1598: 202) in der Umgebung von Bad Boll (7323).

Bestand und Bedrohung: Die Art ist im Gebiet noch nicht bedroht. Sie weist aber wie fast alle Ackerunkräuter einen starken Rückgang auf.

2. Spergula morisonii Boreau 1847
S. vernalis auct.
Frühlings-Spörgel

Morphologie: Pflanze einjährig, 5–20 cm hoch, Stengel aufrecht oder aufsteigend, einfach oder ästig; Blätter 1–2 cm lang, kürzer als die Internodien, scheinbar quirlständig, pfriemlich, nicht gefurcht, mit häutigen Nebenblättern; Blütenstand wenigblütig, Blüten gestielt, nach dem Verblühen erst abwärts gerichtet, später wieder aufrecht; Kelchblätter 4 mm lang, mit schmalem Hautrand, die äußeren lanzettlich, spitz, die inneren stumpf; Kronblätter weiß, etwa so lang wie der Kelch; Kapsel 5 mm lang, sich mit 5 Klappen öffnend, Samen schwarz, mit 1–1,5 mm Durchmesser, Flügelrand etwa halb so breit wie das Mittelfeld. – Blütezeit: April–Juni.

Variabilität: DÖLL (1862) und SEUBERT u. KLEIN (1905) geben auch *S. pentandra* L. für das Gebiet an; HEGELMAIER (1890) stellte aber nach Prüfung der Belege nur *S. morisonii* fest.

Ökologie: Auf nährstoffarmen, kalkarmen, lockeren Sandböden, in Sandrasen, an Wegen, im Spergulo- morisonii-Corynephoretum, besonders an gestörten Stellen. Vegetationsaufnahmen bei PHILIPPI (1973: 25–29) und VOLK (1931: 98).

Allgemeine Verbreitung: Subatlantisches Florenelement, von Mittelspanien über Frankreich und Norditalien bis Südfinnland, Baltikum, Polen und die westliche UdSSR. Außerdem in Nordwestafrika.

Verbreitung in Baden-Württemberg: Im nördlichen Oberrheingebiet und Maingebiet sehr selten, sonst wohl nur verschleppt.

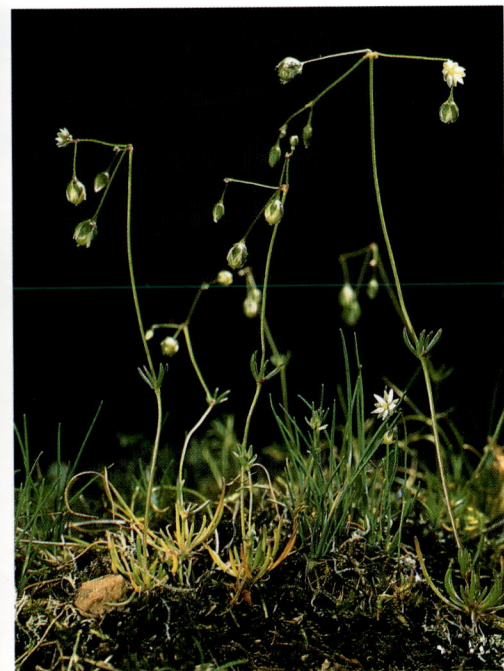

Artengruppe Fünfmänniger Spörgel
(*Spergula pentandra* agg.)

Tiefste Vorkommen bei 100 m, höchste bei 130 m (7115/3) bzw. bei 600 m (7923/2).

Ist im Gebiet möglicherweise urwüchsig. Erster literarischer Nachweis: ROTH (1798: 102) „Um Mülheim".

Oberrheingebiet: 6416/2: Sandtorf, SCHIMPER in DÖLL (1862: 1217); 6417/1: NW Viernheim, PHILIPPI (1973: 50–51); 6417/3: Käfertal, DOSCH u. SCRIBA (1873: 506); 6517/3: Rheinau, 1983, K. H. HARMS (STU-K); 6617/3: Waldrand N Hockenheim, PHILIPPI (1973: 27–29); 6617/4: Walldorf, SEUBERT u. KLEIN (1905: 132); 6717/2: o.O.; 6817/1: Neudorfer Mühle, DÖLL (1862: 1217); 7115/3: Düne S Rastatt, PHILIPPI (1973: 27–29).
Maingebiet: 6223/2: Bettingen, SEUBERT u. KLEIN (1905: 132).
Alpenvorland: 7923/2: Rand des Federseerieds beim Torfwerk, 1929, K. BERTSCH (STU-K); 8120/1: Stockach, SEUBERT u. KLEIN (1905: 132).

Bestand und Bedrohung: Die Art ist vom Aussterben bedroht. Es wäre besonders vordringlich, ihre Biotope unter Schutz zu stellen.

Literatur: HEGELMAIER, F. (1890); PHILIPPI, G. (1973).

16. **Spergularia** (Persoon) J. u. C. Presl 1819
Arenaria sect. *Spergularia* Persoon 1815
Schuppenmiere, Spärkling

Einjährige bis ausdauernde Kräuter; Blätter gegenständig, pfriemlich, mit häutigen Nebenblättern; Blüten fünfzählig, Blütenstiele beim Abblühen erst herabgeschlagen, dann wieder aufgerichtet; 5 Kelchblätter, 5 ungeteilte Kronblätter, Staubblätter 5–10, Griffel 3; Kapsel mit 3 Klappen aufspringend.

Zur Gattung zählen etwa 20 Arten. Die meisten sind Halophyten der Küsten und sonstiger Salzgebiete. In Europa kommen 19 Arten vor.

1 Stengel aufrecht, Blüten weiß . . . 2. *S. segetalis*
- Stengel niederliegend oder aufsteigend, Blüten rosa 2
2 Kapsel 6–12 mm lang, etwa doppelt so lang wie der Kelch . . . . *[S. maritima]*
- Kapsel 4–6 mm lang, nur wenig länger als der Kelch 3
3 Samen am Rand und auf der Fläche dicht mit kleinen Stachelchen besetzt . *[S. echinosperma]*
- Samen höchstens am Rand mit einzelnen Höckern 4
4 Blätter stumpflich, Nebenblätter an jungen Trieben etwa zur Hälfte zu einer Scheide verwachsen
1. *S. salina*
- Blätter alle in eine kleine Granne auslaufend, Nebenblätter an jungen Trieben zu viel weniger als der Hälfte verwachsen . . . . 3. *S. rubra*

Flügelsamige Schuppenmiere *(Spergularia maritima)*; aus SOWERBY, J. und J. E. SMITH: English Botany, Band 14, Tafel 958 (1801–1802).

Spergularia maritima (All.) Chiovenda 1912
S. media auct.; *S. marginata* (DC.) Kittel 1844; *Arenaria maritima* Allioni 1773; *Arenaria marginata* De Candolle 1815
Flügelsamige Schuppenmiere

Diese Art, die im Elsaß bei den Kaliminen vorkommt, besaß früher im Gebiet möglicherweise einen Wuchsort. Unter den Belegen zu *S. salina* von Stuttgart-Bad Cannstatt, gesammelt von W. GMELIN im August 1862 findet sich neben mehreren Exemplaren von *S. salina* auch eines von *S. maritima*. GMELIN beschriftet alles als „Lepigonum medium", was eher auf *S. maritima* als auf *S. salina* zutrifft. Ob nur Etiketten vertauscht wurden?

1. Spergularia salina J. et C. Presl 1819
S. marina (L.) Grisebach 1843; *Arenaria rubra* var. *marina* L. 1753
Salz-Schuppenmiere

Morphologie: Pflanze ein- bis zweijährig, niederliegend bis aufsteigend, mit 7–15 cm langen Sprossen, am Grunde verzweigt; Blätter gegenständig, pfriemlich, 10–20 mm lang und ca. 1 mm breit, fleischig, Nebenblätter häutig, breit dreieckig, zu einer gemeinsamen Scheide verwachsen; Blüten in Trugdolden, Blütendurchmesser 6–8 mm; Kelchblätter elliptisch, 3–4 mm lang; Kronblätter weiß bis rosa, kürzer als der Kelch; Kapsel 4–5 mm lang, länger als der Kelch, mit 3 Klappen aufspringend.

Biologie: Blütezeit ist Mai bis September. Die Blüten bestäuben sich gewöhnlich selbst.

Ökologie: Auf feuchten, salzhaltigen Tonböden, in der Gesellschaft des Chenopodietum rubri oder des Puccinellietum distantis. Vegetationsaufnahmen bei OBERDORFER (1983: 130).

Allgemeine Verbreitung: Südrußland, Vorderasien bis Zentralasien, dazu an den Küsten von Nordafrika über Süd- und Westeuropa bis Skandinavien, seltener im europäischen Binnenland, dazu an den Küsten Ostasiens, Amerikas und Neuseelands.

Verbreitung in Baden-Württemberg: Sehr selten an Salzstellen des Oberrheingebiets und des Neckarlandes.

Tiefste Vorkommen bei 110 m, höchste Vorkommen bei 350 m.

Ist im Gebiet möglicherweise urwüchsig. Ältester literarischer Nachweis: GRIESSELICH (1836: 212) „an den ehemaligen Gradirhäusern von Bruchsal, Dr. Schmidt".

Oberrheingebiet: 6817/4: Bruchsal, 110 m, ca. 1830, SCHMIDT in GRIESSELICH (1836: 212); 8111/2: Buggingen, 1975, T. MÜLLER in OBERDORFER (1983: 130).
Neckarland: 6721/3: Jagstfeld, an einem Graben bei der Saline, 1887, STEIN (STU); 6824/3: Hall, an den Salzquellen, vor 1841, J. A. v. FRÖLICH (STU-K); 7221/1: Cannstatt, am Ablauf des Sauerwassers in den Neckar, 1862, W. GMELIN (STU); 7324/1: Salach, Wollschlamm, ca. 350 m, 1939, K. MÜLLER (STU-K).

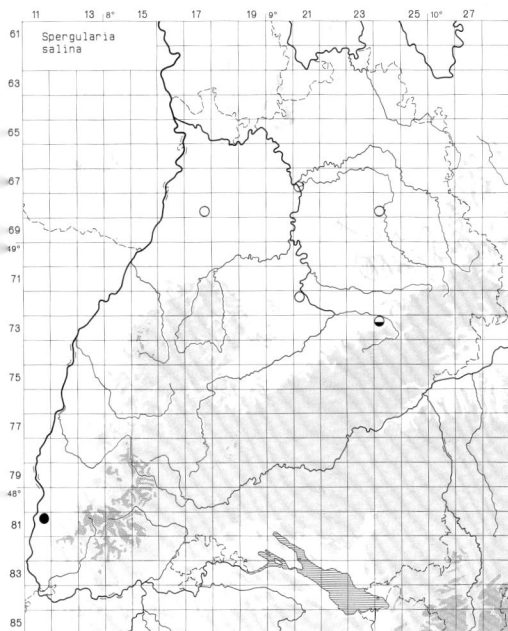

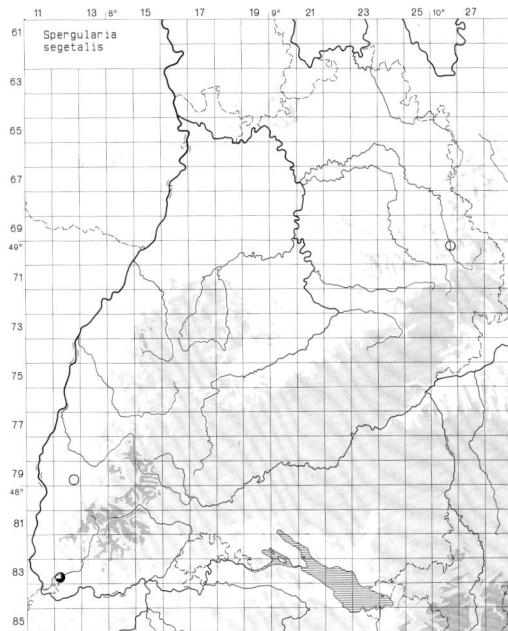

Bestand und Bedrohung: Die Art ist im Gebiet vom Aussterben bedroht. Vielleicht kann sie sich wie *Puccinellia distans* an salzhaltigen Straßenrändern neu ansiedeln; die Standorte müßten nur entsprechend feucht sein. Jedenfalls ist dies im benachbarten Hessen schon heute der Fall (SCHNEDLER und BÖNSEL 1987).

2. Spergularia segetalis (L.) G. Don fil. 1831
Alsine segetalis L. 1753; *Delia segetalis* (L.) Dumortier 1827
Getreidemiere

Morphologie: Pflanze einjährig, 5–10 cm hoch, aufrecht, nach oben stärker gabelig verzweigt, Stengel dünn, an den Knoten verdickt; Blätter pfriemlich, ca. 10 mm lang, Nebenblätter weißhäutig, zerschlitzt; Blüten langgestielt, Stiel 5–15 mm lang, nach dem Blühen herabgeschlagen, später wieder aufgerichtet; Kelchblätter 1,5–2 mm lang, eiförmig-lanzettlich, mit breitem weißem Hautrand und schmaler grüner Mittelrippe; Kronblätter halb so lang wie der Kelch, weiß; Kapsel 1,5–3 mm lang, mit 3 Klappen aufspringend. – Blütezeit ist Mai bis Juli.

Ökologie: Auf feuchten, kalkarmen, sandigen Lehmböden, in Ackerfurchen, in der Gesellschaft des Centunculo-Anthocerotetums. Aus dem Gebiet sind keine Vegetationsaufnahmen bekannt. Bei Hauingen zusammen mit *Juncus capitatus*.

Allgemeine Verbreitung: Subatlantische Art, deren Areal von Spanien über Frankreich bis Mitteleuropa und Norditalien reicht.

Verbreitung in Baden-Württemberg: Die Art ist sehr selten; sie wurde nur dreimal beobachtet.

Sie ist im Gebiet nicht urwüchsig. Ältester literarischer Nachweis: ROTH (1805: 554–555) „Okenfuß. In den Aeckern an der Straße nahe bei Sehen (sic) im Breisgau".

7026/2: Ellwangen, in Äckern, ca. 440 m, um 1830, RATHGEB in SCHABEL (1836: 45); 7912/4: Lehen(?) bei Freiburg, ca. 230 m, um 1800, OKENFUSS in ROTH (1805); 8312/3: Lingert bei Hauingen, zwischen 310 und 440 m, 1958, G. HÜGIN u. H. KUNZ in BECHERER (1960: 85). (Fundort lag möglicherweise auf 8312/1).

Bestand und Bedrohung: Die Art kommt im Gebiet am Rande ihres Areals vor. Sie tritt bei uns nur unbeständig auf, ist aber auch in großen Teilen ihres Areals im Rückgang begriffen, wie die Karte bei JALAS u. SUOMINEN (1983) zeigt. Ein Schutz kann wohl nur durch Erhaltungskultur versucht werden.

3. Spergularia rubra (L.) J. u. C. Presl 1819
Arenaria rubra L. 1753
Rote Schuppenmiere

Morphologie: Einjährig oder zweijährig, seltener wenige Jahre ausdauernd, 5–25 cm hoch, am Grunde verzweigt, aufsteigend, selten gerade und aufrecht, Stengel mit zahlreichen meist kürzeren

425

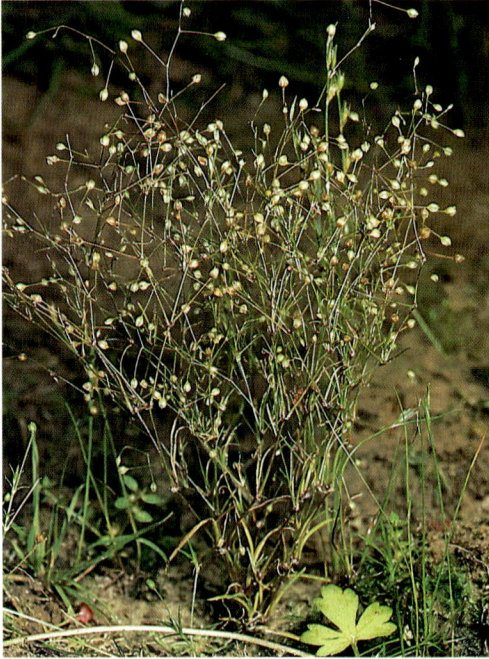

Getreidemiere *(Spergularia segetalis)*

Internodien; Blätter pfriemlich, 4–25 mm lang, in eine Granne auslaufend, Nebenblätter häutig, ca. 4 mm lang, langspitzig, in den Blattachseln mit sterilen Laubsprossen; Blüten mit 3–5 mm Durchmesser; Kelchblätter 3–4 mm lang, eiförmig-lanzettlich, etwas drüsig, mit breitem Hautrand; Kronblätter rosa, kürzer als der Kelch; Kapsel 4–5 mm lang, mit 3 Klappen aufspringend.

Biologie: Blütezeit (Mai)–Juni–September. Die Blüten sind bei hellem Wetter von 9–15 Uhr geöffnet.

Ökologie: Auf rohen und lockeren, kalkarmen Sand- oder Lehmböden, lichtliebend, in Pioniergesellschaften auf Wegen und Bahnhöfen, in Sandgruben oder Steinbrüchen, seltener auf Äckern. Charakterart des Rumici-Spergularietum. Vegetationsaufnahmen bei Görs (1968: 249), Philippi (1973: 57), Oberdorfer (1983: 301–303).

Allgemeine Verbreitung: Europa, Nordafrika, Asien, Nordamerika, Australien und Chile.

Verbreitung in Baden-Württemberg: Hauptsächlich im Schwarzwald und Odenwald, dazu in den Keupersandsteingebieten, seltener im Oberrheingebiet, im Alpenvorland und auf der Schwäbischen Alb.

Tiefste Vorkommen bei 100 m, höchste Vorkommen am Belchen (8113/3) bei 1350 m.

Die Art ist im Gebiet wohl nicht urwüchsig. Ältester literarischer Nachweis: C. Bauhin (1620: 119) „inter Novam Domum et arcem Otlingen" (8311/4)

bzw. J. Bauhin et al. (1651: 722) „itineri Beblingen versus Stutgardiam prope pagum Faingen an den fildern" (7220/4), gefunden wohl um 1590.

Bestand und Bedrohung: Ist in großen Teilen des Gebiets stark im Rückgang begriffen infolge Veränderungen der Standorte. Besonders wirksam war die Bekämpfung der Ackerunkräuter, das Teeren oder Schottern der Wege oder das Auffüllen von kleinen Sandgruben. Im Schwarzwald und Odenwald ist die Art jedoch weniger stark gefährdet; durch Neuanlage von Wegen hat sie dort auch neue Standorte gefunden. Erhaltung durch Schutz des Biotops ist nur selten möglich, da die meisten Standorte kleinflächig sind und außerdem einer Sukzession unterworfen sind.

Spergularia echinosperma (Celak.) Asch. et Graebner 1893
Spergularia rubra (L.) J. et C. Presl subsp. *echinosperma* Čelakovsky 1881
Stachelsamige Schuppenmiere

Morphologie: Pflanze einjährig, 5–10 cm hoch, aufrecht oder niederliegend, aus der Wurzel büschelig verzweigt; untere Blätter stumpf, obere stachelspitzig, Nebenblätter klein, bald hinfällig; Internodien besonders im Blütenstand dichter als bei *S. rubra*, Blüten kleiner als bei *S. rubra*; Samen schwarzbraun, am Rand und auf der Fläche dicht mit kleinen Stachelchen besetzt. – Blütezeit ist Juni bis Oktober.

Rote Schuppenmiere *(Spergularia rubra)*
St. Wilhelm

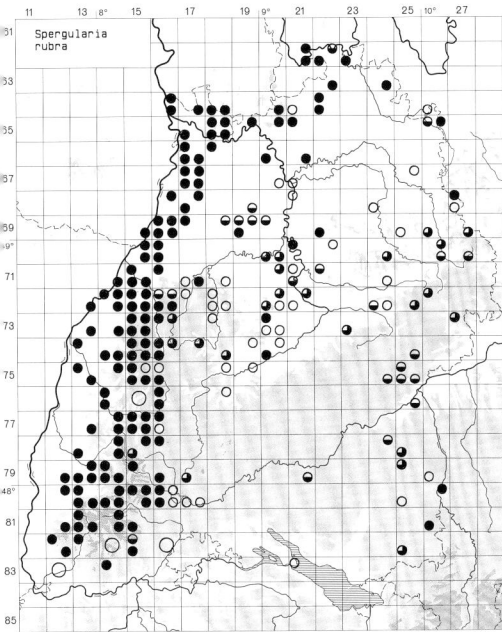

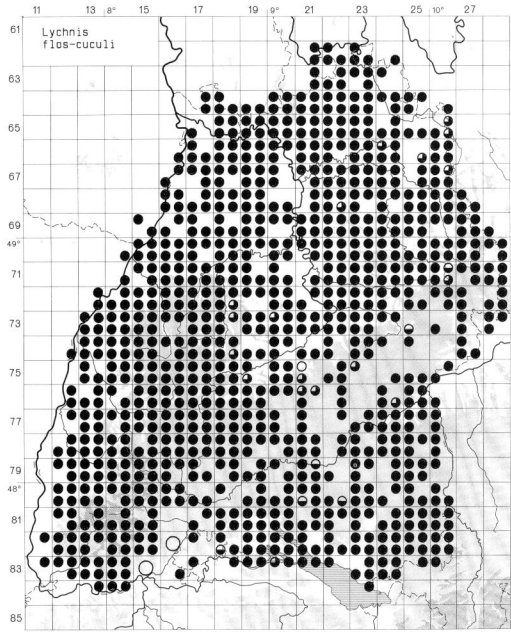

Ökologie: Auf Schlammböden von Teichen, in Zwergbinsengesellschaften zusammen mit dem Schlammling, *Limosella aquatica*.
Verbreitung: Tschechoslowakei, Deutschland im Elbgebiet, selten in Frankreich, Spanien und Marokko.
Verbreitung in Baden-Württemberg: 6918/4: Roßweiher bei Maulbronn, 1928, K. SCHLENKER (STU).

Ist im Gebiet nicht urwüchsig. Erstnachweis: HECKEL (1929: 115).
Bestand und Bedrohung: Die Art wurde nur einmal im Gebiet beobachtet. Sie kann noch nicht als im Gebiet eingebürgert betrachtet werden.

17. **Lychnis** L. 1753
Lichtnelke, Pechnelke

Stauden; Blüten zwittrig, in Dichasien; Blätter gegenständig, schmal lanzettlich; Kelch mit 10 Nerven und 5 Zähnen; Kronblätter mit Nebenkrone, Staubblätter 10, Griffel 5, Kapsel mit 5 Zähnen aufspringend.

Die Gattung umfaßt etwa 20 Arten, die in Eurasien und Nordamerika vorkommen. In Europa gibt es 8 Arten, im Gebiet 2. Die Gattung steht *Silene* nahe, doch weicht sie in der Frucht ab (so viele Kapselzähne wie Griffel). Für die Einteilung vgl. auch A. BRAUN (1843).

1 Kronblätter zerschlitzt, Blütenstiele der Mittelblüten länger als der Kelch . . . . . 1. *L. flos-cuculi*
– Kronblätter nicht zerschlitzt, Blütenstiele kürzer als der Kelch . . . . 2. *L. viscaria*

Lychnis coronaria (L.) Desr. 1792
Agrostemma coronaria L. 1753; *Silene coronaria* (L.) Clairville 1811
Kronen-Lichtnelke

Pflanze ausdauernd, mit Rosetten, Stengel, Blätter und Kelche dicht langhaarig-filzig; Blätter eiförmig bis eiförmig-lanzettlich; Kelch 15–20 mm lang; Kronblätter purpurn, 20–30 mm lang. – Blütezeit: Juni–August.

Heimat: Westasien und Südosteuropa.

Gartenpflanze. Im Gebiet selten und unbeständig verwildert.

1. **Lychnis flos-cuculi** L. 1753
Kuckuckslichtnelke

Morphologie: Kurzlebige Staude mit Blattrosette und aufsteigenden vegetativen und aufrechten blühenden Sprossen, 20–90 cm hoch, mit 7–9 längeren Internodien, im Blütenstand dichasial verzweigt mit wenigen bis zahlreichen (bis ca. 30) Blüten; Stengel kurzhaarig; Blätter spatelig bis verkehrt eiförmig, dem Grunde zu verschmälert, bis 80 mm lang und 15 mm breit, obere Stengelblätter mehr schmal lanzettlich, spitz; Blüten gestielt, Kelch 6–10 mm lang und bis 6 mm breit, erst walzlich, später mehr halbkugelig, zehnnervig, mit fünf 2–3 mm langen Zähnen; Kronblätter vierteilig zerschlitzt, 16–25 mm lang, rosa, Platte 15 mm lang, mit zweiteiliger Nebenkrone; Kapsel kugelig, mit 5 Zähnen.
Biologie: Blütezeit ist Mai bis Juni, seltener bis zum Herbst (Oktober). Beim Aufblühen werden zuerst

Kuckuckslichtnelke *(Lychnis flos-cuculi)*
Böblingen, 1986

Pechnelke *(Lychnis viscaria)*
Wertheim, 1986

die äußeren 5 Staubblätter reif, dann die inneren, schließlich die 5 Griffel. Vermehrt sich vegetativ durch Ausläufer und bildet dann Herden.

Ökologie: Auf staunassen Lehmböden in nassen Fettwiesen, in Moorwiesen und in Flachmooren, zeigt Grundfeuchte an. Vegetationsaufnahmen z.B. bei Kuhn (1937: 224–6); Görs (1974: 386–9), v. Rochow (1951: 80–82); Oberdorfer (1983: 416–417). Oft zusammen mit *Myosotis palustris* agg., *Geum rivale* oder *Caltha palustris*.

Allgemeine Verbreitung: Von Nordspanien und Sizilien bis Island, Skandinavien und Zentralasien. Eurasiatisch-subozeanisches Florenelement.

Verbreitung in Baden-Württemberg: Im ganzen Gebiet verbreitet, jedoch mit einigen lokalen Lücken z.B. auf der Schwäbischen Alb.

Tiefste Vorkommen bei 100 m; höchste am Feldberg bei 1320 m (Todtnauer Hütte, K. Müller 1948: 329).

Ist im Gebiet wohl urwüchsig. Ältester archäologischer Nachweis: Mittleres Atlantikum, Ulm-Eggingen, Gregg (1984). Ältester literarischer Nachweis: J. Bauhin (1598: 191) für die Umgebung von Bad Boll. Auch in den Herbarien von H. Harder vorhanden, vermutlich im Gebiet gesammelt.

Bestand und Bedrohung: Die Pflanze ist im Gebiet nicht gefährdet. Sie ist auf nassen Wiesen sicher seltener geworden, hat aber an Straßenböschungen und Weggräben neue Standorte besiedeln können. Mähbarkeit: Erträgt ein- bis zweimalige Mahd ab Mitte Juni; ist wenig empfindlich gegen Abbrennen.

2. Lychnis viscaria L. 1753

Viscaria vulgaris Röhling 1812; *Silene viscaria* (L.) Jessen 1879
Pechnelke

Morphologie: Ausdauernde, 15–90 cm hohe Pflanze mit Blütentrieben und rosettig beblätterten Laubtrieben; Stengel mit 7–8 längeren Internodien; Rosettenblätter schmal länglich, 6–20 cm lang und bis 10 mm breit, zugespitzt und am Grund in einen langen Stiel verschmälert, Stengelblätter viel kürzer und schmaler; Blüten in zylindrischen, etwa 4 Internodien umfassenden, längeren Dichasien, auf jedem Knoten etwa 5–10 Blüten; Stengel unter den Knoten klebrig und dunkelrot; Blüten nur 1–6 mm lang gestielt, mit walzlichem Kelch, der später kegelig-bauchig wird; Kelch rötlich, häutig, 9–14 mm lang und ca. 5–6 mm breit, mit 10 Rippen; Krone

10–18 mm lang, purpurn, Platte vorn ausgerandet, Kronendurchmesser 18–20 mm, Nebenkrone zweispaltig, 3 mm hoch; Kapsel mit 5 Zähnen, auf einem Stiel (Karpophor) von der Länge der Kapsel. Unterscheidungsmöglichkeiten (von *Silene nutans*): Blätter schmal, auf der Fläche kahl, höchstens am Grund des Stiels etwas behaart.

Biologie: Blütezeit Ende Mai bis Juni. Bestäuber sind Tagfalter. Erst blühen die Staubblätter auf, dann reifen die Narben.

Ökologie: Auf trockenen, kalkarmen, sandigen Böden an Waldrändern und in Magerrasen, lichtliebend, teilweise im Viscario-Festucetum. Vegetationsaufnahmen z. B. bei OBERDORFER (1957: 267–9).

Allgemeine Verbreitung: Von Frankreich, Norditalien und Griechenland bis Südskandinavien und Zentralasien. Gemäßigt-kontinentales Florenelement.

Verbreitung in Baden-Württemberg: Odenwald und nördlicher Oberrhein; Schönbuch, Stromberg und nordöstlicher Schwarzwaldrand, Keupersandsteingebiet von Schw. Gmünd bis Dinkelsbühl, vereinzelt im Alpenvorland, Baar, südöstlicher Schwarzwaldrand, selten im Kinzigtal, im Hegau und auf der Schwäbischen Alb.

Tiefste Vorkommen bei 100 m, höchste Vorkommen bei Löffingen und Vöhrenbach bei ca. 800 m.

Ist im Gebiet wohl urwüchsig. Ältester literarischer Nachweis: KERNER (1786: 158) aus dem Stuttgarter Gebiet (wohl vom Bärensee).

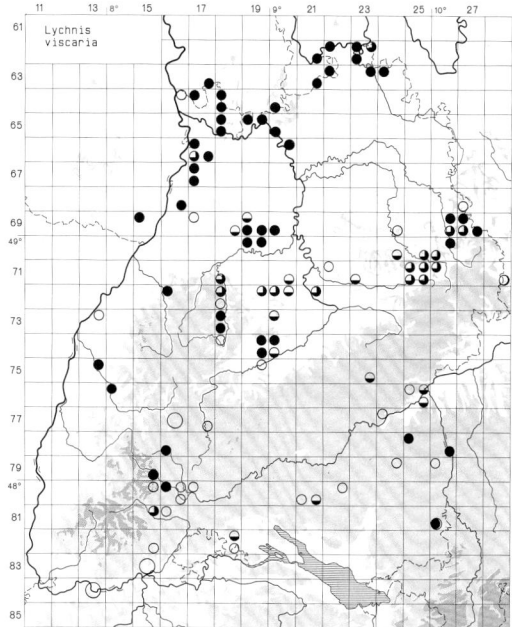

Lychnis viscaria

Odenwald: zerstreut.
Nördliches Oberrheingebiet: selten.
Schwarzwaldrand: (Beobachtungen nach 1970): 7216/1: Gernsbach, Lieblingsfels, um 1975, G. PHILIPPI (KR-K); 7318/1: Neubulach, 1980, A. ASSMANN (STU-K); 7318/3: Schwarzenbachtal unterhalb Rotfelden, 1983, G. GOTTSCHLICH (STU-K); 7513/2: Kinzigdamm S Offenburg, 1988, S. DEMUTH (KR-K); 7614/1: Damm W Schönberg, 1987, G. PHILIPPI (KR-K); 7816/3: Bhf. Königsfeld, 1987, H. BAUMANN (STU-K); 7915/4: Bregtal S Vöhrenbach, 1988, AHRENS (KR-K); 8016/1: Bregtal NW Wolterdingen, 1985, M. NEBEL (STU-K), Fischerhof, 1988, S. SEYBOLD (STU-K).
Keupersandsteingebiet (Beobachtungen nach 1970): Strom- und Heuchelberg: 6919/3: Mettenberg bei Zaiserweiher; 6919/4: Steinbachhof, 1985, H. WOLF (STU-K); 6920/3: Hohenspielberg; Hohenhaslach; Oberer Reut bei Cleebronn, 1971, K. KÜMMEL (STU-K); 7019/1: Neue Weinberge S Schützingen, ca. 1975, H. BAUMANN (STU-K); 7019/2: Wanne und Eselsburg. Firngrund: 6926/2: Weipertshofen, 1977, M. ZORZI (STU-K); 6927/1: Spitzenmühle, 1975, S. SEYBOLD (STU-K); 6927/4: o.O.; 7026/2: N Rindelbach, 1974, S. SEYBOLD (STU-K). Schönbuch und Glemswald: 7419/2: Lindachtal, 1988, U. ADE (STU-K); 7419/4: Pfaffenberg, 1983, W. IRSSLINGER (STU-K); 7420/1: Arenbachtal, 1985, W. WAHRENBURG (STU-K).

Schwäbische Alb: 7523/4: Schloßberg an der Straße Münsingen-Feldstetten, 1929, J. PLANKENHORN (STU).
Alpenvorland: (Beobachtungen nach 1970): 7825/1: Osterried, ca. 1980, A. BUSCHLE in RAUNEKER (1984); 7826/4: Heuberg bei Kellmünz, DÖRR (1973: 156); 8126/3: Leutkirch-Heggelbach, 1971, G. W. BRIELMAIER, DÖRR (1973: 156).

Bestand und Bedrohung: Die Art ist im Gebiet gefährdet; sie besitzt nur noch am Rand des Odenwaldes dichtere Vorkommen. Der Rückgang in den Räumen Stuttgart, Tübingen und Aalen-Ellwangen ist beträchtlich. Als Pflanze von Säumen sind alle Vorkommen nur kleine Bestände und daher leicht durch Veränderungen vernichtbar. Bei genauerer Untersuchung gehört sie zu den vom Aussterben bedrohten Arten. Nur wenige Vorkommen befinden sich in Schutzgebieten. Der Biotopschutz ist hier die wirksamste Hilfe. Der gesamte Bestand des Gebiets ist auf wenige Tausend Exemplare zu schätzen. Mähbarkeit: Verträgt einmalige Mahd im Jahr (ab Juli oder August?) und extensive Beweidung.

18. **Agrostemma** L. 1753
Kornrade

Einjährige Kräuter; Kronblätter meist kürzer als der Kelch; Narbe behaart; Fruchtblätter mit den Kelchzähnen abwechselnd; Kapsel einfächerig, Samen nierenförmig.

Die Gattung umfaßt 2–3 Arten.

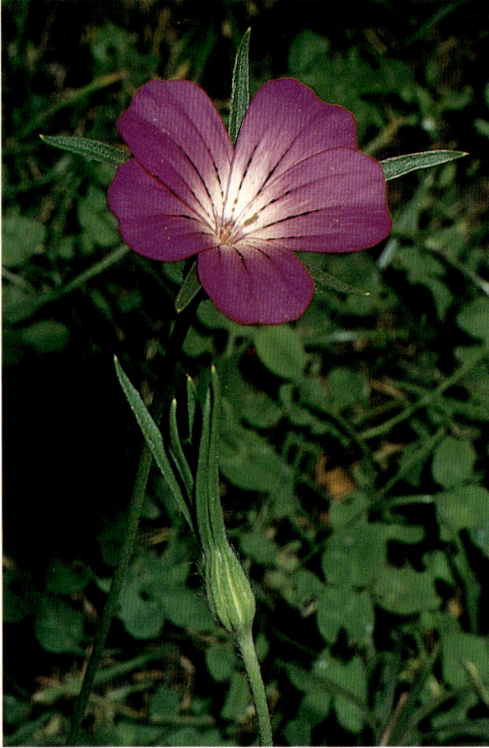

Kornrade *(Agrostemma githago)*
Böblingen, 1985

1. Agrostemma githago L. 1753
Kornrade

Morphologie: Einjährige, 40–80 cm hohe Pflanze, grau behaart, wenig verzweigt, mit ca. 5–8 längeren Internodien; Blätter schmal lanzettlich, 2–10 mm breit, am Grunde am breitesten; Kelch 3–6 cm lang, mit 10 Rippen und über 5 mm langen Haaren, in 2–4 cm lange Zipfel auslaufend, die länger sind als die Kronblätter; Kronblätter 30–36 mm lang, Platte dreieckig-eiförmig, seicht ausgerandet, rot mit 3–4 dunkleren Linien, am Schlund heller; Blütendurchmesser 35–40 mm; Staubblätter 10, Griffel 5, wobei beides aus dem Blütenschlund herausragt.

Biologie: Blütezeit Juni bis September. Tagfalterblume, die aber überwiegend durch Selbstbestäubung Samen ansetzt. Erst reifen die Staubblätter, dann die 5 Narben.

Ökologie: Auf sandigen oder lehmigen Böden in Getreidefeldern, auch in Sandrasen und an Lößböschungen. Vegetationsaufnahmen finden sich bei BARTSCH (1940: 30), RODI (1959/60: Tabelle I), KUHN (1937: 38–40), OBERDORFER (1983: 36–38).

Allgemeine Verbreitung: Süd- und Mitteleuropa, seltener in Nordeuropa, Westasien, als Ackerunkraut aber auch weltweit verschleppt. Heimat ist vermutlich das östliche Mittelmeergebiet; vielleicht ist die Art erst in relativ junger Zeit aus *Agrostemma gracile* Boiss. entstanden.

Verbreitung in Baden-Württemberg: Die Verbreitungskarte läßt kaum Schwerpunkte erkennen; die Art war vermutlich relativ gleichmäßig über das Gebiet verstreut. Frühere Floren melden die Art regelmäßig als häufig ohne Nennung getrennter Orte; so läßt sich das Verbreitungsbild nur anhand von Herbarstücken unvollständig zusammenstellen. Eine Verbreitungskarte für Württemberg findet sich bei SEYBOLD (1976).

Tiefstes Vorkommen: Sandhausen, 100 m; höchstes Vorkommen: Plettenberg (7718/4), 990 m.

Die Art ist im Gebiet nicht urwüchsig. Ältester archäologischer Nachweis: Frühes Subboreal, Sipplingen, K. BERTSCH (1932). Ältester literarischer Nachweis: DUVERNOY (1722: 97) aus der Umgebung von Tübingen. Ist auch in HARDERS Herbarien 1574–76 vermutlich von der Schwäbischen Alb belegt (SCHORLER 1907).

Fundorte (Beobachtungen nach 1970): 6323/2: o.O. (KR-K); 6324/1: o.O.; 6418/1: Nächstenbach, 1984, F. HELD (STU-K); 6717/1: o.O. (KR-K); 6816/4: S Graben (KR-K); 6817/1: Neudorf gegen Hambrücken, W Forst (KR-K); 6817/3: Neuthard gegen Spöck (KR-K); 6827/3: Bergbronn, 1978, M. ILLICH (STU-K); 6916/2: o.O.; 6917/1: o.O.; 7015/2: Forchheim, 1979, K.H.

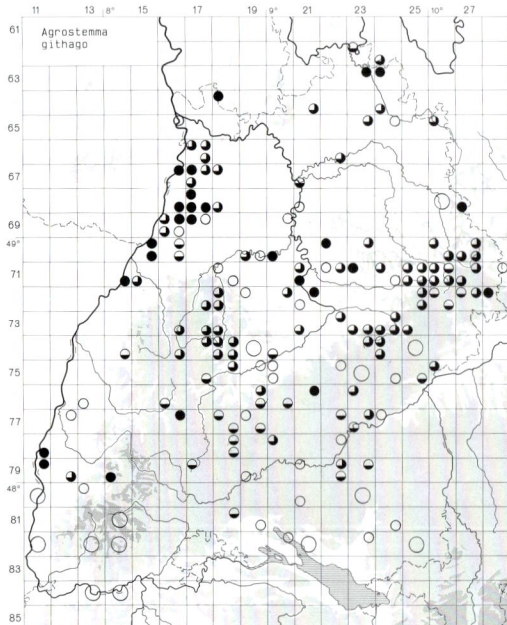

HARMS (STU-K); 7015/4: o.O.; 7020/3: Siegental, angesalbt, 1984, H. GLOCKER (STU-K); 7022/1: o.O.; 7114/4:
Sandweier (KR-K); 7121/3: Stuttgart, Rosensteinpark, ca.
1983, H. GLOCKER (STU-K); 7123/1: Galgenberg W Ru-
dersberg, 1983, H.W. SCHWEGLER (STU-K); 7221/2:
Stetten, Gehrenhalde, 1985, W. SEILER (STU-K); 7228/1:
Weihnachtshof, 1971, O. ENGELHARDT (STU-K); 7621/2:
Trochtelfinger Heide, 1974, O. FELDWEG (STU-K); 7716/
2: Waldmössingen, 1979, M. ADE (STU-K); 7811/4: „Kaiserstuhl", 1973, K. RASBACH in WILMANNS et al. (1974:
195).

Bestand und Bedrohung: Ist im Gebiet vom Aussterben bedroht. Da die Samen im Boden schon nach
mehreren Monaten ihre Keimfähigkeit verlieren, ist
ein Biotopschutz ohne Neuaussaat wenig hilfreich.
Die verbesserte Saatgutreinigung hatte den größten
Teil des Rückgangs bewirkt. Die Pflanze geht in
ganz Europa zurück; vgl. die Karte bei JALAS u.
SUOMINEN (1986). In den Feldflorareservaten vom
Beutenlay bei Münsingen und von Unterböhringen
bei Geislingen wird die Art erhalten (RODI 1984).

19. **Silene** L. 1753
Leimkraut

Einjährige, zweijährige oder ausdauernde Pflanzen;
Blätter länglich, eiförmig oder lanzettlich, untere
meist in einen Stiel verschmälert; Blüten in Dicha-
sien oder einzeln, Kelch fünfzähnig, 10–30 nervig;
Kronblätter in Platte und Nagel gegliedert; Staub-
blätter 10; Griffel 3 oder 5; Kapsel auf einem Stiel
(Karpophor), mit Zähnen aufspringend.
  Die Gattung umfaßt mindestens 500 Arten. Viele
Arten kommen nur im Mittelmeergebiet oder in
Vorderasien vor, andere jedoch in ganz Eurasien,
Afrika oder Nord- bis Südamerika. Bei Berücksich-
tigung aller Arten läßt sich die frühere Gattung
Melandrium schwer herauslösen; sie schien nur
unter dem Blickwinkel europäischer Arten sinnvoll.
In Europa gehört *Silene* zu den größten Gattungen;
sie umfaßt 166 Arten. Typusart ist *S. gallica*.

1   Pflanze zweihäusig, nur mit Blüten einerlei Ge-
    schlechts 2
–   Pflanze mit Zwitterblüten 4
2   Blüten gelblichgrün, Kelch 4–6 mm lang . . . . .
    . . . . 2. *S. otites*
–   Blüten rot oder weiß, Kelch mehr als 10 mm lang
    3
3   Kronblätter rot, Krone bis 25 mm breit . . . . .
    . . . . 7. *S. dioica*
–   Kronblätter weiß, Krone mehr als 25 mm breit . .
    . . . . 6. *S. latifolia*
4   Kelch 20- oder 30nervig 5
–   Kelch zehnnervig 7
5   Kelch 20nervig, netzaderig . . . . . 3. *S. vulgaris*
–   Kelch 30nervig 6

6   Kronblätter ausgerandet, Kelch 10–15 mm lang .
    . . . . 11. *S. conica*
–   Kronblätter kaum ausgerandet, Kelch 15–30 mm
    lang . . . . [*S. conoidea*]
7   Blütenstand gabelig, mit einseitswendigen Wickeln
    8
–   Blütenstand nicht mit einseitswendigen Wickeln . 9
8   Blütenblätter zweispaltig, weiß . 9. *S. dichotoma*
–   Blütenblätter rosa, kaum ausgerandet . . . . . .
    . . . . 10. *S. gallica*
9   Kelch kahl 10
–   Kelch behaart 11
10 Kelch 3–7 mm lang, Kronblätter weiß . . . . . .
    . . . . 4. *S. rupestris*
–   Kelch 12–15 mm lang, Kronblätter rot . . . . . .
    . . . . [*S. armeria*]
11 Kronblätter tief zweispaltig 12
–   Kronblätter abgerundet bis kurz zweilappig, rosa
    . . . . 8. *S. linicola*
12 Pflanze ausdauernd, Kelch 9–12 mm lang . . . .
    . . . . 1. *S. nutans*
–   Pflanze einjährig, Kelch länger als 18 mm . . .
    . . . . 5. *S. noctiflora*

1. **Silene nutans** L. 1753
Nickendes Leimkraut

Morphologie: Staude mit Wurzelstock und vegetativen Trieben; Blütentriebe 20–80 cm hoch, mit 6–9
längeren Internodien, kurz behaart, im oberen Teil
klebrig drüsig; Stengel unverzweigt, mit 4–5 Stockwerken von Blüten, an jedem Knoten zweimal
3–7blütig; untere Blätter spatelig, in einen langen
Stiel verschmälert, bis 10 cm lang und bis 2 cm

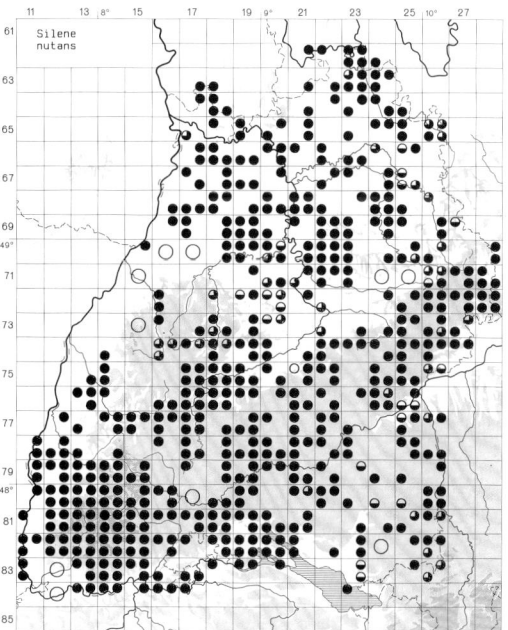

Nickendes Leimkraut *(Silene nutans)*
Böllat/Schwäbische Alb, 1985

breit, stumpf oder mit Spitze, obere schmal lanzettlich, sitzend; Blüten nickend; Kelch erst zylindrisch, später konisch-glockig, 9–12 mm lang, mit 10 Nerven und 5 Zähnen mit weißem Hautrand; Kronblätter 15–25 mm lang, weiß oder etwas rötlich, Platte tief zweispaltig, mit Nebenkrone; Kapsel 7–10 mm lang, auf 2–3 mm langem Stiel (Karpophor), mit 6 sternförmig zurückgeschlagenen Zähnen.

Variabilität: DE BILDE (1975) fand in Belgien morphologische Unterschiede zwischen Populationen von kalkarmen und kalkreichen Standorten. Bei Kalksippen war z.B. die Länge der Kapsel (mit Karpophor) 8,5–11,0 mm, sonst 12,0–15,0 mm. Im Gebiet scheinen so klare Unterschiede nicht vorhanden zu sein, doch bedarf dies noch einer gründlichen Untersuchung. (Vgl. HEGI III.2 (8): 1073, 1978). Unterscheidungsmöglichkeit von *Lychnis viscaria*: Blätter auf der Fläche behaart.

Biologie: Blütezeit ist Mai bis Juli. Nach KIRCHNER (1888) entfalten sich die Blüten an drei Nächten hintereinander und duften dann. Zwitterblüten sind am häufigsten; es gibt aber auch rein männliche und rein weibliche Blüten. Letztere sind kleiner. Zwitter-

blüten entfalten in der ersten Nacht die äußeren Staubblätter, in der zweiten die inneren und in der dritten die Narben. Bestäuber sind Nachtfalter. Die Blüten zeigen eine starke Reflexion der UV-Strahlen.

Ökologie: Auf trockenen, basenreichen, kalkreichen und kalkarmen, sandigen oder steinigen Böden, an Waldrändern, in Trockenrasen, an Felsen, in Eichenwäldern. Vegetationsaufnahmen z.B. bei WITSCHEL (1980: 46–47), VON ROCHOW (1951: 69–71).

Allgemeine Verbreitung: Von Nordspanien über Italien und Griechenland bis Großbritannien, Südskandinavien, sonst bis Zentralasien und Ostasien.

Verbreitung in Baden-Württemberg: Im ganzen Gebiet vorkommend, aber nicht überall gleichmäßig vertreten, sondern mit zahlreichen lokalen Lücken. Im mittleren Oberrheingebiet und im nördlichen Schwarzwald seltener.

Tiefste Vorkommen bei 100 m, höchste im Schwarzwald bei 1150 m (OBERDORFER 1983: 362) bzw. 1130 m: 8114/4: Äulemer Kreuz.

Ist im Gebiet urwüchsig. Ältester archäologischer Nachweis: Spätes Atlantikum, Hochdorf (KÜSTER 1985) und Hornstaad RÖSCH (1985b). Ältester literarischer Nachweis: C. BAUHIN (1622: 60) „in monte Crenzach".

Bestand und Bedrohung: Die Art ist im Gebiet nicht gefährdet. Mähbarkeit: Verträgt höchstens einmalige Mahd ab September.

2. Silene otites (L.) Wibel, Primitiae Florae Werthemensis 241, 1799
Cucubalus otites L. 1753
Ohrlöffel-Leimkraut

Morphologie: Ausdauernde Pflanze mit vegetativen Rosetten, 20–60 cm hoch, im unteren Teil kurzhaarig, oben etwas drüsig-klebrig; Stengel mit 8–12 Internodien; grundständige Blätter spatelig, zugespitzt oder stumpf, in einen langen Stiel verschmälert, 15–80 mm lang und bis 8 mm breit; Stengelblätter schmal lanzettlich; Blütenstand eine lange, schmale, unten unterbrochene Rispe mit bis zu 9 Stockwerken; Blüten eingeschlechtig; Kelch konisch, später ellipsoidisch (bei weiblichen Blüten), 4–6 mm lang, schwach zehnnervig, mit 5 Zähnen; Kronblätter 3–5 mm lang, blaß gelbgrün, ungeteilt, zungenförmig, ohne Nebenkrone; Kapsel 3,5–5 mm lang, mit 6 Zähnen.

Variabilität: Im Oberrheingebiet soll auch die Unterart subsp. *pseudotites* (Besser ex Reichenb.) Asch. et Gr. vorkommen, die einen längeren Blütenstand entwickelt und eine größere Kapsel mit

Ohrlöffel-Leimkraut *(Silene otites)*
Sandhausen, 1985

breiter spateligen Grundblättern besitzt. Ist bisher aber im Gebiet nicht durch Belege sicher nachgewiesen. Nach WRIGLEY (1986) kommt diese Sippe erst in den Südalpen vor.

Biologie: Blütezeit ist Mai–Oktober, hauptsächlich Juni–Juli (VOLK 1931). Die Art ist zweihäusig, männliche Exemplare sollen häufiger sein als weibliche (HEGI III.2 (8): 1091, 1978). Kleinschmetterlinge und Stechmücken bestäuben die in der Nacht duftenden Pflanzen.

Ökologie: Auf trockenen, basenreichen Sandböden, auch auf flachgründigen Steinböden, in Sandrasen und Trockenrasen. Charakterart im Sileno otitis-Koelerietum gracilis. Den pH-Wert des Bodens untersuchte VOLK (1931: 124). Vegetationsaufnahmen bei VOLK (1931: 102–104); T. MÜLLER (1966: 28–30); PHILIPPI (1971: 72–90); KORNECK (1974: Tab. 39 u. 93).

Allgemeine Verbreitung: Von Italien, Frankreich und Dänemark durch Osteuropa bis Zentralasien. Im Gebiet an einer lokalen Verbreitungsgrenze.

Verbreitung in Baden-Württemberg: Nördliches Oberrheingebiet, Hegau, Hochrhein, Maintal. Karte bei KORNECK (1974: 107).

Tiefste Vorkommen: 100 m; höchste Vorkommen: Offerenbühl (8118/4) 610 m, ob am Mägdeberg, Hohenstoffeln oder Hohenhöwen höher?

Ist im Gebiet urwüchsig. Älteste literarische Nachweise: WIBEL (1799: 241–242) „in arenosis, am Taennige, et alibi"; ebenso WIBEL (1797: 25) (ohne Ort). Diese Angabe bezieht sich jedoch nicht sicher auf das Gebiet. ROTH (1800: 48) „Cucubalus Otites ist um Weiterdingen ziemlich gemein. Amtsbühler".

Nördliches Oberrheingebiet: 6417/3: Käfertal und Straßenheimer Hof, VOLK (1931); 6517/1: Feudenheim, VOLK (1931); Friedrichsfeld-Seckenheim, KORNECK (1974); 6517/3: Brühl-Rohrhof, PHILIPPI (1971), zuletzt 1988, BREUNIG (KR-K); Schwetzingen-Friedrichsfeld; 6617/1: Schwetzingen, DÖLL (1843); SE Oftersheim, 1965, G. PHILIPPI (KR-K); 6617/2: Oftersheim, PHILIPPI (1971); 6617/3: Zwischen Altlußheim und Hockenheim, PHILIPPI (1971); 6617/4: Sandhausen; Reilingen, PHILIPPI (1971); Walldorf; 6716/4: Zwischen Philippsburg und Waghäusel, PHILIPPI (1971); 6717/1: Südlich Alt- und Neulußheim, PHILIPPI (1971); 6717/2: Sandgrube St. Leon, 1977, MAHLER (KR-K); 6717/3: Wiesental, neben dem Bahnhof, PHILIPPI (1971); 6816/2: Zwischen Neudorf und Huttenheim, um 1975, PHILIPPI (KR-K); Graben, DÖLL (1843); 6817/1: Forst bei Bruchsal, OBERDORFER (1936); 6916/1: S Leopoldshafen, 1961, KORNECK, OBERDORFER in PHILIPPI (1971), auch nach 1970 (KR-K); Eggenstein, 1943, JAUCH (KR); Hardthaus bei Neureut, 1887, MAUS (KR); 6916/3: Mühlburg, DÖLL (1843); 7115/1: Rastatt, DÖLL (1843); 7115/3: S Rastatt, 1963, BRETTAR (KR-K).

Südliches Oberrheingebiet: 7811/4: Limburg, 1852,

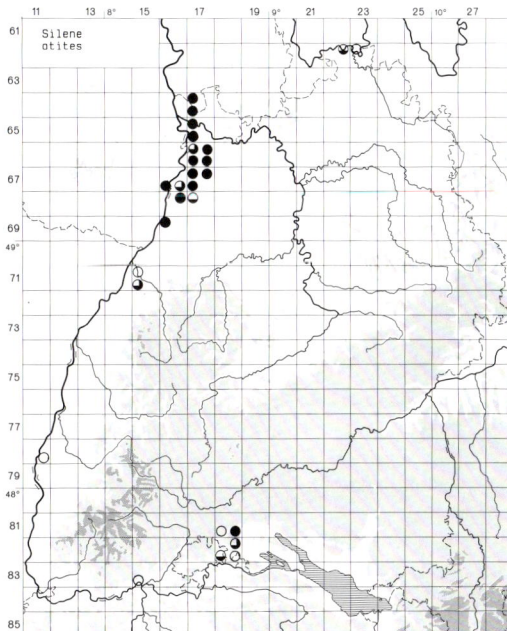

KIRSCHLEGER (1857: 431); Sasbach und Lützelberg, KIRSCHLEGER (1857: 431).

Maingebiet: 6222/2: Lichtung gegenüber Hasloch, 1901, R. GRADMANN (STU); 6223/1: Wertheim, DÖLL (1862); Bettingen, 1887, H. STOLL (KR).

Hochrheingebiet: 8315/3: Gurtweil, WELZ (1885: 207).

Hegau: 8118/3: Hohenhöwen, BARTSCH (1925: 147); Welschingen-Binningen, JACK (1891); 8118/4: Engen, BARTSCH (1925: 147); Hegisbühl bei Ehingen, 1960, G. KNAUSS (STU); Welschingen gegen den Hohenstoffeln, 1934, A. MAYER (STU); Offerenbühl, T. MÜLLER (1966); Mägdeberg, BARTSCH (1925: 147); 8218/2: Hohentwiel, 1964, T. MÜLLER (1966: 27–29); 8218/4: Murbach, DÖLL (1862); Katzental, BARTSCH (1925).

Bestand und Bedrohung: Die Art ist im Gebiet gefährdet. Ihr Rückgang ist, wie die Fundortsaufstellung zeigt, beträchtlich. Sie ist aber nur in wenigen Naturschutzgebieten enthalten. Weitere Schutzgebiete sind daher dringend erforderlich! Mähbarkeit: Die Pflanze verträgt Mahd ab September und eine extensive Beweidung.

Literatur: WRIGLEY, F. (1986); PHILIPPI, G. (1971).

3. Silene vulgaris (Moench) Garcke 1869

Behen vulgaris Moench 1794; *Cucubalus behen* L. 1753; *Silene cucubalus* Wibel 1799; *S. inflata* Sm. 1800.
Taubenkropf

Morphologie: Pflanze ausdauernd, mit rübenartiger verholzender Wurzel, mit zahlreichen aufsteigenden Blütentrieben, 30–60 cm hoch, kahl, etwas blaugrün; Blätter länglich, zugespitzt, 1–12 cm lang, auch breit oder schmal lanzettlich, die unteren zum Grund hin verschmälert, mittlere Blätter ca. 45 mm lang und 12 mm breit, Hochblätter klein, blattartig oder häutig; Blütenstand ein kurzes Dichasium, mit 3–20 Blüten; Kelch glockig, etwa 12–20 mm lang und 5–12 mm breit, aufgeblasen, weißlich mit 20 blaßvioletten Nerven, die netzartig untereinander verbunden sind, mit 5 breit-dreieckigen Zähnen; Blüte oft etwas unregelmäßig, schwach zygomorph; Kronblätter 14–25 mm lang, zweispaltig, weiß, selten rosa; Staubblätter und Griffel herausragend, Kapsel im Kelch versteckt, mit 6 Zähnen, auf 2–3 mm langem Stiel (Karpophor).

Variabilität: Im Gebiet fast nur die subsp. *vulgaris*. Nach OBERDORFER (1983: 360) kommt bei Wiesloch (6618/3) und am Schauinsland (8013/3) die von Erzhalden bekannte subsp. *humilis* (Schubert) Rothmaler ex Rauschert vor. Sie wird nur 10–30 cm hoch, hat schmal lanzettliche, 2–5 mm breite Blätter und einen (1)–3–7–(12)blütigen Blütenstand, dazu 0,8–1,3 mm breite Samen. Man sollte diese Sippe jedoch wohl besser als Varietät

einstufen (vgl. JALAS u. SUOMINEN 1986: 56). Auf Schotterhalden der Schwäbischen Alb kommt vielleicht auch die subsp. *glareosa* (Jordan) Marsd.-Jon. et Turrill vor. Sie ist ebenfalls niedrig, hat nur 3–5 Blüten, aber krautige, nicht trockenhäutige Hochblätter und Samen, die 1,5–2 mm breit sind.

Biologie: Blütezeit ist Mai bis September. Die Art blüht tags wie nachts, sie kann durch Schmetterlinge oder Hautflügler bestäubt werden. Es gibt bei ihr Zwitterblüten, aber auch männliche oder weibliche Blüten; die letzteren sind kleiner (vgl. BROCKMANN u. BOCQUET 1978). Bei Zwitterblüten werden erst die Staubblätter reif, dann der Griffel, doch ist auch Selbstbestäubung möglich. Die Wurzeln werden bis 2,5 m lang. Bestimmte Ökotypen der Art haben eine hohe Resistenz gegen Zink und können auf schwermetallhaltigen Böden gedeihen. Nach BROCKMANN u. BOCQUET (1978) werden durch Mähen die weiblichen Pflanzen bevorzugt. Die Blüten aller Exemplare eines Wuchsorts weisen meist in die gleiche Richtung.

Ökologie: Auf Rohböden, besonders gern auf Kies, in trockenen Wiesen, an Böschungen, an Bahndämmen, in Schotterhalden, in Steinbrüchen, oft an neu angelegten Wegböschungen, selten in Trockenrasen. Vegetationsaufnahmen aus dem Gebiet z. B. bei SEYBOLD u. T. MÜLLER (1972: 109–111) und T. MÜLLER (1974: 285) sowie bei ERNST (1965: 39).

Allgemeine Verbreitung: Ganz Europa bis Zentralasien und Nordafrika, verschleppt auch bis Nordamerika, Australien und Neuseeland.

Verbreitung in Baden-Württemberg: Im ganzen Gebiet zerstreut bis ziemlich verbreitet.

Taubenkropf *(Silene vulgaris)*
Neidingen, 1989

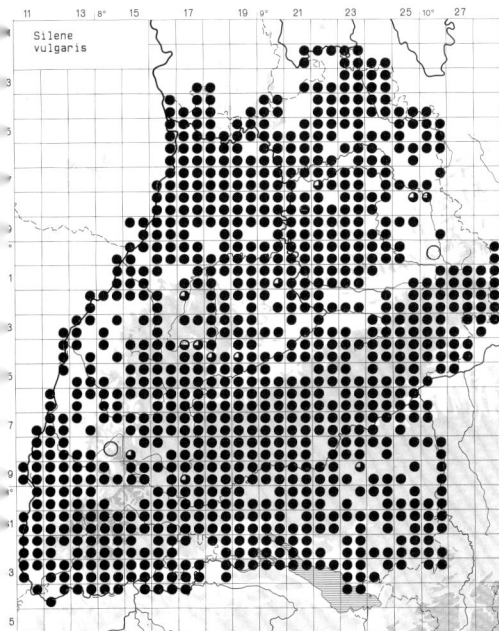

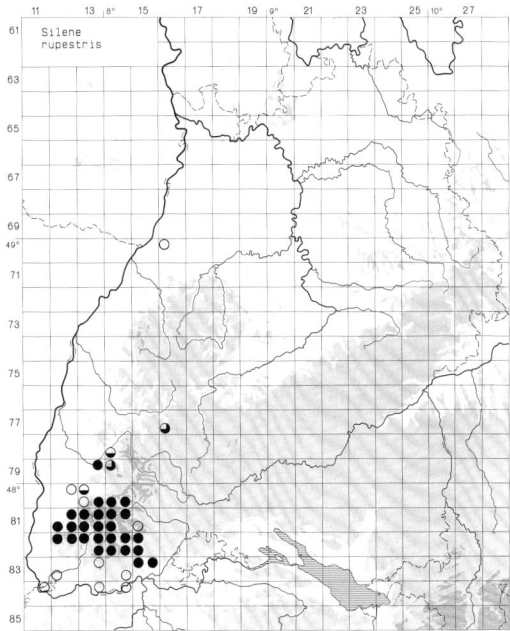

Tiefste Vorkommen bei 100 m, höchste Vorkommen 8114/1: Seebuck, 1440 m (KR-K).

Ist im Gebiet urwüchsig. Ältester archäologischer Nachweis: Spätes Atlantikum, Hochdorf (KÜSTER 1985) und Hornstaad (RÖSCH 1985b). Ältester literarischer Nachweis: J. BAUHIN (1598: 225, 1602: 216) „bei Eichelberg" (7323). Ist auch in den Herbarien des H. HARDER 1574–76 belegt, vermutlich aus dem Gebiet (SCHORLER 1907: 90).

Bestand und Bedrohung: Die Art ist im Gebiet nicht bedroht. Da sie als Pionier Rohböden besiedeln kann, hat sie auch in einer stark vom Menschen gestalteten Landschaft Möglichkeiten, sich neu anzusiedeln. Mähbarkeit: Verträgt einmalige Mahd ab August und extensive Beweidung. Ist gegen Brennen wenig empfindlich.

Verwendung: Junge Frühlingstriebe können als Gemüse verwendet werden. MARTENS u. KEMMLER berichten darüber (1882: 1: 59) „Die jungen Frühlingstriebe sind ein angenehmes Gemüse und werden in Heilbronn seit dem Theuerungsjahre 1817 gesammelt und selbst auf den Markt gebracht."

4. Silene rupestris L. 1753
Felsenleimkraut

Morphologie: Rosettenpflanze, meist mit zahlreichen Blütentrieben, 10–25 cm hoch; Blütentriebe erst oberwärts verzweigt, mit 6–8 längeren Interno-

dien, kahl, blaugrün; Blätter länglich, bis 25 mm lang und bis 6 mm breit, die unteren in einen Stiel verschmälert, die oberen sitzend, Rosettenblätter bald absterbend; Blütenstand dichasial, Mittelblüten auffallend lang gestielt; Kelch konisch, 4–6 mm lang, Kelchzähne gerundet, stumpf, Kronblätter 6–9 mm lang, weiß, Platte ausgerandet; Kapsel 5–6 mm lang, mit 6 Zähnen, auf 1 mm langem Stiel (Karpophor).

Biologie: Blütezeit ist Juni bis September. Blüten meist zwittrig; erst reifen die Staubbeutel, dann die Narben. Besucher sind Falter, Hummeln und Fliegen, doch tritt auch Selbstbestäubung ein. Eine mittlere Pflanze entwickelt etwa 50 Kapseln mit je ca. 30 Samen; die Keimfähigkeit ist hoch. Die Pflanzen erneuern sich durch basale Seitentriebe, doch werden sie dennoch nur wenige Jahre alt (Vgl. WILMANNS u. RUPP 1966).

Ökologie: In Felsspalten, auf Felsköpfen, auch an neu aufgerissenen Böschungen als Pionier, auf nährstoffarmen und kalkarmen Sand- oder Steinböden. Charakterart des Sileno-Sedetum, lichtliebend. Vegetationsaufnahmen bei OBERDORFER (1957: 246–247) und WILMANNS u. RUPP (1966: 381–389).

Allgemeine Verbreitung: Gebirge Spaniens, Frankreichs und Korsikas; Alpen und Apenninen, Vogesen und Schwarzwald, Skandinavien, Karpaten.

Verbreitung in Baden-Württemberg: Südschwarzwald, hauptsächlich zwischen Freiburg, Waldshut

Felsenleimkraut *(Silene rupestris)*
Feldberg, 1985

und Basel. Tiefste Fundorte: An der Wiese bei Basel, herabgeschwemmt, 250 m; Karthaus bei Freiburg, 300 m, THELLUNG; Brombach, 300 m, LABRAM. Höchste Vorkommen: Herzogenhorn, 1400 m.

Ist im Gebiet urwüchsig. Ältester literarischer Nachweis: GMELIN (1806: 255) „prope Badenweiler ad metallifodinas et in montibus Belchen et Blauen passim copiose". Ein von WERNER DE LA CHENAL (1736–1800) gesammelter Beleg von Badenweiler lag im Herbar des bad. botan. Vereins (EICHLER, GRADMANN u. MEIGEN 1905: 25).

7016/1: Beiertheim, wohl nur verschleppt, ca. 1900, K. RASTETTER (KR); 7716/3: Bernecker Tal bei Schramberg, zuletzt 1945, WEIGER (STU-K); 7814/3: Hörnleberg, GÖTZ in EICHLER, GRADMANN u. MEIGEN (1905: 24); 7913/2: Thomashütte–Kleiner Kandelfels, ca. 1975, H. u. K. RASBACH (STU-K); 7914/1: Kandel, 1963, WILMANNS u. RUPP (1966: 386); 8012/2: Freiburg, Kiesgrube, LIEHL (1900: 201); 8013/1: Kybfelsen, OBERDORFER (1934); 8013/3: Schauinsland, NEUMANN in EICHLER, GRADMANN u. MEIGEN (1905: 24); 8013/4: W Schneeburg, 1984, S. SEYBOLD (STU-K); NSG Faulbach, 1986, B. QUINGER (KR-K); 8014/3: Posthalde, 1949, A. MAYER (STU); Hirschsprung und Kaiserwachtfelsen, OBERDORFER (1934); 8014/4: Löffeltal, HIMMELSEHER in EICHLER, GRADMANN u. MEIGEN (1905: 25); 8112/2: Schwarzhalde bei Münstertal, 1984, G. PHILIPPI (KR-K); 8112/3: Schweighof, 1983, K. H. HARMS (STU-K); 8112/4: Belchen; 8113/1: Schar-

fenstein, OBERDORFER (1934); 8113/2: Steinwasen, EICHLER, GRADMANN u. MEIGEN (1905: 25); Todtnauberg 1987, G. PHILIPPI (KR-K); 8113/3: Untermulten und Holzinshaus, 1976, S. SEYBOLD (STU-K); Utzenfluh; Belchen; 8113/4: Kleine Utzenfluh; Prägbachtal, 1984, S. SEYBOLD (STU-K); 8114/1: Seebuck; Zastlertal; 8114/2: Titisee, 1912, K. BERTSCH (STU); Löffelschmiede im Bärental, 1988, G. PHILIPPI (KR-K); 8114/3: Herzogenhorn, 1949, A. MAYER (STU); Schafberg N Riggenbach 1988, S. DEMUTH (KR-K); 8115/3: Seebrugg, AMTSBÜHLER in ROTH (1807); 8212/1: Blauen, EICHLER, GRADMANN u. MEIGEN (1905: 25); 8212/2: Nonnenmattweiher, 1976, S. SEYBOLD (STU-K); 8213/1: Schönau, SCHWABE-BRAUN (1980: 105); 8213/2: Prägbachtal, 1984, S. SEYBOLD (STU-K); 8213/4: Lehen-Happach, 1987, A. WÖRZ. 8214/1: o.O.; 8214/2: o.O.; 8214/3: o.O.; 8214/4: Wittenschwand, 1976, S. SEYBOLD (STU-K); Horbacher Moor, 1984, S. SEYBOLD (STU-K); 8215/1: Häusern-Seebrugg, WILMANNS u. RUPP (1966: 385); 8215/3: Schwarzatal bei Höchenschwand; MEIGEN in EICHLER, GRADMANN u. MEIGEN (1905: 26); 8312/3: Brombach, LABRAM in HAGENBACH (1821); 8313/2: Wehratal, LINDER in DÖLL (1862); 8314/4: Tiefenstein, 1876, F. HEGELMAIER (STU); 8315/1: o.O.; 8315/2: Witznauer Mühle, MEIGEN in EICHLER, GRADMANN u. MEIGEN (1905: 26); 8411/2: Wiese bei Basel, H. CHRIST in SCHNEIDER (1880); 8413/2: Säckingen, LINDER (1903: 310); 8414/2: Albbruck, WETTERHAN in EICHLER, GRADMANN u. MEIGEN (1905: 26).

Bestand und Bedrohung: Die Art ist im Gebiet insgesamt nicht gefährdet. Sie hat zwar einige Wuchsorte eingebüßt, besonders die in den tiefsten Lagen, doch kann sie sich auch an neuen Weganrissen und Böschungen ansiedeln.

Literatur: WILMANNS u. RUPP (1966); EICHLER, GRADMANN u. MEIGEN (1905: 24–26, Karte 1).

Silene armeria L. 1753
Nelken-Leimkraut

Morphologie: Einjährig, 10–60 cm hoch; Blätter breit eiförmig oder länglich, die unteren zum Grund hin verschmälert, die oberen sitzend und leicht stengelumfassend, bläulichgrün, kahl; Blüten in verdichteten Dichasien, Hochblätter klein; Kelch schmal zylindrisch, 12–15 mm lang, zehnnervig; Krone rot, ausgerandet, 10–19 mm lang; Kapsel 7–10 mm lang, auf fast ebenso langem Stiel (Karpophor).

Biologie: Blütezeit ist Mai bis Oktober. Bestäuber sind Falter.

Ökologie: Selten auf lockerem Sand im Überschwemmungsbereich von Bächen.

Allgemeine Verbreitung: Süd-, Mittel- und Osteuropa, öfters kultiviert und stellenweise verwildert.

Verbreitung in Baden-Württemberg: Bei uns selten und unbeständig verwildert beobachtet. Die Art könnte stellenweise eingebürgert sein (Schwarzwald), doch steht ein Nachweis dafür noch aus. Erster literarischer Nachweis: ROTH (1800: 48) „um Haslach", KLEYLE (7714).

6716/4: Graben-Wiesental, 1888, A. KNEUCKER u. H. MAUS in MAUS (1890: 182); 6717/2: Walldorf-St. Leon, 1888, MAUS (1890: 182); 6917/2: Kirrloch bei

Gondelsheim, Lang in Döll (1862: 1239); 6922/2: Wüstenrot, 1986–88, H. Glock (STU-K); 7121/1: Acker bei
Ludwigsburg, 1864, Schoepfer in Kirchner (1888: 250);
7124/4: Schw. Gmünd, Straub in Kirchner u. Eichler
1900: 138); 7125/2: Heuchlingen, Rathgeb in Martens u.
Kemmler (1865: 70); 7221/3: Hohenheim, im Botan. Gar-
ten verwildert, Kirchner in Kirchner u. Eichler (1900:
139); 7318/1: Tanneneck, 1852, Schüz in Martens u.
Kemmler (1865: 70); Teinach, Stein in Kirchner u.
Eichler (1913: 146); 7416/1: Großhahnberg, 1892, O.
Feucht in Kirchner u. Eichler (1900: 139); 7515/4:
Wolf bei Dollenbach, 1986, S. Seybold (STU-K); 7520/1:
Kreßbach, A. Krauss in A. Mayer (1904: 91); 7521/1:
Reutlingen, Markwasen, Durretsch in A. Mayer (1904:
91); 7521/2: Mädchenfelsen, A. Mayer (1904: 91); 7525/
4: Ulm, bei der Schwimmschule, 1893, Haug in Kirchner
u. Eichler (1900: 139); 7615/2: Wildschapbach bei Erz-
grube, 1956, W. Wrede (STU); 7616/3: o.O., 1981,
M. Ade (STU-K); 7619/3: Acker bei Ostdorf, 1877, Herter in Martens u. Kemmler (1882: 60), (STU); 7714/2:
Haslach, Kleyle in Roth (1800: 48); 7715/2: o.O.; 7817/
2: Rottweil, Spitalmühle, Haag in Kirchner u. Eichler
(1900: 139); 8013/1: Rebhaus bei Freiburg, A. Thellung
in Huber et al. (1904: 419); 8014/3: Hirschsprung, 1888,
H. Maus (1890: 182); 8423/1: Langenargen, Kirchner in
Kirchner u. Eichler (1900: 139).

5. Silene noctiflora L. 1753

Melandrium noctiflorum (L.) Fries 1842; *Elisanthe*
noctiflora (L.) Ruprecht 1853
Ackerlichtnelke

Morphologie: Pflanze einjährig oder überwinternd
einjährig, 7–40 cm hoch, behaart, im oberen Teil

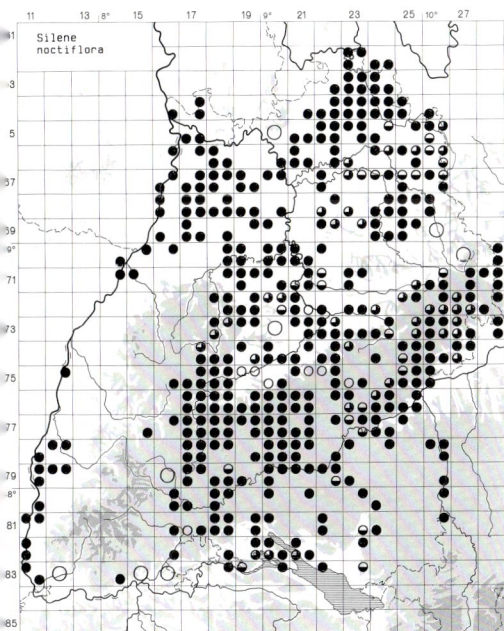

Ackerlichtnelke *(Silene noctiflora)*
Bei Breisach

auch drüsig, einfach oder ästig; Blätter länglich-
eiförmig, 5–10 cm lang, die unteren in einen langen
Stiel verschmälert, die oberen sitzend; Stengel mit
4–6 längeren Internodien, Blütenstand wenigblütig; Kelch 18–30 mm lang, mit 5 ca. 7 mm langen
pfriemlichen Zähnen, anfangs schmal zylindrisch,
später kegelig-glockig, zehnnervig, häutig und weiß
zwischen breiten grünen abstehend behaarten und
teilweise miteinander verbundenen Nerven; Kronblätter 25–30 mm lang, rosa, Platte zweiteilig, mit
Nebenkrone; Griffel 3; Kapsel den Kelch spren-
gend, auf 2–3 mm langem Stiel (Karpophor), mit 5
zurückgerollten Zähnen.

Biologie: Blütezeit ist (Juni)–Juli–Oktober. Die Blüten sind überwiegend zwittrig, weibliche Blüten sind
selten und etwas kleiner. Die Blüten sind tagsüber
zusammengerollt und beginnen abends vor dem
Aufblühen zu duften. Bestäuber sind Hymenopteren. Die Art ist nach Meusel u. Werner (in Hegi
1979) spätfrostempfindlich und braucht zur Keimung eine gute Bodendurchfeuchtung. Martens
und Kemmler berichten über sie (1882): Die noch
im Herbst keimenden Pflanzen werden größer und
blühen schon im Mai und Juni, viele gehen aber erst
im Frühling auf, entgehen durch ihre Kleinheit der

Sichel und blühen im Stoppelfelde bis tief in den Herbst hinein.

Ökologie: Auf nährstoffreichen, kalkhaltigen, sommerwarmen Lehmböden in Äckern, Charakterart des Papaveri-Melandrietum noctiflori, auch auf Erdauffüllplätzen. Vegetationsaufnahmen z. B. bei PHILIPPI (1978: 254), OBERDORFER (1983: 31–32).

Allgemeine Verbreitung: Von Frankreich, Norditalien und Griechenland bis zum südlichen Skandinavien, Vorderasien und Zentralasien.

Verbreitung in Baden-Württemberg: Meidet die Sandsteingebiete des Schwarzwaldes und des Odenwaldes. Fehlt auch streckenweise den Keuperhöhen, dem mittleren Oberrheingebiet und dem Alpenvorland. Ist aber in den Kalkgebieten noch ziemlich verbreitet.

Tiefste Vorkommen bei 100 m, höchste am Dreifaltigkeitsberg (7918) bei 980 m.

Ist im Gebiet nicht urwüchsig. Ältester literarischer Nachweis: LEOPOLD (1728: 98) „Wilde Himmel-Rößlein mit gestreifften Häußlein, in Aeckern hin und wieder, häuffig um Mehringen", (7525). Wurde auch von H. HARDER 1594 vermutlich im Gebiet gesammelt (HAUG 1915).

Bestand und Bedrohung: Die Art teilt den allgemeinen Rückgang der Ackerunkräuter, speziell auch infolge des frühen Umbruchs der Äcker. Doch ist sie insgesamt noch nicht gefährdet.

6. Silene latifolia Poiret 1789 subsp. alba (Miller) Greuter et Burdet 1982

Silene alba (Miller) Krause 1901; *Melandrium album* (Miller) Garcke 1858; *Melandrium vespertinum* (Sibth.) Fries 1842; *Lychnis alba* Miller 1768
Weiße Lichtnelke

Unsere Pflanze muß *Silene latifolia* Poiret ssp. *alba* heißen, da der Name *S. alba* schon für eine andere Art vergeben war.

Morphologie: Kurzlebige Staude mit bis 150 cm tiefer Rübenwurzel, 30–170 cm hoch; Pflanze dicht kurzhaarig, oberwärts drüsig, im Blütenstandsbereich stärker verzweigt; Blätter schmal verkehrt eiförmig bis lanzettlich, die unteren in einen Stiel verschmälert, 3–10 cm lang, oft mit austreibenden Seitenzweigen in den Achseln; Blütenstand nach oben mit stärker geförderten Achsen; Blüten eingeschlechtig, gestielt; Kelch 15–30 mm lang, bei männlichen Blüten mit 10 Nerven, bei weiblichen mit 20 Nerven, bauchig-glockig, mit 5 schmal dreieckigen Zähnen; Blüten groß, Kronblätter 25–35 mm lang, weiß, selten blaßrosa, Platte zweispaltig, mit Nebenkrone; Kapsel 10–16 mm lang, mit 10 Zähnen.

Biologie: Blütezeit ist (Ende Mai)–Juni–September–(November). Die Blüten sind tags geschlossen, abends bis zum frühen Morgen geöffnet und duftend. Bestäuber sind Abend- und Nachtfalter. Die Pflanze hat anscheinend zwei Höhepunkte der Blütezeit, einen im Mai und einen im Juli-August.

Ökologie: An Wegböschungen, an Bahndämmen auf Schuttplätzen, an Ackerrändern, in Kleeäckern, auf nährstoffreichen und kalkreichen Böden, etwas wärmeliebend und daher die höheren Lagen meidend. Vegetationsaufnahmen bei PHILIPPI (1971: 127), SEYBOLD u. T. MÜLLER (1972: 87–88), T. MÜLLER (1983), VON ROCHOW (1951: 34).

Allgemeine Verbreitung: Von Nordafrika durch fast ganz Europa bis Zentralasien.

Verbreitung in Baden-Württemberg: Im ganzen Gebiet ziemlich verbreitet. Besonders häufig im Oberrheingebiet und in den Gäulandschaften des Nekkar-Maingebiets. Ist in den Sandsteingebieten des Schwarzwalds und Keuperlandes seltener.

Tiefste Vorkommen am Oberrhein bei 100 m; höchste Vorkommen am Belchen bei 1050 m, ob höher?

Die Art ist im Gebiet nicht urwüchsig. Ältester archäologischer Nachweis: Spätes Atlantikum, Hornstaad, RÖSCH (1985b). Ältester literarischer Nachweis: J. BAUHIN (1598: 191) aus der Umgebung von Bad Boll. Wurde auch von H. HARDER 1576–94 vermutlich aus dem Gebiet gesammelt (SCHINNERL 1912).

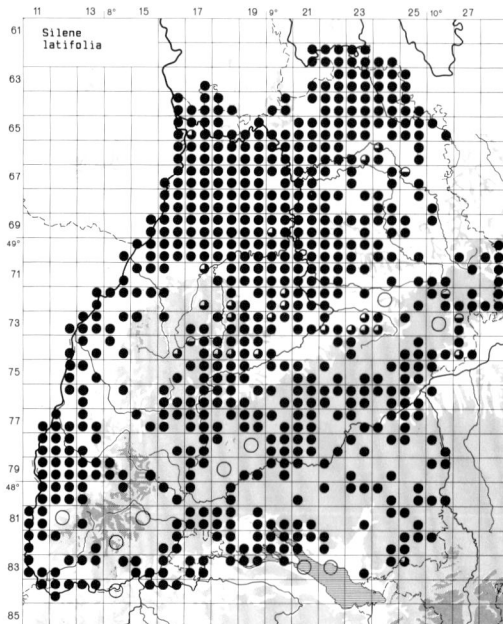

Weiße Lichtnelke *(Silene latifolia* subsp. *alba)*

Bestand und Bedrohung: Die Art ist im Gebiet nicht gefährdet. Mähbarkeit: Verträgt ein- bis zweimalige Mahd.

7. Silene dioica (L.) Clairville 1811
Melandrium diurnum (Sm.) Fries 1842; *M. rubrum* (Weigel) Garcke 1858; *M. sylvestre* (Schkuhr) Röhling 1812; *Lychnis dioica* L. 1753
Rote Lichtnelke

Morphologie: 25–80 cm hohe Staude, die sich erst im Blütenbereich stärker verzweigt, mit abstehenden Haaren besetzt; Blätter eiförmig, breit, zugespitzt, die unteren in einen langen Stiel verschmä-

lert; Blüten eingeschlechtig, in Dichasien; Kelch bei männlichen Blüten walzlich, 10–15 mm lang, langhaarig, oft purpurn, zehnnervig, bei weiblichen Blüten kugelig-eiförmig und mit 20 Nerven; Kelchzähne dreieckig; Kronblätter rot, selten weiß, 15–32 mm lang, Platte keilförmig, gespalten, mit Nebenkrone; Kapsel mit 10 Zähnen, die zurückgebogen sind.

Biologie: Blütezeit (Ende April)–Mai–Juli–(September). Die Blüten sind tagsüber geöffnet und duften nicht. Bestäuber sind Tagfalter. Zwittrige Blüten kommen als Seltenheit vor. Das männliche Geschlecht wird durch den Chromosomensatz XY, das weibliche durch XX bestimmt. Die Art über-

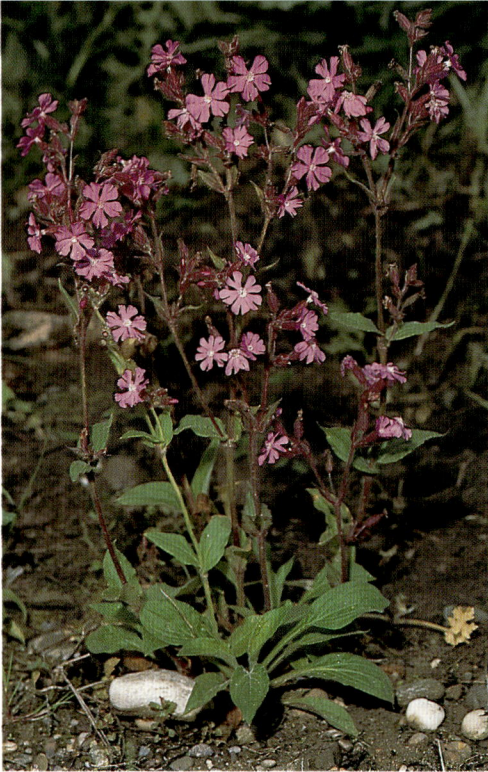

Rote Lichtnelke *(Silene dioica)*
Müllheim

wintert mit Rosetten. Die Pflanze blüht in den tieferen Lagen überwiegend im Mai. Nur vereinzelte Nachzügler an feuchten Standorten können auch später noch blühen.

Ökologie: Auf frischen, nährstoffreichen lockeren Böden, im Auwald und an seinem Rand, auf Fettwiesen besonders im Bergland, in Hochstaudenfluren, Obstbaumwiesen. Vegetationsaufnahmen z.B. bei Görs (1960: 34–35, 1968: 245–6), T. Müller (1983).

Allgemeine Verbreitung: Von Nordspanien, Italien und Jugoslawien bis Nordskandinavien und Rußland, außerhalb Europas sehr selten.

Verbreitung in Baden-Württemberg: Verbreitet durch das ganze Gebiet.

Tiefste Vorkommen bei 100 m, höchste bei 1350 m im Feldberggebiet.

Die Art ist im Gebiet urwüchsig. Ältester archäologischer Nachweis: Spätes Atlantikum, Hochdorf (Küster 1985) und Hornstaad (Rösch 1985b). Ältester literarischer Nachweis: J. Bauhin (1598: 191) von Bad Boll und Wiesensteig. Auch in den Herbarien von H. Harder zwischen 1576 und

1594 vermutlich aus dem Gebiet belegt (Schinnerl 1912).

Bestand und Bedrohung: Die Art ist im Gebiet nicht gefährdet. Mähbarkeit: Verträgt ein- bis zweimalige Mahd. Ist empfindlich gegen Beweidung. Über die Wirkung des Brennens ist nichts bekannt.

Silene latifolia ssp. **alba** × **S. dioica**
S. × hampeana Meusel et Werner 1979

Dieser Bastard tritt dort auf, wo beide Elternarten in der Nähe vorkommen. Er ist an den blaßrosa Blüten und den intermediären Merkmalen (Blattbreite, Behaarung, Kapsel, Kelch) zu erkennen. Der Bastard ist voll fruchtbar und spaltet nach der ersten Generation weiter auf (Vgl. auch Döll 1862: 1234).

Silene cretica L. 1753
Kretisches Leimkraut

Pflanze einjährig oder zweijährig, 10–70 cm hoch, verzweigt; untere Stengelblätter spatelig-verkehrt eiförmig, obere Stengelblätter schmal lanzettlich; Blüten auf langen Stielen; Kelch 9–13 mm lang, zehnnervig, bauchig, kahl, Kelchzähne breit weiß berandet; Kronblätter rosa, 8–15 mm lang, an der Spitze ausgerandet; Samen spitzwarzig. – Blütezeit: Juni bis Juli.

Heimat: Nordafrika, Südeuropa bis Mitteleuropa, Kleinasien.

Kam im Gebiet subfossil in Leinäckern vor. In geschichtlicher Zeit nur sehr selten beobachtet: 6516/2: Mannheimer Hafen, 1889, 1897, F. Zimmermann (1907: 86). Ältester archäologischer Nachweis: Frühes Subboreal, Hornstaad (Hörnle IB), Rösch (unpubl.).

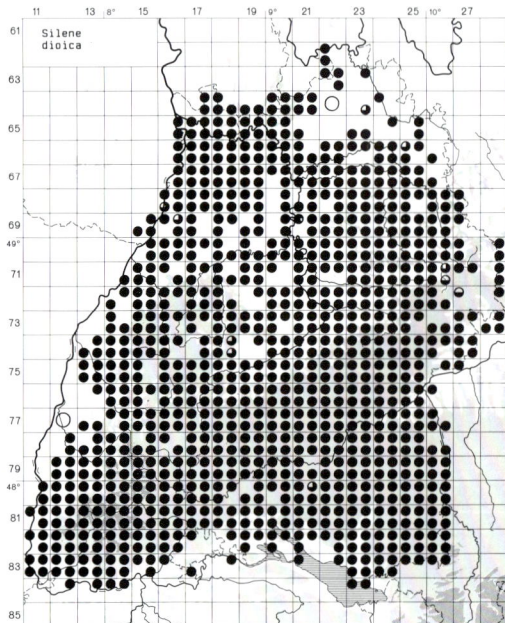

8. Silene linicola C.C. Gmelin, Flora Badensis 4: 304, 1826
Flachs-Leimkraut

Morphologie: Pflanze einjährig, 30–60 cm hoch, mit 6–8 längeren Internodien, nach oben zu stärker verzweigt, von sehr kurzen Haaren rauh, Knoten etwas angeschwollen; Blätter länglich oder spatelig, obere mehr linealisch, bis 55 mm lang und bis 7 mm breit; Blüten in Dichasien, gestielt; Kelche 11–14 mm lang, später unten konisch, oben ellipsoidisch, nach vorn wieder verengt, mit 10 zum Teil sehr breiten Nerven, die auch untereinander etwas verbunden sind; Kelchzähne kurz, etwa 1 mm lang, stumpf dreieckig-oval, weiß berandet; Blütenblätter 10–17 mm lang, rosa, Platte 2–4 mm lang, ausgerandet oder zweilappig, mit Nebenkrone; Stiel der Kapsel (Karpophor) 3–5 mm lang.

Biologie: Blütezeit Juni–Juli–(September). Die Blüten bestäuben sich wahrscheinlich selbst; es wurden keine Blütenbesucher beobachtet.

Ökologie: In Flachsfeldern als Unkraut, Charakterart des Sileno linicolae-Linetum. Vegetationsaufnahmen sind keine bekannt (vgl. T. MÜLLER in OBERDORFER (1957: 35)).

Allgemeine Verbreitung: Von Luxemburg über Süddeutschland bis Italien und Österreich. Die Art ist also zentraleuropäisch und kommt im Mittelmeergebiet fast nicht vor.

Verbreitung in Baden-Württemberg: Kam nur im

Flachs-Leimkraut *(Silene linicola)*

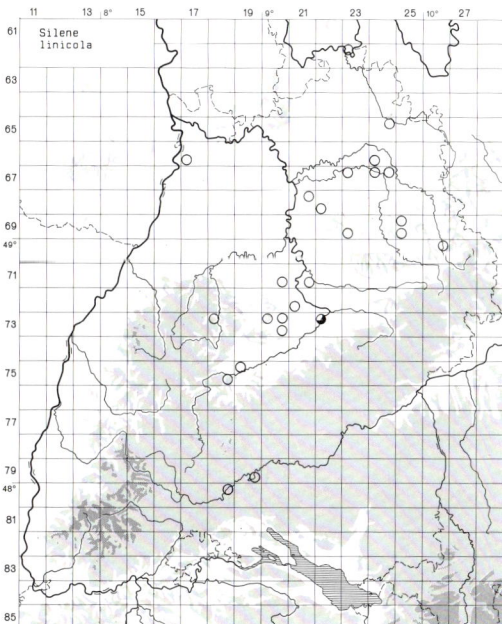

Keuper- und Muschelkalkgebiet des Neckar- und Mainlandes vor, dazu auf der Schwäbischen Alb im oberen Donautal.

Tiefstes Vorkommen: Wertheim, am Main, 160 m; höchstes Vorkommen: Bronnen, ca. 700 m; Tuttlingen, 650 m.

Die Art war im Gebiet nicht urwüchsig. Erster literarischer Nachweis: Schon von ROTH VON SCHRECKENSTEIN (1799: 25) lange vor der Erstbeschreibung als Art beobachtet: „Silene portensis L.? Ist um Duttlingen unter dem *Linum usitatissimum* eben nicht ganz sparsam vorgekommen". Die Richtigkeit als *S. linicola* bestätigen REHMANN u. BRUNNER (1851: 56). Nach HAUG (1915: 57) liegt auch ein Beleg im Herbar von H. HARDER von 1594 vermutlich aus dem Gebiet.

6223/1: Wertheim, am Main, 1813, GMELIN u. WIBEL, GMELIN (1826: 305); 6524/2: Mergentheim, häufig, 1860–61, W. GMELIN, auch nach MARTENS (1823: 239 „S. stricta") mit Beleg, ferner GMELIN (1826: 305 „Hohenlohe"); 6617/3: Hockenheim, F. ZIMMERMANN (1906: 215–216); 6624/3: Weldingsfelden, ca. 1830, BAUER (STU-K); 6723/1: Schwarzenweiler, ca. 1830, BAUER (STU-K); 6724/1: Amrichshausen, ca. 1830, BAUER (STU-K); 6724/2: Kocherstetten, ca. 1830, BAUER (STU-K); 6821/2:

Weinsberg, MARTENS u. KEMMLER (1882); 6822/3: Lichtenstern, ca. 1890, LAUFFER, KIRCHNER u. EICHLER (1900); 6923/3: Sulzbach, 1827, KURR, SCHÜBLER u. MARTENS (1834); 6925/1: Untersontheim, 1853–61, KEMMLER (STU-K); 6925/3: Geifertshofen, 1859, KEERL (STU-K); 7026/2: Ellwangen, SCHABEL (1836: 44); 7120/4: Weilimdorf, ca. 1800, HILLER (STU-K); 7121/4: Rommelhausen, ca. 1800, DEMMLER in ROTH (1807: 536); 7221/3: Hohenheim 1866, vermutlich AHLES (STU-K); 7318/1: Teinach, ca. 1820, SCHÜBLER in MARTENS (1823: 239); 7320/1: Böblingen und Schönaich, ca. 1890, MEZGER (STU-K); 7320/2: Waldenbuch-Steinenbronn, ca. 1830, A. GMELIN (STU-K); 7320/4: Waldenbuch-Glashütte, ca. 1830, A. GMELIN (STU-K); 7322/1: Tachenhausen, 1953, G. KNAUSS (STU), letzte Beobachtung im Gebiet; 7518/4: Imnau, MARTENS u. KEMMLER (1865); 7519/1: Niederau, ca. 1830, MAERKLIN in SCHÜBLER u. MARTENS (1834); 7919/4: Bronnen, ca. 1830, RÖSLER in SCHÜBLER u. MARTENS (1834); 8018/2: Tuttlingen, ca. 1800, PETIF (STU-K).

Bestand und Bedrohung: Die Art ist im Gebiet zum letzten Mal 1953 beobachtet worden. Sie ist im Gebiet ausgestorben, vielleicht sogar auf der ganzen Welt, da sie nur in Zentraleuropa vorkam und die Flachskultur überall sehr stark zurückgegangen ist. Falls sie je irgendwo noch auftreten sollte, muß sie unbedingt in Erhaltungskultur genommen werden. Nach HELMQUIST (1950) ist die Art vermutlich erst durch die Flachskultur aus der vorderasiatischen *S. crassipes* entstanden. Sie wurde erst 1826 als Art erkannt, die Typuslokalität ist Wertheim („prope Wertheim an moenum in agris inter *Linum usitatissimum* frequens"). Das Typusexemplar könnte im Herbar GMELIN in Karlsruhe liegen. Die Art hat vermutlich in der ersten Hälfte des 19. Jahrhunderts noch zugenommen, dann aber wieder abgenommen. Zwischen 1900 und 1950 wurde sie anscheinend nirgends beobachtet. Der Fund von Tachenhausen war vielleicht eine Neueinschleppung. MARTENS und KEMMLER schreiben bezeichnenderweise 1882 über die Pflanze: „Mit fremden Leinsamen vor 1813 eingeführt und immer noch nur im Lein, aber schon ziemlich verbreitet". Die Karte bei JALAS u. SUOMINEN (1986: 104) zeigt, daß die Art nun vielleicht schon überall ausgestorben ist.

9. Silene dichotoma Ehrhart 1792
Gabel-Leimkraut

Morphologie: Ein- bis zweijährig, 20–100 cm hoch, kurzhaarig, mit einem am Grunde gabeligen Blütenstand mit Mittelblüte und zwei einseitswendigen, ährenähnlichen Wickeln von 5–10 Blüten, selten auch stärker verzweigt; Blätter lanzettlich oder spatelig bis länglich, die unteren in einen Stiel verschmälert, die oberen schmal, bis zu 7 cm lang und bis 2 cm breit; Hochblätter klein, hautrandig; Kelch der kurzgestielten bis sitzenden Blüten zylindrisch, 11–15 mm lang, zehnnervig, am Schlund etwas zusammengezogen, auf den Rippen borstig behaart, Zähne linealisch spitzig, später etwas zurückgekrümmt; Kronblätter 15–20 mm lang, weiß, Platte 7–8 mm lang, zweispaltig; Staubblätter und Griffel herausragend; Kapsel mit 6 Zähnen auf 1,5–4 mm langem Stiel (Karpophor).

Biologie: Blütezeit ist Juni bis September. Es gibt Zwitterblüten und rein weibliche Blüten; bei letzteren ist die Platte kleiner. Die Blüten öffnen sich abends und duften dann.

Ökologie: Auf nährstoffreichen, kalkhaltigen Lehm- oder Lößböden, an Böschungen, in Kleeansaaten, oft unbeständig. Vegetationsaufnahmen sind keine bekannt.

Allgemeine Verbreitung: Von Persien über Kleinasien, Ost- und Südosteuropa bis Mitteleuropa, Skandinavien, Italien und Frankreich. In den nördlichen Randgebieten meist unbeständig verschleppt.

Verbreitung in Baden-Württemberg: In den Ackerbaulandschaften zerstreut. Besonders zahlreich im mittleren Neckargebiet und auf der Schwäbischen Alb beobachtet. Im Schwarzwald, Odenwald und in den Keupersandsteingebieten nur selten.

Höchstes beobachtetes Vorkommen: 7819/1: Obernheim-Tanneck, 900 m. Tiefstes Vorkommen: 6417: Zwischen Weinheim und Viernheim, 100 m.

Ist im Gebiet nicht urwüchsig. Erster literarischer Nachweis: ZIMMERMANN (1907: 85) im Hafengebiet

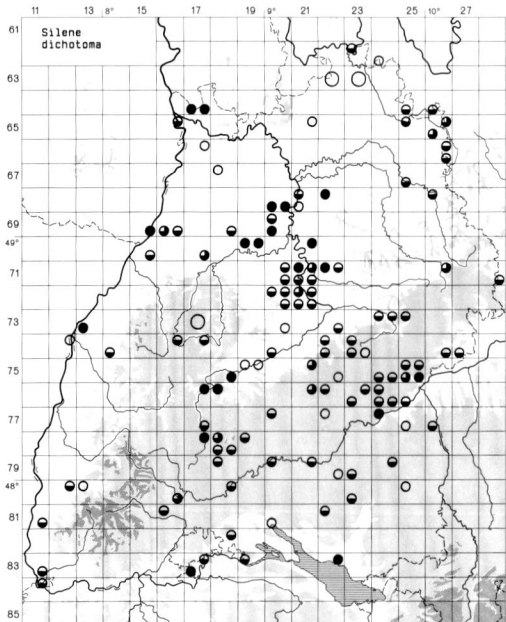

Gabel-Leimkraut *(Silene dichotoma)*
Bad Krozingen

von Mannheim: „Kann als vollständig eingebürgert betrachtet werden." Außerdem KIRCHNER (1888: 249): „1883 auf Schutt in der Nähe des Eßlinger Bahnhofes (Weinland)."

Bestand und Bedrohung: Als überwiegend unbeständige Art könnte sie nur durch Erhaltungskultur geschützt werden. In jüngster Zeit wurde sie nicht mehr so oft beobachtet. Sie war sowieso nur an wenigen Fundorten mehrere Jahre lang gesehen worden. Auch z.B. bei Mannheim (ZIMMERMANN 1907: 85) war die Einbürgerung nicht von längerer Dauer, denn HEINE (1952) hat die Art dort nicht mehr selbst gesehen. Heute muß sie insgesamt vielleicht schon als Gast und nicht mehr als Neubürger angesehen werden.

10. Silene gallica L. 1753
Französisches Leimkraut

Morphologie: Einjährig, 15–45 cm hoch, einfach oder verzweigt, dicht kurzhaarig; Blätter schmal länglich, die unteren spatelig, stumpf, in einen langen Stiel verschmälert; Blütenstand mit traubenähnlichen Wickeln; Blüten kurz gestielt, alternierend; Kelch 7–10 mm lang, erst zylindrisch, dann bauchig, zehnnervig, auf den Nerven länger behaart, Zähne linealisch; Kronblätter rosa, 10–15 mm lang; Platte 4–6 mm lang, ungeteilt oder ausgerandet, mit Nebenkrone; Kapsel 6–9 mm lang, auf 1 mm langem Stiel (Karpophor), mit 6 zurückgekrümmten Zähnen. – Blütezeit: Juni–Juli–September.

Variabilität: Sehr selten wurde auch die Varietät var. *quinquevulnera* (L.) Koch beobachtet, die auf der Krone fünf dunklere rote Flecken trägt. Fundorte: 7215/2: Baden-Baden, A. BRAUN in DÖLL (1862: 1237); 7512/2: Dundenheim, BAUR (1886: 276).

Ökologie: Auf kalkarmen sandigen Äckern, auch auf Güterbahnhöfen. Eine Vegetationsaufnahme findet sich bei RODI (1959/60: Tab. I2).

Allgemeine Verbreitung: Vom Mittelmeergebiet

5054.   *gallica L.*

5055. *silvestris Schott.*

β. quinquevulnera L.

Silene (Stachyomorpha OTTH.) L.

nordwärts bis Dänemark, Polen und Rußland, als Ackerunkraut auch weltweit verschleppt in Gebiete mit Mittelmeerklima.

Verbreitung in Baden-Württemberg: Oberrheingebiet und Schwarzwaldrand selten; Westlicher Schwäbischer Wald, seltener auch Albvorland, Bodenseegebiet und Alpenvorland.

Tiefste Vorkommen: 6916/3: Mühlburg, 110 m; höchste Vorkommen: Oberharprechts (8225/4), 675 m.

Ist im Gebiet nicht urwüchsig. Ältester literarischer Nachweis: MARTENS (1823: 239) „Backnang".

Fundorte (ohne Einschleppungen auf Bahnhöfen oder Müllplätzen): 6822/3: Altenhau bei Lichtenstern, GÖTZ (1890: 30); 6916/3: Mühlburg, 1910, KNEUCKER (KR); 6922/1: Löwenstein, GÖTZ (1890); Hirrweiler, GÖTZ (1890: 30); Stocksberg, 1840, H. NOERDLINGER (STU-K); 6922/2: Finsterrot, 1893, A. MAYER (STU); Wüstenrot, GÖTZ (1890: 30); 6922/4: Jux, 1840, H. NOERDLINGER (STU-K); 6923/1: Mainhardt, 1981, H.W. SCHWEGLER (STU-K); 6923/2: Sittenhardt, 1840, H. NOERDLINGER (STU-K); 6923/3: Sulzbach 1826, KURR (STU-K); Zwerenberg, MARTENS u. KEMMLER (1882); 7022/2: Reichenberg, 1840, H. NOERDLINGER (STU-K); 7023/1+4: Murrhardt, 1840, H. NOERDLINGER (STU-K); 7024/1: Eichenkirnberg, 1980, H.W. SCHWEGLER (STU); 7024/3: Gschwend, 1926, MÜRDEL (STU); 7025/1: Gantenwald bei Geifertshofen, 1860, KEMMLER (STU); 7115/3: Niederbühl, KNEUCKER et al. (1885: 91); 7124/1: Wahlenheim-Mittelweiler, 1955, D. RODI (STU-K); 7124/2: Lettenhäusle bei Spraitbach, 1985, S. SEYBOLD (STU-K); 7215/1: Baden-Baden, SEUBERT u. KLEIN (1905); 7222/1: Jägerhaus-Dulkhaus bei Eßlingen, 1888, KIRCHNER in KIRCHNER u. EICHLER (1900); 7222/2: Hohengehren, 1888, LÖKLE in KIRCHNER u. EICHLER (1900); 7412/2: Kehl-Sundheim, SEUBERT u. KLEIN (1905); 7512/2: Dundenheim, BAUR (1886: 276); 7521/1: Pfullingen, 1840, DÖRR (STU); 8211/4: Liel-Feuerbach, LETTAU in BINZ (1841/42); 8218/2: Hohentwiel, JACK (1901); 8219/1: Radolfzell, JACK (1901); 8225/4: Oberharprechts, 1966, BRIELMAIER u. GÖRS (STU-K); 8311/1: Isteiner Klotz, 1872, SCHILL (KR); 8311/4: Lucke bei Tumringen, 1909, WETTERWALD (BAS); Röteler Mühle, 1844, LABRAM in BINZ (1915: 209); 8313/3: Wehr, 1896, BUXTORF (BAS).

Bestand und Bedrohung: Die Art kam früher in den Sandsteingebieten des westlichen Schwäbischen Waldes häufiger vor. Ihre letzten dort noch beobachteten Vorkommen sind vom Aussterben bedroht. Die Pflanze sollte aus diesem Gebiet in Erhaltungskultur genommen werden.

Literatur: SEBALD u. SEYBOLD (1982).

Französisches Leimkraut *(Silene gallica)*, ganz links und ganz rechts; aus REICHENBACH, L.: Icones florae germanicae et helveticae, Band 6, Tafel 272, Figur 5054 und 5055 ß (1842–1844).

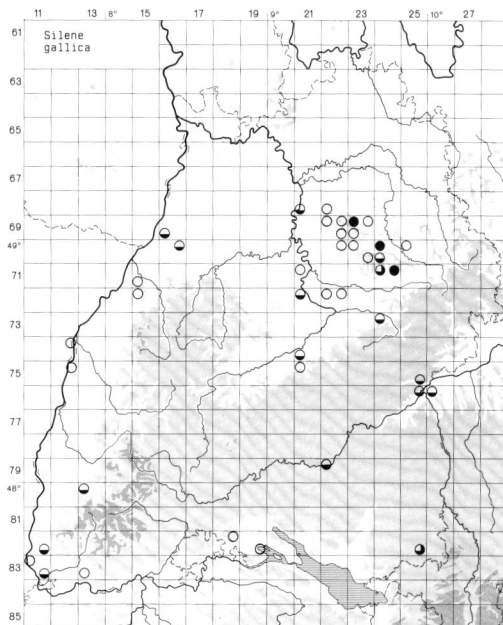

Silene gallica

11. Silene conica L. 1753
Kegelfrüchtiges Leimkraut

Morphologie: Pflanze einjährig, 10–30 cm hoch, unverzweigt oder ästig, mit 6–9 längeren Internodien, an den unteren Knoten verdickt; Stengel und Blätter dicht kurzhaarig; Blätter schmal länglich-linealisch, ungestielt, 15–40 mm lang und 1–5 mm breit; Blütenstand mit wenigblütigen Dichasien; Kelch 10–15 mm lang, erst spitzkegelig, später bauchig und am Grund etwas abgeplattet, von 30 Nerven gestreift; Kelchzähne spitz 4–5 mm lang; Krone rosa, 13–20 mm lang, Platte zweispaltig, mit Nebenkrone, Griffel 3.

Biologie: Blütezeit ist Mai bis Juli. Staubblätter und Griffel entfalten sich nacheinander innerhalb desselben Tages; es tritt vermutlich Selbstbestäubung ein.

Ökologie: Auf lockeren kalkarmen, basenreichen Sandböden, in Sandrasen, selten auf Güterbahnhöfen eingeschleppt. Den pH-Wert des Bodens untersuchte VOLK (1931). In Gesellschaft zusammen mit *Medicago minima* und *Petrorhagia prolifera*. Vegetationsaufnahmen bei PHILIPPI (1971: 72–73, 88–90), KORNECK (1974: Tab. 39) und VOLK (1931).

Allgemeine Verbreitung: Von Nordafrika über Südeuropa und Vorderasien bis England, Dänemark und Südschweden. Im Gebiet an einer lokalen Grenze der Verbreitung.

Verbreitung in Baden-Württemberg: Nur im Oberrheingebiet, besonders am Abfall des Hochgestades gegen die Rheinniederung.

Tiefste Vorkommen bei 100 m, höchste bei Lörrach, ca. 330 m.

Ist im Gebiet vielleicht urwüchsig. Erster literarischer Nachweis: Gmelin (1806: 252–253) „prope Mühlburg et Grünwinkel cum *Veronica verna* non infrequens".

6417/3: Käfertal und Straßenheimer Hof, Volk (1931); 6516/2: Mannheim, Döll (1862); 6517/1: Feudenheim, 1960, Korneck; Wallstadt, Volk (1931); 6517/3: Brühl-Rohrhof, 1981, K.H. Harms; Friedrichsfeld, Döll (1862); 6617/1: Schwetzingen, Döll (1862); 6617/2: Oftersheim, 1955, Korneck, Philippi (1971: 32); 6617/4: Sandhausen, Philippi (1971); Walldorf, Seubert u. Klein (1905); 6717/1: S Neulußheim, Philippi (1971: 31); 6816/2: Zwischen Neudorf und Huttenheim, Philippi (1971: 31); Graben, Oberdorfer (1936); 6817/2: N Forst, Philippi (1971: 31); 6915/4: Daxlanden, Seubert u. Klein (1905); 6916/1: S Leopoldshafen, 1947, Jauch, Oberdorfer in Philippi (1971: 31); 6916/3: Mühlburg und Grünwinkel, Gmelin (1806); Rheinhafen, 1927, Kneucker (KR); N Knielingen, 1981 (KR-K); 7412/2: Kehl, Seubert u. Klein (1905); 8311/4: Lucke bei Lörrach, Hügin in Philippi (1961: 180). Auch mehr oder weniger unbeständig verschleppt an folgenden Orten: 7121/3: Stuttgart-Cannstatt, König-Wilhelm-Viadukt, bis 1975, H. Wippern (STU-K); 7221/1: Stuttgart Hauptgüterbahnhof,

Kegelfrüchtiges Leimkraut (*Silene conica*)
Ingelheim

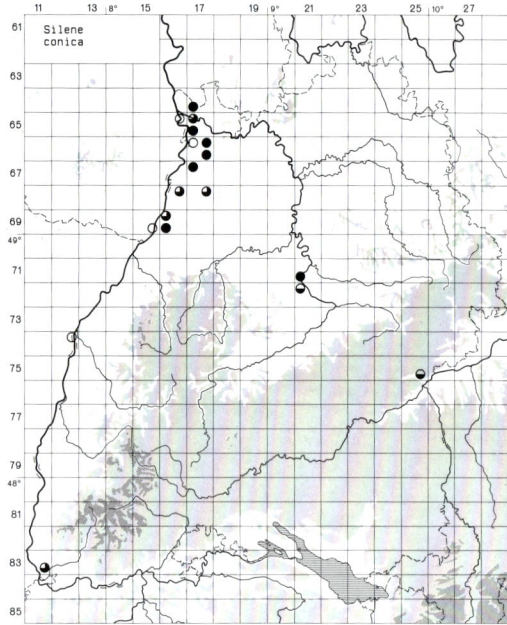

1935, K. Müller (STU-K); 7525/4: Ulm, Güterbahnhof, 1938, K. Müller (STU-K).

Bestand und Bedrohung: Die Art ist im Gebiet stark gefährdet. Im stark industrialisierten Gebiet von Karlsruhe bis Mannheim müßten weitere Wuchsorte außer denen bei Sandhausen unter Schutz gestellt und gepflegt werden!

Literatur: Philippi (1971: 113–131); Philippi (1971: 67–130).

Silene conoidea L. 1753
Großkegeliges Leimkraut

Pflanze einjährig, der *S. conica* ähnlich; Blätter schmal lineal-lanzettlich; Kelch 15–28 mm lang, mit 30 Nerven gestreift, nach oben kegelig verschmälert, in lange Zähne auslaufend; Kronblätter meist wenig länger als der Kelch, rosa, vorn schwach ausgerandet oder nicht ausgerandet; Kapsel 12–18 mm lang, Samen dunkelbraun, 1,25–1,5 mm lang. – Blütezeit Juni–Juli.

Heimat: Südwesteuropa und Südwestasien. Bei uns sehr selten in Ansaaten mit *Trifolium resupinatum* eingeschleppt: 6923/2: Ziegelbronn, 1981, H.W. Schwegler (STU); 7617/3: Aistaig, 1981, M. Ade (STU).

20. Cucubalus L. 1753
Hühnerbiß

Diese Gattung umfaßt nur eine Art. Sie steht der Gattung *Silene* nahe, doch entwickeln sich die Früchte zu Beeren.

1. Cucubalus baccifer L. 1753
Hühnerbiß

Morphologie: Staude mit unterirdischen Ausläufern, 60–120–(200) cm hoch, aufsteigend, sparrig verzweigt, sich an Nachbarpflanzen stützend, kurzhaarig; Blätter breit eiförmig, zugespitzt, ganzrandig, sitzend oder kurz gestielt; Blüten eine lockere Rispe bildend, Kelch 8–15 mm lang, breit glockig, mit 5 stumpfen Zähnen, die zur Fruchtzeit zurückgeschlagen sind; Kronblätter 14–17 mm lang, weiß oder leicht grünlich, Platte zweispaltig; Staubblätter 10, Griffel 3; Frucht schwarz, kugelig, mit 6–8 mm Durchmesser, beerenartig. – Blütezeit: Juli bis September.

Ökologie: Am Rand von Auwäldern, an Hecken, auf nährstoffreichen Böden; aus dem Gebiet sind keine Vegetationsaufnahmen bekannt.

Allgemeine Verbreitung: Von Spanien, Frankreich und Italien bis nach Zentralrußland, dazu Himalaja und Ostasien.

Verbreitung in Baden-Württemberg: Tiefste Vorkommen: 100 m; höchste Vorkommen: 270 m.

Kommt im Gebiet nicht urwüchsig vor. Ältester literarischer Nachweis: GMELIN (1806 (2): 250) „prope Goldschier et Kehl in sepibus passim".

6222/2: W Grünenwört, 1985, G. PHILIPPI (KR-K); 6223/1: Haidhof bei Wertheim, 260–270 m, an Schlehenhecke zusammen mit *Urtica dioica*, 1983, PHILIPPI (KR-K); frühere Vorkommen bei Bestenheid, 1944, A. KNEUCKER

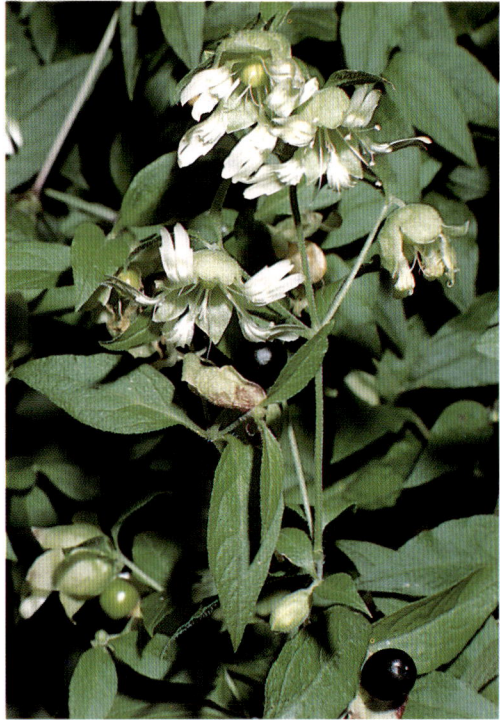

Hühnerbiß *(Cucubalus baccifer)*
Wertheim, 1987

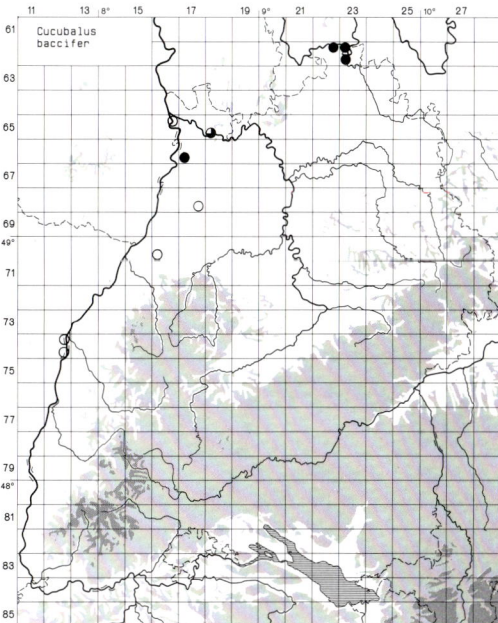

(KR), und Eichel; 6516/2: Mannheim, Neckarauer Wald, 100 m, SUCCOW (1821), DIERBACH (1826); 6617/3: Marlach bei Hockenheim, W. WINTERHOFF (KR-K); 6817/4: Bruchsal, 1812, VON STENGEL, DÖLL (1862: 1240); 7016/3: Ettlingen, am Rohrackerweg, DÖLL (1862); 7412/2 + 4: Kehl und Goldscheuer, 140 m, GMELIN (1806).

Bestand und Bedrohung: Wegen ihrer Seltenheit ist die Art bei uns vom Aussterben bedroht. Sie zeigt im Gebiet eine gewisse Unbeständigkeit, so daß der Biotopschutz ausnahmsweise wenig hilfreich sein dürfte. Die Art kann aber wegen ihrer ruderaler Neigungen durchaus auch neu in den wärmeren Gebieten der großen Flußtäler auftreten. Warum sie im benachbarten Hessen wesentlich häufiger auftritt, ist unbekannt.

21. Gypsophila L. 1753
Gipskraut

Die Gattung umfaßt insgesamt ca. 125 Arten, die eurasiatisch, meist kontinental verbreitet sind. In Europa kommen 28 Arten vor. Es sind einjährige Kräuter, Stauden bis Halbsträucher; die Blätter sind gegenständig, schmal, die Blüten klein, in reichen Blütenständen. Die Kronblätter sind nicht deutlich in Platte und Nagel gegliedert. Staubblätter 10, Griffel 2, Kapsel mit 4 Zähnen aufspringend.

1 Pflanze ausdauernd, mit vegetativen Sprossen . . 2
– Pflanze einjährig, von Grund an ästig, Blüten rosa
2. *G. muralis*
2 Stengel aufrecht, behaart, oberwärts drüsig . . . .
[*G. fastigiata*]
– Stengel aufsteigend, kahl . . . . 1. *G. repens*

Gypsophila fastigiata L. 1753
Büschelgipskraut

20–40 cm hohe Staude, mit vegetativen Trieben; Stengel oberwärts kurz drüsig behaart; Blätter länglich-linealisch, 20–80 mm lang, 1–4 mm breit; Blütenstand dichasial, eine Schirmrispe bildend, Hochblätter dreieckig, hautrandig; Kelch 2–3 mm lang, Kronblätter weiß oder rosa, Staubblätter länger als die Krone. – Blütezeit: Juni–August.
Ökologie: Auf trockenen, kalkreichen Sandböden, in lükkigen Sandrasen.
Verbreitung: Ungarn, Polen, Baltikum bis Finnland, Mitteldeutschland und Mainzer Sandgebiet. Bei uns an der Westgrenze der Verbreitung. Gemäßigt-kontinentales Florenelement.

Die Art wurde im Gebiet noch nicht mit Sicherheit nachgewiesen. Nach ZIMMERMANN (1907: 84) „im Nadelwald beim Waldhof" bei Mannheim (6416/4), 1889–1901, Standort dann durch Bahnbau zerstört. Die Angabe von ENGESSER (1852: 248) „Unadingen" ist äußerst unwahrscheinlich.

Gypsophila paniculata L. 1753
Schleierkraut

Pflanze ausdauernd, 50–90 cm hoch, blaugrün, stark verzweigt; Blätter schmal lanzettlich; Blüten in reichblütigen Rispen, klein; Kelch 1,5–2 mm lang, Kelchzähne stumpf; Blütenblätter 3–4 mm lang, weiß oder rosa. – Blütezeit: Juni bis September.

Heimat: Osteuropa bis Westsibirien. Bei uns in Gärten häufig angepflanzt und sehr selten und meist unbeständig verwildert. Im Naturschutzgebiet Pferdstriebdüne bei Sandhausen (6617/4) nach Dr. K.H. HARMS anscheinend eingebürgert.

1. Gypsophila repens L. 1753
Kriechendes Gipskraut

Morphologie: Ausdauernde Staude mit langer Hauptwurzel und zahlreichen verzweigten Kriechsprossen, 5–30 cm hoch, mit blühenden und vegetativen Sprossen; Blätter lineal-lanzettlich, 10–30–(45) mm lang und 1,5–3 mm breit; Blütenstand mit ungleichseitigen, 1–4fach verzweigten Dichasien, 5–30blütig; Deckblätter häutig, Blütenstiele mehr als doppelt so lang als der Kelch; Kelch 3–4 mm lang, Kelchzähne zugespitzt; Kronblätter mehr als doppelt so lang als der Kelch, weiß oder

rosa, Staubblätter 10, Griffel 2; Kapsel mit 4 Zähnen aufspringend.

Biologie: Blütezeit von Juni bis August. Die Pflanze überwintert mit beblätterten Sprossen. Vielleicht kann sie deshalb in tiefen Lagen nicht gedeihen, da sie kälteempfindlich ist und immer einen Schutz durch Schnee benötigt.

Ökologie: Auf bewegtem, kalkhaltigem Geröllboden in den Schotterfluren der Alpen, durch Iller und Rhein herabgeschwemmt, aber auch in Kiesgruben. Mit *Salix eleagnos* und *Hippophae rhamnoides* im Sanddornbusch (Salici-Hippophaetum), Vegetationsaufnahme bei MÜLLER u. GÖRS (1958: 162).

Allgemeine Verbreitung: Pyrenäen, Alpen und Alpenvorland, Harz, Apennin und Karpaten. Alpines Florenelement.

Verbreitung in Baden-Württemberg: Mittleres Illertal; am Rhein nur selten beobachtet.

Tiefste Vorkommen: 100 m; höchste Vorkommen: 600 m.

Ist im Gebiet urwüchsig. Ältester archäologischer Nachweis: Älteste Dryas, Schleinsee, LANG (1952). Der älteste literarische Nachweis findet sich bei LINGG (1832: 31): „am 13. 6. 1832 auf den Geschiebebänken der Iller bey Aitrach und bei Ferthofen".

Oberrheingebiet: 6617/1: Ketscher Rheininsel, 100 m, 1892, F. ZIMMERMANN (1907: 84); 8211/3: Rheinweiler, 190 m, um 1900, EICHLER, GRADMANN u. MEIGEN (1905: 40); 8317/4: Balm, Rheinkies, 350 m, um 1900, F. BRUNNER in KUMMER (1941: 174).

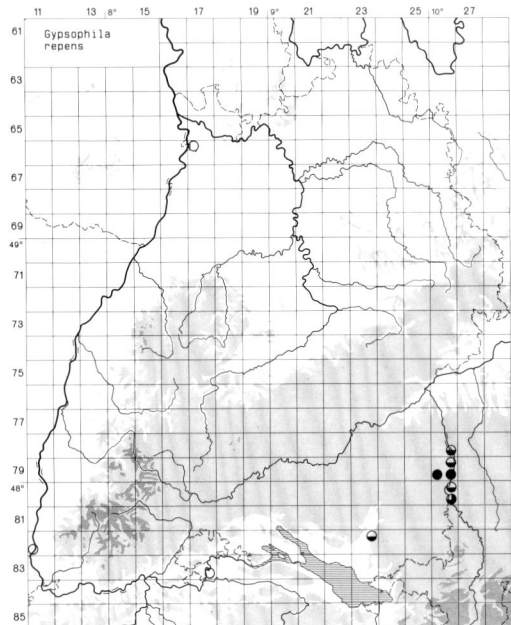

Kriechendes Gipskraut *(Gypsophila repens)*

Illertal und Schussental: 7826/4: Illergries bei Sinningen, 530 m, um 1940, WEIGER (STU-K); 7926/2: Unteropfingen, 560 m, um 1930, K. BERTSCH (STU-K); 7926/3: Rot a.d. Rot, 600 m, um 1975, K.H. HARMS (STU-K); 7926/4: Oberopfingen, 560 m, um 1980 (STU-K); Egelsee, 570 m, um 1930, K. BERTSCH (STU-K); 8026/2: Arlach, 580 m, 1985, E. DÖRR (STU); Mooshausen, 590 m, um 1930, K. BERTSCH (STU-K), 8026/4: Marstetten, 590 m, um 1930, K. BERTSCH (STU-K); Aitrach, 590 m, 1958, G.W. BRIELMAIER (STU); Ferthofen, 600 m, um 1930, K. BERTSCH (STU-K); 8223/2: Kiesgrube bei Ravensburg, 450 m, 1937, K. BERTSCH (STU).

Bestand und Bedrohung: Die Pflanze ist durch die Regulierung der Iller stark zurückgegangen und heute vom Aussterben bedroht. Sie sollte durch Ausweisung von Naturdenkmalen geschützt werden. In den benachbarten Gebieten der Alpen ist sie nicht gefährdet.

Literatur: EICHLER, GRADMANN und MEIGEN (1905).

2. Gypsophila muralis L. 1753
Mauer-Gipskraut

Morphologie: Pflanze einjährig, 5–25 cm hoch, oberwärts stärker verzweigt, ausladend und daher auch etwa bis 25 cm breit; Blätter linealisch, 5–20 mm lang, 0,5–3 mm breit, bläulichgrün; Blüten rosa mit dunkleren Adern, auf dünnen Stielen;

449

Mauer-Gipskraut *(Gypsophila muralis)*

Pflanze mit bis über 100 Blüten; Kelch 3–4 mm lang, zur Fruchtzeit etwas vergrößert, Kelchzipfel hautrandig, stumpf; Kronblätter doppelt so lang als der Kelch, schwach ausgerandet; Staubblätter 10, Griffel 2; Kapsel länger als der Kelch, mit 4 Zähnen aufspringend.

Biologie: Blütezeit ist Juli bis Oktober–(November); Blütenknospen erst hängend, geöffnete Blüten aufrecht, später abwärtsgerichtet, Kapsel aber wieder aufrecht. Die Blüten entfalten zuerst die Staubblätter und öffnen sich dabei bis zu einem Durchmesser von 5 mm; danach richten sich die Blütenblätter auf und rollen sich etwas zusammen, nun sind die Narben reif.

Ökologie: Auf lockerem, vorübergehend stärker durchfeuchteten, sandigem, kalkarmem Boden in Äckern, seltener auf Waldwegen, an Teichrändern und auf Bahnhöfen, nur in den tieferen Lagen des Gebiets, zwischen 100 m und 700 m. Gern zusammen mit *Sagina procumbens* und *Gnaphalium uliginosum*. Vegetationsaufnahmen bei BARTSCH (1940: 36), bei PHILIPPI (1968: 116–117) und Lang (1973: 268–271). Der Name der Art ist ungünstig, da sie fast nie auf Mauern vorkommt. Er geht auf J. u. C. BAUHIN zurück, die die Pflanze in Mömpelgard auf Mauern beobachtet hatten.

Allgemeine Verbreitung: Von den Pyrenäen durch Mitteleuropa, nördlich bis Südschweden und über

Osteuropa bis Zentralasien, außerdem in der Mandschurei.

Verbreitung in Baden-Württemberg: Ist insgesamt selten und kommt hauptsächlich in den tiefer gelegenen Sandsteingebieten vor: im Bauland, im Tauber-Maingebiet, im Kraichgau und Zabergäu, in Tälern und Hügellagen des Schwarzwaldrandes und des Odenwalds, im Schwäbisch-Fränkischen Wald. Ist im mittleren Neckargebiet und im Bodenseegebiet stark zurückgegangen. Sehr selten auch im Alpenvorland und am Hochrhein. Fehlt den Höhenlagen der Alb und des Schwarzwaldes.

Tiefste Vorkommen: 100 m; höchste Vorkommen: 8116/2: Mundelfingen, ca. 700 m, 1948, E. Koch (STU). Die Art ist im Gebiet nicht urwüchsig. Ältester literarischer Nachweis: Gmelin (1772: 334) „in arvis inter Waldhusam et Bebenhusam intermediis".

Im Gebiet selten; sehr selten:

Alpenvorland (Beobachtungen nach 1945): 7925/1: Neuweiher bei Ochsenhausen, 1983, E. Dörr (STU); 8126/3: Bahnhof Leutkirch, Dörr (1973); 8220/1: Hohreute N Markelfingen, 1959, G. Lang (1973: 268–271).

Bestand und Bedrohung: Die Art ist gefährdet! Wie alle Ackerunkräuter ist sie infolge der Unkrautbekämpfung stärker zurückgegangen. Der frühe Umbruch der Äcker hat ihr ebenfalls geschadet, da wegen der späten Blütezeit die Samen nicht mehr ausreifen konnten. Eine Erhaltung in Feldreservaten sollte versucht werden.

22. **Saponaria** L. 1753
Seifenkraut

Einjährige oder ausdauernde Arten; Kronblätter in Platte und Nagel gegliedert, mit Nebenkrone, die zweiteilig ist; Staubblätter 10, Griffel 2 (oder 3), Kapsel mit 4 oder 6 Zähnen.

Die Gattung umfaßt etwa 25–30 Arten, die vorwiegend im Mittelmeergebiet und in Vorderasien vorkommen. In Europa kommen 10 Arten vor.

Saponaria ocymoides L. 1753
Kleines Seifenkraut

Es ist gekennzeichnet durch niederliegenden Wuchs, durch kleinere, rote Blüten, drüsigen Kelch und durch spatelige, kleinere Blätter. – Blütezeit: April–Oktober.

Heimat: Gebirge Südwesteuropas bis zu den Alpen und zum Schweizer Jura. Bei uns selten eingeschleppt. 6617/1: Rheininsel bei Ketsch, 1894, 1901, Zimmermann (1907); 7521/2: Eningen, am Weg zum Drackenberg, 1931, 1935, nach A. Mayer (1950) angepflanzt (STU); 7521/4: Station Lichtenstein, kleiner Felsen an der Bahn, 1952, K. Müller (STU); 7522/1: Rutschenfelsen, wohl angepflanzt, um 1930, A. Gscheidle (STU); 8219/4: Radolfzell, wohl aus den Alpen angeschwemmt, Ferusac in Roth (1799: 24).

1. Saponaria officinalis L. 1753
Gewöhnliches Seifenkraut

Morphologie: Ausdauernde, 40–90 cm hohe Pflanze mit kriechenden unterirdischen Ausläufern; Blätter breit eiförmig bis elliptisch, zugespitzt, am

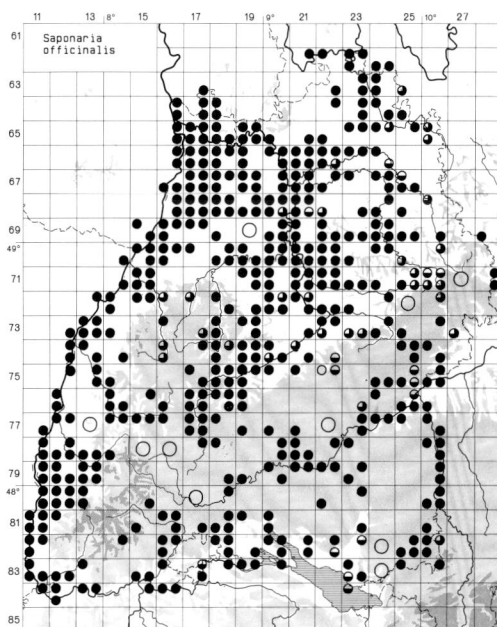
Gypsophila muralis

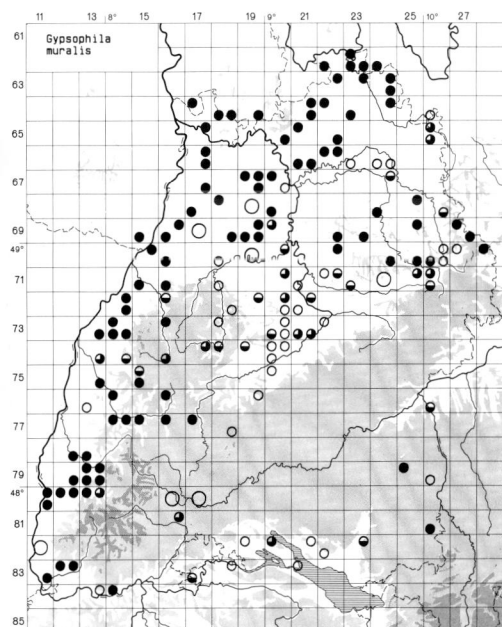
Saponaria officinalis

Gewöhnliches Seifenkraut *(Saponaria officinalis)*
Breisach

Grund in einen kurzen Stiel verschmälert, dreiner-vig, 5–15 cm lang und bis 5 cm breit; Blütenstand gedrängt, Hochblätter klein, krautig; Kelch zylindrisch, 20–25 mm lang und 4–6 mm breit, kahl oder behaart, am Grund gestutzt, mit 5 Zähnen; Krone mit 25 mm Durchmesser, rosa oder weiß, Platte ungeteilt oder seicht ausgerandet, 10–15 mm lang; Kapsel etwa so lang wie der Kelch, mit 4 Zähnen aufspringend.

Biologie: Blütezeit (Juni)–Juli–September. Die Blüten duften abends am stärksten; sie werden von Schwärmern bestäubt. Zuerst blühen die äußeren Staubblätter auf, dann die innern, zuletzt der Griffel. Selten findet man auch Exemplare mit gefüllten Blüten.

Ökologie: In Flußnähe an Uferböschungen, an Bahndämmen, an Wegen, auf Ödland, auf nährstoffreichen Stein- oder Kiesböden. Bevorzugt tiefere Lagen. Vegetationsaufnahmen bei OBERDORFER (1971: 269–270) und GÖRS (1974: 344–345).

Allgemeine Verbreitung: Von Südeuropa nordwärts bis ins mittlere Skandinavien, ostwärts bis Westsibirien.

Verbreitung in Baden-Württemberg: Ziemlich verbreitet im ganzen Gebiet, fehlt nur in den höheren Lagen des Schwarzwaldes, der Alb und des Alpenvorlands.

Tiefste Vorkommen bei 100 m, höchste bei 980 m: Fischbach (8115/3).

Ist im Gebiet wohl nicht urwüchsig. Ältester archäologischer Nachweis: Frühes Subboreal, Sipplingen, K. BERTSCH (1932). Ältester literarischer Nachweis: DUVERNOY (1722: 97) bei Tübingen „ad muros viae Hirsav." Auch schon von H. HARDER belegt vermutlich aus dem Gebiet in den Jahren 1574–6 (SCHORLER 1907).

Bestand und Bedrohung: Die Art ist im Gebiet dank ihrer ruderaler Neigungen nicht gefährdet. Mähbarkeit: Verträgt einmalige Mahd im Herbst. Ist gegen Brennen wenig empfindlich.

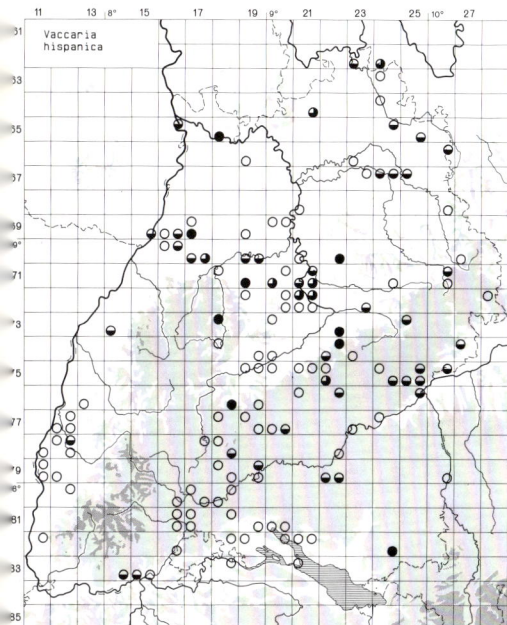

Vaccaria
hispanica

Kronblättern von der var. *hispanica* mit 14–16 mm langen Kronblättern. Bei uns kamen vermutlich beide Varietäten vor.

Biologie: Blütezeit (Juni)-Juli-August-(September). Die Pflanze wird durch Tagfalter bestäubt, häufiger tritt aber Selbstbestäubung auf.

Ökologie: Auf kalkreichen Böden in Äckern sommerwarm-trockener Gebiete, auch auf Schuttplätzen. Es sind keine Vegetationsaufnahmen aus dem Gebiet bekannt. Kam nach LAUTERER (1874: 181) besonders auf Löß vor.

Allgemeine Verbreitung: Ursprüngliches Zentrum ist das Mittelmeergebiet mit Vorderasien. Die Art ist aber mit Saatgut weltweit verschleppt worden.

Verbreitung in Baden-Württemberg: Randliche Hügelzone im Oberrheingebiet; Muschelkalkgebiet vom Hochrhein bis zum Main; Schwäbische Alb, Hegau und Bodenseegebiet.

Tiefstes Vorkommen: Karlsruhe, ca. 100 m, höchstes Vorkommen: Irndorf, 840 m.

Ist im Gebiet nicht urwüchsig. Ältester literarischer Nachweis: LEOPOLD (1728: 98) „Lychnis segetum rubra foliis Perfoliatae, Michaelsberg" bei Ulm (7525/4).

23. **Vaccaria** Medikus 1789
Kuhkraut

Einjährige Pflanze, Kelch 15–25rippig, bauchig, ganz krautig; Blütenblätter ohne Krönchen.

Die Gattung enthält nur eine Art mit mehreren Unterarten. Sie kommt in Europa und Asien vor, wurde aber in jüngerer Zeit durch den Menschen auch nach Ostasien, Nordamerika, Australien und Neuseeland verschleppt.

1. Vaccaria hispanica (Miller) Rauschert 1965
V. pyramidata Med. 1789; *V. parviflora* Moench 1794; *Saponaria vaccaria* L. 1753; *S. hispanica* Miller 1768
Kuhkraut

Morphologie: Pflanze einjährig, 20–60 cm hoch, kahl, an der Spitze dichasial verzweigt, mit ca. 3–100 langgestielten Blüten; Stengel mit 9–14 längeren Internodien, 1–9 mm dick; Blätter länglich oder breit lanzettlich, zugespitzt, in der Größe ziemlich variabel, 20–100 mm lang und 5–45 mm breit, bläulichgrün; Kelch erst länglich elliptisch, später mehr kugelig, 10–17 mm lang, mit 5 grünen Flügelleisten; Kronblätter 14–23 mm lang, Platte 3–7 mm lang, blaßrosa; Staubblätter 10, Griffel 2; Kapsel kugelig, mit 4 Zähnen.

Variabilität: Man unterscheidet eine var. *grandiflora* (Fischer ex Seringe) Cullen mit 18–23 mm langen

Kuhkraut *(Vaccaria hispanica)*

Steinbrech-Felsennelke *(Petrorhagia saxifraga)*

Letzte beobachtete Vorkommen: 6518/3: o.O.; 6917/3: Wöschbach, 1977, H. Schwoebel (KR); 7022/4: Backnang, mit Vogelfutter ausgesät, 1979, H.W. Schwegler (STU-K); 7119/3: Müllplatz bei Flacht, 1980, W. Konold (STU-K); 7318/1: o.O., um 1980, A. Assmann (STU-K); 7322/4: Äule bei Dettingen, 1977, G. Buck-Feucht (STU); 7422/2: S Bissingen, in Acker, 1986, H. Reinöhl (STU-K); 7618/4: W Gruol, 1981, M. Ade (STU-K); 8224/4: o.O. (STU-K).

Bestand und Bedrohung: Tritt im Gebiet immer wieder, aber nur unbeständig auf durch Vogelfutter oder Zierblumenansaat. Sie ist im Gebiet vom Aussterben bedroht. Früher war sie auf Äckern gebietsweise eingebürgert ähnlich wie die Kornrade, doch stets viel seltener. Man wird sie nur durch Kultur in Feldreservaten erhalten können. Die Karte bei Jalas u. Suominen (1986) dokumentiert den Rückgang in ganz Europa.

24. **Petrorhagia** (Seringe) Link 1831

Gypsophila sect. *Petrorhagia* Seringe 1824; *Tunica* Mert. et Koch 1831
Felsennelke

Einjährige oder ausdauernde Pflanzen; Blüten in Rispen oder in kopfig verkürzten Dichasien, von Außenkelchschuppen oder von Hochblättern um-

geben; Staubblätter 10, Griffel 2; Kapsel mit 4 Zähnen aufspringend.

Die Gattung *Petrorhagia* vermittelt zwischen *Dianthus* und *Gypsophila*. Sie umfaßt etwa 25 Arten, die hauptsächlich im Mittelmeergebiet vorkommen.

1 Blüten in Rispen, Pflanze ausdauernd . . . .
   . . . . 1. *P. saxifraga*
– Blüten in kopfig zusammengezogenen Dichasien, selten einblütig, Pflanze einjährig . 2. *P. prolifera*

1. **Petrorhagia saxifraga** (L.) Link 1831

Tunica saxifraga (L.) Scopoli 1772; *Dianthus saxifragus* L. 1753
Steinbrech-Felsennelke

Morphologie: Pflanze ausdauernd, aufsteigend bis aufrecht, 10–35 cm hoch; Blätter sehr schmal linealisch; Blüten gestielt, in Rispen, jede Blüte mit 4 Außenkelchschuppen; Kelch 3–6 mm lang; Kronblätter keilförmig, 4,5–10 mm lang, rosa oder weiß mit dunkelroten Linien. – Blütezeit: Juni bis September.

Ökologie: In felsigen Trockenrasen, auch auf Mauern und an Wegen. Vegetationsaufnahmen aus dem Gebiet sind keine bekannt.

Allgemeine Verbreitung: Südeuropa bis Mitteleuropa.

Verbreitung in Baden-Württemberg: Im Gebiet meist unbeständig auftretend und nicht urwüchsig,

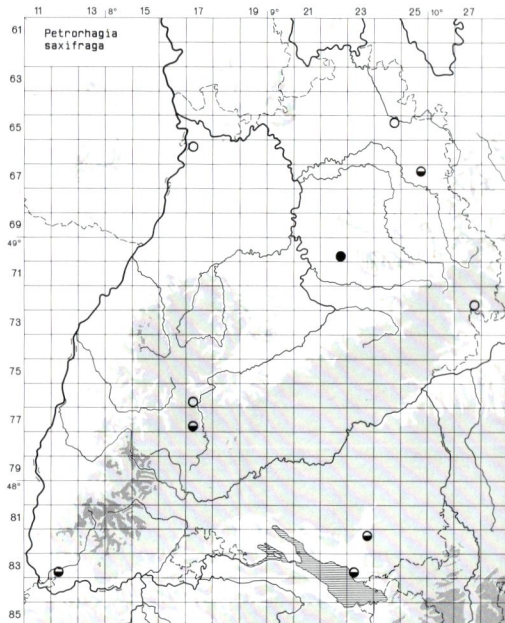

war aber an einer Stelle bei Oberndorf mehr als 60 Jahre lang eingebürgert! Ältester literarischer Nachweis: LECHLER (1844: 33).

6524/2: Mergentheim, Hofgartenmauer, von RATHGEB angesät, dort von 1838 bis 1861 beobachtet (STU-K); 6617/1: Ketscher Rheininsel, um 1900, F. ZIMMERMANN (1907: 84); 6725/2: Amlishagen, Schloßmauer, 1918, H. MÜRDEL (STU-K); 7022/4: Backnang, Rasenflächen beim Gesundheitsamt, 1976, H. W. SCHWEGLER (STU-K); 7227/4: Auernheim, SCHNIZLEIN u. FRICKHINGER (1848: 110), doch schon 1863 von PFEILSTICKER dort vergeblich gesucht (STU-K); 7617/3: Aistaig, 1886, STEIN (STU-K); 7717/3: Oberndorf, Felsen der Beffendorfer Steige, LANG in MARTENS u. KEMMLER (1865), 1897, K. BERTSCH, zuletzt 1924, A. MAYER (STU); 8223/2: Ravensburg, Wegrand, 1920, K. BERTSCH (STU); 8312/3: Homburgwald bei Lörrach, 1932, G. LETTAU (BAS); 8323/3: Eriskirch, Bahnhof, K. BERTSCH (STU).

Bestand und Bedrohung: Die Art ist im Gebiet nirgends mehr eingebürgert bekannt, also verschollen. Mähbarkeit: Verträgt Mahd.

2. Petrorhagia prolifera (L.) Ball et Heywood 1964
Tunica prolifera (L.) Scopoli 1772; *Dianthus prolifer* L. 1753
Sprossende Felsennelke

Morphologie: Pflanze einjährig, 10–50 cm hoch, aufrecht, kahl oder schwach behaart, nur am Grunde oder gar nicht verzweigt, am Grunde mit

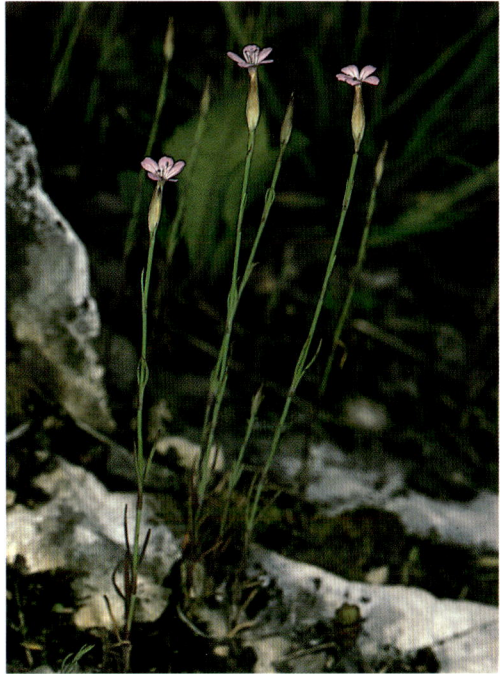

Sprossende Felsennelke *(Petrorhagia prolifera)* Gerhausen, 1978

Blattrosette; Stengelblätter linealisch, 10–40 mm lang und ½ bis 2 mm breit, paarweise an der Basis verwachsen; Stengel mit 7–12 Internodien; Blüten in kopfig zusammengezogenen Dichasien, zu 1–11, nur jeweils eine Blüte geöffnet; Köpfchen mit 6–9 mm Durchmesser; äußere Deckblätter hellbraun, häutig, 10–15 mm lang; Kelch 10–13 mm lang, mit 5 rötlichen Zähnen; Kronblätter 10–13 mm × 2–3,5 mm, rosa, Platte schwach ausgerandet; Kapsel kürzer als der Kelch.

Biologie: Blütezeit ist Juni bis Oktober. Pflanzen, die im Frühjahr keimen, bleiben unverzweigt. Im Herbst keimende Exemplare bilden eine Rosette und können im Frühjahr zu verzweigten Pflanzen auswachsen.

Ökologie: In lückigen Sandrasen oder Trockenrasen, auch auf Bahnhöfen, auf offenen, rohen, meist sandigen, steinigen oder mergeligen, kalkarmen oder kalkhaltigen Böden, wärmeliebend und daher die höheren Lagen meidend. Den pH-Wert des Bodens untersuchte VOLK (1931). Vegetationsaufnahmen bei OBERDORFER (1957: 249), PHILIPPI (1971: 88–89, 1973: 36–39), WITSCHEL (1980: 40–41), VOLK (1931), SLEUMER (1933: 200–1), FISCHER (1982: 140–141).

Allgemeine Verbreitung: Das Areal der submediterran-subatlantischen Art reicht von Spanien und

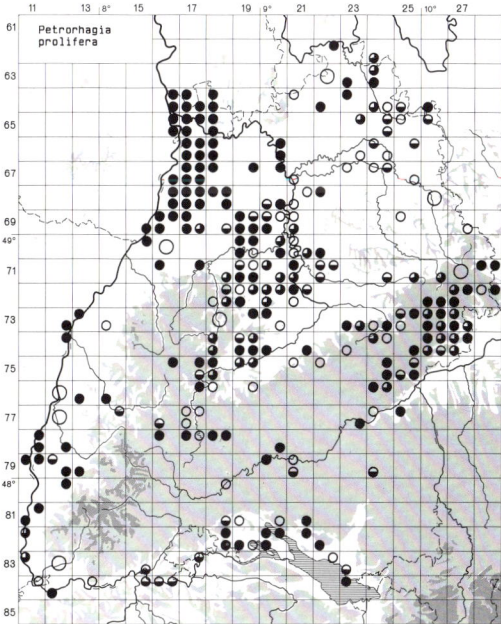

Nordafrika bis Belgien, Dänemark, Südschweden und bis zum Kaukasus.

Verbreitung in Baden-Württemberg: Hier kommt die Art überall nur zerstreut vor. Sie meidet weitgehend den Schwarzwald, den Odenwald und das Alpenvorland, auch die Hochflächen der Schwäbischen Alb. Ihr Verbreitungsschwerpunkt liegt im Oberrheingebiet mit Hochrhein und Bodensee, im Muschelkalkgebiet des Neckarlandes bis zu Tauber und Main und an den Rändern der Keuperhöhen. Sonst tritt sie noch auf der östlichen Schwäbischen Alb auf.

Die niedrigsten Wuchsorte liegen bei 100 m Höhe, die höchsten bei 760 m (7820 Kesseltal bei Storzingen).

Die Art ist im Gebiet vielleicht nicht urwüchsig. Der älteste literarische Nachweis findet sich bei DuVERNOY (1722: 41) und bezieht sich auf die Umgebung von Tübingen.

Bestand und Bedrohung: Die Art weist einen deutlichen Rückgang auf. Sie vermag zwar auch neue Standorte zu besiedeln (Bahnhöfe) und scheint damit noch nicht bedroht zu sein. Die zunehmende Belastung aller Ödflächen könnte dies aber bald ändern. Mähbarkeit: Ob die Art das Mähen verträgt, ist nicht bekannt.

25. **Dianthus** L. 1753
Nelke

Stauden und zweijährige Pflanzen, im Mittelmeergebiet auch Halbsträucher; Blätter gegenständig, sitzend, meist linealisch, seltener lanzettlich, am Grunde zu einer gemeinsamen Scheide verwachsen. Blüten in Rispen oder Dichasien, auch einzeln, Kelch zylindrisch, mit 5 Zähnen, am Grunde von Kelchschuppen umgeben; Kronblätter in Platte und Nagel gegliedert, meist rot; Staubblätter 10, Griffel 2, Kapsel mit 4 Zähnen.

Die Gattung umfaßt etwa 300 Arten, von denen die größte Zahl in Südeuropa und in Vorderasien vorkommt. Manche Arten treten auch in Ostasien, in Südafrika oder im nordwestlichen Nordamerika auf. Im Gebiet kommen 6 Arten wild vor. Alle sind mehr oder weniger lichtliebend; mit Ausnahme von *D. gratianopolitanus* und *D. carthusianorum* bevorzugen alle kalkarme sandig-lehmige Böden.

1	Kronblätter zerschlitzt	2
–	Kronblätter nicht zerschlitzt, höchstens gezähnt .	4
2	Kelchschuppen mindestens teilweise so lang wie der Kelch . . . . . *[D. barbatus × D. superbus]*	
–	Kelchschuppen weniger als halb so lang wie der Kelch	3
3	Blütenblätter bis über die Mitte zerschlitzt . . . . 3. *D. superbus*	
–	Blütenblätter höchstens bis zur Mitte zerschlitzt, Gartenpflanze . . . . *[D. plumarius]*	
4	Blüten büschelig gehäuft	8
–	Blüten einzeln oder zu zweien	5
5	Stengel kurzhaarig, Krone purpurn mit einem Ring dunklerer Punkte . . . . . . 4. *D. deltoides*	
–	Stengel kahl	6
6	Kronblätter am Schlunde nicht bärtig und nicht punktiert, Gartenpflanze . . . *[D. caryophyllus]*	
–	Kronblätter am Schlunde bärtig oder punktiert .	7
7	Krone am Schlund mit einem Kranz dunkler Punkte . . . . 1. *D. seguieri*	
–	Krone rosa, ohne Punkte 2. *D. gratianopolitanus*	
8	Stengel und Blätter dicht kurzhaarig . . . . . . 5. *D. armeria*	
–	Stengel und Blätter höchstens am Rand etwas behaart	9
9	Kelchschuppen trockenhäutig . . . . 6. *D. carthusianorum*	
–	Kelchschuppen krautig	10
10	Blätter meist über 6 mm breit, Blüten dicht gebüschelt, Gartenpflanze . . . . *[D. barbatus]*	
–	Blätter weniger als 6 mm breit	11
11	Kelchschuppen mindestens teilweise so lang wie der Kelch . . . . . *[D. barbatus × D. superbus]*	
–	Kelchschuppen weniger als halb so lang wie der Kelch . . . . 1. *D. seguieri*	

1. **Dianthus seguieri** Villars 1785
D. sylvaticus Willd. 1809
Buschnelke

Morphologie: Pflanze ausdauernd, unverzweigt, 30–60 cm hoch, mit 7–10 längeren Internodien; Blätter lineal-lanzettlich, 25–60 mm lang und 2–6 mm breit, am Grunde zu einer 3 mm langen gemeinsamen Scheide verwachsen; Blüten 1–4(10), jede mit meist 4 Kelchschuppen, die $\frac{1}{4}$ bis $\frac{1}{3}$ so lang sind wie der Kelch; Kelchschuppen mit aufgesetzter Spitze, grün und purpurn, nicht trockenhäutig; Kelch dunkelpurpurn, 14–20 mm lang und 3–4 mm breit, Zähne 3 mm lang; Blüten rot, mit einem Kreis dunkelroter Punkte versehen; Platte gezähnt, 10–12 mm lang. – Kommt im Gebiet nur in der subsp. *glaber* Čelak. 1875 vor.

Biologie: Blütezeit ist Ende Juni bis August. Die Pflanze überwintert mit Blattrosetten.

Ökologie: Auf frischen, kalkarmen Lehmböden auf Magerrasen, an Gebüschen und an Waldrändern. Vegetationsaufnahmen bei K. KUHN (1937), A. SCHWABE u. A. KRATOCHWIL (1986: 302).

Allgemeine Verbreitung: Von Nordspanien und Norditalien über Frankreich und Deutschland bis zur Tschechoslowakei. Die Art ist kein gemäßigt-kontinentales Florenelement (vgl. OBERDORFER 1970). Die subsp. *glaber* kommt nur in Frankreich,

Buschnelke *(Dianthus seguieri)*
Nusplingen, 1989

Deutschland und der Tschechoslowakei vor (Jalas u. Suominen 1986: 149).

Verbreitung in Baden-Württemberg: Die Art konzentriert sich heute auf das Gebiet Baar–Wutach, Oberer Neckar und Südwestalb. Vereinzelt kam sie auch im angrenzenden Oberschwaben, auf der mittleren Schwäbischen Alb sowie im Südschwarzwald vor.

Tiefste Vorkommen: Bochingen–Trichtingen, 560 m; Sulz, 440–600 m. Höchste Vorkommen: Gosheimer Kapelle, 930 m; Todtnauberg 1000 m; Muggenbrunn 1020 m; Kalte Herberge 1030 m.

Ist im Gebiet vermutlich urwüchsig. Ältester literarischer Nachweis: Roth von Schreckenstein (1807: 402–403) „D. silvaticus, unter Kloster Riedern bey Stühlingen".

Schwarzwald: 8015/1: Kalte Herberge, 1986, S. Seybold (STU); 8015/2: Josenhof bei Eisenbach, 1986, S. Seybold (STU); 8015/3: Neustadt, Bartsch et al. (1951), 1985, B. Quinger (STU-K); Bierhäusle zwischen Neustadt und Titisee, Zahn (1889); 8016/1: Tierstein-Zindelstein, 1986, G. Philippi (KR-K); 8016/3: Waldhausen, Zahn (1889); Bittelbrunn, 1985, G. Philippi (KR-K); Dittishausen, 1985, G. Philippi (KR-K); Kirnbergsee, 1987, M. Nebel (STU-K); 8113/2: Todtnauberg und Muggenbrunn, Bartsch (1940: 69); 8115/2: Rötenbach, 1931, J. Plankenhorn (STU), Schwabe u. Kratochwil (1986: 301–302).

Baar–Wutach: 7916/4: Laible bei Villingen, von Stengel in Döll (1862); 8016/2: Buchberg bei Donaueschingen, Neuberger (1885); 8016/4: Wolfsbühl bei Hüfingen, Engesser (1852); Breg bei Bräunlingen, Zahn (1889); 8017/1: Donaueschingen-Dürrheim, Zahn (1889); 8017/3: SE Hüfingen, 1987, M. Nebel (STU-K); 8017/4: Unterhölzer Weiher, 1985, B. Quinger (KR-K); Neudingen-Geisingen, ZAHN (1889); 8116/1: Löffingen, 1984, B. QUINGER (KR-K); 8116/2: Hausen vor Wald und Mundelfingen, ENGESSER (1852); 8216/4: Stühlingen, ROTH (1807).

Oberer Neckar: 7617/2: Sulz, A. MAYER (1950); 7617/3: Hochmössingen, A. MAYER (1929); 7617/4: E Bochingen (STU-K); 7618/3: Häselhöfe, 1976, K.H. HARMS (STU-K); 7716/2: Kifitzenmoos, 1966, O. SEBALD (STU-K); 7717/2: Bochingen-Trichtingen, 1978, M. ADE (STU-K); 7718/3: Gößlingen, A. MAYER (1929: 141); 7818/1: Wellendingen, 1972, O. SEBALD (STU-K); Feckenhausen, 1973, O. SEBALD (STU-K); Zepfenhan, 1980, E. BECK (STU-K).

Schwäbische Alb: 7719/4: Lautlingen, Wachtbühl, 1970, E. BECK (STU-K); 7720/3: Ebingen, Friedhofhalde, 1970, E. BECK (STU-K); Degenfeld, KUHN (1937); 7720/4: Freudenweiler, FILZER (1939: 238); 7818/2: Weilen u.d.R., MARTENS u. KEMMLER (1882); 7818/4: Gosheimer Kapelle, KUHN (1937); 7819/1: o.O.; 7819/2: Meßstetten, mehrere Fundorte; 1979, E. BECK (STU-K); 7819/4: Schwenningen und Irndorf, mehrere Fundorte, 1977, O. SEBALD, 1979, E. BECK (STU-K); 7820/1: Stetten a.k.M., Truppenübungsplatz, mehrere Fundorte, 1979, E. BECK, 1984, O. SEBALD, W. IRSSLINGER (STU-K); 7918/2: Dreifaltigkeitsberg–Denkinger Kapelle, KUHN (1937); 7919/2: Irndorfer Hardt und Umgebung; Trobenholz, 1978, O. SEBALD (STU-K); Finstertal, 1970, E. BECK (STU-K); 7920/1: Kreenheinstetten, 1973, E. BECK (STU-K).

Keine sicheren Nachweise liegen vor von: 6421/4: Buchen, BRENZINGER (1887: 320); 6424/1: Gerlachsheim, STEIN in BAUMGARTNER (1882: 91); 7521/1: Pfullingen, A. MAYER (1929); 7521/4: Lichtenstein, KIRCHNER u. EICHLER (1900); 8020/2: Meßkirch, SEUBERT u. KLEIN (1905); 8119/4: Hardt zwischen Orsingen und Wahlwies, JACK (1892); 8120/1: Stockach, SEUBERT u. KLEIN (1905). In allen diesen Fällen könnte auch eine Verwechslung mit *Dianthus barbatus × superbus* (siehe dort) vorliegen.

Bestand und Bedrohung: Die Pflanze ist in Baden-Württemberg stark gefährdet! Da ihr Areal in Europa nicht besonders groß ist, gilt dies auch für die gesamte Art. Da sie gerne an den Rändern von Vegetationseinheiten vorkommt, ist sie durch Intensivierung der Kulturen und durch Flurbereinigungen besonders bedroht. Sie ist erst in einem einzigen größeren Gebiet geschützt, mehrere weitere Schutzgebiete sollten unbedingt neu errichtet werden. Die Art könnte auch an einigen früheren Stellen wieder aufgefunden werden. Mähbarkeit: Ob die Art das Mähen verträgt, ist leider nicht bekannt.

2. Dianthus gratianopolitanus Villars 1789

D. caesius Smith 1792
Pfingstnelke

Morphologie: Polsterpflanze mit verzweigter Primärwurzel, mit vegetativen Rosetten; Blütentriebe 10–30 cm hoch, kahl, unverzweigt, mit 3–5–7 längeren Internodien; Blätter lineal, 15–35–(70) mm lang und 1–2–(3) mm breit, am Grunde zu einer

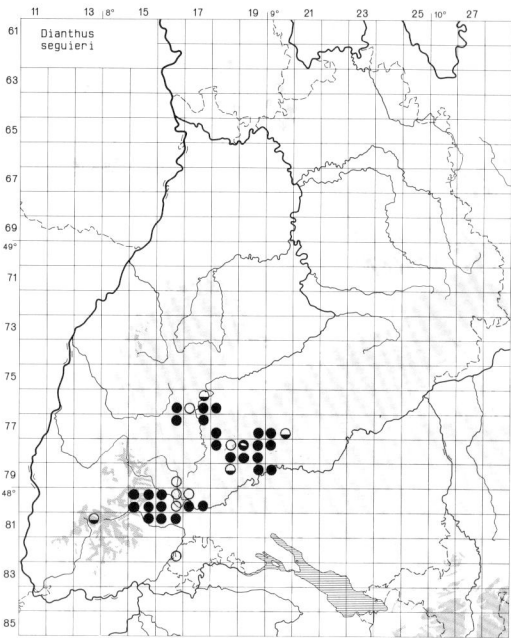

Dianthus
seguieri

kurzen Scheide verwachsen; Blüten meist einzeln, seltener zu zweit, am Grund mit 4 Kelchschuppen, die $\frac{1}{4}$–$\frac{1}{3}$ so lang sind wie der Kelch und in eine Spitze auslaufen; Kelch (12)–15–20–(25) mm lang und 3–5 mm breit, mit 4 mm langen Zähnen; Blüten rosa, duftend, Platte 10–15 mm lang, gezähnt, Zähne 2–3 mm tief.

Biologie: Blütezeit ist Ende Mai bis Ende Juni. Bestäuber sind Tagfalter.

Ökologie: In Felsrasen, fast ausschließlich auf Kalkfelsen, Charakterart des Diantho-Festucetum, selten in Trockenrasen am Waldsaum im Halbschatten, meidet nach WITSCHEL (1980) meist die Südhänge; gern gemeinsam mit *Festuca pallens*. Vegetationsaufnahmen bei KUHN (1937), BARTSCH (1925), T. MÜLLER (1966), OBERDORFER (1971), KORNECK (1974), WITSCHEL (1980) und SEBALD (1980).

Allgemeine Verbreitung: Pflanze von Zentraleuropa: von Mittelfrankreich bis Südengland, vom Jura über Süd- und Mitteldeutschland bis zur Tschechoslowakei und Westpolen; Zentrum ist der französische, Schweizer und deutsche Jura.

Verbreitung in Baden-Württemberg: Hauptsächlich auf der Donauseite der Schwäbischen Alb, auf der Neckarseite nur noch im Uracher und Geislinger Raum, dazu an wenigen Stellen in der Wutachschlucht, bei Singen und Überlingen. Wird öfter an Weinbergsmauern gepflanzt und ist von daher an manchen Stellen kurzfristig verwildert.

458

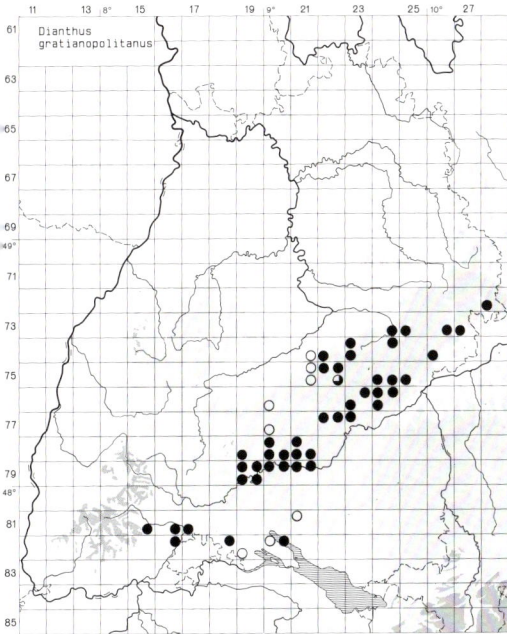

Tiefste Vorkommen: 440 m bei Überlingen, höchste Vorkommen: bei Ebingen, am Öschlesfels (ca. 900 m) und am Mühlenfels (850 m).

Die Art ist im Gebiet urwüchsig. Literarischer Erstnachweis: RÖSLER (1790: 235, 237): Dianthus „plumarius", Urach auf der Festung (KERNER). Ist auch im Herbar von H. HARDER (1574–76) als „Felsennaegelin" vertreten vermutlich aus der Umgebung von Bad Überkingen (SCHORLER 1907).

Oberrheingebiet: (alle Vorkommen nicht ursprünglich). 7613/3: Dammenberg bei Lahr, SEUBERT u. KLEIN (1905); 7812/2: Hecklingen-Kenzingen, NEUBERGER (1912); 7912/1: Oberschaffhausen, DÖLL (1866); 7912/3: Tuniberg zwischen Merdingen und Niederrimsingen, DÖLL (1866); 8311/1: Isteiner Klotz, E. u. M. LITZELMANN (1966); 8312/3: Hasenbach bei Brombach, 1900, KNETSCH.
Baar-Wutachgebiet: 8115/4: Räuberschlößle bei Göschweiler; 8116/4: Blumegg; 8117/3: Fützen; 8216/2: Grimmelshofen.
Schwäbische Alb: 7228/3: Auertal; 7324/4: Hausener Felsen und Kuchen; 7325/3: Eybach; 7326/4: Eselsburger Tal; 7421/4: Grüner Felsen bei Glems; 1853, HEGELMAIER (STU-K); 7422/3: Dettinger Roßberg; Urach; 7423/1: Heimenstein; 7423/3: Gutenberg; 7424/2: Türkheim; 7426/3: Bernstadt; 7521/2: Mädchenfels, A. MAYER (1929); 7521/4: Honauer Talfelsen, A. MAYER (1929); 7522/1: Rutschenfelsen; Eppenzillfelsen; Sirchingen; Hochberg, K. KUHN (1937); Hohenurach, 1911, R. KOLB (STU-K); 7522/2: Baldeck; Hohenwittlingen; 7522/4: Uhenfels bei Seeburg, 1948, P. SCHMOHL (STU-K); 7524/3: Tiefental; 7524/4: Seißen; 7525/3: Kleines Lautertal und Arnegg; 7620/3: Killertal, A. MAYER (1929). Ob dieser Quadrant? 7623/2: Justingen; 7623/3: Hohengundelfingen; 7624/1:

Schelklingen; 7624/2: Weiler und Sotzenhausen, mehrere Stellen; 7624/3: Allmendingen; 7720/3: Öschlesfels, A. MAYER (1929); 7722/1: Aichelau; 7722/2: Indelhausen; Hayingen; 7723/1: Erbstetten; 7820/1: Ebingen; 7820/3: Reiftal; 7820/4: Oberschmeien und Storzingen, mehrere Stellen; 7821/1: o.O.; 1978, E. BECK (STU-K); 7821/3: Hornstein; 7821/4: Hitzkofen, 1919, K. BERTSCH; Bingen; 7919/1: NW Ensisheim; 7919/2: Irndorf, Beuron und Bärenthal, mehrere Stellen; 7919/3: Mühlheim, mehrere Stellen; 7919/4: Fridingen-Beuron; 7920/1: Wildenstein-Werenwag und Falkenstein; 7920/2: Thiergarten; Gutenstein; Unterschmeien; 7921/1: Inzigkofen; 7921/2: Lauchertal.
Hegau und Bodenseegebiet: 8121/1: Hermannsberg bei Frickingen, JACK (1901: 52); 8218/2: Hohentwiel; 8219/3: Bohlingen, VON STENGEL in DÖLL (1862); 8220/1: Mindelsee, L. LEINER in JACK (1901); Wallhausen-Bodman, 1837, HÖFLE (1850: 63); 8220/2: Süßenmühle-Hödinger Tobel; Goldbach, JACK in HÖFLE (1850: 63).

Bestand und Bedrohung: Die Art ist gefährdet, sie steht schon lange unter besonderem Schutz. Als zentraleuropäischer Endemit bedeutet die Gefährdung im Gebiet auch gleichzeitig die Gefährdung eines wichtigen Teilbestandes! Früher bestand die Hauptgefährdung im Ausgraben für den Garten. Heute wird die trittempfindliche Art durch Wanderer und auch durch Kletterer bedroht. Die wenigen größeren Vorkommen, die es noch gibt, sollten daher vor Kletterern geschützt werden. Die Verbrei-

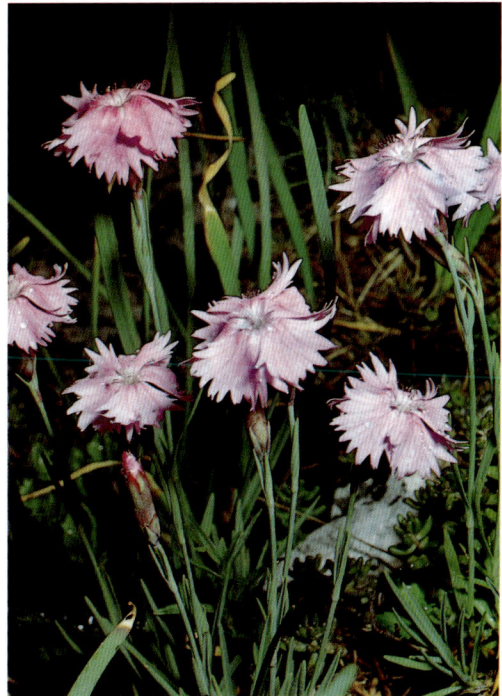

Pfingstnelke *(Dianthus gratianopolitanus)*
Beuron, 31. 5. 1992

459

Prachtnelke *(Dianthus superbus)*
Gottenheimer Ried, 1978

tungskarte zeigt deutlich den Verlust von Vorkommen auf der Neckarseite der Alb. Hier war die Nelke sicher schon immer seltener als auf der Donauseite, doch sind hier auch die größeren Besucherzahlen zu vermelden. Bedenklich ist besonders der Rückgang an geschützten und gut bewachten Vorkommen, der gelegentlich beobachtet wurde. Seine tiefere Ursache ist unbekannt, doch spielt die Luftverschmutzung hier wohl eine wichtige Rolle.

3. Dianthus superbus L. 1755
Prachtnelke

Morphologie: 25–50–(100) cm hohe Staude, mit vegetativen Nebenrosetten; Blätter schmal linealisch, 1–12 cm lang und (1)–2–3–(6) mm breit; Stengel mit 2–45 Blüten; Kelch 20–25 mm lang, Kelchschuppen 4, mit Spitze; Kronblätter rosa bis blaßlila, selten weiß, Platte der Kronblätter sehr tief geschlitzt, 15–35 mm lang.
Variabilität: Schon SCHÜBLER u. MARTENS (1834: 278) war aufgefallen, daß diese *Dianthus* „auf feuchten Waldstellen im Gebüsche gewöhnlich erst im

August blühend vorkommt. Bei Ravensburg fanden wir ihn am 8. Juni 1832, auf einer freien Torfwiese in Menge und bereits in voller Blüthe". BONNET (1887) fiel die Verschiedenheit der Standorte auf, die die Art um Karlsruhe besiedelt. Diese Beobachtungen griff OBERDORFER 1936 auf und beschrieb neu eine „forma *autumnalis*" der Wälder, die später blüht als die der Moorwiesen. Als Unterart benannte er sie gültig in seiner Pflanzensoziologischen Exkursionsflora (1979: 359). Der Holotypus von 8112: Staufen liegt in den Landessammlungen Karlsruhe (KR). Die Unterart muß jedoch den älteren Namen ssp. *silvestris* Čelak. 1875 tragen.

Beide Sippen lassen sich nur durch quantitative Merkmale gegeneinander abgrenzen. Die ssp. *silvestris* ist im allgemeinen höher, 25–70–(100) cm hoch, reichblütiger, oft mit mehr als 20 Blüten am Stengel und blüht von (Juli)–August–November. Sie wächst in Wäldern und an Waldrändern. Die ssp. *superbus* dagegen findet man auf Moorwiesen; sie ist 2–9blütig, wird nur 20–60 cm hoch und blüht von Juni bis September.

Zu einer sicheren Abgrenzung bei Herbarbelegen

eignet sich nur die Blütezeit. Der früheste Blühtermin der später blühenden Sippe ist der 20. Juli. Die Verbreitung der vor dem 20. Juli blühenden Sippe ist auf einer besonderen Karte dargestellt (Herbarbelege und Blühnotizen). Sie kommt also in Oberschwaben und im Oberrheingebiet vor. Beide Sippen scheinen nicht oft zusammentreffen, doch bedarf die genauere Abgrenzung noch weiterer Beobachtungen am Standort. Es wäre auch zu prüfen, ob die Sippen als Unterarten zu hoch eingestuft sind. Es gibt auch Belege, die sich in dieser Weise nicht einordnen lassen, z. B. einer von 7825: Baltringen mit 20 Blüten vom 26. August! JALAS u. SUOMINEN (1986) z. B. fassen beide Sippen unter der subsp. *superbus* zusammen.

Biologie: Die Prachtnelke wird durch Tagschwärmer, nicht durch Tagfalter bestäubt (KIRCHNER 1888).

Ökologie: Typischer Begleiter der beiden Unterarten an ihren verschiedenen Standorten ist das Pfeifengras (*Molinia caerulea* agg.).

a) ssp. *superbus*: auf wechselfeuchten Torfböden in Pfeifengraswiesen, am Rand von Fettwiesen, düngerfliehend.

b) ssp. *silvestris*: am Rand lichter Eichenwälder auf Sandsteinböden, auch auf lehmigen, wechselfeuchten Böden, selten auch auf Schafweiden.

Vegetationsaufnahmen z. B. bei OBERDORFER (1936: 63); VON ROCHOW (1951: 77–78); ESKUCHE (1955: 71–73) und L. KUHN (1961: nach S. 30).

Die subsp. *alpestris* Kablik ex Čelak. (= ssp. *speciosus* (Rchb.) Hayek) der subalpinen Matten, die sogar in den Vogesen vorkommt, fehlt dem Gebiet um den Feldberg und auch sonst in Baden-Württemberg.

Allgemeine Verbreitung: Vom subatlantischen Europa und nordöstlichen Skandinavien durch Zentralasien bis Japan und Taiwan.

Verbreitung in Baden-Württemberg: Im Oberrheingebiet in der Ebene und am Rand des Schwarzwaldes und Odenwaldes, im zentralen Schwarzwald fehlend; im Neckarland in den Keupersandsteingebieten, im Muschelkalkgebiet fast fehlend; auf der Schwäbischen Alb auf entkalkten Lehmen selten, heute oft fehlend; in Oberschwaben und im Bodenseegebiet auf Moorwiesen.

Tiefste Vorkommen bei 100 m; höchste Vorkommen: 7719/2 Onstmettingen, ca. 830 m, 8017/2: Unterbaldingen, 800 m.

Die Art ist im Gebiet urwüchsig, zumindest die in Wäldern auftretende Sippe. Ältester literarischer Nachweis: DUVERNOY (1722: 41) aus der Umgebung von Tübingen. Auch in den Herbarien HARDERS 1574–1576 belegt (SCHINNERL 1907: 85) vermutlich aus dem Ulmer Raum.

Bestand und Bedrohung: Die Art ist im Zeitraum des letzten Jahrhunderts beträchtlich zurückgegangen. Ursachen dafür sind die Entwässerung und Düngung von Moorwiesen, aber auch die Intensivierung der Forstwirtschaft. In der Umgebung der

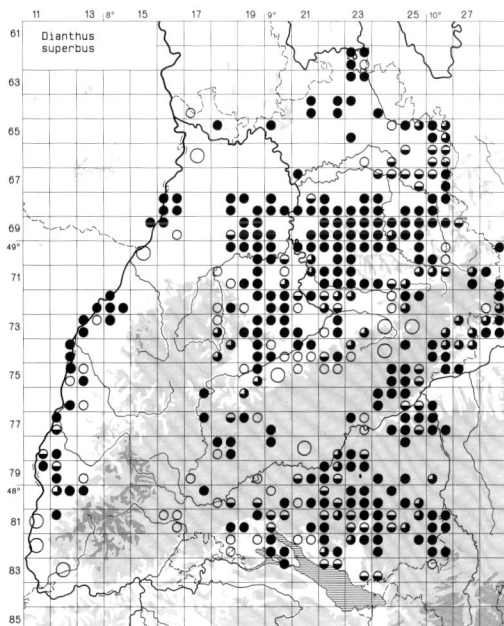

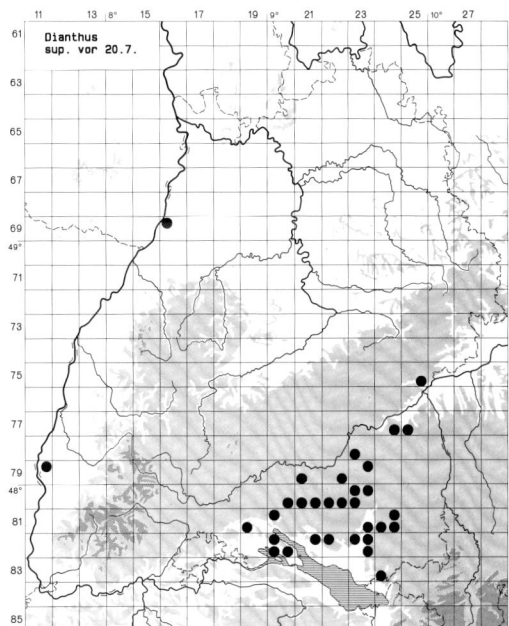

größeren Städte (Karlsruhe, Stuttgart, Tübingen) ist die Art auch an ihren Waldstandorten verschwunden (vgl. O. FEUCHT, Schwäb. Heimat 12: 15, 1961). Das Abpflücken hat die Art bisher wohl nicht nennenswert geschädigt. Sie erträgt nur keine Düngung (KUHN 1954: 31): Schon C. KEMMLER (in STU) beobachtete, daß sie bei 7423–7523 Donnstetten-Zainingen auf „schlechten" Wiesen, d. h. auf ungedüngten Wiesen vorkomme. Die Art hat eine nur schwache Ausbreitungsfähigkeit; Neuansiedlungen werden kaum beobachtet. Mähbarkeit: Die ssp. *superbus* verträgt Mähen ab den Monaten Juli–August.

Literatur: BAUR, K. (1940).

Dianthus barbatus × D. superbus *(= D. × courtoisii* Rchb.)

Der Bastard dieser beiden Arten steht morphologisch der *D. seguieri* Vill. nahe. Die Blütenblätter sind nicht so stark zerschlitzt wie bei *D. superbus* und die Blätter sind breiter. Die Blüten sind aber nicht kopfig gehäuft wie bei *D. barbatus*. Von *D. seguieri* unterscheidet sich der Bastard durch etwas breitere Blätter (oft breiter als 6 mm) und durch die Kelchschuppen, die mindestens teilweise länger sind als die halbe Kelchröhre.

Allgemeine Verbreitung: Der Bastard wurde in Mitteleuropa schon öfter in der Nähe von Wildstandorten der *D. superbus* angetroffen. Er entsteht wahrscheinlich in der Natur, indem Schmetterlinge Pollen der Bartnelke aus den Gärten mit der wilden Prachtnelke bestäuben.

Verbreitung in Baden-Württemberg: 6725/1: Ostrand des Schwarzwaldes zwischen Langenburg und Michelbach an der Heide, 1919–1939, H. MÜRDEL (STU-K); 7725/3: Riedwiese beim Bahnhof Laupheim, 1971, S. SEYBOLD (STU); 8123/2: Wiese im Schussental bei Mochenwangen, 1918, K. BERTSCH (STU-K). Von BERTSCH zu Unrecht als *D. seguieri* bestimmt. Deshalb gehören hierher wohl auch die nicht belegten Angaben, von BERTSCH: 8123/4: Fohrenried bei Niederbiegen, ca. 1930; Schussenau bei Weingarten, 1949. Kommt nach DÖRR (1973: 157) in Bayern auch auf den Quadranten 2 und 4 des Blattes 8127 vor. 8013/1: Schloßberg bei Freiburg, 1866, P. MAGNUS in ASCHERSON (1876/77: 181). Vielleicht sind hierher zu stellen auch die Fundangaben von: 6421/1: Buchen, BRENZINGER (1887: 320); 6424/1: Gerlachsheim, STEIN in BAUMGARTNER (1882: 91); 7521/1: Pfullingen, A. MAYER (1929); 7521/4: Lichtenstein, KIRCHNER u. EICHLER (1900); 8020/2: Meßkirch, SEUBERT u. KLEIN (1905); 8119/4: Hardt zwischen Orsingen und Wahlwies, JACK (1892); 8120/1: Stockach, SEUBERT u. KLEIN (1905). In all diesen Fällen wurde *D. seguieri* angegeben; Belege fehlen.

4. Dianthus deltoides L. 1753
Heidenelke, Steinnelke

Morphologie: Pflanze ausdauernd, am Grunde stärker verzweigt, 15–45 cm hoch, auch mit vegetativen Trieben; Blütenstengel mit 6–9–10 Internodien, nach oben stärker dichasial verzweigt, dicht mit kurzen Haaren besetzt; Blätter linealisch, 10–25 mm lang und 1–2 mm breit, am Grunde zu einer kurzen Scheide miteinander verwachsen, untere Blätter länglich und stumpf, 5–30 mm lang und 2 mm breit; Blüten einzeln, selten zu zweit, von 2 blattartigen, mit häutigem Rand umgebenen, stumpfen, aber mit einer aufgesetzten Granne versehenen Kelchschuppen umgeben, Kelchschuppen halb so lang wie der Kelch; Kelch dunkelpurpurn oder grün, 10–18 mm lang, Zähne sehr spitz, etwa 5 mm lang; Platte der Kronblätter rot, 7–10 mm lang, keilförmig, gezähnt, mit unregelmäßig verstreuten weißen Punkten besetzt, mit dunkelpurpurner Querlinie, die sich meist zu einem Kreis oder einem Fünfeck zusammenschließt.

Variabilität: LANG in MARTENS u. KEMMLER (1865: I: 66) beschreibt eine var. *gracilis* von Ellwangen, der die weißen Flecken auf den Kronblättern fehlen. Man findet solche Exemplare gelegentlich neben den normalen.

Biologie: Pflanze überwintert mit beblätterten Sprossen. Blütezeit: (Mai)–Ende Juni bis September–(Oktober). Wird von Faltern bestäubt. Beim Aufblühen ragen zuerst die äußeren 5 Staubblätter aus der Röhre hervor, danach die 5 inneren und zuletzt erst die zwei spiralig verdrehten Griffel. Manche Blüten haben verkümmerte Staubblätter; es gibt auch zwittrige und weibliche Blüten auf derselben Pflanze (KIRCHNER 1888).

Ökologie: Auf trockenen, kalkarmen Sand- oder

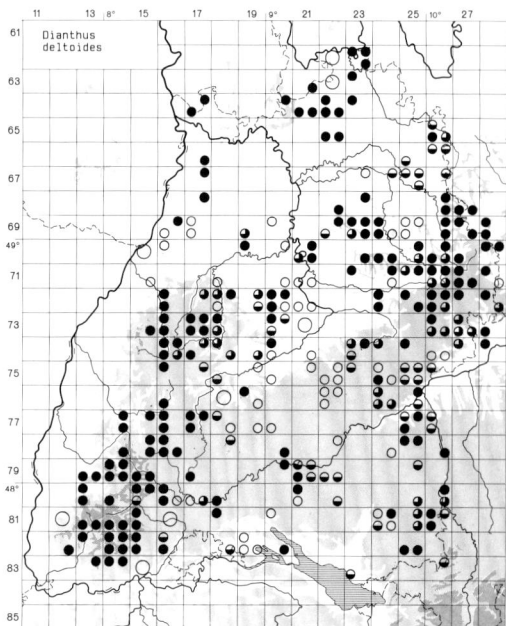

Dianthus deltoides

Heidenelke *(Dianthus deltoides)*

Torfböden in Magerrasen, an Wegböschungen. Vegetationsaufnahmen z.B. bei GÖRS (1968: 241–242).

Allgemeine Verbreitung: Von England, Spanien, Sizilien und Griechenland bis Skandinavien, Finnland, Rußland und Zentralasien.

Verbreitung in Baden-Württemberg: Sandsteingebiete des östlichen Schwarzwaldes, des Odenwaldes, des Neckarlandes und Main-Taubergebiets, hier besonders im östlichen Schwäbisch-Fränkischen Wald; auf der Schwäbischen Alb besonders auf der Ostalb, dazu im Alpenvorland. Im Oberrheingebiet nur im nördlichen Teil und hier selten.

Die tiefsten Vorkommen liegen bei 100 m in der Umgebung von Mannheim, die höchsten nach OBERDORFER (1979: 358) im Südschwarzwald bei 1100 m.

Die Art ist im Gebiet vermutlich urwüchsig. Literarischer Erstnachweis: KERNER (1786: 150) „auf der Feuerbacher Heide" bei Stuttgart (7121/3).

Gebiete mit selteneren Vorkommen:
Mittlere und südwestliche Schwäbische Alb (Beobachtungen ab 1970): 7423/2: Gruibingen, Rufstein, 1981, W. SEILER (STU-K); 7524/3: Seißen, 1978, MECKLE u. RAUNEKER (STU-K); 7820/4: Oberschmeien-Dullental, 1984, W. IRSSLINGER (STU-K).
Alpenvorland (Beobachtungen ab 1970): 7625/2: o.O.; 7725/2: Ammerstetten, ca. 1975, HEESE (STU-K); 7725/3: o.O.; 7825/1: Sulmingen, 1974, O. SEBALD (STU-K); 7825/2: SW Schwendi, 1973, S. SEYBOLD (STU-K); 7826/4: Kellmünz, Friedhof (Bayern), 1973, S. SEYBOLD (STU-

K); 7920/2: S Vilsingen, ca. 1980, H. SCHERER (STU-K);
7921/3: o.O.; 8018/3: Hewenegg, 1987, W. KARL (STU-
K); 8021/1: Dietershofen, 1983, W. IRSSLINGER (STU-K);
8026/2: Volkratshofen-Buxach (Bayern), 1984, K. H. LEN-
KER (STU-K); 8118/1: Neuhöwen, 1977, S. SEYBOLD
(STU-K); 8124/2: E Gaishaus, 1987, E. DÖRR (STU-K);
8126/1: o.O.; 8126/3: Ochsenweiher, 1987, R. RIEKS
(STU-K); 8220/4: N Hegne, 1981, J. BUHL (STU-K);
8225/3: o.O.; 8225/4: o.O.

Bestand und Bedrohung: Durch intensivere Nutzung
der Landschaft und durch Veränderung der Magerstandorte ist die Art stark zurückgegangen: sie ist
gefährdet. Sie ist empfindlich gegen Kalk- und
Stickstoffdüngung (ROHWEDER 1934: 271). Sie verträgt Mähen, aber erst ab August, verträgt auch
ganz extensive Beweidung, ist aber vermutlich
gegen Brand empfindlich. Schutzgebiete der Art bedürfen der vorsichtigen Pflege!

5. Dianthus armeria L. 1753
Büschelnelke, Rauhe Nelke

Morphologie: Pflanze zweijährig, 20–70 cm hoch,
ästig, nach oben gabelig 1–6mal verzweigt, mit
9–11 längeren Internodien, oberwärts dicht kurzhaarig, mit Blattrosette; Blätter 30–80 mm lang
und 1–5–(6) mm breit, untere schmallanzettlich
und stumpf, obere linealisch und spitz, zu einer
gemeinsamen 2–3 mm langen Scheide verwachsen;
Knoten etwas angeschwollen; Blüten zu 1–10 in
Büscheln, Hochblätter blattartig, pfriemlich, so

Büschelnelke *(Dianthus armeria)*
Maulbronn, 1989

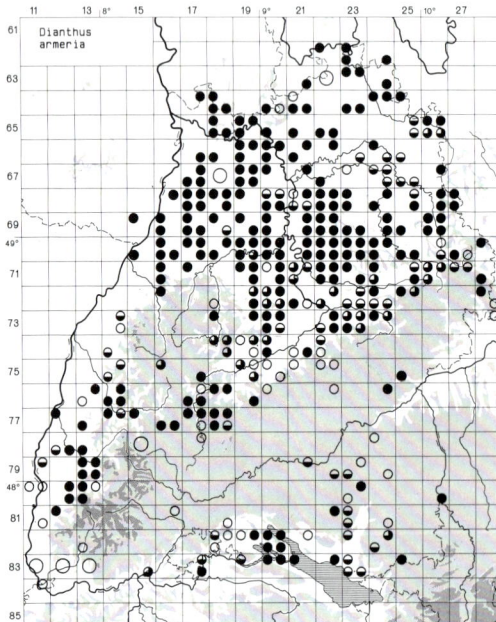

lang wie die Blüten; Kelchschuppen etwa so lang
wie die Kelche, allmählich in eine Spitze auslaufend;
Kelch 13–20 mm lang, 2–3 mm breit, leicht bauchig, gerippt, dicht kurzhaarig, Zähne langspitzig,
3–5 mm lang; Blüte mit ca. 13 mm Durchmesser,
klein; Platte 4–7 mm lang, gezähnt, purpurn mit
weißen Flecken.

Biologie: Blütezeit ist (Mai)–Juni–September–(Oktober). Bestäubung durch Tagfalter. Die Griffel
sind schon entwickelt, wenn die zuerst aufgehenden
äußeren Staubblätter reif werden, so daß auch
Selbstbestäubung möglich ist. Es gibt auch weibliche Blüten, deren Antheren in der Röhre geschlossen bleiben sowie solche mit teilweise verkümmer-
ten Staubblattkreisen.

Ökologie: Auf kalkarmen Sandsteinböden auf Magerrasen, an Waldrändern, auch als Pionier auf
offengelegten Sandsteinböschungen oder an Straßenrändern. Vegetationsaufnahme bei GÖRS und
MÜLLER (1974: 240).

Allgemeine Verbreitung: Südeuropa und Vorderasien nordwärts bis England, Dänemark und Südschweden, in Nordamerika eingebürgert.

Verbreitung in Baden-Württemberg: Hauptsächlich
vom Rand des Odenwaldes und Kraichgaus über

Karthäusernelke *(Dianthus carthusianorum)*
Spitzberg bei Tübingen, 1985

die Keupersandsteingebiete des Neckarlandes und Main-Taubergebiets bis zur Braunjurastufe der Schwäbischen Alb, auch im Alpenvorland besonders im Bodenseegebiet, selten im Oberrheingebiet; im Schwarzwald nur stellenweise und den mittleren und höheren Lagen fehlend.

Tiefste Vorkommen bei 100 m, höchste im Schwarzwald bei 930 m (OBERDORFER 1970).

Die Art ist im Gebiet vermutlich urwüchsig. Ältester litrarischer Nachweis: C. BAUHIN (1620: 60) „in collibus circa Crenzach" (bei Basel).

Seltener kommt die Art in folgenden Gebieten vor (Beobachtungen ab 1970):
Südliches Oberrheingebiet: 7712/1: NSG Taubergießen, 1972, S. GÖRS u. T. MÜLLER (1974: 240). 7812/4: o.O. (KR-K).
Schwäbische Alb: 7228/1: Hohlenstein, (STU-K); 7525/3: o.O. (STU-K); 7624/2: Tiefental, 1978, MECKLE u. RAUNEKER (STU-K); Riedental, 1979, J. MECKLE (STU-K).
Alpenvorland (ohne westlicher Bodensee): 8023/2: Schwaigfurtweiher, Straßenrand, 1976, S. SEYBOLD (STU-K); 8026/4: Bahngelände Aitrach, 1987, LENKER u. DÖRR (STU-K); 8122/2: SE Esenhausen, 1988, O. SEBALD (STU); 8321/1: Universität Konstanz, 1971, B. BEYERLE (STU-K); 8322/2: E Unterraderach, 1971, E. DÖRR (STU); 8325/1: Wangen, Friedhof, 1969, BRIELMAIER, 1971, E. DÖRR (STU).

Bestand und Bedrohung: Die Pflanze ist im Gebiet trotz eines leichten Rückgangs noch nicht gefährdet, sie ist aber schonungsbedürftig. In geringerem Umfang werden von ihr auch neue Wuchsorte besiedelt. Mähbarkeit: Die Art verträgt einmalige Mahd ab August.

6. Dianthus carthusianorum L. 1753
Karthäusernelke

Morphologie: Staude, die aus einer kräftigen Primärwurzel zahlreiche Blütentriebe entwickelt, 15–70 cm hoch, kahl, Blütentrieb mit 4–6 Internodien, unverzweigt; Stengelblätter lineal, 20–65 mm lang und 0,5–2 mm breit, am Grunde zu einer gemeinsamen ca. 10–15 mm langen Scheide verwachsen; Blüten bis zu 10 in kopfigen Dichasien, selten auch einzeln; Hochblätter wie die Laubblätter schmal; Kelchschuppen kürzer als die Blüten, hellbraun, trockenhäutig, plötzlich in eine Granne verschmälert; Kelch röhrig, 14–20 mm lang, dunkelpurpurn bis braun, Kelchzähne dreieckig; Blütenblätter dunkelrot, mit dunkleren Adern, Platte 6–12 mm lang, am Rand gezähnt.

Biologie: Blütezeit ist Mitte Mai bis August, selten bis Oktober. Bestäuber sind Tagfalter.

Ökologie: Auf warmen, basenreichen, etwas tiefgründigeren Böden, in Trockenrasen, an Wegböschungen, an Dämmen. Vegetationsaufnahmen z.B. bei KUHN (1937: 145–146); PHILIPPI (1971:

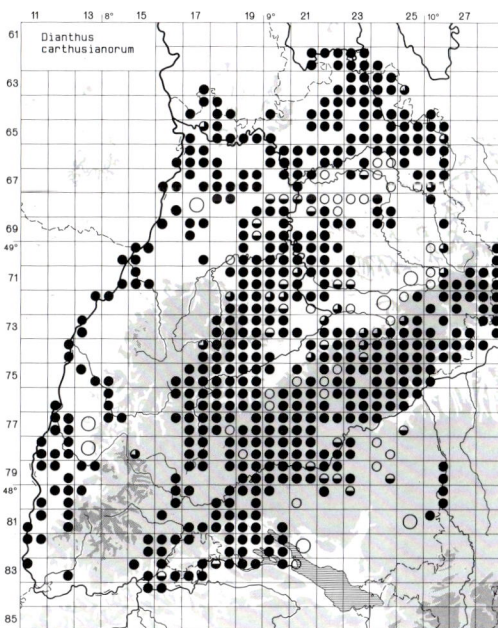

106–111); GÖRS (1974: 368–370); KORNECK (1974: Tabelle 75); VON ROCHOW (1951: 57–59, 69–71).

Allgemeine Verbreitung: Kommt nur in Mittel- und Westeuropa vor von Südfrankreich bis Südbelgien, Polen und zu den Karpaten, südlich bis Sizilien.

Verbreitung in Baden-Württemberg: Schwerpunkt sind die Zentren der Steppenheide: Oberrheingebiet mit randlicher Hügelzone, Muschelkalkgebiete und die Schwäbische Alb. Von diesen Gebieten aus ist die Art aber auch schwach bis in den Schwarzwald, bis nach Oberschwaben und stärker am Rand der Keuperstufe vorgedrungen.

Die niedrigsten Wuchsorte liegen bei 100 m, die höchsten am Lemberg auf der Schwäbischen Alb, 1012 m (K. BERTSCH 1919: 329).

Die Art ist im Gebiet urwüchsig. Der älteste literarische Nachweis findet sich bei DUVERNOY (1722: 41) für die Umgebung von Tübingen. Die Art ist aber auch in den Herbarien des HARDER aus den Jahren 1574–1576 vermutlich von der Schwäbischen Alb belegt (SCHORLER 1907: 85 als „Donder nägelin").

Bestand und Bedrohung: Durch die Veränderung der Magerstandorte ist die Art im Rückgang begriffen. Besonders in den Randgebieten (z. B. Hohenlohe) hat sie auch einen beträchtlichen Verlust erlitten, wie der Vergleich mit der Erhebung von EICHLER, GRADMANN und MEIGEN zeigt (ZKB). Neuausbreitungen wurden fast nie beobachtet. Die Pflanze ist noch nicht gefährdet, doch bedarf sie der Schonung. Mähbarkeit: Die Art verträgt Mähen ab Mitte August, auch extensive Beweidung, sie ist aber empfindlich gegen Brennen.

Literatur: EICHLER, GRADMANN u. MEIGEN (1926).

Amaranthaceae

Amarantgewächse
Bearbeiter: S. SEYBOLD

Einjährige bis audauernde Kräuter, Sträucher, seltener Bäume, mit gegenständigen oder wechselständigen Blättern; Blüten klein, radiär, zwittrig oder eingeschlechtig, einzeln in den Achseln von Tragblättern oder zu mehreren geknäuelt und zu kopfigen oder ährigen, traubigen oder rispigen Blütenständen vereinigt. Blütenhülle einfach, meist trockenhäutig, Fruchtknoten oberständig; Frucht eine Beere oder Schließfrucht, oder sich mit Deckel öffnend.

Die Familie umfaßt 900 Arten, die über die ganze Erde mit Ausnahme der kalten Gebiete verbreitet sind.

Alternanthera pungens Kunth 1818
A. repens (L.) Link 1821 non J. F. Gmelin 1791;
Achyranthes repens L. 1753
Papageienkraut

Pflanze ausdauernd, Stengel ästig; Blätter eiförmig bis verkehrt-eiförmig, 3–6 cm lang und 1,5 -2 cm breit; Blütenköpfe zu 2–3 in den Achseln von Hochblättern mit stechender Spitze sitzend; Blüten weiß bis gelb, 4 mm lang. – Blütezeit ist Juli bis September.

Heimat: Südamerika, in andere Kontinente verschleppt; bei uns sehr selten.

8213/3: Spinnerei Atzenbach, 1953, P. AELLEN in BAUMGARTNER (1975: 125).

Amaranthus L. 1753

Amarant, Fuchsschwanz

Einjährige oder ausdauernde Kräuter; Blätter wechselständig; Blüten geknäuelt, Blütenhülle mit 0–5 Hüllblättern von weißlicher oder rötlich-grüner bis roter Farbe, Staubblätter 0–5, Narben 2–4; Frucht eine Nuß oder sich mit Deckel öffnend.

Die Gattung umfaßt ca. 100 Arten. Unsere Amarant-Arten sind typische Kulturfolger. *A. lividus* und vielleicht auch *A. graecizans* sind schon vor langer Zeit aus dem Mittelmeerraum ins Gebiet eingewandert. In der Neuzeit sind die amerikanischen Arten nachgefolgt; erst *A. retroflexus*, später *A. hybridus* und andere Arten. *A. bouchonii* ist vielleicht eine erst um 1920 in Europa entstandene Art. Sie gehört zu denen, die sich erst in allerjüngster Zeit verbreitet haben. Die moderne Maiskultur mit starker Düngung und dem Einsatz von Herbiziden hat diesen Arten neue Standorte bereitet. Sie haben das Maximum ihrer Verbreitung noch nicht erreicht. Es kann jedoch auch wieder ein plötzlicher Rückgang einsetzen. Die Amarante bevorzugen die trockensten und wärmsten Gebiete des Landes. Am Rande der Colmarer Trockeninsel, die noch von Grißheim bis Sasbach über den Rhein herüberreicht, erreicht die Wuchsortdichte ihr Maximum. HÜGIN (1986), der die Amarante am genauesten beobachtet hat, gibt sogar Mengenangaben für sein Gebiet an. Von über 5000 Fundorten fallen 42 % auf *A. retroflexus*, 25 % auf *A. bouchonii* (Elsaß!), 20 % auf *A. hybridus* und 8 % auf *A. lividus*. Die restlichen Arten kommen nur auf 2 % oder weniger.

1	Obere Blütenknäuel bilden einen blattlosen, rispenartigen Blütenstand	2
–	Blütenknäuel nur blattachselständig	5
2	Stengel niederliegend bis aufsteigend, Blätter vorn meist stark ausgerandet, Staubblätter 3 . . . . . . *7. A. lividus*	
–	Stengel aufrecht, Blätter meist zugespitzt, Staubblätter 5	3

3	Frucht sich mit einem Deckel öffnend	4
–	Frucht bleibt geschlossen oder reißt unregelmäßig auf	3. *A. bouchonii*
4	Vorblätter der Blüten pfriemlich-dornig, 6–8 mm lang, Stengel kahl bis schwach behaart, Blütenstand schlank, im unteren Teil meist unterbrochen	2. *A. hybridus*
–	Vorblätter der Blüten 4–6 mm lang, Blütenrispe dicht, Stengel dicht behaart, Blätter graugrün, matt	4. *A. retroflexus*
5	Perigonzipfel (4–)5, Blätter spatelig, mit weißem Rand	1. *A. blitoides*
–	Perigonzipfel (2–)3	6
6	Vorblätter der Blüten doppelt so lang wie die Blüten, stechend, Stengel auffallend weiß bis strohfarben, Seitenäste ausladend	5. *A. albus*
–	Vorblätter der Blüten etwa so lang wie die Blüten, Stengel grün, aufsteigend	6. *A. graecizans*

Amaranthus caudatus L. 1753
A. quitensis Kunth 1818
Gartenfuchsschwanz

Die Kulturform dieser Art mit den lang herabhängenden roten Blütenständen wird oft in Gärten gezogen und kann unbeständig verwildert auftreten. Die als *A. quitensis* bezeichnete Wildform wurde bei uns auf Müllplätzen selten eingeschleppt gefunden. Ihre Heimat ist Südamerika.

6516/2: Hafen von Mannheim, 1909, ZIMMERMANN, 1953, HEINE u. AELLEN, HEGI (1959: 487); 6821/3: Hafen Heilbronn, 1934, HECKEL (STU-K); 7121/2: Müllplatz Neustadt, 1932, 1935, 1941, K. MÜLLER (STU-K); 7221/4: Eßlingen, 1933, K. MÜLLER (STU-K); 7223/4: Müllplatz bei Göppingen, 1937, 1939, K. MÜLLER (STU-K); 7324/1: Salach, 1932–1936, K. MÜLLER (STU-K); 7521/4: Spinnerei Unterhausen, 1951, K. MÜLLER (STU-K); 7614/1: Kartoffelacker bei Gengenbach, HÜGIN (1986: 362); 8213/3: Atzenbach, 1952–53, P. AELLEN, BAUMGARTNER (1975: 125); 8311: o.O., HÜGIN (1986: 362); 8324/2: Obermooweiler, 1972, E. DÖRR (1973: 47); 8412/2: Misthaufen bei Minseln, HÜGIN (1986: 362).

Amaranthus cruentus L. 1759
A. paniculatus L. 1763
Rispen-Fuchsschwanz

Die Pflanze mit den aufgerichteten, intensiv roten Blütenständen wird oft in Gärten kultiviert; sie verwildert aber nur selten und bleibt stets unbeständig.

1. **Amaranthus blitoides** S. Watson 1877
Westamerikanischer Amarant

Morphologie: Pflanze einjährig, 15–50 cm hoch, Stengel niederliegend bis aufsteigend; Blätter verkehrt-eiförmig, spatelig, 1,5–3 cm lang, oberseits glänzend, mit weißem Blattrand; Blütenknäuel alle achselständig; Blüten mit 4–5 Blütenhüllblättern; Frucht eine Deckelkapsel. – Blütezeit: Juli bis Oktober.

Ökologie: An Ruderalstellen auf Bahnhöfen und in Häfen, sehr selten in Äckern oder in Sandfluren.

Allgemeine Verbreitung: Heimat ist Mexiko und die westliche USA. In Süd- und Mitteleuropa ist die Art stellenweise eingebürgert.

Verbreitung in Baden-Württemberg: Selten im Oberrheingebiet, im Kraichgau, im mittleren Neckarraum und bei Ulm.

Die tiefsten Vorkommen liegen bei 100 m Meereshöhe, die höchsten in 7625/2: Söflingen, 470 m.

Literarischer Erstnachweis: ZIMMERMANN (1907: 76): „Hafen von Mannheim, 20. Aug. 1906."

6416/4: o.O.; 6417/3: Beim Viernheimer Kreuz, BUTTLER in BUTTLER u. STIEGLITZ (1976); 6417/4: Weinheim-Lützelsachsen, 1988, S. DEMUTH (KR-K); 6517/3: Rheinauhafen, 1923, OESTREICH in HEINE (1952: 99), nach ZIMMERMANN (1925: 24) „Massenhaft", 1987, S. DEMUTH (KR-K); zwischen Rheinau und Brühl-Rohrhof, 1982, K.H. HARMS (STU-K); 6819/1: Adelshofen, Maisacker, 1982, K.H. HARMS (STU-K); 6915/4: Daxlanden, 1937, JAUCH (KR); 6916/1: Eggenstein, 1937, JAUCH (KR); 6916/3: Südlich Rheinhafen, 1937, JAUCH (KR); 6916/4: Zwischen Rintheim und Durlach, 1943, JAUCH (KR); 7121/2: Neustadt, 1953, K. MÜLLER (STU-K); 7121/3: Stuttgart-Nord, Gbf., 1952, W. KREH (STU-K); 7221/1: Stuttgart Hauptgbf., 1952, W. KREH (STU-K); 7324/1: Salach, 1952–54, K. MÜLLER (STU-K); 7625/2: Söflingen, 1932, K. MÜLLER (STU-K); 7912/3: Merdingen, Acker, G. HÜGIN (1986: 364); 7926/4: Müllplatz Buxheim (Bayern), 1970, E. DÖRR.

Bestand und Bedrohung: Die Art ist im Raum Mannheim und zeitweise auch im Stuttgarter Gebiet aufgetreten und hat sich eine Zeit lang gehalten.

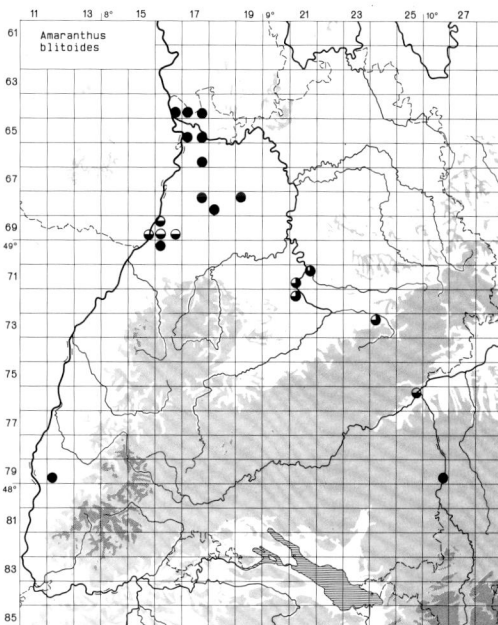
Amaranthus blitoides

H. Heine und W. Kreh (in Hegi 1959: 490) hielten sie für eingebürgert. Im Stuttgarter Raum ist sie aber inzwischen wieder verschwunden. Ob sie in Mannheim noch als eingebürgert gelten kann, ist unsicher, doch gilt es noch für die angrenzenden Gebiete Hessens und der Pfalz.

Amaranthus palmeri S. Watson 1877
Palmers Amarant

Pflanze aufrecht, 1 m hoch und höher, zweihäusig; Blätter langgestielt, Blütenhüllblätter 5, stumpf, mit langer Spitze; Frucht sich mit Querriß öffnend.

Heimat: Südliche USA und Mexiko. Bei uns sehr selten eingeschleppt.

6516/2: Hafen von Mannheim, 1952, Heine in Hegi (1959: 510); 7521/4: Spinnerei Unterhausen, 1952, K. Müller (STU); 8213/3: Atzenbach, 1952–53, Aellen (STU). Bei der Angabe 7121/2: Neustadt, K. Müller in Seybold et al. (1968: 193) lag eine Verwechslung vor.

Amaranthus viridis L. 1763
Amaranthus gracilis Desfontaines ex Poiret 1810
Zierlicher Amarant

Stengel aufrecht, mit langen Ästen; Blütenknäuel teils achselständig teils endständig; Blüten dreizählig; Frucht 1–1,5 mm lang, unregelmäßig aufreißend, stark runzelig.

Heimat unbekannt, heute in den Tropen und Subtropen weit verbreitet; bei uns sehr selten eingeschleppt.

6516/2: Mannheim, Ölfabrik, 1888, Hegi (1959: 504); 7521/4: Spinnerei Unterhausen, 1951–54, K. Müller (STU-K); 8213/3: Atzenbach, 1952–54, Tschopp u. Aellen, Baumgartner (1975: 125).

Amaranthus acutilobus Uline et Bray 1894
Spitzlappiger Amarant

Stengel aufsteigend oder niederliegend; Blätter verkehrt herzförmig, an der Spitze ausgerandet; alle Blütenknäuel blattachselständig; Frucht sich nicht mit Querriß öffnend.

Heimat: Mexiko. Bei uns sehr selten eingeschleppt.

6516/2: Hafen Mannheim, 1909, Hegi (1959: 497).

Amaranthus standleyanus Parodi ex Covas 1941
A. vulgatissimus auct.
Standleys Amarant

Pflanze aufsteigend oder aufrecht; Stengel spärlich behaart; Blätter rhombisch-eiförmig, 3–5 cm lang, am Rand leicht gekräuselt; Blütenstand meist in blattachselständigen Knäueln, weibliche Blütenhüllblätter plötzlich in einen Nagel verschmälert; Frucht ohne Längsrippen, geschlossen bleibend, stark runzelig an der Spitze, kürzer als die Blütenhüllblätter. – Blütezeit: Juli bis September.

Heimat: Argentinien. Bei uns sehr selten eingeschleppt.

6516/2: Mannheim, 1903–6, Hegi (1959: 493); Mühlau 1953, Hegi (1959: 493); 7324/1: Salach, 1932, K. Müller (STU-K); 7412/2: Kehl, Hafen, 1904, A. Ludwig in Ascherson u. Graebner (1914: 344); 8213/3: Atzenbach, 1953, Tschopp u. Aellen in Hegi (1959: 493); 8324/2: Obermooweiler, 1972, E. Dörr (1973: 47).

Amaranthus dubius Martius ex Thellung 1912
Zweifelhafter Amarant

Im Aussehen ähnlich wie *A. paniculatus*; Pflanze aufrecht; Blüten sowohl achselständig als auch eine endständige Scheinähre bildend, weißlichgrün; Blütenhüllblätter 5, Vorblätter der weiblichen Blüten etwa so lang wie die Blütenhülle; Frucht sich mit Deckel öffnend.

Heimat: Tropisches Amerika. Bei uns sehr selten eingeschleppt.

7324/1: Salach, 1935, K. Müller (STU-K); 7521/4: Spinnerei Unterhausen, 1952–53, K. Müller (STU-K); 8213/3: Spinnerei Atzenbach, 1953, Tschopp u. Aellen in Hegi (1959: 476).

Amaranthus spinosus L. 1753
Dorniger Amarant, Malabarspinat

Pflanze aufrecht; Blätter in den Achseln meist mit 2 pfriemlichen Dornen; Blütenstand im unteren Teil mit weiblichen, im oberen mit männlichen Blüten; weibliche Blüten mit 5, männliche mit 3 Blütenhüllblättern; Frucht sich mit einem Deckel öffnend. – Blütezeit: Juni bis Oktober.

Heimat: wahrscheinlich Amerika, heute in den Tropen weit verbreitet. Bei uns sehr selten eingeschleppt.

6516/2: Ölfabrik Mannheim, 1888, Hegi (1959: 477); 7521/4: Spinnerei Unterhausen, 1953–54, K. Müller (STU); 8213/3: Atzenbach, 1952–59, Tschopp u. Aellen in Hegi (1959: 477), Baumgartner (1975: 125).

Amaranthus crispus (Lespinasse et Théveneau) N. Terracciano 1890
Euxolus crispus Lespinasse et Théveneau 1859
Krauser Amarant

Pflanze niederliegend oder aufsteigend, Stengel dicht weichhaarig; Blätter 5–15 mm lang, am Rand stark welligkraus; Früchte geschlossen bleibend. – Blütezeit: Juli bis September.

Heimat: Argentinien. Bei uns sehr selten eingeschleppt.

6416/4: Friesenheimer Insel, 1953, Heine u. Aellen in Hegi (1959: 492); 6516/2: Mannheimer Hafen, 1906–13, Hegi (1959: 492); 6916/4: Karlsruhe-Hagsfeld, 1950, J. Hruby (KR); 7324/1: Salach, 1935, K. Müller (STU).

Amaranthus deflexus L. 1771
Herabgebogener Amarant

Pflanze niederliegend bis aufsteigend; Blätter rhombisch-eiförmig, zugespitzt und höchstens schwach ausgerandet; untere Blütenknäuel blattachselständig, obere zu einem endständigen Blütenstand vereinigt; Frucht aufgeblasen-häutig, nicht aufspringend. – Blütezeit: Juni bis Oktober.

Heimat: Südamerika, im Mittelmeergebiet eingebürgert, bei uns sehr selten eingeschleppt.

Grünähriger Fuchsschwanz (*Amaranthus hybridus*), links; aus Reichenbach, L.: Icones florae germanicae et helveticae, Band 24, Tafel 296, Figur 1 und 2 (1909); (bearbeitet von G. E. Beck von Mannagetta).

G. de Beck del.

1_2. *Amarantus hybridus v. chlorostachys (Willd.) 3_4. A. patulus Bert.*

6516/2: Mühlau, 1922, OESTREICH in HEINE (1952: 99); Hafen Mannheim, 1933, K. MÜLLER (STU-K); 6821/3: Gbf. und Hafen Heilbronn, 1933, K. MÜLLER (STU-K); 7412/2: Kehl, PETRY in LUDWIG (1904: 121); 7521/4: Spinnerei Unterhausen, 1952, K. MÜLLER (STU); 8013/1: Freiburg, 1904, THELLUNG in ASCHERSON u. GRAEBNER (1914).

Amaranthus muricatus Gillies ex Moquin 1849
Höckeriger Amarant

Pflanze ausdauernd; Blätter lineal-lanzettlich, stumpf, bis 5 cm lang und höchstens 1 cm breit; Blütenstand mit endständiger Scheinähre; Früchte stark höckerig, nicht aufspringend.
Heimat: Südamerika, bei uns sehr selten eingeschleppt.
8213/3: Spinnerei Atzenbach, 1953, P. AELLEN in BAUMGARTNER (1975: 125).

2. Amaranthus hybridus L. 1753
A. chlorostachys Willd. 1790; *A. powellii* S. Watson 1875
Grünähriger Fuchsschwanz

Morphologie: Pflanze einjährig, (5)–20–200 cm hoch, aufrecht, oft ästig, Stengel kahl oder schwach behaart, grün oder rötlich; Blätter langgestielt, rhombisch-eiförmig, stumpf mit aufgesetzter Stachelspitze; Blütenstand rispig, mit langen Ästen, im unteren Teil noch mit Tragblättern, Blütenstandsende oft lang schmal zylindrisch, im unteren Teil locker; Vorblätter mit einem langen, derben Stachel; Blütenhüllblätter schmal eiförmig, zugespitzt; Fruchthülle quer aufreißend.
Verwechslungsmöglichkeiten: Von *A. bouchonii* an den kreisförmig sich ablösenden Deckeln der Frucht zu unterscheiden. Dies ist schon früh (zur Blütezeit) erkennbar. Gegenüber *A. retroflexus* ist nach HÜGIN (1986) charakteristisch das helle Grün des Blütenstandes, das mit den dunkelgrünen Laubblättern und dem oft rot überlaufenen Stengel kontrastiert.
Biologie: Blütezeit ist Juli bis September. Den Keimungsverlauf und das Wachstum untersuchte HÜGIN (1986). Nach ihm entwickelt ein Exemplar manchmal mehr als 420000 Samen. Die Chromosomenzahl ist 2 n = 32 (HÜGIN 1987: 461).
Ökologie: Auf lockeren, nährstoffreichen Böden, in Hackunkrautgesellschaften, in Maisäckern, in Weinbergen, auf Schuttplätzen, an Flußufern. Vegetationsaufnahmen bei OBERDORFER (1957: 56–58), T. MÜLLER (1983: 76–78, 81–82 und 90–91) und HÜGIN (1986: 368–373). Bevorzugt die warm-trockenen Klimagebiete am Oberrhein.
Allgemeine Verbreitung: Ursprünglich im tropischen Amerika beheimatet, heute in den wärmeren Gebieten weltweit verschleppt. In Europa nord-

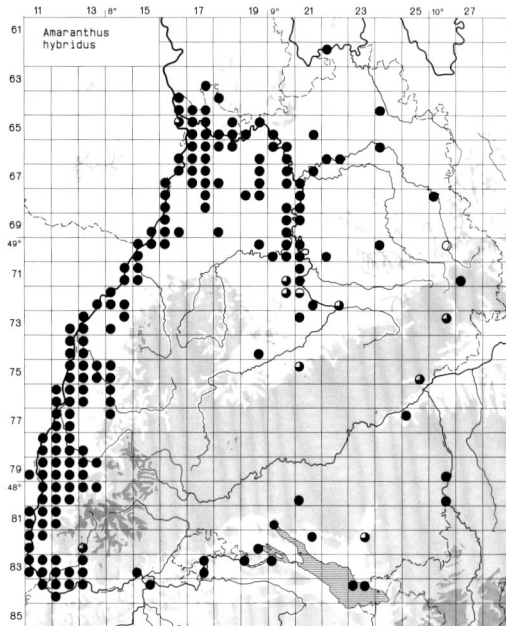

wärts nur bis Norddeutschland und Polen. Steigt in den Alpen bis über 1000 m (Axams, Tirol, 1986, SEYBOLD).
Verbreitung in Baden-Württemberg: In den wärmsten und tiefsten Lagen, besonders entlang des Oberrheins und des Neckars.
Tiefste Vorkommen bei 100 m, höchste Vorkommen: 7127/3: Arlesberg, 620 m, vermutlich auch höher.
Die Art ist im Gebiet nicht urwüchsig. Ältester literarischer Nachweis: ZIMMERMANN (1907: 76) im Hafen von Mannheim, 1889.
Bestand und Bedrohung: Die Art ist nicht bedroht, sie ist eher in Ausbreitung begriffen. Die Eutrophierung der Äcker schafft ihr zunehmend neue Möglichkeiten.
Literatur: HÜGIN (1986).

3. Amaranthus bouchonii Thellung 1926
A. hybridus ssp. *bouchonii* (Thell.) Bolós et Vigo 1974
Bouchons Fuchsschwanz

Morphologie: Pflanze einjährig, Stengel aufrecht, (10)–20–150 cm hoch, oberwärts etwas behaart; Blätter gestielt, rhombisch-eiförmig, Spreite 3–4,5 cm lang und 1,5–2,5 cm breit, stumpf, mit aufgesetzter Stachelspitze; Scheinrispe dicht; Blütenstand gern und früh rot überlaufen, Vorblätter lang grannig und stachelspitzig, doppelt so lang wie die Blütenhülle; Blütenhülle fünfzählig; Fruchthülle nicht in einem Querring aufreißend.

Biologie: Blütezeit ist Juni bis Oktober. Das Keimverhalten und Wachstum untersuchte HÜGIN (1986). Die Chromosomenzahl ist 2 n = 32 (Elsaß, HÜGIN 1987: 461).

Ökologie: In Maisfeldern, auf Schuttplätzen und Bahnhöfen. Vegetationsaufnahmen aus dem Gebiet bei HÜGIN (1986: 368–373).

Allgemeine Verbreitung: Die Heimat ist unbekannt. Die Art wurde in Europa 1925 entdeckt und hat sich dort seither rasch ausgebreitet.

Verbreitung in Baden-Württemberg: Hauptsächlich in der südlichen und mittleren Oberrheinebene (vgl. HÜGIN 1986). In den übrigen Gebieten noch recht selten.

Bisher sind folgende Fundorte bekanntgeworden oder belegt: 6417/4: NE Heddesheim, BUTTLER in BUTTLER u. STIEGLITZ (1976: 15); 7021/3: Neckar bei Beihingen, 190 m, 1971, S. SEYBOLD (STU); 7121/2: Schuttplatz S Aldingen, 1967, S. SEYBOLD (STU); 7121/3: Schuttplatz beim Hofener Wäldchen, 1968, S. SEYBOLD (STU); 7421/1: Neckar bei Neckartenzlingen, 1988, S. SEYBOLD (STU); 7421/3: Güterbahnhof Reutlingen, 1951, K. MÜLLER (STU); 8312/3: Müllplatz bei Brombach, 1954, TSCHOPP

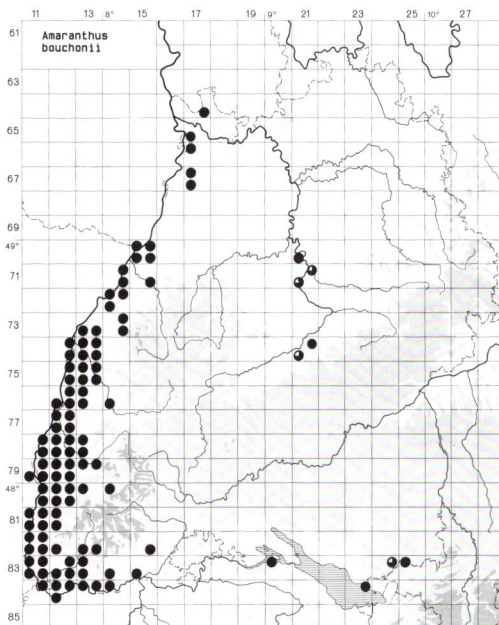

u. AELLEN (STU); 8320/1: Insel Reichenau, 1983, G. HÜGIN (STU); 8324/2: Bahnhof Wangen, 570 m, 1964, G. BRIELMAIER (STU); 8325/1: Güterbahnhof Wangen, 1970, E. DÖRR (STU); 8423/2: W Kreßbronn, 1987, E. DÖRR (STU).

Tiefste Vorkommen: 100 m; höchstes Vorkommen: Südschwarzwald, 730 m, NOACK in HÜGIN (1986: 363).

Die Art ist im Gebiet nicht urwüchsig. Ältester literarischer Nachweis: P. AELLEN in HEGI (1959: 475–476): Reutlingen, 1951, K. MÜLLER; Brombach 1954, TSCHOPP u. AELLEN.

Bestand und Bedrohung: Die Art ist in jüngster Zeit in Ausbreitung begriffen. Sie hat sich erst in den letzten Jahrzehnten vom Elsaß und dem südlichen Oberrheingebiet aus ausgebreitet. Sie ist wohl auch oft mit *A. hybridus* verwechselt worden. Sicheres Kennzeichen sind die nicht oder unregelmäßig zerreißenden Fruchthüllen. Die Art hat sich eingebürgert, ob aber auf längere Dauer, ist unbekannt.

Literatur: HÜGIN (1986).

4. Amaranthus retroflexus L. 1753
Rauhhaariger Fuchsschwanz

Morphologie: Pflanze 5–120–(150) m hoch, aufrecht, einjährig, Stengel dicht kurzhaarig, später etwas verkahlend; Blätter bis 15 cm lang, langgestielt, rhombisch-eiförmig, am Grunde keilig, stumpf oder ausgerandet, mit kurzer aufgesetzter

Bouchons Fuchsschwanz *(Amaranthus bouchonii)* Neckartenzlingen, 22. 9. 1991

471

Rauhhaariger Fuchsschwanz *(Amaranthus retroflexus)*

Stachelspitze, meist graugrün; Blütenstand dicht gedrängt, im unteren Teil noch blattachselständig, nach oben ohne Tragblätter; Vorblätter derb, stechend, Blütenhüllblätter 5, bei männlichen Blüten stumpf oder ausgerandet mit aufgesetzter Spitze; Fruchthülle sich kappenförmig öffnend. HÜGIN (1986: 295) kennzeichnet die Art durch den stark behaarten Stengel, weißlich- bis graugrüne Farbtöne sowie große Laubblätter, die von einem auffallend stark in die Blattfläche eingesenkten Adernetz durchzogen werden und dadurch derb und runzelig aussehen.

Biologie: Blütezeit ist Juli bis September. Eine Pflanze kann 500 000 oder gar 1 Million Samen entwickeln. Ihr Keimungsverhalten wurde durch HEINISCH (1932), BROD (1953) und HÜGIN (1986) untersucht.

Ökologie: Auf lockeren, nährstoffreichen Böden in Hackfruchtäckern, in Maisäckern, in Weinbergen, auf Schuttplätzen, an Flußufern. Vegetationsaufnahmen z.B. bei PHILIPPI (1971: 124 und 1978: 252–353), T. MÜLLER (1983: 50–57), HÜGIN (1986: 368–373).

Allgemeine Verbreitung: Ursprünglich in der südlichen USA beheimatet. Heute in den wärmeren Zonen der Erde weltweit verschleppt. In Europa nordwärts nur bis Norddeutschland, Südschweden und dem Baltikum.

Verbreitung in Baden-Württemberg: Wärmeliebend und daher nur in den tieferen Lagen, besonders im Oberrheingebiet, im Bodenseegebiet, im Neckar-Tauber- und Maingebiet, sonst selten.

Tiefste Vorkommen bei 100 m, höchste Vorkommen: 7818/3: Denkingen, ca. 690 m, sicher auch höher, nach Hügin (1986: 362) im Südschwarzwald bis 730 m.

Die Art ist im Gebiet nicht urwüchsig. Älteste literarische Nachweise: DIERBACH (1820: 311–312) „Circa urbem... prope Hockenheim, Alt- und Neu-Lossheim, Oberhausen, Rheinhausen, dem Rohrhof et alibi". STEUDEL (in Flora 6: 200, 1823) aus der Umgebung von Stuttgart. Zettelkatalog des G. V. MARTENS: „Kantstadt, am Neckar unterhalb der Brücke, 24. 8. 1813. Beleg im Herbar MARTENS."

Bestand und Bedrohung: Die Art, die bei uns an-

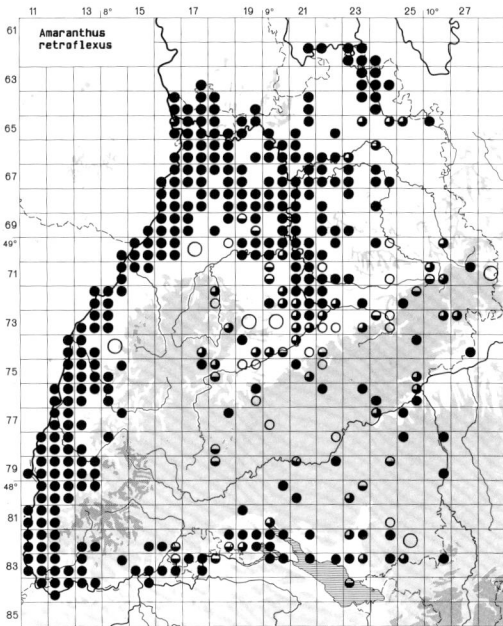

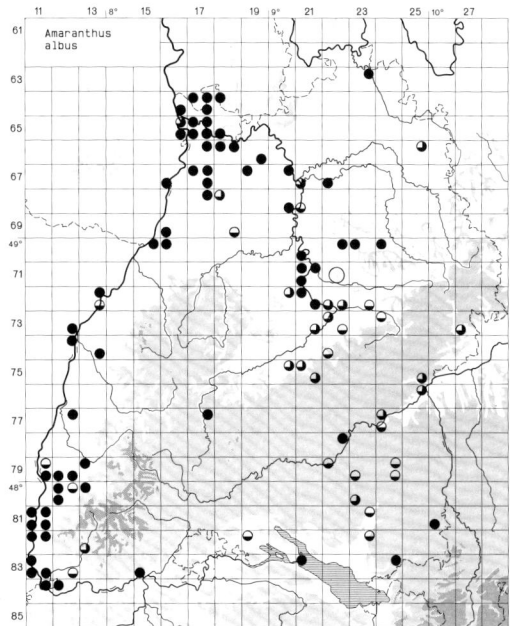

scheinend erst im 19. Jahrhundert eingewandert ist, ist nicht bedroht. Infolge der Eutrophierung vieler Ackerstandorte findet sie zunehmend neue Möglichkeiten.

Literatur: BROD, G. (1953); HEINISCH, O. (1932); HÜGIN, G. (1986).

5. Amaranthus albus L. 1759
Weißer Fuchsschwanz

Morphologie: Pflanze einjährig, 10–70 cm hoch, aufsteigend und ästig, Zweige hell weißlich werdend; Blätter verkehrt-eiförmig, keilig in einen langen Stiel verschmälert, obere mit Stachelspitze; Blätter der Zweige oft viel kleiner als die des Hauptstengels; Blattrand etwas wellig; Blüten geknäuelt, blattachselständig; Vorblätter mit dorniger Spitze; Blütenhülle dreizählig, häutig mit grünem Mittelnerv; Frucht etwa 1,5 mm lang, Hülle quer aufreißend.

Biologie: Blütezeit ist Juli bis Oktober. Das Keimverhalten und Wachstum untersuchte HÜGIN (1986). Nach ihm entwickelt 1 Exemplar bis rund 100000 Samen.

Ökologie: Auf trockenen, lockeren Böden, gern auf Sand, auf Bahnhöfen, an Wegen und auf Müllplätzen, selten in Hackkulturen. Vegetationsaufnahmen bei PHILIPPI (1971: 124), OBERDORFER (1957: 41–42) und HÜGIN (1986: 368–373).

Allgemeine Verbreitung: Heimat ist die südliche USA und Mexiko. Die Art ist aber weltweit verschleppt.

Verbreitung in Baden-Württemberg: Wärmeliebend, frostempfindlich und daher nur in den tiefsten Lagen des Gebiets eingebürgert. Hauptsächlich im Oberrheingebiet und im mittleren Neckarland. In den anderen Landschaften seltener z.B. im Alpenvorland.

Tiefste Vorkommen bei 100 m, höchstes Vorkommen: 8126/3: Güterbahnhof Leutkirch, 650 m.

Die Art ist im Gebiet nicht urwüchsig. Ältester literarischer Nachweis: LUTZ (1889: 118) von der Friesenheimer Insel (6416/4), 1886.

Fundorte (in Auswahl, Beobachtungen ab 1970):
Oberrheingebiet: 6518/3: Heidelberg, Hauptbahnhof, 1973, F. SCHÖLCH (STU-K); 6617/2: Autobahnraststelle Hartwald, 1984, S. SEYBOLD (STU); 6716/3: Rußheim, S Schützenhaus, 1972, G. PHILIPPI (KR); 6817/4: Bhf. Bruchsal, 1983, G. HÜGIN (STU-K); 7016/1: Karlsruhe, HÜGIN (1986: 364); 7412/2: Kehl, HÜGIN (1986: 364); 7912/3: Wasenweiler, HÜGIN (1986: 364); 8111/1: W Grißheim, 1984, B. QUINGER (STU-K); 8111/2: Seefelden, 1986, B. QUINGER (STU-K); zwischen Grißheim und Flugplatz, HÜGIN (1986); 8111/3: Bahnhof Neuenburg und N Neuenburg, HÜGIN (1986); 8111/4: NW Müllheim, HÜGIN (1986); 8211/1: N Steinenstadt, HÜGIN (1986).
Neckarland: 6619/4: o.O.; 6722/3: Straßenrand Cleversulzbach-Neuenstadt, 1975, S. SEYBOLD (STU); 6820/4: o.O., W. PLIENINGER (STU-K); 7021/3: Beihingen, Neckarufer, 1971, S. SEYBOLD (STU); 7022/2: Gbf. Oppenweiler, 1977, H. W. SCHWEGLER (STU); 7023/1: Bahnübergang Murrhardt, 1978, H. W. SCHWEGLER (STU);

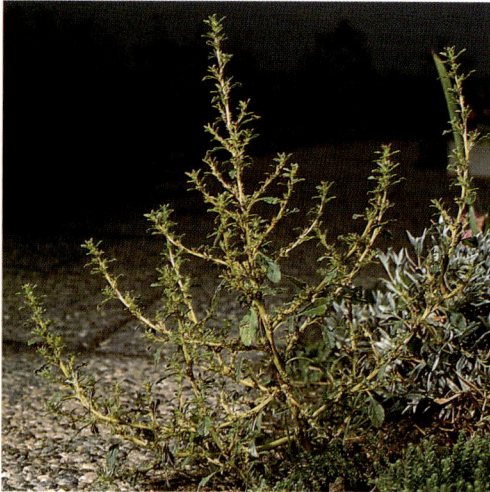

Weißer Fuchsschwanz *(Amaranthus albus)*

7024/1: Fichtenberg, an Straße, 1976, H.W. SCHWEGLER (STU-K); 7121/1: Gbf. Kornwestheim, 1971, A. SINDELE (STU-K); 7121/2: Neckargröningen, Neckarufer, 1971, S. SEYBOLD (STU); 7121/3: Stuttgart, Nordbahnhof; Feuerbach-Zuffenhausen, Bahngelände; 7221/1: Stuttgart, Hauptgüterbahnhof, 1978, W. SEILER; Cannstatter Bahnhof, 1984, G. HÜGIN (STU-K); 7717/2: Altoberndorf-Hartheim, 1986, M. ADE (STU-K).
Alpenvorland: 7822/2: Bahnhof Riedlingen, 1973, S. SEYBOLD (STU-K); 8126/3: Gbf. Leutkirch, 1970, E. DÖRR (1973); 8321/1: Bahnhof Konstanz, ca. 1983, K. AIGELDINGER (STU-K); 8324/2: Bahngelände Wangen, 1972, E. DÖRR (STU).

Bestand und Bedrohung: Obwohl die Art an vielen Orten nur unbeständig auftritt, ist sie nicht gefährdet.
Literatur: HÜGIN, G. (1986).

6. Amaranthus graecizans L. 1753
A. angustifolius Lam. 1783; *A. sylvestris* Vill. 1807
Wilder Fuchsschwanz

Morphologie: Pflanze einjährig, aufrecht und ästig, 20–80 cm hoch; Blätter eiförmig-rhombisch, am Grunde keilig in einen langen Stiel verschmälert, an der Spitze fast nie deutlich ausgerandet, mit Grannenspitze; Blattspreite 2–4 cm lang und 1–2 cm breit; Blüten alle in Knäueln, blattachselständig; Mittelnerv der Vorblätter in eine Stachelspitze auslaufend; Blütenhülle weißhäutig, spitz; Fruchthülle quer aufspringend, mit Längsnerven; Samen glänzend, dunkel.
Biologie: Blütezeit ist Juni bis Oktober. Das Keimverhalten und Wachstum untersuchte HÜGIN (1986).

Ökologie: Auf frischem nährstoffreichem, lockerem Boden, in Weinbergen, in Hackfruchtäckern, auf Schuttplätzen. Vegetationsaufnahmen aus dem Gebiet bei OBERDORFER (1957: 63–64).
Allgemeine Verbreitung: Mittelmeergebiet bis Zentralasien und tropisches Afrika, nach Australien verschleppt. In Europa nordwärts bis Deutschland, im Oberrheingebiet am Rande des Areals.
Verbreitung in Baden-Württemberg: Oberrheingebiet, Bodenseegebiet, im Neckargebiet und bei Ulm nur unbeständig eingeschleppt.

Tiefste Vorkommen bei ca. 100 m, höchste Vorkommen bei Ulm, 480 m.

Die Art ist im Gebiet nicht urwüchsig, aber vielleicht alteingebürgert. Ältester literarischer Nachweis: C.C. GMELIN (1826: 670–671) „circa Carlsruhe, Mühlburg, Neureith, Eckenstein et alibi non infrequens."

Oberrheingebiet: 6916/3: Karlsruhe, Schloßgarten, 1884, BONNET (1887: 327); Mühlburg, A. BRAUN in DÖLL (1859: 622–623); Daxlanden, 1938, JAUCH (KR); 7811/2: Wyhl und Limburg, HÜGIN (1986: 365); 7811/4: Lützelberg bei Sasbach, HÜGIN (1986: 365); Sasbach-Limburg, 1868, WIRTGEN (Herbar Konstanz); 7911/2: Oberbergen; Niederrotweil; Büchsenberg; Schloßberg bei Achkarren; Blankenhornsberg; alle HÜGIN (1986: 365); Büchsenberg auch bei NEUBERGER (1912: 90); 7911/4: Breisach und Ihringen, HÜGIN (1986: 365); 8012/1: Niederrimsingen, Tuniberg, HÜGIN (1986: 365); 8013/1: Dreisam und Kiesgrube bei Freiburg, THELLUNG in HUBER et al. (1905: 419); 8211/3: Rheinweiler, HÜGIN (1986); 8411/2: Grenzach, SCHILL in BAUMGARTNER (1882: 14).

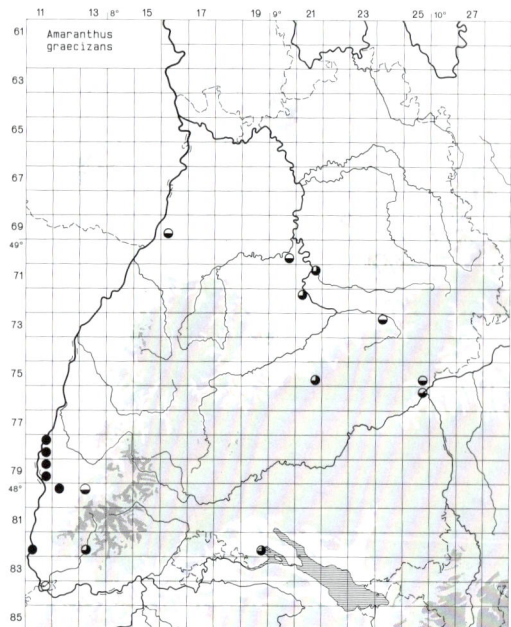

Schwarzwald: 8213/3: Spinnerei Atzenbach, 1953, P. AELLEN in BAUMGARTNER (1975: 125).
Neckarland: 7020/4: Hohenasperg, 1941, SCHMOHL (STU-K); 7121/2: Müllplatz Neustadt, 1932–45, W. KREH (STU-K); 7221/1: Stuttgarter Hauptbahnhof, 1951, 1953; Stuttgart-Wangen, Auffüllplatz, 1953, W. KREH (STU-K); 7324/1: Salach, 1937, K. MÜLLER (STU-K); 7521/4: Spinnerei Unterhausen, 1952–53, K. MÜLLER (STU-K).
Alpenvorland: 7525/4: Gbf. Ulm, 1932, 1934, K. MÜLLER (STU-K); 7625/2: Auffüllplatz Ulm-Söflingen, 1940, K. MÜLLER (STU-K); 8219/4: Radolfzell, 1951, K. HENN (STU-K).

Bei der Mitteleuropa-Kartierung wurde die Art auch von den Kartenblättern 6416, 6516, 6517, 6518 und 6720 angegeben, doch sind diese Angaben noch zu überprüfen.

Bestand und Bedrohung: Die Art ist im Gebiet zurückgegangen. DÖLL (1859: 622–623) verzeichnete schon ihren Rückgang um Karlsruhe. Sie kommt nur im Kaiserstuhl beständiger vor (HÜGIN 1986).
Literatur: HÜGIN (1986).

Aufsteigender Fuchsschwanz *(Amaranthus lividus)*

7. Amaranthus lividus L. 1753

Amaranthus blitum L. 1753; *Albersia blitum* (L.) Kunth 1838
Aufsteigender Fuchsschwanz

Morphologie: Pflanze einjährig, 10–70 cm hoch, niederliegend und aufsteigend, seltener aufrecht, verzweigt; Stengel kahl; Blätter langgestielt, eiförmig-rhombisch, am Grunde keilig, vorn ausgerandet, auf der Oberseite oft mit einem dunklen Fleck;

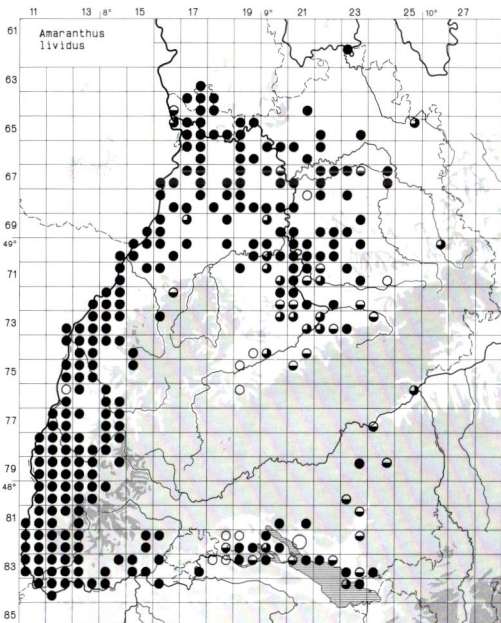

Blüten geknäuelt, blattachselständig und in endständiger Ähre; Blüten dreizählig, Blütenhüllblätter weißhäutig mit grünem Mittelnerv; Frucht ellipsoidisch und abgeflacht, etwas runzelig, unregelmäßig aufreißend; Samen glänzend.
Variabilität: Die var. *lividus* ist eine aufrecht wachsende, als Gemüsepflanze früher kultivierte Sippe mit rotem Stengel. Im Gebiet kommt fast ausschließlich die var. *ascendens* (Loisel.) Thellung 1914 (= *A. ascendens* Loisel. 1810) vor. Die Frucht ist hier 2–2,5 mm lang. Sehr selten eingeschleppt wurde auch die var. *polygonoides* (Zollinger) Thellung 1914 (= *A. polygonoides* Zoll. 1845) beobachtet. Sie besitzt meist kleine, bis 2 cm lange Blätter und Früchte, die kaum über 1,5 mm lang sind. HÜGIN (1986) hat letztere Sippe zur Art auf gewertet (*A. emarginatus* Moq. ex Uline et Bray 1894). Er gliedert sie in 2 Unterarten, die er in seinem Untersuchungsgebiet zusammen auf folgenden Kartenblättern nachweis: 7214, 7413, 7513, 7612, 7712, 7811, 7812, 7911, 7912, 7913, 8011, 8012, 8013, 8111, 8112, 8211, 8311, 8411, 8413. Die endgültige Einstufung dieser Sippe bedarf weiterer Untersuchungen.
Biologie: Blütezeit ist Juni bis Oktober. Die Chromosomenzahl beträgt 2 n = 34 (HÜGIN 1987: 461).
Ökologie: Auf frischen, nährstoffreichen, lockeren Lehmböden, in Weinbergen, an Wegen, in Hackfruchtäckern, auf Schuttplätzen und Bahnhöfen. Wärmeliebend und daher nur in den tiefsten Lagen, besonders im Weinbaugebiet. Vegetationsaufnahmen bei PHILIPPI (1971: 116, 124), T. MÜLLER (1983: 50–57), HÜGIN (1986: 368–373).

Allgemeine Verbreitung: Süd- und Mitteleuropa, Asien, Afrika, nach Südamerika und Australien verschleppt. Heimat ist das Mittelmeergebiet.

Verbreitung in Baden-Württemberg: Oberrheingebiet, Bodenseegebiet, mittleres Neckargebiet, unteres Kocher-, Jagst-, Tauber- und Maingebiet. Überwiegend im Gebiet des heutigen und früheren Weinbaus. So schon von MARTENS und KEMMLER (1882 (2): 97) charakterisiert: „innerhalb der Grenze des Weinbaus ziemlich häufig als Gartenunkraut".

Tiefste Vorkommen bei 100 m; höchstes Vorkommen: Südschwarzwald 745 m, Hügin (1986: 366).

Die Art ist im Gebiet nicht urwüchsig, aber alteingebürgert. Ältester archäologischer Nachweis: Mittleres Subatlantikum, Welzheim, KÖRBER-GROHNE (1983). Ältester literarischer Nachweis: J. BAUHIN (1598: 172) für die Umgebung von Bad Boll. Wurde auch von H. HARDER 1576—94 gesammelt, vermutlich im Gebiet (SCHINNERL 1912: 235).

Bestand und Bedrohung: Die Art ist im Gebiet nicht bedroht.

Literatur: HÜGIN (1986).

Phytolaccaceae

Kermesbeerengewächse
Bearbeiter: S. SEYBOLD

Kräuter, Sträucher, Lianen oder Bäume; Blätter wechselständig, einfach; Blüten klein, oft in Trauben, Blütenhülle aus 4—5 freien Blütenhüllblättern, Fruchtknoten meist oberständig, aus einem bis mehreren Fruchtblättern, Griffel soviel wie Fruchtblätter; Frucht eine Beere, Nuß oder Kapsel.

Die Familie umfaßt 125 Arten, zumeist aus dem tropischen Amerika.

Phytolacca L. 1753

Kermesbeere

Kräuter, Sträucher oder Bäume; Blüten zwittrig oder zweihäusig; Blüte mit 5 freien Kronblättern, Staubblätter 6—30, Fruchtblätter 5—16, beerenartig, bis zum Grunde frei oder verwachsen.

35 Arten hauptsächlich tropischer und subtropischer Gebiete.

1 Mit 10 Fruchtblättern, die zu einer ringförmigen, laibförmigen Beere verwachsen sind . . . .
   [P. americana]
– Mit 8 freien Fruchtblättern . . . . *[P. esculenta]*

Phytolacca americana L. 1753
P. decandra L. 1762
Amerikanische Kermesbeere

Pflanze ausdauernd, Stengel 1—3 m hoch; Blätter wechselständig, eiförmig-lanzettlich, kurz gestielt, ganzrandig, 10—40 cm lang und 4—12 cm breit; Blüten in Trauben, mit 5 grünlichen oder weißlichen, später purpurnen Blütenhüllblättern; Staubblätter 10; Fruchtblätter 10, ringförmig verwachsen, zuletzt schwarz. – Blütezeit: Juli–Oktober.

Die in Nordamerika beheimatete Pflanze wird bei uns selten in Weinbergen kultiviert und gelegentlich durch Vögel verschleppt.

Fundorte (in Auswahl, Beobachtungen ab 1970): 7022/2: Backnang-Steinbach, 1973, H.W. SCHWEGLER (STU); 7221/1: Hedelfingen, 1977, W. SEILER (STU-K).

Phytolacca esculenta van Houtte 1848
P. acinosa auct. non Roxburgh 1814
Speise-Kermesbeere

Pflanze ausdauernd, Stengel 1—2 m hoch; Blätter wechselständig, eiförmig-lanzettlich, ganzrandig; Blüten in aufrechten Trauben, Staubblätter 8; Fruchtblätter 8, nicht verwachsen. – Blütezeit: Juli–August. Verwechslungsmöglichkeit: Unterscheidet sich von *P. acinosa* durch teilweise über 8 cm breite Blätter, die nicht in eine Spitze auslaufen. Die Blütenstiele sind glatt, nicht behaart; der Griffel ist gekrümmt und nur ca. 0,7 mm hoch. Bei LUDWIG (1957) und bei SEBALD u. SEYBOLD (1969) werden beide Arten noch unter dem Namen *P. acinosa* zusammengefaßt (SKALICKY 1972).

Die aus Ostasien stammende Art wird gelegentlich in Weinbergen oder Gärten gepflanzt und verwildert sehr selten.

7222/1: Esslingen, NE Jägerhaus-Dulkhäuschen, 1971, M. FRANCKE (STU-K); 7322/1: Wendlingen, linkes Neckarufer, 1958, G. KNAUSS (STU-K); 8220/2: Goldbach, 1956, E. v. ARAND (STU); 8423/2: Wasserburg, 1972, SCHÖNFELDER u. SEYBOLD (STU).

Literatur: CLEMENT, E.J. (1982); LUDWIG, W. (1957); SEBALD, O. u. S. SEYBOLD (1969); SKALICKÝ, V. (1972).

Chenopodiaceae

Gänsefußgewächse
Bearbeiter: S. SEYBOLD

Kräuter, Sträucher, seltener Bäume mit meist wechselständigen, ganzrandigen oder unregelmäßig gesägten Blättern ohne Nebenblätter, manche auch scheinbar blattlos mit gegliederten fleischigen Sprossen; Blüten klein, unscheinbar, oft gehäuft, meist radiär; Blütenhülle fehlend, häutig oder krautig und nach der Blütezeit bleibend; Staubblätter gegenüber den Blütenhüllblättern angeordnet; Fruchtknoten oberständig, nur eine Samenanlage vorhanden; Frucht oft von den Blütenhüllblättern umgeben.

Die Gänsefußgewächse mit ihren 1500 z.T. weltweit verbreiteten Arten sind in ihrer Mehrheit befähigt, stark mineralsalzhaltige Standorte zu besiedeln. Das erlaubt ihnen Vorkommen in Gebieten ohne stärkere Konkurrenz, in Steppen und Wüsten, am Meeresstrand, aber auch, seit der Mensch in Siedlungsnähe stark gestörte Bodenverhältnisse hinterläßt, an Ruderalstellen. Dies war auch deshalb möglich, da sie als oft einjährige Arten durch reiche Bildung kleiner verbreitungsfähiger Samen kurzfristig kleine geeignete Standorte ausfindig machen können. Dort gedeihen sie aber meist nicht lange, denn je mehr die Entwicklung wieder einer natürlichen Vegetationsdecke zustrebt, umso weniger Platz ist für sie da. In der Naturlandschaft Mitteleuropas spielen sie eine völlig untergeordnete Rolle; vielleicht wären sie in Südwestdeutschland gar nicht vertreten (vgl. aber *Kochia laniflora*). Der Unkrautcharakter jedoch darf nicht dazu verleiten, diese Arten als unverwüstlich anzusehen. Manche von ihnen sind sogar im Rückgang begriffen. Die einen nehmen ab als Ackerunkräuter infolge Intensivierung der Landwirtschaft *(Polycnemum)*, andere durch Zerstörung von Sandflächen (Ödland) *(Kochia, Corispermum)*; aber sogar Ruderalarten wie *Chenopodium murale, Ch. vulvaria, Ch. urbicum* verschwinden plötzlich. Die Ursache dafür ist im einzelnen nicht recht klar; jedenfalls sind ihre Bodenstandorte so verändert, daß die Lebensbedingungen nicht mehr erfüllt sind. Diese Warnsignale der Veränderung von Standorten sollten ernstgenommen und die Ursachen rasch erforscht werden.

1 Blätter flach, nicht linealisch 5
– Blätter linealisch 2
2 Blätter wenigstens im Blütenbereich dornig-stechend, Blüten einzeln, blattachselständig . . . .
                         6. Salsola
– Blätter weich, nicht stechend 3
3 Blätter linealisch, 2–5 cm lang, flach; Blüten einzeln, ohne Blütenhüllblätter . . . *5. Corispermum*
– Blätter pfriemlich, höchstens 2 cm lang; Blütenhüllblätter vorhanden 4
4 Blütenzipfel rötlich, Blüten zu 3 blattachselständig, Blätter behaart . . . . *4. Kochia*
– Blütenhüllblätter trockenhäutig, Blüten zu 1–2 blattachselständig . . . . *1. Polycnemum*
5 Blüten eingeschlechtig, selten mit zwittrigen untermischt 6
– Blüten zwittrig 7
6 Pflanze zweihäusig, Narben 4, Blätter spießförmig
                           [Spinacia]
– Pflanze einhäusig, teilweise aber mit Zwitterblüten, Narben 2, weibliche Blüten mit 2 meist größeren Vorblättern . . . . .3. *Atriplex*
7 Blätter grundständig, gestielt, kahl, glänzend; Wurzel meist rübenartig verdickt, Blüten zu 2–3 in den Blattachseln . . . . *[Beta]*

– Blätter oft mehlig, nicht in grundständiger Rosette; Blüten zu vielen geknäuelt . . . .
                         2. *Chenopodium*

Spinacia oleracea L. 1753
Spinat

Pflanze einjährig bis zweijährig; Blätter eiförmig bis dreieckig-spießförmig; Pflanze mit geknäuelten Blüten; Blüten zweihäusig, mit zwittrigen untermischt. – Blütezeit: Juni bis September.

Die Art wird kultiviert, ihre Heimat ist vermutlich Westasien. Sie ist bei uns unbeständig verwildert.

Beta vulgaris L. 1753
Rübe

Einjährige bis mehrjährige Pflanze, bis 2 m hoch, mit rübenartig verdicktem Stamm und Wurzel; Blätter bis 20 cm lang, eiförmig-herzförmig-rhombisch; Blütenstand im oberen Teil ohne Hochblätter, Blütenknäuel 2–8blütig. – Blütezeit: Juli–September.

Feldmäßig angebaut als Futterrübe und Zuckerrübe. Stammt von einer Pflanze der Meeresküsten ab, verwildert nur selten und unbeständig.

Die Unterart subsp. *maritima* (L.) Arcang. wurde sehr selten eingeschleppt beobachtet: 7525/4: Gbf. Ulm, 1932–38, K. MÜLLER (STU).

Beta trigyna W. et K. 1801
Gelbgrüner Mangold

Pflanze ausdauernd, über 1 m hoch; untere Blätter langgestielt, länglich bis dreieckig-herzförmig; Blütenstand stark ästig, reichblütig; Blüten zu 2–3 verwachsen, obere meist ohne gemeinsames Tragblatt; Blütenhülle gelbgrün bis weißgrün. – Blütezeit: August
Heimat: Südwestasien

Fundorte: 8018/2: Bei der Bahnlinie zwischen Tuttlingen und Möhringen, 1986, W. KARL u. S. SEYBOLD (STU); 6516/2: Mannheim, LUTZ (1910: 368).

1. **Polycnemum** L. 1753
Knorpelkraut

Einjährige bis ausdauernde, niedrigwüchsige oder niederliegende Kräuter mit büschelig gehäuften Blättern; Blätter linealisch-pfriemlich; Blüten einzeln, mit einem Tragblatt und 2 Vorblättern, zwittrig; Blütenhülle häutig, frei; Staubblätter 1–5; Frucht von der Blütenhülle eingeschlossen.

Die Gattung umfaßt 8 Arten, die in Europa, Asien und Nordafrika vorkommen. Sie steht verwandtschaftlich den Amaranthaceen nahe, gehört aber trotzdem noch zu den Chenopodiaceen.

1 Untere Blätter 10–20 mm lang, Blüten 2–2,5 mm lang . . . . .1. *P. majus*
– Untere Blätter 3–10–(12) mm lang, Blüten 1–1,7 mm lang . . . . .2. *P. arvense*

Polycnemum majus A. Br.

1. Polycnemum majus A. Braun 1841

P. arvense L. subsp. *majus* (A. Br.) Briquet 1910
Großes Knorpelkraut

Morphologie: Pflanze einjährig, 10–20 cm hoch, ästig, Zweige aufsteigend; Blätter zahlreich, linealisch, dreikantig, nadelartig stachelspitzig, in der Mitte etwa ½ mm breit, die unteren 10–20 mm lang; Blüten einzeln in den Blattachseln, von Vorblättern umhüllt, Tragblätter 2–8 mal so lang als die Blütenhülle; Vorblätter lanzettlich-pfriemlich, grannig; Blütenhülle 2–2,5 mm lang. – Blütezeit ist Juli bis September.

Ökologie: Auf trockenen, kalkreichen Böden, in Getreidefeldern, auf Schuttplätzen und Bahnhöfen. Vegetationsaufnahme bei VON ROCHOW (1951: 10).

Allgemeine Verbreitung: Südeuropa und Südosteuropa bis Zentralasien. In Europa im äußersten Süden fehlend, nördlich bis Mitteldeutschland.

Verbreitung in Baden-Württemberg: Südliches Oberrheingebiet, Hochrhein und Bodensee; Kraichgau, mittleres Neckargebiet und Tauber-Maingebiet, selten im Alpenvorland. Wärmeliebend, daher nur in den tieferen Lagen. Tiefste Vorkommen bei 120 m, höchstes Vorkommen: 7922/3: Mengen, 550 m.

Die Art ist im Gebiet nicht urwüchsig. Ältester literarischer Nachweis: Die Arten *P. arvense* und *P. majus* wurden zunächst nicht auseinandergehalten. C. BAUHIN (1622: 113) berichtet als erster von ihnen im Gebiet: „Camphorata glabra ad agrorum semitas versus Otlingen" (8311/4 Ötlingen). A. BRAUN beschrieb als erster die Art *P. majus* 1841. Doch hatte auch C. SCHIMPER schon 1826 diese Pflanze in Briefen erwähnt (DÖLL 1843: 287). Dabei nennt er als Fundorte: Durlach (BRAUN, DÖLL), Sinsheim (BRAUN), am Relaishause bei Mannheim, bei Eppelheim unweit Heidelberg, bei Schriesheim… Doch hatte schon vor SCHIMPER C. C. GMELIN diese Sippe als Varietät gekannt. Ein Herbaretikett in KR mit folgender Aufschrift beweist dies: *Polycnemum arvense* pecul. variatio grandis in monte retro dem Thurnberg calcareis legi Augusto 1810. Die Typuslokalität der Art dürfte wohl der Thurmberg bei Durlach oder der Kastelberg bei Sulzburg sein. Eine genaue Entscheidung über den Holotypus dürfte aber schwierig sein, da die Beschreibung und Benennung nicht durch Braun selbst erfolgte, sondern in einer Arbeit von BOGENHARD enthalten ist (BOGENHARD 1841)!

Großes Knorpelkraut *(Polycnemum majus)*; aus REICHENBACH, L.: Icones florae germanicae et helveticae, Band 24, Tafel 229, Figur 1–6 (1907); (bearbeitet von G. E. BECK VON MANNAGETTA).

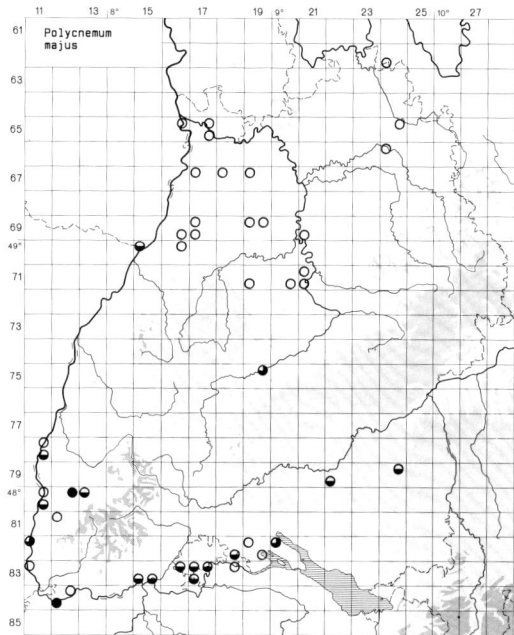

6224/3: Wenkheim, 1887, 1897, A. KNEUCKER (KR); 6516/2: Mannheim, vor 1900, NN (KR); 6517/2: Schriesheim, DÖLL (1843: 286), 1880–1905, ZIMMERMANN; 6517/3: Friedrichsfeld, 1880–1905, ZIMMERMANN; 6517/4: Eppelheim, DÖLL (1843: 286); 6524/2: Markelsheim, ca. 1815, BAUER (STU-K); Mergentheim, 1861, L. GMELIN (STU); 6624/1: Hohebach, ca. 1815, BAUER (STU-K); 6717/1: Brühl, vor 1900, NN (KR); 6718/1: Rodenbuckel bei Rauenberg, vor 1900, NN (KR); Riegel, DÖLL (1862: 1362); Wiesloch, 1845, DÖLL (KR); 1904, ZIMMERMANN; 6719/1: Sinsheim, 1858, DÖLL (KR); 6916/4: Grötzingen, 1809, C. C. GMELIN (KR); 6917/1: Weingarten, SEUBERT u. PRANTL (1880: 151); 6917/3: Grötzingen-Weingarten, DÖLL (1859: 619); 6919/1: Ochsenburg, NOERDLINGER in MARTENS u. KEMMLER (1865: 471); 6919/2: Zaberfeld, NOERDLINGER in MARTENS u. KEMMLER (1865: 471); 6921/3: Über dem Felsengarten bei Hessigheim, vor 1900, E. WIDMANN (STU); 7015/1: Schweinsweide bei Au, 1896, A. KNEUCKER (KR) und KNEUCKER (1924: 292); 7016/2: Turmberg bei Durlach, 1810, C. C. GMELIN, 1866, LEUTZ, K. RASTETTER (KR); Zwischen Rittnerthof und Turmberg, 1883, A. BONNET (KR); 7119/3: Heimsheim, ca. 1860, NOERDLINGER (STU-K: MARTENS); 7120/4: Korntal, LÖRCHER in MARTENS u. KEMMLER (1865: 471); 7121/1: Ludwigsburg, Acker beim Salonwald, 1862, SCHOEPFER (STU-K: MARTENS); 7121/3: Feuerbacher Heide, ca. 1810, GUKENBERGER (STU-K: MARTENS); Rosensteinpark, 1828, BOSCH; Cannstatter Sulzerrain, KURR in MARTENS u. KEMMLER (1865: 471); 7519/2: Bahnhof Rottenburg, 1953, K. MÜLLER (STU); 7811/2: Limburg, Steinbruch, SCHILL (1878: 400); 7811/4: Sasbach, GOETZ (1912: 164); Bahnhof Sasbach, 1914, FRICK (KR); 1942, VON ROCHOW (1951: 10); 7922/3: Mengen, 1905, K. BERTSCH (1907: 193); 7924/2: Biberach, 1900, EGGLER (STU-K: EICHLER); 8011/2: Rothaus-Niederrimsingen, SCHILL (1878: 400);

8011/4: Bremgarten, 1888, A. Götz (KR); Weinstetter Hof, 1927, Jauch (KR); 8013/1: Bahnhof Freiburg-Wiehre, 1937, F. Jauch (KR); 8112/1: Kastelberg bei Sulzburg, Beck in Spenner (1829: 1067); 8211/1: Steinenstadt, Hügin in Philippi (1961: 180); 8218/4: Gottmadingen, 1936, Kummer (1941); 8219/1: Singen, Bruderhof, 1878, Karrer in Martens u. Kemmler (1882: 2: 97–98); 8219/4: Bahnhof Radolfzell, Jack (1901: 49); 8220/1: Äcker am Mindelsee, 1952, K. Henn in Oberdorfer (1956: 280); 8311/1: Bahndamm bei Istein, A. Braun in De Bary (1865: 23); 8315/3: Bahnhof Dogern, 1922, Becherer in Becherer u. Koch (1923: 260); 8315/4: Bahnhof Thiengen, 1922, Koch in Kummer (1941: 164); 8316/2: Bahnhof Erzingen und Neunkirch, 1922, Koch in Kummer (1941: 164); 8317/1: Bahnhof Jestetten, Koch in Kummer (1941: 164); 8317/2: Bahnhof Altenburg, Koch in Kummer (1941: 164); 8317/3: Bahnhof Lottstetten, Koch in Kummer (1941: 164); 8318/2: Staffel bei Obergailingen, F. Brunner in Jack (1901: 49); 8412/2: Rheinfelden, Seubert u. Klein (1905: 128).

Beim Fund von J. Plankenhorn, 1932, Tübingen (K. Müller 1935: 42) lag eine Verwechslung mit *Kochia* vor.

Bestand und Bedrohung: Die Art ist im Gebiet verschollen. Sie war immer schon selten, doch hat ihr die intensive Unkrautbekämpfung auf Äckern und auf Bahnhöfen die letzten Lebensmöglichkeiten genommen. Sie kam im Gebiet nur an einer lokalen Grenze ihres gesamten Areals vor, d. h. sie stand im Gebiet immer schon am Rande ihrer Möglichkeiten.

2. Polycnemum arvense L. 1753
Acker-Knorpelkraut

Morphologie: Pflanze einjährig, 5–30 cm hoch, ästig, Zweige aufsteigend; Blätter pfriemlich, dreikantig, nadelspitzig, 3–8–(12) mm lang; Blüten einzeln in den Blattachseln, Tragblätter 2–4 mal so lang wie die Blütenhülle; Vorblätter grannig, kürzer oder so lang wie die 1–1,5 mm lange Blütenhülle. – Blütezeit ist Juli bis September.

Ökologie: Auf trockenen, kalkreichen Kies- oder Sandböden, in Getreidefeldern. Vegetationsaufnahmen aus dem Gebiet sind keine bekannt. Zahn (1890: 235) gibt als Begleitpflanzen für einen Fundort *Teucrium botrys, Cynoglossum officinale* und *Petrorhagia prolifera* an.

Allgemeine Verbreitung: Von Süd- und Mitteleuropa bis Zentralasien. In Europa den äußersten Süden meidend.

Verbreitung in Baden-Württemberg: Südliches und nördliches Oberrheingebiet, Main-Taubergebiet, sehr selten im Alpenvorland.

Tiefste Vorkommen bei 100 m, höchstes Vorkommen: 8324/2: Schwarzensee bei Wangen, 550 m, K. Bertsch (1948: 178).

Die Art ist im Gebiet nicht urwüchsig. Ältester literarischer Nachweis: Für die Artengruppe, die *P. arvense* und *P. majus* umfaßt: C. Bauhin (1622: 113) „Camphorata glabra ad agrorum semitas versus Otlingen" (8311/4, Ötlingen). Für *P. arvense* im engeren Sinne: Döll (1843: 287) „Bei Salem, Freiburg, Carlsruhe, Eggenstein, Wiesenthal, Philippsburg, Mannheim".

6223/1: Bestenhaider Sandäcker, 1884, H. Stoll (KR); 6421/4: Bahnhof Buchen und alter Seckacher Weg, Brenzinger (1904: 362, 395); 6422/2: Bretzingen, 1974, Schölch (STU-K); 6517/3: Friedrichsfeld, 1900, Frick (KR); Rheinau, 1906, Zimmermann; Relaishaus, rothes Loch, ca. 1840, C. Schimper (KR); 6521/2: o.O.; 6617/1: o.O.; 6617/3: Schwetzingen-Hockenheim, Schmidt (1857: 257); 6618/2: Wiesenbach, vor 1900, NN (KR); 6618/3: Leimen-Ochsenbacher Hof, Döll (1859: 619); 6618/4: Schatthausen-Baiertal, Schmidt (1857: 257–258); 6717/3: Wiesental, gegen Waghäusel, Döll (1859: 619), (KR); 6718/1: Südlich Baiertal, Zahn (1890: 235); Wiesloch, 1903, Zimmermann; 6816/2: Graben, Schmidt in Döll (1859: 619); 6916/1: Eggenstein, 1814, C.C. Gmelin (KR); 6916/3: Mühlburg, 1792, C.C. Gmelin (KR); Mühlburg-Knielingen, 1886, A. Kneucker (KR); Rosenhof gegen Neureut, 1886, A. Kneucker (KR); Daxlanden, 1883, A. Bonnet, K. Rastetter, 1884, 1885, A. Kneucker (KR); 6917/4: Jöhlingen, Döll (1859: 619); 7016/1: Ettlingen-Mörsch, von Stengel in Döll (1859: 619); 7016/2: Durlach, Seubert u. Klein (1905: 127); 8011/2: Niederrimsingen, 1868, Goll (KR); 8011/4: Hartheim und Bremgarten, Lauterer (1874: 68); Weinstetten, Neuberger (1912: 89); 8012/2: Kiesgrube bei Haslach, Schildknecht in De Bary (1865: 23); 8111/3: Zienken,

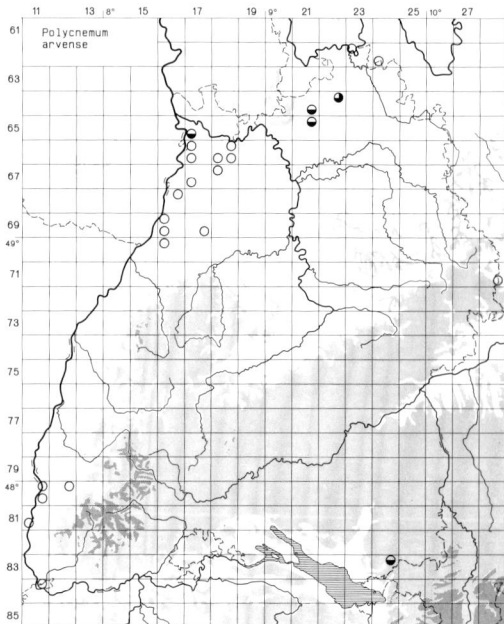

Artengruppe Acker-Knorpelkraut
(*Polycnemum arvense* agg.)

LANG in DÖLL (1859: 619); 8324/2: Schwarzensee bei Wangen, K. BERTSCH (1948: 178); 8411/2: Weil, FRIES in BINZ (1901: 92).

Bestand und Bedrohung: Die Art ist im Gebiet praktisch ausgestorben. Zuletzt wurde sie 1974 bei Bretzingen beobachtet. Sie war immer schon selten und befand sich im Gebiet an einer lokalen Grenze ihres Areals. Ihre Lebensbedingungen wurden durch die verschärfte Unkrautbekämpfung weiter verschlechtert. Man könnte sie nur durch Erhaltungskultur schützen.

2. **Chenopodium** L. 1753
Gänsefuß

Kräuter, seltener Sträucher oder Bäume; Blätter meist gestielt, oft mit Blasenhaaren, die als mehliger Überzug sichtbar sind; Blütenhülle 3–5-blättrig, mit gekielten Mittelnerven, Staubblätter 0–5, Narben 2–5; Frucht von der Blütenhülle wenigstens teilweise eingeschlossen, äußere Fruchthülle häutig, teilweise an der Samenschale haftend.

Umfaßt etwa 250 z.T. weltweit verbreitete Arten.

1 Pflanze mit gelben Drüsenhaaren, aromatisch riechend 2
– Pflanze ohne Drüsenhaare 5
2 Blüten in achselständigen, dichten Knäueln . . . 3
– Blüten in achselständigen, lockeren Blütenständen 4
3 Blütenknäuel 2–3 mm breit [*Ch. ambrosioides*]

– Blütenknäuel 3–5 mm breit . . . . 2. *Ch. pumilio*
4 Blütenäste mit Dorn endend . . . [*Ch. aristatum*]
– Blütenäste ohne Dornen . . . . . . 1. *Ch. botrys*
5 Pflanze ausdauernd, mit langgestielten, dreieckig-spießförmigen Blättern . . . 2. *Ch. bonus-henricus*
– Pflanze einjährig 6
6 Blütenknäuel kugelig, reif fleischig rot . . . 7
– Blütenknäuel nicht kugelig 8
7 Nur die untersten Blütenknäuel mit Tragblättern [*Ch. capitatum*]
– Blütenstand weit hinauf mit Tragblättern . . . . . 4. *Ch. foliosum*
8 Blattspreite ganzrandig 9
– Blätter wenigstens teilweise gelappt oder gezähnt 11
9 Blätter eirautenförmig, klein; Pflanze stinkend 2. *Ch. vulvaria*
– Blätter eiförmig-lanzettlich; Pflanze nicht auffallend riechend 10
10 Blätter lineal-lanzettlich, zum Teil mit 2 Zähnen; Pflanze mehlig bestäubt . . . . [*Ch. pratericola*]
– Blätter eiförmig-länglich, grün; Fruchtstand mit glänzenden, sichtbaren schwarzen Samen . . . . . 8. *Ch. polyspermum*
11 Blätter seicht herzförmig, mit langen Zähnen, nicht mehlig bestäubt . . . . . . 7. *Ch. hybridum*
– Blätter nicht herzförmig 12
12 Blütenstiele und Blütenhülle mehlig bestäubt . . . 15
– Blütenstiele und Blütenhülle nicht mehlig bestäubt 13
13 Blätter oberseits dunkelgrün, unterseits auffallend weiß- oder graumehlig . . . . . 5. *Ch. glaucum*
– Blätter unterseits mehr oder weniger grün . . . 14
14 Blütenstand fast blattlos; Blätter geschweift gezähnt bis fast ganzrandig, Blütenhülle fünfteilig . 10. *Ch. urbicum*
– Blütenstand beblättert, die meisten Blüten 2–3teilig . . . . 6. *Ch. rubrum*
15 Samen matt, runzelig, scharfrandig, fast geflügelt; Blätter dunkelgrün, glänzend, scharf gesägt-gezähnt . . . . 11. *Ch. murale*
– Samen glänzend, stumpfrandig 16
16 Blattspreite kaum länger als breit 17
– Blattspreite viel länger als breit 18
17 Untere Blätter tief dreilappig, Pflanze mehlig, meist stinkend, Samen punktiert [*Ch. hircinum*]
– Blätter rundlich, seicht dreilappig bis rhombisch-eiförmig, Pflanze geruchlos, Samen gerillt . . . . 13. *Ch. opulifolium*
18 Untere und mittlere Stengelblätter deutlich dreilappig, Samen grubig punktiert 19
– Untere Stengelblätter nicht dreilappig, Samen glatt 20
19 Samen 0,8–1 mm groß, Blattmittellappen lang und schmal, buchtig gezähnt, Pflanze mehlig . . . 12. *Ch. ficifolium*
– Samen meist größer als 1 mm, Mittel- und Seitenlappen der Blätter breit, reich gezähnt, Pflanze nur jung etwas mehlig . . . . [*Ch. suecicum*]
20 Untere Blätter schmal lanzettlich, auf jeder Seite mit einem einfachen Zahn, sonst ganzrandig . . . [*Ch. pratericola*]
– Blätter sehr verschieden gestaltet, meist unregelmäßig gezähnt, mit mehr als 2 sichtbaren Seitennerven . . . . 14. *Ch. album*

481

Ch. pratericola Rydberg 1912
Ch. leptophyllum auct.
Schmalblättriger Gänsefuß

Einjährig, bis 1 m hoch, junge Triebe graumehlig; Blattspreite schmal rhombisch-lanzettlich, untere Blätter mit je einem Seitenzahn, obere lanzettlich-linealisch und ganzrandig, bis 7 cm lang und bis 2,5 cm breit. Blütezeit: Juni bis August. Heimat: Nordamerika.

Unterscheidet sich von *Ch. album* daran, daß die Blattunterseite nur 2 kräftige basale Seitennerven zeigt; bei *Ch. album* sind es mehrere.

6516/2: Mannheim, A. LUDWIG in ASCHERSON u. GRAEBNER (1913: 38); 6517/3: Rheinauhafen und Rohrhof, 1947, H. HEINE (1952: 93); 6821/3: Gbf. und Hafen Heilbronn, 1933, K. MÜLLER (1935: 43); 6916/3: Karlsruhe, Rheinhafen, 1936, JAUCH (KR); 7121/2: Müllplatz Neustadt, 1935, K. MÜLLER (STU-K); 7223/4: Göppingen, 1939, K. MÜLLER (STU-K); 7324/1: Salach, 1933–34, K. MÜLLER (1935: 43); 7412/2: Kehl, Hafen, A. LUDWIG in ASCHERSON u. GRAEBNER (1913: 38); 7625/2: Söflingen, 1940, K. MÜLLER (STU-K).

Chenopodium macrospermum Hook. fil. 1847
Großsamiger Gänsefuß

Blätter im Umriß dreieckig, am Grunde spießförmig, reich gezähnt.
Heimat: Südamerika.

7324/1: Salach, 1932, 1935, K. MÜLLER (1935: 44).

Chenopodium borbasioides Ludwig 1913
Ch. zobelii Ludwig 1913
Zobels Gänsefuß

Blätter deutlich dreilappig, meist scharf gezähnt; Blattgrund auffallend lang in den Blattstiel ausgezogen.
Heimat: Argentinien.

6916/3: Daxlanden, 1936, JAUCH (KR); 6821/4: Heilbronn, Güterbahnhof und Hafen, 1933, K. MÜLLER (1935: 43); 7121/2: Neustadt, 1935, K. MÜLLER (STU-K); 7324/1: Salach, 1932–37, 1948, K. MÜLLER (1935: 43); 7521/4: Unterhausen, 1952, K. MÜLLER (STU-K).

Chenopodium hircinum Schrader 1833
Bocksgänsefuß

Einjährig, 20–150 cm hoch, wenig verzweigt, jung weißmehlig, stinkend; Blattspreite dreilappig, Seitenlappen 1–3-zähnig, Spreite 0,8–6 cm lang und 0,6–4 cm breit; Blütenstand endständig. Blütezeit: Juli bis September. Heimat: Südamerika, aber weltweit verschleppt.
6516/2: Mannheimer Hafen, 1906, ZIMMERMANN (1907: 78); 6821/4: Gbf. Heilbronn, 1933, K. MÜLLER (1935: 43); 7121/2: Müllplatz Neustadt, 1935, K. MÜLLER (STU); 7121/3: Müllplatz Killesberg und an der Bahn Cannstatt-Waiblingen, 1933, K. MÜLLER (1935: 43); 7221/2: Müllplatz Untertürkheim, 1934, W. KREH (STU); 7223/4: Göppingen, Müllplatz, 1935, K. MÜLLER (STU-K); 7324/1: Salach, 1932–39, K. MÜLLER (STU); 7412/2: Hafen bei Kehl, A. LUDWIG (1904: 114); 7625/2: Söflingen, Auffüllplatz, 1940, 1944, K. MÜLLER (STU-K); 8016/4: Hüfingen, K. BERTSCH (1971: 163).

Chenopodium berlandieri Moquin 1849
Berlandiers Gänsefuß

Blätter rhombisch-eiförmig, gezähnt; Samenschale mit scharfkantigen, bienenwabenartigen Grübchen. – Blütezeit: Juli bis September.
Heimat: USA und Mexiko.
6516/2: Mannheimer Hafen, 1906, ZIMMERMANN (1913: 10); 1933, K. MÜLLER (STU-K); 6821/4: Heilbronn, 1933, K. MÜLLER (STU-K); 7223/4: Göppingen, 1939, K. MÜLLER (STU-K); 7324/1: Salach, 1933, K. MÜLLER (1935: 43); 7625/2: Söflingen, 1940, K. MÜLLER (STU-K).

Chenopodium probstii Aellen 1930
Probsts Gänsefuß

Blätter rhombisch-dreieckig, gezähnt, untere Zähne selbst wieder gezähnt; ganze Pflanze frühzeitig rot überlaufen.
Heimat: Australien.
6516/2: Mannheim, Industriehafen, 1953, HEINE u. AELLEN in HEGI (1960: 644); 7324/1: Salach, 1932–40, 1950, 1952, K. MÜLLER (1935: 43); 8324/2: Müllplatz Obermooweiler, 1972, E. DÖRR (1973: 151).

1. Chenopodium botrys L. 1753
Klebriger Gänsefuß

Morphologie: Einjährig, bis 70 cm hoch, Pflanze stark klebrig; Blätter länglich-oval, tief buchtig fiederspaltig, mit jederseits 5 Abschnitten, bis 7 cm lang und bis 4 cm breit; Blüten einzeln, Blütenstand eine schmale Rispe bildend. – Blütezeit ist Juli bis August.

Ökologie: Auf lockerem, kalkreichem, sandig-kiesigem Boden; bei Mannheim-Rheinau eingebürgert und eine eigene Pflanzengesellschaft bildend (PHILIPPI 1971; T. MÜLLER 1983: 50–57).

Allgemeine Verbreitung: Süd- und Mitteleuropa, Nordafrika, Asien, in Nordamerika eingebürgert.

Verbreitung in Baden-Württemberg: Selten im Oberrheingebiet, im mittleren Neckarraum und bei Ulm.

Tiefstes Vorkommen: 6416/4: Friesenheimer Insel, 90 m. Höchstes Vorkommen: 7525/2: Bhf. Beimerstetten, 580 m.

Die Art ist im Gebiet nicht urwüchsig. Ältester literarischer Nachweis: DÖLL (1862: 1462) „auf Schutt bei Hördten (v. KETTNER 1861)".

6416/4: Friesenheimer Insel, 1950–51, H. HEINE (1952: 93); 6516/2: Mannheimer Hauptbahnhof, KORNECK in PHILIPPI (1971: 122); Mannheimer Hafen, zuletzt 1962, C.P. HERRN (STU); 6517/3: Zwischen Rheinau und Rohrhof, 1970, PHILIPPI (1971: 124), 1982, K.H. HARMS (STU-K); 6518/3: Heidelberg, beim Bahnhof, 1974, F. SCHÖLCH (STU-K); 6916/3: Karlsruhe, Rheinhafen, 1985, PHILIPPI (KR); 7121/3: Stuttgart, Nordbahnhof, 1950, D. SCHÖNLEBER (STU-K); 7216/1: Hörden bei Gernsbach, 1961, VON KETTNER in DÖLL (1862: 1362); 7220/2: Stuttgart, Hasenbergsteige, 1945–ca. 1955, D. SCHÖNLEBER (STU); 7221/1: Stuttgart, Hauptgüter-

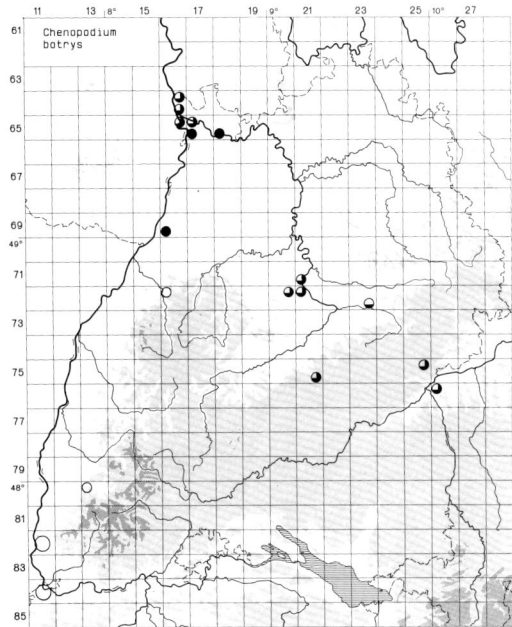

Chenopodium botrys

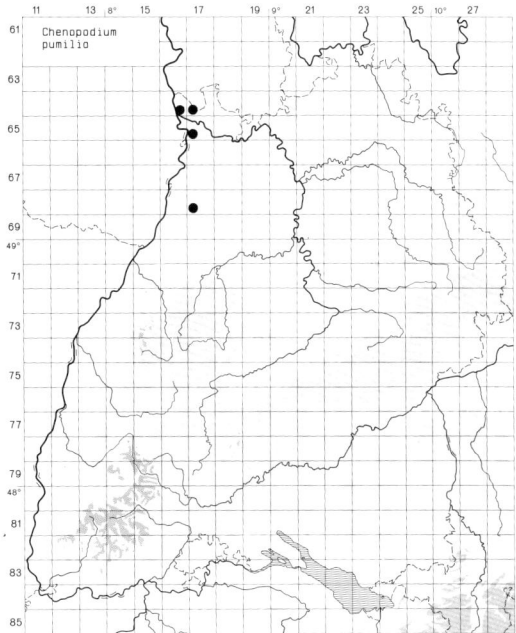

Chenopodium pumilio

bahnhof, 1967, W. SEILER (STU); 7223/4: Müllplatz Göppingen, 1932, K. MÜLLER (1935: 44); 7521/4: Spinnerei Unterhausen, 1953, K. MÜLLER (STU); 7525/2: Bahnhof Beimerstetten, 1947, K. MÜLLER (STU); 8013/1: Freiburg, an der Wiehre, STEHLE in BAUMGARTNER (1884: 153).

Bestand und Bedrohung: Die Art ist zwar im allgemeinen in langsamer Ausbreitung begriffen, doch wurde sie im Gebiet in den letzten Jahrzehnten so selten beobachtet, daß man sie heute als gefährdet einstufen muß.

Literatur: LUDWIG, W. (1972); PHILIPPI, G. (1971); SUKOPP, H. (1971).

Chenopodium schraderianum Schultes 1820
Schraders Gänsefuß

Pflanze ähnlich *Chenopodium botrys*, ebenfalls stark aromatisch riechend, Blätter tief buchtig; die Zipfel der Blütenhülle tragen auf dem Rücken kleine Höcker in Form eines Kiels.
Heimat: Afrika. Verbreitungskarte für Europa bei JALAS u. SUOMINEN (1980: 16).
6516/2: Mannheimer Hafen, 1907, ZIMMERMANN (1913: 10); 6920/3: Freudental, Schloßpark, 1988, N. SCHMATELKA (STU).

2. Chenopodium pumilio R. Brown 1810
Australischer Gänsefuß

Morphologie: Pflanze einjährig, 10–80 cm hoch, schwach aromatisch riechend, im unteren Teil verzweigt, mit niederliegenden bis aufsteigenden Ästen, dicht behaart, Stengel dicht beblättert; Blätter langgestielt, Stiel etwa so lang wie die Spreite, diese rhombisch-eiförmig, buchtig gezähnt, oft klein, 4–15-(40) mm lang und 2–10-(22) mm breit; Blüten in sitzenden oder kurz gestielten Knäueln in den Blattachseln. – Blütezeit ist Juli bis Oktober.

Ökologie: Auf trockenen sandigen oder kiesigen Böden, an Ruderalstellen, am Fuß von Mauern, in Sandfluren. Vegetationsaufnahmen aus dem Gebiet sind nicht bekannt.

Allgemeine Verbreitung: In Australien und Neuseeland beheimatet, in Europa, Afrika und Amerika eingeschleppt.

Verbreitung in Baden-Württemberg: Im nördlichen Oberrheingebiet an wenigen Stellen eingebürgert.
Tiefste Vorkommen bei 100 m; höchste Vorkommen: ca. 110 m (6817/3).
Die Art ist im Gebiet nicht urwüchsig. Ältester Nachweis: Hafen Rheinau, 1976, F. SCHÖLCH (STU) bzw. OBERDORFER (1979: 332) „nöRh".
6417/3: Viernheimer Wald (Hessen), 1988, S. SEYBOLD (STU); 6517/3: Hafen Rheinau, 1976, F. SCHÖLCH (STU); 6817/3: NSG Kohlplattenschlag, ca. 1988, K.H. HARMS (STU-K).

Bestand und Bedrohung: Die Art ist in Ausbreitung begriffen. Sie ist zwar vereinzelt schon eingebürgert, aber dennoch so selten, daß man sie als potentiell bedroht einstufen muß.

Literatur: LUDWIG, W. (1972).

Chenopodium ambrosioides L. 1753
Mexikanisches Teekraut

Einjährige bis mehrjährige Pflanze, stark drüsenhaarig; Blätter groß, länglich elliptisch, Seitenrand relativ gleichmäßig gezähnt, Blattspreite 2–12–(22) cm lang und 2,5–9 cm breit; Blütenstand reich verzweigt, stark beblättert; Blütenknäuel mit mehreren Blüten. – Blütezeit ist Juli bis August.

Heimat: Südamerika, aber heute weltweit verschleppt.

Fundorte (Auswahl): 6516/2: Mannheim, 1894, 1903, 1906, ZIMMERMANN, 1963, G. KNAUSS (STU); 7115/1: Rastatt, Calabrich, 1854, SCHILDKNECHT in DÖLL (1859: 612); 7115/3: Niederbühl, DÖLL (1859: 612); 7324/1: Salach, 1932–35, K. MÜLLER (1935: 43); 7525/4: Bahnhof Ulm, 1953, K. MÜLLER (STU).

Chenopodium aristatum L. 1753
Dorniger Gänsefuß

Pflanze einjährig, bis 30 cm hoch, reich ästig; Blätter lineal-lanzettlich; Blütenstand aus lockeren, zartästigen Dichasien zusammengesetzt, deren Äste mit Dornen endigen. – Blütezeit ist August bis Oktober.

Heimat: Asien.

6516/2: Mannheim, 1933, K. MÜLLER (STU).

3. Chenopodium bonus-henricus L. 1753
Guter Heinrich

Morphologie: Ausdauernd, 10–80 cm hoch, mit rübenähnlicher Wurzel, Stengel aufrecht oder aufsteigend; Blätter langgestielt, Spreite dreieckig-spießförmig, bis 10 cm lang und bis 10 cm breit, nach oben kleiner werdend; Blütenstand im unteren Teil in den Blattachseln, nach oben in eine endständige, dichte, schmal pyramidale Rispe übergehend; Blütenhülle gelblich-grün, 3–5-zipflig, Staubblätter 5, Narben 2–4.

Biologie: Blütezeit ist Mai bis Oktober. Erst werden die Narben reif, dann die Staubblätter. Viele Blüten eines Blütenstandes sind gleichzeitig reif.

Ökologie: Auf frischen und besonders nährstoffreichen Lehmböden, an Straßen und Wegen, an Ställen und Dunglegen, Charakterart des Chenopodietum boni-henrici. Vegetationsaufnahmen bei OBERDORFER (1957: 74–76) und SEYBOLD u. T. MÜLLER (1972: 80–83, 1983: 214–221, 230–233).

Allgemeine Verbreitung: Kommt nur in Europa vor, hauptsächlich in Mitteleuropa und geht nordwärts bis Südskandinavien, östlich bis zur westlichen UdSSR, Rumänien und Balkanhalbinsel, südlich bis Sizilien und Zentralspanien und westlich bis Irland.

Verbreitung in Baden-Württemberg: Im ganzen Gebiet zerstreut, aber stets in kleinen Populationen. Bevorzugt Berglagen und meidet tiefere Lagen. In der oberrheinischen Tiefebene fast fehlend.

Tiefste Vorkommen bei 100 m, höchstes Vorkommen am Belchenhaus, 1350 m (KR-K).

Die Art ist im Gebiet wohl nicht urwüchsig. Ältester archäologischer Nachweis: Mittleres Subatlantikum, Welzheim, KÖRBER-GROHNE (1983). Älte-

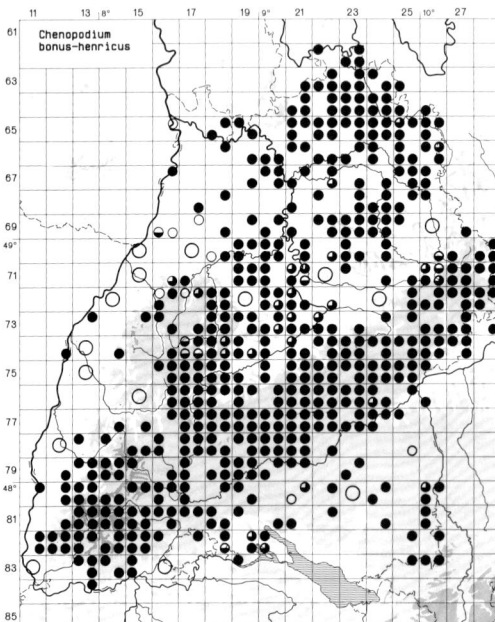

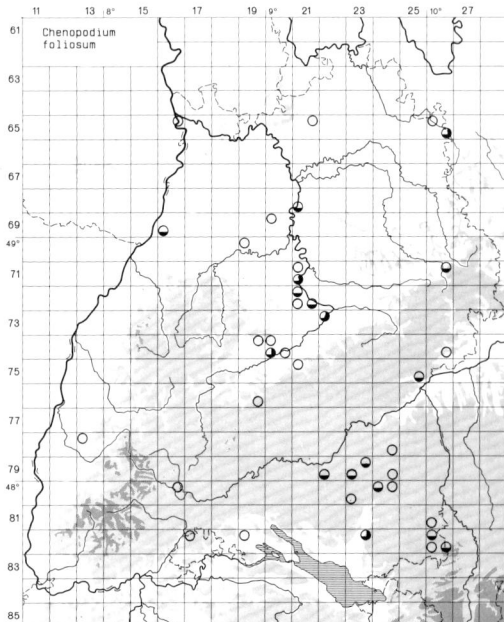

Guter Heinrich *(Chenopodium bonus-henricus)*
Friedingen

ster literarischer Nachweis: J. BAUHIN (1598: 173) in der Umgebung von Bad Boll (7323). Auch bei H. HARDER 1574–1576 belegt, vermutlich aus dem Gebiet (SCHORLER 1907: 88).

Verwendung: Die Blätter wurden als Ersatz für Spinat verwendet. MARTENS u. KEMMLER (1882 (2): 101) berichten „Ehemals im Frühling zur Aushülfe als Nahrung benützt, bis bessere Gemüse kamen".

Bestand und Bedrohung: Die Art weist einen Rückgang auf, der sich floristisch aber noch nicht dokumentieren läßt (PHILIPPI 1983: 472–473), besonders in den Trockengebieten. Die Karte bei JALAS u. SUOMINEN (1980) zeigt auch am Arealrand stellenweise einen Rückgang. Insgesamt ist die Pflanze im Gebiet noch nicht gefährdet, doch ist der gesamte Bestand an Individuen relativ klein. Im Gebiet wachsen sicher weniger als 10000 Exemplare.

4. Chenopodium foliosum Ascherson 1864

Blitum virgatum L. 1753; *Chenopodium virgatum* (L.) Ambrosi 1857 non Thunberg 1815
Echter Erdbeerspinat

Morphologie: Pflanze einjährig bis audauernd, 20–100 cm hoch, aufrecht, besonders am Grunde verzweigt, kahl; Blätter gestielt, die unteren besonders lang, im Umriß dreieckig-spießförmig, lang zugespitzt, buchtig gesägt, mit Zähnen, die in unterschiedliche Richtungen zeigen; Blätter zahlreich, an einem Ast 40 oder mehr, nach oben zu kleiner werdend; Blattspreite bis 7 cm lang; Blütenstand ein kugeliger Knäuel in den Blattachseln, mit bis zu 15 mm Durchmesser; Blütenhülle zur Fruchtzeit rot, fleischig. – Blütezeit ist Mai bis August.

Ökologie: Auf nährstoffreichen Böden, an Wegen,

Echter Erdbeerspinat *(Chenopodium foliosum)*

auf Schuttplätzen. Vegetationsaufnahmen aus dem Gebiet nicht bekannt.

Allgemeine Verbreitung: Gebirge Nordwestafrikas und Spaniens zu den Pyrenäen, Alpen, Südosteuropa, Kaukasus bis Zentralasien, darüber hinaus in niederen Lagen weit verschleppt, auch nach Südafrika und Nordamerika.

Verbreitung in Baden-Württemberg: Neckargebiet, Taubergebiet, Alpenvorland, seltener auf der Schwäbischen Alb.

Tiefste Vorkommen: 100 m. Höchste Vorkommen: Urlau, 680 m, (8226/1); Rohrdorf, 700 m, (8226/4), K. BERTSCH (1948: 179).

Ist im Gebiet nicht urwüchsig. Ältester archäologischer Nachweis: Frühes Subboreal, Wallhausen, RÖSCH (in Vorber.). Ältester literarischer Nachweis: ROTH VON SCHRECKENSTEIN (1752–1808) in ZKM: Um Donaueschingen außer den Gärten als Flüchtling aus denselben an Chausseegräben verwildert. Auch von H. HARDER 1594 vermutlich als Kulturpflanze belegt (HAUG 1915: 76).

6516/2: Mannheim, Hafen, vor 1900, NN (KR); 1897, 1901, ZIMMERMANN ((1907: 78); 6521/2: Schloß in Bödigheim, BRENZINGER (1904: 395); 6526/1: Creglingen, Herr-gottskirche, ENGEL (1900: 517); 6526/4: Teich E Wolfsbuch, 1962, K. BAUR (STU-K); 6821/3: Horkheim, am Kanal, HECKEL (1929: 125); 6916/3: Karlsruhe, Müllplatz, 1944, JAUCH (KR); 6920/1: Güglingen-Botenheim, PFEILSTICKER in MARTENS u. KEMMLER (1865: 476); 7019/1: Mühlacker, an Straße, 1865, E. LECHLER (STU-K: MARTENS); 7121/1: Ludwigsburg, SCHÖPFER in MARTENS u. KEMMLER (1865: 476); 7121/3: Cannstatt, LECHLER (1844: 9); Rosensteinpark, ca. 1950, E. KÖHLER (STU-K); 7126/2: Wasseralfingen, 1897, SIMON, 1913, A. BRAUN (STU); 7221/1: Stuttgart, Schloßstraße, 1813, MARTENS (ZKM); Kanonenweg, 1901, RAUSCHNABEL (STU); 7221/3: Hohenheim, KIRCHNER (1888: 224); 7221/4: Esslingen, Pliensaubrücke, 1902, LAUFFER (STU-K: EICHLER); 7322/2: Wernau, 1959, G. KNAUSS (STU); 7419/2: Kayh-Entringen, 1894, A. MAYER (1904: 85); 7420/1: Bebenhausen, A. MAYER (1929: 129); 7420/3: Tübingen, Wanne, 1969, K.H. HARMS (STU); 7420/4: Kirchentellinsfurt-Pfrondorf und Kusterdinger Wald, A. MAYER (1904: 85); 7426/4: Langenau, M. LAIBLE in MAHLER (1898: 29); 7521/1: Reutlingen, A. MAYER (1904: 85); 7525/4: Ulm, Blaubeurer Tor, 1861, HEGELMAIER (STU); Örlinger Tal, HAUG (1903: 88), 1935, E. VON ARAND (STU); 7619/4: Hohenzollern, Adlertor, REISER (1870/71: 10); 7813/1: Ruine Landeck, NEUBERGER (1912: 87); 7824/4: Warthausen, 1884, VON ENTRESS (STU); 7922/3: Mengen, beim Schulhaus, 1905, K. BERTSCH (STU); 7923/2: Buchau, 1912, K. BERTSCH (STU); 7923/3: Saulgau, Kiesgrube, 1932, K. MÜLLER (STU); 7924/4: Unteressendorf, SEYERLEN in MARTENS u. KEMMLER (1882: 2: 102); 8016/2: Donaueschingen, ca. 1800, ROTH VON SCHRECKENSTEIN (STU-K: MARTENS); 8023/3: Altshausen, vor 1900, FETSCHER (STU-K: EICHLER); 8024/1: Schussenried, Bahnhof, 1905, K. BERTSCH (STU); Hüttenhof, 1849, E. LECHLER (STU-K: MARTENS); 8024/2: Mühlhausen, HERTER (1888: 193); 8126/3: Leutkirch, 1859 und später, SEEFRIED (STU-K: EICHLER); 8217/1: Eichhof bei Fützen, ca. 1880, PROBST in KUMMER (1941: 166); 8219/1: Singen, MERKLEIN in KUMMER (1941: 166); 8223/2: Ravensburg, 1950, 1956, K. BERTSCH (STU); 8226/1: Urlau, 1931, K. BERTSCH (STU); 8226/3: Ried bei Neutrauchburg, HERTER (1888: 193); 8226/4: Rohrdorf, ca. 1930, K. BERTSCH (STU-K: BERTSCH).

Bestand und Bedrohung: Die Art ist im Gebiet verschollen. Ob sie je echt eingebürgert war, ist unsicher.

Chenopodium capitatum (L.) Ascherson 1864
Blitum capitatum L. 1753
Ähriger Erdbeerspinat

Einjährig, 30–60 cm hoch; mittlere Blätter breit dreieckig, mit Spießecken; Blütenknäuel kugelig, groß, 5–10 mm im Durchmesser, fruchtend himbeerartig. – Blütezeit: Juni bis Juli. Heimat: Vielleicht Nordamerika. Alte Kulturpflanze, wurde als Spinat verwendet; heute kaum noch gepflanzt, früher selten verwildert.

6516/2: Mannheimer Hafen, 1881–1901, ZIMMERMANN (1907: 78); 6916/3: Karlsruhe, Holzmagazin und Schießwiese, C.C. GMELIN (1805: 8); 7024/3: Gschwend, KURR (1852: 25); 7121/1: Ludwigsburg, SCHÖPFER in MARTENS u. KEMMLER (1865: 476); 7125/4: Schuttplatz bei Mögglin-

gen, 1959, K. Baur (STU-K); 7323/4: Dürnau, 1865, Zie-
gele in Martens u. Kemmler (1882: 2: 102); 7518/2:
Ergenzingen, Allmendinger in A. Mayer (1904: 86);
7522/1: Urach, Fabrikplatz, Finckh in Martens u.
Kemmler (1865: 476); am Kälberburren, 1875, Finckh in
Flora Uracensis (STU-K); 7922/1: Mengen-Herbertingen,
1898, Bretzler, ca. 1905, K. Bertsch (STU-K:
Bertsch); 8225/1: Emmelhofen, ca. 1900, P. König in
Kirchner u. Eichler (1913: 137).

5. Chenopodium glaucum L. 1753
Blaugrüner Gänsefuß

Morphologie: Pflanze einjährig, 10–50 cm hoch,
aufrecht, mit niederliegenden Ästen oder niederliegend, auch aufrecht, einfach oder ästig; Stengel gestreift und gefurcht; Blätter langgestielt, schmal eiförmig bis rautenförmig, 4–9–(12) cm lang und bis
3 cm breit, buchtig gesägt mit 1–6 Zähnen auf
jeder Seite, unterseits weißmehlig, oberseits grün;
Blüten geknäuelt, Blütenstände teils blattachselständig, viel kürzer als die Blätter, teils endständig;
Blütenhülle 3–5-zipflig, Zipfel meist getrennt.
Biologie: Blütezeit ist Juni bis September. Nachdem
die zwei Narben verwelkt sind, entwickeln sich
gleich die Staubblätter.
Ökologie: Auf feuchten, überdüngten Böden, an
Dunglegen, an Gräben, Charakterart des Chenopodietum rubri. Vegetationsaufnahmen bei W. Kreh
(1929: 197), G. Philippi (1978: 191) und E. Oberdorfer (1983: 116–119).

Blaugrüner Gänsefuß *(Chenopodium glaucum)*
Schloß Mauren bei Böblingen, 1986

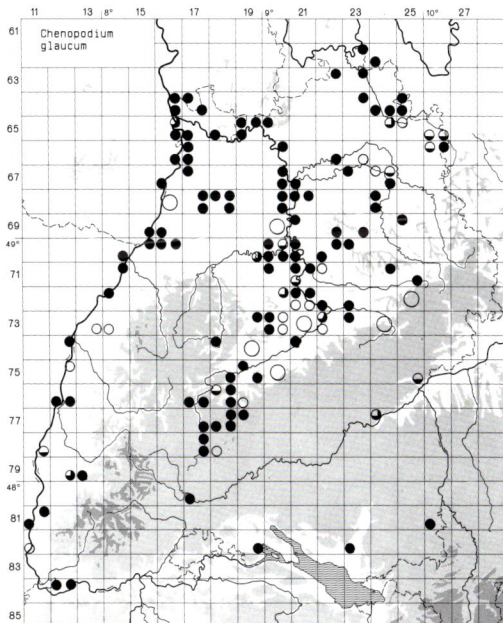

Allgemeine Verbreitung: Die eurasiatisch-kontinen-
tale Art meidet in Europa die nördlichen und südlichen Gebiete.
Verbreitung in Baden-Württemberg: Nur in den tieferen Lagen, im Oberrheingebiet, im Neckarland,
an Donau und Bodensee.

Tiefste Vorkommen bei 100 m; höchste Vorkommen: Frittlingen (7818/3), Leutkirch (8126/3) ca.
650 m.

Die Art ist im Gebiet wohl nicht urwüchsig. Ältester archäologischer Nachweis: Spätes Atlantikum,
Hornstaad, Rösch (unpubl.). Ältester literarischer
Nachweis: Duvernoy (1722: 46) „Ad muros viae
Hirs." in Tübingen (7420).
Bestand und Bedrohung: Durch die Zunahme überdüngter Standorte findet die Art eher mehr als weniger neue günstige Standorte. Ist im Gebiet nicht
gefährdet.

6. Chenopodium rubrum L. 1753
Roter Gänsefuß

Morphologie: Pflanze einjährig, (5)–25–35–(90) cm
hoch, niederliegend, aufsteigend oder aufrecht,

Roter Gänsefuß *(Chenopodium rubrum)*

ästig, kahl; Blätter gestielt, eiförmig-rhombisch, am Grunde keilig, grob unregelmäßig buchtig gesägt, Spreite meist zwischen 2 und 5 cm lang, grün oder rot; Blüten geknäuelt, Blütenstand teils blattachselständig, teils endständig, pyramidal, rispig; endständige Blüten 4–5-zipflig, seitenständige 3-zipflig; Samen 0,4–1 mm im Durchmesser. – Blütezeit ist Juli bis September.

Ökologie: Auf frischen bis feuchten, nährstoffreichen oder überdüngten Böden, an Dunglegen, an Ufern, auf Schuttplätzen, seltener aus Äckern, Charakterart des Chenopodietum rubri. Vegetationsaufnahmen z. B. bei W. KREH (1929: 180), PHILIPPI (1978: 187, 191) und OBERDORFER (1983: 116–119).

Allgemeine Verbreitung: Europa, im Süden und Norden seltener bis fehlend, Asien und Nordamerika.

Verbreitung in Baden-Württemberg: Nur in den wär-meren, tieferen Lagen des Gebiets: Oberrheingebiet und mittleres Neckarland. Sonst selten.

Tiefste Vorkommen bei 100 m, höchstes Vorkommen: Wolfegg, ca. 670 m (8124/4).

Die Art ist im Gebiet wohl nicht urwüchsig. Ältester archäologischer Nachweis: Frühes Subboreal, Hornstaad (Hörnle V), RÖSCH (unpubl.). Ältester literarischer Nachweis: GMELIN (1779: 92) „zuweilen auf Äckern" in Württemberg.

Bestand und Bedrohung: Wegen der Zunahme überdüngter Standorte ist die Art im Gebiet nicht bedroht. Sie kommt aber öfter nur unbeständig vor.

7. Chenopodium hybridum L. 1753
Unechter Gänsefuß

Morphologie: Einjährig, 30–100 cm hoch, aufrecht, einfach oder ästig; Stengel kantig und gefurcht; Blätter gestielt, eiförmig bis dreieckig, mit langer

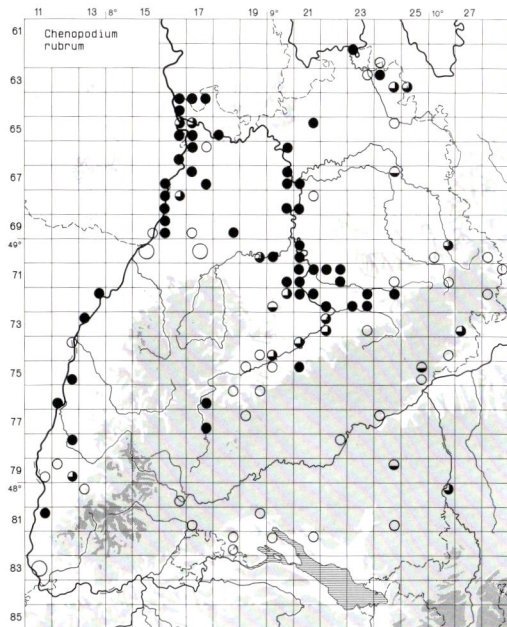

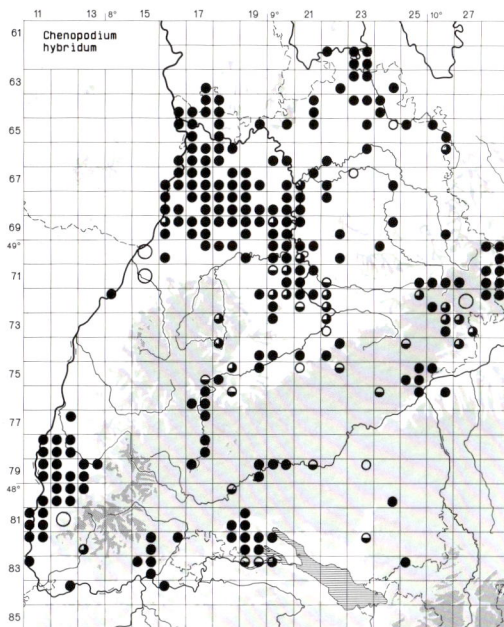

spitze, untere sehr groß (Spreite bis 22 cm lang und bis 16 cm breit), nach oben wesentlich kleiner werdend, dunkelgrün, gesägt, mit 1–5 großen Zähnen auf jeder Seite; Blütenstand eine Rispe, pyramidenförmig, Blütenhülle fünfteilig, ausgebreitet; Samen schwarz, mit kraterartigen Grübchen. – Blütezeit ist Juni bis September.

Ökologie: Auf frischen, nährstoffreichen, lockeren Böden, auf Erdaushub, in Hackfruchtäckern, an Dunglegen, in Felsenbalmen der Schwäbischen Alb. Vegetationsaufnahmen bei Rebholz (1931: 228), Oberdorfer (1957: 63–65), Görs (1966: 490–498, 515–522), T. Müller (1983).

Allgemeine Verbreitung: Europa, Asien und Nordafrika. Kommt in Europa mit Schwerpunkt in Mitteleuropa vor, im Norden und Süden ist sie seltener oder fehlt.

Verbreitung in Baden-Württemberg: Bevorzugt die tieferen und wärmeren Lagen des Gebiets sowie die Kalkgebiete. Kommt überall nur vorübergehend vor, kann aber aus Samen immer wieder neu auftreten.

Tiefste Vorkommen bei 100 m, höchste Vorkommen: Balme am Felsentor E Bärenthal (7919/2), 780 m.

Die Art ist im Gebiet wohl urwüchsig. Ältester archäologischer Nachweis: Spätes Atlantikum, Ehrenstein, Hopf (1968). Ältester literarischer Nachweis: J. Bauhin (1598: 173) „Pes anserinus ramosus in Eichelberg" (7323). Auch im Herbar von

Unechter Gänsefuß *(Chenopodium hybridum)*
Schelingen, 5. 7. 1992

489

H. HARDER 1576–1594 belegt, vermutlich aus dem Gebiet (SCHINNERL 1912: 233).

Bestand und Bedrohung: Die Art ist trotz ihrer Unbeständigkeit im Gebiet nicht gefährdet.

8. Chenopodium polyspermum L. 1753
Vielsamiger Gänsefuß

Morphologie: Pflanze einjährig, meist ästig, 30–60–(100) cm hoch, im unteren Teil oft mit kreuzweise gegenständigen, waagrecht abstehenden, auch aufsteigenden Ästen; Stengel gewöhnlich vierkantig; Blätter gestielt, ganzrandig, eiförmig, zugespitzt, Spreite 1–5–(8) cm lang und bis 5 cm breit, im Herbst oft auffallend rot gefärbt; Blüten einzeln oder geknäuelt, in achselständigen und endständigen schmal zylindrischen Rispen; Blütenhülle fünfzipflig, Zipfel getrennt; Samen glänzend, braunrot bis schwarz. Jungpflanzen zeigen meist einen roten Blattrand und sind daran von *Chenopodium album* zu unterscheiden.

Biologie: Blütezeit ist Juli bis Oktober. Erst reifen die Narben, dann die Staubbeutel. Anfangs umhüllt die Blütenhülle den Fruchtknoten, daß nur die 2 Narben herausragen. Wenn dann die 3 Staubblätter nacheinander reifen, biegen sich die Blütenhüllblätter nach außen zurück. Die Blätter dienen als Mittel zum Anlocken von Fischen.

Ökologie: Auf frischen, nährstoffreichen, lockeren Böden, besonders gern auf Aushuberde, auf Schutt-

Vielsamiger Gänsefuß *(Chenopodium polyspermum)* Stuttgart, Rosensteinpark, 1985

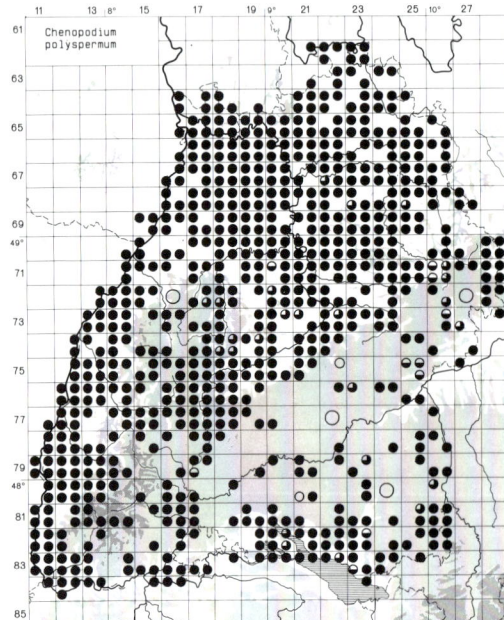

plätzen, in Hackfruchtäckern, Gärten und Weinbergen, an Ufern. Feuchtezeiger (OBERDORFER 1970). Charakterart des Chenopodio-Oxalidetum fontanae (T. MÜLLER 1983: 85–95). Vegetationsaufnahmen z. B. bei OBERDORFER (1957: 56–61); T. MÜLLER (1974: 292–293) und PHILIPPI (1978: 191, 252).

Allgemeine Verbreitung: Europa, besonders im mittleren Teil, im Norden und Süden seltener, Asien, in Nordamerika und Südafrika verschleppt.

Verbreitung in Baden-Württemberg: Im ganzen Gebiet, aber in den höheren Lagen seltener oder fehlend. Auf der Schwäbischen Alb auffallend selten.

Tiefste Vorkommen bei 100 m, höchste Vorkommen im Schwarzwald, 7515/2: Alexanderschanze, 950 m.

Die Art ist im Gebiet nicht urwüchsig. Ältester archäologischer Nachweis: Spätes Atlantikum, Ehrenstein, HOPF (1968) und Hornstaad, RÖSCH (unpubl.). Ältester literarischer Nachweis: J. BAUHIN (1598: 172) in der Umgebung von Bad Boll (7323). Im Herbarium von H. HARDER 1594 findet sich ein Beleg vermutlich aus dem Gebiet (HAUG 1915: 76).

Bestand und Bedrohung: Die Art ist im Gebiet nicht gefährdet.

9. Chenopodium vulvaria L. 1753
Stinkender Gänsefuß

Morphologie: Pflanze einjährig, niederliegend und aufsteigend, ästig, bis 60 cm hoch, graugrün, stinkend; Blätter langgestielt, rhombisch, ganzrandig, jung weißmehlig bestäubt; Spreite etwa 10–25 mm lang und 5–25 mm breit, obere Blätter oft klein, ihre Spreite nur etwa 10 mm lang und 5 mm breit; Blütenstände klein, die in den Blattachseln etwa 5–10 mm lang, die anderen endständig; Blütenhülle fünfteilig, nicht gekielt.

Biologie: Blütezeit ist Juni bis September. Die Pflanze riecht unangenehm nach Trimethylamin.

Ökologie: Auf trockenen, nährstoffreichen Böden, wärmeliebend, daher gern in Spalierlage an Mauern, auf Bahnhöfen, an Wegen. Charakterart des Chenopodietum vulvariae. Vegetationsaufnahmen bei VON ROCHOW (1951: 10), GÖRS (1966: 516, 522), T. MÜLLER (1983: 50–57). Die Kenntnis der speziellen Ökologie dieser Art hat sich seit 350 Jahren nicht wesentlich verbessert, denn schon MATTIOLI schreibt (1626: 193h): „Wechst an trocknen Hoffstätten, neben Mawren und Zeunen, da die Hunde hin stallen".

Allgemeine Verbreitung: Mittelmeergebiet bis Zentralasien, außerdem Nordamerika, Australien und Neuseeland. In Europa besonders Süd- und Mitteleuropa, nordwärts bis Südengland und Südskandinavien.

Stinkender Gänsefuß *(Chenopodium vulvaria)*
Bronnbach/Tauber, 1987

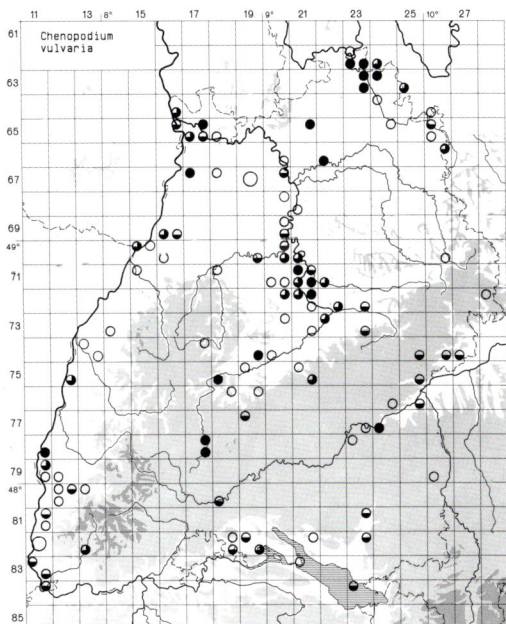

Verbreitung in Baden-Württemberg: Beschränkt sich auf die tieferen und wärmeren Lagen im Oberrheingebiet, im Main-, Tauber- und Neckarland; außerdem im Bodenseegebiet und im Donautal um Ulm herum.

Tiefste Vorkommen bei 100 m, höchste Vorkommen: 7425/4: Bahnhof Westerstetten, 550 m; 7823/1: Unlingen, 530 m.

Die Art ist im Gebiet nicht urwüchsig. Ältester literarischer Nachweis: DUVERNOY (1722: 46) „ad primos hortos port. Hirsav. dextrorsum. in 1. area Castelli" bei Tübingen (7420). Schon von H. HARDER 1576–1594 belegt, vermutlich aus dem Gebiet (SCHINNERL 1912: 233).

Fundorte (Beobachtungen nach 1970): 6223/3: Bronnbach, Kloster und Bahnhof, PHILIPPI (1983: 474); 6323/2: Bahnhof Gamburg, PHILIPPI (1983: 474); 6323/4: Königheim, jetzt verschwunden; Bahnhof Tauberbischofsheim, PHILIPPI (1983: 474); 6324/1: Brunntal, PHILIPPI (1983: 474); 6517/2: o.O.; 6521/2: o.O.; 6622/3: Bahnhof Möckmühl, 1971, F. SCHÖLCH (STU-K); 6717/1: N Waghäusel, um 1978, G. PHILIPPI (KR-K); 7121/1: Ludwigsburg, am Arsenalbau bis 1989, S. SEYBOLD (STU-K); 7121/4: Waiblingen, Bahnhofsgelände, 1963–1970, E. BÜCKLE (STU-K); 7221/2: Uhlbach und Rotenberg, zuletzt 1979, W. SEILER (STU-K); 7419/4: Tübingen, Schuttplatz W

491

Chenopodium urbicum L.

Ammerhof, 1977, F. Cammisar (STU-K); 7518/3: o.O.; 7811/4: Burkheim, 1985, G. Hügin (STU-K); 7817/2: o.O.; F. Schölch (STU-K); 7817/4: Schuttplatz bei Lauffen, ca. 1974, F. Schölch (STU-K).

Bestand und Bedrohung: Die Art ist im Gebiet vom Aussterben bedroht. Sie weist einen enormen Rückgang bis in die jüngste Zeit auf. Die Karte bei Jalas u. Suominen (1980) zeigt, daß auch anderswo beachtliche Rückgänge beobachtet wurden. Ursachen sind die Veränderungen der Biotope in den Dörfern, genau wie beim Mauergänsefuß. Refugien sind teilweise noch die Bahnhöfe. In seltenen Fällen wurde eine stärkere Neuausbreitung infolge Weinbergsumlegung beobachtet (7221, Uhlbach). Doch dürfte hier die Herbizidanwendung begrenzend wirken.

Literatur: Philippi, G. (1983).

10. Chenopodium urbicum L. 1753
Straßen-Gänsefuß

Morphologie: Pflanze einjährig, aufrecht, bis 1 m hoch, ziemlich kahl; Blätter lang gestielt, dreieckig oder rhombisch-dreieckig, unregelmäßig buchtig gesägt, Spreite ca. 3–12 cm lang und 3–12 cm breit; Blätter oft sehr groß; Blütenstand blattachselständig und endständig, steif aufrecht; Gesamtblütenstand eine schmale zylindrische Walze zwischen den Blattstielen bildend; Blütenhülle fünfzipflig, nicht gekielt; Samen schwarz, am Rand abgerundet. – Blütezeit ist Juli bis September.

Ökologie: Auf frischen, nährstoffreichen Böden auf Schuttplätzen und an Wegen, wärmeliebend. Vegetationsaufnahmen aus dem Gebiet sind keine bekannt.

Allgemeine Verbreitung: Eurasien, nach Nordamerika verschleppt.

Verbreitung in Baden-Württemberg: Selten in den lokalklimatisch wärmsten Städten und Dörfern in den Tallagen, doch keiner größeren Landschaft ganz fehlend.

Tiefste Vorkommen bei 100 m, höchste Vorkommen: 7821/1 Veringenstadt, 640 m; 7919/4 Jägerhaus bei Bronnen, 610 m (bei 7914/3 Lindenberg vielleicht höher).

Die Art ist im Gebiet nicht urwüchsig. Ältester archäologischer Nachweis: Spätes Atlantikum, Riedschachen, Blankenhorn und Hopf (1982). Ältester literarischer Nachweis: Roth (1805:

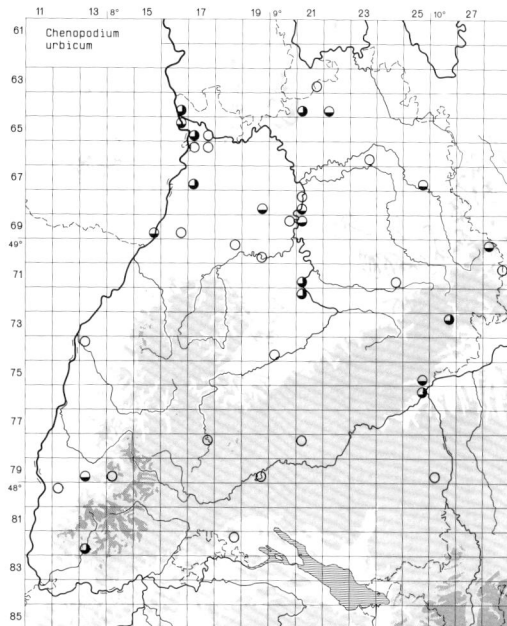

Straßen-Gänsefuß *(Chenopodium urbicum)*; aus Reichenbach, L.: Icones florae germanicae et helveticae, Band 24, Tafel 246, Figur 1–6 (1907); (bearbeitet von G. E. Beck von Mannagetta).

257–258) „Um Rothweil. Mayer" (7817). Auch von H. Harder 1594 vermutlich im Gebiet gesammelt (Haug 1915: 76).

6321/4: Brücke bei Rippberg, Brenzinger (1904: 363, 395); 6416/4: o.O.; 6421/3: o.O.; 6422/3: Buchen-Hettingen, Brenzinger (1904: 363, 395); 6516/2: Mannheim, 1903, Zimmermann (1907: 78); Mannheimer Hafen, 1931, Jauch (KR); 6517/3: o.O.; 6517/4: Grenzhof, Schmidt (1857: 261); 6617/1: Brühl, Schmidt (1857: 261); 6617/2: Oftersheim, ca. 1850, Döll (KR); 6623/4: Ingelfingen, ca. 1810, Bauer (STU-K: Martens); 6717/3: o.O.; 6725/4: Kirchberg, ca. 1920, L. Seitz in H. Mürdel, Florula Regenbacensis (STU-K); 6819/4: Niederhofen, um 1910, Metzger (STU-K: Eichler); 6821/1: Wartberg, 1858, E. Kapff (STU); 6821/3: Böckingen, Kirchner u. Eichler (1913: 138); 6915/4: Müllplatz S Daxlanden, 1943, Jauch (KR); 6916/4: Karlsruhe und Gaisenrain bei Gottesau (wo?), Bonnet (1887: 327); 6920/2: Lauffen, Bahndamm, vor 1900, Losch (STU-K: Eichler); 6921/1: Talheim, um 1904, Stettner (STU-K: Eichler); 7018/2: Elfinger Hof, Karrer in Martens u. Kemmler (1882: 2: 101); 7019/4: Vaihingen/Enz, ca. 1830, Bilhuber (STU-K: Martens); 7028/1: Tannhausen, an der Kirche, Frickhinger in Martens u. Kemmler (1865: 474); 7121/3: Stuttgart, Killesberg, 1928–35, 1953, Kreh u. Schaaf (1931: 143); 7124/4: Lindach, Dungstätten, Straub (1903: 61); 7128/2: Goldburghausen, Schnizlein u. Frickhinger (1848: 179); 7221/1: Stuttgart mehrfach, zuletzt auf Trümmerschutt von W. Kreh 1946 und K. Mahler 1948 beobachtet; 1947, Cannstatter Wasen; 7326/2: Schuttplatz N Heidenheim, 1953, K. Mahler; 7413/1: Kork, um 1830, Frank (KR); 7420/3: Tübingen mehrfach, A. Mayer (1904: 86, 1950: 155); 7525/4: Ulm, Blaubeurer Tor, Haug in Eichler (1905: XV); 7625/2: Söflingen,

1–5. *Chenopodium murale L.* 6. *Ch. ficifolium × opulifolium.*

F. G. Köhl et G. de Beck del.

Auffüllplatz, 1945, K. Müller (STU); 7817/2: Rottweil, Mayer in Roth v. Schreckenstein (1805: 257–258); 7821/1: Veringenstadt, A. Mayer (1950: 155); 7913/3: Freiburg, Rennweg, A. Thellung (1903: 295); 7914/3: Lindenberg, Neuberger (1912: 88); 7919/4: Jägerhaus bei Bronnen, A. Mayer (1950: 155); 7926/3: Rot a.d. Rot, Ducke in Martens u. Kemmler (1865: 474); 8012/1: Munzingen, Neuberger (1912: 88); 8213/3: Spinnerei Atzenbach, 1953, E. Tschopp u. P. Aellen (STU); 8218/2: Hohentwiel, Brunner in Jack (1901: 48).

Bestand und Bedrohung: Die Pflanze ist heute im Gebiet verschollen. Sie war früher aber häufiger, vermutlich aber wie auch andere *Chenopodium*-Arten meist unbeständig. Seubert u. Klein (1905: 124) geben sie sogar für die Rheinebene als zerstreut, für Nordbaden als verbreitet an. Wie Jalas u. Suominen (1980) berichten, hat die Art auch in anderen europäischen Ländern stark abgenommen. Da man über ihre Ökologie sehr wenig weiß, sind auch die Ursachen der Abnahme ganz unbekannt.

11. Chenopodium murale L. 1753
Mauer-Gänsefuß

Morphologie: Einjährige Pflanze, bis 90 cm hoch, ästig, nur schwach mehlig bestäubt; Blätter langgestielt, rhombisch, 1,5–6–(9) cm lang, unregelmäßig buchtig gesägt; Blütenstand blattachselständig, kürzer als das Blatt, und endständig; Blütenhülle fünfzipflig, auf dem Rücken gekielt und zu einem Höcker ausgewachsen; Samen scharf gekielt. – Blütezeit ist Juli bis September.

Ökologie: Auf trockenen, nährstoffreichen, ammoniakalischen Böden, wärmeliebend und daher gern am Fuß von Mauern, an ehemaligen Dunglegen, an Hühnerhöfen. Vegetationsaufnahmen z.B. bei Oberdorfer (1957: 47–48).

Allgemeine Verbreitung: Weltweit verschleppter Kosmopolit. In Europa besonders in Süd- und Mitteleuropa, nordwärts bis Südengland und Südskandinavien.

Verbreitung in Baden-Württemberg: Nur in den wärmebegünstigten Gebieten am Oberrhein und Bodensee, im mittleren Neckarland, im Ulmer Donaugebiet und an Main und Tauber.

Tiefste Vorkommen bei 100 m; höchstes Vorkommen: Klosterwald, 660 m (8021/3).

Die Art ist im Gebiet nicht urwüchsig. Ältester archäologischer Nachweis: Spätes Atlantikum, Riedschachen (Blankenhorn u. Hopf 1982) und

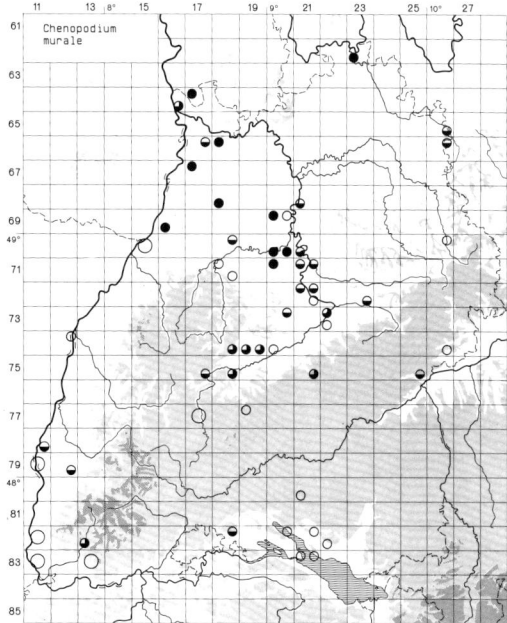

Hornstaad (Rösch 1985b). Ältester literarischer Nachweis: Duvernoy (1722: 46) „ad muros viae Hirs." bei Tübingen (7420).

Fundorte (Beobachtungen nach 1945): 6223/3: Mittelhof bei Bronnbach, 1974, G. Philippi (KR); 6416/4: Friesenheimer Insel, H. Heine (1952: 94); 6417/1: Autobahndreieck Viernheim (Hessen), Buttler u. Stieglitz (1976: 16); 6618/1: o.O.; 6717/1: Klärteiche bei Waghäusel, 1970, G. Philippi (KR); 6818/3: o.O.; 6916/3: o.O.; 6920/1: Güglingen, am Fuß der Kirchenmauer, 1983, van der Kall (STU-K); 7020/3: Markgröningen, Spitalmühle, 1959, W. Wrede (STU-K); 7020/4: Hohenasperg, 1953, K. Sieb (STU-K); 7120/1: Nippenburg, 1954; 7020/3: Markgröningen-Talhausen-Unterriexingen, ca. 1955, K. Sieb (STU-K); 7322/1: Wernau, 1955, R. Leidolf; Unterensingen, 1969, G. Knauss; 7418/4: Öschelbronn-Mötzingen, 1954, W. Wrede; 7419/3: Seebronn, Wegrand, 1953, K. Müller; 7419/4: Wurmlinger Kapelle, T. Müller in Görs (1966: 553); 7518/4: Weitinger Mühle, 1953, W. Wrede; 7521/4: Spinnerei Unterhausen, 1952–54, K. Müller; 8213/3: Atzenbach, 1953, P. Aellen in Baumgartner (1975: 124).

Bestand und Bedrohung: Die Art ist vom Aussterben bedroht. Die ammoniakalischen Spalierstandorte an Mauern sind infolge Sanierung oder Betonierung verändert oder verschwunden. Der sonst starken Zunahme eutrophierter Standorte vermag die Art anscheinend nicht zu folgen. Kirchner (1888) gibt für den Stuttgarter Raum an: „An Strassen und Gebäuden, nicht selten". Nach obiger Zusammenstellung wurde die Art in diesem Gebiet zuletzt 1969 bei Unterensingen, also an der äußer-

---

Mauer-Gänsefuß *(Chenopodium murale)*; aus Reichenbach, L.: Icones florae germanicae et helveticae, Band 24, Tafel 245, Figur 1–5 (1907); (bearbeitet von G. E. Beck von Mannagetta).

sten Peripherie beobachtet. Ihr Rückgang ist so schnell und so massiv, daß er kaum dokumentiert werden kann. Er ist aber auch auf der Karte bei JALAS u. SUOMINEN (1980) für Mitteleuropa angedeutet. Nach allen Berichten älterer Autoren kam die Art früher fast in allen Dörfern vor. Das kann man sich heute kaum noch vorstellen. Die genaue Ökologie und die Ursachen des Rückgangs trotz vorheriger weltweiter Ausbreitung harren noch der Erforschung.

12. Chenopodium ficifolium Smith 1800
Ch. serotinum auct.
Feigenblättriger Gänsefuß

Morphologie: Pflanze einjährig, 30–90 cm hoch, aufrecht, ziemlich mehlig; Blätter langgestielt, am Grunde keilig, länglich-eiförmig, an der breitesten Stelle mit zwei größeren Seitenlappen; Spreite 2–6 cm lang und 1–3 cm breit, wellig gesägt, Mittellappen schmal und lang; Blütenstände blattachselständig und endständig; Blütenhülle fünfteilig, gekielt; Samenschale mit länglichen Gruben. – Blütezeit ist Juni bis Oktober.

Ökologie: Auf frischen nährstoffreichen, humosen Böden, in Maisfeldern, in mit Klärschlamm gedüngten Feldern, in Kläranlagen, an sandig-lehmigen Ufern. Vegetationsaufnahmen bei PHILIPPI (1978: 191, 252; 1983: 420–421; 1984: 75–77), OBERDORFER (1983: 116–119).

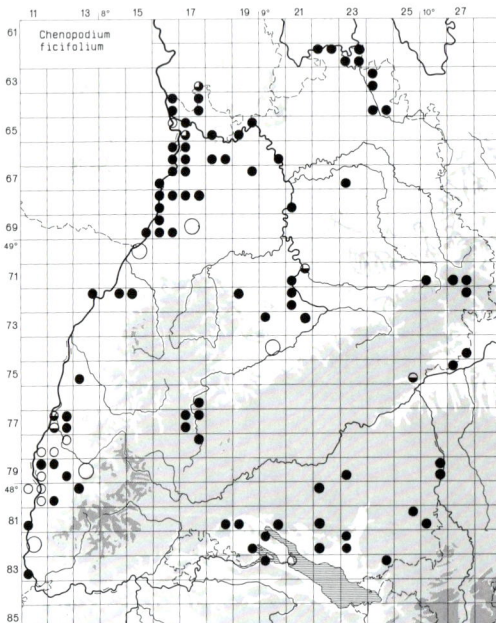

Feigenblättriger Gänsefuß *(Chenopodium ficifolium)* Stuttgart, Rosensteinpark, 1985

Allgemeine Verbreitung: Europa bis Ostasien. In Europa besonders Mittel- und Südosteuropa, von England bis Bulgarien.

Verbreitung in Baden-Württemberg: Überwiegend in den tieferen und wärmeren Lagen besonders der Flußtäler, im Oberrheingebiet, am Main, im Nekkargebiet, Bodenseegebiet und im Ulmer Donautal.

Tiefste Vorkommen bei 100 m, höchstes Vorkommen: Wachbühl bei Seibranz, 780 m (8125/2).

Die Art ist im Gebiet nicht urwüchsig. Ältester archäologischer Nachweis: Spätes Subatlantikum, Sindelfingen, KÖRBER-GROHNE (1978). Ältester literarischer Nachweis: GMELIN (1826: 186) „Prope Carlsruhe et Durlach legit A. BRAUN". SPENNER (1826: 324) „Circa Hecklingen, Kenzingen, Endingen, Saspach, Breisach, Rimsingen etc."

Bestand und Bedrohung: Dank der Zunahme eutrophierter, überdüngter Standorte ist die Art in Ausbreitung begriffen. Sie ist nicht bedroht.

13. Chenopodium opulifolium Schrader in Koch et Ziz 1814
Schneeballblättriger Gänsefuß

Morphologie: Pflanze einjährig, 30–100 cm hoch, ästig; Blätter langgestielt, rhombisch, am Grunde keilig, etwa so breit wie lang; Spreite 15–25–(60) mm lang, unregelmäßig gesägt, an der

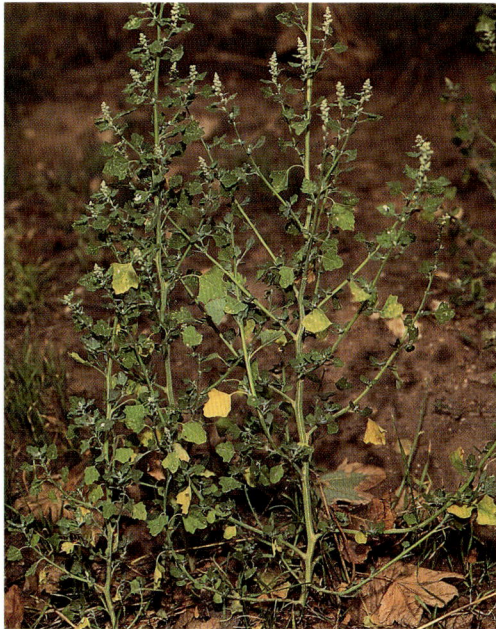

Schneeballblättriger Gänsefuß *(Chenopodium opulifolium)*

breitesten Stelle mit 2 breiten Seitenlappen, diese mit 2–3 Zähnen; Blattunterseite mehlig grau; obere Blätter mit langspitzigem Mittellappen; Blütenstände geknäuelt, blattachselständig und endständig; Blütenhülle gekielt. – Blütezeit ist Juni bis September.

Ökologie: Auf trockenen, nährstoffreichen Böden, auf Schuttplätzen, an Wegen, an Mauern, auf Güterbahnhöfen. Vegetationsaufnahmen bei Philippi (1983: 464), T. Müller (1983: 50–57).

Allgemeine Verbreitung: Europa, Asien und Afrika, in Nordamerika eingeschleppt.

Verbreitung in Baden-Württemberg: Besonders in den tieferen und wärmeren Lagen, im Oberrheingebiet, im Neckarland, seltener am Rand der Schwäbischen Alb oder im Alpenvorland.

Tiefste Vorkommen bei 100 m; höchstes Vorkommen: 8026/3: Bahnhof Marstetten-Aitrach, 600 m.

Die Art ist im Gebiet nicht urwüchsig. Ältester literarischer Nachweis: Dierbach (1825: 50) „frequenter", ohne Ortsangaben.

Fundorte (Beobachtungen nach 1945): 6223/3: Bahnhof Bronnbach, Philippi (1983: 464); 6323/4: o.O.; 6416/4: Friesenheimer Insel, H. Heine (1952: 94); 6517/3: Rheinauhafen, H. Heine (1952: 94); 6518/3: Heidelberg, beim Botanischen Garten, 1973, F. Schölch (STU-K); 6719/1: o.O. (STU-K); 6915/4: N Strandbad Rappenwört, um 1980, G. Philippi (KR-K); 6916/3: o.O.; 7020/4: Asperg, ca. 1955, K. Sieb (STU-K); 7021/3: Müllplatz Eglosheim, 1955, K. Sieb (STU-K); 7121/2: Müllplatz Neustadt, zuletzt 1945, W. Kreh (STU-K); 7421/3: Gbf. Reutlingen, 1951, K. Müller (STU-K); 7519/2: Rottenburg, Straßenrand, 1953, K. Müller (STU); 7521/4: Spinnerei Unterhausen, 1952, K. Müller (STU); 7525/3: Bahnhof Herrlingen, 1949, K. Müller (STU-K); 7525/4: Ulm, Olgastr., 1950, K. Müller (STU); 7625/2: Auffüllplatz Söflingen, 1945, K. Müller (STU-K); 8026/3: Bahnhof Marstetten-Aitrach, 1950, 1952, K. Müller (STU).

Bestand und Bedrohung: Da die Art nicht immer leicht von dem häufigen *Chenopodium album* unterschieden werden kann, ist ihre Verbreitung nur unvollständig bekannt. Sie ist im Gebiet zurückgegangen und wahrscheinlich vom Aussterben bedroht.

14. Chenopodium album L. 1753
Weißer Gänsefuß

Morphologie: Pflanze einjährig, sehr variabel, 5–300 cm hoch, meist aufrecht, oft stark ästig, besonders im Blütenstand stark mehlig bestäubt; Blätter gestielt, rhombisch-eiförmig, meist unregelmäßig gesägt, aber auch ganzrandig, länger als breit, die oberen schmaler und weniger gesägt; Blüten geknäuelt in Blattachseln und endständig; Blütenhülle fünfzipflig, auf dem Rücken gekielt; Samen schwarz, glänzend, am Rand abgerundet.

Unterscheidungsmöglichkeit junger Pflanzen von *Atriplex patula* bzw. *A. hastata:* die jungen

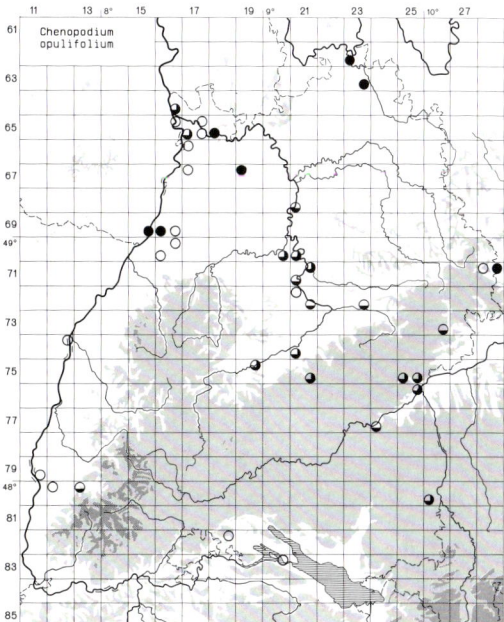

497

Weißer Gänsefuß *(Chenopodium album)*

Stengel sind im Querschnitt rundlich und bei *Atriplex* vierkantig.

Variabilität: Die Gruppe um *Ch. album* umfaßt (zusammen mit *Ch. opulifolium*) einige nahe verwandte und daher nicht leicht abzugrenzende Arten oder Unterarten. Am häufigsten ist wohl *Ch. album* im engeren Sinne, daneben kommt aber gelegentlich die Unterart subsp. *striatum* (Krašan) Murr 1904 vor, die oft als Art betrachtet wird und dann *Ch. strictum* Roth 1821 heißt (Synonym: *Ch. album* L. var. *striatum* Krašan 1893). Obwohl es von P. AELLEN bestimmte Belege dieser Unterart gibt, ist es uns nicht gelungen, alle Herbarstücke genau zu bestimmen und die Unterarten bei der Kartierung zu trennen. Dies bedarf einer gesonderten Neubearbeitung. P. AELLEN kennzeichnet die Unterart *striatum* in HEGI (1960: 648) so: „Heute ist sie... als gute Art anerkannt. Ihre Keimblätter sind schmäler als jene von *Ch. album* und auf der Unterseite intensiv braunrot gefärbt. Bereits die ersten Blattpaare zeichnen sich – im Gegensatz zu *Ch. album* und *Ch. opulifolium* – durch tiefdunkles Blattgrün aus. Charakteristisch ist die rote Umrandung des Blattes und die Rotstreifigkeit des Stengels, beides besonders an besonnten Standorten, die relativ späte Blütezeit (Beginn etwa Mitte August), die dunkelolivgrüne, nahezu kahle Blütenhülle und die kleinen, in der Größe zwischen *Ch. album* und *Ch. ficifolium* stehenden Samen." Nach OBERDOR-

FER, der die Sippe als Art betrachtet, kam sie besonders auf dem Trümmerschutt kriegszerstörter Städte vor und ist heute am Zurückgehen (1962: 320). Beobachtungen nach 1970 z. B. 8325/1: Güterbahnhof Wangen, 1971, E. DÖRR (1973: 150).

Biologie: Blütezeit ist Mai bis Oktober. Erst werden die Narben reif, dann die Staubblätter. W. KREH (1955) hat die Samenmengen errechnet, die eine große Pflanze produziert. Er kam dabei auf bis zu 1,5 Millionen pro Exemplar. Vielfach finden sich deshalb im Boden reichlich Samen dieser Art. Sie sind dazuhin sehr langlebig, bis zu 1700 Jahren (ODUM nach FISCHER 1982: 181).

Ökologie: Auf nährstoffreichen, lockeren, rohen Böden, in Hackfruchtäckern, auf Schuttplätzen, an Wegen und Straßen. Besonders gern als Erstbesiedler auf Rohboden, danach rasch zurückgehend. Vegetationsaufnahmen z. B. bei KREH (1935, 1955) PHILIPPI (1971, 1978), T. MÜLLER (1983).

Allgemeine Verbreitung: Besonders in Europa und Asien, in nahestehenden Rassen auch in Nord- und Südamerika, Südafrika und Australien.

Verbreitung in Baden-Württemberg: Fast in allen Gebieten, doch in den höheren Lagen fehlend.

Tiefste Vorkommen bei 100 m, höchste Vorkommen bisher bei 950 m, 7515/4: Alexanderschanze, und 960 m, 8114/2: Bahnhof Altglashütten, sicher aber noch höher möglich.

Die Art ist im Gebiet nicht urwüchsig. Ältester archäologischer Nachweis: Mittleres Atlantikum,

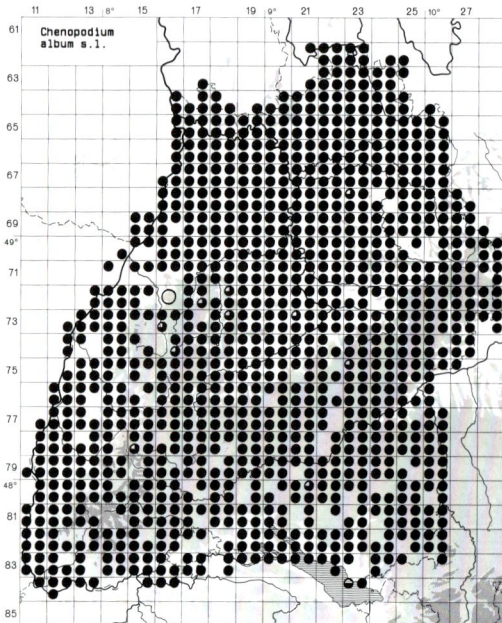

Weiler zum Stein, PIENING (1983). Ältester literarischer Nachweis: J. BAUHIN (1598: 173) in der Umgebung von Bad Boll (7323). Auch von H. HARDER 1574–6 vermutlich im Gebiet gesammelt (SCHORLER 1907: 89).

Bestand und Bedrohung: Als häufigste Gänsefuß-Art ist die Pflanze im Gebiet nicht gefährdet. Sie kommt speziell an stark vom Menschen gestörten Standorten vor und hat damit sicher eine Zukunft. Neuerdings besiedelt sie besonders auch die Straßenränder.

Literatur: KREH, W. (1955); KREH. W. (1935); FISCHER, A. (1982).

Chenopodium suecicum Murr 1902
Ch. viride auct.
Grüner Gänsefuß

Einjährig, bis über 1 m hoch, ähnlich *Ch. album*; Blattspreite 6–10 cm lang und 3–7 cm breit, rhombisch-eiförmig, gezähnt, unterste Seitenlappen am größten; Blüten in kleinen Knäueln zu lockeren Blütenständen verzweigt. – Blütezeit: Juni bis August. Heimat: Mittel- und Nordeuropa bis Ostasien, Nordamerika.

6416/4: Friesenheimer Insel, 1948, H. HEINE (1952: 94); 8026/4: Aitrach, 1984, E. DÖRR (STU); 7823/4: Acker bei Ahlen, 1963, P. AELLEN (1963: 259–260).

3. Atriplex L. 1753
Melde

Einjährige bis ausdauernde Kräuter oder Sträucher mit wechselständigen oder gegenständigen Blättern; Blätter jung meist mit Blasenhaaren, die als mehliger Überzug sichtbar sind; Blütenstand geknäuelt. Viele Arten mit viererlei Blüten: 1. männlichen mit Blütenhülle ohne Vorblätter, 2. weiblichen ohne Blütenhülle mit 2 Vorblättern, 3. zwittrigen mit Blütenhülle ohne Vorblätter, 4. weibliche mit Blütenhülle ohne Vorblätter. Aus weiblichen ohne Blütenhülle gehen vertikale Samen hervor, aus weiblichen mit Blütenhülle und aus zwittrigen gehen horizontale Samen hervor. Vorblätter zur Fruchtzeit vergrößert, Blütenhülle 3–5teilig, Narben 2–3, äußere Fruchthülle häutig.

Die Gattung umfaßt ca. 120 Arten, die hauptsächlich in Eurasien und Australien, seltener in Afrika und Amerika vorkommen.

1 Vorblätter nur am Grunde verwachsen 2
– Vorblätter verwachsen 7
2 Weibliche Blüten zweigestaltig, entweder mit 2 großen Vorblättern und flachem, vertikalem Samen, oder ohne Vorblätter und mit horizontalem Samen 3
– Alle weiblichen Blüten mit 2 Vorblättern und vertikalem Samen 4

3 Blätter oberseits dunkelgrün, glänzend, unterseits mehlig, Vorblätter rundlich eiförmig bis herzförmig, Frucht 3–3,5 mm lang . . . . . 1. *A. nitens*
– Blätter glanzlos, kahl, Vorblätter fast kreisrund, Frucht 3,5–4,5 mm lang . . . . . *[A. hortensis]*
4 Blätter länglich-lanzettlich, untere nicht ausgesprochen spießförmig 6
– Untere Blätter breit dreieckig, spießförmig 5
5 Vorblätter rundlich-herzförmig . 3. *A. micrantha*
– Vorblätter dreieckig . . . . .5. *A. prostrata*
6 Vorblätter mit zahnartig vorspringenden Seitenekken, obere Blätter ganzrandig, nur die unteren mit 2 Zähnen . . . . 4. *A. patula*
– Vorblätter herzförmig, ganzrandig; Blätter buchtig gezähnt . . . . 2. *A. oblongifolia*
7 Blütenähren nur am Grunde beblättert . . . . . .
. . . . *[A. tatarica]*
– Blütenähren bis zur Spitze beblättert .*[A. rosea]*

Atriplex hortensis L. 1753
Gartenmelde

Einjährige, aufrechte, bis 2,5 m hohe Pflanze; Blätter herzförmig oder spießförmig-dreieckig, meist länger als 10 cm; Blütenstand endständig; Vorblätter 5–15 mm lang. – Blütezeit: Juli–September.

Herkunft: Europäische Kulturpflanze, die wahrscheinlich von *A. nitens* oder von *A. aucheri* Moq. abstammt. Früher bei uns als Gemüsepflanze gebaut, heute selten verwildert. Vgl. SUCCOW (1821: 95) „Colitur in hortis, ex quibus in ruderata pagorum saepe aberrat". Ältester archäologischer Nachweis: Mittleres Subatlantikum, Welzheim, KÖRBER-GROHNE (1983).

Fundorte (Beobachtungen ab 1945): 6417/3: Straßenheim, BUTTLER und STIEGLITZ (1976); 6417/4: Weinheim, Weststadt, BUTTLER und STIEGLITZ (1976); 6517/1: Ilvesheim, Neckarschlinge, 1948, H. HEINE (1952: 95); 7221/1: Obertürkheim, Containerbahnhof, 1982, W. SEILER (STU); 7717/4: Schlichem beim Butschhof, 1979, M. ADE (STU); 8324/2: Obermooweiler, 1972, E. DÖRR (1973: 47).

Atriplex rosea L. 1763
Rosenmelde

Einjährige, aufrechte bis aufsteigende Art, viel verzweigt, bis 1 m hoch; Blätter bis 6 cm lang und 3 cm breit, regelmäßig buchtig gezähnt; Vorblätter bis 12 mm lang, rhombisch, gezähnt, mit Anhängseln, hart werdend. – Blütezeit: Juli–September.

Mittel- und südeuropäische bis westasiatische Art; kam bei uns sehr selten und unbeständig vor; schon längere Zeit nicht mehr beobachtet.

Fundorte: (Beobachtungen nach 1945); 6516/2: Mühlau, 1947, 1951; Bahnhof Neckarau, 1950; H. HEINE (1952: 95).

Atriplex tatarica L. 1753
Tataren-Melde

Einjährige, niederliegende bis aufrechte, bis 1,5 m hohe Art; Blätter silbrig, unregelmäßig buchtig gelappt, kraus gewellt; Vorblätter bis 7 mm lang, rundlich bis länglich-

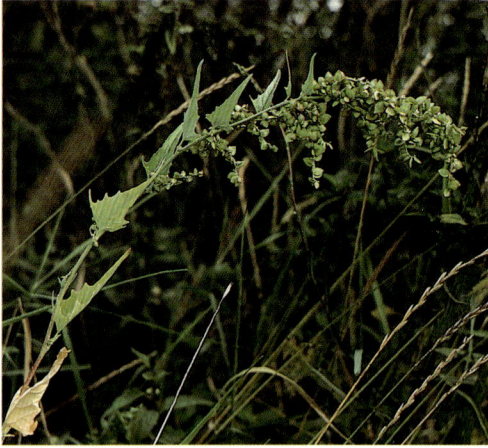

Glanz-Melde *(Atriplex nitens)*
Aldingen, 1978

rhombisch, netzaderig, hart werdend. – Blütezeit: Juli–
September.

Art Mittel- und Südeuropas bis Zentralasiens, bei uns
sehr selten und unbeständig eingeschleppt.

Fundorte (Beobachtungen nach 1945): 6416/4: Friesenheimer Insel, 1948, H. HEINE (1952: 95).

1. Atriplex nitens Schkuhr 1803
A. acuminata Waldst. et Kit. 1803
Glanz-Melde

Morphologie: Pflanze einjährig, 60–170 cm hoch,
aufrecht, ästig; Blätter gestielt, im Umriß dreieckig-
eiförmig, am Grunde keilig oder gestutzt, mit weiten Buchten und wenigen Zähnen, Spreite bis über
10 cm lang, oberseits dunkelgrün, glänzend, unterseits graumehlig, besonders bei den oberen Blättern, Mittelteil langspitzig auslaufend; Blütenstand
eine Rispe; Vorblätter sehr verschieden groß, bis
15 mm lang und bis 13 mm breit, eiförmig bis leicht
herzförmig, später häutig, hellbraun, bis zum
Grunde frei; Nerven am Grund in einen kurzen
gemeinsamen Strang zusammenlaufend. Verwechslungsmöglichkeiten: Siehe unter *Atriplex micrantha.* – Blütezeit ist Juli bis September.
Ökologie: Auf nährstoffreichen, lockeren Rohböden, an Wegen, Flußufern, Schuttplätzen, an der
Autobahn, Charakterart des Atriplicetum nitentis.
Vegetationsaufnahmen bei PHILIPPI (1971: 130,
1983: 430–432); SEYBOLD u. T. MÜLLER (1972:
106); T. MÜLLER (1983: 50–57).
Allgemeine Verbreitung: Von Deutschland südost-
wärts über Österreich bis Bulgarien, ostwärts über
Polen und die südliche UdSSR bis Zentralasien.
Verbreitungskarte in HEGI (1960: 672) und bei

JALAS u. SUOMINEN (1980: 35). Im Gebiet also am
Rande des Areals.
Verbreitung in Baden-Württemberg: Nördliches
Oberrheingebiet, Main-Taubergebiet, mittleres
Neckarland, sonst selten. Ist wärmeliebend und
kommt daher überall nur in den tieferen Lagen vor.

Tiefste Vorkommen bei 100 m, höchstes Vorkommen: 8126/3 Gbf. Leutkirch, 650 m, 1970
(DÖRR 1973).

Die Art ist im Gebiet wohl nicht urwüchsig. Ältester literarischer Nachweis: ZENNECK (1822: 47)
„Allee bei Stuttgart, auf Schutt", bezieht sich auf
einen von G. v. MARTENS gesammelten Beleg:
„19. 8. 1813. Rechts vor dem Friedrichs Thor auf
Schutt (wo jetzt das Haus des verst. Leib-Medikus
JÄGER steht)".

Fundorte (Beobachtungen nach 1970): 6223/2: Main bei
Bettingen, 1983, S. SEYBOLD (STU); 6223/3: N und E
Reicholzheim, PHILIPPI (1983); 6323/4: Wald SW Bahnhof
Dittwar, 1987, G. PHILIPPI (KR-K); 6324/3: E Tauberbischofsheim, PHILIPPI (1983); 6324/4: Zwischen Paimar
und Krensheim, PHILIPPI (1983); 6424/1: Oberhalb Marbach, PHILIPPI (1983); 6424/3: SE Königshofen, PHILIPPI
(1983); 6417/1: Beim Autobahndreieck Viernheim (Hessen), BUTTLER u. STIEGLITZ (1976); 6517/1: o.O.; 6517/3:
o.O.; 6517/4: Autobahnausfahrt Dossenheim, 1984,
S. SEYBOLD (STU); 6518/3: Heidelberg, Hauptbahnhof,
1973, F. SCHÖLCH (STU-K); 6717/1: o.O.; 6718/2: Autobahn bei Balzfeld, 1984, S. SEYBOLD (STU-K); 7121/1:
Kuffental SW Aldingen, 1978, S. SEYBOLD (STU-K);
7121/3: Steinhaldenfeld, 1976, K. LIEBHEIT (STU); 7125/
4: Unterböbingen, Auffüllplatz, 1979, KISCHNIK (STU-

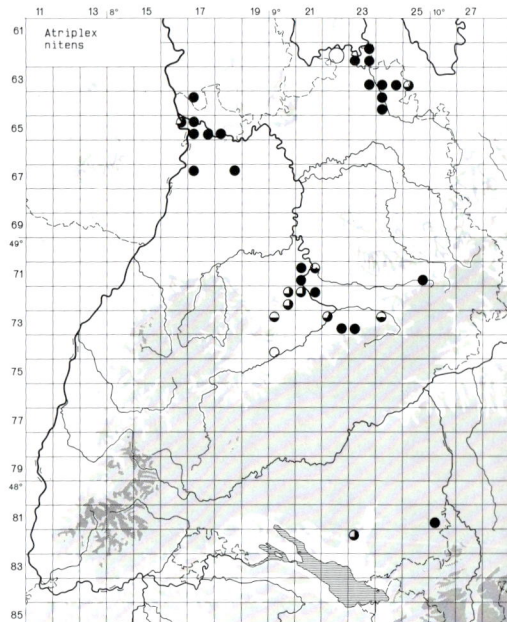

500

K); 7221/2: Hedelfingen, 1978, B. u. L. KROYMANN (STU-K); 7322/4: Autobahn beim Hasenholz, 1985, S. SEYBOLD (STU-K); 8126/3: Güterbahnhof Leutkirch, 1970, E. DÖRR (1973).

Bestand und Bedrohung: Trotz ihrer Unbeständigkeit scheint die Art im Gebiet nicht gefährdet zu sein.
Literatur: PHILIPPI, G. (1983).

2. Atriplex oblongifolia Waldst. et Kit. 1809
Langblättrige Melde

Morphologie: Pflanze einjährig, 30–120 cm hoch, aufrecht, ästig, mit steif aufrechten Ästen; Blätter zuerst mehlig, später kahl, gestielt, eiförmig-rhombisch, gezähnt bis ganzrandig, Spreite bis 6 cm lang und 2 cm breit, an der breitesten Stelle mit einem Zahn; Blütenknäuel wenigblütig, blattachselständig oder endständig in verlängerten, unterbrochenen Ähren; Vorblätter rhombisch-oval, zugespitzt, 2–13 mm lang und bis 8 mm breit, fast bis zum Grunde getrennt, meist ganzrandig oder an der breitesten Stelle mit einem Zahn. – Blütezeit ist Juli bis September.
Ökologie: Auf trockenen, nährstoffreichen Böden, auf Schuttplätzen. Charakterart des Sisymbrio-Atriplicetum oblongifoliae. Erträgt Salz. Vegetationsaufnahmen bei OBERDORFER (1957: 42–43) aus der benachbarten Pfalz.
Allgemeine Verbreitung: Von Mitteleuropa südost-

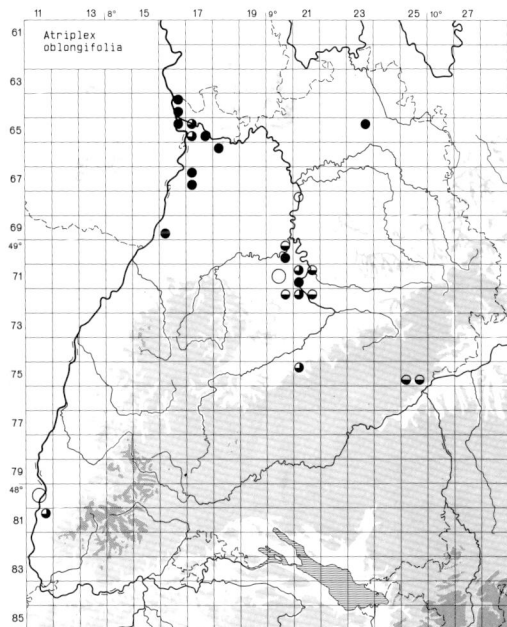

Atriplex oblongifolia

wärts bis Bulgarien und über die südliche UdSSR östlich bis Zentralasien.
Verbreitung in Baden-Württemberg: Von der Pfalz bis in den Raum Mannheim-Ludwigshafen hereinreichend, hier anscheinend eingebürgert. Im mittleren Neckarland unbeständig, ebenso im Raum Ulm. Im südlichen Oberrheingebiet nur bei Buggingen.

Tiefste Vorkommen bei 100 m, höchstes Vorkommen bei Pfullingen (7521/1), 400 m.

Die Art ist im Gebiet nicht urwüchsig. Ältester literarischer Nachweis: GRIESSELICH (1836: 207) „Bei Mannheim. Dr. SCHIMPER". Vielleicht ist auch die Angabe von SUCCOW (1821: 95) „A. campestris Koch et Ziz: In aggeribus frequens" hierherzustellen.

Fundorte (Beobachtungen nach 1970): 6416/2: o.O.; 6416/4: o.O.; 6516/2: o.O.; 6517/3: Autobahnausfahrt Dossenheim, 1984, S. SEYBOLD (STU); 6523/2: o.O.; 6618/1: o.O.; 6717/1: o.O.; 6717/3: o.O.; 6916/3: o.O.; 7020/4: Beim Bahnhof Bietigheim, 1986, N. SCHMATELKA (STU); 7121/3: Stuttgart, Rosensteinpark, 1977, S. SEYBOLD (STU).

Bestand und Bedrohung: Die Art ist im Gebiet selten und daher potentiell bedroht. Doch können solche unbeständige Arten der Ruderalstandorte kaum wirkungsvoll geschützt werden. In jüngster Zeit scheint die Art wieder vermehrt aufzutreten. Diese Populationen sind bei uns und in benachbarten Gebieten (vgl. MEIEROTT 1986) nicht immer klar von *Atriplex patula* abzugrenzen.
Literatur: MEIEROTT, L. (1986).

3. Atriplex micrantha Ledebour 1829
A. heterosperma Bunge 1852
Verschiedensamige Melde

Morphologie: Pflanze einjährig, bis 1,5 m hoch, ästig; Blätter gestielt, dreieckig, spießförmig, buchtig gezähnt, Stiel bis 4 cm lang, Spreite bis 15 cm lang, grün, nicht glänzend, anfangs etwas mehlig, am Grunde gestutzt, unterseits leicht grau; Blütenknäuel in zusammengesetzten Ähren; Vorblätter rund, bis zu 6 mm im Durchmesser, aber auch kleiner; Nerven der Vorblätter bis zum Grund getrennt. – Blütezeit: Juli bis September.

Verwechslungsmöglichkeiten: Von *Atriplex nitens* unterscheidet sich die Art durch die etwas kleineren, mehr rundlichen und dicklichen Vorblätter der Früchte. Sie verfärbt sich im Herbst auch stellenweise rot, während *A. nitens* sich nur gelb verfärbt. Die Arten sind aber nicht in jedem Zustand gut zu unterscheiden (vgl. SCHNEDLER und BÖNSEL 1987).

Atriplex oblongifolium W. K.

G. de Beck del.

K. P. gest.

Ökologie: Auf lockeren, lehmigen Böden, an Straßenrändern, besonders auf dem Mittelstreifen der Autobahn zwischen den Leitplanken. Vegetationsaufnahmen z.B. bei T. MÜLLER (1983: 50–57).

Allgemeine Verbreitung: Von der Ukraine bis Ostturkestan und Iran, in Mitteleuropa und Westeuropa neu adventiv aufgetreten.

Verbreitung in Baden-Württemberg: An den Autobahnen des Oberrheingebiets bis zum mittleren Neckarland. Tiefstes Vorkommen: 6416/4: Mannheim, Friesenheimer Insel, 90 m; höchstes Vorkommen: 7518/4: Autobahn bei Horb, 500 m.

Die Art ist im Gebiet nicht urwüchsig. Ältester literarischer Nachweis: AELLEN in HEGI (1960: 691) „Friesenheimer Insel, Kehrichtablageplätze (1953, H. HEINE u. P. AELLEN)"

6416/4: Friesenheimer Insel, 1953, HEINE u. AELLEN, HEGI (1960: 691); 6417/2 + 4: Autobahn von Dossenheim bis Hemsbach, 1984, S. SEYBOLD (STU-K); 6417/3: Autobahn Viernheim-Weinheim, 1984–88, S. SEYBOLD (STU-K); 6517/1: Mannheimer Kreuz, 1984, S. SEYBOLD (STU-K); 6517/2 + 4: Autobahn Heidelberg-Mitte bis Schriesheim, 1984, S. SEYBOLD (STU-K); 6617/1: Autobahn bei Brühl, 1988, S. SEYBOLD (STU-K); 6718/1 + 2: Autobahn bei Rauenberg und Tairnbach-Horrenberg, 1984, S. SEYBOLD (STU-K); 6719/1 + 3: Autobahn bei Sinsheim und Steinfurt, 1984, S. SEYBOLD (STU-K); 6720/3: Autobahn bei Rappenau, 1984, S. SEYBOLD (STU-K); 6820/2: Autobahn bei Kirchhausen, 1984, S. SEYBOLD (STU-K); 6821/1: Autobahn bei Obereisesheim, 1984, S. SEYBOLD (STU-K); 6821/4: Autobahn bei Weinsberg, 1985, S. SEYBOLD (STU-K); 6822/1: Autobahn bei Schwabach, 1987, S. SEYBOLD (STU-K); 6921/4: Autobahn beim Wunnenstein, 1985, S. SEYBOLD (STU-K); 7016/1: Autobahn bei Rüppurr und Ettlingen-Rheinhafen, 1987, 1988, S. SEYBOLD (STU-K); 7016/2: Autobahn bei Grünwettersbach, 1988, S. SEYBOLD (STU-K); 7016/4: Autobahn bei Palmbach, 1988, S. SEYBOLD (STU-K); 7017/3: Autobahn bei Nöttingen, 1985–88, S. SEYBOLD (STU-K); 7020/3: Bundesstr. 10 beim Pulverdinger Hof, 1986–88, S. SEYBOLD (STU-K); 7021/1: Kälbling bei Höpfigheim, 1973, S. SEYBOLD (STU); Autobahn bei Pleidelsheim, 1988, S. SEYBOLD (STU-K); 7118/2: Autobahn bei Wimsheim, 1988, S. SEYBOLD (STU-K); 7119/3: Autobahn bei Heimsheim, 1988, S. SEYBOLD (STU-K); 7120/2: Autobahn bei Zuffenhausen, 1986, S. SEYBOLD (STU-K); 7120/3 + 4: Autobahn Zuffenhausen-Gerlingen, 1980, K. LIEBHEIT, 1982–88, S. SEYBOLD (STU); 7219/2: Autobahn bei Rutesheim, 1988, S. SEYBOLD (STU-K); 7220/1: Autobahn bei Leonberg, 1984–88, S. SEYBOLD (STU-K); 7220/3: Autobahn bei Böblingen, 1986, S. SEYBOLD (STU-K); 7221/1: Killesberg, auf Humus von Baumscheiben, 1987, M. NEBEL (STU-K); 7221/2: Rotenberg, Baumscheiben, 1987, M. NEBEL (STU-K); Bundesstr. 10

bei Hedelfingen, 1987, S. SEYBOLD (STU-K); 7319/2 + 4: Autobahn Böblingen-Nufringen, 1985, 1986, S. SEYBOLD (STU-K); 7320/1: Autobahn bei Böblingen, 1986–88, S. SEYBOLD (STU-K); 7321/2: Autobahn bei Scharnhausen, 1985, S. SEYBOLD (STU-K); 7322/1: Autobahn bei Wendlingen, 1988, S. SEYBOLD (STU-K); 7323/3: Autobahn bei Holzmaden, 1985–87, S. SEYBOLD (STU); 7518/4: Autobahn bei der Horber Brücke, 1986, S. SEYBOLD (STU-K); 7712/2: Autobahn bei der Ausfahrt Rust, 1987, S. SEYBOLD (STU-K); 7812/2: Autobahn bei der Ausfahrt Riegel, 1987–88, S. SEYBOLD (STU-K); 8011/4: Autobahn bei Hartheim, 1987–88, S. SEYBOLD (STU-K); 8211/3: Autobahn bei Bad Bellingen, 1987–88, S. SEYBOLD (STU-K).

Bestand und Bedrohung: Die Art ist in den letzten 10 Jahren auf den Mittelstreifen der Autobahn in schneller Ausbreitung begriffen. Ob sie dabei von der winterlichen Salzstreuung profitiert, ist nicht bekannt. Sie kann noch nicht als eingebürgert angesehen werden, da sie so schnell wie sie gekommen ist auch wieder verschwinden kann. Über ihre Verhalten zusammen mit *Atriplex nitens* in Hessen vgl. SCHNEDLER und BÖNSEL (1987).

Literatur: KORNECK, D. (1963), SCHNEDLER, W., D. BÖNSEL (1987).

4. Atriplex patula L. 1753
Gewöhnliche Melde

Morphologie: Pflanze einjährig, bis 1,5 m hoch, ästig, kaum mehlig bestäubt; Äste oft senkrecht vom Stengel abstehend, an der Spitze aufgerichtet;

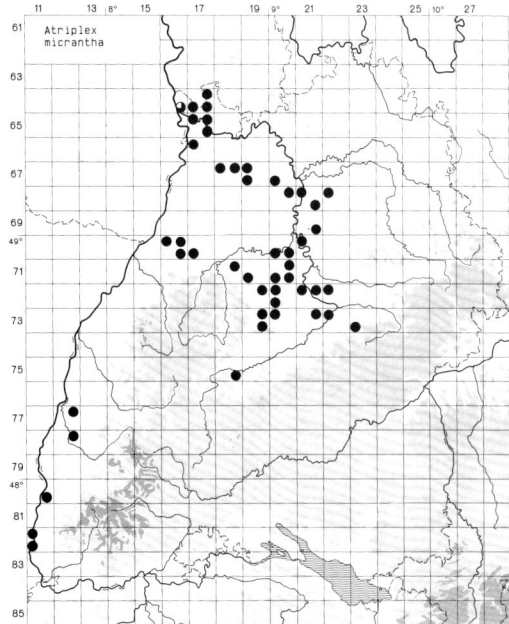

Langblättrige Melde *(Atriplex oblongifolia)*; aus REICHENBACH, L.: Icones florae germanicae et helveticae, Band 24, Tafel 263, Figur 1–10 (1908); (bearbeitet von G.E. BECK VON MANNAGETTA).

Blätter langgestielt, länglich-rhombisch, am Grunde keilförmig, mit einem Winkel kleiner als 90°, an der breitesten Stelle meist mit 2 großen Zähnen, sonst gesägt oder ganzrandig, obere meist schmal länglich-linealisch; Blüten geknäuelt, gemischt mit männlichen und weiblichen Blüten; Knäuel blattachselständig oder endständig, dann meist in lockeren Ähren mit Abständen; Vorblätter 3–7 mm lang und 2–6 mm breit, breit rhombisch, oft mit zusätzlichen Spitzen. Unterscheidungsmöglichkeit junger Pflanzen von *Chenopodium album*: Stengel jung im Querschnitt vierkantig, nicht rundlich.

Biologie: Blütezeit ist Juli bis Oktober. Die Vorblätter dienen als Flügel für die Früchte zur Verbreitung mit dem Wind.

Ökologie: Auf frischen, nährstoffreichen, lockeren Lehmböden, in Äckern, an Wegen, auf Schuttplätzen. Vegetationsaufnahmen z.B. bei T. MÜLLER (1983: 50–57), SEYBOLD u. MÜLLER (1972: 87–88), PHILIPPI (1971: 130).

Allgemeine Verbreitung: Nordafrika, Europa, Asien, Nordamerika.

Verbreitung in Baden-Württemberg: In allen Teilen des Gebiets, nur in den höheren Lagen fehlend.

Tiefste Vorkommen bei 100 m, höchste Vorkommen bei 8114/2: Bahnhof Bärental, 970 m, doch wohl noch höher (Beobachtungen erwünscht).

Die Art ist im Gebiet nicht urwüchsig. Ältester archäologischer Nachweis: Boreal-Atlantikum, Fe-

Gewöhnliche Melde *(Atriplex patula)*
Schloß Mauren bei Böblingen, 1986

dersee, K. BERTSCH (1931). Ältester literarischer Nachweis: J. BAUHIN (1598: 173) in der Umgebung von Bad Boll (7323). Auch von H. HARDER 1576–94 vermutlich im Gebiet gesammelt (SCHINNERL 1912: 233).

Bestand und Bedrohung: Die Pflanze ist im Gebiet nicht bedroht.

5. Atriplex prostrata Boucher ex De Candolle 1805
A. hastata auct. non L. 1753
Spieß-Melde

Morphologie: Pflanze einjährig, bis 1 m hoch, ästig, aufrecht; Blätter gestielt, spießförmig-dreieckig, mit wenigen Zähnen oder ganzrandig, Spreite bis 8 cm lang und bis 7 cm breit; Blüten geknäuelt, Knäuel getrennt stehend, in Blattachseln oder endständig; Blütenstand schmal und lang; Vorblätter rhombisch-viereckig oder abgerundet, 1–5 mm lang und 1–3 mm breit. – Blütezeit ist Juni bis September.

Variabilität: Eine Varietät var. *salina* Wallroth mit graumehligen, meist ganzrandigen Blättern wurde bei Kochendorf an der Saline (6721) beobachtet (MARTENS u. KEMMLER 1822 (2): 105).

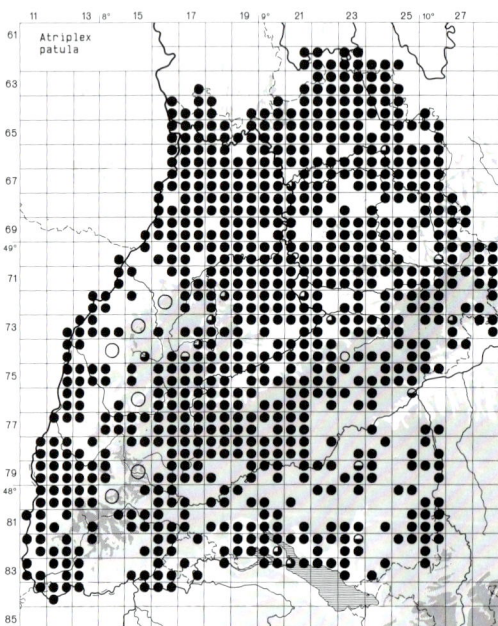

Ökologie: Auf frischen, nährstoffreichen Lehmböden, an Ufern, Gräben, Straßenrändern, auf Müllplätzen. Vegetationsaufnahmen z.B. bei PHILIPPI
(1978: 191; 1984: 76–77), T. MÜLLER (1983);
OBERDORFER (1983). Die Art erträgt anscheinend
etwas Salz.

Allgemeine Verbreitung: Europa, Nordafrika, Asien
und Nordamerika.

Verbreitung in Baden-Württemberg: In allen Landschaften, doch die wärmeren tieferen Lagen bevorzugend.

Tiefste Vorkommen bei 100 m, höchste Vorkommen: 8326/1: Simmerberg, 870 m.

Die Art ist im Gebiet nicht sicher urwüchsig. Ältester archäologischer Nachweis: Spätes Atlantikum, Riedschachen, K. BERTSCH (1931). Ältester
literarischer Nachweis: LEOPOLD (1728: 18) „hin
und wieder... vorm Herdbrucker Thor" bei Ulm.
Nach SCHORLER (1907: 89) auch von H. HARDER
1574–6 vermutlich im Gebiet gesammelt.

Bestand und Bedrohung: Die Art ist im Gebiet nicht
gefährdet.

4. **Kochia** Roth 1801
Radmelde

Kräuter oder Kleinsträucher mit wechselständigen,
seltener gegenständigen Blättern, meist seidig behaart; Blüten ohne Vorblätter, Blütenhülle mit

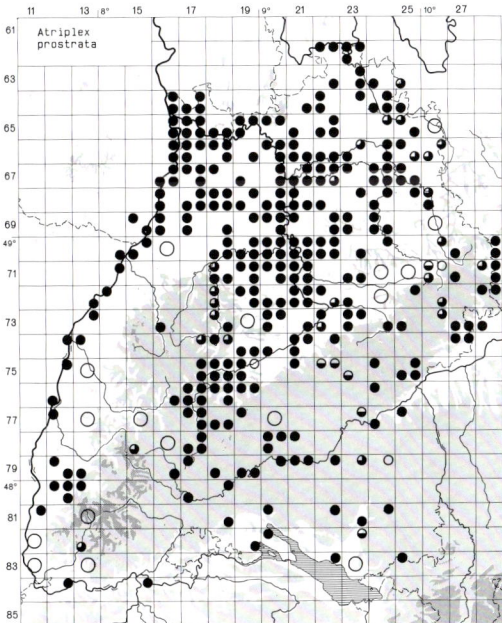

Spieß-Melde *(Atriplex prostata)*
Wasenweiler

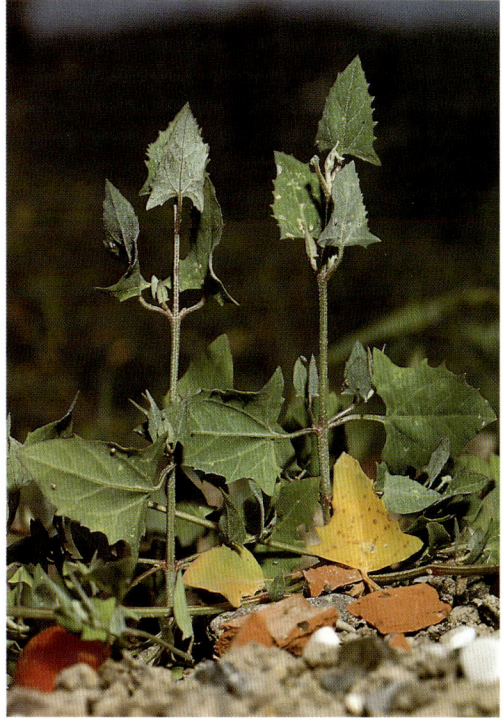

5 Zipfeln, auf deren Rücken an der Frucht fünf
gesonderte Zipfel entspringen; Staubblätter 5 oder
3, Narben 2–3.

Nach neuen Untersuchungen durch SCOTT (1978)
sind die Gattungen *Kochia* und *Bassia* zu vereinigen, da es Übergangsarten gibt. Die australischen
Arten sind in die Gattung *Sclerolaena* zu stellen.
Die neue Gattung *Bassia* Allioni 1766 umfaßt dann
26 Arten in Europa, Asien, Afrika und Nordamerika. Unsere Arten müssen dann den Namen *Bassia
scoparia* (L.) Scott 1978 bzw. *Bassia laniflora*
(S.G. Gmel.) Scott 1978 erhalten.

1. Kochia laniflora (S.G. Gmelin) Borbás 1900
Kochia arenaria (G.M. Sch.) Roth 1801; *Salsola
laniflora* S.G. Gmelin 1774; *Bassia laniflora*
(S.G. Gmelin) A.J. Scott 1978; *Salsola arenaria*
Maerklin.
Sand-Radmelde

Morphologie: Pflanze einjährig, 5–80 cm hoch, aufrecht, einfach oder am Grunde ästig; Stengel oft rot,
anfangs behaart, später kahl; Blätter linealisch
stumpf, bis 25 mm lang und 0,5–1 mm breit, wechselständig; Blüten einzeln oder zu zwei blattach-

selständig, am Grunde von einem Kranz langer gelbbrauner oder weißlicher Haare umgeben; Blütenhülle verwachsen, behaart. – Blütezeit ist Juli bis September.

Ökologie: Auf trockenen, lockeren, kalkhaltigen Sandböden, in Sandrasen, Charakterart des Jurineo-Koelerietum. Vegetationsaufnahmen bei VOLK (1931: 102–104), PHILIPPI (1971: 114) und (1971: 72–73); KORNECK (1974: Tab. 39). Kommt auch im Corispermetum leptopteri vor. Begleitpflanzen sind *Artemisia campestris, Koeleria glauca* und *Euphorbia seguieriana.*

Allgemeine Verbreitung: Südfrankreich, Oberrheingebiet, Italien ostwärts über Osteuropa bis Zentralasien. Das Vorkommen im Gebiet stellt eine Exklave des Gesamtareals dar.

Verbreitung in Baden-Württemberg: Nur in den Sandgebieten des nördlichen Oberrheingebiets.

Tiefste Vorkommen bei 100 m, höchste Vorkommen bei 120 m.

Die Urwüchsigkeit der Art ist umstritten. Ältester literarischer Nachweis: MAERKLIN entdeckte diese Art bei Walldorf und beschrieb sie als eine neue Pflanze: *Salsola arenaria* (MAERKLIN 1792: 324–331; C.C. GMELIN 1805: 576–577). Daß S.G. GMELIN die gleiche Art als *S. laniflora* 1774 beschrieben hatte, wußte er nicht. Die Typuslokalität für *S. arenaria* ist also Walldorf. MAERKLIN berichtet ferner, die Pflanze komme „cum Carduo molli, Artemisia campestri, Panico sanguinali et

Sand-Radmelde *(Kochia laniflora)*
Sandhausen, 1986

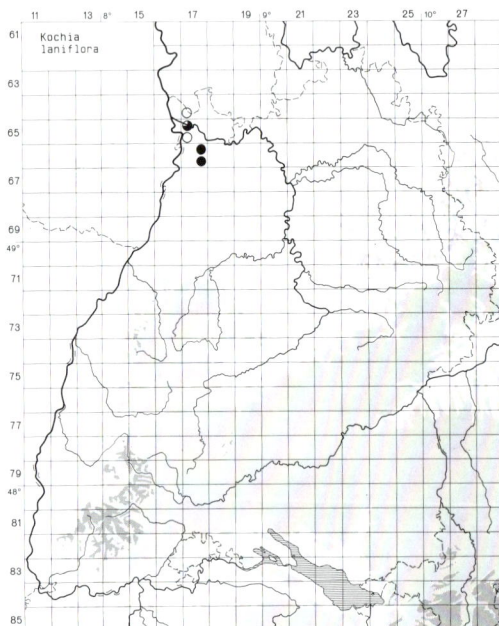

Briza Eragrostide" vor, d.h. mit *Jurinea cyanoides, Artemisia campestris, Digitaria sanguinalis* und *Eragrostis megastachya,* einer noch heute ähnlich bestehenden Vergesellschaftung.

Nördliches Oberrheingebiet: 6417/3: Käfertal, EICHLER, GRADMANN u. MEIGEN (1914); 6517/1: Hochrain zwischen Relaishaus und Seckenheim, DÖLL (1859); Feudenheim, 1950 zerstört, KINZIG (1952); 6517/3: Rheinau und Friedrichsfeld, EICHLER, GRADMANN u. MEIGEN (1914); 6617/2: Dünen bei Sandhausen, nach G. PHILIPPI nach 1973 erloschen; Sandbuckel bei Oftersheim, 1905, POEVERLEIN (STU); Schwetzingen, Kiesgrube, 1856, MEIER (STU); 6617/4: Sandhausen; Walldorf u. St. Ilgen, EICHLER, GRADMANN u. MEIGEN (1914).

Bestand und Bedrohung: Die Art ist vom Aussterben bedroht. SCHMIDT (1857) kannte noch 5 Fundstellen im Gebiet; heute kommt die Pflanze aber nur noch in den Naturschutzgebieten bei Sandhausen vor. Ob sie in vorgeschichtlicher oder erst in geschichtlicher Zeit eingewandert ist, ist noch nicht geklärt; die verschiedenen Möglichkeiten werden bei PHILIPPI (1971) diskutiert. Der heutige Bestand muß auf weniger als 1000 Exemplare geschätzt werden. Auch innerhalb der Schutzgebiete ist die Art durch Kaninchenfraß beeinträchtigt (Mitteilung von F. HELD), doch konnte sie durch Pflegemaßnahmen wieder gefördert werden.

Literatur: EICHLER, GRADMANN u. MEIGEN (1914), PHILIPPI, G. (1971: 67–130) und (1971: 113–131).

Kochia scoparia (L.) Schrader 1809
Chenopodium scoparia L. 1753; *Bassia scoparia* (L.) Scott 1978
Besenkraut, Sommerzypresse

Pflanze einjährig, 20–150 cm hoch, stark aufrecht ästig verzweigt; Blätter lineal-lanzettlich; Blüten klein, unscheinbar, einzeln oder zu zweien, ungestielt, in verlängerten Scheinähren. Kommt in einer im Herbst grün bleibenden und einer sich auffallend rot verfärbenden Form vor. – Blütezeit: Juli bis Oktober.

Als Zierpflanze zur Garteneinfassung gepflanzt, selten verwildert. Heimat: Europa und Asien, in Nordamerika eingeschleppt.

5. **Corispermum** L. 1753
Wanzensame

Einjährige Pflanzen mit schmalen, ganzrandigen Blättern; Blüten in verlängerten Ähren am Ende der Zweige, mit 5 ungleichen Blütenhüllblättern, Staubblätter 1–5, Narben 2; Frucht zusammengedrückt, im Umriß elliptisch bis kreisförmig, mit häutigem Rand.

Zur Gattung gehören 50 Arten, die in Süd- bis Mitteleuropa, in Asien und Nordamerika vorkommen.

1 Flügelrand der Frucht ¼–⅛ so breit wie
   der Same . . . . 2. *C. leptopterum*
– Flügelrand der Frucht ½–⅓ so breit wie
   der Same . . . . 1. *C. marschallii*

Corispermum nitidum Kitaibel 1814
Glänzender Wanzensame

Diese in Südosteuropa beheimatete Art, die sich von *C. leptopterum* durch linealische Blätter und lockere, verlängerte Blütenstände unterscheidet, wurde bei uns nur sehr selten eingeschleppt beobachtet.
6516/2: Hafen von Mannheim, 1889, 1894, 1903, ZIMMERMANN (1907: 77); 6517/1: Ilvesheim am Neckar, auf Schutt, F. ZIMMERMANN nach HEGI (1961: 719).

1. **Corispermum marschallii** Steven 1814
Grauer Wanzensame

Morphologie: Pflanze einjährig, ästig, 30–40 cm hoch, anfangs behaart, später kahl werdend; Blätter linealisch, 0,5–2 mm breit; Blütenstand meist eine kurze Ähre, Hochblätter breit eiförmig, schmaler als die Frucht; Frucht flach, oval, 4–5 mm lang und 3–4 mm breit; häutiger Flügel breit, ½–⅓ der Breite des Samens, dünn, an der Spitze ausgerandet. – Blütezeit: Juli–September.

Variabilität: AELLEN (in HEGI 1961: 718) weist darauf hin, daß die badischen Pflanzen mit den russischen nicht genau übereinstimmen. „Bis für die badische Pflanze ein endgültiger Name gefunden sein wird, führen wir sie weiter als *C. Marschallii* Stev.“

Ökologie: Auf trockenen, basenreichen, lockeren Sandböden, in Unkrautgesellschaften ruderal beeinflußter Dünen. Vegetationsaufnahmen bei PHILIPPI (1971: 122–123).

Allgemeine Verbreitung: Von Mitteleuropa über Osteuropa bis zum Kaukasus und Sibirien.

Verbreitung in Baden-Württemberg: Nur im nördlichsten Oberrheingebiet, sehr selten.

Tiefste und höchste Vorkommen um 100 m!

Ist im Gebiet nicht urwüchsig. Ältester literarischer Nachweis: GRIESSELICH (1836: 209) „1830 von ZEYHER bei Schwetzingen gefunden, wahrscheinlich durch österr. Truppen dahin gebracht, welche in den letzten Kriegen daselbst campirt hatten“. H. HEINE in HEGI (1961: 718) diskutiert auch andere Einschleppungsmöglichkeiten.

6515/2: Bahnhof Mannheim, 1891, K. BAHR (KR); 6517/3: Mannheim-Friedrichsfeld, 1888, ZAHN (KR); 6617: Sandhausen und Oftersheim, PHILIPPI (1971: 122–123), und PHILIPPI (1971: 31). Bei Oftersheim zuletzt um 1963, D. KORNECK.

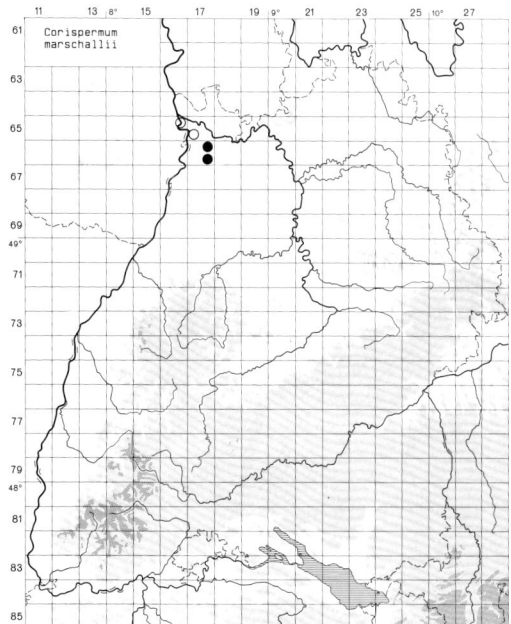

507

Schmalflügeliger Wanzensame *(Corispermum leptopterum)*

Bestand und Bedrohung: Die Art ist im Gebiet vom Aussterben bedroht. Sie muß bis in die Jahre 1950–60 noch zahlreich vorgekommen sein, hat aber dann sehr stark abgenommen. Im gleichen Maße nahm dann *C. leptopterum* zu. (KORNECK in PHILIPPI 1971: 122). Als unbeständige Pionierpflanze kann man sie nur durch Erhaltungskultur schützen. Sie ist im Gebiet nicht ureinheimisch.

Von der möglichen Einschleppung durch Truppen 1814 berichten außer GRIESSELICH (s.o.) auch ZIMMERMANN (1907: 24–25, 1922: 25–24): Auch BISCHOFF (1851) teilt auf einer Herbaretikette (Univ. Stuttgart-Hohenheim) diese Ansicht: „Ist seit 1814, wo ein Kosakenpulk in jener Gegend längere Zeit im Lager gestanden hatte, dort zum Vorschein gekommen und offenbar direkt aus Taurien eingeschleppt". Auf derselben Etikette steht in der gleichen Handschrift: „Auf sandigen Äckern und wüsten Stellen bei Schwetzingen in unvertilgbarer Menge". So kann man sich täuschen!
Literatur: PHILIPPI, G. (1971: 113–131).

2. Corispermum leptopterum (Ascherson)
Iljin 1929
C. hyssopifolium L. var. *leptopterum* Ascherson 1898; *C. hyssopifolium* auct. non L. 1753
Schmalflügeliger Wanzensame

Morphologie: Pflanze einjährig, 10–60 cm hoch, am Grunde verzweigt, kahl; Blätter zahlreich, linealisch, zugespitzt, nur 1–2 mm breit, wechselständig; Blüten in langen oder kurzen endständigen Ähren, Hochblätter eiförmig-lanzettlich, die Frucht verbergend; Früchte flach, oval, 3,3–4,3 mm lang und

2–3,5 mm breit, Flügelrand ¼–⅛ so breit wie der Same. – Blütezeit: Juli bis September.
Variabilität: Die Art variiert besonders in der Form der Ähren und der Hochblätter. BUTTLER u. STIEGLITZ (1976: 28–29) berichten von solchen Formen, die vielleicht durch unterschiedliche Ernährung ineinander überführbar sind. Doch ist auch die Systematik der Art nicht ganz klar; sie muß vielleicht mit *C. intermedium* Schweigger 1812 zusammengefaßt werden.
Ökologie: Auf trockenen, basenreichen, lockeren Sandböden, in Unkrautgesellschaften an Wegen und auf Bahnhöfen, Charakterart des Bromo-Corispermetum. Vegetationsaufnahmen bei PHILIPPI (1971: 114–122), T. MÜLLER (1983: 50–57). Begleitpflanzen sind *Salsola kali* und *Seteria viridis*.
Allgemeine Verbreitung: Südfrankreich, Italien, Süddeutschland, bis Belgien und Holland, Österreich.
Verbreitung in Baden-Württemberg: Nur im nördlichen Oberrheingebiet, sehr selten.

Tiefstes Vorkommen bei 100 m, höchstes Vorkommen: 6915/3: Rheinhafen bei Karlsruhe, 110 m.

Die Art ist im Gebiet nicht urwüchsig. Ältester literarischer Nachweis: ILJIN (1929: 652) „Schwetzingen, 1851, G.F. KOCH".

6417/3: Zwischen Viernheim und Käfertal, BUTTLER und STIEGLITZ (1976); 6517/3: Hirschacker zwischen Schwetzingen und Rheinau, PHILIPPI (1971); SW Mannheim-

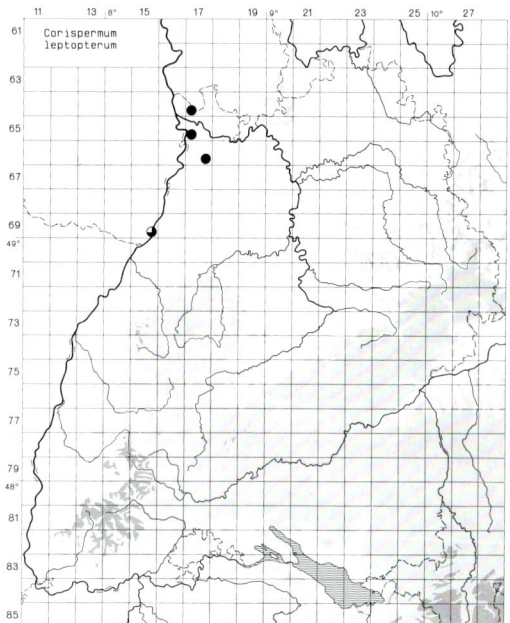

Friedrichsfeld, PHILIPPI (1971), Kiesgrube zw. Rheinau und Rohrhof, 1982, K.H. HARMS; 6617/4: Sandhausen, Pferdstriebdüne; 6915/4: Karlsruhe-Rheinhafen, 1952, G. PHILIPPI (KR).

Bestand und Bedrohung: Die Art ist im Gebiet wegen ihrer Seltenheit potentiell vom Aussterben bedroht. Dank ihrer Fähigkeit, Ruderalstandorte zu besiedeln, kann sie aber im Verbreitungsgebiet immer auch neu irgendwo auftreten. Sie wurde erst im 19. Jahrhundert absichtlich oder unabsichtlich eingeschleppt, ist also nicht ureinheimisch. Nach KORNECK (in PHILIPPI 1971: 122) wurde die Art seit 1960 häufiger, während *C. marschallii* immer seltener wurde. Auch in der DDR wurde eine Neuausbreitung beobachtet (KÖCK 1986). Sollte diese Tendenz sich bei uns fortsetzen, so könnte die potentielle Bedrohung eines Tages hinfällig werden.
Literatur: PHILIPPI (1971: 113–131); KÖCK (1986).

Kali-Salzkraut *(Salsola kali)*
Sandhausen, 8. 7. 1990

6. **Salsola** L. 1753
Salzkraut

Einjährige bis ausdauernde Käruter oder Sträucher mit meist wechselständigen, sitzenden, schmalen, z.T. schuppenförmigen Blättern; Blüten einzeln oder zu mehreren, mit meist großen Vorblättern; Blütenhülle häutig, Staubblätter höchstens 5, Narben 2–3; Frucht häutig oder etwas fleischig.

Die Gattung umfaßt mehr als 100 Arten, die in Europa, Asien oder Afrika beheimatet sind, aber z.T. weltweit verschleppt sein können.

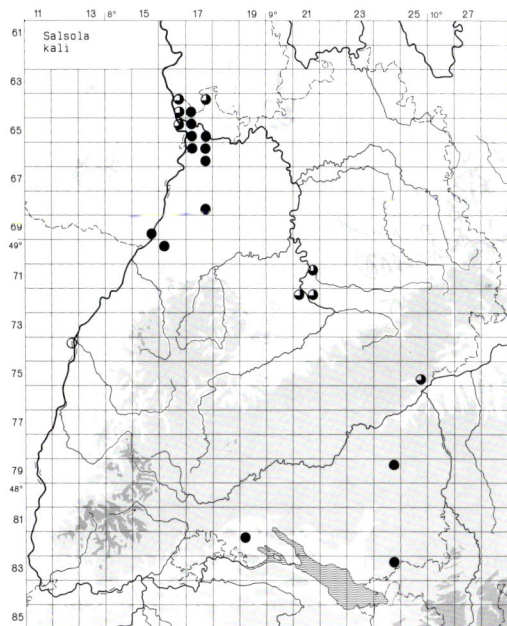

1. **Salsola kali** L. 1753
Kali-Salzkraut

Morphologie: Pflanze einjährig, 5–100 cm hoch, ästig; Blätter linealisch, 0,5 mm breit und bis 40 mm lang, stachelspitzig, am Grunde lanzettlich verbreitert und hautrandig; Blüten blattachselständig zu 1–3, von kürzeren stacheligen Vorblättern umhüllt, Blütenhülle fünfblättrig, getrennt.
Variabilität: Im Gebiet nur in der subsp. *ruthenica* (Iljin) Soó 1951 (Synonym: *Salsola ruthenica* Iljin 1934). Sie zeichnet sich durch eine undeutliche Mittelrippe der dünnhäutigen Blütenhüllblätter aus. Die subsp. *kali* hat dagegen derbe Blütenhüllblätter mit kräftiger Mittelrippe.
Biologie: Blütezeit ist Juli bis September. Die abgestorbene Pflanze löst sich am Grunde vom Boden und verbreitet die Samen als vom Wind getriebener Steppenroller.
Ökologie: Auf lockeren Sandböden in Unkrautgesellschaften. Vegetationsaufnahmen bei PHILIPPI (1971: 114–123), T. MÜLLER (1983: 50–57). Begleitpflanzen sind *Corispermum leptopterum*, *Plantago indica* und *Setaria viridis*.
Allgemeine Verbreitung: Von Zentralasien bis Südosteuropa, dazu an den Küsten Nordafrikas, Süd- und Westeuropas nordwärts bis Schottland und Südskandinavien, in West- und Mitteleuropa stellenweise auch im Binnenland.
Verbreitung in Baden-Württemberg: In den Sandgebieten am nördlichen Oberrhein eingebürgert, sonst

auf Bahnhöfen und Schuttplätzen unbeständig verschleppt.

Tiefste Vorkommen bei 100 m, höchste Vorkommen: 8324/2: Gbf. Wangen, 550 m.

Die Art ist im Gebiet nicht urwüchsig. Ältester literarischer Nachweis: C.C. GMELIN (1826: 187–188) „Schwetzingen retro der Sandgrube... legi 1812"; DIERBACH (1819: 71) „Inter Schwezingen et dem Rohrhof... frequens".

Fundorte (Beobachtungen ab 1970): 6417/3: Dünen W Viernheim (Hessen), BUTTLER u. STIEGLITZ (1976); 6517/1: o.O.; 6517/3: zwischen Rheinau und Brühl-Rohrhof, 1982, K.H. HARMS (STU-K); 6517/4: o.O.; 6617/1: o.O.; 6617/2: Oftersheim; 6617/4: Sandhausen; 6817/4: Bahnhof Bruchsal, 1987, B. HAISCH (KR-K); 6915/4: Karlsruhe, Rheinhafen (KR-K); 7016/1: o.O.; 7924/2: Bhf. Ummendorf, 1987, E. DÖRR (STU-K); 8219/1: Bahnhof Singen, 1983, K. AIGELDINGER (STU-K); 8324/2: Gbf. Wangen, 1986, E. DÖRR (STU).

Bestand und Bedrohung: Kommt im Gebiet vermutlich erst seit etwa 200 Jahren vor und ist nur teilweise eingebürgert. Die Art ist also potentiell bedroht, doch hat sie sich dank ihrer ruderalen Neigungen bislang halten können.

Portulak *(Portulaca oleracea)*

Portulacaceae
Portulakgewächse
Bearbeiter: S. SEYBOLD

Kräuter; Blätter einfach, oft fleischig, gewöhnlich kahl, gegenständig oder wechselständig; Blüten meist klein, radiär; Kelchblätter 2, Kronblätter 4–6, Staubblätter 3 bis zahlreich, Fruchtknoten ;oberständig; Frucht eine Kapsel.

Die Familie umschließt etwa 500 Arten, hauptsächlich aus Südafrika und aus Amerika.

1   Blüten gelb, Staubblätter zahlreich   . 1. *Portulaca*
–   Blüten weiß, Staubblätter 3 oder 5   . . 2. *Montia*

1. **Portulaca** L. 1753
Portulak

Fleischige, niederliegende Kräuter; Blüten gelb oder rot, Kronblätter nach der Blütezeit gallertartig zerfließend; Fruchtkapsel sich mit Deckel öffnend.

Die Gattung umfaßt mehr als 100 Arten hauptsächlich der Tropen und Subtropen.

1. **Portulaca oleracea** L. 1753
Portulak

Morphologie: Pflanze einjährig, 10–30 cm lang, niederliegend, reich verzweigt; Stengel meist rot; Blätter verkehrt eiförmig, vorn gerundet, fleischig, kahl, glänzend, in den Stiel keilig verschmälert, wechselständig, am Sproßende gehäuft und fast gegenständig, ca. 10–30 mm lang und bis ca. 12 mm breit; Blüten 8–12 mm im Durchmesser, zu wenigen in köpfchenartigem Blütenstand, Kronblätter 4–6, goldgelb, 6–8 mm lang; Staubblätter 6–15, Griffel 3–6 teilig, Fruchtknoten halbunterständig; Frucht eine 3–9 mm lange Deckelkapsel, Samen schwarz.

Variabilität: Kommt im Gebiet wohl nur in der Unterart ssp. *oleracea* vor, die sich durch 0,5–0,75 mm lange Samen von der ssp. *sativa* (Haworth) SCHÜBLER et MARTENS 1834 mit 1–1,5 mm langen Samen unterscheidet.

Biologie: Blütezeit ist Juni bis Oktober. Die Blüten bestäuben sich meist selbst, gelegentlich werden sie von Fliegen und Ameisen besucht. Die Blüten sind nur vormittags geöffnet. Der Samenansatz ist reich; eine Pflanze kann bis zu 193000 Samen entwickeln. Die Samen keimen optimal erst bei Temperaturen über 25 °C. Als Lichtkeimer schadet ihnen schon eine Bodenbedeckung von 5 mm (BROD 1953).

Ökologie: Auf lockerem, nährstoffreichem, auch

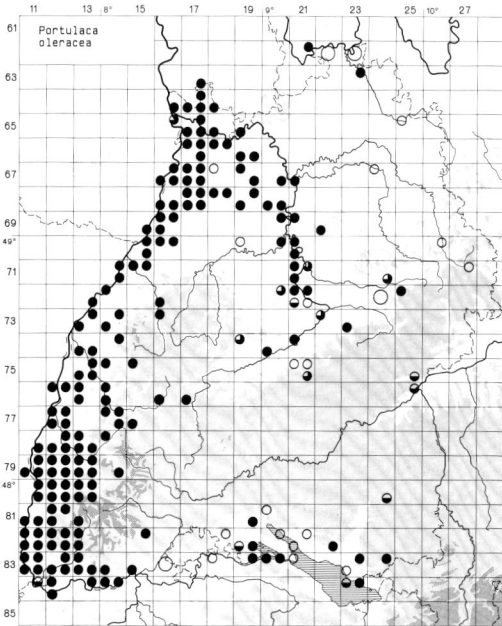

Portulaca
oleracea

überdüngtem, sandigem Boden, in Gärten, auf Ge-
müsefeldern, in Gärtnereien, in Pflasterfugen, in
Weinbergen, auf Friedhöfen. Vegetationsaufnahmen
z. B. bei OBERDORFER (1957: 66), VON RO-
CHOW (1951: 10), PHILIPPI (1971: 126), T. MÜL-
LER (1983: 50–57).

Allgemeine Verbreitung: Ist in den Tropen und Subtropen weltweit verbreitet und gehört zu den wichtigsten Unkräutern der Erde. In Europa submediterran verbreitet von Südeuropa bis zum nördlichen
Mitteleuropa. Doch war die Art in Europa anscheinend nirgends einheimisch.

Verbreitung in Baden-Württemberg: Beschränkt auf
die Weinbaugebiete am Oberrhein, Main, Neckar
und am Bodensee. Die Art ist frostempfindlich und
kommt daher nur in den tiefsten Lagen vor. In
Tälern auch im Schwarzwald oder Albvorland.

Tiefste Vorkommen bei 100 m, höchste Vorkommen (mehr oder weniger unbeständig) bei Waldsee
(8024/4) 580 m, Obermooweiler (8324/2) 540 m.

Die Art ist im Gebiet nicht urwüchsig. Ältester
literarischer Nachweis: DUVERNOY (1722: 121) „ad
muros vinear. viae Hirs. dextrorsum inter 1 & 2
Torcul."

Fundorte außerhalb der Verbreitungsschwerpunkte (Beobachtungen ab 1970):
Tauber-Maingebiet: 6221/2: o.O.; 6323/2: Hochhausen,
1975, G. PHILIPPI (KR-K).
Neckarland: 7225/1: Bargau, 1986, M. NEBEL (STU-K);
7323/3: Egelsberg, 1984, R. FLOGAUS (STU-K); 7616/3:

Fräulinsberg, Erddeponie, 1988, H. BAUMANN (STU-K);
7617/3: Aistaig, ca. 1980, M. ADE (STU-K).

Bestand und Bedrohung: Stellt bei uns als Unkraut
keine Gefahr für Kulturen dar. Hat sich durch die
Besiedlung von Pflasterfugen neue Möglichkeiten
erobert. Ist durch Frost gefährdet und daher oft
unbeständig, doch weist die Art keinen nennenswerten Rückgang auf.
Literatur: BROD, G. (1953).

2. Montia L. 1753
Quellkraut

Einjährige bis ausdauernde, etwas fleischige Kräu-
ter; Blätter gegenständig, ohne Nebenblätter;
Staubblätter 3 oder 5, Fruchtknoten oberständig;
Frucht eine mit 3 Klappen aufspringende Kapsel.

Je nach Artbegriff gehören zu dieser Gattung
30–80 Arten (incl. der Gattung *Claytonia*). Sie ist
weltweit verbreitet mit Schwerpunkt im pazifischen
Nordamerika.

Immer wieder unbeständig eingeschleppt kommt vor:

Montia perfoliata (Donn ex Willd.) Howell 1893
Claytonia perfoliata Donn ex Willdenow 1798
Claytonie, Kubaspinat, Winterportulak

Die Rosettenblätter der Art sind langgestielt; die Tragblätter sind zu einem vom Stengel durchwachsenen Kranz
vereinigt; die Blüten sind unscheinbar. Heimat: Westliches
Nordamerika. In Europa besonders in den küstennahen
Gebieten Englands, Frankreichs und Mitteleuropas auftretend; bei uns sehr selten verschleppt. Wird mit fremdem
Pflanzgut in Gärtnereien und Baumschulen eingeschleppt,
so z. B.:

7019/4: Vaihingen/Enz, Gärtnerei, 1982, E. VON HEYDE-
BRAND (STU); 7021/4: Marbach, Garten, 1976,
C. P. HERRN (STU-K); 7219/4: Maichingen, unter *Rhodo-
dendron* in Garten, 1961, K. KÜHNLE (STU-K); 7221/1:
Stuttgart, Schloßplatz, Baumrabatte, 1982, K. LIEBHEIT
(STU-K); Stuttgart, Eugensplatz, 1983, B. LIEBERUM
(STU); 7420/3: Tübingen, Westbahnhof, 1978,
G. GOTTSCHLICH (STU-K); 7912/1: Liliental, 1972,
G. SCHLENKER (STU-K).

1. Montia fontana L. 1753
Montia rivularis C.C. Gmelin 1805; *Montia minor*
C.C. Gmelin 1805
Quellkraut

Morphologie: Pflanze einjährig oder ausdauernd,
aufsteigend und verzweigt, 5–50 cm lang, auf dem
Land oder im Wasser; Blätter gegenständig,
3–25 mm lang und 1,5–6 mm breit, verkehrt eiförmig, in den Grund keilig verschmälert; Blütenstand
ein wenigblütiger Wickel; Blüten gestielt, oft etwas

nickend, 2–3 mm groß; Kelch aus 2 krautigen Hochblättern, Kronblätter 5, weiß; Staubblätter 3; Kapsel 1,5–2 mm lang, mit 3 Samen.

Variabilität: Im Gebiet sind 4 Unterarten nachgewiesen, die sich an den reifen Samen unterscheiden:

1 Reife Samen auch am Rand glatt, glänzend . . . .
      subsp. *fontana*
– Reife Samen mindestens teilweise mit Warzen besetzt 2
2 Reife Samen matt, ganz mit Warzen überzogen
      subsp. *chondrosperma*
– Warzen der reifen Samen auf den Rand begrenzt . 3
3 Reife Samen am Rand mit 3–4 Reihen langer, spitzer Warzen . . . . .subsp. *amporitana*
– Reife Samen am Rand mit entfernt stehenden, niedrigen Warzen . . . . .subsp. *variabilis*

Biologie: Die subsp. *chondrosperma* blüht von Ende April bis Mitte Mai; sie entwickelt im Mai reife Samen und ist im Juni schon abgestorben. Alle anderen Unterarten blühen erst ab Ende Juni bis September. Die Samen der subsp. *chondrosperma* werden bei trockenem Wetter aus den Früchten geschleudert.

Ökologie: Die Unterarten subsp. *fontana, amporitana* und *variabilis* in lichten Quellfluren an kühlen, kalkarmen Bächen, an Gräben, in Gesellschaft des Montio-Philonotidetum fontanae, gern zusammen mit *Stellaria alsine*; Vegetationsaufnahmen z. B. bei BARTSCH (1940: 38), OBERDORFER (1957: 146) oder bei SCHÜCHEN (1972: 116–117), PHILIPPI u. OBERDORFER (1977: 203–207). Die Unterart subsp. *chon-*

drosperma gedeiht auf feuchten, kalkarmen, sandigen Lehmböden, auf Äckern, an Wegen oder Gräben, in der Gesellschaft des Centunculo-Anthocerotetum, gerne zusammen mit *Myosurus minimus* und *Gnaphalium uliginosum*.

Allgemeine Verbreitung: Die ozeanisch circumpolare Art kommt in Europa, Nordamerika, Ostasien, Australien, seltener in Afrika und Südamerika vor.

Verbreitung in Baden-Württemberg: Die subsp. *chondrosperma* kommt im Oberrheingebiet, im Neckarland und in Ostwürttemberg vor. Sie beschränkt sich auf die tieferen Lagen. Ihre Höhenverbreitung reicht von 110 m (6916/3) bis 500–540 m (7027/3).

Die anderen Unterarten kommen im Schwarzwald und selten auch im Odenwald vor. Ihre tiefsten Fundorte liegen bei 150 m (7314/2); die höchsten am Feldberg bei 1400 m (K. MÜLLER 1948: 222).

Die Art ist im Gebiet urwüchsig, jedoch nicht die Unterart *chondrosperma*. Sie dürfte ein Archaeophyt sein, der früher häufiger vorkam. Ältester literarischer Nachweis für die Art: J. BAUHIN et al. (1651: 3: 777) „in valle Griesbachiana ad fontes acidos im Antigast alibique". Fundort also 7515/1: Bad Antogast, Fundzeit ca. 1590.

Fundorte (alle Unterarten mit Ausnahme von subsp. *chondrosperma*):
Odenwald: 6322/4: Höpfingen, BRENZINGER (1904: 396); 6420/4: Oberscheidental, BRENZINGER (1904: 396); 6421/1: Mörschenhardt, BRENZINGER (1904: 396); 6421/3:

Quellkraut *(Montia fontana* subsp. *fontana)*

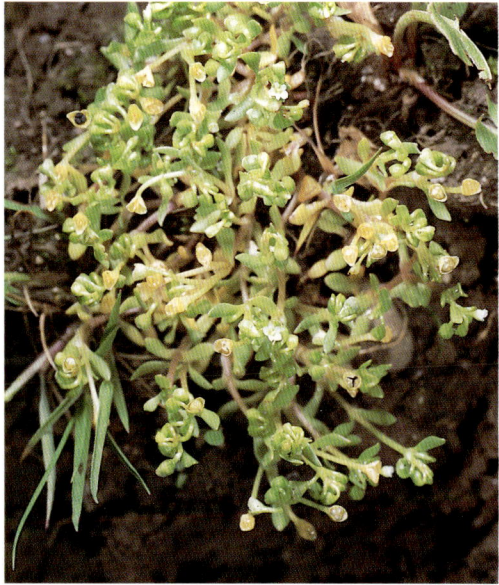

Quellkraut *(Montia fontana* subsp. *chondrosperma)*

Unterscheidental-Langenelz und Rumpfen, 1975, F. SCHÖLCH (STU-K); 6518/1: Ludwigstal bei Schriesheim, SCHMIDT (1857: 112); 6518/4: Ziegelhausen, SCHMIDT (1857: 112); 6519/3: Neckarsteinach, ZAHN (1890: 235).

Schwarzwald: (Beobachtungen nach 1970): 7116/2: SE Fischweier, um 1977, G. PHILIPPI (KR-K); 7216/4: Lochbrunnen am Brotenaubach, 1987, G. PHILIPPI (KR-K); 7217/1: SW Eyachmühle, 1988, G. PHILIPPI (KR-K); 7315/4: Känerloch bei Hundsbach, 1986, S. SEYBOLD (STU); 7316/1: Sasbachtal bei Forbach, 1979, K.H. HARMS (STU-K); 7316/2: Enzklösterle, Rohnbachtal, 1985, S. SEYBOLD (STU); 7316/3: Raumünzack, Kaltenbach, 1988, G. PHILIPPI (KR-K); 7317/3: Zwerenbach E Hornberg, 1975, A. ASSMANN (STU); 7414/4: Sohlberg, 1986, G. PHILIPPI (KR-K); 7415/2: Hinterlangenbach, 1983, G. PHILIPPI (KR); 7415/4: Breitmiß bei Mitteltal, 1986, S. SEYBOLD (STU); 7416/1: Seebachtal W Huzenbach, 1981, S. SEYBOLD (STU), 1983, G. PHILIPPI (KR-K); 7416/3: Labbronnen E Mitteltal, 1986, S. SEYBOLD (STU); 7416/4: o.O.; 7417/1: Taubenwiesen W Wörnersberg, 1982, S. SEYBOLD (STU); 7515/1: o.O.; 7515/2: Bühlberg, 1986, S. SEYBOLD (STU); 7615/1: Zumwald, 1988, S. SEYBOLD (STU); 7714/3: Oberbiederbach, 1986, G. PHILIPPI (KR-K); 7714/4: SE Griesbaumhof, 1986, G. PHILIPPI (KR-K); 7715/2: o.O.; 7715/4: o.O.; 7716/1: Weihermoos N Aichhalden, 1977, O. SEBALD, 1982, M. ADE (STU-K); 7814/1: Breienbachtal bei Elzach, 1986, B. QUINGER (KR-K); 7814/2: Unterprechtal, 1984, G. PHILIPPI (KR-K); 7814/4: Obere Elz, A. SCHWABE (1987: 78); 7815/3: Blindenseemoor, ca. 1975, A. HÖLZER (KR-K); 7815/4: Vordertal E Triberg, 1988, G. PHILIPPI (KR-K); 7816/1: o.O., 1987, SATTLER (STU-K); 7913/2: o.O.; 7913/3: o.O.; 7913/4: o.O.; 7914/1: o.O.; 7914/2: Vordergriesbach, 1987, G. PHILIPPI (KR-K); 7914/3: o.O.; 7914/4: o.O.; 7915/1: Briglirain, A. GRÜTTNER

(1987); 7915/3: Linach und obere Breg, A. SCHWABE (1987: 190); 7915/4: Linach-Stausee, 1988, G. PHILIPPI (KR-K); 8013/1: o.O.; 8013/3: o.O.; 8013/4: Erlenbach am Hochfahrn, 1988, G. PHILIPPI (KR-K); 8014/2: Turner, Nordhang, 1988, G. PHILIPPI (KR-K); 8014/3: Schildwende, 1988, G. PHILIPPI (KR-K); 8014/4: Schildwende, 1988, G. PHILIPPI (KR-K); 8016/1: Fischerhof E Hammereisenbach, 1986, S. SEYBOLD (STU); Krumpenhof-Altfürstenberg, 1987, G. PHILIPPI (KR-K); 8112/2: Untergipf, 1984, G. PHILIPPI (KR-K); 8112/2/4: o.O.; 8113/1: Notschrei, 1973, G. PHILIPPI (KR); Halde, 1973, E. OBERDORFER (KR), 1985, G. PHILIPPI (KR-K); 8113/2: St. Wilhelm, 1973, G. PHILIPPI (KR-K); Todtnauberg, Schweinebachtal, 1982, K.H. HARMS (STU-K); 8114/1: Feldberg, 1984, S. SEYBOLD (STU); 8114/2: o.O.; 8114/3: Menzenschwand, 1983, S. SEYBOLD (STU-K); Kriegshalde, 1981, K.H. HARMS (STU-K); 8115/2: Erlenbruck, 1984, G. PHILIPPI (KR-K); 8212/4: W Tegernau, 1986, G. PHILIPPI (KR-K); 8213/1: Wembach-Schönenberg, 1987, G. PHILIPPI (KR-K); 8213/2: o.O.; 8213/2: N Mambach, 1987, G. PHILIPPI (KR-K); 8214/4: Kutterau, A. SCHWABE (1987: 190); 8215/4: o.O.

Fundorte der Unterarten (subsp. *fontana*, subsp. *amporitana* und ssp. *variabilis*) nach den von Dr. H. JAGE bestimmten Belegen aus STU:

subsp. *fontana*: 7516: Sankenbachtal, 1902, R. GRADMANN; 7716–7816: Schramberg, hinteres Bernecktal, 1904, K. BERTSCH; 8114/1: Feldberg, Weg zum Seebuck, 1929, A. MAYER; 8114/1: Seebuck, Feldbergerhof, 1929, 1931, J. PLANKENHORN.

subsp. *amporitana* Sennen 1911 (= subsp. *intermedia* (Beeby) Walters 1953): 7218/3: Quelle bei Rötenbach, 1862, W. GMELIN; 7315–7415: Hornigsgrinde-Schönmünzach, 1932, A. MAYER; 7318: Liebenzell-Zavelstein, 1909, A. MAYER; 7416: Schönmünzach-Reichenbach, 1896, A. MAYER; 7616/3: Alpirsbach, 1897, PFEFFER.

subsp. *variabilis* Walters 1953: 7217: Eyach bei der Eyachmühle, 1952, W. WREDE; 7314–7315: Haigerachtal bei Achern, 1923, K. MÜLLER; 7317/3: Zwerenbach, 1975, det. A. ASSMANN; 7417/1: Altensteig, Weiher im Zinsbachtal, 1941, H. SCHWARZ; 7616: Kleines Kinzigtal, 1956, W. WREDE; 7616/3: Alpirsbach, beim Krähenbad, 1913, A. MAYER; 7816/3: Königsfeld, beim Rothwald, 1913, A. MAYER; 8114/1: Seebuck, 1933, A. MAYER.

Fundorte der subsp. *chondrosperma* (Fenzl) Walters 1953 (= *M. fontana* L. var. *chondrosperma* Fenzl 1843; *Montia minor* auct.)

Odenwald: 6518/3: Schönau, 1899–1904, F. ZIMMERMANN (1906: 116).

Oberrheingebiet: 6518/1: Ludwigstal bei Schriesheim, SCHMIDT (1857: 112); 6916/3: Karlsruhe und Neureut, KNEUCKER (1886: 49); 7016/1: Forchheimer Schießplatz, KNEUCKER (1886: 49); 7115/4: Rotenfels-Kuppenheim, 1979, PHILIPPI, HARMS (KR); 7214/4: Bühl gegen Weitenung, Vimbuch und Station Steinbach, 1912, HUBER in GÖTZ et al. (1912: 163); Wistung-Weitenung, W. ZIMMERMANN (1929: 58); 7216/1: Lieblingsfelsen bei Ottenau, 1972, G. PHILIPPI (KR); 7314/2: Rittersbach und Ottersweier, HUBER (1933: 313); 7314/3: Achern, WINTER (1884: 144); 7314/4: Illenau-Obersasbach, beim Kloster Erlenbad, W. ZIMMERMANN (1929: 58); 7413/2: Urloffen-Legelshurst, W. ZIMMERMANN (1929: 58); 7512/4: Kiesgruben bei Ichenheim und Dundenheim, BAUR (1886: 276); 7513/4: Ortenberg (Freudental) bei Offenburg, 1937, K. HENN (STU-K); 7813/3: Zwischen Sexau und der Hochburg, SCHILDKNECHT (1863); 7912/1: Bötzingen, GOLL in SCHILDKNECHT (1863); 7912/2: Hugstetten und Buchheim, DE BARY, THIRY, SCHILDKNECHT (1863); Neuershausen, SCHILDKNECHT (1863); 7912/3: Opfingen, SPENNER (1829: 817); 7912/4: Lehen, SPENNER (1829: 817); 7913/1: Gundelfingen-Denzlingen, SPENNER (1829: 817); 7913/3: Gundelfingen, 1960, D. KORNECK und G. PHILIPPI (KR-K); 8012/2: St. Georgen-Haslach, SPENNER (1829: 817); 8013/1: Littenweiler und Günterstal, 1881, STEHLE (1895: 324).

Hochrhein: 8414/2: Alb bei Albbruck, BECHERER und GYHR (1921: 7):

Neckarland: 7026/2: Ellwangen, Löwenkeller, SCHABEL (1836: 13); 7027/3: Lippach, Acker gegen Forst und Vogel, 1902, KING (STU-K: EICHLER); 7126/1: Abtsgmünd, ca. 1830, ROESLER (STU-K: MARTENS); 7220/2: Solitude, 1861, W. GMELIN (STU). Vielleicht hier auch später noch, doch fehlen davon Belege.

Bestand und Bedrohung: Die Unterart *chondrosperma* ist im Gebiet vom Aussterben bedroht. Sie gilt als extrem herbizid-empfindlich. Auch die übrigen Unterarten sind gefährdet. Die Kultur der Wässerwiesen im Schwarzwald hatte ihnen eine starke Ausbreitung ermöglicht; mit deren Rückgang werden auch sie seltener. Außerdem schadet ihnen eine zu starke Wasserverschmutzung. Aber auch die heutige starke Übersäuerung der Schwarzwaldbäche könnte eine Gefahr sein. Jedenfalls ist der Erhalt der Art heute keineswegs gesichert.

Polygonaceae
Knöterichgewächse
Bearbeiter: B. QUINGER

Einjährige oder ausdauernde krautige Pflanzen, seltener Gehölze. Blätter wechselständig, ungeteilt. Die Nebenblätter bilden oft eine am Grunde stengelumfassende, röhrige, häutige, mit dem Blattstiel nicht oder nur wenig verwachsene Scheide („Tute" oder „Ochrea"). Pflanzen 1- oder 2häusig. Blüten eingeschlechtig oder zwittrig. Perigonblätter 3–6, frei oder verwachsen, bis zur Fruchtreife bleibend oder mit der Frucht abfallend. Innere Perigonblätter oft nach der Blüte weiterwachsend. Staubblätter 5–9, oft in 2 Kreisen angeordnet. Fruchtknoten 1, oberständig, aus 2–3 Fruchtblättern, einfächrig, mit einer Samenanlage. Griffel 2–3, frei. Frucht eine einsamige, 2–3kantige Nuß.

Nach RECHINGER (1958) umfassen die Polygonaceen mehr als 800 Arten und etwa 32 Gattungen, nach LOUSLEY & KENT (1981) 40 Gattungen. Ihre Hauptverbreitung haben die Polygonaceen in der Holarktis, das Mannigfaltigkeitszentrum liegt im westlichen Nordamerika. In Baden-Württemberg kommen wildwachsend und verwildert die Gattungen *Polygonum*, *Fagopyrum*, *Fallopia*, *Reynoutria*, *Rheum* und *Rumex* vor.

1 Perigonblätter 5 2
– Perigonblätter 6 5
2 Äußere Perigonblätter zur Fruchtzeit geflügelt oder gekielt 3
– Äußere Perigonblätter zur Fruchtzeit weder gekielt noch geflügelt 4
3 Meterhohe Stauden mit aufrechtem Stengel. Pflanze mit unterirdischen Rhizomsprossen. Narben 3, gefranst, auf 3 langen Griffelästen . . . . .
. . . . 3. *Reynoutria*
– Strauchige Lianen oder Kräuter mit rankendem Stengel. Narbe kopfig, fast sitzend. Griffel sehr kurz . . . . 4. *Fallopia*
4 Blätter dreieckig-herzförmig, etwa so lang wie breit. Frucht 2–3mal so lang wie das Perigon, weit aus ihm herausragend . . . . 2. *Fagopyrum*
– Blätter niemals dreieckig und selten am Grunde herzförmig, deutlich länger als breit. Frucht weniger als doppelt so lang wie das Perigon, darin eingeschlossen oder nur mit der Spitze aus ihm herausragend . . . . 1. *Polygonum*
5 Blätter sehr groß, breit herzförmig, mit handförmig verlaufenden Nerven. Perigonblätter zur Fruchtzeit alle gleich groß. Staubblätter 9 . . . .
. . . . *[Rheum]*
– Blätter nicht mit handförmig verlaufenden Nerven. Innere Perigonblätter zur Fruchtzeit vergrößert, viel größer als die äußeren Perigonblätter. Staubblätter 6 . . . . 5. *Rumex*

514

1. **Polygonum** L. 1753
Knöterich

Ausdauernde oder einjährige Kräuter. Blätter immer deutlich länger als breit, meist ganzrandig. Ochrea von sehr unterschiedlicher Beschaffenheit. Blüten zwittrig, selten eingeschlechtig, in 1- bis vielblütigen, blattachselständigen Knäueln oder in end- und/oder seitenständigen, ährenartigen, traubenartigen, seltener auch rispenartigen Blütenständen. Perigon zur Fruchtzeit nicht oder nur wenig vergrößert. Perigonblätter 5, ± gleichartig, weiß, grünlich oder rötlich, die äußeren zur Fruchtzeit niemals gekielt oder geflügelt. Staubblätter 4–8. Griffel 2 oder 3. Frucht eine dreikantige oder linsenförmige Nuß, weniger als doppelt so lang wie das Perigon, eingeschlossen oder nur mit der Spitze herausragend.

Das Areal der äußerst polymorphen und von verschiedenen Autoren unterschiedlich abgegrenzten Gattung *Polygonum* ist kosmopolitisch. Es werden etwa 300 Arten geschätzt (vgl. RECHINGER 1958 und HESS, LANDOLT & HIRZEL 1967). Das wichtigste Mannigfaltigkeitszentrum liegt in Ostasien, weitere (möglicherweise sekundäre) in Südwest-Asien, im Mittelmeerraum und in Nordamerika.

1 Blüten zu 1–3(–5) in kleinen blattachselständigen Büscheln. Nebenblattscheiden oberwärts silbrigweiß, ± durchsichtig, zuletzt tief zerschlitzt . . . 2
– Blüten zu mehr als 5 bis ∞ in dichten oder lockeren Scheinähren an der Spitze des Stengels und der Äste. Nebenblattscheiden auch oberwärts braun, grün oder rötlich, ± undurchsichtig, ganzrandig oder gefranst, nicht tief zerschlitzt 3

2 Blütentragende Triebe bis zur Spitze mit Laubblättern beblättert. Hochblätter immer länger als die Blüten. Blüten sehr kurz gestielt oder sitzend. Nüsse so lang oder nur wenig länger als das Perigon. Sehr verbreitete Sammelart . . . .
1.–3. *P. aviculare* agg.
– Blütentragende Triebe nur mit trockenhäutigen Hochblättern, die kürzer sind als die Blüten; Laubblätter fehlen. Blüten kurz gestielt. Stengel aufrecht. Blüten in Knäueln zu 1–3. Perigonblätter mit breiten grünen Streifen und rötlichen Rändern. Nüsse länger als das Perigon. Sehr seltene Adventivpflanze in Baden-Württemberg . *[P. patulum]*

3 Oft über 1 m hohe, strauchartige, vollständig rauhhaarige Pflanze. Blätter bis über 20 cm lang und 10 cm breit (1,3–2mal so lang wie breit). Scheinähren blattachselständig, bisweilen verzweigt, meist 5–10 cm lang. Blüten viel größer als bei den einheimischen *Polygonum*-Arten, rosa. Selten und unbeständig verwildernde Zierpflanze . .
[P. orientale]
– Pflanze nicht strauchartig und nicht vollständig rauhhaarig, meist weniger als 1 m hoch. Blätter bei vergleichbarer Länge viel schmäler. Einheimische *Polygonum*-Arten 4

4 Stengel einfach, unverzweigt, mit einer einzigen, aufrechten, endständigen Scheinähre. Griffel 3, frei. Rhizome kräftig, ausdauernd 5
– Stengel ästig, oft reichverzweigt, mit meist mehreren, auch seitenständigen Scheinähren. Griffel 2, selten 3, bis zur Mitte verwachsen 6

5 Meist 30–100 cm hoch. Blätter im Umriß länglicheiförmig, am Grunde abgestutzt oder seicht herzförmig, am Rande glatt. Blattstiele im Oberteil breit geflügelt. Scheinähre dickzylindrisch, ohne Bulbillen. Perigonblätter meist rosa .4. *P. bistorta*
– Selten über 25 cm hohe Pflanze. Blätter lanzettlich, beidseitig ± gleichmäßig verschmälert, am Rande umgerollt. Blattstiele nicht geflügelt. Scheinähre schmal-zylindrisch, unterwärts mit Bulbillen. Perigonblätter zumeist weiß . . . . . .
5. *P. viviparum*

6 Pflanze ausdauernd, mit kriechendem Rhizom. Blattspreite am Grunde abgerundet oder herzförmig, niemals verschmälert. Blattstiele oberhalb der Mitte der Nebenblattscheide abzweigend. Perigonblätter stets rosa, drüsenlos. Die Art kommt in einer Wasser- und einer Landform vor, die sich habituell sehr unterscheiden (Blätter sehr verschieden!) . . . . .6. *P. amphibium*
– Pflanze stets einjährig, faserwurzelig. Blattspreiten am Grunde verschmälert oder ± allmählich abgerundet. Blattstiele unterhalb der Mitte, oft schon am Grunde der Nebenblattscheide abzweigend. Perigonblätter weiß, rosa oder grünlich 7

7 Scheinähren ± dicht und gedrungen, einzelne Blüten sich teilweise überdeckend, Achse des Fruchtstandes verdeckt 8
– Scheinähren locker und dünn, jede Einzelblüte und die Achse des Fruchtstandes sind frei sichtbar . . 10

8 Blätter mit größter Breite ± in der Mitte, sehr kurz gestielt oder sitzend. Nebenblattscheiden am Rande mit 1–4 mm langen Borstenhaaren, auf der Fläche kurzhaarig, dem Stengel eng anliegend. Ährenstiele, Blütenstiele und Perigonblätter ohne Drüsen. Perigonblätter meist rosa, selten weiß, ohne erhabene Nerven . . . . . . 7. *P. persicaria*
– Blätter mit größter Breite im unteren Drittel oder in der Mitte, deutlich, bis 3 mm lang gestielt. Nebenblattscheiden am Rande kahl oder sehr kurz (bis 0,6 mm) bewimpert, auf der Fläche kahl, dem Stengel locker anliegend. Ährenstiele und Perigonblätter rosa, weiß oder grünlichweiß, zur Fruchtzeit mit stark hervortretenden Nerven 9

9 Stengel meist aufsteigend-aufrecht, selten niederliegend. Blätter 2–8mal so lang wie breit, unterhalb der Mitte am breitesten, zumeist 5–15 cm lang. Scheinähren (1–)1,5–4 cm lang . . . .
8. *P. lapathifolium*
– Stengel niederliegend, nur an der Spitze aufsteigend. Blätter höchstens doppelt so lang wie breit, etwa in der Mitte am breitesten, meist 2–6 cm lang. Scheinähren 0,8–2,5 cm lang . . . .
9. *P. brittingeri*

10 Pflanzen pfefferartig scharf schmeckend. Nebenblattscheiden ± kurz, am Rande mit 1–3 mm langen Wimpern besetzt, auf der Fläche kahl. Scheinähren meist überhängend. Perigonblätter hellrosa

oder grünlichweiß, dicht mit sitzenden, gelblichen
Drüsen besetzt . . . . 10. *P. hydropiper*
- Pflanzen ohne pfefferartigen, scharfen Geschmack. Nebenblattscheiden ± lang, am Rande
mit 4–7 mm langen, borstigen Wimpern, auf der
Fläche behaart. Scheinähren nickend oder aufrecht. Perigonblätter meist rosa oder tiefrosa, selten grünlichweiß, nur sehr zerstreut mit gelblichen
Drüsen besetzt oder ohne Drüsen 11
11 Blätter 4–6mal so lang wie breit, lanzettlich bis
schmallanzettlich, beiderseits gleichmäßig verschmälert mit der größten Breite ± in der Mitte.
Scheinähren stets lockerblütig, etwas überhängend. Perigonblätter zur Fruchtzeit 3–4 mm lang.
Staubblätter meist 6. Nüsse 2–3,5 mm lang, dreiseitig, selten linsenförmig abgeflacht .11. *P. mite*
- Blätter 4–12mal so lang wie breit, lanzettlich bis
linealisch, in der Blattmitte und in der unteren
Blatthälfte parallelrandig und am Grunde abgerundet oder gleichmäßig beidseitig verschmälert
(f. *latifolium*). Scheinähren lockerblütig, fast immer aufrecht. Perigonblätter zur Fruchtzeit
2–2,5 mm lang. Staubblätter meist 5. Nüsse
1,5–2 mm lang, linsenförmig abgeflacht, selten
dreiseitig . . . . 12. *P. minus*

1.–3. Polygonum aviculare agg.
Artengruppe des Vogelknöterichs

Morphologie: Einjährige Arten. Stengel aufsteigend
oder niederliegend, bis 1 m lang, verzweigt. Blätter
sehr vielgestaltig, 0,5–4 cm lang, 3–6mal so lang
wie breit, kurz gestielt oder sitzend. Blütentragende
Triebe mit Laubblättern. Nebenblattscheiden häutig, durchsichtig, silbrig glänzend, abstehend. Blüten in Büscheln zu 1–3, blattachselständig, an Stengeln und Seitenästen. Perigonblätter 5, 2–3 mm
lang, grünlich oder rosa. Nüsse 1,5–3 mm lang,
matt oder glänzend, rot- bis schwarzbraun, für die
Bestimmung der Kleinarten wichtig!
Biologie: Blütezeit Mai bis November. Fruchtbildung erfolgt ab Juli. Selbstbestäubung (Autogamie)
ist sehr häufig. Die sehr kleinen, wenig auffälligen
Blüten sind geruch- und nektarlos und werden deshalb nur selten von Insekten besucht.
Ökologie: Auf trockenen bis frischen, nährstoffreichen, insbesondere stickstoffreichen, ± offenen,
steinigen, kiesigen, sandigen oder lehmigen Böden,
zwischen Pflasterfugen an Straßen- und Wegrändern, an Trittstellen, auf Schuttplätzen, Müllplätzen oder auf unbebauten Plätzen in Ortschaften,
auf Äckern und in Gärten. *P. aviculare* s.l. ist in den
Vogelknöterich-Trittgesellschaften (Polygonion avi-
cularis) verbreitet, gedeiht sehr häufig auch in ±
lückigen Secalinetea- und Chenopodietea-Gesellschaften.
Allgemeine Verbreitung: In den gemäßigten Zonen
der Alten und Neuen Welt verbreitet, in den Tropen

nur als ± unbeständige Adventivpflanze auftretend, in der Arktis und der Antarktis fehlend; im
gesamten westlichen, südlichen, mittleren und
nördlichen Europa verbreitet; im südöstlichen und
östlichen Rußland existieren offenbar größere Verbreitungslücken, das gegenwärtige Areal ist für diesen Teil Europas nur unzureichend bekannt.
Verbreitung in Baden-Württemberg: Die *P. aviculare*-Artengruppe ist weit verbreitet. Am häufigsten
ist sie in den tief gelegenen Landesteilen und in den
Ackerbaugegenden. In den reinen Gründlandgebie-
ten der höheren Lagen des Westallgäus und des
Schwarzwaldes ist sie weitgehend an den Umkreis
von Ortschaften und an Straßenanlagen gebunden.
Die Höhenverbreitung reicht von ca. 90 m ü. NN
(Raum Mannheim) bis ca. 1360 m ü. NN im Süd-
schwarzwald (OBERDORFER 1983). Möglicherweise
archäophytisch. Ältester fossiler Nachweis: Spätes
Atlantikum von Aichbühl (BERTSCH 1931), spätes
Atlantikum von Ehrenstein (HOPF 1963), spätes
Atlantikum von Hochdorf und Hornstaad (RÖSCH
1985).
Bestand und Bedrohung: Fast überall in Baden-
Württemberg häufig oder sehr häufig. Durch den
Menschen geförderte Artengruppe (an Trittstellen,
offenen Plätzen u. dgl.).
Variabilität: Die *Polygonum aviculare*-Artengruppe
ist außerordentlich vielgestaltig und komplex.
WEBB & CHATER (1964) unterscheiden für Europa
folgende 4 Kleinarten: *Polygonum aviculare* L.
s. str. und *P. rurivagum* Jordan ex Boreau (1857),
beide mit der Chromosomenzahl 2n = 60 sowie
P. arenastrum Boreau (1857) und die in Mitteleuropa fehlende Sippe *P. boreale* (Lange) Small
(1894), beide mit der Chromosomenzahl 2n = 40.
Der Status der Sippe *P. calcatum* Lindman (1904)
wird offengelassen. LOUSLEY & KENT (1981) stellen
P. calcatum und die westeuropäische Sippe *P. mi-
crospermum* Jordan ex Boreau (1857) als Varietäten
zu *P. arenastrum*.
Nach SCHOLZ (1977) handelt es sich bei den in
Mitteleuropa verbreiteten Sippen *P. aviculare* s. str.
(von Scholz als P. aviculare agg. bezeichnet), *P.
arenastrum* s. l. (= *P. arenastrum* inkl. *P. calcatum*,
von Scholz als *P. arenastrum* agg. bezeichnet) und
P. rurivagum um Sippen, deren Status als Linnésche
Arten nicht mehr bezweifelt werden kann. Auf diese
drei Kleinarten wird in dieser Flora näher eingegangen. SCHOLZ (1977) trennt *P. aviculare* s. str. in die
beiden Sippen *P. heterophyllum* Lindman emend.
Scholz (1959) und *P. monspiliense* Thiébaud (1805)
auf, wobei er es offen läßt, ob es sich hierbei um
Kleinarten oder nur um Unterarten handelt. In seinem Bestimmungsschlüssel in ROTHMALER geht

Vogelknöterich *(Polygonum aviculare)*

SCHOLZ (1982) vorläufig von 5 Kleinarten in Mitteleuropa aus: *P. heterophyllum, P. monspiliense* (beide bilden zusammen *P. aviculare* s.str.), *P. arenastrum, P. calcatum* (beide bilden zusammen *P. arenastrum* s.l.) und *P. rurivagum*. Die Unterschiede von *P. arenastrum* und *P. calcatum* sowie von den zu *P. aviculare* s.str. gehörenden Sippen *P. monspiliense* und *P. heterophyllum* sind von SCHOLZ in mehreren Publikationen (1958, 1959, 1960, 1977, 1982) angegeben worden. Sie werden im Rahmen dieser Flora nicht aufgeführt.

1 Blätter an Haupt- und Seitensprossen etwa von derselben Größe. Perigonblätter mindestens im unteren Drittel verwachsen. Nüsse an den Seitenflächen konvex gewölbt . . . .
                3. *P. arenastrum* (inkl. *P. calcatum*)
– Blätter an den Hauptsprossen wesentlich größer als an den Seitensprossen (oft über doppelt so lang wie breit!). Perigonblätter fast bis zum Grunde geteilt. Nüsse an den Seitenflächen konkav gewölbt 2
2 Pflanze kräftig, Hauptsprosse bis über ein Meter lang. Blätter an den Hauptsprossen 5–20 mm breit. Nebenblattscheiden ca. 5 mm lang. Perigonblätter ± breit, einander überlappend. Nüsse gerieft, matt . . . . 1. *P. aviculare*
– Pflanze zierlich, Hauptsprosse selten über 30 cm lang. Blätter an den Hauptsprossen 1–4(–7) mm breit. Nebenblattscheiden ca. 7–10 mm lang. Perigonblätter schmal, einander nicht überlappend. Nüsse fast glatt, glänzend . . . . 2. *P. rurivagum*

1. Polygonum aviculare L. 1753 s.str.

P. heterophyllum Lindman 1912
Eigentlicher Vogel-Knöterich

Morphologie: Reichverzweigte, ± verschiedenblättrige, relativ kräftige Kleinart mit aufsteigendem bis ± aufrechtem, selten kriechendem, bis über 1 m langem Stengel. Blätter des Hauptstengels 2–5 cm lang, 0,5–2 cm breit, eiförmig-lanzettlich bis lanzettlich, zur Fruchtreife oft abfallend. Blätter der Seitensprosse bis 1,5 cm lang und 0,5 cm breit, nur ⅓–½mal so lang wie die Blätter des Hauptstengels, schmäler und ausdauernder. Nebenblattscheiden ca. 5 mm lang, an der Basis bräunlich, darüber stumpf weiß-silbrig. Perigonblätter ca. 2 mm lang, ± breit, sich einander überlappend, weiß oder rosa, bis zum Grunde voneinander getrennt. Staubblätter 8. Nüsse 2,5–3,5 mm lang, rötlich oder dunkelbraun, gerieft, matt, an den Seitenflächen konkav gewölbt.

Ökologie: Auf mäßig trockenen bis frischen Ruderalstellen, an Wegrändern und auf Äckern. Vorwiegend in Polygono-Chenopodietalia-Gesellschaften, weniger typisch für Polygonion aviculuris-Gesellschaften, bisweilen in Bidentetea-Gesellschaften. Vegetationsaufnahmen zu *Polygonum aviculare* s.str. u.a. bei LANG (1973: mehr. Tab.) und bei HÜGIN jun. (1986: Tab. 3; als *P. monspiliense*).

Allgemeine Verbreitung: Nach WEBB & CHATER (1964) anscheinend in ganz Europa beheimatet, im hohen Norden vermutlich nur als Adventivpflanze vorkommend. Nach RECHINGER (1958) in den gemäßigten Zonen der Alten und Neuen Welt verbreitet, in den Tropen nur als Adventivpflanze auftretend, in der Antarktis und in der Arktis fehlend.

Verbreitung in Baden-Württemberg: Offenbar allgemein verbreitet. Die Unterscheidung zu *P. arenastrum* s.l. und *P. rurivagum* ist bisher nur ungenügend erfolgt, so daß keine Verbreitungskarte publiziert werden kann. Nach orientierenden Beobachtungen zu schließen, sind *P. aviculare* s.str. und *P. arenastrum* s.l. ähnlich häufig und wohl in sämtlichen Naturräumen des Landes verbreitet.

Tiefste Vorkommen bei 90 m ü. NN (Raum Mannheim), höchste Vorkommen bei ca. 1300 m ü. NN im Feldberg-Gebiet.

Bestand und Bedrohung: Fast überall in Baden-Württemberg häufige oder sehr häufige Kleinart.

Variabilität: SCHOLZ (1977) unterscheidet bei *P. aviculare* s.str. die Sippen *P. monsipiliense* Thiébaud (1805) und *P. heterophyllum* Lindm. emend. H. Scholz (1959), deren taxonomischer Status als Klein- oder Unterart nicht festgelegt wird. WEBB & CHATER (1964) und LOUSLEY & KENT (1981) nehmen diese Trennung nicht vor. Nach K. SCHMID (1983) läßt sich das vorliegende, bayerische Herbarmaterial zu *P. aviculare* s.str. an der Bot. Staatssammlung München nicht eindeutig in *P. monspiliense* und *P. heterophyllum* trennen.

2. Polygonum rurivagum Jordan ex Boreau 1857

Anmerkung: K. SCHMID (1983) hält die Abtrennung von *P. rurivagum* von *P. aviculare* s.str. als selbständige Kleinart anhand des vorliegenden bayerischen Materials zu *P. aviculare* s.l. für nicht ausreichend fundiert.

Morphologie: Im Vergleich zu P. aviculare s.str. von zierlicherem und zarterem Wuchs. Hauptsprosse selten über 30 cm lang. Blätter 1,5–3,5 cm lang, 1–4(–7) mm breit, länglich-lanzettlich bis lineal-lanzettlich, spitz, sehr kurz gestielt oder sitzend, an den Seitensprossen wesentlich kleiner. Nebenblattscheiden 7–10 mm lang, deutlich länger als bei P. aviculare s.str., am Grunde bräunlich-rot, an der Spitze silberglänzend. Perigonblätter 2 mm lang, rosa oder weiß, bis zum Grunde voneinander getrennt. Staubblätter 8. Nüsse ca. 2 mm lang, glatt, glänzend, an den Seitenflächen konkav gewölbt. – Blütezeit Juli bis Oktober.

Ökologie: Im Vergleich zu *P. aviculare* s.str. und *P. arenastrum* s.l. offenbar etwas wärmebedürftiger. Standörtliche Präferenzen und Vergesellschaftung ähnlich wie bei *P. aviculare* s.str., jedoch kaum in Bidentetea-Ges. vorkommend.

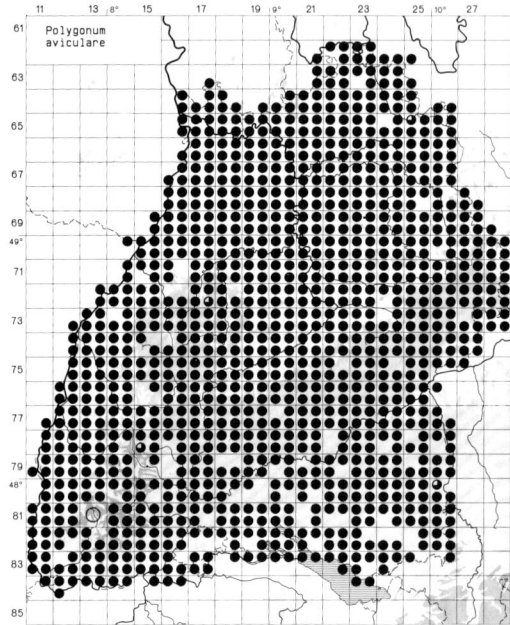

Allgemeine Verbreitung: Im Vergleich zu den beiden anderen einheimischen Kleinarten von *P. aviculare* s.l. mit einer mehr westlichen und südlichen (subatlantisch-submediterranen) Ausbreitungstendenz. Nordgrenze in Schweden (WEBB & CHATER 1964). Nachweise aus Nordamerika liegen vor. In Mitteleuropa hauptsächlich im Süden verbreitet.

Verbreitung in Baden-Württemberg: *P. rurivagum* ist erheblich seltener als die beiden anderen Kleinarten. Anscheinend ist *P. rurivagum* nur zerstreut oder selten anzutreffen; Verbreitung und Häufigkeit sind noch ungenügend geklärt. Bisher nur folgende Angabe: 7525/4: Güterbahnhof Ulm, 1932, K. MÜLLER (STU).

Bestand und Bedrohung: Ungenügend bekannt!

3. Polygonum arenastrum Boreau 1857 s.l.
P. aequale Lindman 1912

Morphologie: Stengel weniger als 30 cm lang, zumeist niederliegend, gelegentlich aufsteigend, reich verzweigt, Pflanze dadurch mattenartig wirkend. Blätter 0,8–2 cm lang, 0,3–0,5 cm breit, breit-elliptisch, schmal-elliptisch oder schmal-länglich, fast sitzend. Nebenblattscheiden bis 4 mm lang, erheblich kürzer als bei *P. aviculare* s.str., rötlichbraun, an der Spitze silbrig-glänzend. Perigonblätter meist weiß oder grünlichweiß, bisweilen rosa, Staubblätter 5–8. Nüsse 1,5–2,5 mm lang, an den Seitenflächen konvex gewölbt. – Blütezeit: Juli bis Oktober.

Ökologie: Auf trockenen bis frischen Weg- und Straßenrändern, an Trittstellen, auf Schuttplätzen und Ruderalstellen, seltener in Äckern. *P. arenastrum* s.l. ist der typische Vertreter der *Polygonum aviculare*-Artengruppe in Polygonion avicularis-Gesellschaften (z.B. nach LOHMEYER (1975) im Polygonetum calcati und im Matricario-Polygonetum arenastri); in Chenopodietea- und Secalinetea-Gesellschaften spielt *P. arenastrum* s.l. eine wesentlich bescheidenere Rolle als *Polygonum aviculare* s.str. Häufige Begleitpflanzen von *P. arenastrum* s.l. in Tritt-Gesellschaften sind *Matricaria discoidea, Plantago major, Poa annua* und *Lolium perenne.* Vegetationsaufnahmen zu *P. arenastrum* s.l. liegen von LANG (1973: mehr. Tab.) und von PHILIPPI (1983: Tab. 18) vor.

Allgemeine Verbreitung: In den gemäßigten Zonen der Alten und Neuen Welt verbreitet; in den Tropen, in der Arktis und Antarktis fehlend; in fast ganz Europa mit Ausnahme des extremen Nordens verbreitet.

Verbreitung in Baden-Württemberg: Offenbar allgemein verbreitet und ähnlich häufig wie *P. aviculare* s.str. Nach orientierenden Beobachtungen kommt *P. arenastrum* s.l. wohl in sämtlichen Naturräumen des Landes vor.

Bestand und Bedrohung: Fast überall in Baden-Württemberg häufige oder sehr häufige Kleinart.

Variabilität: In seinem Bestimmungsschlüssel in Rothmaler (1982) führt Scholz *P. arenastrum* s.str. und *P. calcatum* als selbständige Kleinarten auf. WEBB & CHATER (1964) und LOUSLEY & KENT (1981) halten es nicht für gerechtfertigt, der Sippe *P. calcatum* den Rang einer eigenen Spezies zuzubilligen. Nach K. SCHMID (1983) erwies es sich als nicht möglich, das bayerische Herbarmaterial der Bot. Staatssammlung München zu *P. arenastrum* s.l. eindeutig in *P. arenastrum* s.str. und in *P. calcatum* zu trennen.

Polygonum patulum Bieb. 1808

Mediterrane Pflanze, die sehr selten und unbeständig als Südfruchtbegleiter adventiv an Güterbahnhöfen oder als Vogelfutterpflanze an Auffüllplätzen in Baden-Württemberg aufgetreten ist.

Merkmale vergl. Schlüssel. Einjährige Art. Stengel bis 100 cm lang, zumeist nicht verzweigt. Blätter 2,5–4,5 cm lang, länglich-elliptisch bis lanzettlich. Nebenblattscheiden durchsichtig, 6–8nervig. Blüten einzeln oder zu 2–3(–5) in blattachselständigen Knäueln, kurz gestielt. Nüsse etwa 3 mm lang, glänzend, dreiseitig.

7121/2: Müllplatz Neustadt, 1941, K. MÜLLER (1942–1950); 7324/1: Göppingen, Müllplatz Walachei, 1935 u. 1939, K. MÜLLER (1924–1950); 7524/4: Güter-

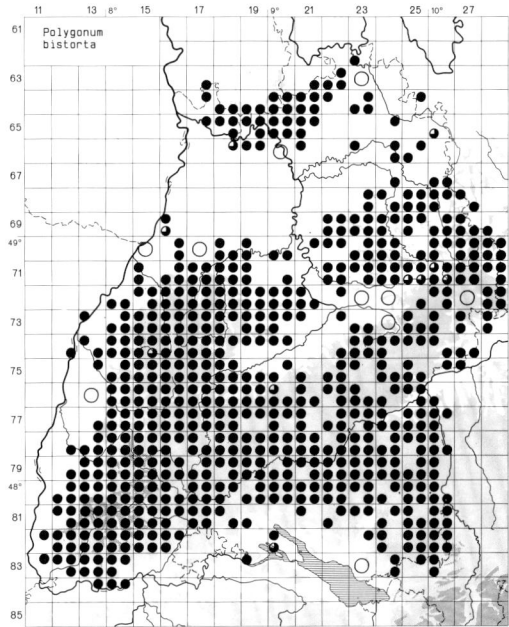

bahnhof Ulm, 1934 u. 1936, K. MÜLLER (1955–1957); 7625/2: Ulm-Söflingen, 1935, 1940 u. 1941, K. MÜLLER (1955–1957).

Polygonum orientale L. 1753
Orientalischer Knöterich, Östlicher Knöterich

Südasiatische Pflanze, die in Mitteleuropa seit etwa 200 Jahren als Zierpflanze kultiviert wird und in warmen Gegenden (z.B. Oberrheingebiet) hin und wieder als Adventivpflanze unbeständig verwildert.

Merkmale vergl. Schlüssel. Einjährige, vollständig rauhhaarige, 50 cm bis weit über 1 m hohe, strauchartige (wie *Reynoutria!*) Pflanze. Blätter im Umriß breit-oval oder eiförmig bis länglich-eiförmig, am Grunde abgerundet, breit keilförmig oder seicht herzförmig, vorne zugespitzt. Blattstiele oberseits schmal geflügelt (vgl. *Reynoutria!*). Perigonblätter 4–5 mm lang, weiß oder tiefrosa, nicht geflügelt (vgl. *Reynoutria!*). Nüsse ca. 3 mm lang, schwarz, glänzend.

6916/3: Karlsruhe-Durlach, Müllplatz, mit Gartenabfällen eingeschleppt, 1943, JAUCH (KR); 7121/2: Müllplatz Neustadt, 1934, KREH in SEYBOLD (1969); 7221/1: Stuttgart, Trümmerschutt, 1949, KREH (1951); 7221/1: Untertürkheim, an Gartenweg, um 1950, KREH in SEYBOLD (1969).

4. Polygonum bistorta L. 1753
Bistorta maior Gray 1821
Wiesen-Knöterich, Schlangen-Knöterich

Morphologie: Ausdauernde, 30–100 cm hohe Pflanze. Rhizom sehr kräftig, schlangenartig gewunden, Ausläufer treibend. Stengel unverzweigt.

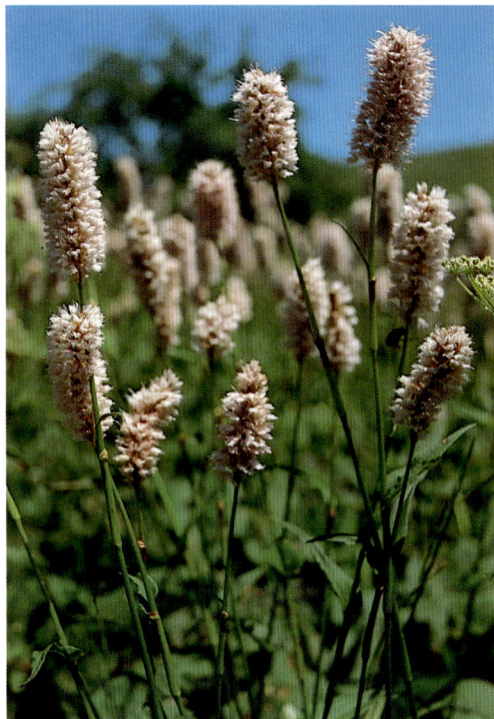

Wiesen-Knöterich *(Polygonum bistorta)*
Süd-Schwarzwald

Grundblätter und untere Stengelblätter bis 18 cm lang und 8 cm breit, im Umriß länglich-eiförmig mit abgestutztem oder seicht herzförmigem Grund, vorne allmählich zugespitzt. Blattstiele der Grundblätter wesentlich länger als die Spreiten, im Oberteil breit geflügelt. Stengelblätter nach oben hin kürzer gestielt bis sitzend, mit stärker herzförmigem Grund. Nebenblattscheiden lang und spitz, braun, mit unterhalb der Mitte abzweigenden Blattstielen. Blütenstände 3–6 cm lange, 1–1,5 cm breite, zylindrisch-längliche, dichte, endständige Scheinähren (= Trauben). Perigonblätter 3–5 mm lang, hell- oder dunkelrosa. Staubblätter 8, weit aus der Blütenhülle (Perigon) herausragend. Griffel 3. Nüsse 4–5 mm lang, scharf dreikantig, dunkelbraun, glänzend.

Biologie: Blütezeit Mai bis Juni. Insektenbestäubung. Durch den hohen Nektargehalt der proterandrischen Blüten ist der Wiesen-Knöterich eine gute Bienenfutterpflanze.

Ökologie: Auf frischen bis feuchten, mäßig nährstoffreichen bis nährstoffreichen, nur mäßig kalkreichen bis kalkarmen, neutralen bis mäßig sauren Lehm- und Tonböden oder auf gedüngten Niedermoorböden. Der Wiesen-Knöterich gedeiht vor

allem in Naß- und Feuchtwiesen (Calthion- und Polygono-Trisetion-Gesellschaften) submontaner bis subalpiner Lagen; in der kollinen oder gar planaren Stufe ist er wesentlich seltener. In den höheren Lagen des Schwarzwaldes gehört er häufig den Hochstaudenfluren (z. B. Adenostylion-Gesellschaften) an; in den Mittelgebirgen und im Alpenvorland tritt *P. bistorta* nicht selten in Grauerlen-Auen (Alnetum incanae) und in Schwarzerlen-Bachauen (Stellario-Alnetum glutinosae) auf, die als primäre Wuchsorte dieses Knöterichs gelten können. Durch die Entwicklung zahlreicher Ausläufer erscheint der Wiesen-Knöterich oft in dichten und ausgedehnten Herden. Da er vom Vieh gemieden wird, kann er als Weideunkraut lästig werden.

Vegetationsaufnahmen mit *P. bistorta* in Feuchtwiesen wurden bereits von KUHN (1937: Tab. 26) und K. MÜLLER (1948: Tab. 17, 22) erhoben. In Grauerlen-Auen wurde die Art von J. & M. BARTSCH (1940: Tab. 30) und OBERDORFER (1949: Tab. 7) aufgenommen.

Allgemeine Verbreitung: Eurasien und Alaska. Von Südwest-Frankreich und den Britischen Inseln durch das gemäßigte und nördliche Eurasien ostwärts bis zur Beringstraße verbreitet. In Skandinavien eigentümlicherweise nur als Neophyt regional vorkommend, ursprünglich fehlend! Europäische Südgrenze in Gebirgen Kalabriens, europ. Nordgrenze an der russischen Eismeerküste bei 71° n. Br. Teilareale u. a. im Kaukasus, in Kleinasien, in Zentralasien, in der Mandschurei, in Japan und in Alaska.

Verbreitung in Baden-Württemberg: Hauptsächlich in relativ hochgelegenen und ± sommerkühlen Naturräumen verbreitet wie im gesamten Schwarzwald, in der Baar, in den Oberen Gäuen, in der südwestlichen Schwäbischen Alb, im nördlichen Oberschwaben und im Westallgäuer Hügelland. In Höhen unterhalb von 500 m ü. NN ist *P. bistorta* nur in zu Kalkarmut neigenden Naturräumen wie dem Odenwald und den württembergischen Keupergebieten häufig.

In den warmen Tieflagen wie dem Oberrheingebiet (hier nur in der Offenburger Rheinebene in Randlagen zum Schwarzwald und in der östlichen Freiburger Bucht nicht selten), dem gesamten Kraichgau, dem unteren Neckarland, der Hohenloher und der Haller Ebene und dem Tauber-Main-Gebiet ist diese Knöterich-Art selten oder weist sogar weite Verbreitungslücken auf. Nur sehr zerstreut kommt *P. bistorta* auf der mittleren und östlichen Schwäbischen Alb, im Hegau, im Klettgau und im westlichen Bodenseeraum vor.

Die Höhenverbreitung reicht von ca. 105 m ü.

NN in Wiesen bei Neureut (6916/1) bis über 1400 m ü. NN im Feldberggebiet (8114/1).

Ältester fossiler Nachweis: Eem-Interglazial nahe Bad Wurzach (FRENZEL 1978); Atlantikum, Schluchsee (OBERDORFER 1931). Ältester literarischer Nachweis: FUCHS (1542: 773): „Schwarzwald".

Bestand und Bedrohung: In seinen Hauptverbreitungsgebieten gehört *P. bistorta* durchweg zu den häufigen Arten der feuchten Wiesen und Hochstaudenfluren. Die Art ist nicht gefährdet. Unbedingt schonenswert sind die arealgeographisch interessanten Vorkommen der Tieflagen, wie z.B. das bei Neureut (6916/1) im nördlichen Oberrheingebiet oder das bei Bad Mergentheim (6524/2) im Tauber-Main-Gebiet. *P. bistorta* verträgt ein- bis dreimalige Mahd und wird durch Brennen stark gefördert (SCHIEFER).

5. Polygonum viviparum L. 1753

Bistorta vivipara (L.) Gray 1821
Knöllchen-Knöterich, Bulbillentragender
Knöterich

Morphologie: Ausdauernde, 10–30 cm hohe, kahle Pflanze. Rhizom kräftig, dick-walzlich. Stengel aufrecht, unverzweigt. Blätter bis 8 cm lang, lanzettlich bis lineal-lanzettlich, am Rande umgerollt, zum Grunde und zur Spitze hin gleichmäßig allmählich verschmälert, mit größter Breite etwas oberhalb der Mitte, oberseits dunkelgrün, unterseits bläulichgrün, derb lederig, die untersten lang gestielt, die obersten sitzend. Blattstiele nicht geflügelt. Nebenblattscheiden braun, lang röhrenförmig, gestutzt. Blütenstand eine dünnwalzliche, ± lockere, endständige Scheinähre, im unteren Teil mit Bulbillen, im oberen Teil nur mit Blüten. Bulbillen sitzend, oft schon auf der Pflanze Blätter entwickelnd. Blüten zwittrig oder cingeschlechtig, kurz gestielt. Perigonblätter 3 mm lang, weiß, seltener bleichrosa. Staubblätter 6–8. Griffel 3. Nüsse selten entwickelt, stumpf, dreikantig, dunkelbraun glänzend.

Biologie: Blütezeit Juni bis August. Trotz zahlreichen Insektenbesuches erfolgt sehr selten Fruchtbildung. Die Vermehrung erfolgt fast ausschließlich vegetativ durch die Bulbillen. Die Bulbillen fallen leicht ab und können vom Wind verweht werden; bisweilen erfolgt auch eine Verbreitung durch Tiere.

Ökologie: Auf mäßig trockenen bis (wechsel)feuchten, nährstoffarmen, mäßig kalkreichen bis ± entkalkten, neutralen bis mäßig sauren, humosen Lehm- und Steinböden oder Niedermoorböden der Schwäbischen Alb und des Alpenvorlandes. Auf der Schwäbischen Alb gedeiht *P. viviparum* in

Knöllchen-Knöterich *(Polygonum viviparum)*
Nusplingen, 1989

schwachsauren Borstgras-Magerrasen (Violion caninae-Ges.) über entkalkten Hochflächenlehmen. Charakteristische Begleitpflanzen sind dort u.a. *Nardus stricta, Avenella flexuosa, Danthonia decumbens, Dianthus seguieri, Viola canina, Calluna vulgaris, Potentilla erecta, Genistella sagittalis, Jasione laevis, Arnica montana, Scorzonera humilis* und *Hypochoeris maculata*, an einigen Stellen in der Alb auch *Salix starkeana*. Gilt auf der Schwäbischen Alb als Charakterart des Polygono vivipari – Genistetum sagittalis (OBERDORFER 1978). Im Alpenvorland tritt der Knöllchen-Knöterich an trockenen Stellen nährstoffarmer Quellmoore (z.B. an den Rändern) auf. Vegetationsaufnahmen aus der Schwäbischen Alb liegen von FABER (1933: Aufn. 8–10), KUHN (1937: Tab. 24) und von SEBALD (1983: Tab. 12) vor.

Allgemeine Verbreitung: Arktisch-alpine Pflanze Eurasiens und Nordamerikas. In ganz Nord-Eurasien beheimatet mit europäischer Südgrenze in Schottland, Südschweden, Estland, Nordrußland, Ural; ebenso in Alaska, Nordkanada, Grönland und Island. Weiter südlich auf die Hochgebirge beschränkt: Pyrenäen, Alpen, Apennin, Beskiden, Karpaten, Balkan, Kaukasus. Außerdem in Gebirgen Zentralasiens (z.B. Pamir, Karakorum, Himalaja) und Nordamerikas (in den Rocky Mountains nach Süden bis Utah). Im nördlichen Vorfeld der Alpen gibt es Reliktvorkommen im Schweizer und im Schwäbischen Jura und im Alpenvorland (vgl. Verbreitungskarte von BRESINSKY 1965).

Verbreitung in Baden-Württemberg: *P. viviparum* kommt als Glazialrelikt auf der Schwäbischen Alb vor; darüber hinaus sind einige Wuchsorte im Alpenvorland bekannt geworden, die seit 50 Jahren nicht mehr bestätigt werden konnten. Nur wenige km östlich der Landesgrenze ist *P. viviparum* in Riedwiesen des Donautales nachgewiesen worden. Auf der Schwäbischen Alb besitzt *P. viviparum* 2 Verbreitungszentren: 1) zwischen Hechingen (7619/4) und Mühlheim a.d. Donau (7919/2) und 2) zwischen Wiesensteig (7423/4) und Blaubeuren (7524/4), wo die Art offenbar stark zurückgegangen ist und Bestätigungen aus der Zeit nach 1970 fehlen. Umfangreiche Fundortsangaben aus diesem Gebiet liegen von K. MÜLLER (1957) und von RAUNEKER (1984) vor.

Die Vorkommen im württembergischen Alpenvorland sind die westlichen Vorposten der recht zahlreichen Wuchsorte von *P. viviparum* im westlichen und mittleren bayerischen Alpenvorland (vgl. Verbreitungskarte von BRESINSKY 1965).

Die Höhenverbreitung reicht von ca. 500 m ü. NN bei Laupheim (7725/3) bis etwa 880 m ü. NN in der Irndorfer Hardt (7819/4 u. 7919/2).

Die ehemaligen Vorkommen im Donaumoos bei Oberelchingen (7526/3) und bei Gundelfingen (7428/3) lagen bei 460 bzw. 440 m ü. NN.

Ältester fossiler Nachweis: älteste Dryas vom Schleinsee (LANG 1952). Ältester literarischer Nachweis: SCHÜBLER & MARTENS (1834: 256): Isny, KOLB. STU-K: Bey Feldstetten und Böhringen auf der rauhen Alb, MOSER 1825. Die Angabe bei MARTENS (1823: 238) ist fraglich.

Schwäbische Alb: Nur nach 1945 noch bestätigte Vorkommen. Weitere nach 1945 nicht mehr bestätigte Fundorte sind bei EICHLER, GRADMANN u. MEIGEN (1905), bei A. MAYER (1929) und K. MÜLLER (1957) aufgeführt. 7423/4: Westerheim, 1947, HAUFF in BERTSCH (STU-K); 7523/1: Zainingen, 1957 u. 1963, KNAUSS (STU); 7524/4: Treffensbuch, 1951, v. ARAND (STU-K); 7720/3: Ebingen, Friedhofshalde, 1968, BECK (STU-K); Ebingen, Hainloch, 1968, BECK (STU-K); Hohenbühle, G. MAYER (STU-K); 7820/1: Truppenübungsplatz Heuberg, 1984, SEBALD (STU-K); 7819/4 u. 7919/2: Irndorfer Hardt, 1977, SEBALD (STU-K).

Donauried: 7428/3: Gundelfingen, K. MÜLLER (1955–1957); 7526/3: Oberelchingen, K. MÜLLER (1955–1957); 7526/4: Donauried b. Leibi, 1948, KOCH (STU).

Alpenvorland: 7725/3: Laupheim, 1876, EIBERLE nach HEGELMAIER in EGM (1905); 7926/4: Illerwiesen bei Oberopfingen, zuletzt von K. u. F. BERTSCH (1948) angegeben; 8124/1: Wolfegg, 1888, HERTER in EGM (1905); 8326/1: Isny, MARTENS u. KEMMLER (1882).

Bestand und Bedrohung: Sehr selten gewordene, stark gefährdete Art (Gefährdungskategorie 2). In

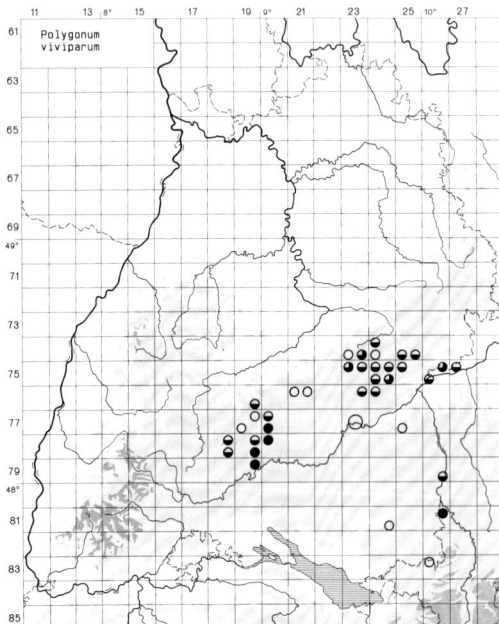

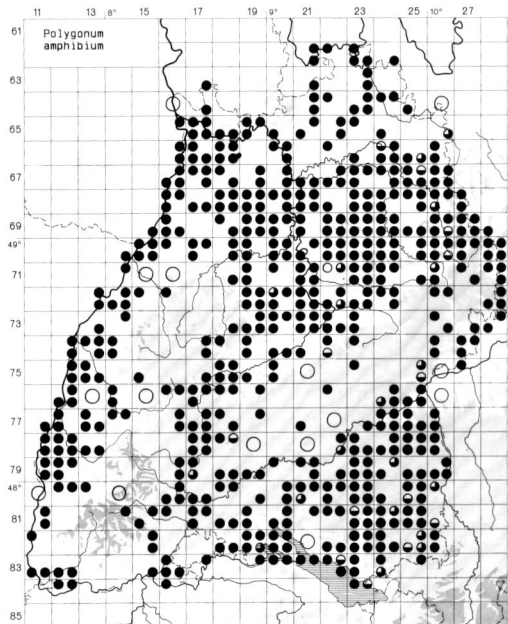

522

Wasser-Knöterich *(Polygonum amphibium)*

den letzten 50 Jahren ist der Knöllchen-Knöterich in Baden-Württemberg stark zurückgegangen. Im Alpenvorland ist die Art bereits vor dem 2. Weltkrieg verschollen. Auf der Schwäbischen Alb haben sich nur wenige Vorkommen im Bereich der Donaualb und der Hohen Schwabenalb behaupten können. Über die bedeutendste Population in Baden-Württemberg verfügt gegenwärtig das NSG Irndorfer Hardt (7819/4 u. 7919/2). Aus der Mittleren Kuppen- und Flächenalb, von wo bisher mindestens 25 Vorkommen bekannt wurden, fehlen Bestätigungen aus der Zeit nach 1970. Ursache für den Rückgang von *P. viviparum* ist die Aufdüngung oder die Aufforstung von kalkarmen Magerrasen auf der Albhochfläche. Die verbliebenen Vorkommen lassen sich – soweit noch nicht geschehen – nur durch Unterschutzstellung (alle Vorkommen NSG-würdig) und extensive Bewirtschaftungsmaßnahmen erhalten. Der Knöllchen-Knöterich verträgt Mahd ab August (1mal im Jahr) und extensive Beweidung (SCHIEFER).

6. Polygonum amphibium L. 1753
Persicaria amphibia (L.) Gray 1821
Wasser-Knöterich

Morphologie: Ausdauernde Pflanze mit kriechender Grundachse und stark verzweigtem Stengel. Wasserformen und Landformen sind habituell sehr verschieden, jedoch genetisch nicht fixiert. Bei Wasserformen Stengel schwimmend, mehrere Meter lang, Blätter flutend oder auf der Wasseroberfläche schwimmend, 5–15 cm lang, am Grunde breit abgerundet, gestutzt oder schwach herzförmig, vorne ± stumpf, kahl, oberseits grasgrün und rückwärts glatt, unterseits heller grün, meist mehrere cm (bis 10 cm) lang gestielt. Bei den Landformen Stengel bogig aufsteigend oder aufrecht, bis 60 cm hoch, Blätter bis über 20 cm lang und bis 4 cm breit, schmal-lanzettlich, am Grunde abgerundet, vorne mit einer lang ausgezogenen Spitze, oberseits rückwärts rauh, mit einem meist weniger als 1 cm langen Stiel. Nebenblattscheiden häutig, gestutzt, kahl

523

oder behaart, mit oberhalb der Mitte abzweigenden Blattstielen. Blütenstände meist einzeln, 3–5 cm lange, etwa 1 cm breite, zylindrisch-längliche, dichte, endständige Scheinähren (= Trauben). Perigonblätter 3–4 mm lang, rosa. Staubblätter meist 5, aus dem Perigon herausragend. Griffel 2. Nüsse 2 mm lang, scharfkantig, dunkelbraun, glänzend.

Biologie: Blütezeit Juni bis September. Die Blüten sind heterostyl. Nach IRMICH in RECHINGER (1958) ist Fruchtbildung selten, da die Staubblätter und Pollen ganz oder teilweise verkümmern. Die Nüsse sind schwerer als Wasser, jedoch unbenetzbar und können sich deshalb lange an der Wasseroberfläche halten (Wasserverbreitung!). Bei Nichtausreifen der Früchte vermehrt sich die Pflanze durch Stocksprosse.

Ökologie: In der Wasserform kommt *P. amphibium* in meso- bis eutrophen Gewässern in Laichkraut- und Seerosen-Gesellschaften vor. Im Oberrheingebiet sind Wasserpflanzenbestände mit *P. amphibium* vor allem in Altrheinen mit starken Wasserstandschwankungen verbreitet, die dem Wasser-Knöterich weniger zusetzen als anderen Nymphaeion-Arten (PHILIPPI 1969). *P. amphibium* wurzelt im flachem Wasser und schiebt sich mit langen Trieben in Seerosenbestände mit *Nuphar lutea*, *Nymphaea alba*, *Ceratophyllum demersum*, *Myriophyllum spicatum* und *M. verticillatum*, *Potamogeton lucens*, *P. natans*, *P. pectinatus* und anderen Arten vor. Landwärts kommt der Wasser-Knöterich in ± lockeren, eutraphenten Röhricht- und Großseggenbeständen vor, wobei ein Wechsel von der Wasser- in die Landform erfolgt.

Die Landform von *P. amphibium* tritt völlig losgelöst von Stillgewässern an Gräben, Schuttplätzen oder Ackerrändern auf staunassen oder grundfeuchten, nährstoffreichen Lehm- und Tonböden in Agropyro-Rumicion-Gesellschaften (z. B. im Rorippo-Agrostietum stoloniferae bei LANG 1973) und in Chenopodietea-Gesellschaften auf.

Vegetationsaufnahmen von Vorkommen in Wasserpflanzen-Gesellschaften liegen bei PHILIPPI (1969: Tab. 5; 1978: Tab. 9) und GÖRS (1969: Tab. 1–4), in Röhrichten und Großseggenriedern bei LANG (1973: mehr. Tab.) und PHILIPPI (1978: Tab. 15; 1981: Tab. 14), in Äckern bei LANG (1973: Tab. 42) vor.

Allgemeine Verbreitung: Eurasien und Nordamerika. Europäische Südgrenze im nördlichen Mittelmeerraum, Nordgrenze bei 69° n. Br. in Nordskandinavien und Nordrußland. Von den Britischen Inseln und Nordspanien ostwärts durch das gesamte gemäßigte Eurasien bis zur pazifischen Küste verbreitet. Außerdem im gemäßigten Nordamerika

vorkommend. Isolierte Teilareale in Südwestasien und im Atlas-Gebirge.

Verbreitung in Baden-Württemberg: Mit Ausnahme des Schwarzwaldes und der Hochfläche der Schwäbischen Alb, die große Verbreitungslücken aufweisen, kommt der Wasser-Knöterich nahezu in ganz Baden-Württemberg vor. Die Wasserform ist naturgemäß in stillgewässerreichen Naturräumen wie dem Alpenvorland (Seen und Weiher) und dem nördlichen und mittleren Oberrheingebiet (Altrheine) verbreitet. In den Gäulandschaften (z. B. Kraichgau, Obere Gäue, Hohenloher Ebene) stößt man fast nur auf die Landform. Die Seltenheit auf der Schwäbischen Alb dürfte mit dem Mangel an feuchten Standorten zusammenhängen, das Fehlen im Nord- und Mittelschwarzwald neben der Höhenlage edaphische Gründe haben (nährstoffarme, basenarme, saure Böden). Lediglich im Südschwarzwald kommt die Art an einigen Gewässern vor (z. B. 8114/2 Titisee, 8215/2 Schlüchtsee).

Die Höhenverbreitung reicht von ca. 90 m ü. NN bei Mannheim bis 915 m ü. NN am Schlüchtsee (8215/2) und ca. 935 m ü. NN am Schluchsee bei der Gemeinde Schluchsee (8115/3).

Ältester fossiler Nachweis: spätes Atlantikum von Endersbach (PIENING 1983). Ältester literarischer Nachweis: LEOPOLD (1728: 128): „Vorm Gänsthor im Weyher" bei Ulm.

Bestand und Bedrohung: Die Art läßt keine Rückgangstendenzen erkennen und ist im Bestand nicht gefährdet. Nach SCHIEFER verträgt der Wasser-Knöterich Mahd und Beweidung.

7. Polygonum persicaria L. 1753
Persicaria maculata (Ratin.) Gray 1821
Floh-Knöterich, Pfirsichblättriger Knöterich

Morphologie: Einjährige Pflanze. Stengel 20–80 cm lang, niederliegend-aufsteigend bis aufrecht. Blätter 5–12 cm lang, etwa 4–6mal so lang wie breit, lanzettlich bis länglich-lanzettlich, beiderseits allmählich verschmälert mit größter Breite in der Mitte, unterseits auf den Nerven meist ± spärlich behaart, seltener auch oberseits behaart, oberseits häufig mit schwarzen Flecken, sehr kurz gestielt oder sitzend. Nebenblattscheiden abgestutzt, dem Stengel eng anliegend, am Rande mit 2–4 mm langen, borstigen Wimpern, auf der Fläche kurz angedrückt behaart, mit weit unterhalb der Mitte abzweigenden Blattstielen. Blütenstände 1–4 cm lang. Stiele der Scheinähren stets ohne Drüsen. Perigonblätter (4–)5, 2–3 mm lang, meist rosa oder weiß, selten grünlich(weiß), drüsenlos. Staubblätter 6(–8). Nüsse 2–3 mm lang, schwarz, glänzend.

Floh-Knöterich *(Polygonum persicaria)*

Biologie: Blütezeit Juli bis Oktober. Spontane Selbstbestäubung ist häufig. Die Blüten sind klein, geruchlos und enthalten wenig Nektar. Im Herbst erscheint zuweilen eine zweite Generation kleinerer, fast unverzweigter Pflanzen.

Ökologie: Auf frischen bis feuchten, nährstoffreichen (insbesondere stickstoffreichen), basenreichen bis basenarmen, neutralen bis mäßig sauren Sand-, Lehm- und Tonböden auf Äckern, in Gartenbeeten, auf Schuttplätzen und Abraumhalden, an Wegen und Straßenrändern. Der Floh-Knöterich hat von allen *Polygonum*-Arten das weiteste Spektrum in Ackerunkraut-Gesellschaften (Polygono-Chenopodietalia-Ges.), ist aber auch in Getreidefeldern (Weizen, Gerste, Roggen) sehr verbreitet. Wesentlich seltener als *P. lapathifolium* und die Arten der *Polygonum hydropiper*-Gruppe erscheint *P. persicaria* dagegen in Bidentetea-Gesellschaften auf schlammigen Böden an Flußufern oder nassen Waldwegen. Vegetationsaufnahmen von Ackerunkraut-Gesellschaften mit *P. persicaria* liegen u.a. von GÖRS (1966) und von LANG (1973) vor; die Bedeutung des Floh-Knöterichs in Bidentetea-Gesellschaften ist bei PHILIPPI (1984) dargestellt.

Allgemeine Verbreitung: Ursprünglich in Eurasien und Nordamerika, als Neophyt heute fast weltweit verbreitet (in der Arktis und Antarktis fehlend). In Europa ± geschlossen in West-, Mittel-, Südosteuropa und im südlichen Skandinavien verbreitet, im Mittelmeerraum und in Osteuropa mit größeren Verbreitungslücken. Europ. Nordgrenze in Mittelnorwegen bei 66° n. Br. Ostgrenze ± an der Wolga.

Verbreitung in Baden-Württemberg: Neben *Polygonum aviculare* ist der Floh-Knöterich die am weitesten verbreitete Knöterich-Art des Landes. Er gehört in allen Naturräumen zu den häufigen Ackerunkräutern und ist nur in Teilen des Schwarzwaldes und des Westallgäuer Hügellandes zerstreut anzutreffen.

Die Höhenverbreitung erstreckt sich von ca. 90 m ü. NN (Raum Mannheim) bis etwa 1100 m ü. NN in hochgelegenen Äckern des Schwarzwaldes.

Ältester fossiler Nachweis: Spätes Atlantikum von Riedschachen (BLANKENHORN u. HOPF 1982); spätes Atlantikum von Hornstaad (RÖSCH 1985b). Ältester literarischer Nachweis: J. BAUHIN (1598: 171): Umgebung von Bad Boll (7323).

525

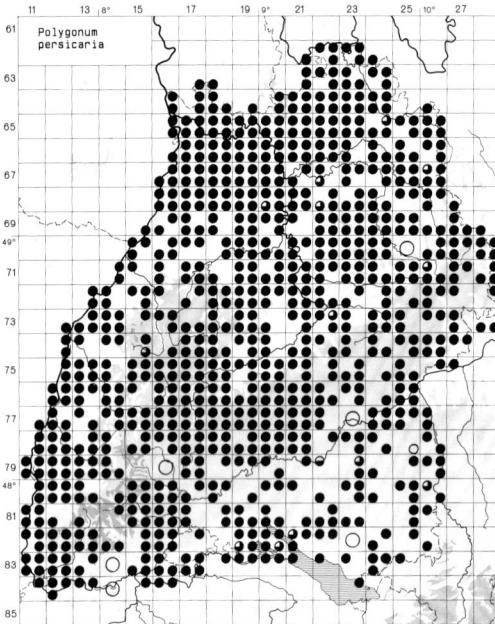

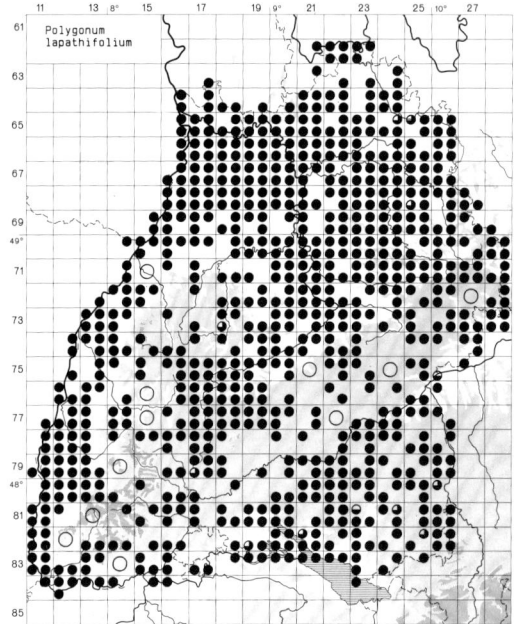

Bestand und Bedrohung: Fast überall häufige oder sehr häufige Pflanze, vor allem in Ackerbaugegenden. HOFMEISTER u. GARVE (1986) rechnen den Floh-Knöterich zu den Problem-Unkräutern in Hackfrucht-Kulturen.

8. Polygonum lapathifolium L. 1753
Ampfer-Knöterich

Morphologie: Einjährige Pflanze. Stengel 30–60(–100) cm lang, niederliegend-aufsteigend oder aufrecht. Blätter 5–15 cm lang, bis 5 cm breit, 2–8mal so lang wie breit, eiförmig, breit-lanzettlich bis länglich-lanzettlich, vorne spitz oder zugespitzt, zum Grunde hin keilförmig verschmälert, mit größter Breite meist im unteren Drittel, oberseits meist mit einem dunklen Fleck versehen, unterseits kahl bis spinnwebig-filzig behaart, deutlich, bis 3 cm lang gestielt (vgl. *P. persicaria!*). Nebenblattscheiden abgestutzt, dem Stengel locker anliegend, am Rande kahl oder höchstens mit 0,6 mm langen Wimperhärchen, auf der Fläche kahl, mit weit unterhalb der Mitte abzweigenden Blattstielen. Blütenstände 1–4 cm lang. Stiele der Scheinähren stets mit Drüsen. Perigonblätter 5, 2–3 mm lang, zur Blütezeit meist weiß, nach der Blüte weiß bleibend, (hell)rosa oder grünlich werdend, mit sitzenden gelblichen Drüsen, zur Fruchtzeit mit stark hervortretenden Nerven. Staubblätter 6(–7). Nüsse 1,8–3,5 mm lang, meist linsenförmig und bikon-

kav, selten dreikantig, schwarzbraun, glänzend. – Blütezeit: Juli bis Oktober.

Ökologie: Auf frischen bis mäßig feuchten, nährstoffreichen (v.a. stickstoffreichen) bis sehr nährstoffreichen, ± neutralen, sandigen bis tonigen Böden auf Äckern und in Gärten; außerdem auf feuchten, zeitweise überschwemmten Schlammböden an Flußufern und in Gräben. Im Vergleich zum Floh-Knöterich ist *P. lapathifolium* als Ackerunkraut viel stärker an Hackfruchtkulturen gebunden und seltener in Getreidefeldern zu beobachten; in Flußunkraut-Gesellschaften (Klasse Bidentetea) kommt dagegen dem Ampfer-Knöterich eine viel größere Bedeutung zu als *P. persicaria*. *P. lapathifolium* gilt als Polygono-Chenopodietalia- und Bidentetalia-Ordnungscharakterart. Vegetationsaufnahmen mit dem Ampfer-Knöterich in Ackerunkraut-Gesellschaften liegen von LANG (1973), in Flußunkraut-Gesellschaften von PHILIPPI (1984) und von TH. MÜLLER (1985: Tab. 3) vor.

Allgemeine Verbreitung: In fast ganz Europa verbreitet, mit Verbreitungslücken im Mittelmeerraum, in Nordost-Europa und in der Ukraine. Europäische Nordgrenze bei 70° n.Br. (Nordnorwegen). Außerhalb von Europa in Nordwest-Afrika, im gemäßigten Eurasien bis zur pazifischen Küste, in Südwest- und in Südostasien und im gesamten gemäßigten Nordamerika verbreitet. Als Neophyt auf der Südhemisphäre eingebürgert.

Verbreitung in Baden-Württemberg: Mit Ausnahme

des Schwarzwaldes und der Albhochfläche, wo die Art größere Verbreitungslücken aufweist, ist der Ampfer-Knöterich allgemein verbreitet. Besonders häufig kommt *P. lapathifolium* an Fließgewässern der tiefer gelegenen Landesteile vor, wie z. B. dem Oberrheingebiet und dem württembergischen Unterland.

Die Höhenverbreitung erstreckt sich von ca. 90 m ü. NN bei Mannheim bis ca. 980 m ü. NN bei Unter-Fischbach (8115/3) 2 km nördlich des Schluchsees im Hochschwarzwald.

Ältester fossiler Nachweis: Spätes Atlantikum von Hochdorf (KÜSTER 1985). Ältester literarischer Nachweis: J. BAUHIN (1598: 171): Umgebung von Bad Boll (7323).

Bestand und Bedrohung: Keine Bedrohung, da fast überall in Baden-Württemberg häufige oder sehr häufige Art. HOFMEISTER u. GARVE (1986) rechnen den Ampfer-Knöterich zu den Problem-Unkräutern in Hackfruchtkulturen.

Variabilität: RECHINGER (1958) unterscheidet 5 Unterarten, von denen eine im Gebiet bisher nicht nachgewiesen wurde (subsp. *leptocladum*). Der Ufer-Knöterich *(Polygonum brittingeri)* wird hier als eigene Art abgetrennt. Es verbleiben die Unterarten subsp. *lapathifolium,* subsp. *mesomor-*

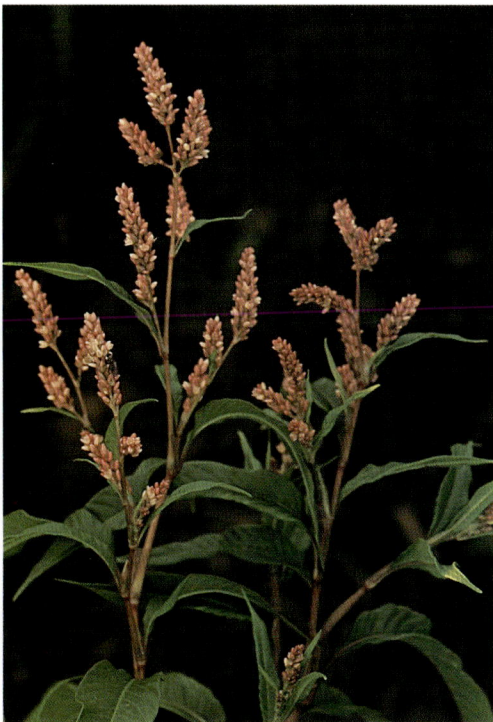

Ampfer-Knöterich *(Polygonum lapathifolium)*

phum und subsp. *pallidum.* Alle drei Sippen verfügen über dieselbe Chromosomenzahl (2n = 22), die morphologischen Merkmale gehen gleitend ineinander über. Es lassen sich jedoch nach RECHINGER (1958) unterschiedliche Arealtypen nachweisen, so daß die taxonomische Einordnung als Unterarten vertretbar erscheint.

1 Scheinähren wegen der großen Früchte dick und dichtzylindrisch. Früchte 2,5–3,5 mm lang. Blätter eiförmig-lanzettlich, besonders unterseits dicht filzig behaart. Perigonblätter dichtdrüsig. . . . . c) subsp. *pallidum*

– Scheinähren wegen der kleinen Früchte dünnzylindrisch. Früchte 1,8–2,5 mm lang. Blätter fast völlig kahl oder oberseits dicht, unterseits allenfalls schwach filzig behaart. Perigonblätter schwach oder wechselnd drüsig 2

2 Pflanze lebhaft hell- oder dunkelgrün, bisweilen rot überlaufen. Blätter kahl oder nur spärlich behaart. Perigonblätter nach der Blütezeit weiß bleibend oder rötlich, nicht grün werdend, meist schwach drüsig. Nüsse 1,8–2 mm lang. . . . . . . a) subsp. *lapathifolium*

– Pflanze blaß- oder graugrün, selten rötlich grün. Blätter oberseits ± dicht, unterseits allenfalls schwach filzig behaart. Perigonblätter nach der Blüte weiß bleibend oder grün werdend, bisweilen rötlich überlaufen, wechselnd drüsig. Nüsse 2–2,5 mm lang. . . . . b) subsp. *mesomorphum*

a) subsp. **lapathifolium**

P. lapathifolium L. subsp. *nodosum* (Dans.) Dans. 1923; *P. nodosum* Pers. 1805; *P. lapathifolium* L. var. *nodosum* (Pers.) Gren. 1856

Morphologische Kennzeichen: Vergl. Schlüssel.
Verbreitung und Standort: Nach RECHINGER (1958) in den kalten, gemäßigten und subtropischen Zonen Europas und Asiens verbreitet, in Mitteleuropa weniger häufig als subsp. *mesomorphum.* Nach unseren Beobachtungen in Baden-Württemberg ähnlich häufig wie subsp. *mesomorphum.* An Flußläufen in Bidentetea-Gesellschaften ist subsp. *lapathifolium* die mit Abstand häufigste Unterart des Ampfer-Knöterichs, in Polygono-Chenopodietalia-Gesellschaften auf Äckern tritt subsp. *lapathifolium* gegenüber subsp. *mesomorphum* meist zurück.

b) subsp. **mesomorphum** (Dans.) Dans. 1923

P. mesomorphum Dans. 1921; *P. lapathifolium* L. var. *virescens* Gren. 1856

Morphologische Kennzeichen: Vergl. Schlüssel.
Verbreitung und Standort: Nach RECHINGER (1958) in den kalten, gemäßigten und subtropischen Zonen Europas und Asiens verbreitet, in Mitteleuropa häufigste Unterart. Nach unseren Beobach-

tungen trifft dies in Baden-Württemberg nur für Ackergebiete zu, wo subsp. *mesomorphum* vorwiegend in Polygono-Chenopodietalia-Gesellschaften gedeiht. In Flußunkraut-Gesellschaften ist die Beimengung von subsp. *mesomorphum* wesentlich geringer als von subsp. *lapathifolium*.

c) subsp. **pallidum** (With.) Fries 1839

P. pallidum With. 1796; *P. lapathifolium* L. subsp. *tomentosum* (Schrank) Dans. 1921; *P. tomentosum* Schrank 1789

Morphologische Kennzeichen: Vergl. Schlüssel.

Verbreitung und Standort: Nach RECHINGER (1958) im nördlichen, westlichen und südlichen Europa allgemein verbreitet, in Mitteleuropa seltener als subsp. *mesomorphum*. Nach unseren Beobachtungen ist subsp. *pallidum* in Baden-Württemberg deutlich seltener als die beiden anderen Unterarten und erscheint hauptsächlich auf sandigen, ± kalkarmen Äckern. In Bidentetea-Gesellschaften tritt subsp. *pallidum* nur sporadisch auf.

Bastarde: Nach Herbarbelegen (STU, KR) in Baden-Württemberg mit *P. hydropiper*.

9. **Polygonum brittingeri** Opiz 1824

P. danubiale A. Kern. 1875; *P. lapathifolium* L. subsp. *brittingeri* (Opiz) Rech. f. 1958; *P. lapathifolium* L. var. *Brittingeri* (Opiz) Beck 1906; *P. nodosum* Pers. var. *Brittingeri* (Opiz) Aschers. et Graebn. 1913
Ufer-Knöterich, Donau-Knöterich, Fluß-Knöterich, Brittingers Knöterich

Anmerkung: Der taxonomische Status von *P. brittingeri* ist bisher nur unbefriedigend geklärt und umstritten. Von RECHINGER (1958) und EHRENDORFER (1973) wird der Ufer-Knöterich nur als Unterart von *P. lapathifolium* bewertet. Wegen der speziellen Blattform, der ihm eigentümlichen Ansprüche und der eigenen geographischen Verbreitung wird *P. brittingeri* dagegen von HESS, LANDOLT & HIRZEL (1967) und von ROTHMALER (1982) als eigene Art von *P. lapathifolium* abgetrennt. Nach WEBB & CHATER (1964) behält *P. brittingeri* in Kulturversuchen seine eigentümlichen morphologischen Merkmale bei. Wegen der auffälligen morphologischen, ökologischen und chorologischen Unterschiede zu *P. lapathifolium* wird *P. brittingeri* in dieser Flora gesondert abgehandelt. Ob *P. brittingeri* durch Sterilitätsbarrieren von *P. lapathifolium* getrennt und somit als eigene Art zu betrachten ist, bedarf der experimentellen Untersuchung. Sollten dagegen *P. brittingeri* und *P. lapathifolium* frei kreuzbar sein, so könnte diesem Knöterich nur der Status einer gut definierten Unterart von *P. lapathifolium* zugewiesen werden. Die Chromosomenzahl beträgt wie bei *P. lapathifolium* 2n = 22.

Morphologie: Stengel niederliegend oder nur an der Spitze aufsteigend. Blätter breit-eiförmig oder breitelliptisch, mit Ausnahme der obersten höchstens

doppelt so lang wie breit, etwa in der Mitte am breitesten, mit meist 2–7 cm Länge erheblich kürzer als bei *P. lapathifolium*, plötzlich oder allmählich in die Spitze verschmälert. Blattunterseite (hell)grau-spinnwebig, bisweilen auch nur licht behaart. Blütenstände mit 0,8–2,5 cm Länge deutlich kürzer als bei *P. lapathifolium*. Blütenstiele und Perigonblätter drüsig-rauh. Perigonblätter nach der Blütezeit weiß bleibend oder rötlich, nicht grün werdend. Nüsse 2–3 mm lang. – Blütezeit: Juli bis Oktober.

Ökologie: In kurzlebigen, ± lockeren Unkrautbeständen auf feuchten, im Winter und Frühjahr meist überschwemmten, im Sommer trockenfallenden, sehr nährstoffreichen, schlammigen, sandigen oder kiesigen Böden an Flußufern. Sehr selten wird der Ufer-Knöterich auch auf Schuttplätzen angetroffen. Charakterart des Polygono-Chenopodietum Lohm. 1970 (= Chenopodio-Polygonetum brittingeri nom. inv.). Am Aufbau der Uferknöterich-Gesellschaft sind neben der namengebenden Art v.a. Sommerannuelle wie *Polygonum lapathifolium*, *P. mite*, *P. hydropiper*, *Rorippa palustris*, *Atriplex hastata*, *Chenopodium polyspermum*, *Myosoton aquaticum*, in warmen Tieflagen auch verschiedene *Amaranthus*-Arten und die Tomate (*Solanum lycopersicum*) beteiligt. Die Standortansprüche von *P. brittingeri* und des Polygono-Chenopodietum wurden von LOHMEYER (1950, 1970) ausführlich beschrieben. Vegetationsaufnahmen aus Baden-Württemberg liegen vor von LOHMEYER (1970: Tab. 2), PHILIPPI (1984: Tab. 10) und von TH. MÜLLER (1985: Tab. 3), aus angrenzenden Schweizer Gebieten von MOOR (1958).

Allgemeine Verbreitung: Noch weitgehend ungeklärt. *P. brittingeri* gilt als Stromtalpflanze des südlichen und westlichen Mitteleuropa. Angaben liegen aus der nördlichen Schweiz (Aare, Thur), dem Oberrhein- und Mittelrheingebiet, von der südlichen Weser, vom mittleren Neckar, vom Main und von der oberen Donau (BR Deutschland und Österreich) und ihren Nebenflüssen vor.

Verbreitung in Baden-Württemberg: Bisher unzureichend bekannt, da *P. brittingeri* zu wenig beachtet wird. Angaben liegen bisher vom Hochrhein- und dem Oberrheingebiet, von der Kinzig, vom Neckar und von den Mündungsbereichen der Murr und der

Ufer-Knöterich (*Polygonum brittingeri*), rechts (Figur 4–6); ferner: Ampfer-Knöterich (*Polygonum lapathifolium* ssp. *pallidum*), links (Figur 1–3); aus REICHENBACH, L.: Icones florae germanicae et helveticae, Band 24, Tafel 217 (1906); (bearbeitet von G.E. BECK VON MANNAGETTA).

1-3. *Polygonum tomentosum Schrank.* 4.-5. *P. Brittingeri Opiz.*

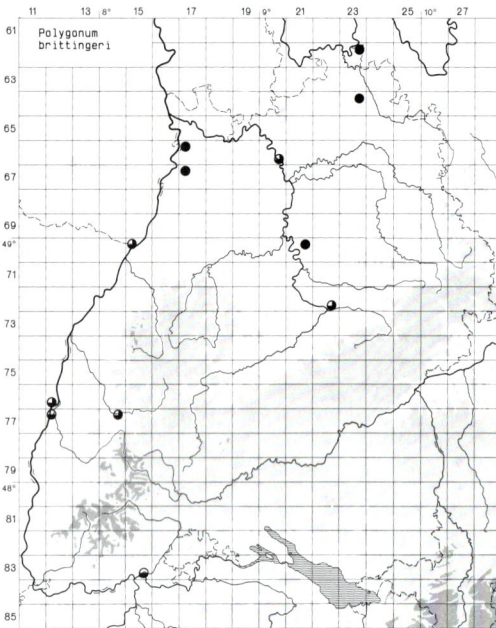

Fils sowie aus dem Tauber-Main-Gebiet vor. Offenbar ist der Ufer-Knöterich in Baden-Württemberg recht selten.

Die Höhenverbreitung der bekannt gewordenen Fundorte erstreckt sich von ca. 95 m ü. NN bei Ketsch (6617/1) bis ca. 320 m ü. NN bei der Schlüchtmündung in die Wutach (8315/4). An der Schlücht wurde der Ufer-Knöterich erstmals für Baden-Württemberg festgestellt (BECHERER & KOCH 1923: 260).

6223/2: Trennfeld, sandig-kiesige Stellen am Mainufer, PHILIPPI (1983); 6423/2: Dittwar, schlammiger Rand des Dorfbaches, PHILIPPI (1983) u. (KR); 6617/1: Ketsch, gegen Altlußheim, PHILIPPI (1984); 6620/4: Neckar unweit Neckarelz, 1949, LOHMEYER (1970); 6717/1: Waghäusel, Schlämmteiche der Zuckerfabrik, PHILIPPI (1984); 7015/1: Au a. Rhein, Schweineweide, 1969, PHILIPPI (KR); 7021/2: An der unteren Murr bei Steinheim, 1978, TH. MÜLLER (1985); 7222/4: an der Fils, dicht oberhalb der Eisenbahnbrücke bei Plochingen, 1949, LOHMEYER (1970); 7612/3: Kiesinsel im Rhein bei Kappel, 1959, HÜGIN in PHILIPPI (1969); 7712/1: Kiesbank nahe der Ausmündung des Innenrheins bei Rust, 1928, LAUTERBORN (1941); 7714/2: Kinzig, dicht unterhalb von Hausach, 1949, LOHMEYER (1970), 1987, SEBALD (STU); 8315/4: Schlüchtwiesen bei Tiengen, am sandigen Ufer der Schlücht, 1922, BECHERER & KOCH (1923); Schlüchtmündung zw. Waldshut und Tiengen, 1930, KOCH u. BECHERER in KUMMER (1941).

Bestand und Bedrohung: In Baden-Württemberg seltener Knöterich, der nach Angaben der Finder oft nur in einzelnen Exemplaren auftritt. An der unteren Murr bei Steinheim (7021/2) sind, nach

dem Aufnahmematerial von TH. MÜLLER (1985) zu schließen, größere Bestände vorhanden. Über eine eventuelle Gefährdung des Ufer-Knöterichs sind zur Zeit noch keine detaillierten Aussagen möglich. Wegen seiner Seltenheit gehört *P. brittingeri* jedoch zu den schonenswerten Arten; Flußstrecken mit *P. brittingeri*-Vorkommen sollten aus Artenschutz-Gründen nicht verbaut werden.

10. Polygonum hydropiper L. 1753
Persicaria hydropiper Opiz 1852
Pfeffer-Knöterich, Wasserpfeffer-Knöterich, Wasserpfeffer

Morphologie: Einjährige Pflanze mit pfefferartigem, scharfem Geschmack. Stengel 25–80 cm lang, aufsteigend oder aufrecht. Blätter 4–12 cm lang, 1–2 cm breit, lanzettlich bis schmal-lanzettlich, beiderseits allmählich verschmälert, größte Breite etwas unterhalb der Mitte, vorne spitz, an besonnten Stellen hellgrün, im Schatten wesentlich dunkler, kurz gestielt. Nebenblattscheiden ± kurz, am Rande mit wenigen, 1–3 mm langen, borstigen Wimpern, auf der Fläche kahl. Blütenstände 4–6 cm lange, dünne, lockere, meist überhängende Scheinähren, bei denen jede Einzelblüte frei sichtbar ist. Perigonblätter 3–5 mm lang, (hell)rosa oder grünlichweiß, dicht mit sitzenden, gelblichen Drüsen besetzt. Staubblätter 6(–8). Griffel 2(–3). Nüsse 3–4 mm lang, eiförmig-elliptisch, rauh, stumpf dreikantig oder gewölbt.

Biologie: Blütezeit Juli bis September. Stengel, Blätter, Nebenblattscheiden und das Perigon sind mit Drüsen versehen, auf deren Sekretionsfähigkeit der

Pfeffer-Knöterich *(Polygonum hydropiper)*

530

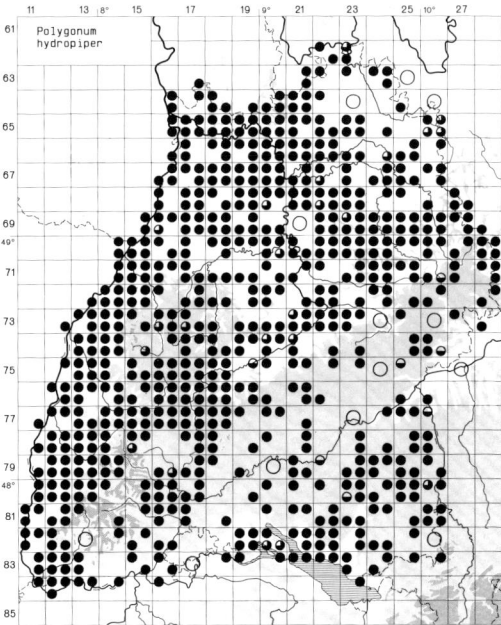

Polygonum
hydropiper

bittere Geschmack der Pflanzen beruht; dieser wird als Schutzmittel gegen Tierfraß gedeutet. *P. hydropiper* ist giftig!

Ökologie: Auf frischen bis feuchten, mäßig nährstoffreichen bis nährstoffreichen, kalkarmen, aber auch kalkreichen, sandigen bis lehmigen Böden am Rande von Waldwegen und auf Äckern (hier Staunässe- und Stickstoffzeiger). An Ufern von Teichen, Weihern und Flüssen auch auf zeitweise überschwemmten, während der Vegetationsperiode trockenfallenden Schlammböden. Der Verbreitungsschwerpunkt des Pfeffer-Knöterichs liegt in Bidentetea-Gesellschaften, u.a. im Polygono-Bidentetum und im Oberrheingebiet in Reinbeständen aus *P. hydropiper*, *P. minus* und *P. mite* (Polygonetum minori-hydropiperis bei PHILIPPI 1984). Darüber hinaus tritt *P. hydropiper* als Ackerunkraut auf (v.a. in Polygono-Chenopodietalia-Gesellschaften). Umfangreiches Aufnahmematerial zu Vorkommen in Bidentetea-Gesellschaften liegt von PHILIPPI (1984: Tab. 2, 3, 4, 6) vor, Vegetationsaufnahmen mit Vorkommen in Ackerunkraut-Gesellschaften sind bei LANG (1973: mehrere Tab.) publiziert.

Allgemeine Verbreitung: In Europa allgemein verbreitet mit Ausnahme des hohen Nordens (Nordgrenze bei 66° n.Br.). Verbreitungslücken im Mittelmeerraum. Nach Osten zwischen 50° n.Br. und 60° n.Br. durch Eurasien bis zur pazifischen Küste und von dort vom Amur-Gebiet nach Süden bis zu den indonesischen Inseln (Sumatra, Borneo) verbreitet. In Nordamerika kommt die nah verwandte Art *P. hydropiperoides* vor.

Verbreitung in Baden-Württemberg: Mit Ausnahme der Schwäbischen Alb und der Muschelkalkgebiete, wo *P. hydropiper* nur sehr zerstreut auftritt und größere Verbreitungslücken aufweist, ist die Art allgemein verbreitet. Am häufigsten ist der Pfeffer-Knöterich im Oberrheingebiet, in den Tallagen des Schwarzwaldes, im Odenwald, im württembergischen Keuper und im Alpenvorland (hier v.a. in den Altmoränengebieten).

Die Höhenverbreitung erstreckt sich von ca. 90 m ü. NN (Raum Mannheim) bis ca. 930 m ü. NN (PHILIPPI 1984: 60) bei Oberaha am Schluchsee (8114/4).

Ältester fossiler Nachweis: spätes Atlantikum vom Riedschachen, (BERTSCH 1931). Ältester literarischer Nachweis: J. BAUHIN (1598: 171 u. 1602: 184): „zwischen Zeil und dem Brunnen Rappensegen" (7323).

Bestand und Bedrohung: Abgesehen von der Schwäbischen Alb und den Muschelkalkgebieten gehört der Pfeffer-Knöterich in allen Naturräumen Baden-Württembergs zu den häufigen Arten. *P. hydropiper* wird u.a. durch die Anlage und Instandhaltung von Waldwegen gefördert. Regional kann er auf Äckern als Massenunkraut auftreten, wie z.B. im Bereich der Schwarzwald-Alluvionen des Oberrheingebiets.

11. Polygonum mite Schrank 1789
Persicaria laxiflora (Weihe) Opiz 1852
Milder Knöterich, Schlaffer Knöterich

Morphologie: Einjährige Pflanze ohne scharfen, pfefferartigen Geschmack. Stengel 30–60(–80) cm lang, aufsteigend oder aufrecht, einfach oder reich verzweigt. Blätter 4–12 cm lang, 1–2 cm breit, etwa 4–6mal so lang wie breit, lanzettlich bis schmallanzettlich, beiderseits gleichmäßig verschmälert, ± in der Mitte am breitesten, vorne spitz, kurz gestielt oder ± sitzend. Nebenblattscheiden lang, deutlich fiedernervig, mit 4–7 mm langen, borstigen Wimpern, auf der Fläche behaart. Blütenstände 3–6 cm lange, dünne, lockerblütige, etwas überhängende oder nickende (vgl. *P. minus*) Scheinähren. Perigonblätter (4–)5, zur Fruchtzeit 3–4,5 mm lang, meist rosa oder tiefrosa, selten grünlichweiß, nur sehr zerstreut mit gelblichen, sitzenden Drüsen besetzt. Staubblätter meist 6. Nüsse 2,0–3,5 mm lang, dreiseitig (selten abgeflacht), schwarz, glänzend, an der Spitze etwas matt. – Blütezeit: Juli bis Oktober.

Ökologie: In seinen Standortsansprüchen ähnelt *P. mite* dem Pfeffer-Knöterich. Im Vergleich zu

531

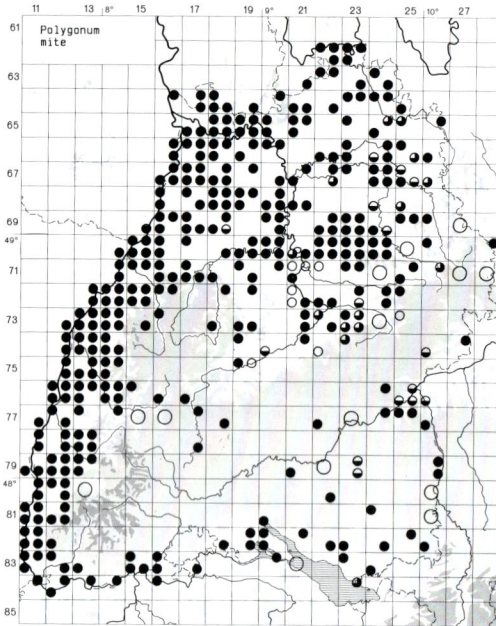

Polygonum
mite

Berge, das untere Neckarbecken und der mittlere Neckarraum zwischen Stuttgart und Nürtingen (7321/4). In den höheren Lagen des Schwarzwaldes (über 650 m ü. NN) und im Ostschwarzwald fehlt der Milde Knöterich, auf der Schwäbischen Alb ist er sehr selten (einige Angaben liegen von der Ostalb und der Ulmer Alb vor). Zu den floristischen Besonderheiten zählt *P. mite* auch in den Oberen Gäuen. Im Alpenvorland ist der Milde Knöterich nur im Bodenseegebiet und entlang der Argen keine Seltenheit. Das Donautal besiedelt der Milde Knöterich bis in die Gegend von Ehingen (7724/2).

Die Höhenverbreitung reicht von ca. 90 m ü. NN bei Mannheim bis 635 m ü. NN am Mooskopf (7514/2) bei Offenburg im mittleren Schwarzwald (PHILIPPI 1984: 60). Aus dem Alpenvorland wird die Art aus einer Höhe von ca. 680 m ü. NN im Argental bei Neutrauchburg (8226/3) angegeben.

Ältester fossiler Nachweis: Spätes Atlantikum, Riedschachen (BERTSCH 1931); spätes Atlantikum von Hornstaad (RÖSCH unpubl.). Ältester literarischer Nachweis: SPENNER (1825: 308): als „*Polygonum braunii*" in der Umgebung von Freiburg.

Bestand und Bedrohung: Nur in den hoch gelegenen Landesteilen (über 500 m ü. NN) gehört der Milde

P. hydropiper kann sich der Milde Knöterich auf etwas nässeren Stellen behaupten, ist stärker auf basenreiche Böden beschränkt und dringt nicht wie dieser in die montane Stufe vor. *P. mite* ist fester an Bidentetea-Gesellschaften (v.a. im Polygono-Bidentetum und im Oberrheingebiet in kalkreichen Ausbildungen des Polygonetum minori-hydropiperis) gebunden als *P. hydropiper* und erscheint seltener in Ackerunkraut-Gesellschaften. Eine eingehende Darstellung der standörtlichen Ansprüche und umfangreiches Aufnahmematerial zu *P. mite* liegen von PHILIPPI (1984: Tab. 2, 3, 4, 6, 9) vor.

Allgemeine Verbreitung: Westliches Eurasien. Hauptareal in Südengland, Frankreich, Norditalien, in ganz Mitteleuropa und auf der nördlichen Balkanhalbinsel, Südgrenze in den Pyrenäen, in Mittelitalien und Nordgriechenland, weiter südlich nur isolierte Einzelvorkommen; Nordgrenze in England, Schleswig-Holstein und Litauen. Von der atlantischen Küste ostwärts bis zum Dnjepr verbreitet, weiter östlich nur einzelne Fundorte. Teilareale in Südwestasien.

Verbreitung in Baden-Württemberg: Nur in den tieferen Lagen des Landes verbreitete und häufig oder ± zerstreut auftretende Knöterich-Art. Hauptverbreitungsgebiete sind das Oberrheingebiet, das Hochrheingebiet, die Tallagen des westlichen Schwarzwaldes, der Kraichgau, der Odenwald, das Tauber-Main-Gebiet, die Hohenloher und Haller Ebene, der Welzheimer Wald und die Löwensteiner

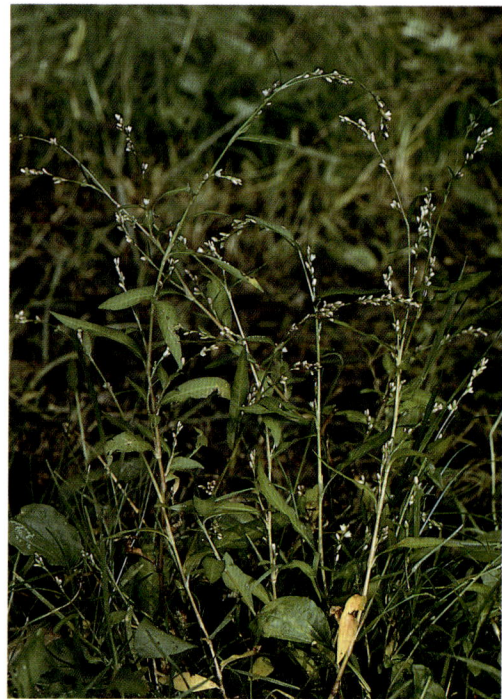

Milder Knöterich *(Polygonum mite)*
Mooswald bei Tiengen

Knöterich zu den floristischen Besonderheiten; Biotope mit *P. mite*-Vorkommen sind hier schützenswert! Auf ganz Baden-Württemberg bezogen muß *P. mite* nicht zu den gefährdeten oder schonungsbedürftigen Arten gerechnet werden. Im Oberrheingebiet und im Westschwarzwald wird *P. mite* durch Anlage von Waldwegen eindeutig gefördert. Es entstehen zusätzliche Innenwaldsäume, auf denen sich die Art ausbreitet; zudem erfolgt häufig eine begünstigende Eutrophierung der Forststraßenränder durch Einbringen von kalkhaltigen Gesteinen (vgl. PHILIPPI 1984).

Verwechslungsmöglichkeiten: *P. minus* f. *latifolium* ist *P. mite* sehr ähnlich! Anhand der Blätter ist eine sichere Unterscheidung nach SCHOLZ (1969) nicht möglich. Zuverlässig kann *P. mite* an den stark lockerblütigen, etwas überhängenden Scheinähren, an den zur Fruchtzeit 3–4 mm langen Perigonblättern, den meist 6 Staubblättern und den 2–3,5 mm langen, meist dreiseitigen Nüssen erkannt werden! Bei *P. minus* f. *latifolium* sind die Scheinähren meist aufrecht und nicht überhängend, die Perigonblätter nur 2–2,5 mm lang und die Nüsse meist linsenförmig abgeflacht.

12. Polygonum minus Huds. 1762
Persicaria minor (Huds.) Opiz 1852
Kleiner Knöterich

Morphologie: Einjährige Pflanze ohne pfefferartigen, scharfen Geschmack. Stengel 15–50(–60) cm lang, niederliegend oder aufsteigend-aufrecht, einfach oder wenig verzweigt, zarter als bei *P. hydropiper*. Blätter 3–9 cm lang, 3–8(–15) mm breit, 4–12mal so lang wie breit, lineal-lanzettlich bis fast linealisch, in der Blattmitte und in der unteren Blatthälfte ± parallelrandig, am Grunde abgerundet und zur Spitze allmählich verschmälert oder wie bei *P. mite* lanzettlich und beiderseits gleichmäßig allmählich verschmälert, kurz gestielt oder fast sitzend. Nebenblattscheiden röhrig, mit zahlreichen, bis 8 mm langen, borstigen Wimpern, auf der Fläche behaart. Blütenstände 1,5–4(–5) cm lange, zarte, lockere, meist aufrechte (vgl. *P. mite!*) Scheinähren, bei denen jede Einzelblüte frei sichtbar ist. Perigonblätter 5, zur Fruchtzeit 2–2,5 mm lang, rosa oder tiefrosa, selten grünlichweiß, niemals mit Drüsen besetzt. Staubblätter meist 5. Nüsse 1,5–2 mm lang, linsenförmig abgeflacht (selten dreikantig), schwarz, stark glänzend. – Blütezeit: Juli bis Oktober.

Ökologie: In seinen Standortsansprüchen ähnelt *P. minus* dem Pfeffer-Knöterich. Im Vergleich zu dem konkurrenzkräftigerem *P. hydropiper* gedeiht der Kleine Knöterich auf nässeren oder trockeneren Böden und verträgt mehr Schatten. Ähnlich wie *P. mite* ist auch *P. minus* fester an Bidentetea-Gesellschaften gebunden als *P. hydropiper* und kommt überwiegend in lückigen oder beschatteten *Polygonum*-Fluren (nach PHILIPPI 1984b Charakterart des Polygonetum minori-hydropiperis) vor. Besser als seine Geschwisterarten verträgt *P. minus* kurzzeitige Überschwemmungen und wächst daher nicht selten im flachen Wasser oder an Pfützenrändern. In hochwüchsigen und ± geschlossenen Pflanzenbeständen (z. B. des Polygono-Bidentetum) vermag sich der Kleine Knöterich im Unterschied zu *P. hydropiper* und *P. mite* dagegen kaum durchzusetzen. Auf Äckern ist *P. minus* erheblich seltener als *P. hydropiper* anzutreffen. Eine eingehende Darstellung der standörtlichen Ansprüche und umfangreiches Aufnahmematerial zu *P. minus* im Oberrheingebiet liegen von PHILIPPI (1984: Tab. 3, 4, 6) vor.

Allgemeine Verbreitung: Eurasien. In Europa mit Ausnahme des südlichen Mittelmeerraumes und des hohen Nordens allgemein verbreitet. Europäische Südgrenze in den Pyrenäen, in Mittelitalien und auf der nördlichen Balkanhalbinsel, europ. Nordgrenze in Südschottland, Mittelschweden, Südfinnland und Nordrußland (bei 64° n.Br. am Weißen Meer). Vom Atlantik ostwärts bis nach Westsibirien verbreitet. In Mittel- und Ostsibirien nur in isolierten Einzelvorkommen. Als Neophyt heute in Australien, Nord- und Südamerika.

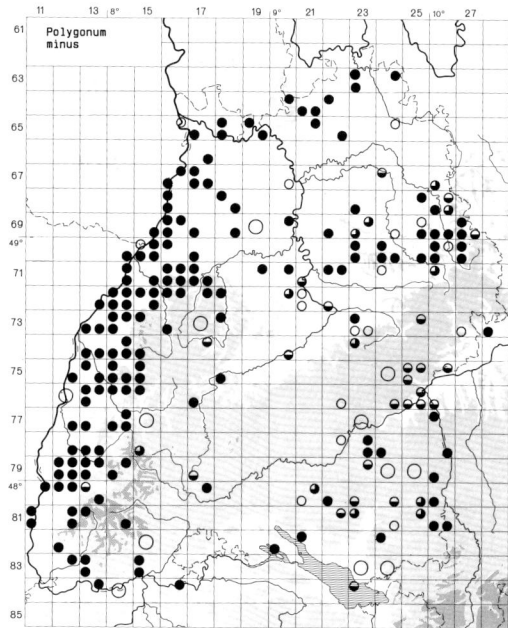

Polygonum minus

Polygonum minus Huds.

Verbreitung in Baden-Württemberg: Im Oberrheingebiet und in den Tallagen des westlichen Schwarzwaldes allgemein verbreitet. Weitere Verbreitungsschwerpunkte besitzt *P. minus* im Odenwald, im Schwäbisch-Fränkischen Wald, im Ellwanger Weihergebiet und im Alpenvorland (hier v.a. in der Altmoräne und in den Donau-Iller-Schotterplatten). Eine Seltenheit stellt *P. minus* auf der Schwäbischen Alb und in den Gäulandschaften des Neckarraumes, Hohenlohes und des Tauber-Main-Gebiets dar. Sehr zerstreut kommt die Art im südlichen Albvorland (Lias) und im Donauraum bei Ulm vor.

Die Höhenverbreitung erstreckt sich von ca. 90 m ü. NN (im Raum Mannheim) bis zu 930 m ü. NN (PHILIPPI 1984: 60) am Schluchsee bei Aha (8114/4).

Ältester fossiler Nachweis: Spätes Atlantikum von Hornstaad, (RÖSCH, unpubl.!)

Bestand und Bedrohung: Im Oberrheingebiet und im westlichen Schwarzwald gehört der Kleine Knöterich durch Anlage von Forststraßen und Waldwegen zu den vom Menschen geförderten Arten, da er sich in feuchten, schattigen und halbschattigen Innenwaldsäumen gut auszubreiten vermag. Auf der Schwäbischen Alb, im südlichen Albvorland, im Bereich der Oberen Gäue und der Neckar-Tauber-Gäuplatten sind die wenigen Biotope mit *P. minus*-Vorkommen erhaltenswert. Auf ganz Baden-Württemberg bezogen zählt der Kleine Knöterich nicht zu den gefährdeten oder schonenswerten Arten.

Variabilität: Außer in der schmalblättrigen Nominatform kommt *P. minus* in einer breitblättrigen, von A. BRAUN im Jahre 1824 als *Polygonum minus* f. *latifolium* beschriebenen Varietät vor, die leicht mit *P. mite* verwechselt werden kann (s. *P. mite*).

Polygonum-Bastarde

Nach RECHINGER (1958) kommen Hybridbildungen bei einigen Knöterich-Arten vor. Die Bastarde *Polygonum hydropiper × mite*, *P. minus × persicaria* und *P. mite × persicaria* werden als „nicht selten" bezeichnet. In Baden-Württemberg wurden bisher *Polygonum*-Bastarde kaum gesammelt (STU, KR). *P. mite × persicaria*: 7912/2: Buchheim, THELLUNG (1903).

P. hydropiper × lapathifolium; *P. × Figertii* (1906): 6916/1: Kleiner Bodensee, Westufer, 1921, leg. KNEUKKER, det. SCHEUERMANN (KR).

Kleiner Knöterich *(Polygonum minus)*; aus
REICHENBACH, L.: Icones florae germanicae et helveticae, Band 24, Tafel 213, Figur 1–6 (1906); (bearbeitet von G.E. BECK VON MANNAGETTA).

2. **Fagopyrum** Mill 1754
Buchweizen

Aufrechte, einjährige Kräuter mit hohlen Stengeln. Blätter dreieckig-pfeilförmig, am Grunde herzförmig, etwa so lang wie breit. Nebenblattscheide kurz, abgestutzt, ganzrandig. Blüten zwittrig, in blattachselständigen und endständigen, traubenartigen Rispen. Perigon trichterförmig, zur Fruchtzeit nicht vergrößert. Perigonblätter 5, weiß, hellrot oder grünlich. Äußere Perigonblätter während der Fruchtzeit weder gekielt noch geflügelt. Staubblätter 8. Fruchtknoten mit 3 Griffeln. Narben kopfig. Frucht eine dreikantige Nuß, 2–3mal so lang wie das Perigon. – Insektenbestäubung.

Die Gattung *Fagopyrum* umfaßt wenige Arten, die ursprünglich in Zentral- und Ostasien beheimatet sind. Vermutlich im Spätmittelalter zur Zeit der Mongolenzüge wurden *F. esculentum* und *F. tataricum* in Mitteleuropa eingeführt, bzw. eingeschleppt.

1 Stengel zur Reifezeit rot überlaufen. Blätter so lang oder länger als breit. Perigonblätter 3–4 mm lang, cremeweiß oder bleichrosa, allenfalls am Grunde grünlich. Nüsse mit scharfen, ganzrandigen Kanten (ohne Zähne) . . . . .1. *F. esculentum*
– Stengel zur Reifezeit grün bleibend. Blätter gewöhnlich breiter als lang. Perigonblätter ca. 2 mm lang, vollständig grün. Nüsse mit ± stumpfen, ausgeschweift-gezähnten Kanten . .2. *F. tataricum*

1. **Fagopyrum esculentum** Moench 1794
F. vulgare Hill 1756; *F. sagittatum* Gilib. 1792; *Polygonum tataricum* L. 1753; *Polygonum esculentum* (Moench) Peterm. 1841
Echter Buchweizen, Heidenkorn

Morphologie: Einjährige, 15–75 cm hohe Pflanze. Stengel aufrecht, wenig-ästig. Blätter bis 8 cm lang, im Umriß dreieckig-eiförmig, zugespitzt, am Grunde herzförmig, die unteren gestielt, die oberen stengelumfassend. Blütenstände blattachsel- und endständige, kurze, dichte Rispen auf langen Stielen. Perigonblätter 3–4 mm lang, cremeweiß oder bleichrosa, am Grunde bisweilen grünlich. Nüsse 5–6 mm lang, dunkelbraun, matt, mit scharfen, ganzrandigen Kanten (ohne Zähne!).

Biologie: Blütezeit Juli bis Oktober. Hohe Nektarproduktion der am Grunde der Staubblätter befindlichen, goldgelben Drüsen, daher als Bienenfutterpflanze geeignet. Der Buchweizen ist den kurzen, warmen Sommern Innerasiens angepaßt. Zu seiner Entwicklung braucht er nur 10–12 Wochen; keine andere Feldfrucht kommt mit einer so kurzen Vegetationszeit aus. In tieferen Lagen wird er daher erst

Echter Buchweizen *(Fagopyrum esculentum)*

im Juli ausgesät und im Oktober geerntet, in höheren Lagen kann er nur als Sommerfrucht kultiviert werden (vgl. Ökologie!).

Ökologie: Auf mäßig trockenen bis frischen, nährstoffarmen bis mäßig nährstoffreichen, basenarmen, mäßig sauren, lockeren Sandböden. Infolge der selten gewordenen Nutzung als Ackerkulturpflanze ist *F. esculentum* kaum noch in der Feldflur anzutreffen. Häufiger stößt man heute auf den Echten Buchweizen an Waldlichtungen und Waldrändern, wo er als Wild- und Bienenfutterpflanze angesät wird und sich nach Verwilderung einige Jahre halten kann. *F. esculentum* ist sehr frostempfindlich und wird bereits bei Temperaturen von + 2 °C geschädigt (K. u. F. BERTSCH 1947). In den höheren Lagen des Schwarzwaldes mit gelegentlichen Sommerfrösten in der Zeit von Ende Juli bis Mitte September kann *F. esculentum* daher nicht mit Erfolg kultiviert werden. Die Art ist in Baden-Württemberg schon mehrmals adventiv in Hafen- und Bahnanlagen auf Schutt- und Auffüllplätzen festgestellt worden.

Allgemeine Verbreitung: Ursprünglich zentral- und ostasiatische Pflanze aus dem Steppen- und Waldsteppengebiet zwischen dem Baikalsee und der Mandschurei. Während der Mongolenzüge gelangte *F. esculentum* im Spätmittelalter nach Europa. Bei Nürnberg wurde der Echte Buchweizen erstmals 1396 angepflanzt (K. u. F. BERTSCH 1947).

Verbreitung in Baden-Württemberg: Als Getreidepflanze kam dem Echten Buchweizen nur in den Buntsandstein- und Keuperzonen des Landes eine größere Bedeutung zu (K. u. F. BERTSCH 1947). In Baden wurde *F. esculentum* vor allem im östlichen Odenwald und im Bauland in der Gegend von Buchen (6421/4) angebaut, in Württemberg im Schwäbisch-Fränkischen Wald. Da der Buchweizen bisweilen als Wild- und Bienenfutterpflanze ausgesät wird, kann er auch heute noch sehr zerstreut im Gelände angetroffen werden. Nach 1970 ist er vor allem im Bereich der Hardtplatten des nördlichen Oberrheingebiets, in der Umgegend von Freiburg (z. B. auf einer Waldlichtung oberhalb von Kollnau (7813/4)), in den Löwensteiner Bergen südöstlich von Heilbronn und im Murrhardter Wald beobachtet worden. Die Verbreitungskarte läßt nur einen unvollkommenen Überblick über die Fundorte verwilderten Buchweizens zu. In den älteren Florenwerken fehlen zumeist genaue Fundorts-Angaben.

Bestand und Bedrohung: Ehemalige Kulturpflanze, die heute nur noch sehr zerstreut im Gelände auftritt. Die heutigen Wild-Vorkommen von *F. esculentum* in Baden-Württemberg beruhen aller Wahrscheinlichkeit nach allesamt auf Aussaaten, die erst in jüngerer Zeit erfolgt sind. Der Buchweizen war früher in Gegenden mit sandigen und armen Böden als Getreidepflanze bedeutsam. Wegen der hohen Nektarproduktion seiner Blüten wird der Buchweizen heute noch als Bienenfutterpflanze angebaut. Gelegentlich wird *F. esculentum* auch in Wildfutteräckern als Grünfutter angesät oder zur Gründüngung angepflanzt.

2. Fagopyrum tataricum (L.) Gaertn. 1791

F. dentatum Moench 1794; *Polygonum tataricum*
L. 1753; *Phegopyrum tataricum* (L.) Peterm. 1841
Tatarischer Buchweizen, Falscher Buchweizen,
Sibirischer Buchweizen

Morphologie: Einjährige, bis 80 cm hohe Pflanze. Stengel aufrecht, wenig-ästig. Blätter gewöhnlich breiter als lang, (hell)grün, sonst wie bei *F. esculentum.* Blütenstände länger und weniger dicht als bei *F. esculentum.* Perigonblätter etwa 2 mm lang, vom Grunde bis zur Spitze grün. Nüsse 5–6 mm lang, graubraun, matt, mit unterwärts stumpfen, ausgeschweift-gezähnten Kanten. – Blütezeit Juli bis September.

Tatarischer Buchweizen *(Fagopyrum tataricum)*

Ökologie: *F. tataricum* ist als Ackerunkraut auf die Buchweizenkulturen beschränkt. Die Standortsansprüche des Tatarischen Buchweizens ähneln weitgehend denen von *F. esculentum*. Gegen Fröste während der Vegetationsperiode ist *F. tataricum* weniger empfindlich als der Echte Buchweizen und gedeiht daher besser in sommerkalten Gegenden. Der Tatarische Buchweizen wurde in diesem Jahrhundert in Baden-Württemberg mehrmals adventiv an Schutt-, Müll- und Auffüllplätzen in Großstädten und in Hafenanlagen nachgewiesen.

Allgemeine Verbreitung: Ursprünglich Pflanze Zentralasiens und Sibiriens. Als Unkraut der Buchweizenfelder kam der Tatarische Buchweizen wahrscheinlich mit *F. esculentum* nach Europa.

Verbreitung in Baden-Württemberg: Die Verbreitung von *F. tataricum* dürfte sich weitgehend mit den Gebieten des Buchweizenanbaus (nach DÖLL 1843 z.B. „im Odenwalde" und „in der Baar im badischen Oberlande") gedeckt haben. Anscheinend war der Tatarische Buchweizen im 19. Jahrhundert regional nicht selten. Aus den Floren des letzten Jahrhunderts liegen nur wenige Ortsangaben vor, so daß die Verbreitungskarte von *F. tataricum* im Hinblick auf frühere Vorkommen wenig

aussagekräftig ist. In den 20er bis 40er Jahren wurde der Tatarische Buchweizen in Großstädten einige Male als Adventivpflanze festgestellt. Die Art dürfte zu Beginn des Buchweizen-Anbaus in Baden-Württemberg eingeschleppt worden sein, zählt also zu den Archäophyten.

Ältester literarischer Nachweis: DÖLL (1843: 298): Wertheim und Mannheim-Relaishaus.

6223/1: bei Wertheim, DÖLL (1843); 6416/4: Mannheim-Rheinhafen, 1931, JAUCH (KR); 6421/4: Odenwald, Raum Buchen, in Feldern von *F. esculentum*, BRENZINGER (1904); 6517/3: Mannheim-Relaishaus, DÖLL (1843); 6916/3: Karlsruhe-Weststadt, bei der Firma Junker & Ruh, 1928, JAUCH (KR); 6916/4: Städtischer Müllplatz zw. Karlsruhe-Rintheim und Karlsruhe-Durlach, 1943, JAUCH (KR); 7221/1: Stuttgart, auf Trümmerschutt, KREH (1951); 7525/4: Ulm-Söflingen, 1940, K. MÜLLER (1955–1957); 8221/2: Salem, JACK (1900); 8320/2: Konstanz, an der Hochstraße, JACK (1900).

Bestand und Bedrohung: *F. tataricum* wurde seit den 50er Jahren in Baden-Württemberg nicht mehr festgestellt und muß daher zu der Gruppe der ausgestorbenen und verschollenen Arten gerechnet werden! Die Ursache für das Aussterben des Tatarischen Buchweizens ist im starken Rückgang des Buchweizen-Anbaus begründet. Außerdem ist das heutige Saatgut von *F. esculentum* von den Samen des Tatarischen Buchweizens gereinigt, so daß bei Ansaaten nur noch der Echte Buchweizen aufkommt. *F. tataricum* kam als Ackerunkraut nahezu ausschließlich in Buchweizenfeldern vor.

3. **Reynoutria** Houtt. 1777
Staudenknöterich

Strauchartig-derbe, meterhohe Stauden. Zweihäusig. Stengel aufrecht, kräftig und derb, unverholzt (Staude!), einjährig. Pflanze mit ausgedehnten, unterirdischen Rhizomsprossen. Blätter breit-eiförmig bis länglich-eiförmig, am Grunde gestutzt oder schwach herzförmig. Blüten in relativ kleinen, blattachselständigen Rispen, funktionell eingeschlechtig. Die weiblichen Blüten weisen deutlich sichtbare, rudimentäre Staubblätter, die männlichen Blüten nicht-funktionstüchtige Fruchtknoten und Narben auf. Perigonblätter 5, sich zur Fruchtzeit vergrößernd. Äußere Perigonblätter zur Fruchtzeit gekielt, selten geflügelt. Staubblätter 8. Narben 3, gefranst, auf drei langen Griffelästen. Frucht eine dreikantige, nicht aus dem Perigon herausragende Nuß. – Vorwiegend Insektenbestäubung.

Ostasiatische Gattung, die heute mit 2 Arten als Neophyten in Mitteleuropa verbreitet ist.

1 Meist 1–2 m hohe, strauchartige Staude. Blätter 5–13 cm lang, 5–10 cm breit, am Grunde abgestutzt, abgerundet oder stumpf keilförmig, nie herzförmig, vorne plötzlich zugespitzt. Blütenstandshauptachse ± kahl. Blüten in Knäueln zu 2–4. Perigonblätter grünlichweiß . 1. *R. japonica*

– Meist 2–4 m hohe, strauchartige Staude. Blätter 15–30 cm lang, am Grunde (seicht) herzförmig oder abgestutzt, vorne spitz oder allmählich zugespitzt. Blütenstandshauptachse dicht behaart. Blüten in Knäueln zu 4–7. Perigonblätter grünlichgelb . . . . .2. *R. sachalinensis*

1. Reynoutria japonica Houtt. 1777

Polygonum cuspidatum Siebold & Zucc. 1844; *Pleuropterus cuspidatus* (Sieb. et Zucc.) H. Gross 1913; *Tiniaria japonica* (Houtt.) Hedberg 1946 Japanischer Staudenknöterich, Spitzblättriger Knöterich

Morphologie: Vergl. Schlüssel; Stengel zu mehreren, oberwärts verzweigend, einen dichten Busch bildend, gelblichgrün, oft rot überlaufen. Blätter breit dreieckig-eiförmig, gestielt, derb-lederartig. Blütenstände blattachselständige, 3–10 cm lange, scheinährenartige Rispen. Nüsse bis 4 mm lang, dunkelbraun, glänzend. – Blütezeit: Juli bis September.

Ökologie: Auf frischen bis mäßig nassen, an den Ufern von Fließgewässern zeitweise auch überschwemmten, nährstoffreichen, meist ± kalkarmen, kiesigen bis tonigen Böden. Am konkurrenzkräftigsten ist der Japanische Staudenknöterich an

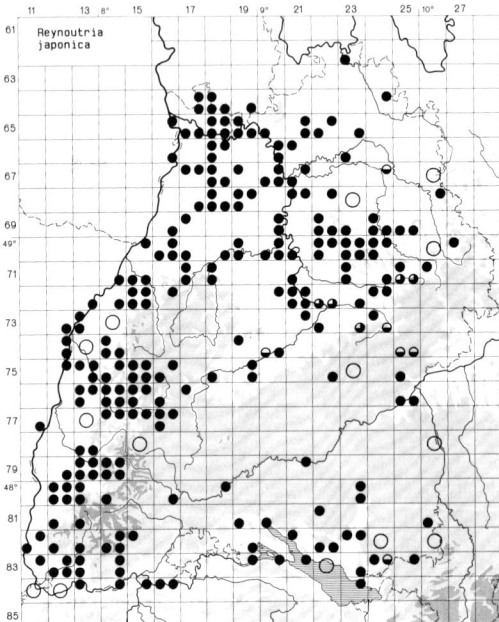

Fluß- und Bachufern, wo er in dichten, unduldsamen Herden (*Reynoutria japonica*- bzw. *Polygonum cuspidatum*-Gesellschaft) auftreten kann. Die Entfernung von Erlen-Weiden-Gebüschen oder von Erlen-Eschen-Galerien fördert die Ausbreitung dieses Staudenknöterichs. *R. japonica* kommt auch in halbschattigen, nitrophytischen Giersch-Saumgesellschaften (Aegopodion podagrariae) vor; bisweilen erscheint diese Art auch auf Schuttplätzen, Bahndämmen, Abraumhalden u.dgl. in Klettenfluren (Arction lappae-Gesellschaften) und in Möhren-Steinklee-Gesellschaften (Dauco-Melilotion-Gesellschaften). Vegetationsaufnahmen von *R. japonica*-Beständen liegen von GÖRS (1974: Tab. 11) und von SCHWABE (1987: Tab. 9) vor.

Allgemeine Verbreitung: Ostasiatische (Japan!), im Jahre 1825 in Europa eingeführte Art (RECHINGER 1958). Heute als Neophyt auf den Britischen Inseln, in Frankreich, in ganz Mitteleuropa und in Teilen Südosteuropas fest eingebürgert. Einzelvorkommen in Skandinavien (bis 63° n.Br.) und in Osteuropa. Wohl noch in Ausbreitung begriffen.

Verbreitung in Baden-Württemberg: Der Japanische Staudenknöterich ist vor allem in Ballungsräumen und entlang von Fluß- und Bachläufen in ± kalkarmen Gegenden verbreitet, z.B. im Schwarzwald, im Odenwald und im Schwäbisch-Fränkischen Wald. Nur recht spärlich ist *R. japonica* im Tauber-Main-Gebiet, in Hohenlohe, auf der Schwäbischen Alb und im Alpenvorland (nur im Bodenseeraum recht verbreitet!) anzutreffen.

Tiefstgelegene Vorkommen bei ca. 90 m (Mannheim), höchstgelegene im Schwarzwald bei ca. 1000 m bei Untermulten (8113/3).

Die Ausbreitung des Japanischen Staudenknöterichs an Flußläufen des Schwarzwaldes wird bereits in den 20er Jahren beschrieben. GOLDER (1922) schreibt von „mehreren Stöcken" an der Wiese, W. ZIMMERMANN (1926) von einer „starken Siedlung beim Löcherberg" an der Rench im Jahre 1923. In eine Landesflora findet *R. japonica* zum erstenmal bei K. u. F. BERTSCH (1933) Eingang. Ältester literarischer Nachweis: ZIMMERMANN (1906:109): „am Neckar bei Ilvesheim 1901–1905".

Bestand und Bedrohung: Entlang einiger Fluß- (z.B. am Mittellauf der Rench) und Bachläufe hat der Japanische Staudenknöterich auf Längen von mehreren Kilometern die einheimische Vegetation weitgehend verdrängt. Sein Auftreten ist oftmals mit einer starken Verarmung der Flora an den betroffenen Fließgewässern verbunden. *R. japonica* gehört zu den Neophyten, deren Einbürgerung sich negativ auf die heimische Pflanzenwelt ausgewirkt hat.

Japanischer Staudenknöterich *(Reynoutria japonica)*

2. Reynoutria sachalinensis (Frdr. Schmidt Petrop.) Nakai 1922

Polygonum sachalinense Frdr. Schmidt 1859; *Pleuropterus sachalinensis* (Frdr. Schmidt) H. Gross 1913; *Tiniaria sachalinensis* (Frdr. Schmidt) Janchen 1950
Sachalin-Staudenknöterich, Sachalin-Knöterich

Morphologie: Vergl. Schlüssel. Stengel zu mehreren, kräftiger als bei *R. japonica*, kantig gestreift. Blätter länglich-eiförmig, gestielt, derb-lederartig. Blütenstände blattachselständig, in scheinährenartigen Rispen, die dichter sind als bei *R. japonica*. Nüsse 4–5 mm lang, dunkelbraun, kantig-geflügelt. – Blütezeit: Juli bis September.
Ökologie: Die Standortsansprüche und die Vergesellschaftung ähneln denen von *R. japonica*. *R. sachalinensis* tritt ebenfalls an Bach- und Flußufern oder an frisch-feuchten Waldsäumen oder Gebüschen auf, bevorzugt aber kalkreichere Böden. Bisweilen erscheint die Art auf Ruderalstellen. Sie neigt in unseren Breiten weniger zur Herdenbildung als *R. japonica*, tritt meistens nur in einzelnen Büschen auf, selten in ausgedehnten, geschlossenen Beständen. Vegetationsaufnahmen aus Baden-Württemberg bei SCHWABE (1987: Tab. 9).
Allgemeine Verbreitung: Von der Insel Sachalin stammende, im Jahre 1869 in Europa eingeführte Art (RECHINGER 1958). Heute als Neophyt auf den Britischen Inseln, im nördlichen Frankreich und in Mitteleuropa fest eingebürgert. Einzelvorkommen in Skandinavien (Nordgrenze in Finnland bei 61° n. Br.) und in Südosteuropa.
Verbreitung in Baden-Württemberg: Nur unzureichend bekannt, da auf die Art offensichtlich zu wenig geachtet wird und möglicherweise nicht immer die Unterscheidung zu *R. japonica* vorgenommen wird. Verbreitungsschwerpunkte liegen in der Markgräfler Rheinebene, in der westlichen Freiburger Bucht, in der Neckar-Rhein-Ebene und im Kraichgau. In anderen Landesteilen tritt *R. sachalinensis* anscheinend nur sehr zerstreut auf, ist jedoch wohl kaum so selten, wie es die Verbreitungskarte zum Ausdruck bringt.

Die Höhenverbreitung reicht von ca. 90 m ü. NN (Raum Mannheim) bis etwa 710 m ü. NN südöstlich von Isny (8326/1) nach einer Angabe von BAUR (STU-K) aus dem Jahre 1955.

Ältester literarischer Nachweis: KRAUSE (1921: 131): „Bei Triberg an vielen Stellen". Die Beobachtung erfolgte 1917 oder 1918. Auf die Verwilderung des Sachalin-Staudenknöterichs wird in einer Landesflora zum ersten Male bei K. u. F. BERTSCH (1948) hingewiesen.

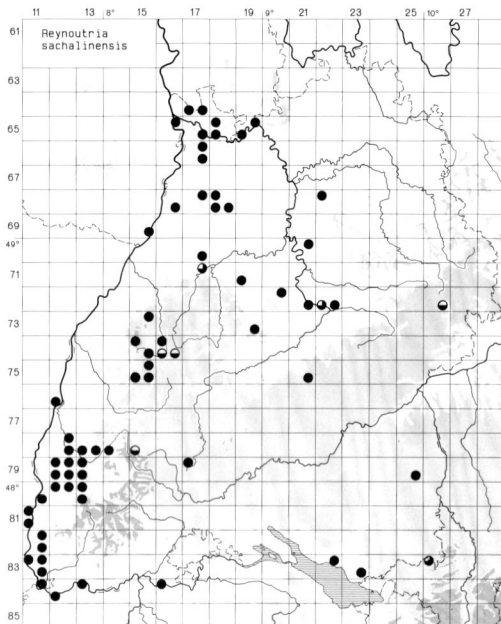

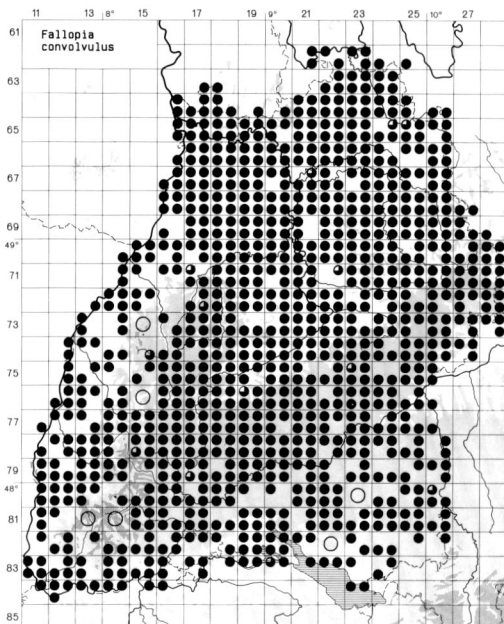

Bestand und Bedrohung: Der Sachalin-Staudenknöterich ist insgesamt deutlich seltener als *R. japonica*. Nur auf den Rhein-Alluvionen der Markgräfler Rheinebene und der westlichen Freiburger Bucht ist er häufiger anzutreffen als der Japanische Staudenknöterich. Gegenüber der heimischen Vegetation entfaltet *R. sachalinensis* offenbar nicht die Verdrängungskraft wie seine Geschwister-Art.

4. **Fallopia** Adanson 1763

Bilderdykia Dumort. 1827
Windenknöterich

Pflanzen einjährig oder ausdauernd, strauchige Lianen oder Kräuter. Stengel niederliegend oder kletternd, windend. Blätter dreieckig oder herz-pfeilförmig, gestielt. Nebenblattscheide abgestutzt. Blüten zwittrig, in lockeren, traubigen Blütenständen. Perigonblätter 5. Die äußeren Perigonblätter sind zur Fruchtzeit geflügelt oder gekielt und größer als die inneren Perigonblätter. Staubblätter 8. Narbe kopfförmig, fast sitzend. Frucht eine dreikantige, nicht aus dem Perigon herausragende Nuß.

Hauptsächlich Fremdbestäubung, Selbstbestäubung kommt vor. Verbreitung der Nüsse durch Insekten (z. B. Ameisen).

Gattung der Holarktis. In Europa kommen wildwachsend oder verwildert 4 Arten vor. (WEBB 1964). In Baden-Württemberg sind *F. concolvulus*

und *F. dumetorum* beheimatet, als Kulturflüchtling ist gelegentlich *F. aubertii* anzutreffen.

1   Ausdauernde, strauchige Liane mit hölzernem Stamm. Blütenstände stark verästelte Rispen. Perigonblätter zur Blütezeit rein weiß, zu Beginn der Fruchtzeit sich rosa verfärbend. In Baden-Württemberg Zierpflanze, die gelegentlich verwildert .
                               [F. aubertii]

–   Einjährige, krautige Windepflanzen .   2

2   Stengel körnig-rauh, kantig. Äußere Perigonblätter stumpf gekielt, allenfalls schwach geflügelt (Flügelbreite maximal 0,4 mm). Fruchtstiele 1–3 mm lang, erst oberhalb der Mitte gegliedert. Nüsse 4–5 mm lang, matt, fein punktiert . . . . .
                           1. *F. convolvulus*

–   Stengel glatt, stielrund. Äußere Perigonblätter zur Fruchtzeit 1–3 mm breit geflügelt. Fruchtstiele bis 8 mm lang, in oder oberhalb der Mitte gegliedert. Nüsse 2–3 mm lang, glänzend, glatt . . . . . .
                           2. *F. dumetorum*

Fallopia aubertii (Louis Henry) Holub 1971
Bilderdykia aubertii (Louis Henry) Moldenke 1939;
Polygonum aubertii auct. non Regel
Silberregen

Zierpflanze aus China, im 19. Jahrhundert in Europa eingeführt. Wird in Baden-Württemberg in Gärten häufig angepflanzt und verwildert bisweilen unbeständig in Ortschaften.

Morphologische Merkmale: Eine kräftige, bis 5 m hohe, strauchige Liane. Der Stamm kann in Bodennähe mehrere cm Dicke erreichen. Blätter 3–8 cm lang, herzförmig, vorne stumpf oder spitzlich. Blüten mit 5 mm Durchmesser, in blattachselständigen oder endständigen Rispen.

Blütenstandsachse rauh. Äußere Perigonblätter zur Fruchtzeit breitflügelig. Nüsse 4 mm lang, dunkelbraun.

Verwechslungsmöglichkeit mit: *Fallopia baldschuanica* (Regel) J. Holub (Baldschuanischer Silberregen, Baldschuan-Knöterich). Von *F. aubertii* durch stärkere Verholzung, glatte Blütenstandsachsen, Blüten mit 6–8 mm Durchmesser und hellrosa-farbene Perigonblätter verschieden. Stammt aus Turkestan; wird in Baden-Württemberg wesentlich seltener angepflanzt als *F. aubertii*. Nach LOUSLEY & KENT (1981) stellen *F. aubertii* und *F. baldschuanica* wahrscheinlich nur zwei geographische Rassen derselben Art dar.

1. Fallopia convolvulus (L.) A. Löve 1970
Bilderdykia convolvulus (L.) Dumort. 1827; *Polygonum convolvulus* L. 1753; *Fagopyrum carinatum* Moench 1794; *Fagopyrum convolvulus* (L.) H. Gross 1913; *Tiniaria convolvulus* (L.) Webb et Moq. ex Webb et Berth 1836–50
Gewöhnlicher Windenknöterich

Morphologie: Einjährige, an Stengel und Blättern körnig-rauhe Pflanze. Stengel 30–120 cm lang, kantig, dünn, hin- und hergebogen, am Boden kriechend, windend oder kletternd. Blätter 2–6 cm lang, im Umriß eiförmig, vorne zugespitzt, am Grunde herz-pfeilförmig, mit dreieckigen, zugespitzten Basallappen. Nebenblattscheiden abgestutzt, mehr oder weniger zerschlitzt. Blüten zu 1–5 in den Blattachseln oder in ährenartigen Blütenständen (hier in wenigblütigen, voneinander abge-

Gewöhnlicher Windenknöterich *(Fallopia convolvulus)*

setzten Knäueln) an den Triebspitzen. Blütenstiele erst oberhalb der Mitte knotig gegliedert, zur Fruchtzeit 1–3 mm lang. Perigonblätter 5, grünlichweiß, dicht-drüsig punktiert, die äußeren drei stumpf gekielt oder zur Fruchtzeit allenfalls schmal geflügelt (Flügelbreite 0,1–0,4 mm). Nüsse 4–5 mm lang, dreikantig, schwarz, matt, fein punktiert.

Biologie: Blütezeit Juli bis Oktober. Insektenbestäubung ist selten. Selbstbestäubung herrscht vor. Ameisenverbreitung.

Ökologie: Pionierpflanze auf frischen, nährstoffreichen, kalkreichen und kalkarmen, neutralen bis mäßig sauren Lehmböden in Ackerkulturen, in Gärten, auf Schuttplätzen, seltener auch an Ruderalstellen. Wurzelt bis 80 cm tief. *F. convolvulus* tritt hauptsächlich in Getreidefeldern in Secalinetea-Gesellschaften auf; für Mais- und Rübenfelder, Kartoffeläcker und Weinberge ist die Art weniger charakteristisch. Begleitpflanzen sind häufig u.a. *Polygonum persicaria, Convolvulus arvensis, Raphanus raphanistrum, Myosotis arvensis, Viola arvensis, Matricaria chamomilla, Anagallis arvensis, Sonchus arvensis* und *Apera spica-venti*. Vegetationsaufnahmen liegen u.a. von GÖRS (1966: Tab. 1, 4) und von LANG (1973: Tab. 38, 39, 42, 43) vor.

Allgemeine Verbreitung: Ursprünglich und als Archäophyt in Nordafrika und in Eurasien. Heute weltweit in Ackerbaugegenden der gemäßigten Zonen. Mit Ausnahme der subarktischen Bereiche des hohen Nordens Skandinaviens und Nordrußlands (Nordgrenze bei 70°) in fast ganz Europa verbreitet.

Verbreitung in Baden-Württemberg: In allen Naturräumen verbreitetes Ackerunkraut. Nur in den reinen Grünlandgebieten des Schwarzwaldes und des Alpenvorlandes gehört der Windenknöterich nicht zu den häufigen Arten! Den Hochlagen des Schwarzwaldes (oberh. 1100 m) fehlt *F. convolvulus*.

Tiefste Vorkommen bei ca. 90 m ü.NN (Raum Mannheim), höchste in der Schwäbischen Alb (K. u. F. BERTSCH 1933) bei ca. 1000 m ü.NN, im Schwarzwald (z.B. in der Gemeinde Schluchsee) bei ca. 1050 m ü.NN.

Ältester fossiler Nachweis: Marbach, mittleres Atlantikum (PIENING 1983); Ulm-Eggingen, mittleres Atlantikum (GREGG 1984). Ältester literarischer Nachweis: J. BAUHIN (1598: 152): Umgebung von Bad Boll (7323).

Bestand und Bedrohung: Keine Bedrohung, da fast überall häufige oder sehr häufige Pflanze. Wegen seiner Häufigkeit und seiner Eigenschaften als Spreizklimmer gehört *F. convolvulus* zu den Problem-Unkräutern (vgl. HOFMEISTER u. GARVE 1986).

2. **Fallopia dumetorum** (L.) Holub 1971

Bilderdykia dumetorum (L.) Dumort. 1827; *Polygonum dumetorum* L. 1753; *Fagopyrum dumetorum* (L.) Schreb. 1771; *Tiniaria dumetorum* (L.) Opiz 1852
Hecken-Windenknöterich

Morphologie: Einjährige, an Stengel und Blättern ± glatte Pflanze, Stengel 1–3 m lang, fast stielrund, hin- und hergebogen, meist windend und kletternd. Blätter 3–6 cm lang, wie bei *F. convolvulus*, aber länger zugespitzt und dünner. Nebenblattscheiden wie bei *F. convolvulus*. Blüten zu 1–6 in den Blattachseln oder in ährenartigen Blütenständen an den Triebspitzen. Blütenstiele bereits in oder unterhalb der Mitte gegliedert, so lang wie die Blütenhülle, zur Fruchtzeit bis 8 mm lang. Perigonblätter grünbräunlich oder grün-rötlich, die drei äußeren 1–3 mm breit häutig geflügelt. Flügel am Fruchtstiel herablaufend. Nüsse etwa 2–3 mm lang, schwarz, glatt, glänzend. – Blütezeit: Juli bis September.

Ökologie: Auf frischen, nährstoffreichen, kalkreichen und kalkarmen, ± neutralen, sandigen bis lehmigen Böden in Gebüschen, an Waldsäumen und in Waldlichtungen. Typische Wuchsorte sind nitrophytische Saumgesellschaften (Verband Aegopodion podagrariae) im Halbschatten an warmen Hängen (z. B. am Isteiner Klotz) oder in Fluß- und Bach-Auen an Stellen, die nur sehr selten von Spit-

Hecken-Windenknöterich *(Fallopia dumetorum)*
Stuttgart, 1987

zenhochwassern erreicht werden. Die eigentliche (d. h. periodisch überschwemmte) Aue wird gemieden! Im Oberrheingebiet ist *F. dumetorum* nicht selten auch in Hecken im Bereich von Ortschaften (z. B. im Stadtgebiet Karlsruhe) und von Straßenanlagen (z. B. auf dem Grünstreifen von Autobahnen) anzutreffen. Als Spreizklimmer bildet der Hecken-Windenknöterich u. a. mit *Humulus lupulus, Calystegia sepium, Rubus caesius, Lathyrus pratensis, Vicia cracca* und *Urtica dioica* oft dickichtartige Pflanzenbestände. *F. dumetorum* ist im Gebiet weitgehend auf die planare und kolline Stufe beschränkt. Vegetationsaufnahmen liegen von LANG (1973: Tab. 86) und von TH. MÜLLER (1985: Tab. 9) vor.

Allgemeine Verbreitung: Hauptverbreitungsgebiet im westlichen Eurasien mit Südgrenze in den Pyrenäen, in Sizilien, Nordgriechenland, auf der Krim; Nordgrenze in England, Mittelskandinavien (bis 67° n. Br.) und Mittelrußland, Ostgrenze in Westsibirien. Exklaven und Teilareale in Portugal, Kleinasien und im Kaukasus. Verbreitungslücke in Zentralasien. Großes Teilareal in Ostasien (Mandschurei, Nordkorea, Sachalin). In Nordamerika eingebürgert.

Verbreitung in Baden-Württemberg: *F. dumetorum* ist im gesamten Oberrheingebiet allgemein verbreitet und stößt von dort in die Westhälfte des Kraichgaus vor. Den Neckar begleitet der Hecken-Windenknöterich flußaufwärts bis Wendlingen (7322/1); südlich der Murr-Mündung gibt es nur noch wenige Einzelvorkommen. An einigen Seitenflüssen des Neckars (z. B. Enz, Murr) ist die Art nicht selten. Darüber hinaus kommt *F. dumetorum* sehr zerstreut im Tauber-Main-Gebiet, im Bauland, am

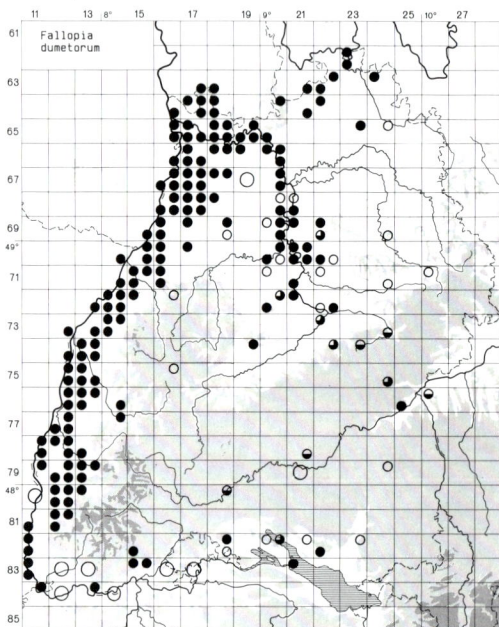

Hochrhein und im Bodenseeraum vor. Einzelne Vorkommen gibt es im Albvorland, am Südrand der Schwäbischen Alb, im Donautal und in tiefgelegenen Tälern des Schwarzwaldes, z. B. im Kinzigtal bei Fischerbach (7714/2) und im Schlüchttal (8215/ 2, 8315/1 u. 2). Den höher gelegenen Landesteilen wie weiten Abschnitten des Schwarzwaldes, der Schwäbischen Alb und des Alpenvorlandes fehlt der Hecken-Windenknöterich. Aus dem nordöstlichen Württemberg (u. a. Schwäbisch-Fränkischer-Wald) liegen nur wenige Literaturangaben vor.

Die Höhenverbreitung reicht von ca. 90 m ü. NN bis etwa 650 m ü. NN bei Tuttlingen (8018/2).

Ältester fossiler Nachweis: Spätes Atlantikum von Ehrenstein (HOPF 1968); spätes Atlantikum von Hornstaad (RÖSCH 1985). Ältester literarischer Nachweis: WIBEL (1797: 25 u. 1799: 221): „ad hortum Laurerianum, arci Werthemensi adjacentium" (6223).

Die folgende Aufstellung enthält nur Fundorte außerhalb der Hauptverbreitungsgebiete.
Schwarzwald: 7216/2: Bad Herrenalb, SCHÜBLER u. MARTENS (1834); 7516/2: Freudenstadt, SCHÜBLER u. MARTENS (1834); 7714/2: östlich Fischerbach, 1986, PHILIPPI (KR-K); 8215/3 u. 8315/1 u. 2: Schlüchttal, 1977, SCHUHWERK (STU-K); 8315/2: Steina-Tal, 1987, QUINGER (KR-K).
Schwäbisch-Fränkischer-Wald: 6924/4: Gaildorf, MARTENS u. KEMMLER (1882).
Albvorland (inkl. Schönbuch) Nordrand der Schwäbischen Alb: 7124/4: Schwäbisch-Gmünd, MARTENS u. KEMMLER (1882); 7126/1: Abtsgmünd, MARTENS u. KEMMLER (1882); 7324/4: am Michelsberg, KIRCHNER u. EICHLER (1913); 7419/2: Schönbuchspitz, Pfaffenberg, 1974, WREDE (STU-K); 7422/2: Teck, 1958, KNAUSS (STU); 7423/2: Reußenstein, A. MAYER (1929).
Südrand der Schwäbischen Alb, Donautal und Seitentäler: 7524/4: Blaubeuren, KIRCHNER u. EICHLER (1913); 7625/3: Erbach, 1973, SCHÖNFELDER u. KURZ (STU-K); 7821/4: Hornstein, A. MAYER (1929); 8018/2: Tuttlingen, A. MAYER (1929).
Alpenvorland: 7924/2 (?): Biberach, KIRCHNER u. EICHLER (1913).

Bestand und Bedrohung: Im Oberrheingebiet, im westlichen Kraichgau, am unteren Neckar und im Tauber-Main-Gebiet gehört der Hecken-Windenknöterich zu den mäßig häufigen bis häufigen Pflanzenarten. Er läßt dort keine Rückgangstendenzen erkennen und breitet sich regional eindeutig aus (z. B. in Gartenanlagen von Ortschaften, an Straßen- und Bahnanlagen usw.). In anderen Naturräumen Baden-Württembergs fehlt *F. dumetorum* oder ist nur sehr zerstreut oder selten anzutreffen.

Rheum L. 1753
Rhabarber

Kräftige, ausdauernde Kräuter; Rhizom und Wurzel holzig. Blätter sehr groß, breit herzförmig mit langem Stiel. Blüten zwittrig, in einer großen Rispe. Perigonblätter 6; Staubblätter 9. Frucht eine herz-eiförmige, stark 2–4flügelige Nuß.

Die Gattung *Rheum* umfaßt etwa 40 Arten und hat ihr Zentrum im gemäßigten Ostasien. Von ihnen wird *Rh. rhabarberum* L. 1753 (Speise-Rhabarber) häufig bei uns kultiviert und kann selten auf Schuttplätzen unbeständig verwildern. Bei ihm sind die Blätter am Rand stark wellig, jedoch nicht gelappt. Die gelegentlich als Arzneipflanzen kultivierten *Rh. palmatum* und *Rh. officinale* besitzen gelappte Blätter.

5. **Rumex** L. 1753
Ampfer

Einjährige, zweijährige oder ausdauernde Kräuter, seltener Sträucher. Stengel deutlich knotig. Blätter wechselständig, sehr unterschiedlich gestaltet, jedoch immer länger als breit. Nebenblattscheiden stengelumfassend, röhrig, am Blattstiel ± frei. Blüten zwittrig oder eingeschlechtig, hängend in knäueligen, reichblütigen, endständigen und seitenständigen, trauben- oder rispenartigen Blütenständen. Perigonblätter 6, meist grünlich oder rötlich, ganzrandig oder gezähnt. Die inneren drei Perigonblätter sind zur Fruchtzeit vergrößert. Sie bilden die sogenannten Valven. Die Valven sind ganzrandig oder am Rand gezähnt, auf der Fläche oft mit einer Schwiele. Die äußeren Perigonblätter bleiben dünn und klein. Staubblätter 6, in 2 Staubblattkreisen. Fruchtknoten mit 3 roten Narben. Frucht eine dreikantige Nuß, von den Valven ganz umschlossen oder nur mit der Spitze herausragend.

Windbestäubung, selten Insektenbestäubung. Windverbreitung, außerdem Verbreitung durch Tiere, Menschen und Fahrzeuge, z. B. durch Anhaften der gezähnten Valven.

Die Gattung *Rumex* umfaßt etwa 200 bis 250 Arten. Ihre Hauptverbreitung hat die Gattung in den gemäßigten Zonen der nördlichen Hemisphäre; wenige Arten kommen in den gemäßigten Zonen der südlichen Hemisphäre vor. Sehr artenarm sind die Tropen, wo die Ampfer auf einige Gebirge und einige Inselgruppen beschränkt sind. Sekundär sind viele Ampfer-Arten vom Menschen weit über das ursprüngliche Areal hinaus verbreitet worden.

1 Blätter an der Basis mit 2 spitzen Zipfeln, spieß- oder pfeilförmig, sauer schmeckend. Blüten fast immer eingeschlechtig, Pflanzen zweihäusig . . . 2

– Blätter an der Basis schmal bis stumpf keilförmig verschmälert, abgerundet, abgestutzt oder tief herzförmig, nicht sauer schmeckend. Blüten meist zwittrig 8

2 Valven 1–2 mm lang, nicht oder nur wenig größer als die reife Nuß, immer ohne Schwielen. Grundblätter 3–15mal so lang wie breit

1.–3. R. acetosella agg. 3

– Valven 2,5–6 mm lang, viel größer als die reife Nuß, mit oder ohne Schwielen 5

3 Valven mit der reifen Nuß ± unlösbar verkittet. Reife Nüsse etwa 1 mm lang und 1 mm breit. Sonst morphologisch wie R. acetosella s.str. (männliche Pflanzen und weibliche Pflanzen vor der Fruchtzeit sind von R. acetosella s.str. nicht unterscheidbar). . . . . 2. R. angiocarpus

– Valven mit der reifen Frucht nicht verbunden, ± leicht von ihr ablösbar 4

4 Stengel meist schon unterhalb der Mitte mit Blütenästen. Grundblätter 2–3 cm lang, selten über 2 mm breit, linealisch, meistens 10–15mal so lang wie breit, am Rande oft eingerollt. Reife Nuß 0,9–1,3 mm lang . . . . 3. R. tenuifolius

– Stengel meist erst ab der Mitte mit Blütenästen. Grundblätter meist über 2 mm breit, am Rande immer flach. Reife Nuß 1,3–1,5 mm lang . . . . .

1. R. acetosella s.str.

5 Äußere Perigonblätter zur Fruchtreife den Valven anliegend. Valven vollkommen schwielenlos, etwa 6 mm lang und 5 mm breit. Blätter blaugrau bis blaugrün, (rundlich)-spießförmig, 0,8–2mal so lang wie breit . . . . 4. R. scutatus

– Äußere Perigonblätter zur Fruchtreife zurückgebogen, dem Stengel anliegend. Wenigstens eine der 3 Valven am Grunde mit einer zurückgebogenen Schwiele. Blätter graugrün bis grün 6

6 Blütenstand mit reich verzweigten Seitenästen, im Fruchtzustand eine ± dichte Rispe bildend. Grundständige Blätter 4–14mal so lang wie breit.

7. R. thyrsiflorus

– Blütenstand mit Seitenästen, die nicht oder nur wenig verzweigen, im Fruchtzustand daher eine lockere Rispe bildend. Grundständige Blätter 1–5mal so lang wie breit 7

7 Grundblätter 2–5mal so lang wie breit, länglicheiförmig bis eiförmig-lanzettlich. Nebenblattscheiden gefranst. Valven zur Reifezeit 3–4 mm ⌀. Reife Nuß schwarzbraun, glänzend. 5. R. acetosa

– Grundblätter meist weniger als 2mal so lang wie breit, breit-eiförmig. Nebenblattscheiden ganzrandig, bisweilen etwas einreißend. Valven zur Reife 3,5–4,5 mm ⌀. Reife Nuß graugelb, kaum glänzend . . . . 6. R. alpestris

8 (1) Valven ohne Schwielen, (fast) ganzrandig. Sehr stattliche Arten mit großen Grundblättern und oft über 0,5 m langen Blütenständen 9

– Wenigstens eine der drei Valven mit einer Schwiele. Zierliche und stattliche Arten 11

9 Grundblätter 2,5–4mal so lang wie breit, mit keilförmig verschmälertem Grund (am Grunde nie herzförmig!). Valven nierenförmig, deutlich breiter (bis 8 mm) als lang (bis 6 mm). Ampfer-Art Nordeuropas, Nordmitteleuropas, der Pyrenäen und

der Inneralpen. Im südwestlichen Mitteleuropa sehr seltene Adventivpflanze! . . [R. longifolius]

– Grundblätter 1–2,5mal so lang wie breit, am Grunde tief herzförmig. Valven rundlich-eiförmig oder dreieckig-eiförmig, so lang wie breit oder deutlich länger als breit 10

10 Grundblätter 1,5–2(–2,5)mal so lang wie breit, mit fast geraden Blatträndern in der oberen Blatthälfte, vorne spitz. Die mittleren Seitennerven zweigen an den Grundblättern im Winkel von 90° vom Hauptnerv ab. Valven 5–9 mm lang, 4–7 mm breit (immer deutlich länger als breit). Fruchtstiele unter der Frucht wenig verdickt . . .

9. R. aquaticus

– Grundblätter 1–1,5mal so lang wie breit, mit bogig zur Blattspitze verlaufenden Blatträndern in der oberen Blatthälfte, vorne abgerundet oder spitzlich. Die mittleren Seitennerven zweigen an den Grundblättern im Winkel von 60–80° vom Hauptnerv ab. Valven 3,5–6 mm lang, 3,5–5 mm breit (so lang wie breit oder wenig länger als breit). Fruchtstiele unter der Frucht deutlich verdickt . .

8. R. alpinus

11 Valven ganzrandig oder mit sehr kurzen Zähnen an der Basis 12

– Valven mit wenigstens 1 mm langen, of mehrere mm langen Zähnen 18

12 Ampfer-Art ohne Grundblätter. Stengel niederliegend-aufsteigend. Untere Stengelblätter 10–15 cm lang und bis 2,5 cm breit, lineal-lanzettlich, in der Form an relativ breite Blätter von Salix viminalis erinnernd. Blattachseln mit beblätterten Seitentrieben, die später als der Hauptsproß blühen und diesen zuletzt übergipfeln. Valven 3–4 mm lang, dreieckig, am Grunde gestutzt. Schwiele länglich. Seltene, aus Nordamerika stammende Adventivpflanze . . . . 10. R. triangulivalvis

– Grundblätter vorhanden. Stengel aufrecht. Blattachseln ohne beblätterte, spätblühende Seitentriebe 13

13 Valven 2–3 mm lang, schmal-länglich, zungenförmig, kaum breiter als die Schwielen. Blüten in mehrere mm voneinander entfernten, sich nicht berührenden Scheinwirteln 14

– Valven 3,5–8 mm lang, rundlich, eiförmig oder dreieckig-eiförmig, mindestens doppelt so breit wie die Schwielen (außer bei R. obtusifolius subsp. sylvestris). Blüten in Scheinwirteln, die zumindest in der oberen Blütenstandshälfte einander genähert sind und sich ± berühren 15

14 Scheinwirtel bis zur Blütenstandsspitze jeweils mit einem lanzettlichen Hochblatt versehen (im Gebiet sonst nur bei R. maritimus und bei R. palustris so!). Alle Valven mit einer Schwiele. Fruchtstiel so lang oder kaum länger als die Valven . . . .

13. R. conglomeratus

– Scheinwirtel nur am Grunde des Blütenstandes jeweils mit lanzettlichem Hochblatt versehen. Nur eine der drei Valven mit einer Schwiele. Fruchtstiel deutlich länger als die Valven . 14. R. sanguineus

15 Grundblätter und untere Stengelblätter sehr groß, 50 cm bis über 1 m lang, am Grunde schmal-keilförmig verschmälert. Die mittleren Seitennerven

zweigen im rechten Winkel vom Hauptnerv ab. Valven dreieckig mit einem gestutztem oder keilförmigem Grund, alle mit einer länglich-spindelförmigen Schwiele . . . . . 12. *R. hydrolapathum*
– Grundblätter und untere Stengelblätter meist erheblich kürzer als 50 cm. Die mittleren Seitennerven zweigen im spitzen Winkel vom Hauptnerv ab. Valven breit-eiförmig, mit herzförmigem Grund . 16

16 Grundblätter mit herzförmigen Grund und mit abgerundeter Spitze, am Rande flach. Valven weniger als doppelt so breit wie die größte Schwiele. Alle Valven mit einer Schwiele. In Baden-Württemberg anscheinend sehr selten! . . . .
15b. *R. obtusifolius* subsp. *sylvestris*
– Grundblätter mit abgestutztem oder keilförmigem Grund, vorne (lang) zugespitzt oder spitzlich, nicht abgerundet. Valven mehr als doppelt so breit wie die (größte) Schwiele 17

17 Grundständige Blätter 4–8mal so lang wie breit, vorne ± lang zugespitzt, am Rande stark kraus. Valven bis 6 mm lang und 5 mm breit, meist alle mit einer Schwiele; eine Schwiele groß, die beiden anderen meist viel kleiner, seltener völlig fehlend
11. *R. crispus*
– Grundständige Blätter 3–4mal so lang wie breit, am Rande nicht kraus. Valven groß, bis 8 mm lang und 9 mm breit (etwa so lang wie breit), breiteiförmig oder rundlich-herzförmig. Nur eine Valve mit Schwiele; Schwiele sehr klein, höchstens ⅓ bis ¼ der Valvenbreite erreichend. In Baden-Württemberg seltene Adventivpflanze! . . . *[R. patientia]*

18 (11) Zierlicher, (sehr) kleiner Ampfer mit sehr kleinen, 1–2 cm langen, spateligen Grundblättern. Scheinwirtel meist 2–3(–4)blütig. Valven beiderseits mit 2–3 Zähnen. In Baden-Württemberg sehr seltene, aus dem Mittelmeerraum stammende Adventivpflanze . . . . *[R. bucephalophorus]*
– Grundblätter größer. Scheinwirtel vielblütig . . . 19

19 Grundblätter schmal-lanzettlich, 3–6mal so lang wie breit, größte Breite in der Mitte, nach beiden Enden ± gleichmäßig verschmälert, am Grunde schmal keilförmig (nie ± stumpf abgerundet oder herzförmig). Valven 2,5–4 mm lang, bis 2 mm breit (jeweils ohne die Zähne gerechnet!) 20
– Grundblätter allenfalls 2,5mal so lang wie breit, am Grunde herzförmig, abgerundet oder stumpf keilförmig. Valven erheblich größer 21

20 Blütenstand zur Fruchtzeit goldgelb (nur bei dieser Art so!), später verbraunend. Die Scheinwirtel berühren sich, nur die untersten stehen etwas voneinander entfernt (Blütenstand daher sehr dicht!). Valven 2,5–3 mm lang. Valvenzähne sehr lang, länger als die Valvenbreite. Schwielen schmal lanzettlich, vorne zugespitzt. Fruchtstiele dick, steif
17. *R. maritimus*
– Blütenstand zur Fruchtzeit braun bis rötlich, nie goldgelb. Die Scheinwirtel stehen mehrere mm bis cm voneinander entfernt und berühren sich nur an den Triebspitzen (Blütenstand daher locker!). Valven 3–4 mm lang. Valvenzähne nicht oder wenig länger als die größte Valvenbreite. Schwielen eiförmig, vorne stumpf. Fruchtstiele dünn, biegsam . .
18. *R. palustris*

21 Grundblätter 20–30(–40) cm lang, 10–15 (–20) cm breit, am Grunde tief herzförmig, vorne abgerundet oder spitzlich. Scheinwirtel des Blütenstandes ohne Hochblätter. Meist nur 1 Valve mit Schwiele, seltener auch die beiden anderen Valven mit kleineren Schwielen 22
– Grundblätter 5 cm bis maximal 15 cm lang, weniger als 10 cm breit. Scheinwirtel des Blütenstandes bis zu den Triebspitzen mit Hochblättern versehen. Alle Valven mit Schwielen. In Baden-Württemberg sehr seltene Ampfer-Arten 23

22 Blattstiele und Nerven papillös behaart. Valven 4,5–6 mm lang, längste Valvenzähne so lang wie die Valvenbreite. Meist nur eine Valve mit, die beiden anderen ohne Schwiele. Sehr häufiger Ampfer
15a) *R. obtusifolius* subsp. *obtusifolius*
– Pflanze ± kahl. Valven 4–5 mm lang, an der Basis deutlich gezähnt. Valvenzähne kürzer als die halbe Valvenbreite. Alle Valven mit ungleich großen Schwielen. In Baden-Württemberg anscheinend selten! . . . . 15c) *R. obtusifolius* subsp. *transiens*

23 Grundblätter bis 12 cm lang, etwa 1,5–2mal so lang wie breit, verkehrt-eiförmig, weit oberhalb der Mitte am breitesten, am Grunde keilförmig, vorne abgerundet-stumpf. Schwielen auffallend groß, ca. 2,5 mm lang, runzelig oder höckerig. In Baden-Württemberg sehr seltene, aus Südamerika stammende Adventivpflanze . . . . . . *[R. obovatus]*
– Grundblätter (breit)lanzettlich oder geigenförmig, meist unterhalb der Mitte am breitesten, am Grunde (seicht) herzförmig oder gestutzt 24

24 Ausdauernde Art. Pflanze v.a. an den Blattstielen und an den Nebenblattscheiden mit weißen Papillen besetzt. Grundblätter meist geigenförmig eingeschnürt. Blütenstand mit zahlreichen, sparrig abstehenden, zuletzt oft miteinander verflochtenen Seitenästen. Valven dreieckig-eiförmig. Sehr selten, erreicht im Oberrheingebiet die Arealgrenze
16. *R. pulcher*
– Einjährige Art. Pflanze glatt, niemals papillös. Grundblätter meist lanzettlich, ausnahmsweise geigenförmig eingeschnürt, am Grunde seicht herzförmig oder abgestutzt. Blütenstand ohne oder mit wenigen abstehenden Seitenästen, die niemals miteinander verflochten sind. Valven dreieckig. In Baden-Württemberg als Adventivpflanze erst einmal nachgewiesen . . . . . *[R. dentatus]*

1.–3. Rumex acetosella agg.
Gruppe des Kleinen Sauerampfers

Die *Rumex acetosella*-Gruppe umfaßt nach LÖVE (1944) vier Arten, die eine polyploide Reihe bilden:
R. angiocarpus, $2n = 14$ (diploid)
R. tenuifolius, $2n = 28$ (tetraploid)
R. acetosella, $2n = 42$ (hexaploid)
R. graminifolius, $2n = 56$ (oktoploid)

Aufgrund der verschiedenartigen Chromosomensätze und der vorhandenen Sterilitätsbarrieren wird die taxonomische Einordnung der *R. aceto-*

sella-Gruppe in vier Arten heute allgemein akzeptiert (vgl. RECHINGER 1958 und 1964; HESS, LANDOLT & HIRZEL 1967; LOUSLEY & KENT 1981).

Die morphologischen Unterschiede sind allerdings nicht scharf herauszuarbeiten. Die ökologischen Ansprüche und die Areale der vier Arten sind bisher nur in Ansätzen bekannt. In Mitteleuropa fehlt *R. graminifolius*; von *R. acetosella* s. str., *R. angiocarpus* und *R. tenuifolius* liegen Herbarbelege vor, die in Baden-Württemberg gesammelt wurden.

Im allgemeinen wurden die Kleinarten bei geobotanischen Arbeiten in Baden-Württemberg nicht auseinandergehalten, so daß hier unter *R. acetosella* meist die Befunde für die ganze Gruppe abgehandelt werden müssen. Bei der Mehrzahl der Vorkommen in Baden-Württemberg dürfte es sich jedoch um *R. acetosella* s. str. handeln. Dies gilt besonders für die Mittelgebirge, speziell für den Schwarzwald.

1. Rumex acetosella L. 1753
Kleiner Sauerampfer, Zwerg-Sauerampfer

Morphologie: Ausdauernde, 10 bis 40 cm hohe Pflanze. Stengel meist zu mehreren aus demselben Wurzelstock entspringend, bogig aufsteigend bis aufrecht, oft verzweigend. Blätter in Größe und Umriß recht unterschiedlich, 1,5 bis 5 cm lang, meist lanzettlich-spießförmig, 3–8mal so lang wie

Kleiner Sauerampfer *(Rumex acetosella)*
Elzufer bei Emmendingen

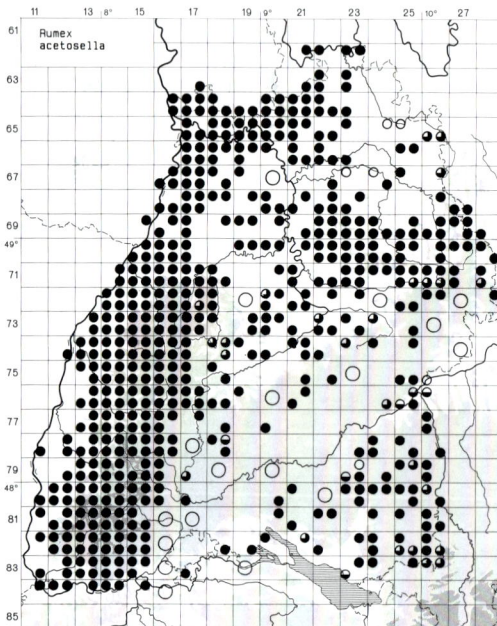

breit, am Grunde mit waagerecht abstehenden Basallappen, mit breit- bis lineal-lanzettlichem, vorne spitzem Mittellappen, am Grunde lang gestielt, oberhalb der Stengelmitte kurz gestielt oder sitzend. Nebenblattscheiden mit lanzettlicher, zerschlitzter Spitze. Blütenstände rispenartig, mit zahlreichen, aufrechten oder etwas bogig abstehenden, wenig verzweigenden Seitenästen. Blüten eingeschlechtig, sehr selten zwittrig. Valven ganzrandig, mit erhabenen Nerven, ohne Schwielen, nicht oder kaum größer als die reife Frucht, mit dieser nicht verwachsen. Frucht eine 1,3–1,5 mm lange, glänzend-dunkelbraune Nuß, immer länger als breit. 2n = 42.

Biologie: Blütezeit Mai bis Juli. Fruchtreife ab Ende Juni (wichtig zur Unterscheidung von *R. angiocarpus*).

Ökologie: (*R. acetosella* agg.) Auf trockenen bis frischen, nährstoffarmen bis mäßig nährstoffreichen, stickstoffhaltigen, basenarmen (meist ± kalkfreien), (mäßig) sauren Sand- bis sandigen Lehmböden oder auf entwässerten Moorböden. *R. acetosella* gedeiht auf sandigen Äckern und auf Ackerbrachen in Acker-Spörgel-Gesellschaften (Polygono-Chenopodion-Verband), auf lückigen Magerwiesen (Nardion- und Violion caninae-Gesellschaften), an Mauerrändern und auf Mauerkronen, an Rainen und Wegrändern, an Bahndämmen und an offenen Straßenböschungen, an Waldsäumen (z. B. in *Teucrium scorodonia*-Beständen) und auf Waldschlägen kalkarmer Gegenden (z. B. im Schwarzwald). Im Bereich der Hardt-Platten der nördlichen Rheinebene ist der Zwerg-Sauerampfer nicht selten den Sandtrockenrasen (Sedo-Scleranthetea) beigemischt (vgl. PHILIPPI 1971) und kommt im Spörgel-Bruchkraut-Trittrasen (Rumici – Spergularietum rubrae) vor. Vegetationsaufnahmen von Moorstandorten liegen von GÖRS (1968: Tab. 25), von Sandtrockenrasen von PHILIPPI (1971: Tab. 4, 5, 9, 11 u. 1973: mehrere Tab.), von Silikat-Magerrasen von SCHWABE-BRAUN (1980: mehrere Tab.) vor.

Allgemeine Verbreitung: (*R. acetosella* agg.) In fast ganz Europa beheimatet mit der Südgrenze in Kreta und der Nordgrenze am Nordkap. Ostwärts durch das gesamte südliche Sibirien bis zur Mandschurei und nach Japan verbreitet. Teil-Areale gibt es im Atlas-Gebirge, im nordöstlichen Kleinasien, in Südwest- und in Zentral-Asien. *R. acetosella* s. str. hat seinen Verbreitungsschwerpunkt offenbar in den temperaten Bereichen Eurasiens. In Mitteleuropa ist dieser Ampfer offenbar wesentlich häufiger als die anderen Vertreter der *R. acetosella*-Gruppe.

Verbreitung in Baden-Württemberg: (*R. acetosella* agg.): Hauptverbreitungsgebiete sind der gesamte Schwarzwald, die Schwarzwald-Alluvionen und die Hardtplatten des Oberrheingebiets, der Odenwald, das nördliche Bauland und die Sandsteingebiete des württembergischen Keupers, insbesondere des Schwäbisch-Fränkischen-Waldes. Deutlich seltener ist der Zwerg-Sauerampfer im Alpenvorland, wo er sich auf die relativ kalkarmen Altmoränengebiete konzentriert. Nur sehr zerstreut tritt *R. acetosella* auf der Schwäbischen Alb, im östlichen Alb-Wutach-Gebiet und in den Gäulandschaften des Nekkarraumes und des Tauber-Main-Gebietes auf.

Die Höhenverbreitung reicht von ca. 95 m ü. NN bei Mannheim bis über 1200 m ü. NN in den höheren Lagen des Schwarzwaldes.

Ältester fossiler Nachweis: Boreal-Atlantikum von Moosburg/Federsee (BERTSCH 1931). Ältester literarischer Nachweis: J. BAUHIN (1598: 172): Umgebung von Bad Boll (7323). Auch von HARDER 1574-76 vermutlich im Gebiet gesammelt (SCHORLER 1907: 91).

Bestand und Bedrohung: *R. acetosella* agg. gehört je nach Naturraum zu den häufigen bis sehr häufigen oder zu den nur sehr zerstreut auftretenden Arten. Aufgrund seiner breiten ökologischen Valenz und

seiner Fähigkeit, sich auf vom Menschen neugeschaffenen Standorten rasch anzusiedeln und (vorübergehend) zu behaupten, zeigt *R. acetosella* agg. keine erkennbaren Rückgangserscheinungen und ist weder gefährdet noch schutzbedürftig. Dasselbe gilt mutmaßlich für *R. acetosella* s. str.

Nach SCHIEFER verträgt *R. acetosella* agg. ein- bis zweimalige Mahd ab Juni und ist wenig empfindlich gegen Brennen.

2. Rumex angiocarpus Murb. 1891
R. acetosella L. subsp. *angiocarpus* (Murb.) Murb. 1899
Verwachsenfrüchtiger Zwerg-Sauerampfer

Da *R. angiocarpus* morphologisch nur im Fruchtzustand sicher von *R. acetosella* s. str. zu unterscheiden ist, sind Verbreitung und Ökologie noch weitgehend unbekannt.

Morphologie: Anhand von Stengel- und Blattmerkmalen von *R. acetosella* s. str. kaum unterscheidbar. Die Blätter sind meist über 2 mm breit und 3–4(–8)mal so lang wie breit (vgl. *R. tenuifolius*!). Die Valven sind im Fruchtzustand mit den Nüssen fest verwachsen und unlösbar verkittet. Nuß ca. 1 mm lang und 1 mm breit. 2n = 14.

Biologie: Blütezeit Mai bis Juli (?). Fruchtbildung ab Ende Juni.

Ökologie: Eine ökologische Abgrenzung zu *R. acetosella* s. str. ist zum gegenwärtigen Zeitpunkt nicht möglich.

Allgemeine Verbreitung: Von den vier Arten der *R. acetosella*-Gruppe hat der diploide *R. angiocarpus* das süd(west)lichste Areal und ist im Mittelmeerraum, in West- und in Mitteleuropa verbreitet. Weiter nördlich und östlich ist die Art nach HESS, LANDOLT & HIRZEL (1967) in Schottland, in der Ukraine und in Kleinasien nachgewiesen.

Verbreitung in Baden-Württemberg: Nach Herbarmaterial ist *R. angiocarpus* auf kalkarmen, sandigen Standorten in tieferen Lagen offenbar nicht selten. Von 25 bestimmbaren Belegen von *R. acetosella* agg. ließen sich 7 zu *R. angiocarpus* stellen!

7121/3: Bad Cannstatt, Burgholzhof, 1974, SEBALD (STU); 7318/1: Zavelstein, 1982, ASSMANN (STU); 7420/1: Bebenhausen, 1968, HARMS (STU); 7420/3: Tübingen, 1870, HEGELMAIER (STU); 7422/3: Roßberg bei Dettingen, 1951, LEIDOLF (STU); 7525/3: Lautertal bei Ulm, Brachäcker, 1862, HEGELMAIER (STU); 8314/1: Grunholz nördlich Görwihl, 1984, SEYBOLD (STU).

Bestand und Bedrohung: Ungenügend bekannt!

3. Rumex tenuifolius (Wallr.) Löve 1941
R. acetosella L. var. *tenuifolius* Wallr. 1882;
R. acetosella var. *angustifolius* Koch 1837
Schmalblättriger Zwerg-Sauerampfer

Morphologie: Pflanze im Vergleich zu *R. acetosella* s.str. dünner und zierlicher. Stengel niederliegend oder aufsteigend-aufrecht, meist schon unterhalb der Mitte verzweigend. Blätter meist 2–3 cm lang, selten über 2 mm breit, mehr als 10mal so lang wie breit, linealisch bis fädig, mit sehr schmalen oder fehlenden Basallappen. Grundblätter am Rande oft eingerollt. Valven mit der reifen Frucht nicht verwachsen. Reife Nuß 0,9–1,3 mm lang, 0,6–0,8 mm breit. $2n = 28$.

Biologie: Blütezeit Mai bis Juni. Fruchtreife ab Ende Juni.

Ökologie: Die Ökologie von *R. tenuifolius* ist in Baden-Württemberg nicht befriedigend geklärt. Anscheinend hat die Sippe ihr Schwergewicht in Sedo-Scleranthetea-Gesellschaften. Die Mehrzahl der bisher bekannt gewordenen Vorkommen entfällt auf Sandtrockenrasen des nördlichen Oberrheingebiets.

Allgemeine Verbreitung: Der Verbreitungsschwerpunkt liegt mehr in den nördlichen und kontinentalen Bereichen des Areals von *R. acetosella* agg. Südwestgrenze der Verbreitung von *R. tenuifolius* in den Westalpen und im Oberrheingebiet, Nordgrenze am Nordkap. Die Art kommt u.a. im Kau-

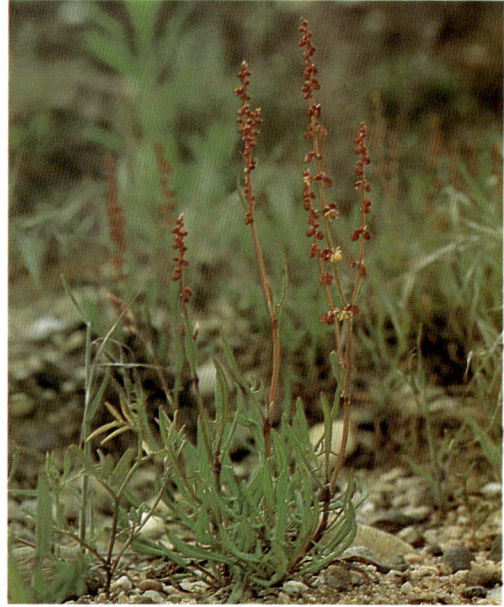

Schmalblättriger Zwerg-Sauerampfer *(Rumex tenuifolius)* Rheinstetten-Mörsch, 1981

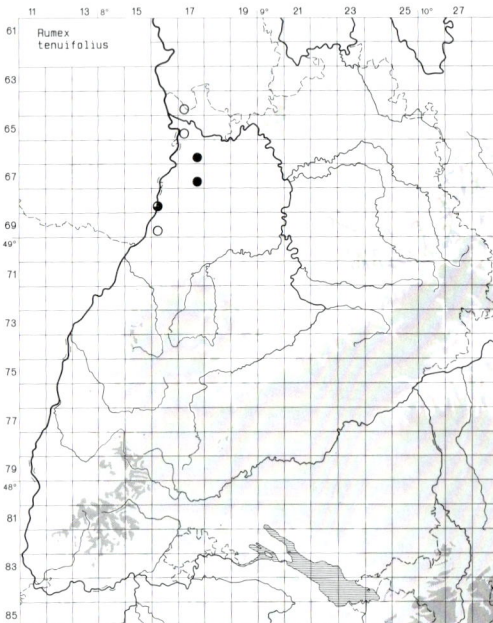

kasus, im nördlichen Kleinasien, in Westsibirien, in Island und in Grönland vor. Im Mittelmeergebiet ist sie selten.

Verbreitung in Baden-Württemberg: Offenbar recht seltene, weitgehend auf die Sandgebiete des nördlichen Oberrheingebietes beschränkte Art. Aus den anderen Landesteilen liegen keine belegten Fundmeldungen vor.

6517/3: Mannheim, Relaishaus, 1837, Döll (KR); 6617/4: Sandhausen, 19. Jh., Döll (KR); Waldrand eines Kiefernforstes bei Sandhausen, 1987, Breunig (KR); 6717/4: nordwestlich Kronau, 1987, Hb. Harms; 6816/3: Leopoldshafen, Silbergrasfluren, 1948, Oberdorfer (KR); 6916/3: Karlsruhe, 19. Jh., Döll (KR).

Bestand und Bedrohung: In Baden-Württemberg seltene Ampfer-Art! Gezielte Erhebungen sind erforderlich, um genaue Rückschlüsse auf die Bestandesgrößen und die standörtlichen Ansprüche (offenbar vorwiegend in oligotraphenten Sedo-Scleranthetea-Gesellschaften verbreitet!) stellen zu können. Gehört möglicherweise zu den gefährdeten Arten (Gef.-Grad 3)!

4. Rumex scutatus L. 1753
Acetosa scutata (L.) Mill. 1768
Schildampfer

Morphologie: Ausdauernde, 10–60 cm hohe, Ausläufer treibende, kahle Pflanze. Stengel bogig aufsteigend, am Grunde verholzt, unterhalb der Mitte oft verzweigt. Blätter 1,5–5,5 cm lang, dreieckig-spießförmig, ei-spießförmig oder geigen-spießförmig, 0,8–2mal so lang wie breit, am Grunde mit abstehenden, spitzen Basallappen, mit vorne spitzem oder abgerundetem, seitlich oft eingeschnürtem Mittellappen (Blatt dadurch geigenförmig), wie der Stengel graugrün, blaugrün oder blaugrau, lang gestielt. Nebenblattscheiden ganzrandig. Blütenstand eine lockere Rispe mit zahlreichen, aufrechten, nicht verzweigten, ± entfernt-blütigen Seitenästen. Blüten meist eingeschlechtig, selten zwittrig. Valven 4,5–6 mm lang, bis 5 mm breit, rundlich bis breit elliptisch, am Grunde tief herzförmig, ganzrandig, schwielenlos, zur Fruchtzeit bleich-rötlich oder bleich-bräunlich, fast durchscheinend, dünn. Nüsse 3–3,5 mm lang, graugelb.

Biologie: Blütezeit Juni bis Juli. Windbestäubung.

Ökologie: Primär auf mäßig trockenen bis frischen, basenreichen, lockeren und meist bewegten, besonnten, ± steilen Feinschutt- bis Grobschutthalden, bisweilen auch in Felsspalten. Der Schildampfer wurzelt sehr tief und erreicht unter dem Grobschutt Feinerdeschichten. Sekundär kommt *R. scutatus* auch an vom Menschen geschaffenen

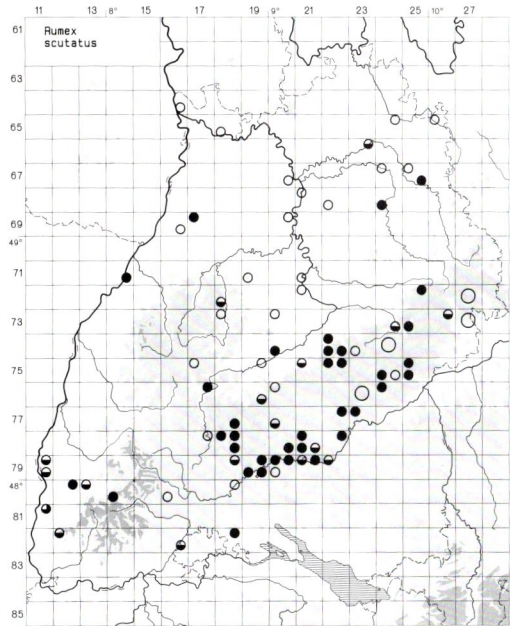

Schildampfer *(Rumex scutatus)*

Standorten wie an Mauern (z.B. auf der Burg am Hohenneuffen (7422/1)) oder auf Bahnschottern vor. Die typischen Schildampfer-Fluren (Rumicetum scutati) der Schwäbischen Alb und des Hegaus sind im Unterschied zu den Ausbildungen in den Alpen ausgesprochen artenarm und bilden häufig nahezu Reinbestände. Die Schildampfer-Fluren können darüber hinaus *Vincetoxicum hirundinaria, Arrhenatherum elatius, Geranium robertianum, Galium mollugo* agg., *Cardaminopsis arenosa, Galeopsis ladanum* und unter anderem die Moose *Rhytidium rugosum, Entodon orthocarpus* und *Ctenidium molluscum* enthalten. Vegetationsaufnahmen liegen von FABER (1936: Tab. 2), KUHN (1937: Tab. 10), TH. MÜLLER (1966a: Tab. 3) und von SEBALD (1983: Tab. 10) vor.

Allgemeine Verbreitung: Westliches Eurasien und Nordwest-Afrika. Das Hauptverbreitungsgebiet umfaßt die Pyrenäen, das östliche Frankreich, Westdeutschland (hier Nordgrenze bei 53°), Süddeutschland (v.a. im Jura), den Alpenraum, den nördlichen Apennin und die dinarischen Gebirge. Darüber hinaus kommt *R. scutatus* in verschiedenen Gebirgen des Mittelmeerraumes (z.B. Atlas-Gebirge, Sierra Nevada, auf Korsika, Sardinien usw.), auf der Krim, im Kaukasus und im nördlichen Kleinasien vor.

Verbreitung in Baden-Württemberg: Von Natur aus kommt der Schildampfer auf den Geröll- und den Schutthalden am Nord- und am Südrand der

Schwäbischen Alb vor. Die größte Populationsdichte und die umfangreichsten Bestände gibt es in der südwestlichen Alb im Bereich des Donau-Durchbruchs zwischen Tuttlingen und Sigmaringen. Ein natürliches Vorkommen außerhalb des Juras existiert am Hohentwiel (8218/2) im Hegau.

Die Vorkommen im Oberrheingebiet, im Südschwarzwald, im unteren Neckarraum, im Tauber-Main-Gebiet und in Hohenlohe können als Kulturrelikte gelten. Früher wurde der Schildampfer vielerorts als Gemüsepflanze oder als offizinelle Pflanze gehegt, so daß er sich als Kulturflüchtling sekundär zahlreiche Wuchsorte erschließen konnte. Einige dieser Vorkommen existieren noch, z. B. in Mauern an der Schloßapotheke Kirchberg (6725/4), am Bahnhof Wintersdorf (7114/2) und am Bahnhof Posthalde (8014/3) im Südschwarzwald.

Die Höhenverbreitung der natürlichen Vorkommen reicht von ca. 500 m ü. NN (am Hohentwiel) bis ca. 1000 m ü. NN am Oberhohenberg (7818/2) nach einer Angabe von KUHN (1937).

Ältester fossiler Nachweis: Welzheim, mittleres Subatlantikum (KÖRBER-GROHNE 1983). Ältester literarischer Nachweis: LEOPOLD (1728: 2): Geislingen und Lauterach (7723). Auch von HARDER 1594 im Gebiet gesammelt (HAUG 1915: 89).

Bestand und Bedrohung: Trotz seiner Seltenheit gehört *R. scutatus* nicht zu den gefährdeten Arten, da die steilen Geröll- und Schutthalden der Schwäbischen Alb und des Hegaus als die bedeutendsten Wuchsorte dieser Ampfer-Art kaum irgendwelchen Veränderungen ausgesetzt sind. Ein Großteil dieser Halden liegt zudem in Naturschutzgebieten. Nahezu verschwunden ist der Schildampfer im Oberrheingebiet und im unteren Neckarland, wo er als Neophyt um die Jahrhundertwende noch zerstreut vorkam. Ursache hierfür ist die heute selten gewordene Nutzung, so daß die Möglichkeit zur Verwilderung kaum noch besteht. Bahnschotter als potentiell geeignete Sekundärstandorte können wegen der Behandlung mit Herbiziden nur noch ausnahmsweise besiedelt werden.

5. Rumex acetosa L. 1753
Acetosa pratensis Mill. 1768
Großer Sauerampfer, Wiesen-Sauerampfer

Morphologie: Ausdauernde, gewöhnlich um 50 cm hohe, seltener über 1 m hohe, zweihäusige Pflanze. Blätter dicklich, etwas fleischig, von unterschiedlicher Gestalt, sauer schmeckend. Grundblätter und untere Stengelblätter 2–4(–6)mal so lang wie breit, länglich-eiförmig bis ei-lanzettlich, am Grunde durch abwärtsgerichtete, spitze Basallappen herz-,

pfeil- oder spießförmig, vorne stumpf. Grundblätter lang gestielt, Stengelblätter nach oben hin allmählich kürzer gestielt. Obere Stengelblätter stengelumfassend, pfeilförmig und vorne spitz, sitzend. Nebenblattscheiden gefranst. Blütenstand meist mit einfachen Seitenästen, nur einzelne Äste. wenig verzweigt. Blüten gestielt, meist eingeschlechtig, sehr selten zwittrig, in Knäueln. Valven rundlich, kreis-herzförmig, mit 3–4 mm ⌀, zunächst blaßgrün, zur Fruchtzeit am Rande rot oder vollständig rot werdend. Wenigstens eine der Valven mit einer kleinen, zurückgebogenen Schwiele nahe der Basis. Nüsse 1,8–2,2 mm lang, schwarz, glänzend.

Biologie: Blütezeit Mai bis Juni. Windbestäubung. Blütenbesuch kann durch Honigbienen erfolgen (KNUTH 1899).

Ökologie: Auf frischen bis feuchten, (mäßig) nährstoffreichen, neutralen bis mäßig sauren, sandigen Lehm- bis lehmigen Tonböden oder entwässerten Niedermoorböden. Der Sauerampfer kann in Mahdwiesen zur aspektbestimmenden Pflanze werden und kommt auch in Weiden vor. Seltener und zumeist nur in einzelnen Individuen besiedelt *R. acetosa* Ruderalstandorte. Gilt als Molinio-Arrhenatheretea-Klassencharakterart. Seinen Schwerpunkt hat der Sauerampfer in Gesellschaften des Arrhenatherion, des Polygono-Trisetion und des Calthion (vgl. OBERDORFER 1983).

Allgemeine Verbreitung: Eurasien, Nordwest-Afrika, Nordwest- und Nordost-Nordamerika, zir-

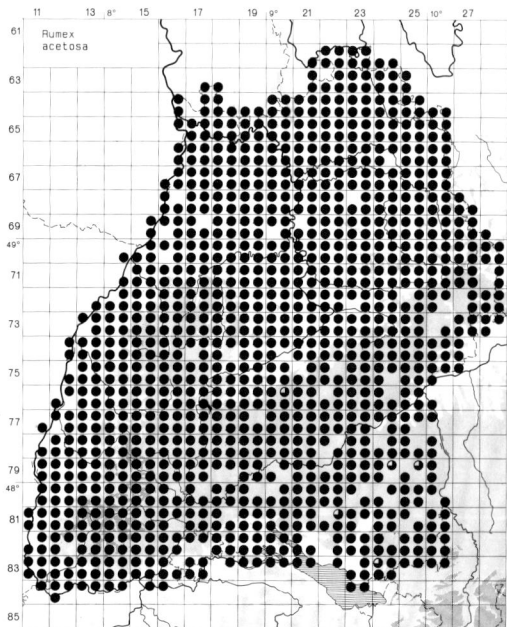

Großer Sauerampfer *(Rumex acetosa)*

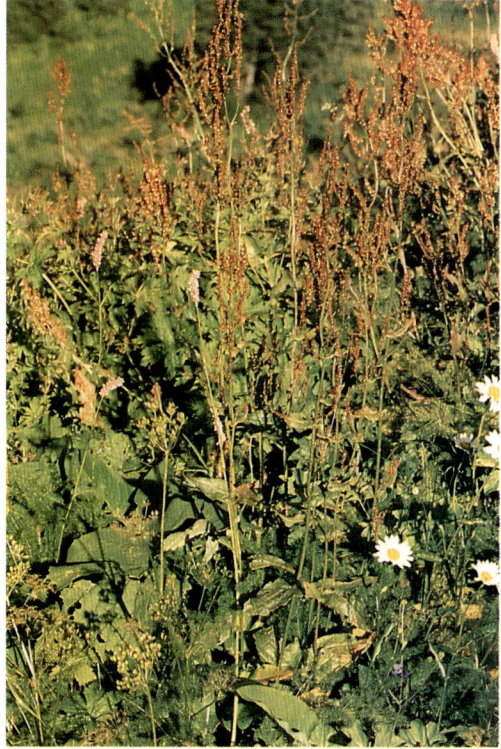

Berg-Ampfer *(Rumex alpestris)*
Feldberg, 1985

kumpolar. In ganz Europa mit Ausnahme Südost-Spaniens und Süd-Griechenlands verbreitet.

Verbreitung in Baden-Württemberg: Allgemein verbreitet und häufig. In den Trockengebieten tritt der Sauerampfer etwas zurück, in den Grünlandgebieten v. a. der mittleren Lagen gehört er zu den häufigsten und auffallendsten Wiesenpflanzen.

Die Höhenverbreitung erstreckt sich von ca. 90 m ü. NN bei Mannheim bis über 1300 m ü. NN nach K. MÜLLER (1948: Tab. 2) am Feldberg (8114/1).

Ältester fossiler Nachweis: Spätes Atlantikum von Ehrenstein (HOPF 1968). Ältester literarischer Nachweis: J. BAUHIN (1598: 172): Umgebung von Bad Boll (7323). Auch von HARDER 1574-76 wohl im Gebiet gesammelt (SCHORLER 1907: 91).

Bestand und Bedrohung: In ganz Baden-Württemberg häufige oder sehr häufige, nicht bedrohte Art. Der Sauerampfer kann bei Massenauftreten aufgrund seines geringen Futterwertes den Wert einer Wiese schmälern und auf Weiden Oxalsäurevergiftungen beim Vieh verursachen. Er verträgt ein- bis dreimalige Mahd und ist wenig empfindlich gegen Brennen.

6. Rumex alpestris Jaquin 1762

R. arifolius All. 1774; *Acetosa arifolia* (All.) Schur 1853; *R. acetosa* L. subsp. *arifolius* (All.) Blytt et Dahl 1903
Berg-Ampfer, Berg-Sauerampfer, Aronstabblättriger Ampfer

Morphologie: Ausdauernd, 30 cm bis 1 m hoch, zweihäusig. Grundblätter 1–2mal so lang wie breit, breit-eiförmig, am Grunde herzförmig mit abgerundetem oder abgestutztem Basallappen, vorne stumpf, lang gestielt. Stengelblätter nach oben allmählich kürzer gestielt, obere Stengelblätter dreieckig länglich-eiförmig, am Grunde geöhrt, vorne spitz. Nebenblattscheiden ganzrandig, bisweilen etwas einreißend. Blütenstand mit meist wenig verzweigenden, seltener mit einfachen Seitenästen, eine vielblütige, im Fruchtzustand lockere Rispe bildend. Blüten meist eingeschlechtig, selten zwittrig, gestielt, in mehrblütigen Knäueln. Valven 3,5–4,5 mm lang, breit-rundlich, am Grunde mit einer kleinen, zurückgebogenen Schwiele. Nüsse 2,5–3 mm lang, graugelb, matt. – Blütezeit: Juni bis August.

Ökologie: Auf frischen bis feuchten (durchsickerten), (mäßig) nährstoffreichen, ± basenreichen Lehmböden in Hochstaudenfluren oder hochstaudenreichen Wiesen montaner bis subalpiner, humider Lagen. Im Feldberg- und im Belchen-Gebiet kommt *R. alpestris* zumeist in der Hahnenfuß-Kälberkopf-Gesellschaft (Chaerophyllum-Ranunculetum aconitifolii), in Alpenlattich-Fluren (Cicerbitetum alpinae) sowie in weiteren Gesellschaften des Calthion, des Polygono-Trisetion und des Adenostylion alliariae vor. Ins Grünerlen- und ins Schluchtweidengebüsch dringt der Berg-Ampfer nur randlich ein, gelegentlich kommt er auch an aufgelichteten Stellen im hochmontanen Hochstauden-Bergahorn-Buchenwald (Aceri-Fagetum) vor. *R. alpestris* wird im Hochschwarzwald häufig von den Hochstauden *Adenostyles alliariae, Ranunculus aconitifolius, Cicerbita alpina, Chaerophyllum hirsutum, Aconitum napellus, Senecio fuchsii* und den (Berg)Wiesenpflanzen *Polygonum bistorta, Alchemilla vulgaris, Geranium sylvaticum* und *Meum athamanticum* begleitet. Vegetationsaufnahmen liegen von K. MÜLLER (1948: Tab. 21, 22) und PHILIPPI (1989: Tab. 8), eine synoptische Tabelle von BOGENRIEDER (1982: 314) vor.

Allgemeine Verbreitung: Die südliche Unterart subsp. *alpestris* gehört zum praealpin-alpinen/altaischen Florenelement und kommt in den Pyrenäen, Cevennen, im Apennin, in den Alpen, im Schwarzwald, im Harz, in den herzynischen Gebirgen, in den Karpaten, im Kaukasus und im Altai vor. Das Areal der nördlichen Unterart erstreckt sich durch die gesamte eurasische Taiga- und Tundra-Zone von Norwegen bis zur Kamtschatka-Halbinsel.

Verbreitung in Baden-Württemberg: Nur im Hochschwarzwald und an einigen Stellen des Mittel- und des südöstlichen Schwarzwaldes verbreitet. Aus dem Nordschwarzwald liegen bisher nur zwei Angaben vor! Ansonsten fehlt der Berg-Ampfer in Baden-Württemberg. Die besten Entfaltungsmöglichkeiten bieten sich diesem Ampfer in Hochlagen über 1100 m ü. NN an entwaldeten Stellen wie z. B. in den Gipfellagen des Kandel (7914/1) oder des Schauinsland (8013/3) oder oberhalb der Waldgrenze am Feldberg (8114/1). Am Feldberg kommt *R. alpestris* bis in die Gipfelregion oberhalb von 1450 m ü. NN vor.

Die tiefstgelegenen Wuchsorte des Berg-Ampfers unterschreiten die Höhe von 500 m ü. NN: am Straßenrand im Kirchlinsgrund (8013/3) gedeiht die Art bereits bei 470 m ü. NN (QUINGER, KR)!

Ältester literarischer Nachweis: GMELIN (1806: 112): unter dem Namen *Rumex hispanica* „In Marggraviatu superiore in montosis retro Schweighof versus Sirnitz non infrequens".

Die folgende Fundortsaufstellung ist eine Auswahl:
Nordschwarzwald: 7315/3: Hornisgrinde, SCHLATTERER in EGM (1906); 7316/3: Schönmünzach, am vorderen Seebach bei 530 m, 1983, PHILIPPI (KR).
Mittlerer und südlicher Schwarzwald: 7814/3: Tafelbühl, MEIGEN in EGM (1906); 7814/4: Fahrnwald, MEIGEN in EGM (1906); Hinteres Elztal, 1986, PHILIPPI (KR-K); 7913/2: an der Kandelstraße oberh. Waldkirch am „Hinteren Holzplatz", 1986, PHILIPPI (KR-K); 7914/1: Kandel, erste Angabe von SPENNER (1826); 8013/3: Schauinsland, erste Angabe von SPENNER (1826); 8013/4: Umgebung des Stollenbacherhofs, 1986, QUINGER (KR-K); 8014/2: Holzschlag unterhalb v. St. Märgen, 1985, PHILIPPI (KR-K); 8014/3: Nessellache, Breitnau, Bisten, MEIGEN in EGM (1906); Bankgallihöhe, LINDNER in EGM (1906); Alpersbach, 1983, PHILIPPI (KR-K); 8112/3: oberh. Schweighof, unterhalb von Sirnitz, 1983 noch beobachtet, PHILIPPI (KR-K), erste Angabe von GMELIN (1806); 8112/4: Käblescheuer, Stuhlkopf, MEIGEN in EGM (1906); 8113/1: Notschrei, SCHLATTERER in EGM (1906); Trubelmattkopf, MEIGEN in EGM (1906); Belchen, erste Angabe von SPENNER (1826); 8113/2: Katzensteig im St. Wilhelmer Tal, 1986, PHILIPPI (KR-K); 8113/3: Wiedener Eck, Heidstein, MEIGEN in EGM (1906); Rübgartenkopf, PHILIPPI (1987); 8114/1: Feldberg, Sessselliftstation Seebuck, 1986, QUINGER (KR), erste Angabe von SPENNER (1826); 8114/3: Herzogenhorn, 1977, SCHUHWERK (STU-K); 8212/1: Blauen, erste Angabe von SPENNER (1826); 8212/2: Kohlgarten, DÖLL in EGM (1906); Nonnenmattweiher, MEIGEN in EGM (1906); Stockberg-Gebiet, PHILIPPI (KR-K).

Bestand und Bedrohung: Obwohl *R. alpestris* nahezu auf den südlichen Schwarzwald beschränkt ist, gehört dieser Ampfer nicht zu den gefährdeten oder

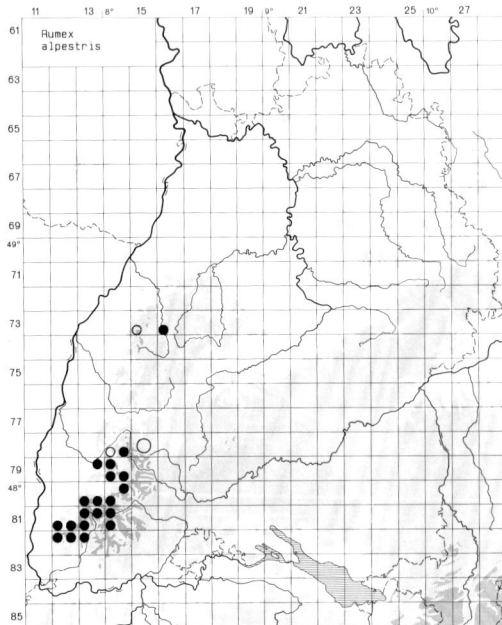

schonungsbedürftigen Arten. In nicht gefährdeten Pflanzengemeinschaften wie den subalpinen Hochstaudenfluren kommt der Berg-Ampfer in Massenbeständen vor wie z. B. im Feldberg-Gebiet, am Belchen, am Schauinsland und am Kandel.

7. Rumex thyrsiflorus Fingerh. 1829

R. acetosa L. subsp. *thyrsiflorus* (Fingerh.) Hayek 1908; *Acetosa thyrsiflora* (Fingerh.) A. et D. Löve 1948

Straußblütiger Sauerampfer, Rispen-Sauerampfer, Bahndamm-Sauerampfer

Morphologie: Ausdauernde, meist 0,8–1,2 m hohe, zweihäusige Pflanze. Blätter 4–14mal so lang wie breit, von unterschiedlicher Gestalt. Grundblätter ei-lanzettlich bis schmal-lanzettlich, durch abstehende, spitze Basallappen pfeil- oder spießförmig, vorne stumpf, lang gestielt. Stengelblätter nach oben hin allmählich kürzer gestielt, schließlich sitzend und stengelumfassend, schmal-lanzettlich bis linealisch. Nebenblattscheiden durchscheinend, am Rande fransig zerschlitzt. Blütenstände mit reich verzweigten Seitenästen, vielblütige, im Fruchtzustand dichte Rispen bildend. Blüten meist eingeschlechtig, sehr selten zwittrig. Valven 2,5–3,5 mm lang (etwas kleiner als bei *R. acetosa*), breit herzförmig, oft breiter als lang, am Grunde mit einer zurückgeschlagenen, kleinen Schwiele. Nüsse 1,8–2,2 mm lang, dunkelbraun.

Straußblütiger Sauerampfer *(Rumex thyrsiflorus)* Breisach, 1987

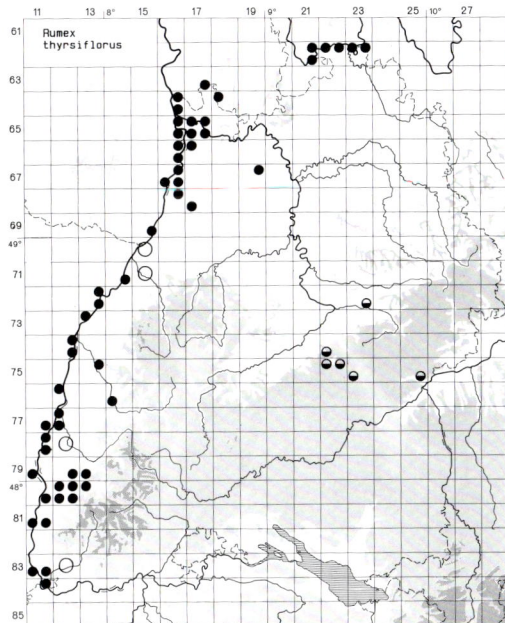

Biologie: Blütezeit Juni bis Juli (etwa 1 Monat später als *R. acetosa*!).

Ökologie: Auf trockenen bis frischen, nährstoffreichen und basenreichen, sandigen bis tonigen Lehmböden. *R. thyrsiflorus* gedeiht auch auf kiesigen oder steinigen Rohböden, z. B. in Hafen- und Bahnanlagen oder an trockenen Straßen- und Wegrändern, an Böschungen und Dämmen. Die Art tritt im Oberrheingebiet bevorzugt in thermophilen, trockenheitsverträglichen Unkrautfluren auf, wie z. B. in der Steinklee-Flur (Echio-Melilotetum) und gilt nach TH. MÜLLER (1983) als Charakterart dieser Assoziation. Außerdem kommt dieser Ampfer vor in halbruderalen, gedüngten Trockenwiesen (Arrhenatheretum elatioris, östl. Tieflagenform), in ruderalisierten Trockenrasen (Mesobromion) und in eutrophierten Sandrasen.

Allgemeine Verbreitung: Im Elsaß und in Lothringen an der Südwest-Grenze des Areals, in Westeuropa nur als Neophyt entlang von Straßenzügen und Bahnanlagen vorkommend. Nordgrenze in Skandinavien bei 60° n. Br., in Westsibirien bei 70° n. Br. Nach Osten bis nach Ostsibirien (Lena) und

553

zur Mandschurei verbreitet. Südgrenze im Oberrheingebiet, entlang des Mains und der Donau, im
pannonischen Tiefland, in der südlichen Balkanhalbinsel und von Bessarabien bis zur Mandschurei
in der eurasischen Steppenzone. In Mitteleuropa
deutliche Bindung an die großen Stromtäler erkennbar (Stromtalpflanze!) mit Ausbreitungstendenz entlang der großen Verkehrswege nach Westen.

Verbreitung in Baden-Württemberg: Nur im Oberrheingebiet und im Maintal allgemein verbreitet.
Im Oberrheingebiet liegen die Verbreitungsschwerpunkte im Bereich der Neckar-Rhein-Ebene mit
dem Mannheimer Ballungsraum, der südlichen Offenburger Rheinebene, der Markgräfler Rheinebene (v. a. bei Breisach, Neuenburg und im Ballungsraum Basel) und in der südwestlichen Freiburger Bucht. In Württemberg ist *R. thyrsiflorus* bisher
nur an wenigen Stellen im Vorland der mittleren
Schwäbischen Alb, auf der Mittleren Kuppenalb
sowie adventiv am Ulmer und Göppinger (7223/4)
Güterbahnhof festgestellt worden.

Die Höhenverbreitung reicht in Baden von ca.
95 m ü. NN bei Mannheim bis ca. 255 m ü. NN bei
Weil am Rhein (8411/2). Das für Böttingen (7523/3)
angegebene Vorkommen (KIRCHNER u. EICHLER
1913) liegt bei ca. 775 m ü. NN.
Erster fossiler Nachweis: Spätes Atlantikum von
Hochdorf (KÜSTER 1985). Erster literarischer Nachweis: KIRCHNER u. EICHLER (1900: 126): „Urach,
am Dettinger Roßberg".

Fundorte außerhalb des Oberrheingebiets und des Main-
tals:
Kraichgau: 6719/2: Ohne Ortsangabe, SCHÖLCH (STU-
K).
Kinzigtal: 7513/2: Offenburg, Güterbahnhof, 1978, PHIL-
IPPI (KR-K); 7614/3: Zell a. H., 1985, BREUNIG (KR-K).
Württemberg: 7223/4: Göppinger Güterbahnhof, 1933,
K. MÜLLER (1935); 7422/3: Dettinger Roßberg, KIRCH-
NER u. EICHLER (1913); 7522/1: Urach, KIRCHNER u.
EICHLER (1913); 7522/2: Wittlingen, KIRCHNER u. EICH-
LER (1913); 7523/3: Böttingen, KIRCHNER u. EICHLER
(1913); 7524/4: Ulmer Güterbahnhof, von 1932–1934,
K. MÜLLER (1935).

Bestand und Bedrohung: Im Oberrheingebiet und im
Maintal ist *Rumex thyrsiflorus* stellenweise recht
häufig und vermag sich vor allem an Verkehrswegen
(Bahnlinien, Straßen, Hafenanlagen) immer wieder
neue Wuchsorte zu erschließen. Mancherorts kann
er sogar in Massenbeständen auftreten (z. B. in Weil
am Rhein oder in Neuenburg). Die Art ist in diesen
Naturräumen weder gefährdet noch schonungsbedürftig. In Württemberg konnte der Straußblütige
Ampfer nach dem Zweiten Weltkrieg nicht mehr
festgestellt werden. Für diesen Landesteil muß

R. thyrsiflorus als verschollen eingestuft werden!
Nach SCHIEFER verträgt *R. thyrsiflorus* normale
Mahd.

8. Rumex alpinus L. 1753
Alpenampfer, Mönchsrhabarber

Morphologie: Ausdauernde, meist 60 cm bis 1,2 m,
selten bis 2 m hohe, aufrechte Staude. Wurzelstock
dick, waagerecht kriechend. Grundblätter bis
40 cm lang und 35 cm breit, etwa 1–1,5mal so lang
wie breit, im Umriß rundlich-oval, am Grunde tief
herzförmig mit abgerundeten Basallappen, mit
bogig zur Blattspitze verlaufenden Blatträndern in
der oberen Blatthälfte, vorne abgerundet oder
spitzlich, am Rande wellig oder fein gekerbt, (hell)-
grün; die Blattstiellänge der Grundblätter übertrifft
die Spreitenlänge. Nebenblattscheiden groß, weiß.
Blütenstände sehr dicke, spindelförmige Rispen, oft
die halbe Stengellänge einnehmend. Blüten zwittrig,
in vielblütigen, sich meist berührenden Knäueln.
Valven 3,5–6 mm lang, 3,5–5 mm breit, rundlich-
eiförmig, mit abgerundetem, abgestutztem oder
herzförmigem Grund, ganzrandig, schwielenlos,
grünlich oder rotbraun. Fruchtstiele unter der
Frucht verdickt. Nüsse 2,5–3 mm lang, helloliv.
Biologie: Blütezeit Juni bis August. Neigt an geeigneten Standorten zur Herdenbildung infolge vegetativer Vermehrung durch Verzweigen der unterirdischen Erdsprosse.

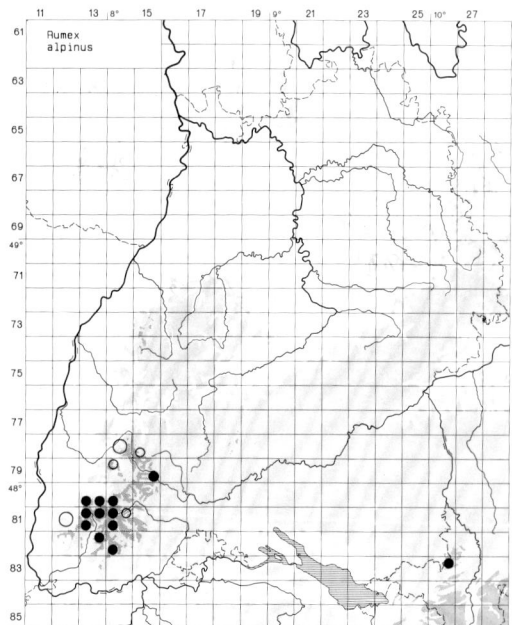

Alpenampfer *(Rumex alpinus)*
Feldberg, um 1975

Ökologie: Auf (sicker)frischen bis feuchten, sehr nährstoffreichen, allenfalls mäßig sauren Lehmböden über kalkreichen und kalkarmen Gesteinen in hochmontanen und subalpinen Lagen. Der Alpenampfer entfaltet sich vor allem auf von Viehexkrementen gedüngten, stickstoff- (besonders ammoniak)reichen Plätzen. Er gilt als Charakterart der nach ihm benannten subalpinen Lägerfluren (Rumicetum alpini). Den relativ artenarmen Alpenampfer-Fluren des Feldberg-Gebietes können *Silene dioica, Stellaria nemorum, Urtica dioica, Chaerophyllum hirsutum, Alchemilla vulgaris, Rumex obtusifolius, R. alpestris, Geranium sylvaticum* u.a. beigemischt sein. Vom Vieh wird der Alpenampfer kaum gefressen; er kann deshalb als lästiges Weideunkraut in Erscheinung treten, das sich nach Auflösung des Viehhüttenbetriebes noch jahrzehntelang zu halten vermag. Nach K. MÜLLER (1948: 311) überdauerten Alpenampfer-Fluren über 80 Jahre lang den Abriß des „Seehäusles" im Bärental. In der subalpinen Stufe kommt *R. alpinus* vereinzelt in Adenostyles-Hochstaudenfluren vor, die als ursprüngliche Standorte gedeutet werden können. Umgekehrt ist jedoch eine Einschleppung von den Lägerfluren nicht ausgeschlossen (vgl. BO-GENRIEDER 1982). Vegetationsaufnahmen von *R. alpinus*-Beständen aus dem Feldberg-Gebiet liegen von K. MÜLLER (1948: Tab. 21) vor.

Allgemeine Verbreitung: Westliches Eurasien. Hauptverbreitungsgebiet ist der Alpenraum. Darüber hinaus kommt *R. alpinus* in einigen Mittelgebirgen des südlichen Mitteleuropas (Schwarzwald, Böhmerwald, Sudeten), in den Pyrenäen, im Apennin, in den Karpaten, im Balkan, im Kaukasus und im Pontischen Gebirge vor.

Verbreitung in Baden-Württemberg: Der Alpenampfer kommt nur in den Hochlagen des südlichen Schwarzwaldes an entwaldeten Stellen oder oberhalb der Waldgrenze (Feldberg) vor; außerdem erreicht er von den Alpen aus mit dem Schwarzen Grat (8326/2) in der Adelegg gerade noch den äußersten Südosten des Landes.

Die Höhenverbreitung erstreckt sich von ca. 950 m ü. NN am Schwarzen Grat bis über 1450 m ü. NN am Feldberg.

Die Ursprünglichkeit des Alpen-Ampfers im Schwarzwald ist nicht nachgewiesen und umstritten (vgl. BOGENRIEDER 1982). Erster literarischer Nachweis: ROTH VON SCHRECKENSTEIN (1798: 98): „um den Feldberg".

Schwarzwald: 7815/3 (?): über Triberg an vielen Stellen, KRAUSE (1921); 7914/1: Kandel, erste Angabe von SPENNER (1826); von KLEIN u. GÖTZ in EGM (1906) noch genannt; inzw. erloschen; 8013/3: Schauinsland, erste Angabe von SPENNER (1826); 8013/4: Stollenbacherhof, bei ca. 1080 m, 1986, QUINGER (KR-K); 8014/3: Bankgallihöhe, HIMMELSEHER in EGM (1906); Hanselehof b. Alpersbach, KNETSCH in EGM (1906); Alpersbach, PHILIPPI (KR-K); 8113/1: Unteressenhof, Breitnau, 1982, PHILIPPI (KR-K); 8113/2: Katzensteig, am Mooshof, ca. 1020 m, erste Angabe von K. MÜLLER (1937), noch vorh. (PHILIPPI); 8113/3: Belchen, erste Angabe von SPENNER (1826), nach PHILIPPI (1987) nicht häufig; 8114/1: Feldberg-Gebiet, in der Umgebung der Viehhütten, der Unterkunftshäuser und der Parkplätze in mehreren Massenbeständen, erste Angabe von GMELIN (1806); 8114/3: Herzogenhorn, 1977, SCHUHWERK (STU-K); 8213/2: Wiese nördl. Herrenschwand, 1987, WÖRZ (STU-K); 8214/3: ohne Ortsangabe, SCHUHWERK (STU-K).

Adelegg: 8326/2: Südabhang des Schwarzen Grats, oberh. 950 m an mehreren Stellen, erste Angabe von BERTSCH (1933), 1956, K. BAUR (STU-K).

Bestand und Bedrohung: Trotz seiner Seltenheit gehört der Alpenampfer nicht zu den gefährdeten Arten. In den Hochlagen des Schwarzwaldes wird *R. alpinus* in der unmittelbaren Umgebung von Behausungen und Viehhütten durch Nährstoffeinträge sehr gefördert und gedeiht dort in Massenbeständen. In großer Menge wächst er auch an den Rändern von Autoparkplätzen (z.B. am Feldbergerhof südöstlich des Feldbergs). Ein Rückgang ist nur dort zu erwarten, wo die Viehhaltung aufgegeben wird. *R. alpinus* verträgt nach SCHIEFER einmalige Mahd und Beweidung.

Bastarde: Nach Herbarbelegen (STU, KR) mit *R. obtusifolius.*

9. Rumex aquaticus L. 1753
Wasserampfer

Morphologie: Ausdauernde, 0,8 bis 2 m hohe, aufrechte Staude. Grundblätter bis 45 cm lang und 25 cm breit, 1,5–2,5mal so lang wie breit, länglich dreieckig-eiförmig mit größter Breite nahe der Basis, am Grunde tief herzförmig mit abgerundeten Basallappen, mit fast geraden Blatträndern in der oberen Blatthälfte, vorne spitz oder spitzlich, ganzrandig oder am Rande fein wellig, dunkelgrün; die Blattstiellänge entspricht etwa der Spreitenlänge. Nebenblattscheiden braun, gefranst. Blütenstände sehr dichte Rispen, an den Hauptachsen oft die halbe Stengellänge einnehmend (bis 1 m lang!). Blüten zwittrig, in vielblütigen, sich meist berührenden Knäueln. Valven 5–9 mm lang, 4–7 mm breit, dreieckig-eiförmig mit abgerundetem oder abgestutztem Grund, ganzrandig, schwielenlos, grünlich oder (rot)bräunlich. Fruchtstiele unter der Frucht

schwach verdickt. Nüsse 3,4–3,8 mm lang, hellbraun. – Blütezeit: Juli bis August.

Ökologie: Auf feuchten bis nassen, zeitweise überschwemmten oder überstauten, meso- bis eutrophen, meist ± basenreichen, kiesigen bis tonigen Böden, mitunter auch auf mineralstoffreichen Niedermoorböden. *R. aquaticus* gedeiht zumeist in Röhricht- oder naß stehenden Staudengesellschaften an Bach- und Flußufern, an Gräben und an Ufern von (Quell)Seen. Gelegentlich werden auch eutrophe Niedermoorflächen besiedelt (z.B. das Schwenninger Moos), zumal dann, wenn diese hin und wieder überschwemmt werden.

An der Wutach und an der Donau wächst der Wasserampfer zumeist im Rohrglanzgrasröhricht (Phalaridetum arundinaceae). Im Schwenninger Moos (7917/3) kommt er in verschiedenen Großseggenriedern (z.B. im Caricetum rostratae und im C. pseudocyperi), in Rohrkolbenröhrichten und in mesotraphenten Wollgras-(*Eriophorum angustifolium*) und Teichschachtelhalm-Beständen vor. Sowohl im Schwenninger Moos wie im Birkenried (8017/3 u. 4) tritt *R. aquaticus* stellenweise bestandesbildend auf und wird u.a. von *Comarum palustre, Equisetum fluviatile, Carex rostrata, Eriophorum angustifolium, Solanum dulcamara, Lysimachia thyrsiflora, Lycopus europaeus, Cirsium palustre* und *Viola palustris* begleitet. GÖRS (1968) beschreibt vom Schwenninger Quellsee eine *Rumex aquaticus-Epilobium parviflorum*-Gesellschaft. Vegetationsaufnahmen aus dem Schwenninger Moos liegen von GÖRS (1968: Tab. 11, 12, 13, 14, 16, 17, 20) und von IRSSLINGER (1983: Tab. 5, 6, 7), aus dem Wutach-Gebiet von OBERDORFER (1949: Tab. 4 u. 1971: Tab. 2) vor.

Allgemeine Verbreitung: Westgrenze des Hauptareals im Rhein-Main-Gebiet, im nördlichen Oberrheingebiet und östlich des Schwarzwaldhauptkammes im Neckarraum und im Alb-Wutach-Gebiet. Europäische Südgrenze in den Alpen und auf der Balkanhalbinsel, europ. Nordgrenze am Nordkap. Nach Osten erstreckt sich das Areal durch ganz Sibirien bis zur pazifischen Küste. Arealsplitter in Schottland („Scottish Dock"), in Zentralfrankreich, im Saarland (WOLFF 1985) und im Kaukasus.

Verbreitung in Baden-Württemberg: Die meisten und individuenstärksten Vorkommen besitzt der Wasserampfer auf der kontinental getönten Baar. Von dort begleitet er die Wutach bis hinab zu ihrer

Wasserampfer *(Rumex aquaticus)*; aus REICHENBACH, L.: Icones florae germanicae et helveticae, Band 24, Tafel 160, Figur 1–7 (1904); (bearbeitet von G.E. BECK VON MANNAGETTA).

160.

1

2

3   4

5

6

7

Rumex aquaticus L.

F. G. Kohl et del.

Mündung in den Hochrhein (vgl. Angaben von KUMMER 1941). Zerstreut kommt er auch am oberen Neckar zwischen Schwenningen (7917/3) und Börstingen (7518/4) vor, ebenso entlang der Donau von der Baar flußabwärts. Sehr zerstreut ist *R. aquaticus* an der Iller, Argen, Nagold und an der Jagst bei Gerabronn (6725) und Ellwangen (7026) anzutreffen.

Sehr selten und zum Teil seit langem nicht mehr belegt ist der Wasserampfer im nördlichen Oberrheingebiet, am mittleren und unteren Neckar und auf der badischen Seite des Mains.

Das tiefstgelegene Vorkommen lag im Neckarauer Wald bei ca. 95 m ü. NN; das höchstgelegene und zugleich von der Baar am weitesten nach Westen vorgeschobene Vorkommen wurde im Jahr 1986 bei ca. 1050 m ü. NN im Ebenemoos (8015/1) bei Schwärzenbach entdeckt (QUINGER, KR).

Erster fossiler Nachweis: Spätes Subatlantikum von Sindelfingen, (KÖRBER-GROHNE 1978). Erster literarischer Nachweis: WIBEL (1799: 203–204): „ad lacum infra Bestenhaid".

Fundorte (ohne Baar, oberer Neckar, Donau und Iller): Nördliches Oberrheingebiet und Unterer Neckarraum: 6516/4: Neckarauer Wald bei Mannheim, DÖLL (1859); 6518/4: am Neckar zw. Ziegelhausen und Wiblingen, SCHMIDT (1857); 6915/4: unterhalb Hochwasserdamm bei Daxlanden, 1 Stock im Jahre 1986, P. THOMAS (KR); 6916/3: an der Alb um Karlsruhe, 19. Jh., LANG (KR); 7016/1: Ettlingen-Scheibenhardt, v. STENGEL in DÖLL (1859); 7313/2: Memprechtshofen, SCHATZ in KLEIN & SEUBERT (1905).

Main: 6222/2: Bestenhaid, 1900, STOLL (KR); 6223/1: Kreuzwertheim, 1916, KNEUCKER (KR).

Jagst- und Kocher-Gebiet: 6624/4: Eberbach, BERTSCH (STU-K); 6724/1: Amrichshausen, am Kocher, BERTSCH (STU-K); 6725/1: Unter- und Oberregenbach, HANEMANN in BERTSCH (STU-K); 6725/2: Kleinbrettheim, Kirchberg und Brettachtal b. Amlishagen, HANEMANN in BERTSCH (STU-K); 6725/4: Brettach bei Bügenstegen, 1971, SEYBOLD (STU-K); 6926/4: Rotbachtal NE Schweighausen, 1984, SEYBOLD (STU-K); 7026/1: Adelmannsfelden, BERTSCH (STU-K); 7026/2: Rotenbachtal, HANEMANN in BERTSCH (STU-K); 7027/1: Muckentaler Weiher, 1937, GSCHEIDLE (STU).

Mittlerer Neckar: 7122/2: Winnenden, 1874, v. ENTRESS (STU); 7222/3: Esslingen, 19. Jh., MARTENS (STU); 7420/3: Tübingen a.d. Steinlach, MAYER (1929).

Nagold/Enz: 7118/1: Pforzheim, an der Enz, DÖLL (1859); 7218/3: Calw, an der Nagold, MARTENS u. KEMMLER (1882); 7318/1: o.O., 1975–1981, ASSMANN (STU-K).

Südliche Schwäbische Alb: 7524/4: Weiler bei Blaubeuren, KIRCHNER u. EICHLER (1913); 7621/3: Hausen d.d. Lauchert, MAYER (1929); 7721/1: Mariaberg, MAYER (1929); 7721/3: Vehlatal bei Neufra, 1975, SEYBOLD (STU-K); 7821/3: Weitenried bei Hanfertal, 1976, SEYBOLD (STU-K).

Alpenvorland: 7824/2: bei Schemmerberg, 19. Jh., TROLL (STU); 7824/3: am Moosweiher, 1980, SEBALD (STU-K);

7825/1: Osterried bei Baustetten, BERTSCH (STU-K); 7923/2: Federseeried bei Oggelshausen, 1982, SEBALD (STU-K); 7923/4: Schussenried, WEIGER in BERTSCH (STU); 7926/3: Oberer Weiher b. Rot a.d. Rot, 1971, SEYBOLD (STU-K); 8026/4: an der Iller bei Fersthofen, 1972, SEYBOLD (STU-K); 8124/4: Wolfegg, KIRCHNER u. EICHLER (1913); 8126/2: Kraftwerk bei Maria Steinbach, 1972, SEYBOLD (STU-K); 8223/2: Ravensburg, SCHÜBLER u. MARTENS (1834); 8225/4: o.O., nach 1970, HARMS (STU-K); 8323/3: Langenargen, an der Argen bei Oberdorf, BERTSCH (STU-K); 8323/4: an der Argen bei Laimnau, BERTSCH (STU-K); 8325/1: Stadtweiher Wangen bei Eglofs, DÖRR (1973); 8423/1: Argenmündung Bodensee, BERTSCH (STU-K).

Bestand und Bedrohung: Auf ganz Baden-Württemberg bezogen muß der Wasserampfer zu den gefährdeten Arten (Gef.-Grad 3) gerechnet werden. In seinem Hauptverbreitungsgebiet, der Baarhochfläche, besitzt der Wasserampfer noch zahlreiche Vorkommen, die an einigen Stellen Tausende von Stöcken umfassen (Schwenninger Moos, Birkenried bei Pfohren). In einigen Baarmooren dürfte sich *R. aquaticus* infolge von Nährstoffeinschwemmungen aus angrenzenden landwirtschaftlichen Nutzflächen in den letzten Jahrzehnten sogar ausgebreitet haben, so etwa im Niedermoor nördlich von Aulfingen (8117/2) oder in der Verlandungszone des Behlaer Weihers (8017/3). Infolge von Flußverbauungen haben sich für *R. aquaticus* geeignete Standorte vermindert; die Art ist daher an einigen Flußläufen deutlich zurückgegangen (z.B. an der Unteren Wutach zw. Stühlingen (8216/2) und Tiengen (8315/4)).

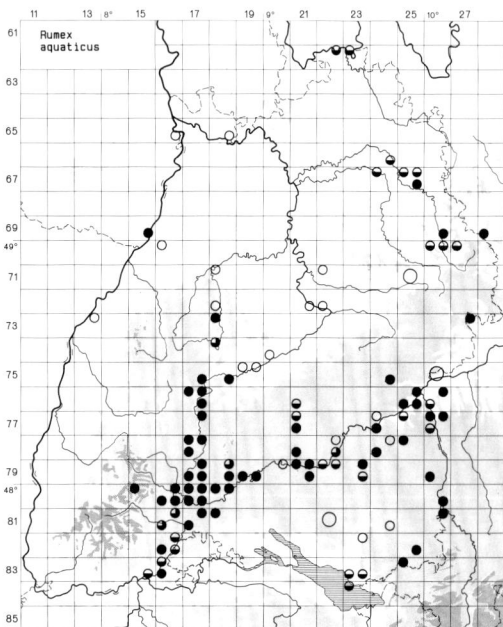

Rumex aquaticus

Im Oberrheingebiet, im mittleren und im unteren Neckarraum zählt der Wasserampfer zu den aussterbenden Arten. Es sind dort nur noch winzige Populationsreste vorhanden.

Bastarde: Nach Herbarbelegen (STU, KR) in Baden-Württemberg mit *Rumex crispus, R. hydrolapathum* und *R. obtusifolius*. Der Bastard mit *R. hydrolapathum* ist in Gebieten, wo beide Eltern vorkommen, nicht selten. Habituell ähnelt er meist dem Flußampfer.

Rumex longifolius DC 1815
R. domesticus Hartm. 1820
Nordischer Ampfer

Ampfer-Art Nordeurasiens mit der Südgrenze des Hauptareals in der norddeutschen Tiefebene. In Süddeutschland und im Schweizer Mittelland bei Zürich bisher als sehr seltene Adventivpflanze aufgetreten.
Morphologische Merkmale: Ähnlich *R. aquaticus*, Unterscheidung s. Schlüssel.

10. Rumex triangulivalvis (Dans.) Rech. f. 1936
R. salicifolius subsp. *triangulivalvis* Dans. 1926;
R. salicifolius auct. mult., non Weinm.
Weidenblatt-Ampfer

Morphologie: Eine sehr ausdauernde, 30–50 cm, selten bis 1 m hohe Staude. Stengel einzeln oder mehrere, (aufsteigend-)aufrecht, bisweilen niederliegend. Grundblätter fehlen! Untere Stengelblätter bis 15 cm lang und 2,5 cm breit, lineal-lan-

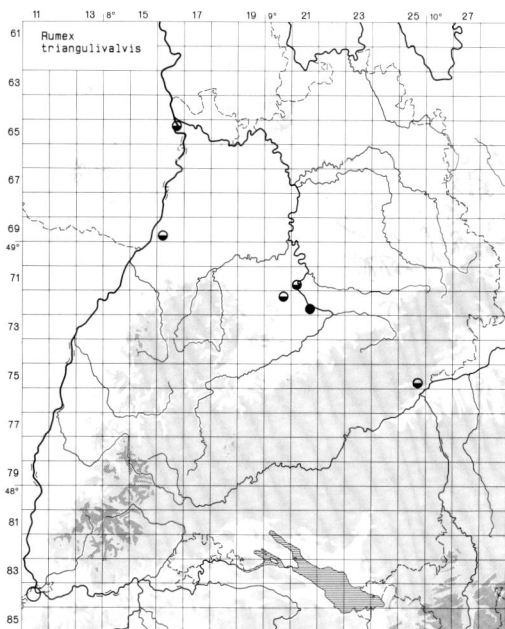

zettlich, kurz gestielt (Blattstiel kürzer als die Spreite), bleichgrün. Blütenstandsäste nicht oder nur wenig verzweigt. Valven 3–4 mm lang, 2,5–3 mm breit, am Grunde gestutzt, vorne spitzlich, ganzrandig, olivfarben, immer mit einer schmalen, länglichen Schwiele (Schwielenbreite ≤ ¼ der Valvenbreite).

Biologie: Blütezeit Juni bis September. Die Seitentriebe beginnen erst zu blühen, wenn am Haupttrieb die Fruchtbildung bereits abgeschlossen ist. Die Diasporen-Produktion kann sich bei einzelnen Individuen über mehrere Monate erstrecken (SUKOPP & SCHOLZ 1965).

Ökologie: Unbeständig auf nährstoffreichen, feuchten Schutt- und Ruderalplätzen v.a. in Hafenanlagen und an Bahnhöfen, seltener auch auf Kiesbänken von Flüssen, z.B. am Neckar bei Untertürkheim und bei Bad Cannstatt (KREH 1951).

Allgemeine Verbreitung: Nordamerikanische Ampfer-Art. Im mittleren Europa zuerst bei Genf 1903 nachgewiesen, in Deutschland erfolgte die erste Beobachtung im Ludwigshafener Hafengelände 1909 (F. ZIMMERMANN 1913). Heute als Neophyt in verschiedenen Teilen Europas eingebürgert. In Deutschland ist *R. triangulivalvis* im Ästuar der Elbe stellenweise recht häufig (MANG 1964); in Westberlin ist dieser Ampfer nicht selten an kanalisierten Gewässern anzutreffen (SUKOPP u. SCHOLZ 1965).

Verbreitung in Baden-Württemberg: Seltene und unbeständige Adventivpflanze, bisher in oder in der Nähe von Städten beobachtet. Unweit der Landesgrenze im Industriegebiet von Ludwigshafen (Pfalz) ließ sich die Art in individuenreichen Beständen über Jahre hinweg beobachten (LANG 1981)!

Ältester literarischer Nachweis: KNEUCKER (1935: 232): „Karlsruhe, Rheinhafengebiet, zwischen Industriegleise, 1925".

6416/4 (?): Mannheim, Rheinhafen, 1931, JAUCH (KR); 6516/2: Mannheim, Güterbahnhof, 1933, PLANKENHORN (STU); Mannheim, vor einer Großmühle, 1933, K. MÜLLER (STU); 6915/4: Karlsruhe, Rheinhafengebiet, zw. Industriegleisen, 1925, KNEUCKER (1935); 6916/3 (?): Karlsruhe, 1933, STRICKER (KR); 7121/3: Stuttgart-Killesberg, Schuttplatz, 1933, PLANKENHORN (STU); 7220/3: Auffüllplatz Westbahnhof, 1933, PLANKENHORN (STU); 7221/1: auf Kiesbank im Neckar bei Untertürkheim und Bad Cannstatt, etwa ½ Dutzend Pflanzen 1948 und 1949, KREH (1950: 107); 7221/4: Altes Neckarbett zw. Obertürkheim und Wangen, beim Ölhafen, eine Pflanze, 1973, RÜDENAUER (STU); 7526/2: Ulm-Söflingen, 1948, K. MÜLLER (STU).

Bestand und Bedrohung: In Baden-Württemberg eine seltene und unbeständig auftretende Adventivpflanze!

Krauser Ampfer *(Rumex crispus)*
Böblingen, 1989

11. Rumex crispus L. 1753
Krauser Ampfer

Morphologie: Ausdauernde, meist 0,5–1,2 m, selten bis 1,5 m hohe Staude. Stengel aufrecht, oberwärts verzweigend. Grundblätter 20–35 cm lang, 4–6 cm breit, lanzettlich bis schmal-lanzettlich, mit größter Breite ± in der Mitte, am Grunde keilförmig oder abgerundet, ± plötzlich verschmälert, vorne lang zugespitzt, am Rande auffällig wellig-kraus, krautig-fleischig, dunkelgraugrün; Blattstiel kürzer oder gleichlang wie die Blattspreite. Obere Stengelblätter linear-lanzettlich bis linealisch, kurz gestielt bis fast sitzend. Nebenblattscheiden durchscheinend, weiß. Blütenstände groß, ± lockere Rispen, etwa die Hälfte der Stengellänge einnehmend. Blüten zwittrig, in vielblütigen, sich einander berührenden oder nur wenig entfernten Knäueln. Valven 3,5–6 mm lang, 3–5 mm breit, rundlich-dreieckig oder rundlich-herzförmig, vorne stumpf, ganzrandig, unregelmäßig gekerbt oder mit wenigen, undeutlichen Zähnen, bräunlichgrün. Eine Valve immer mit einer bis 2 mm langen, kugelig-eiförmigen, bräunlich-orangen Schwiele; die beiden anderen Valven mit viel kleineren Schwielen oder ohne Schwielen. Nüsse 2–3 mm lang, kastanienbraun.

Biologie: Blütezeit Juli bis August. Windbestäubung.

Ökologie: Als Pionierpflanze auf frischen bis nassen, nährstoffreichen (insb. stickstoffreichen), ± basenreichen, oft verdichteten Lehm- und Tonböden, seltener auch auf Kiesen. Bevorzugte Wuchsorte des bis zu 3 m tief wurzelnden Krausen Ampfers sind Ruderalstellen wie Weg- und Straßenränder, offene Plätze, feuchte, offene Weidestellen, Schuttplätze, zur Staunässe neigende, etwas verschlämmte Ackerränder und Gräben. Recht häufig begegnet man *R. crispus* auch an den Ufern von Bächen, Flüssen, Teichen und Seen v.a. an ehemals begangenen und belagerten Stellen mit nicht zu hochwüchsiger Vegetation. Der Krause Ampfer tritt v.a. im Agropyro-Rumicion, in Secalinetea-, Bidentetea- und in Arrhenatheretalia-Gesellschaften (hier v.a. im Cynosurion!) auf. Vegetationsaufnahmen liegen u.a. von KUHN (1937: Tab. 7), LANG (1973: Tab. 39, 43, 44, 47), TH. MÜLLER (1974: Tab. 4) und von PHILIPPI (1983: Tab. 1, 6, 8, 12, 13; 1984: Tab. 9) vor.

Allgemeine Verbreitung: Ursprünglich in Eurasien. Heute als Neophyt fast weltweit in den gemäßigten Zonen der Erde verbreitet. Die Art ist fast in ganz Europa beheimatet und fehlt nur im äußersten Norden (Nordgrenze bei 69° n.Br.) Skandinaviens und Nordrußlands. Die europäische Verbreitung wird von JALAS & SUOMINEN (1979: 55; Karten-Nr. 458) wiedergegeben. Verbreitung in der nördlichen He-

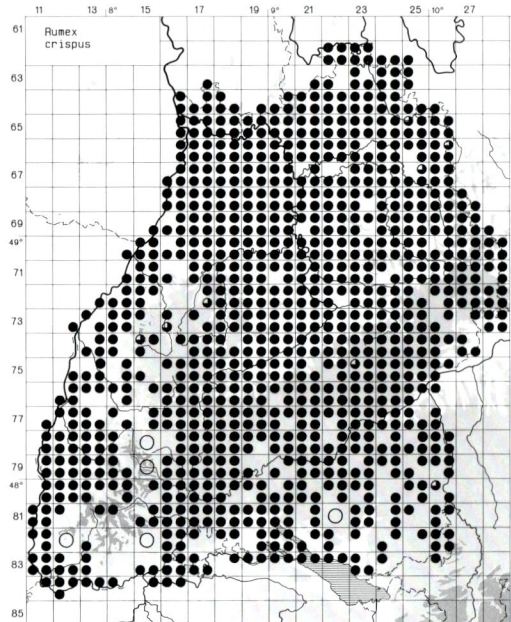

misphäre bei HULTÉN & FRIES (1986: Karten-Nr. 667).

Verbreitung in Baden-Württemberg: Häufig ist der Krause Ampfer in den tieferen und mittleren Lagen bis etwa 800 m ü. NN wie z. B. im Oberrheingebiet oder im gesamten Neckarraum. Nur mäßig häufig bis zerstreut ist er auf der Hochfläche der Schwäbischen Alb und in den höheren Lagen des Alpenvorlandes, sehr spärlich in den Hochlagen des Schwarzwaldes (über 1000 m ü. NN) anzutreffen.

Die Höhenverbreitung reicht von ca. 90 m ü. NN nordwestlich von Mannheim bis ca. 1300 m ü. NN in der Umgebung des Feldbergerhofs (8114/1) südöstlich des Feldberggipfels (QUINGER, KR-K).

Ältester fossiler Nachweis: Spätes Subboreal von Langenrain (BERTSCH 1932). Ältester literarischer Nachweis: DUVERNOY (1722: 90): Umgebung von Tübingen.

Bestand und Bedrohung: *R. crispus* ist nach *R. acetosa* und *R. obtusifolius* die am weitesten verbreitete und wohl auch häufigste Ampfer-Art. Nicht schonungsbedürftig. *R. crispus* verträgt nach SCHIEFER Vielschnitt und intensive Beweidung.

Bastarde: Nach Herbarbelegen (STU, KR) in Baden-Württemberg mit *R. aquaticus, R. conglomeratus, R. obtusifolius* und *R. sanguineus*.

Als einziger dieser Bastarde ist *R. crispus × obtusifolius* (= *R. × pratensis* Mert. et Koch 1826, Wiesen-Ampfer) häufig. Unterschiede: Grundblätter und untere Stammblätter breiter als bei *R. crispus*, am Grunde meist seicht herzförmig. Der Bastard mit der Unterart subsp. *obtusifolius* zeichnet sich darüber hinaus durch papillöse Behaarung an den Mittelrippen und an den Blattstielen sowie durch gezähnte Valvenränder (meist 4 Zähne pro Valvenseite) aus.

Rumex patientia L. 1753
Englischer Spinat, Mönchsrhabarber, Garten-Ampfer

In Baden-Württemberg früher als Gemüsepflanze häufig kultivierter Ampfer, der nur selten und unbeständig verwilderte. Er kann als seltene Adventivpflanze gelten. Er gehört zum pontisch-pannonischen Florenelement und ist in Südosteuropa, im südlichen Osteuropa und in Südwest-Asien beheimatet mit der Nordwest-Grenze des Areals im südöstlichen Niederösterreich.

Morphologische Merkmale: Vergleiche Schlüssel. 0,8 – 2 m hohe Staude. Grundblätter bis 45 cm lang, eiförmig-lanzettlich, am Grunde keilförmig oder gestutzt, selten herzförmig, vorne spitzlich, flach oder am äußersten Rand etwas gekräuselt. Valven ganzrandig, bleichbraun; Schwielen ei-kugelförmig, bei der 2. und 3. Valve wesentlich kleiner als bei der 1. Valve.

6915/4: Karlsruher Rheinhafen, Getreidesilo, 1938, JAUCH (KR); Rheinufer bei Karlsruhe, 1938, JAUCH (KR); 6916/3: Karlsruher Güterbahnhof, an der westlichen wie an der östlichen Ausladestelle; von 1936–1939, in jedem Jahr mehrfach belegt, JAUCH (KR) u. (1938); 6916/4: Karlsruhe, Stuttgarter Str. bei der Abzweigung zur Wolfartsweierer Str., 1987, QUINGER (KR); 7122/1: Winnenden, 1874, v. ENTRESS (STU); 7913/3: Güterbahnhof Freiburg, 1937, JAUCH (KR).

12. Rumex hydrolapathum Huds. 1778
R. maximus Gmel. 1806
Fluß-Ampfer, Teich-Ampfer, Riesen-Ampfer, Hoher Ampfer

Morphologie: Ausdauernde, 0,8–2,5 m hohe Staude. Wurzelstock kräftig, schwarz, mehrköpfig, einen flachen Bult bildend. Stengel einzeln oder zu mehreren, aufrecht, kräftig, über der Mitte verzweigend. Grundblätter und untere Stengelblätter sehr groß, 30–80(–110) cm lang, 10–20 cm breit, 3–6(–8)mal so lang wie breit, breit- bis schmallanzettlich mit beidseitig ± gleichmäßig verschmälertem Grund und langausgezogener Spitze, ganzrandig oder am äußersten Rande fein gekraust oder gekerbt, dunkelgraugrün, lang gestielt. Nebenblattscheiden kurz, gekerbt. Blütenstände sehr große, ± dichte Rispen, etwa 1/3 der Stengellänge einneh-

Fluß-Ampfer *(Rumex hydrolapathum)*
Federsee

mend. Valven 5–7 mm lang, 3–5 mm breit, dreieckig, ganzrandig, an der Basis höchstens angedeutet gezähnelt, graugrün. Schwielen länglich-spindelförmig, vorne ± spitz, etwa ⅔ der Valvenlänge, höchstens ⅓ der Valvenbreite erreichend. Fruchtstiel oben breit kreiselförmig. Nüsse 3–5 mm lang, braun. – Blütezeit: Juli bis August.

Ökologie: Auf nassen bis sehr nassen, häufig überschwemmten, mäßig bis sehr nährstoffreichen, basenreichen, schlammigen oder durchschlickten, kiesigen, sandigen oder schluffigen Böden an Ufern von langsam fließenden Bächen oder Flüssen, seltener auch von Weihern und Seen. Typischer Wuchsort ist die unmittelbare Uferlinie, wo sich die Art zwischen der offenen Wasserfläche und dem angrenzenden Röhrichtgürtel einschiebt; gelegentlich bildet sie dabei saumartige Reinbestände (*Rumex hydrolapathum*-Gesellschaft nach ZAHLHEIMER 1979). In der mittleren und in der nördlichen Rheinebene gedeiht der Fluß-Ampfer nicht selten in Gräben, im Bereich der Stauhaltungen am Rhein auch zwischen Steinblöcken.

Häufig ist *R. hydrolapathum* den Beständen von eutraphenten Röhrichtarten wie z.B. *Glyceria maxima, Sparganium erectum, Acorus calamus* und *Typha latifolia* beigemischt. Im Oberrheingebiet kommt dieser Ampfer auch in dem mesotraphenten Wasserschierling-Zypergrasseggenried (Cicuto-Caricetum pseudocyperi) vor (PHILIPPI 1973).

Als Seltenheit tritt der Fluß-Ampfer in ausgedehnten, eutrophen Großseggenriedern (z.B. Caricetum gracilis) auf. Wesentlich häufiger, zumal in den sich zur Streunutzung eignenden, trockeneren Großseggenriedern, ist hier der habituell sehr ähnliche Bastard *R. × heterophyllus* (vgl. ZAHLHEIMER 1979)!

Aus Baden-Württemberg liegen Vegetationsaufnahmen von KUHN (1961: Tab. 2, 3, 4) und von PHILIPPI (1973: Tab. 5, 7) vor.

Allgemeine Verbreitung: Nur in Europa. Südwestgrenze am Nordrand der Pyrenäen. Nach Osten erstreckt sich das Areal durch das mittlere Europa unter Aussparung der Gebirge bis zur Wolga. Nordgrenze bei maximal 62° n.Br. in Schottland, Südschweden, Südfinnland und Rußland; Südgrenze in Südfrankreich, in der Po-Ebene, in der nördlichen Balkanhalbinsel, an der nördlichen Schwarzmeerküste, am Don bis zur Wolga. Isolierte Vorkommen in Süditalien und Südjugoslawien. Die Art ist hauptsächlich in den Tiefebenen und in den Stromtälern verbreitet.

Verbreitung in Baden-Württemberg: *R. hydrolapathum* ist eine typische Stromtalpflanze und nur im mittleren und nördlichen Oberrheingebiet, im Donautal (inkl. der Unterläufe von Iller und Blau) und im Maintal verbreitet. Entlang von Neckar, Jagst, Kocher, Enz kommt der Fluß-Ampfer nur sehr spärlich vor; ebenso am südlichen Oberrhein, im Bodenseeraum und in Oberschwaben.

Die Höhenverbreitung reicht von ca. 90 m ü.NN am Rhein im Großraum Mannheim bis ca. 680 m ü.NN an der Brigach bei Aufen (8016/2) nach einer Angabe von ZAHN (1889).

Ältester literarischer Nachweis: LEOPOLD (1728: 88): „an der Donau hin und wieder".

Fundorte ohne Oberrheingebiet, Donautal und Maintal: Neckartal: 6920/2: Lauffen, Neckarschlinge, 1971, SEYBOLD (STU); 7420/3: Neckartal oberh. von Tübingen, 1980, GOTTSCHLICH (STU-K).
Jagst/Kocher: 6623/4: Ingelfingen, HANEMANN in BERTSCH (STU-K); 6722/2: Abfluß des Stausees Ohmberg, 1970, SEYBOLD (STU-K); 6723/1: Kocher-Ufer bei Forchtenberg, 1902, GRADMANN (STU-K); Ernsbach, KIRCHNER u. EICHLER (1913); 6723/2: Weißbach, HANEMANN in BERTSCH (STU-K); 6724/1: Kocher-Ufer bei Künzelsau, HANEMANN in BERTSCH (STU-K); 6724/2: Kocherstetten, HANEMANN in BERTSCH (STU-K); 6826/1: Schlammsee am Reußenberg, 1970, SEYBOLD (STU-K); 6826/3: Jagsttal bei Crailsheim, HANEMANN in BERTSCH (STU-K); 6828/3: Rotach b. Maxenhof, 1987, NEBEL (STU-K); 7025/4: Hammerschmiede, 1970, SEYBOLD (STU-K); 7026/1: Adelmannsfelden, HANEMANN (1924); 7026/2: Ellwangen, KIRCHNER u. EICHLER (1913), HANEMANN (1929); Herings- und Aumühle, HANEMANN in BERTSCH (STU-K); 7027/1: Muckental, HANEMANN (1924).
Enz/Nagold: 7018/2: bei Ölbronn, SCHLENKER in

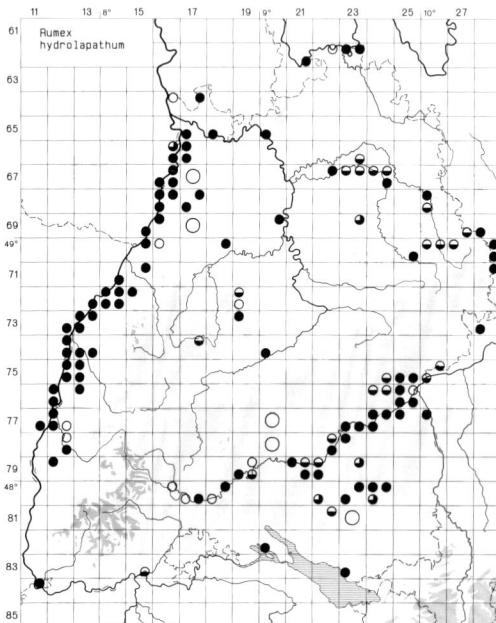

Rumex hydrolapathum

BERTSCH (STU-K); Aalkistensee, PHILIPPI (1977); 7219/1: Weil der Stadt, KIRCHNER u. EICHLER (1913).
Blautal u. Umgebung: 7524/2: Blaubeuren, BERTSCH (STU-K); 7525/3: Arnegger Ried, RAUNECKER (1984); 7525/4: Klingenstein, RAUNECKER (1984); 7624/1: Schelklingen, K. MÜLLER (1957); 7624/2: Gerhausen, K. MÜLLER (1957).
Hochrhein: 8315/4: an der Wutach zw. Tiengen und Waldshut, KUMMER (1941).
Alpenvorland (inkl. Bodenseeraum): 7922/3: Bremer Ried, 1978, BAUER (STU-K); 7923/2: Federseeried, erste Angabe von MARTENS u. KEMMLER (1865); 8023/2: Schwaigfurter Weiher, 1972, DÖRR (STU) u. (1973); 8023/3: Ebenweiler See, 1975, DÖRR (STU-K); Altshauser Weiher, BERTSCH (STU-K), ZIER (STU-K); 8024/1: Oberholz-Weiher bei Michelwinnaden, 1977, DÖRR (STU-K), Hb. HARMS (1986); 8024/2: Oberessendorf, wildes Ried, 1980, BRAUNER u. KÖSTER (STU-K); 8122/2: Wilhelmsdorf, STETTNER in BERTSCH (STU-K); 8220/3: Fischweiherried westl. Kaltbrunn, 1974, HENN (STU-K); 8323/3: Altwasser links der Schussenmündung bei Gmünd, 1982, DÖRR (STU) u. (1983).

Bestand und Bedrohung: Abgesehen von dem nördlichen und dem mittleren (nach Süden bis einschl. des NSG Taubergießen) Oberrheingebiet, dem Main- und dem Donautal, wo er in geeigneten Biotopen mäßig häufig auftritt, zählt der Fluß-Ampfer zu den Seltenheiten der einheimischen Flora. Durch Kanalisierung und Flußverbauungen ist die Ufer-röhrichtvegetation entlang zahlreicher Flußläufe entfernt worden oder bis auf geringe Restbestände zusammengeschrumpft (z. B. entlang des Neckars im Großraum Stuttgart). Regional ist die Art in diesem Jahrhundert deutlich zurückgegangen, z. B. an der Jagst und am Kocher. Insgesamt ist *R. hy-drolapathum* als schonungsbedürftig, außerhalb von Oberrheingebiet, Donau- und Maintal als im Bestand gefährdet zu bewerten!
Bastarde: Nach Herbarbelegen (STU, KR) in Baden-Württemberg mit *R. aquaticus*.
R. aquaticus × hydrolapathum = R. × hetero-phyllus Schultz (1819) steht dem Fluß-Ampfer habi-tuell meist viel näher als *R. aquaticus*. Von *R. hydrolapathum* unterscheidet er sich durch die am Grunde gestutzten oder ein- oder beidseitig (schwach) herzförmigen Grundblätter und unteren Stengelblätter.

13. Rumex conglomeratus Murray 1770
Knäuel-Ampfer, Knäuelblütiger Ampfer

Morphologie: Ausdauernde, 20–70 cm hohe, selten höhere Staude. Stengel aufrecht, oberwärts hin- und hergebogen, oft schon vom Grunde an verzweigt. Grundblätter 10–20 cm lang, 3–6 cm breit, eiförmig-lanzettlich bis schmal-lanzettlich, ± ganzrandig, höchstens angedeutet kraus, am Grunde ab-

gerundet oder seicht herzförmig, nach vorne allmählich verschmälert, an der Spitze abgerundet, dunkelgrün, lang gestielt (Blattstiel so lang oder länger als die Spreite). Stengelblätter lanzettlich, vorne ± spitz, am Rande fein kraus. Blüten zwittrig, zu 10–30 in jeweils mit einem Hochblatt versehenen, mehrere mm bis cm voneinander entfernten Scheinwirteln. Valven 2–3 mm lang, 1–1,7 mm breit, schmallänglich, zungenförmig, ganzrandig, mit fast parallelen Seitenrändern, vorne abgerundet, sämtlich schwielentragend. Schwielen relativ groß, mehr als halb so lang und fast ebenso breit wie die Valven. Fruchtstiele so lang oder kaum länger als die Valven. Nüsse 1,5 mm lang, 1 mm breit, rötlichbraun. – Blütezeit: Juli bis August.
Ökologie: Pionierpflanze auf mäßig feuchten bis mäßig nassen, nährstoffreichen, meist ± basenreichen, kiesigen bis tonigen Böden an den Ufern von Bächen, Flüssen und Stillgewässern. Recht häufig tritt die Art zudem in Gräben auf, charakteristische Wuchsorte sind auch staunasse Mulden von Kies- und Lehmgruben und von Bracheflächen. Gelegentlich kommt der Knäuel-Ampfer an feuchten Wegrändern vor, sehr selten ist er an feuchten Waldwegen und auf Waldschlägen anzutreffen (vgl. *R. sanguineus!*). Er gedeiht mit Vorliebe in lückigen Flutrasen (Agropyro-Rumicion) und in ± offenen Ufersaum-Unkrautfluren (v.a. Bidentetea-Gesellschaften). Vegetationsaufnahmen liegen u.a. von PHILIPPI (1973: Tab. 6; 1978: Tab. 30; 1984:

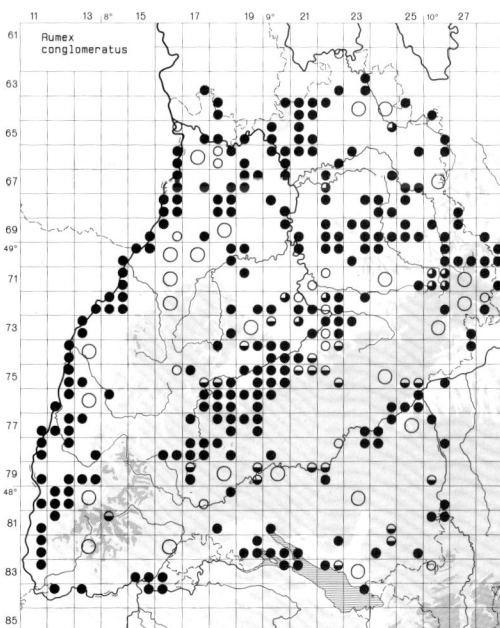

Rumex conglomeratus

Tab. 3, 8) und von Görs u. Th. Müller (1974: 237) vor.

Allgemeine Verbreitung: Nordwest-Afrika und westliches Eurasien. Hauptverbreitung im westlichen Mittelmeerraum, in West-, Mittel- und Südosteuropa, im nördlichen Kleinasien und im Kaukasus mit Südwestgrenze im Atlas-Gebirge; Nordgrenze in Schottland, Nord-Dänemark, Schonen; Nordost-Grenze in Litauen; Südostgrenze in der Kolchis. Exklaven in Mittelrußland, im Iran, in Turkmenien und in Palästina.

Verbreitung in Baden-Württemberg: Der Knäuel-Ampfer ist nur in den tieferen und mittleren Lagen (bis 600 m ü. NN) verbreitet, so z. B. im Oberrhein- und im Hochrheingebiet, im Kraichgau, im südlichen Bauland, in weiten Teilen des Neckarraumes einschließlich der Oberen Gäuflächen und in den Tieflagen des Alpenvorlandes (v. a. im Bodenseegebiet). Die höheren Lagen des Alpenvorlandes und die Hochfläche der Schwäbischen Alb werden weitgehend gemieden. Im Schwarzwald ist der Knäuel-Ampfer selten. Er kommt fast nur entlang der Flüsse vor (z. B. an der Kinzig und an der Elz).

K. Müller gibt *R. conglomeratus* für das Feldberg-Gebiet bei der Todtnauer Hütte (8114/1) in einer Höhe von ca. 1310 m NN an. Bei Mannheim liegen die niedersten Wuchsorte bei etwa 95 m NN.

Ältester fossiler Nachweis: Welzheim, mittleres Subatlantikum (Körber-Grohne 1983). Ältester literarischer Nachweis: Leopold (1728: 87–88):

Ulm, „am Bleichergraben". Auch von Harder vermutlich 1594 im Gebiet gesammelt (Haug 1915: 83).

Bestand und Bedrohung: Auch in seinen Hauptverbreitungsgebieten wie dem Oberrheingebiet und dem mittleren Neckarraum gehört der Knäuel-Ampfer keineswegs zu den besonders häufigen Ampfer-Arten und ist meist nur recht zerstreut anzutreffen! Massenvorkommen sind seltene Erscheinungen. Im mittleren Neckarraum um Stuttgart ist er früher anscheinend häufiger gewesen. Landesweit sind jedoch keine deutlichen Rückgangstendenzen erkennbar.

Bastarde: Nach Herbarbelegen (STU, KR) in Baden-Württemberg mit *R. crispus* und *R. obtusifolius*. Hybriden mit dem nah verwandten *R. sanguineus* liegen nicht vor.

14. Rumex sanguineus L. 1753
R. nemorosus Schrad. 1809
Hain-Ampfer, Blut-Ampfer

Morphologie: Ausdauernde, 30 cm bis 1 m hohe, selten höhere Staude. Stengel aufrecht, meist erst oberhalb der Mitte verzweigend. Blätter lebhaft grün, auffallend dünn, v. a. im Spätsommer bisweilen hell blutrot überlaufen (Name!). Grundblätter 15–25 cm lang, 6 cm breit, länglich-eiförmig, am Grunde abgestutzt oder seicht herzförmig, an der Spitze stumpf oder kurz zugespitzt, relativ kürzer gestielt als bei *R. conglomeratus* (Stiellänge nur etwa halb so lang bis ebensolang wie die Spreite). Obere Stengelblätter wesentlich kleiner, spitzer und schmäler, am Grunde abgerundet oder keilförmig, kurz gestielt bis sitzend. Blüten zwittrig, zu 6–30 in mehrere mm bis cm voneinander entfernten Scheinwirteln, wovon nur die untersten mit einem Hochblatt versehen sind. Valven meist ± ungleich, 3–3,8 mm lang, bis 1,5 mm breit, schmal-länglich, zungenförmig, ganzrandig, mit fast parallelen Seitenrändern, vorne abgerundet. Nur die vordere Valve mit einer Schwiele; Schwiele fast ebenso breit, weniger als halb so lang wie die Valve. Fruchtstiele stets länger als die Valven. Nüsse bis 1,5 mm lang und 1 mm breit, dunkelbraun. – Blütezeit: Juni bis August.

Ökologie: Auf (sicker)feuchten bis mäßig (sicker)nassen, nährstoffreichen, meist kalkarmen, jedoch allenfalls mäßig sauren, lehmigen bis tonigen

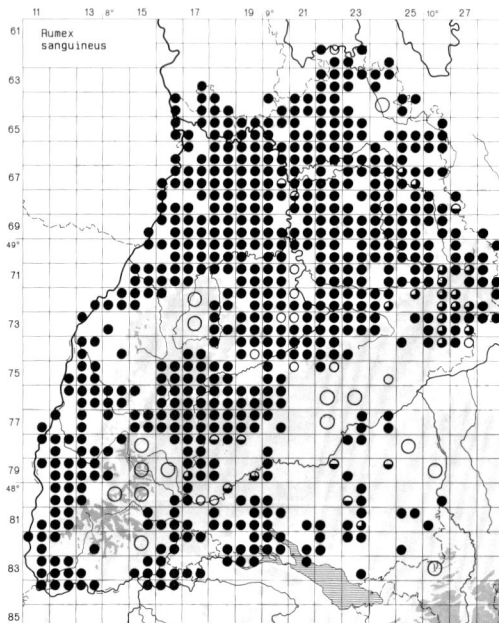

```
61  Rumex
    sanguineus
```

Knäuel-Ampfer *(Rumex conglomeratus)*; aus Reichenbach, L.: Icones florae germanicae et helveticae, Band 24, Tafel 166, Figur 1–7 (1904); (bearbeitet von G. E. Beck von Mannagetta).

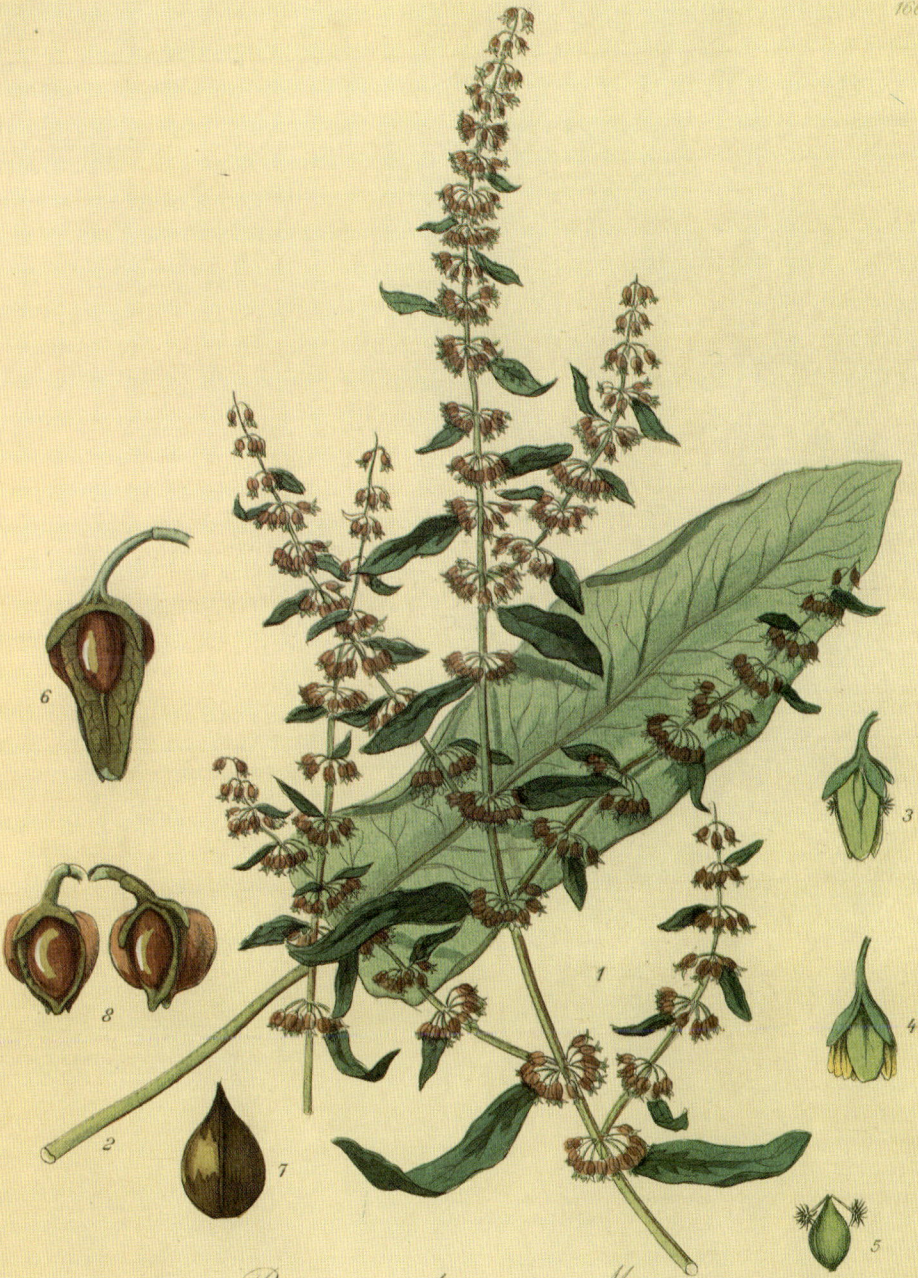

166.

6

8

2

7

3

4

5

1

1 – 7. *Rumex conglomeratus Murr. 8. v. pusillus (Delarb.)*

F. & Kohl et Beck del.

XXIV

ropa. In Südeuropa (z. B. Iberische und Apeninnen-Halbinsel) auf die Gebirgslagen im Bereich der sommergrünen Laubwälder beschränkt. Nordgrenze in Schottland, Südskandinavien und Litauen. In Osteuropa nur in wenigen, isolierten Einzelvorkommen. Außerhalb von Europa Exklaven im Kaukasus, in der nördlichen Türkei und im nördlichen Iran.

Verbreitung in Baden-Württemberg: Im gesamten Oberrheingebiet, im Neckarland und in anderen Naturräumen tieferer und mittlerer Höhenlagen wie dem Odenwald, dem Kraichgau, dem Hochrheingebiet und dem Bodenseeraum ist *R. sanguineus* verbreitet. Dagegen kommt der Hain-Ampfer in höher gelegenen Naturräumen, z. B. in weiten Teilen des Alpenvorlandes, nur sehr zerstreut vor. Auf der Hochfläche der Schwäbischen Alb fehlt er nahezu; ebenso gehört er im Schwarzwald abgesehen von den Randzonen und einigen Tälern (z. B. Kinzigtal) zu den floristischen Besonderheiten.

Die Höhenverbreitung reicht von ca. 95 m ü. NN (Rheinwälder bei Mannheim) bis 1000 m ü. NN im Jura (K. u. F. BERTSCH 1948).

Ältester fossiler Nachweis: Hochdorf, spätes Atlantikum (KÜSTER (1985). Ältester literarischer Nachweis: SPENNER (1826: 313): Umgebung von Freiburg; GMELIN (1826: 252–254). Frühere Angaben bei LEOPOLD (1728: 87) oder ROTH VON SCHREKKENSTEIN (1798: 97) beziehen sich sicher nicht auf diese Art.

Bestand und Bedrohung: *R. sanguineus* gehört in weiten Teilen des Landes zu den häufigen Arten! Der Hain-Ampfer wird durch Anlage von Waldwegen und Waldgräben vom Menschen gefördert und läßt keine Rückgangstendenzen erkennen. Ungefährdet, nicht schonungsbedürftig.

Bastarde: Nach Herbarbelegen (STU, KR) in Baden-Württemberg mit *R. crispus*. Hybriden mit dem nah verwandten *R. conglomeratus* liegen nicht vor.

Rumex bucephalophorus L. 1753
Ochsenkopf-Ampfer

Im Mittelmeerraum beheimatete Ampfer-Art. Bisher nur wenige Male als unbeständige und sehr seltene Adventivpflanze in Baden-Württemberg nachgewiesen.

Morphologische Merkmale: Vergl. Schlüssel. Einjähriger, kleinwüchsiger, meist 10–20 cm, selten bis 35 cm hoher Ampfer. Grundblätter sehr klein, 1–2 cm lang, spatelig oder eiförmig-lanzettlich. Stengelblätter allmählich verschmälert. Blütenstiele auffällig zurückgebogen.

6916/3: Karlsruher Güterbahnhof, westl. Ausladestelle, 1935 ein, 1940 mehrere Exemplare, JAUCH (KR) u. (1938); 7221/1: Stuttgart, Hauptbahnhof, 1934 u. 1941, K. MÜLLER in SEYBOLD (1969); 7525/4: Ulm, Güterbahnhof, 1931–1943 mehrfach, K. MÜLLER (STU) u. (1957).

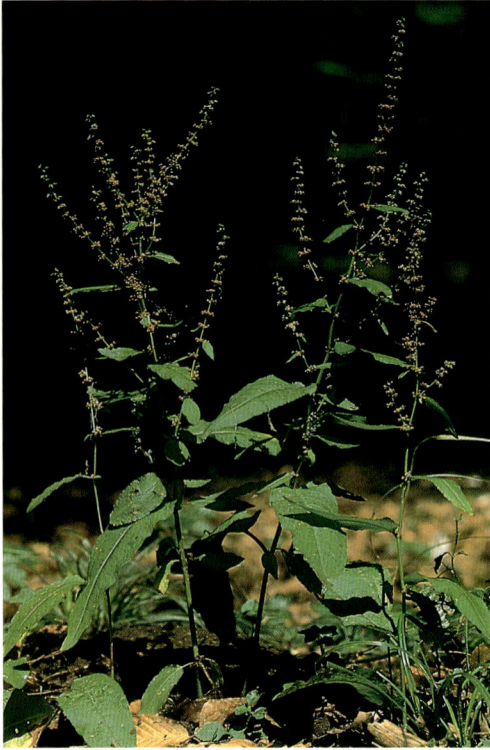

Hain-Ampfer *(Rumex sanguineus)*
Kaiserstuhl

Böden an schattigen oder halbschattigen Stellen v. a. in Innensäumen von Laub(misch)wäldern. An Störstellen wird *R. sanguineus* offensichtlich gefördert und tritt am Rande feuchter Waldwege, zwischen den Fahrspuren wenig befahrener Stellwege oder in Gräben am Rande von Forststraßen häufig bestandesbildend auf (*Rumex sanguineus*-Gesellschaft nach WINSKI 1983).

In meist nur wenigen Exemplaren kommt der Hain-Ampfer auch in Erlen-Eschenwäldern (z. B. im Carici remotae-Fraxinetum) an Quellaustritten, in Quellnischen, am Rande von Quellsümpfen und entlang von Sickerrinnen vor. Charakteristische Begleitpflanzen sind u. a. *Circaea lutetiana, Geum urbanum, Stachys sylvatica, Geranium robertianum, Scrophularia nodosa, Festuca gigantea, Carex remota* und im Oberrheingebiet *Carex strigosa*. Stark besonntes, ruderalisiertes Gelände wird vom Hain-Ampfer strikt gemieden (vgl. *R. conglomeratus*)! Vegetationsaufnahmen zu *Rumex sanguineus*-Beständen liegen von WINSKI (1983: Tab. 4) vor.

Allgemeine Verbreitung: Europa und Südwest-Asien; Hauptareal im mittleren Westeuropa, in ganz Mitteleuropa, und im nördlichen Südosteu-

Stumpfblättriger Ampfer *(Rumex obtusifolius)*
Böblingen, 1989

15. **Rumex obtusifolius** L. 1753
Stumpfblättriger Ampfer

Morphologie: Ausdauernd, meist 0,5–1,2 m hoch; Wurzelstock mehrköpfig. Stengel meist zu mehreren, aufrecht, oberhalb der Mitte verzweigend. Grundblätter 20–30(–40) cm lang, 10–15(–20) cm breit, im Umriß länglich-eiförmig oder länglich-elliptisch, am Grunde herzförmig mit abgerundeten Basallappen, mit bogig zur Blattspitze verlaufenden Blatträndern, vorne abgerundet oder spitzlich, am Rande etwas wellig, ± ganzrandig, dunkelgrün, völlig kahl oder unterseits v.a. auf den Nerven weiß-papillös behaart; Blattstiellänge so lang oder länger als die Spreite. Blütenstände rispenartig und nur in der unteren Hälfe beblättert. Blüten zwittrig, in vielblütigen Knäueln. Valven 4–5(–6) mm lang, 3–4 mm breit, (länglich) dreieckig-eiförmig, vorne stumpf, mit beiderseits 3–5 Zähnen (Zähne maximal so lang wie die halbe Valvenbreite), selten ganzrandig, rot, alle oder nur 1–2 mit Schwielen. Schwielen länglich, zugespitzt, sehr unterschiedlich, viel schmäler als die Valven. Fruchtstiele länger als die Valven. Nüsse 2,5–3,2 mm lang, braun. – Blütezeit: Juni bis Oktober.

Ökologie: Auf frischen bis feuchten, nährstoffreichen, sandigen Lehm- bis Tonböden, auf entwässerten und gedüngten Niedermooren, an Flußufern auch auf Kiesen und Schottern. Die Art samt am besten an offenen Stellen oder auch in lückiger Vegetation aus, so daß sie häufig in Pionierfluren erscheint. Einmal etabliert erweist sich *R. obtusifolius* auch in geschlossenen Vegetationsbeständen als konkurrenzkräftig und vermag sich lange zu halten.

In dörflichen Siedlungen gehört *R. obtusifolius* auf Schuttplätzen, an Gräben, Wegrändern, Zäunen, Mauerrändern von Bauernhöfen und Ställen, an ehemaligen Ablageplätzen von Mist und Kompost zum gewohnten Erscheinungsbild. In der Feldflur gedeiht dieser Ampfer häufig an Ackerrändern, Wegböschungen oder an Scheunen. Auf stark beweidetem und gedüngtem (Jauche!) Grünland entwickeln sich zuweilen Massenbestände. Die Art ist deshalb als lästiges Weideunkraut gefürchtet. Auf feuchten, halbschattigen Waldschlägen ist *R. obtusifolius* nicht selten. Häufig kommt er zudem in Flutrasen von Fließ- und Stillgewässern vor. Auf Kies- und Sandbänken an Flußufern kann er bestandesbildend (*Poa trivialis-Rumex obtusifolius*-Gesellschaft) auftreten. Vegetationsaufnahmen von *Rumex obtusifolius*-Beständen an Flußufern liegen von TH. MÜLLER (1974: Tab. 5), an Wegböschungen von OBERDORFER (1983: 335) vor.

Allgemeine Verbreitung: Europa und südwestliches Asien. In ganz West-, Mittel- und im westlichen Osteuropa verbreitet. Nordgrenze in Mittelskandinavien (bei 65° n. Br.), Estland und Mittelrußland. Südgrenze im nördlichen Mittelmeerraum. Europäische Grenze an der Wolga und am Don. In Südwest-Asien im Kaukasus, in der nördlichen Türkei und im nordwestlichen Iran beheimatet.

Verbreitung in Baden-Württemberg: *R. obtusifolius* ist überall eine häufige, in den niederschlagsreichen und kühlen Landesteilen (z. B. Schwarzwald, Alpenvorland) auf nicht zu armen Böden sogar eine sehr häufige oder gemeine Pflanzenart.

Die Höhenverbreitung reicht von ca. 90 m ü. NN (Rheinebene nordwestlich Mannheim) bis über 1300 m ü. NN am Feldberg.,
Ältester fossiler Nachweis: Welzheim, mittleres Subatlantikum (KÖRBER-GROHNE 1983). Ältester literarischer Nachweis: J. BAUHIN (1598: 172): Umgebung von Bad Boll (7323).

Bestand und Bedrohung: Neben *R. acetosa* die häufigste Ampfer-Art Baden-Württembergs. *R. obtusifolius* gehört durch die allgemeine Eutrophierung der Landschaft und durch die Schaffung neuer Standorte zu den vom Menschen begünstigten Pflanzenarten und hat in den letzten Jahrzehnten zugenommen. Als Weideunkraut kann der Stumpfblättrige Ampfer wirtschaftlich negative Bedeutung erlangen. *R. obtusifolius* verträgt Vielschnitt und intensive Beweidung.

Variabilität: *R. obtusifolius* wird von RECHINGER (1958 und 1964) in vier Unterarten gegliedert, von denen drei in Baden-Württemberg vorkommen:

a) subsp. obtusifolius
R. ob. L. subsp. *agrestis* (Fries.) Dans. 1926;
R. ob. L. var. *agrestis* Fries. 1828; *R. ob.* L. subsp. *Friesii* Rech. pat. 1892

Merkmale vergl. Schlüssel; selten alle Valven schwielentragend.

Hauptverbreitung in Westeuropa und im westlichen Mitteleuropa. Nordgrenze Schottland und Skandinavien, Südgrenze Apeninnen-Halbinsel, Ostgrenze Elb-Linie und Ungarn. In Baden-Württemberg die absolut vorherrschende Unterart.

b) subsp. sylvestris (Wallr.) Rech. p. 1892
R. sylvestris Wallr. 1822; *R. ob.* L. var. *sylvestris* (Wallr.) Fries. 1828; *R. ob.* L. var. *microcarpa* Dierb. 1826

Blätter unterseits völlig kahl. Valven erheblich kleiner als bei subsp. *obtusifolius*, 3–4,5 mm lang, 2–2,5 mm breit, dreieckig-eiförmig bis schmal-zungenförmig, nahe der Basis kurz gezähnelt oder (fast) völlig ganzrandig, alle mit länglicher Schwiele.

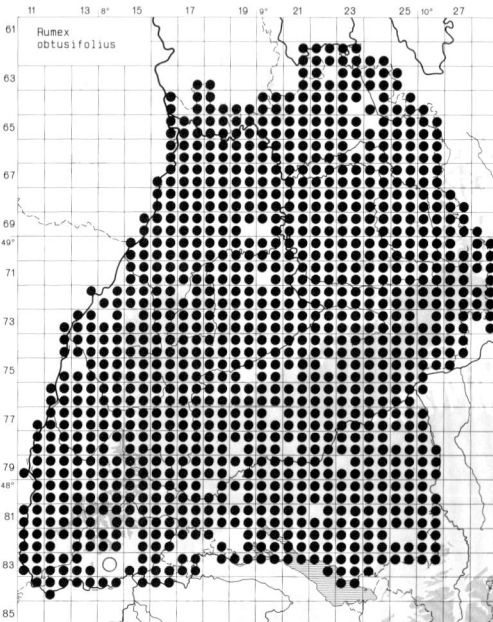

Rumex
obtusifolius

Hauptverbreitung im östlichen Mitteleuropa und in Osteuropa. Westgrenze im westlichen Mitteleuropa. In Baden-Württemberg an der Verbreitungsgrenze, hier offenbar sehr seltene Unterart! Bisher liegt nur ein Belegexemplar (STU) von K. Müller aus dem Jahre 1943 vor, das von einem Altwasser an der Iller bei Illerrieden stammt.

c) subsp. **transiens** Rech. f. 1932
R. sylvestris Wallr. var. *transiens* Simk. 1881

Pflanze meist kahl, seltener an Blattstielen und an den Nerven der Blattunterseite papillös behaart. Valven 4–5 mm lang, dreieckig-eiförmig, alle mit unregelmäßigen Schwielen, an der Basis deutlich gezähnt. Valvenzähne meist kürzer als die halbe Valvenbreite.

Diese Unterart vermittelt zwischen subsp. *obtusifolius* und subsp. *sylvestris* und ist von diesen nicht immer klar abzugrenzen.

Bisher nur ein Beleg vorhanden, gesammelt von Troll im 19. Jh. im Federseegebiet bei Bad Buchau (STU).

Bastarde: Nach Herbarbelegen (STU, KR) in Baden-Württemberg mit *R. alpinus, R. aquaticus, R. conglomeratus* und *R. crispus.* Als einziger dieser Bastarde ist *R. crispus × obtusifolius* (= *R. × pratensis*) nicht selten. Sämtlichen *R. obtusifolius*-Bastard-Belegen aus Baden-Württemberg liegt subsp. *obtusifolius* zugrunde (deutliche Valvenzähne, pa-

pillöse Behaarung der Nerven auf den Blattunterseiten). *R. crispus × obtusifolius* unterscheidet sich von *R. obtusifolius* durch die am Rand grob welligen Grund- und unteren Stengelblätter.

Rumex obovatus Dans. 1921

In Argentinien und in Paraguay beheimatete Ampfer-Art, die als unbeständige und sehr seltene Adventivpflanze wiederholt in Baden-Württemberg nachgewiesen wurde.

Merkmale (vergl. auch Schlüssel): 1- bis 2jährige, 20–70 cm hohe, aufrechte Pflanze. Blütenstand bis hin zu den Triebspitzen an den Scheinwirteln mit Hochblättern versehen. Valven 4–5 mm lang, 3 mm breit, mit beiderseits 4–5, schlank-pfriemlichen Zähnen (Zahnlänge ≦ Valvenbreite), alle schwielentragend. Fruchtstiele dicklich, meist kürzer als die Valven.

6915/4: Karlsruher Rheinhafen, auf Getreidereinigungsrückständen der Firma Stumpf, 1938, Jauch (KR); 6916/3: Karlsruher Güterbahnhof, westliche Ausladestelle, 1935, Jauch (KR); 6916/4: Karlsruhe, Durlacher Allee, am Straßenrand, 1986, Th. Breunig (KR); 7324/1: Salach, Krs. Göppingen, auf Wollschlamm, 1939, K. Müller (STU).

16. Rumex pulcher L. 1753
Schöner Ampfer

Morphologie: Ausdauernd, 20–60 cm hoch; Stengel aufrecht oder etwas hin- und hergebogen, meist schon unterhalb der Mitte sparrig verzweigend. Grundblätter 10–15 cm lang, 3,5–5 cm breit (etwa 2,5mal so lang wie breit), im Umriß länglich-eiförmig, unterhalb der Mitte beiderseits eingeschnürt (daher geigenförmig!), am Grunde herzförmig oder abgestutzt, mit bogig zur Blattspitze verlaufenden Blatträndern, vorne stumpf, am Rande etwas kraus, dunkelgrün; Blattstiel etwa so lang wie die Spreite. Blätter unterseits ebenso wie die Nebenblattscheiden reichlich mit weißen Papillen besetzt. Blütenstand sparrig; Blüten zwittrig, in vielblütigen Knäueln. Blütenknäuel sich nicht berührend, jeweils mit einem lanzettlichen, zu den Triebspitzen hin sehr klein werdenden Hochblatt versehen. Valven 4–6 mm lang, 3–4 mm breit, dreieckig-eiförmig oder rundlich-eiförmig, vorne stumpf, auffallend netznervig, mit meist beiderseits 3–4 ± schlanken, spitzen Zähnen (maximale Zahnlänge so lang oder etwas länger als die halbe Valvenbreite), alle mit Schwielen. Schwielen ungleichartig, bis über die Hälfte der Valvenlänge einnehmend, länglich-eiförmig, spitz, warzig oder runzelig. Nüsse 2,5–3,5 mm lang, dunkelbraun, glänzend. – Blütezeit: Mai bis Juli.

Ökologie: Auf (wechsel)trockenen, nährstoffreichen, kiesigen bis tonigen Böden in sommerwarmen Gegenden. Salzertragend. Der Schöne Ampfer ist in

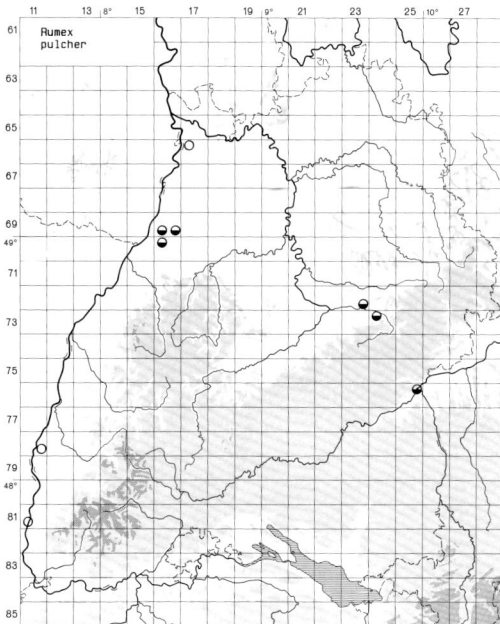

Schöner Ampfer *(Rumex pulcher)*

Baden-Württemberg bisher an Weinbergsmauern, an Uferstellen am Rhein, an Wegrändern, Zäunen, auf Schutt- und Müllplätzen und an Güterbahnhöfen zwischen Gleisanlagen aufgetreten. Die Vergesellschaftung von *R. pulcher* in unseren Breiten ist nur unzureichend bekannt; in Südeuropa gilt dieser Ampfer als Chenopodietalia muralis – Ordnungscharakterart (vgl. OBERDORFER 1983).

Allgemeine Verbreitung: Nordafrika, südliches Europa und Südwest-Asien; im gesamten westlichen, mit größeren Verbreitungslücken auch im östlichen Mittelmeerraum verbreitet. Nordgrenze des Areals in Südengland, Mittelfrankreich, in den Südalpen, in der ungarischen Tiefebene und auf der nördlichen Balkanhalbinsel. Das Oberrheingebiet (v. a. Elsaß!) wird über die Burgundische Pforte gerade noch erreicht. In Osteuropa nur auf der Krim, außerhalb von Europa an der afrikanischen Mittelmeerküste, in Palästina, in Kleinasien, in der Kolchis und im südlichen Kaukasus.

Verbreitung in Baden-Württemberg: *R. pulcher* erreicht im südlichen Oberrheingebiet die Nordgrenze seines Areals. In der Markgräfler Rheinebene und am Kaiserstuhl besaß er seine äußersten Vorposten und gehörte vermutlich zu den Archäophyten. Im nördlichen Oberrheingebiet und im Göppinger Raum ist *R. pulcher* zum Teil wiederholt als sehr seltene und unbeständige Adventivpflanze aufgetreten.

Die im vorigen Jahrhundert über Jahrzehnte beständigen Vorkommen bei Sasbach (7811/4) und bei Neuenburg (8111/3) befanden sich in einer Höhenlage von ca. 180 bis 220 m.

Die Erstangabe für Baden-Württemberg stammt von C. GMELIN (1806: 104): „Circa Carlsruhe in cultis, pomariis et arbustis passim frequens."

Kaiserstuhl, Markgräfler Rheinebene (wohl Archäophyt): 7811/4: Sasbach, an Wegen und an Weinbergsmauern („ad vias et mures vinearum agrorumque p. Sasbach"), zuletzt 1889 belegt, SPENNER (1829), NEUBERGER (KR), LEUTZ (KR); Limburg, SPENNER (1829), FRANK in Hb. DÖLL (KR); 8111/3: Neuenburg, an Zäunen am Rheinufer, zuletzt 1887–1890 belegt, LANG in Hb. DÖLL (KR), BAUMGARTNER (KR).
Nordbaden (wohl Adventivpflanze): 6617/1: Am Rhein bei Ketsch (adv.?), ZIMMERMANN (1906); 6916/3: Karlsruher Güterbahnhof, 1937, JAUCH (KR) u. (1938); in der Kriegsstraße, 100 m vom Güterbahnhof entfernt, 1937, JAUCH (KR) u. (1938); 6916/4: Müllplatz Karlsruhe-Rintheim am Weinweg, 1943, JAUCH (KR); 7016/1: auf Schutt an einer Straße in Karlsruhe-Weiherfeld, 1940, JAUCH (KR).
Württemberg (Adventivpflanze): 7223/4: Göppingen, Müllplatz bei der „Walachei", 1932, K. MÜLLER (1935); 7324/1: bei Salach auf Wollschlamm, 1937, K. MÜLLER (STU); 7625/2: Ulm-Söflingen, Auffüllplatz, 1940 u. 1943, K. MÜLLER (1957).

Bestand und Bedrohung: Die offenbar über Jahrzehnte beständigen Vorkommen bei Sasbach, Neuenburg und an der Limburg sind seit langem erloschen und im 20. Jahrhundert nicht mehr bestätigt worden. In den 1930er und 1940er Jahren wurde *R. pulcher* noch verschiedentlich als unbeständige Adventivpflanze festgestellt. Aus der Zeit nach dem Zweiten Weltkrieg liegen keine Beobachtungen mehr vor. Da die Art früher einheimisch war, muß sie zu der Gruppe der ausgestorbenen oder verschollenen Arten gerechnet werden!

Die Ursachen für das Aussterben von *R. pulcher* in Baden-Württemberg sind nur ungenügend bekannt. Der an der Nordgrenze seines Areals vermutlich ohnehin besonders empfindliche Schöne Ampfer könnte der Beseitigung dauerhafter Ruderalstellen zum Opfer gefallen sein.

In der elsässischen Rheinebene kommt *R. pulcher* als floristische Besonderheit noch vor, ist aber offenbar auch dort vom Aussterben bedroht. 1983 gelang G. HÜGIN bei Dessenheim südlich von Neuf-Brisach eine Beobachtung des Schönen Ampfers.

Rumex dentatus L. 1753
Zahn-Ampfer

In Südosteuropa und im subtropischen und tropischen Afrika beheimateter Ampfer. In Baden-Württemberg bisher nur einmal von K. MÜLLER 1953 an der Baumwollspinnerei Unterhausen (7521/4) im Lkrs. Reutlingen nachgewiesen (STU).
Merkmale: Vergl. Schlüssel; äußerst polymorphe Art, die *R. pulcher* nahesteht; einjährig, 20–70 cm hoch. Äste aufrecht-abstehend, mit zurückgebogenen Seitenästen. Grundblätter klein, etwa 2–3mal so lang wie breit, lanzettlich, selten ± geigenförmig eingeschnürt. Valven 4–6 mm lang, mit kräftigen Zähnen, eine oder alle mit Schwielen.

17. **Rumex maritimus** L. 1753
Strand-Ampfer, Meer-Ampfer, Ufer-Ampfer

Morphologie: 1jährige, manchmal auch 2jährige od. ausdauernde, 10–70 cm hohe, zur Fruchtreife sich goldgelb verfärbende Pflanze. Stengel einzeln, aufrecht, meist schon unterhalb der Mitte verzweigend, mit bogig abstehenden Seitenästen. Grundblätter zur Blütezeit schon verwelkt, bis 20 cm lang und 3 cm breit; die Blattstiellänge beträgt etwa $\frac{1}{5}$ der Spreitenlänge; Grundblätter und untere Stengelblätter (schmal)lanzettlich bis lineal-lanzettlich, zum Grunde und zur Spitze hin sehr allmählich, ± gleichmäßig verschmälert, vorne stumpf oder spitzlich, glatt, ganzrandig oder höchstens am äußersten Rand fein wellig-kraus, dunkelgrün. Blütenstand rispenartig, mit zahlreichen, ± abstehenden und

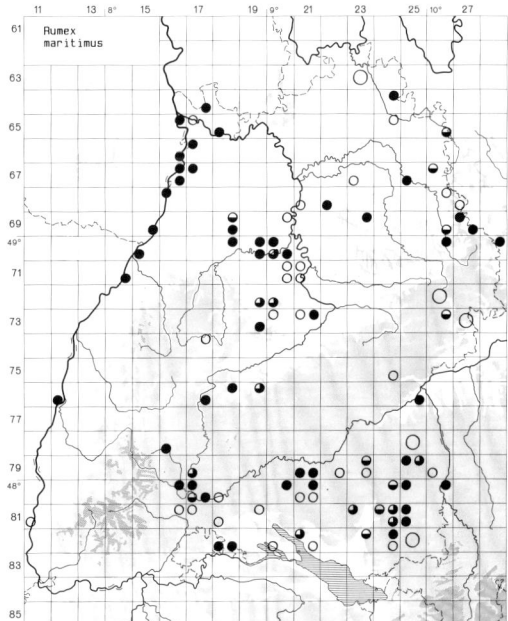

Strand-Ampfer *(Rumex maritimus)*
Maulbronn, 29. 9. 1990

bogig aufsteigenden Seitenästen. Blüten zwittrig, in vielblütigen Knäueln. Blütenknäuel nur nahe der Blütenstandsbasis voneinander entfernt, ansonsten sich berührend, jeweils mit einem linealischen Tragblatt versehen. Valven ± ungleich, 2,5–3 mm lang, 1,5–2 mm breit, länglich eiförmig-dreieckig, vorne in eine sehr lange, zungenförmige Spitze verschmälert, mit sehr langen, schlanken, vorwärtsgebogenen Zähnen (längste Valvenzähne so lang oder länger als die Valvenlängsachse) mit jeweils einer spindelförmigen, vorne spitzen Schwiele. Schwielen deutlich schmäler als die Valven. Fruchtstiele länger als die Valven. Nüsse 1,3–1,5 mm lang, gelblichbraun. – Blütezeit: Juli bis September.

Ökologie: Auf nassen, zeitweise überfluteten, im Hoch- und Spätsommer trockenfallenden, nährstoffreichen, basenreichen und ± basenarmen (kalkarmen!), schlammigen Böden an Fischteichen, Weiher, Altwassern, Bach- und Flußufern, in Gräben, Lehm- und Kiesgruben. *R. maritimus* gedeiht vor allem in Flußunkraut- und in Ufersaum-Gesellschaften (Bidentetea). Bestandesbildend tritt die Art in der Strandampfer-Gesellschaft (Rumicetum maritimi) auf; der Gifthahnenfuß-Gesellschaft (Ranunculetum scelerati) oder lückigen Rotfuchs-

schwanz-Rasen (Alopecuretum aequalis) ist sie bisweilen beigemischt. Charakteristische Begleitpflanzen sind *Bidens tripartita*, *B. radiata* und *B. frondosa*, *Rorippa palustris*, *Alopecurus aequalis* und *A.-geniculatus*, *Alisma plantago-aquatica*, *Lythrum salicaria* und *Polygonum*-Arten. Verzahnungen mit Arten der Zwergbinsen-Gesellschaften (Nanocyperion) wie *Carex bohemica* (z.B. am Neuweiher (7925/1) bei Ochsenhausen), *Limosella aquatica*, *Cyperus fuscus*, *Eleocharis aquatica*, *Peplis portula* und *Gnaphalium uliginosum* sind nicht selten (vgl. PHILIPPI 1977). Vegetationsaufnahmen liegen vor von GÖRS (1968: Tab. 12), LANG (1973: Tab. 35). TH. MÜLLER (1974: Tab. 4) und von PHILIPPI (1977: Tab. 1, 2, 4, 5, 8; 1983: 423; 1984: Tab. 7, 10).

Allgemeine Verbreitung: Eurasien; europäische Westgrenze in der Bretagne und auf den Britischen Inseln, Südgrenze in Südfrankreich, an der Nordküste der Adria, auf der nördlichen Balkanhalbinsel und auf der Krim, Nordgrenze in Schottland, Südskandinavien und Nordrußland (bis 65° n.Br. am Weißen Meer). Nach Osten durch das gesamte gemäßigte Eurasien bis zur Mandschurei und zur Insel Sachalin verbreitet.

Verbreitung in Baden-Württemberg: Nur regional, meist sehr zerstreut auftretende Ampfer-Art! Hauptverbreitungsgebiete sind die nördliche Oberrheinebene, die Weihergebiete bei Maulbronn (6918/4) und bei Ellwangen (7026/2), die Baar und das Alpenvorland mit deutlicher Bevorzugung der relativ kalkarmen Altmoränengebiete. Nur einzelne Angaben liegen aus der mittleren und südlichen Oberrheinebene, dem oberen und mittleren Nekkarraum, dem Taubergebiet, aus Hohenlohe, und aus dem Schwäbisch-Fränkischen-Wald vor.

Die tiefsten Vorkommen liegen unter 100 m ü.NN, das höchstgelegene Vorkommen bei ca. 800 m ü.NN an einem Weiher (BENZING, 1982) bei St. Georgen (7816/3).

Ältester literarischer Nachweis: LEOPOLD (1728: 88): „Altwasser unterm Striebelhof".

Oberrheingebiet: 6417/4, 6516/2, 6518/3: alle ohne Ortsangabe, SCHÖLCH (STU-K); 6616/4: westl. Altlußheim, PHILIPPI (1971); 6617/1: Ketsch, PHILIPPI (1984); 6716/2: Philippsburg, PHILIPPI (1984); 6716/4: Philippsburg, am Schöpfwerk, 10 Ex., 1979, PHILIPPI (KR-K); 6717/1: Waghäusel, PHILIPPI (1984); 6816/1: Pfinzmündung, 1 Ex., 1976, PHILIPPI (KR); 6915/4: Knielinger See, südwestlich des Kieswerks, Massenvorkommen 1986, QUINGER (KR); 7015/3: Illingen, BRETTAR in PHILIPPI (1971); Steinmauern, 1976, PHILIPPI (KR); 7114/4: Neuhäusel, PHILIPPI (1984); 7612/3: auf Schlickflächen am inneren Rhein im NSG Taubergießen, 1971, TH. MÜLLER (1974); 8111/3: Neuenburger Rheininsel, NEUBERGER (1912).

572

Weihergebiet bei Maulbronn: 6918/2: Derdingen, SCHLENKER in BERTSCH (STU-K); 6918/4: NSG Roßweiher, 1971, PHILIPPI (1977); Bernhardsweiher, 1971, PHILIPPI (KR) u. (1977); 7018/2: Weiher am Sportplatz bei Maulbronn, PHILIPPI (1971).

Taubergebiet: 6424/2: Marstädter See bei Messelhausen, inzw. erloschen, zuletzt 1976, PHILIPPI (1983; KR).

Hohenlohe: 6725/3: Nesselbach, Großer See, 1984, NEBEL (STU).

Schwäbisch-Fränkischer-Wald: 6823/2: Egelsee bei Bubenorbis, 1976, SCHWEGLER (STU-K); 6826/2: Weiher bei Mariäkappel, 1915, HANEMANN (STU); 6827/3: Gaisbühl, KIRCHNER u. EICHLER (1913); 6926/2: Dankoltsweiler, HANEMANN in BERTSCH (STU-K); 6927/1: Wäldershub, BERTSCH (STU-K); Hammerweiher nordöst. Fichtenau, 1987, NEBEL (STU-K); 6927/4: Auweiher nördl. Wörth, 1987, NEBEL (STU-K); 7026/2: Ellwangen, Schloßweiher, 1986, VOGGESBERGER (STU).

Mittlerer Neckarraum: 6821/3: Heilbronn, KIRCHNER u. EICHLER (1913); 6822/3: Breitenauer See, 1985, SEBALD (STU-K); 6920/2: Lauffen, SCHÜBLER u. MARTENS (1834); 7019/2: Maisäcker bei Horrheim, HERRN (STU); 7019/3: Lehmgrube an der Enz b. Enzweihingen, 1967, SEYBOLD (STU) u. (1969); 7020/3: Oberriexingen, Enzinsel, 1958, KREH (STU); 7020/4: Westufer des Monrepos-Sees, 1971, BRUCKER (STU-K); 7120/2: Korntal, KIRCHNER (1988); 7120/4: Sumpf an der Solitude-Allee, KIRCHNER (1888); 7121/1: Ludwigsburg, KIRCHNER u. EICHLER (1913); 7121/3: Abflußbäche der Cannstätter Mineralwasser, MARTENS & KEMMLER (1882); Postsee, KIRCHNER (1888); 7219/4: Hölzersee bei Magstadt, 1961, SEYBOLD (1969); 7220/3: Eisweiher bei Sindelfingen, 1961, SEYBOLD (1969); 7320/1: Böblinger See, KIRCHNER (1888); 7321/1: See zw. Plieningen und Bernhausen, KIRCHNER (1888); 7321/2: Erlach-See, 1987, QUINGER (STU); KIRCHNER (1888); 7417/1: Altensteig, SCHÜBLER u. MARTENS (1834), nach SCHWARZ in BERTSCH (STU-K) im Jahre 1941 erloschen.

Oberer Neckar: 7617/4: Staubecken am Neckar, 2 km unterhalb Aisteig, 1981, ADE (STU-K); 7618/2: Weiher am Salenhof, HARMS (STU-K); 7619/2: Butzensee bei Bodelshausen, 1947, A. MAYER (STU-K).

Baar: 7816/3: o.O., 1982, BENZING (STU-K); 7917/3: Schwenninger Moos, zuletzt 1965, LECHLER (STU), GÖRS (1968); 8016/2: Weiher bei Wolterdingen, 1985, PHILIPPI (KR-K); 8017/1: an Baggerseen zw. Donaueschingen und Pfohren, 1984, LAKEBERG (KR-K); 8017/3: bei Pfohren, SCHLATTERER in K. MÜLLER (1937); 8017/4: Unterhölzer Weiher, 1985, QUINGER, BREUNIG u. PHILIPPI (KR-K); 8018/3: Immendingen, BRUNNER in KUMMER (1941: 138); 8116/2: Mundelfingen, ZAHN (1889); 8117/1 (?): Behla, ZAHN (1889).

Ulmer Raum, Ostalb: 7326/2: adventiv auf Schutt bei Heidenheim, 1942, K. MÜLLER (1957); 7524/4: Seissen, 19. Jh., TROLL (STU); 7625/4: Donaustetten, Stausee, RAUNECKER (1984).

Alpenvorland (inkl. Hegau): 7921/3: Pfaffenteich u. Gögger Weiher, 1985, MARQUART (STU-K); 7921/4: Wusthausweiher bei Ablach, massenhaft auf Schlamm, 1971, SEYBOLD (STU); 7922/4: Siessen, KIRCHNER u. EICHLER (1913); 7923/2: Federseeried b. Oggelshausen, 1911, GRADMANN (STU); 7923/4: Bad Schussenried, 19. Jh., VALET (STU), MARTENS u. KEMMLER (1882); 7925/1: Neuweiher westl. Ochsenhausen, 1984, QUINGER (KR); 7925/2: Greitweiher bei Ochsenhausen, DÖRR (1973); 7926/3: Rot, MARTENS u. KEMMLER (1882); 8020/2: Teiche nw. Walbertsweiler, 1974, SEYBOLD (STU-K); 8021/2: Lausheimer Weiher, 1969 u. 1973, WINTERHOFF u. SEYBOLD (STU-K); 8021/3: Klosterwald, SAUTERMEISTER in JACK (1900); 8024/2: Osterholzweiher, WEIGER in BERTSCH (STU-K); 8025/1: am Holzweg bei Füramoos, 1977, DÖRR (STU); 8026/2: ohne Ortsangabe, LENKER (STU-K); 8118/3: bei Binningen, JACK (1900); 8119/2: Münchhof bei Stockach, DÖLL (1859); 8123/1: Häcklerweiher, DÖRR (1973); Schreckensee, 1922, BOLTER (STU); 8124/1: Kiebelesweiher bei Kümmerazhofen, BERTSCH (STU-K); 8124/2: Rohrsee, Westufer, 1969, WINTERHOFF (STU-K), 1988, ALEKSEJEW (STU); 8124/4: Wolfegg, KIRCHNER u. EICHLER (1913); 8125/1: Rohrsee bei Rohrdorf, 1967, HEYDEBRAND & BRIELMAIER (STU); 8125/3: Rötsee, 1973, DÖRR (STU); 8218/3: Vogelbruckweiher; 1971, HENN (STU-K); 8218/4: Hardtsee bei Bietingen, 1971, HENN (STU-K); 8220/3: am Mühlweiher, JACK (1900); 8221/1: Neuweiher b. Überlingen, 1964, LANG (1973); 8221/4: Killiweiher bei Salem, DÖLL (1859); 8223/2: Weißenau, BERTSCH (STU); 8224/2: Großweiher bei Prassberg, MARTENS u. KEMMLER (1882).

Bestand und Bedrohung: Auf ganz Baden-Württemberg bezogen sehr zerstreut vorkommende, im Bestand gefährdete (Gef.-Grad 3) Ampfer-Art! In der Roten Liste (HARMS et al. 1983) noch als nicht gefährdet angesehen. Bei der Mehrzahl der Vorkommen handelt es sich um Bestände aus nur wenigen Individuen; Massenvorkommen wie am Knielinger See (6915/4), am Roßweiher (6918/4) oder am Wusthausweiher (8020/2) sind selten. In mehreren Naturräumen ist der Strand-Ampfer in den letzten Jahrzehnten deutlich zurückgegangen (z.B. im Mittleren Neckarraum, im Ellwanger Weihergebiet, offenbar auch im Alpenvorland). In den Weihergebieten kann sich R. maritimus am besten bei einer extensiv betriebenen Bewirtschaftung halten, die die Entwicklung einer Verlandungsvegetation an Flachuferbereichen zuläßt, zugleich aber auch die Weiher periodisch abläßt oder wenigstens niedrige Wasserstände herbeiführt. In intensiv genutzten Weihern mit steilen Ufern ohne Verlandungsvegetation oder in aufgelassenen Weihern mit geringen oder fehlenden Wasserstandsschwankungen bieten sich dem Strand-Ampfer keine oder nur bescheidene Lebensmöglichkeiten.

Bastarde: Herbarbelege (STU, KR) aus Baden-Württemberg mit R. maritimus als einem Elter liegen nicht vor. Bei den als R. conglomeratus × maritimus ausgewiesenen Belegen handelt es sich ausnahmslos um R. palustris, der um die Jahrhundertwende nicht als eigene Art anerkannt wurde. Entweder wurde der Sumpf-Ampfer damals als Varietät von R. maritimus gedeutet (z.B. HEGI 1910) oder als der oben genannte Bastard angesprochen (z.B. von SCHATZ in KLEIN u. SEUBERT 1905).

18. Rumex palustris SM. 1800

R. maritimus L. var. *paluster* (SM.) Aschers. 1864;
R. conglomeratus × *maritimus* auct. pr. p.
Sumpf-Ampfer

Anmerkung: Wird in Landesfloren aus der Zeit um die Jahrhundertwende vielfach als der Bastard *R. conglomeratus* × *maritimus* behandelt (s. *R. maritimus*).

Morphologie: 1- oder 2jährige, bisweilen auch mehrjährige, 10 cm bis 1 m hohe, zur Fruchtzeit sich rötlich bis braun verfärbende Pflanze. Stengel einzeln oder zu mehreren, aufrecht, meist schon unterhalb der Mitte verzweigt. Grundblätter bis über 20 cm lang, 3 cm breit; die Blattstiellänge beträgt ⅓ bis ¼ der Spreitenlänge. Grundblätter und untere Stengelblätter (schmal)lanzettlich, etwa in der Mitte am breitesten, zum Grunde und zur Spitze hin allmählich und ± gleichmäßig verschmälert, vorne spitzlich, glatt, ganzrandig. Blütenstand im Umriß an Kandelaber-Kakteen erinnernd, mit zahlreichen, abstehenden und bogig aufsteigenden Seitenästen. Blüten zwittrig, in vielblütigen Knäueln, die nur an den Triebspitzen sich gegenseitig berühren. Valven ± ungleich, 3–4 mm lang, 1,5–2 mm breit, schmal-zungenförmig, vorne spitz, mit langen, jedoch kürzeren Zähnen als bei *R. maritimus* (Valvenzahnlänge deutlich kürzer als Valvenlängsachse, entspricht etwa der Valvenbreite), mit jeweils einer kräftig entwickelten Schwiele. Schwielen nur undeutlich schmäler als die Valven. Frucht-

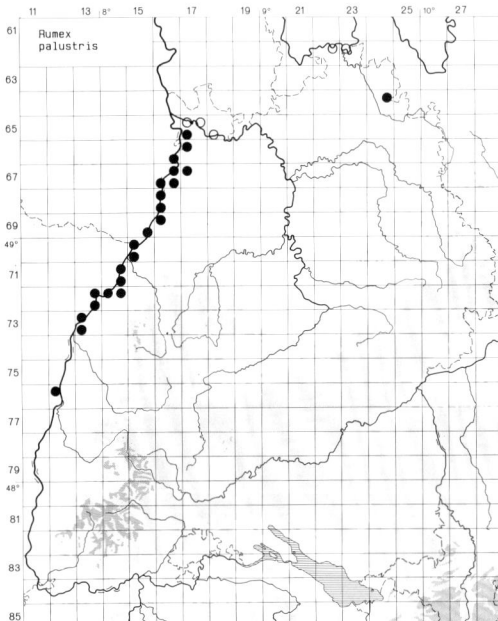

stiele nicht länger als die Valven. Nüsse 1,5–2 mm lang, hellbraun. – Blütezeit: Juli bis September.

Ökologie: Auf feuchten bis nassen, zeitweise überfluteten, im Sommer trockenfallenden, nährstoffreichen, bei Verschmutzung ammoniumhaltigen, kalkreichen Schlick- und Schlammböden an langsam fließenden Strömen, am Rande von Altwassern, seltener auch in Kiesgruben oder an Fischteichen. Am Rheinufer gedeiht *R. palustris* bisweilen in Pionierfluren auf Kiesen; im Bereich der Stauhaltungen, wo sich dieser Ampfer deutlich ausbreitet, auch zwischen Blöcken. Gegen Hochwasser ist der Sumpf-Ampfer weniger empfindlich als die Mehrzahl der Bidention-Arten (vgl. PHILIPPI 1984), er übersteht sie z.B. besser als der nah verwandte *R. maritimus*.

Von Hochwassern wenig betroffene *R. palustris*-Bestände enthalten meist verschiedene *Polygonum*-Arten (*P. mite, P. hydropiper* und *P. lapathifolium*) und *Bidens*-Arten (*B. frondosa, B. tripartita*), durch Verschmutzung sehr nährstoffreiche Ausbildungen auch verschiedene Chenopodiaceen (z.B. *Chenopodium rubrum* und *Ch. ficifolium, Atriplex hastata*). Von Hochwassern überschwemmte *R. palustris*-Bestände verlieren ihren Bidention-Charakter und ähneln mit Begleitern wie *Phalaris arundinacea, Rorippa amphibia* und *Oenanthe aquatica* mehr den Röhricht-Gesellschaften (vgl. PHILIPPI 1984: 69f.). Vegetationsaufnahmen liegen vor von PHILIPPI (1978: Tab. 26, 30; 1983: Tab. 2: 419; 1984: Tab. 2, 3, 8, 9).

Allgemeine Verbreitung: Eurasien; bedeutendste Vorkommen in den Niederungen und Stromtälern Frankreichs, Ostenglands und Mitteleuropas (v.a. am Rhein, Main, an der Donau, Elbe, Oder und Weichsel). Europäische Nordgrenze in Jütland (bei 57° n.Br.), europ. Ostgrenze in Ostpolen und Bessarabien, Südgrenze in Südfrankreich, in der Po-Ebene, im ungarischen Tiefland und in Makedonien; weiter südlich nur isolierte Einzelvorkommen, auf der Iberischen Halbinsel fehlend. Isolierte Fundorte in Syrien und Marroko.

Verbreitung in Baden-Württemberg: *R. palustris* tritt nur in der mittleren und nördlichen Rheinebene zerstreut oder mäßig häufig auf. Am Neckar ist der Sumpf-Ampfer bisher nur im Raum Mannheim–Heidelberg gefunden worden. Darüber hinaus liegt lediglich eine weitere Angabe aus dem Taubergebiet vom Ufer des Wittigbaches bei Zimmern

Sumpf-Ampfer (*Rumex palustris*); aus REICHENBACH, L.: Icones florae germanicae et helveticae, Band 24, Tafel 185, Figur 1–6 (1904); (bearbeitet von G.E. BECK VON MANNAGETTA)..

P. Klemm et. G. Beck del.

Rumex limosus Thuill.

XXIV.

Jul. Wolf. sc.

(6424/2) vor (Philippi 1983). Östlich von Nordwürttemberg kommt *R. palustris* im bayerischen Teil des Tauber-Main-Gebietes und im Weiergebiet bei Dinkelsbühl in nur wenigen Kilometern Entfernung von der Landesgrenze vor.

Die Höhenverbreitung reicht von ca. 90 m ü. NN (Altrheine bei Mannheim) bis etwa 215 m ü. NN bei Zimmern.

Ältester literarischer Nachweis: Gmelin (1826: 250–251): „Circa Dachsland an der Federbach,... prope Ebersteinburg... legit A. Braun."

Oberrheingebiet: 6517/1: Mannheim-Secken, Neckarufer, Döll (KR); 6517/2: Mannheim-Ladenburg, Döll (1859); 6717/3: zw. Bühl u. Rheinau b. Mannheim, Philippi (1984); 6518/3: Heidelberg, 1887 u. 1888, Neuberger (KR); 6616/4: zw. Altlußheim und der Brücke nach Speyer, 1970, Philippi (KR) u. (1984); 6617/1: Ketsch bei Mannheim, nahe der Kraichbachmündung, Philippi (1984); 6716/2: Insel Horn südlich Speyer, Philippi (1984); 6716/3: Rußheimer Altrhein, nordwestlicher Abschnitt, Philippi (1978); Schrankenwasser, Nordufer, 1976, Philippi (KR) u. (1978); 6716/4: Philippsburg, A. Braun (KR), Philippi (1984); 6717/1: Schlammfläche nordwestlich von Waghäusel, Schölch (STU-K); 6816/1: Pfinzkanal, bei der Mündung in den Rußheimer Altrhein, Philippi (1984); 6816/3: Leopoldshafen, im alten Hafen, Philippi (1984); Rheinvorland bei Leopoldshafen, Philippi (1984); 6915/4: Knielinger See, Massenbestände südwestlich des Kieswerks, 1986, G. Schneider u. Quinger (KR); 6916/1: Altrhein Kleiner Bodensee, 1972 u. 1976, Philippi (KR) u. (1980); Rheinvorland bei Eggenstein, Philippi (1984); 7015/3: Steinmauern, Philippi (1984); 7114/2: nordwestl. Plittersdorf, Philippi (1984); 7114/4 und 7214/1 u. 2: Stauhaltung Iffezheim 1984, Philippi (KR-K); 7213/2: Greffern, 1982, Philippi (KR-K); 7213/ 4: Rheinvorland v. Helmlingen, Philippi (1984); 7313/1 u. 3: Rheinvorland bei Honau und Diersheim, z. B. Ölhafen, 1982, Philippi (KR-K); 7612/1: Ottenheim bei Lahr, 1981, Philippi (KR) u. (1984).
Neckar: 6518/3: Heidelberg, 1887 u. 1888, Neuberger (KR).
Tauber-Main-Gebiet: 6123/4: Mainufer bei Triefenstein (bayr.), Philippi (1983); 6222/2: am Main bei Bestenhaid, 1890, Stoll (KR); 6223/1: Wertheim, Taubermündung, Döll (KR); 6424/2: Wittigbach bei Zimmern, bei ca. 215 m ü. NN, Philippi (1983).

Bestand und Bedrohung: Trotz der engen naturräumlichen Beschränkung auf die nördliche und die mittlere Oberrheinebene und auf das Maintal ist der Sumpf-Ampfer nicht gefährdet, im Oberrheingebiet auch nicht schonungsbedürftig. Übermäßige Nährstoffeinträge in Altwässer, Kanäle und Baggerseen fördern offensichtlich den eutraphenten Sumpf-Ampfer. Vor allem im Bereich der Stauhaltungen am Rhein hat sich *R. palustris* in den letzten Jahrzehnten räumlich und quantitativ deutlich ausgebreitet.

Rumex-Bastarde von Baden-Württemberg nach Herbarbelegen (STU, KR):

Bastardisierungen spielen bei der Untergattung *Rumex* nach Rechinger (1958) eine große Rolle. Zumeist sind die *Rumex*-Bastarde hochgradig steril, was sich durch Unregelmäßigkeiten bei der Fruchtbildung zeigt. Die Nüsse sind leicht zusammendrückbar und steril, soweit überhaupt welche gebildet werden. Die Sterilität der *Rumex*-Bastarde bedingt, daß nur äußerst selten Tripel- oder Quadrupelbastarde entstehen.

Ein Bastard mit nur gering herabgesetzter Fertilität ist *R. aquaticus × hydrolapathum (R. × heterophyllus)*, der entlang von Flußläufen oft häufiger ist als zumindest eine der beiden Eltern-Arten. Als recht fruchtbare Hybride wird von Lousley & Kent (1981) im Gegensatz zu Rechingers Auffassung der Bastard *R. crispus × obtusifolius (R. × pratensis)* angesehen, der als einziger Ampfer-Bastard in Baden-Württemberg ziemlich häufig und allgemein verbreitet ist (s. *R. crispus*).

Weitere, aber seltene Bastarde sind:

Rumex alpinus × obtusifolius; R. × mezei Hausskn. 1885
In Baden-Württemberg sehr seltener Bastard! Bisher nur im Feldberg-Gebiet nachgewiesen: 8114/1: Feldberg, 1883, C. Haussknecht (KR).
Rumex aquaticus × crispus; R. × conspersus Hartm. 1820
Bisher nur in der Baar nachgewiesen: 8017/4: Geisingen, nasse Wiesen unterhalb der Donaubrücke, 1889, Schatz (KR); 8018/3: Hintschingen, 1891, Schatz (KR); 8117/2: Aulfingen, an der Aitrach, 1891, Schatz (KR).
Rumex aquaticus × obtusifolius; R. × platyphyllos Aresch 1862
Seltener Bastard. Bisher nur in der Baar festgestellt: 8017/4: Geisingen, 1888, Schatz (KR); 8117/2: Aulfingen, 1886, 1887, 1891, Schatz (KR); bei Kirchen, 1890, Schatz (KR).
Rumex conglomeratus × crispus; R. × Schulzei Hausskn. 1885
Seltener Bastard. Bisher zwei Nachweise: 7921/4: Rulfingen bei Mengen, 1910, Bertsch (STU); 8018/3: Bahnhof Hintschingen, 1897, Schatz (KR).
Rumex conglomeratus × obtusifolius; R. × abortivus Ruhmer (1881)
Seltener Bastard. Bisher nur aus der Baar belegt: 8017/ 4: Damm an der Donau bei Geisingen, 1888 u. 1889, Schatz (KR); Sägmühle bei Geisingen, 1891, Schatz (KR).
Rumex crispus × sanguineus; R. × Sagorskii Hausskn. 1885
Bisher nur ein Beleg aus der südlichen Baar: 8017/4: Unterhölzer Wald, nebst den Eltern, 1892, Schatz (KR).

Plumbaginaceae

Grasnelkengewächse, Bleiwurzgewächse
Bearbeiter: B. QUINGER

Ausdauernde Rosettenstauden oder Sträucher. Blätter zumeist rosettig, ungeteilt, ganzrandig, dicht drüsig. Nebenblätter fehlen. Blüten zwittrig, radiär, in Köpfchen, Ähren oder Rispen. Kelchblätter 5, trockenhäutig, Kronblätter 5, meist ± verwachsen. Staubblätter 5. Fruchtknoten 1, oberständig. Griffel 1. Narben 5. Frucht eine trockene Schließfrucht oder Kapsel.

Die Plumbaginaceae umfassen 10 Gattungen, von denen mit *Limonium* und *Armeria* zwei in Mitteleuropa vertreten sind. In Baden-Württemberg kommt nur die Gattung *Armeria* vor.

1. **Armeria** Willd. 1807

Strandnelke, Grasnelke

Rosettenstauden mit Pfahlwurzel. Blätter lanzettlich bis schmallinealisch, parallelnervig. Stengel blattlos. Blüten in Köpfchen mit Hochblatthülle. Kelchblätter trichterförmig, mit trockenhäutigem, 5-zipfeligem Saum. Kronblätter rosa, gleich, nur am Grunde verwachsen.

Die Früchte fallen mit den Kelchen aus, deren Haare und deren wie ein Fallschirm wirkender Saum die Fallgeschwindigkeit verringern.

Die Gattung umfaßt je nach Artabgrenzung 10–60 Arten. DA SILVA (1972) in der Flora Europaea unterscheidet in Europa 47 Arten. In Baden-Württemberg kommt nur *Armeria maritima* (Mill.) Willd. (1807) in den beiden Unterarten subsp. *elongata* und subsp. *purpurea* vor, die früher als eigene Arten geführt wurden.

1   Hüllblätter bleich, bis zu 25 mm lang. Blüten rosa oder blaßrot. . . 1a) *A. maritima* subsp. *elongata*
–   Hüllblätter braun, bis zu 20 mm lang. Blüten purpurn . . . . 1b) *A. maritima* subsp. *purpurea*

1a) **Armeria maritima** subsp. **elongata**
(Hoffm.) Bonnier 1927
A. vulgaris Willd. 1807; *A. elongata* (Hoffm),
Koch 1823; *Statice armeria* L. 1753; *Statice armeria* var. *elongata* (Hoffm) DC. 1805; *Statice elongata* Hoffm. 1800
Sand-Grasnelke

Morphologie: Hemikryptophyt. Schaft 20–50 cm lang, kahl. Blätter 5–12 cm lang, 2–3 mm breit, schmallinealisch, 1-nervig, schlaff, am Rande oft bewimpert. Blütenköpfe 18–25 mm breit. Äußere

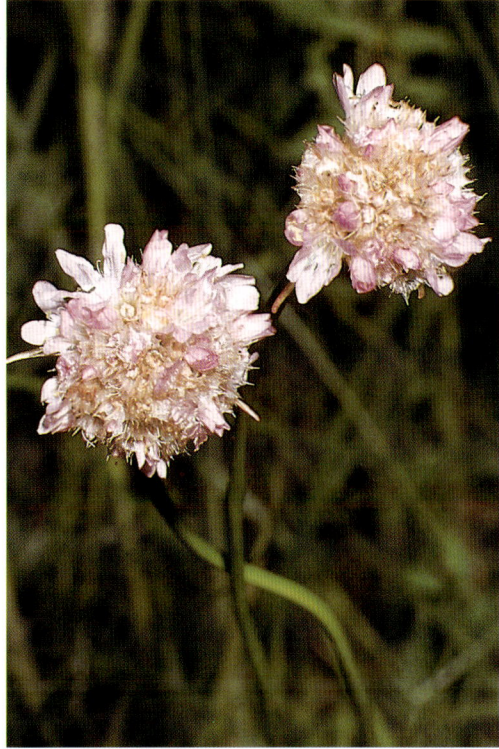

Sand-Grasnelke *(Armeria maritima* subsp. *elongata)*
Wertheim, 1986

Hüllblätter meist zugespitzt, hellbraun. Kronblätter meist hellrosa. Reife Früchte mit behaartem Kelchsaum. – Blütezeit: Mai bis Oktober.
Ökologie: Auf trockenen, nährstoffarmen, ± kalkarmen, mäßig sauren, humosen Sandböden in durch Beweidung lückigen Sandtrockenrasen oder in Waldsäumen. Zumeist gedeiht diese Unterart auf konsolidiertem Sand, seltener auch auf lockeren Flugsanden. Vorwiegend in Gesellschaften des Verbandes Koelerio-Phleion phleoidis. Im Maintal in Schillergras-Sandrasen (*Koeleria gracilis*-Gesellschaft) mit *Koeleria gracilis, Agrostis coarctata, Avena pratensis, Festuca ovina* ssp. *lemanii* und zahlreichen Festuco-Brometea-Arten. In der Schwetzinger Hardt auch in artenärmeren Beständen mit *Agrostis tenuis* und *Sieglingia decumbens*. Vegetationsaufnahmen bei PHILIPPI (1971: 113 und 1984: Tab. 8). In ihren süddeutschen Hauptverbreitungsgebieten, im mittleren Maintal und im Rednitz-/Regnitzbecken tritt die Sippe hauptsächlich in Schafschwingel-Sandgrasheiden (Armerio-Festucetum trachyphyllae) auf (vgl. HOHENESTER 1960).
Allgemeine Verbreitung: Verbreitungszentrum im nordöstlichen Mitteleuropa. Westgrenze Nieder-

rheinische Tiefebene und Rheinpfalz. Südwestgrenze in der Oberrheinischen Tiefebene und an der
bayerischen Donau, Südgrenze in Niederösterreich,
südlich der Alpen fehlend. Nordostgrenze in Südfinnland, Ostgrenze in Estland und in Ostgalizien.
Kontinentalste Unterart der atlantischen *Armeria
maritima*.

Verbreitung in Baden-Württemberg: Die beiden
Hauptverbreitungsgebiete sind das Maintal zwischen Miltenberg (6221/3) und Bettingen (6223/2)
im Bereich des Sandstein-Spessarts und die Hardtplatten der nördlichen Oberrheinischen Tiefebene
mit Schwerpunkt in der Schwetzinger Hardt und in
der Neckar-Rhein-Ebene östlich von Mannheim.
Ein isoliertes Vorkommen in der Rheinebene existiert nach PHILIPPI (1984, mdl.) in einer Sandgrube
bei Rastatt (7115/1). Darüber hinaus gibt es zwei
Fundortsangaben aus dem fränkischen Keuper bei
Bernhardsweiler (6927/1) von PLANKENHORN von
1928 und bei der Aumühle (6927/3) bei Unterdeufstetten, die zuletzt von BERTSCH (1948) als aktuell
vermerkt wurde (nach SEBALD & SEYBOLD 1978
inzwischen zerstört). In den Mainfränkischen Platten ist die Art 1975 bei Frauental (6426/4) auf würt-
tembergischem Gebiet entdeckt worden. K. MÜL-
LER (1935) fand *Armeria elongata* im Jahr 1934 adventiv am Ulmer Güterbahnhof (7525/4).

Die Höhenverbreitung reicht von ca. 105 m
ü. NN bei Mannheim bis ca. 500 m ü. NN bei Bernhardsweiler (6927/1).

Entlang des Mains im Sandstein-Spessart ist die
Art vermutlich von Natur aus einheimisch, vielleicht auch auf den Sanden der Hardtplatten.
Ältester literarischer Nachweis: POLLICH (1776:
318): „Inter Ladenburg, Weinheim et Lorsch abunde".

Neckar-Rhein-Ebene, nördliche Hardtebene: 6416/2 (?):
Sandtorf, KLEIN u. SEUBERT (1905); 6417/1: zw. Sandtorf
und Viernheim, DÖLL (1859); 6417/3: zw. Viernheim und
Käfertal, PHILIPPI (1971); 6417/4: zw. Viernheim und
Heddesheim, A. SCHMIDT (1857); 6517/1 (?): zw. Seckenheim u. d. Relaishaus, DÖLL (1859); 6517/3: Rheinau,
KLEIN u. SEUBERT (1905); 6617/1: an der Straße Schwetzingen nach Hockenheim, in der Schwetzinger Hardt,
PHILIPPI (1971); 6617/2: Oftersheim, KLEIN u. SEUBERT
(1905); 6617/4: zw. Walldorf und Reilingen, KNEUCKER
(1887); 6617/4 (?): Reilingen, KLEIN u. SEUBERT (1905).
Maintal: 6221/2: bei Freudenberg, 1984, PHILIPPI (KR-
K); 6222/1: bei Boxtal, 1984, PHILIPPI (KR-K); 6222/2:
bei Grünenwört, 1888, KNEUCKER (KR); bei Mondfeld,
1984, PHILIPPI (KR-K); bei Wertheim, 1959,
KNAUSS (STU); an Waldrändern im Flurbezirk „Sandäk-
ker" nördlich von Bettingen, 1984, PHILIPPI (KR-K);
6223/2: an Waldrändern im Flurbezirk „Sandäcker" nördlich von Bettingen, 1984, PHILIPPI (KR-K).
Sonstige Fundorte: 6426/4: nördl. Frauental bei Creglingen, an der Straße nach Waldmannshofen, PHILIPPI und
HARMS 1975 in SEBALD u. SEYBOLD (1978); 6927/1: Bernhardsweiler, 1928, PLANKENHORN (STU); 6927/3: an der
Aumühle bei Unterdeufstetten, MARTENS u. KEMMLER
(1882), K. u. F. BERTSCH (1948), n. SEBALD u. SEYBOLD
(1978) inzwischen zerstört; 7115/1: Kiesgrube bei Rastatt,
beob. 1972 u. 1987, PHILIPPI (KR-K), BREUNIG (KR-K);
7525/4: Güterbahnhof bei Ulm, 1934, K. MÜLLER (1935).

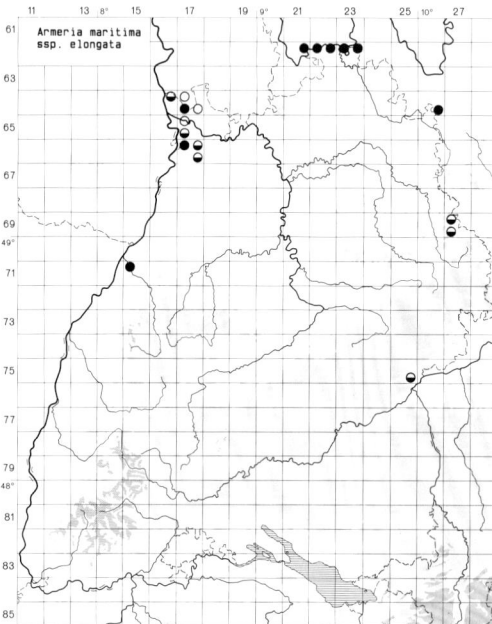

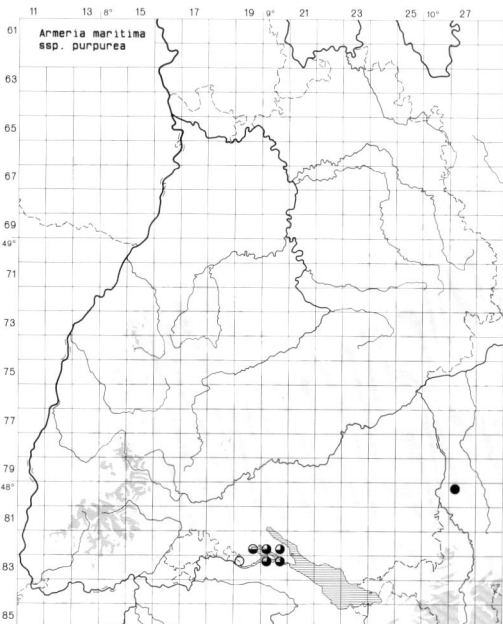

Purpur-Grasnelke *(Armeria maritima* subsp. *purpurea)*
Benninger Ried, um 1962

Bestand und Bedrohung: In Baden-Württemberg sehr seltene, stark gefährdete Art (Gefährdungskategorie 2)! Infolge von Aufforstungen und ackerbaulicher Nutzung sind zahlreiche Wuchsorte zerstört worden. *A. maritima* subsp. *elongata* reagiert zudem sehr empfindlich auf die Eutrophierung ihres Standorts.

In der nördlichen Rheinebene existieren noch drei relativ kleine Vorkommen. Häufiger ist die Sand-Grasnelke noch im Maintal, wobei sich die ansehnlichsten Bestände auf der bayerischen Seite befinden (vgl. PHILIPPI 1984), z.B. am Heckenkopf und am Grohberg (beide 6222/2), am Heidenesel und an der Mündung des Wittbachs (6223/1).

1 b) Armeria maritima subsp. **purpurea** (Koch)
A. & D. Löve 1961
A. purpurea Koch 1848; *A. alpina* (Willd.) var. *purpurea* (Koch) Baumann 1911; *A. vulgaris* (Gremli) var. *purpurea* (Koch) Döll 1859; *Statice purpurea* Koch 1848; *Statice montana* (Miller) var. *purpurea* (Koch) Baumann 1911
Purpur-Grasnelke

Morphologie: Hemikryptophyt. Rosettenstaude mit sehr kräftiger, schraubig gedrehter Pfahlwurzel. Stengel bis über 30 cm lang. Blätter stumpf, kahl oder am Grunde schwach bewimpert mit einem, gelegentlich auch 3 Nerven. Hüllscheide 1,2 bis 2 cm lang (bei *A. maritima* subsp. *alpina* max. 1,3 cm lang). Blütenköpfe 15–20 mm breit. Hüllblätter lebhaft braun, äußere stumpf oder spitz, innere stumpf. Kronblätter rosa-purpurn.

Verwechslungsmöglichkeiten: Die Purpur-Grasnelke unterscheidet sich von der in Baden-Württemberg nicht vorkommenden, nah verwandten subsp. *alpina* durch die längeren Hüllblätter (12–20 mm bei subsp. *purpurea*, 8–13 mm bei subsp. *alpina*) und die größere Länge des Stengels (40 bzw. 20 cm).

Biologie: Blütezeit Mai bis Juni, am Bodensee früher auch von Anfang September bis November (BAUMANN 1911). Als Blütenbesucher beobachtete BAUMANN *Eristalis tenax* (Diptera, Syrphidae). Die Früchte versinken im Wasser sofort, können also nicht über weite Strecken verschwemmt werden; aus diesem Grunde betrachtet BAUMANN (1911) die

579

Purpur-Grasnelke nicht als rezente Herabschwemmung der Alpen-Grasnelke *(A. maritima* ssp. *alpina)*, sondern als eigenständiges Taxon.

Ökologie: Am Untersee früher auf offenen, sandigen, kalkreichen Kies- und Schotterbänken. Standorte oberhalb der sommerlichen Hochwasserlinie wurden von der Purpur-Grasnelke nicht besiedelt (BAUMANN 1911). Im Benninger Ried (8027/1) bei Memmingen auf nährstoffarmen, anmoorigen bis moorigen Kalkquellkreiden, vorzugsweise an den Rändern von Quelltrichtern und Quellaufbrüchen. Am Untersee Charakterart des Deschampsietum rhenanae. Die Purpur-Grasnelke wird nach BAUMANN (1911: 420f.) von *Deschampsia rhenana, Saxifraga oppositifolia* subsp. *amphibia* (ausgestorben!), *Allium schoenoprasum* var. *foliosum, Juncus alpino-articulatus* und *J. articulatus, Carex panicea* und *C. oederi, Agrostis alba* var. *prorepens* und *Leontodon autumnalis* begleitet, nach LANG (1973: 306) außerdem noch von *Myosotis rehsteineri* und *Ranunculus reptans.* Im Benninger Ried am Rande oder in Lücken des Schoenetum nigricantis oder des Cladietum marisci, oft in Moosrasen aus *Cratoneurum commutatum, Scorpidium scorpioides, Drepanocladus revolvens* s.l., seltener auch *Catoscopium nigritum.* Vegetationsaufnahmen vom Bodenseeufer finden sich bei LANG (1973: Tab. 62), aus dem Benninger Ried bei LANGER (1958: Tab. 1, 2, 3).

Allgemeine Verbreitung: Präalpin-endemisches Glazialrelikt, weltweit nur am Untersee (Teil des Bodensees, hier inzwischen ausgestorben!), im Benninger Ried und nach PIGNATTI (1982) an einigen Stellen in Oberitalien am Südrand der Alpen. PIGNATTI rechnet die dort vorkommenden *Armeria*-Sippen zu *Armeria purpurea* (vgl. GAMS in HEGI 1926).

Verbreitung in Baden-Württemberg: Subsp. *purpurea* kam nur am Untersee vor, mit besonderer Konzentration auf die Uferabschnitte am Wollmatinger Ried, der Insel Reichenau und auf den Kiesstränden zwischen Markelfingen und Allensbach. Darüber hinaus existierten noch einige Wuchsorte am Schweizer Ufer. Im folgenden sind alle bekannt gewordenen Fundorte am Untersee nach Angaben von JACK (1900) und BAUMANN (1911) zusammengestellt. LANG (1967 u. 1973) konnte Anfang der sechziger Jahre nur noch vier Fundorte bestätigen, die inzwischen ebenfalls erloschen sind. Die Vorkommen am Untersee liegen bei 396–398 m ü. NN, das im Benninger Ried bei ca. 600 m ü. NN. Eine Verbreitungskarte für den Bodenseeraum veröffentlichte LANG (1967: 477).

Erster fossiler Nachweis: Die Gattung *Armeria* ist durch Pollen und durch Großreste (Fruchtkelch) im Scheibenlechtenmoos aus dem Spätglazial belegt (LANG 1952). Erster literarischer Nachweis: ROTH VON SCHRECKENSTEIN (1799: 19): „wild um Constanz, Radolfzell".

Bisher bekannt gewordene Fundorte am Untersee: 8219/4: Gundholzen, BAUMANN (1911); 8220/3: Markelfingen, BAUMANN (1911); Allensbach, BAUMANN (1911); Mettnau, BAUMANN (1911); Reichenau-Bibershof, BAUMANN (1911), 1959, LANG (1973); Reichenau-Bürglehorn, BAUMANN (1911), 1959, LANG (1973); Reichenau-Bauernhorn, BAUMANN (1911); 8220/4: Hegne, beim Campingplatz, BAUMANN (1911); 1959, LANG (1973); 8319/1: Unterhalb Stein am Rhein beim Adlergarten (Schweiz), BAUMANN (1911); 8319/2: Steckborn (Schweiz), JACK (1900); 8319/3: Mammern, BAUMANN (1911); 8320/2: Reichenau, zw. Schopflen und Burggraben, BAUMANN (1911); Gehrenmoos, BAUMANN (1911); Wollmatinger Ried im Felbirain, gegen die Reichenau, BAUMANN (1911), um 1960 noch vorhanden, LANG (1967); Wollmatinger Ried im Wäglirain und gegen Diechselrain, BAUMANN (1911); Gottlieben (Schweiz), BAUMANN (1911).

Bestand und Bedrohung: In Baden-Württemberg ausgestorben, nach LANG u. WIRTH (1977) ließ sich die Art im Jahr 1975 nicht mehr am Untersee nachweisen. LANG (1967) fand sie Anfang der sechziger Jahre noch an vier Stellen. Für die akute Gefährdung der Strandschmielenrasen (Deschampsietum rhenanae) und somit für das Verschwinden der dort gedeihenden Purpur-Grasnelke macht LANG (1973) die Eutrophierung der Standorte und den Badebetrieb (Tritt!) verantwortlich. Eine ausführliche Studie zur Gefährdung und zu möglichen Schutzmaßnahmen der Strandrasen des Bodensees veröffentlichten THOMAS et al. (1987).

Nachträge

Besonders geschützte Arten

Folgende Arten von Band 1 sind nach der Bundes-
artenschutzverordnung vom 19.12. 1986 besonders
geschützt (vom Aussterben bedrohte Arten sind
unterstrichen):

Aconitum napellus, Blauer Eisenhut
Aconitum variegatum, Bunter Eisenhut
Aconitum vulparia, Wolfs-Eisenhut
Anemone narcissiflora, Berghähnlein
Anemone sylvestris, Großes Windröschen
Aquilegia vulgaris subsp. *vulgaris,*
    Gewöhnliche Akelei
Aquilegia vulgaris subsp. *atrata,* Dunkle Akelei
Armeria maritima subsp. *purpurea,*
    Purpur-Grasnelke
Armeria maritima, Sandgrasnelke
Asplenium billotii, Eiförmiger Streifenfarn
Asplenium fontanum, Jura-Streifenfarn
Betula humilis, Strauch-Birke
Botrychium lunaria, Echte Mondraute
Botrychium matricariifolium, Ästige Mondraute
Botrychium multifidum, Vielteilige Mondraute
Botrychium simplex, Einfache Mondraute
Cryptogramma crispa, Rollfarn
Cystopteris montana, Berg-Blasenfarn
Dianthus armeria, Büschelnelke
Dianthus carthusianorum, Karthäusernelke
Dianthus deltoides, Heidenelke
Dianthus gratianopolitanus, Pfingstnelke
Dianthus seguieri, Buschnelke
Dianthus superbus, Prachtnelke
Diphasium alpinum, Alpen-Flachbärlapp
Diphasium complanatum, Gewöhnlicher
    Flachbärlapp
Diphasium issleri, Isslers Flachbärlapp
Diphasium tristachyum, Zypressen-Flachbärlapp
Diphasium zeilleri, Zeillers Flachbärlapp
Dryopteris cristata, Kammfarn
Helleborus foetidus, Stinkende Nieswurz
Helleborus viridis, Grüne Nieswurz
Hepatica nobilis, Leberblümchen
Huperzia selago, Tannen-Bärlapp
Isoëtes setacea, Stachelsporiges Brachsenkraut
Isoëtes lacustris, See-Brachsenkraut
Lycopodiella inundata, Sumpfbärlapp

Lycopodium annotinum, Wald-Bärlapp
Lycopodium clavatum, Keulen-Bärlapp
Matteuccia struthiopteris, Straußenfarn
Nuphar lutea, Gelbe Teichrose
Nuphar pumila, Kleine Teichrose
Nymphaea alba, Weiße Seerose
Nymphaea candida, Kleine Seerose
Osmunda regalis, Königsfarn
Phyllitis scolopendrium, Hirschzunge
Polystichum aculeatum, Gelappter Schildfarn
Polystichum braunii, Brauns Schildfarn
Polystichum lonchitis, Lanzenfarn
Polystichum setiferum, Borstiger Schildfarn
Pulsatilla vulgaris, Küchenschelle
Ranunculus lingua, Zungen-Hahnenfuß
Salvinia natans, Schwimmfarn
Taxus baccata, Eibe
Trollius europaeus, Trollblume
Woodsia ilvensis, Wimperfarn.

Nachträge zu den Arten

Seite 53
Huperzia selago
Feinrasterkarte für den Schwäbisch-Fränkischen
Wald: ALEKSEJEW (1982: 31), für den Schönbuch:
BAUMANN u. BAUMANN (1990: 141).

Seite 57
Lycopodium annotinum
Feinrasterkarte für den Schwäbisch-Fränkischen
Wald: ALEKSEJEW (1982: 31), für den Schönbuch:
BAUMANN u. BAUMANN (1990: 148).

Seite 58
Lycopodium clavatum
Feinrasterkarte für den Schwäbisch-Fränkischen
Wald: ALEKSEJEW (1982: 31), für den Schönbuch:
BAUMANN u. BAUMANN (1990: 150).

Seite 82
Equisetum hyemale
Feinrasterkarte für den Schwäbisch-Fränkischen
Wald: ALEKSEJEW (1982: 31), für den Schönbuch:
BAUMANN u. BAUMANN (1990: 126).

Seite 116

Thelypteris limbosperma

Feinrasterkarte für den Schwäbisch-Fränkischen Wald: ALEKSEJEW (1982: 34), für den Schönbuch: BAUMANN u. BAUMANN (1990: 176).

Seite 121

Gymnocarpium dryopteris

Feinrasterkarte für den Schwäbisch-Fränkischen Wald: ALEKSEJEW (1982: 34), für den Schönbuch: BAUMANN u. BAUMANN (1990: 139).

Seite 124

Gymnocarpium robertianum

Nachzutragen sind isolierte Vorkommen im Taubertal: 6526/3: SW Münster, um 1960, K. BAUR (STU-K); neuere Beobachtung: 6526/1: Archshofen, wenige Stücke an einer Mauer, 1991, PHILIPPI (KR-K).

Seite 128

Dryopteris affinis

Isolierte Vorkommen im Stromberg-Gebiet: 6819/4, 6919/1: Eppinger Hardt, 1992, PLIENINGER (KR-K); 7018/2: SE Ölbronn, 1992, TREIBER. An allen Fundorten jeweils nur 1–2 kleine Stöcke.

Seite 164

Asplenium viride

Erste Nachweise für den Schönbuch: 7420/1: Arensbachtal (Goldersbach), auf Keuper (primärer Wuchsort), 1989, BAUMANN (KR-K), ferner 7321/3: nahe Burkardtsmühle, wenige Stöcke an einer Mauer, 1991, U. ADE (KR-K).

Feinrasterkarte der Vorkommen im Schwäbisch-Fränkischen Wald: ALEKSEJEW (1982: 33).

Seite 167

Asplenium billotii

An der Fundstelle bei Baden-Baden konnte H. REINHARD noch weitere Vorkommen feststellen. Die Zahl der Pflanzen liegt höher als angegeben!

Seite 169

Asplenium adiantum-nigrum

6916/3: Offener Kreis anstelle des vollen Punktes.

Seite 180

Ceterach officinarum

Weitere Fundstellen: Nordschwarzwald: 7215/4: Baden-Baden, Mauer in einem Privatgrundstück in der Seelachstraße, ca. 70 Pfl., Vorkommen an benachbarter Mauer seit 1985 erloschen. Bestand gefährdet wegen Beschattung durch Nadelgehölze

und wegen Umbau der Mauer, REINHARD (KR-K). Beim Fundort 7515/4 muß es heißen: Dollenbach bei Bad Rippoldsau statt Dollenberg bei Oppenau. Neckargebiet: 6720/4: Mosbach-Neckarelz, Gartenmauer, ca. 12 Stöcke, nach 1960 aufgetreten, 1991, ZENK (KR-K).

Seite 184

Blechnum spicant

Feinrasterkarte für den Schwäbisch-Fränkischen Wald: ALEKSEJEW (1982: 32), für den Schönbuch: BAUMANN u. BAUMANN (1990).

Seite 190

Pilularia globulifera

Die Punkte zu 6823/3 und 6923/1 waren auf der Karte falsch eingetragen.

Seite 199

Abies alba

Karte des natürlichen Verbreitungsgebietes auf der Schwäbischen Alb: LOHRMANN (1933: 15).

Seite 209

Taxus baccata

Zusammenstellung der Eibenvorkommen des badischen Gebietes vgl. KLEIN (1908: 275). – Weitere Beobachtung: 8213/2: Schweinkopf (Blößling-Gebiet), ca. 1200 m: 7 m hoher Baum und ein wenige m hoher Strauch, 1990, PHILIPPI (KR-K). Sieht man von dem (synanthropen?) Vorkommen beim Neuhof im Höllental ab, so dürfte der Bestand urwüchsiger Eiben im Schwarzwald 20 Bäume nicht überschreiten!

Seite 212

Chamaecyparis lawsoniana

Das Vorkommen von 6920/2: Lauffen ist zu streichen. Nach der Frucht erwies sich die Pflanze als *Thuja orientalis*.

Seite 227

Nymphaea candida

Neues Vorkommen 6927/4: Farrenweiher NW Stödtlen, 1987, WEISS in VOGGESBERGER (1991: 177).

Seite 261

Hepatica nobilis

Zur Verbreitung vergleiche auch H. SCHEERER (1991).

Seite 263

Pulsatilla vulgaris

Neu oder neu bestätigt wurden Fundpunkte auf

Kleiner Kriech-Hahnenfuß (*Ranunculus reptans*)
Hegne, 15.7.1990

Steife Miere (*Minuartia stricta*)

Spurre (*Holosteum umbellatum*)

Niedriges Hornkraut (*Cerastium pumilum*)
Forchheim, 19.4.1990

den Quadranten 6625/2, 7319/2, 7423/3, 7424/2, 7427/3, 7519/4, 7818/2, 7916/1, 7916/4, 7918/3, 7920/4, 8016/2, 8020/4, 8218/1, 8218/3, 8318/1. Nachzutragen ist auch der Punkt 7220/2, Vorkommen vor 1900 erloschen.

Seite 265
Adonis flammea
Neue Vorkommen: 6424/3: Sachsenflur, Hohenberg, 1990, J. GENSER (STU-K); 7119/1: Kalkofen SE Mönsheim, 1991, D. WALZ (STU-K); 7119/4: Hoher Acker bei Weißach, 1991, W. WAHRENBURG (STU-K).

Seite 292
Ranunculus aconitifolius
Zum Vorkommen im Odenwald vgl. DEMUTH (1990): Euterbach und Itterbach bis zur Gaimühle: 6320/3, 6420/1 + 3, randl. auch in Quadr. 2, 6520/1.

Seite 296
Ranunculus reptans
Wurde neu nachgewiesen an folgenden Orten: 8220/2: Sipplingen, 1991; 8220/3: Markelfingen-Allensbach, 1991; 8221/1: Nußdorf, 1991, alle PETRA WEBER (STU-K); 8319/2: Zwischen Freibad Hornstaad und Gaienhofen, 1989, 1992, H. BAUMANN, 1991, M. DIENST (STU-K); 8321/1: Hörnle-Staad, 1991, P. WEBER (STU-K); 8322/2: Friedrichshafen, 1991, P. WEBER (STU-K). – Eine weitere Abbildung der Art findet sich auf Seite 583.

Seite 304
Ranunculus trichophyllus
Die Vorkommen in der Oberrheinebene nördlich von Offenburg bedürfen alle der Überprüfung, da häufig mit Ranunculus rionii (s. u.) verwechselt. Höchstes Vorkommen: 8116/1, 790 m, Tränkebach zwischen Löffingen und Bachheim, KLEINSTEUBER (KR-K).

Seite 305
Neu nachgewiesen wurde im Gebiet:
23a. Ranunculus rionii Lagger 1848
Rions Wasser-Hahnenfuß
(Bearbeiter: A. KLEINSTEUBER)

Vorbemerkung: Die folgende Zusammenstellung (einschließlich der Verbreitungskarte) bezieht sich im wesentlichen auf die Angaben von WOLFF und SCHWARZER (1991), die die Art erstmalig für die Bundesrepublik Deutschland sicher nachwiesen.
Morphologie: Diese Art, die wohl mit *R. trichophyllus* nahe verwandt ist, unterscheidet sich von *R. trichophyllus* folgendermaßen:

a) Trockene Nüßchen im Mittel 1,0–1,2 mm lang; Nektarien meist röhrig mit birnförmiger Mündung; Nüßchen vorn immer violettfleckig und fast kahl, meist zu 50–90 pro Blüte, diese dann oft verlängert; Sepalen um 2 mm lang . . . . *R. rionii*
b) Trockene Nüßchen im Mittel 1,4–1,9 mm lang, Nektarien halbkreis- bis kreisförmig; Nüßchen vorn selten violettfleckig, aber meistens borstig, zu 30–40–(55) pro Blüte, diese dann nicht verlängert; Sepalen meist etwa 3 mm lang . . *R. trichophyllus*
Ökologie: In meist stehenden, neutral bis basischen, meist kalkreichen, meist leicht erwärmbaren (z.T. im Sommer austrocknenden) Gewässern über meist tonigen, lehmigen oder sandigen Substraten. Gegen Eutrophierung empfindlich. Lichtpflanze. Besonders auffällig ist die Fähigkeit von *R. rionii* in gerade erst entstandenen Gewässern sofort zu keimen und seinen Lebenszyklus innerhalb weniger Wochen abzuschließen.– Im Gebiet vorzugsweise im Potamogetonion, hier u. a. zusammen mit *Myriophyllum spicatum*, *Potamogeton natans* und *Potamogeton pectinatus*, jedoch seltener im Typhetum latifoliae, Myriophyllo-Nupharetum, Callitrichetum obtusangulae oder in Charetea-Gesellschaften. – Vegetationsaufnahmen vgl. WOLFF u. SCHWARZER (1991:79).
Allgemeine Verbreitung: Europa, Asien (Türkei bis Japan), Südafrika; aus dem westlichen Nordamerika liegt eine Angabe (vermutlich unbeständiges Vorkommen) vor (DREW 1936). In Europa sehr zer-

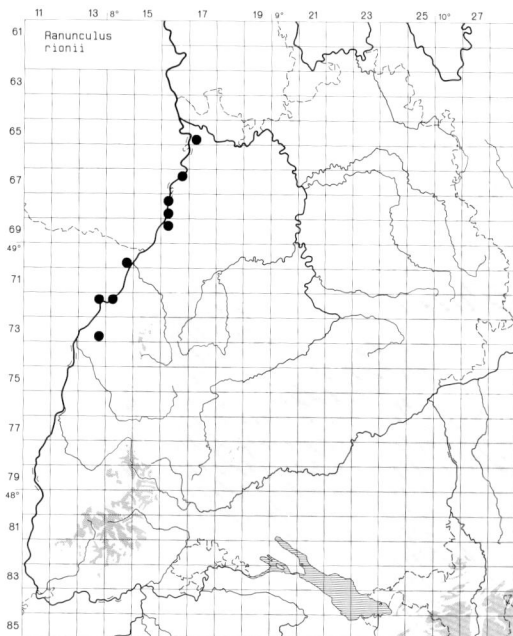

Kronloses Mastkraut (*Sagina apetala*)
Böblinger Panzerplatz, 12.7.1991

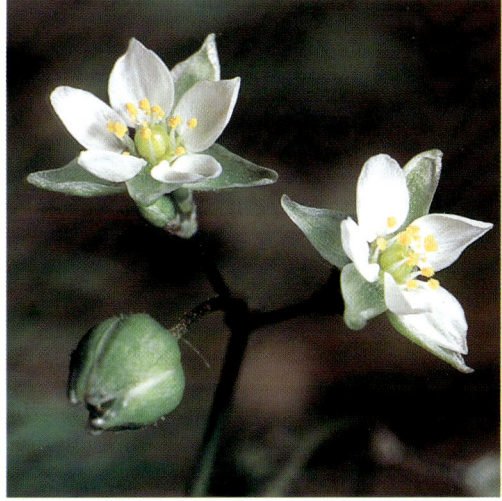

Frühlings-Spörgel (*Spergula morisonii*)
Bischwiller (Elsaß), 28.4.1991

Salz-Schuppenmiere (*Spergularia salina*)
Larnacca (Süd-Zypern), 20.4.1984

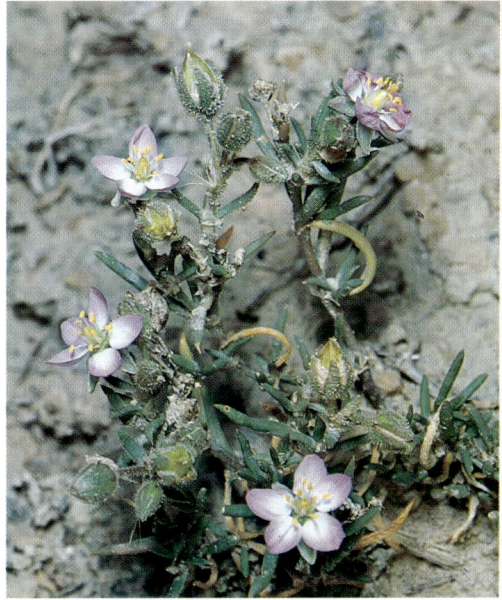

Flügelsamige Schuppenmiere (*Spergularia maritima*)
Buggingen, 27.9.1992

streut in Nordostfrankreich, Südwestdeutschland (in der Oberrheinebene zwischen Offenburg und Darmstadt), der Schweiz, Österreich, Ungarn, der Tschechoslowakei, Rumänien, Südrußland und der Balkanhalbinsel (Verbreitungskarte vgl. Cook 1966:143).

Verbreitung in Baden-Württemberg:Oberrheinebene zwischen Wagshurst und Mannheim, und zwar so-

wohl innerhalb der Aue als auch auf dem Hochgestade. Weiter südlich vermutlich aufgrund der gröber werdenden quartären Sedimente fehlend.

Die Vorkommen liegen zwischen 90 m bei Mannheim und 135 m bei Wagshurst. Uneinigkeit herrscht über dem Status von *Ranunculus rionii*. Cook (1985) hält die Art in ganz Europa für adventiv, während sich Wolff und Schwarzer (s.o.)

585

Vorkommen in einer ursprünglichen Rheinland-schaft vorstellen können. Zumindest nach Baden-Württemberg scheint Rions Wasserhahnenfuß aber erst in diesem Jahrhundert gelangt zu sein. Zum einen spricht dafür, daß GLÜCK (1936), der die Art aus Lothringen kannte, *R. rionii* nicht für die Ober-rheinebene angibt. Zum anderen erbrachte eine Überprüfung des Karlsruher Herbarmaterials kei-nen Nachweis auf *R. rionii*. Alle in Frage kommen-den Belege ließen sich entweder *R. trichophyllus* oder einer anderen Art der *Batrachium*-Gruppe zu-ordnen (rev. P. WOLFF). Da die Art wegen ihrer Ähnlichkeit mit *R. trichophyllus* bis vor kurzem übersehen wurde, läßt sich der Zeitpunkt des erst-maligen Auftretens nicht mehr feststellen. Der zur Zeit älteste bekannte Beleg stammt aus der Rhein-ebene bei Liedolsheim (6816/1: 1985, KLEINSTEU-BER (KR). Er wurde zunächst als *R. trichophyllus* bestimmt. Unabhängig vom Zeitpunkt der Einwan-derung läßt sich aber feststellen, daß *R. rionii* in Baden-Württemberg als eingebürgert angesehen werden muß.

Bestand und Bedrohung: *Ranunculus rionii* kommt im Gebiet in teilweise sehr großen (allerdings stark schwankenden) Populationen vor. Die Art wird durch das Anlegen immer neuer Gewässer indirekt durch den Menschen gefördert und scheint sich zur Zeit noch auszubreiten. Nicht gefährdet.

Seite 309
Ceratocephala testiculata
Das Vorkommen bei Stuttgart-Untertürkheim ist eingebürgert und dehnt sich aus (WEHRMAKER 1987).

Seite 315
Thalictrum aquilegiifolium
Oberrheingebiet: Hier inzwischen an einer Reihe von Fundstellen bestätigt, immer nur in wenigen Pflanzen, meist an aufgelichteten Stellen von Auen-wäldern:
6716/4: N Rußheim, 1989, LÖSING; 6816/3: W Leo-poldshafen, 1990, SEMMELMANN; 7015/2: N Neu-burgweier, 1989, KLEINSTEUBER; 7512/2: W Alten-heim an mehreren Stellen, 1988, SEMMELMANN; 7712/3: NW Weisweil, 1991, SCHLESINGER, PHI-LIPPI; 7911/1: SW Burkheim, 1991, PHILIPPI; 8111/1: N Zienken, 1991, PLIENINGER (alles KR-K).

Seite 330
Corydalis ochroleuca
Fundorte (in Gärten verwildert): 6426/3: Wald-mannshofen, K. SCHLENKER (STU-ZKE); 6526/1:

Creglingen, K. SCHLENKER (STU-ZKE); 6919/1: Leonbronn, K. SCHLENKER (STU-ZKB); 7021/4: Erdmannshausen, (STU-ZKE); 7122/1: Winnen-den, (STU-ZKB); 7125/3: SW Iggingen, ca. 1985, Ostalbkreiskartierung (STU-K); 7224/3: Eislingen, (STU-ZKE); 7323/4: Dürnau, Gammelshausen und Boll (STU-ZKE), 1943, H. MÜRDEL (STU); 7420/3: Tübingen, Mauern, 1940, A. MAYER (STU); 8124/2: Molpertshaus, 1922, K. BERTSCH (STU); 8226/3: Friedhof in Menelzhofen, 1919, K. BERTSCH (STU), 1957, K. BAUR (STU-K).

Seite 373
Die Abbildung von *Arenaria leptoclados* in REI-CHENBACH ist die Typusabbildung.

Seite 378
Minuartia fastigiata
Neu bestätigtes Vorkommen: 7812/3: Orberg bei Schelingen (vgl. Foto S. 377), 1987, 1989, H. BAU-MANN (STU-K).

Seite 381
Minuartia stricta
Ein zusätzliches Farbfoto findet sich auf Seite 583.

Seite 390
Stellaria palustris
Neuer Fundort: 8313/2: Obergebisbach, ca. 900 m (!), 1991, H. NOTHDURFT (STU-K).

Seite 393
Holosteum umbellatum
Ein zusätzliches Farbfoto findet sich auf Seite 583.

Seite 403
Cerastium pumilum
Ein zusätzliches Farbfoto findet sich auf Seite 583.

Seite 407
Sagina nodosa
Neues Vorkommen: 7527/1: Riedheim, 1991, ANKA (STU-K).

Seite 410
Sagina apetala
Eine Abbildung dieser Art findet sich auf Seite 585; eine frühe Abbildung auch bei GMELIN (1805: Tafel 1, oben).

Seite 414
Corrigiola litoralis
6916/4: Karlsruhe, Gleisbauhof, zahlreiche Pflan-zen auf Kohleschlacke, 1992, VOGEL (KR-K).

Pechnelke (*Lychnis viscaria*)
Peterzell, 30.6.1991

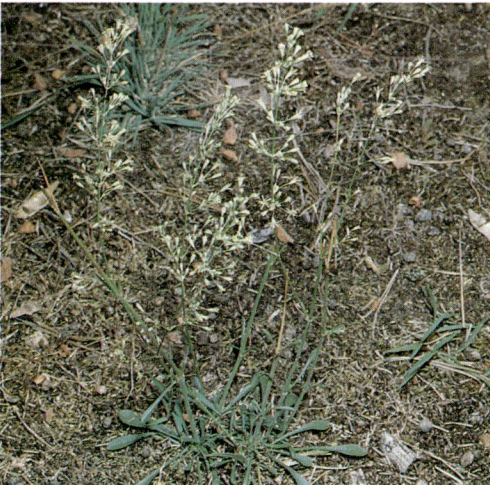

Ohrlöffel-Leimkraut (*Silene otites*)
Sandhausen, 3.8.1991

Bastard von Karthäuser- und Buschnelke (*Dianthus carthusianorum* × *D. seguieri*), rechts unten, zusammen mit den Elternarten Karthäusernelke

(*D. carthusianorum*), Mitte links, und Buschnelke (*D. seguieri*), oben Irndorfer Hardt, 6.9.1992

Seite 418
Herniaria hirsuta
Neue Vorkommen: 7320/1: Böblingen, Stadt, 1991, H. W. SCHWEGLER (STU); 8022/3: Friedhof Burgweiler, 1989, M. VOGGESBERGER (STU); 8219/4: Radolfzell, Busbahnhof, 1988–91, V. HELLMANN (STU).

Seite 421
Polycarpon tetraphyllum
Neuer Wuchsort: 6616/4: Speyer (Rheinland-Pfalz), 1982, K. H. HARMS, 1985, E. DÖRR (STU).

Seite 422
Spergula morisonii
6416/2: Neuwald E Blumenau-Sandtorf, 1991, DEMUTH/KLEINSTEUBER (KR-K); 6416/4: Mannheim-Schönau, 1991, DEMUTH/KLEINSTEUBER (KR-K); 6417/3: Käfertaler Wald, E Gartenstadt, 1992, DEMUTH (KR-K); 6517/3: Mannheim, Unterer Dossenwald, 1992, DEMUTH (KR-K). *Spergula morisonii* wird – bedingt durch die frühe Blütezeit – leicht übersehen und kommt in der nördlichen Oberrheinebene offenbar noch häufiger vor als ursprünglich angenommen. Bei den neuentdeckten Vorkommen handelt es sich um große Bestände auf kalkarmen Flugsanddecken. Die Populationen sind durch Bebauungsvorhaben z. Teil akut bedroht.
Linksrheinisch weiter verbreitet, so südwärts bis zum Bienwald (z. B. 6915/1: Wörth) und zum Hagenauer Forst (z. B. 7113/3: N Oberhoffen). Ein Farbfoto findet sich auf Seite 585.

Seite 424
Spergularia salina
Die Angabe von 8111/2: Buggingen ist nach W. PLIENINGER (1992) und H. BAUMANN (STU-K) unrichtig; dort kommt nur *S. maritima* vor. Eine Abbildung von *S. salina* findet sich auf Seite 585.

Seite 424
Spergularia maritima
Eine Abbildung der Art findet sich auf Seite 424 und auf Seite 585.

Seite 428
Lychnis viscaria
Ein zusätzliches Farbfoto findet sich auf Seite 587.

Seite 432–433
Silene otites
Weitere Beobachtungen: 6816/2: Zwischen Neudorf und Huttenheim, ca. 1975, PHILIPPI (KR-K); 6916/1: Leopoldshafen, noch nach 1970 beobachtet,

PHILIPPI (KR-K); 8118/4: Offerenbühl, 1990, S. SEYBOLD (STU). Eine weitere Abbildung der Art findet sich auf Seite 587.

Seite 443
Silene gallica
6916/1: Industriegebiet Karlsruhe-Eggenstein, 1992, KLEINSTEUBER (KR-K). Vermutlich nur unbeständiges Vorkommen in einer Brachfläche.

Seite 457
Dianthus seguieri
Neue Vorkommen: 7616/4: Heftenbach E Rötenberg, ca. 1990, M. ADE (STU); 7718/3: o.O., ca. 1988, TH. SATTLER (STU-K); 7818/4: Hummelsberg E Denkingen, 1990, M. VOGGESBERGER (STU-K); 7819/3: o.O., ca. 1988, TH. SATTLER (STU-K); 8015/4: o.O., ca. 1980–89, REINEKE u. RIETDORF (STU-K).

Seite 459
Dianthus gratianopolitanus
Neue Funde: 7819/3: o.O., 1988, TH. SATTLER (STU-K); 8218/2: o.O., ca. 1990, E. KOCH (STU-K).

Seite 462
Weitere Dianthus-Bastarde:
D. armeria × D. deltoides
6617: Schwetzingen, SCHIMPER in REICHENBACH (1842–43:138, Taf. CCLXIII, Fig. 5040b) und REICHENBACH (1832:809).

D. carthusianorum × D. seguieri
7919/2: Irndorfer Hardt, 1992, H. BAUMANN (STU). Hier stehen beide Elternarten samt Bastard nahe beieinander; vgl. die Abbildungen auf Seite 587.

Seite 479
Polycnemum majus
7314/3: Bahnhof Achern, wenige Pflanzen, 1991, PHILIPPI (KR); 8012/2: Freiburg, Bahnhof, 1990 PLIENINGER (STU-K).

Seite 482
Chenopodium botrys
Ein Farbfoto findet sich auf Seite 589.

Seite 483
Chenopodium pumilio
In der nördlichen Oberrheinebene offensichtlich in Ausbreitung begriffen, nach Beobachtungen (KR-K) z.B. 6416/4: Friesenheimer Insel, 1989, DEMUTH; 6916/3: Karlsruhe-Hardtwald, reichlich in

Klebriger Gänsefuß *(Chenopodium botrys)*

Gartenmelde (*Atriplex hortensis*)

Grauer Wanzensame *(Corispermum marschallii)*
Sandhausen, 18.8.1990

Schmalflügeliger Wanzensame (*Corispermum leptopterum*) Sandhausen, 18.8.1990

Kali-Salzkraut (*Salsola kali*)
Forchheim, 29.9.1990

Kleiner Knöterich (*Polygonum minus*)
Neuweiher bei Ringschnait, 10.11.1990

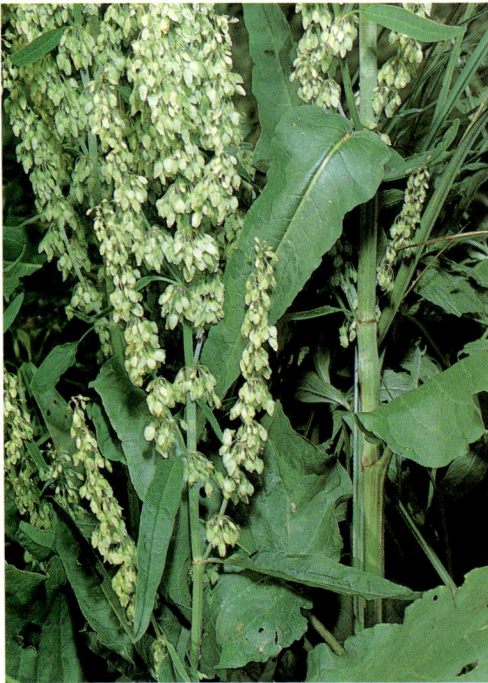

Wasserampfer (*Rumex aquaticus*)
Grafenau, 28.7.1992

Sumpf-Ampfer (*Rumex palustris*)
Faulbach, Main, 28.6.1992

Aufforstungsfläche, 1990, BREUNIG u. KLEINSTEU-
BER; 6916/4: Karlsruhe in der Nähe des Güterbahn-
hofs, wenige Pflanzen, 1991, BREUNIG u. KLEIN-
STEUBER.

Seite 499
Atriplex hortensis
Ein Farbfoto findet sich auf Seite 589.

Seite 507
Corispermum marschallii
Eine Abbildung findet sich auf Seite 589. Die
Pflanze wurde in Sandhausen durch H. BAUMANN
bestätigt.
Ein noch älterer als der angegebene Nachweis der
Art durch ZEYHER bei Schwetzingen findet sich bei
J. STURM, Deutschlands Flora, 1. Abteilung, Band
16, 1835 („1837").

Seite 508
Corispermum leptopterum
Eine weitere Abbildung der Art findet sich auf Seite
589.

Seite 509
Salsola kali
Neuere Beobachtungen in den nordbadischen
Sandgebieten: 6416/2: Mannheim-Blumenau,
reichlich, 1992, DEMUTH; 6416/4: Friesenheimer
Insel, 1989, S. DEMUTH; 6617/1: Wingertsbuckel
SW Oftersheim, 1992, KLEINSTEUBER; 6617/3: N
Hockenheim, reichlich, 1992, PHILIPPI (alles KR-
K). Neuerdings in starker Ausbreitung entlang der
Bahnlinien, so z.B. 6516/2: Mannheim, Haupt-
bahnhof, 1992; 6518/3: Heidelberg, Bahnhof, 1991;
6717/2: Bahnhof Wiesloch-Walldorf, 1985; 6717/4:
Bahnhof Bad Schönborn-Kronau, 1985; 6916/4:
Bahnhof Durlach, 1990; 7016/1 + 2: Karlsruhe,
Bahnanlagen Fautenbruchstraße, 1989; nach Beob-
achtungen von BREUNIG, DEMUTH, KLEINSTEUBER
und PHILIPPI (KR-K).
Eine zusätzliche Abbildung in fruchtendem Zu-
stand findet sich auf Seite 590.

Seite 533
Polygonum minus
Ein zusätzliches Farbfoto findet sich auf Seite 590.

Seite 556
Rumex aquaticus
Ein zusätzliches Farbfoto findet sich auf Seite 590.

Seite 574
Rumex palustris
Ein zusätzliches Farbfoto findet sich auf Seite 590.

Nachtrag zum Literaturverzeichnis

ALEKSEJEW, P. (1982): Beiträge zur Flora der Ostalb. –
Unicornis 2(1):26–36; Schwäbisch Gmünd.

BAUMANN, B. u. H. BAUMANN (1990): Die gefährdeten
Farn- und Blütenpflanzen des Landkreises Böblingen. –
In: ADE, U. et al.: Naturnahe Lebensräume und Flora
in Schönbuch und Gäu, 88–187; Remshalden.

BAUMANN, B. U. H. BAUMANN (1992): Ergänzungen zu
Band 1 und 2 von Sebald, Seybold und Philippi: Die
Farn- und Blütenpflanzen Baden-Württembergs. – Jah-
resh. Ges. Naturk. Württ. 147: 59–74; Stuttgart.

COOK, C.D.K. (1985): Range extensions of aquatic vascular plant species. – J. Aquat. Plant Manage. 23: 1–6;
London.

DEMUTH, S. (1990): Der Eisenhutblättrige Hahnenfuß
(Ranunculus aconitifolius L.) im Odenwald – Hess. flor.
Briefe 39 (3): 42–47; Darmstadt.

DREW, W.B. (1936): The North American representatives
of Ranunculus section Batrachium. – Rhodora 38: 1–47;
Boston.

FUCHS, L. (1542): De historia stirpium commentarii insig-
nes... Basel (M. Isingrin).

FUCHS, L. (1543): New Kreüterbuch. Basel (M. Isingrin).

KLEIN, L. (1908): Bemerkenswerte Bäume im Großherzogtum Baden. – 372 S.; Heidelberg (C. Winter).

LOHRMANN, R. (1933): Die Ausdehnung des natürlichen
Nadelwaldgebietes der auf der Südwestalb. – Veröff.
Staatl. St. Naturschutz 9 (1932): 14–19; Stuttgart.

PLIENINGER, W. (1992): Einige bemerkenswerte floristische Funde in Baden-Württemberg. – Flor. Rundbr. 26
(1): 11–20; Bochum.

REICHENBACH, H.G.L. (1830–32): Flora germanica ex-
cursoria...;Leipzig (C. Cnobloch).

REICHENBACH, H.G.L. (1834–1914): Icones florae germanicae et helveticae... 25 Bände; Leipzig (F. Hofmeister).

REICHENBACH, H.G.L. (1842–43): Deutschlands Flora
... Familie der Wassersterne... und Nelkengewächse;
Leipzig (F. Hofmeister).

SCHEERER, H. (1991): Die Verbreitung des Leberblümchens in Ostwürttemberg. – Jahresh. Ges. Naturk.
Württ. 146: 129–158; Stuttgart.

SOWERBY, J. and J.E. SMITH (1790–1814): English Botany. 36 Bände; London.

VOGGESBERGER, M. (1991): Floristische und vegetationskundliche Beobachtungen im Weihergebiet um Ellwangen. – Teil 1: Wasserpflanzen. – Jahresh. Ges. Naturk.
Württ. 146: 159–191; Stuttgart.

WEHRMAKER, A. (1987): Neue Adventivpflanzen im Stuttgarter Weinbaugebiet und ihre Einbürgerung. – Um-
weltamt Stadt Darmstadt, Schriftenreihe 12 (2): 31–38;
Darmstadt.

WOLFF, P. u. A. SCHWARZER (1991): Ranunculus rionii
Lagger – eine neue Wasserpflanze in Deutschland. –
Florist. Rundbr. 25 (2): 69–85; Bochum.

Bildquellenverzeichnis

ALEKSEJEW, PETER: 205, 288, 360

BAUMANN, HELMUT: 219, 243, 249 (l.o.), 253, 254, 255, 257, 260, 262, 286 (l.o.), 294, 297, 306, 307, 314, 316, 318, 321, 331, 375, 377, 384, 388, 389, 391, 394, 398, 408, 410, 414, 428, 430, 432, 433, 434, 435, 447, 457, 459, 464, 465, 471, 487, 491, 504, 506, 509, 521, 560, 567, 577, 583 (l.o., r.u.), 585 (4 ×), 587 (3 ×), 589 (l.u., r.u.), 590 (4 ×)

BELLMANN, HEIKO: 237, 319, 397, 455

BÜTTNER, FRIEDRICH: 300, 350, 422, 486

DANNER, DIETER: 190

DEMUTH, SIEGFRIED: 207, 249 (r.u.), 383

GOTTSCHLICH, GÜNTER: 327 (l.u.)

HABERER, MARTIN: 213, 214

HARMS, KARL HERMANN: 206, 264, 345, 347, 548

HOFFMANN, HERBERT: 327 (r.o.)

LOCK, FRITZ: 354, 357, 527

LUMPE, HANS: 490, 496

NICKEL, ELSA: 228, 326

PAYERL, HANS: 572

QUINGER, BURKHARD: 551 (r.o.)

RASBACH, HELGA und KURT: 53, 55, 57, 59, 61, 64, 65, 67, 68, 70, 72, 74, 76, 77, 79, 80, 82, 84, 85, 87, 88, 90, 91, 92, 93, 94, 97, 101, 102, 104, 107, 109, 110, 111, 113, 114, 115, 116, 118, 120, 122, 123, 125, 126, 127, 129, 131, 132, 133, 134, 136, 137, 138, 139, 141, 143, 145, 146, 147, 148, 149, 151, 153, 154, 156, 157, 159, 160, 162, 164, 165, 167, 168, 170, 172, 174, 175, 177, 179, 181, 183, 185, 186, 188, 191, 192, 194, 555

REICHENBACH, BERTHOLD: 221, 539

SCHÖNFELDER, PETER: 198, 530

SCHREMPP, HEINZ: 199, 201, 202, 204, 211, 217, 230, 231, 234, 238, 239, 241, 245, 246, 251, 266, 267, 274, 279, 283, 284, 286 (r.o.), 290, 292, 293, 295, 299, 302, 304, 310, 311, 313, 324, 329, 332, 335, 337, 339, 344, 349, 356, 362, 367, 371, 376, 390, 396, 399, 405, 406, 412, 415, 417, 418, 419, 420, 423, 426, 437, 439, 440, 441, 443, 446, 449, 450, 452, 453, 454, 460, 463, 472, 474, 475, 481, 485, 488, 489, 497, 498, 505, 508, 510, 513, 517, 520, 523, 525, 532, 536, 537, 541, 546, 549, 551 (l.o.), 553, 561, 566, 570, 579, 583 (r.o., l.u.), 589 (l.o., r.o.)

SEYBOLD, SIEGMUND: 500

VOGGESBERGER, MONIKA: 542

WALDERICH, LUDWIG: 209, 210, 225, 259, 280, 334, 374, 409

WIDMANN, HANS: 276

ZIEGLER, ERNST: 275

Neue Verbreitungskarten der 2. Auflage

Die Verbreitungskarten folgender Arten wurden in der 2. Auflage verändert und ergänzt:

Seite 190: Pilularia globulifera

Seite 263: Pulsatilla vulgaris

Seite 265: Adonis flammea

Seite 296: Ranunculus reptans

Seite 378: Minuartia fastigiata

Seite 390: Stellaria palustris

Seite 407: Sagina nodosa

Seite 418: Herniaria hirsuta

Seite 433: Silene otites

Seite 458: Dianthus seguieri

Seite 459: Dianthus gratianopolitanus

Seite 479: Polycnemum majus

Seite 483: Chenopodium pumilio

Literaturverzeichnis

ADAM, K.D. (1985): Das Vorkommen des Buchsbaumes in den Cannstatter Sauerwasserkalken – ein Beitrag zur Kenntnis der mittelpleistozänen Flora Südwestdeutschlands. – Stuttgarter Beitr. z. Naturkde. (Ser. B) Nr. 115: 29 S., 6 Abb., 6 Tab.; Stuttgart.

ADE, A. (1941): Beiträge zur Flora Mainfrankens. – Ber. Bayer. Bot. Ges. 25: 86–107; München.

ADE, A. (1943): Beiträge zur Kenntnis der Flora Mainfrankens. II. Herbart Emmert. – Ber. Bayer. Bot. Ges. 26: 86–117; München.

AELLEN, P. (1963): *Chenopodium viride* in den Ostalpen. – Phyton 10: 259–260; Horn.

AICHELE, D. u. H.-W. SCHWEGLER (1957): Die Taxonomie der Gattung *Pulsatilla*. – Feddes Repert. 60: 1–230; Berlin.

ALEKSEJEW, P. (1988): Ergänzung der Beiträge zur Flora der Ostalb. Murbeckscher Streifenfarn (*Asplenium murbeckii* Dörfler = *A. ruta-muraria* × *A. septentrionale*) – ein Neufund auf der Ostalb. – Unicornis 4: 40; Schwäbisch Gmünd.

Anonymus (1882): Neue Standorte. – Siehe BAUMGARTNER, L. (1882–7).

Anonymus (1911): Neue Standorte. – Siehe NEUBERGER, J. et al. (1911).

ASCHERSON, P. (1876/77): „*Dianthus*-Bastarde". – Sitzber. Ges. Naturforsch. Freunde zu Berlin, 179–182; Berlin.

ASCHERSON, P. u. P. GRAEBNER (1896–1939): Synopsis der mitteleuropäischen Flora. 12 Bände; Leipzig.

ATTINGER, E. (1967): Die Farne des Hohentwiel. – Mitt. Naturf. Ges. Schaffhausen 28 (1963/67): 11–19; Schaffhausen.

AVERDIECK, F.-R. (1980): 3. Der Entwicklungsgang im zeitlichen Ablauf und „Moorarchäologie". – In GÖTTLICH, K. (Hrsg.): Moor- und Torfkunde: 77–129; 2. Aufl. Stuttgart (Schweizerbart).

BACKER, C.A. (1936): Verklaarend Woordenboek der wetenscheppelijke namen van de in Nederland en nederlandsch-Indie in het wild groeiende en in tuinen en parken gekweekte varens en hogere planten. Batavia; 664 S.

BALTISBERGER, M. (1982): Die Artengruppe des *Ranunculus polyanthemos* L. in Europa. – Ber. Schweiz. Bot. Ges. 90 (1980, 3/4): 143–188; Zürich.

BARTSCH, J. (1924): Zur Flora des Badischen Jura und Bodenseegebietes. – Mitt. Bad. Landesver. Naturk. Naturschutz Freiburg N.F. 1: 301–309; Freiburg i. Br.

BARTSCH, J. (1925): Die Pflanzenwelt im Hegau und nordwestlichen Bodensee-Gebiete. – Schr. Ver. Gesch. Bodensees (Überlingen) 1. Beih., 194 S.

BARTSCH, J. u. M. BARTSCH (1940): Vegetationskunde des Schwarzwaldes. 289 S.; Jena (G. Fischer).

BARTSCH, J. u. M. BARTSCH (1941): Über den natürlichen Gesellschaftsanschluß der Fichte im Schwarzwald und ihren Einfluß auf den Standort bei künstlichem Anbau. – Allgemeine Forst- und Jagdzeitung 117 (2/3): 3–80; Frankfurt/Main.

BARTSCH, J., J. HRUBY, H. WOLF, W. DRESCHER, H. HEINE u. E. OBERDORFER (1951): Botanische Neufunde aus dem badischen Oberrheingebiet nach Aufzeichnungen. – Mitt. Bad. Landesver. Naturk. Naturschutz N.F. 5: 186–191; Freiburg i. Br.

BASKIN, J.M. and C.C. BASKIN (1973): Studies on the ecological life cycle of *Holosteum umbellatum*. – Bull. Torrey Botan. Club 100 (2): 110–116; Lancaster, Pennsylvania.

BAUCH, R. (1933): Ein neuer Fundort von *Pilularia globulifera* in Württemberg. – Jahresh. Ver. Vaterl. Naturk. Württ. 89: 166–168; Stuttgart.

BAUER, C.F. (1815–1835): Materialien zu einer Flora der Fürstenthümer Hohenlohe und Mergentheim. – Manuskript (Abschrift in STU).

BAUER, C.F., W. FUCHS, HÖPFNER, VON OETINGER, E. RHODIUS, F. RHODIUS u. J. SCHRODT (1816): Etwas über Standorte und Blüthezeit der in den Fürstenthümern Hohenlohe und Mergentheim bis jetzt entdekten wildwachsenden Pflanzen. Mergentheim.

BAUER, J. (1981): Die Verbreitung von *Selaginella helvetica* im Allgäu und Außerfern. – Mitt. Naturwiss. Arbeitskr. Kempten 25 (1): 7–16; Kempten/Allgäu.

BAUER, Th.E. (1905): Flora des württembergischen Oberamtes Blaubeuren. 177 S.; Blaubeuren (F. Mangold).

BAUHIN, C. (1620): Prodromos Theatri Botanici, in quo Plantae supra sexcentae ab ipso primum descriptae cum plurimis figuris proponuntur. 160 S.; Frankfurt/M.

BAUHIN, C. (1622): Catalogus Plantarum circa Basileam sponte nascentium. 113 S.; Basel.

BAUHIN, J. (1598): Historia novi et admirabilis fontis balneique Bollensis… 291 S.; Montbeliard.

BAUHIN, J. (1602): Ein new Badbuch, und historische Beschreibung… des Wunder Brunnen und heilsamen Bads zu Boll… Stuttgart.

BAUHIN, J., J.H. CHERLER u. D. CHABREY (1650–51): Historia plantarum universalis… 3 Bände, Yverdon.

BAUMANN, E. (1911): Die Vegetation des Untersees (Bodensee). – Arch. Hydrobiol., Suppl. 1, 554 S.; Stuttgart.

BAUMGARTNER, L. (1882–7): Neue Standorte. – Mitt. Bot. Ver. Kreis Freiburg 1: 12–16, 25–27, 1882; 74–76, 85–92, 105–108, 120–123, 153–154, 1883; 208–209, 266–267, 303, 1887; Freiburg i. Br.

BAUMGARTNER, W. (1975): Die Baumwolladventivflora von Atzenbach (Baden, BRD) und Issenheim (Elsaß, Frankreich). – Bauhinia 5: 119–129; Basel.

BAUR, K. (1940): *Dianthus superbus* forma *autumnalis* in Württemberg. – Jahresh. Ver. Vaterl. Naturk. Württ. 96: 90–91; Stuttgart.

BAUR, K. (1941): Zur Kenntnis einiger Erlengesellschaften. – Veröff. Württ. Landesst. Naturschutz 17 (1940): 158–177; Stuttgart.

BAUR, K. (1955): Wässerwiesen und Magerrasen im nördlichen Schwarzwald. – Veröff. Landesst. Naturschutz u. Landschaftspflege Bad.-Württ. 23: 144–148; Ludwigsburg u. Tübingen.

BAUR, K. (1961): Flaumeichenbastarde auch auf der Ostalb. – Jahresh. Ver. Vaterl. Naturk. Württ. 116: 289–290; Stuttgart.

BAUR, W. (1886): Beiträge zur Flora Badens. – Mitt. Bot. Vereins Kreis Freiburg 1: 271–277; Freiburg. i. Br.

BECHERER, A. (1921): Beiträge zur Flora des Rheintals zwischen Basel und Schaffhausen. – Verh. Naturf. Ges. Basel 32: 172–200; Basel.

BECHERER, A. (1960): Fortschritte in der Systematik und Floristik der Schweizerflora (Gefäßpflanzen) in den Jahren 1958 und 1959. – Ber. Schweiz. Bot. Ges. 70: 62–112; Zürich.

BECHERER, A. u. M. GYHR (1921): Weitere Beiträge zur Basler Flora. Lörrach, 15 S.

BECHERER, A. u. M. GYHR (1928): Kleine Beiträge zur badischen Flora. – Beitr. naturwiss. Erforsch. Badens 1: 1–5; Freiburg i. Br.

BECHERER, A. u. W. KOCH (1923): Zur Flora des Rheintals von Laufenburg bis Hohenthengen-Kaiserstuhl und der Gegend von Thiengen. – Mitt. Bad. Landesver. Naturk. Naturschutz N. F. 1: 257–265; Freiburg i. Br.

BECKER, B., A. BILLAMBOZ, H. EGGER, P. GASSMANN, A. ORCEL, Chr. ORCEL u. U. RUOFF (1985): Dendrochronologie in der Ur- und Frühgeschichte. – Antiqua 11: 68 S.; Basel.

BENL, G. u. A. ESCHELMÜLLER (1973): Über „Dryopteris remota" und ihr Vorkommen in Bayern. – Ber. Bayer. Bot. Ges. 44: 101–141; München.

BENZING, A. (1965): Über ein bemerkenswertes Vorkommen des Alpen-Bärlapps *(Lycopodium alpinum)* bei Königsfeld im Schwarzwald. – Veröff. Landesst. Naturschutz Landschaftspflege 33: 218–222; Ludwigsburg.

BENZING, A. (1979): Geofaktoren und Pflanzenkartierung in Baden-Württemberg. – Veröff. Naturschutz Landschaftspflege Bad.-Württ. 49/50: 533–540; Karlsruhe.

BERTSCH, A. (1961): Untersuchungen zur spätglazialen Vegetationsgeschichte Südwestdeutschlands. – Flora 151: 243–280.

BERTSCH, F. (1935): Das Pfrunger Ried und seine Bedeutung für die Florengeschichte Südwestdeutschlands. – Beih. Bot. Zentralbl. 54/B: 185–243; Kassel.

BERTSCH, K. (1907): Hügel- und Steppenpflanzen im oberschwäbischen Donautal. – Jahresh. Ver. Vaterl. Naturk. Württ. 63: 177–196; Stuttgart.

BERTSCH, K. (1918): Pflanzengeographische Untersuchungen aus Oberschwaben. 1. Die oberschwäbischen Hochmoorpflanzen. – Jahresh. Ver. Vaterl. Naturk. Württ. 74: 69–136; Stuttgart.

BERTSCH, K. (1919): Wärmepflanzen im oberen Donautal. – Bot. Jahrb. Syst. 55 (3): 313–349; Leipzig.

BERTSCH, K. (1920): Neue Gefäßpflanzen unserer Flora. – Jahresh. Ver. Vaterl. Naturk. Württ. 76: 62–75; Stuttgart.

BERTSCH, K. (1924): Paläobotanische Untersuchungen im Reichermoos. – Jahres. Ver. Vaterl. Naturk. Württ. 80: 1–19; Stuttgart.

BERTSCH, K. (1925): Das Brunnholzried. – Veröff. Staatl. Stelle Naturschutz Württ. Landesamt Denkmalpflege 2: 67–172; Stuttgart.

BERTSCH, K. (1925): Naturdenkmäler der Eiszeit in der Pflanzenwelt des Alpenvorlandes. – Aus d. Heimat 38 (6): 84–88; Stuttgart.

BERTSCH, K. (1926): Das Steinacher Ried bei Waldsee. – Veröff. Staatl. Stelle Naturschutz Württ. Landesamt Denkmalpflege 3: 32–41; Stuttgart.

BERTSCH, K. (1926): Die Pflanzenreste aus der Kulturschichte der neolithischen Siedlung Riedschachen bei Schussenried. – Schr. Ver. Geschichte d. Bodensees 54: 2–20; Konstanz.

BERTSCH, K. (1927): Die diluviale Flora des Cannstatter Sauerwasserkalks. – Z. Bot. 19: 641–659; Jena.

BERTSCH, K. (1929): Blütenstaubuntersuchungen im württembergischen Neckargebiet. – Jahresh. Ver. Vaterl. Naturk. 85: 1–42; Stuttgart.

BERTSCH, K. (1929): Waldgeschichte des württembergischen Bodenseegebiets. – Schr. Ver. f. Geschichte d. Bodensees 56: 1–50; Konstanz.

BERTSCH, K. (1930): Beitrag zur Waldgeschichte Württembergs. – Jahresh. Ver. Vaterl. Naturk. 86: 127–155; Stuttgart.

BERTSCH, K. (1931): Paläobotanische Monographie des Federseerieds. – Bibl. Bot. 26: 127 S.; Kassel.

BERTSCH, K. (1931): Neue und verschollene Blütenpflanzen der württembergischen Flora. – Veröff. Staatl. Stelle Naturschutz Württ. Landesamt Denkmalpfl. 8: 101–108; Stuttgart.

BERTSCH, K. (1932): Die Pflanzenreste der Pfahlbauten von Sipplingen und Langenrain am Bodensee. – Bad. Fundber. 2: 305–320. Freiburg.

BERTSCH, K. (1935): Pflanzen. – In O. PARET: Der steinzeitliche Pfahlbau von Reuthe, O.A. Waldsee. – Fundber. aus Schwaben N.F. 8: 44–45.

BERTSCH, K. (1939): Die vorgeschichtlichen Wildreben-Funde Deutschlands. – Ber. Deutsch. Bot. Ges. 57: 437–441. Berlin.

BERTSCH, K. (1950): Nachträge zur vorgeschichtlichen Botanik des Federseerieds. – Veröff. Württ. Landesst. Naturschutz Landschaftspflege 19: 88–128; Stuttgart.

BERTSCH, K. (1950): Merkwürdige Farne aus dem Naturschutzgebiet am Hohentwiel. – Veröff. Württ. Landesst. Naturschutz Landschaftspflege 19: 71–87; Stuttgart.

BERTSCH, K. (1951): Kritische Pflanzen unserer Flora. – Jahresh. Ver. Vaterl. Naturk. Württ. 106: 46–68; Stuttgart.

BERTSCH, K. (1953): Geschichte des Deutschen Waldes. 4. Aufl., 124 S.; Jena.

BERTSCH, K. (1955): Tertiärpflanzen in der heutigen Flora

unseres Landes. – Jahresh. Ver. Vaterl. Naturk. Württ. 110 (1954): 136–170; Stuttgart.

BERTSCH, K. (1956): Das Schussental in vorgeschichtlicher Zeit. – 55 S.; Ravensburg.

BERTSCH, K. (1962): Flora von Südwest-Deutschland. – 3. Aufl., 471 S.; Stuttgart (Wiss. Verlagsges.).

BERTSCH, K. u. F. BERTSCH (1933): Flora von Württemberg und Hohenzollern. – 311 S.; München (J. F. Lehmann).

BERTSCH, K. u. F. BERTSCH (1934, 1935): Neue Gefäßpflanzen der württembergischen Flora. – Veröff. Staatl. Stelle Naturschutz Württ. Landesamt Denkmalpflege 11: 70–82; Stuttgart.

BERTSCH, K. u. F. BERTSCH (1936): Neue Gefäßpflanzen der württembergischen Flora. – Veröff. Württ. Landesst. Naturschutz 13: 149–155; Stuttgart.

BERTSCH, K. u. F. BERTSCH (1937): Das Wurzacher Ried. – Veröff. Württ. Landest. Naturschutz 14: 59–146; Stuttgart.

BERTSCH, K. u. F. BERTSCH (1938): Neue Gefäßpflanzen unserer Flora. – Veröff. Württ. Landesst. Naturschutz 14: 153–161; Stuttgart.

BERTSCH, K. u. F. BERTSCH (1947): Geschichte unserer Kulturpflanzen. – 268 S.; Stuttgart.

BERTSCH, K. u. F. BERTSCH (1948): Flora von Württemberg und Hohenzollern. 2. Aufl., 485 S.; Stuttgart (Wiss. Verlagsges.).

BILLAMBOZ, A. u. B. BECKER (1985): Dendrochronologische Eckdaten der neolithischen Pfahlbausiedlungen Südwestdeutschlands. – Ber. z. Ufer- u. Moorsiedl. Südwestdeutsch. 2: 80–97. Materialh. z. Vor- u. Frühgesch. i. Bad.-Württ. 7; Stuttgart.

BINZ, A. (1911): Flora von Basel und Umgebung. – 320 S.; Basel (C. F. Lehnsdorff).

BINZ, A. (1915): Ergänzungen zur Flora von Basel. – Verh. Naturf. Ges. Basel 26: 176–221; Basel.

BINZ, A. (1934): Floristische Beobachtungen in Südbaden. – Mitt. Bad. Landesver. Naturk. Naturschutz N. F. 3 (4/5): 47–53; Freiburg i. Br.

BINZ, A. (1941/2): Ergänzungen zur Flora von Basel. III. Teil. – Verh. Naturf. Ges. Basel 53: 83–135; Basel.

BINZ, A. (1951): Ergänzungen zur Flora von Basel. V. Teil. – Verh. Naturf. Ges. Basel 62: 248–266; Basel.

BINZ, A. (1956): Ergänzungen zur Flora von Basel. VI. Teil. – Verh. Naturf. Ges. Basel 67: 176–194; Basel.

BLANKENHORN, B. u. M. HOPF (1982): Pflanzenreste aus spätneolithischen Moorsiedlungen des Federseerieds. – Jb. RGZM 29: 75–99; Mainz.

BOCK, H. (1539): Neu Kreüter Buch von Unterscheydt Würckung und Namen der Kreütter so in Teutschen Landen wachsen. Straßburg.

BOCK, H. (1577): Kreüter Buch. Darin Unterscheid, Würckung und Namen der Kreüter so in Deutschen Landen wachsen. Straßburg. Reprint München 1964.

BOERNER, F. (1966): Taschenwörterbuch der botanischen Pflanzennamen. – 2. Aufl., 435 S.; Berlin.

BOGENHARD, C. (1841): Beiträge zur Characteristik der Flora des Nahethales. – Flora 24 (10): 145–153; Regensburg.

BOGENRIEDER, A. (1982): Pflanzenwelt. Die Flora der Weidfelder, Moore, Felsen und Gewässer. In: Der Feldberg im Schwarzwald. Subalpine Insel im Mittelgebirge. Natur- u. Landschaftsschutzgebiete Bad.-Württ. 12: 244–316; Karlsruhe.

BOGENRIEDER, A., H. u. K. RASBACH (1989): Neufund von Botrychium matricariaefolium im Schwarzwald. – Carolinea 47: 149–150. Karlsruhe.

BOGENRIEDER, A. u. O. WILMANNS (1968): Zur Floristik und Ökologie einiger Pflanzen schneegeprägter Standorte im Naturschutzgebiet Feldberg (Schwarzwald). – Veröff. Landesst. Naturschutz Landschaftspflege Bad.-Württ. 36: 7–26; Ludwigsburg.

BONNET, A. (1887): Beiträge zur Karlsruher Flora. – Mitt. Bot. Verein, Kreis Freiburg 1 (37/39): 323–335; Freiburg i. Br.

BORCHERS-KOLB, E. (1983): Ranunculus sect. Auricomus in Bayern und den angrenzenden Gebieten. I. Allgemeiner Teil. – Mitt. Bot. Staatssamml. München 19: 363–429.

BORCHERS-KOLB, E. (1985): Ranunculus sect. Auricomus in Bayern und den angrenzenden Gebieten. II. Spezieller Teil. – Mitt. Bot. Staatssamml. München 21: 49–300.

BRAUN, A. (1843): Beitrag zur Feststellung natürlicher Gattungen unter den Sileneen. – Flora 26: 349–388; Regensburg.

BRAUN, H. (1890): Seltenere und interessantere Pflanzen aus der Umgebung von Biberach. – Corr.-bl. Grund- und Realsch. Württ. 37: 4–17; Tübingen.

BRAUN-BLANQUET, J. u. E. A. RÜBEL (1932–35): Flora von Graubünden. Vorkommen, Verbreitung und ökologisch-soziologisches Verhalten der wildwachsenden Gefäßpflanzen Graubündens und seiner Grenzgebiete. Band 1–4, Bern, Berlin (H. Huber).

BRENZINGER, C. (1887): Seltene Pflanzen bei Buchen. – Mitt. Bot. Vereins Kreis Freiburg 1 (35/36): 320–322; Freiburg i. Br.

BRENZINGER, C. (1904): Flora des Amtsbezirks Buchen. – Mitt. Bad. Bot. Ver. 4 (196–199): 385–416; Freiburg i. Br.

BRESINSKY, A. (1965): Zur Kenntnis des zirkumalpinen Florenelementes im Vorland der nördlichen Alpen. – Ber. Bayer. Bot. Ges. 38: 5–67; München.

BRESINSKY, A. (1978): Ziele, Probleme und Ergebnisse der floristischen Kartierung Bayerns, dargestellt am Beispiel von Sorbus aria agg. – Hoppea 37: 241–272; Regensburg.

BRETTAR, O. (1966): Das letzte deutsche Vorkommen des Kleefarns. – Die Natur 74: 40–43; Stuttgart.

BREUNIG, Th. u. G. PHILIPPI (1988): Der Pillenfarn (Pilularia globulifera L.) in der mittelbadischen Rheinebene. – Carolinea 46: 131–134; Karlsruhe.

BRIELMAIER, G. W. (1959): Neues zur Flora Oberschwabens. – Jh. Ver. vaterl. Naturk. Württemb. 114: 80–95; Stuttgart.

BRIEMLE, G. (1980): Untersuchungen zur Verbuschung und Sekundärbewaldung von Moorbrachen im südwestdeutschen Alpenvorland. Diss. bot. 57: 1–286; Vaduz.

BROCHE, W. (1929): Pollenanalytische Untersuchungen an

Mooren des südlichen Schwarzwaldes und der Baar. – Ber. Naturforsch. Ges. Freiburg 29: 1–243; Freiburg i. Br.

BROCKMANN, I. u. G. BOCQUET (1978): Ökologische Einflüsse auf die Geschlechtsverteilung bei *Silene vulgaris* (MOENCH) GARCKE (Caryophyllaceae). – Ber. Deutsch. Bot. Ges. 91: 217–230; Berlin.

BROD, G. (1953): Untersuchungen zur Biologie, Ökologie und Bekämpfung einiger wärmeliebender Ackerunkräuter (*Echinochloa Crus-galli* (L.) P.B., *Amaranthus retroflexus* L., *Portulaca oleracea* L., *Mercurialis annua* L. und *Galinsoga parviflora* Cavan.). Diss. Hohenheim.

BUCK-FEUCHT, G. (1980): Vegetationskundliche Beobachtungen im Schonwald „Hohes Reisach" bei Kirchheim/Teck. – Veröff. Naturschutz Landschaftspflege Bad.-Württ. 51/2: 479–513; Karlsruhe.

BUTTLER, K.P. (1985): Chromosomenzahlen von Gefäßpflanzen aus Hessen (und angrenzenden Ländern) 3. Folge. – Hess. Florist. Briefe 34: 37–42; Offenbach-Bürgel.

BUTTLER, K.P. u. W. STIEGLITZ (1976): Floristische Untersuchungen im Meßtischblatt 6417 (Mannheim-Nordost). – Beitr. Naturk. Forsch. Südwestdeutschl. 35: 9–51; Karlsruhe.

CASPARY, R. (1870): Die *Nuphar* der Vogesen und des Schwarzwaldes. – Abh. Naturforsch. Ges. Halle 11: 181–270; Halle.

CASTEL, I. (1984): Untersuchungen zur spätglazialen und holozänen Vegetationsgeschichte im Bereich der äußeren Jungmoräne bei Bad Waldsee (Baden-Württemberg), BRD. – Flora 175: 91–101; Jena.

CHRIST, H. (1893): Les différentes formes de *Polystichum aculeatum* (L. sub Polypodio), leur groupement et leur dispersion. – Ber. schweiz. bot. Ges. 3: 26–48; Bern.

CLEMENT, E.J. (1982): Pokeweeds (*Phytolacca* spp.) in Britain. – BSBI News 32: 22–23, Dez. 1982; Cardiff.

COOK, C.D.K. (1966): A monographic study of *Ranunculus* subgenus *Batrachium* (DC.) A. Gray. – Mitt. Bot. Staatssamml. München 6: 47–237.

COOK, C.D.K. (1972): *Ranunculus* subgenus *Batrachium* in Bayern. – Ber. Bayer. Bot. Ges. 43: 61; München.

CORDUS, V. (1561): Annotationes in Pedacii Dioscoridis… libros V. Herausgegeben von C. Gesner. Straßburg.

CRONQUIST, A. (1968): The evolution and classification of flowering plants. 396 S.; Boston.

CRONQUIST, A. (1981): An integrated system of classification of flowering plants. 1262 S.; New York.

DAMBOLDT, J. (1962): *Lycopodium issleri* in Bayern. – Ber. Bayer. Bot. Ges. 35: 20–22; München.

DAMBOLDT, J. (1964): Ein Beitrag zur Kenntnis von *Asplenium trichomanes* L. em. Huds. in Bayern. – Ber. Bayer. Bot. Ges. 37: 5–9; München.

DAMBOLDT, J. u. W. ZIMMERMANN (1974): Ranunculaceae. – In HEGI, G.: Illustrierte Flora von Mitteleuropa, 2. Aufl., Bd. III, Teil 3: 81–341; München.

DE BARY, A. (1865): Bericht über neue Entdeckungen im Gebiete der Freiburger Flora. – Ber. Verh. Naturf. Ges. Freiburg 3: 18–28; Freiburg i. Br.

DE BILDE, J. (1975): Statut taxonomique de populations transplantees du *Silene nutans* L. – Bull. Soc. Bot. Belge 108: 287–294; Brüssel.

DEMUTH, S. (1988): Über zwei bemerkenswerte Mauerfarne an der Bergstraße. – Carolinea 46: 135–136; Karlsruhe.

DIERBACH, J.H. (1819–20): Flora Heidelbergensis plantas sistens in praefectura Heidelbergensi et in regione adfini sponte nascentes secundum systema sexuale Linnaeanum digestas. Heidelberg (C. Groos), 2 Teile, 406 S.

DIERBACH, J.H. (1825–7): Systematische Uebersicht der um Heidelberg wild wachsenden, und häufig zum ökonomischen Gebrauche cultivirten Gewächse. 178 S.; Karlsruhe.

DIERBACH, J.H. (1825–33): Beiträge zu Deutschlands Flora gesammelt aus den Werken der ältesten deutschen Pflanzenforscher. Heidelberg (K. Groos).

DIERSSEN, B. u. K. DIERSSEN (1984): Vegetation und Flora der Schwarzwaldmoore. – Beih. Veröff. Naturschutz Landschaftspflege Bad.-Württ. 39, 512 S.; Karlsruhe.

DIETERICH, H.A. (1904): Flora zweier Albmarkungen. – Jahresh. Ver. Vaterl. Naturk. Württ. 60: 118–146; Stuttgart.

DÖLL, J.Chr. (1843): Rheinische Flora. Beschreibung der wildwachsenden und cultivirten Pflanzen des Rheingebietes vom Bodensee bis zur Mosel und Lahn mit besonderer Berücksichtigung des Großherzogthums Baden. 832 S., Frankfurt a.M. (L. Brönner).

DÖLL, J.Chr. (1857–62): Flora des Großherzogthums Baden. 3 Bände. Carlsruhe (G. BRAUN).

DÖLL, J.Chr. (1858): Nachrichten über die mit Unrecht der badischen Flora zugeschriebenen Gewächse. – Ver. Naturk. Mannheim, Jahres-Ber. 23 u. 24 1857/58: 17–39; Mannheim.

DÖLL, J.Chr. (1863): Beiträge zur Pflanzenkunde, mit besonderer Berücksichtigung des Großherzogthums Baden. – Ver. Naturkunde Mannheim, Jahres-Ber. 29: 55–71; Mannheim.

DÖLL, J.Chr. (1866): Beiträge zur Pflanzenkunde, mit besonderer Berücksichtigung der Flora des Großherzogthums Baden. – Ver. Naturk. Mannheim. Jahres-Ber. 32: 32–45; Mannheim.

DÖPP, W. (1939): Cytologische und genetische Untersuchungen innerhalb der Gattung *Dryopteris*. – Planta 29: 481–533; Berlin.

DÖPP, W. (1958): Diploide *Dryopteris austriaca* in Deutschland. – Naturwissenschaften 45 (4): 95; Berlin.

DÖRR, E. (1964–83): Flora des Allgäus. – Ber. Bayer. Bot. Ges. 37: 31–40, 1964; 39: 35–45, 1966; 40: 7–16, 1967/8; 41: 55–62, 1969; 42: 141–184, 1970; 43: 25–60, 1972; 44: 143–181, 1973; 45: 83–136, 1974; 46: 47–85, 1975; 47: 21–73, 1976; 48: 27–59, 1977; 49: 203–270, 1978; 50: 189–253, 1979; 51: 57–108, 1980; 52: 83–97, 1981; 53: 125–149, 1982; 54: 59–76, 1983; München.

DÖRR, E. (1978): Ergebnisse der Allgäu-Floristik aus dem Jahre 1978. – Mitt. Naturwiss. Arbeitskr. Kempten 22/2: 1–23; Kempten/Allgäu.

DÖRR, E. (1981): Ergebnisse der Allgäu-Floristik aus dem Jahre 1981. – Mitt. Naturwiss. Arbeitskr. Kempten 25 (1): 17–48; Kempten/Allgäu.

DÖRR, E. (1988): Notizen zur Allgäu-Botanik 1987. – Mitt. Naturwiss. Arbeitskr. Kempten 28 (1/2): 3–16; Kempten/Allgäu.

DOSCH, L. u. J. SCRIBA (1873): Flora der Blüthen- und höheren Sporen-Pflanzen des Großherzogthums Hessen und der angrenzenden Gebiete mit besonderer Berücksichtigung der Flora von Mainz, Bingen, Frankfurt, Heidelberg, Mannheim und Kreuznach. 640 S.; Darmstadt.

DUCKE A. (1874): Die Alpenflora Oberschwabens von Apotheker Ducke in Wolfegg. – Jahresh. Ver. Vaterl. Naturk. Württ. 30: 227–237; Stuttgart.

DUCKERT, M.M. u. C. FAVARGER (1974): Bemerkungen zu einigen Alsinoideen. – Beitr. Kartierung Schweizer Flora 4: 9–19; Bern.

DUNKEL, F.-G. (1987): Das Dänische Löffelkraut (*Cochlearia danica* L.) als Straßenrandhalophyt in der Bundesrepublik. – Gött. Flor. Rundbr. 21: 39; Göttingen.

DUVERNOY, J.G. (1722): Designatio plantarum circa Tubingensem Arcem florentium cum 1. sede seu loco earum natali, 2. Charactere generico et Individuali, 3. Virtutibus medicis probatissimis. In usum Scholae Botanicae Tubingensis. 154 S.; Tübingen. (G.F. Pflick).

EHRENDORFER, F. (1973): Liste der Gefäßpflanzen Mitteleuropas. 2. Aufl., 318 S.; Stuttgart (G. Fischer).

EICHLER, J. (1905): Botanische Sammlung. – Jahresh. Ver. Vaterl. Naturk. Württ. 61: XIV–XVII; Stuttgart.

EICHLER, J., R. GRADMANN u. W. MEIGEN (1905–27): Ergebnisse der pflanzengeographischen Durchforschung von Württemberg, Baden und Hohenzollern. Beil. zu Jahresh. Ver. Vaterl. Naturk. Württ. 1–78, 1905; 79–134, 1906; 135–218, 1907; 219–278, 1909; 279–316, 1912; 317–388, 1914; 389–454, 1926.

ENGEL, R. u. E. KAPP (1960): Les Vosges du Nord. – Bull. Soc. bot. France 106: 105–111; Paris.

ENGEL, T. (1900): Die Gartenflüchtlinge unserer heimischen Flora. – Jahresh. Ver. Vaterl. Naturk. Württ. 56: 514–518; Stuttgart.

ENGESSER, C. (1852): Flora des südöstlichen Schwarzwaldes mit Einschluß der Baar, des Wutachgebietes und der anstoßenden Grenze des Höhgaues. 270 S.; Donaueschingen.

ERNST, W. (1965): Ökologisch-soziologische Untersuchungen der Schwermetall-Pflanzengesellschaften Mitteleuropas unter Einschluß der Alpen. – Abh. Landesmus. Naturk. Münster 27 (1): 1–54; Münster/Westfalen.

ESCHELMÜLLER, A. (1976): Neufunde von „*Dryopteris remota*" im Allgäu. – Mitt. Naturwiss. Arbeitskr. Kempten 20 (2): 17–20; Kempten/Allgäu.

ESCHELMÜLLER, A. u. A. BÄR (1973): *Dryopteris assimilis* S. Walker – ein übersehener Farn im Allgäu. – Mitt. Naturwiss. Arbeitskr. Kempten 17 (2): 33–44; Kempten/Allgäu.

ESKUCHE, U. (1955): Vergleichende Standortsuntersuchungen an Wiesen im Donauried bei Herbertingen. – Veröff. Landesst. Naturschutz Landschaftspflege Bad.-Württ. 23: 33–135; Ludwigsburg u. Tübingen.

FABER, A. (1933): Pflanzensoziologische Untersuchungen in württembergischen Hardten. – Veröff. Staatl. Stelle Naturschutz Württ. Landesamt Denkmalpflege, 10: 36–54; Stuttgart.

FABER, A. (1936): Über Waldgesellschaften und ihre Entwicklung im Schwäbisch-Fränkischen Stufenland und auf der Alb. – Anh. Versammlungsber. 1936 Landesgr. Württ. Deutsch. Forstver., 1–53; Tübingen.

FILZER, P. (1939): Lichtökologische Untersuchungen an Rasengesellschaften. – Beih. Bot. Centralbl. 60 Abt. B: 229–248; Kassel.

FINCKH, R. (1835–83): Flora Uracensis. Manuskript (STU).

FIRBAS, F. (1935): Die Vegetationsentwicklung des mitteleuropäischen Spätglazials. – Bibl. Bot. 112: 68 S.; Kassel.

FIRBAS, F. (1949): Spät- und nacheiszeitliche Waldgeschichte Mitteleuropas nördlich der Alpen. – Bd. I: Allgemeine Waldgeschichte. 451 S.; Jena.

FISCHER, A. (1982): Mosaik und Syndynamik der Pflanzengesellschaften von Lößböschungen im Kaiserstuhl (Südbaden). – Phytocoenol. 10 (1/2): 73–256; Berlin u. Stuttgart.

FISCHER, F. (1867): Flora von Pforzheim oder Aufzählung der bei Pforzheim wachsenden Pflanzen mit Angabe der Standorte. 82 S.; Pforzheim.

FISCHER, H. (1940): Standortmeldung aus der Flora des mittleren Kinzigtales. – Mitt. Bad. Landesver. Naturk. Naturschutz N.F. 4: 176–179; Freiburg i. Br.

FISCHER, R. (1982): Flora d. Rieses. – 551 S.; Nördlingen.

FITSCHEN, J. (1977): Gehölzflora. – 6. Aufl., 396 S.; Heidelberg.

FRANK, J.C. (1830): Rastadts Flora. 171 S.; Heidelberg.

FRENZEL, B. (Hrsg.) 1978: Führer zur Exkursionstagung des IGCP-Projekts 73/1/24: „Quaternary Glaciations in the Northern Hemisphere" v. 5.–13. 9. 76 in den Südvogesen, im nördlichen Alpenvorland und in Tirol. – 205 S.; Stuttgart u. Bad-Godesberg.

FRENZEL, B. (1983): Die Vegetationsgeschichte Süddeutschlands im Eiszeitalter. – In MÜLLER-BECK, Hj. (Hrsg.): Urgeschichte in Baden-Württemberg: 91–165; Stuttgart.

FRICKHINGER, H. (1911): Flora des Rieses. – 403 S.; Nördlingen.

FRIES, A. (1859/60): Zur Heimatkunde, der Amtsbezirk Wertheim, geschichtlich und topographisch, VI. Pflanzen. – Feierstunde, wöchentl. Beiblatt des Main- und Tauberboten; Wertheim.

FRITZ, K. (1989): Königsfarn (*Osmunda regalis*) und Straußenfarn (*Matteuccia struthiopteris*) im Mittleren Schwarzwald. – Carolinea 47: 157; Karlsruhe.

FROMHERZ, K., KOBELT, H., LIEHL, T. LINDER, MAYER, OETTINGER, A. SCHLATTERER u. A. THELLUNG (1903): Neue Standorte. – Mitt. Bad. Bot. Ver. 4 (189): 335–336; Freiburg i. Br.

FUCHS, H.P. (1980): *Hippochaete alsatica* H.P. FUCHS & FR. GEISSERT, species nova. – Bauhinia 7 (1): 7–12; Basel.

FUCHS, L. (ca. 1565): De stirpium historia... Manuskript, 3 Bände; Wien.

GATTENHOF, G.M. (1782): Stirpes agri et horti Heidelbergensis. – 352 S.; Heidelberg.

GAUCKLER, K., L. PRAGER u. H. SCHUHWERK (1972): Der Streifenfarn *Asplenium fontanum* neu für Franken und das weitere Bayern. – Ber. Bayer. Bot. Ges. 43: 17–19; München.

GEHEEB, A. (1906): Pteridologische Notizen aus dem badischen Schwarzwald. – Allgem. Bot. Z. Syst. 13 (7/8): 127–130; Karlsruhe.

GEISSERT, Fr. (1958): Une nouvelle forme de l'*Equisetum trachyodon* A. BRAUN. – Bull. Soc. Bot. France 105 (1–2): 47–50; Paris.

GENAUST, H. (1976, 1983): Etymologisches Wörterbuch der botanischen Pflanzennamen. – Basel, Stuttgart (Birkhäuser). 1. Aufl. 1976, 2. Aufl. 1983.

GERWIG, F. (1868): Die Weißtanne (*Abies pectinata* DC.) im Schwarzwalde. – 141 S.; Berlin.

GEYH, M. (1971): Die Anwendung der ^{14}C-Methode. – Clausthaler tektonische Hefte 11: 118 S.

GLÜCK, H. (1911): Biologische und morphologische Untersuchungen über Wasser- und Sumpfgewächse. Dritter Teil: Die Uferflora. – 644 S.; Jena.

GLÜCK, H. (1924): Biologische und morphologische Untersuchungen über Wasser- und Sumpfgewächse. Vierter Teil: Untergetauchte und Schwimmblattflora. – 746 S.; Jena.

GLÜCK, H. (1936): Pteridophyten und Phanerogamen. – In PASCHER, A.: Die Süßwasserflora Mitteleuropas, Heft 15. 486 S.; Jena.

GMELIN, C.Chr. (1805–26): Flora Badensis Alsatica et confinium regionum cis et transrhenanum plantas a lacu Bodamico usque ad confluentem Mosellae et Rheni sponte nascentes exhibens... 4 Bände. Tom. 1, 768 S. (1805); Tom. 2, 717 S. (1806); Tom. 3, 796 S. (1808); Tom. 4, 808 S. (1826); Carlsruhe, (A. Müller).

GMELIN, J.F. (1772): Enumeratio stirpium agro tubingensi indigenarum. 334 S.; Tübingen.

GMELIN, J.F. (1779): Abhandlung von den Arten des Unkrauts auf den Aeckern in Schwaben und von dessen Benutzung in der Haushaltung und Arzneykunst. Nebst einer Zugabe von der Ausrottung desselben... Der Naturforscher, 2.–6. Stük, 408 S.; (Halle).

GÖRS, S. (1959–60): Das Pfrunger Ried. Die Pflanzengesellschaften eines oberschwäbischen Moorgebiets. – Veröff. Landesst. Naturschutz Landschaftspflege Bad.-Württ. 27/28: 5–45; Stuttgart u. Tübingen.

GÖRS, S. (1966): Die Pflanzengesellschaften der Rebhänge am Spitzberg. – In: Natur- und Landschaftsschutzgebiete Bad.-Württ. 3: 476–534; Ludwigsburg.

GÖRS, S. (1966): Die Flora des Spitzbergs. In: Der Spitzberg bei Tübingen. Natur- und Landschaftsschutzgeb. Bad.-Württ. 3: 535–591; Ludwigsburg.

GÖRS, S. (1968): Die Flora des Schwenninger Mooses. In: Das Schwenninger Moos. Natur- u. Landschaftsschutzgeb. Bad.-Württ. 5: 148–189; Ludwigsburg.

GÖRS, S. (1968): Der Wandel der Vegetation im Naturschutzgebiet Schwenninger Moos unter dem Einfluß des Menschen in zwei Jahrhunderten. – In: Das Schwenninger Moos. Natur- u. Landschaftsschutzgeb. Bad.-Württ. 5: 190–284; Ludwigsburg.

GÖRS, S. (1969): Die Vegetation des Landschaftsschutzgebietes Kreuzweiher im württembergischen Allgäu. –

Veröff. Landesst. Naturschutz Landschaftspflege Bad.-Württ. 37: 7–61; Stuttgart.

GÖRS, S. (1974): Die Wiesengesellschaften im Gebiet des Taubergießen. – In: Die Natur- und Landschaftsschutzgebiete Bad.-Württ. 7: 355–399; Ludwigsburg.

GÖRS, S. u. T. MÜLLER (1974): Flora der Farn- und Blütenpflanzen des Taubergießengebietes. – In: Das Taubergießengebiet – eine Rheinauenlandschaft. Natur- und Landschaftsschutzgeb. Bad.-Württ. 7: 209–283; Ludwigsburg.

GÖTTLICH, K. (1951): Das Häcklerried. Seine Entstehung und sein gegenwärtiger Zustand. – Veröff. Württ. Landesstelle Naturschutz Landschaftspflege 20: 5–64; Stuttgart.

GÖTTLICH, K. (1957): Über interglaziale, spätglaziale und postglaziale Funde von *Isoetes tenella, Ephedra* und *Armeria* in Oberschwaben. – Ber. Deutsch. Bot. Ges. 70: 139–144; Stuttgart.

GÖTTLICH, K. (1968): Moorkarte von Baden-Württemberg. Erläuterungen zu Blatt Bad Waldsee L 8124. – Hrsg. Landesvermessungsamt Baden-Württemberg; Stuttgart.

GÖTZ, A., F. HUBER, J. NEUBERGER et al. (1912): Neue Standorte. – Mitt. Bad. Landesver. Naturk. Naturschutz Freiburg 6: 163–164; Freiburg i. Br.

GÖTZ, A. (1902): Wanderungen durch die Flora des Elzthales. – Mitt. Bad. Bot. Ver. 4: 237–245; Freiburg i. Br.

GÖTZ, C.F. (1890): Beiträge zur Flora der Umgebung von Löwenstein. – Aus d. Heimat 3: 14–16, 29–35, 56–61; Stuttgart.

GÖTZ, E. (1967): Die *Aconitum variegatum*-Gruppe und ihre Bastarde in Europa. – Feddes Repert. 76: 1–62; Berlin.

GOLDER, F. (1922): Neue Standorte. – Mitt. Bad. Landesver. Naturk. Naturschutz N. F. 1 (8): 220–221; Freiburg.

GOTTSCHLICH, G. (1978): Pflanzen, von denen in der mitteleuropäischen Literatur selten oder gar keine Abbildungen zu finden sind. Folge V. *Lepyrodiclis holosteoides* (C.A. MEY.) FENZL ex FISCH. et MEY., ein seltener Gast in der heimischen Flora. – Gött. Flor. Rundbr. 12: 1–2; Göttingen.

GRADMANN, R. (1892): Beiträge zur württembergischen Flora. – Jahresh. Ver. Vaterl. Naturk. Württ. 48: 102–106; Stuttgart.

GRADMANN, R. (1898, 1900, 1936, 1950): Das Pflanzenleben der Schwäbischen Alb mit Berücksichtigung der angrenzenden Gebiete Süddeutschlands. – 1. Aufl. Tübingen (Schwäb. Albverein) 1898, 2. Aufl. Tübingen 1900, 3. Aufl. Tübingen 1936, 4. Aufl. Stuttgart 1950.

GREGG, S. (1984): Die vorläufigen Ergebnisse der paläoethnobotanischen Untersuchungen der bandkeramischen Siedlung bei Ulm-Eggingen. – Archaeologica Venatoria 7: 25–32; Tübingen.

GREUTER, W. et al. (eds.) (1984–86): Med-Checklist. 1–3; Genève.

GRIESSELICH, L. (1836): Kleine botanische Schriften. Erster Theil. Versuch einer Statistik der Flora Badens, des Elsasses, Rheinbayerns und des Cantons Schaffhausen. 392 S.; Karlsruhe.

GRÜTTNER, A. (1987): Das Naturschutzgebiet „Briglirain" bei Furtwangen (Mittlerer Schwarzwald). – Veröff. Naturschutz Landschaftspflege Bad.-Württ. 62: 161–271; Karlsruhe.

HAEUPLER, H. u. P. SCHÖNFELDER (1988): Atlas der Farn- und Blütenpflanzen der Bundesrepublik Deutschland. 768 S.; Stuttgart (E. Ulmer).

HAFFNER,P. et al. (1979): Atlas der Gefäßpflanzen des Saarlandes. 1352 Verbreitungskarten; Saarbrücken.

HAGENBACH, C.F. (1821, 1834): Tentamen Florae Basileensis. 2 Bände, 450 + 537 S.; Basel.

HAGENBACH, C.F. (1843): Florae basiliensis supplementum. – 220 S.; Basel.

HALLER, A. (1742): Enumeratio methodica stirpium Helvetiae indigenarum. 2 Bände, 794 S.; Göttingen (A. Vandenhoek).

HALLER, A. VON (1768): Historia stirpium indigenarum Helvetiae inchoata... 3 Bände; Bern.

HANEMANN, J. (1924): Die Hygrophyten des zum schwäbisch-fränkischen Hügellande gehörigen Keupergebietes östlich vom Neckar und der Fränkischen Platte. – Jahresh. Ver. Vaterl. Naturk. Württ. 80: 30–47; Stuttgart.

HANEMANN, J. (1927): Ergebnisse der floristischen Durchforschung des östlichen und nordöstlichen Teiles Württembergs. – Jahresh. Ver. Vaterl. Naturk. Württ. 83: 23–48; Stuttgart.

HANEMANN, J. (1929): Ergebnisse der floristischen Durchforschung des östlichen und nordöstlichen Teiles Württembergs. – Jahresh. Ver. Vaterl. Naturk. Württ. 85: 62–109; Stuttgart.

HARMS, K.H., G. PHILIPPI u. S. SEYBOLD (1983): Verschollene und gefährdete Pflanzen in Baden-Württemberg. – Beih. Veröff. Naturschutz Landschaftspflege Bad.-Württ., 32: 1–160; Karlsruhe.

HASSLER, M. (Hrsg.) (1988): Flora von Bruchsal und Umgebung. 3. Aufl., 204 S.; AGNUS Bruchsal und BUND-Ortsgruppe Bruchsal.

HASSLER, M. (Hrsg.): Nachtrag 1988 zur 2. und 3. Auflage von Band V/1: Blütenpflanzen und Farne. – AGNUS Bruchsal und BUND Bruchsal.

HAUFF, R. (1936): Die Rauhe Wiese bei Böhmenkirch-Bartholomä. – Veröff. Württ. Landesst. Naturschutz 12: 78–141; Stuttgart.

HAUFF, R. u. O. SEBALD (1965): Ein floristisch und vegetationsgeschichtlich interessantes Moor bei Haigerloch. – Jahresh. Ver. Vaterl. Naturk. Württ. 120: 224–231; Stuttgart.

HAUG, A. (1903): Beiträge zur Ulmer Flora. – Jahresh. Ver. Naturwiss. Math. Ulm 11: 88–90; Ulm.

HAUG, A. (1915): Das Ulmer Herbarium des HIERONYMUS HARDER. – Mitt. Ver. Naturwiss. Math. Ulm 16: 38–92; Ulm.

HAUSSER, E. (1894): Auf welche Weise fördern wir die Kenntnis unserer einheimischen Flora? – Mitt. Philom. Ges. Elsaß u. Lothringen, 2: 19–25; Straßburg.

HECKEL, G. (1929): Beiträge zur Flora des nordwestlichen Württemberg. – Jahresh. Ver. Vaterl. Naturk. Württ. 85: 110–137; Stuttgart.

HEER, O. (1866): Die Pflanzen der Pfahlbauten. – Neujahrsblatt Naturf. Ges. Zürich 68: 1–54; Zürich.

HEGELMAIER, F. (1890): Zur Kenntnis der Formen von Spergula L. mit Rücksicht auf das einheimische Vorkommen derselben. – Jahresh. Ver. Vaterl. Naturk. Württ. 46: 98–105; Stuttgart.

HEGI, G. (1906–87): Illustrierte Flora von Mitteleuropa. 7 Bände, 1. Aufl. 1906–31; München. 2. Aufl. 1936–79; München bzw. Berlin-Hamburg, 3. Aufl. 1966–87; Berlin u. Hamburg.

HEINE, H. (1952): Beiträge zur Kenntnis der Ruderal- und Adventivflora von Mannheim, Ludwigshafen und Umgebung. – Ver. Naturk. Mannheim. Jahres-Ber. 117/118: 85–132; Mannheim.

HEINISCH, O. (1932): Der Bogenamarant (Amarantus retroflexus L.), ein wenig beachtetes Unkraut. – Fortschr. Landwirtschaft 7: 344–347; Berlin.

HELMQUIST, H. (1950): The flax weeds and origin of cultivated flax. – Bot. Not. 1950: 257–298; Lund.

HERMANN, J. (1890–92): Beiträge zur Flora des nördlichen Schwarzwalds. – Aus d. Heimat 3: 390–93, 1890; 4: 100–101, 1891; 5: 13–14, 1892; Stuttgart.

HERTER, L. (1888): Mitteilungen zur Flora von Württemberg. – Jahresh. Ver. Vaterl. Naturk. Württ. 44: 177–204; Stuttgart.

HESS, H. (1955): Systematische und zytogenetische Untersuchungen an einigen Ranunculus-Arten aus der Nemorosus-Gruppe. – Ber. Schweiz. Bot. Ges. 65: 272–301; Bern.

HESS, H.E., E. LANDOLT u. R. HIRZEL (1967 – 1972): Flora der Schweiz. – Bd. 1, 858 S. (1967); Bd. 2, 956 S. (1970); Bd. 3, 876 S. (1972); Basel u. Stuttgart.

HEYWOOD, V.H. (1964): Flora Europaea Notulae Systematicae ad Floram Europaeam specantes No. 3. – Feddes Repert. 69: 1–62; Berlin.

HEYWOOD, V.H. (1978): Flowering plants of the world. Oxford. Deutsche Übersetzung: Blütenpflanzen der Welt. 336 S.; Basel, Boston, Stuttgart (Birkhäuser) 1982.

HOBOHM, C. u. A. SCHWABE (1985): Bestandsaufnahme von Feuchtvegetation und Borstgrasrasen bei Freiburg im Breisgau – ein Vergleich mit dem Zustand von 1954/55. – Ber. Naturf. Ges. Freiburg 75: 5–51; Freiburg i.Br.

HÖFLE, M.A. (1850): Die Flora der Bodenseegegend mit vergleichender Betrachtung der Nachbarfloren. 175 S.; Erlangen.

HÖLZER, A. u. A. HÖLZER (1987): Paläoökologische Moor-Untersuchungen an der Hornisgrinde im Nordschwarzwald. – Carolinea 45: 43–50; Karlsruhe.

HÖLZER, A. u. S. SCHLOSS (1981): Paläoökologische Studien an der Hornisgrinde (Nordschwarzwald) auf der Grundlage von chemischer Analyse, Pollen- und Großrestuntersuchung. – Telma 11: 17–30; Hannover.

HOFFMANN, G.F. (1791): Deutschlands Flora oder botanisches Taschenbuch f. d. Jahr 1791. 360 S.; Erlangen.

HOFMANN, H. (1983): Droht der Hochrhein zu verkrauten? Flutender Hahnenfuß stört Flußökologie und vermindert Kraftwerkleistung. – Natur und Mensch 25: 97–101; Schaffhausen.

HOFMEISTER, H. u. E. GARVE (1986): Lebensraum Acker. – 272 S.; Hamburg u. Berlin.

HOHENESTER, A. (1960); Grasheiden und Föhrenwälder auf Diluvial- und Dolomitsanden im nördlichen Bayern. – Ber. Bayer. Bot. Ges. 33: 30–83; München.

HOPF, M. (1968): 1. Früchte und Samen. In H. ZÜRN: Das jungsteinzeitliche Dorf Ehrenstein (Kreis Ulm), Teil II: Naturwissenschaftliche Beiträge: 7–77; Stuttgart.

HUBER, B. (1929): Vier Meter hohe Adlerfarne als Spreizklimmer in einem Tannen-Buchen-Jungwald. – Mitt. Bad. Landesver. Naturk. Naturschutz, N.F. 2 (17): 213–214; Freiburg i. Br.

HUBER, F. (1891): Bemerkenswerte Pflanzenstandorte der Umgebung von Wiesloch. – Mitt. Bad. Bot. Ver. 82: 257–263; Freiburg i. Br.

HUBER, F. (1908): Pflanzenstandorte von Kenzingen. – Mitt. Bad. Landesver. Naturk. 226/227: 210–212; Freiburg i. Br.

HUBER, F. (1909): Ein Beitrag zur Flora der Pfalz. – Mitt. Bad. Landesver. Naturk. 239: 297–302; Freiburg i. Br.

HUBER, F. (1933): Einige Pflanzenstandorte in Baden. – Mitt. Bad. Landesver. Naturk. Naturschutz N.F. 2: 312–313; Freiburg i. Br.

HUBER, F. (1938): *Lycopodium Chamaecyparissus* bei Rittersbach südöstlich von Bühl. – Mitt. Bad. Landesver. Naturk. Naturschutz, N.F. 3 (27/28): 411; Freiburg i. Br.

HUBER, MEIGEN, SCHLATTERER, THELLUNG (1904): Neue Standorte. – Mitt. Bad. Bot. Ver. 4: 418–420; Freiburg i. Br.

HÜBNER, W. u. G. MÜHLHÄUSSER (1987): Fortschritte in der regionalen und vertikalzonalen Gliederung des Wuchsgebietes Schwarzwald – ein Zwischenbericht. – Mitt. Ver. forstl. Standortskunde u. Forstpflanzenzüchtung 33: 27–35; Stuttgart.

HÜGIN, G. (1979): Die Wälder im Naturschutzgebiet Buchswald bei Grenzach. – In: Die Natur- und Landschaftsschutzgeb. Bad.-Württ. 9: 147–199; Karlsruhe.

HÜGIN, G. (1982): Die Mooswälder der Freiburger Bucht. – Beih. Veröff. Naturschutz Landschaftspflege Bad.-Württ., 29: 88 S.; Karlsruhe.

HÜGIN, G. (1986): Die Verbreitung von *Amaranthus*-Arten in der südlichen und mittleren Oberrheinebene sowie einigen angrenzenden Gebieten. Eine Beschreibung der eingebürgerten Arten und ein Versuch, deren Verbreitung zu erklären. – Phytocoenol. 14 (3): 289–379; Stuttgart u. Braunschweig.

HÜGIN, G. (1987): Einige Bemerkungen zu wenig bekannten *Amaranthus*-Sippen (Amaranthaceae) Mitteleuropas. – Willdenowia 16: 453–478; Berlin-Dahlem.

HULTÉN, E. u. M. FRIES (1986): Atlas of North European Vascular plants. – 3 Bde., 1172 S.; Königstein/Taunus.

ILJIN, M.M. (1929): *Corispermum* generis species novae. – Bull. Jard. princ. URSS 28: 637–654; Leningrad.

IRSSLINGER, W. (1983): Das Schwenninger Moos in der östlich des Schwarzwaldes gelegenen Baar. – Telma 13: 53–71; Hannover.

ISLER-HÜBSCHER, K. (1980): Beiträge 1976 zu Georg Kummers „Flora des Kantons Schaffhausen mit Berücksichtigung der Grenzgebiete". – Mitt. Naturf. Ges. Schaffhausen 31 (1977/80): 7–121; Schaffhausen.

ISSLER, E. (1935): Sur la présance de *Quercus cerris* L. et de Fagus orientalis LIPSKY dans les Vosges. – Bull. Soc. Dendr. de France.

ISSLER, E. (1951): Trockenrasen und Trockenwaldgesellschaften der oberelsässischen Niederterrasse und ihre Beziehungen zu denjenigen der Kalkhügel und Silikatberge des Osthanges der Vogesen. – Ber. Schweiz. Bot. Ges. 61: 664–699; Zürich.

ISSLER, E., E. LOYSON u. E. WALTER (1965): Flore d'Alsace. 639 S.; Strasbourg.

JACK, J.B. (1891–6): Botanische Wanderungen am Bodensee und im Hegau. – Mitt. Bad. Bot. Ver. 2: 341–356, 1891; 365–404, 419–420, 1892; 3: 25–28, 1893; 363–366, 1896; Freiburg i. Br.

JACK, J.B. (1900): Flora des badischen Kreises Konstanz. – 132 S.; Karlsruhe (J.J. Reiff).

JÄGER, E. (1964): Zur Deutung des Arealbildes von *Wolffia arrhiza* (L.) WIMM. und einiger anderer ornithochorer Wasserpflanzen. – Ber. Deutsch. Bot. Ges. 77: 101–111; Berlin.

JÄGER, E.J. (1980): Floristische Neufunde in der Baschkirischen ASSR und Bemerkungen zur Ausbreitungsgeschichte von *Lepidium densiflorum*, *Echinocystis lobata* und *Collomia linearis*. – Wiss. Z. Univ. Halle 29: 117–124; Halle.

JAEGER, P. u. R. CARBIENER (1956): Les Azollas du confluent de l'Ill (Observations et Expérimentations). – Bull. Ass. Philom. Als. Lorr. 9 (4): 183–190; Strasbourg.

JÄNICHEN, H. (1956): Die Holzarten des Schwäbisch-Fränkischen Waldes zwischen 1650 und 1800. – Mitt. Ver. Forstl. Standortskartierung 5: 10–31; Stuttgart.

JALAS, J. u. J. SUOMINEN (eds.) (1972–1986): Atlas florae europaeae. Distribution of vascular plants in Europe. Band 1, 1972, Band 2, 1973, Band 3, 1976, Band 4, 1979, Band 5, 1980, Band 6, 1983, Band 7, 1986; Helsinki.

JAUCH, F. (1938): Fremdpflanzen auf den Karlsruher Güterbahnhöfen. – Beitr. Naturkdl. Forsch. Südwestdeutschl. 3: 76–147; Karlsruhe.

JEFFREY, C. (1969): A review of the genus *Bryonia* L. (Cucurbitaceae). – Kew Bull. 23: 441–461; Kew.

KÄMMER, F. u. M. DIENST (1982): Zum Vorkommen der Flaumeiche (*Quercus pubescens* Willd.) in der trockengefallenen südlichen Oberrheinaue. – Carolinea 40: 49–64; Karlsruhe.

KERN, E. (1960): Über die Pflanzenwelt des Belchens. – Mitt. Bad. Landesver. Naturk. Naturschutz N.F. 7 (6): 505–506; Freiburg i. Br.

KERNER, J.S. (1783–1792): Beschreibung und Abbildung der Bäume und Geträuche, welche in dem Herzogthum Wirtemberg wild wachsen. 9 Hefte, Stuttgart (J.F. Cotta).

KERNER, J.S. (1786): Flora Stuttgardiensis oder Verzeichnis der um Stuttgart wildwachsenden Pflanzen. 402 S.; Stuttgart.

KINZEL, H. (1963): Zellsaft-Analysen zum pflanzlichen Calcium- und Säurestoffwechsel u. zum Problem d. Kalk- und Silikatpflanzen. – Protoplasma 57: 522–555; Wien.

KINZIG, C.Th. (1952): Naturschutz und Landschaftspflege in Mannheims Umgebung. – Ver. Naturk. Mannheim. Jahres-Ber. 117/118: 35–42; Mannheim.

KIRCHNER, O. (1888): Flora von Stuttgart und Umgebung (Ludwigsburg, Waiblingen, Esslingen, Nürtingen, Leonberg, ein Teil des Schönbuches etc.) mit besonderer Berücksichtigung der pflanzenbiologischen Verhältnisse. 767 S.; Stuttgart.

KIRCHNER, O. u. J. EICHLER (1900, 1913): Exkursionsflora für Württemberg und Hohenzollern. 1. Aufl., 440 S.; Stuttgart (E. Ulmer) 1900; 2. Aufl., 479 S.; Stuttgart 1913.

KIRSCHLEGER, F. (1852–62): Flore d'Alsace et des contrees limitrophes. 3 Bände; Strasbourg, Paris.

KISSLING, P. (1977): Les poils des quatre espèces de chênes du Jura (Quercus pubescens, Q. petraea, Q. robur et Q. cerris). – Ber. Schweiz. Bot. Ges. 87 (1/2): 1–18; Zürich.

KISSLING, P. (1980): Un réseau de corrélations entre les chênes (Quercus) du Jura. – Ber. Schweiz. Bot. Ges. 90 (1/2): 1–28; Zürich.

KISSLING, P. (1980): Clef de détermination des chênes médioeuropéens (Quercus L.). – Ber. Schweiz. Bot. Ges. 90 (1/2): 29–44; Zürich.

KLEIN, L. u. M. SEUBERT (1905): Exkursionsflora für Baden. – 5. Aufl., 454 S.; Stuttgart.

KNAPP, G. (1964): Ackerunkraut-Vegetation im unteren Neckar-Land. – Ber. Oberhess. Ges. Natur- und Heilk. Gießen N. F. 33: 395–402.

KNEUCKER, A. et al. (1885): Neue Standorte. – Mitt. Bot. Vereins Kreis Freiburg 1: 85–92; Freiburg i. Br.

KNEUCKER, A. (1886): Führer durch die Flora von Karlsruhe und Umgegend. 167 S.; Karlsruhe (J. J. Reiff).

KNEUCKER, A. (1888): Beiträge zur Flora von Karlsruhe. – Mitt. Bad. Bot. Ver. 1: 411–420; Freiburg i. Br.

KNEUCKER, A. (1890): Das Welzthal, ein Beitrag zur Flora unserer nördlichsten Landestheile. – Mitt. Bad. Bot. Ver. 2 (71/72): 165–174; Freiburg i. Br.

KNEUCKER, A. (1921): Einige pflanzengeographisch interessante Pflanzenformen Badens und des angrenzenden Gebietes. – Mitt. Bad. Landesver. Naturk. Naturschutz N. F. 1: 125–127; Freiburg i. Br.

KNEUCKER, A. (1924): Die Schweinsweide bei Au a. Rh. mit Berücksichtigung der Schweinsweide bei Illingen a. Rh. – Mitt. Bad. Landesver. Naturk. Naturschutz N. F. 1: 290–294; Freiburg i. Br.

KNEUCKER, A. (1924): Kurzer Bericht über den derzeitigen Zustand einiger phytogeographisch interessanter Gebiete unseres Landes nebst verschiedenen floristischen Einzelbeobachtungen. – Mitt. Bad. Landesver. Naturk. Naturschutz N. F. 1: 294–298; Freiburg i. Br.

KNEUCKER, A. (1935): Ergebnisse systematischer, floristischer und phytographischer Beobachtungen und Untersuchungen über die Flora Badens und seiner Grenzgebiete. – Verh. Naturwiss. Vereins Karlsruhe 31: 209–239; Karlsruhe.

KNUTH, P. (1898): Handbuch der Blütenökologie. – 3 Bde.; Leipzig.

KOCH, W. (1933): Schweizerische Arten aus der Verwandtschaft des Ranunculus auricomus L. – Ber. Schweiz. Bot. Ges. 42 (2): 740–753; Zürich.

KOCH, W. (1939): Zweiter Beitrag zur Kenntnis des Formenkreises von Ranunculus auricomus L. – Ber. Schweiz. Bot. Ges. 49: 541–554; Zürich.

KÖCK, U.-V. (1986): Verbreitung, Ausbreitungsgeschichte, Soziologie und Ökologie von Corispermum leptopterum (ASCHERS.) ILJIN in der DDR. I. Verbreitung und Ausbreitungsgeschichte. – Gleditschia 14: 305–325; Berlin.

KÖRBER-GROHNE, U. (1978): Pollen-, Samen- und Holzbestimmungen aus der mittelalterlichen Siedlung unter der oberen Vorstadt in Sindelfingen (Württemberg). – In SCHOLKMANN, B.: Sindelfingen/Obere Vorstadt. – Forsch. u. Ber. d. Archäol. d. Mittelalters in Bad.-Württ. 3: 184–199; Stuttgart.

KÖRBER-GROHNE, U. (1979): Samen, Fruchtsteine und Druschreste aus der Wasserburg Eschelbronn bei Heidelberg (13. Jahrhundert). – Forsch. u. Ber. d. Archäol. d. Mittelalters in Bad.-Württ. 6: 113–127; Stuttgart.

KÖRBER-GROHNE, U. (1980): Biologische Untersuchungen am keltischen Fürstengrab von Hochdorf, Kr. Ludwigsburg (Vorbericht). – Archäol. Korrespondenzbl. 10: 249–252; Mainz.

KÖRBER-GROHNE, U. (1982): Der Schacht in Fellbach-Schmiden aus botanischer und stratigraphischer Sicht. Vorbericht. – In. PLANCK, D.: Eine neuentdeckte keltische Viereckschanze in Fellbach-Schmiden, Rems-Murr-Kreis. – Germania 60: 105–172; Mainz.

KÖRBER-GROHNE, U. (1985): Die biologischen Reste aus dem hallstattzeitlichen Fürstengrab von Hochdorf, Gemeinde Eberdingen (Kreis Ludwigsburg). – Hochdorf I. Forsch. u. Ber. z. Vor- u. Frühgesch. in Bad.-Württ. 19: 85–265; Stuttgart.

KÖRBER-GROHNE, U. u. U. PIENING (1983): Die Pflanzenreste aus dem Ostkastell von Welzheim mit besonderer Berücksichtigung der Graslandpflanzen. – Flora und Fauna im Ostkastell von Welzheim. – Forsch. u. Ber. z. Vor- u. Frühgeschichte in Bad.-Württ. 14: 17–88 + 27 Tafeln; Stuttgart.

KÖRBER-GROHNE, U. u. O. WILMANNS (1977): Eine Vegetation aus dem hallstattzeitlichen Fürstengrabhügel Magdalenenberg bei Villingen – Folgerungen aus pflanzlichen Großresten. – In SPINDLER, K.: Magdalenenberg V: 51 68; Villingen.

KORNECK, D. (1959): Der Schwimmfarn, Salvinia natans (L.) ALL., an oberrheinischen Wuchsorten. – Hess. Flor. Briefe 8: 88; Offenbach-Bürgel.

KORNECK, D. (1960): Der Amethyst-Schwingel im badischen Jura. – Mitt. Bad. Landesver. Naturk. Naturschutz N. F. 7 (6): 481–483; Freiburg i. Br.

KORNECK, D. (1963): Notizen über Atriplex heterosperma Bge. – Hess. Flor. Briefe 12: 15–16; Offenbach-Bürgel.

KORNECK, D. (1974): Xerothermvegetation in Rheinland-Pfalz und Nachbargebieten. – Schriftenreihe Vegetationskunde 7, 196 S., 158 Tab; Bonn-Bad Godesberg.

KORNECK, D. (1975): Beitrag zur Kenntnis mitteleuropäischer Felsgrus-Gesellschaften (Sedo-Scleranthetalia). – Mitt. Flor.-soz. Arbeitsgem. N. F. 18: 45–102; Todenmann.

KRAUSE, E. H. L. (1921): Beiträge zur Flora von Baden. – Mitt. Bad. Landesver. Naturk. Naturschutz N. F. 1 (5): 130–133; Freiburg i. Br.

KRAUSS, H.A. (1925): Welche Gefahren drohen unserer heimischen Pflanzenwelt? – Veröff. Staatl. Stelle Naturschutz Württ. Landesamt Denkmalpfl. 2: 54–59; Stuttgart.

KREH, W. (1929): Pflanzensoziologische Beobachtungen an den Stuttgarter Wildparkseen. – Jahresh. Ver. Vaterl. Naturk. Württ. 85: 175–203; Stuttgart.

KREH, W. (1935): Pflanzensoziologische Untersuchungen auf Stuttgarter Auffüllplätzen. – Jahresh. Ver. Vaterl. Naturk. Württ. 91: 59–120; Stuttgart.

KREH, W. (1938): Verbreitung und Einwanderung des Blausterns *(Scilla bifolia)* im mittleren Neckargebiet. – Jahresh. Ver. Vaterl. Naturk. Württ. 94: 41–94; Stuttgart.

KREH, W. (1950): Die Pflanzenwelt einer beim Bau der Autobahn zerstörten Stubensandgrube. – Jahresh. Ver. Vaterl. Naturk. Württ. 102/105: 71–74; Stuttgart.

KREH, W. (1951): Verlust und Gewinn der Stuttgarter Flora im letzten Jahrhundert. – Jahresh. Ver. Vaterl. Naturk. Württ. 106: 69–124; Stuttgart.

KREH, W. (1955): Auf dem Stuttgarter Trümmerschutt erzeugte Samenmengen. – Jahresh. Ver. Vaterl. Naturk. Württ. 110: 212–215; Stuttgart.

KREH, W. u. G. SCHAAF (1931): Neue Glieder der Stuttgarter Pflanzenwelt II. – Jahresh. Ver. Vaterl. Naturk. Württ. 87: 131–146; Stuttgart.

KRIEGLSTEINER, L. (1987): Farn- und Blütenpflanzen sowie höhere Pilze im Raum Schwäbisch Hall. – Stadtplanungsamt Schw. Hall, Arbeitsbericht 16, 2/87, 259 S.

KROMER, B., A. BILLAMBOZ u. B. BECKER (1985): Kalibration einer 100jährigen Baumringsequenz aus der Siedlung Aichbühl (Federsee). – Ber. z. Ufer- u. Moorsiedl. Südwestdeutschl. 2: 241–247. – Materialh. z. Vor- u. Frühgesch. in Bad.-Württ. 7; Stuttgart.

KÜBLER-THOMAS, M. u. P. THOMAS (1989): Über ein Vorkommen von *Teucrium scordium* und *Ophioglossum vulgatum* am östlichen Hochrhein. – Carolinea 47: 147–148; Karlsruhe.

KÜNKELE, S. (1977): Über positive Arealveränderungen bei einigen Orchideen in Baden-Württemberg unter besonderer Berücksichtigung der Naturschutzprobleme. – Gött. Flor. Rundbr. 11 (3): 58–79; Göttingen.

KÜSTER, Hj. (1983): Rekonstruktionsversuche zur neolithischen Landwirtschaft nach botanischen Funden aus Eberdingen-Hochdorf (Kreis Ludwigsburg). – Archäol. Korrespondenzbl. 13: 37–39; Mainz.

KÜSTER, Hj. (1985): Neolithische Pflanzenreste aus Hochdorf, Gemeinde Eberdingen (Kreis Ludwigsburg). – Hochdorf I. Forsch. u. Ber. z. Vor- u. Frühgeschichte in Bad.-Württ. 19: 13–83; Stuttgart.

KUHN, K. (1937): Die Pflanzengesellschaften im Neckargebiet der Schwäbischen Alb. 340 S.; Öhringen (F. Rau).

KUHN, L. (1954): Die Verlandungsgesellschaften des Federseerieds bei Buchau in Oberschwaben. Diss. Tübingen.

KUHN, L. (1961): Die Verlandungsgesellschaften des Federseerieds. – In: Die Natur- und Landschaftsschutzgeb. Bad.-Württ. 2: 1–69; Stuttgart.

KUMMER, G. (1929): Neue Beiträge zur Flora des Kantons Schaffhausen. – Mitt. Naturf. Ges. Schaffhausen 8: 49–90; Schaffhausen.

KUMMER, G. (1934): Die Flora des Rheinfallgebietes. – Mitt. Naturf. Ges. Schaffhausen 11, 128 S.; Schaffhausen.

KUMMER, G. (1937–1946): Die Flora des Kantons Schaffhausen, mit Berücksichtigung der Grenzgebiete. – Mitt. Naturf. Ges. Schaffhausen 13: 49–157, 1937; 15: 37–201, 1939; 17: 123–260, 1941; 18: 11–110, 1943; 19: 1–130, 1944; 20: 69–208, 1945; 21: 75–194, 1946; Schaffhausen.

KUNZ, h. (1956): *Ranunculus polyanthemophyllus* KOCH & HESS, *Neslia apiculata* FISCHER & MEYER und *Callitriche obtusangula* LE GALL in Südbaden. – Beitr. Naturk. Forsch. Südwestdeutschl. 15: 52–55; Karlsruhe.

KURR, G. (1852): Pflanzen. In: Beschreibung des Oberamts Gaildorf, 24–26; Stuttgart.

KURZ, G. (1973): Ulmer Flora. – Mitt. Ver. Naturwiss. Math. Ulm 29: 1–304; Ulm.

KUTSCHERA, L. (1960): Wurzelatlas mitteleuropäischer Ackerunkräuter und Kulturpflanzen. 574 S.; Frankfurt.

LANDOLT, E. (1954): Die Artengruppe des *Ranunculus montanus* Willd. in den Alpen und im Jura. – Ber. Schweiz. Bot. Ges. 64: 9–83; Zürich.

LANG, G. 1952: Zur späteiszeitlichen Vegetations- und Florengeschichte Südwestdeutschlands. – Flora 139: 243–294; Jena.

LANG, G. 1962: Vegetationsgeschichtliche Untersuchungen der Magdalénienstation an der Schussenquelle. – Veröff. geobot. Inst. Rübel 37: 129–154; Zürich.

LANG, G. (1967): Die Ufervegetation des westlichen Bodensees. – Arch. Hydrobiol., Suppl. 32/4: 437–574; Stuttgart.

LANG, G. (1971): Die Vegetationsgeschichte der Wutachschlucht und ihrer Umgebung. – Die Wutach: 323–349; Freiburg.

LANG, G. (1973): Das Baldenwegermoor und das einstige Waldbild am Feldberg. – Beitr. Naturkundl. Forsch. Südwestdeutschl. 32: 31–51; Karlsruhe.

LANG, G. (1973): Die Vegetation des westlichen Bodenseegebietes. 451 S.; Jena (G. Fischer).

LANG, G. u. V. WIRTH (1977): Bericht über die Tagung der floristisch-soziologischen Arbeitsgemeinschaft in Konstanz vom 30. 5. bis 1. 6. 1975. – Mitt. Flor.-soz. Arbeitsgem. N.F., 19/20: 431–434; Todenmann-Göttingen.

LANG, W. (1975): Flora der Pfalz I. Methoden und erste Ergebnisse. – Mitt. Pollichia 63: 61–66; Bad Dürkheim.

LANG, W. (1981): Der Weidenblatt-Ampfer *(Rumex triangulivalvis)*, eine neue adventive Art der Pfälzer Flora. – Mitt. Pollichia 69: 180–184; Bad Dürkheim.

LANG, W. u. O. BRETTAR (1978): Flora der Pfalz II. Weitere Ergebnisse. – Mitt. Pollichia 66: 90–95; Bad Dürkheim.

LANG, W. u. N. HAILER (1979): Flora der Pfalz III. Weitere Ergebnisse. – Mitt. Pollichia 67: 159–173; Bad Dürkheim.

LANG, W. u. H. LAUER (1981): Flora der Pfalz IV. Weitere Ergebnisse. – Mitt. Pollichia 69: 125–138; Bad Dürkheim.

LANG, W. u. O. SCHMIDT (1984): Flora der Pfalz V. Weitere Ergebnisse. – Mitt. Pollichia 72: 255–276; Bad Dürkheim.

LANGER, H. (1958): Die Vegetationsverhältnisse des Benninger Riedes und ihre Verknüpfung mit der Vegetationsgeschichte des Memminger Tales. – Bot. Jb. 77: 355–422; Stuttgart.

LAUTERBORN, R. (1927): Beiträge zur Flora der oberrheinischen Tiefebene und der benachbarten Gebiete. – Mitt. Bad. Landesver. Naturk. Naturschutz N.F. 2: (7/8): 77–88; Freiburg i.Br.

LAUTERBORN, R. (1941–42): Beiträge zur Flora des Oberrheins und des Bodensees. – Mitt. Bad. Landesver. Naturk. Naturschutz Freiburg N.F. 4: 287–301, 1941; 313–321, 1942; Freiburg i.Br.

LAUTERER, J. (1874): Excursions-Flora für Freiburg und seine Umgebung (von Lahr bis Efringen, vom Rhein bis St. Blasien, Neustadt und Triberg). 224 S.; Freiburg.

LECHLER, W. (1844): Supplement zur Flora von Württemberg. 72 S. Stuttgart (E. Schweizerbart).

LECHLER, W. (1847): Zur Flora von Württemberg. – Jahresh. Ver. Vaterl. Naturk. Württ. 3: 147–148; Stuttgart.

LEHMANN, E. et al. (1934): Berberitzenverbreitung und Schwarzrostauftreten in Württemberg. – Landw. Jb. Berlin 80 (1): 1–37; Berlin.

LEHMANN, E. et al. (1937): Der Schwarzrost, seine Geschichte, seine Biologie und seine Bekämpfung in Verbindung mit der Berberitzenfrage. – München.

LEOPOLD, J.D. (1728): Deliciae sylvestres florae ulmensis oder Verzeichnuß deren Gewächsen, welche um deß H. Röm. Reichs Freye Stadt Ulm in Aeckern, Wiesen, … zu wachsen pflegen… 180 S.; Ulm (J.C. Wohler).

LEUTZ, F. (1899): Vereinsausflug nach Ichenheim. – Mitt. Bad. Bot. Ver. 165/168: 154–156; Freiburg i.Br.

LIEHL, H. (1900): Neue Funde in der Kiesgrube an der Baslerstraße bei Freiburg. – Mitt. Bad. Bot. Ver. 4 (173/4): 200–201; Freiburg i.Br.

LINDER, Th. (1903): Ein Vegetationsbild vom Oberrhein. – Mitt. Bad. Bot. Ver. 4: 297–311, 322–328, 329–335; Freiburg i.Br.

LINDER, Th. (1905): Bemerkenswerte Pflanzenstandorte. – Mitt. Bad. Bot. Ver. 205/206: 41–44; Freiburg i.Br.

LINDER, Th. (1905): Bemerkenswerte Pflanzenstandorte. – Mitt. Bad. Bot. Ver. 207: 47–51; Freiburg i.Br.

LINDER, Th. (1907): Ein Beitrag zur Flora des badischen Kreises Konstanz. – Mitt. Bad. Bot. Ver. 222/223: 165–174; Freiburg i.Br.

LINGG, C. (1832): Beiträge zur Naturkunde Oberschwabens. Diss. Tübingen, 32 S.

LITZELMANN, E. (1951): Neue Pflanzenfundberichte aus Südbaden. – Mitt. Bad. Landesver. Naturk. Naturschutz N.F. 5 (2): 191–196; Freiburg i.Br.

LITZELMANN, E., u. M. LITZELMANN (1963): Neue Pflanzenfundberichte aus Südbaden II. – Mitt. Bad. Landesver. Naturk. Naturschutz N.F. 8 (3): 463–475; Freiburg.

LITZELMANN, E. u. M. LITZELMANN (1966): Die Pflanzenwelt am Isteiner Klotz. – In: Der Isteiner Klotz, zur Naturgeschichte einer Landschaft am Oberrhein. 111–268, Freiburg i.Br.

LITZELMANN, M. u. K. HOFMANN (1979): Naturschutzgebiet Utzenfluh mit den Teilen große und kleine Fluh und Falkenwand. – Mitt. Bad. Landesver. Naturk. Naturschutz N.F. 12 (1/2): 121–122; Freiburg i.Br.

LÖSCH, A. (1936): Badische Farne. I. Beitrag. – Mitt. Bad. Landesver. Naturk. Naturschutz N.F. 3 (15/16): 214–218; Freiburg i.Br.

LÖSCH, A. (1937): Badische Farne. II. Beitrag. – Mitt. Bad. Landesver. Naturk. Naturschutz N.F. 3 (21): 298–299; Freiburg i.Br.

LÖSCH, A. (1937): Badische Farne. III. Beitrag. – Mitt. Bad. Landesver. Naturk. Naturschutz N.F. 3 (23/24): 341–345; Freiburg i.Br.

LÖSCH, A. (1938): Badische Farne. IV. Beitrag. – Mitt. Bad. Landesver. Naturk. Naturschutz N.F. 3 (25/26): 374–377; Freiburg i.Br.

LÖSCH, A. (1938): Badische Farne. V. Beitrag. – Mitt. Bad. Landesver. Naturk. Naturschutz N.F. 3 (27/28): 405–410; Freiburg i.Br.

LÖSCH, A. (1939): Badische Farne. VI. – Mitt. Bad. Landesver. Naturk. Naturschutz N.F. 4 (1): 3–8; Freiburg i.Br.

LÖSCH, A. (1940): Badische Farne. VII. – Mitt. Bad. Landesver. Naturk. Naturschutz N.F. 4 (5): 206–211; Freiburg i.Br.

LÖSCH, A. (1948): Badische Equiseten. – Mitt. Bad. Landesver. Naturk. Naturschutz N.F. 5 (1): 15–28; Freiburg i.Br.

LOHMEYER, W. (1950): Das Polygoneto Brittingeri-Chenopodietum rubri und das Xanthieto riparii-Chenopodietum rubri, zwei flußbegleitende Bidention-Gesellschaften. – Mitt. Flor. – soz. Arbeitsgem. N.F., 2: 12–20; Stolzenau/Weser.

LOHMEYER, W. (1970): Über das Polygono-Chenopodietum unter besonderer Berücksichtigung seiner Vorkommen am Rhein und im Mündungsgebiet der Ahr. – Schriftenr. Vegetationskde., 5: 7–28; Bonn-Bad Godesberg.

LOHMEYER, W. (1975): Das Polygonetum calcati, eine in Mitteleuropa weitverbreitete nitrophile Trittgesellschaft. – Schriftenr. Vegetationskde., 8: 105–110; Bonn-Bad Godesberg.

LOHMEYER, W. u. W. TRAUTMANN (1974): Zur Kenntnis der Waldgesellschaften des Schutzgebietes „Taubergießen". – In: Natur- und Landschaftsschutzgeb. Bad.-Württ. 7: 422–437; Ludwigsburg.

LOHRMANN, R. (1939): Die heutige Verbreitung der Eibe (*Taxus baccata* L.) in Württemberg und Hohenzollern. – Veröff. Württ. Landesst. Naturschutz 15 (1938): 13–34; Stuttgart.

LOHRMANN, R. (1949): Die Eibe ein aussterbender Baum? – Blätter des Schwäbischen Albvereins 1 (55 Jg.) Nr. 4: 51–53; Weinsberg.

LÓPEZ, G. (1986): *Ranunculus serpens* Schrank. – In Flora iberica I: 338; Madrid.

LOUSLEY, J.E. u. D.H. KENT (1981): Docks and knotweds of the British Isles. – BSBI Handbook 3: 205 S.; London.

LOVIS, J. u. T. REICHSTEIN (1985): *Asplenium trichomanes* subsp. *pachyrachis* (Aspleniaceae, Pteridophyta), and a note on the typification of *A. trichomanes*. – Willdenowia 15: 187–201; Berlin-Dahlem.

LUDWIG, A. (1904): Neue Beiträge zur Adventivflora von Straßburg i. Els. – Mitt. philomath. Ges. Elsaß-Lothringen 12: 113–125.

LUDWIG, W. (1957): Über Verwechslungen von *Phytolacca acinosa* mit *Ph. americana*. – Hess. Flor. Briefe 6 (62): 3–4; Offenbach-Bürgel.

LUDWIG, W. (1966): Neues Fundorts-Verzeichnis zur Flora von Hessen. Teil 1. – Jb. nass. Ver. Naturk. 96: 6–45; Wiesbaden.

LUDWIG, W. (1972): *Chenopodium botrys, Ch. schraderanum* und *Ch. pumilio* (= Bestimmungsarbeiten in Botanischen Gärten N. F. 10). – Hess. Flor. Briefe 21 (241): 2–6; Offenbach-Bürgel.

LUDWIG, W. u. I. LENSKI (1969): Zur Kenntnis der hessischen Flora. – Jb. nass. Ver. Naturk. 100: 112–133; Wiesbaden.

LUTZ, F. (1889): Ergänzende Beiträge zu unserer einheimischen Flora. – Mitt. Bad. Bot. Ver. 65: 117–121; Freiburg i. Br.

LUTZ, F. (1910): Zur Mannheimer Adventivflora seit ihrem ersten Auftreten bis jetzt. – Mitt. Bad. Bot. Ver. 5 (247–248): 365–376; Freiburg i. Br.

LYRE, H. H. (1957): Beiträge zur Biologie und Ökologie der Vogelmiere, *Stellaria media* (L.) Cyr. – Diss. Hohenheim.

MAERKLIN, G. F. (1792): Einige botanische Bemerkungen. – Schr. Regensburg. Botan. Ges. 1: 324–335.

MAHLER, G. (1898): Übersicht über die in der Umgebung von Ulm wildwachsenden Phanerogamen. – Nachr. kgl. Gymnas. Ulm Schulj. 1897–98: 1–39.

MAIER, U. 1983: Nahrungspflanzen des späten Mittelalters aus Heidelberg und Ladenburg nach Bodenfunden aus einer Fäkaliengrube und einem Brunnen des 15./16. Jahrhunderts. – Forsch. u. Ber. d. Archäol. d. Mittelalters in Bad.-Württ. 8: 139–183; Stuttgart.

MAILLEFER, A. (1934): La repartition géographique de l'*Equisetum pratense* Ehrh. dans le voisinage de la limite sud-ouest de son aire dans l'Europe continentale. – Bull. Soc. Vaud. Sci. Nat. 58 (234): 147–164; Lausanne.

MANG, F. (1964): Der weidenblättrige Ampfer und seine Verbreitung im Ästuar der Elbe. – Die Heimat 71: 362–364; Kiel.

MANGERUD, J., S. T. ANDERSEN, B. BERGLUND u. J. DONNER (1974): Quaternary stratigraphy of Norden, a proposal for terminology and classification. – Boreas 3: 109–127; Oslo.

MARKGRAF, F. (1958): Berberidaceae. – In HEGI, G.: Illustrierte Flora von Mitteleuropa, 2. Aufl., Band IV, Teil 1: 1–11; München.

MARKGRAF, F. (1958): Papaveraceae. – In HEGI, G.: Illustrierte Flora von Mitteleuropa, 2. Aufl., Band IV, Teil 1: 16–72; München.

MARTENS, G. VON (1822–28): Über Württembergs Flora. – Corr.-Bl. württ. landwirtsch. Ver. 1: 321–332, 1822; 3: 227–254, 1823; 7: 333–341, 1825; 13: 301–324, 1828.

MARTENS, G. VON (1849): Die blüthenlosen Gefässpflanzen Württembergs geordnet und benannt nach Dr. G. D. J. KOCH Synopsis florae germanicae et helve-

ticae, editio secunda, pars tertia. Lipsiae 1845. 8. – Jahresh. Ver. Vaterl. Naturk. Württ. 4: 94–106; Stuttgart.

MARTENS, G. VON u. C. A. KEMMLER (1865): Flora von Württemberg und Hohenzollern. CXIV + 844 S.; Tübingen.

MARTENS, G. VON u. C. A. KEMMLER (1882): Flora von Württemberg und Hohenzollern. – 3. Aufl., 2 Bde., 296 + 413 S.; Heilbronn.

MARZELL, H. (1937–1979): Wörterbuch der deutschen Pflanzennamen. 4 Bände; Leipzig und Stuttgart (S. Hirzel), Wiesbaden (F. Steiner).

MATTERN, H. (1980): Das Jagsttal von Crailsheim bis Dörzbach. – 207 S.; Crailsheim.

MATTIOLI, P. A. (1626): Kreutterbuch... (her. J. CAMERARIUS): Frankfurt/Main (J. Fischer). Reprint Grünwald o. J.

MAUS, H. (1890): Beiträge zur Flora von Karlsruhe. – Mitt. Bad. Bot. Ver. 2: 181–191; Freiburg i. Br.

MAYER, A. (1904): Flora von Tübingen und Umgebung, Schwäbische Alb vom Plettenberg bis zur Teck, Balingen, Hechingen, Reutlingen, Urach, Rottenburg, Herrenberg, Böblingen. 313 S.; Tübingen (F. Pietzcker).

MAYER, A. (1929, 1930): Exkursionsflora der Universität Tübingen. Mittlere und südliche Alb, Württembergischer Schwarzwald, oberes und mittleres Neckargebiet, Schönbuch, Gäu, Schwarzwaldvorland. 519 S.; Tübingen (Tübinger Chronik).

MAYER, A. (1950): Exkursionsflora von Südwürttemberg und Hohenzollern mit besonderer Berücksichtigung der Universitätsstadt Tübingen. 527 S.; Stuttgart (Wiss. Verlagsgesellschaft).

MAYER, A. (1954): Vorkommen seltener Pflanzen und Tiere im Kreis Waldshut. – Mitt. Bad. Landesver. Naturk. Naturschutz N. F. 6 (2): 140–141; Freiburg i. Br.

MEIEROTT, L. (1986): Neues und Bemerkenswertes zur Flora Unterfrankens. – Ber. Bayer. Bot. Ges. 57: 81–94; München.

MEIKLE, R. D. (1977): Flora of Cyprus. Bd. 1; 832 S.; Kew.

MELZER, H. (1986): Bemerkungen zu „Schmeil-Fitschen, Flora von Deutschland und seinen angrenzenden Gebieten", 2. – Gött. Flor. Rundbr., 20 (2): 155–162; Göttingen.

MEMMINGER, J. D. G. von (1841): Beschreibung von Württemberg. 3. Aufl.; Stuttgart und Tübingen (Cotta).

MESSIKOMER, J. (1883): Archäologische Mitteilungen. – Antiqua 1: 7; Zürich.

MEUSEL, H. u. H. MÜHLBERG (1965): Nymphaeaceae und Ceratophyllaceae. – In HEGI, G: Illustrierte Flora von Mitteleuropa, 2. Aufl., Band III, Teil 3: 9–35; München.

MEUSEL, H., E. JÄGER u. E. WEINERT (1964, 1978): Vergleichende Chorologie der zentraleuropäischen Flora. 2 Bände; Jena (G. Fischer).

MEYER, D. E. (1957): Zur Zytologie der Asplenien Mitteleuropas (I–XV). – Ber. Deutsch. Bot. Ges. 77: 57–66; Stuttgart.

MEYNEN, E. u. J. SCHMITHÜSEN (1953–1962): Handbuch der naturräumlichen Gliederung Deutschlands. – 1339 S.; Remagen.

MOHR, G. (1898): Flora der Umgebung von Lahr. – Mitt. Bad. Bot. Ver. 4: 17–31, 33–50; Freiburg i. Br.

MONSCHAU-DUDENHAUSEN, K. (1982): Wasserpflanzen als Belastungsindikatoren in Fließgewässern. – Beih. Veröff. Naturschutz Landschaftspflege Bad.-Württ. 28: 1–118; Karlsruhe.

MOOR, M. (1958): Pflanzengesellschaften schweizerischer Flußauen. – Mitt. schweiz. Anst. forstl. Versuchsw. 34 (4): 221–360; Birmensdorf bei Zürich.

MOOR, M. (1962): Einführung in der Vegetationskunde der Umgebung Basels. – 464 S.; Basel.

MÜLLER, K. (1933): *Woodsia ilvensis* am Hirschsprung. – Mitt. Bad. Landesver. Naturk. Naturschutz, N.F. 2 (22): 287; Freiburg i. Br.

MÜLLER, K. (1935): Beiträge zur Kenntnis der eingeschleppten Pflanzen Württembergs. – Mitt. Ver. Naturwiss. Math. Ulm 21: 29–62; Ulm.

MÜLLER, K. (1937): Pflanzen-Fundberichte aus Baden. – Mitt. Bad. Landesver. Naturk. Naturschutz N.F. 3 (23/24): 349–354; Freiburg i. Br.

MÜLLER, K. (1942–1950): Beiträge zur Kenntnis der eingeschleppten Pflanzen Württembergs. 1. Nachtrag. – Mitt. Ver. Naturwiss. Math. Ulm 23: 86–116; Ulm.

MÜLLER, K. (1948): Die Vegetationsverhältnisse im Feldberggebiet. – In: Der Feldberg im Schwarzwald; Freiburg i. Br.

MÜLLER, K. (1957): Ulmer Flora. – Mitt. Ver. Naturwiss. Math. Ulm 25, 229 S.; Ulm.

MÜLLER, K. (1965): Die Artengruppe des Berghahnenfußes (*Ranunculus montanus* Willd.) auf der Schwäbischen Alb. – Mitt. Ver. Naturwiss. Math. Ulm 27: 21–24; Ulm.

MÜLLER, Th. (1961): Zwei für das Naturschutzgebiet Untereck neue Pflanzen. – Veröff. Landesst. Naturschutz Landschaftspflege Bad.-Württ. 29: 7–14; Ludwigsburg.

MÜLLER, Th. (1962): Die Fluthahnenfußgesellschaften unserer Fließgewässer. – Veröff. Landesst. Naturschutz Landschaftspflege Bad.-Württ. 30: 152–163; Ludwigsburg.

MÜLLER, Th. (1962): Die Saumgesellschaften der Klasse Trifolio-Geranietea sanguinei. – Mitt. Flor.-soz. Arbeitsgem. N.F. 9: 95–140; Stolzenau/Weser.

MÜLLER, Th. (1964): Ergebnisse von Windschutzversuchen in Baden-Württemberg. – Veröff. Landesst. Naturschutz Landschaftspflege Bad.-Württ. 32: 71–126; Ludwigsburg.

MÜLLER, Th. (1966): Vegetationskundliche Beobachtungen im Naturschutzgebiet Hohentwiel. – Veröff. Landesst. Naturschutz Landschaftspflege Bad.-Württ. 34: 14–61; Ludwigsburg.

MÜLLER, Th. (1966): Die Wald-, Gebüsch-, Saum-, Trocken- und Halbtrockenrasengesellschaften des Spitzbergs. In: Der Spitzberg bei Tübingen. Natur- u. Landschaftsschutzgeb. Bad.-Württ. 3: 278–475; Ludwigsburg.

MÜLLER, Th. (1967): Die geographische Gliederung des Galio-Carpinetum und des Stellario-Carpinetum in Südwestdeutschland. – Beitr. Naturk. Forsch. Südwestdeutschl. 26: 47–65; Karlsruhe.

MÜLLER, Th. (1968): Die Waldvegetation im Naturschutzgebiet Schenkenwald. – Veröff. Landesst. Naturschutz Landschaftspflege Bad.-Württ. 36: 55–64; Ludwigsburg.

MÜLLER, Th. (1969): Die Vegetation im Naturschutzgebiet Zweribach. – Veröff. Landesst. Naturschutz Landschaftspflege Bad.-Württ. 37: 81–101; Ludwigsburg.

MÜLLER, Th. (1974): Gebüschgesellschaften im Taubergießengebiet. In: Das Taubergießengebiet, eine Rheinauenlandschaft. Natur- u. Landschaftsschutzgeb. Bad.-Württ. 7: 400–421; Ludwigsburg.

MÜLLER, Th. (1974): Zur Kenntnis einiger Pioniergesellschaften im Taubergießengebiet. – In: Das Taubergießengebiet, eine Rheinauenlandschaft. Natur- und Landschaftsschutzgeb. Bad.-Württ. 7: 284–305; Ludwigsburg.

MÜLLER, Th. (1975): Natürliche Fichtengesellschaften der Schwäbischen Alb. – Beitr. Naturk. Forsch. Südwestdeutschl. 34: 233–249; Karlsruhe.

MÜLLER, Th. (1983): In: E. OBERDORFER: Süddeutsche Pflanzengesellschaften. Teil III. Stuttgart, New York.

MÜLLER, Th. (1985): Das Ribeso sylvestris-Fraxinetum Lemée 1937 corr. Pass. 1958 in Südwestdeutschland. – Tuexenia 5: 395–412; Göttingen.

MÜLLER, Th. (1985): Die Vegetation. In: Ökologische Untersuchungen an der ausgebauten unteren Murr, Landkreis Ludwigsburg 1977–1982. – Ökol. Untersuch. ausgeb. unt. Murr, 1: 113–194; Karlsruhe.

MÜLLER, Th. u. S. GÖRS (1958): Zur Kenntnis der Auenwaldgesellschaften im württembergischen Oberland. – Beitr. Naturk. Forsch. Südwestdeutschl. 17 (2): 88–165; Karlsruhe.

MÜLLER, Th. u. S. GÖRS (1960): Pflanzengesellschaften stehender Gewässer in Baden-Württemberg. – Beitr. Naturk. Forsch. Südwestdeutschl. 19: 60–100; Karlsruhe.

MÜLLER, Th., G. PHILIPPI u. S. SEYBOLD (1973): Vorläufige „Rote Liste" bedrohter Pflanzenarten in Baden-Württemberg. – Beih. Veröff. Natursch. Landschaftspflege Bad.-Württ. 1: 74–96; Ludwigsburg.

MÜRDEL, H. (1926): Florula Regenbacensis. Verzeichnis der in der Pfarrei Unterregenbach und Umgebung wild wachsenden Pflanzen. Manuskript (STU).

MULLER, S. (1981): L'Ophioglosse vulgaire dans les chênaies charmaies-frênaies de Lorraine Orientale. – Cah. Soc. Hist. Natur. Moselle 43: 249–256; Metz.

MULLER, S. (1986): Le Lycopode *Diphasiastrum tristachyum* (PURSH) HOLUB dans le Pays de Bitche (Vosges du Nord). – Bull. Acad. et Soc. lorr. Sciences 25 (1): 5–16; Nancy.

MULLER, S. (1986): *Botrychium matricariifolium* (Retz.) A. BRAUN ex KOCH dans les pelouses sableuses du Pas Pays de Bitche (Vosges du Nord). – Bull. Soc. Bot. Fr. 133, Lettres bot. (2): 189–197; Paris.

MURMANN-KRISTEN, L. (1987): Das Vegetationsmosaik im Nordschwarzwälder Waldgebiet. – Diss. bot. 104; 290 S. + Abb. + Tab.; Berlin u. Stuttgart.

NATHO, G. (1959): Variationsbreite und Bastardbildung bei mitteleuropäischen Birkensippen. – Feddes Repert. 61: 211–273; Berlin.

NEBEL, M. (1986): Vegetationskundliche Untersuchungen in Hohenlohe. 253 S.; Berlin u. Stuttgart.

NEUBERGER, J. (1885): Pflanzenstandorte in der Baar und Umgebung. – Schr. Ver. Gesch. Naturgesch. Baar 5: 15–24; Donaueschingen.

NEUBERGER, J. (1912): Flora von Freiburg im Breisgau (Südl. Schwarzwald, Rheinebene, Kaiserstuhl). 3. u. 4. Aufl., 319 S.; Freiburg (Herder).

NEUBERGER, J. (1913): Neue Standorte. – Mitt. Bad. Landesver. Naturk. Naturschutz 6 (284–286): 280–281; Freiburg i. Br.

NEUBERGER, J., G. ZIMMERMANN u. W. ZIMMERMANN (1911): Neue Standorte. – Mitt. Bad. Landesver. Naturk. Naturschutz 6 (261/262): 95–96; Freiburg i. Br.

NEUWEILER, E. (1935): Nachträge urgeschichtlicher Pflanzen. – Vierteljahresschr. Naturf. Ges. Zürich 80: 98–122.

OBERDORFER, E. (1931): Die postglaziale Klima- und Vegetationsgeschichte des Schluchsees (Schwarzwald). – Ber. Naturforsch. Ges. Freiburg 31: 1–85; Freiburg i. Br.

OBERDORFER, E. (1934): Die höhere Pflanzenwelt am Schluchsee. – Ber. Naturforsch. Ges. Freiburg 34: 213–247; Freiburg i. Br.

OBERDORFER, E. (1934): Die Felsspaltenflora des südlichen Schwarzwaldes. Neufunde von den Kaiserwachtfelsen (Höllental). – Mitt. Bad. Landesver. Naturk. Naturschutz N. F. 3: 1–14; Freiburg i. Br.

OBERDORFER, E. (1936): Floristische und pflanzensoziologische Notizen vom Bruhrain (Umgebung von Bruchsal). – Mitt. Bad. Landesver. Naturk. Naturschutz N. F. 3: 204–210, 245–252; Freiburg i. Br.

OBERDORFER, E. (1936): Bemerkenswerte Pflanzengesellschaften und Pflanzenformen des Oberrheingebietes. – Beitr. Naturk. Forsch. Südwestdeutschl. 1: 49–88; Karlsruhe.

OBERDORFER, E. (1938): Ein Beitrag zur Vegetationskunde des Nordschwarzwaldes. – Beitr. Naturk. Forsch. Südwestdeutschl. 3: 149–270; Karlsruhe.

OBERDORFER, E. (1949): Die Pflanzengesellschaften der Wutachschlucht. – Beitr. Naturk. Forsch. Südwestdeutschl. 8: 22–60; Karlsruhe.

OBERDORFER, E. (1949): Pflanzensoziologische Exkursionsflora für Südwestdeutschland und die angrenzenden Gebiete. 411 S.; Stuttgart (E. Ulmer).

OBERDORFER, E. (1951): Von der Pflanzenwelt des Sohlberges. – In: F. KÖBELE u. F. HÄRDLE (Hrsg.): Rund um den Sohlberg. Betrachtungen über eine Schwarzwaldlandschaft mit Umgebungsplan. S. 25–30; Karlsruhe (G. Dannenmaier).

OBERDORFER, E. (1951): siehe Bartsch, J. et al. (1951).

OBERDORFER, E. (1952): Die Vegetationsgliederung des Kraichgaus. – Beitr. Naturk. Forsch. Südwestdeutschl. 11: 12–36; Karlsruhe.

OBERDORFER, E. (1956): Botanische Neufunde aus Baden (und angrenzenden Gebieten). – Mitt. Bad. Landesver. Naturk. Naturschutz N. F. 6 (4): 278–284; Freiburg i. Br.

OBERDORFER, E. (1957): Süddeutsche Pflanzengesellschaften. 564 S.; Jena (G. Fischer).

OBERDORFER, E. (1957): Eine Vegetationskarte von Freiburg i. Br. – Ber. Naturf. Ges. Freiburg i. Br. 47 (2): 139–145 + 1 Kte; Freiburg i. Br.

OBERDORFER, E. (1964): Das Strauchbirkenmoor (Betulo-Salicetum repentis) in Osteuropa und im Alpenvorland. – Arb. Landw. Hochsch. Hohenheim 30: 190–210; Stuttgart.

OBERDORFER, E. (1962, 1970): Pflanzensoziologische Exkursionsflora für Süddeutschland und die angrenzenden Gebiete. 2. u. 3. Aufl.; 987 S.; Stuttgart (E. Ulmer).

OBERDORFER, E. (1971): Die Pflanzenwelt des Wutachgebietes. In: Die Wutach, Naturkundliche Monographie einer Flußlandschaft. – Die Natur- und Landschaftsschutzgeb. Bad.-Württ. Band 6: 261–321; Freiburg.

OBERDORFER, E. (1977, 1978, 1983): Süddeutsche Pflanzengesellschaften. Teil I–III. Stuttgart, New York.

OBERDORFER, E. (1979, 1983): Pflanzensoziologische Exkursionsflora. 4. u. 5. Aufl.; 997 bzw. 1051 S.; Stuttgart.

OBERDORFER, E. (1982): Die hochmontanen Wälder und subalpinen Gebüsche. In: Der Feldberg im Schwarzwald. Subalpine Insel im Mittelgebirge. Natur- u. Landschaftsschutzgeb. Bad.-Württ. 12: 317–365; Karlsruhe.

OBERDORFER, E. (1982): Erläuterungen zur vegetationskundlichen Karte Feldberg 1 : 25000. – Beih. Veröff. Naturschutz Landschaftspflege Bad.-Württ. 27: 1–83; Karlsruhe.

OBLINGER, H. (1969): Die Verbreitung der Eibe (Taxus baccata) in Bayerisch-Schwaben. – Ber. Naturw. Ver. Schwaben 73: 63–86; Augsburg.

OLTMANNS, F. (1927): Das Pflanzenleben des Schwarzwaldes. 3. Aufl.; 690 S.; Freiburg i. Br.

PAPKE, H.E., B. KRAHL-URBAN, K. PETERS u. Ch. SCHIMANSKY (1986): Waldschäden. Ursachenforschung in der Bundesrepublik Deutschland und den Vereinigten Staaten von Amerika. 137 S; KFA Jülich.

PEINTINGER, M. (1986): Ceratophyllum submersum L., das zarte Hornkraut, im westlichen Bodenseegebiet und Hegau. – Carolinea 44: 163–164; Karlsruhe.

PHILIPPI, G. (1960): Zur Gliederung der Pfeifengraswiesen im südlichen und mittleren Oberrheingebiet. – Beitr. Naturk. Forsch. Südwestdeutschland 19: 138–187; Karlsruhe.

PHILIPPI, G. (1961): Botanische Neufunde aus dem badischen Oberrheingebiet (und angrenzenden Gebieten). – Mitt. Bad. Landesver. Naturk. Naturschutz N. F. 8: 173–186; Freiburg i. Br.

PHILIPPI, G. (1963): Zur Soziologie von Anagallis tenella, Scutellaria minor und Wahlenbergia hederacea im südlichen und mittleren Schwarzwald. – Mitt. Bad. Landesver. Naturk. Naturschutz N. F. 8: 477–484; Freiburg i. Br.

PHILIPPI, G. (1968): Zur Kenntnis der Zwergbinsengesellschaften (Ordnung der Cyperetalia fusci) des Oberrheingebietes. – Veröff. Landesst. Naturschutz Landschaftspflege Bad.-Württ. 36: 65–130; Ludwigsburg.

PHILIPPI, G. (1969): Zur Verbreitung und Soziologie einiger Arten von Zwergbinsen- und Strandlingsgesellschaften im badischen Oberrheingebiet. – Mitt. Bad. Landesver. Naturk. Naturschutz N. F. 10: 139–172; Freiburg i. Br.

PHILIPPI, G. (1969): Laichkraut- und Wasserlinsengesellschaften des Oberrheingebietes zwischen Straßburg und Mannheim. – Veröff. Landesst. Naturschutz Landschaftspfl. Bad.-Württ. 37: 102–172; Ludwigsburg.

PHILIPPI, G. (1969): Besiedlung alter Ziegeleigruben in der Rheinniederung zwischen Speyer und Mannheim. – Mitt. Flor. soz. Arbeitsgem. N.F. 14: 238–254; Todenmann.

PHILIPPI, G. (1971): Sandfluren, Steppenrasen und Saumgesellschaften der Schwetzinger Hardt (nordbadische Rheinebene) unter besonderer Berücksichtigung der Naturschutzgebiete bei Sandhausen. – Veröff. Landesst. Naturschutz Landschaftspflege Bad.-Württ. 39: 67–130; Ludwigsburg.

PHILIPPI, G. (1971): Beiträge zur Flora der nordbadischen Rheinebene und der angrenzenden Gebiete. – Beitr. Naturk. Forsch. Südwestdeutschl. 30: 9–47; Karlsruhe.

PHILIPPI, G. (1971): Zur Kenntnis einiger Ruderalgesellschaften der nordbadischen Flugsandgebiete um Mannheim und Schwetzingen. – Beitr. Naturk. Forsch. Südwestdeutschl. 30: 113–131; Karlsruhe.

PHILIPPI, G. (1972): Erläuterungen zur vegetationskundlichen Karte 1 : 25000 Blatt 6617 Schwetzingen. 60 S.; Stuttgart.

PHILIPPI, G. (1973): Zur Kenntnis einiger Röhrichtgesellschaften des Oberrheingebietes. – Beitr. Naturk. Forsch. Südwestdeutschl. 32: 53–95; Karlsruhe.

PHILIPPI, G. (1973): Sandfluren und Brachen kalkarmer Flugsande des mittleren Oberrheingebietes. – Veröff. Landesst. Naturschutz Landschaftspflege Bad.-Württ. 41: 24–62; Ludwigsburg.

PHILIPPI, G. (1977): Vegetationskundliche Beobachtungen an Weihern des Stromberggebiets um Maulbronn. – Veröff. Naturschutz Landschaftspflege Bad.-Württ. 44/45: 9–50; Karlsruhe.

PHILIPPI, G. (1978): Veränderungen der Wasser- und Uferflora im badischen Oberrheingebiet. – Beih. Veröff. Naturschutz Landschaftspflege Bad.-Württ. 11: 99–134; Karlsruhe.

PHILIPPI, G. (1978): Die Vegetation des Altrheingebietes bei Rußheim. In: Der Rußheimer Altrhein, eine nordbadische Auenlandschaft. Natur- u. Landschaftsschutzgeb. Bad.-Württ. 10: 103–267; Karlsruhe.

PHILIPPI, G. (1980): Die Vegetation des Altrheins Kleiner Bodensee bei Karlsruhe. – Beitr. Naturk. Forsch. Südwestdeutschl. 39: 71–114; Karlsruhe.

PHILIPPI, G. (1981): Wasser- und Sumpfpflanzengesellschaften des Tauber-Main-Gebietes. – Veröff. Naturschutz Landschaftspflege Bad.-Württ. 53/54: 541–591; Karlsruhe.

PHILIPPI, G. (1982): Erlenreiche Waldgesellschaften im Kraichgau und ihre Kontaktgesellschaften. – Carolinea 40: 15–48; Karlsruhe.

PHILIPPI, G. (1983): Erläuterungen zur vegetationskundlichen Karte 1 : 25000 Blatt 6323 Tauberbischofsheim-West. 200 S.; Stuttgart.

PHILIPPI, G. (1983): Ruderalgesellschaften des Tauber-Main-Gebietes. – Veröff. Naturschutz Landschaftspflege Bad.-Württ. 55/56: 415–478; Karlsruhe.

PHILIPPI, G. (1984): Bidentetea-Gesellschaften aus dem südlichen und mittleren Oberrheingebiet. – Tuexenia 4: 49–79; Göttingen.

PHILIPPI, G. (1984): Trockenrasen, Sandfluren und thermophile Saumgesellschaften des Tauber-Main-Gebietes. – Veröff. Naturschutz Landschaftspflege Bad.-Württ. 57/58: 533–618; Karlsruhe.

PHILIPPI, G. (1989): Die Pflanzengesellschaften des Belchen-Gebietes im Schwarzwald. In: Der Belchen. – Natur- u. Landschaftsschutzgebiete Bad.-Württ. 13.

PHILIPPI, G. u. E. OBERDORFER (1977): Klasse: Montio-Cardaminetea. – In: Süddeutsche Pflanzengesellschaften Teil I, 2. Aufl.; Stuttgart, New York: 199–213.

PHILIPPI, G. u. V. WIRTH (1970): Botanische Neufunde aus Südbaden. – Mitt. Bad. Landesver. Naturk. Naturschutz N.F. 10: 331–348; Freiburg i. Br.

PIGNATTI, S. (1982): Flora d'Italia. – Teil I, 790 S., Teil II. 732 S., Teil III. 780 S.; Bologna.

PIRÉ, L. (1863): Notice sur l'*Alsine pallida* Dmtr. – Bull. soc. bot. Belg. 2: 43–49; Brüssel.

PIENING, U. (1982): Botanische Untersuchungen an verkohlten Pflanzenresten aus Nordwürttemberg. – Fundber. aus Bad.-Württ. 7: 239–271; Stuttgart.

PIENING, U. (1983): Verkohlte Pflanzenreste der Frühlatènezeit von Lauffen am Neckar, Kreis Heilbronn. – Fundber. aus Bad.-Württ. 8: 47–54; Stuttgart.

POLLICH, J.A. (1776–77): Historia plantarum in Palatinatu electorali sponte nascentium incepta, secundum systema sexuale digesta. 3 Bände; 454 + 664 + 320 S. Mannheim (C.F. Schwan).

RÄUBER, A. (1891): Der Ausflug des botanischen Vereins auf den Feldberg. – Mitt. Bad. Bot. Ver. 83: 265–268; Freiburg i. Br.

RASBACH, H., K. RASBACH u. R. VIANE (1989): A new look at the fern described as *Asplenoceterach badense* (Aspleniaceae, Pteridophyta). – Willdenowia 18 (2): 483–496; Berlin.

RASBACH, H., K. RASBACH, T. REICHSTEIN u. J. SCHNELLER (1983): Tetraploide *Dryopteris* × *tavelii* ROTHM. im nördlichen Schwarzwald. – Farnblätter 10: 1–13; Zürich.

RASBACH, H. u. J.J. SCHNELLER (1983): Zur Verbreitung von *Synchytrium athyrii* LAGERH. ap. MINDEN. – Neufunde für Deutschland und Italien. – Ber. Bayer. Bot. Ges. 54: 137-139; München.

RAUNEKER, H. (1984): Ulmer Flora. – Mitt. Ver. Naturwiss. Math. Ulm 33: I–VII, 1–280; Ulm.

RAUSCHERT, S. (1967): Taxonomie und Chorologie der *Diphasium*-Arten Deutschlands *(Lycopodiaceae)*. – Hercynia N.F. 4: 439–487; Halle u. Berlin.

REBHOLZ, E. (1931): Von Fridingen nach Beuron. – Beitr. z. Naturdenkmalpflege (Neudamm) 14: 22–229.

REBHOLZ, E. (1931): Drei neue Bürger in der Pflanzengemeinde des Hegau. – Aus d. Heimat 44: 367–369; Stuttgart.

RECHINGER, K.-H. (1957): *Betulaceae* und *Fagaceae*. In HEGI, G.: Illustrierte Flora von Mitteleuropa, 2. Aufl., Band III, Teil 1: 136–244; München.

RECHINGER, K.-H: (1957): *Aristolochiaceae*. – In HEGI, G.: Illustrierte Flora von Mitteleuropa, 2. Aufl., Band III, Teil 1: 341–351; München.

RECHINGER, K. H. (1957): Vorwort zur zweiten Auflage. In: HEGI. G.: Illustrierte Flora von Mitteleuropa. 2. Aufl., Band III. Teil 1: VII–VIII.

RECHINGER, K. H. (1958): *Polygonaceae.* In: HEGI, G.: Illustrierte Flora von Mitteleuropa, III/1, 3. Aufl., 352–436; München.

RECHINGER, K. H. (1964): *Rumex.* In: TUTIN, T. G., V. H. HEYWOOD et al. (ed.): Flora Europaea, Vol. 1, S. 82–89; Cambridge.

REHMANN, E. u. F. BRUNNER (1851): Gaea und Flora der Quellenbezirke der Donau und Wutach. – Beitr. Rhein. Naturgesch. Freiburg 2: 1–107, Freiburg i. Br.

REICHEL, D. (1984): Die Vegetation stehender Gewässer in Oberfranken. – Ber. Bayer. Bot. Ges. 55: 5–23; München.

REINÖHL, F. (1903): Die Variation im Andröceum der *Stellaria media* Cyr. – Diss. Tübingen.

REISER, F. (1870/71): Die Flora des Hohenzollers. – Höh. Bürgerschule zu Hechingen. Jber. Schulj. 1870/71: 1–14.

REUSS, P. A. (1888): Beiträge zur württembergischen Flora. – Jahresh. Ver. Vaterl. Naturkunde Württ. 44: 205–208; Stuttgart.

RIEBER, X. (1897): Beiträge zur württembergischen Flora. – Jahresh. Ver. Vaterl. Naturk. Württ. 53: 139–141; Stuttgart.

ROCHOW, R. von (1948): Die Vegetation des Kaiserstuhls. 3 Bände. Diss. Freiburg i. Br.

ROCHOW, R. von (1951): Die Pflanzengesellschaften des Kaiserstuhls. 140 S.; Jena (G. Fischer).

ROCHOW, R. von (1952): Ergänzungen zur Flora des Kaiserstuhls. – Mitt. Flor.-soz. Arbeitsgem. N. F. 3: 89–92; Stolzenau/Weser.

RODI, D. (1959/60): Die Vegetations- und Standortsgliederung im Einzugsgebiet der Lein (Kreis Schwäbisch Gmünd). – Veröff. Landesst. Naturschutz Landschaftspflege Bad.-Württ. 27/28: 76–167; Stuttgart/Tübingen.

RODI, D. (1965): Farne in den Schluchten des Welzheimer Waldes. – Remstal 15:45.

RODI, D. (1984): Modelle zur Einrichtung und Erhaltung von Feldflora-Reservaten in Württemberg. – Verh. Ges. Ökologie 14: 167–172; Stuttgart.

RODI, D., R. WINKLER, P. ALEKSEJEW u. M. WALDERICH (1983): Vegetation und Standorte des Rosensteins. – Unicornis 3: 17–35; Schwäbisch Gmünd.

RÖSCH, M. (1984): Botanische Großrestanalysen in der Siedlung „Forschner": Erste Ergebnisse im Spiegel der bisherigen Forschung. – Ber. z. Ufer- u. Moorsiedl. Südwestdeutschl. 1. Materialh. z. Vor- u. Frühgeschichte in Bad.-Württ. 4: 64–79; Stuttgart.

RÖSCH, M. (1985): Ein Pollenprofil aus dem Feuenried bei Überlingen am Ried: Stratigraphische und landschaftsgeschichtliche Bedeutung für das Holozän im Bodenseegebiet. – Ber. z. Ufer- u. Moorsiedl. Südwestdeutschl. 2: 43–79. Materialh. z. Vor- u. Frühgesch. in Bad.-Württ. 7; Stuttgart.

RÖSCH, M. (1985): Die Pflanzenreste der neolithischen Ufersiedlung von Hornstaad-Hörnle I am westlichen Bodensee – 1. Bericht. – Ber. z. Ufer- u. Moorsiedl. Südwestdeutschl. 2. Materialh. z. Vor- u. Frühschichte in Bad.-Württ. 7: 164–199; Stuttgart.

RÖSCH, M. (1986): Zwei Moore des westlichen Bodenseegebiets als Zeugen prähistorischer Landschaftsveränderung. – Telma 16: Hannover.

RÖSCH, M. (1989): Botanische Untersuchungen in spätneolithischen Ufersiedlungen von Wallhausen und Dingelsdorf am Überlinger See. – Siedlungsarchäologie im Alpenvorland 2. Forsch. u. Ber. z. Vor- u. Frühgeschichte in Bad.-Württ. (im Druck).

ROESLER, C. A. (1839): Flora von Tuttlingen und seiner Umgebung bis Hohentwiel, Ludwigshafen und Werrenwag, beobachtet in den Sommern 1833 bis 1838. In: KÖHLER: Tuttlingen. Beschreibung und Geschichte dieser Stadt. . . Tuttlingen, S. 107–130.

ROESLER, G. F. R. (1788, 1790, 1791): Beyträge zur Naturgeschichte des Herzogthums Wirtemberg. Nach der Ordnung und den Gegenden der dasselbe durchströmenden Flüsse. 3 Hefte, Tübingen.

RÖSSLER, W. (1955): Die *Scleranthus*-Arten Österreichs und seiner Nachbarländer. – Österr. Bot. Z. 102: 30–72; Wien.

ROHWEDER, H. (1934): Beiträge zur Systematik und Phylogenie des Genus *Dianthus* unter Berücksichtung der karyologischen Verhältnisse. – Botan. Jahrb. Syst. 66: 249–368; Leipzig.

ROSER, W. (1966): Vegetations- und Standortsuntersuchungen im Weinbaugebiet der Muschelkalktäler Nordwürttembergs. – Veröff. Landesst. Naturschutz Landschaftspflege Bad.-Württ. 30: 31–147; Ludwigsburg.

ROSSKOPF, G. (1964): *Stellaria crassifolia* Ehrh. – neu für Bayern. – Ber. Bayer. Bot. Ges. 37: 112; München.

ROSSKOPF, G. (1971): Pflanzengesellschaften der Talmoore an den Schwarzen und Weißen Laber im Oberpfälzer Jura. – Denkschr. Regensburger Botan. Ges. 28: 1–115; Regensburg.

ROTH VON SCHRECKENSTEIN, F. (1797): Versuch einer Flora der Gegend um Immendingen an der Donau. Handschrift, Fürstl. Fürstenbergische Bibliothek Donaueschingen.

ROTH VON SCHRECKENSTEIN, F. (1798): Beiträge zu einer schwäbischen Flora. – Botan. Taschenbuch Anf. Wiss. Apothekerkunst auf das Jahr 1798, 80–123; Regensburg.

ROTH VON SCHRECKENSTEIN, F. (1799): Verzeichnis sichtbar Blühender Gewächse, welche um den Ursprung der Donau und des Nekars, dann um den unteren Theil des Bodensees vorkommen. 50 S.; Winterthur.

ROTH VON SCHRECKENSTEIN, F. (1800): Verzeichnis der Schmetterlinge, welche um den Ursprung der Donau und des Nekars. . . vorkommen. Samt Nachträgen und Berichtigungen zu dem Verzeichniss sichtbar blühender Gewächse allda. Tübingen.

ROTH VON SCHRECKENSTEIN, F., J. M. VON ENGELBERG u. J. N. RENN (1804–14): Flora der Gegend um den Ursprung der Donau und des Neckars, dann vom Einfluß der Schussen in den Bodensee bis zum Einfluß der Kinzig in den Rhein. 4 Bände, 389 + 645 + 536 + 567 S.; Donaueschingen.

ROTHMALER, W. (1976): Exkursionsflora für die Gebiete der DDR und der BRD. Kritischer Band. 812 S.; Berlin.

ROWECK, H. (1986): Zur Vegetation einiger Stillgewässer

im Südschwarzwald. – Arch. Hydrobiol. Suppl. 66 (4): 455–494; Stuttgart.

ROWECK, H. u. H. REINÖHL (1986): Zur Verbreitung und systematischen Abgrenzung der Teichrosen *Nuphar pumila* und *N. × intermedia* in Baden-Württemberg. – Veröff. Naturschutz Landschaftspflege Bad.-Württ. 61: 81–153; Karlsruhe.

SACCARDO, P.A. (1909): Cronologia della Flora Italiana ossia repertorio sistematico delle piu antiche date ed autori del rinvenimento delle piante (Fanerogame e Pteridofite) indigene… Padova (Tip. del. Seminario). Reprint Bologna, 390 S.; 1971.

SCHABEL, A. (1836): Flora von Ellwangen. – 100 S.; Stuttgart.

SCHÄFER, H. u. O. WITTMANN (1966): s. LITZELMANN E. u. M. (1966).

SCHAIRER, O. (ca. 1895): Flora von Esslingen und Umgebung. Manuskript (Kopie in STU).

SCHATZ, J. (1905): *Rumex*. In: KLEIN, L. u. M. SEUBERT: Exkursionsflora für Baden. – 5. Aufl., 454 S.; Stuttgart.

SCHEDLER, J. 1981: Vegetationsgeschichtliche Untersuchungen an altpleistozänen Ablagerungen in Südwestdeutschland. – Diss. bot. 58: 157 S. + Beil.; Lehre/Vaduz.

SCHEERER, H. (1956): „Entlesboden" und „Viehweide". Zwei wenig bekannte Naturschutzgebiete in den Waldenburger Bergen. – Veröff. Landesst. Naturschutz Landschaftspflege Bad.-Württ. 24: 288–308; Ludwigsburg.

SCHIEFER, J. (1981): Bracheversuche in Baden-Württemberg. – Beih. Veröff. Naturschutz u. Landschaftspflege Bad.-Württ. 22: 1–325; Karlsruhe.

SCHIEFER, J. (1983): Ergebnisse der Landschaftspflegeversuche in Baden-Württemberg: Wirkungen des Mulchens auf Pflanzenbestand und Streuzersetzung. – Natur und Landschaft 58: 295–300; Lüneburg.

SCHILDKNECHT, J. (1855): Skizze aus der Flora von Ettenheim. – Beilage zu dem Programm der höheren Bürgerschule in Ettenheim. 32 S.; Freiburg i. Br.

SCHILDKNECHT, J. (1862): Nachtrag zu Spenners Flora Friburgensis. – Beilage zum Programm der höheren Bürgerschule Freiburg. 62 S.; Freiburg i. Br.

SCHILDKNECHT, J. (1863): Führer durch die Flora von Freiburg. – 206 S.; Freiburg i. Br (FR. WAGNER).

SCHILL, J. (1878): Neue Entdeckungen im Gebiet der Freiburger Flora. – Ber. Verh. Naturf. Ges. Freiburg 7: 392–410; Freiburg i. Br.

SCHINNERL, M. (1912): Ein neues deutsches Herbarium aus dem XVI. Jahrhundert. – Ber. Bayer. Bot. Ges. 13: 207–254; München.

SCHLATTERER, A. (1920): Neue Standorte. – Mitt. Bad. Llandesver. Naturk. Naturschutz. N.F. 1 (4): 109–112; Freiburg i. Br.

SCHLENKER, G. u. S. MÜLLER (1973): Erläuterungen zur Karte der regionalen Gliederung von Baden-Württemberg. I. Teil (Wuchsgebiete Neckarland und Schwäbische Alb). – Mitt. Ver. forstl. Standortskunde u. Forstpflanzenzüchtung 23: 3–66; Stuttgart.

SCHLENKER, G. u. S. MÜLLER (1975): Erläuterungen zur Karte der regionalen Gliederung von Baden-Württem-

berg II. Teil (Wuchsgebiet Südwestdeutsches Alpenvorland). – Mitt. Ver. forstl. Standortskunde u. Forstpflanzenzüchtung 24: 3–38; Stuttgart.

SCHLENKER, G. u. S. MÜLLER (1978): Erläuterungen zur Karte der regionalen Gliederung von Baden-Württemberg III. Teil (Wuchsgebiet Schwarzwald). – Mitt. Ver. forstl. Standortskunde u. Forstpflanzenzüchtung 26: 3–52; Stuttgart.

SCHLENKER, G. u. S. MÜLLER et al. (1986): Erläuterungen zur Karte der regionalen Gliederung von Baden-Württemberg IV. Teil (Wuchsgebiet Baar-Wutach). – Mitt. Ver. forstl. Standortskunde u. Forstpflanzenzüchtung 32: 3–42; Stuttgart.

SCHLENKER, K. (1910): Über die Flora des Oberamtes Mergentheim. – Jahresh. Ver. Vaterl. Naturk. Württ. 66: LVI–LXXI; Stuttgart.

SCHLICHTERLE, H. (1981): Cruciferen als Nutzpflanzen in neolithischen Ufersiedlungen Südwestdeutschlands und der Schweiz. – Zeitschr. f. Archäol 15: 113–124; Berlin.

SCHMEIL, O. u. J. FITSCHEN (1988): Flora von Deutschland. 88. Aufl., 608 S.; Heidelberg.

SCHMIDT, J.A. (1857): Flora von Heidelberg. Zum Gebrauch auf Excursionen und zum Bestimmen der in der Umgebung von Heidelberg wildwachsenden und häufig cultivierten Phanerogamen. 394 S.; Heidelberg (J.C.B. Mohr).

SCHMID, K. (1983): Untersuchungen an *Polygonum aviculare* s.l. in Bayern. – Mitt. Bot. Staatssamml. München 19: 29–149; München.

SCHMIDT-VOGT, H. (1977): Die Fichte, Band 1. 688 S.; Hamburg u. Berlin.

SCHNEDLER, W. (1980): Bericht über die Arbeiten zu einer floristischen Feinraster-Kartierung in Hessen im Jahr 1979. – Hess. florist. Briefe 29 (1): 14–16; Offenbach-Bürgel.

SCHNEDLER, W. u. D. BÖNSEL (1987): Über einige halophile Pflanzenarten an hessischen Straßen und Autobahnen, insbesondere über die Salz-Schuppenmiere (*Spergularia salina* J. et K. Presl). – Hess. Flor. Briefe 36 (3): 34–45; Offenbach-Bürgel.

SCHNEIDER, F. (1880): Taschenbuch der Flora von Basel und der angrenzenden Gebiete des Jura, des Schwarzwaldes und der Vogesen. 344 S.; Basel.

SCHNELLER, J.J. u. H. RASBACH (1984): Hybrids and Polyploidy in the Genus *Athyrium* (Pteridophyta) in Europe. – Botanica helv. 94 (1): 81–99; Basel.

SCHNIZLEIN, A. u. A. FRICKHINGER (1848): Die Vegetations-Verhältnisse der Jura- und Keuperformation in den Flußgebieten der Wörnitz und Altmühl. – 344 S.; Nördlingen (C.H. Beck).

SCHÖNFELDER, P. (1970): Südwestliche Einstrahlung in der Flora und Vegetation Nordbayerns. – Ber. Bayer. Bot. Ges. 42: 17–100, München.

SCHÖPFF, J. (1622): Ulmischer Paradiß Garten: Das ist eine Verzeichnuß unnd Register der Simplicien an der Zahl uber die 600. welche inn Gärten und nechstem Bezirck umb deß H. Reichs Statt Ulm zufinden… 62 S.; Ulm (J. Meder).

SCHOLZ, H. (1958): Die Systematik des europäischen *Polygonum aviculare* L. I). Die Zweiteilung des *P. aviculare* nach Lindman und des Formenkreises *P. aequale* LIND-MAN. – Ber. Deutsch. Bot. Ges. 71: 427–434; Stuttgart.

SCHOLZ, H. (1959): Die Systematik des europäischen *Polygonum aviculare* L. II). Die Arten und Sippen aus der Verwandtschaft des *Polygonum heterophyllum* LIND-MAN. – Ber. Deutsch. Bot. Ges. 72: 63–72; Stuttgart.

SCHOLZ, H. (1960): Bestimmungsschlüssel für die Sammelart *Polygonum aviculare* L. – Verh. Bot. Ver. Prov. Brandenburg 98–100: 180–182; Berlin.

SCHOLZ, H. (1969): *Polygonum minus* f. *latifolium* A.Br. – eine oft mit *Polygonum mite* verwechselte Sippe. – Gött. Flor. Rundbr. 3 (4): 67–68; Göttingen.

SCHOLZ, H. (1977): Bemerkungen zur Merkmalsgeschichte des *Polygonum aviculare*, insbesondere des *P. arenastrum*. – Verh. Bot. Ver. Prov. Brandenburg 113: 13–22; Berlin.

SCHOLZ, H. (1982): *Polygonum aviculare* L. In: ROTHMALER, W.: Exkursionsflora für die Gebiete der DDR und BRD. Bd. 4. Kritischer Band. 5. Aufl., S. 186; Berlin.

SCHORLER, B. (1908): Über Herbarien aus dem 16. Jahrhundert. – Sitzber. Abh. Naturw. Ges. Isis Dresden 1907: 73–91; Dresden.

SCHREIBER, K.F. u. J. SCHIEFER (1985): Vegetations- und Stoffdynamik in Grünlandbrachen – 10 Jahre Bracheversuche in Baden-Württemberg. – Münstersche Geographische Arbeiten 20: 111–153; Paderborn.

SCHROEDER, F.G. (1974): Zu den Statusangaben bei der floristischen Kartierung Mitteleuropas. – Gött. Flor. Rundbr. 8 (3): 71–79; Göttingen.

SCHUBERT, E. (1982): Weitere Vorkommen des Riesen-Schachtelhalms (*Equisetum telmateia* EHRH.) im Odenwald. – Hess. flor. Briefe 31: 8–14: Darmstadt.

SCHÜBLER, G. u. G. VON MARTENS (1834): Flora von Würtemberg. 695 S.; Tübingen (Osiander).

SCHÜCHEN, G. (1972): Zur Ökologie der Quellen und Quellfluren im Einzugsgebiet der Schiltach (Mittelschwarzwald). – Schr. Ver. Gesch. Naturgesch. Baar 29: 104–144; Karlsruhe.

SCHÜZ, G.E.C.C. (1858): Flora des nördlichen Schwarzwaldes. 64 S.; Calw.

SCHULTHEISS, F.X. (1975–76): Flora von Ellwangen. – Ellwanger Jahrb. 26: 143–212; Ellwangen.

SCHULTZ, F. (1846): Flora der Pfalz enthaltend ein Verzeichniss aller bis jetzt in der bayerischen Pfalz und den angränzenden Gegenden Badens, Hessens, Oldenburgs, Rheinpreussens und Frankreichs beobachteten Gefässpflanzen. 576 S.; Speyer (G.L. Lang).

SCHULZE, G. (1965): Die Verbreitung des Königsfarnes (*Osmunda regalis* L.) in der Pfalz. – Mitt. Pollichia III, 12: 292–303; Bad Dürkheim.

SCHULZE, G. (1967): *Asplenium billotii* F. SCHULTZ in Deutschland. – Mitt. Pollichia III, 14: 139–141; Bad Dürkheim.

SCHULZE, G. (1970): *Asplenium billotii* F.W. SCHULTZ in Deutschland. – Mitt. Pollichia III, 17: 190–191; Bad Dürkheim.

SCHULZE, G. (1973): Der Lanzen-Schildfarn (*Polystichum lonchitis* (L.) ROTH) in der Pfalz. – Mitt. Pollichia III, 20: 142–144; Bad Dürkheim.

SCHULZE, G. u. KORNECK, D. (1971): Zur Ökologie und

Soziologie des *Asplenium billotii* F.W. SCHULTZ in Mitteleuropa. – Mitt. Pollichia III, 18: 184–195; Bad Dürkheim.

SCHURHAMMER, H. (1934): Das Naturschutzgebiet Ursee im Schwarzwald. – Naturschutz 16: 128–132; Berlin.

SCHWABE-BRAUN, A. (1980): Eine pflanzensoziologische Modelluntersuchung als Grundlage für Naturschutz und Planung. Weidfeld-Vegetation im Schwarzwald: Geschichte der Nutzung – Gesellschaften und ihre Komplexe – Bewertung für den Naturschutz. – Urbs et Regio 18: 1–212; Kassel.

SCHWABE-BRAUN, A. (1983): Die Heustadel-Wiesen im nordbadischen Murgtal. Geschichte – Vegetation – Naturschutz. – Veröff. Naturschutz Landschaftspflege Bad.-Württ. 55/56 (1982): 168–237; Karlsruhe.

SCHWABE, A. (1985): Zur Soziologie *Alnus incana*-reicher Gesellschaften im Schwarzwald unter besonderer Berücksichtigung der Phänologie. – Tuexenia 5: 413–446; Göttingen.

SCHWABE, A. (1987): Fluß- und bachbegleitende Pflanzengesellschaften und Vegetationskomplexe im Schwarzwald. – Diss. bot. 102; Berlin u. Stuttgart.

SCHWABE, A. u. A. KRATOCHWIL (1986): Schwarzwurzel-(*Scorzonera humilis*-) und Bachkratzdistel-(*Cirsium rivulare*-)reiche Vegetationstypen im Schwarzwald: Ein Beitrag zur Erhaltung selten werdender Feuchtwiesentypen. – Veröff. Naturschutz Landschaftspflege Bad.-Württ. 61: 277–333; Karlsruhe.

SCHWARZ, O. u. W. ROTHMALER (1937): Beitrag zur Flora des westlichen Allgäu. – Feddes Repert. 42: 292–303; Berlin.

SCOTT, A.J. (1978): A revision of the Camphorosmoideae (*Chenopodiaceae*). – Feddes Repert. 89: 101–119; Berlin.

SEBALD, O. (1961): Die Waldbodenvegetation der Buntsandstein-Standorte des Baar-Schwarzwaldes und ihr ökologischer Zeigerwert. – Mitteilungen Ver. Forstl. Standortskunde Forstpflanzenzüchtung 11: 79–91; Stuttgart.

SEBALD, O. (1966): Erläuterungen zur vegetationskundlichen Karte 1:25000 Blatt 7617 Sulz. 107 S.; Stuttgart.

SEBALD, O. (1974): Erläuterungen zur vegetationskundlichen Karte 1:25000 Blatt 6923 Sulzbach/Murr. 100 S. + Tab.; Stuttgart.

SEBALD, O. (1975): Zur Kenntnis der Quellfluren und Waldsümpfe des Schwäbisch-Fränkischen Waldes. – Beitr. Naturk. Forsch. Südwestdeutschl. 34: 295–327; Karlsruhe.

SEBALD, O. (1980): Über einige interessante Ausbildungen der Vegetation auf moosreichen Felsschutthalden im oberen Donautal (Schwäbische Alb). – Veröff. Naturschutz Landschaftspflege Bad.-Württ. 51/52: 451–477; Karlsruhe.

SEBALD, O. (1983): Erläuterungen zur vegetationskundlichen Karte 1:25000 Blatt 7919 Mühlheim a.d. Donau. 87 S. + Tab.; Stuttgart.

SEBALD, O. u. S. SEYBOLD (1969): Beiträge zur Floristik von Südwestdeutschland I. – Jahresh. Ges. Naturk. Württ. 124: 222–236; Stuttgart.

SEBALD, O. u. S. SEYBOLD (1973): Beiträge zur Floristik

von Südwestdeutschland III. – Jahresh. Ges. Naturk. Württ. 128: 142–147; Stuttgart.

SEBALD, O. u. S. SEYBOLD (1978): Beiträge zur Floristik von Südwestdeutschland V. – Jahresh. Ges. Naturk. Württ. 133: 125–132; Stuttgart.

SEBALD, O. u. S. SEYBOLD (1980): Beiträge zur Floristik von Südwestdeutschland VI. – Jahresh. Ges. Naturk. Württ. 135: 244–251; Stuttgart.

SEBALD, O. u. S. SEYBOLD (1982): Beiträge zur Floristik von Südwestdeutschland VII. – Jahresh. Ges. Naturk. Württ. 137: 99–116; Stuttgart.

SEITZ, W. (1969): Die Taxonomie der *Aconitum napellus*-Gruppe in Europa. – Feddes Repert. 80: 1–75; Berlin.

SEUBERT, M. (1863): Excursionsflora für das Großherzogthum Baden. 1. Aufl., 244 S.; Ravensburg (E. Ulmer).

SEUBERT, M. (1880): Excursionsflora für das Großherzogthum Baden. 3. Aufl. (ed. K. Prantl), 376 S.; Stuttgart.

SEUBERT, M. (1891): Exkursionsflora für Baden. Bearb. L. KLEIN; 5. Aufl., 434 S.; Stuttgart.

SEUBERT, M. u. L. KLEIN (1905): Exkursionsflora für das Großherzogtum Baden. 6. Aufl., 454 S.; Stuttgart (E. Ulmer).

SEYBOLD, S. (1977): Die aktuelle Verbreitung der höheren Pflanzen im Raum Württemberg. – Beih. Veröff. Naturschutz Landschaftspflege Bad.-Württ. 9: 1–201; Karlsruhe.

SEYBOLD, S. (1981): Die Verbreitung des Mittleren Lerchensporns *(Corydalis intermedia)* in Baden-Württemberg. – Jahresh. Ges. Naturkunde Württemberg 136: 183–189; Stuttgart.

SEYBOLD, S. (1983): Die Hirschzunge (*Phyllitis scolopendrium* (L.) Newm.) – Verbreitung und Ökologie im Raum Württemberg. – Veröff. Naturschutz Landschaftspflege Bad.-Württ., 55/56: 37–51; Karlsruhe.

SEYBOLD, S. u. T. MÜLLER (1972): Beitrag zur Kenntnis der Schwarznessel (*Ballota nigra* agg.). – Veröff. Naturschutz Landschaftspflege Bad.-Württ. 40: 51–126; Ludwigsburg.

SEYBOLD, S. u. W. KREH, K. SIEB, R. SEYBOLD (1968, 1969): Flora von Stuttgart. – Jahresh. Ver. Vaterl. Naturk. Württ. 123: 140–297. Auch als Buch; 160S.; Stuttgart (E. Ulmer) 1969.

SEYBOLD, S., O. SEBALD u. C.P. HERRN (1971): Beiträge zur Floristik von Südwestdeutschland II. – Jahresh. Ges. Naturk. Württ. 126: 256–269; Stuttgart.

SEYBOLD, S. O. SEBALD u. W. WINTERHOFF (1975): Beiträge zur Floristik von Südwestdeutschland IV. – Jh. Ges. Naturk. Württ. 130: 249–259; Stuttgart.

SILVA, P. DA (1972): *Armeria*. In: TUTIN, T.G., V.H. HEYWOOD et al. (ed.): Flora Europaea, Vol. 3. 30–38; Cambridge.

SKALICKY, V. (1972): Speise-Kermesbeere (*Phytolacca esculenta* VAN HOUTTE), eine neue verwilderte Art der Flora der CSSR und DDR und Verbreitung der Arten *Phytolacca esculenta* VAN HOUTTE und *P. americana* L. in der CSSR. – Preslia 44: 364–369; Prag.

SLAVIK, B. u. M. LHOTSKA (1967): Chorologie und Verbreitungsbiologie von *Echinocystis lobata* (MICHX.) TORR. et GRAY mit besonderer Berücksichtigung ihres Vorkommens in der Tschechoslowakei. – Folia Geobot. Phytotax. 2: 255–282; Prag.

SLEUMER, H. (1933): Die Pflanzenwelt des Kaiserstuhls. – In: Der Kaiserstuhl, S. 158–267. Freiburg, Auch in: Rep. spec. (Fedde) Beih. 77: 6–112, 1934.

SMETTAN, H. (1986): Pollenanalytische Untersuchungen zur Vegetations- und Siedlungsgeschichte der Umgebung von Sersheim, Kreis Ludwigsburg. – Fundber. aus Bad.-Württ. 10: 367–421 + 4 Beil.; Stuttgart.

SPENNER, F.C.L. (1825–9): Flora Friburgensis et regionum proxime adjacentium. 3 Bände; 1088 S.; Freiburg.

SPENNER, F.C.L. (1827): Über *Nuphar minima* SMITH. – Flora 10: 113–119; Regensburg.

STARK, P. (1912): Beitrag zur Kenntnis der eiszeitlichen Fauna und Flora. Diss. Freiburg.

STARK, P. (1925): Die Moore des badischen Bodenseegebiets. I. Die nähere Umgebung von Konstanz. – Ber. naturforsch. Ges. Freiburg 24: 1–123; Freiburg i. Br.

STARK, P. (1927): Die Moore des badischen Bodenseegebietes. II. Das Areal um Hegne, Dettingen, Kaltbrunn, Mindelsee, Radolfzell und Espasingen. – Ber. Naturf. Ges. Freiburg 28/1: 1–238; Freiburg i. Br.

STEBBINS, G.L. (1974): Flowering plants – evolution above the species level. 399 S.; Cambridge/U.S.A.

STEHLE, J. (1895): Standorte seltener Pflanzen aus der Umgebung von Freiburg. – Mitt. Bad. Bot. Ver. 3 (136): 323–330; Freiburg i. Br.

STEIN, W. (1884): Zur Flora der Taubergegend. – Mitt. Bot. Vereins Kreis Freiburg 1 (14): 124–130; Freiburg.

STRAUB, S. (1903): Exkursions-Flora des Bezirks Gmünd. 2. Aufl., 216 S.; Stuttgart.

SUCCOW, F.G.L. (1821–22): Flora Mannhemiensis et vicinarum regionum Cis- et Transrhenanarum. 2 Teile, 244 + 168 S.; Mannheim.

SUKOPP, H. (1960): Übersicht über die in der Zeit von 1945 bis 1959 erschienenen Gefäßpflanzenfloren Deutschlands, mit allgemeinen Bemerkungen zur Abfassung von Floren. – Willdenowia 2: 563–568; Berlin-Dahlem.

SUKOPP, H. (1971): Beiträge zur Ökologie von *Chenopodium botrys* L. I: Verbreitung und Vergesellschaftung. – Verh. Bot. Ver. Prov. Brandenburg 108: 3–25; Berlin.

SUKOPP, H. u. H. SCHOLZ (1965): Neue Untersuchungen über *Rumex triangulivalvis* (Danser) Rech. f. in Deutschland. – Ber. Deutsch. Bot. Ges. 78: 455–465; Berlin-Zehlendorf.

TABERNAEMONTANUS, J. (1588–91) siehe THEODOR, J.

THELLUNG, A. (1903): Beiträge zur Freiburger Flora. – Mitt. Bad. Bot. Ver. 5 (184): 295–296; Freiburg i. Br.

THELLUNG, A. (1904): In: Neue Standorte. – Mitt. Bad. Bot. Ver. 200: 418–420; Freiburg i. Br.

THELLUNG, A. (1911): Nachträge zu: KIRCHNER und EICHLER, Exkursionsflora für Württemberg und Hohenzollern (1900). – Allg. Bot. Z. Syst. 17: 34–35; Karlsruhe.

THEODOR, J. (1588–91): Neuw Kreuterbuch mit schönen künstlichen und leblichen Figuren und Konterfeyten aller Gewächss der Kreuter… 2 Teile; Frankfurt/Main (N. Bassaeus).

THOMAS, P., M. DIENST, M. PEINTINGER u. R. BUCH-WALD (1987): Die Strandrasen des Bodensees. – Veröff. Naturschutz Landschaftspflege Bad.-Württ., 62: 325–346; Karlsruhe.

THOMMA, R. (1972): Pflanzenstandorte vom Hochrheingebiet, Südschwarzwald und Klettgau. – Mitt. Bad. Landesver. Naturk. Naturschutz N.F. 10: 549–557; Freiburg i. Br.

TRALAU, H. (1958): Studie über den arktisch-alpinen *Ranunculus platanifolius* L. und den alpinen *Ranunculus aconitifolius* L. – Beitr. Biol. Pflanz. 34: 479–507; Wroclaw.

TÜXEN, R. (1931): Pflanzensoziologische Beobachtungen im Feldbergmassiv. – Beiträge zur Naturdenkmalpflege 14: 252–274; Berlin.

TUTIN, T.G. et al. (ed.) (1964–1980): Flora Europaea. Vols. 1–5; Cambridge.

TUTIN, T.G. (1964): *Ranunculaceae.* – In HEYWOOD, V.H.: Flora Europaea Notulae Systematicae ad Floram Europaeam specantes No. 3. – Feddes Repert. 69: 53–55; Berlin.

TUTIN, T.G. (1964): *Reynoutria.* In: TUTIN, T.G., V.H. HEYWOOD et al. (ed.): Flora Europaea 1: 80; Cambridge.

TUTIN, T.G. (1964): *Ranunculus.* – In: Flora Europaea 1: 223–238; Cambridge.

TUTIN, T.G. (1964): *Thalictrum.* – In: Flora Europaea 1: 240–242; Cambridge.

VEIT, E. (1938): *Lycopodium complanatum* subsp. *Chamaecyparissus*, Cypressen-Bärlapp. – Mitt. Bad. Landesver. Naturk. Naturschutz, N.F. 3 (25/26): 378; Freiburg.

VOLK, O.H. (1931): Beiträge zur Ökologie der Sandvegetation der oberrheinischen Tiefebene. – Z. Bot. 24: 81–185; Jena.

VOLLRATH, H. u. A. KOHLER (1972): *Batrachium*-Fundorte aus bayerischen Naturräumen. – Ber. Bayer. Bot. Ges. 43: 63–75; München.

VULPIUS, S. (1791): Zwanzigster Brief und Spicilegium florae Stuttgardiensis 1786–1788. – Beytr. für Naturk. 6: 69–79; Hannover u. Osnabrück.

WALTER, H. (1954): Arealkunde. 245 S.; Stuttgart.

WALTER, H. (1970): Arealkunde. 2. Aufl., Bearb. H. STRAKA; 478 S.; Stuttgart.

WARNCKE, K. (1964): Die europäischen Sippen der *Aconitum lycoctonum*-Gruppe. – Diss. München.

WEBB, D.A. (1964): *Bilderdykia, Fagopyrum.* In: TUTIN, T.G., V.H. HEYWOOD et al. (ed.): Flora Europaea 1: 80–81; Cambridge.

WEBB, D.A. u. A.O. CHATER (1964): *Polygonum.* In: TUTIN, T.G., V.H. HEYWOOD et al. (ed.): Flora Europaea 1: 76–80; Cambridge.

WEIGER, E. (1949): Zur Flora der Umgebung von Gorheim-Sigmaringen. – Hohenz. Jh. 9: 108–116.

WELTEN, M. u. R. SUTTER (1982): Verbreitungsatlas der Farn- und Blütenpflanzen der Schweiz. 2 Bände, 716 + 698 S.; Basel, Boston, Stuttgart (Birkhäuser).

WELZ, F. (1885): Die geologischen Verhältnisse in der Umgebung von Thiengen und Aufzählung nicht allgemeiner Pflanzen in derselben. – Mitt. Bot. Vereins Lreis Freiburg 1 (23): 203–208; Freiburg i. Br.

WHITEHEAD, F.H. u. R.P. SINHA (1967): Taxonomy and taximetrics of *Stellaria media* (L.) Vill., *S. neglecta* Weihe and *S. pallida* (Dumort.) Piré. – New Phytol. 66 (4): 769–784; London.

WIBEL, A.W.E.C. (1797): Dissertatio inauguralis botanica Primitiarum Florae Werthemensis sistens prodromum. 40 S.; Jena.

WIBEL, A.W.E.C. (1799): Primitiae florae Werthemensis. 372 S.; Jena (Goepferdt).

WILMANNS, O. (1956): Pflanzengesellschaften und Standorte des Naturschutzgebietes „Greuthau" und seiner Umgebung (Reutlinger Alb). – Veröff. Landesst. Naturschutz Landschaftspflege Bad.-Württ. 24: 317–451; Ludwigsburg.

WILMANNS, O. (1977): Verbreitung, Soziologie und Geschichte der Grün-Erle (*Alnus viridis* (Chaix) DC.) im Schwarzwald. – Mitt. Flor.-soz. Arbeitsgem. N.F. 19/20: 323–341; Todenmann.

WILMANNS, O. u. S. RUPP (1966): *Silene rupestris*, das Felsen-Leimkraut, als Glazialrelikt im Schwarzwald. – Mitt. Bad. Landesver. Naturk. Naturschutz N.F. 9: 381–389; Freiburg i. Br.

WILMANNS, O., A. SCHWABE-BRAUN u. M. EMTER (1979): Struktur und Dynamik der Pflanzengesellschaften im Reutfeldgebiet des mittleren Schwarzwaldes. – Docum. phytosoc., N.S. 4: 983–1024; Vaduz.

WILMANNS, O., W. WIMMENAUER, G. FUCHS u. H. u. K. RASBACH (1977): Der Kaiserstuhl. Gesteine und Pflanzenwelt. – Natur- und Landschaftsschutzgeb. Bad.-Württ. 8. 2. Aufl., 262 S.; Karlsruhe.

WINSKI, A. (1983): Die Waldgesellschaften der Ortenau und ihre Randstrukturen. – Ber. Naturf. Ges. Freiburg 73: 77–137; Freiburg i. Br.

WINTER, F. J. (1882): Botanische Streifzüge in der Baar. – Mitt. Bot. Ver. 3/4: 29–48; Freiburg i. Br.

WINTER F. J. (1884): Charakteristische Formen der Flora von Achern. – Mitt. Bot. Vereins Kreis Freiburg 1 (15): 132–137, 140–145; Freiburg i. Br.

WINTER F. J. (1887): Frühling um den Feldberg. – Mitt. Bot. Ver. 35/36: 307–319; Freiburg i. Br.

WINTER F. J. (1889): Am Isteiner Klotze. – Mitt. Bad. Bot. Ver. 57/58: 49–63; Freiburg i. Br.

WINTER F. J. (1895): *Corrigiola littoralis* L. – Mitt. Bad. Bot. Ver. 3: 273; Freiburg i. Br.

WIRTH, V. (1987): Die Flechten Baden-Württembergs. Verbreitungsatlas. 528 S.; Stuttgart (E. Ulmer).

WITSCHEL, M. (1980): Xerothermvegetation und dealpine Vegetationskomplexe in Südbaden. Vegetationskundliche Untersuchungen und die Entwicklung eines Wertungsmodells für den Naturschutz. – Beih. Veröff. Naturschutz Bad.-Württ. 17: 1–212; Karlsruhe.

WITSCHEL, M. (1984): Zur Ökologie, Verbreitung und Vergesellschaftung des Reckhölderle *(Daphne cneorum)* auf der Baar und im Hegau. – Schri. Ver. Gesch. Naturgesch. Baar 35: 119–135; Donaueschingen.

WITSCHEL, M. (1986): Zur Ökologie, Verbreitung und Vergesellschaftung des Berghähnleins (*Anemone narcissiflora* L.) in Baden-Württemberg. – Veröff. Naturschutz Landschaftspflege Bad.-Württ. 61: 155–173; Karlsruhe.

WOLF, H. (1936): Ein neuer Farn der Pfalz, sein Vorkommen und seine systematische Stellung. – Mitt. Pollichia, N. F. 5: 80–92; Bad Dürkheim.

WOLF, H. (1952): Beobachtungen und Studien an pfälzischen Ophioglossaceen. – Ver. Naturkunde Mannheim Jahres-Ber. 117/118: 133–158; Mannheim.

WOLF, R. (1984): Heiden im Kreis Ludwigsburg. – Beih. Veröff. Naturschutz Landschaftspfl. Bad.-Württ. 35: 1–72; Karlsruhe.

WOLFF, P. (1969): Ophioglossaceen im Saarland. – Faunist. – flor. Notizen aus dem Saarland 2 (4/5): 27–42; Saarbrücken.

WOLFF, P. (1972): Ein Vorkommen des Alpenbärlapps in der Pfalz. – Mitt. Pollichia III, 19: 59–73; Bad Dürkheim.

WOLFF, P. (1985): Der Wasser-Ampfer (*Rumex aquaticus* L.) und seine Bastarde im Saarland, 1. Teil. – Faun.-Florist. Not. Saarland, 16 (4): 315–334; Saarbrücken.

WRIGLEY, F. (1986): Taxonomy and chorology of *Silene* section *Otites* (Caryophyllaceae). – Ann. bot. fenn. 23: 69–81; Helsinki.

ZAHLHEIMER, W. (1979): Vegetationsstudien in den Donauauen zwischen Regensburg und Straubing als Grundlage für den Naturschutz. – Hoppea, Denkschr. Regensb. Bot. Ges. 38: 3–398; Regensburg.

ZAHN, H. (1889): Flora der Baar und der umliegenden Landesteile. – Schr. Ver. Gesch. Naturgesch. Baar 7: 1–174; Donaueschingen.

ZAHN, H. (1890–91): Altes und Neues aus der badischen Flora. – Mitt. Bad. Bot. Ver. 2 (76–79): 234–236, 1890; 2 (83): 268–270, 1891; Freiburg i. Br.

ZANDER, R. (1984): Handwörterbuch der Pflanzennamen. (bearb. von F. ENCKE, G. BUCHHEIM u. S. SEYBOLD). 13. Aufl., 769 S.; Stuttgart (E. Ulmer).

ZELLER, G. (1864): Über den Schwaigfurter Weiher. – Jahresh. Ver. Vaterl. Naturk. Württ. 20: 29–32; Stuttgart.

ZENNECK, L. H. (1822): Flora von Stuttgart. Stuttgart.

ZIMMERMANN, F. (1906): Flora von Mannheim und Umgebung. – Mitt. Bad. Bot. Ver. 5: 85–104, 109–137, 141–158; Freiburg i. Br.

ZIMMERMANN, F. (1907): Die Adventiv- und Ruderalflora von Mannheim, Ludwigshafen und der Pfalz nebst den selteneren einheimischen Blütenpflanzen und den Gefäßkryptogamen. 171 S.; Mannheim (H. Haas). Auch in: Mitt. Pollichia 67: 1–174, 1911; Bad Dürkheim.

ZIMMERMANN, F. (1911–12): 1. Nachtrag zur Adventiv- und Ruderalflora von Mannheim-Ludwigshafen. – Mitt. Pollichia 68–69 (27–28): 1–95; Bad Dürkheim.

ZIMMERMANN, F. (1922–25): Wechsel der Flora der Pfalz in den letzten 70 Jahren. – Mitt. Pollichia N. F. 1: 1–49; Bad Dürkheim.

ZIMMERMANN, R. (1979): Der Einfluß des kontrollierten Brennens auf Esparsetten-Halbtrockenrasen und Folgegesellschaften im Kaiserstuhl. – Phytocoenol. 5: 477–524; Berlin u. Stuttgart.

ZIMMERMANN, W. (1913): Badische Volksnamen von Pflanzen I. – Mitt. Bad. Landesver. Naturk. Naturschutz 6 (287/288): 285–300; Freiburg i. Br.

ZIMMERMANN, W. (1913): Floristische Mitteilung über *Allosurus crispus* Bernh. in Baden. – Allg. Bot. Z. Syst. 19: 116; Karlsruhe.

ZIMMERMANN, W. (1915): Badische Volksnamen von Pflanzen II. – Mitt. Bad. Landesver. Naturk. Naturschutz 6 (297–300): 365–392; Freiburg i. Br.

ZIMMERMANN, W. (1916): Beobachtungen an Pteridophyten aus Baden. – Allgem. Bot. Zeitschr. 22 (5–8): 52–56; Karlsruhe.

ZIMMERMANN, W. (1919): Badische Volksnamen von Pflanzen III. – Mitt. Bad. Landesver. Naturk. Naturschutz N. F. 1 (3): 65–77; Freiburg i. Br.

ZIMMERMANN, W. (1923): Neufunde und neue Standorte in der Flora von Achern. – Mitteilungen Bad. Landesver. Naturk. Naturschutz N. F. 1: 265–269; Freiburg i. Br.

ZIMMERMANN, W. (1924): Xerothermensiedlungen am südöstlichen badischen Jurarand. – Mitt. Bad. Landesver. Naturk. Naturschutz N. F. 1: 298–301; Freiburg i. Br.

ZIMMERMANN, W. (1926): Weitere Neufunde und Standortsmitteilungen aus der Flora von Achern (1924–25). – Mitt. Bad. Landesver. Naturk. Naturschutz N. F. 2: 28–32; Freiburg i. Br.

ZIMMERMANN, W. (1929): Neufunde und Standortsmitteilungen aus der Flora von Achern (1926–1928). – Beitr. naturwiss. Erforsch. Badens 4: 57–61; Freiburg i. Br.

ZIMMERMANN, W. (1932): Bemerkenswerte Rassen schwäbischer Pflanzen. – Veröff. Staatl. Stelle Naturschutz 9: 20–36; Stuttgart.

ZIMMERMANN, W. (1933): Badische Volksnamen von Pflanzen IV. – Mitt. Bad. Landesver. Naturk. Naturschutz N. F. 2 (22/23): 290–295 u. 300–312; Freiburg i. Br.

ZIMMERMANN, W. (1952): Unsere Küchenschelle (*Pulsatilla*). – Veröff. Württ. Landesst. Naturschutz Landschaftspfl. 21: 132–156; Ludwigsburg.

ZIMMERMANN, W. (1965): *Ranunculaceae*. – In HEGI, G.: Illustrierte Flora von Mitteleuropa, 2. Aufl., Band III, Teil 3: 53–81; München.

ZOLLER, H. (1981): *Gymnospermae*. – In HEGI, G.: Illustrierte Flora von Mitteleuropa, 3. Aufl., Band I, Teil 2: 11–148; Berlin u. Hamburg.

Pflanzenregister

Abies 199
Abies alba 199, 582
Abies pectinata 199
Acetosa arifolia 551
Acetosa pratensis 550
Acetosa scutata 548
Acetosa thyrsiflora 553
Achyranthes repens 466
Ackerhornkraut 396
Ackerlichtnelke 437
Ackerschwarzkümmel 240
Ackerspark 421
Ackerspörgel 421
Acker-Hahnenfuß 285
Acker-Knäuelkraut 413
Acker-Knorpelkraut 480
Acker-Rittersporn 252
Acker-Schachtelhalm 90
Aconitum 247
Aconitum cammarum 250
Aconitum gracile 250
Aconitum judenbergense 250
Aconitum lobelianum 248
Aconitum lycoctonum 247
Aconitum napellus 248, 581
Aconitum napellus subsp. neomonta-
    num 248
Aconitum neomontanum 248
Aconitum pyramidale 248
Aconitum variegatum 250, 581
Aconitum vulparia 247, 581
Acrostichum ilvense 156
Acrostichum septentrionale 171
Acrostichum thelypteris 117
Actaea 244
Actaea spicata 244
Adlerfarn 112
Adlerfarngewächse 112
Adonis 265
Adonis aestivalis 266
Adonis flammea 265, 584
Adonis vernalis 265
Adonisröschen 265
Ähriger Erdbeerspinat 486
Ästige Mondraute 104, 581
Ästiger Schachtelhalm 83
Agrostemma 429
Agrostemma coronaria 427
Agrostemma githago 430
Akelei 312
Akeleiblättrige Wiesenraute 315

Albersia blitum 475
Algenfarn 193
Algenfarngewächse 193
Allosurus crispus 110
Alnus 347
Alnus glutinosa 350
Alnus incana 351
Alnus viridis 348
Alpenampfer 554
Alpenbruchkraut 416
Alpen-Bärlapp 68
Alpen-Blasenfarn 155
Alpen-Flachbärlapp 68, 581
Alpen-Frauenfarn 152
Alpen-Mastkraut 408
Alsine jacquinii 377
Alsine media 384
Alsine pallida 387
Alsine segetalis 425
Alsine setacea 378
Alsine stricta 381
Alsine tenuifolia 376
Alternanthera pungens 466
Alternanthera repens 466
Amarant 466
Amarantgewächse 466
Amaranthaceae 466
Amaranthus 466
Amaranthus acutilobus 468
Amaranthus albus 473
Amaranthus angustifolius 474
Amaranthus blitoides 467
Amaranthus blitum 475
Amaranthus bouchonii 470
Amaranthus caudatus 467
Amaranthus chlorostachys 470
Amaranthus crispus 468
Amaranthus cruentus 467
Amaranthus deflexus 468
Amaranthus dubius 468
Amaranthus gracilis 468
Amaranthus graecizans 474
Amaranthus hybridus 470
Amaranthus hybridus subsp. boucho-
    nii 470
Amaranthus lividus 475
Amaranthus muricatus 470
Amaranthus palmeri 468
Amaranthus paniculatus 467
Amaranthus powellii 470
Amaranthus quitensis 467

Amaranthus retroflexus 471
Amaranthus spinosus 468
Amaranthus standleyanus 468
Amaranthus sylvestris 474
Amaranthus viridis 468
Amaranthus vulgatissimus 468
Amerikanische Kermesbeere 476
Ampfer 543
Ampfer-Knöterich 526
Anemone 253
Anemone 253
Anemone hepatica 259
Anemone narcissiflora 256, 581
Anemone nemorosa 254
Anemone pulsatilla 261
Anemone ranunculoides 255
Anemone sylvestris 258, 581
Angiospermae 215
Anthophyta 196
Aquilegia 312
Aquilegia atrata 314
Aquilegia vulgaris 312
Aquilegia vulgaris subsp. atrata 314,
    581
Aquilegia vulgaris subsp. vulgaris
    312, 581
Arenaria 370
Arenaria fastigiata 377
Arenaria hybrida 376
Arenaria leptoclados 371, 586
Arenaria marginata 424
Arenaria maritima 424
Arenaria rubra 425
Arenaria rubra var. marina 424
Arenaria sect. Spergularia 423
Arenaria serpyllifolia 370, 372
Arenaria serpyllifolia var. leptoclados
    371
Arenaria setacea 378
Arenaria trinervia 372
Aristolochia 218
Aristolochia clematitis 218
Aristolochiaceae 216
Armeria 577
Armeria alpina var. purpurea 579
Armeria elongata 577
Armeria maritima subsp. elongata
    577, 581
Armeria maritima subsp. purpurea
    579, 581
Armeria purpurea 579

Armeria vulgaris 577
Armeria vulgaris var. *purpurea* 579
Aronstabblättriger Ampfer 551
Articulatae 78
Asarum 216
Asarum europaeum 216
Aspidiaceae 121
Aspidium aculeatum 142, 144
Aspidium aculeatum var. *angulare* 144
Aspidium angulare 144
Aspidium braunii 147
Aspidium cristatum 133
Aspidium dilatatum 136
Aspidium dryopteris 121
Aspidium filix-mas 125
Aspidium filix-mas × *A. spinulosum* 130
Aspidium lobatum 142
Aspidium lonchitis 140
Aspidium montanum 115
Aspidium phegopteris 119
Aspidium rigidum var. *remotum* 130
Aspidium robertianum 122
Aspidium spinulosum 135
Aspidium thelypteris 117
Aspleniaceae 161
Asplenium 161
Asplenium adiantum-nigrum 169, 582
Asplenium alpestre 152
Asplenium billotii 167, 581, 582
Asplenium ceterach 178
Asplenium filix-femina 150
Asplenium fontanum 166, 581
Asplenium halleri 166
Asplenium lanceolatum 167
Asplenium obovatum 167
Asplenium onopteris 171
Asplenium ruta-muraria 173
Asplenium ruta-muraria × *A. septentrionale* 176
Asplenium scolopendrium 181
Asplenium septentrionale 171
Asplenium septentrionale × *A. trichomanes* subsp. *quadrivalens* 176
Asplenium septentrionale × *A. trichomanes* subsp. *trichomanes* 175
Asplenium trichomanes 161
Asplenium viride 164, 582
Asplenium × *alternifolium* 175
Asplenium × *baumgartneri* 176
Asplenium × *breynii* 175
Asplenium × *germanicum* 175
Asplenium × *hansii* 175
Asplenium × *heufleri* 176
Asplenium × *murbeckii* 176
Asplenoceterach badense 181
Athyriaceae 150
Athyrium 150
Athyrium alpestre 152

Athyrium distentifolium 152
Athyrium filix-femina 150
Athyrium filix-femina × *A. distentifolium* 152
Athyrium × *reichsteinii* 152
Atriplex 499
Atriplex acuminata 500
Atriplex hastata 504
Atriplex heterosperma 501
Atriplex hortensis 499, 589, 591
Atriplex micrantha 501
Atriplex nitens 500
Atriplex oblongifolia 501
Atriplex patula 503
Atriplex prostrata 504
Atriplex rosea 499
Atriplex tatarica 499
Aufrechte Waldrebe 263
Aufrechte Weißmiere 404
Aufsteigender Fuchsschwanz 475
Ausdauerndes Knäuelkraut 411
Australischer Gänsefuß 483
Auwald-Sternmiere 385, 387
Azolla 193
Azolla caroliniana 195
Azolla filiculoides 193
Azollaceae 193

Bärlapp 57
Bärlappähnliche Pflanzen 52
Bärlappartige Pflanzen 52
Bärlappgewächse 52
Bärtiges Hornkraut 398, 401
Bahndamm-Sauerampfer 553
Bassia laniflora 505
Bassia scoparia 507
Bastardplatane 342
Bastard-Mohn 323
Batrachium 299
Bauhins Wiesenraute 319
Bedecktsamer 215
Behaartes Bruchkraut 417
Behen vulgaris 434
Berberidaceae 233
Berberis 233
Berberis vulgaris 233
Berberitze 233
Bergfarn 115
Berghähnlein 256, 581
Berg-Ampfer 551
Berg-Blasenfarn 155, 581
Berg-Hahnenfuß 278
Berg-Kiefer 205
Berg-Lappenfarn 115
Berg-Sauerampfer 551
Berlandiers Gänsefuß 482
Besenkraut 507
Beta trigyna 477
Beta vulgaris 477
Betula 343

Betula alba 343, 345
Betula alnus var. *glutinosa* 350
Betula alnus var. *incana* 351
Betula carpatica 345
Betula humilis 346, 581
Betula nana 343
Betula pendula 343
Betula pubescens 345
Betula verrucosa 343
Betula viridis 348
Betulaceae 342
Bilderdykia 540
Bilderdykia aubertii 540
Bilderdykia convolvulus 541
Bilderdykia dumetorum 542
Biota orientalis 212
Birke 343
Birkengewächse 342
Bistorta maior 519
Bistorta vivipara 521
Blasenfarn 154
Blasenmiere 370
Blasser Erdrauch 339
Blaßgelber Lerchensporn 330
Blauer Eisenhut 248, 581
Blaugrüner Gänsefuß 487
Blechnaceae 183
Blechnum 183
Blechnum spicant 183, 582
Bleiche Sternmiere 387
Bleiwurzgewächse 577
Blitum capitatum 486
Blitum virgatum 485
Blütenpflanzen 196
Blutströpfchen 265
Blut-Ampfer 564
Bocksgänsefuß 482
Borsten-Miere 378
Borstiger Schildfarn 144, 581
Botrychium 103
Botrychium lunaria 103, 581
Botrychium matricariifolium 104, 581
Botrychium multifidum 107, 581
Botrychium ramosum 104
Botrychium rutaceum 104
Botrychium simplex 105, 581
Bouchons Fuchsschwanz 470
Brachsenkräuter 73
Brachsenkraut 73
Brachsenkrautartige Pflanzen 73
Brauns Schildfarn 147, 581
Braunstieliger Streifenfarn 161
Breitblättriger Dornfarn 136
Breitblättriger Wurmfarn 136
Brennender Hahnenfuß 295
Brennendes Teufelsauge 265
Brittingers Knöterich 528
Bruchkraut 416
Buche 357
Buchenfarn 119

Buchengewächse 356
Buchweizen 535
Büschelgipskraut 448
Büschelnelke 464, 581
Büschel-Miere 377
Bulbillentragender Knöterich 521
Bunter Eisenhut 250, 581
Bunter Schachtelhalm 79
Buschiger Erdrauch 339
Buschnelke 456, 581, 587
Busch-Windröschen 254

Cactaceae 368
Caltha 245
Caltha palustris 245
Carpinus 353
Carpinus betulus 353
Caryophyllaceae 368
Caryophyllidae 368
Castanea 359
Castanea sativa 359
Castanea vesca 359
Castanea vulgaris 359
Cerastium 395
Cerastium anomalum 395
Cerastium aquaticum 405
Cerastium arvense 396
Cerastium brachypetalum 398, 400
Cerastium caespitosum 397
Cerastium dubium 395
Cerastium fontanum 397, 400
Cerastium glomeratum 399
Cerastium glutinosum 403
Cerastium holosteoides 397
Cerastium manticum 404
Cerastium pallens 403
Cerastium pumilum 403, 583, 586
Cerastium pumilum subsp. *glutinosum* 403
Cerastium pumilum subsp. *pallens* 403
Cerastium quaternellum 404
Cerastium semidecandrum 401
Cerastium tomentosum 395
Cerastium triviale 397
Cerastium vulgare 397
Cerastium vulgatum 397
Ceratocephala 309
Ceratocephala falcata 309
Ceratocephala testiculata 309, 586
Ceratocephalus orthoceras 309
Ceratophyllaceae 220
Ceratophyllum 220
Ceratophyllum demersum 211
Ceratophyllum submersum 222
Ceterach 178
Ceterach officinarum 178, 582
Chamaecyparis 211
Chamaecyparis lawsoniana 211, 582
Chelidonium 328

Chelidonium majus 328
Chenopodiaceae 476
Chenopodium 481
Chenopodium album 497
Chenopodium album subsp. *striatum* 498
Chenopodium ambrosioides 484
Chenopodium aristatum 484
Chenopodium berlandieri 482
Chenopodium bonus-henricus 484
Chenopodium borbasioides 482
Chenopodium botrys 482, 588, 589
Chenopodium capitatum 486
Chenopodium ficifolium 496
Chenopodium foliosum 485
Chenopodium glaucum 487
Chenopodium hircinum 482
Chenopodium hybridum 488
Chenopodium leptophyllum 482
Chenopodium macrospermum 482
Chenopodium murale 495
Chenopodium opulifolium 496
Chenopodium polyspermum 490
Chenopodium pratericola 482
Chenopodium probstii 482
Chenopodium pumilio 483, 588
Chenopodium rubrum 487
Chenopodium schraderianum 483
Chenopodium scoparia 507
Chenopodium serotinum 496
Chenopodium strictum 498
Chenopodium suecicum 499
Chenopodium urbicum 493
Chenopodium virgatum 485
Chenopodium viride 499
Chenopodium vulvaria 491
Chenopodium zobelii 482
Christophskraut 244
Christrose 236
Claytonia perfoliata 511
Claytonie 511
Clematis 263
Clematis recta 263
Clematis vitalba 264
Consolida 251
Consolida regalis 252
Corispermum 507
Corispermum hyssopifolium 508
Corispermum hyssopifolium var. *leptopterum* 508
Corispermum leptopterum 508, 589, 591
Corispermum marschallii 507, 589, 591
Corispermum nitidum 507
Corrigiola 414
Corrigiola litoralis 414, 586
Corydalis 329
Corydalis cava 331
Corydalis fabacea 333

Corydalis intermedia 333
Corydalis lutea 330
Corydalis ochroleuca 330, 586
Corydalis solida 334
Corylus 355
Corylus avellana 355
Cryptogramma 110
Cryptogramma crispa 110, 581
Cryptogrammaceae 110
Cucubalus 446
Cucubalus baccifer 447
Cucubalus behen 434
Cucubalus otites 432
Cupressaceae 210
Cupressus lawsoniana 211
Cystopteris 154
Cystopteris alpina var. *regia* 155
Cystopteris dickieana 155
Cystopteris filix-fragilis 154
Cystopteris fragilis 154
Cystopteris montana 155, 581
Cystopteris regia 155

Damaszener Schwarzkümmel 241
Delia segetalis 425
Delphinium 251
Delphinium consolida 252
Dennstaedtiaceae 112
Deutscher Straußenfarn 158
Deutscher Streifenfarn 175
Dianthus 456
Dianthus armeria 464, 581, 588
Dianthus barbatus × *D. superbus* 462
Dianthus caesius 458
Dianthus carthusianorum 465, 581, 587, 588
Dianthus deltoides 462, 581, 588
Dianthus gratianopolitanus 458, 581, 588
Dianthus prolifer 455
Dianthus saxifragus 454
Dianthus seguieri 456, 581, 587, 588
Dianthus superbus 460, 581
Dianthus sylvaticus 456
Dianthus × *courtoisii* 462
Dickblättrige Sternmiere 393
Dickies Blasenfarn 155
Dicotyledoneae 216
Diphasiastrum 61
Diphasiastrum alpinum 68
Diphasiastrum complanatum 61
Diphasiastrum issleri 66
Diphasiastrum tristachyum 63
Diphasiastrum zeilleri 65
Diphasium 61
Diphasium alpinum 68, 581
Diphasium complanatum 61, 581
Diphasium issleri 66, 581

Diphasium tristachyum 63, 581
Diphasium zeilleri 65, 581
Donau-Knöterich 528
Dornfarn 124, 135
Dorniger Amarant 468
Dorniger Gänsefuß 484
Dorniger Moosfarn 70
Dorniger Wurmfarn 135
Dorniger Zwergbärlapp 70
Dotterblume 245
Douglasfichte 198
Douglasie 198
Douglastanne 198
Dryopteris 124
Dryopteris affinis 126, 582
Dryopteris affinis subsp. *affinis* 128
Dryopteris affinis subsp. *borreri* 128
Dryopteris affinis subsp. *robusta* 128
Dryopteris affinis subsp. *stillupensis* 128
Dryopteris affinis × *D. filix-mas* 130
Dryopteris assimilis 138
Dryopteris austriaca 136
Dryopteris borreri 126
Dryopteris carthusiana 135
Dryopteris carthusiana × *D. dilatata* 137
Dryopteris carthusiana × *cristata* 135
Dryopteris cristata 133, 581
Dryopteris dilatata 136
Dryopteris dilatata × *D. expansa* 139
Dryopteris disjuncta 121
Dryopteris expansa 138
Dryopteris filix-mas 125
Dryopteris linnaeana 121
Dryopteris montana 115
Dryopteris oreopteris 115
Dryopteris paleacea 126
Dryopteris phegopteris 119
Dryopteris pseudomas 126
Dryopteris remota 130
Dryopteris robertiana 122
Dryopteris spinulosa 135
Dryopteris thelypteris 117
Dryopteris × *ambroseae* 139
Dryopteris × *deweveri* 137
Dryopteris × *tavelii* 130
Dryopteris × *uliginosa* 135
Dünnstengeliges Sandkraut 371
Dunkle Akelei 314, 581
Dunkler Erdrauch 338
Duwock 86

Echte Farne 99
Echte Kastanie 359
Echte Mondraute 103, 581
Echter Buchweizen 535
Echter Erdbeerspinat 485

Edelkastanie 359
Edeltanne 199
Efeublättriger Hahnenfuß 300
Eibe 208, 581
Eibengewächse 207
Eiche 361
Eichenfarn 121
Eiförmiger Streifenfarn 167, 581
Einfache Mondraute 105, 581
Einfache Wiesenraute 318
Eisenhut 247
Eisenhutblättriger Hahnenfuß 292
Elisanthe noctiflora 437
Engelsüß 184, 185
Englischer Spinat 561
Entferntfiedriger Wurmfarn 130
Ephedra 214
Ephedraceae 214
Equisetaceae 78
Equisetatae 78
Equisetum 78
Equisetum arvense 90
Equisetum elongatum 83
Equisetum fluviatile 84
Equisetum fluviatile × *E. arvense* 96
Equisetum heleocharis 84
Equisetum hyemale 81, 581
Equisetum hyemale var. *trachyodon* 94
Equisetum hyemale × *E. ramosissimum* 96
Equisetum hyemale × *E. variegatum* 94
Equisetum limosum 84
Equisetum maximum 92
Equisetum palustre 86
Equisetum pratense 89
Equisetum ramosissimum 83
Equisetum sylvaticum 89
Equisetum telmateia 92
Equisetum variegatum 79
Equisetum × *alsaticum* 95
Equisetum × *fuchsii* 95
Equisetum × *litorale* 96
Equisetum × *moorei* 96
Equisetum × *samuelsonii* 96
Equisetum × *trachyodon* 94
Equisetum-Bastarde 94
Eranthis 239
Eranthis hyemalis 239
Erdrauch 336
Erle 347
Eßkastanie 359
Europäische Haselwurz 216
Europäische Lärche 198
Eusporangiatae 100
Eusporangiate Farne 100
Euxolus crispus 468

Fagaceae 356

Fagopyrum 535
Fagopyrum carinatum 541
Fagopyrum convolvulus 541
Fagopyrum dentatum 536
Fagopyrum dumetorum 542
Fagopyrum esculentum 535
Fagopyrum sagittatum 535
Fagopyrum tataricum 536
Fagopyrum vulgare 535
Fagus 357
Fagus sylvatica 357
Fallopia 540
Fallopia aubertii 540
Fallopia convolvulus 541
Fallopia dumetorum 542
Falscher Buchweizen 536
Farnpflanzen 51
Feigenblättriger Gänsefuß 496
Feigwurz 291
Feinblättriger Erdrauch 339
Feingliedriger Dornfarn 138
Feld-Rittersporn 252
Felsenleimkraut 435
Felsennelke 454
Fester Lerchensporn 334
Feuerauge 265
Feuerröslein 265
Ficaria verna 291
Fichte 200
Filicopsida 99
Filziges Hornkraut 395
Finger-Lerchensporn 334
Flachbärlapp 61
Flachs-Leimkraut 441
Flammen-Adonisröschen 265
Flaumhaarige Birke 345
Flaum-Eiche 365
Floh-Knöterich 524
Flügelsamige Schuppenmiere 424, 585
Fluß-Ampfer 561
Fluß-Knöterich 528
Flutender Wasserhahnenfuß 306
Föhre 203
Forche 203
Forle 203
Französisches Leimkraut 443
Frauenfarn 150
Frauenfarngewächse 150
Fries'scher Hahnenfuß 277
Froschkraut 299
Frühlings-Adonisröschen 265
Frühlings-Spörgel 422, 585
Fuchsschwanz 466
Fuchs-Eisenhut 247
Fumaria 336
Fumaria bulbosa var. *cava* 331
Fumaria bulbosa var. *intermedia* 333
Fumaria bulbosa var. *solida* 334
Fumaria capreolata 336

Fumaria cava 331
Fumaria fabacea 333
Fumaria intermedia 333
Fumaria lutea 330
Fumaria officinalis 337
Fumaria parviflora 340
Fumaria schleicheri 338
Fumaria solida 334
Fumaria vaillantii 339

Gabel-Leimkraut 442
Gänsefuß 481
Gänsefußgewächse 476
Gartenfuchsschwanz 467
Gartenmelde 499, 589
Garten-Ampfer 561
Garten-Mohn 323
Gebirgs-Hahnenfuß 281
Gefingerter Lerchensporn 334
Gelappter Schildfarn 142, 581
Gelbe Anemone 255
Gelbe Teichrose 229, 581
Gelbe Wiesenraute 321
Gelber Eisenhut 247
Gelber Lerchensporn 330
Gelbes Windröschen 255
Gelbgrüner Mangold 477
Gemeine Natternzunge 100
Gemeiner Frauenfarn 150
Gemeiner Wurmfarn 125
Geradfrüchtiges Hornköpfchen 309
Gesägter Tüpfelfarn 187
Gescheckter Eisenhut 250
Getreidemiere 425
Gewöhnliche Akelei 312, 581
Gewöhnliche Birke 343
Gewöhnliche Fichte 201
Gewöhnliche Haselnuß 355
Gewöhnliche Hirschzunge 181
Gewöhnliche Küchenschelle 261
Gewöhnliche Melde 503
Gewöhnliche Opuntie 368
Gewöhnliche Osterluzei 218
Gewöhnliche Waldrebe 264
Gewöhnlicher Adlerfarn 112
Gewöhnlicher Erdrauch 337
Gewöhnlicher Flachbärlapp 61, 581
Gewöhnlicher Rippenfarn 183
Gewöhnlicher Schwimmfarn 191
Gewöhnlicher Sumpfbärlapp 54
Gewöhnlicher Tüpfelfarn 185
Gewöhnlicher Wacholder 212
Gewöhnlicher Wasserhahnenfuß 303
Gewöhnlicher Windenknöterich 541
Gewöhnliches Hornblatt 221
Gewöhnliches Hornkraut 397, 401
Gewöhnliches Seifenkraut 451
Gift-Hahnenfuß 289
Gipskraut 447
Glänzende Seerose 226

Glänzender Wanzensame 507
Glanz-Melde 500
Gold-Hahnenfuß 287
Gouffeia holosteoides 370
Grammitis ceterach 178
Grasnelke 577
Grasnelkengewächse 577
Gras-Sternmiere 391
Grauer Wanzensame 507, 589
Grauerle 351
Gretl im Busch 241
Große Mummel 229
Große Sternmiere 387
Großer Algenfarn 193
Großer Hahnenfuß 298
Großer Sauerampfer 550
Großes Knorpelkraut 479
Großes Schöllkraut 328
Großes Windröschen 258, 581
Großkegelfrüchtiges Leimkraut 446
Großsamiger Gänsefuß 482
Grünähriger Fuchsschwanz 470
Grüne Nieswurz 237, 581
Grüner Gänsefuß 499
Grüner Streifenfarn 164
Grünerle 348
Guter Heinrich 484
Gymnocarpium 121
Gymnocarpium dryopteris 121, 582
Gymnocarpium robertianum 122, 582
Gymnospermae 197
Gypsophila 447
Gypsophila fastigiata 448
Gypsophila muralis 449
Gypsophila paniculata 448
Gypsophila repens 448
Gypsophila sect. Petrorhagia 454

Haarblättriger Wasserhahnenfuß 304
Haar-Birke 345
Hänge-Birke 343
Hagebuche 353
Hahnenfuß 268
Hahnenfußgewächse 235
Hainbuche 353
Hain-Ampfer 564
Hain-Hahnenfuß 270, 272
Hakenkiefer 205
Hamamelidae 342
Hamamelisähnliche 342
Hasel 355
Haselstrauch 355
Haselwurz 216
Hecken-Windenknöterich 542
Heidenelke 462, 581
Heidenkorn 535
Helleborus 236
Helleborus foetidus 236, 581
Helleborus hyemalis 239
Helleborus niger 236

Helleborus viridis 237, 581
Hepatica 259
Hepatica nobilis 259, 581, 582
Hepatica triloba 259
Herabgebogener Amarant 468
Herniaria 416
Herniaria alpina 416
Herniaria glabra 416
Herniaria hirsuta 417, 588
Heuflers Streifenfarn 176
Hippochaete alsatica 95
Hippochaete hyemalis 81
Hippochaete ramosissima 83
Hirschsprung 414
Hirschzunge 181, 581
Höckeriger Amarant 470
Hoher Ampfer 561
Hohler Lerchensporn 331
Holosteum umbellatum 393, 583, 586
Hornblatt 220
Hornblattgewächse 220
Hornköpfchen 309
Hornkraut 395
Hühnerbiß 446
Huperzia 52
Huperzia selago 52, 581
Hydropterides 187
Hypolepidaceae 112

Illecebrum 419
Illecebrum verticillatum 419
Isoetaceae 73
Isoetales 73
Isoetes 73
Isoetes echinospora 76
Isoetes lacustris 73, 581
Isoetes setacea 76, 581
Isoetes tenella 76
Isslers Flachbärlapp 66, 581

Japanische Lärche 198
Japanischer Staudenknöterich 538
Jungfer im Grünen 241
Juniperus 212
Juniperus communis 212
Jura-Streifenfarn 166, 581

Kärntner Hahnenfuß 279
Kahles Bruchkraut 416
Kakteen 368
Kali-Salzkraut 509, 590
Kammartiger Wurmfarn 133
Kammfarn 133, 581
Karthäusernelke 465, 581, 587
Kassubenblättriger Hahnenfuß 287
Kegelfrüchtiges Leimkraut 445
Kermesbeere 476
Kermesbeerengewächse 476
Keulen-Bärlapp 58, 581
Kiefer 203

Kieferngewächse 197
Klatschmohn 323
Klatschrose 323
Klebriger Gänsefuß 482, 589
Klebriges Hornkraut 395
Kleefarn 187
Kleefarngewächse 187
Kleinblütiger Erdrauch 340
Kleinblütiges Hornkraut 398
Kleine Seerose 226, 581
Kleine Teichrose 230, 581
Kleine Wiesenraute 317
Kleiner Algenfarn 195
Kleiner Knöterich 533, 590
Kleiner Kriech-Hahnenfuß 296, 583
Kleiner Sauerampfer 546
Kleines Mäuseschwänzchen 310
Kleines Seifenkraut 451
Knäuelblütiger Ampfer 563
Knäuelkraut 411
Knäuel-Ampfer 563
Knäuel-Hornkraut 399
Knöllchen-Knöterich 521
Knöterich 515
Knöterichgewächse 514
Knolliger Hahnenfuß 282
Knorpelblume 419
Knorpelkraut 477
Knotiges Mastkraut 407
Kochia 505
Kochia arenaria 505
Kochia laniflora 505
Kochia scoparia 507
Königsfarn 108, 581
Königs-Rispenfarn 108
Kornrade 429, 430
Krauser Amarant 468
Krauser Ampfer 560
Krauser Rollfarn 110
Kretisches Leimkraut 440
Kriechender Hahnenfuß 273
Kriechender Hain-Hahnenfuß 272
Kriechendes Gipskraut 448
Kronen-Lichtnelke 427
Kronloses Mastkraut 410, 585
Kubaspinat 511
Kuckuckslichtnelke 427
Küchenschelle 261, 581
Kuhblume 245
Kuhkraut 453
Kuhschelle 261

Labkraut-Wiesenraute 319
Lärche 198
Langblättrige Melde 501
Lanzenfarn 140, 581
Lanzen-Schildfarn 140
Lappenfarn 115
Lappenfarngewächse 115
Larix 198

Larix decidua 198
Larix europaea 198
Larix kaempferi 198
Larix leptolepis 198
Lastrea dryopteris 121
Lastrea oreopteris 115
Lastrea phegopteris 119
Lastrea robertiana 122
Lastrea thelypteris 117
Lawsons Scheinzypresse 211
Lebensbaum 212
Leberblümchen 259, 581
Lecoqs Mohn 326
Leimkraut 431
Lepidotis inundata 54
Leptosporangiatae 110
Leptosporangiate Farne 110
Lepyrodiclis holosteoides 370
Lerchensporn 329
Lichtnelke 427
Lychnis 427
Lychnis alba 438
Lychnis coronaria 427
Lychnis dioica 439
Lychnis flos-cuculi 427
Lychnis viscaria 428, 587, 588
Lycopodiaceae 52
Lycopodiales 52
Lycopodiella 54
Lycopodiella inundata 54, 581
Lycopodiinae 52
Lycopodium 57
Lycopodium alpinum 68
Lycopodium alpinum race *issleri* 66
Lycopodium alpinum race *zeilleri* 65
Lycopodium annotinum 57, 581
Lycopodium chamaecyparissus 63
Lycopodium clavatum 58, 581
Lycopodium complanatum 61
Lycopodium complanatum subsp.
chamaecyparissus 63
Lycopodium complanatum var. *anceps* 61
Lycopodium complanatum var. flabellatum 61
Lycopodium helveticum 71
Lycopodium inundatum 54
Lycopodium issleri 66
Lycopodium selaginoides 70
Lycopodium selago 52
Lycopodium tristachyum 63
Lycopsida 52

Mäuseschwänzchen 310
Magnoliatae 216
Magnolienähnliche 216
Magnoliidae 216
Mahonia aquilegifolium 233
Mahonie 233
Malabarspinat 468

Malachium aquaticum 405
Mantische Weißmiere 404
Marsilea 187
Marsilea quadrifolia 187
Marsileaceae 187
Mastkraut 406
Matteuccia 158
Matteuccia struthiopteris 158, 581
Mauerraute 173
Mauer-Gänsefuß 495
Mauer-Gipskraut 449
Mauer-Streifenfarn 173
Meerträubchen 214
Meerträubchengewächse 214
Meer-Ampfer 571
Melandrium album 438
Melandrium diurnum 439
Melandrium noctiflorum 437
Melandrium rubrum 439
Melandrium sylvestre 439
Melandrium vespertinum 438
Melde 499
Mexikanisches Teekraut 484
Miere 375
Milder Knöterich 531
Milzfarn 178
Minuartia 375
Minuartia fasciculata 377
Minuartia fastigiata 377, 586
Minuartia hybrida 376
Minuartia rubra 377
Minuartia setacea 378
Minuartia stricta 381, 583, 586
Minuartia tenuifolia 376
Mittlerer Lerchensporn 333
Moehringia 372
Moehringia muscosa 374
Moehringia trinervia 372
Moenchia 404
Moenchia erecta 404
Moenchia mantica 404
Mönchsrhabarber 554, 561
Mohn 322
Mollugogewächse 322
Mollugo tetraphylla 420
Mondraute 103
Montia 511
Montia fontana 511
Montia minor 511
Montia perfoliata 511
Montia rivularis 511
Moorbärlapp 54
Moorkiefer 205
Moor-Birke 345
Moosfarn 70
Moosfarnartige Pflanzen 70
Moosfarne 70
Moos-Nabelmiere 374
Mummel 228
Myosoton 405

Myosoton aquaticum 405
Myosurus 310
Myosurus minimus 310

Nabelmiere 372
Nacktsamer 197
Nagelkraut 420
Natternfarngewächse 100
Natternzunge 100
Nelke 456
Nelkenähnliche 368
Nelkengewächse 368
Nelken-Leimkraut 436
Nephrodium affine 126
Nephrodium expansum 138
Nephrodium thelypteris 117
Nickendes Leimkraut 431
Niederliegendes Mastkraut 409
Niedrige Birke 346
Niedriges Hornkraut 403, 583
Nieswurz 236
Nigella 240
Nigella arvensis 240
Nigella damascena 241
Nordischer Ampfer 559
Nordischer Streifenfarn 171
Nuphar 228
Nuphar lutea 229, 581
Nuphar pumila 230, 581
Nymphaea 223
Nymphaea alba 224, 581
Nymphaea candida 226, 581, 582
Nymphaea pumila 230
Nymphaeaceae 223

Ochsenkopf-Ampfer 566
Östlicher Knöterich 519
Ohrlöffel-Leimkraut 432, 587
Onoclea struthiopteris 158
Ophioglossaceae 100
Ophioglossum 100
Ophioglossum vulgatum 100
Opuntia 368
Opuntia compressa 368
Opuntia humifusa 368
Opuntia vulgaris 368
Opuntie 368
Oreopteris limbosperma 115
Orientalischer Knöterich 519
Orientalischer Lebensbaum 212
Osmunda 108
Osmunda crispa 110
Osmunda lunaria 103
Osmunda lunaria α matricariaefolia 104
Osmunda multifida 107
Osmunda regalis 108, 581
Osmunda spicant 183
Osmunda struthiopteris 158
Osmundaceae 108

Osterluzei 218
Osterluzeigewächse 216

Palmers Amarant 468
Papageienkraut 466
Papaver 322
Papaver argemone 327
Papaver dubium 325
Papaver dubium subsp. *lecoqii* 326
Papaver dubium var. *lecoqii* 326
Papaver hybridum 323
Papaver lecoqii 326
Papaver rhoeas 323
Papaver somniferum 323
Papaveraceae 322
Pechnelke 427, 428, 587
Persicaria amphibia 523
Persicaria hydropiper 530
Persicaria laxiflora 531
Persicaria maculata 524
Persicaria minor 533
Petrorhagia 454
Petrorhagia prolifera 455
Petrorhagia saxifraga 454
Pfeffer-Knöterich 530
Pfeifenblume 218
Pfingstnelke 458, 581
Pfirsichblättriger Knöterich 524
Phegopteris connectilis 119
Phegopteris dryopteris 121
Phegopteris polypodioides 119
Phegopyrum tataricum 536
Phyllitis 181
Phyllitis scolopendrium 181, 581
Phytolacca 476
Phytolacca acinosa 476
Phytolacca americana 476
Phytolacca decandra 476
Phytolacca esculenta 476
Phytolaccaceae 476
Picea 200
Picea abies 201
Picea excelsa 201
Pillenfarn 189
Pilularia 189
Pilularia globulifera 189, 582
Pinaceae 197
Pinus 203
Pinus abies 199, 201
Pinus larix 198
Pinus montana 205
Pinus mughus 205
Pinus mugo 205
Pinus mugo subsp. *uncinata* 205
Pinus nigra 203
Pinus picea 199
Pinus rotundata 205
Pinus sylvestris 203
Pinus uncinata 205
Platanaceae 342

Platane 342
Platanenblättriger Hahnenfuß 293
Platanengewächse 342
Platanus 342
Platanus × *acerifolia* 342
Platanus × *hybrida* 342
Platycladus orientalis 212
Pleuropterus cuspidatus 538
Pleuropterus sachalinensis 539
Plumbaginaceae 577
Polycarpicae 216
Polycarpon 420
Polycarpon tetraphyllum 420, 588
Polycnemum 477
Polycnemum arvense 480
Polycnemum arvense subsp. *majus* 479
Polycnemum majus 479, 588
Polygonaceae 514
Polygonum 515
Polygonum aequale 518
Polygonum amphibium 523
Polygonum arenastrum 518
Polygonum aubertii 540
Polygonum aviculare agg. 516
Polygonum aviculare s.str. 517
Polygonum bistorta 519
Polygonum brittingeri 528
Polygonum convolvulus 541
Polygonum cuspidatum 538
Polygonum danubiale 528
Polygonum dumetorum 542
Polygonum esculentum 535
Polygonum heterophyllum 517
Polygonum hydropiper 530
Polygonum lapathifolium 526
Polygonum lapathifolium subsp. *brittingeri* 528
Polygonum lapathifolium subsp. *lapathifolium* 527
Polygonum lapathifolium subsp. *mesomorphum* 527
Polygonum lapathifolium subsp. *pallidum* 528
Polygonum lapathifolium var. *brittingeri* 528
Polygonum minus 533, 590, 591
Polygonum mite 531
Polygonum nodosum var. *brittingeri* 528
Polygonum orientale 519
Polygonum patulum 519
Polygonum persicaria 524
Polygonum rurivagum 517
Polygonum sachalinense 539
Polygonum tataricum 536
Polygonum viviparum 521
Polygonum-Bastarde 535
Polypodiaceae 184
Polypodium 184

Polypodium F.-fragile 154
Polypodium aculeatum 142
Polypodium alpestre 152
Polypodium carthusianum 135
Polypodium cristatum 133
Polypodium dilatatum 136
Polypodium dryopteris 121
Polypodium filix mas 125
Polypodium filix-femina 150
Polypodium fontanum 166
Polypodium fragile 154
Polypodium interjectum 187
Polypodium interjectum × P. vulgare
    187
Polypodium limbospermum 115
Polypodium lonchitis 140
Polypodium montanum 155
Polypodium phegopteris 119
Polypodium robertianum 122
Polypodium setiferum 144
Polypodium vilgare 185
Polypodium vulgare subsp. prionodes
    187
Polypodium × mantoniae 187
Polystichum 140
Polystichum aculeatum 142, 581
Polystichum aculeatum × P. braunii
    149
Polystichum aculeatum × P. lonchitis
    142
Polystichum aculeatum × P. setife-
    rum 146
Polystichum braunii 147, 581
Polystichum lobatum 142
Polystichum lonchitis 140, 581
Polystichum setiferum 144, 581
Polystichum × bicknellii 146
Polystichum × illyricum 142
Polystichum × luerssenii 149
Portulaca 510
Portulaca oleracea 510
Portulacaceae 510
Portulak 510
Portulakgewächse 510
Prachtnelke 460, 581
Probsts Gänsefuß 482
Protoleptofilicinae 108
Pseudotsuga 198
Pseudotsuga menziesii 198
Pteridium 112
Pteridium aquilinum 112
Pteridophyta 51
Pteridopsida 99
Pteris aquilina 112
Pulsatilla 261
Pulsatilla vulgaris 261, 581, 582
Purpur-Grasnelke 579, 581

Quellkraut 511
Quell-Sternmiere 388, 393

Quendel-Sandkraut 370, 372
Quercus 361
Quercus cerris 361
Quercus pedunculata 364
Quercus petraea 362
Quercus pubescens 365
Quercus robur 364
Quercus robur Spielart petraea 362
Quercus rubra 361
Quercus sessiliflora 362
Quirlige Knorpelblume 419

Radmelde 505
Rankender Erdrauch 336
Ranunculaceae 235
Ranunculus 268
Ranunculus aconitifolius 292, 584
Ranunculus aconitifolius subsp. plata-
    nifolius 293
Ranunculus acris 276
Ranunculus acris subsp. acris 276
Ranunculus acris subsp. friesianus
    277
Ranunculus aquatilis 303
Ranunculus arvensis 285
Ranunculus auricomus 286, 287
Ranunculus bulbosus 282
Ranunculus carinthiacus 279
Ranunculus cassubicifolius 287
Ranunculus circinatus 305
Ranunculus divaricatus 305
Ranunculus falcatus 309
Ranunculus ficaria 291
Ranunculus flaccidus 304
Ranunculus flammula 295
Ranunculus fluitans 306
Ranunculus friesianus 277
Ranunculus hederaceus 300
Ranunculus heterophyllus 303
Ranunculus lanuginosus 274
Ranunculus lingua 298, 581
Ranunculus montanus 278
Ranunculus nemorosus 272
Ranunculus nemorosus subsp. nemo-
    rosus 272
Ranunculus nemorosus subsp. po-
    lyanthemophyllus 272
Ranunculus nemorosus subsp. serpens
    272
Ranunculus oreophilus 281
Ranunculus paucistamineus 304
Ranunculus peltatus 301
Ranunculus philonotis 284
Ranunculus platanifolius 293
Ranunculus polyanthemophyllus 272
Ranunculus polyanthemos 269
Ranunculus radians 303
Ranunculus repens 273
Ranunculus reptans 296, 583, 584
Ranunculus rionii 584

Ranunculus sardous 284
Ranunculus sceleratus 289
Ranunculus serpens 270
Ranunculus serpens subsp. nemorosus
    272
Ranunculus serpens subsp. serpens
    272
Ranunculus stevenii 277
Ranunculus testiculatus 309
Ranunculus trichophyllus 304, 584
Ranunculus tuberosus 272
Rauhe Nelke 464
Rauher Hahnenfuß 284
Rauhhaariger Fuchsschwanz 471
Rauhhaariger Hahnenfuß 284
Rauhzähniger Schachtelhalm 94
Rautenfarn 103
Reynoutria 537
Reynoutria japonica 538
Reynoutria sachalinensis 539
Rhabarber 543
Rheum 543
Riesen-Ampfer 561
Riesen-Schachtelhalm 92
Rions Wasser-Hahnenfuß 584
Rippenfarn 183
Rippenfarngewächse 183
Rispenfarn 108
Rispenfarne 108
Rispen-Fuchsschwanz 467
Rispen-Sauerampfer 553
Rittersporn 251
Rollfarn 110, 581
Rollfarngewächse 110
Rosenmelde 499
Rotbuche 357
Rote Lichtnelke 439
Rote Schuppenmiere 425
Roter Gänsefuß 487
Rottanne 201
Rot-Eiche 361
Rübe 477
Rumex 543
Rumex acetosa 550
Rumex acetosa subsp. arifolius 551
Rumex acetosa subsp. thyrsiflorus
    553
Rumex acetosella 546
Rumex acetosella agg. 545
Rumex acetosella subsp. angiocarpus
    547
Rumex acetosella var. angustifolius
    548
Rumex acetosella var. tenuifolius 548
Rumex alpestris 551
Rumex alpinus 554
Rumex angiocarpus 547
Rumex aquaticus 556, 590, 591
Rumex arifolius 551
Rumex bucephalophorus 566

621

Rumex conglomeratus 563
Rumex conglomeratus × R. maritimus 574
Rumex crispus 560
Rumex dentatus 571
Rumex domesticus 559
Rumex hydrolapathum 561
Rumex longifolius 559
Rumex maritimus 571
Rumex maritimus var. paluster 574
Rumex maximus 561
Rumex nemorosus 564
Rumex obovatus 569
Rumex obtusifolius 567
Rumex obtusifolius subsp. obtusifolius 568
Rumex obtusifolius subsp. sylvestris 568
Rumex obtusifolius subsp. transiens 569
Rumex palustris 574, 590, 591
Rumex patientia 561
Rumex pulcher 569
Rumex salicifolius 559
Rumex salicifolius subsp. triangulivalvis 559
Rumex sanguineus 564
Rumex scutatus 548
Rumex tenuifolius 548
Rumex thyrsiflorus 553
Rumex triangulivalvis 559
Rumex-Bastarde 576
Ruprechtsfarn 121, 122

Saatmohn 325
Sachalin-Knöterich 539
Sachalin-Staudenknöterich 539
Sagina 406
Sagina apetala 410, 585, 586
Sagina apetala subsp. erecta 410
Sagina ciliata 411
Sagina erecta 404
Sagina linnaei 408
Sagina micropetala 410
Sagina nodosa 407, 586
Sagina procumbens 409
Sagina saginoides 408
Sagina saxatilis 408
Salsola 509
Salsola arenaria 505
Salsola kali 509, 590, 591
Salsola laniflora 505
Salvinia 191
Salvinia natans 191, 581
Salviniaceae 191
Salzkraut 509
Salz-Schuppenmiere 424, 585
Samenpflanzen 196
Sandhornkraut 401
Sandkraut 370

Sandmohn 327
Sand-Grasnelke 577, 581
Sand-Radmelde 505
Saponaria 451
Saponaria hispanica 453
Saponaria ocymoides 451
Saponaria officinalis 451
Saponaria vaccaria 453
Sardischer Hahnenfuß 284
Sauerdorn 233
Sauerdorngewächse 233
Schachtelhalm 78
Schachtelhalmartige Pflanzen 78
Schachtelhalmgewächse 78
Schafthalm 78
Scharbockskraut 291
Scharfer Hahnenfuß 276
Scheinzypresse 211
Schildampfer 548
Schildfarn 140
Schildhahnenfuß 301
Schild-Wasserhahnenfuß 301
Schlaffer Knöterich 531
Schlaf-Mohn 323
Schlamm-Schachtelhalm 84
Schlangen-Knöterich 519
Schleichers Erdrauch 338
Schleierkraut 448
Schmalblättrige Wiesenraute 318
Schmalblättriger Gänsefuß 482
Schmalblättriger Zwerg-Sauerampfer 548
Schmalflügeliger Wanzensame 508, 589
Schneeballblättriger Gänsefuß 496
Schneerose 236
Schöllkraut 328
Schöner Ampfer 569
Schraders Gänsefuß 483
Schriftfarn 178
Schuppenfarn 178
Schuppenmiere 423
Schuppiger Wurmfarn 126
Schwarze Akelei 314
Schwarzer Streifenfarn 169
Schwarzerle 350
Schwarzkiefer 203
Schwarzkümmel 240
Schwarzviolette Akelei 314
Schweizer Moosfarn 71
Schwimmfarn 191, 581
Schwimmfarngewächse 191
Scleranthus 411
Scleranthus annuus 413
Scleranthus annuus subsp. polycarpos 413
Scleranthus perennis 411
Scleranthus polycarpos 413
Scolopendrium officinarum 181
Scolopendrium vulgare 181

Seerose 223
Seerosengewächse 223
See-Brachsenkraut 73, 581
Seifenkraut 451
Selaginella 70
Selaginella helvetica 71
Selaginella selaginoides 70
Selaginella spinosa 70
Selaginella spinulosa 70
Selaginellaceae 70
Selaginellales 70
Sibirischer Buchweizen 536
Sichelfrüchtiges Hornköpfchen 309
Silberregen 540
Silene 431
Silene alba 438
Silene armeria 436
Silene conica 445
Silene conoidea 446
Silene coronaria 427
Silene cretica 440
Silene cucubalus 434
Silene dichotoma 442
Silene dioica 439
Silene gallica 443, 588
Silene inflata 434
Silene latifolia subsp. alba 438
Silene latifolia subsp. alba × S. dioica 440
Silene linicola 441
Silene noctiflora 437
Silene nutans 431
Silene otites 432, 587, 588
Silene rupestris 435
Silene viscaria 428
Silene vulgaris 434
Silene vulgaris subsp. humilis 434
Silene × hampeana 440
Sommerzypresse 507
Sommer-Adonisröschen 266
Sommer-Eiche 364
Spärkling 423
Spark 421
Speise-Kermesbeere 476
Spergula 421
Spergula arvensis 421
Spergula morisonii 422, 585, 588
Spergula nodosa 407
Spergula pentandra 421
Spergula saginoides 408
Spergula stricta 381
Spergula vernalis 422
Spergularia 423
Spergularia echinosperma 426
Spergularia marginata 424
Spergularia marina 424
Spergularia maritima 424, 585, 588
Spergularia media 424
Spergularia rubra 425

Spergularia rubra subsp. *echinosperma* 426
Spergularia salina 424, 585, 588
Spergularia segetalis 425
Spermatophyta 196
Sphenopsida 78
Spieß-Melde 504
Spinacia oleracea 477
Spinat 477
Spirke 205
Spitzblätteriger Staudenknöterich 538
Spitzer Streifenfarn 171
Spitzlappiger Amarant 468
Spörgel 421
Spreizender Hahnenfuß 305
Spreuschuppiger Milzfarn 178
Sprossende Felsennelke 455
Sprossender Bärlapp 57
Spurre 393, 583
Stachelsamige Schuppenmiere 426
Stachelsporiges Brachsenkraut 76, 581
Standleys Amarant 468
Statice armeria 577
Statice armeria var. *elongata* 577
Statice elongata 577
Statice montana var. *purpurea* 579
Statice purpurea 579
Staudenknöterich 537
Steife Miere 381, 583
Steinbrech-Felsennelke 454
Steinnelke 462
Stein-Eiche 362
Stellaria 381
Stellaria alsine 388, 392
Stellaria aquatica 405
Stellaria crassifolia 393
Stellaria dubia 395
Stellaria glauca 389
Stellaria graminea 391
Stellaria holostea 392
Stellaria media 384, 386
Stellaria media subsp. *apetala* 387
Stellaria media subsp. *major* 385
Stellaria media subsp. *neglecta* 385
Stellaria media subsp. *pallida* 387
Stellaria montana 383
Stellaria neglecta 385, 386
Stellaria nemorum 382, 386
Stellaria nemorum subsp. *glochidisperma* 382
Stellaria pallida 387
Stellaria palustris 389, 586
Stellaria uliginosa 388
Sternmiere 381
Stiel-Eiche 364
Stinkende Nieswurz 236, 581
Stinkender Gänsefuß 491
Strandnelke 577

Strand-Ampfer 571
Straßen-Gänsefuß 493
Strauch-Birke 346, 581
Straußblütiger Sauerampfer 553
Straußenfarn 158, 581
Straußfarn 158
Streifenfarn 161
Streifenfarngewächse 161
Struthiopteris filicastrum 158
Struthiopteris germanica 158
Stumpfblättriger Ampfer 567
Sturmhut 247
Südlicher Wimperfarn 156
Sumpfbärlapp 54, 581
Sumpffarn 117
Sumpf-Ampfer 574, 590
Sumpf-Dotterblume 245
Sumpf-Lappenfarn 117
Sumpf-Schachtelhalm 86
Sumpf-Sternmiere 389

Tanne 199
Tannen-Bärlapp 52, 581
Tannen-Teufelsklaue 52
Tataren-Melde 499
Tatarischer Buchweizen 536
Taubenkropf 434
Taxaceae 207
Taxus 208
Taxus baccata 208, 581, 582
Teichrose 228
Teich-Ampfer 561
Teich-Schachtelhalm 84
Teufelsauge 265
Teufelsklaue 52
Thalictrum 315
Thalictrum aquilegiifolium 315, 586
Thalictrum bauhinii 319
Thalictrum flavum 321
Thalictrum galioides 319
Thalictrum majus 317
Thalictrum minus 317
Thalictrum minus subsp. *majus* 317
Thalictrum minus subsp. *saxatile* 317
Thalictrum saxatile 317
Thalictrum simplex 318
Thalictrum simplex subsp. *bauhinii* 319
Thalictrum simplex subsp. *galioides* 319
Thelypteridaceae 115
Thelypteris 115
Thelypteris limbosperma 115, 582
Thelypteris palustris 117
Thelypteris phegopteris 119
Thuja 212
Thuja orientalis 212
Tiniaria convolvulus 541
Tiniaria dumetorum 542

Tiniaria japonica 538
Tiniaria sachalinensis 539
Trauben-Eiche 362
Trollblume 242, 581
Trollius 242
Trollius europaeus 242, 581
Tüpfelfarn 184
Tüpfelfarngewächse 184
Tunica 454
Tunica prolifera 455
Tunica saxifraga 454

Ufer-Ampfer 571
Ufer-Hahnenfuß 296
Ufer-Knöterich 528
Ufer-Schachtelhalm 96
Unechter Gänsefuß 488

Vaccaria 453
Vaccaria hispanica 453
Vaccaria parviflora 453
Vaccaria pyramidata 453
Vaillants Erdrauch 339
Verschiedensamige Melde 501
Verwachsenfrüchtiger Zwerg-Sauerampfer 547
Vielblütiger Hahnenfuß 269
Vielfrüchtige 216
Vielsamiger Gänsefuß 490
Vielteilige Mondraute 107, 581
Vierblättriger Kleefarn 187
Viscaria vulgaris 428
Vogelmiere 384, 386
Vogel-Knöterich, Artengruppe des 516
Vogel-Knöterich, Eigentlicher 517

Wacholder 212
Waldkiefer 203
Waldrebe 263
Wald-Akelei 312
Wald-Bärlapp 57, 581
Wald-Frauenfarn 150
Wald-Nabelmiere 372
Wald-Schachtelhalm 89
Wald-Sternmiere 382, 387
Wald-Windröschen 258
Wanzensame 507
Wasserampfer 556, 590
Wasserdarm 405
Wasserfarne 187
Wasserhahnenfuß 299
Wassermiere 405
Wasserpfeffer 530
Wasserpfeffer-Knöterich 530
Wasserrose 223
Wasser-Knöterich 523
Weidenblatt-Ampfer 559
Weißbuche 353

623

Weiße Lichtnelke 438
Weiße Seerose 224, 581
Weißer Fuchsschwanz 473
Weißer Gänsefuß 497
Weißerle 351
Weißmiere 404
Weißtanne 199
Weiß-Birke 343
Westamerikanischer Fuchsschwanz 467
Wiesenraute 315
Wiesen-Knöterich 519
Wiesen-Sauerampfer 550
Wiesen-Schachtelhalm 89
Wilder Fuchsschwanz 474
Wimperfarn 156, 581
Windenknöterich 540
Windröschen 253

Winterling 239
Winterpostelein 511
Winter-Eiche 362
Winter-Schachtelhalm 81
Wolfs-Eisenhut 247, 581
Wolliger Hahnenfuß 274
Woodsia 156
Woodsia ilvensis 156, 581
Woodsia ilvensis subsp. *rufidula* 156
Wurmfarn 124
Wurmfarngewächse 121
Wurzelnder Hahnenfuß 270, 272

Zahn-Ampfer 571
Zarte Miere 376
Zartes Hornblatt 222
Zeillers Flachbärlapp 65, 581

Zerbrechlicher Blasenfarn 154
Zerr-Eiche 361
Zierlicher Amarant 468
Zobels Gänsefuß 482
Zungenfarn 181
Zungen-Hahnenfuß 298, 581
Zweifelhafter Amarant 468
Zweifelhafter Mohn 325
Zweikeimblättrige 216
Zwergbärlapp 70
Zwergmäuseschwanz 310
Zwergmummel 230
Zwergteichrose 230
Zwerg-Birke 343
Zwerg-Sauerampfer 546
Zypressengewächse 210
Zypressen-Bärlapp 63
Zypressen-Flachbärlapp 63, 581